제7판

접지기층의 기후

미기후학 교과서

THE CLIMATE Near the Ground

제7판

접지기층의 기후

미기후학 교과서

루돌프 가이거, 로버트 H. 애런, 폴 토드헌터 지음 | 김종규 옮김

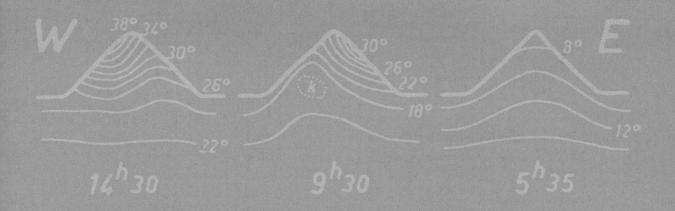

Σ 시그마프레스

접지기층의 기후 : 미기후학 교과서, 제7판

발행일 | 2010년 10월 25일 1쇄 발행

저자 | Rudolf Geiger, Robert H. Aron, Paul Todhunter
역자 | 김종규
발행인 | 강학경
발행처 | (주)시그마프레스
편집 | 차인선
교정·교열 | 김성남

등록번호 | 제10-2642호
주소 | 서울특별시 마포구 성산동 210-13 한성빌딩 5층
전자우편 | sigma@spress.co.kr
홈페이지 | http://www.sigmapress.co.kr
전화 | (02)323-4845~7(영업부), (02)323-0658~9(편집부)
팩스 | (02)323-4197

인쇄 | 해외정판사   제본 | 동신제책
ISBN | 978-89-5832-797-4

Climate Near the Ground 7th Edition

※ 책값은 책 뒤표지에 있습니다.

루돌프 가이거 탄생 100주년을 축하하며

루돌프 가이거(Rudolf Geiger)는 1894년 8월 24일에 독일에서 출생하여 1981년 1월 22일에 사망하였다. 그는 학자 집안에서 태어났는데, 그의 아버지 빌헬름 가이거(1856~1943)는 에를랑겐과 뮌헨에서 이란학 및 인도학 교수였다. 그의 형 한스 가이거(1882~1945)는 1928년에 뮐러와 협력하여 가이거-뮐러 계수기(가이거 계수기)를 개발하는 데 일조함으로써 핵물리학 분야에서 유명해졌다.

루돌프 가이거는 에를랑겐에서 인문계 고등학교를 다녔고, 대학에서 수학을 전공하였다. 그의 박사학위 논문 제목은 '고대와 중세의 인도 측지학(Geodesy of India in Antiquity and in the Middle Ages)'이었다. 이 논문은 그의 아버지가 연구하는 지역과 같은 지역에 대한 연구였다. 그의 아버지의 연구 분야가 예술 및 인문학이었던 반면, 루돌프 가이거는 같은 지역의 수학 및 자연과학 분야에 관심을 가졌다.

가이거는 1920년에 에를랑겐대학교 부인 병원의 x-선 물리학자가 되었다. 그러나 그는 이 직업을 포기해야만 했는데, 그 이유는 그가 x-선에 노출되어 빈혈증을 갖게 되었기 때문이다. 그는 1920년부터 1923년까지 다름슈타트공대의 물리학과에서 조교로 근무하였는데, 그곳에서 기상학에 관심을 갖게 되었다. 그는 1923년에 뮌헨에 소재한 바이에른 주 기상대에 소속된 임업시험소에 이제 막 설립된 기상학과에 들어갔다. 이 시험소에서 식물의 기후와 접지기층의 본질에 관한 그의 초기 논문들을 썼다. 1927년에 이 학부의 기상학과 기후학 학술회의 회원으로 초청된 그는 1937년에 기상학, 수학, 물리학의 정교수가 되었고, 에버스발데에 소재한 임학대학교(University of Forestry)의 기상학 및 물리학과의 학과장이 되었다.

그는 1948년에 뮌헨대학교의 기상학과와 임업연구소의 정교수와 학과장이 되었으며, 1958년에는 명예교수가 되었다.

접지기층의 미기후학 연구를 지도한 루돌프 가이거는 기온과 습도, 토양과 식생 모두가 상호 관련된다는 것을 제시하였다.

바이에른 주 기상관측망은 접지기층의 연구를 위해서 이용할 수 있는 풍부한 관측자료를 제공하였다. 이러한 조사는 에버스베르거 삼림의 숲에서 수행되었다. 이 연구는 매우 기본적이기는 하나 국지적으로 늦서리 피해를 입은 입목(立木)의 조림(造林)에 실제로 응용될 수 있는 것으로 증명되었다.

가이거의 연구는 처음부터 삼림이나 정원에서 서리 피해의 문제, 결과 및 방지에 중점을 두었다. 그는 이러한 연구의 결과로서 서리 피해의 방지와 복원을 다루는 데 실제적인 자문을 할 수 있었다.

그는 삼림 내에서 기상변수들의 변화와 불규칙한 높이를 갖는 수관(樹冠)과 비교하여 일정한 수관을 갖는 입목들 사이의 차이를 분석하여 삼림기후에 관한 그의 고전적인 연구의 길을 열었다. 이는 침엽수림과 낙엽활엽수림 둘 다에서 수관과 줄기 범위 사이의 기후 차이를 연구한 것이다. 그는 줄기 지대의 기후가 좀 더 일정한 반면, 수관층은 그 아래 지면과 위 대기 사이에서 에너지 교환이 일어나는 활동지대라는 것을 밝혔다.

가이거가 뷔르템베르크의 호헨카르펜 산에서 측정한 결과는 구릉과 사면이 국지기후[local climate, 지형기후학(topoclimatology)]에 미치는 영향을 연구하고 이해하는 데 기여하였다. 루돌프 가이거는 또한 서로 다른 환경에서 태양복사, 바람, 강수량의 변화를 연구하였다.

이 연구는 조림을 한 산지 지역(그로서 아르버)과 많은 구릉지 위에서 온난대(thermal belt)를 덮은 너도밤나무 삼림에서의 미기후 조사를 포함하는 것으로 더욱 확대되었다. 오늘날 이 연구는 차후의 삼림 연구를 위한 기초가 되었다. 가이거는 전 세계 학문 지식을 발달시키는 데 적극적으로 기여했을 뿐만 아니라 많은 다른 학자들에게도 영향을 줄 수 있었다.

가이거는 1930년에 비행선을 이용한 항공 교통을 준비할 목적으로 높은 고도에서 바람을 측정하기 위한 서아프리카로의 탐험여행에 참여했다. 그는 국제기상기구들에서 매우 활발하게 활동하였는데, 1937년에는 농업기상위원회(Commission for Agricultural Meteorology)의 위원장으로 임명되어 그의 책임이 증대되었을 뿐만 아니라 그의 영향력도 넓어졌다.

루돌프 가이거는 1950년에 그의 국제적 명성과 인간관계의 결과로 손스웨이트(C. W. Thornthwaite)의 초청을 받아 미국 뉴저지 주 시브룩에 소재한 존스홉킨스대학교

기후학 실험실을 방문하였다. 그는 체류 기간에 여러 가지 연구 프로젝트에 참여하였으며, 객원강사로도 활동하였다. 그 이후 손스웨이트는 가이거를 답방하여 뮌헨에서 가이거와 공동 연구를 하였다.

바이에른 과학 아카데미(the Bavarian Academy of Science)의 회원이 된 그는 1956년에 유네스코의 주선으로 미기후학(microclimatology) 전문가로서 오스트레일리아 캔버라에서 개최된 건조지역의 기후학에 관한 심포지엄에 참석하였다. 그는 오스트레일리아로 비행하는 동안에도 학생들을 위하여 인도네시아 군도 상공에서 수많은 전형적인 구름형성 사진을 촬영하였다.

루돌프 가이거의 연구는 국지기후의 여러 가지 요소들이 작용하는 것과 상호관계를 하나로 설명하도록 무수한 관찰을 조직하고 통합하는 것으로 특징지어진다. 이러한 기초적인 연구는 많은 실무에 적용되었고, 삼림기후학(forest climatology)의 상업적 측면에서도 이용되었다. 바움가르트너(A. Baumgartner)가 《Forstarchiv》(No. 35, 1965)에 제시한 것과 같이 가장 합리적인 기초 연구의 형태는 그것이 실세계에 적용될 때이다.

가이거는 항시 그의 연구 결과를 명백하며, 정확하고, 통찰력이 있는 방법으로 제시하였다. 그는 또한 열정적이며, 영감을 주는 모범적인 스승이었다. 그는 인상이 좋은 사람으로 조용한 성품을 지녔으며, 그의 인격은 따뜻한 인간성을 발산하였다. 사려 깊으며, 공손하게 잘 숙고하여 내놓은 그의 의견들은 그의 제자들뿐만 아니라 그와 만나는 행운을 가졌던 모든 사람들을 매혹시켰다.

1952년에 바이에른 과학 아카데미의 정회원이 된 그는 1958년부터 1961년까지 Class Secretary였고, 1963년부터 1965년까지는 빙하학회(Commission for Glaciology)의 회장이었다. 루돌프 가이거는 여러 수상 경력도 가졌다. 1955년에 할레에 소재한 아카데미 레오폴디나(Academie Leopoldina in Halle)의 회원이 되었고, 1959년에는 바이에른의 공로훈장(Bayerische Verdienstmedaille)을 수상하였다. 1964년에는 일본 농업기상학회와 뮌헨 기상학회의 명예회원이 되었다. 1968년에는 호헨하임대학교에서 명예 이학 박사학위를 받았다. 그리고 1977년에는 바젤에 소재한 괴테 재단에서 Peter Lenné Gold Medal을 수상하였다.

그가 발표한 연구의 완전한 색인은 《Forstarchiv》, No. 35, 1965, pp.100~104에 수록되어 있다.

역자 서문

미국 저자들이 제5판 서문에서도 언급한 바와 같이 가이거 교수의 『접지기층의 기후 ─ 미기후학 교과서(Das Klima der bodennahen Luftschicht ─ Ein Lehrbuch der Mikroklimatologie)』는 자연과학 서적 중에서는 드물게 고전으로 알려진 책 중의 하나이다. 이 책은 1927년에 초판이 발간된 이후 미기후학(微氣候學) 교과서였을 뿐만 아니라 기후학을 위한 표준서였다. 이러한 사실은 오크(T. R. Oke) 교수[3332]의 『Boundary Layer Climates』의 서문(xvi쪽)에서도 알 수 있다. 그리고 최근에 발간된 기후학 교과서에서도 이 책에 수록된 그림의 일부를 발견할 수 있고, 참고문헌 목록에도 대부분 이 책이 소개되어 있다. 이 책의 학술적인 중요성은 제5판~제7판의 서문에 상세하게 기술되어 있기 때문에 여기에 다시 언급하지는 않겠다. 다만 한 가지, 원문 그대로 소개하고 싶은 내용이 있다. 가이어 교수가 1961년 제4판 서문에 밝힌 이 책의 저술 동기인데 학자로서 그가 유지하고 있는 겸손함을 엿볼 수 있는 대목이다.

"신판을 작업하면서 오늘날 점점 더 늘어나는 논문의 홍수에도 불구하고 이용할 수 있는 교과서의 수는 왜 매우 느리게 증가하고 있는가 하는 사실을 알게 되었다. 거의 모든 장을 입안하면서도 마음속으로는 내 어깨 너머로 나를 보고 있는 국내외의 소중한, 같은 분야의 동료를 느낄 수 있었고, 그가 나 자신보다 바로 이 장을 쓰는 데 있어서 더 적합할 것으로 생각하였다. 그리고 새로운 훌륭한 문헌의 중압감으로 질식될 것 같은 느낌이 들었고, 마지막 장들이 끝나기도 전에 첫 장이 시대에 뒤지겠다는 두려움을 갖게 되었다. 그렇지만 나는 이러한 긴장감을 3년 동안 매일 견딜 수 있었는데, 그 이유는 유용한 길잡이가 없으면 어느 누구도 더 이상 학문의 미로에서 그의 길을 찾을 수 없을 것이라고 생각했기 때문이다. 내가 몇 사람에게라도 이와 같은 길잡이가 될 수 있다면, 그것은 그동안 내가 감내한 모든 어려움에 대한 가장 훌륭한 보상이 될 것이다."

『접지기층의 기후』는 가이거 교수에 의해서 초판(1927년), 제2판(1942년), 제3판(1950년), 제4판(1961년)이 발간되었으며, 저자 사후에는 미국의 저자들인 애런(R. H. Aron)과 토드헌터(P. Todhunter)에 의해서 제5판(1995년), 제6판(2003년), 제7판(2009년)이 발간되었다.

초판에서 4개 부의 24개 장(253편의 참고문헌)으로 구성되었던 이 책은 저자의 부단한 수정 보완을 거쳐서 제4판에서 9개 부의 57개 장(1,218편의 참고문헌)으로 확대되었다. 미국의 저자들이 저술한 제5판부터는 제4판의 제7부 47장 '지형기후학'과 제9부 '미기후학과 미기상학 연구를 위한 측정기술적 조언'의 3개 장(55~57장)이 생략되었고, 제7판에는 47장 '극 지역'이 추가되었다. 제7판에서 전체적으로 보아 가이거 교수의 제4판 내용이 제4부까지(28장 제외) 크게 바뀌지 않았으나, 제5부에서 32장, 제6부에서 34장과 39장, 제7부에서 43장, 제8부에서 50~51장이 크게 수정 · 보완되었다.

이 책을 번역하면서 시종일관 통일시키려고 했던 내용은 다음과 같다. 제7판에서는 생략되었으나 제4판에 수록된 내용 중 역자가 중요하다고 생각하는 내용을 본문 안에 포함시켰다. 제7판에서 개정된 새로운 내용이 아니며 제4판의 내용이 그대로 나온 경우에는 제4판 독일어본을 기준으로 번역하였고, 그림의 경우에도 상태가 좋지 않아 새로운 그림으로 바뀐 경우가 아닌 한 제4판의 그림을 그대로 썼다. 제4판과 제7판의 내용이 같은 경우 제4판 독어본을 기준으로 하였고, 두 판에서 다르게 또는 잘못 기술된 내용의 경우에도 제4판을 기준으로 번역하고, 각주를 달아 그 내용을 밝혔다. 제7판 영어본의 색인 중에서 특히 독일어 문헌의 출전이 틀린 것이 많아 제4판 독어본의 색인을 참고하여 수정하였다.

제4판의 제7부 47장 '지형기후'과 제9부 '미기후학과 미기상학 연구를 위한 측정기술적 조언'(55~57장)이 1995년에 발간된 제5판에서부터 포함되어 있지 않다. 그렇지만 우리나라에서 이 책이 최초로 번역되는 것이고, 이들 단원의 내용이 미기후학의 발달사적 측면에서 매우 중요하기 때문에 한국어 번역본에 제7부 48장과 제9부의 56~58장으로 추가되었다.

역자가 이 방대한 책의 모든 분야에 대한 지식을 갖추고 있지 않아 전공 학술용어를 번역하는 데 여러 분야의 전공학술사전을 이용하였다. 기상학 용어는 한국기상학회의 『대기과학용어집』(영 · 한 · 중 · 일)(1996)과 吉野正敏 외의 『氣候學 · 氣象學辭典』(1985)을 참고하여 번역하였으며, 지질학과 지형학 용어는 양승영의 『지질학사전』(1998)과 町田貞 외의 『地形學辭典』(1981), 그리고 의학 용어는 이병희 외의 『新壽文英韓醫學辭典』(1992)을 참고하여 번역하였다. 농학 용어는 농업진흥청 농업과학 도서

관의 디지털농업용어사전(http://lib.rda.go.kr/NewDict/Display_Search_1.asp)을 이용하여 번역하였다. 그 외에 여러 자연과학 분야의 전공용어는 해당 전공 교수들께 문의하여 번역하거나 인터넷과 『브리태니커 백과사전 CD 2000 멀티미디어판』에서 검색하여 번역하였다.

번역 중에 나오는 학자들의 이름이나 지명은 가능한 한 원어 발음에 충실하게 우리말로 표현하려고 하였다. 그러나 어느 나라 사람 또는 지명인지 분명치 않은 경우가 많았고, 설령 알더라도 정확한 발음을 몰라서 틀릴 수 있는 확률이 높다는 점을 미리 밝힌다. 그리고 본문에 나오는 동식물명의 명칭을 우리말로 전혀 표현할 수 없는 경우에는 라틴어 학명으로만 표기하였다.

색인은 한글 전공용어 옆에 영어 전공용어를 병기하고, 원저에 표시된 색인과 동일한 내용을 수작업으로 정리한 후에 가나다순으로 정리하였다.

전공용어나 내용의 번역에 있어서 오류가 적기만을 간절히 바라며, 해당 분야의 독자들께서 역자의 불비한 점을 넓은 아량으로 이해해 주셨으면 하는 바람이다.

역자는 이 책의 제목을 1975년에 구입한 Trewartha, G. T.의 『An Introduction to Climate』(제4판)의 General References for Part One(5쪽)에서 처음으로 알게 되었다. 그리고 1982년에 독일로 유학을 떠나기 전에 독일어로 전공 공부를 하기 위해서 고(故) 김도정 교수께서 수집해 놓으신 장서 중 『Das Klima der bodennahen Luftschicht』 제4판과 고(故) 문승의 교수께서 소장하셨던 영어 번역본 『Climate near the Ground』를 빌려서 복사하여 비교하면서 읽었다.

1989년에 경희대학교에 부임한 이후에 1992년에 대학원 석사과정에 처음으로 미기후학 강의를 개설하고 학생들에게 번역을 해서 발표하게 했었다. 그때 느낀 점이 학생들에게 번역을 시키면 영어 공부도 안 되고 전공 공부는 더더욱 안 되겠다는 것이었다. 그래서 여러 차례 미기후학 강의를 개설하면서 본인이 직접 번역을 한 내용으로 강의를 하면서 시간 나는 대로 번역을 해 놓았다. 1992년 이후 2009년 1월까지(2006년 1년을 제외!) 계속 대학교에서 여러 보직을 하느라고 17년이 지난 이제야 이 책을 완역하게 되었다. 번역의 출판이 늦어진 다른 이유 중의 하나는 1992년에 제4판(1961년)의 번역으로 시작해서 제5판(1995년)과 제6판(2003년)을 2008년에 다 번역해서 출판사에 넘기려고 했는데, 제7판이 2009년 초에 발간된다고 하여 2008년 8월에 제7판의 원고 파일을 미국의 출판사로부터 먼저 받아 전체적으로 다시 한 번 교정하고, 수정·보완된 내용을 추가로 번역해야 했기 때문이다.

이 책은 가이거 교수가 제4판 서문에서 밝히고 있듯이 미기후학의 교과서일 뿐만 아니라 참고서가 될 수 있도록 구성되었으며, 미기후학 문헌을 연구할 시간이 없는 인접

학문의 동료들, 즉 농학자와 임학자, 원예학자와 건축학자, 지리학자와 지역계획학자, 곤충학자, 의학자, 교통공학자, 그리고 — 물리학을 많이 공부하지 않아서 — 실무에서 응용되는 미기후 법칙들을 지배하는 합리적인 물리학 원리들에 관한 지식을 얻고자 하는 사람들을 고려하여 저술되었다. 따라서 기상학이나 기후학 전공자 이외의 미기후 환경과 관련된 여러 분야의 전공자들과 관련 분야의 종사자들에게 도움이 될 것이다.

가이거 교수의 『접지기층의 기후』를 공부하면서 항상 느꼈던 의문은 첫째로 컴퓨터도 없고 인터넷도 없던 당시에 어떻게 그 많은 참고문헌을 수집·정리하여 이렇게 방대하고 훌륭한 미기후학 교과서를 저술할 수 있었는가 하는 점과, 둘째로 어떤 독일의 학문적 풍토가 한 학자에게 그리 오랫동안 한 저서를 저술할 수 있도록 허용할 수 있었는가 하는 점이었다.

한 교수의 정성적인 연구업적보다는 정량적인 연구업적이 중요시되고, 후학들을 위한 저술보다는 논문만을 중요하게 판단하고 있는 우리의 현실에서 가이거 교수의 책은 내게 항시 이 책의 번역을 꾸준히 붙잡을 수 있게 격려해 준 '당근이자 채찍'이었다. 역자가 학과와 전공을 떠나 대학의 오랜 보직 생활로 인해 경희대학교 지리학과 및 기후학의 발전에 크게 기여하지 못해 왔던 것이 늘 마음에 걸렸다. 미기후학 분야가 잘 알려지지 않은 우리나라의 현실에 역자가 번역해 놓은 『접지기층의 기후』가 미기후학의 발달사 및 내용을 이해하는 데 작은 보탬이 되었으면 하는 마음 간절하다. 그래야만이 앞서 인용한 가이거 교수의 말씀("… 유용한 길잡이가 없으면 어느 누구도 더 이상 학문의 미로에서 그의 길을 찾을 수 없을 것이라고 생각했기 때문이다. 내가 몇 사람에게라도 이와 같은 길잡이가 될 수 있다면, 그것은 그동안 내가 감내한 모든 어려움에 대한 가장 훌륭한 보상이 될 것이다.")이 미기후학에 관심이 있는 우리나라의 독자들에게도 적용이 되지 않을까 하는 생각이 든다.

이 책을 번역·발간하면서 본인을 지도해 주신 독일 키일대학교 지리학과의 클라우스 호만(Klaus Hormann) 지도교수님과 에카르트 데게(Eckart Dege) 교수님, 번역작업 중에 도움을 주신 경희대학교 국문학과의 김진영 교수님, 영문학과의 조세경 교수님, 지리학과의 공우석 교수님, 생물학과의 유정칠 교수님, 일시 귀국하여 바쁜 중에도 도시기후의 원고를 읽어 주신 프랑스 낭트대학교의 이준호 박사, 그리고 주위에서 말없이 격려해 준 가족과 친지들(!)께 감사드리고 싶다.

끝으로 이 책이 발간되도록 허락해 주신 (주)시그마프레스의 강학경 대표님과 복잡하고 어려운 원고를 편집하느라 수고하신 편집부에도 진심으로 감사드린다.

2010년 9월

김종규

제6판과 제7판의 서문

루돌프 가이거가 1961년에 『접지기층의 기후(독어 제목 : Das Klima der bodennahen Luftschicht, 영어 제목 : Climate Near the Ground)』제4판을 완성했을 때 이 책은 그 시점까지 완전하면서도 균형 있게 시종일관 미기후학 분야의 내용을 제시하였다. 그 사이 40년 동안 미기상학 이론, 계측기의 연구, 모델링 연구, 에너지와 질량 플럭스를 조절하는 식물 및 동물 생리학의 역할에 대한 우리의 이해가 엄청나게 발전하였다. 이렇게 발달한 상황을 가이거의 저서 제5판, 제6판, 제7판에 체계적으로 편성하여 넣는 일은 불가능했으며, 그렇게 할 생각도 없었는데, 그 이유는 몇 권의 훌륭한 교과서가 특히 그러한 목적으로 저술되었기 때문이다. 그렇지만 표면 미기후(surface microclimate)는 광범위한 학문들에 널리 적용되기 때문에 저자들은 이 책이 표면 미기후의 특성과 원인에 대한 면밀한 개론을 바라는 사람들에게 유용한 자료를 제공할 것이라고 느꼈고, 여전히 그렇게 느끼고 있다.

이 책의 목표는 이전 판들과 마찬가지로 미기후학을 연구하려는 사람들에게 명확하고 생생한 교과서를 제공하는 것과 미기후학의 원리를 가능한 폭넓게 인접 분야에 응용할 수 있도록 하는 것이다. 이 책의 본문은 관련된 모든 주제의 발달사항을 더 추가시키기 위해서, 북아메리카의 좀 더 많은 연구 사례를 제공하기 위해서, 그리고 표면 에너지 플럭스가 표면 환경의 성질과 어떻게 관련되는가를 좀 더 분명하게 설명하기 위해서 개정되었다. 제6판에서 저자들은 음속, 음향을 줄이기 위한 식물 장벽의 이용, 에너지와 수분 교환의 생리적 조절을 다루는 내용을 추가하였고, 미기후가 동물 행동 및 서식지와 인간의 행동 및 거주지에 미치는 영향에 관한 내용을 확대하였다. 저자들은 제7판에서 한대기후에 관한 내용을 추가하였으며, 물, 불, 가장자리, 도시 그리고 산지 기후를 다루는 내용을 확대하였고, 현재의 발달을 반영하는 대부분의 주제를 개정하였다. 저자들은 제6판에서 cgs 단위를 SI 단위로 바꾸었고, 좀 더 현대적인 표기법을 채택했으며, 일부 그림과 삽화를 분명하게 했다.

저자들은 이 분야에서 중요한 논문들을 보내 주거나 자문을 해 준 여러 학자들께 감사드린다.

Dennis Bohn, Rane Corporation

Simon Berkowicz, Hebrew University of Jerusalem

Bret Butler, USDA Forest Service

James Carter, Illinois State University

Werner Eugster, Institute of Plan Services, Switzerland

Günther Flemming, Technische Universität, Dresden

Charles Lafon, Texas A&M University

Yair Goldreich, Bar-Llan University, Israel

Helmut Klug, Deutsches Windenergie-Institut

David Martsolf, University of Florida

Roddam Narasimha, Indian Institute of Science

Barbara Obrebska-Starklowa, Jagiellonian University, Poland

Stanley, Ring, Iowa State University

Michelle Swearingen, Pennsylvania State University

David L. Spittlehouse, British Columbia Forest Service

Eugene S. Takle, Iowa State University

Werner Terjung, Emeritus University of California Los Angeles

Dennis, W. Thomson, Pennsylvania State University

Hitoshi Toritani, National Institute for Agroenvironmental Sciences, Japan

Bruce W. Webb, University of Exeter

Albert Weiss, University of Nebraska

B. Mike Wotton, Canadian Forest Service

2002년 9월

로버트 애런 박사
미국 미시간 주 마운트플레전트 소재 센트럴미시간대학교 지리학과
이메일 : aron1rh@cmich.edu

폴 토드헌터 박사
미국 노스다코타 주 그랜드포크스 소재 노스다코타대학교 지리학과
이메일 : paul_todhunter@und.nodak.edu

제5판 서문

이제까지 저술된 과학서적들 중 각 분야에서 고전으로 인정된 책은 극히 소수뿐이다. 그러나 가이거 박사의 『접지기층의 기후』가 바로 이러한 고전 중의 하나이다. 때때로 '기후학의 바이블'이라고도 불리는 이 책은 모든 세대의 기후학자들을 양성하였고, 표면 미기후와 관련된 환경과학자들을 위한 표준 참고서였다. 이 책은 미기후학 이해의 역사적인 발달을 제시하고 있을 뿐만 아니라, 현재의 지식 상황까지 안내하고 있다.

이 책의 마지막 판이 1960년에 완성되었지만, 이 판을 읽으면 이 책이 그토록 높이 평가받을 수 있게 해 준 이해의 깊이와 폭, 예리한 통찰력, 표현의 명확성이 아직도 잘 드러나고 있다. 이러한 사실이 바로 이 책이 여전히 현 세대의 환경과학자들에게 많은 내용을 제공하고 있다고 우리가 확신하게 하는 것이다.

이 책을 개정하는 저자들의 목표는 루돌프 가이거의 목표와 같다. 즉 미기후학을 공부하려는 사람들을 위해서 명확하고 생생한 교과서를 개발하는 것과 동시에 이 주제에 이미 친숙한 사람들에게는 참고서를 제공하기 위한 것이다. 루돌프 가이거가 행한 바와 같이 저자들은 이 책에서 다루어진 모든 주제를 지식의 현 상태까지 제시하려고 하였으며, 추가적인 연구가 유익하며 성과가 많은 것으로 증명될 수 있는 일부 분야들을 제안하였다.

저자들은 1960년 이후 문헌이 급증하여 이 책에 포함되었어야 할 많은 발전된 내용들이 없어서 아쉽다는 확신을 하게 되었다. 이 책을 개정하려고 계획하였을 때 저자들은 독자들에게 관련이 있다고 생각되는 자료를 보내 달라고 요청하였다. 또한 저자들은 사용된 모든 논문에 대해서뿐만 아니라, 저자들에게 자료를 보내 주느라 시간을 내주신

분들께도 감사드릴 것을 약속하였다.

저자들은 이 책 원본의 체제, 문체, 주석 체계, 부호를 따르도록 일관된 노력을 하였다. 이러한 노력은 이 책의 이전 판들에 익숙해져 있는 독자들이 개정판을 좀 더 편안하게 느끼기를 바라면서 진행되었다.

1960년에 세계표준으로 파리에 소재한 국제도량형기구(International Bureau of Weights and Measures)에 의해서 조직된 국제도량형회의(International Conference of Weights and Measures)에서 국제단위계(International System of Units, SI)가 채택되었다. 그 이후로 SI 단위로 이 책의 바로 전 판이 기초했던 cgs 단위가 크게 대체되었다. 오늘날 SI 단위와 cgs 단위 둘 다 널리 이용되고 있기 때문에 대부분의 독자들은 각각의 단위에 친숙할 것이다. 부록에 수록된 단위 환산표는 필요할 경우에 독자들의 편의를 위해서 포함시켰다. 다른 부호나 용어들이 현재 좀 더 일반적으로 사용될 수도 있으나, 저자들은 가이거 박사가 이용한 기호와 용어들을 대부분 그대로 사용하였다. 저자들은 독자들의 편의를 위하여 본문에서 처음 사용된 용어 뒤 괄호 안에 이를 대신할 다른 용어들을 포함시켰다.

독자들이 이 신판을 구판과 비교하면 본문의 많은 그림과 중요한 부분들이 실제로 바뀌지 않았다는 것을 알게 될 것이다. 저자들은 여러 경우에 독자들에게 미기후학 분야의 역사적 발달의 의미를 전달하기 위해서 일부러 과거의 그림들을 실제로 같은 특징을 나타내는 좀 더 최근의 그림들로 대체하지 않았다. 이 책의 체제상의 구조는 대체로 변하지 않았으며, 문체 역시 사실상 정성적으로 하였다. 1960년 이후 이론미기상학, 미기상학의 계측기의 연구, 수치 모델링, 리모트센싱(remote sensing), 디지털 고도모델(digital elevation model)을 포함하는 이 분야에서의 정량적인 발달은 원저서의 정성적인 연구방법을 존속시키기 위해서 철저하게 추구되지 않았다.

저자들의 목표는 이 책을 완전히 다시 쓰는 것이 아니라, 시대에 뒤진 부분들을 단순히 수정하고, 관련된 새로운 연구 결과들 또는 주제들을 추가하는 것이다. 이러한 원래의 목표에도 불구하고 추가되거나 확대된 주제들, 그리고 축약되거나 배제된 주제들을 실제로 변화시켰다. 추가로 원래의 번역자들이 원문에 매우 충실했기 때문에[1] 저자들은 본문을 좀 더 부드럽게 이해시키려는 목적으로 여러 부분들에서 표현을 바꾸었다.

저자들은 이 중요한 저서가 이 분야에서 유용한 참고문헌으로 남게 하려는 바람으로 이 개정판을 쓰게 되었다.

많은 시간과 유용한 제안을 해 준 아이 밍 애런(I-Ming Aron)에게 감사드린다. 이

---

1) 새로운 저자들이 참고한 제4판의 영어 번역본은 독일어 원본을 거의 직역한 것이다.

책을 저술할 수 있도록 로버트 애런(Robert Aron)에게 안식년을 부여하여 관대한 지원을 하고 타이핑과 그림 작업에 재정 지원을 해 준 센트럴미시간대학교 당국에도 감사드린다.

센트럴미시간대학교 그래픽 아츠(Graphic Arts)의 데니스 폼필리우스(Dennis Pompilius) 씨와 타이피스트 마타 브라이언(Martha Brian) 양에게도 감사드린다.

1994년 9월

로버트 애런 박사
미국 미시간 주 마운트플레전트 소재 센트럴미시간대학교 지리학과

폴 토드헌터 박사
미국 노스다코타 주 그랜드포크스 소재 노스다코타대학교 지리학과

제4판 서문

이 신판을 몇 쪽 넘겨 본 사람은 그림의 48%는 제3판의 그림과 같다는 사실을 알게 될 것이다. 그러나 이 신판을 읽으면서 본문의 세 쪽 이상이 변하지 않고 그대로 전재된 것은 없다는 사실도 확인하게 될 것이다. 1950년 이후에 일어난 엄청난 발달, 특히 미기후학을 실무에서 엄청나게 응용하고 있는 현실이 이 책을 새로이 쓰게 된 동기가 되었다. 우리의 지식을 마무르는 것은 또한 내용을 좀 더 분명하게 정리할 수 있게 할 것이다.[1]

이 작업을 하는 중에 나는 처음에 감히 바랐던 것보다 서로 좀 더 밀접하게 연결되게 하려는 두 가지 목적을 염두에 두었다. 이 신판은 미기후학을 처음으로 공부하려는 사람들에게는 분명하고 생생한 교과서가 되어야 했으며, 동시에 이 주제를 이미 잘 알고 있는 사람들에게는 참고서가 되어야 했다. 첫 번째 과제를 위해서 나는 무제한으로 계속 증가하고 있는 문헌 더미의 극복하기 어려운 장벽에 놀라서 실제로 도움이 필요한 학생들을 염두에 두었다. 그뿐만 아니라 우리의 문헌을 연구할 시간이 없는 인접학문의 동료들을 염두에 두었다. 그리고 끝으로 농학자와 임학자, 원예학자와 건축학자, 지리학자와 지역계획학자, 곤충학자, 의학자, 교통공학자, 그리고 — 물리학을 많이 공부하지 않아서 — 실무에서 응용되는 미기후 법칙들을 지배하는 합리적인 물리학 원리들에 관한 지식을 얻고자 하는 사람들을 고려하였다. 나는 이 모든 것을 위해서 시종일관 사

---

1) 이 문장의 번역이 용이하지 않아 독자들이 참고할 수 있게 독일어 원 문장과 영어로 번역된 문장을 각주에 그대로 전재한다. 이 문장은 독일어로 "Die Abrundung unseres Wissens erlaubte auch eine noch klarere Gliederung des Stoffes."라고 쓰여 있으나, 영어로는 "The rounding off of our knowledge also permitted the material to be arranged more clearly."로 번역되었다. 영어본인 제6판(2003)에서는 이 문장을 생략하였다.

실들을 가능한 한 가장 단순하고 이해하기 쉬운 방법으로 제시하고자 하였다. 나는 또한 — 저자가 선별될 내용과 이용될 설명의 형태를 위해서 부단히 고심하며, 참을성이 있고 근면하게, 여러 가지를 고려한 부분에서 — 끊임없이 문체를 개선해서 이 책의 독자들이 쉽게 이해하고 넘어갈 수 있도록 노력하였다. 내가 독자들에게 실제로 얼마나 도움을 줄 수 있었는가는 두고 볼 일이다.

이 책은 동시에 어느 부분에서나 현재의 연구 수준을 다루어서 이 주제를 잘 알고 있는 사람들에게 도움이 되어야 할 것이다. 이 책의 제한된 분량을 고려하여 미기후학의 모든 세부 분야에 대해서 유용한 미래지향적 결과들에 대한 간단한 참고문헌만을 소개하였다. 미기후학을 처음 접하는 독자는 참고문헌을 그냥 지나쳐도 되겠으나, 전문가들에게는 이 주제에 대한 참고문헌의 문이 활짝 열려 있다. 따라서 이 신판은 동시에 관련된 문제들에 대한 자료를 수집해 놓은 것도 될 것이다. 참고문헌 목록은 엄선하여 대략 1,200개로 제한하였다. 참고문헌 목록은 또한 중요한 참고문헌을 수집해 놓은 'Meteorological Abstracts and Bibliography'가 될 것이다.

완성된 원고를 읽어 준 대학 동료 구스타프 호프만(Gustav Hofmann) 박사에게 감사드린다. 이와 관련된 활발한 토론으로 이 책의 많은 부분이 수정될 수 있었다. 경험에 의하면 사람들이 관측방법의 문제나 계기기술의 문제에 관해서 자주 질문하고 있기 때문에 나는 호프만 박사에게 미기후학과 미기상학의 측정기술에 관한 장을 집필해서 이 신판을 확대해 줄 것을 부탁하였다. 55~57장의 부족하나마 몇 개 안 되지만 내용이 풍부한 그림들은 확실히 이 책의 많은 독자들에게 의심할 나위 없이 유용할 것이다.

나는 또한 논문의 별쇄본을 보내 주신 모든 사람들에게 감사드린다. 나는 많은 내용을 이러한 수단을 통해서만 알게 되었다. 매우 많은 인접학문들과 접촉하고 있는 하나의 전공분야에서 이러한 도움이 없어서는 안 될 것이다. 나는 인접학문들의 대표자들에게 그들이 다루고 있는 내용 중에서 오늘날 미기후 연구의 범위와 속도에서 피할 수 없는 부족한 점이나 결함이 있는 점에 대해서 내게 알려 줄 것을 간절히 부탁하고 싶다.

신판을 작업하면서 오늘날 점점 더 늘어나는 논문의 홍수에도 불구하고 이용할 수 있는 교과서의 수는 왜 매우 느리게 증가하고 있는가 하는 사실을 알게 되었다. 거의 모든 장을 입안하면서도 마음속으로는 내 어깨 너머로 나를 보고 있는 국내외의 소중한, 같은 분야의 동료를 느낄 수 있었고, 그가 나 자신보다 바로 이 장을 쓰는 데 있어서 더 적합할 것으로 생각하였다. 그리고 새로운 훌륭한 문헌의 중압감으로 질식될 것 같은 느낌이 들었고, 마지막 장들이 끝나기도 전에 첫 장이 시대에 뒤지겠다는 두려움을 갖게 되었다.

그렇지만 나는 이러한 긴장감을 3년 동안 매일 견딜 수 있었는데, 그 이유는 유용한 길잡이가 없으면 어느 누구도 더 이상 학문의 미로에서 그의 길을 찾을 수 없을 것이라고 생각했기 때문이다. 내가 몇 사람에게라도 이와 같은 길잡이가 될 수 있다면, 그것은 그동안 내가 감내한 모든 어려움에 대한 가장 훌륭한 보상이 될 것이다.

1960년 11월

뮌헨-파싱 펠슈나이더슈트라세, 18

루돌프 가이거

초판 서문

내게 미기후학을 가르쳐 주신 분은 슈마우스(A. Schmauss) 교수님이셨다. 교수님께서는 내가 접지기층을 연구하는 바이에른 주의 특수한 관측망을 설치·운영하게 해 주시고, 그 후에 또한 삼림기상학 분야에서 두 가지의 광범위한 야외조사를 해야 했을 때, 내가 임학, 습원 경작(독 : Moorwirtschaft, 영 : moor cultivation) 및 농학을 하는 사람들과 밀접한 관계를 맺도록 좋은 기회를 주셨다. 여기서 나는 기후학의 연구 결과를 실무에서 응용하는 데 어디에나 어려움이 있다는 사실을 상세히 알게 되었다. 응용의 문제는 실로 새로운 것은 아니며, 이와 같은 문제를 설명하기 위해서 이미 많은 유용한 연구들이 수행되었고, 바로 이 책이 — 내가 바라는 바와 같이 — 이에 관한 증거를 제시하게 될 것이다. 그러나 체계적인 연구가 아직 수행되지 않았고, 실무자들은 방대한 기상학 문헌으로부터 나온 유용한 논문들을 볼 수 있는 시간도 없고 기회도 없다. 그러므로 내가 『접지기층의 기후(Das Klima der bodennahen Luftschicht)』를 쓰라는 요청을 받았을 때, 나는 미기후학의 문제를 처음으로 집대성할 수 있는 기회를 기꺼이 수락하였다. 나는 이러한 방법으로 여러 사람, 특히 임학에 관심이 많은 사람들로부터 받은 여러 가지 제안에 대해서 감사드리고 싶다. 이 자리를 빌어 내 책의 저술을 위해서 부단히 사심 없이 격려해 주신 슈마우스 교수님께 진심으로 감사드리게 되어 기쁘다.

1927년 7월 뮌헨에서
루돌프 가이거

요약 차례

제1부 미기후학의 기초로서 지표의 에너지수지   7

제2부 식생이 없는 평탄한 지면 위의 접지기층   61

제3부 지표가 접지기층에 미치는 영향   149

제4부 에너지수지 분석   241

제5부 키 작은 식생으로 덮인 지면이 접지기층에 미치는 영향   281

제6부 삼림기후학   327

제7부 지형이 미기후에 미치는 영향   427

제8부 미기후에 대한 인간과 동물의 상호관계   551

제9부 미기후학과 미기상학 연구를 위한 측정기술적 조언 — 구스타프 호프만   639

차례

서 론 ● 1 ....

       제1장   미기후와 연구   1

제1부 미기후학의 기초로서 지표의 에너지수지 ● 7 ....

       제2장   지구 복사수지의 물리적 기초   9

       제3장   에너지수지의 구성요소와 이들의 중요성   13

       제4장   지표의 복사수지   15

       제5장   야간의 장파복사   25

       제6장   토양에서의 에너지 수송 법칙   34

       제7장   대기에서의 에너지 수송. 맴돌이확산   42

       제8장   마찰과 대류로 인한 혼합   44

       제9장   맴돌이확산의 문제로서 온도불안정도, 씨의 산포, 대기오염물질의 분산과 유
                   효굴뚝높이   48

제2부 식생이 없는 평탄한 지면 위의 접지기층 ● 61 ....

       제10장   아래에 있는 지표(토양)의 정상 온도성층   63

       제11장   대기권 최하층 100m의 기온상태   75

제12장 불안정한 하층과 역전 하층   85

제13장 접지기층의 주간 기온   90

제14장 접지기층의 야간 기온   98

제15장 지면 위의 수증기 분포   106

제16장 지표 부근의 바람장과 바람의 영향   114

제17장 부유미립자와 미량기체의 분포   125

제18장 접지기층의 광학 및 음향 현상   138

제 3 부 지표가 접지기층에 미치는 영향 ● 149

제19장 토양형, 토양혼합물, 토양경운(耕耘)   151

제20장 지면 색깔, 표면온도, 지면덮개(멀칭)와 온실   159

제21장 토양수분과 토양동결   171

제22장 작은 수면 위의 기층   192

제23장 호수, 바다와 강 위 수면 부근의 기층   202

제24장 눈과 얼음의 성질과 환경의 상호작용   216

제 4 부 에너지수지 분석 ● 241

제25장 기초와 계산방법   243

제26장 지금까지 에너지수지 측정의 결과   248

제27장 이류의 영향 : 점이기후와 종속적인 미기후   257

제28장 증발에 관한 고찰   267

제 5 부 키 작은 식생으로 덮인 지면이 접지기층에 미치는 영향 ● 281

제29장 식물 구성요소의 에너지수지와 온도   283

제30장 키 작은 식물 피복에서의 복사, 맴돌이확산과 증발   298

제31장 목초지와 경작지의 미기후   309

제32장 정원과 포도원의 미기후   321

제6부 삼림기후학 ● 327

제33장　삼림에서의 복사　329

제34장　삼림에서 대사, 에너지 저장과 바람　344

제35장　삼림에서의 기온과 습도　358

제36장　삼림에서 이슬, 비와 눈　369

제37장　입목 가장자리의 미기후　385

제38장　삼림의 입지기후와 관련된 다른 문제들　400

제39장　삼림이 기후에 미치는 원격 영향　413

제7부 지형이 미기후에 미치는 영향 ● 427

제40장　여러 사면들 위에서의 일사　429

제41장　미환경(최소 공간)에 미치는 상이한 일조량의 영향　441

제42장　야간에 소규모 지형의 영향(찬공기 흐름, 서리구멍)　453

제43장　구릉지와 산지 지형에서의 국지풍　461

제44장　여러 사면의 기후(노출기후)　479

제45장　사면온난대 : 산, 계곡과 사면　492

제46장　고산의 미기후　504

제47장　극지역　522

제48장　지형기후학　533

제49장　동굴기후 : 동굴의 미기후　541

제8부 미기후에 대한 인간과 동물의 상호관계 ● 551

제50장　동물의 행태　553

제51장　동물의 서식지　562

제52장　생물기후학　570

제53장　도시기후　579

제54장　인공 방풍　600

제55장　인공적인 저온방지책　623

제 9 부 미기후학과 미기상학 연구를 위한 측정기술적 조언 — 구스타프 호프만 ● 639

제56장 측정요소를 획득하고 표현하기 위한 일반적 관점   641

제57장 개별 요소의 측정   648

제58장 조합된 측정 및 계산 방법   658

참고문헌   663

약자   745

부호   747

환산표   753

찾아보기   754

제1장 ··· 미기후와 연구

대부분의 사람들은 여러 국립 기상관측망의 관측소에 있는 백엽상을 알고 있다. 이 백
엽상 안에 있는 계기들은 복사와 강수로부터 보호되고 있으나, 지면 위 약 1.5m 높이[1]
에서 측면에 있는 여러 틈을 통해서 공기에 잘 노출되어 있다.

이러한 위치의 높이는 19세기 말경부터 일련의 오랜 관측을 통해 결정된 것이다. 이
높이에서는 선별된 관측 장소의 임의의 영향이 대부분 배제되고, 바로 아래 지면의 성
질이나 상태 그리고 그 위에서 성장하는 식생이 더 이상 아무런 중요한 역할도 하지 못
한다. 따라서 기상관측소는 좀 더 넓은 주변지역을 '대표하게' 되고, 이렇게 관측된 기
후는 똑바로 서서 걷는 사람이 경험하게 되는 기후, 혹은 때로 언급하게 되는 바와 같이,
인간기후(독 : Menschenklima, 영 : human climate)가 된다. 20km, 50km 또는 그
이상 떨어져 있는 기상관측소의 측정값으로 해당 지역의 기후를 언급하게 되는데, 이
기후를 우리가 현재 대기후(독 : Großklima 또는 Makroklima, 영 : macroclimate)라
고 부르고 있다. 모든 국가가 정기적으로 발간하고 있는 기상연보와 지리학자 및 기상
학자가 발간한 기후학 교과서와 기후도에는 대기후가 제시되어 있다.

이렇게 합의된 약 1.5m 높이 아래의 기층을 **접지기층**(接地氣層, 독 : die bodennahe

---

1) 제4판에는 2m로 되어 있으나 미국의 경우 백엽상의 높이가 1.5m이므로 다르게 표현되었다.

Luftschicht, 영 : the air layer close to the ground)[2]이라고 부른다. 지면에 가까워질 수록 많은 대기 요소들이 급격하게 변한다. 예를 들어 지면에 가까워질수록 마찰에 의해서 풍속은 좀 더 감소되고, 공기는 덜 혼합된다. 지면은 태양복사를 흡수하고, 방출복사를 하여 지면과 접촉하는 공기에 영향을 준다. 지면은 또한 증발산(evapotranspiration)을 통해서 대기로 탈출하는 수증기원이며, 토양으로부터 확산되는 부유미립자들과 기체들의 근원이 된다. 기상학자는 우선 이를 통해서 발생하는 접지기층의 특수한 상태들에 매우 관심이 많다. 그 이유는 이러한 특수 상태들이 지구와 대기의 경계층(독 : Grenz-schicht, 영 : boundary layer)에서의 조건들이고, 이에 관한 지식이 없는 대기권에서 일어나는 과정들을 이해할 수 없기 때문이다. 식물이 성장하고, 기상 변동에 특히 민감한 어린 식물이 싹이 터서 정착하며[따라서 자주 접지기층의 기후를 단순히 '식물기후(독 : Pflanzenklima, 영 : plant climate)'라고 부른다], 지면 부근에 제한된 혹은 지면 위나 아래에 사는 동물들과 곤충들이 생존을 위해서 의존해야만 하는 곳이 바로 이 접지기층이다. 따라서 접지기층의 기후를 연구하는 것은 대부분의 살아 있는 생물의 서식지 기후(climate of the habitat)를 연구하는 것이다. 접지기층 기후학을 포괄적으로 **입지기후학**(독 : Standortsklimatologie) 또는 그리스어의 의미로 생태기후학(독 : Ökoklimatologie)이라고 부른다.

이러한 연구의 직접적인 결과로서 어린 식물이 성장하는 곳의 기후 조건이 공식 기상관측망에 대해서 발간되는 기후자료에서 직접 추론될 수 없다는 사실이 드러났다. 이에 대한 한 가지 사례가 42장에서 좀 더 상세하게 논의될 것이다. 이 사례에서는 독일 뮌헨에 있는 공식 기상관측망의 관측소에서 한 해의 5월에 −1.8°C의 기온을 보이며 서리가 내렸던 하룻밤만이 관측되었으나, 같은 달에 뮌헨으로부터 약 20km 교외로 떨어진 곳의 접지기층에서는 −14.4°C까지의 기온을 보이며 서리가 내렸던 23일간의 밤이 관측되었다. 이러한 기온 변동은 농부, 산림감독관, 원예가, 엔지니어, 건축가에게 특히 중요하다.

기상변수들은 지면 부근의 수직적 변화뿐만 아니라 단거리 내의 수평적 변화도 한다. 이러한 변화는 토양의 유형과 토양수분의 변화를 통해서, 심지어 토양 표면의 미미한 경사의 차이를 통해서, 그리고 그 위에서 성장하는 식생의 유형과 키에 따라서 일어난다. 최소 공간 내[3]에서 나타나는 이러한 모든 기후를 '미기후(microclimate)'라는 일반

---

2) 영어본에는 가이거가 표현한 '접지기층'이 여러 가지로 표현되어 있어 제4판을 참조하여 가이거의 원전에 충실하게 '접지기층'으로 일관되게 번역하였다.

3) 독일어판에는 '최소 공간상에서(auf kleinstem Raum)'로 표현되었으나, 영어판에는 '작은 공간 내에서(within a small space)'로 표현되어 있어 독일어판 원전에 따라 번역하였다.

명칭 하에서 함께 분류하였다. 미기후는 국립 기상관측망에서 관측되는 '대기후(macroclimate)'와 대비된다.

이하에서는 국제적으로 통용되고 있는 명칭인 미기후만을 시종일관 사용하도록 하겠다. 소기후 또는 최소기후(독 : Kleinklima 또는 Kleinstklima)와 국지기후(독 : Lokalklima), 장소기후(독 : Ortsklima), 소형기후(독 : Miniaturklima), 피콜로기후(독 : Piccoloklima) 등과 같은 자주 사용되고 있는 다른 명칭들은 그 의미가 다양하기 때문에 사용하지 않겠다. 잠정적으로 대기후와 미기후 이외에 중간 단계가 있는가 하는 문제와도 마주치게 될 것이다. 이에 대해서는 48장에서 다루도록 하겠다.

대기후와 미기후의 차이를 보여 주는 한 가지 사례는 미국 오하이오 주의 네오토마 계곡에서 여러 식생군락의 서식지 기후조건을 분석하고자 울프 등[4]이 행한 측정으로 잘 설명되고 있다. 그들은 몇 개 기상요소의 변동범위를 1942년에 계산하였는데, 하나는 오하이오 주(면적 113,000km^2)의 대표적인 위치에 있는 88개 기상관측소에 대한 것이고, 다른 하나는 0.6km^2 면적 위의 깊게 침식되어 들어간 네오토마 계곡에 설치된 109개 미기후관측소에 대한 것이다. 그 결과(미터법으로 제시되었음)는 아래의 표에 제시되었다. 이 한 계곡에서 관측된 다양한 미기후 조건이 오하이오 주의 상대적으로 일정한 대기후와 현저한 차이를 나타내고 있다.

표 1-1 대기후와 미기후의 차이

기상변수	오하이오 주의 88개 기상관측소	오하이오 주 네오토마 계곡에 위치한 109개 미기후관측소
연중 최고기온	33 ~ 39°C	24 ~ 45°C
연중 최고기온의 출현시기	7월 17일 ~ 19일	4월 25일 ~ 9월 19일
1월 최저기온	−21 ~ −29°C	−10 ~ −32°C
봄의 마지막 서리	4월 11일 ~ 5월 11일	3월 9일 ~ 5월 24일
가을의 첫서리	9월 25일 ~ 10월 28일	9월 25일 ~ 11월 29일
무상기간	138 ~ 197일	124 ~ 276일

기후현상들은 특징적인 기후의 수평적, 수직적, 시간적 차원을 기초로 4개 규모 가운데 하나로 흔히 구분된다. 이들 규모의 범위는 그림 1-1과 표 1-2에 제시된 바와 같이 정확하지 않아서 많이 논의되고 있는 주제인데, 그 이유는 이들의 규모가 대체로 그 밑에 놓인 지표의 지형과 성질에 따라서 변하기 때문이다. 한 개별 지점(site)이나 장소

4) Wolfe, J. N., Wareham, R. T., and Scofield, H. T., Microclimates and macroclimate of Neotoma, a small valley in central Ohio. Bull. Ohio Biolog. Survey 8, Nr. 1, 1~267, 1949.

표 1-2 기후의 공간적 · 시간적 규모

규모	수평범위(m)	수직범위(m)	주 시간단위(초)
미기후	$10^{-3} \sim 10^2$	$-10 \sim 10^1$	$< 10^1$
국지기후	$10^2 \sim 10^4$	$5 \cdot 10^0 \sim 10^3$	$10^1 \sim 10^4$
중기후	$10^3 \sim 2 \cdot 10^5$	$5 \cdot 10^2 \sim 4 \cdot 10^3$	$10^4 \sim 10^5$
대기후	$> 2 \cdot 10^5$	$10^3 \sim 10^4$	$10^5 \sim 10^6$

출처 : M. M. Yoshino[110]

(station)의 기후를 기술하는 미기후는 지면의 마찰항력(frictional drag), 토양형, 지면 경사와 방위, 식생피복, 지면의 토양수분 등의 영향에 기인한 급격한 수직적 · 수평적 변화로 특징지어진다. 국지기후(local climate)는 지면 조건들이 주변 지역의 지면 조건들과 명확하게 구분되는 한 장소(locality)의 기후와 관련된다. 요시노[110][5]는 국지기후[흔히 지형기후(topoclimates 혹은 terrain climate)와 동의어임]가 발달하는 것은 (삼림, 도시와 같은) 지면 피복의 대규모 변화, (강, 호수, 해안과 같은) 수륙분포, (사면, 방위, 고도, 지형과 같은) 지형적 인자들에 의해서 조절된다고 언급하고 있다. 중기후(mesoclimate)는 한 지역(region)의 기후를 기술하는 것인 반면, 대기후(macroclimate)는 대규모 대기순환계에 의해서 지배되는 대륙 규모의 기후를 다룬다. 이 책은 미기후와 국지기후 규모에 초점을 맞추었다.

'기후'라는 개념은 추상적이다. 기후는 항시 광범위한 계산을 통해서만 조사될 수 있다. 그 이유는 기후가 한 장소에서 우리가 '일기 사건들(독 : Wettervorgänge, 영 : weather occurrences)'이라고 부르는 모든 개별 과정들의 총체를 포괄하기 때문이다. 즉 토네이도, 먼지보라(독 : Staubsturm, 영 : dust storm) 또는 늦서리(독 : Spätfrost, 영 : late hoarfrost)와 같은 반복해서 관측되는 특별한 현상을 포함하여 일기의 평균 상태와 규칙적인 경과를 포괄한다. 그러므로 일기 현상에 정통하지 못하면 기후를 이해할 수가 없다. 리너케[104a]는 발표된 16개 정의를 최근에 개관하면서 다음과 같이 정의하고 있다. "기후는 오랜 기간 한 특정 장소에서 특징적인 대기 조건들의 종합이다. 기후는 극심한 사건들을 포함하면서 여러 기상요소들의 평균과 또한 다른 조건들의 확률로 표현된다."[6] 미기후나 국지기후는 중기후와 대기후 규모에서 발생하는 기상요소들과 이들을 연계시켜 충분하게 고려하지 않고는 이해될 수 없다. 한 지점의 기후는 국지 규모의 지면-대기 상호작용뿐만 아니라 특정한 종관 순환패턴들(synoptic circulation

---

5) 대괄호 안의 숫자는 이 책 뒤에 나오는 참고문헌상의 번호이다.

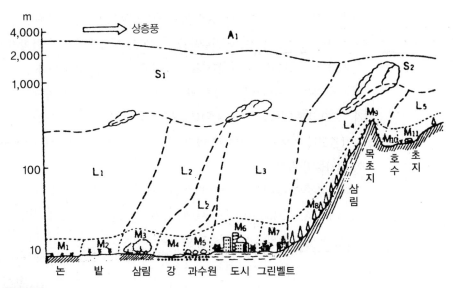

그림 1-1 미기후(M), 국지기후(L), 중기후(S), 대기후(A) 규모의 개략도(M. M. Yoshino[110]. Van Nostrand Reinhold의 허락을 받아 전재)

patterns)의 출현빈도의 산물이다.

접지기층에서조차 삼림 초지(독 : Waldwiese, 영 : forest meadow) 위의 옅은 땅안개(ground fog)나 프레리에서 지면 위를 흩날려 가는 모래로 나타나는 바와 같은 특수한 기상현상이 나타날 수 있다. 그렇지만 정상적으로 접지기층에서의 특수한 기상현상은 그렇게 눈에 띄게 나타나지 않고, 측정계기를 이용해서만 우리가 기상학적 개별 과정들을 그 특성에 따라 추론할 수 있다. 이에 수반되는 개별 과정들을 이해하지 않고는 미기후를 이해할 수가 없다. 이러한 이유 때문에 미기후학(microclimatology) 교과서는 반드시 미기상학(micrometeorology)에 관한 교과서로서 시작해야 한다. 따라서 제1부에서 제4부까지는 기본적인 물리학 원리를 다루었다. 서턴[109]이 '수학자의 천국(mathematician's paradise)' 이라고 불렀던 이론미기후학(theoretical microclimatology)에 주로 관심이 있는 사람은 먼[105], 아리야[100], 스틸[108], 스코러[107]의 저서를 참고해야 할 것이다. 식물과 환경의 상호관계를 정량적으로 연구하려는 사람에게는 존스[102]를 추천하겠다. 이 책은 이론대기과학자들을 위한 것은 아니나, 지면 부근의 평균적인 생활 조건을 이해하고자 하는, 그리고 큰 수학적 · 물리학적 어려움 없이

---

6) "Climate is the synthesis of atmospheric conditions characteristic of a particular place in the long term. It is expressed by means of averages of the various elements of weather, and also the probabilities of other conditions, including extreme events."

이해하고자 하는 계속 증가하고 있는 수의 사람들에게는 도움이 될 것이다. 이들은 식물에 관심이 있는 농부, 산림감독관, 원예가, 포도재배자, 식물학자 등이다. 동물에 관심이 있는 사람들로는 동물학자, 곤충학자, 농부, 가축사육자 등이 있다. 지면 상태에 관심이 있는 사람들로는 교통공학자, 도로건설가, 건축가, 수문학자, 토양학자, 지리학자, 토지이용계획가, 생물기후학자 등이 있다. 이 책이 독자들이 미기후를 발달시키는 과정과 식물, 동물 및 인간과 미기후의 상호관련성을 인식하고 이해하는 데 크게 도움이 되기를 바란다.

미기후학의 발단은 약 한 세기 전으로 거슬러 올라간다. 테오도르 호멘(Theodor Homén, 1858~1923)이 핀란드에서 1893년 8월에 — 그의 시대를 훨씬 앞선 — 여러 토양형에서 열수지를 비교 측정한 것이 우리에게 현재 실질적인 미기후학적 사고방식의 시작으로 간주된다. 1911년에 『최소공간에서의 토양과 기후(Boden und Klima auf kleinsten Raum)』라는 저서[7]를 발간한 독일 뷔르츠부르크의 식물학자 그레고르 크라우스(Gregor Kraus, 1841~1915)는 미기후학의 아버지라 할 수 있다. 그는 칼슈타트 부근 마인 지역의 벨렌칼크게비트에서 극심한 입지 조건을 인식하고 연구를 좋아하는 순수한 마음으로 이를 연구하였다. 그다음에 미기후학의 원리와 실제적인 응용은 특히 오스트리아 빈의 빌헬름 슈미트(Wilhelm Schmidt, 1883~1936)와 독일 뮌헨의 아우구스트 슈마우스(August Schmauss, 1877~1954)에 의해서 발달하였다. 그때 이후로 모든 국가 모든 전공분야의 학자들이 이러한 다방면의 연구 과제를 구축하였다. 미기후학은 심지어 학문적 공동연구에서 흔하지 않은 훌륭한 사례를 제공하고 있다. 그렇지 않으면 학문의 폭이 쉽게 연구의 천박화로, 학문의 깊이가 불건전한 전문화가 될 수 있는 반면, 미기후학은 다행히도 이 위험을 모두 피할 수 있는 것으로 생각된다. 미기후학은 전문 학문으로서 심화될 수 있으며 또한 심화되어야 하고, 많은 인접학문 분야들과 깊은 관계를 가지면서 활기 있고 기대에 어긋나지 않는 폭을 가져야 할 것이다.

---

7) *Kraus, G.*, Boden u. Klima auf kleinstem Raum. Fischer, Jena 1911.

제1부

미기후학의 기초로서
지표의 에너지수지

제2장 지구 복사수지의 물리적 기초
제3장 에너지수지의 구성요소와 이들의 중요성
제4장 지표의 복사수지
제5장 야간의 장파복사
제6장 토양에서의 에너지 수송 법칙
제7장 대기에서의 에너지 수송. 맴돌이확산
제8장 마찰과 대류로 인한 혼합
제9장 맴돌이확산의 문제로서 온도불안정도, 씨의 산포, 대기오염물질의 분산과 유효굴뚝높이

제2장 ··· 지구 복사수지의 물리적 기초

태양복사는 모든 기상요소들 중에서 의심할 바 없이 가장 중요한 요소이다. 그 이유는 태양복사가 우리의 생활 기초이며 대기순환, 해양순환, 물순환을 일으키는 에너지원이고, 지구와 우주의 나머지 사이에서 유일한 에너지 교환 수단이기 때문이다. 이와 같이 태양복사가 가장 중요한데도 불구하고 기상학자들이 복사 문제를 진지하게 연구하기 시작한 것은 20세기에 들어서이다. 이에 대한 근본적인 이유는 복사를 측정하기 위한 계기를 디자인하고 사용하는 것이 기술적으로 어려웠기 때문이다. 복사를 측정하는 어려움은 기온, 기압, 습도, 바람 및 대부분의 다른 기후요소들을 측정하는 단순한 계기에서 발생하는 어려움보다 훨씬 더 컸다. 대기 중의 모든 에너지 교환에서 복사 과정이 중요하다는 것이 널리 인식되고 있다. 이 과정은 미기후학에서 가장 중요하다. 독자들에게 다음의 장들을 이해하는 데 기초가 튼튼한 배경을 제공하기 위하여 가장 중요한 복사법칙들과 지구 복사수지의 기본 이론을 요약하겠다.

에너지는 대기 내에서 네 가지 방법으로 전달될 수 있는데, 이는 전도(conduction), 대류(convection), 숨은열 교환(latent heat exchange), 전자기복사(electromagnetic radiation)이다. 전도의 과정은 분자확산(molecular diffusion)을 필요로 한다. 쇠막대기의 한쪽 끝이 가열되면 에너지는 눈에 보이지 않게 이 쇠막대기 내에서 이동한다. 가열된 분자들의 좀 더 활발한 운동은 충돌에 의해서 좀 더 느리게 운동하는 인접한 분자들로 전달된다.

마찬가지로 비커에 있는 물이 가열될 때 같은 유형의 전도가 쇠막대기에서의 전도처럼 일어나나, 전체 물은 아래로부터 상승하는 가열된 입자들의 흐름으로 훨씬 더 효과적으로 가열된다. 이러한 운동은 인공적으로 채색한 물에서 쉽게 관측될 수 있다. 에너지는 물이 혼합될 때 수송된다. 액체 및 기체의 특징인 이러한 질량교환(mass exchange) 과정은 거의 항시 대기의 조건하에 존재하고, 전도보다 온도차를 최소화하는 데 훨씬 더 중요한 역할을 한다. 이러한 운동을 대류[느낌열 플럭스(sensible heat flux)]라고 부른다. 이에 대해서는 7장과 8장에서 좀 더 상세하게 다룰 것이다.

증발하는 물은 수증기로 방출될 때 매 kg당 약 2.47MJ의 에너지를 필요로 한다. 수증기가 응결할 때 공기가 이 에너지를 이용할 수 있다. 이 경우에 에너지는 물의 상태변화를 통해서 수송된다. 증발과 숨은열 플럭스의 다른 형태는 28장에서 논의될 것이다.

네 번째 방법은 앞의 세 가지 형태와 달리 수송하는 데 물리적 매체를 필요로 하지 않는 전자기복사(electromagnetic radiation) 과정이다. 지구 대기와 관련되는 전자기복사는 0.15~100μ(1μ = 0.001mm = 1,000mμ = 10,000Å)의 범위에 있다. 장파복사는 VHF[1]와 다른 전파(radio wave) 형태이다. 단파복사의 사례는 방사성물질의 x선과 감마선을 포함한다.

사람의 눈은 약 0.36~0.76μ 사이의 복사를 빛으로 인식하며, 0.55~0.56μ 범위에서 가장 민감하다. 사람의 시각 인식(visual perception)이 이러한 스펙트럼 범위에 제한되기 때문에, 이들 복사의 파장을 가시복사(visible radiation)라고 부른다. 색채의 인식은 다음과 같이 파장에 종속된다. 0.36 ← 보라색 → 0.42 ← 청색 → 0.49 ← 녹색 → 0.54 ← 황색 → 0.59 ← 오렌지색 → 0.65 ← 적색 → 0.76. 장파복사는 눈으로 인식할 수 없다. 0.36μ 이하의 복사를 자외선(ultraviolet) 혹은 간략하게 UV라고 부른다.

지구의 대기는 입사태양복사(incoming solar radiation)의 부분을 반사, 산란, 흡수한다. 이들 과정에 의해서 감소되기 전에 대기권의 정상부에서 받는 태양복사를 외기복사[extraterrestrial radiation, 혹은 잠재일사(potential insolation)]라고 부른다. 149.7 × 10⁶km의 평균 지구-태양 거리 M에 대해서 태양광선에 수직인 한 표면 위에 입사되는 태양복사의 강도는 최상의 이용 가능한 관측에 따르면 1,367.7Wm⁻²(±2%)이다. 이 양을 태양상수(solar constant) S라고 부른다. 태양상수는 계절 변화에 따라 태양으로부터 지구의 거리가 변하기 때문에 약 ±3.4% 변한다. 이러한 잠재일사는 πR^2의 면적에 투사되는데, 여기서 R은 지구의 반경(6,371km)이다.

스테판-볼츠만(Stefan-Boltzmann)의 복사법칙 $E = \sigma T_S^4$에 따르면 모든 흑체(black body)는 방출복사의 플럭스밀도(flux density) E(모든 파장에서의 합)가 절대표면온도 $T_S(K = 273.15 + ℃)$의 4승에 비례하는 만큼 복사한다. 비율 상수 σ는 5.675 × 10⁻⁸W m⁻² K⁻⁴의 값을 갖는다. 따라서 다음과 같이 된다.

$$E = 5.675 \times 10^{-8}\, T_S^4 \qquad\qquad (\mathrm{Wm^{-2}})$$

흑체는 그 위에 투사되는 모든 복사를 흡수하며, 스테판-볼츠만의 복사법칙에 따라 연속된 스펙트럼에서 완전하게 복사를 방출한다. 최대 방출복사의 양과 파장은 물체의 표면온도에 종속된다. 자연의 어느 물질도 완전한 흑체가 아니지만, 많은 물질은 그들의 스펙트럼의 넓은 부분에서 흑체에 가깝다. 흑체의 개념은 또한 참조값으로 유용하다. 태양을 흑체에 가깝다고 생각하면 태양의 표면온도 T_S는 태양상수 S를 이용하여 스테판-볼츠만의 복사법칙으로 계산될 수 있다. 태양복사의 플럭스밀도가 태양으로부터의

---

1) 'very high frequency'의 약자이다. 관례에 따라 정한 전자기 스펙트럼으로서 파장이 1~10m이고, 주파수가 30~300MHz인 복사전파를 말한다.

거리의 제곱으로 감소하기 때문에, 그리고 태양의 반경이 $s = 695,560$km인 반면 지구의 반경 R은 태양으로부터 지구까지의 거리 M과 비교하여 무시할 정도로 작기 때문에 $\sigma T_S^4/S = M^2/s^2$이 된다. 이 수식에 의해서 T_S의 값은 5,780K가 된다.

스테판-볼츠만 법칙은 또한 지구가 흑체와 같이 복사한다는 가정에 기초하여 지구의 평균온도에 대한 해답을 제공한다. 복사평형(radiative equilibrium) 조건이 지구에 의해서 방출되는 복사와 태양으로부터 받는 복사 사이에 존재한다고 가정하면, $4\pi R^2$의 면적을 갖는 한 구의 표면에 의해서 복사되는 양은 태양상수 S와 행성알베도(planetary albedo) a_P를 곱한 πR^2의 단면이 받는 양과 같아야 한다. 지구의 평균 흑체 표면온도 T_E는 다음의 방정식으로 계산된다.

$$\sigma T_E^4 \, 4\pi R^2 = S\pi R^2 (1 - a_P)$$

0.30의 행성알베도로 255K $= -18°C$가 된다(따라서 인간을 위한 지구는 태양으로부터 상대적으로 이상적인 거리에 있다. 지구보다 태양에 가까이 위치한 금성은 57°C의 평형온도를 갖고, 좀 더 먼 거리에 있는 화성은 $-46°C$이다). 지면 부근에서 관측되는 지구의 표면온도는 이보다 높은데(287K $= 14°C$) 그 이유는 지구의 대기권 때문이다(4장 참조).

태양으로부터 받는 복사량이 지구에 의해서 복사되는 양과 같을지라도 이 두 가지 유형의 복사는 근본적으로 다르다. 빈의 변위법칙(Wien's displacement law)에 따르면 최대복사강도 λ_{max}는 주어진 온도에 대해서 불변한다. T_S는 절대온도 K이고, λ_{max}가 μ이면,

$$\lambda_{max} = 2,897/T_S$$

이다. 즉 물체의 표면온도가 높을수록 최대복사는 단파 쪽으로 좀 더 많이 변위한다. 태양에 대해서 추정한 값인 5,780K의 표면온도에서 λ_{max}는 약 0.5μ이다. 관측된 최대치는 0.47μ으로 이것은 태양 표면온도가 좀 더 높다는 것을 의미한다(이러한 차이는 태양이 대체로 흑체로서 복사한다는 것을 제시한다). 어느 경우든지 가장 강력한 태양복사는 가시광의 청색-녹색 범위에서 나타난다. 287K의 지구의 실제 표면온도에 대한 최대복사강도의 파장은 약 10.0μ이다.

그렇지만 한 흑체의 방출 스펙트럼은 매우 비대칭적이다(그림 2-1A). 빈의 법칙으로 제시되는 최대 방출파장은 방출되는 에너지를 등분하는 중앙파장(median wavelength) λ_m과 일치하지 않는다. 에너지를 등분하는 중앙파장은 다음의 수식으로 구한다.

$$\lambda_m = 4,110/T_S$$

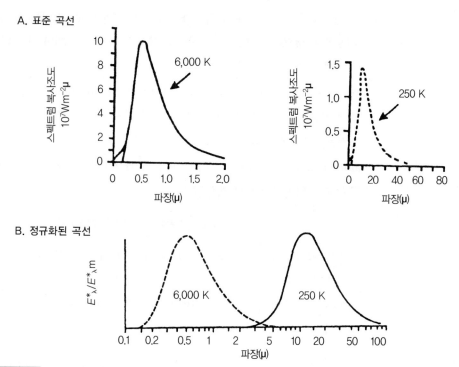

그림 2-1 A. 표준 흑체 곡선, B. 태양(6,000K)과 지구(250K)의 정규화된 흑체 곡선(정규화된 곡선의 출처 : R. L. Fleagle and J. A. Businger[2007])

여기서 T_S는 절대온도 K이고, λ_m은 μ이다. 앞에서 인용한 5,780K와 287K의 흑체온도에 대하여 이 수식으로 태양과 지구에 대하여 각각 0.71μ과 14.3μ의 중앙파장 λ_m이 나타난다(그림 2-1B).

그림 2-1A는 두 개의 흑체에 대해서 방출되는 에너지의 상대적인 분포를 보여 주고 있다. 좌측은 태양에 대한 곡선이고, 우측은 지구에 대한 곡선이다. 그림 2-1A에서 y축의 단위는 비교하기 위해서 정규화되었다. 그림 2-1B는 기상학에서 일반적으로 사람들이 왜 근본적으로 다른 두 개의 복사 흐름을 구분하는가를 제시한 것이다. 태양복사의약 99%는 $0.15\sim4.0\mu$ 범위에 있다. 지구와 대기에 의해서 방출되는 복사는 3.0μ과 대략 100μ 사이에 있다. $3.0\sim4.0\mu$ 사이에서 중첩되는 매우 좁은 부분은 지구와 태양의 총산출의 1% 이하이다. 한 결과로서 4.0μ은 보통 단파(태양)복사와 장파(지구)복사를 구분하는 데 이용된다.

이제 이러한 지구의 복사 과정을 고찰한 후에 지표에서 지배하는 조건들과 에너지수지를 고찰하도록 하겠다.

제3장 ··· 에너지수지의 구성요소와 이들의 중요성

우선 지표가 넓고 전적으로 수평인 이상적인 경우를 고려하도록 하자. 이 경우에 지면-대기 경계는 2차원의 평면이고 질량이 없다. 이 평면은 에너지를 저장하지 않으나, 정상적인 상황하에서 이 평면을 통해서 상당한 양의 에너지가 교환된다. 이제 이러한 에너지 교환을 결정하는 성질들을 살펴볼 것이다.

첫째, 복사는 에너지 교환의 주 인자이다. 입사복사는 태양의 원반(solar disk)과 하늘 둘 다로부터 오는 단파복사의 형태로 지표에 도달하고, 하늘로부터 오는 장파복사의 형태로 지표에 도달한다. 방출복사는 반사된 단파복사의 형태와 장파(또는 지구)복사의 형태로 지표로부터 우주로 되돌아 나간다. 기호로는 지면에 에너지를 더하는 인자들을 양으로 고려하고, 지면으로부터 에너지를 빼앗는 인자들을 음으로 고려할 것이다. 순복사(net radiation) Q^*라고 부르는 입사복사와 방출복사의 합 또는 순수지(net balance)는 양이거나 음일 수 있다(단위 : Wm^{-2}. 제5판에서는 c.g.s 단위를 이용하였다. SI 단위로 전환하는 것은 다음과 같다. $Wm^{-2} = J\,sec^{-1}m^{-2} = 2.388 \times 10^{-5}\,cal\,cm^{-2}\,sec^{-1}$).

두 번째 인자 Q_G는 토양 내에서부터 지면으로 혹은 역방향으로의 에너지 흐름에 의해서 결정된다. 이 인자는 모든 다른 에너지수지 인자와 마찬가지로 Wm^{-2}로 측정된다. 추운 겨울의 야간에 에너지는 지면을 통해 위로 흘러서 Q_G는 양이 된다. 여름의 오후에 Q_G는 음이 되는데, 그 이유는 에너지가 표면으로부터 아래로 수송되기 때문이다. 지면에서 에너지 수송을 지배하는 법칙들은 6장에서 다루도록 하겠다.

세 번째 인자는 지면과 그 위의 공기 사이의 에너지 교환 Q_H이다. 이 인자 역시 양이거나 음일 수 있다. 이 인자는 에너지(열)가 공기로부터 지면으로 흐를 때는 양이고, 에너지가 지표로부터 빠져나갈 때는 음이다. 지면으로의 혹은 지면으로부터의 에너지 수송은 지면으로부터 지면과 접촉하는 기층으로의 열의 분자확산에 종속될 뿐만 아니라 질량교환[맴돌이확산(eddy diffusion)]에도 종속된다. 좀 더 상세한 설명은 7~9장에 있다.

네 번째로 숨은열 Q_E가 있다. 1kg의 물을 증발시키는 데 필요한 에너지의 양(cal)을 기화숨은열(latent heat of vaporization) r_v라 부른다(표 3-1). 에너지 플럭스 항 Q_E는 r_v로 나누어 이것의 질량 플럭스 상당량 $E(kg\,sec^{-1}\,m^{-2})$로 전환될 수 있다.

겨울에 얼음이 '증발' [승화(sublimation)]할 때 물이 증발하는 데 필요한 에너지는 얼음의 융해숨은열(latent heat of fusion, r_f)에 의해서 증가한다($0°C$에서 0.334MJ kg^{-1}). 승화숨은열(r_s)은 $0 \sim -40°C$에서 $2.835 \sim 2.839$MJ kg^{-1}를 필요로 한다. 물과 얼

표 3-1 상태 변화에 대한 숨은열

T	-40	-30	-20	-10	0	10	20	30	40	℃
r_v	2.602	2.575	2.550	2.525	2.501	2.478	2.454	2.430	2.407	MJ kg^{-1} 기화
r_f	0.236	0.264	0.289	0.312	0.334					MJ kg^{-1} 융해
r_s	2.839	2.839	2.838	2.837	2.835					MJ kg^{-1} 승화

음이 증발할 때 Q_E는 음이 된다. 지표에 이슬이나 서리가 내려서 응결숨은열(latent heat of condensation)이나 승화숨은열이 방출될 때 Q_E의 값은 양이다.

지표가 경계면이고 에너지 보존의 법칙에 따라서 에너지를 흡수할 수 없기 때문에 다음의 방정식은 모든 시간 단위에 대해서 충족되어야만 한다.

$$Q^* + Q_G + Q_H + Q_E = 0$$

이것은 지표에서의 에너지 교환을 지배하는 기본 인자들을 포함한 기본 방정식이다. 해양, 호수, 강 위에서는 Q_G 대신에 물과 그 표면 사이의 에너지 교환에 대한 인자 Q_W가 이용된다. 그러면 이 방정식은 다음과 같이 된다.

$$Q^* + Q_W + Q_H + Q_E = 0$$

주변 지역으로부터의 수평 공기흐름[이류(advection)]은 고려되는 지역보다 따듯하거나 춥고, 습윤하거나 건조할 수 있다. 이러한 흐름은 예비적인 이상적 상황에서는 고려되지 않으나 실제 상황하에서는 자주 일어난다. 이러한 이류 과정은 지역의 에너지수지에 영향을 미치고, 앞의 논의가 기초로 했던 가정을 바꾼다. 이 단계에서 이류 과정이 에너지수지 방정식에 미친 영향들을 확인함이 없이 우리는 중요한 실제적인 의미가 있는 이 이류 과정을 방정식에 Q_A로 도입할 것이다. 이류 과정은 27장에서 고려될 것이다.

강수는 지면의 온도에 종속되어 지면이 에너지를 획득하거나 손실하게 할 수 있다. 이것은 부호 Q_R로 표현된다. 이 과정은 또한 우리의 처음 가정에서 무시되었고, 6장에서 논의될 것이다.

따라서 식생이 없는 수평의 지표면에서의 에너지 교환에 대한 완전한 방정식은 다음과 같이 된다.

$$Q^* + Q_G + Q_H + Q_E + Q_A + Q_R = 0$$

지면이 식생으로 덮이면 새로운 인자들이 도입된다(제5부).

이러한 에너지 교환의 주요 인자들의 상대적인 크기와 방향을 제시하기 위해 표 3-2에는 알브레히트[2500]가 1903년 하루의 선별된 시간 동안 독일의 포츠담에서 조사한

표 3-2 독일 포츠담의 에너지수지(Wm^{-2})

전형적 기간	월평균값(1903년)	인자			
		Q^*	Q_G	Q_H	Q_E
여름 낮	6월, 12~13시	284.0	-115.1	-65.6	-103.3
겨울 낮	1월, 12~13시	63.5	-57.2	-2.1	-4.2
여름 밤	6월, 0~1시	-55.8	48.8	14.7	-7.7
겨울 밤	1월, 0~1시	-45.4	14.7	41.9	-11.2

출처 : F. Albrecht[2500]

결과를 제시하였다. 주간에 표면의 에너지수지는 양의 순복사 Q^*에 의해서 지배된다. 복사에너지(radiant energy)의 과잉(Q^*)은 지면(Q_G)과 공기(Q_H)로 흐르고, 물을 증발 시키거나 얼음을 녹이는 데(Q_E) 이용된다. 야간에 에너지는 방출복사와 증발에 의해서 지표로부터 손실된다(이슬이나 서리의 역할은 정량적으로 중요하지 않다). 이러한 지표 에너지 손실은 부분적으로 지면과 지면 위의 공기로부터의 열 획득으로 상쇄된다.

제4장 · · · 지표의 복사수지

복사는 3장에서 언급한 지표의 에너지 교환에서 가장 중요한 인자이다. 부호 Q^*는 복 사수지 또는 순복사를 의미한다. 입사복사가 방출복사보다 크면 수지는 양이다. 입사복 사가 방출복사보다 작으면 수지는 음이다. 음의 수지는 순복사 손실로 기술된다.

복사수지는 그림 2-1에서 구분된 것과 같이 다른 스펙트럼 범위의 두 가지 복사 흐름 으로 이루어진다. 첫 번째 복사 흐름은 태양으로부터의 단파복사이다. 지표에 도달하는 태양복사는 [때로 직달태양복사(direct solar radiation)라고 부르는] 직달 광선(direct beam) 태양복사 S, 즉 구름에 의해서 반사되지 않고, 또는 대기에 의해서 흡수되거나 산란되지 않은 태양의 원반으로부터 방사되는 직달 구성요소(directional component) 와 [때로 하늘복사(sky radiation)라고 부르는] 확산태양복사(diffuse solar radiation) D, 즉 지면에 도달하는 산란된 태양복사로 이루어진 비직달(indirectional) 구성요소로 이루어진다. 수평면에 도달하는 $S + D$의 값을 전천태양복사[global solar radiation, 때로 태양복사조도(solar irradiance)라고 부름]라 부르고 $K{\downarrow}$로 나타낸다. 이 복사 중 일부는 지표에 의해서 반사된다. 이 반사된 태양복사 $K{\uparrow}$는 지면의 성질에 종속된다.

입사외기장파복사(incoming extraterrestrial longwave radiation)는 2장에서 논의

된 지구 복사수지에 대해서는 중요하지 않지만, 장파복사는 지표의 복사수지에 대해서 매우 중요하다. 지구의 대기는 수증기, 물방울, 이산화탄소, 부유미립자, 오존과 다른 미량기체들을 포함하고 있다. 이들 모두는 키르히호프의 법칙(Kirchhoff's law)에 따라 복사를 흡수하고 방출한다. 키르히호프의 법칙에 따르면 주어진 파장과 온도에서 복사 흡수율(absorptivity)은 복사 방출율(emissivity)과 같다(흡수율 = 방출율). 다른 말로 표현하면, 한 물질이 주어진 파장에서 에너지를 잘 흡수하면 또한 그 파장에서 에너지를 잘 방출할 수 있다. 예를 들어 지구는 단파에너지를 잘 흡수한다. 따라서 어떤 이유로 지구의 온도가 태양의 수준까지 상승하면, 지구 역시 이들 파장에서 잘 방출할 것이다. 수증기는 4μ과 10μ 주변에서 에너지를 잘 흡수하지 못한다. 따라서 수증기의 온도에 관계없이 수증기는 이들 파장에서 많은 에너지를 방출할 수 없다.

대기가 방출하는 장파복사 $L\downarrow$를 역복사[counterradiation, 때로 장파복사조도 (longwave irradiance) 혹은 대기복사(atmospheric radiation)라고 부름]라고 부르는 데, 그 이유는 역복사가 지표로부터의 지구복사 손실을 방해하기 때문이다. 역복사는 주간과 야간 둘 다에 일어나지만 주간에 다소 증가한다. 그 이유는 역복사가 대기의 기온, 습도, 구름량에 종속되기 때문이다.

지표는 또한 그 위에 투사되는 모든 장파에너지를 흡수하지는 못한다. 반사된 장파에너지는 장파알베도(longwave albedo)라기보다는 전형적으로 장파반사율(longwave reflectivity)이라고 부르고, $L\downarrow(1 - \varepsilon)$와 같다. 여기서 ε는 (비율로 표시되는) 지표방출율이다. 지표방출율은 같은 표면온도를 갖는 물체로부터의 흑체복사에 대한 표면온도에서 한 물체에 의해서 방출되는 복사율로 정의된다. 9∼12μ까지의 스펙트럼 범위에 대해서 많은 수의 자연 표면의 방출율(흡수율은 방출율과 같다)이 표 4-1에 제시되어 있다. 여기서 대부분의 자연 표면이 장파복사에 대해서 상대적으로 높은 방출율(낮은 반사율)을 갖고 있음을 알 수 있다.

게이츠와 탄트라폰[209]은 3∼25μ 사이의 7개 파장대에서 많은 수의 식물과 나무에 대한 장파반사율을 기록하여 장파반사율이 0∼6% 사이인 것을 밝혔다. 이들 값은 고립된 경우들에서만 초과되었다(레몬나무 잎은 10μ에서 17%의 장파반사율을 가졌다). 팔켄베르크[207]는 10μ 범위에서 0∼8% 사이의 장파반사율을 기록했다. 밝은 모래만이 11%까지의 장파반사율을 가졌다. 일반적으로 자연 표면의 장파반사율은 5% 이하이다. 적설은 새로 내린 눈이 빛의 조건을 크게 향상시키는 가시 스펙트럼 내에서 크게 반사시킨다. 적설은 입사복사의 약 1.4%를 반사시켜서 장파복사에 대한 거의 이상적인 흑체가 된다. 팔켄베르크가 그 내용을 적절하게 표현한 바와 같이, "눈은 그 위에 그을음이 퍼져 있을 때에만 장파복사에 대해서 좀 더 투명할 수 있다."

표 4-1 9~12μ까지의 스펙트럼 범위에 대해서 같은 온도에서 흑체의 복사에너지의 비율로 표현된 자연 표면으로부터의 방출율

물	0.960
신적설	0.986
침엽	0.971
잎들	
옥수수, 콩	0.940
면화, 담배	0.980
사탕수수	0.940
건조한 이탄	0.970
습윤한 이탄	0.983
건조한 세사(細砂)	0.949
습윤한 세사	0.962
두꺼운 녹색 초지	0.986
습윤한 점토질 토양 위의 얇은 녹색 초지	0.975
삼림, 낙엽활엽수	0.950
삼림, 침엽수	0.970
모피, 털	
생쥐	0.940
다람쥐	0.980
산토끼, 늑대	0.990
인간의 피부	0.980
유리	0.940

출처 : U. L. Gayevsky[210]

　스테판-볼츠만의 법칙에 따라 지면이 흑체라면 주간과 야간에 토양표면이 방출하는 복사는 정확하게 $\sigma T_S{}^4$일 것이다(T는 표면의 절대온도 K임). 이러한 조건은 대체로 충족된 것으로 제시되었다. 이 조건이 충족되지 못하는 한도까지 방출복사는 지표방출율의 값에 기초하여 (주어진 표면온도에서) 감소될 것이다. 회색체(gray body)의 표면에 대해서 장파방출복사는 $\varepsilon\,\sigma T_S{}^4$와 같을 것인데, 여기서 ε는 표면방출율이다. 회색체의 방출에 대한 실제 표면온도 T_S와 흑체의 방출에 대한 겉보기 표면 복사온도(apparent surface radiative temperature) T_R[때로 복사온도(radiant temperature) 혹은 상당흑체온도(equivalent black body temperature)라고 부름]은 $\sigma T_R{}^4$와 같은 $\varepsilon\,\sigma T_S{}^4$를 대입하고 T_S와 T_R에 대해서 풀어서 결정될 수 있다. $T_R = \varepsilon^{0.25} T_S$와 $T_S = T_R / \varepsilon^{0.25}$로 제시될 수 있다. $T_S = 300K$이고 $\varepsilon = 0.98$이면 T_R은 T_S의 1.5°C 내에 있다. T_S를 다시 300K로 대입한 0.95의 좀 더 극심한 표면방출율에 대해서 T_S로부터 T_R의 편차는 여전히 4°C 이하이다. 그렇지만 ε의 값이 1.0 이하로 감소하면, [$L{\downarrow}(1 - \varepsilon)$와 같은] 반사된

장파복사량은 증가한다. 지표로부터의 장파방출복사는 부호 $L{\uparrow}$로 표시될 것이다.

자연 표면의 방출율 범위에 대해서 T_S로부터 T_R의 편차가 작기 때문에, 표면은 이 책의 나머지 부분에서 흑체로서 다루어질 것이다. 장파반사율의 항 역시 생략될 것이다. 이러한 가정들이 표면 미기후 연구를 위해서 특히 문제가 되지 않을지라도, 이들은 항공이나 위성의 원격탐사로부터 구한 열적외선 사진을 해석하는 것을 매우 복잡하게 하여 최근에 새로운 연구주제가 되었다. 반 드 그렌드 등[217]은 이러한 연구를 설명하였다. 그들은 보츠와나의 관목-사바나 환경에서 표면의 범위에 대한 8~14μ 파장대에서 표면방출율을 측정하고, 나지의 사양토에 대한 0.914에서부터 사바나 관목(*Euclea undulata*)으로 완전히 덮인 표면에 대한 0.986에까지 이르는 표면방출율을 밝혔다. 표면방출율의 큰 공간적 변동성이 연구지역 내에서 발견되었다. 그렇지만 주어진 표면 유형 내에서 반복되는 측정값이 나타날 수 있다. 그들의 연구는 열적외선 원격탐사의 응용에서 변동할 수 있는 표면방출율의 결과를 논의하기 위하여 검토되어야 할 것이다.

그러므로 복사수지 Q^*는 다음의 방정식으로 제시된다.

$$Q^* = K{\downarrow} + L{\downarrow} - L{\uparrow} - K{\uparrow} \qquad (\text{Wm}^{-2})$$

마지막의 두 인자는 지표의 성질에 종속되는 반면, 처음의 두 인자는 지표의 성질에 종속되지 않는다.

그림 4-1에는 함부르크 기상대에서 관측되어 플라이셔와 그래페[208]가 발간한 어느 여름 낮 12시에서 13시까지(1954년 6월 5일)와 다음 날 밤 0시에서 1시까지의 이들 인자의 크기가 제시되어 있다. 화살표의 폭은 복사강도에 비례한다. 다이어그램을 완전하게 하기 위하여 에너지수지에서 나머지 인자들 Q_H, Q_G, Q_E(3장)가 포함되었다. 이들 인자는 같은 달 함부르크 부근에서 약한 바람이 부는 맑은 날에 프랑켄베르거[2506]가 행한 관측자료이다.

그림 4-1에서는 복사가 총에너지수지에서 얼마나 중요한지 분명하게 나타나고 있다. 주간에 단파복사는 강하다. 지구복사는 24시간 내내 지속되고, 역복사로 크게 보상되었다. 그러나 야간에 에너지수지는 그림 4-1에 제시된 것처럼 완전히 장파복사에 의해서만 지배된다. 이 내용은 5장에서 좀 더 상세하게 논의될 것이다.

콜만[204]은 1년에 대해서 다음의 복사수지를 결정하였다.

S =   1,430.2 MJ m^{-2} yr^{-1}

D =   1,819.3

$L{\downarrow}$ =   10,072.6   복사수지 $Q^* = 1{,}462.7$ MJ m^{-2} yr^{-1}

$L{\uparrow}$ = $-11{,}257.8$

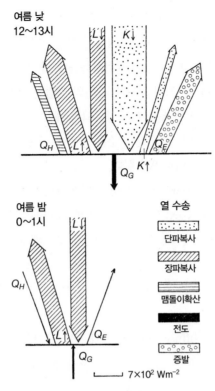

그림 4-1 에너지수지에서 다른 항들과 비교한 복사의 중요성

$$K\!\uparrow = \quad -601.6$$

$1,462.7$MJ m^{-2} yr^{-1} 중에서 86%는 증발(Q_E)에 이용되고, 14%는 공기를 가열(Q_H)하는 데 이용되었다. 지면으로 들어오고, 지면으로부터 나가는 에너지양(Q_G)은 연중 서로 상쇄되었다.

말렉[213]은 미국 유타 주의 상대적으로 건조한 지역에 대해서 다음과 같이 밝혔다.

$$K\!\downarrow = \quad 6,937.7 \text{ MJ m}^{-2} \text{ yr}^{-1}$$
$$K\!\uparrow = \quad -2,457.1$$
$$L\!\downarrow = \quad 9,943.4$$
$$L\!\uparrow = -12,789.7$$
$$Q^{*} = \quad 1,634.4$$

관측 기간 중에 $1,634.4$의 복사수지 중에서 약 25%는 증발(Q_E)에 이용되었으며, 77%는 공기를 가열(Q_H)하는 데 이용되었고, 토양(Q_G)은 약 2% 기여하였다.

주간(또는 여름)에 지표의 순복사 획득이 야간(또는 겨울)에 동등한 순복사 손실에 필적한다고 가정하는 것은 올바르지 않다. 바움가르트너[2501]가 지적한 바와 같이 주간과 야간(또는 여름과 겨울)의 복사수지는 똑같게 필적하지는 않는다. 따라서 한 행성으로서 지구 복사수지의 평형상태와 대비하여(2장 참조) 지표는 복사하는 에너지보다 실질적으로 좀 더 많은 에너지를 받는다. 이러한 차이의 대부분은 증발에 이용된다. 이것은 에너지수지와 물수지 사이의 밀접한 관계를 보여 준다. 에너지 전달과 물 전달 사이의 이러한 관계는 비교 검토되는 에너지수지와 물수지의 연구 결과를 인정한다. 물수지로부터 계산된 증발 수준은 증발에 이용된 상응하는 에너지의 양으로서 에너지수지에서 다시 나타나야만 한다.

이제 자연 표면으로부터 태양복사의 반사를 고찰하도록 하자. 한 물체의 반사계수(reflection coefficient) 또는 알베도(albedo)는 입사태양복사에 대해 반사되는 태양복사의 비율($K\uparrow/K\downarrow$)과 같고, 일반적으로 백분율(혹은 때로 분수)로 표현된다. 한 물체의 반사율은 특정한 파장에서 한 물체가 태양복사를 반사시키는 능력을 측정한 것이다. 따라서 알베도는 입사태양복사의 스펙트럼 구성과 한 물체의 스펙트럼 반사율이 통합된 결과이다.

난반사(diffuse reflection)와 정반사[거울면반사(specular reflection)] 사이에 한 가지 차이가 있다. 입사광선이 방향에 관계없이 반사될 때 이 반사를 난반사라고 부른다. 이러한 유형의 반사는 일반적으로 자연에서 나타나는 거친 표면에서 일어난다. 입사광선이 전형적으로 입사광선에 접하는 한 선을 따라서 특정한 방향으로 반사될 때 이 반사를 정반사라고 부른다.

표 4-2는 0.3~2μ까지의 스펙트럼 범위에 대한 알베도를 나타낸 것이다. 측정하는 데 채용된 방법은 같지 않다. 따라서 정밀도가 다소 변할 수 있다(K. Ya Kondratyev [212]와 R. J. List[4016]). 토양의 알베도는 입자 크기, 광물구성, 토양수분과 유기물 함량, 표면의 거칠기에 따라 크게 변한다. 식생의 알베도도 크게 변한다. 이러한 변화는 식생 유형, 색깔, 수관의 기하학(canopy geometry), 수분함량, 습윤도(wetness), 지면 피복율, 잎의 면적과 크기, 식물의 성장단계에 따라 나타날 수 있다.

눈의 알베도는 결정체의 크기, 밀도, 먼지의 양, 그을음 혹은 혼합된 먼지, 표면의 거칠기, 액체 물의 함량, 눈녹음의 수(number of thaws)에 따라 변한다. 콘드라티에프 [212]는 눈의 알베도가 눈이 녹기 전의 80%로부터 녹은 후의 60%까지 감소한다고 보고했다. 눈의 장파반사율과 단파 알베도는 24장에서 상세하게 논의될 것이다.

해면 알베도는 입사태양복사각, 물의 탁도, 식물플랑크톤 농도뿐만 아니라 물의 거칠기에 의해서도 변한다. 고요한 물에서 알베도는 태양고도가 낮아질수록 커진다(표 4-2). 그러나 거친 물에서 알베도는 태양고도가 높아질수록 커진다. 물의 알베도는 또한 구름량이 증가할수록 감소한다.

표 4-2 0.3~2μ의 스펙트럼 범위에 대한 여러 표면의 알베도(%)

깨끗한 눈	75~98		
녹는 눈	66~88		
매우 더러운 눈	20~30		
언 호수 위의 얼음	12		
해빙 – 약간 작은 구멍이 있는 우윳빛 청색	36		
회색 토양, 건조	25~30		
회색 토양, 습윤	10~12		
흑색 토양, 건조	14		
흑색 토양, 습윤	8		
휴경지, 건조	8~12		
휴경지, 습윤	5~7		
경지, 녹색	10~15		
황색 모래	35		
흰색 모래	34~40		
밝은 세사	37		
밝은 점토			
평탄	30~31		
작은 덩어리로 덮임	25		
큰 덩어리로 덮임	20		
새로 갈아 놓음	17		
봄밀	10~25		
면화	20~22		
양상추	22		
사탕무	18		
키 큰 목초	18~20		
참나무	18		
소나무	14		
전나무	10		
해면			
태양고도		거침	고요
90°		13.1	2.1
60°		3.8	2.2
30°		2.4	6.2
구름			
150m 이하의 두께	5~63		
150~300m 두께	31~75		
300~600m 두께	59~84		

출처 : K. Ya Kondratyev[212] and R. J. List[4015]를 수정하였음.

구름의 알베도는 층후가 두꺼워질수록 증가한다. 구름의 알베도는 얇은 구름에서는 빠르게 증가하나, 구름의 층후가 200~300m 이상이 되면 느리게 증가한다. 독자들은 콘드라티에프[212]의 연구에서 구름 알베도의 변화, 층후, 구름형, 구름량(%), 계절변화에 따른 변화에 관한 좀 더 상세한 정보를 참고할 수 있다. 독자들은 구름량, 태양고도에 따른 알베도 변화, 그리고 구름량과 계절에 따른 식물 알베도의 변화에 대해서 아흐마드와 록우드[200]의 연구를 참고할 수 있다. 독자들은 태양고도와 파장의 함수로서 여러 토양과 식생 유형으로부터 반사되는 태양에너지의 양에 관한 논의에 대해서 쿨슨과 레이놀즈[205]의 연구를 참고할 수 있다.

앞서 지적한 바와 같이 알베도는 표면의 성질뿐만 아니라 표면 수분함량의 영향도 받는다. 습윤한 표면은 건조한 표면보다 어둡게 보인다. 이와 관련하여 옹스트롬[201]은 회색 모래의 알베도가 습윤하게 될 때 18%로부터 9%까지 감소하는 것을 관찰했다. 키가 큰 밝은색 풀의 알베도는 습윤하게 될 때 32%로부터 20%까지 감소했다. 뷔트너와 수터[203]는 독일 암룸의 사구에서 건조 상태에서 습윤 상태로 변할 때 37%로부터 24%까지 알베도가 감소하는 것을 관측했다. 표 4-3은 이러한 감소현상의 파장에 대한 종속성을 제시한 것이다.

옹스트롬은 다음과 같이 설명하였다. 지면의 일부나 식물이 수층으로 덮여 있을 때 광선은 어느 방향에서든 이 수층으로 들어갈 수 있다. 그러나 광선은 전체 반사에 대한 임계각 이하의 각도로 물의 표면에 도달해야만 탈출할 수 있다. 표면의 상태가 일변화와 계절변화를 하기 때문에 그에 상응하는 알베도의 변화 주기가 있다. 표 4-4에는 자우버러[215]와 디름히른[206]이 측정한 오스트리아 빈 부근의 목초지와 다뉴브 강의 수면에 대한 월평균 알베도가 제시되어 있다. 눈이 없는 목초지의 알베도는 겨울에 낮은데, 그 이유는 아마도 목초지가 조밀하지 않아서 좀 더 많은 에너지가 토양표면에서 흡수되기 때문일 것이다. 이것이 입사태양복사가 식생의 질량 속(표면이 거침)으로 좀 더 깊숙이 침투하게 하며, [낮은 알베도를 갖는(표 4-2)] 지면이 좀 더 많은 에너지를 흡수하게 한다. 다뉴브 강의 수면은 또한 낮은 태양 입사각으로 인하여 겨울에 좀 더 높은 알베도를 갖는다(표 4-2).

구름량과 수평적 가려막기[차폐(shielding)]의 영향은 디름히른[206]의 추가 자료에서 찾을 수 있고, 일변화는 자우버러와 디름히른[217]의 연구에서 찾을 수 있다. 계절변화는 지면의 조건에 의해서 결정된다. 라우셔[213]는 지면의 조건을 적설, 질퍽눈

표 4-3 모래가 습윤해질 때 파장(μ)의 함수로서 알베도(%)가 감소하는 현상

파장	0.4	0.5	0.6	0.7	0.8
건조한 모래	20	23	29	30	30
습윤한 모래	10	12	15	16	19

출처 : F. Sauberer[214]

표 4-4 오스트리아 빈 부근의 월평균 알베도(%)

월	1월	2월	3월	4월	5월	6월	7월	8월	9월	10월	11월	12월
목초지, 식생의 발달에 종속	13	13	16	20	20	20	20	20	19	18	15	13
목초지, 겨울의 적설을 고려	44	39	27	20	20	20	20	20	19	18	21	36
다뉴브 강의 수면	11.2	11.4	10.7	10.0	9.0	8.6	8.6	9.7	9.5	11.7	11.8	11.9

(slush), 습윤한 토양과 건조한 토양, 마른서리(dry frost)의 빈도 등치선의 형태로 오스트리아 빈에 대해서 도표를 작성하였다.

0.36μ 이하의 단사복사에 대한 반사율은 태양복사의 전체 스펙트럼 범위에 대해서 표 4-4에 제시된 수치보다 상당히 낮다. 적설만이 자외복사를 크게 반사하는 것으로 나타난다(80~85%까지).

정반사는 방향성(directional)이 있어서 태양광선의 입사각에 종속된다. 이러한 유형의 반사는 수면과 모래 표면에서 일어나고, 하천 제방과 해안의 기후에 대해서 중요하다(22장). 그림 4-2는 알베도와 태양고도 사이의 관계를 나타낸 것이다. 천정에서부터 40° 고도까지 표 4-2에 제시한 값들에서 변화가 거의 없다. 하늘에서 태양고도가 낮아질 때 알베도는 뚜렷하게 증가하는데, 이는 지는 해의 눈부신 광선이 물에 반사될 때 경험하게 되는 것과 같은 현상이다. 놀랍게도 거친 모래 표면에서도 어느 정도까지는 이와 비슷한 현상이 나타난다.

표면에 의해서 반사되지 않는 복사는 흡수된다. 자연의 표면들은 대체로 형태가 불규칙하다. 자연의 표면들은 그 사이에서 복사가 침투할 수 있는 입자들 혹은 알갱이들로 이루어졌다. 표면의 에너지수지에 관한 한 이러한 사실은 정량적으로 중요하지 않으나, 박테리아 및 조류(藻類)의 생활과 빛의 자극을 필요로 하는 종자의 발아에는 매우 중요하다. 표면 아래로의 거리가 증가할수록, 태양 스펙트럼의 장파들이 더욱더 강하게 나타난다. 적색 빛이 표면 아래에서 지배적인데, 그 이유는 적색 빛이 좀 더 강하게 반사되기 때문이다. 자우버러[214]는 반사량이 서로 다른 토양형에 따라서 상당히 변한다는 것을 제시하였다.

바움가르트너[202]는 분급된 석영질 모래, 인공 빛과 셀레늄 셀(selenium cell)을 이

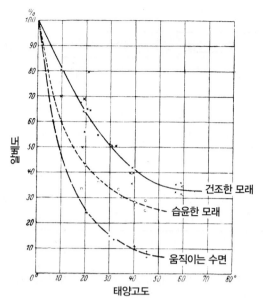

그림 4-2 모래 표면과 수면으로부터 햇빛의 정반사(K. Büttner and E. Sutter[203])

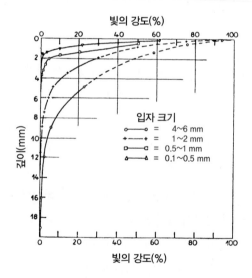

그림 4-3 다양한 입자 크기의 모래로의 빛의 침투(A. Baumgartner[202])

용하여 지면에서 빛의 분포를 조사하였다. 그림 4-3은 완전히 건조한 상태에서 0.1∼
6mm 사이의 크기를 가진 알갱이들에 대한 결과를 제시한 것이다. 입자들이 클수록 좀
더 많은 복사가 침투할 수 있다. 미세한 입자의 모래인 경우에, 특히 약간의 양토와 혼합
되었을 때, 침투하는 빛은 처음 1mm에서 1/1,000까지 감소하였다. 퀸[211]은 투사된
빛의 1/2만이 먼지와 같이 고운 구조를 가진 토양에서 0.015mm 깊이까지 침투하는 것
을 제시하였다.

제5장 ··· 야간의 장파복사

야간에 순복사 방정식에서 S, D, $K\uparrow$ 항들은 0이다. 그러면 복사수지는 $Q^* = L\downarrow - L\uparrow$ 이 된다. 순장파복사 $L\downarrow - L\uparrow$은 L^*로 표기할 것이다. 야간의 복사수지는 관측 장소 위 대기로부터의 역복사에서 (흑체복사체로서) 지면으로부터의 스테판-볼츠만 복사를 뺀 것과 같다. Q^*의 값들은 야간에 거의 항시 음인데, 그 이유는 예외적인 상황을 제외하고 보통 두 번째 항이 첫 번째 항보다 크기 때문이다.

역복사는 수증기, 구름방울, 이산화탄소, 부유미립자, 오존 및 다른 미량기체들로부터 이들이 존재하는 양과 온도에 비례하여 나온다. 슈나이트[530]로부터 인용한 그림 5-1은 수증기(a)와 이산화탄소(b)의 선택흡수(selective absorption)를 설명하는 것이다.

수증기(가강수 액체 0.1mm당)와 CO_2(표준 상태하에서 1m의 공기당)의 흡수계수는 두 개의 서로 다른 파장 λ 단위에 대해서 제시되었다.

그림 5-1은 또한 여러 파장에서 수증기와 이산화탄소에 의해서 방출되는 에너지양을 나타내고 있는데, 그 이유는 키르히호프의 법칙(Kirchhoff's law)에 따르면 방출은 주어진 파장과 온도에 대한 흡수와 같기 때문이다. 이산화탄소는 2.8μ, 4.3μ, 14.9μ에 중심을 둔 몇 개의 잘 구분되는 흡수대에서만 흡수한다.

2006년에 이산화탄소는 건조한 부피를 기초로 한 백분율로 대기 기체의 약 0.0377% (377ppm)였다. 이산화탄소는 하와이의 마우나 로아(1959~2006년)에서 화석연료의

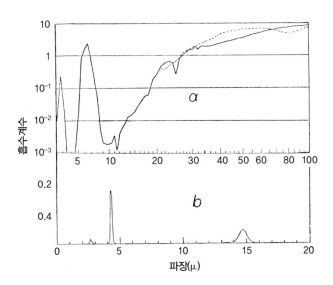

그림 5-1 수증기(a)와 이산화탄소(b)의 흡수 스펙트럼(F. Schnaidt[530])

연소와 삼림의 개간에 기인하여 연 0.45%(1.6ppm) 증가했다. CO_2는 현재 기체들에 의해서 방출되는 총역복사의 약 1/6을 차지한다. CO_2가 증가하면 대기의 어느 층에서 CO_2에 의해서 흡수되는 에너지양도 증가할 것이다. 독자들은 세계의 대기 수준과 CO_2 및 다른 미량기체들의 수준 변화에 대해서 『Trends : A Compendium of Data on Global Change』[T. A. Boden et al., 504]를 참고할 수 있다. 볼츠[505]에 의하면, 오존에 의한 역복사량은 전체의 약 2%에 불과하다. 따라서 대기의 변화하는 수증기량 및 변화하는 기온이 변화하고 있는 관측된 역복사량에 대한 주요 원인이 된다. 그림 5-1은 수증기가 2.7μ에 중심을 두는 뚜렷한 흡수대와 6.3μ 주변에 최대치가 있는 매우 넓은 흡수대를 갖는다는 것을 보여 준다. 13μ 이상으로 파장이 길어질 때, 대기는 실제로 모든 복사가 흡수될 때까지 점점 더 불투명해진다. 그 사이의 범위에 두 개의 스펙트럼 범위가 있는데, 하나는 약 4μ에 있고, 다른 하나는 $8\sim13\mu$에 있다. 이들을 대기의 '창'이라고 부른다. 첫 번째 창(4μ)에서 흡수는 실제로 0인 반면, 두 번째 창에서 흡수는 약 10%에 불과하다. 4μ대 주변에는 매우 적은 입사태양복사 또는 장파방출복사만이 있다(2장). 그러므로 $8\sim13\mu$의 두 번째 창이 야간 복사수지에서 선도적인 역할을 한다. 대기 중에 아무리 수증기가 많다고 하더라도 두 번째 창은 이들 파장에서 거의 복사를 흡수하지 않는다.

대기에서 기체들이 복사를 흡수하는 것을 고찰하는 또 다른 방법은 한 기체가 얼마나 효과적으로 대기 중 기체들의 농도에 상관없이 서로 다른 파장에서 복사를 흡수하는가이다. 그림 5-2에서는 $8\sim13\mu$ 범위 내에서 오존이 9.6μ 주변에서 복사를 크게 흡수하는 것으로 나타나고 있다. 대기권 하층에서는 오존농도가 매우 낮아서[보통 약 20ppb이나 때때로 10ppb 이하이다(D. Kley et al.[523])] 이 파장에서 대부분의 에너지는 지표 부근에서 흡수되지 않는다. 그러나 오존농도가 경우에 따라서 800ppb를 초과하였으며, 매우 규칙적으로 200ppb를 초과하는 것으로 기록된 일부 도시에서 오존이 수증기 창에서 복사 손실을 감소시키는 데 중요치 않은 역할만을 할 수 있다. 그러나 도시들에서 오존농도가 전형적으로 주간에 최대에 이르고, 이른 저녁에 급격히 감소하여 일출경에 최저에 이른다는 것을 주목해야 한다. 대기 중에서 오존 전구체들(precursors)의 방출이 증가하면 대류권의 오존농도가 증가하였다. 앤젤과 코쇼버[500] 그리고 볼츠와 클레이[534]는 중유럽 농촌지역들의 오존 수준이 지난 세기에 대략 두 배가 되었다는 것을 제시했다. 피쉬맨 등[514]은 북반구의 오존농도가 상승하여 반구의 평균기온을 0.2℃ 상승시켰다는 계산을 했다. 대류권의 오존농도가 더 증가하면 추가적으로 가열될 것이다(O. Hov[519], M. Lal et al.[524]).

대기권의 모든 층들이 역복사에 관계하지만, 개개의 층들이 역복사를 하는 정도는 매

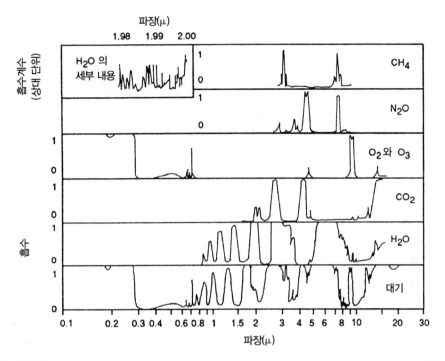

그림 5-2 CH_4, NO_2, O_2, O_3, CO_2, H_2O와 대기권의 흡수 스펙트럼(R. G. Fleagle and J. A. Businger [2006], J. H. Howard[519] and R. M. Goody and G. D. Robinson[514]에서 재인용)

우 다르다. 체파와 로이터[510]는 가강수량 14.25mm의 정상적인 대기의 수증기량에 대해서 일련의 층들(각 층은 0.6mm의 가강수량을 포함하고 있음)로부터 지면에 도달하는 총역복사의 상대적 백분율을 추정했다. 6개의 최하층들에 대한 그들의 계산이 표 5-1에 제시되어 있다. 지면 위에 87m까지만 뻗어 있는 첫 번째 층이 역복사를 하는 비율은 총역복사의 72% 이하이고, 다음 89m 층이 역복사를 하는 비율은 추가로 6.4%에 불과하다. 이러한 현상은 부분적으로 장파복사의 낮은 침투력에 종속되는데, 이것은 다시 파장에 종속되는 특성이다. 상층들은 매우 적은 지표 역복사를 하며, 지표 역복사는 고도가 높아질수록 점진적으로 감소한다.

역복사는 복사전달이론(radiative transfer theory)으로부터 추정될 수 있다(K-N. Liou[527]). 그렇지만 라디오존데 관측으로 각 대기층의 수증기 함량과 기온에 관한 자료가 제공되어야 한다. 이러한 측정들이 단지 제한된 수의 관측소에 대해서만 이용될 수 있기 때문에 미기후학에서는 다른 방법이 이용된다. 하늘 반구(sky hemisphere)가 회색체처럼 복사한다고 가정하면, 우리는 지표면에 대해서 개발한 것과 유사하게 다음과 같이 역복사방정식을 쓸 수 있다(4장).

$$L\downarrow = \varepsilon_{sky}\sigma T_{sky}^{4}$$

표 5-1 지표에서 받는 역복사에 대한 여러 대기층의 기여율

층의 두께(m)	87	89	93	99	102	108
역복사의 기여율(%)	72.0	6.4	4.0	3.7	2.3	1.2

여기서 ε_{sky}와 T_{sky}는 각각 하늘의 방출율과 복사온도이다. 이 방정식으로 역복사의 기본적인 이론을 알 수 있지만, 실제적인 응용을 할 수는 없는데, 그 이유는 대기가 ε_{sky}와 T_{sky}가 평가될 수 있는 명백하게 확인 가능한 표면을 갖고 있지 않기 때문이다. 그 결과로서 역복사는 표면 기층의 특성에 기초하여 일상적으로 다음과 같이 추정되었다.

$$L{\downarrow} = \varepsilon_A \sigma T_A^4$$

여기서 ε_A와 T_A는 백엽상 높이에서 추정된 대기의 방출율과 기온이다. $L{\downarrow}$와 T_A를 관측하여 ε_A는 경험적으로 추정될 수 있는데, 그 이유는 $\varepsilon_A = L{\downarrow}/\sigma T_A^4$이기 때문이다.

수많은 경험식이 수년 동안 전체 하늘 반구로부터 수평면이 받는 역복사를 추정하기 위하여 개발되었다. 옹스트롬[501]은 역복사를 지배하는 대기층에서 우세한 조건들을 추정하기 위하여 백엽상 높이에서의 기온 T_A(K)와 수증기압 e를 이용한 최초의 방법 중 하나를 개발했다. 옹스트롬[501]은 맑은 하늘의 조건에 대해서 다음과 같은 관계를 유도하였다.

$$L{\downarrow} = \sigma T_A^4 (a - b \cdot 10^{-ce}) \qquad (\text{Wm}^{-2})$$

여기서 σ는 스테판-볼츠만 상수이고, a, b, c는 경험 상수이다. 볼츠와 팔켄베르크[507]는 포괄적인 측정을 이용해서 이들 상수를 $a = 0.820$, $b = 0.250$, $c = 0.126$으로 계산했다. 이들 수치는 이들 값이 측정된 독일의 발트 해안에 주로 맞는다. 그러나 힌츠페터[517]는 이들 값이 중유럽에서 측정된 다른 일련의 기록들과 비교하여 다소 낮다는 것을 지적하였다. (이들 값을 이용하려고 개발된) 그림 5-3은 역복사를 결정하는 데 포함된 변수들 사이의 관계를 나타낸 것이다.

온도 T_A를 갖는 한 물체의 장파복사수지는 $L^* = L{\downarrow} - \sigma T_A^4$이 된다. 이것은 위에 제시된 방정식과 함께 다음과 같이 된다.

$$L^* = -\sigma T_A^4 (1 - a + b \cdot 10^{-ce}) \qquad (\text{Wm}^{-2})$$

'유효방출복사[effective outgoing radiation, 또는 순장파복사(net longwave radiation)]'라고 부르는 L^*의 값은 백엽상 높이에서의 기온과 습도를 읽고 하늘 방향을 향하는 복사 측정계기를 이용하여 측정될 수 있다. 야간에 Q^*는 L^*과 같을 것인데, 그 이유는 태양복사가 없기 때문이다.

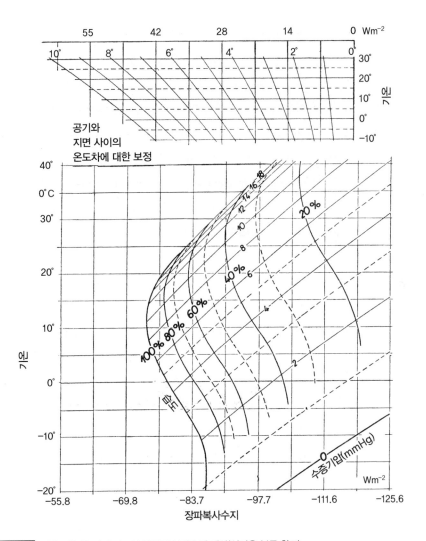

그림 5-3 맑은 하늘을 가진 지표의 야간의 복사수지 계산(설명은 본문 참조)

그림 5-3은 L^*(x축)의 값을 백엽상 높이에서의 기온 T_A(y축, °C) 및 습도 e의 변화와 비교한 것이다. 습도는 등수증기압선 e (mm-Hg) 또는 등상대습도 곡선(%)으로 제시될 수 있다. 이 그래프는 독일 발트 해안의 야간의 맑은 하늘에 대한 것이다. 구름량의 영향은 차후에 논의될 것이다.

대기 중의 수증기 함량의 증가는 장파복사의 순손실의 제한된 감소로만 나타나는데, 그 이유는 앞서 언급한 바와 같이(그림 5-1) 하늘을 향한 2개의 '창'이 항시 열려 있기 때문이다. 예를 들어 기온이 10°C이고, 상대습도가 60%이면, 그림 5-3에서 L^*의 값은 -85Wm^{-2}이다. 야간에 보통 그러한 것처럼 지면온도가 기온보다 낮으면, 방출복사 손실의 감소는 그림의 상단에 있는 추가된 다이어그램으로부터 구한다. 위의 사례에서 지면이 공기보다 5℃ 차가울 때(기온 10℃, 상대습도 60%), 26Wm^{-2}의 보정 인자가 추가되어 지면에 대한 −59Wm^{-2}의 장파복사수지가 나타난다. 찬공기의 유입이 있을 때와 같이 지면의 온도가 공기에서보다 높으면, 보정은 뺀다. 그림 5-3은 또한 지면온도가 낮을 때 야간의 복사 손실이 얼마나 많이 감소하는가를 보여 준다. 하늘로만 향한 지구복사계(pyrgeometer)[2]로 측정된 유효방출복사는 실제로 지면의 방출복사보다 크다.

여러 수식이 일반적으로 응용될 수 있다고 생각되는 완전한 스펙트럼의 맑은 하늘의 역복사(full spectrum clear sky counterradiation)를 추정하기 위하여 개발되어 왔다. 이들은 백엽상 높이의 습도(D. Brunt[508], W. Brutsaert[509], P. Berdahl and M. Martin[503]), 백엽상 높이의 기온(S. B. Idso and R. D. Jackson[522], W. C. Swinbank[532]) 또는 백엽상 높이의 습도와 기온 둘 다(W. Brutsaert[509], S. B. Idso [521])에 기초한 수식들을 포함하고 있다. 관측된 맑은 하늘의 역복사를 추정된 맑은 하늘의 역복사와 비교하면 측정된 값의 5% 이내에서 모델 오차가 제시된다(A. J. Arnfield[502], J. L. Hatfield et al.[516], M. Sugita and W. Brutsaert[531]). 역복사를 결정하는 이들 방법은 문제가 되는 수평 위치 위의 반구에서 하늘 천장(sky vault)의 개별 지역의 기여율을 적분하는 것이다. 미기후학에서는 하늘의 서로 다른 부분들로부터 받는 복사의 흐름이 실제로 다르다는 것을 유념하는 것이 중요하다. 지면의 어느 지점 위의 공기 두께, 그리고 이산화탄소량, 오존량, 수증기의 가강수량은 천정 방향으로 가장 적다. 언스워드와 몬테이드[533]는 잉글랜드의 미들랜즈(53°N)와 수단(14°N)에서 3년 동안 46개 관측자료를 분석하여 하늘로부터의 역복사 $L\!\downarrow$ 의 각도에 따른 분포를 조사하였다. 그들은 역복사 $L\!\downarrow$ 의 각도에 따른 분포가 천정으로부터의 각편차(태양의 천정각 Z)에 따라 변하나, 진북으로부터의 각편차[태양의 방위각(solar azimuth)]와는 관계가 없다는 것을 발견했다. 그들은 역복사를 백엽상 높이의 기온과 관련시켜서 맑은 하늘에 대한 대기의 겉보기 방출율(apparent emissivity)이 $\ln(u \sec Z)$의 선형함수이며, 다음과 같이 기술될 수 있다는 것을 밝혔다.

$$\varepsilon(Z) = a + b \cdot \ln(u \sec Z)$$

여기서 u는 가강수량(cm)이다. 잉글랜드의 미들랜즈에 대해서는 $a = 0.70 \pm 0.05$와 $b = 0.09 \pm 0.002$이고, 수단에 대해서는 $a = 0.67 \pm 0.03$과 $b = 0.085 \pm 0.002$이다. a와 b에 대한 값에서 산포와 체계적인 변동은 중요한 연직기온경도에, 특히 역전 또는

---

2) pyrgeometer는 사단법인 한국기상학회의 『대기과학용어집』에 '지구복사계'로 번역되어 있고, 국립기상연구소 정보마당의 장비소개에는 '장파복사계'로 번역되어 있다(http://www.metri.re.kr/metri_home/information/uEquipIntroduction.jsp).

강한 감율 조건(lapse condition)에 기여하고, 에어러솔의 복사효과에 기여했다. 온흐림(overcast sky) 하늘로부터 $L{\downarrow}$의 각도에 따른 분포는 맑은 하늘의 경우와 구별할 수 없는 것으로 확인되었다. 그러므로 최저 역복사량은 천정 방향에서 받게 된다. 방출복사가 지표로부터 하늘반구의 모든 방향으로 똑같이 방출되기 때문에 순장파복사 손실은 천정 방향에서 가장 크다. 팔켄베르크[513]는 천정으로부터의 역복사가 하늘반구로부터의 역복사에 대한 28쪽에 제시된 방정식과 유사한 방정식을 따른다는 것을 제시하였다. 그러나 상수의 값이 달라서 다음과 같은 방정식이 된다.

$$L{\downarrow}_{\text{zenith}} = \sigma T_{\text{A}}^4 \, (0.78 - 0.30 \cdot 10^{-0.065e}) \qquad (\text{Wm}^{-2})$$

천정으로부터의 역복사는 전체 하늘반구에 대한 역복사보다 훨씬 작다. 지면의 한 지점으로부터 바로 위로 측정된 광학공기질량(optical air mass) 또는 대기의 두께는 다른 어느 방향으로의 대기를 통한 거리보다 얇다. 이 두께는 천정으로부터의 편차가 커질수록 증가하는데, 48°에서는 천정 두께의 1.5배, 60°에서는 2배, 71°에서는 3배가 된다. 유효방출복사 L^*은 천정각이 수평 방향으로 증가하는 것과 비례하여 감소한다. 표 5-2는 천정 방향으로의 유효방출복사를 100으로 하여 7.2hPa의 수증기압에 대해서 뒤부아[512]가 측정한 L^*의 상대값을 제시한 것이다. 광학공기질량의 값 m은 비교할 목적으로 포함되어 있고, 데이비스와 맥케이[511]가 제시한 다음 방정식으로 구한다.

$$m = 35/[\text{sqrt}(1 + 1224 \cdot \cos^2 Z)] \cdot P/1013$$

여기서 Z는 태양의 천정각(°)이고, P는 기압(hPa)이다.

　뒤부아[512]의 측정으로 라우셔[526]는 수많은 서로 다른 유형의 지형에 대한 유효방출복사를 결정할 수 있었다. 다음의 결과는 뒤부아[512]가 이용한 7.2hPa의 수증기압에 기초한 것이다. 5개의 다른 기하학적 형태가 그림 5-4에 스케치로 제시되어 있다. 이들은 다음의 내용을 포함하고 있다.

　A. 한 장소를 둘러싸고 있는 수평면이 지면의 움푹한 곳(hollow), 삼림에서 원형 개간지(circular clearing)의 중앙 또는 원형극장에서처럼 각 α까지 균등하게 가려질 때, 이러한 지형을 분지(basin)라고 한다. 표 5-3의 A열의 수치들은 여러 차폐

표 5-2 천정으로부터의 서로 다른 각에 대한 상대유효방출복사

천정으로부터의 편차 (°)	0	10	20	30	40	50	60	70	80	90
광학공기질량	1.00	1.02	1.06	1.16	1.31	1.56	2.00	2.92	5.69	35.0
L^*(상대값)	100	100	98	96	93	89	81	69	51	0

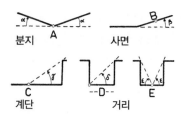

분지 A 사면

계단 C   거리 D   E

그림 5-4 유효방출복사를 논의하는 데 참고한 지형 특징들

각에 대해서 한 평면에 의해서 방출되는 방해받지 않는 복사의 백분율로 유효방출 복사를 제시한 것이다. '하늘조망인자(sky view factor)'의 개념에 기초한 복사교 환에 대한 이와 유사한 차폐각 효과의 논의는 오크[3332]에 제시되어 있다. 지면 에서 매우 주목할 만한 약 20°의 차폐각이 9% 이하로 복사손실을 감소시킨다는 것은 놀라운 일일 것이다. 이것은 장애물이 수평면 가까운 곳의 유효방출복사에 얼마나 미미하게 영향을 미치는가를 나타내는 것이다. 따라서 수평면에 장애물이 전혀 없지 않은 이상, 복사 측정은 실제로 정확하다. 30° 높이 위의 하늘 부분은 하늘의 1/2을 포함하나, 방출 손실의 거의 80%가 하늘의 이 1/2을 통해서 나간다.

B. 평탄한 표면이 수평면으로부터 각 β로 기울어져 있으면 유효방출복사는 감소되는 데, 그 이유는 어떤 측정할 만한 양의 복사도 수평선 아래로 향하지 않기 때문이다 (L^*에 대해서 균질온도분포를 가정하는 것은 확실히 Q^*에 대해서 타당하지 않 다). 이러한 감소는 작은 각의 기울기에 대해서는 무시할 수 있는 것이고, 자연적 으로 나타나는 경사가 가장 급한 사면들에서조차도 10%에 이르지 않는다. 그렇지 만 수직벽($\beta = 90°$)은 평탄한 지면의 단지 40%의 유효방출복사를 한다.

C. 암벽, 인공벽, 건물, 방풍림, 울타리, 또는 삼림지역의 가장자리와 같이 지면에서 급격하게 솟은 계단 부근에서는 (그림 5-4에서 종이 면과 직각을 이룬) 지면을 따 라서 어느 방향으로나 끝없이 뻗어 있는 것으로 생각될 수 있어서 유효방출복사는

표 5-3 완전히 열린 수평면으로부터의 복사에 대해 차폐되거나 경사진 표면으로부터의 유효방출복사의 비율(%)

차폐각(°)		0	5	10	15	20	30	45	60	75	90
분지(α)	A	100.0	99.6	98.2	95.5	91.5	79.3	54.9	28.2	7.9	0.0
사면(β)	B	100.0	99.6	98.6	97.0	95.1	90.0	79.6	66.7	52.8	39.6
계단(γ)	C	100.0	99.7	99.2	98.8	97.9	95.1	87.7	77.2	63.9	50.0
거리의 측면(δ)	D	100.0	93.0	86.2	79.7	73.7	62.2	45.2	29.6	14.3	0.0
거리의 중앙(ε)	E	100.0	99.3	98.4	97.6	95.8	90.2	75.4	54.4	27.9	0.0

출처 : F. Lauscher[526]

각 γ에 종속되는 양으로 벽에 도달하면서 감소할 것이다. 물론 이러한 감소는 A열 (분지)의 값보다 작다. 벽의 밑 부분이나 입목 가장자리에서와 같이 γ = 90°에 대해서 하늘에 대한 복사손실은 개활지의 50%인데, 그 이유는 하늘의 반이 차폐되기 때문이다. 이러한 손실은 90°까지 기울어진 평면으로부터 초래되는 40%의 손실보다 좀 더 큰데, 그 이유는 지점 B에서 기울어진 면 위에서의 위치가 대기의 광학 두께가 좀 더 두꺼운 수평면으로 좀 더 많이 향하기 때문이다.

D. 양측에 같은 높이를 가진 집들이 열을 이루고 있는, 길이가 무한한 이론적인 거리를 생각해 보는 것이 유용하다. 이 모델은 도시계획, 삼림의 개간지, 종곡(縱谷, 독 : Längstal)에 대해서 유용하다. 표 5-3에서 선 D는 각 δ의 함수로서 복사에 대한 상대값을 제시한다(그림 5-4). 예를 들어 도시의 구 건축법에 따라[3] 도로의 폭과 같은 높이로 양측에 집들이 늘어서 있는 거리에서 하늘에 대한 유효방출복사는 개활지의 45%였다(δ = 45°).

E. 유효방출복사는 거리에서 위치에 따라 변한다. 집 부근의 지역들은 좀 더 많이 보호되어 순장파복사 손실은 도로의 중앙에서 최대가 된다. 이 최대값은 표 5-3에서 선 E에 제시되어 있고, 각 ε는 도로의 중심으로부터 측정되었다. 도로에 면한 집벽 또한 복사를 하나, 90°에 대한 선 B(그림 5-3)에서 제시된 것보다 현저히 적게 복사한다는 것을 여기서 언급해야겠다. 그 이유는 도로의 각 측면이 다른 곳으로부터의 복사에 대한 장벽이 되기 때문이다.

야간에 구름이 끼었을 때, 방금 논의한 대기의 역복사에 추가로 구름의 아래쪽에서 물과 얼음 입자들로부터 추가적인 복사가 있다. 앞서 논의한 내용에서 공기의 최하층이 역복사에 대해서 가장 중요하다는 것이 분명하다. 따라서 낮은 구름이 높은 구름보다 훨씬 더 많이 유효방출복사를 감소시킨다. 구름형과 구름의 고도에 더하여 구름량의 정도에 따른 효과가 있다. 구름량은 하늘의 10분수(0.0에서 1.0까지)로 측정하고, 부호 w로 나타낸다. 경험에 의하면 w가 작을 때 적은 구름이 지평선 부근에 있다. 따라서 구름은 천정 부근의 하늘 부분보다 복사수지에 덜 중요한 하늘 부분에 있다. 그러므로 구름으로부터의 역복사는 w에 따라서 선형으로 증가하지 않으나, 거의 자승으로 증가한다. 이 이론은 1928년에 라우셔[525]가 제안하여 볼츠[506]에 의하여 증명되었다.

볼츠[506]에 따르면 구름 낀 하늘로부터의 역복사 $L\!\downarrow_w$는 방정식 $L\!\downarrow_w = L\!\downarrow(1 + kw^2)$에 의해서 구름이 없는 하늘에 대한 값으로 표현된다. 상수 k는 대기의 낮은 고도에 있는 구름에 대해서 좀 더 크다. 상이한 구름형에 대한 k의 값은 다음과 같다(D. L.

---

3) 7판의 본문에는 없으나 가이거의 독일어 제4판(1961)에 기술되어 있는 내용임.

Morgan et al.[528]).

구름형	Ci	Cs	Ac	As	Cb	Cu	Sc	St	Ns	안개
k	0.04	0.08	0.16	0.20	0.20	0.20	0.22	0.24	0.25	0.25

따라서 구름바닥(cloud deck)은 맑은 하늘과 비교하여 4~25%까지(권운에서 난층운까지) $L\!\downarrow_w$를 증가시킨다. 아른필드[502], 수기타와 브루트새어트[531]는 모든 하늘의 조건하에서 측정된 역복사와 추정된 역복사를 비교하여 맑은 하늘 조건하에서 구한 것보다 오차가 약간 더 크다는 것을 밝혀냈다.

야간에는 기온이나 지면온도 둘 다 하강한다. 한 결과로서 복사손실 역시 감소하나, (야간에 구름량이 변하지 않으면) 작은 정도로만 감소한다. 자우버러[529]에 의하면 하늘이 맑은 야간에는 약 10% 정도만 감소하고, 온흐림의 야간에는 약 15% 감소한다. 접지기층으로부터 복사를 통한 에너지 손실은 일몰 후에 가장 크고, 야간 동안에는 감소한다(그림 34-2). 크라우스[2510]는 1956년 10월 12일 저녁에 풀로 덮인 토양 위 50~600cm 사이 기층의 에너지수지를 평가했다. 17시에는 여전히 이 층으로부터 전도되는 많은 에너지가 있어서 이 층이 냉각 과정과 17시 30분에 형성되기 시작한 것으로 보이는 복사안개(radiation fog) 형성에 크게 기여하였다. 안개가 형성되면서 방출된 숨은 열은 무시할 수 있는 것으로 나타났다. "관측자에게 가장 중요한 특징으로 나타나는 안개는 에너지의 관점으로 보면 저녁에 일어나는 냉각의 부수적인 효과에 불과한 것으로 판명되었다." 그러나 야간의 역전이 강화될 때, 공기로부터 느낌열의 흐름이 복사에 의한 손실을 증가시키는 정도까지 상쇄한다. 안개가 강한 바람에 의하여 흩날려 갈 때(22시) 느낌열의 흐름이 더 커져서 접지기층의 기온을 상승시킨다(14장 참조). 그러나 17시에만 풀 표면으로부터의 증발이 접지기층이 위로 방출하는 것보다 접지기층으로 좀 더 많은 수증기를 수송하였다. 따라서 이 층은 안개가 형성됨에도 불구하고 물을 잃었다.

제6장 ··· 토양에서의 에너지 수송 법칙

4장과 5장에서 논의된 지표에서의 복사교환은 표면온도가 주기적(하루와 계절)으로 변화하게 한다. 천후(天候, 독 : Witterung)가 바뀔 때에는 불규칙하게 변화하게 한다. 이들 변화는 지표 아래의 토양온도와 지표 위 기층의 기온에 영향을 준다. 이 장에서는 지면에 영향을 주는 인자들만이 논의될 것이고, 다음 장에서는 공기에 영향을 주는 인자들을 다룰 것이다.

우리는 먼저 다른 인자들도 토양에 영향을 주는지의 여부를 고려해야만 할 것이다. 지구 내부의 고온을 바로 생각할 수 있을 것이다. 지중에서 깊이가 깊어질수록 온도가 상승하는 율은 평균적으로 매 40m마다 1℃[지온증가율의 단위(a unit of geothermal depth)]이고, 위로의 열 흐름은 약 0.07Wm⁻²에 불과하여 무시할 수 있다. 이러한 지열 에너지원은 화산지역, 온천 부근 또는 지하 화재(underground fire)가 있는 지역에서만 중요하다.

공기가 토양 속으로 그리고 토양으로부터 이동하는 방법[토양호흡(독 : Bodenatmung)]도 고려될 필요가 있다. 디임[702]은 사질 토양에서 하루에 토양표면을 통해서 '숨 쉬는' 공기의 부피가 같은 지역의 바로 위 22m 높이의 공기 기둥과 같다는 것을 실험적으로 제시했다. 접지기층의 기온은 토양의 성질과 이러한 '호흡 과정' 또는 공기 교환 과정에 의한 영향을 받는다. 토양의 열용량이 공기의 열용량의 약 1,000~3,000배[토양의 수분함량에 크게 종속되어(표 6-1)]가 되기 때문에 공기가 반대로 지온에 미치는 영향은 항시 무시할 수 있다. 토양이 차거나 건조한 공기를 '호흡하는 것'은 토양을 마르게 할 수 있다. 반면에 토양보다 따뜻한 습윤한 공기를 '호흡할' 때에는 일부 수증기가 응결할 수 있다['내부이슬(internal dew)']. 호프만[703]은 가장 유리한 상황에서도 이렇게 응결하는 양이 시간당 0.01mm 이하인 것으로 추정했다. 그럼에도 불구하고 이 양은 7Wm⁻²에 상당하여 건축기술(열수지)에서 중요하다. 정상적인 상황에서는 이러한 사실을 무시할 수 있다. 표 6-1에서는 같은 양의 물이 토양에 추가될 때 밀도와 열용량 둘 다 같은 비율로 증가한다는 것을 알 수 있다.

지온에 미치는 좀 더 효과적인 외부로부터의 영향은 차갑거나 따뜻한 비가 토양 속으로 침투하는 것이다(3장). 그림 6-1은 20.8mm의 차가운 비가 토양온도에 어떻게 영향을 주는가를 보여 주는 것이다. 시간에 따른 강우강도의 변화는 위쪽 그래프에 제시되어 있다. 이것은 벡커[701]가 1936년 7월 3일에 포츠담에서 전기온도계로 기록한 것이다.

비가 오기 시작하고 19분 후에 1cm의 깊이에 있는 온도계가 차가운 물이 도달한 것을 기록했다. 그다음 19분 후에 차가운 물은 20cm 깊이까지 침투했다. 그렇지만 투수성이 있는 토양에 강하게 내린 매우 차가운 비만이 이와 같은 뚜렷한 영향을 나타낼 것

표 6-1 토양의 수분함량 변화에 따른 사질 토양의 밀도 및 열용량의 변화

수분함량 ν_w (%)	0	10	20	30	40
밀도 ρ_m (10^3 kg m⁻³)	1.50	1.60	1.70	1.80	1.90
열용량 $(\rho c)_m$ (10^6 J m⁻³ K⁻¹)	1.25	1.67	2.09	2.51	2.93

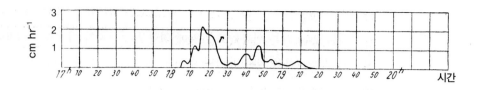

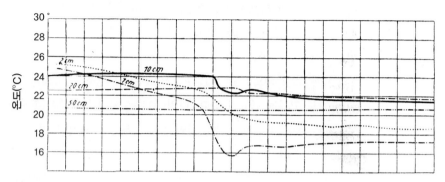

그림 6-1 차가운 비가 토양온도에 미치는 영향(F. Becker[701])

이다. 예를 들어 50cm 깊이에서 토양온도는 차가운 비의 영향을 받지 않았다.

자연의 모든 토양은 본질적으로 다른 세 가지 구성요소를 가지고 있다. 즉 (1) 유기물과 무기물로 이루어지고, 밀도 $\rho_s(\text{kg m}^{-3})$와 비열 $c_s(\text{J kg}^{-1} \text{ K}^{-1})$로 이루어진 토성(soil proper), (2) 토양과 화학적으로 결합되지 않은 자유로이 이용할 수 있는 물, (3) 토양입자들 사이의 공간을 차지하고 있는 공기이다. 백분율로 표현되는, 이들 세 가지 요소들이 점유하고 있는 부피의 부분들은 v_s, v_w, v_l로 총 100%가 된다. 울리히[2137]가 1949년 8월 29일에 독일 호헨하임의 농과대학 시험장에서 측정한 이들 세 가지 구성요소의 값은 각각 다음과 같다. 지표에서 v_s = 50, v_w = 16, v_l = 34였고, 0.5m 깊이에서 v_s = 59, v_w = 23, v_l = 18이었다. 토양의 밀도 ρ_m과 비열은 이들 수치에서 계산될 수 있다. 공기는 밀도가 낮아서 무시될 수 있다. 따라서 물의 밀도를 1,000kg m^{-3}로 고려하여

$$\rho_m = 10 \, (v_s \, \rho_s + v_w) \qquad\qquad (\text{kg m}^{-3})$$

이 된다. 열용량을 구하는 것도 마찬가지로 단순하다. 열용량은 토양 1m³의 온도를 1K 높이는 데 필요한 에너지양이다. 부호 $(\rho c)_m$을 다루는 차후의 논의에서 이 양에 대해서 이용하겠다. 이것은 ρ와 c의 곱과 같다. 따라서 앞에서 제시된 근사치를 이용하고 물의 비열 c_w를 $4.19 \times 10^3 \text{J kg}^{-1}\text{K}^{-1}$로 하면 다음의 방정식을 얻는다.

$$(\rho c)_m = 4.19 \times 10^4 (v_s \, \rho_s \, c_s + v_w) \qquad\qquad (\text{J m}^{-3} \text{ K}^{-1})$$

열용량 $(\rho c)_m$은 완전히 물이 없는 토양(v_w = 0)에 대한 상수이다. 이 값은 물의 함량이

증가할수록 커진다. 예를 들어서 부피 (v_s)의 57%가 비열 $c_s = 838\text{J kg}^{-1}\text{K}^{-1}$와 함께 밀도 $\rho_s = 2{,}630\text{kg m}^{-3}$을 갖는 모래 입자들로 점유되어 있는 사질 토양에서의 밀도와 열용량이 표 6-1에 제시되어 있다. 언 토양[4]에 대한 추가적인 값은 21장에 제시되어 있다.

사실상 토양의 특성은 깊이가 깊어질수록 좀처럼 균일하지 않다. 이러한 내용은 캐나다 온타리오 주 초크 강의 삼림 토양 아래에서 프라이스와 바우어[2122]가 구한 두 가지의 토양단면으로 그림 6-2에서 설명되었다. 중사(中砂)에서 세사(細砂)의 표층토는 깊이가 깊어질수록 다소 좀 더 굵어진다. 토양공극률(soil porosity)과 부피밀도(bulk density)는 서로 반비례하여 깊이가 깊어질수록 각각 공극률은 감소하고 부피밀도는 증가한다. 토양의 유기물은 지표 부근에서 가장 많은데, 그 이유는 표면의 부엽(surface litter) 투입 때문이다. 토양의 수분함량도 식물의 얕은 뿌리에 의한 물의 표면 증발과 추출로 인하여 빈번히 깊이가 깊어질수록 증가한다.

표 6-2에는 미기후학과 관련이 있는 여러 물질의 ρ_s와 c_s 값이 제시되어 있다. 은과 같은 균질의 물질에 대해서는 이들 값을 결정하는 데 어려움이 없는데, 그 이유는 이 값이 온도에만 약간 종속되는 실제 상수이기 때문이다. '모래', '점토', '이탄'과 같은 일반 명사로 기술되는 물질들에 대해서는 평균값만이 제시될 수 있다. 열용량이 물의 함량에 종속되기 때문에 추정하기가 훨씬 더 어렵다. 이러한 양의 정확한 크기의 정도를 제시

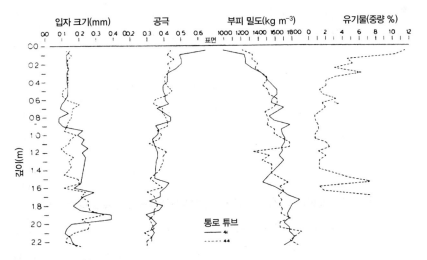

그림 6-2 캐나다 온타리오 주 초크 강의 중사에서 세사까지의 삼림 토양 아래의 토양단면 특성(A. G. Price와 B. O. Bauer[2129])

---

4) 가이거의 제4판에는 'Bodenfrost(토양동결)'로 표현되었으나 영어판에는 '언 토양(frozen soils)'으로 표현되었다.

하기 위해서 표 6-2에 '건조'와 '습윤'으로 토양을 구분하였다.

토양 내에서 에너지 수송을 계산하는 데 이들 값을 이용하기 위해서는 토양이 균질한 것으로 가정한다. 그러면 x cm 깊이의 모든 지점은 같은 온도 $T(℃)$를 갖는다. 고체 물질 내에서의 에너지 전달은 분자확산 과정을 통해서 일어난다. 이러한 에너지 전달 과정을 전도(conduction) Q_G라고 부른다[때로 토양열플럭스(soil heat flux) 혹은 기질 열플럭스(substrate heat flux)라고 부름]. 관례상으로 깊이가 깊어질수록 온도가 상승할 때 표면을 향해서 위로(그리고 깊이가 깊어질수록 온도가 하강할 때 아래쪽으로) 전

표 6-2 토양의 에너지수지에서 일부 상수 크기의 정도(열전도율이 감소하는 순으로 배열되었음)

토양(또는 물질)의 유형	고체의 토양입자		자연의 토양			
	밀도 ρ_s	비열 c_s	밀도 ρ_m	열용량 $(\rho c)_m$	열전도율 λ	열확산율 a
	(10^3kg m^{-3})	$(10^3 \text{J kg}^{-1}\text{K}^{-1})$	(10^3kg m^{-3})	$(10^6 \text{J m}^{-3}\text{K}^{-1})$	$(\text{Wm}^{-1}\text{K}^{-1})$	$(10^{-7} \text{m}^2\text{sec}^{-1})$
은	10.5	0.24	--	2.47	4,187.6	1,695
철	7.9	0.44	--	3.43	879.4	256
콘크리트	2.2~2.5	0.88	--	2.09	46.1	22
화강암	2.5~2.9	0.71~0.84	2.5~2.9	1.80~2.43	16.8~41.9	7~23
얼음 (24장 참조)	0.92	2.12	1.7~2.3	1.93	20.9~29.3	11~15
건조한 모래	2.6	0.84	1.4~1.7	0.42~1.68	1.7~2.9	1~7
습윤한 모래	2.6	0.84	--	0.84~2.51	8.4~25.1	3~12
구적설 (밀도 0.8)	--	--	0.8	1.549	12.6~20.9	8~14
고요한 물	1.0	4.19	1.0	4.19	5.4~6.3	1.3~1.5
습윤한 이탄지	1.4~2.0	--	0.8~1.0	2.51~3.35	2.9~4.2	0.9~1.6
건조한 점토	2.3~2.7	0.71~0.84	--	0.42~1.68	0.8~6.3	0.5~15
습윤한 점토	2.3~2.7	0.71~0.84	1.7~2.2	1.26~1.67	8.4~20.9	5~17
신적설 (밀도 0.2)	--	--	0.2	0.38	0.8~1.3	2~3
건조한 목재 (목재섬유)	1.5	1.13	0.4~0.8	0.42~0.84	0.8~2.1	1~5
건조한 습지	1.4~2.0	--	0.3~0.6	0.42~0.84	0.48~1.3	0.5~3
고요한 공기	0.0010~0.0014	1.005	0.0010~0.0014	0.0010~0.0014	0.21~0.25	147~250

도가 되며, 깊이에 따른 온도변화율에 비례한다.

$$Q_G = \lambda \frac{dT}{dz} \qquad (\text{Wm}^{-2})$$

토양에서 열의 흐름을 조절하는 비례상수 $\lambda(\text{Wm}^{-1}\text{K}^{-1})$를 열전도율(thermal conductivity)이라고 부른다. 열전도율은 마주보고 있는 표면들 사이의 온도차가 1K이고, 다른 온도 변화가 없을 때 1초에 물질 1m를 통하여 흐르는 에너지의 양이다.

화학적으로 순수한 물질에 대해서 λ는 상수이다. 예를 들어 은의 λ는 $4,188\text{W m}^{-1}\text{K}^{-1}$이다. 그렇지만 자연의 토양에서 λ는 토양 구성과 수분함량에 따라서 변한다. 이러한 사실은 1937년 7월에 독일 포츠담의 사질 토양에서 알브레히트[700]가 행한 측정을 이용한 그림 6-3에서 설명되었다. 강수는 그림 6-3에서 위쪽 그래프에 제시했고, 아래의 그래프는 1cm, 10cm, 50cm 깊이에 대한 열전도율(λ의 단위 $\text{Wm}^{-1}\text{K}^{-1}$) 곡선이다. 토양은 표면으로부터 아래로 마르기 때문에 일반적으로 물의 양은 토양의 깊이가 깊어질수록 증가하고, 그에 상응하게 열전도율이 증가한다. 1cm 깊이의 전도율 곡선(그림 6-3의 실선)은 비에 빠르고 뚜렷하게 반응한다. 이 효과는 깊이가 깊어질수록 지연되고 약화된다. 10cm(파선)와 50cm(점선) 깊이의 곡선은 토양 내에서 물이 이동하는 결과로 빈번하게 반대로 달린다. 예를 들어 7월 20일에 10cm에서의 열전도율은 물이 아래로 이동할 때 감소하였고, 50cm에서는 물이 도달하기 시작할 때 증가하였다. 이 내용은 21장에서 다시 다루도록 하겠다. 그림 6-3은 토양수분의 양이 변하는 것이 λ의

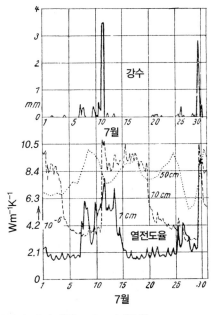

그림 6-3 강수로 인한 토양 열전도율의 변화(F. Albrecht[700])

값을 3배 또는 4배까지 변화시킬 수 있다는 것을 제시하고 있다. 따라서 표 6-2에 제시된 λ의 수치는 근사값에 불과하다.

평탄한 표면을 따라서 토양의 수분함량과 열전도율의 연직변화는 수평변화보다 훨씬 더 크다. 그렇지만 표면 미지형(microtopography)의 매우 작은 변화도 이 두 가지 토양 성질을 공간적으로 크게 변화시킬 수 있다. 토드헌터(Todhunter)는 미국 노스다코타 주 레드 리버 계곡의 과거의 빙하호 하상 유기질 토양 내의 매우 짧은 거리상에서 토양수분의 변화와 관련하여 토양 색깔(darkness)이 크게 변하는 것을 관측했다.

토양온도는 토양으로 수송된 에너지양에 종속될 뿐만 아니라 이 에너지를 흡수할 수 있는 토양의 능력, 즉 토양의 열용량 $(\rho c)_m$에도 종속된다. 토양의 부피에서 온도변화는 지표 아래의 깊이 z에 따른 에너지 흐름의 비율 Q_G의 변화로 일어난다.

$$\frac{dQ_G}{dz} = (\rho c)_m \frac{dT}{dt} \qquad \text{(W m}^{-3})$$

39쪽의 Q_G에 대한 방정식을 치환하면, 이것은 (약간의 변형 후에) 다음과 같이 된다.

$$\frac{dT}{dt} = \frac{\lambda}{(\rho c)_m} \frac{d^2T}{dz^2} \qquad \text{(K sec}^{-1})$$

이 방정식은 시간 t에 따른 온도 T의 변화와 깊이 z에 따른 온도 T의 변화 사이의 관계를 나타낸다. 이 방정식은 토양 내에서의 온도변화가 토양의 물리적 성질, 그리고 토양의 깊이에 따른 온도경도의 변화율에 의해서 조절된다는 것을 보여 준다. 인자

$$a = \frac{\lambda}{(\rho c)_m} \qquad \text{(m}^2\text{ sec}^{-1})$$

은 열확산율(thermal diffusivity)이라 부른다. 열확산율에 대한 수치는 표 6-2의 마지막 칸에 제시되었다. 예를 들어 정지된 공기는 불량한 열전도체(낮은 열전도율)나 공기의 낮은 열용량 때문에 양호한 온도수송체(transporter of temperature, 높은 열확산율)라는 것이 잘 알려져 있다. 열확산율은 21장에서 좀 더 상세하게 논의될 것이다.

온도변화의 리듬은 일변화와 계절변화에 의해서 지표($z = 0$)에서 일어난다. 하루(연간)의 열순환(heat cycle)의 진동주기는 $t = 86{,}400$초(365일)이다. 이 경우에 대해서 미분방정식의 해는 균질한 토양에 대해서 깊이 z_1과 z_2의 온도의 일변화 s_1과 s_2 사이에서 다음의 관계를 제시한다.

$$s_2 = s_1 \exp\left[(z_1 - z_2)\sqrt{\frac{\pi}{at}}\right] \qquad \text{(K)}$$

이 방정식에서 'exp'는 지수함수($e = 2.71828$)의 보통의 의미를 갖는다. 예를 들어 건조한 사질 토양($a = 1.3\text{m} \times 10^{-7}\text{m}^2\text{ sec}^{-1}$)의 표면($z_1 = 0$)에서 38°C의 변화 s_1이 측

정된 어느 날을 고려하자. $z_2 = 8cm$ 깊이에서의 일온도변화는 $s_2 = 9.97°C$가 된다. 균질 토양의 서로 다른 두 깊이에서 온도파(temperature wave)가 도달하는 시간들 사이의 간격은 다음과 같다.

$$t_2 - t_1 = (z_1 - z_2) \frac{t}{2\pi} \sqrt{\frac{\pi}{at}} \quad \text{(sec)}$$

여기서 t_1은 깊이 z_1에 극값(최고온도 또는 최저온도)이 도달하는 시간이고, t_2는 깊이 z_2에 극값이 도달하는 시간이다. 예를 들어 표면에서 최고온도가 나타난 시각이 12시 30분이라고 하면, 8cm의 깊이에 최고온도가 나타나는 시각은 18,398초 후, 즉 17시 37분이다. 따라서 토양표면에서 주어진 온도변동이 토양 속으로 전달되는 속도는 열전도율의 제곱근에 비례한다.

이 두 방정식 중에서 첫 번째 방정식은 여러 토양형으로 일 또는 연 온도변동이 침투하는 깊이를 결정하는 데 이용될 수 있다. 침투깊이[또는 감쇠깊이(damping depth)라고 부름]는 온도변동이 표면값의 0.01까지 감소하는 깊이로 정의된다. 열확산율이 높을수록 일 및 계절 온도변동이 일어날 깊이가 깊어진다. 표 6-3은 몇 가지 서로 다른 토양형에 대한 일 및 연 온도변화의 침투깊이를 제시한 것이다. 연변화는 일변화의 약 19배나 된다.

이들 방정식을 실무에서 이용할 때 수리 방정식이 기초한 조건들은 충족되지 않는다. 그 이유는 열전도율과 열용량 둘 다 토양의 깊이에 따라 체계적으로 변하고, 시간에 따라 변하기 때문이다(그림 6-2). 따라서 표면에서 발생된 온도파는 평가에서 가정된 sine 곡선으로부터 자주 크게 편차가 난다. a의 상이한 값들은 a가 토양의 깊이에 따른 측정된 온도변동의 감소율로부터 평가될 때 나타난다.

토양에서의 에너지 수송을 지배하는 이들 법칙은 토양 내에서 평균온도 곡선을 점 찍는 데 이용될 수 있다. 이것은 10장에서 논의될 것이다. 토양형, 지표피복, 경작, 토양의 수분함량과 토양동결의 영향은 19~21장에서 논의될 것이다.

표 6-3 온도변동의 침투깊이

온도확산율 (a) ($10^{-7}m^2 sec^{-1}$)	20	10	7	1
토양형	암석	습윤한 모래	적설	건조한 모래
일변화 (m)	1.08	0.76	0.64	0.24
연변화 (m)	20.6	14.5	12.2	4.6

제7장 ··· 대기에서의 에너지 수송. 맴돌이확산

공기에서 에너지는 또한 분자전도(molecular conduction)도 된다. 공기가 토양보다 훨씬 더 빠르게 열을 수송할 수 있는 능력을 갖고 있기 때문에(표 6-2에서 정지된 공기가 높은 열확산율을 가지는 것을 유의하라) 기온은 지온보다 훨씬 빠르게 변한다. 기온의 일변화가 전도만을 통해서 공기에서 도달하는 높이는 6장에서 제시된 방정식으로 계산하여 약 3m이다. 이것은 전도가 가장 잘되는 토양 속으로 침투할 수 있는 깊이의 약 3 배이다. 그렇지만 관측에 의하면 지면 위의 적어도 1,000m의 고도에 종종 주간과 야간 사이에 측정할 수 있는 기온차가 있다. 그러므로 전도는 대기권에서 실제 열수송에서 보통 무시할 수 있는 역할만을 한다.

대기권 내에서 에너지 수송에 결정적인 인자는 이미 3장에서 언급한 바와 같이 맴돌이확산(eddy diffusion)이다. 레이놀즈(O. Reynolds)는 1883년에 그의 유명한 실험을 했다. 그는 유리관을 통해서 흐르는 액체를 관측하여 층류(laminar flow)와 난류(turbulent flow) 두 가지 유형의 흐름을 구분할 수 있었다. 얇은 유리관을 이용하여 색깔이 있는 유체를 다른 유체들이 흐르고 있는 유리관의 중앙으로 흐르게 하였다. 유속이 느릴 때에는 유리관에서 경계가 뚜렷한 색깔의 흔적을 관측할 수 있었고, 흐름은 다른 것과 서로 평행하게 달리는 가는 실 다발로 이루어진 것으로 나타났다. 그러나 유속이 빨라지면 색깔 실이 갑자기 갈라지고, 불규칙한 운동을 통해서 색깔이 유리관 전체에서 바로 거의 균등하게 분포되었다. 첫 번째 유형의 흐름을 층류라고 하고, 두 번째 유형의 흐름을 난류라고 한다. 한 유형의 흐름에서 다른 유형의 흐름으로의 급격한 변화는 액체의 유속과 밀도에 정비례하고, 점성에 반비례하는 한 상수값에 종속된다[레이놀즈수 (Reynolds Number)].

층류는 액체보다 (훨씬 쉽게 이동하는) 기체에서 훨씬 드물다. 지표에서 얇은 기층을 제외하고 공기의 운동은 거의 항상 난류이다. 층류가 일어나는 층의 깊이는 느린 풍속에서는 두껍고, 풍속 및 난류가 증가할수록 얇아진다. 높날림눈(영 : blowing snow, 독 : Schneetreiben)에서 개별 눈송이가 날리는 경로를 추적하려고 할 때, 또는 기관차나 굴뚝에서 나오는 연기를 주의 깊게 관측할 때, 또는 맑게 갠 날에 바람에 날리는 씨를 관찰할 때 난류를 볼 수 있다. 이러한 사례에서 때로 '난류요소(turbulence element)' 혹은 '맴돌이(eddy)'라고 부르는, 무작위로 운동을 하는 개별 공기덩어리는 눈으로 볼 수 있는 부유하는 입자들(눈송이, 부유미립자 또는 씨)을 들어 올려서 이들을 다른 우연한 장소에 퇴적시킨다. 이들 맴돌이는 또한 열, 수증기, 운동에너지, 이산화탄소, 라돈 등 그들의 내용물과 같은 보이지 않는 성질들을 수송한다. 공기덩어리들이 무질서한 운동

(haphazard movement)을 하게 되면 그들의 모든 성질이 함께 이동한다. 이러한 과정이 맴돌이확산의 개념에 대한 기초가 된다.

유체의 흐름에 대한 연구에 의하면 또한 공기가 지면이나 벽과 같은 고체 표면과 접촉하게 되는 장소에서 난류와 맴돌이확산이 고체로 계속되지 않는다. 수 밀리미터 두께의 기층은 벽이나 지면에 큰 점성력(tenacity)으로 들러붙는다. 이 기층을 층류경계층(laminar boundary layer)이라고 부른다. 맴돌이확산의 법칙은 이 층류경계층에는 적용되지 않으나, 고체 표면으로부터 난류 공기로의 전이는 분자물리학 법칙만의 지배를 받아 이 층류경계층 내에서 끝난다. 이 층류경계층에서는 열이 전도로만 수송되고, 수증기와 다른 대기의 구성요소들은 확산으로 수송된다. 이 층류경계층은 에너지, 질량 및 운동량의 전달에 대한 굉장히 큰 장벽이 된다.

난류(대류)는 (수평의) 바람에 덧붙여서 모든 방향으로 일어나는 추가 운동으로 생각될 수 있다. 난류운동의 수평적 구성요소들은 풍속을 증가시키거나 감소시킬 수 있으며, 바람을 평균풍향으로부터 편향시킬 수 있다. 이것이 바람의 돌풍도(gustiness)가 된다. 돌풍도는 어느 풍속계(wind speed recorder)나 흔들리는 풍향계(wind vane)로 관측될 수 있다. 개략적인 추정으로 돌풍도의 최저풍속은 평균풍속의 약 0.2배이고, 최대풍속은 약 1.9배이다.

난류운동의 연직구성요소들은 돌풍도보다는 작지만 매우 중요하다. 그 이유는 연직구성요소들이 에너지뿐만 아니라 모든 대기 성질의 연직수송에 필요한 메커니즘이 되기 때문이다.

P의 단위를 갖는 특성 s의 연직수송은 고도가 높아질수록 변한다. 고도에 따른 s의 변화는 다음과 같이 표현될 수 있다.

$$C = A \, ds/dz \qquad\qquad (\text{P m}^{-2} \text{ sec}^{-1})$$

여기서 C는 단위 시간과 단위 면적을 통과하는 특성의 흐름을 의미한다. 계수 ds/dz는 난류운동에서 공기질량의 성질에 종속되지 않으며 운동력의 척도이다. 양 $A(\text{kg m}^{-1}\text{sec}^{-1})$를 교환계수(Austausch coefficient)라고 부른다. 교환계수는 수치로 분명하게 불규칙한 맴돌이확산 운동을 표현할 수 있는 데 그 중요성이 있다. 영어 문헌에서 양 $k = A/\rho$는 교환계수 대신에 이용되고, 맴돌이확산율(eddy diffusivity)이라고 부른다. 맴돌이확산율은 단위 시간에 단위 면적을 통해서 수송되는 부피를 나타내며, (열확산율의 단위와 같은) $\text{m}^2\text{sec}^{-1}$ 크기를 갖는다. $A = k\rho$이기 때문에 교환계수 A와 맴돌이확산율 k 사이의 관계는 기온 및 기압에 따라 변할 것이다. $-40 \sim 40°\text{C}$까지의 기온 범위의 1,000hPa의 기압에서 ρ는 $1.4942 \sim 1.1125\text{kg m}^{-3}$ 사이에서 변할 것이다.

이러한 일반적인 형태가 느낌열 흐름을 다루는 데 적용되면, $Q_H(\text{Wm}^{-2})$는 C의 자리를 차지하고, 양 c_pT는 s에 대해서 이용되어 우리는 다음의 방정식을 갖게 된다.

$$Q_H = Ac_p \frac{dT}{dz} \qquad (\text{Wm}^{-2})$$

이 방정식은 6장의 열전도율에 대한 방정식과 같은 형태이다. 여기서는 열전도율 λ의 자리에 교환계수가 이용되었다(c_p로 곱했음). 그러므로 공기에서 느낌열 전달은 토양에서의 열 전달과 같은 형태의 법칙을 따르나, λ와 Ac_p 사이의 차이 때문에 서로 다른 크기의 정도를 따른다. 인자 A는 시간과 장소에 따라 매우 변하기 쉽다는 것을 기억해야할 것이다. 층류경계층에서는 주요 수송 메커니즘이 분자확산이다. 이러한 층류경계층에서 A는 10^{-5} kg m^{-1} sec^{-1}의 크기이다. A의 값은 지면으로부터 거리가 멀어질수록 커진다. 지면에 가까워질수록 이러한 증가율은 매우 크다. 예를 들어서 1~10m 높이에서 A는 0.01~1.0kg m^{-1} sec^{-1}까지 변한다. 대기권 전체에서는 여러 가지 크기의 정도가 가능하다. 층류경계층에서 분자의 열수송을 지배하는 열의 분자확산율과 난류경계층에서 열의 난류수송을 조절하는 열의 맴돌이확산율이 자주 구분된다.

제8장 ··· 마찰과 대류로 인한 혼합

맴돌이확산을 일으키는 원인으로는 마찰교환(frictional exchange)과 대류교환(convection exchange) 두 가지가 있다. 마찰교환에 의한 에너지, 질량 및 운동량의 교환은 역학혼합(mechanical or dynamic mixing)이라고도 부를 수 있다. 즉 층밀림(shear) 또는 강제대류(forced convection)로 인한 혼합이다. 역학혼합은 자연 지표의 거칠기(roughness) 변화와 고도에 따른 풍속과 풍향의 변화로 일어난다.

야간에 주요한 혼합 유형은 마찰혼합이다. 프랑켄베르거[2506]는 1953년 9월 1일부터 1954년 8월 31일까지 독일 홀슈타인 주의 쿠빅보른 부근에서 무선송신탑 2m, 13m, 28m, 70m에 설치한 계기를 이용하여 목초지의 에너지수지를 상세하게 측정했다. 그림 8-1은 맑은 여름날에 10m 높이에서 측정한 풍속의 변화에 따라서 수직 로그 눈금으로 8m, 15m, 30m 고도의 교환계수 A를 비교한 것이다. 이 다이어그램의 아랫부분은 고도가 높아지고 풍속이 증가할수록 야간의 교환계수 A가 급하게 상승하는 것을 보여 준다.

주간에 토양표면이 태양복사에 의한 양의 복사수지를 통해서 가열되거나 다른 이유로 토양표면이 공기보다 따뜻하면, 대류혼합(convective mixing)이 마찰혼합(frictional mixing)을 증가시킨다. 공기가 상승할 때는 1°C/100m에 매우 가까운 건조

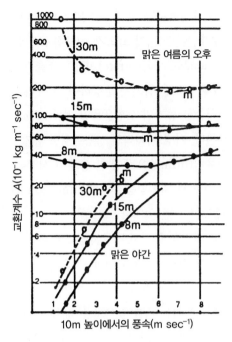

그림 8-1 풍속과 고도에 따른 교환계수 A의 종속성(E. Frankenberger[2506]의 측정)

단열감율(dry adiabatic lapse rate)로 냉각된다(높은 고도에서는 건조단열감율이 약간 감소한다). 공기가 하강할 때는 건조단열감율로 가열된다. 고도 상승에 따른 기온의 감율 γ 또는 하강율이 1°C/100m 이하이면 공기의 성층(stratification)은 안정(stable)하다. 이것은 모든 연직운동이 멈추는 것을 의미한다. 그 이유는 상승하는 공기가 주변 공기보다 차가운 지역으로 들어가는 반면, 하강하는 공기는 주변보다 따뜻한 지역으로 들어가 원래의 위치로 돌아가는 경향이 있기 때문이다. 따라서 0.6°C/100m의 평균(정상) 감율은 안정조건을 의미한다. 기온이 고도가 높아질수록 상승하면, 즉 γ가 음이면 안정도는 훨씬 더 커진다. 이와 같은 정상적인 연직기온경도의 역전을 기온역전(inversion)이라고 부른다.

　기온이 고도 변화에 따라서 변하지 않으면(즉 두 개의 인접한 대기 기층이 정확하게 같은 기온을 가질 때), 이 기층을 등온(isothermal)이라고 부른다. 등온조건은 보통 대기의 전이(transitional) 상태를 나타내어 전형적으로 대기가 안정상태에서 불안정상태로 변화하는 일출 직후의 아침과 반대방향으로의 변화가 일어나는 일몰 직전의 늦은 오후에 일어난다. 중립안정(neutral stability)에서 고도에 따른 기온 변화는 1°C/100m의 건조단열감율과 같다[이 상황에서 위치온도(potential temperature)는 고도에 따라 불변한다].

강한 태양복사가 있는 시간에는 1°C/100m 이상의 감율이 지면 부근에서 빈번하게 발생한다. 이와 같이 고도가 높아질수록 급격하게 기온이 하강하는 것을 초단열감율(superadiabatic lapse rate)이라고 부른다. 지면에서 가열된 공기는 상승하고, 높은 곳으로부터 차가운 공기가 침강하여 그 자리를 대체한다. 지표가 가열되어 일어나는 이러한 연직순환[공기의 수평운동인 이류(advection)와 대조적으로]을 대류(convection)라고 부른다. 가장 예외적인 상황에서만 공기는 지면 부근에서 충분하게 치올려져서 이러한 치올림(lifting)으로 인한 응결이 시작된다. 따라서 습윤단열감율(moist adiabatic lapse rate)과 치올림응결과정(lifting condensation process)을 논의하는 것은 이 책의 범위를 넘어서는 일이다.

대류 과정을 통해서 대류혼합[convective mixing, 때로 열혼합(thermal mixing) 또는 자유대류(free convection)라고도 부름]이라고 부르는 불규칙한 운동이 일어난다. 대류에 포함된 공기덩어리는 더 이상 임의의 방향을 지향하지 않으나, 보통 상승하는 기류와 하강하는 기류 속으로 분해되는 경향이 있다. 그림 8-2는 람다스와 말루카[707]가 가열된 전열기 표면 위에 물을 뿌려서 이러한 연직운동이 어떻게 일어나는가를 제시한 것이다. 사진의 밝은 부분은 상승운동이 일어나는 것을 보여 주는 것이고, 어두운 부분은 하강기류를 보여 준다. 대류혼합에 포함된 공기덩어리는 마찰혼합에 의한 맴돌이보다 일반적으로 좀 더 크다.

프랑켄베르거[2506]가 맑은 여름날 측정한 것은 (그림 8-1의 윗부분에서 나타나는) 풍속이 증가하는 데에 따라 계수 A가 증가하는 것에 대한 증거를 제시하지 않고 있다. 도리어 바람이 약하면 A의 값은 강한 바람에서보다 컸다. 이것은 자유대류의 영향 때문

그림 8-2 가시화된 대류 과정(L. A. Ramdas와 S. L. Malurkar[707])

이었다. 바람이 약하고 지면이 크게 가열되었을 때에 이러한 가열과 그로 인한 대류의 영향이 전체 혼합 과정을 지배하였다. 풍속이 증가하는 주간에 A의 값은 최저까지 감소하였다(그림 8-1의 m). 최저점으로부터 앞으로 마찰혼합이 지배하였다. 그러므로 8~9m sec^{-1}까지의 가장 강한 바람에 대한 A의 값은 마찰혼합이 우세할 때인 야간의 곡선을 대략 외삽한 것이다.

보통 두 가지 형태의 혼합 중 하나가 우세한 반면, 다른 혼합은 교환 과정에서 작은 역할을 하게 된다. 전형적으로 마찰혼합은 야간에 우세하고, 대류혼합은 주간에 우세하다. 마찰혼합과 대류혼합이 대략 같은 정도로 일어날 때는 흔히 혼합대류(mixed convection)라고 부른다. 프리스틀리[706]는 두 가지 과정이 대략 같은 시간이 단지 짧은 동안의 전이 시기인 것을 제시하였다(K. Brocks[1102]도 참조). 이른 아침에 혼합은 우선 거의 전적으로 마찰혼합이다. 태양고도가 높아지면 대류혼합으로 급격하게 전이한다. 불안정도가 증가하면서 이러한 전이는 약한 풍속에서 일어난다. 게다가 공기의 불안정도가 커질수록 그리고 관측지점이 지면에 가까울수록 이러한 변화는 좀 더 이른 아침에 관측된다.

마찰혼합이 종속되는 지상풍의 풍속과 대류혼합이 종속되는 지표가열의 강도 둘 다 보통 정오에 최대이고, 일출경에 최소이다. 그러므로 이들 인자가 둘 다 종속되는 교환 계수 A는 일변화를 한다. 표 8-1은 세 가지 서로 다른 조사에서 나온 사례들이다. 이들 수치는 2시간 평균이다. 첫 번째 선은 존슨과 해이우드[1108]가 행한 대기의 최하층 100m에서 5년간 측정한 것을 레타우[704]가 계산한 것이다. 그들은 지면 위 45m 고도에 적용하여 0.4~12.5kg m^{-1}sec^{-1} 사이의 2시간 값의 현저한 변화를 제시하였다. 일변화 곡선은 부드러운데 그 이유는 결과가 2시간 평균이기 때문이다. 바움가르트너[2507]는 1952년 7월의 6일간의 맑은 날에 독일 뮌헨 부근에서 어린 소나무 삼림의 수관 부분에 대한 총에너지수지를 측정하였다. 그의 결과로부터 나온 A의 값은 두 번째 선에 제시되어 있다. 세 번째와 네 번째 선은 위크닝[1734]이 6년 동안 미국 뉴멕시코 주의 소코로에서 0.8m 높이에서 행한 라돈 측정에서 나온 4월과 11월의 A의 2시간 평균값이다. 이 두 달은 1년 주기의 맴돌이확산의 최고와 최저에 상응한다. 하루의 주기에서는 이 두 달의 최저값이 이른 아침(06시)에 나타난 반면, A의 최고값은 늦은 오후(4월에는 18시, 11월에는 16시)에 나타났다. A의 일평균값은 좀 더 활발한 표면 가열로 인하여 4월에 11월의 4배 이상이나 되었다.

약하기는 하지만 야간에 마찰혼합이 여전히 존재할 것이며, 볼츠[3807]가 미난류(microturbulence)라고 부른 것처럼 발생할 것이다. 이것은 심지어 감소된 야간의 풍속과 함께 지표의 물리적 형태가 적은 양의 마찰혼합을 일으킬 것이라는 사실에서 일어

표 8-1 교환계수 $A(10^{-1}kg\ m^{-1}\ sec^{-1})$의 일변화

하루 중의 시간	0	2	4	6	8	10	12	14	16	18	20	22
45m 고도에서의 기온관측으로부터 (H. Lettau[704])	21	5	4	10	48	125	94	34	28	31	46	40
열수지 계산으로부터 (A. Baumgartner[2501])	10	10	9	18	35	40	43	32	22	11	8	8
0.8m에서의 라돈 측정으로부터 (M. H. Wilkening[1734])												
4월	144	103	89	84	134	206	360	495	567	402	258	196
11월	24	19	19	17	27	56	99	137	116	69	42	31

난다.

난류에 관한 이러한 논의는 고의로 기술적인 수준에 제한시켰다. 우리가 현재 난류에 관해서 이해하고 있는 것은 모닌과 오브코프[705]의 고전적인 연구로 거슬러 올라갈 수 있다. 난류를 지배하는 물리적 법칙의 개론은 먼[105]에서 찾을 수 있는 반면, 아리아[100]와 스틸[108]은 포괄적이고 정성적인 유체이론의 개요를 제공하고 있다.

제9장 ··· 맴돌이확산의 문제로서 온도불안정도, 씨의 산포, 대기오염물질의 분산과 유효굴뚝높이

기상요소들은 불안정하다. 이것은 충분하게 긴 시간 동안 빠른 반응시간을 갖는 측정계기를 이용할 때 관측을 통해서 증명될 수 있는 사실이다. 풍속과 풍향의 요란으로서 돌풍도에 대해서는 이미 언급하였다(7장). 기온이 빠르게 변하는 것(독 : Tempera-turböigkeit)도 같은 방법으로 생각해 볼 수 있다. 지면 부근에서 풍속이 감소하는 것과 마찰 때문에 혼합이 거의 되지 않아서 개별 맴돌이들은 크게 다른 특성을 가질 수 있다. 따라서 온도불안정도(temperature instability)가 접지 공기에서 특히 크다.

그림 9-1은 1934년 5월 햇빛이 잘 드는 오전 동안 독일 뮌헨 공항의 짧은 잔디 위에서 측정된 기온 기록이다. 잔디에 설치한 전기온도계(electric thermometer)를 이용하여 점 기록계(독 : Punktschreiber)로 200cm, 100cm, 23cm 높이의 기온이 매 20초마

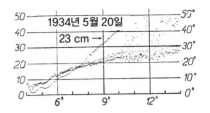

그림 9-1 10시에 시작된 대류가 큰 온도불안정도를 일으키고 있다.

다 기록되었다. 그날의 이른 시간에는 점들이 점차 선으로 바뀌나, 10시경부터 대류가 매우 활발하게 시작되어 마치 상승하는 점들의 구름처럼 보인다.

중단하지 않고 계속 기록을 하게 되면 온도불안정도를 직접 추적할 수 있다. 그림 9-2는 1931년에 하우데[908]가 백금선저항온도계(platinum wire resistance thermo-meter)로 고비 사막의 돌이 많은 토양 위에서 기록한 것이다. 10cm 길이에서 측정하는 수평으로 놓인 백금선이 이미 매우 많은 난류요소들을 보여 주고 있지만 4분 30초 간격으로 지면 위 1mm(실선)와 1cm(파선) 높이의 기온이 제시되었다. 9mm 높이의 기층 내에서 등온선의 패턴은 다이어그램의 아랫부분에 제시되어 있다. 지면의 매우 가까이 (1mm)에는 아주 적은 맴돌이확산이 있으며 기온변동은 억제되었는데, 그 이유는 열전달이 주로 보전적인 열전달 과정인 분자확산에 의한 것이기 때문이다.

바람과 기온으로 제시된 이러한 불안정도의 특성은 모든 다른 요소들의 특성에도 마찬가지로 적용된다. 그림 9-3과 9-4는 1954년 8월 3~4일의 온도 및 수증기압 둘 다의 불안정도를 나타낸 것이다. 베르거-란데펠트 등[903]은 독일 베를린-달렘의 한 정원에

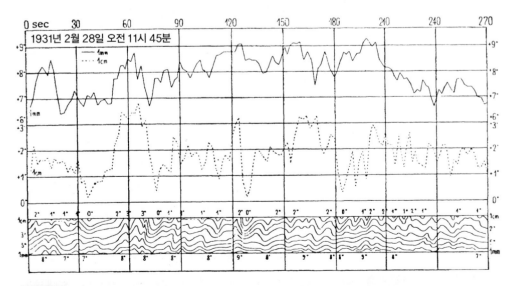

그림 9-2 사막 토양 위에서 기온을 빠르게 기록한 것(W. Haude[908])

있는 50cm의 알팔파 위에서 이 두 요소를 아스카니아 원거리 기록계(Askania Fern-schreibgeräten)를 장착한 매우 빠르게 작동하는 전기기록계로 측정했다. 55cm 높이의 측정위치는 바로 평균식물표면 위 수 cm 높이에 있다. 5분 간격의 평균기온(그림 9-3)과 수증기압(그림 9-4)은 기록에서 면적측정으로(독 : planimetrisch) 결정하고, 그리고 5분 내에서의 순간최고값과 최저값이 추정되었다. 평균값의 위와 아래로의 기온변동 범위가 빗금 친 부분으로 제시되었다.

이들 다이어그램은 지면 위로 고도가 높아질수록 맴돌이확산의 크기가 증가하는 것과 변동성이 감소하는 것을 나타내고 있다. 이들 다이어그램은 또한 주간에 큰 불안정도와 야간에 훨씬 더 안정한 조건을 갖는 뚜렷한 일변화를 보여 주고 있다. 밤 2시 10분에 기온이 불규칙하게 조금 상승하고 불안정도가 바로 증가하는 것을 주목할 만하다. 증발되는 알팔파 위에서의 엄청난 수증기압 변동은 놀라운 일이다. 5분 간격 내에서의 수증기압의 변동(그림 9-4)은 시간 평균값의 전체 일 수증기압 변동보다 컸다. 따라서

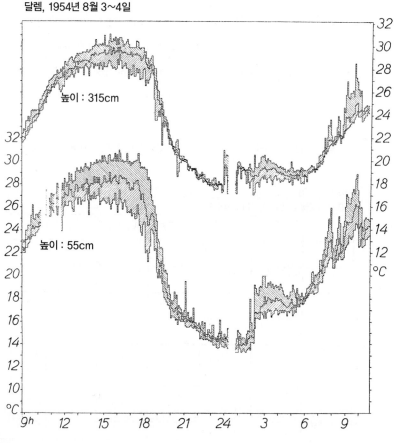

그림 9-3 알팔파 경지 위 두 개의 높이에서 하루의 온도불안정도(U. Berger-Landefeldt et al. [903])

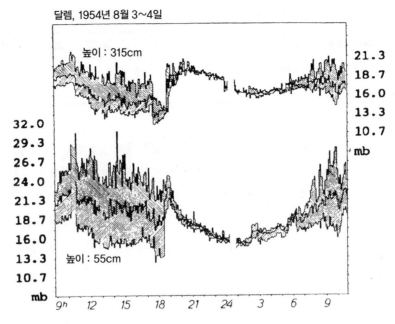

그림 9-4 (그림 9-3과 같은 장소와 같은 시간에 대한) 낮 동안 수증기압의 불안정도(U. Berger-Landefeldt et al.[903])

주간에 (지면에 가까운) 층류경계층 내에서 기온 및 수증기압의 일변화는 맴돌이확산이 억제되어 작다. 위에서의 변동 역시 작은데, 그 이유는 공기가 완전히 혼합되었기 때문이다. 중간지대(55cm, 그림 9-3과 9-4)에서 제한된 맴돌이확산은 큰 변동을 일으켰다. 늦은 오후(18시)에 기온이 하강할 때 열대류와 습도의 변화가 크게 감소되었다. 적은 수증기가 좀 더 높은 층들로 혼합되기 때문에 315cm에서 제2차 일 최고수증기압에 바로 도달했다(15장).

맴돌이확산으로만 설명될 수 있는 다른 자연적인 현상은 씨, 포자, 화분, 열매의 산포이다. 다만 작용하는 영향들이 풍속 u(cm sec^{-1})와 씨의 낙하율 c(cm sec^{-1})이었다면, 유적(trajectory)은 수평으로 발사된 탄알이 그리는 것과 유사한 포물선일 것이다. 그렇지만 낙하율은 씨마다 다르다. 콜러만[913]은 독일 헤쎈 주 두 영림소의 소나무 삼림에서 7주의 관측 기간에 표 9-1에 제시된 상대습도와 관련된 씨의 산포상태를 밝혔다. 이 두 경우에 씨의 최대낙하는 상대습도가 55~65% 사이일 때 발생하는 것으로 나타났다. 이보다 좀 더 습윤한 일기에서는 솔방울이 부풀어서 씨를 계속 갖고 있었다. 이보다 좀 더 건조한 날은 오히려 드물었다. 콜러만[913]은 예를 들어 흑양(*Populus nigra*) 씨의 낙하율이 12~50cm sec^{-1}까지이며, 평균 26cm sec^{-1}인 것을 밝혔다. 이를 통해서 평균 포물선 유적(parabolic trajectory) 주변에 산포지대가 형성되었다.

표 9-1 씨의 산포와 상대습도(%)

상대습도(%)	100	75	65	55	45	35
두덴호펜(Dudenhofen) 영림소(%)	5	18	62	10	5	
슐리츠(Schlitz) 영림소(%)	12	29	53	6	0	

분리되는 개별 씨는 맴돌이확산하에서 상승 또는 하강하는 맴돌이 속으로 방출될 똑같은 기회를 갖는다. 이러한 과정을 통해서 산포지대가 실제로 넓어지게 된다. 각각의 상승운동이 공기 중에 씨가 머무는 시간을 증가시킨다는 사실은 대체로 상승운동이 하강운동보다 씨가 확산되는 데 좀 더 크게 영향을 미친다는 것을 의미한다. 피르바스와 렘페[907]는 2,000m 이상의 고도에서 비행하는 동안 수집된 화분이 크기와 낙하속도에 대해 예상되는 값과 일치하지 않는 것을 밝혔다. 대기의 '굴뚝들(chimneys)'은 모든 크기의 화분의 질량을 빨아올리고, 낙하율은 단지 미미한 영향만을 준다는 것이 분명하다.

현대 사회는 지면 위 어느 고도에 위치한 대기오염원을 만들었다. 이들 중에 가장 분명한 오염원은 가정의 굴뚝과 공장의 높은 굴뚝이다. 이들 굴뚝은 때로 엄청난 양의 부유미립자와 연소산물들을 쏟아내고 있다.

그림 9-5는 굴뚝으로부터 나오는 줄기흐름(plume)이 서로 다른 대기의 조건하에서 다른 형태를 갖는다는 것을 보여 주고 있다. 각 다이어그램의 왼쪽에는 환경감율(environmental lapse rate, 고도에 따른 실제의 기온 변화, 실선)이 건조단열감율(파선)과 비교되어 있다.

고리줄기흐름[looping plume, 그림 9-5(a)]은 감율이 초단열(superadiabatic)일 때, 즉 1°C/100m보다 클 때 발생하고, 공기는 불안정하며, 열난류(자유대류)가 크게 발달한다. 고리는 큰 열맴돌이(thermal eddy)가 줄기흐름 부분들을 빠르게 위와 아래로 운반하기 때문에 형성된다. 배출물들은 빠르게 확산되나, 높은 농도를 가진 산발적인 연기덩이들(puffs)이 간격을 두고 굴뚝 바닥 부근의 지면까지 내려온다. 고리줄기흐름은 보통 태양이 지면을 강하게 가열하고, 구름량, 강풍 또는 적설이 없는 계절의 맑은 주간의 조건 동안 발생한다.

환경감율이 건조단열감율 1°C/100m와 등온값 0°C/100m 사이에 있을 때 수평 및 연직 둘 다의 대류혼합이 존재하나 강하지는 않다. 줄기흐름은 유효굴뚝높이에서 소용돌이(vortex)와 함께 점차적으로 넓어지는 원추의 형태(그림 9-5(b))를 갖는 경향이 있다. 배출물이 처음 지면에 도달하는 굴뚝으로부터의 거리는 고리줄기흐름보다 좀 더 멀어지는데, 그 이유는 열맴돌이가 크게 감소하기 때문이다. 원추형으로 되는 것(coning)

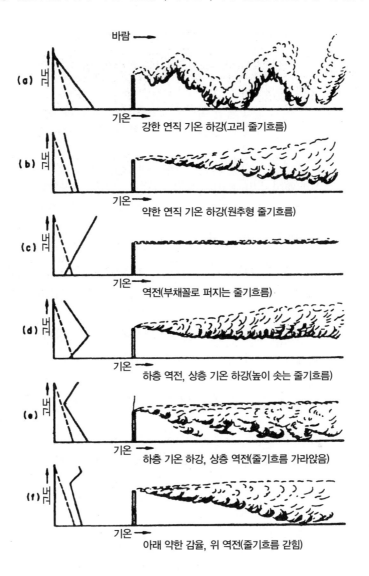

그림 9-5 여러 가지 대기의 안정도 조건하에서 나타나는 6개 유형의 줄기흐름. 왼쪽에 파선은 건조단열감율이고, 실선은 환경감율이다(P. E. Church[905]에 의해서 처음 제안되어 E. W. Hewson[910]이 수정했음).

은 구름이 끼거나 바람이 강하게 부는 날에 빈번하게 발생하고, 이러한 조건하에서는 야간에도 발생할 수 있다.

복사역전(radiation inversion) 또는 이류역전(advection inversion)에서와 같이 기온이 지표로부터 위로 상승하면 공기는 매우 안정하여 연직난류와 혼합이 크게 억제된다. 그러나 수평혼합은 여전히 존재한다. 크게 억제된 연직혼합과 관련된 이러한 자유수평혼합(free horizontal mixing)은 수평으로 퍼져서, 부채꼴로 퍼짐(fanning)이라고 알려진, 줄기흐름이 곡류를 하게 한다(그림 9-5(c)). 내륙에서 부채꼴로 퍼지는 현상은 맑은 하늘의 바람이 약한 야간에 주로 발생한다. 느린 분산율(rate of dispersion) 때문에 부채꼴로 퍼지는 줄기흐름(fanning plume)은 발원지로부터 매우 먼 거리에서 관측된다.

하늘이 맑고 약한 바람이 부는 날의 일몰경에 복사역전은 전형적으로 지면으로부터 위로 발달하기 시작한다. 굴뚝의 꼭대기가 접지역전(surface inversion) 위에 도달하여 아래에 얕은 복사역전이 있고 위에 감율조건이 있으면(그림 9-5(d)), 급격한 상승확산(upward diffusion)이 있다. 그러나 급격한 하향확산(downward diffusion)은 접지역전의 정상부까지만 확장되어 역전을 통해서 크게 억제된다. 이것을 높이 솟는 줄기흐름(lofting plume)이라고 부른다. 국지적인 공기오염의 관점으로 높이 솟는 줄기흐름은 오염물질을 방출하기 위한 하루 중의 가장 좋은 시간이 된다.

굴뚝의 꼭대기가 역전층 아래에 있어서 아래에 단열감율 또는 초단열감율 조건이 있고, 위에 역전층이 있을 때(그림 9-5(e)) 이것을 줄기흐름 가라앉음(fumigation) 조건이라고 부른다. 지면 부근에서 완전하게 오염물질이 혼합되는 반면, 상승 확산이 극심하게 억제되기 때문에 줄기흐름 가라앉음은 배출물을 방출하기 위한 최악의 대기조건이 된다.

휴슨[910]은 일반적으로 줄기흐름 가라앉음 조건을 일으키는 세 가지 상황을 구분하였다.

I 유형은 아침에 태양의 가열이 줄기흐름이 부채꼴로 퍼지는 현상을 일으켰던 야간의 복사역전을 파괴할 때 내륙 지역에서 발생한다. 초단열감율이 지표로부터 위로 연장되고, 불안정기층의 정상부가 부채꼴로 퍼지는 줄기흐름에 도달할 때 열난류는 지면에 농도를 높인다. 이 유형은 휴슨[909]이 궤적을 조사하는 동안 처음으로 분석되었다.

II 유형은 도시에서 발생한다. 도시의 열원은 지붕 높이의 2~3배까지 불안정감율을 유지시킨다. 주변 농촌지역으로부터 불어온 위의 공기는 복사냉각의 결과로 안정하다. 초저녁에 이것은 복사열손실이 도시에서뿐만 아니라 인접한 농촌지역에서도 안정도를 일으킬 때까지 도시 상공에서 수시간 동안 온화한 줄기흐름 가라앉음이 일어나게 한다.

III 유형은 호수에서 육상으로 부는 서늘한 바람이 굴뚝 높이 위로 연장되는 접지이류역전(surface advection inversion)을 일으킬 때 발생한다. 따라서 부채꼴로 퍼지는 현상은 줄기흐름이 굴뚝을 떠날 때 발생할 것이다. 그러나 주간에 표면의 호수공기는 바람이 따뜻한 육지표면 위로 이동하여 열난류가 부채꼴로 퍼지는 줄기흐름까지 위로 성장하고 표면에 높은 농도로 집중할 때 급격하게 가열된다. 수반하는 열난류와 함께 불안정 기층은 위로 부채꼴로 퍼지는 줄기흐름까지 성장하여 지면에 농도를 높인다. 라이언스와 코울[914]은 미국 미시간 호로부터 여름의 호수바람(lake breeze)과 관련된 이러한 유형의 줄기흐름 가라앉음 조건을 기술했다. 휴슨[910]은 다음과 같이 기술했다.

"역으로 맑은 밤에 육지에서 호수 위로 부는 바람은 부채꼴로 퍼지는 줄기흐름이 발달하는 유효굴뚝높이까지와 그 위로 연장되는 접지복사역전으로 특징지어질 것이다. 가을과 겨울 동안 얼지 않을 만큼 큰 호수의 표면온도는 상대적으로 높아서 열난류와 함께 불안정기층은 호수 위에서 위로 성장할 것이다. 이 기층이 부채꼴로 퍼지는 줄기흐름에 도달할 때 이들 기체는 호수면으로 내려와 줄기흐름 가라앉음을 일으킬 것이다. 육지가 눈으로 덮여 있으면 유사한 줄기흐름 가라앉음이 주간에 호수 위에서 발생할 것이다."

휴슨[910]은 낮은 전선역전(frontal inversion)과 침강역전(subsidence inversion)의 중요성을 강조하기 위해서 원래 처치[905]가 제안한 5개 유형에 대해서 여섯 번째 유형의 줄기흐름을 추가했다. 간힘(trapping)은 약한 감율과 함께 그리고 유효굴뚝높이 바로 위에 낮은 역전의 기저부가 있으며, 위로 향한 확산이 크게 감소되고, 표면농도가 증가할 때 발생한다. 따라서 확산이 유효굴뚝높이와 아래에서 양호하더라도 줄기흐름은 지면과 낮은 역전기저부 사이에서 갇혀 있게 된다(그림 9-5(f)). 이것을 줄기흐름 간힘(plume trapping)이라고 부른다. 휴슨과 길[911]은 이러한 줄기흐름 간힘을 깊고 좁은 계곡에서 처음으로 관측하여 분석했다. 이러한 계곡에서는 줄기흐름 간힘이 특히 곤란한 문제로 나타나는데, 그 이유는 계곡의 양측에 의해서 나타나는 자연적인 장벽이 연직 간힘에 추가로 수평 간힘을 일으키기 때문이다.

매우 높은 굴뚝이 막대한 비용을 들여서 건설되었는데, 그 이유는 굴뚝이 높을수록 방출된 오염물질이 지표에 도달하는 시간이 오래 걸리며, 좀 더 많이 확산되고, 지표에서 농도가 낮아질 것으로 생각되었기 때문이다. 이것이 일반적으로 사실인 반면, 휴슨[910]은 특정한 수준 이상으로 굴뚝의 높이가 높아지면 거의 추가적인 이익이 발생하지 않는다는 것을 제시하고 있다(그림 9-6).

실제 굴뚝높이는 여러 가지 인자의 영향을 받을 수 있다. 빠른 방출속도로 방출되거나 높은 원래 온도로 인한 양의 부력으로 방출되는 기체는 실제 굴뚝높이보다 좀 더 높은 유효굴뚝높이를 가질 것이다. 다른 한편으로 작은 물방울들을 포함하고 있는 굴뚝 배출물의 증발냉각(evaporative cooling)과 공기역학 씻어내림(aerodynamic down-wash)은 유효굴뚝높이를 낮게 할 수도 있을 것이다. 대기의 상황이 오염물질의 확산에 덜 유리할 때 방출기체의 배출속도나 온도를 높이면 이러한 조건을 완화시키는데 도움이 될 수 있을 것이다.

SO_2와 같은 기체들을 제거하기 위하여 방출 전에 굴뚝 배출물이 수분으로 세척될 때,

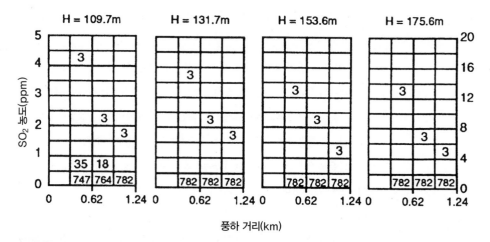

그림 9-6 네 가지 굴뚝높이(109.7, 131.7, 153.6, 175.6m)에서 기대되는 부피당 SO_2 농도(ppm). 수치는 SO_2 농도가 식물의 북동쪽에 있는, 22.5° 부분 지역 위에 가리키는 한계 내에 위치할 때 1년당 시간을 의미한다. 남서풍이 불 때 굴뚝 기체의 방출속도는 36.4m sec^{-1}이다(E. W. Hewson[910]).

공기는 포화되고, 그 과정에서 세척이 되기 전에 굴뚝 배출물의 온도가 공기의 습구온도(wet bulb temperature)까지 낮아진다. 수분으로 세척되는 단계를 떠난 후에 그러나 대기로 방출되기 전에 굴뚝의 기체들이 상대적으로 차가운 표면과 접촉하여 냉각되면 응결이 일어나서 작은 물방울을 형성한다. 이 작은 물방울은 굴뚝을 떠나는 배출물의 일부가 된다.[5] 이러한 배출물이 굴뚝을 떠나서 주변의 건조한 공기와 혼합될 때, 작은 물방울은 증발할 것이고, 줄기흐름은 필요한 기화숨은열이 공기로부터 제거될 때 냉각될 것이다. 휴슨은 더욱이 다음과 같이 설명하였다.

"굴뚝을 떠날 때 배출물에 들어 있는 건조한 공기의 단위 질량당 액체 물의 질량은 그림 9-7의 위의 눈금에서 쉽게 구할 수 있다. 그림 9-7은 수평 눈금의 바로 아래에 제시된 기온에서 건조한 공기 1kg과 혼합된 포화수증기의 그램 수를 제시한다. 따라서 수분으로 세척되는 단계에 도달한 굴뚝 기체의 원래 습구온도가 60°C라면, 이 단계를 떠나는 공기는 60°C에서 포화되고 건조한 공기 1kg당 155g의 수증기를 포함하고 있다. 그 다음의 냉각으로 기체의 온도가 30°C까지 하강하면, 공기는 건조한 공기 1kg당 27.6g의 수증기를 포함할 것이다. 155g kg^{-1}과 27.6g kg^{-1} 사이의 차이, 혹은 127.4g kg^{-1}은

---

5) 제7판에 "If, after leaving the wet washing <u>staging cold small water droplets</u>, which become part of the effluent leaving the stack."이라고 기술되었으나, 제6판에는 "If, after leaving the wet washing <u>stage but before release to atmosphere, the stack gases are cooled by contact to relatively cold surfaces, condensation occurs to form small water droplets</u>, which become part of the effluent leaving the stack."이라고 기술되어 있어 위와 아래 문장의 줄 친 부분의 차이가 난다. 여기서는 제6판에 따라 번역하였다.

매우 작은 물방울로 응결하여 이 가운데 대부분은 굴뚝으로부터 빠져나간다.

그림 9-7의 아랫부분은 모든 작은 물방울이 굴뚝으로부터 나온 후 바로 증발될 때 줄기흐름의 증발냉각을 대략 제시한 것이다. y축의 눈금은 수분으로 세척된 상태에 도달하는 굴뚝 기체의 °C로 표시된 습구온도에 대한 것이다. 이것은 수분으로 세척된 직후의 기체의 실제 온도이다. x축은 기체가 굴뚝을 바로 떠날 때의 배출물의 °C로 표시된 온도이다. 곡선의 등치선은 굴뚝으로부터 나오자마자 완전하게 냉각되는 것을 가정한 °C로 표시된 증발냉각을 제시하는 것이다. 위에서 제시한 60°C와 30°C의 온도를 이용하여 그래프에서 순간적인 증발냉각이 약 320°C인 것으로 나타난다. 그렇지만 냉각은 순간적으로 일어나지 않으나, 원래 포화된 줄기흐름이 주변의 건조한 공기와 혼합될 때 느리게 냉각된다. 빠져나오는 줄기흐름의 각각의 단위부피가 주변 공기의 100단위부피와 혼합된 후에 완전히 증발되면, 101단위의 부피로 이루어진 확대된 줄기흐름의 각 부분의 증발냉각은 평균 3.2°C일 것이다. 다르게 표현하여, 증발냉각이 끝난 후에 줄기흐름은 실제 줄기흐름 온도보다 낮은 약 320°C의 온도로 굴뚝으로부터 나오는 줄기흐름

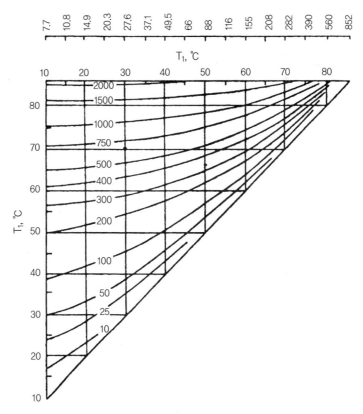

그림 9-7 습기로 세척된 후에 그러나 공기로 방출되기 전에 그 안에서 응결된 작은 물방울을 포함하고 있는 줄기흐름의 증발냉각을 추정하기 위한 그래프(E. W. Hewson[910])

과 같은 방법으로 작용할 것이라고 말할 수 있을 것이다.

따라서 줄기흐름은 음의 부력을 가져서 유효굴뚝높이가 감소될 것이다. 줄기흐름의 작용은 그림 9-8에서 제시된 것과 같이 거울의 상(mirror image) 방법으로 연구될 수 있다. 냉각된 줄기흐름은 실제 굴뚝 위에 위치한 거꾸로 된 굴뚝의 구멍으로부터 나오는 것으로 생각될 수 있다"(E. W. Hewson[910]).

유효굴뚝높이를 낮출 수 있는 두 번째 인자는 공기역학 씻어내림(aerodynamic downwash)이다. 씻어내림은 한 가지 과정 또는 두 가지 과정 둘 다의 결과로서 일어날 수 있다. 처음에 카르만소용돌이(Kármán vorticity)는 굴뚝 정상 부근의 굴뚝의 풍하에서 형성될 수 있다. 줄기흐름의 출구속도(exit velocity)가 빠르면, 이 소용돌이의 저기압에 의해서 줄기흐름이 아래쪽으로 끌려 내려올 수 있다. 굴뚝 상부 주변의 배출물 색깔의 얼룩은 이러한 종류의 씻어내림이 상대적으로 빈번하게 발생할 수 있다는 것을 제시한다. 이것은 주택의 벽난로 굴뚝에서 빈번하게 관측된다. 두 번째 유형은 굴뚝이 큰 건물에 혹은 부근에 위치할 때 발생한다. 줄기흐름은 공기가 건물 위나 주변으로 흐를 때 건물의 풍하에서 형성되는 큰 맴돌이에서 하강할 수 있다.

공기역학 씻어내림도 또한 건물, 풍향에 대한 굴뚝의 위치로(그림 9-9) 또는 심지어 풍향에 대한 건물의 방향으로(그림 9-10) 강화되거나 최소화될 수 있다.

굴뚝의 형태는 또한 공기역학 씻어내림, 특히 카르만소용돌이 혹은 끝소용돌이(tip vorticity)에서 감소된 기압의 결과로서 발생하는 씻어내림에 현저하게 영향을 미칠 수 있다. 여러 가지 굴뚝 형태가 그림 9-11에 제시되어 있고, 공기역학 씻어내림을 고려한 이들의 디자인 특성이 기술되어 있다.

휴슨[910]은 탁월풍이 공업시설에 도달하기 전에 구릉 위를 넘을 때 구릉이 대기오

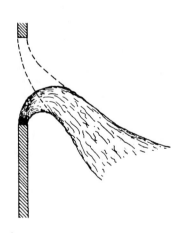

그림 9-8 증발냉각과 이를 통한 줄기흐름의 음의 부력으로 인해서 낮아진 유효굴뚝높이(R. S. Scorer [915])

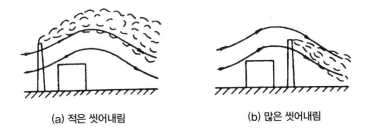

(a) 적은 씻어내림　　　　　(b) 많은 씻어내림

그림 9-9 건물에 상대적인 굴뚝의 위치를 고려한 공기역학 씻어내림의 변화(E. W. Hewson[910])

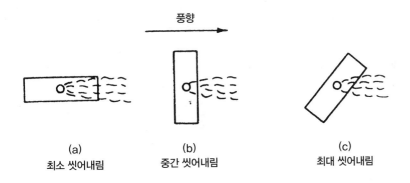

(a)　　　　　　(b)　　　　　　(c)
최소 씻어내림　　중간 씻어내림　　최대 씻어내림

그림 9-10 탁월풍의 풍향과 관련된 건물 방향에 따른 공기역학 씻어내림의 변화(E. W. Hewson[910])

염 문제를 약화시키거나 완화시킬 수 있다는 것을 제시했다. 공업시설이 구릉의 기저부 부근에 위치하면 줄기흐름은 그림 9-12에 그림으로 제시된 것처럼 구릉의 풍하에서 공기역학 씻어내림으로 아래로 내려올 수 있다. 풍하맴돌이(lee eddy)와 극심한 씻어내림은 공기가 불안정할 때보다 상대적으로 안정할 때 좀 더 잘 발달할 수 있는 것 같다. 구릉의 형태와 간격이 울퉁불퉁하고 불규칙하면 매우 국지적인 씻어내림이 있을 수 있고, 이의 일반적인 결과는 난류와 확산을 증가시킨다.

　　종종 이용되는 경험 규칙에 의하면, 공기역학 씻어내림을 피하려면 굴뚝이 부근의 가장 높은 건물보다 적어도 2.5배 높아야만 한다. 그러나 이 규칙은 가장 복잡하지 않은 상황에만 유용하다.

　　특정 지역의 대기오염 가능성과 농도를 추정하는 데는 접지기층의 공기가 흔히 상자 (box)로 다루어진다. 세 가지 매개변수가 이 상자 내에서 대기오염 농도를 결정하는 데 전형적으로 이용되고 있다. 이는 국지적인 대기오염원, 연직혼합이 일어나는 높이(혼합 고도), 상자를 통한 공기운동(수송풍속)이다. 혼합고도를 이용한 모델은 흔히 바람직할 만큼 정확하지 않게 대기오염 수준을 예측했다. 혼합고도를 측정하기 위해서 가장 많이

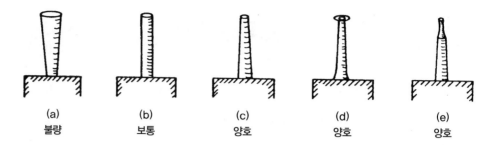

(a)	(b)	(c)	(d)	(e)
불량	보통	양호	양호	양호

그림 9-11 공기역학 씻어내림을 고려한 여러 가지 굴뚝의 형태와 성질. (a) 깔대기 굴뚝, 불량한 디자인, 명백하게 굴뚝 씻어내림을 유도, (b) 수직 굴뚝, 보통의 디자인, 일부 굴뚝 씻어내림, (c) 가늘어지는 굴뚝, 양호한 디자인, 굴뚝 씻어내림이 거의 없음, (d) 꼭대기에 수평의 고리가 있는 가늘어지는 굴뚝, 양호한 디자인, 굴뚝 씻어내림이 거의 없음, (e) 굴뚝의 상부에 분출구, 양호한 디자인, 굴뚝 씻어내림이 거의 없고 건물 씻어내림이 감소됨(E. W. Hewson[910])

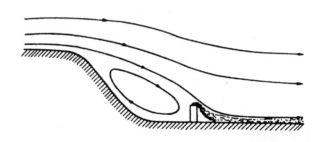

그림 9-12 굴뚝이 기류가 구릉 정상부에서 갈라진 후에 큰 맴돌이의 풍하 쪽에서 지면과 다시 만나는 지점에 위치하면 줄기흐름은 공기역학 씻어내림에 의해서 지면으로 내려온다(R. S. Scorer[915]).

이용되는 방법(홀즈워드 방법, G. C. Holzworth[912])은 대기오염 수준과 시종일관 상관관계가 있지는 않다(R. H. Aron[900, 901]과 R. H. Aron and I-M. Aron[902]). 대기오염 물질의 연직 분산을 추정하는 좀 더 나은 방법을 개발하려는 노력이 있었다(J. P. Deng and R. H. Aron[906]). 대기오염 물질이 연직으로 혼합되는 높이와 정도를 신뢰할 수 있게 측정하기 위한 추가적인 연구가 요구된다.

대기오염 물질의 분산에 관한 논의를 위해서 독자들에게 참고문헌을 소개하도록 하겠다(E. W. Hewson[910], R. W. Boubel et al.[904] and U. S. Weather Bureau [916]).

제2부

식생이 없는 평탄한 지면 위의 접지기층

제10장 아래에 있는 지표(토양)의 정상 온도성층

제11장 대기권 최하층 100m의 기온상태

제12장 불안정한 하층과 역전 하층

제13장 접지기층의 주간 기온

제14장 접지기층의 야간 기온

제15장 지면 위의 수증기 분포

제16장 지표 부근의 바람장과 바람의 영향

제17장 부유미립자와 미량기체의 분포

제18장 접지기층의 광학 및 음향 현상

제10장 ··· 아래에 있는 지표(토양)의 정상 온도성층

제1부의 목적은 접지기층에서의 과정들을 지배하는 법칙을 기술하는 것이었다. 제2부에서는 이들 과정 자체를 다루도록 하겠다. 첫째로 지면이 완전히 수평이라서 지형의 영향이 없고, 둘째로 지면에 식생이 없어서 식생의 영향도 없는 것을 가정하였다. 현재 이용할 수 있는 관측자료를 기초로 이러한 조건하에서 기온, 습도, 바람과 다른 요소들의 성층이 어떤지 기술할 것이다.

지표는 복사를 흡수하며 방출하고, 물을 증발시키며 응결시키고, 모든 공기운동을 저지하기 때문에 지면은 그 위에 있는 접지기층의 상태에 결정적인 영향을 미친다. 지면의 성질과 상태는 장소에 따라서 그리고 서로 다른 시간에 넓은 한계 내에서 변한다. 더욱이 지표는 토양 대신에 물, 눈 또는 얼음일 수가 있다. 그러므로 지표와 지표의 영향은 다음에 있는 지표의 논의를 포함해야 하므로 제3부에서는 전적으로 이 주제만을 다루도록 하겠다.

토양 내에서 일어나는 과정에 관한 지식이 없이는 그로 인하여 접지기층에서 발생하는 내용에 대한 논의를 이해할 수 없다. 이러한 이유로 토양에서의 온도 경과를 먼저 고찰하도록 하겠다. 여기에서도 모든 깊이에서 같은 구성을 이루고 있는 균질 표면하의 '정상 토양'으로 단순화하겠다. 다음의 관측 결과들은 대체적으로 이들 조건을 충족시킨다.

6장에서 상세하게 다룬 바와 같이 지표의 온도는 토양의 온도를 조절한다. 그러나 지표의 온도는 그때그때 일기상태에 크게 종속된다. 우선 가장 단순한 사례로서 전선 등과 같은 모든 대기의 요란이 없는 햇볕이 잘 드는 맑은 여름날을 고찰하도록 하겠다. 그림 10-1은 핀란드 미기후학의 개척자인 호멘[1008]이 이미 1893년에 비카라이스 영지(60°17')에서 행한 최초의 고전적인 토양온도 측정자료이다.

토양온도를 기술하는 데는 세 가지 크기가 항시 고려되어야 하는데, 즉 토양의 깊이(z), 온도(T), 시간(t)을 고려해야 한다. 그러므로 토양온도의 변화는 공간에서의 표면에 상응하여 세 가지 다른 방법으로 평면에 제시될 수 있다. x축에 t, y축에 z를 나타내는 좌표계에 등온선을 그릴 수 있다(그림 10-1, 10-3). 토양 내의 등온선은 자주 지열(geotherm)이라고 부른다. 이와 다르게 x축을 t, y축을 T로 하고 선별된 토양 깊이에 대한 온도 패턴을 그릴 수 있다(그림 10-4, 10-6, 10-8). 다른 방법은 x축에 T, y축에 z를 나타내어, 특정한 시간에 대한 토양의 깊이에 따른 온도 변화를 나타내기 위해서 등시곡선(tautochrone)을 이용하는 것이다(그림 10-2). 이 세 가지 표현방법은 각각 독특한 장점이 있다.

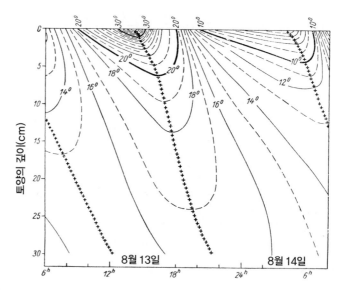

그림 10-1 맑은 여름날 토양 속으로의 일 온도파의 침투(핀란드에서 T. Homén[1008]이 행한 관측)

토양을 통한 열 흐름의 비율은 온도경도, 토양 구성, 수분함량과 느낌열 플럭스에 종속된다(24장). 그림 10-1은 맑은 여름날의 전형적인 온도 패턴을 보여 준다. 1893년 8월 13일 이른 오후에 34°C 이상의 표면온도가 사질의 히스 지역(heathland)에서 기록되었다. 다음 날 일출 전에 온도는 5°C 이하였다. 이렇게 큰 일교차는 토양의 깊이가 깊어질수록 급격하게 감소했다. 주간의 20°C의 가열은 6cm 깊이까지만 침투하고, 10°C 이하의 야간의 냉각은 4cm까지만 침투했다. 토양의 깊이가 깊어질수록 등온선이 오른쪽으로 편향되는 것은 토양 속으로 극심한 온도의 출현시간이 지연되는 것을 나타낸다. 이것은 여러 토양 깊이에서 최고온도와 최저온도의 지점들을 연결한 +부호를 갖는 선들로 제시된다. 이상적인 균질 토양에서는 이들 선이 직선이 될 것이다. 토양의 깊이가 깊어질수록 최고온도는 낮고, 최저온도는 높아서 일교차가 작아진다는 것도 주목해야 할 것이다.

그림 10-2는 열전소자(thermo-element)를 이용하여 측정한 자료로 맑은 여름날에 토양온도의 일변화를 등시곡선으로 나타낸 것이다. 헤어[1007]는 독일 라이프치히대학교 지구물리학과 부근의 자연 토양에서 1934년 7월 10일에서 11일에 토양 속의 서로 다른 10개 깊이에 대해서 관측했다. 여기서 제시된 토양의 깊이에 따른 온도변화는 그날의 모든 홀수 시각에 대한 것이다. 등시곡선은 대체로 15시와 5시의 등시곡선으로 나타낸 두 가지 극값 사이에서 변했다. 첫 번째 경우에 강한 양의 복사수지와 함께 최고온도는 토양표면에서 약 40°C이고, 온도는 깊이가 깊어질수록 처음에는 빠르게, 그다음에는 느리게 감소하였다. 이러한 유형을 입사복사형(독 : Einstrahlung-stypus)이라고 부

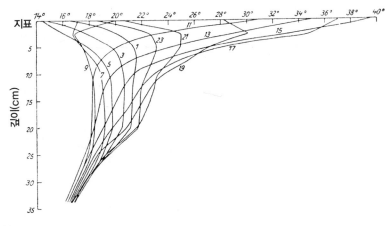

그림 10-2 요란이 없는 맑은 여름날 토양온도의 등시곡선(L. Herr[1007])

른다. 두 번째 경우에 야간의 음의 복사수지와 함께 최저온도가 토양표면에서 관측되고, 온도는 20cm 깊이까지 상승하였다. 이러한 유형을 방출복사형(독 : Ausstrahlungtypus)이라고 부른다.

하루가 경과하는 동안 등시곡선은 이들 두 극값 사이에서 이동한다. 등시곡선의 패턴은 두 극값 사이의 시간에 토양 속의 여러 깊이에서 열이 서로 다른 방향으로 흐를 수 있다는 사실로 복잡하게 나타난다. 예를 들어 21시에 최고온도는 5cm 깊이에서 기록되었다. 이 깊이 아래에서 주간의 에너지는 여전히 아래로 흐르나, 그 위에서는 위로의 에너지 흐름이 복사하는 토양표면의 에너지 손실을 이미 어느 정도 보상했다. 이와 반대되는 사례가 9시 등시곡선으로 제시된다. 토양의 깊이에 따라서 일교차가 감소하는 것은 곡선들이 점차로 한데 모이는 것으로 나타났다. 30cm 이하의 곡선들이 왼쪽 아래로부터 오른쪽 위로 달리는 것은 이러한 현상을 관측한 날이 토양이 가열되는 날씨에 발생했던 것을 보여 준다. 토양이 냉각되는 가을과 겨울에는 등시곡선이 반대방향으로 경사지게 될 것이다.

토양표면의 온도는 기온보다 일기변화에 좀 더 빠르게 반응한다. 노르웨이에서 파울젠[1012]과 클레페(60° 31'N, 노르웨이)에서 우타아커(K. Utaaker)는 1954년 6월 30일 개기일식 동안 태양복사가 잠시 중단된 동안에도 다음과 같이 온도가 하강한 것을 관측하였다. 지표 아래 1cm 깊이에서 0.9℃, 2cm 깊이에서 0.3℃, 5cm 깊이에서 0.1℃ 온도가 하강했다. 같은 일식 동안 쿨렌베르크[1209]는 스웨덴 남부에서 복사를 차단한 써미스터(thermistor)로 (지표 위 10mm 높이에서) 기온이 24.6℃(1시간 전)에서 15.8℃(일식 동안)까지 하강하고, 19.6℃까지(1시간 후) 다시 상승한 것을 관측했다. 그림 10-3은 바텔스[3001]의 스케치를 기초로 독일 포츠담에서 1928~1929년 겨울에 온난한 기간과 한랭한 기간에 따라 변화의 영향을 받은 불안정한 토양온도의 경과를 제시한 것이다. 이러한 일변화는 기껏해야 약 1m 깊이까지 침투했다. 1m 깊이 아래에서 등온선은 최소의 일변화를 보여 주고 있으나, 온도는 봄에 가열되어 시간이 경과함에 따라 점진적으로 상승했다. 그림 10-3에서 잘 알 수 있는 바와 같이 1m 이하에서는 등온선이 더 움직이지 않는다. 그러므로 레만(P. Lehmann)[1]은 첫 번째 불안정한 토양층을 약 1.5km 높이의 대기권 근본층(하층, 독 : Grundschicht)과 유사한 토양의 근본층이라고 명명했다. 이 두 근본층은 반복하여 나타나는 연직온도경도의 전환에 따라 일경과와 일기에 따른 경과를 보인다. 이 두 근본층에서 우선 첫째로 동물이 생활하고, 위의 근본층에서는 조류(鳥類), 나비, 날아다니는 곤충, 그리고 아래의 근본층에서 쥐, 벌레, 곤충이 생활한다. 이 근본층 아래에 토양의 대류권(독 : Trophosphäre des Bodens)이 이어지고, 그 아래 20m 깊이에서 토양의 성층권(독 : Stratosphäre des Bodens)이 이어진다. 토양의 성층권에서는 (대기의) 성층권에서 고도가 높아질수록 기온이 올라가는 것과 같이, 깊이가 깊어질수록 지구 내부에서 나오는 열로 인하여 온도가 상승한다. 기후학적으로 토양의 하층(soil substrate)은 3개 층으로 이루어진다. 지표로부터 약 1m 깊이까지 연장되는 첫 번째 층은 하루 중에 온도변화를 하기 쉽다. 이 첫 번째 층 아래에 대략 20m 깊이까지 연장되는 두 번째 층이 있다. 이 층에서 토양온도는 연변화만을 한다. 20m 아래에는 지구 내부로부터 나오는 지열로 인하여 깊이가 깊어질수록 토양온도

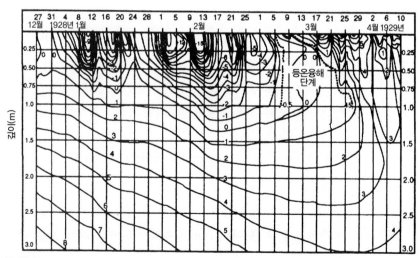

그림 10-3 1928~1929년 겨울 독일 포츠담에서 토양 속으로의 차가운 온도파 및 따듯한 온도파(°C)의 침투

---

1) *Lehmann, P.*, Raumeinteilung der klimagebundenen Lithosphäre, Ber. DWD-US Zone 7, Nr. 42, 274-276, 1952.

가 상승하는 세 번째 층이 있다(6장). 그러나 이들 층이 나타나는 정확한 깊이는 토양의 열확산율에 따라서 변할 것이다.

웅거[1014]는 1938~1947년에 독일의 크베들린부르크(51°47'N)에서 행한 10년간의 토양온도 관측자료를 분석했다. 0cm, 20cm, 50cm, 100cm 깊이의 10년간 일평균 온도의 경과가 그림 10-4에 제시되었다. 이 그림은 기온의 계절변화에서 천후의 특이성(singularity)이 토양표면에서 어떻게 나타나는가뿐만 아니라, 50cm 깊이까지 토양 속으로 침투할 수 있는가를 잘 제시하고 있다. 대략 6월 중순에 발생하여, 독일에서 평판이 나쁜 '양추위(독 : Schafkälte, 영 : sheep-shearing)'라고 부르는 찬공기터져나감(독 : Kälterückfall, Kaltlufteinbruch)[2]은 1m 깊이에서도 뚜렷하게 볼 수 있다.

하우스만[1006]은 1894~1948년까지 독일 포츠담에서 행한 긴 관측자료를 이용하여 깊은 토양 속에서의 대규모 불규칙한 천후기간(독 : unregelmäßie Witterungsperiode)과 계절변위(독 : jahreszeitliche Verschiebung)[3]의 효과가 어떻게 나타나는가를 증명했다. 표 10-1에는 온도의 연평균 극값과 연교차를 제시했다(모든 값이 0.1℃까지 반올림되었음). 55년간 관측된 절대최고값과 절대최저값의 편차인 절대연교차도 제시했다. 표 10-1을 통해서 중유럽의 이러한 깊은 토양에서 얼마만 한 온도변화가 가

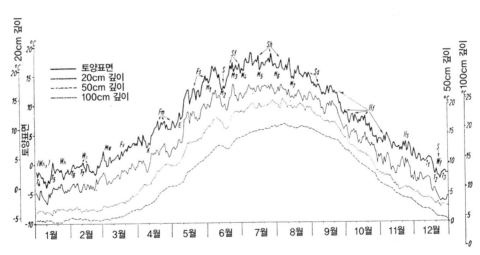

그림 10-4 독일 크베들린부르크에서 10년의 일평균 토양온도는 토양의 깊이가 깊어질수록 토양온도에 미치는 특이성의 영향이 약해지는 것을 보여 주고 있다(K. Unger[1014]).

---

2) 제7판 영어본에 '한랭기간(cold spell)'이라고 번역되어 있으나, 제4판 독일어본에는 '찬공기터져나감(독 : Kälterückfall, Kaltlufteinbruch, 영 : cold air outbreak)'이라 표현되어 있어 찬공기터져나감으로 번역했음.

3) 제7판 영어본에 각각 '일기변동(weather fluctuation)'과 '계절변화(seasonal change)'라고 번역되어 있으나, 제4판 독일어본에는 '불규칙한 천후기간(독 : unregelmäßie Witterungsperiode)'과 '계절변위(독 : jahreszeitliche Verschiebung)'라고 표현되어 있어 제4판에 따라 번역했음.

표 10-1 1894~1948년 독일 포츠담의 토양온도(°C)

땅속 깊이 (m)	연평균		평균 연교차	절대 연교차	평균의 출현시기	
	최고	최저			최고	최저
1	20.7	1.0	19.7	25.4	7월 30일	2월 11일
2	17.2	3.6	13.6	17.2	8월 15일	3월 4일
4	13.7	6.3	7.4	9.7	9월 22일	4월 3일
6	11.9	7.8	4.1	5.9	10월 30일	5월 4일
12	10.0	9.3	0.7	2.0	2월 10일	8월 10일

출처 : G. Hausmann[1006]

능한지 상상할 수 있다. 이들 깊이에서 극값이 도달하는 시간은 또한 토양을 침투하는 게 지연되는 것을 보여 준다. 12m 깊이에서 연중 가장 따뜻한 시기는 1m 깊이에서 겨울의 가장 추운 시기와 같다. 이들 사례는 1년 동안 변화하는 일기가 토양 속의 온도에 미치는 뚜렷한 영향을 설명한다.

그림 10-5와 10-6은 라이스트[1010]가 구한 10년 관측자료로 러시아의 파블로프스크(59°41'N)의 사질 토양에 대해서 두 극값이 출현하는 달의 일변화를 제시한 것이다. 최고기온이 보통 14시에서 15시 사이에 나타나는 반면에 1cm 깊이의 토양온도는 태양 복사를 지체 없이 따라간다. 봄(그림 10-5)에 열은 토양 속으로 침투한다. 80cm와 160cm 깊이에서 토양온도는 여전히 겨울처럼 차다. 겨울(그림 10-6)에는 그 반대 현상이 나타나고, 1m 깊이에서 토양은 여전히 얼지 않았다.

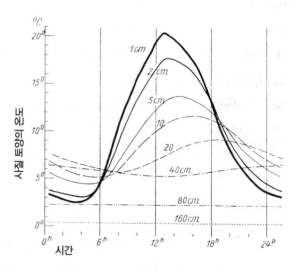

그림 10-5 러시아 파블로프스크의 사질 토양에서 5월의 10년 평균 일온도변화(E. Leyst[1010])

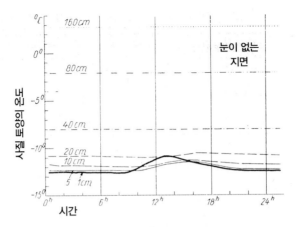

그림 10-6 러시아 파블로프스크의 사질 토양에서 1월의 10년 평균 일온도변화(E. Leyst [1010])

5월과 1월을 비교하여 알 수 있는 바와 같이, 토양온도의 일변화는 계절에 따라 변한 다(그림 10-5, 10-6). 겨울에 토양온도의 일변화는 파블로프스크와 같은 북반구 고위도 에서 매우 작은 반면, 늦봄에는 매우 크다. 토양의 최상층은 토양온도에 체계적인 계절 변화의 영향을 준다. 표 10-2는 1cm 깊이의 토양의 최상층에서 10년 동안 연중 매달에 2시간 간격의 평균 토양온도의 일변화를 제시한 것이다. 최난월 시간 평균과 최한월 시 간 평균 사이의 온도차를 주기적 일변동(periodic daily fluctuation)이라고 부르고, 출 현시간에 관계없는 일평균 최고와 최저 사이의 온도차를 비주기적 일변동(aperiodic daily fluctuation)이라고 부른다. 비주기적 일변동은 평균 시간별 조건으로부터의 단기 간 편차로 인하여 항시 주기적 일변동보다 크다. 표 10-2에서 비주기적 일변동은 주기 적 일변동보다 여름에 대략 2°C 정도 크고, 겨울에 대략 4°C 정도 크다. 표의 마지막 칸 에 제시된 일평균은 1cm 깊이에서의 계절변화를 나타낸 것이다.

유감스럽게도 중유럽에는 아직 토양의 최상층에 대한 장기간 관측자료가 없다. 디름 히른(Dirmhirn)[4]은 오스트리아 빈 중앙연구소(Wiener Zentralanstalt, 48°15'N) 정원 에서 1951년에 원격자기온도계(독 : Fernthermograph)를 이용하여 1년간 관측을 하 였다. 이것은 실제적인 문제에 귀중한 단서를 제공할 수 있었다. 2cm 직경, 17cm 길이 의 원통형 온도계 용기의 3/4을 지표에 묻었다. 여기서 나온 자료는 열전소자의 비교 측 정을 통해서 확인된 바와 같이 1cm 깊이의 토양온도에 상응하였다. 이 측정 지점은 부분 적으로 키 큰 나무들로 그늘이 졌는데, 이 사실이 결과를 분석하는 데 크게 영향을 미쳤

---

4) *Dirmhirn, I.*, Registrierung d. Temp. d. Bodenoberfläche an d. Zentralanstalt f. Met. Geodynamik Wien. Jahrb. Zentralanstalt f. Met. u. Geodyn. Wien N. F. 87, D 45-51, 1950, Wien 1951.

표 10-2 러시아 파블롭스크의 10년간 토양온도 측정

| 월 | 매 2시간마다 1cm 깊이의 2시간 평균 토양온도(°C) | | | | | | | | | | | | 일변동 | | 일평균 |
	02	04	06	08	10	12	14	16	18	20	22	24	주기적	비주기적	토양온도 (°C)
1	−12.4	−12.4	−12.4	−12.5	−12.1	−11.1	−11.0	−11.5	−12.0	−12.2	−12.3	−12.3	1.7	5.8	−12.0
2	−13.2	−13.3	−13.3	−13.2	−12.0	−10.1	−9.4	−10.4	−12.0	−12.8	−13.1	−13.2	4.0	6.4	−12.2
3	−12.1	−12.6	−12.9	−12.4	−9.2	−5.8	−4.0	−5.0	−8.0	−9.4	−10.3	−11.0	8.9	10.2	−9.4
4	−0.8	−1.3	−0.7	2.8	7.8	12.7	12.9	10.3	5.9	2.3	0.9	−0.1	14.3	16.0	4.4
5	2.8	2.5	4.7	10.5	15.3	19.3	19.7	17.7	13.4	8.2	5.3	3.8	17.8	20.4	10.3
6	7.7	7.6	11.2	16.6	21.6	25.6	26.6	24.8	19.9	14.3	10.8	9.1	19.2	21.6	16.3
7	11.0	10.7	13.5	18.8	23.4	25.6	26.4	24.6	21.4	16.9	14.0	12.3	15.7	17.7	18.2
8	11.2	10.8	11.7	16.5	21.1	23.7	24.5	22.6	18.9	15.3	13.1	11.9	14.1	16.0	16.8
9	6.8	6.4	6.2	9.0	13.6	17.0	17.2	15.0	11.3	9.0	8.0	7.1	11.3	13.8	10.6
10	1.1	1.2	1.2	1.7	3.5	5.5	5.6	4.0	2.4	1.5	1.0	0.8	4.6	7.1	2.4
11	−2.9	−3.0	−2.9	−3.0	−2.0	−1.2	−1.2	−1.9	−2.5	−2.5	−2.7	−2.8	1.8	3.4	−2.4
12	−9.0	−9.0	−9.0	−9.1	−8.8	−8.3	−8.4	−8.8	−9.0	−9.2	−9.3	−9.4	0.9	4.8	−8.9

출전 : E. Leyst[1010]

다. 표 10-3에는 일최고온도와 일최저온도의 월평균과 그에 따른 일교차를 제시하였다.

하우데(W. Haude)가 고비사막의 이켄권(41°54'N, 107°45'E, 해발 약 1,500m 고도)에 있는 사질 토양에서 측정한 것은 전혀 다른 대기후와 비교한 것이다. 알브레히트[1000]는 이 결과를 분석하였다. 이들 수치(표 10-4)는 8월의 햇볕이 잘 드는 12일간 0.5m 깊이까지 토양 최상층에서의 토양온도의 일변화를 제시한 것이다. 극값들(*로 표시한 최고치와 +로 표시한 최저치)은 토양의 깊이가 깊어질수록 극값들이 어떻게 지연되는지와 얼마나 덜 극심해지는지 둘 다를 보여 주고 있다. 상대적으로 높은 위도와 고도로 인하여 2mm 깊이에서 토양온도는 한여름에도 50°C에 이르지 못했다.

토양온도의 일교차는 계절이 미치는 영향에 추가로 구름량의 영향도 받는다. 앞서 언급한 오스트리아 빈의 측정자료에 대해서 디름히른[1005]이 분석한 내용이 여기에도 제시되었다. 이들 자료는 그늘이 지지 않은 실험 장소에서 행한 비교 관측자료로 보완되었다. 그 결과가 그림 10-7이다. 위쪽 그림은 일조시간에 종속되는 연중 1cm 깊이에서의 토양온도의 일변화를 나타낸 것이다. 아래쪽 그림은 구름량에 종속되는 토양온도의 일변화를 나타낸 것이다. 태양의 편각(declination)의 변화 때문에 가조시간 5)은 계

표 10-3 오스트리아 빈에서 지표 아래 1cm 깊이의 월평균온도

월	1	2	3	4	5	6	7	8	9	10	11	12
최고	1.7	8.0	10.3	24.8	30.2	32.1	34.9	36.5	30.4	18.9	8.3	4.3
최저	−0.7	−0.3	0.2	6.4	11.2	13.0	15.2	15.0	12.6	6.0	2.6	0.0
일교차	2.4	8.3	10.5	18.4	19.0	19.1	19.7	21.5	17.8	12.9	5.7	4.3

표 10-4 1931년 8월 1일~12일에 이켄권(고비사막)에서 평균 토양온도의 시간변화

깊이 (cm)	0	2	4	6	8	10	12 (시)	14	16	18	20	22	24
0.2	18.5	17.4	16.9+	18.9	30.3	40.7	46.5*	45.0	37.0	28.5	23.0	20.1	18.4
0.6	18.7	17.6	17.2+	19.1	30.3	38.9	42.7	44.2*	37.0	28.9	23.5	20.4	18.6
5	21.4	20.0	19.6+	19.8	23.9	30.1	34.7	35.4*	33.6	31.0	26.9	23.7	21.3
10	24.9	23.7	22.8	22.4+	23.4	25.4	28.2	30.5	31.0*	29.9	28.4	26.3	24.8
25	26.3	25.5	25.0	24.4	24.0	23.9+	24.4	25.4	26.5	27.4	27.7*	27.1	26.2
50	24.7*	24.7*	24.7*	24.6	24.4	24.2	24.1	24.0+	24.1	24.3	24.5	24.6	24.7*

---

5) 제7판 영어본에는 '일조시간(duration of sunlight)'이라고 표현되어 있으나, 제4판 독일어본에는 '가조시간(mögliche Sonnensheindauer, 영 : possible duration of sunshine)'으로 표현되어 있어 제4판에 따라 번역했음.

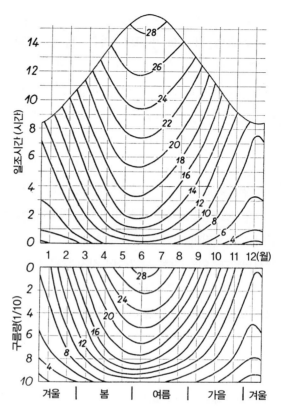

그림 10-7 오스트리아 빈에서 가조시간과 구름량의 변화에 따른 1cm 깊이 토양에서의 토양온도의 일교차의 변화(I. Dirmhirn[1005])

절의 함수이고, 이것이 그림 10-7의 상부 한계가 된다. 한여름의 구름이 없는 날에 일변화가 컸다. 예를 들어 한여름의 구름이 없는 날에 일교차는 28°C를 초과하는 반면, 구름이 낀 날에는 약 9°C에 불과했다. 겨울의 맑은 날에 일교차도 약 9°C이나, 구름 낀 날에는 2°C에 불과했다. 구름량이 감소하면서 가조시간이 증가하여 일교차가 처음에는 급격하게 증가하다가 그다음에 좀 더 느리게 증가하였다. 이것은 우선 최고온도의 상승에 기인하는 일교차의 급격한 증가가 대류혼합을 일으켜서 일교차의 증가를 완화시키기 때문이다.

이제 토양온도의 일변화를 떠나서 계절변화를 논의하도록 하겠다. 그림 10-8은 슈미트[1013]와 라이스트[1011]가 쾨니히스베르크(54°43'N)[6]에서 1873~1877년과 1879~1886년에 측정한 고전적인 장기간 관측자료이다. 곡선들이 이론적으로 구성되는 것

---

6) 독일어로 옛 이름은 '쾨니히스베르크'(1255~1946년)이지만 1945년 포츠담 회담의 결과에 따라 소련에 양도된 이후 '칼리닌그라드(Kaliningrad)'로 명칭이 바뀌었다.

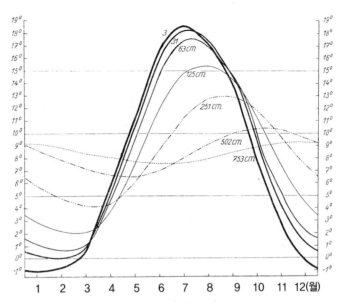

그림 10-8 독일의 쾨니히스베르크에서 토양온도의 계절변화(A. Schmidt[1013]와 E. Leyst[1011])

처럼 완전한 형태로 토양의 깊이가 깊어질수록 연온도파(annual temperature wave)가 감소하는 것을 보여 주지만, 이것은 실제 관측한 것을 제시한 것이다. 곡선들의 위치로 부터 연평균온도가 토양의 깊이가 깊어질수록 거의 변하지 않는 것을 알 수 있다. 그러나 곡선의 형태를 분석하면 토양의 깊이가 깊어질수록 온도가 작게 상승하는 것으로 나타났다. 이것은 대략 지열경도(geothermal gradient)의 증가율에 상응한다(6장). 그러나 이것은 항시 그런 것은 아니다. 이에 대한 사례로 이미 제시된 바와 같이(표 10-2) 러시아의 파블로프스크에서 행한 10년 측정에 의하면 5cm에서 320cm까지 4.3°C에서 6.1°C까지 연평균온도가 상승하였다. 이것은 2m 이하에서 1°C의 변화율에 상응하는 것이다.

연평균온도가 이와 같이 서로 다르게 변하는 것을 설명하기 위해서 과거에 많은 노력을 했었다. 토양의 열전도율의 체계적인 계절변화를 무시하면, 정상상태(定常狀態, stationery state)하에서 연평균 토양온도의 변화는 정확하게 지열경도에 상응해야 할 것이다. 그렇지 않으면 위나 아래로 지속적인 열흐름이 있어야 하는데, 그러면 이것은 에너지수지와 일치될 수 없다. 이러한 관찰 결과를 설명하기 위해서는 강수의 온도도 토양온도에 영향을 준다는 것(3장과 6장) 또는 열전도율이 계절의 함수라는 것을 지적할 수 있을 것이다. 그러나 하우스만[1008]이 이미 앞에서 언급한 독일 포츠담의 토양온도를 비주기적인 일기변화의 영향으로 연구한 이후로 상이한 측정 결과가 설명되었다. 54년 동안 연평균온도는 다음과 같이 변하였다.

깊이(m)	1	2	4	12
온도변화(°C)	2.6	1.9	1.5	1.3

하우스만[1006]이 1m와 12m 깊이에 대해서 발표했던 1896년과 1949년 사이의 연온도의 경과를 그래프로 제시한 것에서, 예를 들어 3년의 관측자료를 기초로 1∼12m 사이의 평균온도의 변화에서 다음과 같이 계산했다. 1907∼1909년에는 깊이에 따른 온도 증가는 22m에서 1°C였으나, 1947∼1949년에는 12m에서 1°C의 온도 감소가 관측되었다. 1907∼1909년은 천후가 서늘한 해였고, 특히 1908∼1909년의 추운 겨울을 통해서 서늘했다. 그러나 1947∼1949년은 온난했고, 특히 1947년의 한발(旱魃)이 든 여름을 통해서 온난하였다.

열대 환경의 토양온도의 계절변화는 토양온도의 좀 더 큰 불변성과 크게 감소한 토양온도의 계절변화로 특징지어진다. 그렇지만 월평균 토양온도의 중요한 지역적 및 계절적인 변화는 여전히 정오에 수직인 태양(overhead sun)의 계절적인 이동, 열대수렴대의 이동과 관련된 구름량의 계절변화, 그리고 계절적인 토양수분의 변화로 나타나는 토양 열확산율의 변화로 인하여 일어난다. 그림 10-9는 아메얀과 알라비[1001]가 1969∼1980년의 12년 동안 나이지리아의 4개 관측소에 대한 월평균기온과 함께 30cm와 120cm 깊이의 월평균 토양온도를 제시한 것이다. 4개 관측소는 넓은 범위의 열대 환경을 포함하고 있다. 포트 하코트(5°45'N, 20m)(위도, 고도)는 해안의 맹그로브 습지에 위치하고, 이바단(7°30'N, 227m)은 우림 내에 있고, 욜라(9°22'N, 186m)는 기니의 사바나에 위치하며, 카치나(13°N, 518m)는 건조한 수단의 사바나에 위치한다. 월평균토양온도는 적절하게 지연되면서 월평균 기온을 바로 뒤따른다. 토양온도는 정오의 태양(noon sun)이 수직이며, 적은 구름량이 강하게 지표를 가열하게 하는 우기가 시작되는 3월/4월에 가장 높으며, 습윤한 토양은 높은 열확산율을 갖는다. 열대수렴대가 북쪽으로 이동하면서 광범위하게 미치는 구름량을 가져오고, 지표 가열을 감소시키며, 토양으로부터의 열($-Q_G$)을 이동시켜서 기온을 하강시켜 5월부터 9월까지 토양온도를 내려가게 했다. 10월에 열대수렴대가 남쪽으로 이동하여 지표 가열을 증가시키고, 토양을 따뜻하게 했다. 11월에 정오의 태양이 남쪽으로 이동하면서 강한 북동풍의 하마탄(Harmattan) 바람에 의하여 운반된 먼지가 도달하여 특히 북부의 욜라와 카치나에서 지표 가열을 감소시켜 기온을 떨어뜨렸으며, 토양온도가 하강하게 했다. 이봉(bimodal)의 계절적인 토양온도 패턴이 이들 지역에서 좀 더 변하기 쉬운 정오의 태양, 구름량, 토양수분 조건으로 인하여 욜라와 카치나에서 나타났다. 포트 하코트와 이바단은 이들의 더욱 불변하는 환경 때문에 작은 계절적인 토양온도 변화만을 나타냈다.

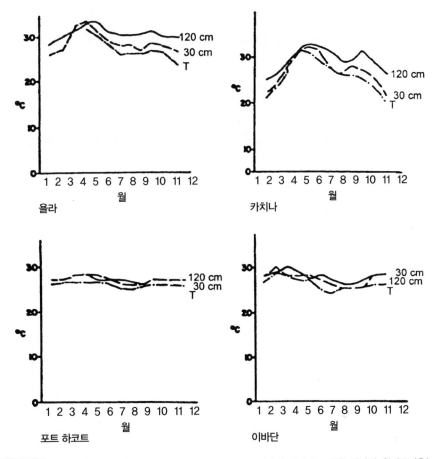

그림 10-9 나이지리아의 4개 관측소에서 30cm와 120cm 깊이의 월평균 토양온도(℃)와 월평균기온(T)(O. Ameyan과 O. Alabi[1001])

창[1004]은 포괄적으로 세계의 토양온도 측정자료를 평가하여 10cm, 30cm, 120cm 깊이에서 1월, 4월, 7월, 10월의 세계의 토양온도지도(world atlas of soil temperature [1002])와 이들 세 깊이에 대한 토양온도의 계절변화를 발간하였다[1003].

제11장 ··· 대기권 최하층 100m의 기온상태

주변의 다른 영향들을 배제하면 접지기층의 기온도 지표상태에 의해서 결정된다. 토양 내에서의 조건들과 대조적으로 분자확산의 역할은 맴돌이확산과 비교하여 중요하지 않다. 혼합에 추가로 장파복사, 토양호흡(6장 참조), 경계층의 영향(7장 참조) 등과 같은 다른 인자들이 있다. 이들 인자로 인하여 대기의 과정들이 평가되기가 어렵다. 이러한 이유로 협의로 접지기층 내에서 일어나는 현상을 잠시 무시하고, 대기권 최하층 1~100m에서 발생하는 과정들을 먼저 고려하도록 하겠다.

이러한 과정들에 관해서 지난 30년 동안[7] 전기저항온도계(electric resistance thermometer) 또는 열전온도계(thermoelectric thermometer)로 수행하여 분석한 일부 장기간 관측자료를 통해서 알아보도록 하겠다. 1896년에 이미 앙고(A. Angot)는 지면 위여러 고도의 기온변화를 조사하기 위해서 파리에 있는 330m 높이의 에펠탑의 기온기록을 이용하였다. 그러나 그 이후 많이 연구된 문제는 1929년에 잉글랜드에서 존슨(N. K. Johnson)이 1923년부터 1925년까지 현대적인 전기측정기기로 수행한 관측자료를 통해서 결정적으로 발전하였다. 이 최초의 측정자료는 잉글랜드에서, 그러나 또한 이집트와 인도에서 점점 더 높은 고도로 연장되어 측정기기와 연구의 관점에서 확대되고 완전하게 되었다. 표 11-1은 최소한 1년간 수행되어 분석한 측정자료를 개관한 것이다.

그림 11-1은 플라우어[1105]가 이집트에서 지면 위 1~61m 사이의 고도에서 관측한 두 극심한 달의 평균으로 기온의 일변화를 제시한 것이다. 곡선들은 지면으로부터 거리가 멀어질수록 기온의 일교차가 어떻게 감소하며, 이미 그림 10-5에서 본 바와 같이, 극값의 출현시간이 어떻게 지연되는가를 보여 준다. 공기에서 이러한 일교차의 고도와 반대로 토양에서 온도의 일교차의 깊이에 수반된 매우 다른 크기의 정도를 항시 염두에 두어야 한다. 토양에서처럼 기온의 일교차는 겨울보다 여름에 좀 더 크다. 지표로부터 멀리 떨어질수록 최고기온은 낮으며, 최저기온은 높아 일교차가 작고, 기온 극값의 출현시간은 늦어진다. 1m와 61m 사이의 그림 11-1의 사례에서 7월 기온의 일교차는 $15.4°C$에서 $11.1°C$까지 감소하였다. 최고기온의 변위시간은 1m에서 14시 55분부터 61m에서 15시 33분까지 지연되었다. 표 6-2에 의하면 (분자확산에 의해서만 열이 수송되는 대기에서) 고요한 공기의 열확산율이 10^{-1}의 크기인 반면, 고체 토양의 열확산율은 10^{-3}의 크기이다. ρ와 c에 대해서 주어진 값을 사용하여 열전도율 λ를 계산할수 있다(6장). 이로부터 난류혼합의 결과로 공기의 열전도율과 확산율은 10만 배로 증가한다. 혼합되는 공기를 건조한 사질 토양과 비교하면, 공기의 열전도율은 10^5(10만)배가 되고, 열확산율은 10^7(1,000만)배나 된다. 이러한 사례를 통해서 대기권 하층의 에너지 수송에서 대류가 압도적으로 중요하다는 사실을 알 수 있다.

여기서 계산된 값들은 60m 기층에 대한 평균이다. 그러나 이 층 내에도 근본적이 차이가 있는데, 그 이유는 혼합량이 고도에 따라 변하기 때문이다(그림 8-1). 따라서 지면

---

7) 이 내용은 제6판과 제7판에서 삭제되었다. 그러나 미기후학의 발달사에서 중요한 내용이라 제4판 독일어본의 내용을 추가했기 때문에 제4판이 발간된 1960년을 기준으로 본 30년 전이다.

표 11-1 1928년 이후에 발간된, 대기권 최하층 100m에서 최소한 1년을 분석한 기온 관측자료(분석된 고도순으로 배열하였음)

최고측정 지점(m)	중간측정지점 (m)	저자명, 발간연도 [참고문헌 번호]	관측장소 (지면)	위도 경도 해발고도(m)	분석된 관측기간	분석된 측정요소	분석된 유형 (아래의 설명 참조)
106.7	47.2, 15.2, 1.1	A. C. Best, E. Knighting, R. H. Pedlow, K. Stormonth 1952 [1101]	Rye, Sussex (잔디)	50° 58'N 0° 48'E 4m	3년 (1945~1948)	기온과 습도	JTT, JTG, HG, MJ, Bew, SN, SS, 절대습도의 분석
87.7	57.4, 30.5, 12.4, 1.2	N. K. Johnson과 G. S. P. Heywood 1938 [8]	Leafield, Oxon (잔디)	51° 50'N 1° 34'W 186m	5년 (1926~1930)	기온(94.5m와 12.7m에서 바람)	JTT, JTG, HG, MJ, Bew, AJ, SN, WG
76.0	고정되지 않은 관측 지점, Meteoro-graph*는 15분 내에 위아래로 이동했음	J. Rink 1953 [9]	Lindenberg (목초지)	52° 13'N 13° 48'E 98m	1년 (7842 기록시간 1950/1951)	기온(과 습도)	JTG, HG, MJ (1m와 76m 사이), Bew, 임시복사에너지 및 기단과 관련
70.0	28.0, 13.0, 2.0	E. Frankenberger 1955 [10]	Quickborn, Holstein (나무 울타리가 있는 습윤한 목초지)	53° 44'N 9° 53'E 12m	1년 (1953/1954)	기온, 습도와 바람	JTT, JTG, HG, Bew, 습도수지, 바람수지, 열수지 분석
61.0	46.4, 16.2, 1.1	W. D. Flower 1937 [1105]	Ismailia, Egypt (거의 식생이 없는 사막)	30° 36'N 32° 16'N 16m	1년 (1931/1932)	기온 (62.6m와 15.2m에서 바람)	JTT, JTG, HG, MJ, Bew, AJ, SN, WG
47.5	17.1, 1.2	S. Mal, B. N. Desai와 S. P. Sircar 1942 [11]	Karachi 부근의 Drigh Road (모래사막)	24° 54'N 67° 08'E (약 20m)	1년 (1930/1931)	기온	JTT, JTG, HG, Bew, AJ, SN

표 11-1 1928년 이후에 발간된, 대기권 최하층 100m에서 최소한 1년을 분석한 기온 관측자료(분석된 고도순으로 배열하였음)(계속)

최고측정 지점(m)	중간측정지점 (m)	저자명, 발간연도 [참고문헌 번호]	관측장소 (지면)	위도 경도 해발고도	분석된 관측기간	분석된 측정요소	분석된 유형 (아래의 설명 참조)
17.1	7.1, 1.2	N. K. Johnson 1929[12]	Porton, Salisbury Plain (잔디)	51° 08'N 1° 44'W 111m	3년 (1923년에서 1925년까지)	기온	JTT, JTG, HG, MJ, Bew, AJ
1.2	0.3, 0.025	A. C. Best 1935[13]	(잔디)		2년 (1931년에서 1933년까지)	기온 (2.0m까지 6개 고도에서 바람)	JTG, HG, Bew, WG, 열수지와 난류 연구
10.0	5.0, 1.0, 0.5, 0.1, 0.01	H. Henning 1957[14]	Lindenberg (초지)	52° 13'N 13° 48'E 98m	1년 (1953/1954)	기온 (5개 고도에서 바람)	JTG, Bew, AJ, WG

* 역자 주: 라디오존데가 발명되기 전에 과거에 자유대기에서 기압, 기온, 상대습도를 동시에 측정·기록하기 위해서 고층기상학에서 사용된 기기이다.

분석 유형에 대한 설명. 표의 약자는 각각 다음의 내용을 의미한다.

JTT 매달 매시간에 모든 측정고도에서 기온의 계절변화와 일변화의 표
 (가장 낮은 측정 지점에 대한 표를 통해서 기온경도의 직접 또는 간접적으로, 그리고 경도표)

JTG 매달 매시간간의 모든 측정고도에 대한 기온경도의 계절변화와 일변화의 표

HG 모든 층에 대해서 매달 출현하는 기온경도의 빈도 통계

MJ 매체로 개별 사례에 대한 설명과 함께 역전의 최고값

Bew 매체로 여름과 겨울에 대한 사례로, 매체로 맑은 낮들과 흐린 낮들을 조사하여 구름량이 기온경도에 미치는 영향을 연구

AJ 야간 역전의 발달과 소멸에 관한 특별 연구

SN 안개 일기상태의 특수 상태들

SS 작섬에서의 특수 상태들

WG 기온경도와 풍속의 관계

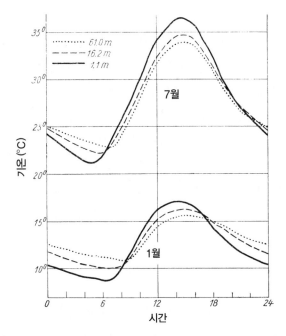

그림 11-1 사막 토양 위 61m 높이 기층에서의 일평균기온의 변화(W. D. Flower[1105])

가까이에서 일어나는 작은 혼합량(낮은 교환계수)은 좀 더 큰 기온경도가 나타나게 한다. 이와 반대로 높은 고도에서는 혼합이 잘되어(높은 교환계수) 작은 기온경도가 나타난다. 이것은 또한 기온경도가 변할 수 있는 범위가 지면에 가까워질수록 더욱 커진다

8) *Johnson, N. K.*, and Heywood, *G. S. P.*, An investigation of the lapse rate of temperature in the lowest 100m of the atmosphere. Geophys. Mem. 77, London 1938.

9) *Rink, J.*, Über das Verhalten der mittleren vertikalen Temperaturgradienten d. bodenn. Luftschicht(1-76m) u. seine Abhängigkeit von speziellen Witterungsfaktoren u. Wetterlagen. Abh. Met. D. DDR 3, Nr. 18, 1-43, 1953.

10) *Frankenberger, E.*, Über vertikale Temperatur-, Feuchte- und Windgradienten in den untersten 7 Dekametern der Atmosphäre, den Vertikalaustausch u. den Wärmehaushalt an Wiesenboden bei Quickborn/Holstein 1953/54. Ber. DWD 3, Nr. 20, 1955.

11) *Mal, S.*, Desai, B. N., and Sircar, S. P., An investigation into the variation of the lapse rate of temperature in the atmosphere near the ground at Drigh Road, Karachi. Mem. India Met. Dep. 29, Part 1, Calcutta 1942.

12) *Johnson, N. K.*, A study of the vertical gradient of temperature in the atmosphere near the ground. Geophys. Mem. 46, London 1929.

13) *Best, A. C.*, Transfer of heat and momentum in the lowest layers of the atmosphere. Geophys. Mem. 65, London 1935.

14) *Henning, H.*, Pico-aerologische Untersuchungen über Temperatur- und Windverhältnisse d. boden-nahen Luftschicht bis 10m Höhe in Lindenberg. Abh. Met. D. DDR 6, Nr. 42, 1-66, 1957.

는 것을 의미한다.

그림 11-2는 베스트 등[1101]이 잉글랜드 남쪽 해안으로부터 5km 떨어진 서식스 주의 라이에서 3년 동안 측정한 것에 기초한 것이다. x축은 기온감율 λ(℃/100m)이다. y축에서는 모든 시간의 몇 %가 그에 속한 x축의 값 이하의 기온감율을 가졌는가를 구할 수 있다. 왼쪽 y축은 서로 다른 고도에서 초단열감율 조건이 나타나는 시간의 백분율을 가리키고, 오른쪽 y축은 역전에 대한 것이다. 자유대기에서 λ의 평균값(정상감율)은 0.65℃/100m이다. 따라서 그림 11-2에서 평균기온감율 λ는 단열감율과 등온감율(isothermal lapse rate) 사이에 있다. 공기의 최상층(점선)은 모든 경우의 8%에서만 초단열감율을 나타내고, 이들은 거의 2℃/100m를 초과하지 않는다. 이와 반대로 기온역전은 모든 경우의 32%로 나타난다.

그러나 지표에 가까워질수록 감율이 위치할 수 있는 범위가 엄청나게 확대된다. 방금 제시된 바와 같이 47m와 107m 고도 사이에서 관측된 가장 높은 기층에서는 모든 경도의 60%가 단열감율과 등온감율 사이에 있었다. 이와 반대로 15~47m 사이에서는 27%에 불과했고, 1m와 15m 사이에서는 9%만이 이 범위에서 나타났다.

3년의 관측기간에 최고의 초단열감율은 3월부터 6월까지의 봄에 발생했다. 최하층(1~15m까지)에서 20.5℃/100m의 감율은 맑은 날 11~13시 사이에만 기록되었다. 최상층(47~107m까지)에서 최고값은 4.2℃/100m였다. 초단열감율은 하층, 중층, 상층에서 각각 시간의 대략 38%, 33%, 8%로 관측되었다. 서로 다른 층들에서 기온역전의 빈도는 오른쪽의 눈금으로부터 내삽될 수 있다. 같은 3개 층에서 기온역전의 빈도는 각각 시간의 53%, 40%, 32%였다. 가장 강한 기온역전은 야간의 어느 팬가 때로 땅안개

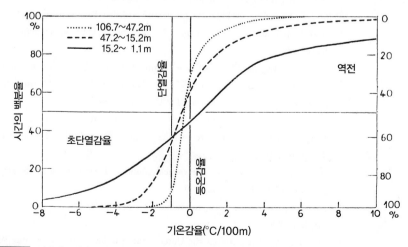

그림 11-2　잉글랜드에서 3년 동안 관측한 3개 기층의 기온경도의 빈도분포(A. C. Best et al.[1101])

(ground fog)와 관련하여 맑은 하늘에서 나타났다. 최하층에서 최고값은 −53.4℃/100m였고, 최상층에서의 최고값은 −13.6℃/100m였다. 지면에 가까워질수록 감율은 혼합이 감소하여 좀 더 급해졌다. 이렇게 감소된 대류혼합의 고도가 (주간에 태양의 가열에 의해서 발생하는) 최하층에서 초단열감율의 좀 더 높은 빈도뿐만 아니라, (대체로 야간의 복사냉각에 기인하는) 최하층의 좀 더 높은 기온역전의 빈도의 원인을 밝힌다.

기온감율의 크기는 지표의 복사수지가 좀 더 큰 양이나 음의 값이 될 때 커진다. 린크(Rink)[15]는 주간(양의 수지)에 몰-고르친스키-자기일사계(Moll-Gorczinski-solarigraph)의 기록에서 구한 시간평균 열합계와 경도 사이의 관계를 표의 형태로 제시하였다. 이러한 효과는 기온경도의 일변화와 계절변화에서 쉽게 관찰될 수 있다(표 11-2, 11-3, 13-1, 13-2).

1년과 하루의 기온감율 변화를 수치로 제시하기 위해서 베스트 등[1101]이 연구한 내용을 다시 이용하겠다. 그 이유는 동시에 수행된 습도 측정자료를 마찬가지로 차후에 사례로 이용할 수 있기 때문이다. 표 11-2와 11-3은 베스트 등[1101]이 관측한 것을 기초로 최상층(47.2~106.7m까지)과 최하층(1.1~15.2m까지)에 대해서 매 2시간의 일변화로 모든 달에 대한 평균 기온감율의 변화를 제시한 것이다. 13장의 표들과의 비교를 위하여 모든 감율은 ℃/100m로 환산하였다. 높은 고도에서의 작은 감율 때문에(표 11-2) 자료는 측정 정확도에 상응하게 1/100℃로 표시하였다. 낮은 고도에서는 경도가 좀 더 크기 때문에(표 11-3) 자료를 1/10℃로 표현해도 충분하였다. 확실히 3년 평균값에서조차 우연한 일기의 영향을 여전히 알아볼 수 있다. 그럼에도 불구하고 지면에 가까워질 때 기온경도가 증가하는 것과 하루 중의 시간과 계절에 따라 조절되어 양에서 음으로 부호가 바뀌는 것을 여전히 명확하게 볼 수 있다.

풍속이 기온경도에 미치는 영향은 16장에서 다룰 것이다.

존슨[1107]의 측정을 기초로 한 그림 11-3의 그래프는 여름과 겨울의 맑은 날과 흐린 날을 대비하여 최하층 17m 내에서의 구름량의 영향을 제시한 것이다. 6월에 두 가지 일기상태에서 평균기온은 대략 같았으나, 기온의 일교차, 기온경도, 고도에 따른 최고기온의 변위는 흐린 날보다 맑은 날에 훨씬 더 컸다. 12월에 맑은 날보다 흐린 날에 평균기온은 높았고, 기온경도는 작았다. 맑은 날들의 관측에서 평균최고기온은 흐린 날보다 낮았는데, 그 이유는 흐린 야간에는 토양으로부터 흐르는 열이 유지되었기 때문이다. 12월의 흐린 날들에는 맑은 날들보다 기온은 높았고, 기온경도 γ는 작았다. 기온은 상대적으로 따뜻한 표면에 의한 장파복사를 구름이 흡수해서 재방출했기 때문에 높았

---

15) 각주9) 참조.

표 11-2 잉글랜드의 라이에서 1945~1948년까지 3년간 평균 일변화와 계절변화로 제시된 47.2m에서 106.7m까지의 기층에 대한 기온감율(°C/100m)(이에 상응하는 습도경도는 표 15-2에 제시되어 있음)

시간	2	4	6	8	10	12	14	16	18	20	22	24
1월	−0.26	−0.31	−0.17	−0.18	−0.03	0.30	0.38	0.19	−0.05	−0.15	−0.18	−0.21
2월	−0.02	−0.13	−0.02	0.06	0.23	0.53	0.53	0.47	0.22	0.16	0.03	−0.02
3월	−0.94	−0.74	−0.68	−0.07	0.68	0.89	0.74	0.43	−0.11	−0.50	−0.65	−0.72
4월	−0.44	−0.50	−0.56	0.21	0.67	0.91	0.86	0.76	0.35	−0.11	−0.24	−0.26
5월	−0.74	−0.64	−0.23	0.57	0.68	0.86	0.72	0.89	0.42	−0.27	−0.64	−0.90
6월	−0.72	−0.64	−0.15	0.64	0.64	0.87	0.52	0.70	0.41	−0.21	−0.66	−0.74
7월	−0.94	−1.00	−0.63	0.05	0.11	0.13	0.03	−0.02	−0.18	−0.49	−1.00	−1.02
8월	−0.90	−0.89	−0.70	0.22	0.50	0.60	0.59	0.46	0.25	−0.15	−0.57	−0.81
9월	−0.61	−0.58	−0.67	−0.21	0.40	0.48	0.47	0.39	0.12	−0.35	−0.48	−0.65
10월	−0.80	−0.80	−0.92	−0.76	0.17	0.54	0.53	0.23	−0.10	−0.45	−0.67	−0.81
11월	−0.52	−0.54	−0.46	−0.59	0.05	0.28	0.27	0.14	−0.06	−0.25	−0.33	−0.45
12월	−0.50	−0.35	−0.32	−0.27	−0.21	0.15	0.28	0.09	−0.07	−0.18	−0.22	−0.35

표 11-3 잉글랜드의 라이에서 1945~1948년까지 3년간 평균 일변화와 계절변화로 제시된 1.1m에서 15.2m까지의 기층에 대한 기온감율(°C/100m)(이에 상응하는 습도경도는 표 15-3에 제시되어 있음)

시간	2	4	6	8	10	12	14	16	18	20	22	24
1월	−6.1	−6.6	−5.6	−5.2	−1.6	−0.1	−0.4	−3.7	−5.7	−5.2	−6.0	−5.5
2월	−3.9	−3.2	−2.9	−1.8	0.6	0.6	0.6	−0.9	−3.1	−3.9	−3.9	−4.6
3월	−7.6	−7.0	−6.1	−1.0	2.6	4.4	3.9	1.4	−2.1	−5.9	−6.6	−6.7
4월	−8.4	−7.4	−3.7	2.2	4.7	5.5	4.7	2.5	−0.2	−5.2	−7.3	−8.3
5월	−6.2	−6.9	−0.2	4.1	5.6	6.2	5.6	4.2	1.6	−3.3	−6.0	−6.5
6월	−7.2	−6.1	0.8	3.1	5.6	5.6	5.2	3.1	0.4	−3.5	−6.6	−6.8
7월	−5.2	−5.6	0.7	3.5	5.4	5.9	5.5	3.4	0.4	−3.2	−5.7	−6.2
8월	−5.6	−5.2	−0.3	3.7	5.6	6.3	5.5	3.3	0.1	−4.6	−6.5	−5.8
9월	−6.8	−6.3	−4.4	0.8	3.7	4.4	4.1	1.8	−2.1	−6.8	−6.8	−6.8
10월	−7.1	−6.9	−7.1	0.1	2.7	3.4	3.3	0.6	−5.0	−8.1	−8.4	−7.0
11월	−3.7	−2.8	−3.2	−1.8	1.3	1.5	0.7	−2.2	−4.4	−5.1	−4.8	−4.4
12월	−3.5	−2.5	−3.0	−2.7	−0.8	0.8	0.2	−3.0	−4.6	−4.4	−4.6	−4.4

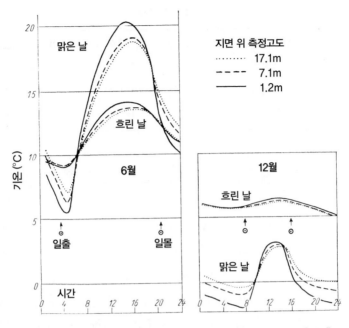

그림 11-3 여름과 겨울에 구름이 지면 부근의 온도변화에 미치는 영향(N. K. Johnson[1107])

다. 극 지역의 눈 또는 얼음으로 덮인 지역 위에서 구름은 또한 전형적으로 따뜻하게 하는 영향을 미치나, 약간 다른 이유 때문이었다. 구름은 입사태양복사의 반사(그중의 대부분은 반사됨)를 증가시키는 반면, 지배적인 영향은 장파방출복사를 흡수하는 것이다(54장)(W. Ambach[1100]와 J. C. King and J. Turner[4712]).

그림 11-4에는 존슨과 헤이우드[1108]가 영국의 리필드에서 얻은 결과로부터 전형적인 여름과 겨울에 지면에 가까워질수록 기온의 일교차가 커지는 것이 제시되어 있다. 표 11-4에는 5년의 평균으로 계산된 서로 다른 고도에서의 최고기온 출현시간의

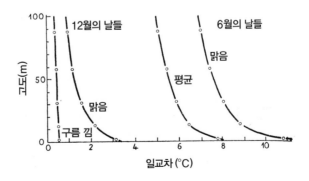

그림 11-4 지면 위의 고도, 계절, 구름량에 종속되는 기온의 일교차(N. K. Johnson and G. S. P. Heywood [1108])

표 11-4 서로 다른 고도에서 최고기온의 출현시간(시간 : 분)

지면 위 높이 (m)	1.2	12.4	30.5	57.4	87.7
12월 (평균값)	14 : 05	14 : 26	14 : 34	14 : 42	14 : 50
6월 (평균값)	14 : 55	15 : 35	15 : 30	16 : 06	16 : 20
6월 (맑은 날)	15 : 45	16 : 35	17 : 00	17 : 14	17 : 24

변위가 제시되어 있다. 최고기온의 출현시간은 표면으로부터의 거리가 멀어질수록 늦어진다.

끝으로 그림 11-5의 등시곡선은 영국 서식스 주의 라이에서 행한 측정을 이용하여 지면 위 처음 100m층에 대해서 양의 지표 순복사수지(입사복사형)로부터 음의 지표 순복사수지(방출복사형)로 전환되는 것을 제시한 것이다. 저자들이 3년 자료에서 선별한 19일간의 맑은 여름날의 평균값으로 그린 등시곡선은 실선으로 4시의 음의 순복사수지로부터 등온단계(6시)와 이른 아침의 급격한 지표 가열(8시)을 거쳐서 14시에 강한 양의 순복사수지로 전환되는 것을 보여 주고 있다. 파선의 등시곡선은 지표복사 열손실이 기온단면을 결정하는 오후와 야간 동안 일어나는 반대되는 전환을 나타내고 있다. 이에 속한 습도값은 15장에서 제시될 것이다.

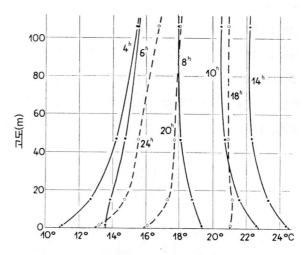

그림 11-5 맑은 여름날 대기권 최하층 100m에서 기온의 일변화의 등시곡선(A. C. Best et al.[1101])

제12장 ··· 불안정한 하층과 역전 하층

브록스[1102]는 대기의 최하층 100m에서 행한, 1938년까지 입수 가능한 모든 관측자료를 상세하게 분석하였다. 그는 표현방법으로 그림 12-1에 제시된 바와 같이 이중로그 좌표계를 이용하였다. 앞에서와 마찬가지로 $T(℃)$는 기온이고, $z(m)$는 지면 위의 고도이며, $γ(℃/100m)$는 기온감율이다. x축은 $\log γ$이고, y축은 $\log z$이다. 이러한 유형의 새로운 연구에 대해서 표 11-2와 11-3에서 제시된 바와 같이 중유럽과 이집트에서 행한 측정에 대한 매달의 시간평균 기온감율이 이 좌표계에 기입되었다. 관측된 경도가 측정된 기층의 평균고도에 기입되면, 지면 부근에서 구해진 값은 이곳에서 경도가 급격하게 증가하기 때문에 너무 높을 것이다. 따라서 적절하게 경정할 필요가 있었다. 시간별 값은 모든 일기상황에 대한 평균값이었다. 그러나 강한 입사복사 또는 방출복사 시간이 이와 관련된 큰 경도 때문에 나타난다. 따라서 그 결과는 강한 양의 순복사수지와 관련된 대기권 하층의 기온구조를 나타내는 것이었다. 이 결과로 우리는 접지기층에서 지배하는 정상상태, 즉 평균상태를 알 수 있다. 물론 개별 경우들에는 당연히 이 결과로부터 큰 편차가 날 수 있을 것이다.

그림 12-1은 여름(6월)과 겨울(12월)의 정오에 대한 사례이다. 시간과 장소가 서로 다른 이 두 관측자료는 기층이 뚜렷하게 두 부분으로 구분될 수 있다는 것을 제시하고 있다. 여름(6월)과 겨울(12월)에 지면 위에서 고도에 따른 기온경도의 변화율이 로그의 직선이며 (이중로그 그래프에) 직선으로 표시될 수 있는 기층이 있다. 브록스[1102]는 이 기층을 불안정 하층(labile sublayer)이라고 불렀다. 여름의 정오에는 불안정 하층의 고도가 겨울보다 높고, 직선의 기울기는 여름에 다소 더 크다. 이 불안정 하층의 위에는 기온경도가 고도에 따라 불변하는 두 번째 기층이 있다. 이 기온경도는 (연직 파선으로 제시된) 건조단열감율보다 작다. 브록스[1102]는 이 기층을 단열중간층(adiabatic

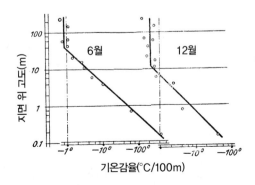

그림 12-1 정오에 고도에 종속되는 기온감율(K. Brocks[1102])

intermediate layer)이라고 불렀다. 단열중간층은 고도가 수백 미터나 된다.

불안정 하층은 태양고도가 약 10°에 도달할 때 형성되기 시작한다. 이때부터 불안정 하층의 층후뿐만 아니라 이 하층에서 관측되는 기온경도도 증가한다. 이 시간 동안 지면으로부터 공급되는 상당한 양의 에너지가 이 하층을 형성하는 데 이용된다. 태양고도가 약 30°에 도달할 때, 기온경도는 계속 증가하나 불안정 하층의 고도는 더 이상 높아지지 않는다. 그 이유는 이때 대류운동이 매우 활발해져서 지면으로부터의 추가적인 열 공급이 주로 그 위에 있는 좀 더 높은 기층으로 수송되기 때문이다.

불안정 하층의 고도는 12월 정오에 4m로 최저이고, 6월에 30 또는 40m로 최고로 높아진다. 연평균 고도는 21m이다. 1m 높이에서 기온경도는 12월에 6°C/100m에서 6월에 45°C/100m까지 유사한 방법으로 계절에 따라 변하고, 연평균 27°C/100m이다. 기온경도는 태양고도의 선형함수(linear function)이다.

그림 12-1의 불안정 하층의 직선은 다음의 방정식을 따른다.

$$\log \gamma = b \log z + \log a$$

또는

$$\frac{dT}{dz} = az^b \qquad\qquad (\text{°C cm}^{-1})$$

여기서 a와 b는 상수이다. 고도가 높아질수록 기온경도가 작아지기 때문에 b는 음이다. 고도에 따른 기온분포를 지배하는 방정식은 다음과 같다.

$$T = a\int z^b dz + C \qquad\qquad (\text{°C})$$

적분의 상수를 구하기 위하여 고도 z_1에서의 기온이 T_1인 것으로 가정하였다. 그러면 방정식의 해는 $b = -1$이므로

$$T = T_1 + a\ln\frac{z}{z_1} \qquad\qquad (\text{°C})$$

가 되어, 이것은 고도에 따른 기온의 로그분포가 된다. $b \neq -1$이면,

$$T = T_1 + \frac{a}{1+b}\,(z^{1+b} - z_1^{1+b}) \qquad\qquad (\text{°C})$$

가 된다.

그림 12-2에서 점 찍은 파선은 불안정 하층이 존재하고 순복사수지가 양일 때 지수($1 + b$)의 빈도분포이다. 이들 곡선은 브록스[1102]가 직접 측정한 기온자료의 빈도분포로 그린 것이다. 이들 곡선은 $1 + b = 0$에서 뚜렷한 최고치를 보여 주고 있다. 그러나 이것은 고도에 따른 기온의 로그분포($b = -1$)에 상응한다.

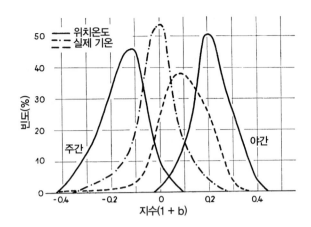

그림 12-2 관측된 기온과 위치온도에 대한 고도에 따른 관측된 기온함수의 지수의 빈도분포(K. Brocks [1104])

야간에 역전은 지표의 복사냉각 때문에 아래로부터 발생한다. 역전은 일출 시까지 고도가 높아지며, 때로 100m 고도에 도달하고, 예외적인 경우에는 1,000m 고도 위로 확대된다. 이 역전층 내에 그림 12-1에서 나타나는 것과 유사하나 음의 γ값을 갖는 기온경도가 발달하는 역전 하층(inversions sublayer)이 위치한다. 고도가 높아질수록 기온경도는 역전층의 상한계에서 등온이 될 때까지 점진적으로 감소한다.

주간의 불안정 하층과 반대로 역전 하층은 그 연직 범위에서 아무런 뚜렷한 계절변동도 하지 않는다. 1m 높이에서 관측되는 기온경도는 주간보다 야간에 훨씬 작다(표 12-1은 K. Brocks[1102]로부터 구한 것이다). 역전 하층은 약하기는 하지만 온흐림(overcast)의 야간에도 발생할 수 있다.

직접 관측된 기온(또는 일반적으로 실제 기온이라고 부르는 기온)은 맴돌이확산의 문제를 고찰할 때 사용하기에 적합하지 않다. 100m 층후의 기층(7장)에서 고도에 따른 기압변화를 통해서 나타나는 기온변화는 더 이상 무시될 수 없다. 실제 기온 대신에 위치온도(potential temperature), 즉 공기가 단열로 1,000hPa의 기압으로 경정되면 갖게 될 기온을 이용해야만 한다.

브록스[1104]는 또한 고도의 함수로서 위치온도의 변화를 점 찍었다. 이것은 그림 12-2에서 실선으로 제시되었다. 지수 (1 + b)는 주간에 −1/7이고, 야간에 1/5이다.

그에 따라서 우리가 지표 부근의 기온상태를 논의한 것은 다음과 같은 방법으로 요약될 수 있다. 온난하거나 차가운 지표와 자유대기 사이에 주간과 야간에 기온이 일정한 고도함수를 충족시키는 한 기층이 있다. 주간에 지수는 음이며, 불안정 하층이 시간이 경과하면서 발생하여 불안정도는 입사복사량에 비례하여 증가한다. 지표와 공기 사이

표 12-1 역전 하층의 평균값

기간	연직층후 (m)		λ (°C/100m)		지수 1 + b
	역전	역전 하층	1m 높이에서	역전 하층의 상한계	
연평균	104	19	−19.0	−1.6	0.10
계절 :					
봄	100	19	−21.4	−1.7	0.10
여름	90	18	−16.9	−1.9	0.20
가을	130	15	−16.6	−1.8	0.10
겨울	100	25	−17.1	−1.2	0.04
맑은 야간 :					
12월	>100	20	−31.3	−3.8	0.18
6월	>100	21	−34.5	−2.9	0.14

의 온도차는 우선 주로 이 층 내에서 유지된다. 그리고 태양고도가 30°에 이를 때부터 열은 대류혼합으로 좀 더 높은 고도로 전달된다.

야간에 역전 하층 기온-고도함수에서 지수는 양이다. 연중 발생하는 고도와 강도의 차이는 방출복사 강도의 작은 계절 차이 때문에 작다.

한 체제(독 : System)[16]에서 다른 체제로의 변화는 하루에 두 번 일어난다. 그림 12-3은 일몰 시에 주간에서 야간으로의 변화(왼쪽)와 일출 시에 야간에서 주간으로의 변화(오른쪽)를 나타낸 것이다. 이 그래프들은 브룩스[1103]가 일몰 전 2시간부터 일몰 후 12시간까지, 그리고 일출 전 6시간부터 일출 후 2시간까지의 기간에 수집한 관측자료를 기초로 그린 것이다.

맨 위의 곡선(a)은 역전이 야간에 어떻게 깊어지는가를 보여 주는 것이다. 평균적으로 양의 지표 순복사수지는 이미 일몰 전 1~2시간 사이에 음의 순복사수지로 바뀌었다. 야간에 역전의 연직범위(a)가 지속적으로 증가하는 반면, 역전 하층(c)은 처음에 매우 빠르게 형성되었고, 그다음에 점점 느리게 증가하거나 상대적으로 안정하게 되었다. 역전 하층의 기온경도(d)는 일출 후 1~2시간에 최대강도에 이르고, 그다음에 야간에 다소 감소하였다(기온경도가 좀 더 큰 깊이에 대해서 평균되었기 때문). 야간에 역전 하

---

16) 제7판 영어본에는 '하층(sublayer)'이라고 표현되어 있으나, 제4판 독일어본에는 '체제(system)'로 표현되어 있어 제4판에 따라 '체제'로 번역했음.

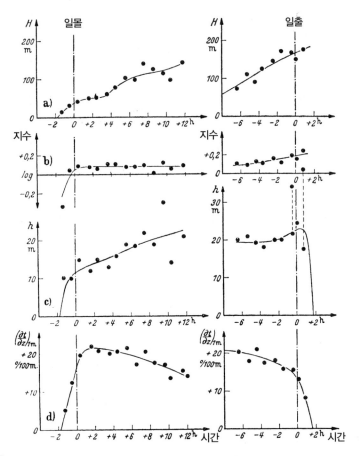

그림 12-3 저녁과 아침에 역전 하층의 형성과 파괴(K. Brocks[1103])

층의 깊이(c)가 12~20m까지 느리게만 상승하는 반면, 역전 자체(a)는 20m부터 거의 200m까지 증가했다. 역전 강도의 척도인 고도함수의 지수(b) 역시 야간에 거의 불변했다. 역전 하층(c)은 일출에 뒤이어 빠르게 파괴되었다. 평균적으로 양의 지표 순복사수지는 일출 후 약 1~2시간에 다시 나타났다.

그림 12-1에서 이미 제시한 바와 같이 불안정 하층은 적어도 약 10cm까지 지표에 도달한다. 따라서 약 2m의 높이를 갖는 실제 의미의 접지기층은 브록스 연구의 일부에 불과하다. 그러므로 접지기층의 기온상태는 지금까지 제시된 내용으로 그 기본 특성이 이미 기술되었다. 따라서 다음의 논의에서는 두 가지 과제가 남게 된다. 첫째로 지표 부근에서 불안정 하층과 역전 하층이 실제로 기온과 기온경도에 어떻게 작용하는가를 구체적으로 설명하고, 둘째로 지표에 근접한 곳에서 발생하는 특수 효과와 편차를 설명하는 것이다.

제13장 · · · 접지기층의 주간 기온

대기권의 처음 100m 고도의 기층에 대해서는 장기간의 좋은 관측자료가 있는 반면, 약 2m 높이의 접지기층에 대한 상황은 다르다. 지표 부근에서는 모든 특성의 경도가 증가하여 가능한 작은 계기가 필요하다. 일반적으로 접지기층에서는 보통 이용되는 인공적인 통풍(ventilation)이 금지되는데, 그 이유는 통풍을 통해서 측정되는 요소가 변하기 때문이다. 위와 아래로부터의 복사에 대해서 이들 계기를 가리는 것은 상당히 어렵다. 이러한 측정기술상의 어려움에 추가로 토양형, 토양상태, 식생피복과 같은 측정지점에서의 지표상태의 우연한 영향은 발견된 결과들을 일반화하기 어렵게 한다.

베스트[1302]는 존슨(N. K. Johnson)과 관련하여 그리고 같은 장소에서 1931년 8월부터 1933년 7월까지 표 11-1에 이미 제시한 잉글랜드의 퍼튼에서 모든 계절을 파악한 접지기층의 기온을 측정하였다. 기온은 짧게 자른 잔디 위의 2.5cm, 30cm, 120cm 높이에서 백금선온도계(platinum wire thermometer)로 측정되었다. 표 13-1과 13-2는 이 결과를 기초로 한 것이다.

상당히 많은 단기간의 관측자료를 접지기층에 대해서 이용할 수 있는데, 이 접지기층을 통해서 지표의 에너지수지와 지면 부근의 습도변화에 관해서 개괄적으로 알 수 있다. 지면 부근의 온도장을 설명하기 위하여 우리는 손스웨이트와 그의 조교들[1314]이 1948년 이후 미국 뉴저지 주 시브룩(39°34'N, 75°13'E)의 기후학 실험실에서 행한 포괄적인 관측자료를 이용할 것이다. 지표 위 10, 20, 40, 80, 160, 320, 640cm에서 전기온도계(electrical thermometer)를 이용한 이러한 매시간의 기온측정 중에서 다른 기상요소들에 대해서도 가능한 결측이 없는 1951년 5일간(3월 17~18일과 5월 8~10일)의 요란 받지 않은 봄날을 선택하였다.

그림 13-1과 13-2는 기온의 일변화를 제시한 것이다. 곡선들은 다른 곡선으로부터 거의 같은 간격을 두고 달리는데, 그 이유는 측정고도가 로그로 선별되었기 때문이다(12장). 그림 13-1에서 최저기온은 10cm 높이에서 일출 전에 나타나고, 이보다 높은 고도(640cm)에서는 약 1시간 후에 나타났다. 등온상태는 일출 후 1시간에서 2시간까지 모든 고도에서 거의 동시에 나타났다. 10cm 높이에서 최고기온은 정오의 최대복사 직후에 도달했으나, 640cm 높이에서는 14시 30분까지 지연되었다. 양으로부터 음으로의 순복사수지로의 전환은 일몰 전 1~2시간에 발생하여(12장) 기온경도는 다시 등온이 되었다. 거의 구름이 없는 봄날이 포함되었기 때문에 자정의 기온은 24시간 전 자정의 기온보다 두드러지게 높았다. 1,000m 고도와 20m 깊이에서 하루 중에 거의 불변하는 기온과 토양온도는 접지기층과 토양층에서 급격하게 변화하는 조건들과 뚜렷하게

표 13-1 잉글랜드 퍼튼의 짧은 잔디 위 30cm부터 120cm까지 기층의 기온감율(℃/100m). 1931년 8월 1일부터 1933년 7월 31일까지의 2년 평균

시간	2	4	6	8	10	12	14	16	18	20	22	24
1월	−25	−33	−21	−17	2	7	6	−22	−34	−31	−33	−26
2월	−25	−23	−21	−10	15	30	20	−7	−31	−32	−31	−30
3월	−46	−41	−39	10	45	60	49	−17	−35	−58	−52	−46
4월	−34	−32	−15	27	57	62	50	−29	−7	−38	−39	−38
5월	−30	−27	7	42	56	64	56	−34	5	−27	−34	−36
6월	−29	−25	9	44	66	77	60	−43	10	−25	−36	−34
7월	−23	−18	2	26	38	48	46	−28	6	−21	−26	−25
8월	−20	−16	0	27	49	59	54	−36	−1	−33	−34	−31
9월	−29	−26	−15	14	36	36	28	−12	−15	−33	−28	−34
10월	−35	−33	−28	4	25	32	25	−1	−48	−46	−44	−39
11월	−21	−19	−21	−13	14	15	7	−22	−30	−26	−26	−23
12월	−18	−18	−20	−19	2	−	1	−23	−30	−27	−31	−25

표 13-2 잉글랜드 퍼튼의 짧은 잔디 위 2.5cm부터 30cm까지 기층의 기온감율(℃/100m). 1931년 8월 1일부터 1933년 7월 31일까지의 2년 평균

시간	2	4	6	8	10	12	14	16	18	20	22	24
1월	−94	−89	−69	−58	46	103	36	−105	−143	−121	−115	−109
2월	−119	−117	−101	−61	123	220	125	−77	−208	−191	−173	−155
3월	−187	−167	−139	99	315	397	325	46	−195	−258	−228	−197
4월	−135	−113	−48	260	426	442	359	151	−46	−151	−159	−171
5월	−75	−54	115	357	460	480	408	212	12	−101	−101	−89
6월	−97	−85	214	513	622	682	519	327	42	−133	−165	−127
7월	−54	−30	71	361	456	502	420	244	28	−105	−109	−83
8월	−63	−42	46	252	432	492	428	202	−42	−127	−111	−101
9월	−61	−73	−32	165	321	315	199	89	−93	−123	−93	−105
10월	−141	−107	−97	65	242	262	197	−67	−222	−187	−173	−111
11월	−97	−103	−115	−77	97	121	36	−127	−147	−121	−139	−135
12월	−99	−105	−107	−111	10	65	0	−147	−143	−133	−155	−161

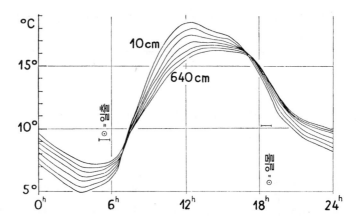

그림 13-1 미국 뉴저지 주 시브룩에서 맑은 봄날 접지기층 10cm, 20cm, 40cm, 80cm, 160cm, 320cm, 640cm 높이에서 기온의 일변화(C. W. Thornthwaite[1314])

달랐다.

그림 13-2의 등시곡선은 대기권 최하층 150cm의 기온과 토양 속 2.5, 5, 10, 20, 40cm 깊이에서 행한 측정 사이의 관계를 나타낸 것이다. 개관을 좀 더 잘 파악하기 위해서 등시곡선의 일부만을 제시하였다. 공기 중의 10cm 높이와 토양 속 2.5cm 깊이 사이에서 등시곡선의 추이는 추정될 수만 있다. 3시의 등시곡선은 야간의 음의 순복사수지를 나타내고 있다. 주간에 가열이 시작되는 것은 5cm 깊이까지 토양 속으로 열이 흐르는 것을 통해서 7시에 분명하게 보인다. 또한 고도에 따른 기온 감소로 나타나는 바와

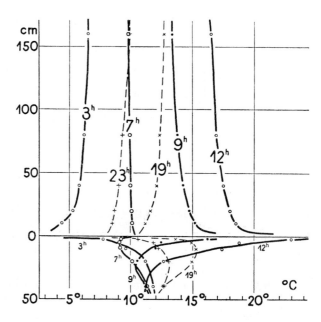

그림 13-2 미국 뉴저지 주 시브룩의 지표 위와 아래의 등시곡선(C. W. Thornthwaite[1314])

같이 공기에서는 가열이 약해진다. 9시에는 그 전날 야간의 서늘한 온도가 25cm 깊이까지 침투했다. 12시의 최고온도는 최대태양복사와 관련된다. 19시와 23시의 가는 파선의 등시곡선은 지표에 대해서 양의 순복사수지로부터 음의 순복사수지로 유사하게 되돌아가는 것을 보여 준다. 그림 13-3은 미국 네브라스카 주 오닐에서 어느 여름날에 공기와 토양에서의 기온 및 토양온도 분포를 나타낸 것이다.

여름의 경도는 표 13-1과 표 13-2의 월평균값으로부터 대기의 최하층 0.3m에서 단열감율의 수백 배임을 관측할 수 있다. γ = 3.4℃/100m일 때 공기밀도는 고도에 따라서 불변한다. 따라서 이러한 크기의 경도로 공기밀도는 최하층 1m에서 높이에 따라 증가한다(약 2%).

그렇지만 접지기층의 기온분포는 열역학의 관점만으로는 완전히 설명되지 않는다. 팔켄베르크와 그의 제자들[1403~1406]은 매우 일찍이 장파복사의 중요성, 특히 야간의 에너지수지에서 장파복사의 중요성을 지적하였다. 지표로부터 방출되는 (특히 수증기 창 밖의) 많은 장파복사는 지표 가까이에서 흡수된다. 정확한 고도와 양은 수증기의

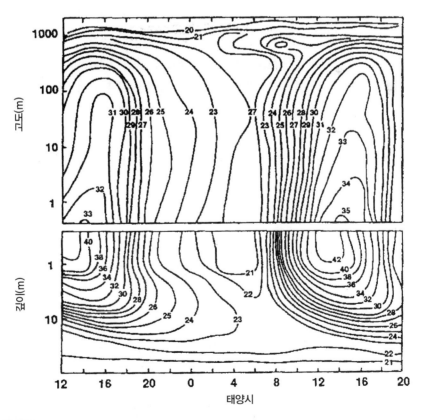

그림 13-3 미국 네브라스카 주 오닐에서 1953년 8월 24일에 관측된 기온(위)과 토양온도(아래)(H. H. Lettau and B. Davidson[103], R. D. Graetz and I. Cowan[1307]에서 재인용)

양과 파장뿐만 아니라 기압과 기온에도 종속된다. 예를 들어 13.3hPa의 수증기압을 갖는 대기에서 6.25~6.75μ까지의 띠(밴드)에서 복사의 50%는 1~2m까지의 거리 내에서 흡수된다. 이것은 작은 공간에서 기온차가 클 때 접지기층 내에 무시할 수 없는 복사교환이 틀림없이 있다는 것을 의미하는 것이다. 이에 추가로 지표와 접지기층의 상호작용에서는 팔켄베르크[1404]가 파장변환(wavelength transformation)이라고 부른 과정이 나타난다. 이러한 상호작용이 나타나는 원인은 대기 중의 H_2O와 CO_2가 띠로 복사를 하는 반면, 고체의 토양은 연속 스펙트럼으로 복사를 하기 때문이다.

지면에서 층류경계층(laminar boundary layer, 7장)은 에너지가 위로 복사되지만 어떤 복사에너지도 아래로부터 받지 않는 특별한 경우이다. 그 이유는 '아래에서' 정상상태(stationary state)에서 고도 z에서의 기온과 같은 온도를 갖는 지표가 있고, 그 위에 좀 더 높은 온도를 갖는 기층이 없기 때문이다. 따라서 이 표면층은 매우 크게 복사냉각된다. 그리고 또한 기존의 기온경도를 붕괴시키려고 한다. 이론을 통해서 요구되는 역설적인 상황은 린케와 묄러[17]가 처음으로 확인하였다. 앞서 이미 언급한 손스웨이트(Thornthwaite)의 측정을 이용하고 1952년 봄 3일간의 맑은 일기로부터 자료를 선택하여 묄러[1311]는 장파복사를 통하여 13시부터 14시까지의 오후에 일어나는 시간적인 기온변화를 계산하였다(표 13-3).

이 표에서 괄호 안에 제시된 기온은 지표의 25mm 내에서 측정된 것으로부터 외삽한 것이다. 우선 이 결과는 놀랍다. 가열된 지표와 접촉한 공기의 복사를 통한 냉각율은 22.8°C hr^{-1}에 달했다. 그러나 이러한 냉각은 불과 1.2mm 높이의 층류경계층에만 제한되었다. 이 층류경계층 위의 접지기층에서 공기는 장파복사를 통해서 크게 가열되었다. 이 경우에 처음 1m의 가열량은 8.4~16.5°C hr^{-1} 사이에 있었다. 체파[1303]는 8

표 13-3 장파복사에 의한 여러 높이에서의 오후의 냉각

지면 위 높이(cm)	0	0.06	0.27	0.89	2.65	10	20	80	640
관측된(외삽된) 기온(°C)	(25.5)	(24.5)	(23.5)	(22.5)	(21.5)	20.3	19.8	18.9	18.1
복사가열(+) 또는 복사냉각(−) (°C hr^{-1})	−22.8	−5.1	+11.9	+16.5	+15.7	+10.6	+8.4	+8.6	+1.3

출처 : C. W. Thornthwaite[1314]의 측정에 기초한 F. Möller[1311]의 계산

---

17) *Linke, F.*, und *Möller, F.*, Langwellige Strahlungsströme in der Atmosphäre und die Strahlngsbilanz. Handbuch d. Geophysik 8, 651-721, Gebr. Borntraeger, Berlin 1943.

월에 라디오존데 상승을 포함하는 다른 방법을 이용하여 60°C hr⁻¹의 기온변화에 상응하는 7.1J hr⁻¹인 대기의 최하층 1m에서의 복사를 통한 에너지 획득을 계산하였다. 이것은 45°C의 가정된 표면온도 또는 뮐러[1311]가 손스웨이트[1314]의 측정으로부터 외삽한 것보다 20°C 높은 것을 기초로 하였다. 그렇지만 복사교환에 기인한 가열량이 양의 순복사 체제가 효력이 있을 때 매우 중요하다는 것은 확실하다.

따라서 접지기층은 대기권의 최하층 가장자리(lowermost edge)로 특징지어진다. 여기서는 맴돌이확산이 고도가 높아질수록 (이론에 따르면 거의 선형으로) 급격하게 증가한다. 지구의 따뜻한 표면으로부터의 에너지 흐름은 표면 부근에서 빠르게 변하는 이 맴돌이확산층을 통해서 대기로 침투한다. 기온경도가 고도가 높아질수록 급격하게 변하면, 즉 d^2T/dz^2이 크면 에너지 흐름이 그 강도가 다소 감소되지 않으면서 일어난다.

바움[1301]은 지표 부근에서 정오의 기온경도가 기층의 지속적인 전복에도 불구하고 엄청난 에너지 공급으로 항시 새로이 발생된다는 제안으로 설명될 수 없다는 것을 제시했다. 이러한 전복은 관측으로도 전혀 증명되지 못했다. 이러한 사실은 그림 9-2에서 제시된 것과 같은 사막지역의 지면 위에서 기록된 기온 연구를 통해서 알 수 있다. 기온의 큰 불안정성에도 불구하고(그림 9-2) 6∼9°C까지의 기온을 갖는 1mm 높이의 작은 공기 덩어리들은 1cm 높이에 도달하지 않는데, 그 이유는 이 높이에서 기온이 0∼4°C에서만 변동하기 때문이다. 이것은 교환계수와 기온경도를 결합하여 설명된다. 교환계수가 어떤 이유로 감소하자마자 기온경도는 바로 상승하여 일정한 에너지 흐름을 유지한다. 매우 짧은 거리 내에서 수평기온차도 중요하다. 이와 같은 보상 과정들(compensatory processes)은 공간과 시간 둘 다에 항시 작용한다. 에너지 흐름은 맴돌이확산에 의해서 앞뒤로 진동한다. 우리가 계기로 관측한 사실들은 대체로 모든 개별 과정들의 합의 평균값에 불과하다.

사막지역에서 지면에 가까운 과열된 기층이 대규모로 전복되는 현상은 예외적인 경우로서만 나타난다. 이러한 경우에는 흔히 먼지회오리(dust devil)와 모래회오리(sand devil)가 발달한다. 위로 소용돌이치는 공기는 소용돌이가 끌어올리는 먼지, 모래, 잎, 작은 가지, 종이를 통해서 볼 수 있다. 소용돌이는 대체로 느리게 이동하면서 항시 새로이 과열된 기층들을 그 궤도로 빨아들여서 그 자신을 유지시킨다. 세계의 건조지대에서 먼지회오리는 뜨거운 오후 시간에 규칙적으로 나타나는 현상에 속한다. 이집트에서 플라우어[1305]와 북아메리카 프레리에서 아이브즈[1308]는 먼지회오리를 상세하게 조사했다. 키리아초포울로스[1310]는 이와 같이 눈에 띄는 미기상학적 현상을 심지어 그리스 테살로니키(Thessaloniki)에 위치한 기원전 5세기의 성 소피아 교회당의 코린트식 기둥에서도 발견하였다. 이 기둥에는 회오리바람으로 위로 불려 올라간 아칸서스

(acanthus)[18] 잎들이 예술적으로 표현되어 있다.

그림 13-4는 1926년부터 1932년까지 이집트의 관측을 기초로 하여 주간에 먼지회오리의 출현 빈도를 나타낸 것이다. 이 그림에는 또한 1932년에 먼지회오리가 불던 날들에 측정된 기온경도를 제시하였다. 먼지회오리는 아마도 도로변의 분쇄된 돌더미에서 우연한 과정들을 통해서, 달리는 자동차를 통해서, 삼림 주변의 돌풍(독 : Windstoß, 영 : gust of wind)을 통해서, 또는 하르트만(K. Hartman)[19]이 1953년 독일 포츠담의 먼지회오리에서 기술한 바와 같이 도로의 교차점에서 두 개의 먼지 궤적(trail of dust)의 합류를 통해서 불기 시작했다. 아이브즈(R. L. Ives)는 다음과 같이 기술하였다. "여러 경우에 사막을 통과하는 집토끼와 코요테와 같은 작은 동물들의 길은 일련의 작은 먼지회오리로 알 수 있다. 야외에서의 관찰에 의하면 대부분의 먼지회오리는 작은 동물들에 의해서 시작될 수 있다."

사람들이 생각하고 있는 것과 반대로 먼지회오리는 어느 방향으로나 회전한다. 예를 들어 플라우어[1305]의 통계에 의하면 175개의 먼지회오리는 시계방향으로 회전하였고, 200개는 시계 반대방향으로 회전하였다. 이것은 코리올리인자(coriolis parameter)가 초당 라디언의 단위(units of radian per second)를 갖고, 단기간의 먼지회오리의 생활사라고 가정하면 회전방향에 영향을 주는 충분한 강도를 얻을 수 없다는 사실을 따른다. 아이브즈[1308]는 장애물에서 거의 소멸되던 먼지회오리가 소생하여 반대방향으로

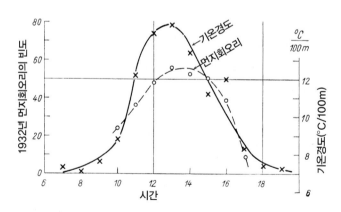

그림 13-4 이집트에서 먼지회오리의 발생과 연직 기온경도 사이의 관계(W. D. Flower[1305])

---

18) 건축물과 장식술에서, 도깨비망초(*Acanthus spinosus/Acanthus spinosissimus*)라고 불리는 깃털처럼 갈라진 잎을 가진, 지중해에서 자라는 식물의 특징적인 모양을 기초로 양식화한 장식 무늬. 기원전 5세기에 그리스인들이 사원지붕 장식, 벽 위쪽의 장식띠, 코린트 양식 기둥의 주두(柱頭)에 처음으로 사용했다. 코린트 양식에 사용된 것 중 가장 훌륭한 예는 아테네의 아크로폴리스에 위치한 에레크테움(Erechtheum) 신전에 남아 있다.

19) *Hartmann, K.,* Beobachtung einer Kleintrombe. Z. f. Met. 8, 189-191, 1954.

회전하는 것을 관측할 수 있었다.[20] 아마도 이것은 클라우저[1309]가 1950년에 독일 포츠담에서 관찰한 사과나무와 충돌한 후의 먼지회오리에 대해서도 사실이 된다. 자연지리학에서의 이러한 오해와 다른 오해에 관한 다른 논의에 대해서 독자들은 넬슨 등[1312]과 애런 등[1300]을 참조하라.

건조지대에서 먼지회오리는 1,000m까지의 고도에 도달하여 수분 동안 지속할 수 있다. 미국 유타 주에서 800m 높이의 먼지회오리가 60km의 경로를 따라서 7시간 동안 지속적으로 관측되었다. 먼지회오리 내부에서는 기압이 낮아지고 상승기류가 있었다. 한 개의 먼지회오리가 미국 애리조나 주의 피닉스에 있는 기상관측소 건물 바로 위를 통과하였다. 드마스투스[1304]는 그에 관한 보고서에서 기압이 1.73hPa 하강하였고, 요란은 30초 동안 지속했다고 기술하고 있다. 이 먼지회오리가 통과하기 직전에 다른 먼지회오리가 6초 동안 기압을 1.6hPa 하강시켰고, 그다음에 1.07hPa을 상승시키면서 23m 떨어져서 통과하였다. 이들 먼지회오리의 내부에서 실제로 기압은 확실히 좀 더 크게 하강하였다. 아이브즈[1308]는 달리는 지프로부터 긴 봉의 끝에 계기를 설치하고 먼지회오리 안에 넣어 추적하여 이러한 사실을 확인했다. 그는 낙하속도를 나중에 측정하게 되는, 위로 들려 올라가는 쥐들을 보고 10~15m sec^{-1}까지의 상승기류를 추정하였다.

먼지회오리는 지역적으로 때때로[21] 피해를 줄 수 있다. 슐리히트링[1313]은 독일 뤼벡에서 1934년 5월 19일에 관측된 한 먼지회오리를 다음과 같이 기술하고 있다. "세 사람이 처음에 회오리바람에 어떻게 붙잡혀 있는가를 관찰하는 것은 흥미가 있었다. 한 여자가 회오리바람에서 빠르게 빠져나올 수 있는 동안 두 남자는 잠시 동안 그 안에 있었다. 그들의 옷자락은 크게 휘날렸고, 모자를 꽉 잡아야만 했다. 두 남자가 똑바로 서 있을 수가 없었다."

지면에 가장 가까운 기층의 과열과 관련된 광학현상들은 18장에서 논의될 것이다.

---

20) 제4판 독일어본에는 "Von Ives wurde sogar beobacht, wie <u>eine an einem Hindernis fast ersterbende Staubhose</u> mit dem Wiederaufleben ihren Drehsinn geändert hatte."라고 기술되어 밑줄 친 부분이 '장애물에서 거의 소멸되던 먼지회오리'로 번역되나, 제7판 영어본에는 "R. L. Ives[1308] was able to observe that a dust devil, which had almost come to an end of its existence, might revive itself in contact with an obstacle and rotate in the opposite direction."라고 기술되어 있다.

21) 제7판 영어본에는 "from time to time(때때로)"라고 표현되어 있으나, 제4판 독일어본에는 "örtlich(지역적으로)"라고 표현되어 있어 둘 다 표기하였다.

제14장 ··· 접지기층의 야간 기온

야간에 방출복사로 냉각되는 지표 위에서 발달하는 정상적인 기온분포는 방출복사형 (독 : Ausstrahlungstypus, 영 : outgoing-radiation type)이라는 이름으로 이미 우리에게 친숙하다. 100m의 기층에 대해서는 4시간의 등시곡선으로 그린 그림 11-6과 엄밀한 의미의 접지기층과 토양의 최상층에 대해서는 3시간의 등시곡선으로 그린 그림 13-2가 이미 방출복사형을 보여 주고 있다. 지겔[1418]은 독일 함부르크대학교 기상학과에서 0 ~4m 고도 사이에 23개 열전소자(thermoelement)를 설치하여 지면 위에서 변화하는 야간의 기온 패턴을 상세하게 연구하였다. 그림 14-1은 1°C 간격으로 기입된 구름이 없는 여름밤의 전형적인 등온 패턴을 나타낸 것이다. 야간에 바람이 감소하는 것은 그림의 윗부분에 제시되어 있다. 천천히 형성되는 야간 역전은 일출 직전에 최고 고도에 이르렀다. 일출 후에 역전은 빠르게 파괴되었다(그림 12-3).

모든 개별적인 밤에 기온 추이는 물론 훨씬 더 불규칙할 수 있는데, 그 이유는 풍속이 변하기 때문이다. 그림 14-2는 1935년 7월 9일~10일 야간에 전형적인 등온선의 사례이다. 그림의 윗부분에서 2시 직전의 바람 증가로 지표 부근의 역전이 약화되었고, 이것

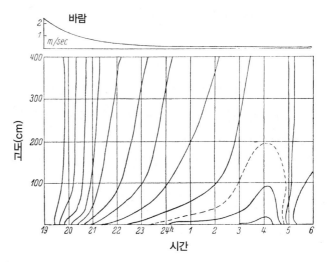

그림 14-1 맑은 여름밤에 전형적인 기온성층과 풍속(S. Siegel[1418])

---

22) 제7판 영어본에는 "The wind speed gives an indication of the magnitude of eddy diffusion. This brings heat to the ground surface, which is cooling because of a net longwave radiation loss."라고 표현되어 있으나, 제4 판 독일어본에는 "Die Windgeschwidigkeit ist hier nur ein Anzeiger für die Größe des Massenaustauschs, der die Abkühlung der Bodenoberfläche (neben der langwelligen Strahlung) auf die Luft überträgt."라고 표현되어 제7판의 내용과 다르다. 따라서 제4판에 따라 번역하였다.

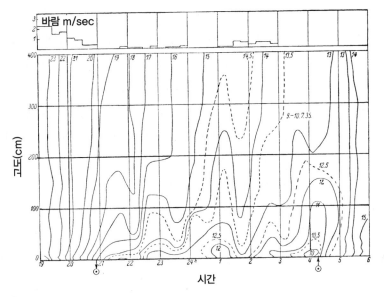

그림 14-2 7월의 밤, 공기운동과 기온성층 사이의 관계(S. Siegel[1418])

은 바람이 잠잠해지자 바로 다시 형성되었다. 풍속은 맴돌이확산의 크기에 대한 지표이
다. 맴돌이확산은 (장파복사와 함께) 지표의 냉각을 공기로 전달한다.[22]

람다스와 아트마나탄[1415]은 이미 1932년에 인도에서 특히 면화를 재배하는 흑색
토양에서 야간의 최저기온이 빈번하게 지표가 아니라 몇 센티미터 위에서 관측되고, 때
로 심지어 지표 위 1m 높이에서 관측된다는 것을 지적하였다. 이러한 사실은 인도에서
여러 경우에 증명되었다. 한 가지 사례로서 그림 14-3은 라마나탄과 람다스[1414]가 인
도의 푸네에서 1933년 1월의 한 밤에 행한 측정기록을 제시한 것이다. 위를 가리키는
화살표의 끝은 지표의 온도를 나타낸 것이다. 0m 고도의 원은 바로 지표 위의 기온이

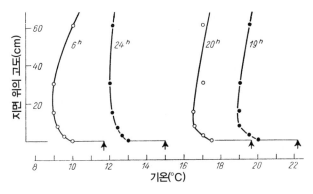

그림 14-3 인도에서 지표 위에서 처음으로 관측된 야간 최저기온(K. R. Ramanathan and L. A. Ramdas
[1414])

다. 이 기온은 뜻밖에도 지표온도보다 훨씬 낮고, 기온은 특히 이 경우에 관측을 행한 시간에 종속되어 10cm와 30cm 사이까지 고도가 높아질수록 계속 하강하였다. 오크[1414]는 잔디, 눈, 나지의 부드럽고 거친 토양표면 위에서 높아진 최저기온을 관측했다. 그는 이러한 현상에 대한 수많은 가능한 원인들을 논했으나, 작은 구름량이 이러한 최저기온을 사라지게 했다고 언급했다. 구름이 통과했을 때 최저기온은 종종 수분 내에 다시 나타났다. 그는 이것이 "그 현상이 복사에 크게 영향을 받는다는 사실을 분명하게 지적하는 것"이라고 제안했다.

그림 14-4는 1954년 12월 29일 이른 아침 시간에 지면 위 0.1, 1, 5, 10, 100, 1,000cm의 기온변화를 제시한 것이다. 아래에 그린 인접한 돌풍기록계(독 : Böenschreiber, 영 : gust recorder)의 기록은 다시 맴돌이확산의 척도로 간주될 수 있다. 그림에서 아래의 곡선은 20cm에서 기록된 풍속으로 맴돌이확산의 크기를 가리키고 있다. 바람과 맴돌이확산이 가장 강한 1시 30분과 2시 30분에 최저기온은 가장 낮은 측정지점에서 나타났고, 1mm와 1,000cm 사이의 역전은 4~5°C였다. 그렇지만 지면 위 20cm에서 측정된 풍속이 0.5m sec⁻¹ 이하까지 느려지자마자 상승된 최저기온이 1~5cm의 높이에서 2시 경과 3시 후에 다시 확인되었다.

팔켄베르크[1403]는 야간에 접지기층에서의 복사교환이 무시될 수 없다고 제안하였

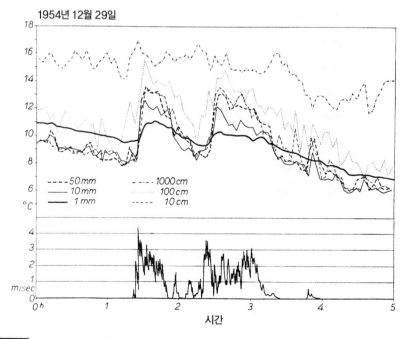

그림 14-4 1954년 12월 29일 아침에 인도 푸네 부근의 나지 토양 위에서의 기온 추이는 복사와 맴돌이확산에 기인한 기온분포의 변화를 나타낸다(K. Raschke[1416]).

다. 야간의 강한 방출복사 시에는 1mm 두께의 경계층에서 역설적으로 보이는 복사를 통한 강한 가열상태가 있었다. 이 위에서 접지기층은 장파복사의 순손실로 냉각되었다. 묄러[1311]가 미국 시브룩의 손스웨이트[1314]의 기록에 대해서 계산한 것은 3시부터 6시까지 야간의 복사냉각의 평균값으로 다음과 같다.

지면 위의 높이(cm)	0	10	40	160	640
복사냉각(°C hr^{-1})	+5.4	−2.0	−1.3	−1.2	−1.4

플리글[1407]은 이미 1953년에 안개 형성에 관한 그의 연구에서 차가운 검은 표면 위에서 장파복사교환이 표면 부근에서 상당히 가열할 수 있고, 최대냉각은 약 1m의 높이에서 일어날 것이라고 이론적으로 계산했다. 그는 1956년에 광학적인 방법으로, 즉 빛의 굴절을 통해서 당시에는 도달하지 못했던 정확도로 최하층의 기온경도를 측정하는 데 성공하였다. 10°C hr^{-1}의 바로 복사하는 표면(이 경우에는 수면)에서의 야간의 복사가열, 10cm의 높이에서 6°C hr^{-1}의 최대복사냉각, 30cm부터 1.5m까지 실제로 3°C hr^{-1}의 불변하는 냉각율이 있었다.

그러므로 야간의 기온분포는 장파복사교환과 맴돌이확산 둘 다 작용하여 나타났다. 야간에 지표에 가까운 곳에서 나타나는 것처럼 혼합이 특히 작으면, 복사의 영향이 우세하여 최저기온은 지면 위 약 10cm에서 나타났다. 약한 공기운동이 존재하면, 10cm에서 가장 차가운 공기가 침강하여 발생하는 대류혼합은 강화되어 최저기온이 지표로 내려오거나 2차 최저기온으로만 남았다. 나라심하와 머디[1412], 머디 등[1410]과 나라심하[1411]는 위로 올라간 최저기온 역시 지표방출율, 거칠기 및 토양 열전도율의 영향을 받는다고 제안하였다. 높은 지표방출율로 좀 더 많은 에너지가 공기로 흘러서 최저기온을 약화시켰다. 증가된 지표거칠기는 증가된 맴돌이확산을 일으키고 지표의 좀 더 높은 방출율 때문에 위로 올라간 최저기온을 약화시켰다. 토양 열전도율의 감소 역시 지표냉각율을 증가시켜 위로 올라간 최저기온을 약화시켰다(표 19-2).

이러한 사실에 직면하여 지면 위의 고도에 종속되어 야간에 교환계수 A의 정량적인 값을 구하는 것은 흥미가 있다. 관측으로 A를 계산하는 일은 불확실하여 대부분 이론적인 가정으로 결정되었다. 여러 측정 및 계산 방법에 기초한 일련의 값들이 그림 14-5에 요약되어 있다.

선 M은 손스웨이트(Thornthwaite)가 1952년 봄에 미국 시브룩에서 관측한 것에서 묄러[1311]가 자정부터 4시까지 계산한 A의 값이다. 호인케스와 운터슈타이너[2509]는 독일의 페어낙트페르너에서 1950년 8월에 상당한 바람(28cm 높이에서 1~3m

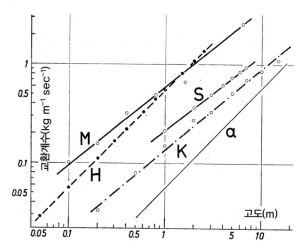

그림 14-5 고도에 종속되는 야간의 교환계수 A의 값

sec^{-1})이 불던 18시부터 7시까지 밤 시간에 대한 평균으로 거의 같은 분포(선 H)를 발견했다. 스베르드룹[1419]은 1934년 여름 7주 동안 스피츠베르겐의 이작센스 고원에서 측정한 것으로 기온 및 바람 분포에서 A를 계산할 수 있었다. 여기서 고찰되는 야간 조건에 가장 상응하는 최저풍속(0.44m sec^{-1})의 집단 평균은 선 S로 제시되었다. 크라우스[2510]가 독일 뮌헨-리임 공항에서 1954년 9월 23일~24일 18시 30분부터 1시까지 구름이 없는 야간에 대해서 계산한 A 값은 선 K로 제시되었다. 2m 고도에서 평균풍속은 0.74m sec^{-1}였고, 0.2~15.0m 사이의 역전은 2.7°C에 달했다.

예상되는 바와 같이 이 값들은 대략 10배로 상당히 분산된다. 이것은 주로 풍속의 영향 때문이다. 그래프에서는 강한 풍속이 높은 교환계수 A의 값이 나타나게 하는 것을 알 수 있다. 그렇지만 모든 경우에 각각의 측정값들은 직선을 따라서 배열된다.[23] 이들 선이 선 a의 경사를 가지면, 이것은 대기의 단열층에 대한 이론이 요구하는 바와 같이 고도가 높아질수록 교환계수가 선형으로 증가하는 것을 의미한다. 야간에 안정한 기층에서는 z의 지수가 작아서 0.75~0.99 사이에 있다.

그림 14-5에서 제시되는 바와 같이 교환계수는 좀 더 높은 고도 방향으로 계속 증가할 수 없을 것이다. 높은 고도에서는 이들 직선이 아래로 휘어야 한다. 거꾸로 지표로 외삽하면, 지표 위 1mm의 값들은 분자확산량($2 \cdot 10^{-5}$kg m^{-1} sec^{-1})의 약 5~10배까지

---

23) 제7판 영어본에는 "In all cases, however, the computed values lie along a straight line in each set."라고 표현되어 있으나, 제4판 독일어본에는 "In allen Fällen aber ordnen sich die Werte jeder Meßreihe längs einer Geraden an."이라고 표현되어 제7판의 내용과 다르다. 따라서 제4판에 따라 번역하였다.

되는 0.05~0.24kg m^{-1} sec^{-1}까지 될 것이다. 이것은 매우 있음 직한 것으로 접지기층에서 1m 또는 2m 높이에서 항시 강한 맴돌이확산으로부터 지표 부근에서 분자에너지수송으로 점진적으로 변하는 것을 증명한다.

정상적인 야간의 기온분포에서는 지표 부근의 기온이 백엽상 안의 온도계가 가리키는 기온보다 낮다(그림 5-3 참조). 이러한 사실은 봄과 가을의 서리 피해 기간에 경제적으로 매우 중요하다. 이러한 이유로 농부, 원예가, 과수재배가, 식물재배가, 콘크리트작업을 하는 건축가와 다른 경제 분야에 조언할 책임이 있는 일기예보가는 서리 피해를 경고하기 위해서 백엽상 안의 최저기온이 아니라 백엽상 밖의 지표 위 5cm에 설치된 온도계가 가리키는 최저기온을 이용한다. 이것은 간략하게, 아주 정확하지는 않지만 '지표최저기온(ground minimum)' 혹은 보통 짧게 자른 잔디 위 기온이기 때문에 '초상최저기온(grass minimum)' 이라고 부른다. 슈발베[1417]는 독일 기상관측소에서 백엽상 최저기온과 지표최저기온 사이의 차를 조사하였다. 그림 14-6은 비터슈타인[1421]의 연구에서 독일의 라인 강변 기젠하임(Giesenheim)에 위치한 농업기상연구소(agrarmeteorologische Versuchs- und Beratungsstelle)에 대한 1937~1944년의 평균으로 이러한 기온차의 빈도분포를 제시한 것이다. 극심한 경우에 지표 위 5cm의 기온은 백엽상에서보다 6.5℃ 낮았다. 차가운 공기의 이류가 있는 흐린 야간에는 지표 위 5cm의 기온이 백엽상에서보다 높은 그 반대의 경우도 나타날 수 있었다. 그림 14-6은 풍속이 4.4m sec^{-1}(보퍼트 풍력계급 3) 이하인 야간에 대한 것이다. 그 이유는 이러한 경우에만 기온차가 실제적인 의미가 있기 때문이다. 이보다 좀 더 강한 바람이 불 때 지표 위 5cm와 백엽상 높이 사이의 기온차는 훨씬 작을 것이다. 기온차가 흐린 하늘보다 맑은 하늘의 조건하에서 여전히 좀 더 크지만, 빈도분포는 풍속이 증가함에 따라 합쳐지는 경향이 있다. 이러한 차는 4월과 5월의 봄에 최대이며, 이 기간은 서리 위험에 가장 치명적인 기간이다. 2차의 좀 덜 뚜렷한 최대가 11월에 나타난다. 하더[1408] 역시 오스트리아의 세인트 푈텐-피오펜에서 1년 동안의 최저기온을 비교하여 봄에 뚜렷한

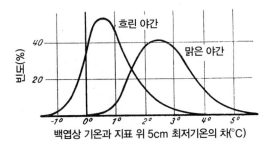

그림 14-6 독일 기젠하임에서 맑은 날과 흐린 날의 백엽상 최저기온과 지표 최저기온 사이의 기온차의 빈도분포 (F. Witterstein[1421])

최대를 발견하였다. 이곳에서 3월, 4월, 5월의 월평균 기온차는 각각 3.6, 4.1, 3.6°C였다. 볼 등[3100]은 기온이 백엽상 높이에서보다 지표 위 5cm에서 6°C나 낮았다고 보고했다. 보츠마[1400]는 약한 풍속(<1.8m sec^{-1})에서 구름량만이 잔디와 백엽상 높이 사이의 기온차를 가장 잘 추정하는 것이라고 밝혔다. 그렇지만 풍속이 2.2와 5.8m sec^{-1} 사이였을 때 바람은 이러한 차이를 설명하는 데 크게 기여했다. 디미츠[1402]는 오스트리아의 기상관측망에 대해서 서리가 백엽상 높이에서보다 지표 위 5cm에서 평균 10일 일찍 내리고, 14일 늦게 끝난다는 것을 증명하였다.

13장에서 언급한 극히 높은 정오 기온과 나타나는 이러한 낮은 야간 기온들은 지면 부근에서 극심한 기온변동을 하는 미기후가 나타나게 한다. 이러한 지면에 가장 가까운 미기후의 단면을 그림 14-7에서 볼 수 있다. 이것은 크베어바인과 그슈빈드[1401]의 논문에서 인용한 스위스 빈터투어 시청의 사암 계단의 난간을 찍은 사진이다. 이 사진은 기온변동에 기인한 암석의 풍화가 지면 부근에서 얼마나 더 뚜렷한가를 보여 준다. 큰 기온변동의 영향은 물의 영향을 받아서 강화된다. 튀는 물과 내리는 눈은 지면에 가까운 암석을 좀 더 빈번하게 젖은 상태에서 마른 상태로 변하게 한다. 따라서 겨울에 동결이 파괴하는 영향도 고려되어야만 하는데, 그 이유는 0°C에서 어는 물은 약 9% 팽창하고, 융해와 재결빙의 좀 더 높은 빈도가 지면이나 눈표면 바로 위에서 나타날 수 있기 때문이다.

그림 14-7 스위스 빈터투르 시청의 베른사암의 풍화(F. de Quervain and M. Gschwind[1401])

지면 부근에서 특히 주간에 기온을 측정하기가 어렵기 때문에 이러한 기온의 일교차의 증가에 대한 양호한 수치자료는 없다. 그러나 가장 따듯한 시간의 관측과 가장 차가운 시간의 관측 차이에 대한 손스웨이트[1314]의 값을 택하여 지면에 가까워질수록 다음과 같이 기온의 일교차가 증가하는 것을 볼 수 있다.

높이(cm)	10	20	40	80	160	320	640
기온의 교차($^{\circ}$C)	14.4	12.7	11.7	10.8	10.1	9.5	9.1

이러한 기온의 일교차의 중요한 결과는 서리변화빈도(독 : Frostwech-selhäufigkeit, 영 : frequency of frost changes) 또는 +에서 − 혹은 그 반대로, 일어나는 방향을 고려하지 않고 0°C를 통해서 기온이 통과하는 것이다. '서리변화일(독 : Frostwechseltag, 영 : frost change day)'이란 1회 또는 그 이상 0°C를 통과하는 운동이 있는 날이다. 한 서리변화일에 발생하는 서리변화의 수(number of frost changes)를 서리변화밀도(독 : Frostwechseldichte, 영 : density of frost change)라고 부른다. 서리변화가 있는 날들에 이 수는 적어도 1 이상이어야 하고, 중위도(중유럽의 기후)에서 이 수는 보통 1.5~2까지이다. 계절에 따라 인식할 수 있을 정도로 기온이 변하지 않는 열대의 높은 고도에서 기온은 주간에 거의 항시 0°C 이상이고, 야간에는 0°C 이하로 서리변화밀도가 정확하게 2가 된다.

트롤[1420]은 중요한 대기후의 요소[24]의 하나로 서리변화빈도[25]의 중요성을 인식하였다. 그는 서리변화가 봄과 가을에 제한되는 고위도와 서리변화수가 연 337회까지 관측되는 열대의 높은 고도(페루 남부의 엘미스티) 사이의 큰 차를 수치로 표현했다. 예상되는 바와 같이 접지기층에서 서리변화밀도는 디미츠[1402]가 오스트리아 6개 관측소에 대해서 제시한 바와 같이 지면에 가까워질수록 증가한다. 서리변화빈도는 지표에서 가장 크고, 토양 속으로 들어갈수록 급격하게 감소한다. 하이어[1409]는 1895~1917년까지 독일 포츠담의 관측자료에 대해서 다음의 값을 계산하였다.

---

24) 제7판 영어본에는 "one of the significant elements of microclimate(미기후)"라고 표현되어 있으나, 제4판 독일어본에는 "eines wesentlichen großklimatischen(대기후) Elements"라고 표현되어 제7판의 내용과 다르다. 따라서 제4판에 따라 번역하였다.

25) 제7판 영어본에는 "the importance of this number(서리변화의 수)"라고 표현되어 있으나, 제4판 독일어본에는 "die Bedeutung der Frostwechselhäufigkeit(서리변화빈도)"라고 표현되어 제7판의 내용과 다르다. 따라서 제4판에 따라 번역하였다.

토양의 깊이(cm)	0	2	5	10	50	100
연 서리변화수	119	78	47	24	3.5	0.3
평균 서리변화밀도	1.8	1.8	1.7	1.5	1.1	1.0

백엽상(1.9m 높이)에서 연 서리변화수는 131이었고, 관측탑(34m 높이)에서는 95였으며, 양 측정지점에서 서리변화밀도는 1.8이었다.

제15장 ··· 지면 위의 수증기 분포

지표는 대기의 에너지수지에 대해서뿐만 아니라 대기의 물수지에 대해서도 중요하다. 증발은 지표 또는 지표의 식생피복으로부터 일어난다. 이러한 수증기의 흐름은 위로 지향된다. 물은 전혀 다른 방법으로 지구로 돌아온다. 즉 액체나 고체의 형태로 내린다. 야간에 적절한 일기상태에서 이슬이나 서리가 내릴 때에만 수증기가 아래로 수송될 수 있다. 이러한 예외적인 경우를 야간의 기온역전과 유사하게 '습도역전(독 : Feuchte-Inversion, 영 : humidity inversion)'이라고 부를 것이다.

독일의 연 강수량은 800mm이다. 그중에 거의 정확하게 1/2은 지표의 증발(evapo-ration)과 증산(transpiration)을 통해서 위로 지향된 수증기 흐름으로 대기로 돌아간다. 연 이슬량은 30~40mm 정도이다. 표면 침적(surface deposition)을 통한 아래로 지향된 수증기 흐름은 위로 지향된 흐름의 약 1/10에 불과하다.

맴돌이확산과 마찬가지로 (분자확산과 비교하여) 에너지 수송의 압도적인 역할이 층류경계층 밖에서 일어나 질량교환의 영향은 수증기 수송에 관한 한 맴돌이의 영향을 가리게 된다. 맴돌이확산 방정식(7장)에서 단위질량당 특성량(quantity of a charac-teristic per unit mass)이 논의되었다. 이 경우에 있어서 이것은 습윤한 공기 1kg에 포함된 물의 질량인 q가 된다. 다음의 논의에서 수증기압(e)은 hPa로 측정된다. 수증기압의 분포를 먼저 논의하고, 그 후에 상대습도를 논의할 것이다.

기온(11장)에서와 같이 여기서도 큰 규모로 시작하여 대기권의 최하층 100m의 습도 측정을 고찰할 것이다. 베스트 등[1101]이 잉글랜드에서 행한 3년의 관측자료는 그레고리 습도계(Gregory hygrometer)로 측정한 습도도 포함하고 있다. 이 습도계는 습도에 따라 변하는 리티움 클로라이드(lithium chloride)의 전기저항을 이용한 것이다. 그림 15-1에서 x축은 10^{-3}kg m^{-3}/100m에 들어 있는 수증기량의 경도 변화를 제시한 것이다. 여기서 음의 수치는 고도가 높아질수록 수증기량이 증가하는 것(습도역전, y축 오

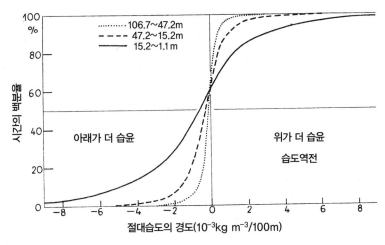

그림 15-1 잉글랜드에서 3년간 행한 측정에 따른 107m 아래 3개 기층의 절대습도경도의 빈도분포(A. C. Best et al.[1101])

른쪽)을 의미하는 반면, 양의 수치는 고도가 높아질수록 수증기량이 감소하는 것을 의미한다(y축 왼쪽).

이 그림에서 두 가지 가능성이 똑같은 빈도는 아니지만 비교할 수 있는 정도로 빈번하게 나타나는 것이 특히 눈에 띈다. 수증기의 흐름은 이들 경우의 60%만이 위를 지향하고, 이것은 모든 고도에 적용된다. 반면에 40%의 경우에는 위보다 아래에 수증기가 적다(y축 오른쪽). 첫눈에 보면 이것은 수증기가 대부분의 시간에 실제로 위로만 수송된다는 사실과 모순되는 것으로 여겨진다. 그렇지만 연직방향 z로 이동하는 수증기의 총량은 $A \, dq/dz$ 곱에 비례하거나, $A \, de/dz$에 대략 비례한다. 그림 15-1에서 de/dz의 음의 값들은 A가 매우 작을 때인 야간에 나타나나, 양의 값들은 교환계수의 값이 10배나 더 큰 주간에 나타난다.

그림 15-1은 또한 수증기경도가 기온경도(그림 11-2)처럼 지표에 가까워질수록 증가하는 것을 보여 주고 있다. 3년 동안 관측된 최대경도는 다음과 같다.

기층의 높이(m)	1.1~15.2	15.2~47.2	47.2~106.7
수증기 감소(10^{-3}kg m^{-3}/100m)	40.8	13.1	7.5
습도역전(10^{-3}kg m^{-3}/100m)	−22.2	−11.3	−5.5

기온역전이 모든 기층에서 이러한 기록값을 가졌을 뿐만 아니라 매달 역전의 최고값도 고도가 높아지는 데 따른 최대습도감소의 약 2/3였다. 지면에 가장 가까운 기층에서

수증기경도는 하루의 시간과 밀접한 관련이 있다. 즉 습도는 약 8시부터 10시까지 오전 시간에 감소하기 시작하여 낮 동안과 이른 저녁 동안 계속되며, 대략 자정에 증가하기 시작하여(역전) 그 나머지 밤 동안 계속된다. 지면으로부터 거리가 멀어질수록 다른 인자들이 추가되어 이들 현상의 출현시간이 변하게 된다. 최대습도감소는 결코 맑은 일기 상태에만 제한되지 않고, 예를 들어 뇌우에서도 한 번 확인되었다.

그림 15-2는 그림 11-6에서 기온 등시곡선을 위해서 선택한 것과 같은 시간 동안의 (평균기온을 이용하여 절대습도에서 환산한)[26] 19일간의 맑은 여름날 수증기압 등시곡선을 제시한 것이다. 일출 전에 약 40m 고도의 기층에서 이슬을 형성하기 위하여 지면을 향해서 수증기가 흘렀다. 이 기층의 고도는 호프만(Hofmann)[27]이 제시한 이론적 고찰과 잘 일치한다. 지면에 가장 가까운 기층에서 6시까지 수증기압이 상승하는 것에서 나타나는 바와 같이, 일출 후에 지표가열로 증발이 활발해지기 시작하였다. 맴돌이확산이 여전히 작기 때문에 이러한 수증기 공급은 지면 부근에 머물러 있어서 모든 기층에서 강한 습도경도와 함께 8시에 일 최고 표면수증기압에 도달했다. 현저한 경도의 변화 없이 점점 더 강해지는 맴돌이확산을 통해서 이제부터 등시곡선(파선)은 점차로 낮은 수증기압 쪽으로 이동하였다. 접지기층으로부터의 이러한 수송은 최저치가 약 14

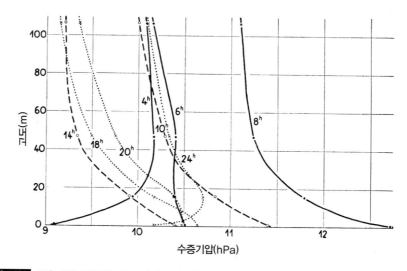

그림 15-2 맑은 여름날 최하층 100m의 수증기 성층의 등시곡선(A. C. Best et al.[1101])

---

26) 제4판~제7판 영어본에는 "(calculated from the mean temperature and absolute humidity in this case)"라고 표현되어 있으나, 제4판 독일어본에는 "(hier unter Benutzung der Mitteltemperaturen aus der absoluten Feuchte umgerechnet)"라고 표현되어 제4판~제7판의 내용과 다르다. 따라서 제4판 독일어본에 따라 번역하였다.

27) *Hofmann, G.,* Thermodynamik der Taubildung. Ber. DWD. 3, Nr. 18, 1955.

시에 이를 때까지 지속되었다. 수증기압은 18시에도 고도가 높아질수록 감소하나, 20시에 맴돌이확산이 감소하고 그로 인하여 지표 기층의 수증기량이 증가할 때 지면 부근에서 수증기역전이 다시 형성되기 시작했고, 수증기역전은 야간에 시간이 지남에 따라서 기온역전과 같이 고도가 높아졌다.

프랑켄베르거[2506]는 독일 홀슈타인 쿠빅보른의 70m 기층에서 1년 동안 측정한 자료를 통해서 이들 결과(표 15-1)를 가장 잘 증명하였다. 1954년 7월의 맑은 날들의 관측에서 동일한 시간 단위를 요약하여 다음과 같은 연직 수증기압 분포를 계산하였다.

여기서도 야간에 수증기 흐름은 (이슬로 덮인) 지표로 향했고, 일출 전 시간에 주목할 만하게 많았다. 주간 조건에서 야간 조건으로의 변화는 20시에서 22시까지 유사한 값들로 인식될 수 있다.

2, 13, 70m 고도에서의 일변화가 그림 15-3에 제시되어 있다. 모든 고도에서 잘 알려진 수증기압의 하루의 이중 파동이 쉽게 인식된다. 일변화폭은 지면에 가까워질수록 커졌다. 양봉형(bimodal)의 수증기 분포 중에 오전의 최고치는 상대적으로 많은 증발량과 제한된 맴돌이확산의 결과였다. 하늘에서 태양고도가 높아질 때(대략 30°) 불안정 하층의 깊이와 강도는 더 이상 증가하지 않았는데, 그 이유는 그 사이에 대류혼합이 매우 활발해졌기 때문이다. 이러한 활발한 대류운동은 위로부터 건조한 공기를 끌고 내려와서 정오의 경각(midday dip)이 나타나게 했다(그림 15-3). 대류운동이 지면에 가까워질수록 감소하기 때문에 정오의 경각은 덜 뚜렷하고, 지면에 매우 가까운 곳에서는 5cm에서 하나의 최대치로 대체되었다(그림 15-4). 늦은 오후에 2차 최대치가 상대적으로 많은 증발량과 대류혼합의 감소로 인하여 나타났다. 이들 모든 기층에서 저녁의 최대치가 주간에 물이 증발하기 때문에 오전의 최대치보다 높았다. 수증기량의 변동은 지면에 가까워질수록 커졌는데, 이것은 기온의 일교차가 커지는 것과 유사하였다.

람다스[1503]가 인도의 푸네(18.5°N)에서 1933년~1937년에 관측한, 건조한 기후

표 15-1 7월의 맑은 날에 독일 쿠빅보른의 수증기압(hPa)

높이 (m)	하루의 시간					
	22~2	2~6	6~8	8~14	14~20	20~22
70	11.6	12.0	11.9	11.5	12.3	12.3
28	11.6	11.6	12.0	11.7	12.4	12.4
13	11.5	11.3	12.1	12.1	12.7	12.4
2	10.9	10.4	12.4	13.1	13.3	12.3

출처 : E. Frankenberger[2506]

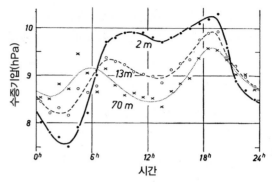

그림 15-3 독일 쿠빅보른에서 7월 맑은 날의 수증기압의 일변화(E. Frankenberger[2506])

에 대한 평균 수증기압(hPa) 분포가 표 15-2에 제시되었다.

여기서도 야간 역전이 잘 나타나고, 0.8cm에서 3.3hPa의 일교차는 305cm에서의 0.6hPa보다 5배나 컸다. 포빈켈[1508]이 남아프리카의 프리토리아(26°S)에서 1950년 6월 21일~27일까지 통풍건습계로 측정한 구름이 없는 날에 대한 평균이 표 15-3에 제시되어 있다. 이러한 건조기후에서 야간에 수증기압이 증가한 것이 주간에 정상적으로 수증기압이 하강한 것보다 좀 더 주목할 만하다.

이러한 상황은 고위도의 습윤한 대기후에서는 전혀 다르다. 그림 15-4의 아래의 반은 핀란드(약 61°N, 키르히스필 펠케네)에서 1934년 8월 건조한 3일간의 평균으로 수증기압의 일변화를 나타낸 것이다. 프란씰리아[2111]는 지면 위 3개의 서로 다른 높이에서 수증기압을 측정하였다. 기온은 백금저항온도계로 측정하고, 습도는 통풍건습계로 측정하였다. 야간에 고도가 높아질수록 수증기압의 증가가 약하게만 두드러진 반면, 주간

표 15-2 건조기후에서 일출과 정오의 수증기압(hPa)

고도(m)	0.8	2.5	7.5	15	30	61	91	122	305
일출	10.0	9.9	9.9	10.0	10.1	10.4	10.7	10.9	11.7
정오	13.3	12.8	12.5	12.0	11.9	11.6	11.5	11.3	11.1

출처 : L. A. Ramdas[1503]

표 15-3 수증기압의 12시간 평균(hPa)

고도(cm)	08:00~19:00	20:00~07:00	일교차
130	7.08	7.17	1.87
5	7.15	6.15	3.07

출처 : E. Vowinckel[1508]

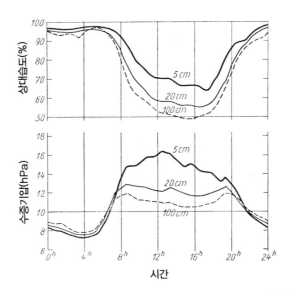

그림 15-4 대기권 최하층 1m에서 습도의 일변화(M. Franssila[2111]가 핀란드에서 관측한 자료)

에는 고도가 높아질수록 수증기압이 크게 감소하였다. 그림 15-3에서 관측된 대류에 기인한 수증기압의 정오의 경각은 그림 15-4의 100cm에서 다소 눈에 띠나, 지면에 가까워질수록 혼합이 감소하기 때문에 강도가 감소하였다. 상대습도는 수증기압을 포화수증기압으로 나누어 계산된다. 포화수증기압은 기온에 종속된다. 수증기압이 주간에 증가하고 야간에 감소하는 반면, 포화수증기압은 전형적으로 각각 좀 더 크게 증가하고, 좀 더 크게 감소하여 야간에 높은 상대습도와 주간에 낮은 상대습도가 나타나게 하였다(그림 15-4). 나지 토양 위에서 상대습도는 일반적으로 지표 부근에서 높고, 고도가 높아질수록 감소하였다. 이러한 차이는 야간보다 주간에 더 컸다.

그렇지만 야간에 접지기층에서 수증기 역전이 더 이상 확인되지 않는 경우들이 있는 것 같다. 손스웨이트[1314]는 미국의 시브룩(36.6°N)에서 그 기온 조건이 앞서 언급되었던 맑은 봄날들 동안에조차 수증기 역전을 관측하였다(13장). 유감스럽게도 23~5시까지는 결측되었으나, 5~23시까지 5cm부터 위로 수증기압이 지속적으로 감소하였다. 그렇지만 야간의 수증기압 감소는 다음의 봄날들의 평균값(hPa)에서 볼 수 있는 바와 같이 주간보다 현저히 적었다.

높이 (cm)	2.5	5	10	20	40	80~640
14:00~17:00	8.5	8.4	8.0	7.9	7.7	7.6
20:00~23:00	9.5	9.5	9.3	9.3	9.3	9.2

시브룩에 대해서 발간된 수증기압 그래프들 역시 수증기 역전이 미국 네브라스카 주에서 예외적인 특징임을 보여 주고 있다.[28] 네브라스카 주 오닐(42.5°N)에서 행한 측정은 거의 예외 없이 고도가 높아질수록 수증기압이 감소하는 것을 보여 주고 있다. 이것은 놀라운 일인데, 왜냐하면 이들 지역에서도 야간에 이슬이 내리는 것이 관측되고 있기 때문이다. 이러한 사실은 대기 중의 물이 이슬을 형성하기 위해서 전혀 이용되지 않은 것을 통해서 설명될 수 있는데, 그 이유는 습윤한 토양에서 이슬을 형성하기 위해 충분한 물이 공급되기 때문이다. 이러한 사실은 예를 들어서 독일에서 유사한 조건들하에서 지면이 찬 봄보다 지면이 따뜻한 가을에 좀 더 많은 이슬이 관측되었다는 사실로 증명된다. 레만과 샨데를[1501]이 이미 1942년에 증발과 이슬 침적이 동시에 일어날 수 있다는 것을 증명하였다.

(이슬이 내릴) 표면의 온도가 그 위에 놓인 공기의 포화수증기압에 상응하는 기온이나 그 아래에 놓인 토양온도보다 낮을 때 이슬이 내린다. 야간에 지표가 그 위에 있는 공기나 그 아래에 있는 토양보다 빠르게 냉각되기 때문에 수증기는 한 방향으로나 양 방향으로 지표를 향해서 흐를 수 있다. 증발은 증발이 되는 표면의 수증기압과 공기의 순간적인 수증기압 사이의 차에 종속되며, 이 차이에 비례한다. 지면과 식물의 낮은 부분이 여전히 수증기를 방출하는 동안 이슬은 식물의 끝에 내릴 수 있다. 식생이 없는 지면에서조차 불량하게 전도하는 토양 부분에 이슬이 내리는 동안 양호하게 전도하는 토양 부분에서는 여전히 증발이 일어날 수 있다. 이러한 사실은 이슬이 초지 위에는 내린 반면 차도에는 내리지 않았을 때 직접 관측될 수 있다. 레만과 샨데를[1501]은 또한 동시에 같은 장소에서 이슬량계(dewgauge)에서는 현저하게 이슬이 내리는 것이 기록되고 있는 동안 증발산량계(lysimeter)에서는 그럼에도 중량이 감소하고 있는 것을 발견하였다. 따라서 저녁에 지표에 이미 이슬이 내렸다고 하는 사실로 증발 과정이 전체 물수지의 관점에서 반드시 끝났다는 결론을 내릴 수는 없다. 수증기는 따뜻한 토양으로부터 차가운 지표로 흘러서 이슬이 형성되게 할 수 있고, 동시에 이 이슬의 일부가 공기로 증발될 수 있다. 따라서 지표에서 이슬의 양은 부분적으로 토양에서 위로의 수증기 흐름에 종속되고, 부분적으로 공기에서의 수증기 흐름에 종속된다.

---

28) 제4판 독일어본과 제4판 영어본에는 각각 "Auch die Durchsicht der in den Interim-Reports für Seabrook in großer Zahl veröffentlichten Dampfdruckprofil zeigt die Feuchte-Inversion nur als Ausnahmefall."과 "The water-vapor-pressure graphs published in the interim reports for Seabrook also show that the humidity inversion is an exceptional feature."와 같이 표현되어 있으나, 제7판 영어본에는 "The vapor pressure graphs published for Seabrook show that the water vapor inversion is not an exceptional feature in Nebraska."라고 표현되어 제4판의 내용과 다르다. 따라서 제4판 독일어본에 따라 번역하였다.

몬테이트[1502]는 잉글랜드 남부의 짧게 자른 초지의 넓은 표면 위에서의 이슬 형성에 관한 연구에서 물의 근원을 분석하였다. 그는 자연의 토양이나 식물 표면 위에 내린 이슬을 지속적으로 측정하기 위하여 토양수지침상(soil balance sunk)을 이용하고, 초지 위의 수분을 측정하기 위하여 필터 종이를 이용하여 두 가지 유형의 이슬 형성 과정을 구분할 수 있었다. 첫 번째 경우에 수분이 초지 표면에 나타나기 시작할지라도 토양수지는 질량손실을 계속 기록했다. 이것은 그가 증류(distillation)라고 부른 것 또는 토양으로부터 위로의 수증기 플럭스였다. $0.01 \sim 0.02$kg m^{-2} hr^{-1} 사이의 증류율이 맑은 하늘에 급격한 지표복사냉각이 있고, 2m 높이에서 0.5m sec^{-1} 이하의 풍속이 있는 매우 고요한 야간에 기록되었다. 이들 야간에 분자과정들이 열 및 질량의 교환을 지배하였다. 두 번째 경우에 토양수지는 초지 잎들 위의 응결율과 대략 같은 중량 획득을 기록하였다. 이슬내림(dewfall)이라고 부르는 이 과정은 지표로의 하향 수증기 플럭스로 특징지어졌다. 이슬내림율(dewfall rate)은 0.5m sec^{-1}의 느린 풍속에서 0kg m^{-2} hr^{-1}부터 강한 풍속에서 $0.03 \sim 0.04$kg m^{-2} hr^{-1}만큼 증가하였다. 이들 밤에는 난류 과정이 열 및 질량의 교환을 지배하였다.

이슬의 형성은 부분적으로 토양으로부터 오는 열(토양의 열용량과 전도율[표 19-1])과 공기로부터의 열에 종속된다. 공기로부터의 열교환은 특정한 지점에서 풍속과 복사교환에 종속되고, 공기의 습도, 수평차폐, 구름량, 기온경도의 영향을 받는다. 이슬의 양이 보통 야간 동안 시간의 경과에 따라서 증가할지라도 그것이 지속적인 과정은 아니다. 식물 피복의 유형과 지면의 구조에 종속되어 이슬의 증발과 침적의 단기간에 변화하는 리듬이 있다. 식물만이 이슬을 받는 것은 아니다. 대기 중에 존재하는 흡습성 입자들(hygroscopic particles)도 상당한 양의 물을 추출할 수 있다. 여러 저자들(C. R. V. Raman et al.[1504]과 S. E. Tuller and R. Chilton[1506])이 일부 지역들과 상황하에서 이슬이 지역의 물수지 또는 작물의 물수지에서 중요한 역할을 하는 것을 제시하였다. 베이슨스 등[1500]은 이슬을 모으기 위한 복사응결기(radiative condenser)에 대해서 논의하였다.

접지기층에서 고요한 야간에 고도가 높아질수록 야간 기온이 하강하는 것은 서브라마니암과 케사바 라오[1505]가 어떻게 고도가 높아질수록 이슬침적이 증가하는 것을 관측했는가를 부분적으로 설명할 수 있다. 그러나 왜 이슬침적이 한 장소에서는 50cm에서 최대에 이르고, 다른 두 장소에서는 100cm나 이보다 높은 곳에서 이르는가가 다른 연구에서 설명될 필요가 있다.

제16장 ··· 지표 부근의 바람장과 바람의 영향

공기질량의 수평수송은 기압차로 생기는 수평기압경도의 결과이다. 지표는 공기의 이동에 브레이크로 작용한다. 지표마찰이 지상풍의 강도에 미치는 영향은 마찰층(friction layer)으로 알려진 대기권의 최하층에 제한된다. 마찰층은 일반적으로 1,000~1,500m 두께를 갖는다. 이 층 위에서 경도풍(gradient wind)은 지표 마찰의 영향을 받지 않는다. 다음에서는 먼저 지면 부근의 요란을 받은 바람장을 다루고, 다소 강력한 경도풍이 지면에 가까운 기후의 특성에 작용하는 큰 영향을 다룰 것이다.

풍속은 보통 고도가 높아질수록 빨라진다. 코리올리 효과(coriolis effect)는 북반구에서 바람이 오른쪽(그리고 남반구에서 왼쪽)으로 편향되게 한다. 코리올리 효과가 풍속과 직접 관련이 있기 때문에 바람은 고도가 높아질수록 오른쪽(그리고 남반구에서 왼쪽)으로 편향되는 경향이 있다. 이와 같은 고도에 따른 풍속과 풍향의 변화[에크만나선(Ekman Spiral)]는 그 밑에 놓인 표면의 성질에 크게 종속된다. 고도에 따른 풍향의 변화는 거친 표면이 마찰을 증가시키고 풍속을 감소시키기 때문에 불규칙한 지형 위에서 최대고도에 미치고, 평탄한 육지와 수면 위에서 최저고도에 미친다. 거친 표면으로부터 매끄러운 표면으로 이동하는 바람(북반구)은 속도를 더하여 오른쪽으로 방향을 바꾼다(그림 16-1a). 바람이 바다에서 육지로 불 때와 같이 매끈한 표면으로부터 거친 표면으로 불 때 풍속은 감소하고 왼쪽으로 방향을 바꾼다(북반구)(그림 16-1b). 바람이 해안선을 따르는 것과 같이 거친 표면과 매끈한 표면의 경계에 평행하게 불 때, 거친 표면이 오른쪽에 있으면 수렴대가 있고(그림 16-1c), 왼쪽에 있으면 발산대가 있을 것이다(그림 16-1d). 매끈한 표면으로 둘러싸인 섬이나 삼림과 같은 거친 표면이 있으면, 수렴과 발산 둘 다 있는 지역이 생길 것이다(그림 16-1e).

고도에 따른 바람 강도의 증가는 접지기층에 대해서 상당히 중요한 인자이다. 이러한 사실은 그림 16-2의 상고대(rime)를 봄으로써 직접 관찰할 수 있다. 상고대는 안개나 구름의 형태로 바람에 의해서 운반된 과냉각된 작은 물방울이 고체 표면과 접촉하여 바로 얼 때 형성된다. 최하층 1m에서 이러한 작은 물방울들이 균등하게 분포한다고 가정하면, 울타리 기둥에 퇴적되는 상고대의 양은 주어진 시간에 수송되는 작은 물방울의 수가 증가하는 만큼, 즉 풍속이 강해질수록 더욱 커질 것이다. 따라서 상고대 기(旗)의 길이는 왼쪽으로부터 불어오는 바람의 강도에 대한 척도가 된다.

그림 16-3은 프랑켄베르거[2506]가 독일 홀슈타인 주 쿠빅보른에 있는 무선전신탑의 지면 위 여러 고도에서 1년 동안(1953년 9월부터 1954년 8월까지의 평균값) 행한 관측으로 풍속의 일변화를 제시한 것이다. 낮은 고도에서 정오 부근의 시간에 잘 드러

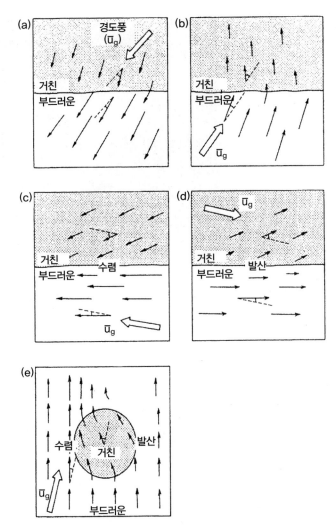

그림 16-1 거칠기의 변화가 풍속과 풍향에 미치는 영향. 화살표의 길이는 상대적인 풍속을 의미한다(T. R. Oke[3332])

나는 최대풍속과 야간에 최저풍속을 갖는 일변화가 뚜렷한 반면, 곡선들은 고도가 높아지면서 70m에서 거의 균등한 분포가 나타날 때까지 이러한 특성을 잃는다. 정오 부근에 지표에서 최대바람강도는 지표로의 태양의 투입(input), 대류혼합, 교환계수의 최고값들, 높은 고도로부터의 운동량의 결합 및 교환에 기인한다. 이것은 100m 이상 고도에서의 최저풍속에 상응하는데, 그 이유는 이 시간에 아래로 운반되는 좀 더 많은 운동량이 있기 때문이다(그림 16-4). 야간에는 감소된 표면결합과 운동량 교환 때문에 상층에 최대바람이 있다. 이러한 사실은 70m 고도에 대한 그림 16-3과 그림 16-4에서 볼 수 있다. 감소된 운동량 교환도 야간에 풍속이 지표에서 감소하는 이유가 된다. 이러한 전이

그림 16-2 상고대의 기(旗)는 높이가 높아질수록 바람이 강해지는 것을 보여 주고 있다(마운트워싱턴의 사진).

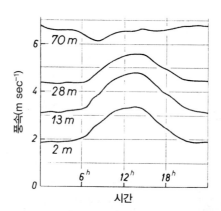

그림 16-3 독일 쿠빅보른에서 지면 위 4개의 서로 다른 고도에서 풍속의 일변화(E. Frankenberger[2506])

층의 고도는 변화한다. 전이층은 자유대류 혹은 강제대류가 클 때, 즉 여름에, 구름이 없는 일기에, 저기압골에서, 혹은 큰바람(gale)에서 상대적으로 높다. 다른 한편으로 전이층은 겨울에, 온흐림 하늘에서, 고기압지역에서, 그리고 미풍에서 낮다. 이러한 중간층의 높이는 50~100m 사이에서 변하나 이들의 한계는 양 방향에서 초과될 수 있다. 주간에 좀 더 큰 결합과 운동량 교환 때문에 경도풍으로부터 고도에 따른 지상풍향의 변화는 야간에 좀 더 커지는 경향이 있다(그림 16-5).

하층제트류(low level jet)가 수많은 지역에서 관측되었다. 월터스[1610]와 첸 등 [1602]은 이들의 발원지를 가장 강력하게 조절하는 인자들을 기초로 하층제트류를 두

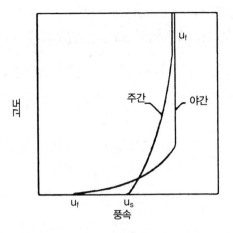

그림 16-4 마찰층에서 전형적인 고도에 따른 풍속의 변화. u_s는 지상풍, u_f는 경도풍을 의미한다(E. W. Hewson[910]).

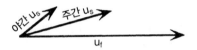

그림 16-5 주간과 야간에 경도풍 u_f와 관련된 지상풍 u_s(E. W. Hewson[910])

가지 유형으로 구분하였다[종관층과 경계층(synoptic and boundary layer)]. 경계층 최대바람은 전형적으로 야간에 700m 고도 부근에서 발생하고, 흐린 날에 다소 약하게 발생한다. 이러한 경계층 최대바람은 낮은 운동량 교환의 결과이다. 이들 경계층 최대 바람은 주간의 가열, 대류, 운동량 교환, 지표층 및 지표 부근 경계층의 재결합으로 전형적으로 약해진다. 하층제트류에 관한 좀 더 많은 정보는 블랙커다[1600], 본너 [1601], 웩슬러[1611]와 특히 월터스[1610]를 참고할 수 있다.

지면 부근에서 뚜렷한 풍속의 일주기(daily period)는 독일에서 특히 야간의 무풍 (calm)의 집적으로 나타났다. 헨닝[1106]은 베를린의 린덴베르크 천문대(Observatorium Lindenberg)의 3개 높이에서 1953년 4월부터 1954년 3월까지 1년 동안의 관측의 백분율로 표현한 다음과 같은 무풍기간의 수를 측정하였다(표 16-1). 예상했던 바와 같이 야간에 지표에 가까워질수록 무풍의 빈도가 증가했다.

헬만[1604]은 이미 1918년에 독일 포츠담 부근 누테 비젠의 5, 25, 50, 100, 200cm 높이에서 컵풍속계(cup anemometer)로 여러 달 동안 지면 부근을 상세하게 측정했다. 그림 16-6은 무풍이었던 관측의 시간 수를 백분율로 나타낸 것이다. 야간에 지표 부근 에서 무풍의 비율이 증가하는 것을 분명하게 볼 수 있다. 검은 음영이 있는 부분에서 지 면에 가장 가까운 기층들이 '공기늪(독 : Luftsumpf, 영 : air sump)'이 되는 경향이

표 16-1 독일 린덴베르크 천문대에서 1년 관측의 백분율로 본 무풍의 수

측정고도 \ 시간	2	4	6	8	10	12	14	16	18	20	22	24
10m	4.1	5.0	2.8	2.2	0.8	0.6	0.6	1.4	2.8	6.6	6.1	5.7
5	9.1	9.7	8.0	3.3	1.7	1.1	1.7	3.0	4.4	10.2	10.0	9.4
1	15.7	16.3	10.2	4.4	2.5	1.9	1.9	3.0	8.8	17.9	16.8	17.6

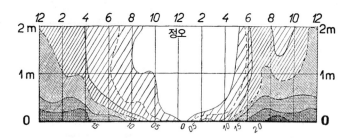

그림 16-6 최하층 2m에서 무풍 시간의 백분율(G. Hellmann[1604])

있는 것을 알 수 있다.

연직 바람단면의 형태, 즉 고도가 높아질수록 풍속이 증가하는 것을 지배하는 법칙에 관한 지식은 공기흐름(air streaming)과 난류질량교환(turbulent mass exchange)의 이론, 대기의 에너지수지와 물수지의 이론뿐만 아니라 많은 실제적인 문제에 있어서도 매우 흥미롭다.

손스웨이트[1314]는 미국 시브룩에서 요란 받지 않은 5일간의 봄날에 4시간 평균값을 관측하였다(그림 16-7). 선에 써 놓은 숫자들은 이들 평균값이 적용되는 시작 시간을 의미한다. 왼쪽(A)에서 바람단면은 선형 축척으로 표시되었다. 풍속은 지표에 가까워

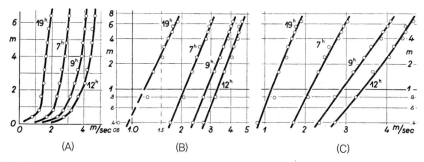

그림 16-7 3개의 서로 다른 표현 방법을 이용한 미국 시브룩의 바람단면(이에 상응하는 기온단면은 그림 13-2에 제시되었다)(C. W. Thornthwaite[1314])

질수록 급하게 느려지는 것을 볼 수 있는데, 이것은 수평운동량의 하향 수송을 의미한다. 또한 지면 부근의 강한 바람경도는 기온 및 수증기압 경도와 유사함을 주목하라. 풍속 u(m sec^{-1})와 고도 z(m) 사이의 관계를 표현할 수 있는 가장 단순한 방법은 멱법칙(power law)이다.

$$u = u_1 z^a \qquad\qquad \text{(m sec}^{-1}\text{)}$$

여기서 u_1은 1m 높이에서의 풍속이다. 로그를 이용하여 방정식은

$$\log u - \log u_1 = a \log z$$

이 된다. 이것으로 로그-로그 좌표계에서 풍속과 고도 사이의 관계는 선형이 된다. 이것은 그림 16-7의 중앙(B)에 있는 그림에서 볼 수 있다. 5시간 평균이 이용되었지만, 관측은 대체로 이들 조건을 충족시킨다.

그러나 이들 4개 직선의 서로 다른 경사는 앞의 법칙에서 지수 a가 상수가 아니라는 것을 분명하게 해 준다. 그러나 a가 각의 탄젠트와 같기 때문에 선은 $\log z$ 축을 만들고, 풍속이 증가할 때 작아진다. 우리가 풍속의 일변화가 있는 것을 보았기 때문에 a의 값은 하루의 시간에 따라 변해야만 한다는 결과가 나온다. 이에 더하여 a는 고도에 종속되며, 지표에 가까워질수록 증가한다. 서턴[1609]은 최하층 100m에 대해서 여름과 겨울을 구분하여 지수 a의 일변화를 계산하기 위해서 헤이우드[1605]가 행한 관측을 이용하였다. 4월부터 9월까지 a는 정오에 0.07과 야간에 0.17 사이에서, 그리고 10월부터 3월까지 0.08과 0.13 사이에서 변했다. 헤닝[1106]은 독일 린덴베르크에서 행한 측정으로부터 유도한 계절평균이 봄, 여름, 가을, 겨울의 주간에 각각 0.32, 0.39, 0.53, 0.28인 것을 밝혔다. 반면에 야간에 이들 값은 0.38, 0.49, 0.59, 0.28이었다. 그러나 이들 값은 최하층 10m에 대한 것이었으며, 가을의 값은 단지 처음 5m에 대한 것이어서 그러한 이유로 다소 높았다. a의 실제 값은 또한 대기의 안정도에 종속되는데, 이것은 하루 중에 변하고 그림 16-7(B)의 선들 주변에서 흩어진 현상을 설명한다. 지표의 거칠기는 계절에 따라 변하며, 이것 역시 a의 값에 영향을 주고, 이들 값의 계절적인 종속성을 설명한다.

멱법칙을 이용해서 접지기층의 서로 다른 고도에서 측정한 바람자료를 빠르게 비교할 수 있다. $a = 0.25$의 평균값[29]을 이용하면, 풍속은 그에 속한 고도의 4제곱근의 함수로 증가한다.

---

29) 제4판 독일어본에는 "Legt man einen Mittelwerte a = 0.25 zugrunde."라고 표현되어 있으나, 제7판 영어본에는 "If a basic value for a of 0.25,"라고 표현되어 제4판의 내용과 다르다. 따라서 제4판 독일어본에 따라 번역하였다.

그렇지만 풍속과 고도 사이의 좀 더 실재적인 관계에 대한 견해는 풍속 단면상에서 실험실 실험으로 구할 수 있다. 단수화하기 위해서 기온 분포의 성층구조로 인한 영향이 존재하지 않는 것을, 즉 불안정도가 연직 운동량 수송을 유리하게 하지도 않고, 안정 성층이 연직 바람운동을 억제하지도 않는다는 것을 우선 가정해야 한다. 중립안정 (neutral stability) 또는 단열평형(adiabatic equilibrium) 조건에 대해서 프란틀[1608]에 의하면 로그법칙이 적용된다.

$$u = \frac{u_*}{k}\ln\left(\frac{z}{z_0}\right) \qquad (\text{m sec}^{-1})$$

이 방정식에서 u_*(m sec^{-1})은 층밀림속도(shear velocity, 혹은 마찰속도)이다. 이것은 난류의 양에 대한 척도이며, 그 값은 주어진 바람단면에 대해서 고도에 종속되지 않는다. k는 카르만(Kármán) 상수로 이것은 접지기층에 대해서 여러 가지 방법으로 0.4(차원이 없는 수)로 평가되었으며, z_0는 거칠기 파라미터(roughness parameter)로 이것은 길이의 차원을 가지고, 지면의 공기역학 거칠기의 정량척도를 제공한다. 상용대수로 변화시키고 모든 상수를 함께 모으면 우리는 고도에 따라 바람이 증가하는 대수법칙에 이르게 된다.

$$u = c\log\left(\frac{z}{z_0}\right) \qquad (\text{m sec}^{-1})$$

이 방정식은 u와 $\log z$의 좌표를 갖는 세미로그 그래프에서 직선이 된다. 손스웨이트[1314]가 측정한 것을 그림 16-7(C)에 이러한 형태로 점을 찍었다. 그림 13-2에서 추측할 수 있는 바와 같이 야간 역전의 소멸 이후에 그리고 정오의 강한 가열이 시작되기 전에 이러한 봄날들의 7시~9시 사이의 기온분포는 앞의 법칙을 공식화하는 데 전제로 한 중립평형 기온 구조에 가장 밀접하게 상응한다.

여러 저자들이 프란틀[1608]의 법칙을 다른 기온성층에 확장하려고 시도하였다. 그들은 측정기술을 향상시키며, 주변의 영향을 배제시키고, 관측의 수를 증가시켜서 이를 수행하였다. 기온단면에 대한 풍속의 종속성은 그림 16-8에서 쉽게 볼 수 있다. 플라우어[1105]는 이집트 수에즈 운하 이스마일리야 부근의 사막지역에서 1931~32년 겨울 동안 이러한 관측을 수행하였다. 그림 16-8의 x축은 관측 마스트 꼭대기 62.6m에서의 풍속이다. y축은 15.2~62.6m 사이의 풍속의 차이이다. 일반적으로 62.6m에서 풍속이 증가할 때 15.2m에서도 풍속이 증가하나, 그림 16-8에서와 같이 그리 크게 증가하지는 않았다. 따라서 62.6m에서 풍속이 증가할 때, 이들 두 고도 사이에서의 풍속의 차는 증가하였다. 풍속의 차는 기온 구조에 의해서 크게 영향을 받는다. 그림 16-8에 제시된 곡선들은 각 곡선의 옆에 °C/100m 단위로 표시된 4개의 다른 기온경도에 대한 것이다. 4

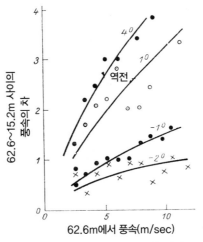

그림 16-8 기온성층이 고도에 따른 바람의 증가에 미치는 영향(이집트에서 W. D. Flower[1105]가 측정)

개의 곡선은 좌표계의 0으로 갈수록 수렴하는 경향이 있었는데, 그 이유는 위에서 무풍 (calm)일 때 그 아래에도 고요한 공기(still air)가 지배했기 때문이다. 감율이 작을수록 운동량 교환도 작았고, 고도가 높아질수록 풍속의 잠재적인 차이가 커졌다. 역전이 있을 때는 차가운 공기가 지면 부근에 남아 있으며, 경도풍의 증가는 주로 역전층 위와 아래 바람 사이의 차이를 증가시켰다.

기온 구조가 풍속 단면에 미치는 영향은 그림 16-9에서 실례를 들어 설명하였는데, 이것은 1941년 여름에 키가 큰 잔디 위에서 행한 측정 결과를 제시한 것이다(E. L. Dea-con[1603]). 식생피복이 풍속 단면에 미치는 영향을 고려하기 위하여 풍속계의 간격은 지표로부터가 아니라 모든 고도가 그림 16-9에서 이용되기 전에 모든 고도로부터 25cm를 뺐다(30장 참조). u에 대한 상대척도를 이용한 네 가지 사례가 제시되었다. 왼쪽에는 음의 기온감율, u축을 향해 오목한 곡률을 갖는 바람단면, 그리고 낮은 풍속으로 특징지어지는 안정한 기온 구조가 있다. 오른쪽에는 양의 기온감율, u축을 향해 볼록한 바람단면과 빠른 풍속으로 특징지어진 불안정 기온 구조가 있다. 1.2~17.1m 사이에서

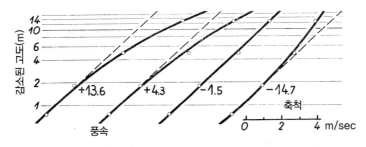

그림 16-9 바람단면의 기온성층에 대한 종속성(E. L. Deacon[1603])

측정된 기온경도(℃/100m)는 각 단면의 옆에 기록되어 있다. 안정한 대기 조건하에서 낮은 10m에서의 좀 더 급격한 운동량 교환율과 같이, 강한 역전이 있는 바람단면의 좀 더 큰 곡률이 왼쪽 두 개의 단면에 제시되어 있다. 풍속 단면의 기온성층에 대한 이러한 종속성은 이것이 거의 존재하지 않는 최하층 2m에서보다 높은 층에서 좀 더 크다. 안정 또는 불안정 기온 구조를 지원하거나 제지하는 영향들은 특정한 공기의 운동성을 필요로 하는데, 이것은 이들 접지기층에는 없다.

고도에 따라 바람이 증가하는 것을 지배하는 법칙들은 장기간의 평균값에만 적용된다. 그림 16-10은 맥카디[1606]가 미국 캘리포니아 주의 켄필드에서 3일 연속으로 야간에 측정한 기온을 나타낸 것이다. 두 번째 야간의 중앙에 풍속이 증가한 것은 위로부터 따뜻한 공기가 지표로 내려와서 이것이 차가운 기온을 완화시켰다. 이것이 다른 두 야간보다 좀 더 따뜻한 두 번째 야간 최저기온이 나타나게 했다. 야간에 지표 부근의 기층들에 대해서 혼합은 가열을 의미하는데(그림 14-4), 이것은 이러한 극심한 경우에 약 10~12℃에 달했다. 이러한 이유 때문에 농부들과 과수 재배가들은 바람이 저녁에 지속적으로 불 때 봄에 야간의 서리 피해를 거의 두려워하지 않는다.

입사복사와 방출복사를 차별적으로 이용하는 것은 미풍 또는 무풍의 조건이 있는 날들의 미기후 조건에 크게 영향을 미친다. 그러나 폭풍이 부는 상태는 공기를 혼합시켜서 이들 차이를 최소화한다. 그러므로 야외에서 미기후를 조사해서 소규모의 변화를 확인하고자 하는 사람은 이러한 영향들이 가장 뚜렷하게 발달하는 미풍 또는 무풍을 갖는 일기상태를 찾으려고 노력해야 한다.

앞서 논의한 바와 같이 두 가지 관련성이 주어진 풍속에 대해서 바람 강도와 기온 구조 사이에 존재한다. (1) 안정도가 증가하여 종속성이 주간보다 야간에 실질적으로 더 크고, (2) 종속성은 지면에 가까워질수록 증가한다.

존슨과 헤이우드[1108]는 영국의 리필드에서 5년의 관측기록으로부터 2개의 풍속

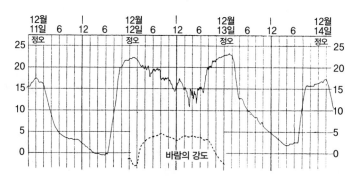

그림 16-10 1911년 12월 11일~14일 미국 캘리포니아 주 켄필드의 야간 기온(A. G. McAdie[1606])

그룹에 대해서 평균기온경도를 평가했다(표 16-2). 그들은 정오에 10m 위에서 풍속이 기온경도에 미치는 작은 영향만을 발견하였으나, 최하층에서는 그 영향이 좀 더 강했다. 야간에 바람의 영향은 쉽게 인식되어 최하층 10m에서 특히 강했다. 공기가 좀 더 완전하게 혼합될 때 감율은 중립안정에 가까워졌다(1°C/100m)는 것을 지적해야겠다. 이것으로 풍속이 증가할수록 57.4~87.7m 사이에서 야간에 감율이 증가하는 것이 설명될 것이다(표 16-2).

프란실라[1306]는 맑은 날들 동안(10시부터 14시까지) 핀란드의 240cm부터 5cm까지의 기층에 대해서 풍속이 기온경도에 미치는 "아무런 주목할 만한 영향도 없다"는 사실을 밝혔다. 그렇지만 베스트[1302]는 정오(11~13시)에 풍속이 증가할수록 기온경도가 감소하는 것을 발견했다(표 16-3).

표 16-4는 야간의 풍속 증가가 기온경도에 미치는 영향을 보여 주는 것이다. 봄의 야

표 16-2 영국 리필드에서 평균기온감율(°C/100m)

시간	풍속 (m sec⁻¹)	높이(m)				
		1.2	12.4	30.5	57.4	87.7
정오(12:00)	2.5	8.0	1.6	1.2	1.2	
	7.4	6.4	1.5	1.1	1.1	
야간(02:00)	2.5	−8.0	−1.8	−0.8	0.0	
	7.4	−2.4	−0.4	−0.1	0.3	

표 16-3 잉글랜드에서 주간(11:00~13:00)에 바람이 기온경도에 미치는 영향

풍속(m sec⁻¹)	0	1	3	5	7	>7
2.5~30cm, 3월	412	501	522	364	327	
2.5~30cm, 6월	−	707	599	568	452	

출처 : A. C. Best[1300]

표 16-4 잉글랜드에서 야간(23:00~01:00)에 바람이 기온경도(°C/100m)에 미치는 영향

풍속(m sec⁻¹)	0	1	3	5	7	>7
3월, 30~120cm	−112	−74	−38	−31	−27	
6월, 30~120cm	−98	−48	−38	−10	−	
3월, 2.5~30cm	−396	−203	−183	−167	−160	
6월, 2.5~30cm	−315	−196	−197	−92	−	

출처 : A. C. Best[1302]

간은 여름의 야간보다 풍속의 영향을 좀 더 뚜렷하게 보여 주고 있는데, 그 이유는 봄에 기온의 일교차가 좀 더 크기 때문이다.

그림 16-11에는 프랑켄베르거[2506]가 독일의 쿠빅보른에서 관측한 것에 따라 맑은 여름의 정오(파선)와 맑은 야간(실선)에 대해서 제시하였다. 기온경도는 주간에는 양이고, 야간에는 음이었다. 풍속이 온도장에 미치는 영향은 강한 대류가 있는 맑은 낮에는 실제로 무시할 수 있었다. 이와 대비하여 야간에 풍속에 대한 기온경도의 종속성은 크고, 지면에 가까워질수록 증가하였다. 바로 불기 시작한 바람은 항시 기온경도를 크게 감소시키는 반면, 추가적으로 풍속이 증가하는 것은 기온경도를 작게 감소시켰다. 이 곡선에 대해서 다이어그램의 오른쪽에 y축 눈금은 0~2m의 야간 관측에 대한 것이다.

요약하여 야간에는 풍속이 증가하면 혼합이 증가하고 역전의 강도가 감소될 것이다. 모든 유형의 혼합이 억제되는 지면 가까이에서 주간이나 야간에 풍속이 증가하면 기온경도는 감소할 것이다(또는 적어도 중립안정으로부터 편차가 작게 날 것이다). 그렇지만 대류혼합이 지표층 밖에서 이미 상당히 강한 맑은 주간에 풍속의 증가는 교환계수(그림 8-1) 또는 기온경도에 작게 영향을 미치거나 어떤 경우에는 전혀 영향을 미치지 않을 것이다.

풍속을 측정하는 데는 많은 주의가 요구된다. 풍향계가 설치된 수평면이 모든 방향에 큰 장애물이 없지 않은 한, 풍향의 오차값이 측정되기 쉽다. 한 장애물은 계기에서의 풍향에 영향을 줄 수 있다. 따라서 이 풍향은 그 지역에서 일반적인 기류에 대해서 대표적

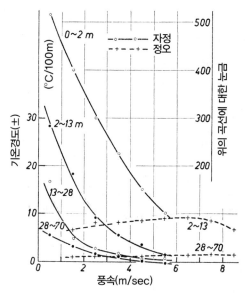

그림 16-11 독일 쿠빅보른에서 여름날들에 기온경도의 풍속에 대한 종속성(E. Frankenberger[2506])

이지 못하다. 같은 이유로 절벽이나 구릉의 측면 부근에 설치된 풍향계는 대표값을 제시하지 못할 것이다.

유용한 실제 경험으로부터 얻은 법칙에 의하면 계기는 장애물로부터 장애물 높이의 적어도 10배나 되는 거리에 위치해야만 한다(W. M. O.[917]). 따라서 풍향계는 15m 높이의 작은 삼림에서부터 적어도 150m 떨어져 있어야 한다. 풍향을 측정하기 위한 표준고도는 10m이다. 계기가 건물 위에 설치되면, 계기는 건물에서 가장 높은 부분 위에 적어도 10m 높이에 있어야 할 것이다. 그렇지만 건물이 크면, 이 높이조차도 대표적인 측정을 보증하기에 충분하지 않을 수도 있다(E. W. Hewson[910]). 휴슨[910]은 다음과 같이 제안하고 있다.

"그렇지만 풍향계가 철탑의 정상부 아래에 설치되어 있을 때는 풍향계가 해당 고도에서 철탑의 폭과 적어도 같은 거리에 있는 수평의 팔 끝에 설치되어야 하고, 그 두 배 거리가 좀 더 바람직하다."

독자들은 높은 곳이나 기상철탑에 풍향계를 설치하는 것에 관한 추가 정보를 휴슨[910]과 W. M. O.[917]에서 참고할 수 있다.

제17장 ··· 부유미립자와 미량기체의 분포

지금까지 논의된 지표 부근에서의 열, 수증기, 바람 이외에 대기 중에 부유하거나 대기를 통해서 느리게 침강하는 고체 입자들(solid particles)과 공기의 구성부분인 미량기체들(trace gases)과 같은 다른 요소들이 있다. 이들 입자와 기체는 일반적으로 지표나 그 부근에 발원지 및 침강지가 있고, 이들의 분포는 수증기나 열의 분포와 유사한 방법으로 지면으로부터 조절된다. 공기 중의 미립자, 이산화탄소, 방사성 기체들의 연직분포는 이들의 지표 발원지의 강도, 지면상태, 접지기층에서 지배적인 조건들에 의해서 결정된다. 먼지와 모래는 프레리와 사막으로부터 폭풍으로 수송되고, 산업시설은 부유미립자들과 폐기기체들을 방출하고, 이산화탄소는 연소 시에 방출되며, 오존은 대기권 상층에서 생성될 수 있다. 맴돌이확산 이외에 이들 물질이 퍼지는 것은 이류확산의 영향도 받는다. 지형기후학(독 : Geländeklimatologie, 영 : terrain climatology, topoclima-tology, 48장)과 도시기후(53장)의 문제에서 이에 대해서 다시 다루도록 하겠다. 여기서는 접지기층에서 일주기적인 과정도 이류확산에 영향을 준다는 것을 제시하겠다. 이류확산은 산업에서 배출되는 연기와 아황산가스(SO_2)의 농도를 관찰하여 가장 잘 볼 수 있다.

지면 부근의 이류 과정들에서 지면에 의해 조절되는 다른 과정들로의 변화[30]는 접지기층에서 모래와 눈의 이동과 거친 바다에서 수면에 가까운 기층에서 물보라가 움직이는 것으로 설명된다. 이 세 가지 물질들에 대해서 지표는 주 발원지이자 침강지이다. 이들 경우에 강한 바람은 지표로부터 모래 입자, 눈 또는 물방울을 이동시켜 이들을 공기 중으로 수송할 수 있다. 공기 중의 입자들의 농도는 풍속, 입자들의 크기와 형태, 그리고 이들의 비중에 종속된다. '휩쓸어 간다(독 : Fegen, 영 : sweeping)'라는 용어는 수평 시정이 영향을 받지 않을 때 사용되고, '바람에 흩날린다(독 : Treiben, 영 : driving)'라는 용어는 표면 입자들이 높이 들려 올라가서 시정이 현저하게 떨어질 때 사용된다. 이들 과정은 매우 중요한데, 그 이유는 입자들과 함께 밑에 놓인 지표의 성질도 접지기층으로 수송되기 때문이다. 예를 들어 사막의 모래보라(sandstorm)는 기온보다 높게 가열된 모래 입자들을 들어 올릴 때 공기를 가열한다. 더구나 고체로서 단파태양복사를 흡수하여 새로운 열을 흡수한다.

첫째로 모래가 휩쓸려 가는 것(독 : Sandfegen, 영 : sweeping of sand)과 흩날려 가는 것(driving of sand)을 고려하도록 하겠다. 풍속이 증가하면 토양표면 위의 모래 입자들은 지표를 따라서 구르기 시작한다[견인(traction)]. 이들 입자는 다른 입자들과 충돌하여 이들을 움직이게 한다. 풍속 약 5m sec^{-1}부터 충돌한 입자들은 도약한다. 이 경우에 도약한 입자들은 30~70° 사이의 각으로 상승하고 평탄한 하강곡선을 그리면서 낙하하여 2~15°까지의 각도로 지면에 도달한다. 도약한 거리는 도약한 높이의 약 6배가 된다. 풍속이 매우 강할 때 모래 입자들은 공기 중에 부유(suspension)한다.

접지기층 내에서는 고도가 높아질수록 입자의 크기뿐만 아니라 모래의 양도 급격하게 감소한다. 데몬 등[1708]은 1956년 4월 14일 사하라 사막 콜롱부-베샤르에서의 모래보라 동안 다음의 분포를 측정하였다. 풍속은 1.4m 높이에서 11m sec^{-1}였다. 이들 수치는 1m^{3}의 공기 중에 들어 있는 모래 입자 수에 100을 곱한 것이다. 최대빈도는 지면으로부터 고도가 높아질 때 좀 더 작은 크기의 입자 쪽으로 변위된다. 수송되는 모래의 양은 60cm에서 89mg cm^{-3}, 140cm에서 32mg cm^{-3}였다.

입자의 직경(μ)	40	50	60	70	80	90	100	120	140	160
60cm 높이에서	25	24	30	45	57	59	52	25	8	2
140cm 높이에서	50	77	65	53	46	41	33	10	2	1

---

30) 제4판 독일어본과 제7판 영어본의 내용이 전혀 달라서 제4판의 내용을 함께 번역해 놓았다.

진도프스키[1730]가 독일 노르데나이 섬에서 행한 연구에 의하면 입자들이 형태에 따라 성층을 이루고 있었다. 이 경우에 당연히 구형의 입자들이 가장 높이 올라갔다. 독일의 조건하에서는 모래 입자들이 1m 이상 들려 올라가지 않았다. 접지기층 내에서 모래의 분포는 표 17-1에서 구할 수 있다. 표 17-1의 수치는 '연기가 나는 사구(독 : rauchende Dünen, 영 : smoking sand dune)' 라고 부르는 조건이 있는 10cm 높이에서 11m sec^{-1}의 바람을 갖는 노르데나이 섬 절벽의 상부 모서리에서 측정되었다. 각 단면 및 시간 단위에 대해서 g 단위로 사사오입된 모래의 질량은 지표에서 최대치의 백분율로 표현되었다. 그에 따라서 대부분의 모래는 지면 바로 위의 처음 수 센티미터로 운반되었다. 119쪽의 단순화된 방정식과 a = 0.25의 값을 이용하여 10cm 높이의 바람 측정에서 세 번째 줄(표 17-1)에서 언급한 풍속 단면이 계산되었다. 수송되는 운동에너지의 양은 모래의 질량과 그 속도의 제곱의 곱의 1/2과 같았다. 모래의 질량이 높이가 높아질수록 감소하나, 풍속은 증가하기 때문에 최대운동에너지는 15cm 높이에서 나타났다. 최대운동에너지의 백분율로 제시되는 모래 입자의 운동에너지 분포는 마지막 줄에 있다. 이 경우에 최대운동에너지는 지표 위 약 15cm 높이에서 나타나서 최대풍식(wind erosion)지대가 되었다. 이 결과는 이집트 사막의 전신주에서 약 10cm 높이가 가장 크게 마모되었다는 블리쎈바흐(E. Blissenbach)의 관측과 잘 일치한다.

하우데[516]는 고비 사막에서 높날림모래(blowing sand)의 출현이 계절, 하루의 시간, 모래의 수분함량에 종속되는 것을 분명하게 기술하였다. 먼지회오리(dust devil)와 모래회오리(sand devil)에 대해서는 이미 92쪽 이하에서 논의하였다. 캐나다 유콘 테리토리의 슬림스 하곡에서 닉클링[1723]의 연구, 아이슬란드 중부에서 애쉬웰[1700]의 연구, 남아시아에서 미들턴[1720]의 연구, 미국 소노라-모하비 사막 지역에서 브레이즐과 닉클링[1702]의 연구, 멕시코시티에서 하우레구이[1717]의 연구는 먼지폭풍을 동반한 기상조건에 관한 다른 지역으로부터의 연구를 포함하고 있다.

표 17–1 독일 노르데나이 섬에서 바람이 모래에 미친 영향

지표 위 고도(cm)	0	5	10	15	20	25	30	40	85
수송된 모래 양 (kg m^{-3} hr^{-1})	1170	340	330	310	270	220	180	110	10
최대치의 비율	100	30	28	26	23	19	15	9	0
풍속(m sec^{-1})	0.0	9.2	11.0	12.2	13.1	13.8	14.5	15.6	18.8
상대운동에너지(%)	0	85	97	100	95	84	65	45	4

중위도에서 풍식(wind erosion)[32]은 비옥한 표토가 날려 노출된 씨앗이 기형으로 성장하거나 전혀 성장하지 못하게 하여 문제가 될 수 있다. 어린 싹들은 기계적인 손상(mechanical demage)을 입고, 어린 식물들은 모래로 덮이게 된다. 폰 게렌[1712]은 독일의 니더작센 주에 대해서 이 문제를 상세하게 연구했다. 그에 의하면 직경 0.1∼0.5mm의 입자들을 갖는 '중사(中砂)'가 가장 날리기 쉬웠다. 이보다 작은 입자들은 바람에 의해서 토양으로부터 이탈하기가 어려웠고, 이보다 큰 입자들은 중량으로써 좀 더 많이 저항했다.

눈은 부유(suspension)와 도약(saltation)을 통해서 수송되었다. 그림 17-1은 이러한 수송이 풍속에 종속됨을 보여 준다. 부유는 특히 좀 더 빠른 풍속에서 도약보다 우세하다. 포머로이와 구디슨[2443]은 눈이 수송될 때 결정의 크기와 형태가 변하고, 재침적되어 원래의 눈보다 조밀해진다고 언급했다. 그들은 또한 승화를 통해서 높날림눈(독 : Schneetreiben, 영 : blowing snow)이 표면 물 공급량을 크게 잃을 수 있다고 제안하였다. 높날림눈은 표면에서의 상당눈질량(equivalent snow mass)의 약 3,000배의 표면적을 갖는다. 기온과 상대습도가 변하는 것이 승화율에 큰 영향을 미칠 수 있다.

땅날림눈(독 : Schneefegen, 영 : drifting snow)과 높날림눈은 눈 덮인 겨울 경관에서 유사한 방법으로 나타난다. 이러한 현상 중에 가장 인상적인 사례가 남극대륙으로부

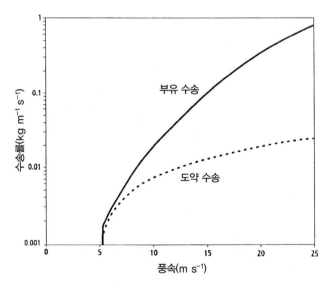

그림 17-1 10m에서 풍속의 함수로서 도약과 부유에 의한 높날림눈의 수송률(J. W. Pomeroy and D. H. Male [1726])

---

32) 독일어로는 "Bodenverwehung(토양이 바람에 날림)"이나 영어본에는 "wind erosion(풍식)"으로 번역되어 있다.

터의 로웨[2430]의 증거이다. 즉 이곳에서는 매년 적어도 20,000ton의 눈이 아델리 지방 해안선의 매 1m 위를 지나 바다로 날려 갔다. 이것은 200km 폭의 빙상의 해안지역에 내린 강수량의 1/2과 같은 양이다. 그는 1,086회에 달하는 높날림눈의 측정에서 다음과 같이 수송된 눈 양의 평균 연직분포를 구하였다.

적설 위의 높이(m)	10	20	50	100	200	300
높날림눈의 양(10^{-4} kg m^{-3})	12	6.4	2.6	1.3	0.56	0.22

강한 큰바람(gale, 35m sec^{-1})이 불 때 (10m 이하의 시정에서) 1.5m 높이에서 1m³의 공기는 6～10g의 땅날림눈을 포함하였다.

다음에서는 수평수송은 고려하지 않고 토양으로부터 나오는 부유미립자들과 기체들에 제한하여 논의할 것이다.

'부유미립자'라는 용어는 건조하며 거칠고, 현미경으로나 볼 수 있는 공기로 운반되는 생물질을 포함한다. 부유미립자의 직경은 1～50μ 사이에 있다. 이 크기는 0.1～200mm sec^{-1} 사이의 침강속도[33]를 갖는다. 이들 부유미립자는 보통 매우 미세한 가루로 된 토양입자들로 바람과 맴돌이확산으로 공기로 들려 올라가서 지면으로 매우 느리게 다시 낙하할 수 있다.

고도가 높아질수록 부유미립자 양이 감소하는 것은 부유미립자 계수기(particulate counter)로 직접 측정하거나 광학적인 방법으로 간접적으로 측정할 수 있다. 후자의 경우에는 엷은안개(mist)의 작은 물방울의 추가적인 영향 때문에 부유미립자로부터 쉽게 구분되지 않는다. 예를 들어 골트슈미트[1713]는 서치라이트를 이용하여 지면 부근 대기의 혼탁도가 동시에 태양복사가 약해지는 것에서 계산된 값보다 훨씬 더 크다는 것을 이미 증명할 수 있었다. 지이덴토프[1729]는 독일 예나 상공의 비행에서 직접 부유미립자들을 세어 지면 부근의 공기에 들어 있는 10～60%까지의 많은 부유미립자들이 1km 고도에서 나타났다는 것을 제시하였다. 이 백분율은 당연히 겨울보다 대류현상이 강한 여름에 좀 더 높았다.

그림 17-2는 에펜베르거[1710]가 독일의 콜름베르크에 있는 라이프치히대학교 지구물리학 천문대의 관측 잔디에서 1939년 7월 28일부터 30일까지 맑은 여름날에 측정한 자료를 가지고 그린 것이다. 여기서는 0.1μ과 30μ 사이의 직경을 갖는 부유미립자를 포획할 수 있는 차이스(Zeiss)사의 먼지채집기(konimeter)가 사용되었다. 다른 학자들

---

33) 독일어로는 'Sinkgeschwindigkeiten(침강속도)' 이나 영어본에 'terminal velocities' 로 번역되어 있다.

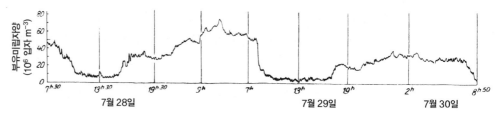

그림 17-2 1939년 7월 28일~30일까지 지면 부근 초지 위 공기의 부유미립자 양의 일변화(콜룸베르크에서 E. F. Effenberger[1710]의 기록)

과 다른 장소들에서도 증명된 바와 같이 맑은 날에는 야간에 최대이고 주간에 최저인 뚜렷한 일변화가 나타났다. 주간의 최저는 위에서부터 아래로 내려오는 '좀 더 맑은 공기'와의 혼합 증가의 결과였다. 야간의 최대는 혼합의 감소와 위로부터 침전하는 부유미립자의 결과였다.

당연히 대기 중의 부유미립자 농도는 장소에 따라 그리고 시간에 따라 크게 변한다. 정상적인 배경부유미립자(background particulate) 농도는 m³당 $10^6 \sim 10^8$ 입자 사이이다. 최저농도는 외해(外海) 위 또는 겨울의 적설 위에서 나타나고, 최고농도는 산업지역과 대도시에서 나타났다. 대류혼합이 아침의 일사와 함께 시작되자마자 부유미립자들은 위로 운반되고, 낮은 부유미립자 농도를 갖는 위의 공기는 하강하면서 지면 부근의 농도를 감소시켰다. 이것은 그림 17-2에서 특히 7월 29일 7시에 잘 나타났다. 야간의 최고농도는 감소된 혼합과 위로부터 가라앉은 부유미립자의 결과였다. 이것은 높은 산지의 공기 중 부유미립자 양이 대략 정오에 가장 높다는 사실과 일치하는데, 그 이유는 곡풍이 낮게 위치한 지역으로부터 이 수준으로 부유미립자들을 수송하기 때문이다(43장). 화분(pollen) 역시 부유미립자로 위에서 제시된 이유 때문에 다른 부유미립자들과 같이 동일한 일변화를 하였다. 애런(Aron)과 그가 이야기했던 100명 이상의 사람들을 포함하는 화분 알레르기가 있는 대부분의 사람들은 그들의 화분 알레르기가 야간에 더 악화되었다는 것을 알고 있다. 사람들이 화분 농도가 보통 이 시간에 좀 더 높다는 것을 알지 못하여 일부 불필요한 행동을 하였다. 직장이나 학교로부터 야간에 귀가하여 집에서 알레르기가 더 심해지는 이유는 무엇인가에 대한 연구가 시작되었다.

지표층의 이산화탄소(CO_2) 농도는 매우 복잡하고 동적인 일시적 패턴을 나타낸다. (토양 호흡을 통해서) 지표와 (CO_2가 풍부해진 공기의 부유 운반을 통해서) 대기는 모두 CO_2원으로 작용한다. 더욱이 주요 CO_2 흡수원, 식생 수관에 의한 CO_2의 광합성 흡수는 대기/토양 조건에 따라 변하는 불균등한 비율로 일어나고, 그 깊이가 수관의 수령과 종들에 따라 변하는 지대 위에서 발생한다. 예를 들어 오타키와 오이카와[1724]는 벼의 발달단계와 복사조건에 종속되는 논 위의 이산화탄소와 수증기 플럭스를 논의하였다.

대기 중의 CO_2 농도는 장기간 변동, 계절변동과 하루의 순환과 중첩되는 단기간 변동을 한다. 그림 17-3은 이들 변동의 일부를 보여 주고 있다. 이 그림은 피터슨 등[1725]이 미국 알래스카 주의 배로우(71°3'N)에서 시간대별로 CO_2 농도를 관측한 자료를 제시한 것이다. 완만한 곡선은 1973년부터 1982년까지 장기간의 CO_2 경향을 나타낸 것이다. 이 기간에는 CO_2 농도가 332.6ppm에서 342.8ppm으로 꾸준히 상승하였다. 그림 17-3에서 파동하는 실선은 거의 15ppm의 연교차를 보여 주고 있다. 이러한 비대칭적인 패턴은 반구적인 CO_2 발생원과 흡수원의 변화하는 상대적인 강도로부터 나타난다. 해양과 육상 생물권에 의한 강한 CO_2 흡수는 식물이 성장하는 계절(가을)의 말에 연중 최저로 나타나는 반면, 좀 더 활발한 생물권 발생원은 발육 정지 중인 계절의 말이나 덜 왕성하게 성장하는 계절(봄)에 연중 최대가 되게 한다. 그림 17-3의 점들은 5일 평균으로 변하기 쉬운 대기의 수송 그리고 대기와 해양/생물권 사이의 CO_2 교환에 기인하는 실질적인 단기간의 CO_2 변동을 나타낸다.

CO_2 농도의 뚜렷한 일변화는 보통 지표 부근에서 일어난다. 지난 10년 동안의 측정에 의하면 주간보다 야간에 높은 값이 나타났다. 후버[1714]는 0.0001%의 이산화탄소 농도 변화를 감지할 수 있는 적외흡수기록계(infrared absorption recorder)를 이용하여 지표 위의 고도에 종속되는 일변화를 그래프로 만들 수 있었다. 그림 17-4에 독일 뮌헨 부근 감자밭 위에서 1952년 6월 20일에서 8월 1일 사이에 10회 조사한 평균을 제시하였다. 일변화는 0.5m에서 거의 100ppm이었다. 100m 고도에서조차 일변화가 여전히 약 35ppm이나 되었다.

야간에 대기의 안정도가 증가하고, 지상 풍속이 감소하며(그림 16-3과 16-4), 토양과 식물 호흡에 의해서 지속적으로 CO_2가 생성되어 대기 중의 CO_2 농도는 증가하였다.

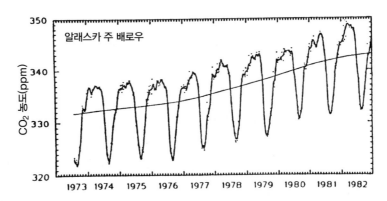

그림 17-3 1973년~1982년까지 5일 평균에 기초한 미국 알래스카 주 배로우의 CO_2 농도(ppm)의 변화(J. T. Peterson et al.[1725])

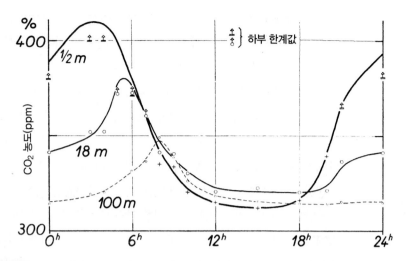

그림 17-4 공기 최하층에서 이산화탄소량의 현저한 일변화(여름에 독일 뮌헨 부근에서 B. Huber[1714]가 관측한 자료)

이러한 증가는 강한 역전이 있을 때 특히 뚜렷할 것이다. 이이주카[1716]는 야간 역전 (nocturnal inversion)이 시작하여 CO_2 농도가 저녁에 급격하게 상승하는 것을 제시하였다. 이산화탄소량은 후버[1715]가 바람과 이산화탄소량을 동시에 측정하여 제시한 것과 같이 바람이 증가할 때 감소하였다. 아침에 가열되기 시작하고, 맴돌이확산과 광합성이 시작할 때 CO_2 농도가 뚜렷하게 감소하였다. 주간에 이산화탄소 농도가 대류로 인하여 일반적으로 감소하는 반면, 고도가 높아질수록 이산화탄소가 증가하는 것은 광합성 때문이었다. 연직분포는 최저 100m 전체에 걸쳐서 활발한 혼합 때문에 늦은 오전부터 저녁까지 유사하였다. 그러므로 이산화탄소의 일 분포는 부유미립자의 패턴과 유사한 패턴을 따랐다(그림 17-2).

이러한 일변화의 강도는 연중 변한다. 싹이 트며, 꽃이 피고, 빠르게 잎이 성장하며 발달하는 이른봄에 광합성을 통해서 흡수되는 것보다 좀 더 많은 CO_2가 호흡을 통해서 방출될 수 있다(H. E. Garrett et al.[1711], M. Schaedle[1728]과 P. M. Dougherty [1709]). 그림 17-5는 스피텔하우스와 리플리[1731]가 캐나다 서스캐처원 남부(50° 42'N)에서 1971년에 지면 위 6.5m에서 측정한 여름의 월평균 CO_2 농도의 일변화를 나타낸 것이다. 이 측정은 0.3m 높이의 수관을 갖는 초지 위에서 행해졌다. 일평균 최고와 최저 CO_2 농도는 여름의 생육기간에 호흡보다 광합성이 좀 더 많기 때문에 감소했다. 평균 일순환의 진폭은 6월에서 9월까지 감소했다. 이것은 생육기간의 말에 나타나는 토양 및 식물호흡율, 광합성이 일반적으로 감소하는 것을 반영한다. 독자들은 변하고 있는 지구탄소순환(global carbon cycle)이 토양, 식물, 대기에 미치는 영향과 관

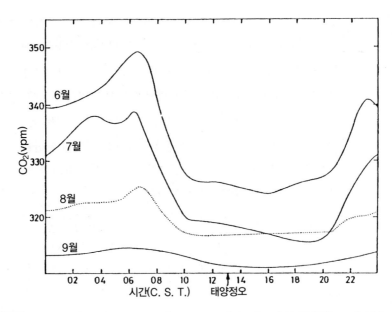

그림 17-5 1971년 캐나다 서스캐처원 남부 초지 위 6.5m에서 CO_2 농도의 일평균변화(D. L. Spittlehouse and E. A. Ripley[1731])

계에 관한 좀 더 많은 정보에 대해서 데스자딘스 등[4905]을 참조할 수 있다.

방사성기체들의 연직 분포는 지표 발생원의 강도, 토양으로부터 기체의 발산율(emanation rate), 라디움 및 토리움의 반감기와 이들과 관련된 부산물로부터 발생하는 대기 침강의 강도, 그리고 대류혼합 및 마찰혼합의 정도에 의해서 조절된다. 다른 조건들이 같다면 긴 반감기를 갖는 한 기체는 짧은 반감기를 갖는 기체보다 높은 농도로 나타날 것이다. 뮬아이젠[1722]에 의하면 육지 위의 공기는 보통 $20 \sim 400 \cdot 10^{-9}$ pCi l^{-1}을 포함하는 반면, 지표 발생원이 훨씬 적은 해양 위의 공기는 약 $1 \cdot 10^{-9}$ pCi l^{-1}을 포함하고 있다. 교환계수 A가 100m에서 2.3kg m^{-1} sec^{-1}이고, $a = 0.14$인 고도가 높아지는 데에 따른 바람의 증가에 대한 멱법칙을 적용하면(16장), 지면 위 1cm 높이에서 그 값의 백분율로 표현된 고도가 높아지는 데에 따른 방사성 기체량의 감소는 프립쉬[1727]에 따라서 표 17-2에 제시된 것과 같을 것이다.

표 17-2 공기 중 방사성 기체들의 양(1cm에서의 값의 %)

고도(m)	0.1	1	10	100	1,000	13,000
라돈	91	80	66	44	18	3
토론	62	19	1	0	-	-
토리움 B	89	74	51	28	4	0

접지기층의 발산율은 토양 상태에 종속된다. 습윤하거나 언 토양은 건조한 토양보다 덜 발산한다. 그리고 수 센티미터의 눈은 발산율을 매우 느리게 할 수 있다. 토양온도 역시 토양환기(soil aeration)에 미치는 영향을 통해서 발산율에 영향을 준다. 일기상태, 토양형(투수성), 그리고 특히 토양모재의 성질 역시 방출에 영향을 준다.

지표층의 라돈 농도는 다음의 네 가지 인자에 종속된다. (1) 토양으로부터의 발산율, 이것은 토양의 조건과 온도에 종속된다. (2) 대기의 확산율, 이것은 풍속, 표면의 거칠기길이, 대기 안정도에 따라 변한다. (3) 수평 바람의 이류율, (4) 라돈의 방사성 붕괴율, 이것은 3.825일의 반감기를 갖는다.

벡커[1703]는 독일 프랑크푸르트 마인 부근에서 접지기층 내의 라디움 발산(라돈) 양을 측정하였다. 그림 17-6은 지면 위 1m(I)와 13m(II) 고도에서 1943년 4월 4일~5일의 일변화를 제시한 것이다. 예상되는 바와 같이 평균적으로 이 양은 위보다 아래에서 좀 더 많았다. 이 그래프의 이산화탄소량의 일변화 그래프(그림 17-3)에 대한 유사성 역시 주간의 대류혼합과 야간 혼합이 감소한 결과이다. 1m와 13m 높이에서 최고와 최저 라돈양 사이에는 약 3시간의 지연 현상이 있었다.

모세스 등[1721]은 기상조건과 지표 라돈 농도 사이의 관계를 상세하게 조사하기 위하여 미국 일리노이 주 레몬트에 소재한 아르곤 국립연구소(Argonne National Laboratory)에서 39.9m 높이의 계기를 설치한 탑을 이용하였다. 그림 17-7에 제시된 그들의 결과는 주간에 강한 지표 가열과 잘 발달한 야간 역전으로 특징지어진 5월과 7월의 이틀의 맑은 날에 구했다. 8월의 세 번째 흐린 날에는 주간에 약한 지표 가열과 약한 야간 역전이 있었다.

라돈이 지면으로부터 발산하기 때문에 최대 라돈 농도는 항시 지면에 가장 가까운 곳에서 나타나고, 고도가 높아질수록 감소하였다. 한 가지 직접적인 관계는 대기 안정도와 라돈 농도 사이에서 발견되었다. 모든 고도에서 최저농도는 맴돌이확산이 가장 강한 주간에 발생했다. 주간 최저농도의 발생 시간은 모든 고도에서 거의 균일하여 주간의

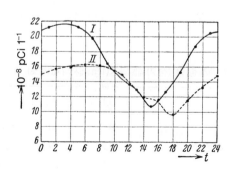

그림 17-6 지면 위 1m(I)와 13m(II) 높이에서 공기 중 라돈양의 일변화(F. Becker[1703])

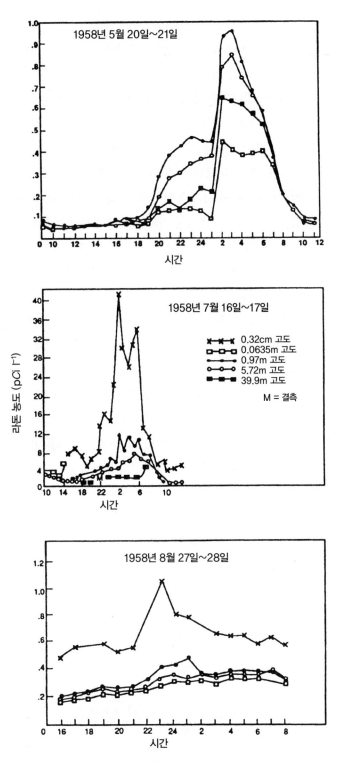

그림 17-7 미국 일리노이 주 레몬트에서 1958년에 2일간의 맑은 날과 1일간의 흐린 날에 표시된 고도에서의 라돈 농도의 시간 평균(H. Moses 등[1721])

강한 연직 혼합을 반영하였다. 혼합이 감소하는 것에 기인하는 야간에 발생하는 최고농도는 야간 역전과 관련되었다. 야간에 최고농도가 출현하는 시간은 낮은 고도에서 일찍 나타났고, 39.9m에서 6시간까지 지연되어 야간 내내 야간 역전이 깊어지는 것을 반영하였다. 8월 27일~28일의 야간에 구름량은 야간 역전을 약화시켜서 낮은 야간 최고농도가 나타났다. 일반적으로 반대되는 관계가 풍속과 라돈 농도 사이에서 발견되었다. 발원 지역으로부터 좀 더 강한 라돈의 수평 이류는, 풍향이 갑자기 바뀐 5월 21일 1시와 2시 사이에 일어났던, 모든 고도에서 라돈 농도가 급격하게 증가한 것에서 볼 수 있다. 윌크닝[1734]이 미국 뉴멕시코 주 소코로에서 0.8m에서 6년 동안 측정한 것은 1년 기간의 라돈 농도의 일평균 변화에 관한 정보를 제공하고 있다.

이와 반대되는 분포는 보통 지표 오존(O_3) 배경농도로 나타난다. 오존은 대기에서 자연적으로 생성되며, 15~35km 사이에서 가장 높은 농도로 나타난다(S. Manabe와 R. T. Wetherald[1719]). 이들 고도로부터 오존은 지표를 향해서 서서히 흩어 없어지게 된다. 지표 부근에서 평균 배경농도는 전형적으로 약 20ppb이다. 자연적인 배경 지표 오존의 주 발생원이 성층권으로부터의 확산이기 때문에 오존 농도는 자주 인간의 지표 오존 방출원으로부터 멀리 떨어진 환경에서 고도가 높아질수록 상승한다.

타이허트[1732]는 독일 베를린 부근 린덴베르크 천문대(Lindenberg Observatorium)의 지면 위 여러 고도에서 비교 측정을 하였다. 1954년 여름 동안 탑의 80m 고도와 탑 아래의 평지 높이에서 222회의 개별 관측을 하였다. 80m 탑(즉 오존 발생원에 가까운 곳)에서의 평균값은 그 아래의 값보다 항시 높았다. 예를 들어 활발한 혼합이 있던 8월 평균으로 탑에서는 37 γ m^{-3}(microgram)이었고, 그 아래의 평지에서는 32 γ m^{-3}이었다. 9월에 이 값은 각각 23 γ m^{-3}과 22 γ m^{-3}이었다. 그림 17-8은 온난한 계절 동안의 전형적인 일변화, 즉 1954년 7월 7일의 일변화를 보여 주고 있다. 단 하루에 읽은 기록의 피할 수 없는 산포상태에도 불구하고 밤이 끝날 때에 오존값이 얼마나 낮은가를, 그리고 대류가 시작되어 지면 부근에서 관측되기 전에 탑의 꼭대기에서 오존값이

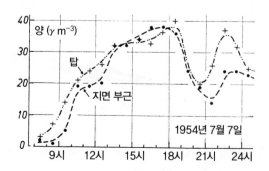

그림 17-8 지면 위 2개의 서로 다른 고도에서 오존양의 일변화(F. Teichert[1732])

어떻게 증가하는가를 볼 수 있다. 지표의 최고는 활발한 혼합으로 연직 차이가 거의 없어진 늦은 오후에 나타났다. 오존 배경농도는 맴돌이확산의 감소와 함께 일몰에 이어 급격하게 감소하였다. 자정 전에 일어난 증가는 풍속의 증가와 관계가 있다(1시에 비가 내리기 시작했음).

지표에서 옥시던트(oxidant) 농도가 높은 대부분의 경우는 광화학반응의 결과인 반면, 예외적으로 높은 농도가 발생한 일부 경우는 독특한 기상조건들과 관련된 성층권 침입(stratosphere intrusion)의 결과로 생긴 것으로 생각된다고 보고되었다. 예를 들어 램[1718]은 1972년 11월 19일 일출 전에 미국 캘리포니아 주 산타 로사의 대기오염 관측소가 연속적인 5시간의 높은 옥시던트 농도를 기록했다고 보고하였다. 시간평균의 최고치는 230ppb였다. 램[1718]은 이러한 사건이 일어난 기상조건들을 상세히 분석하여 이와 같이 예외적인 농도가 나타나게 한 오존은 성층권에서 비롯한 것이지 사람이 발생시킨 것이 아니라는 사실을 제시하였다. 데이비스[1705], 아트만스파처와 하트만스그루버[1701], 채트필드와 해리슨[1706]을 포함하는 다른 저자들 역시 적어도 부분적으로 성층권에서 발원한 것으로 생각되는 높은 지표 오존농도를 보고하였다. 위에서 인용한 램[1718]과 다른 학자들은 특수한 조건하에서 높은 오존농도가 지표 부근으로 내려올 수 있다는 것을 제시하였다. 청과 담[1707]은 캐나다 서스캐처원의 레지나(50°N)에서 1980년 12월 27일 20시에 228ppb의 최고 오존농도를 수반한 기상조건들을 상세히 기술하였다. 성층권 침입은 상층 기압골 서쪽에서 수렴의 결과로서 발생했는데, 이것은 한랭전선의 후면에서 침강을 일으켰다. 그로 인한 하강기류(downdraft)가 대류권계면에 갈라진 틈을 만들어 이것이 천천히 이동하는 고기압의 전면 가장자리를 따르는 침강에 의해서 강화되었다. 와카마추 등[1733]은 일본의 큐슈 지방 북부에서 1986년 5월 10일~19일에 100ppb를 초과하는 높아진 지면 오존 농도가 나타나게 했던 유사한 성층권 침입을 기술하였다. 이들 성층권 침입이 지표층의 영향이기보다는 대류권 상층의 기상조건으로부터 일어나기 때문에 캐나다 서스캐처원의 레지나에서 최고 발생 시간(20시)으로 지적된 것과 같이 하루의 어느 시간에나 최고 지표 오존 농도가 나타날 수 있다.

여전히 알려지지 않은 내용과 차후의 연구에 매우 유리할 것으로 생각되는 것은 1) 성층권으로부터의 오존 수송률에 영향을 줄 수 있는 기상인자들, 2) 주어진 기상들을 갖는 날에 얼마나 많은 관측된 지표 오존 농도가 성층권에서 기인하는가이다. 지표 오존 형성을 다루는 좀 더 많은 정보는 부벨 등[903]을 참고할 수 있다. 독자들은 대도시의 오존 농도에 영향을 주는 기상인자들과 다른 인자들에 대해서 R. H. 애런과 I-M. 애런[902]을 참고할 수 있다.

제18장 ··· 접지기층의 광학 및 음향 현상

지면 부근에서 낮은 수준의 맴돌이확산으로 일어나는 기온 및 수증기량(표 11-2, 13-1, 13-2)의 큰 경도 때문에 접지기층의 공기 밀도는 일정하지 않다. 이러한 연직 밀도경도로 인하여 광학적 불안정성이 나타난다.

더운 여름날 뜨거운 시골 도로를 따라서, 모래 표면 위 또는 철도의 제방을 따라서 보면, 멀리 있는 물체들의 아랫부분들은 어른거리고, 물체들의 가장자리들은 흔들리는 것처럼 보인다. 보통 이와 같은 광학 현상은 눈높이(약 1.5m)에서 관측된다. 기온경도가 증가하며, 맴돌이확산은 감소하여 결국 불안정해지는 것이 고개를 숙이고 접지기층에서 어른거림이 증가하는 것을 관찰할 때 특히 분명해진다. 우리가 별을 볼 때 이와 유사한 효과가 일어난다. 우리 위에 있는 공기는 부단히 운동하여 이것이 우리의 시선을 건너서 밀도가 변화하는 공기(기온)를 가져온다. 이것이 굴절(refraction)로 약간의 변화를 일으켜서 별빛이 번쩍이게 된다(scintillation, twinkling). 이것은 특히 수평선 부근의 별에서 볼 수 있다.

신기루는 빛이 밀도가 변하는 공기를 통과할 때 굴절하여 나타나는 결과이다. 감율이 γ = 3.42°C/100m일 때, 공기 밀도는 고도에 따라서 불변하여 광선은 직선으로 진행할 것이다. 그러나 주간에 지면 부근에서 감율은 자주 이보다 상당히 커서 밀도는 빈번히 고도가 높아질수록 증가한다. 빛의 성질 중의 하나는 빛이 좀 더 밀도가 큰 매체 쪽으로 굴절하는 것이다.

감율이 3.42°C/100m보다 클 때, 광선의 곡률은 지구 곡률과 정반대 방향에 있을 것이다. 빛이 지구의 반대 방향으로 휘는 것을 '음의 곡률'이라고 부른다. 이로 인하여 물체가 물체의 실제 위치보다 아래에 나타나는 신기루가 된다[아래신기루(inferior mirage)]. 이러한 현상이 일어나는 시간 수는 표 13-1과 13-2에서 연역될 수 있다. 감율이 3.42°C/100m보다 적당히 크면, 가라앉음(sinking)이 일어날 수 있다. 가라앉음에서

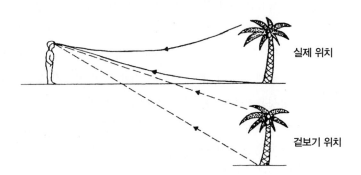

실제 위치

겉보기 위치

그림 18-1 감율이 3.42°C/100m보다 적당히 클 때 가라앉음이 일어난다.

물체는 지표 아래에 있는 것으로 나타나나, 똑바로 선 위치에 있다(그림 18-1). 주간에 사막에서처럼 감률이 3.42℃/100m보다 충분히 크면 물체들은 두 번 보이는데, 하나는 실제 위치에 있고, 다시 실제 물체 아래에 거꾸로 선 상이 있다(그림 18-2). 그림 18-2 에서 광선 B가 관찰자를 향해서 직접 올 때 이것은 직선의 경로를 갖는데, 그 이유는 이 것이 불변하는 밀도를 가진 공기를 통해서 오고(감율은 3.42℃/100m일 것임), 불변하 는 굴절률(refractive index)을 갖기 때문이다. 전주의 같은 지점 N을 떠나는 광선 B'는 아래로 이동하여 위로 굴절되고, 관측자도 볼 수 있게 된다. 따라서 전주의 같은 위치는 두 번 보이게 된다. 첫째로 눈들이 지점 N을 향할 때 전주가 보이고, 둘째로 눈들이 지 점 N'로 아래를 향할 때 전주는 보인다. 지점 M에서 출발하는 광선 A'는 지면 부근의 매 우 뜨거운 기층을 통과할 때 좀 더 크게 굴절될 것이고, 지점 M'로부터 오는 것으로 보일 것이다. 이 효과는 약간 수직으로 왜곡된 똑바로 선 상과 뒤집힌 상 둘 다를 나타낼 것이 다. 한 광선만이 점 P로부터 눈으로 들어온다. 원래 낮은 각도를 향해 떠나는 광선들은 크게 위로 굴절되어 관찰자에게 결코 도달하지 못한다. 이 높이가 어느 광선도 관찰자에 게 도달하지 않기 때문에 대상의 어느 부분도 볼 수 없는 아래의 사라지는 점(vanishing point)이다. 물체가 좀 더 멀리 떨어져 있을 때, 사라지는 점은 좀 더 높아지게 되고, 매 우 멀리 있는 물체들은 전혀 볼 수 없게 된다(S. Williamson과 H. Cummins[1826]). 전신주를 너머 광선 A'를 따라가면 하늘을 보게 될 것이다. 그러므로 위로 보거나 점 M'

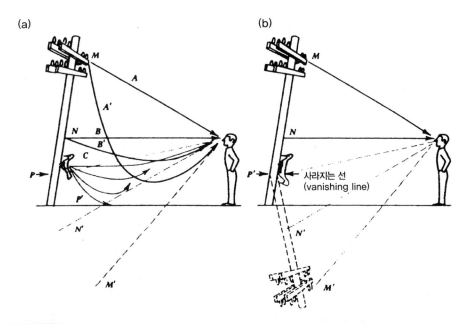

그림 18-2　감율이 실제로 3.42℃/100m 이상이 될 때 아래신기루가 나타난다(S. Williamson과 H. Cummins [1828]. John Wiley & Sons, Inc. Copyright ⓒ 1983의 허락을 받아서 전재).

로 아래로 보거나 둘 다 하늘을 보게 될 것이다. 따라서 사막의 바닥 또는 아스팔트 도로 위에 푸른 신기루(blue mirage)는 실제로 아래신기루이다.

우리는 보통 아래신기루를 사막이나 아스팔트 도로 위에서와 같이 햇빛이 나는 날 및 고온과 관련시킨다. 그렇지만 이러한 유형의 굴절의 존재는 실제 기온에 종속되는 것이 아니라 밀도 변화에만 종속된다. 페니이[1805]는 0°C 이하의 기온을 갖는 이러한 유형의 신기루를 관찰하였고, 브록스[1803]는 강하지는 않지만 흐린 날에 이러한 신기루가 발생할 수 있다는 것을 제시하였다. 그림 18-3은 중위도 기후에서 수평의 시야선(horizontal line of sight)에 대해서 굴절계수의 일변화를 제시하고 있다. 브록스[1803]는 6월의 맑은 날들과 온흐림 날들에 300cm까지의 높이에 대한 값을 구하였다. 관찰된 빛 경로의 예외적인 음의 곡률은 10cm의 높이에서 맑은 날에 정오 직전에 지구 곡률의 50배에 달했다. 0의 곡률로의 변화는 지면 위 약 12m까지 일어나지 않았다. 곡률은 온흐림 하늘에서조차 주간의 대부분 시간 동안 음이었으나, 정오 동안에 10m 높이에서 0이 되었다. 그렇지만 온흐림의 날들에 표면 가열이 감소하기 때문에 곡률도는 당연히 낮았다. 양의 계수들은 감율이 3.42°C/100m 이하일 때 나타났다. 양의 계수들은 전형적으로 일몰 전 1시간 혹은 2시간부터 일출 후 1시간 또는 2시간까지 나타나기 시작했고, 고요한 조건이 있는 맑은 야간에 가장 강했다. 양의 계수들은 태양고도가 낮을 때 (늦가을과 초겨울) 좀 더 빈번하였고, 음의 계수들은 태양고도가 높을 때 가장 강했다. 표 11-1, 11-2, 13-1과 13-2는 여러 고도에서 하루와 1년간 굴절된 빛의 양과 음의 곡률 변화를 제시한 것이다.

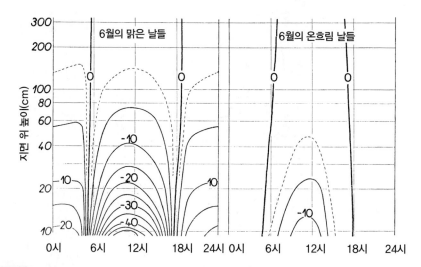

그림 18-3 6월에 맑은 날과 흐린 날에 접지기층에서 광선의 굴절. 양의 수치는 3.42°C/100m 이상의 감율과 지구의 곡률에 대해서 반대 방향으로 빛의 곡률이 있음을 가리킨다. 이들 수치는 지구의 곡률 반경에 대한 빛의 곡률 반경의 비율인 굴절계수이다(K. Brocks[1803]).

감율이 3.42°C/100m 이하일 때 위신기루(superior mirage)가 나타날 수 있다. 이 경우에 광선의 곡률은 지구의 곡률과 같은 방향일 것이다(양의 곡률). 굴절률은 지표 부근에서 가장 클 것이고, 고도가 높아질수록 감소한다(그림 18-3). 이러한 신기루를 '위신기루'라고 부르는데, 그 이유는 그 상이 실제 위치 위에서 보이기 때문이다. 위신기루는 여름 동안 극지역, 차가운 해류 위, 봄에 얼음으로 덮인 호수, 또는 따뜻한 기단이 눈으로 덮인 지표 위로 이류할 때와 같은 강한 역전으로 가장 극적이 된다.

위신기루의 전형적인 광경은 수평선 위에 어렴풋이 나타나거나 떠 있는 배의 신기루이다(그림 18-4). 이 경우에 M과 N으로부터 오는 광선들은 M'와 N'로부터 오는 것처럼 보이게 휜다. 그러나 기온역전이 없을 때조차 밀도는 빈번하게 고도가 높아질수록 감소한다(감율이 3.42°C/100m 이하). 인간의 지각이 광선이 직선 경로로 이동한다는 가정을 기초로 하기 때문에, 물체들은 흔히 실제보다 조금 높게 보일 수 있다. 이러한 환영은 바람이 부는 날 또는 낮은 각도의 입사태양복사에 대한 구름과 매개물이 있는 날의 일출과 일몰 주변의 수시간 동안 빈번할 것이다. 때로 위신기루는 상이 늘어난 결과로 나타날 것이다. 그림 18-5는 렘과 슈뢰더[1813]가 1980년 5월 28일 15시 15분에 캐나다 매니토바 주의 위니펙 호 가장자리에서 찍은 두 장의 사진이다. 호수 표면은 여전히 대부분 얼음으로 덮였고, 온난한 미풍이 육지에서 호수로 불고 있었다. 이것이 강한 기온역전과 그로 인한 위신기루가 나타나게 했다. 렘과 슈레더[1813]는 남자 인어와 여자 인어는 많은 사람들이 생각하는 것처럼 듀공(dugong)[34] 혹은 해우(海牛, manatee)를 단순한 (너무 여러 날 바다에 있는) 항해자가 본 것이 아니라 위신기루라고 아주 설득력 있게 제시하였다. 바다의 괴물 혹은 네스 호의 괴물은 이와 유사한 원인을 가질

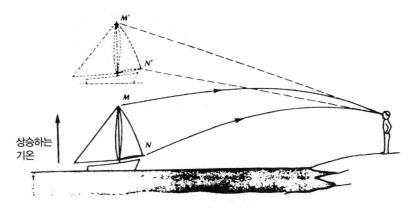

그림 18-4 위신기루(S. Williamson and H. Cummins[1828]. John Wiley & Sons, Inc. Copyright © 1983 의 허락을 받아 전재하였음)

---

34) 인도양산 포유동물로 이른바 '인어'라고 일컬어지던 것.

수 있을 것이다. 요녀 모르가나(Fata Morgana)[35] 또는 하늘에 있는 성들(Castles in the Sky) 역시 위신기루이다. 요녀 모르가나는 상당히 일정한 지형을 수직 단애와 떠 있는 섬을 가진 지형으로 변형시킬 수 있었다. 1906년에 페리(R. E. Perry)의 크로커 랜드의 '발견(Discovery)'은 이들 신기루가 얼마나 사실적일 수 있는지를 보여 주는 좋은 사례이다.

그림 18-5 1980년 5월 28일에 위니펙 호. 전면 중앙의 표석은 그림 18-5b의 상의 근원으로 확인되었다. 그림 18-5a의 사진은 15시 14분에 찍은 것이다. 표석은 폭이 약 68cm이고, 높이가 35cm이다. b의 사진은 15시 17분에 찍은 것이다. 표석은 남자 인어 상으로 왜곡되었다. 이 상은 수직으로 5.4', 수평으로 2.2'의 윤곽을 이룬다(W. H. Lehm and I. Schroeder[1813]. *Nature*, Vol. 289, pp.362-366 copyright ⓒ 1981 Macmillan Magazines Ltd.의 허락을 받아 전재하였음).

---

35) 아서 왕 전설과 로맨스에 나오는 요녀이다. '요녀 모르가나'라는 말은 메시나 해협에 이따금 나타나는 신기루를 가리키는 말로 쓰이고 있다. 이는 해변의 물체가 외관상 수직으로 연장되어 보이는 것으로 이 해협의 전설적인 두려움을 더해 주고 있다.

　　물체의 크기가 확대되는 다른 상황을 '치솟음(towering)'이라고 부른다. 이 경우에 3.42°C/100m 이상의 감율을 가진 접지기층은 상대적으로 얇고, 감율은 지면에 가까워질 때 증가한다. 이 경우에 물체의 바닥은 꼭대기보다 좀 더 아래쪽으로 변위되어 상이 아래로 늘어나게 한다(아래신기루). 눈높이 위에서 감율은 3.42°C/100m 이하(위신기루)로 물체의 꼭대기가 위로 늘어나게 된다. 치솟음은 아주 장관일 수가 있으며, 작은 물체들은 큰 크기에 달하는 것으로 보일 수 있다.

　　대기에서 변하는 밀도는 신기루의 기본 유형을 추가적으로 수없이 변하게 할 수 있다. 이 주제에 좀 더 관심이 있는 사람들이 18장의 참고문헌을 보면 도움이 될 것이다.

　　기온, 감율, 풍속과 풍향, 상대습도는 대기에서 음향 현상에 영향을 준다. 이에 대한 논의는 속도에 영향을 주는 인자들과 들을 수 있는 거리 소리(distance sound)에 초점을 맞출 것이다.

　　기온, 상대습도 감율과 풍향은 음속에 영향을 준다. 방정식 $V_s = 20.06\sqrt{T}$ 는 기온에 따른 음속의 변화를 나타내는데, 여기서 V_s는 음속(m sec^{-1})이고, T는 켈빈 온도(K)이다. 표 18-1은 서로 다른 기온에서의 음속을 나타낸 것이다. 상대습도의 변화와 관련된 음속의 변화는 표 18-2에 제시되어 있다. 상대습도와 음속 사이의 관계에 관한 좀 더 많은 정보는 피어스[1821]를 참고하라.

　　표 18-3은 기온 및 습도 변화가 조합된 결과로서 음속의 변화를 나타낸 것이다.

　　음향강도(sound intensity)는 난류로 인하여 지면 부근에서 파동한다. 이러한 파동은 주파수가 증가할수록 커진다. 예를 들어 0.25kHz에서 40m 이상의 거리상에서 강도는 거의 일정하나, 4kHz에서 강도는 수초 내에 8배나 파동한다(H. Neuberger[1819]와 L. P. Delasso와 V. O. Knudsen[1804]). 뉴버거[1819]는 이러한 파동을 '음향 섬광(acoustic scintillation)'이라고 불렀다.

　　다음으로 우리는 지면 부근에서 기온변화로 일어나는 음속변화의 결과에 초점을 맞출 것이다. 음속은 기온이 상승할수록 증가한다(표 18-1). 공기가 등온일 때 음속은 고

표 18-1 서로 다른 기온의 건조한 공기에서의 음속

기온(°C)	속도(m sec^{-1})
0	331.45
10	337.46
20	343.37
30	349.18
40	354.89

출처 : D. A. Bohn[1802]

표 18-2 상대습도의 변화에 따라 음속(0°C와 비교)이 증가하는 백분율

기온 (°C)	상대습도(%)									
	10	20	30	40	50	60	70	80	90	100
5	0.014	0.028	0.042	0.056	0.070	0.083	0.097	0.111	0.125	0.139
10	0.020	0.039	0.059	0.078	0.098	0.118	0.137	0.157	0.176	0.196
15	0.027	0.054	0.082	0.109	0.136	0.163	0.191	0.218	0.245	0.273
20	0.037	0.075	0.112	0.149	0.187	0.224	0.262	0.299	0.337	0.375
30	0.068	0.135	0.203	0.272	0.340	0.408	0.477	0.546	0.615	0.684
40	0.118	0.236	0.355	0.474	0.594	0.714	0.835	0.957	1.08	1.20

출처 : D. A. Bohn[1802]

표 18-3 기온과 습도가 조합된 데에 따라 음속이 증가한 총백분율

기온 (°C)	상대습도(%)					
	0	30	40	50	80	100
5	0.91	0.952	0.966	0.980	1.02	1.05
10	1.81	1.87	1.89	1.91	1.97	2.01
15	2.71	2.79	2.82	2.85	2.93	2.98
20	3.60	3.71	3.75	3.79	3.90	3.98
30	5.35	5.55	5.62	5.69	5.90	6.03
40	7.07	7.43	7.54	7.66	8.03	8.27

출처 : D. A. Bohn[1802]

도에 따라 불변하고, 소리는 직선으로 이동한다. 기온이 고도가 높아질수록 감소하면, 음속 역시 감소한다. 음파(sound wave)는 위로 굴절될 것이고, 멀리 수송(지면에서 들림)되지 않을 것이다. 그렇지만 고도가 높아질수록 기온이 상승하면 음속도 고도가 높아질수록 빨라지고, 음파는 아래로 굴절되어 좀 더 먼 거리에서 들을 수 있다. 기온역전이 강할수록 음파는 멀리 수송될 것이다. 아침에 이륙하는 비행기나 로켓의 소리는 접지역전층을 통과하자마자 빠르게 감소할 것이다(R. G. Fleagle과 J. A. Businger[2008]와 H. Neuberger[1819]).

바람은 음속 이동(speed sound travels)을 지연시키거나 강화시킬 수 있다. 음향이 바람과 같은 방향으로 이동하면 좀 더 빠르게 진행될 것이다[풍하(downwind)]. 고도가 높아질수록 풍속이 증가하기 때문에 바람 방향으로 이동하는 음파는 아래로 굴절된다. 이러한 굴절은 일반적으로 풍속이 증가할수록 커진다(K. B. Rasmussen[1819]). 음향이 바람 반대 방향[풍상(upwind)]으로 이동하면 그 음속은 고도가 높아질수록 감소

할 것이다. 바람 반대 방향으로 이동하는 음파는 위로 굴절된다. 이렇게 위로 휘는 것은 풍속과 주파수 둘 다에 따라 증가한다. 바람과 거리가 충분하면 아무런 음향도 관찰자에게 도달하지 않을 것이다(K. B. Rasmussen[1820]). 따라서 해안의 농무 경적(濃霧警笛, foghorn)은 앞바다로 바람(offshore wind)이 불 때 바다로 먼 거리 떨어진 곳에서 들을 수 있으나, 육지쪽으로 바람(onshore wind)이 불 때에는 짧은 거리에서 들을 수 없다(R. G. Fleagle과 J. A. Businger[2007]). 지면 부근에서 풍속과 기온 둘 다 크게 변하면 음속과 음향의 굴절이 크게 변할 수 있다. 클룩[1808]은 지면 부근에서 음속을 측정하고, 음속이 (상대습도에 기인한 작은 변화를 무시하면) 감율과 풍향에 종속된다는 것을 확인했다. 그는 기온역전일 때 또는 음파가 풍하로 수송될 때 음파가 아래로 굴절한다는 것을 밝혔다. 이것은 지면 부근에서 음향이 덜 약해지고 음파를 좀 더 먼 거리로 이동하게 한다.

20세기의 전환기에 화산 또는 사람이 발생시킨 폭발로부터의 음향은 변칙적으로 전달된다는 것이 주목을 받았다. 발생원 부근에서 음향은 들린다. 이것은 음향이 다시 들릴 수 있는 지대를 뒤따라 고요한 지대로 둘러싸여 있다[이상가청지대(zone of anomalous audibility)]. 진동하는 지대가 여럿 있을 수 있다(H. Neuberger[1819]). 톰슨[1825]은 다음과 같이 제안했다. 이러한 이상(anomaly)은 "정상적으로 주위의 음속경도(sound speed gradient)가 일정하지 않기 때문이다. 변동성이 큰 결과로 그늘 지대와 강화된 지대가 있다. 따라서 상대적으로 강화된 영향의 비대칭적 '고리들'이 형성된다. 이들 고리는 벡터 바람의 굴절 효과들을 고려할 때… 불완전할 수 있다." 매우 시끄러운 폭발이 있을 때 고요한 지대는 지면을 따라서 이동하는 음파에 의해서 제거될 수 있다.

폭발 또는 화산으로부터의 시끄러운 음향은 성층권을 경유하여 전달될 수 있다(휘플[1827]은 이것을 처음으로 제안하였다). 따라서 먼 거리에서 음향은 두 번 들릴 수 있다. 즉 한 번은 지면을 따라서 직접 음파가 이동하는 것으로부터 그리고 다시 성층권을 경유하여 전달되는 것으로부터 들을 수 있다. 이러한 사례 중의 하나가 1883년 8월 27일에 폭발한 크라카타우[36] 화산이다. 이 화산이 폭발한 소리는 4,775km 떨어진 마스카렌 제도[37]의 로드리게스만큼 멀리 떨어진 곳에서 들렸고(O. Meisser[1817]), 화산 부근에서 67hPa의 진폭을 갖는 기압파(pressure wave)를 보냈으며, 유럽에서도 이 진폭

---

36) 인도네시아 자바 섬과 수마트라 섬 사이의 순다 해협에 있는 라카타 섬의 화산으로 1883년의 폭발은 유사 이래 가장 큰 화산활동 가운데 하나였다.

37) 인도양의 레위니옹·모리셔스·로드리게스 섬으로 이루어진 제도.

표 18-4 20°C에서 주파수에 종속되는 총소리흡수량(dB/km) 대 상대습도

주파수 (kHz)	상대습도(%)										
	0	10	20	30	40	50	60	70	80	90	100
2	4.14	38.2	17.4	10.9	8.34	7.14	6.55	6.28	6.19	6.21	6.29
4	8.84	102	62.3	38.9	28.0	22.2	18.7	16.6	15.2	14.2	13.6
6.3	14.9	154	135	90.6	65.6	51.3	42.5	36.7	32.7	29.8	27.7
10	26.3	202	261	205	155	123	102	87.3	77.0	69.3	63.5
12.5	35.8	224	338	294	232	187	156	134	118	106	96.6
16	52.2	250	428	423	355	294	248	214	189	170	155
20	75.4	281	511	564	508	435	374	326	289	261	238

출처 : D. A. Bohn[1802]

이 여전히 1.7hPa이나 되었다(H. Neuberger[1819]).

음향의 발산은 공기를 통한 음파의 발산 때문에 음향 강도를 감소시킨다. 음파의 강도는 발생원으로부터 거리의 제곱에 반비례한다. 바람과 기온경도로 인한 음향의 발산과 분산에 추가로 공기의 여러 가지 성질이 조합되어 음파를 약하게 한다. 한 가지는 충돌하는 분자들 사이의 에너지 교환을 포함하는 다원자 기체들(polyatomic gases)에 의한 분자 흡수와 분산으로부터 생긴다. 다른 것들은 점성과 열전도에 기인한다(L. L. Beranek[1801]).

흡수는 음향 전달에 반대되는 효과가 있다. 표 18-4는 서로 다른 주파수와 상대습도에서 대기가 흡수하는 음향의 총량을 제시한 것이다.

눈은 가장 흡수력이 있는 자연적으로 나타나는 지면 피복이다(D. G. Albert[1800]). 음향의 흡수는 음향 주파수와 적설량에 따라 변한다(표 18-5). 표 18-5의 계수는 흡수되는 표면에 입사하는 음향의 단편을 나타낸 것이다. 그렇지만 음향이 대수(로그)로 측정되기 때문에 예를 들어 10cm 눈과 90% 흡수율을 가진 0.5kHz에서 60dB의 강도를 갖는 음파는 50dB로 감소될 것이다. 알버트[1800]는 0.5kHz에서 최고파동진폭(peak pulse amplitude)이 잔디보다 눈 위에서 훨씬 더 빠르게 붕괴되는 것을 밝히고, 100m

표 18-5 주파수와 적설량에 종속되는 눈의 흡수계수

주파수(kHz)		0.125	0.250	0.500	1.0	2.0	4.0
적설	2.5cm	0.15	0.40	0.65	0.75	0.80	0.85
	10cm	0.45	0.75	0.90	0.95	0.95	0.95

출처 : G. W. C. Kaye와 E. J. Evans[1809]

에서 등급차의 크기를 기록하였다.

흥미 있는 두 가지 다른 대기의 음향 현상은 천둥과 바람소리(aeoloan sounds)이다. 천둥은 번개에 의해서 공기가 급격하게 가열된 결과이다. 번개는 압축파(compression wave)를 생성한다. 번개는 자주 울리거나 우르르 소리(rolling or rumbling sound)를 낸다. 이것은 전격(lightening stroke)의 통로를 따르는 각 점이 음향원이기 때문이다. 전광(lightening bolt)의 서로 다른 부분들이 관찰자로부터 다른 거리에 있고, 풍속 및 풍향과 같이 서로 다른 특성을 갖는 공기를 통해서 이동하기 때문에 음파가 도달하는 시간과 강도는 그에 따라 변한다. 추가로 전격은 각 전격이 실제로 2~27개의 개별 전격으로 이루어졌기 때문에 깜박이는 것으로 보인다. 각 개별 전격은 그 자체의 천둥을 친다. 둘째로 바람소리는 바람이 전화선, 귀 또는 나뭇가지와 같은 물체를 빠르게 지나갈 때 생기며, 맴돌이가 장애물의 자국을 따라서 형성된다. 이러한 음향의 주파수는 풍속에 정비례하고, 맴돌이의 크기에 반비례한다. 두꺼운 전선이나 나뭇가지는 좀 더 큰 맴돌이가 일어나게 한다. 모래의 이동도 찍찍거리거나(squeaking) 또는 윙윙거리면서 (booming) 숄츠 등[1822]이 기술한 음향을 만든다. 찍찍거리거나 쌩쌩거리는 (whistling) 모래는 높은 주파수(500~2,500Hz)를 가져서 해안, 호안, 하상을 따르는 모래가 압축되거나 헤치고 나아갈 때 생긴다. 신음소리(moans), 북소리(drums), 천둥과 농무(濃霧) 경적, 또는 낮게 나는 프로펠러 비행기의 윙윙거리는 소리(drone)와 유사한 윙윙거리는 음향(booming sound)은 낮은 주파수(50~300Hz)를 갖고, 사막의 사구(desert dunes)에서 모래사태(sand avalanch)에 의해서 발생한다. 음향을 만드는 모래의 특징에 관한 좀 더 많은 정보는 숄츠 등[1822]과 린드세이 등[1814]을 추천하겠다.

환경이 음향 전달에 미치는 영향에 관한 더욱 많은 정보에 대해서 본[1802], 라스무쎈 [1820], 쿠제와 베러넥[1812], 클룩[1810], 피어스[1821], 뉴버거[1819]를 추천하겠다.

제3부

지표가 접지기층에 미치는 영향

제19 장 토양형, 토양혼합물, 토양경운(耕耘)

제20장 지면 색깔, 표면온도, 지면덮개(멀칭)와 온실

제21 장 토양수분과 토양동결

제22장 작은 수면 위의 기층

제23장 호수, 바다와 강 위 수면 부근의 기층

제24 장 눈과 얼음의 성질과 환경의 상호작용

제19장 ··· 토양형, 토양혼합물, 토양경운(耕耘)

미기후의 극심한 다양성은 우선 접지기층 아래에 놓인 지표의 다양한 성질에 기인할 수 있다. 식생이 있거나 없는 고체의 토양, 적설, 수면 또는 언 호수(해빙)나 빙하 형태의 얼음이 지표를 이룰 수가 있다. 19~21장에서는 먼저 식생이 없는 고체의 지표에 대해서 논의할 것이다. 6장에서는 토양에서 열전도를 지배하는 법칙을 다루었고, 10장에서는 토양 내에서의 평균 온도변화를 다루었다. 어느 한계에서 토양의 에너지수지가 변하는지는 표 6-2의 토양상수들에서 알 수 있다.

이에 다른 유형의 다양성이 추가된다. 제2부에서 지적한 바와 같이, 접지기층 내에서 열, 수증기, 바람, 부유미립자 등의 분포의 큰 차이가 남에도 불구하고 고체 토양에서보다 공기 중에서 균형을 이루기가 훨씬 더 쉽다. 지면은 서로 다른 토양형의 입자들, 서로 다른 밀도, 입자 크기, 열전도율과 시간이 경과함에 따라 변하는 수분함량으로 이루어졌다. 깊숙이 박힌 돌들, 나무 뿌리들, 죽은 유기물질, 지렁이, 다른 동물들과 물 통로(water passage) 모두는 토양이 실제의 모자이크로 전환되도록 조합한다. 토양형이나 토양의 수분함량에 대해서 넓은 면적 위의 대표값을 구하려고 한다면 많은 샘플을 채취해야만 한다. 이러한 사실은 토양온도에도 적용된다. 기온을 측정하는 데 이용된 방법과 다르게 국지적인 확률분포를 구하지 않기 위해 한 지역의 적절한 샘플링을 보증하기 위해서 여러 인접한 지점들에서 동시에 토양온도를 측정해야 한다. 식물들이 성장하는 곳에서는 빈터[1917]가 기술한 바와 같이 "토양의 전체 부피가 우선 각 뿌리 주위를 중심으로 배열된 좀 더 작은 구역으로 갈라진다. 토양 속으로 침투하는 모든 식물의 나머지는 그 주변의 억제 및 촉진시키는 물질들과 다른 특수한 구성요소들을 통해서 토양의 미동물상(soil microflora)을 위한 특수한 생활조건들, 즉 정착한 박테리아의 상호작용을 통해서 좀 더 복잡한 효과를 만든다."

이러한 토양 내에서의 미세한 구조는 다음에서 고려되지 않을 것이다. 전형적이고 균질인 토양형들만을 다루게 될 것인데, 그 이유는 기상학적인 관점에서 지면이 지면 부근의 공기상태에 미치는 영향이 매우 복잡하기 때문이다. 지표의 에너지수지에 포함된 모든 인자들(3장)은 토양과 지면 부근의 공기에서 에너지 분포를 형성하는 데 관여한다.

에너지수지 방정식은 $Q^* + Q_G + Q_H + Q_E = 0$(3장)이다. 여기서 $Q^* = S + D + L{\downarrow} - L{\uparrow} - K{\uparrow}$(4장)이다. 이들 중에 직달태양복사 S와 대기의 장파역복사 $L{\downarrow}$만이 지표의 성질에 종속되지 않는다. 다른 모든 인자들은 토양형과 상태의 영향을 받는다. 지표의 알베도는 반사되는 태양복사 $K{\uparrow}$에 직접적으로 영향을 주고, 확산태양복사 D에 간접적으로 영향을 주는데, 그 이유는 대기의 후방산란(back-scattering)이 부분적으로 지표의 알베도에 종속되기 때문이다. 토양표면의 특성들이 매우 중요하기 때문에 이들은 20장에서 좀 더 상세하게 다루겠다.

양 Q_G와 Q_E는 지면의 성질뿐만 아니라 토양온도와 표면거칠기길이(surface roughness length)에도 종속된다. 열전도율 λ와 열용량 $(\rho c)_m$은 이들이 토양형과 상태에 의해서 결정되는 한 이 장에서 다루어질 것이다. 전도 Q_G, 증발 Q_E에도 영향을 주는 토양의 수분함량과 지표의 알베도는 21장에서 별도로 다룰 것이다.

에너지수지 중에 양 $L\uparrow$과 Q_H는 주로 토양의 표면온도에 종속된다. 주어진 수준의 장파역복사 $L\downarrow$에 대해서 야간의 장파복사 손실은 토양의 표면온도 T가 좀 더 낮을 때 작다. 예를 들어 자우버러[1914]는 1934/35년에 측정하여 기껏해야 3/10의 구름량이 있는 여름의 야간에 복사수지 Q^*가 동일한 수평 차폐(독 : Horizontabschirmung)로 환산된 다음과 같은 평균값을 갖는 것을 밝혔다. 즉 단단한 도로 95W m^{-2}, 사토 72W m^{-2}, 나지 68W m^{-2}, 목초지 50W m^{-2}였다. 처음 두 개의 잘 전도하는 (아마도 건조한) 표면은 불량하게 전도하는, 표면온도가 낮은 (아마도 또한 습윤한) 표면보다 높은 표면온도 때문에 좀 더 많은 방출복사를 통해서 이들의 많은 저장된 에너지를 방출하였다. 지표가 실제로 흑체로서보다는 회색체로서 방출하기 때문에(4장), 표면의 장파방출은 표면방출율 ε_s의 소규모 변화에 대한 작은 종속성을 나타내고, 또한 표면의 수분함량에 따라 작게 변화하는 표면의 복사 성질을 나타낸다.

인자 Q_H는 토양의 표면온도에 유사하게 반응한다. 정오에 표면이 뜨거워질수록 지표와 공기의 온도차가 커져서 전도와 대류혼합이 강해지고, 지표로부터 지표 부근의 공기로 전달되는 에너지양이 많아진다. 이와 유사하게 야간에 지표의 좀 더 차가운 부분들은 따뜻한 부분들보다 전도와 대류교환을 통해서 지표 부근 공기로부터 차가운 부분들로 전달되는 좀 더 많은 에너지를 받는다. 증발 Q_E와 같이 대류 Q_H는 표면거칠기길이 z_0에 작은 이차적인 종속성을 나타내고 있다.

이러한 조사를 통해서 야외 실험에서 표면미기후(surface microclimate)에 미치는 순수한 토양의 영향을 분석하는 것이 얼마나 어렵고, 측정된 토양온도를 평가하는 데 이 모든 언급된 인자들이 얼마나 주의 깊게 고려되어야 하는가가 나타난다.

6장에서 이미 제시된 바와 같이 모든 토양은 세 가지 요소로 이루어졌다. 즉 토양 물질, 물과 공기이다. 강우, 융설과 관개에 따라서 변하는 수분함량과 토양 내에 포함된 공기는 토양 구조와 경작 상태에 따라서 변한다. 이제 토양형이 지면의 에너지수지와 접지기층의 에너지수지에 미치는 영향을 고려하도록 하겠다.

다른 모든 인자들과 분리하여 토양형만의 영향을 이해하기 위해서 표면에서 주간에 같은 양의 에너지를 흡수하고, 야간에 같은 양의 에너지를 방출복사하는(같은 값의 Q^*)

것을 가정하여 높은 열전도율과 낮은 열전도율을 갖는 토양을 비교하겠다. 6장에 의하면 에너지의 일 변동과 계절 변동은 낮은 열전도율을 갖는 토양 속보다(표 6-3) 높은 열전도율을 갖는 토양 속으로 더 깊게 침투한다. 그에 상응하게 지표에서 일 최고온도는 높은 열전도율을 가진 토양에서 낮을 것이고, 일 최저온도는 높을 것이다. 따라서 높은 열전도율을 갖는 토양표면은 좀 더 일정한 온도를 가질 것이다. 대기후(macroclimatologic) 과정에서 유추하여 높은 열전도율을 갖는 토양표면이 해양의 표면기후(독 : ozeanisches Oberflächenklima)를 갖는다고 말할 수 있을 것이다. 높은 전도율을 갖는 토양에 있는 식물들은 주간에 너무 많은 열을 통해서 조숙한 성장을 자극 받지 않는다. 그리고 같은 이유 때문에 경험하게 되는 좀 더 높은 야간 온도는 늦서리의 위험을 감소시킨다. 다른 결과는 높은 전도율을 갖는 토양이 낮은 전도율을 갖는 토양보다 주간에 그 위에 놓인 기층에 적은 에너지를 방출하여 에너지수지에서 Q_H가 주간에 작고, 야간에 크다는 것이다. 높은 전도율을 갖는 토양에는 흡수된 좀 더 많은 복사에너지가 토양 내에 남아 있다. 그리고 평균온도가 좀 더 높다. 일 온도 변동은 낮은 전도율을 갖는 토양 속보다 높은 전도율을 갖는 토양 속으로 좀 더 깊이 침투한다.

이러한 사실은 그림 19-1에 제시된 화강암과 모래 황무지(sandy heath)를 비교하여 입증된다. 이것은 호멘[1905]이 핀란드에서 1893년에 수행한 고전적인 실험이다. 세 가지 서로 다른 토양형에서 동시에 온도가 측정되었다. 8월의 맑은 3일간의 평균에 대해서 가장 따뜻한 시간과 추운 시간의 등시곡선이 제시되었다. 이들 곡선은 초지 표면의 높이에서 측정된 기온 극값을 지적하기 위해서 지표 아래로 연장되었다. 2m 높이 백엽상의 기온 극값들은 작은 원으로 표시되었다.

탁월한 전도체인 화강암은 60cm 깊이에서 측정할 수 있는 일변화를 나타내고 있다. 화강암은 평균적으로 다른 토양들보다 온도가 높으나, 낮은 전도율을 갖는 사질 토양보다 표층에서 최고온도는 거의 10℃ 낮고, 최저온도는 5℃ 이상 높다. 이탄토양(bog soil)은 부분적으로만 언급한 규칙을 따른다. 이들 세 가지 토양 중에서 이탄토가 갖는 가장 낮은 전도율은 일반적으로 낮은 온도, 거의 20cm 이하로 내려가지 않는 얕은 일온도변화의 침투, 그리고 최상부 수 센티미터에서 급격한 일온도변화의 증가로 인식될 수 있다. 그렇지만 수분이 풍부한 이탄토양은 증발을 통해서 매우 많은 에너지를 손실한다. 이것으로 이탄토양의 표면온도가 사질 토양의 표면온도보다 15℃ 낮은 이유가 설명된다.

토양형이 야간의 온도하강에 어떤 영향을 미치는가를 이론적으로 밝히려는 많은 시도가 있었다. 필립스[1912]가 제시한 이론적 방법은 로이터[1913]에 의해서 좀 더 상세히 확대되었다. 이 이론은 야간에 지표온도의 변화에 미치는 교환의 상호작용, 기온성

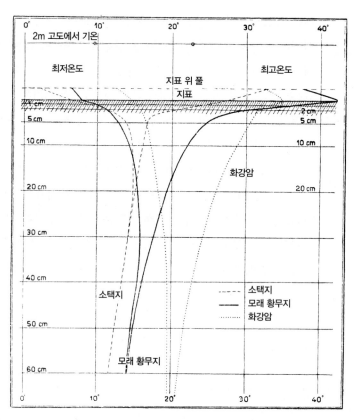

그림 19-1 핀란드에서 8월의 맑은 3일간 세 가지 서로 다른 토양에서의 온도변동의 평균교차(T. Homén [1905])

층과 토양형의 성질을 고려하는 것이다. 종전대로 A(kg m^{-1} sec^{-1})는 교환계수이고, γ(°C/100m)는 감율이며, 이 둘은 계산하기 위해서 고도에 따라 불변하는 것으로 간주되어야 한다. ρ(kg m^{-3})는 공기밀도이며, c_p(J kg K^{-1})는 정압에서 비열이다. λ(W m^{-1} K^{-1})는 열전도율이고, $(\rho c)_m$(J m^{-3} K^{-1})는 열용량이다. $Q^\ast$(W m^{-2})가 야간에 음인 지표의 복사수지이면, 시간에 따른 온도변화 dT는 로이터에 따르면 다음과 같은 특성 방정식으로 제시된다.

$$dT = \frac{2}{\sqrt{\pi}} \frac{(Q^\ast + \gamma c_p A)}{\sqrt{\lambda(\rho c)_m} + c_p\sqrt{A\rho}} \sqrt{t} \qquad (°C)$$

야간에 $Q^\ast$는 음이 되고, 따라서 dT도 보통 음이다. 그렇지만 A와 $-\lambda$의 값이 클 때 (강한 역전) 분자로 괄호 안에 표현된 것은 0이 될 수 있어서 또한 $dT = 0$이 된다. 이러한 상태에서 지면 위의 공기로부터 아래의 지표로 강한 혼합으로 운반되는 에너지 흐름이 있는데, 이것은 복사를 통한 지표로부터의 에너지 손실에 반대된다. 표면온도가 감소하는 것은 시간의 제곱근에 비례한다. 따라서 4시간의 야간 조건 후에 dT는 2배가 되고, 9시간 후에는 첫 시간 끝의 3배가 된다. 나머지 인자들의 영향을 알기 위해서 네 가지 유형의 토양, 네 가지의 온도경도, 두 가지 서로 다른 교환계수에 대해서 10시간의 야간에 온도하강이 계산되었다. 그 결과가 표 19-1에 제시되어 있다.

따라서 대기의 수증기(그림 5-3)와 구름(5장) 이외에 네 가지 인자가 지표의 야간냉각에 영향을 준다. 이들 중에 가장 중요한 두 가지 인자는 토양의 열용량 $(\rho c)_m$과 열전도율 λ이다. 높은 열용량 $(\rho c)_m$을 갖는 토양에서 온도는 주간에 느리게 상승하고, 토양의 표면온도가 낮기 때문에 적은 에너지가 $L{\uparrow}$에 의해서 손실된다. 야간에 이들 토양은 냉각될 때 많은 양의 에너지를 방출할 수 있다. 마찬가지로 높은 열전도율(λ)을 갖는 토양들은 주간에 좀 더 많은 양의 에너지를 흡수할 수 있고, 이 중에 많은 양의 에너지가 야간에 대기로 돌아간다. 따라서 토양의 열용량과 전도율이 높을수록 좀 더 많은 에너지가 토양 내에서부터 지표로 흐를 수 있고, 대기로의 좀 더 많은 에너지 손실에도 불구하고 야간에 표면의 온도는 적게 하강할 것이다.

야간에 표면의 온도하강에 영향을 줄 수 있는 나머지 두 가지 인자는 교환계수와 감율로 측정되는 대기순환의 양이다. 야간에 혼합이 증가하면 보통 위에 있는 따뜻한 공기가 지표로 운반되어 지표의 냉각을 지연시킨다. 감율이 작을수록(안정도의 증가) 대기의 역복사가 커질 것이고(그림 5-3), 혼합이 증가되어 지표로 좀 더 많은 에너지가 운반될 수 있다. 따라서 혼합의 증가와 작은 감율이 야간에 지표의 냉각을 지연시킬 것이다(표 19-1).

토양의 수분함량은 토양의 열전도율과 열용량을 변화시킴으로써(20장) 또한 야간의

표 19-1 10시간 동안 야간에 지표에서 계산된 온도하강(℃)

교환계수 A			1				10			
온도감율 ℃/100m			+1	0	−1	−3	+1	0	−1	−3
지면의 유형	열전도율 λ	열용량 $(\rho c)_m$								
바위	46.1	2.18	5.1	5.1	5.0	4.9	4.7	4.2	3.7	2.7
습윤한 모래	16.8	1.68	8.9	8.8	8.7	8.5	7.1	6.4	5.6	4.1
건조한 모래	1.7	1.17	22.5	22.3	22.0	21.5	12.3	11.0	9.7	7.0
이탄토양	0.6	0.38	35.2	34.8	34.4	33.5	15.5	13.8	12.2	8.8

출처 : H. Reuter[1913]

온도하강에 영향을 줄 것이다. 이 내용은 그림 31-4에서 볼 수 있는데, 여기서는 습윤한 토양이 높은 열전도율과 열용량 때문에 건조한 토양보다 따뜻하다. 낮은 열전도율 때문에 초지의 표면에서 야간에 가장 크게 온도가 하강한다.

토양형의 서로 다른 특성들에 관한 지금까지의 논의에서 기존의 조건이 불리한 경우에 성분을 추가(토양을 혼합, 독 : Bodenmischung)하여 토양을 개량할 수 있다는 결론을 내릴 수 있다. 정원을 소유하고 있는 사람들은 점토질토양(heavy soil)에 이탄을 혼합하거나 매우 조밀한 양토에 모래를 추가할 때 이미 이러한 방법을 사용해 왔다.

성분을 추가하는 과정은 다른 어느 토양형보다 이탄토양을 개선하는 데 아마도 좀 더 많이 이용되었다. 이것은 상부에 모래층을 덮는 것이 아니라(20장), 모래를 그 안에 혼합시키는 것이다. 야쿠와[1918]는 일본에서 다섯 가지의 서로 다른 비율로 이탄과 양토를 혼합하여 $16m^2$의 상자에 이 혼합물을 넣고 여름 2개월 동안 20cm 깊이까지 온도변화를 측정하였다. 케른[1906]은 1951년에 독일의 도나우모오스에서 오래 경작된 소택지를 50%의 모래로 혼합된 주변 토양과 비교하였다. 페씨[1910]는 핀란드 중부(펠손수오, 64°N)에서 1952~1954년에 각각 $100m^2$ 크기의 4개의 면적에서 상이한 모래양이 혼합된 토탄(peat soil)들을 상세히 비교하였다. 표 19-2는 이 연구에서 발췌한 것이다. 모래가 혼합된 토양의 열 조건은 좀 더 많은 열을 흡수하여 열확산율을 증가시키고 증발을 감소시켰다. 이것은 평균온도와 최저온도를 상승시켰다. 이 차는 봄과 초여름에 가장 컸다.

바덴과 에겔스만[1901]은 독일 뤼네부르크 부근의 큰 쾨니히스모어에서 경작되지 않은 습지(B) 위의 접지기층과 같은 이탄토양에서 40년간 경작하여 개간된 목초지(M) 위의 접지기층에서 중요한 미기후 측정을 하였다. 표 19-3은 1951년 5월 8일과 8월 17일 사이에 지면 위 5cm 고도에서 통풍건습계로 14시에 매일 측정한 기록과 같은 높이에서 주간에 음지에 있던 알코올온도계로 야간 최저기온을 측정한 것에서 구한 월평균이다. 지금까지의 결과에서 예상되는 바와 같이, 자연 상태의 소택지 위의 기온은 좀 더 극심하게 주간에 높았으며, 야간에 낮았다. 상대습도뿐만 아니라 절대습도도 목초 위보다 소택지 위에서 낮았다. 토양의 수분함량을 지속적으로 측정하여 경작되지 않는 이탄토양은 80~90% 물을 포함하고 있었으나, 목초로 덮인 초지에서보다 증발이 작았다. 경작되지 않는 이탄토양에서 토양의 수분함량은 일기변화에 따라서 훨씬 더 많이 변했고, 더운 여름날에는 부피의 50%까지 감소하였다. 따라서 증발이 되는 목초지 위의 공기는 경작되지 않는 이탄토양 위의 공기보다 좀 더 습윤했으며, 좀 더 많은 수증기를 포함하고 있었다. 목초지 위에서 증발이 좀 더 많이 되었는데, 그 이유는 경작되지 않은 습지와 반대로 초지의 증발 표면적이 좀 더 넓었기 때문이다. 표 19-2에서 나타나는 바와

표 19-2 이탄토양에 모래를 추가한 효과

측정량	깊이 (cm)	이탄토양에 추가된 모래양(m³ ha⁻¹)			
		0	200	400	800
열전도율 λ (W m⁻¹ K⁻¹)	0~10	3.4	4.5	5.3	7.3
열확산율 a (10^{-7} m² sec⁻¹)	0~10	1.17	1.45	1.78	2.58
24시간에 지면에서 흡수된 열 (MJ m²) (1953년 6월 9일)		3.31	3.52	3.60	3.98
평균온도 (℃) 1953년 6월	5	15.7	16.0	16.0	17.0
	20	7.1	10.7	11.1	12.9
7월	5	16.0	16.6	16.5	17.3
	20	12.5	13.8	14.2	15.3
식생피복(귀리) 내에서의 최저온도(℃) 1951년 5월 서리가 내린 14일 야간의 평균		−3.6	−3.2	−2.9	−2.7
1951년 6월 서리가 내린 10일 야간의 평균		−3.9	−2.7	−2.6	−2.0
1954년의 평균 적설량 (cm) 1월		17	24	21	18
2월		26	32	30	19
3월		27	32	28	28
4월 17일		20	20	15	10

표 19-3 경작되지 않은 습지(B)와 개간된 목초지(M) 위 5cm에서 월평균 기온(℃)과 습도

월	기온(℃)						습도			
	최고		최저		일교차		상대습도(%)		수증기압(hPa)	
	B	M	B	M	B	M	B	M	B	M
5월	23.6	21.4	2.9	3.4	13.3	12.4	65	79	11.19	13.73
6월	22.4	20.8	5.6	6.2	14.0	13.5	63	77	17.07	20.27
7월	23.5	20.5	8.0	8.2	15.8	14.4	71	84	19.73	20.40

같이, 목초지를 개간하면 열확산율이 증가하여 주간에는 온도가 낮아지나 야간에는 온도가 높아진다.

또한 경작을 하면 토양의 성질이 변하게 되는데, 그 이유는 경작이 토양 내의 공기 비율을 높여서 열전도율을 떨어트리기 때문이다. 따라서 원예가나 농부들은 봄의 야간에 서리 위험이 있을 때 토양이 느슨해지는 것을 통해서 표면에서 온도의 일교차가 커지지 않게, 즉 야간의 최저온도가 낮아지지 않게 한다. 벤더[1902]는 다음과 같이 보고하고 있다. "감자밭에 하루 전에 잡초를 뽑은 부분의 식물들이 야간에 서리가 내린 후에 예외 없이 서리 피해를 입은 반면, 이 경우에 다행히도 잡초를 제거하지 않은 부분은 전혀 피해를 입지 않았다." 임학 경험보고서에서 가이거는 어린 참나무 주변의 지면에 있는 잡초를 가을에 제거하지 말아야 한다는 충고를 읽었는데, 그 이유는 잡초를 제거함으로써 민감한 어린 식물들의 새싹에 서리 위험이 커지기 때문이다. 농업에서 봄 서리 피해의 위험이 있을 때 곡물을 심은 곳에서 써레질하지 말아야 하며, 감자 식물 주위에 흙을 북돋우지 말아야 한다.

모래와 같은 큰 입자들을 갖는 토양에는 일부 큰 기공 또는 빈틈이 있는 반면에 작은 입자들을 갖는 점토는 작은 기공을 많이 가질 것이다. 사람들이 생각할 수 있는 것과 반대로 토양 속 공기의 비율은 입자 크기가 커질수록 감소한다. 드브리에스[1916]는 입자 크기에 대한 열전도율의 종속성이 이론적으로 토양입자가 타원형인 것을 가정하여 측정될 수 있음을 제시하였다. 반 두인[1903]은 드브리에스의 결과를 이용하여 토양 내에서의 에너지 흐름이 매번 같다는 가정하에서 느슨한 토양표면층의 두께가 어느 정도까지 온도의 일교차의 증가에 영향을 미칠 것인가 계산하였다. 온도의 일교차는 처음에는 급격하게 상승하다가 느슨한 층의 깊이가 이미 10cm에 달할 때 불변하는 값에 도달한다. 야간의 서리 위험을 염두에 두고 에너지 흐름이 변하는 것을 고려하면 우리는 서유럽의 중위도 기후에서 2cm 깊이까지 상부 토양층이 느슨해진 것이 습윤한 토양에서는 약 2°C, 건조한 토양에서는 약 3°C 야간 최저온도를 떨어뜨린다고 추정할 수 있다. 1년 중에 가을과 겨울에 토양을 가는 것은 갈아 놓은 층의 평균온도를 낮추는 것으로 보이나, 봄과 여름에는 평균온도를 높인다.

슈미트[1915]는 이미 1924년 8월 말의 야간에 새로 갈아 놓은 경지의 표면온도가 갈지 않은 경지의 표면온도보다 2°C 낮았고, 10cm 깊이에서 1°C 낮았다는 것을 밝혔다. 주간에 느슨해진 토양의 표면온도는 15시에 5.5°C 높았는데, 그 이유는 열전도율이 감소하였기 때문이다. 표면층의 밀도가 높아지면 서리 피해를 예방하는 데 도움이 된다는 결론이 나온다. 이것은 롤러를 굴려서 토양을 단단하게 해야 하는 이유가 된다(토양을 단단하게 하기 위해서 무거운 롤러를 토양 위로 지나가게 한다). 올손[1909]은 세 가지 서로 다른 유형의 표면의 5cm 위와 10cm 아래에서 온도를 측정하여 스웨덴에서 여러 가지 유형의 롤러가 미치는 영향을 조사하였다. 페씨[1911]는 핀란드에서 비교 측정하여 1.5°C의 토양온도 상승에 추가로 귀리 생산량이 증가하였다는 것을 제시하였다.

끝으로 토양의 에너지수지는 토양을 인공적으로 가열하여 향상될 수 있다. 모르겐[1907]은 1956년에 독일 트리어의 농업기상학 시험장에서 20cm 깊이에서 중앙난방으로 시험하여 이 시험을 통해서 경제적인 배관의 수를 이용하여 항시 불균질한 토양 내에서 열을 균등하게 분배하는 것이 얼마나 어려운가를 제시하였다. 뿌리 깊이에서 온도를 높여서 수확량이 증가한 것은 분명하였고, 온도를 1°C 높일 때마다 10% 정도 증가했다. 그러나 야간에 지면에 가장 가까운 층만이 따뜻했던 반면, 식물은 이미 0.5m 높이에서 서리 피해로부터 보호받을 수가 없었다.

제20장 · · · 지면 색깔, 표면온도, 지면덮개(멀칭)[1]와 온실

자연 표면의 알베도는 이미 표 4-2에 제시되었다. 토양수분은 증발량과 표면 알베도 둘 다에 영향을 준다(그림 4-2). 이것은 표면의 색깔과 함께 흡수되는 태양에너지의 양과 그에 따라서 표면온도에 영향을 준다. 그러므로 동일한 일기조건하에서 상이한 표면들 위의 복사수지를 나란히 측정하면 엄청난 차이가 나타난다.

그림 20-1은 람다스와 드라비드[2030]가 인도에서 야외조사를 한 결과이다. 왼쪽의 그림은 실험표면에서 40일의 실험기간의 온도변화를 나타낸 것이고, 오른쪽 그림은 변화되지 않은 비교표면의 온도변화를 나타낸 것이다. 관찰을 시작한 후 5일(시간 A)이 지나서 실험표면의 면화가 자라는 검은 토양을 흰색 석회가루의 얇은 층으로 덮었다. 바로 감지할 수 있는 냉각효과가 등온선이 가파르게 상승한 것으로 나타났다. 바람과 물이 흰색을 칠한 효과를 약화시키기 전에 표면들 사이에서의 온도차는 15°C에 달했고, 이 효과는 측정한 곳 중 가장 깊은 곳에서까지 느낄 수 있었다. 석회가루를 제거한 후(시간 B)에 실험면적에서 다시 비교표면에서와 같은 온도에 도달하기까지 1주일 이상 걸렸다.

급격한 표면 알베도 및 온도의 변화는 자연에서 화재로 인하여 시작될 수 있다. 화재 사건들은 전형적으로 단기간 지속되어 이것으로 이들 사건과 함께 보통 토양온도가 비

---

1) 멀칭(mulching)이란 짚이나 건초를 깔아 부초(敷草)하는 방법 등에 의해서 작물이 생육하고 있는 입지의 표면을 피복(被覆)해 주는 것을 말한다(http://lib.rda.go.kr/newdict/s_result_1.asp?pl=&TcLang=ENG&TcKey=m&pNum=51&TcMethod=RT).

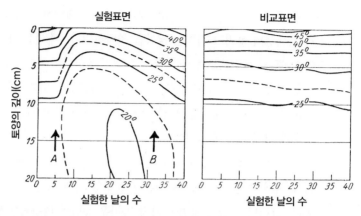

그림 20-1 인도에서 토양표면을 희게 하여 일어난 토양온도의 변화(L. A. Ramdas and K. Dravid[2030])

교적 작게 상승하는 것이 설명된다(M. J. Savage[2035]). 노턴과 맥개리티[1908]는 토양의 상층 15mm에서만 온도변화가 10℃를 초과한다는 것을 밝혔다. 그들은 연소될 물질의 양과 온도상승 사이에 분명한 관련성을 밝히지 못했다. (토양의 열전도율에 크게 영향을 주는) 수분의 양은 온도가 상승하는 범위와 양의 상관관계가 있었다. 앤더슨[2001]은 불에 탄 지역에서 30mm와 250mm에서 토양온도가 주간에 높았고, 야간에 낮았다는 것을 밝혔다. 이것은 아마 프레리 초지의 단열효과가 제거된 것과 불에 탄 지역의 낮은 알베도에 기인할 것이다(M. J. Savage[2035]). 라이스와 베드맨[2033], 헐버트[2018]는 생육기간에 평균 토양온도가 1~5℃ 사이 상승하는 것을 밝혔다. 초지 화재가 토양온도, 토양의 특성 및 미생물학적 역학(microbiological dynamics)에 미치는 영향을 다루고 있는 좀 더 많은 정보에 대해서는 보이젠과 타인톤[1904], 올드[2029], 세비지[2035]의 연구를 추천하겠다.

　이스라엘에서 여름에 높은 토양온도는 종종 수많은 채소 작물이 부적절하게 발아하게 하였다. 스탠힐[2039]은 이러한 온도를 하강시키기 위하여 탄산마그네슘(magnesium carbonate)으로 표면을 덮었다. 그는 이렇게 하여 7~10℃ 정도 평균최고온도가 하강한다는 것을 밝혔다.

　오크와 한넬[2028]은 키가 작은 초지 위에서 이와 유사한 실험을 하였다. 3개의 밭이 이용되었다. 첫째로 활석가루로 희게 만든 표면, 둘째로 탄소로 검게 만든 표면, 셋째로 비교하기 위해서 변화시키지 않은 표면이 이용되었다. 여름의 주간에 검게 만든 밭의 10mm 깊이에서 최고온도는 비교표면보다 6℃ 이상 높았고, 희게 만든 표면에서 비교표면보다 8℃ 낮았다(그림 20-2). 야간의 온도차가 작아도 활석가루를 뿌린 흰 표면의 온도는 낮았다.

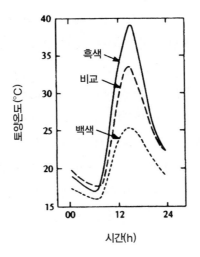

그림 20-2 토양의 색깔을 변화시킨 것이 토양온도에 미치는 영향(T. R. Oke and F. G. Hannell[2028], T. R. Oke[3332]에서 재인용)

아데리킨[2000]은 러시아의 무르만스크와 모스크바 부근에서 1948~1951년까지 자연 표면, 인공적으로 검게 만든 토양 및 희게 만든 토양 위 50cm 높이에서 기온을 비교 측정하였다. 바람이 없는 날들에 기온은 검게 만든 토양 위에서 희게 만든 토양 위보다 3~5°C까지 높았고, 자연 토양 위보다 2~3°C까지 높았다. 이러한 기온차는 토양의 수분함량이 감소할수록 증가했다.

에렌베르크[2006]는 아르헨티나의 멘도사(32°53'S)에서 가루를 살포하여 희고, 검게 만든 건조한 토양의 표면 아래 1cm에서 10°C까지의 온도차를 측정하였다. 그는 이론적, 기술적 관점에서 색채 실험을 습도 실험과 결합시켜서 대규모로 토양에 실제로 색깔을 입히는 가능성을 조사하였다. 희게 만든 밭과 검게 만든 밭을 같은 정도로 흠뻑 적셨다. 우선 검게 만든 밭에서 좀 더 많이 증발하는 것이 색깔의 영향과 반대되기 때문에 온도차는 5°C에 불과하였다. 비가 오지 않고 수주일이 지난 후에 검게 만든 밭은 말랐으나 희게 만든 밭은 여전히 물을 방출하여 온도차가 14°C까지 증가하였다. 서리와 관련된 문제를 최소화하기 위한 가능한 방법으로 석탄가루로 토양을 검게 하는 것은 54장에서 논의될 것이다. 토양이 젖어 있는 한 대부분의 순복사(Q^*)는 토양을 마르게 하는 데 이용될 것이지만, 토양이 마르면 느낌열(Q_H)은 증가한다(W. E. Reifsnyder and H. W. Lull[2933]).

도르노[2004]는 페인트가 나무의 온도에 미치는 영향을 조사하였다. 그는 이러한 목적을 위해서 스위스 다보스의 남향의 발코니 위에 높이 3cm, 직경 2.5cm의 4개의 실린더형의 나무 조각을 세워 놓았다. 698W m^{-2}의 입사태양복사는 주변의 온도보다 다음과 같이 목재의 온도를 높였다. 연백(鉛白) 페인트는 10.8℃, 담홍색 페인트(다마르 광택제를 포함한 아연화)는 11℃, 황색 황토 페인트는 14.4℃, 적색 유성 페인트는 15.7℃, 끝으로 그을음으로 덮인 나무 조각은 16.9℃의 온도를 높였다. 슈로프[2037]는 기술표면(독 : technische Oberfläche)에 대해서 유사한 측정을 하였다. 해당 표면들을 5cm 두께의 절연되는 코르크 판 위에 놓고 열전소자(thermo-element)로 양지와 무풍일 때 온도를 측정하였다. 그는 같은 조건하에서 주간에 검은 종이는 45℃까지, 검은 에나멜은 55℃까지, 흰색 표면은 15℃에서 20℃까지 온도가 상승하게 한 반면, 광택이 나는 알루미늄 은박지에서는 불과 15℃에 도달하였다는 것을 밝혔다. 야간에 모든 표면은 백엽상 높이의 기온보다 2~4℃까지 낮은 온도를 가졌다.

표면 색깔의 중요성은 수직면에서도 인식되어 실제로 평가되었다. 샨데를과 베거[2036]는 2년 동안 독일 가이젠하임에서 격자 울타리벽 색깔의 영향을 조사하였다. 이 벽은 부분적으로 자연적인 연갈색으로 남아 있었고, 부분적으로 흰색이나 검은색을 칠하였다. 남서 방향에 면한 3m 높이의 벽 전면에 심은 토마토의 성장과 수확량이 지속적으로 관찰되었다. 10cm의 거리에서 기온차는 더 이상 발견되지 않았으나 토마토의 복사 조건은 변하였다. 햇빛이 나는 7월 어느 날에 흰색 벽 앞에서 반사된 단파복사량은 검은색 벽 앞에서보다 56% 많았다. 이것이 토마토 수확량을 증가시켰다. 검은색을 칠하여 좀 더 따뜻한 벽의 장파복사는 식물이 좀 더 빠르게 성장하게 하였으나, 수확량은 낮았다. 흰색 벽 앞의 높은 수확량은 페인트 비용이 경제적임을 입증했다.

베거[2047]는 1943년에 복숭아나무로, 1947년과 1948년에는 포도나무로 이러한 실험을 반복하였다. 복숭아나무는 흑색 벽 앞에서 목재가 가장 잘 성장했다. 즉 흰색 벽 앞에서보다 흑색 벽 앞에서 목재가 31% 더 성장하였고, 자연색의 격자 울타리벽 앞에서보다 24% 더 성장하였다. 2회의 실험에서 1m 길이의 어린 가지 위의 꽃봉오리 수는 흑색 벽 앞에서보다 흰색 벽 앞에서 각각 75%와 190% 더 많았다. 포도나무에서 목재가 가장 잘 성장한 것은 흰색 벽 앞에서 나타났고, (증명되지 않았지만) 포도즙의 중량이 증가하였다.

토양표면의 색깔이 미치는 영향에 관한 지금까지의 보고서에서는 당연히 이상적인 흑색 표면이 가장 높은 온도를 가져야 한다고 제시되었다. 그러나 실제로 나타나는 자연 표면의 최고온도를 알고자 한다면, 다른 인자들도 표면온도에 영향을 준다는 사실을 고려해야 할 것이다. 자연 표면의 온도는 태양고도, 하늘 조건, 지면의 경사, 아래에 놓인 토양의 열전도율과 열용량뿐만 아니라 표면 위의 공기 이동에 의해서 부분적으로 조절된다. 더프톤과 베케트[2005]는 표면온도가 흑구온도계(black-bulb thermometer, 진공상태로 검게 만든 구)의 표면온도를 능가할 수 있음을 제시하였다. 예를 들어 단열된 바다 위의 지붕 판지(roofing paper)가 65.5°C까지 가열된 반면, 흑구온도계는 56.1°C에 달했다. 검은색을 칠한 측면들로 단열되고 유리판으로 덮은 상자 안에서 온도를 측정했을 때에는 120°C였다.

후버[2017]가 행한 관측에 의하면 독일의 자연 조건하에서 70°C까지의 표면온도와 약간 그 이상의 온도가 반복해서 관측되었다. 바르타야[2044]는 모든 가능한 측정오차를 주의 깊게 고려하여 핀란드 남부에서 63°C의 최고온도와 함께 50~60°C까지의 표면온도를 측정하였다.

새로이 발아한 묘목들은 정오의 토양온도가 이렇게 극심한 수준에 도달할 때 열 피해(heat damage)를 받을 위험이 있다. 이러한 위험은 완전히 수관 군엽(canopy foliage)이 없어서 토양표면을 강하게 복사 가열할 수 있는 이른 봄에서 늦은 봄까지 특히 자주 일어난다. 열 피해는 북반구의 중위도 지역 내에서 평탄하거나 남 사면, 남동 사면, 또는 남서 사면에서, 그리고 낮은 열용량과 전도율을 가진 나지 토양, 또는 많은 유기물 함량을 갖거나 최근에 불에 탄 검은 토양에서 가장 흔히 일어날 수 있다.

스토우티에디이크[2040] 역시 네덜란드에서 겨울 동안 낮은 열전도율을 갖는 소나무 잎으로 덮인 곳 위의 온도가 주변 공기의 기온보다 실제로 높다는 것을 관측하였다. 그는 주간에 소나무 잎 덮개의 온도가 12월에 28°C, 2월에 37°C 이상이 되는 것을 발견하였다. 말라서 분해되고 있는 초지 덤불(grass tussock) 위에서 2월 말에 온도 초과(temperature excess)가 50°C까지 된 사실이 밝혀졌다. 스토우티에디이크[2040]는 많은 곤충과 작은 동물들이 이렇게 국지적으로, 계절에 맞지 않는 따듯한 온도의 혜택을 누린다는 것을 지적하였다.

노이바우어[2025]는 아프가니스탄에서 토양온도를 800회 측정하였다. 그는 잘랄라바드(34°27'N)의 북쪽 사막에서 1951년 8월 4일 14시 20분에 1.5cm 깊이에서 60.2°C의 최고온도를 측정하였다. 이것은 기껏해야 70°C의 표면온도에 상응한다. 북아메리카에서 기록된 최고표면온도는 미국 캘리포니아 주의 데스밸리에 있는 퍼니스 크릭에서 93.9°C였다(P. Kubecka[2020]).

한대기후에서조차 표면온도는 높을 수 있다. 1938~1939년에 리처(A. Ritscher)가 인솔한 독일 남극탐험대는 70°41'S의 빙하대륙(ice continent)의 한가운데에서 일련의 얼지 않은 호수를 발견하고 놀랐다. 탐험대의 기상학자인 레굴라[2032]가 증명하고 있는 바와 같이, 화산의 가열(volcanic warming)은 이러한 현상을 설명하는 데 필요하지 않았다. 오히려 얼지 않는 물은 (약 0°C의 기온에서) 태양복사로 짙은 적갈색 바위가 가열된 것에 기인하였다.

토양표면의 불리한 성질은 자주 비교적 단순한 방법으로 개선될 수 있다. 앞서 논의되었던 토양에 색깔을 입히는 것 이외에 수많은 다른 방법이 사용될 수 있다. 토양표면 위에 원하는 좀 더 나은 성질을 가진 토양층을 덮거나, 토양의 성질을 개선하기 위해서 요소들을 토양과 혼합하거나(멀칭), 바람직하지 못한 상층토를 완전히 제거하는 것 등 이 있다.

멀칭은 열이나 수증기 흐름에 장애물을 만들기 위해서 다른 토양을 덮거나 토양덮개 층을 만드는 것이다. 멀칭을 하는 목적은 토양수분을 보전하고, 토양의 지나친 냉각을 막거나 토양을 따뜻하게 하는 것일 수 있다. 뿌리덮개(mulch)는 잡초, 잔디를 깎는 일, 건초, 대팻밥, 낙엽, 잘게 찢은 신문지, 알루미늄 포일, 자갈, 여러 유형의 비닐 덮개, 종 이 또는 포말(foam)로 이루어진다.

드브리에와 드위트[2045]는 서리 위험을 줄이기 위해서 모래로 위를 덮은 이탄토양 에서 인공 덮개를 덮은 토양에서의 온도변화를 이론적으로 조사하였다. 2개 층의 토양 에서 3개 층의 토양, 즉 건조한 모래, 습윤한 모래와 이탄토양이 바로 발달하였는데, 이 모두는 열전도율과 열용량이 달랐다. 계산에 의하면 10~15cm 두께의 모래 덮개는 이 탄토양의 매우 높은 야간의 서리 위험을 순수한 모래의 서리 위험 수준으로 완화시키기 에 충분한 것으로 나타났다. 서유럽의 봄 날씨에서 대체로 최상층 3cm에서 나타나는 바와 같이 모래가 건조해지면, 이미 10cm 이하의 모래 덮개가 이탄토양의 단점을 제거 하기에 충분할 것이다. 물론 최상층을 모래로 덮는 일은, 모래를 이탄토양과 혼합하면, 이것이 다른 이유로 흔히 행해지는 것보다 좀 더 효과가 있다(19장).

베거[2047]는 발아하는 식물을 보호하기 위해서 광물 토양 위에 뿌린 5cm 두께의 이 탄가루 또는 톱밥층의 영향을 조사하였다. 정오에 덮개층의 온도는 낮은 열전도율 때문 에 크게 상승하였다. 예를 들어 맑은 여름날(1947년 7월 24일)에 톱밥의 표면 아래 2cm에서 온도가 44°C까지 상승하였고, 검은 이탄가루 아래에서는 온도가 53°C까지 상 승했다. 토양 속으로 2cm 깊이(표면으로부터 7cm)에서 같은 날 최고온도는 이탄가루 로 덮은 토양에서 30°C에 불과했고, 톱밥으로 덮은 토양에서는 29°C였으나, 덮지 않은 토양에서는 44°C에 이르렀다. 토양으로부터 나오는 식물의 예민한 부분(포도나무에서 접붙이기를 한 부분)은 이를 통해서 과열과 토양이 마르는 것으로부터 보호되었다. 러 드로우와 피셔[2021]는 *Macroptilium atropurpureum*[2]의 죽은 잎의 양은 식물 주위에 쌓인 낙엽의 양과 양의 상관관계가 있는 것을 밝혔다. 그들은 낙엽이 토양 속으로의 그 리고 토양으로부터의 에너지 플럭스를 방해하여 낮은 야간의 표면온도와 잎의 온도가

---

2) 콩과(—科, Fabaceae)에 속하는 식물로 영어명으로 Siratro이다. 이 품종은 사료 식물로서 열대 아메리카가 원산 지이다.

나타나게 하고, 헐벗은 토양 위에서 나타나는 것보다 낙엽 위의 잎들에 좀 더 많은 서리 피해를 준다고 제시하였다.

카일[2019]은 불리한 표층을 제거한 인상적인 사례를 제시하였다. 시베리아 북부에서 야쿠츠크의 토양은 여름에 표층만이 녹는 영구동토이다. 낮은 전도율을 갖는 두꺼운 이끼층은 증발에 이용되지 않는 복사에너지가 좀 더 깊은 토양층에 도달하는 것을 막는다. 제2차 세계대전 동안 여러 실험지역에서 이 이끼층이 제거되었다. 이로 인하여 매년 좀 더 감지할 수 있는 만큼 가열되게 되었다. 식물의 생산량이 향상되어서 이 방법을 더욱 넓은 지역에 적용하였다. 따라서 1939년까지 불모지였던 지역에서 활발하게 농업이 발달하였고, 이로 인하여 그 지역에 풍부한 광물을 채굴할 수 있었다.

작물 수확을 증대시키기 위해서 멀칭의 효과가 시험되면서 반복하여 제시되었다. 한 장소의 기존의 기후와 국지적인 위치의 성질이 이러한 계획의 성공과 수익성을 결정할 것이다. 뿌리를 덮는 특정한 물질을 선별하는 일은 어떤 기후인자가 극대화되어야 할 필요가 있는가에 종속된다. 몇 가지 사례가 가능한 해결책으로 제시될 것이다.

구르나와 무티[2010] 그리고 반비이크 등[2044]은 풀과 다른 유기물 뿌리덮개가 토양을 단열하여 일반적으로 온난한 기간에 낮은 토양온도와 한랭한 기간에 높은 토양온도가 나타나게 한다는 것을 밝혔다. 스피틀하우스와 스타터스[3426]는 토양 위에 유기물 뿌리덮개를 하는 것이 낮은 열전도율 때문인 반면, 표면온도 범위는 훨씬 더 크며, 표면 아래에서 표면온도 범위가 크게 감소할 것이라고 지적하였다. 구르나와 무티[2010]는 또한 폴리에틸렌 뿌리덮개가 토양온도에 크게 영향을 미칠 수 있는 것을 밝혔다. 흰색 폴리에틸렌 뿌리덮개는 토양온도를 실제로 변하지 않게 하였으나, 검은색의 투명한 폴리에틸렌 뿌리덮개는 토양온도를 크게 상승시켰다. 햄 등[2011]의 연구 결과는 흰색 플라스틱이 나지 토양보다 토양온도를 낮췄다는 것을 제외하고 유사하였다.

사토[2034]는 일본의 관개한 논에서 어린 식물이 고온에 노출되는 것을 완화시키는 방법을 찾는 유사한 과제에 직면했었다. 그는 논의 수면 위에 볏짚이나 잘라 놓은 풀을 덮어 1953년 8월 12일의 사례에 대한 표 20-1에 제시된 최고온도를 관측하였다. 대부

표 20-1 1953년 8월 12일 논의 최고온도

측정 지점	개방된 논	풀을 이용한 덮개	볏짚을 이용한 덮개
물속에서	41.4	38.5	38.2
지표	42.3	37.5	36.6
토양 속 5cm	38.0	34.5	33.0
토양 속 20cm	30.3	29.3	29.0

분의 태양복사가 논의 수면 위의 볏짚 내에서 또는 풀로 만든 매트 내에서 흡수되기 때문에 매트 아래의 물과 토양표면은 주목할 만하게 차가웠다.

수확 후에 작물의 잔재가 토양표면 위에 그대로 남아 있는 곳에서의 무경농업(無耕農業, no-till farming)[3] 또는 작물의 잔재를 얕은 깊이(<20cm)까지만 가는 보존경운(conservation tillage)을 하는 것이 많은 농업지역에서 좀 더 흔하게 되었다. 토양표면 위나 부근에 작물 잔재를 남겨놓는 것은 토양 미기후(soil microclimate)에 다양한 변화를 일으켜서 토양환경을 물리적·생물학적으로 크게 개선시킬 수 있다. 그렙[2009]은 작물 잔재와 뿌리덮개가 토양온도를 떨어뜨리며, 수증기 확산을 늦추고, 토양표면에서 풍속을 감소시켜서 토양의 물 증발을 감소시키는 것을 밝혔다. 해트필드와 프뤼거[2013]는 미국 텍사스 주 러벅 부근 아건조 환경에 서 있는 밀 그루터기에 심은 면화의 연구 결과와 아이오와 주 앤케니 부근 습윤한 환경에서 작물의 잔재가 있는 평탄한 경지에 심은 옥수수의 연구 결과를 보고하였다. 서 있는 식물의 잔재는 많은 중요한 변화를 일으켰다. 총물소비량은 작물을 심은 후 처음 30일 동안 5mm 감소하였으며, 토양의 물 증발은 1/2이 감소하였고, 총잎면적과 물이용효율은 증가하였다. 평균토양온도는 서 있는 밀 잔재의 모든 깊이에서 따뜻해졌고, 토양온도의 일교차와 토양온도의 극값은 그에 상응하게 감소하였다. 서 있는 밀밭 위의 기온은 주간과 야간에 일반적으로 좀 더 높았다. 서 있는 그루터기에 의한 풍속의 감소도 면화 수관 주위에서 주간의 수증기압 부족을 감소시켰다. 일반적으로 서 있는 잔재는 아건조 지역에서 성장 환경에 많은 긍정적인 변화를 일으켰다. 미기후가 습윤 지역의 작물의 잔재가 남아 있는 평탄한 경지에서 자라는 옥수수에 미치는 영향은 훨씬 덜 중요하였다. 브리스토우[2002]는 뿌리덮개의 표면온도를 나지 토양의 표면온도와 비교하여 둘 다 축축할 때 유사한 온도를 갖는 것을 밝혔다. 나지 토양이 마르는 주간에 그 표면온도는 뿌리덮개의 표면온도보다 더욱 따뜻해졌다. 뿌리덮개의 구조(표면을 가로질러 균일하게 잘라 놓은 죽은 뿌리덮개. 그대로 수직으로 남아 있는 뿌리덮개)는 표면온도에 아무런 영향도 주지 않는 것으로 나타났다.

버트 등[2003]은 뿌리덮개가 토양으로부터의 증발에 미치는 영향을 다음과 같이 요

---

3) 땅을 갈지 않고 씨앗을 심을 틈새나 골만 만들어 경작하는 농업기술이다. 이전에 심었던 작물의 찌꺼기로 모판을 덮어 보호한다. 원시적인 농업기술 가운데 하나이며 20세기 들어 토양 보존방법으로 다시 이용되고 있다. 잡초의 성장을 자극하는 밭갈기 과정이 없어 농작물과 양분섭취를 두고 경쟁하는 잡초가 적어지므로 화학비료의 필요성이 줄어든다. 무경농업에서는 식물이 지표를 덮고 있음으로써 극심한 자연의 변화로부터 어린 식물을 보호한다. 그러나 지표의 온도를 내려가게 하기 때문에 일부 지역에서 이 농업은 어릴 때 낮은 온도에서 자라는 품종에만 제한하여 사용한다(http://preview.britannica.co.kr/bol/topic.asp?article_id=b08m0022a).

약하였다.

"1. 단기간(그리고 아마도 장기간)의 토양증발 감소량은 토양표면 뿌리덮개가 … 증가할수록 증가할 것
 이다.

 2. 무경농업 대 전통적인 경운 실습을 이용하여 토양 증발을 줄인다…

 3. 나지 토양 조건에 대해서… 증발량은 물 투입이 증가할 때 증가한다. 반대로 토양표면 위에 펼쳐진 뿌
 리덮개가 있는 나지 토양 조건에 대해서 토양증발량은 물 투입량과 거의 동일하다…

 4. 강우가 관개로 보충될 때 토양표면 뿌리덮개를 추가한 것은 토양증발을 줄인다 …

 5. 토양증발 감소의 백분율은 관개량이 증가할수록 증가한다…

 6. 추가적인 관개에 의존하는 생산 농업에 대해서 무경농업, 서 있는 그루터기에 씨를 뿌리는 것, 표면 뿌
 리덮개를 이용하는 것은 약 35~50%까지 계절적인 토양증발을 줄이는 것으로 나타났다…"

작물의 잔재가 토양표면의 복사수지와 에너지수지, 토양의 수분함량, 토양온도에 미
치는 영향에 관한 개관은 호튼 등[2013]에서 찾을 수 있고, 작물의 잔재가 증발, 작물성
장과 수확량에 미치는 영향은 햇필드 등[2014]이 개관하였다.

바람은 뿌리덮개 내에서 발생할 수 있다. 노박 등[2026]은 주간에 짚 뿌리덮개 내에
서의 (강한 바람) 풍속은 뿌리덮개 위의 바람에 의해서 크게 영향을 받는다고 보고하였
다. 그렇지만 야간(약한 바람)에는 뿌리덮개 내의 바람이 뿌리덮개 위의 바람과 분리된
다. 이 시간에 풍속은, 서로 크게 상관관계가 있기는 하지만, 뿌리덮개 위의 풍속과는
높은 상관관계가 없다. 야간에 뿌리덮개 내에서의 불안정 조건은 자유대류가 일어나게
한다.

베거[2048]는 토마토 식물 열의 양측에 원예가들이 온상을 덮기 위해서 채택한 유리
창과 같은 5° 각도로 기울어진 유리창을 설치하고, 그 안에 물이 통하게 하였다. 유리에
서 반사된 복사가 식물에 도움이 되게 하였다. 3cm의 여유 공간이 있는 유리 아래에서
기온은 정오에 40~55°C까지 이르렀다. 야간에조차 폐쇄된 공기는 유리로 덮지 않은
토양 위의 공기보다 4~6°C까지 높았다. 이 연구로 단지 한 잡초(*Portulaca oleracea*)만
이 이러한 '살인적인 미기후(독 : mörderisches Kleinklima, 영 : murderous micro-
climate)' 에서 살아남을 수 있다는 생각지 않은 매우 유용한 효과가 밝혀졌다. 1952년 6
월 3일에 5cm 깊이에서의 토양온도는 표 20-2에 제시되었다. 이와 같은 가열은 주로
(온실에서와 같이) 혼합을 감소시키는 유리의 영향에 기인하였다.

과거에는 온실이 대기에서와 같은 과정으로 가열된다고 믿었다. 즉 유리가 단파복사
는 통과시키나 장파방출복사는 흡수한다고 믿었다. 이러한 사실은 1909년에 우드

표 20-2 유리 덮개가 지표 아래 5cm 깊이의 토양온도에 미치는 영향

온도(℃)	나지 토양	유리판 사이 식물의 열	유리 아래
최고	24.4	25.7	38.1
일평균	19.2	21.1	27.3
최저	15.6	18.5	20.3

[2050]에 의해서 본질적으로 틀린 것임이 증명되었다. 그는 두 개의 작은 모형 온실을 만들었다. 하나는 유리로 만들고, 다른 하나는 암염으로 만들었다. 후자는 단파복사와 장파복사 둘 다에 대해서 투명했다. 햇빛을 받았을 때 두 모형은 대략 같은 수준의 내부 온도에 도달했다. 이러한 사실은 온실의 높은 기온이 주로 유리가 장파방출복사를 흡수한 결과가 아니라는 것을 증명하는 것이다(R. G. Fleagle and J. A. Businger[2007]). 밀폐된 창을 가진 온실 또는 자동차가 외부 공기보다 따뜻한 주 이유는 혼합이 감소하는 데 있다. 태양이 지면을 가열하고, 지면이 다시 공기를 가열할 때, 이렇게 따뜻해진 공기는 수천 피트 상승할 수 있다. 온실 또는 자동차 안에서 벽과 지붕은 혼합이 되는 것을 제한하여 열은 상대적으로 좁은 부피에 가둬진다. 벽으로 인하여 혼합이 감소하는 것은 온실 내에서 나타나는 주간에 기온이 과도한 것을 설명하는 데 유리에 의한 장파복사의 흡수보다 4배 또는 5배 정도 중요하다. 19장에서는 혼합의 감소로 접지기층에서 야간에 낮은 기온이 나타난다는 것을 명백하게 제시하였다. 야간에 온실의 유리는 상당한 양의 장파에너지가 통과하도록 하고, 에너지를 방출하여 그 표면이 주위의 기온 이하로 냉각된다(대부분 유형의 코팅을 하지 않은 유리의 방출율은 약 0.84가 된다). 야간에 온난한 공기가 혼합되는 것이 지연되어 온실(또는 자동차)의 온도는 주변 공기의 기온보다 낮을 수 있다. 그림 29-11은 꽃들 주변에 여러 유형의 자루를 놓아 혼합을 줄여서 자루들 내의 야간 기온이 주변 기온보다 낮아진다는 것을 제시하고 있다. 휘틀과 로렌스[2049]는 (연중) 온실 내부의 야간 기온이 온실 외부의 기온과 같거나 약간 낮다는 것을 제시하였다. 핸슨[2012], 타카쿠라[2041]와 마네라 등[2022] 역시 온실 내부에서 낮은 야간 기온을 관측하였다. 그렇지만 온실의 지면이 주간에 실제로 좀 더 많은 양의 에너지를 흡수하기 때문에 이를 통해서 야간에 지면이 다소 온도가 높은 것으로 기대할 수 있을 것이다. 차후의 연구에서 타카쿠라[2042]는 온실 야간 기온의 주요 부분이 온실의 외부 기온보다 낮고, 지면 부근에서는 높았다는 것을 관찰하였다. 이것으로 지면 위 3cm 높이의 유리 아래에서 야간 기온이 노천의 기온보다 높았다는 (앞에서 인용한) 베거[2048]의 관측이 설명된다. 따라서 주간에 기온 과잉을 일으키는 주 인자였던 혼합의 감소가 또한, 주간에 흡수된 열이 야간에 공기를 좀 더 따뜻하게 하는 접지기층을 제

외하고, 야간에 주변 기온보다 낮은 가열되지 않은 온실의 기온이 나타나게 하였다.

가열되지 않은 온실에서 야간 기온은 부분적으로 주간에 적외선을 흡수하는 유리(와 유리 코팅)의 질, 온실에서 바닥과 내용물이 흡수하는 에너지양, 그리고 구름량에 종속될 것이다. 이와 다소 관련된 연구에서 마트솔프 등[2024]은 구멍이 많은 덮개로 감귤류 과수의 측면과 정상을 덮었다. 기대되는 바와 같이 풍속은 적어도 80% 감소되었다. 이 덮개는 입사태양복사를 약 66% 감소시켰다. 야간에 잎의 온도는 평균적으로 덮개를 덮은 과수의 바깥쪽의 잎들보다 1.2~1.7°C 차가웠다. 이것은 아마도 혼합의 감소와 주간에 토양이 가열되는 것이 감소한 것 둘 다에 기인할 것이다. 덮개를 덮은 과수의 내부에서 히터를 이용하여 온도를 약 0.6°C 높였다. 이로 인하여 덮개를 덮은 과수의 온도가 덮개를 덮지 않은 과수보다 0.6~1°C 낮아졌다. 야간의 열 손실과 관련된 문제를 최소화하기 위한 시도에서 온실을 열 스크린(thermal screen)으로 덮었다. 장 등[2051]은 이중의 폴리에틸렌 덮개가 야간의 열 손실을 23~24% 줄였다는 것을 밝혔다. 독자들은 지면 위를 플라스틱 덮개로 씌우는 내용에 관한 정보를 왜곤너 등[2046]에서 참고할 수 있다.

메이슨[2023]은 야간에 온실의 기온이 왜 더 낮은가를 탁월하게 설명하였다. 그는 다음과 같이 언급했다. "야간에 식물들과 토양으로부터의 장파복사는 유리의 알베도가 높을 때에만 온실 내부에서 잡힐 것이고 — 장파복사에 대한 유리의 알베도는 무시될 수 있는 정도로 0에 가깝다 … 장파복사가 반사되지 않으면, 투과되거나 유리에 의해서 흡수된다. 장파복사에 대한 유리의 투과율은 낮다. 흡수는 많아서 유리의 온도는 상승해야한다. 유리 표면이 아래에 놓인 표면(식물들과 토양)보다 따뜻한 한 합성복사 플럭스는 아래를 지향할 것이고, 온실 내부에서의 기온하강은 느릴 것이다. 그렇지만 이것은 유리도 하늘로 복사한다는 사실을 무시한 것이다. 사용된 유리는 낮은 열용량과 함께 얇다. 유리의 열전도율은 좋다. 그러므로 유리의 내부 표면이 장파복사로 가열될 때 이 열은 재복사되는 외부 표면으로 빠르게 전도된다. 유리 간섭의 유일한 영향은 식물 등으로부터의 복사가 직접 우주로 통과하는 대신에 유리를 경유해서 우주로 통과하는 것이다. 유리가 매우 차갑게 되면, 유리에 가까운 공기는 전도에 의해서 냉각되어 온실 내의 폐쇄된 공기는 빠르게 냉각된다. 온실의 유효성은 온실의 공기가 자유대기의 공기와 난류혼합되는 것을 전적으로 또는 현저하게 감소시킨다는 사실에 있다. 이것은 주간에 매우 유용한 목적으로 이용될 수 있으나," (서리와 관련되는 한) 우리가 야간에 원하는 것과 정반대이다.

제만[5141]은 포괄적인 온실기후의 설명과 온실기후에 영향을 주는 수많은 가능성에 대해서 발간했다. 투명한 유리(창유리)와 한쪽에 갈은 유리를 끼우는 방법은 입사태양복사에 작은 영향만을 미친다. 손실량은 반사에 의해서 7~8%, 전체 태양복사 스펙트럼(0.32~2.8μ)에 대한 흡수에 의해서 8~15%이나 가시복사(0.4~0.7μ)에 대해서는 불과 2~3%이다. 그렇지만 불가피하게 유리가 더럽혀지는 것을 실제로 고려해야만 한다. 더러워진 유리는 이러한 손실을 5%까지 하향시킬 수 있으나, 산업지역들에서는 극심한 경우에 50%와 심지어 70%를 초과할 수 있다(A. Niemann[5132]).

"많은 나라에서 곤충이 온실 안으로 들어오는 것을 줄이기 위해서 흔히 스크린을 사용하고 있다. 스크린은 이동하는 곤충들이 식물에 도달하는 것을 막는 기계적인 장애물로 작용한다." 스크린은 또한 통풍을 줄여서 높은 기온과 습도가 나타나게 한다(M. Teitel[2136]).

온실의 미기후는 또한 온실이 건축되어 사용되는 방법에 의해서도 영향을 받는다. 동서 방향으로 지은 온실은 유럽 기후에 대해서 겨울과 점이 계절들에 북남 방향으로 지은 온실보다 뛰어난 것으로 나타났다. 경사가 급한 유리지붕이 평탄한 유리지붕보다 겨울에 더 낫다. 그늘 지게 하는 구조 부분들의 위치와 수가 중요하다. 빛을 산란시키는 원예유리(gardening glass)가 창문 유리로 선호되는데, 그 이유는 이 유리가 빛의 뚜렷한 차이와 지붕 버팀목의 그늘을 감소시키기 때문이다. 독자들은 온실을 건축할 수 있는 수많은 물질의 열적인 성질과 단수의 유리창과 복수의 유리창의 온실이 갖는 이로운 점에 관한 많은 정보에 대해서 한손[2012]과 니이스켄스 등[2027]을 참조할 수 있다.

온실의 기온은 또한 내부의 식물들의 영향도 받는다. 샤마 등[2038]은 식물로부터의 좀 더 많은 증발로 인하여 식물 온도가 물질생산량(biomass)이 증가하는 것에 따라 하강하는 것을 밝혔다. 그렇지만 야간에 식물 온도와 실내 기온은 저장된 열의 방출로 인하여 물질생산량이 증가함에 따라 상승하였다.

온실 미기후의 원리 역시 작은 폐쇄된 공간 내에서 관측될 수 있다. 킹[5123]은 자동차 내부에서 측정을 하였다. 처음 측정을 한 후에 자동차의 색을 흑색에서 백색으로 바꾸었다. 이 자동차는 그 안에 두 사람이 탄 채 독일의 튀빙겐에 있는 궁전 정원에 서 있었다. 부근의 은신처(shelter)와 비교한 온도 초과와 내부의 실제 기온이 표 20-3에 제시되어 있다. 두 번째 경우에 날씨가 좀 더 따뜻했고, 자동차가 좀 더 많은 복사에 노출되었을지라도, 내부가 좀 더 서늘했다. 자동차의 양지 쪽의 온도는 음지 쪽보다 2.5~3.5°C 높았다. 자동차가 움직일 때 도로 위에서 동시에 측정된 공기의 기온 이상의 내부의 온도 초과가 표 20-4에 제시되어 있다. 백색 자동차가 흑색 승용차보다 서늘했던 것과 함께 색깔의 영향은 자동차가 80km hr^{-1}의 속도로 달릴 때조차 상당했다.

기차나 비행기에서 측정한 것은 거의 없다. 기차, 트레일러, 비행기의 미기후는 중요한데, 그 이유는 그들이 수송하는 화물이 일기상태에 민감할 수 있기 때문이다. 카글리

표 20-3 자동차 내부의 온도상태

색깔	측정	시간		
		08:00	10:00	12:00
흑색	전천복사(W m^{-2})	90.7	237.3	286.1
(5월 9일)	온도 초과(°C)	3.0	10.6	19.4
	자동차 온도(°C)	15.6	28.0	40.6
백색	전천복사(W m^{-2})	132.6	279.1	314.0
(5월 29일)	온도 초과(°C)	1.2	3.0	12.0
	자동차 온도(°C)	21.0	26.2	37.4

표 20-4 외부 공기의 온도보다 높은 이동하는 자동차 내부에서의 온도 초과(°C)

속도(km hr^{-1})		0	20	40	60	80
검은 승용차	닫힌 창문	14.0	12.5	12.1	11.9	11.3
	열린 창문	9.2	7.9	6.8	6.1	5.4
흰색 승용차	닫힌 창문	7.3	6.6	6.0	5.7	5.6
	열린 창문	4.4	3.9	3.5	2.6	2.5

올로[5106]는 아르헨티나에서 과일을 수송하기 위해서 고안된 세 가지 유형의 차 내부에서 최고기온과 최저기온을 측정하였다. 포터[5136]는 미국 애리조나 주에서 외부의 기온이 46°C였을 때 덮개가 있는 화물자동차의 지붕 아래에서 67°C까지의 온도를 측정하였다.

제21장 ··· 토양수분과 토양동결

토양의 수분함량은 중량 또는 부피의 백분율로 표현된다. 이들 중 첫 번째는 건조한 토양의 중량에 대한 물 중량의 비율로 정의된다. 두 번째는 자연상태의 습윤한 토양의 부피에 대해서 흡수된 물 부피의 비율(%)이 된다. 토양 내 기공의 부피와 토양의 무기물 성분의 밀도를 알아야만 한 크기에서 다른 크기로 환산하는 것이 가능하다. 울리히[2139]는 이러한 크기를 결정하고 환산하는 지침을 제시하였다. '최대보수량(field capacity)'이라는 용어는 중력에 의해서 토양의 물이 배수된 후에 남아 있는 물의 양이다. 이것은 정확한 용어가 아닌데, 그 이유는 물이 오랜 기간 토양으로부터 계속해서 천천히 배수되기 때문이다.

　토양이 작은 공간의 모자이크 구조를 이루는 것도 토양의 수분함량과 관련이 있다. 예를 들어 울리히[2139]는 독일의 바트키싱엔 부근 0.4 × 0.4m 면적의 양질토(壤質土)로부터 25개의 균등하게 분포된 샘플을 채취하였을 때, 물의 양이 10~20cm 사이의 깊이에서 중량의 19.9~21.9%까지 변한다는 것을 밝혔다. 중요한 소규모 토양수분의 변화는 토양단면 특성에서 소규모의 이질성에 기인하여 일어날 수 있다. 장과 베른트손[2142]은 1971년~1981년에 스웨덴 룬트 부근의 7개 지점에서 수평적, 수직적인 척도를 따라서 토양의 수분함량이 시간적, 공간적으로 변화하는 것을 조사하였다. 그들은 토양의 수분함량이 일반적으로 깊이가 깊어질수록 증가하는 것과 함께 큰 수직적인 토양의 수분함량 차이를 발견하였다. 토양 수분함량의 시간적인 변화는 깊이가 깊어질수록 감소하는 반면, 공간적인 변화는 깊이에 따라 증가한다. 평균 토양의 수분함량의 시계열은 10~20m의 거리 내에서 변하지 않았다. 그렇지만 큰 공간적인 변화는 여름에 나타났다. 프라이스와 바우어[2130]는 캐나다 온타리오 주 초크 리버 부근에서 유사한 소규모 변화를 조사하였다.

　그림 21-1에는 *Panicum lineare*가 성장하여 뚜렷하게 계속 남아 있는 폴란드 코닌 부근 건조한 사질 토양의 수레바퀴 자국이 있다. 수레바퀴 자국으로 단단해진 토양은 그 안에 눌린 씨들이 발아하는 데 좀 더 나은 성장조건을 제공하였다. 이렇게 형성된 수로로 바람에 날린 씨뿐만 아니라 빗물도 더 많이 모이게 될 수 있었다. 리들과 무어[2126]는 바큇자국이 토양온도에 미치는 영향을 분석하여 바큇자국이 전반적으로 미친 영향이 토양표면온도의 일교차를 15℃까지 증가시켰다는 것을 밝혔다. 일교차는 겨울보다 여름에 좀 더 크게 증가하였다. 그들은 이러한 증가의 원인을 식생 제거에 귀착시

그림 21-1 마차의 바큇자국은 그 안에 잡초가 조밀하게 성장하여 뚜렷해진다(사진 : R. Tüxen).

컸다. 식생의 제거는 증발산을 감소시키며, 좀 더 많은 태양에너지가 흡수되게 하고, 토양표면에서 좀 더 많은 장파복사가 손실되게 했다. 바퀴자국 안의 토양은 눌려서 토양의 열전도율과 열용량을 증가시켰다. 그들은 이것이 온도의 일교차를 줄이나, 식생의 제거로 인하여 증가되는 것을 개선할 뿐이라는 내용을 제시하였다.

가이거(R. Geiger)는 어느 여름날 오전에 발트해 뤼겐 섬 히덴제 부근 사구의 모래 표면 위에서 1~2cm까지 돌출한 여우의 발자국을 보았다고 보고하였다. 여전히 축축한 모래를 밟은 야간의 동물 발자국은 토양을 단단하게 하였다. 아침 태양이 모래를 빨리 마르게 하고 바람이 사구의 모래를 이동시킬 때, 우선 음지의 단단해진 토양은 점차 기복으로 두드러져서 사면의 풍상측(그리고 이곳에서만)에서 발자국의 부정적 측면으로 나타났다.

토양이 수용할 수 있는 물의 양은 토양의 공극률과 관련이 있다. 토양입자의 크기가 감소할 때 공극률은 증가한다. 미세한 입자를 가진 토양의 많은 작은 기공은 굵은 입자를 가진 토양의 적은 기공보다 큰 전체 부피를 갖는다. 실제로 물을 포함하고 있는 토양 부피의 단편을 '물함량'(v_w)이라고 부른다. 식토(埴土)가 사토(砂土)보다 작은 입자로 이루어졌기 때문에 기공이 더 많고, 수분함량도 더 많다.

미기후학의 관점에서 우리의 주 관심사는 토양의 상이한 물 함량이 토양의 에너지수지에 어떤 영향을 미치는가이다. 첫째로 토양의 색깔, 따라서 토양의 알베도는 토양수분에 따라 변한다(그림 4-2, 표 4-2). 자연 토양의 밀도, 열용량과 열전도율(따라서 열확산율)은 또한 서로 다른 물 함량에 따라 변한다(표 21-1). 끝으로 표면 순복사를 숨은 열, 느낌열과 토양 열 플럭스로 분할하는 것은 표면의 토양수분량에 매우 민감하다.

토양수분이 이들 세 가지 인자에 미치는 영향은 털러[2102]의 조사에서 설명될 수 있다. 그는 미국 캘리포니아 주 남부의 남쪽으로 노출된 해변에서 토양표면 미기후의 토

표 21-1 점토 토양에서 물 함량이 증가하는 데 따른 열전도율, 열용량과 열확산율의 변화

물 함량 v_w (% 부피)	0	10	20	30	40
열전도율 λ (W m^{-1} K^{-1})	0.25	1.0	1.5	1.68	1.8
열용량 $(\rho c)_m$ (10^6 J m^{-3} K^{-1})	1.25	1.67	2.09	2.51	2.93
열확산율 a (10^{-7} m^2 sec^{-1})	2	6	7.2	6.7	6.1

양 수분함량에 대한 종속성을 조사했다. 그는 미기후 경도가 가장 강하게 발달하는 맑은 여름날에 관측했다. 완전히 건조한 모래지대와 습윤한 모래지대 내에서 하루 종일 해변을 따라서 관측된 미기후 경도는 거의 전적으로 표면 토양의 수분함량 변화에 기인하였다. 두 지점에 대한 일 에너지수지를 요약한 것이 표 21-2에 제시되어 있다. 토양수분은 습윤한 모래지대의 알베도를 건조한 모래지대 알베도의 71%까지만 감소시켰다. 건조한 모래가 있는 지점의 낮은 열전도율은 상당히 높은 표면온도에도 불구하고 토양열 플럭스(Q_G)를 감소시켰다. 건조한 모래가 있는 지점으로부터 증발냉각이 일어나지 않아서 좀 더 높은 느낌열 플럭스(Q_H)와 좀 더 많은 방출복사($L\uparrow$)가 일어났다. 토양수분이 있으면 습윤한 지점의 높은 순복사 총량에도 불구하고 한낮에 습윤한 모래가 있는 지점이 건조한 모래가 있는 지점보다 거의 15°C 차가웠다. 이러한 결과는 토양 수분함량의 국지적 변화가 국지기후에 미칠 수 있는 중요한 영향을 나타내는 것이다. 건조한 토양에서 증발이 되지 않기 때문에($Q_E = 0$) 표 21-2에서 건조한 모래 아래의 보우엔비(Bowen Ratio, $\beta = Q_H/Q_E$)는 미결정이다.

드브리에[1916]는 토양입자가 타원형이라는 가정하에서 습윤한 입상(粒狀) 토양의 열전도율이 개략적으로 계산될 수 있다는 것을 제시했다. 입자들이 토양 부피의 57.3%를 차지하는, 89%의 석영과 11%의 장석으로 이루어진 세사(細砂)에 대해서 그림 21-2에는 열전도율 λ와 % 중량 단위의 물의 양 사이의 관계가 제시되어 있다. 20°C의 온도에서 λ는 처음에 매우 빠르게 증가하는데, 그 이유는 토양입자들 주위의 매우 얇은 물 필름(water film)이 접촉 표면적을 크게 증가시켰기 때문이다. 좀 더 많은 물이 추가될

표 21-2 미국 캘리포니아 주 남부 두 모래 해변 지점의 일 에너지수지 총량(MJ m^{-2} day^{-1})

	건조한 모래지대	습윤한 모래지대
$K\downarrow$	26.8	26.8
$K\uparrow$	−7.1	−5.0
K^*	19.7	21.8
$L\downarrow$	28.1	28.1
$L\uparrow$	−37.7	−35.0
L^*	−9.6	−6.9
Q^*	10.1	14.9
Q_E	0	−8.3
Q_G	−0.8	−1.1
Q_H	−9.5	−5.6
β	미결정	0.68

출처 : S. E. Tuller[2138]

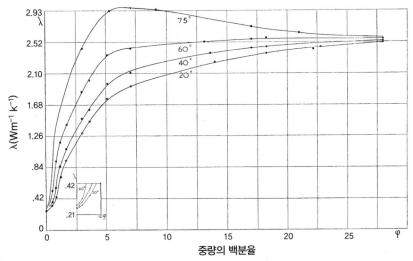

그림 21-2   서로 다른 온도(°C)에서 열전도율 λ의 사토의 물 함량(% 중량)에 대한 종속성(D. A. de Vries [1916])

때, 접촉 면적은 훨씬 느리게 증가하였다. 따라서 λ는 물의 함량이 약 7%일 때까지 빠르게 증가하였으며, 그다음에는 훨씬 느린 비율로 증가하였다(그림 21-2, 표 21-1).

드브리에[2140]는 λ로부터 v_w를 구하기 위해서 그 위에 풀이 자란 식토의 물 함량 v_w(% 부피)와 열전도율 λ 사이의 관계를 이용하였다. v_w가 증가할 때 λ가 증가하는 것은 % 중량으로 표현된 물 함량에 따라 λ가 증가하는 것과 유사하였다. 이러한 사실이 표 21-1에 제시되어 있다. (표 6-1에 제시된) v_w에 종속되는 이 토양의 열용량 $(\rho c)_m$에 대한 값이 이용되면, 토양의 열확산율 a가 계산될 수 있다.

$$a = \frac{\lambda}{(\rho c)_m} \qquad (\mathrm{m^2\ sec^{-1}})$$

$(\rho c)_m$이 물 함량이 증가하는 데 따라서 일정한 비율로 증가하고, λ가 건조한 토양에서 매우 급격하게 증가하나 물 함량이 증가할 때 좀 더 느리게 증가하기 때문에(표 21-1) 열확산율 a는 건조한 토양에서 급격하게 증가하고, 중간의 수분값의 토양에 대해서 최대를 나타내고, 토양이 좀 더 습윤해질 때 감소한다. 따라서 건조한 토양에서 온도파(temperature wave)는 λ가 작기 때문에 토양을 통해서 느리게 통과하고, 좀 더 습윤한 토양에서는 $(\rho c)_m$이 크기 때문에 좀 더 느리게 통과한다. 그러므로 토양온도 단면은 중간의 수분함량을 갖는 토양에서 표면 열에너지의 변화에 가장 빠르게 반응할 것이다. 이 논의는 균질 토양을 가정했다. 드실란스[2129]는 비균질 토양에서 열확산율을 측정하는 방법을 논의했다.

λ의 일변화가 기대되는데, 그 이유는 토양의 상층이 (맑은 날의) 주간에는 어느 정도

까지 마르며, 야간에는 종종 다시 수분을 얻기 때문이다. 프란실라[2112]는 야간이 끝날 무렵에 토양의 최상층 2cm에서 λ의 최고치를 측정하였다. 이 최고치는 늦은 오후의 최저치보다 16%나 높았다. 이러한 일변화 역시 7월 초와 후반에 강수가 없는 맑은 날씨 동안 1cm의 깊이에 대한 그림 6-3의 곡선의 진동에서 알 수 있다.

그림 21-3은 인공관개가 토양의 온도분포에 미치는 영향을 제시한 것이다. 람다스와 드라비드[2030]는 인도의 복사조건하에서 14시에 동일한 두 표면에서 토양온도를 관측하였다. 시간 W에 두 표면 중의 한 표면에 관개를 하였다. 등온선의 사면이 가파르게 변하는 것은 추가된 물이 '차가운 샤워'와 같이 작용하는 것을 보여 준다. 그렇지만 이 것은 토양온도와 바로 평형온도에 도달한 물의 낮은 온도의 결과가 아니라 증발하는 데 필요한 에너지의 결과였다. 그림 21-3에서 관개된 토양이 수일 후에 가열되기 시작하나 두 토양이 다시 같은 온도를 갖기 전에 1~2주가 걸렸다는 것을 볼 수 있다.

습윤한 토양 안과 밖으로의 에너지 흐름은 건조한 토양에서보다 전형적으로 훨씬 더 크다. 그 이유는 물이 추가될 때 토양의 열용량 $(\rho c)_m$과 열전도율 λ 둘 다 증가하기 때문이다. 브룩스와 로아디스[2105]는 39°04'N에 위치한 미국 캘리포니아 주의 배 과수원에서 실험을 했다. 여기서 그들은 관개한 토양과 관개하지 않은 토양, 각각 2ha의 두 실험 지역에서 에너지 흐름을 직접 측정했다. 에너지 흐름은 주간에 관개하지 않은 토양에서보다 관개한 토양에서 2~3배까지 컸다. 습윤한 토양에서 정오의 최고값은 251W m^{-2} min^{-1}였고, 건조한 토양에서는 118.6W m^{-2}min^{-1}였다. 기대되는 바와 같이 3mm 깊이의 토양에서 건조한 토양의 정오 온도는 54.4°C였고, 습윤한 토양에서는 33.9°C에 불과했다.

수평의 토양 환경에서 등온선과 토양의 물 함량은 깊이가 깊어질수록 평균 토양 물 함량이 증가하고, 평균 토양온도가 하강하여 수평적으로 층을 이루는 경향이 있다. 이러한 공간 패턴은 침투하는 물이 있을 때에도 유지될 것이다. 그렇지만 토양 물 함량과

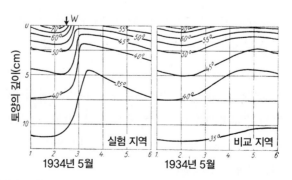

그림 21-3 인공관개가 토양온도에 미치는 영향(L. A. Ramdas and R. K. Dravid[2030])

토양온도는 둘 다 표면 지형이 조금만 변해도 크게 변할 수 있다. 베른트슨 등[2102]은 중국 북서부 텡게르(騰格里) 사막(37°27'N)의 사구를 따라서 토양의 물 함량과 토양온도 단면을 측정했다. 사구는 수평적으로 꼭대기 사이의 간격이 60m이고, 사구 꼭대기로부터 사구 바닥까지 15m였다. 그들은 평균 토양 물 함량이 깊이가 깊어질수록 일정하지 않으나, 사구 꼭대기를 따라서 그리고 사구 바닥에서 좀 더 높았다는 것을 밝혔다. 사구의 사면들은 사면 경사가 증가하여 침투가 감소하며, 낙하하는 강우의 경사가 감소하여 항시 건조했다. 1992년 8월 11일~12일의 강우에서는 최대 토양 물 함량 지대가 수일에 걸쳐서 1.0m의 깊이로 이동했다. 침투된 물이 이 깊이에 도달했을 때 표면 0.1~0.2m에서는 이미 물이 고갈되었다. 강우는 1m 깊이까지만 토양온도에 영향을 주었다. 일반적으로 강우는 강수 이전에 주로 수평적으로 층을 이룬 패턴으로부터 좀 더 수직적인 형태의 패턴까지 토양에서 온도 패턴을 변화시켰다. 토양온도 역시 약 1주일 이내에 강우 이전의 상태로 되돌아갔다.

토양의 변화하는 물 함량이 토양온도를 결정할 뿐만 아니라 토양의 온도성층(temperature stratification)도 토양 내의 물 분포에 영향을 준다. 토양수는 중력, 모세관 작용, 토양장력(soil tension)과 수증기압의 차이로 수송될 수 있다. 토양 내의 기공들이 물로 채워지지 않으며, 공기가 물의 필름으로 코팅된 토양입자들 사이에서 순환할 수 있을 때 수증기가 토양 내에서 수송된다. 이러한 수송은 수증기압이 낮은 쪽으로 일어난다. 포화수증기압이 온도가 높아질수록 상승하기 때문에, 그리고 토양 내의 공기가 한 지역에서의 증발과 다른 지역에서의 응결을 통해서 보통 포화되거나 거의 포화되기 때문에 토양 내의 물은 다른 조건들이 같으면 온도가 높은 지역으로부터 낮은 지역으로 이동한다.

일반적으로 이러한 물 수송 방법은 비 또는 관개수가 아래로 이동하는 것과 물의 모세관 상승으로 가려진다. 그렇지만 토양온도와 토양수분 사이의 관계만이 관측된 자료를 설명할 수 있는 때가 있다. 레티히[2131]가 제시한 바와 같이 이러한 현상은 강수는 적으나 온도가 크게 변할 때 일어난다. 레티히[2131]의 그림 21-4는 1956년 5월에 바인스트라세에 있는 노이슈타트의 독일 기상청 실험장에서 행한 측정 결과를 제시한 것이다. 위의 곡선 (a)는 장기간 기온과 비교한 일평균기온의 추이를 제시한 것이다. 사선을 그은 부분은 평균기온 이상의 온난한 기간을 의미한다. 단면 (b)는 지온(geotherm)의 형태로 온난한 기온과 한랭한 기온이 토양 속으로 침투한 것을 제시한 것이다. (c)로 제시한 강수는 1956년 5월 24일 13.3mm의 강수의 경우를 제외하고 깊이 침투하지 않았으나, 최상층 25cm의 토양에서 흡수되었다. 포포프(Popoff)의 작은 증발산량계(lysimeter)로 (d) 아래에 14시의 공기의 포차와 함께 제시된, 나지 토양에서 일 증발량

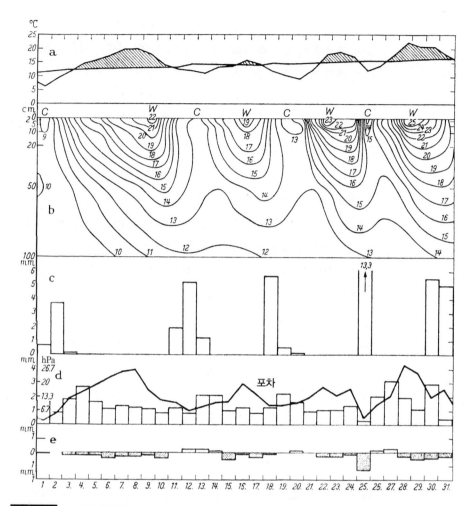

그림 21-4 1956년 상대적으로 건조한 5월에 독일 바인스트라세의 노이슈타트에서 일기와 토양에서의 물 수송 (H. Rettig[2131])

이 측정되었다. 그림 21-4의 아래에서 (e)는 침투수(수증기의 하향 플럭스, 선 아래의 점 찍은 부분)와 위로 상승하는 토양수(수증기의 상향 플럭스, 선 위의 음영이 없는 부분)이다. 수증기의 하향 플럭스는 온난한 기간에만 제한되는 것을 볼 수 있다. 서늘한 기간에 내리는 적은 양의 강수는 바로 아래의 토양 속으로 흐르지 않았다. 하향 운동은 기온과 수증기압 경도가 아래를 지향하는 온난한 일기 기간에야 비로소 일어났다.

토양의 좀 더 차가운 부분들로 수증기가 이동하는 것은 크기(magnitude)가 중요하고, 토양이 얼 때 실제적으로 매우 중요하다. 겨울에 토양동결은 한편으로 농부들이 좋아하는데, 그 이유는 나지에 있는 굵은 덩어리 토양(coarse blocky soil)이 결빙과 융해를 반복하여 좀 더 푸석푸석한 구조로 부서지기 때문이다. 이러한 현상을 '동결비료(독

: Frostgare,[4] 영 : tilling by frost)'라고 부른다. 다른 한편으로 농부들은 씨를 뿌린 경지의 동결작용을 두려워하는데, 그 이유는 동결작용으로 어린 식물이 지면 위로 올라오거나 뿌리가 파괴되고, 토양이 마르기 때문이다. 토양동결은 또한 간선도로를 관리하는데 문제가 된다. 동결된 후에 지면의 이동은 간선도로의 표면을 파괴할 수 있으며, 표면이 녹은 후에는 물로 채워진 도로가 남아 있는 얼음 위에 크게 감소된 하중 용량으로 형성된다. 갈라진 틈이 간선도로에 발달해서 물이 그 안으로 들어가면 반복된 동결과 융해[그리고 동상(凍上)]로 구혈(pothole)이 형성된다. 도로건설에서 동결의 위험은 뒥커[2110], 룩클리[2132], 슈미트[2134], 샤이블레[2133] 등이 발간한 논문에서 연구되었다.

토양 내의 수분은 수증기압 차에 추가로 토양수분장력(soil moisture tension)의 차이로도 이동한다. 토양수분장력은 주어진 건조도를 갖는 토양으로부터 다음 단위의 물을 이동시키는 데 필요한 에너지이다. W. P. 로우리와 P. P. 로우리[2127]는 다음의 조합으로 토양수분장력을 정의하였다.

1. 아래로 작용하고, 위로 토양표면을 향하는 토양수의 운동을 저지하는 중력
2. 기압으로 드러나는 정역학과 압력
3. '모세관 현상'에 의해서 입자들 사이의 좁은 통로로 '물을 끌어올리는 데' 작용하는 표면장력
4. 필름의 외부 가장자리로부터 용해된 염분의 농도가 좀 더 높은 필름의 내부로 상대적으로 순수한 물을 이동시키는 삼투압
5. 물 분자들을 직접 광물 토양의 분자들과 결합시키는 응집 전기화학력(adhesive electro-chemical force)

W. P. 로우리와 P. P. 로우리[2127]는 물을 이동시키는 데 필요한 힘이 고려될 때 토양입자 크기의 중요성이 인식될 수 있다고 제시하였다. 포화상태인 사토에서 많은 양의 물이 남아 있는 수층의 두께가 매우 얇아지기 전에 이동될 수 있다. 이와 반대로 점토에서는 필름 두께가 앞서 언급한 모래와 같기 전에 (작은 입자 크기 때문에) 매우 적은 양의 물이 이동할 수 있다. 토양으로부터 물이 좀 더 이동하는 데 나타나는 저항이 필름 두께에 반비례하기 때문에 모든 공극률에 대해서 점토와 같은 작은 입자를 가진 토양은 그들의 총수분의 적은 양만을 잃으면서 높은 수분장력을 갖고, 수분 손실에 좀 더 저항

---

4) 독일어 원본에 'Frostgare'라고 표현되어 있는데, *Frost*가 '동결'이고, *Gare*가 '비료' 또는 '땅이 비옥함'이라는 뜻이라 '동결비료'라고 번역하였음.

한다(그림 21-5). 따라서 토양수분은 상대습도 및 물 함량의 경도에 의해서보다는 토양수분장력 및 수증기압의 경도에 반응하여 이동한다. 식물 뿌리들은 주변 토양에서 나타나는 것보다 좀 더 높은 수분장력을 일으켜서 토양으로부터 수분을 추출한다. 토양이 많은 염분을 함유할수록 토양장력은 높아진다. 토양이 너무 많은 염분을 포함하고 있으면 식물이 토양으로부터 물을 추출해 내기가 어려워질 수 있다.

낙샤반디와 콘케[2128]는 점토, 미사질양토(silt loam)와 세사토를 조사해서 세 가지 토양이 각각 유사한 토양 수분함량을 포함했을 때 매우 다른 열전도율 및 열확산율 값을 갖는다는 것을 밝혔다. 그렇지만 이 세 가지 토양의 열전도율 및 열확산율 값은 그들의 토양수분장력이 같을 때 매우 유사했다.

기온이 0°C 이하이나 지면이 아직 얼지 않았을 때 눈에 띄는 현상, 즉 얼음바늘(독 : Nadeleis, 영 : ice needles)이 형성되는 것을 때때로 볼 수 있다. 이것은 또한 줄기얼음(독 : Stangeleis, 영 : stalk ice), 머리카락얼음(독 : Haareis, 영 : hair frost), 상주(霜柱, 독 : Kammeis, 영 : mush frost), 섬유얼음(독 : Fibereis, 영 : ice fibers), 얼음리본(ice ribbons), 얼음꽃(frost flowers 또는 ice flowers)(그림 21-6)이라고 부르며, 스웨덴에서는 '피프크라케(Pipkrake)'라 알려져 있다. 이것은 축축하고 느슨한 토양, 대체로 양토 또는 사질양토, 배수되는 사면, 도로의 절단면, 삼림의 소나무 잎 또는 부패되는 목재에서 형성된다. 멘테메이어와 지핀[2927]은 '높은 점토 함량'이 토양을 '단단해지게 하여(tighten up)' 얼음바늘이 계속 성장하는 데 필요한 물의 이동을 막는다는 것을 제안했다. 얼음바늘은 지나치게 굵도록 토양에서 성장하지 않는다. 모래에서 식토 또는 점질토(clay soil)가 추가되어 얼음바늘 형성의 효율이 증가하였으나, 어느 점(아마도 12~19%의 모래)에서는 지나치게 굵은 물질이 있어서 효율이 감소하였다. 그들은 얼음바

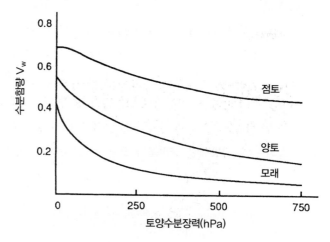

그림 21-5 세 가지 전형적인 토양형에서 수분함량 대 토양수분장력(W. P. Lowry and P. P. Lowry[2127])

그림 21-6 얼음리본(사진 : J. R. Carter[2108])

늘을 만드는 데 필요한 수분이 토양에서 0.0625mm보다 작은 입자의 백분율이 감소할 때 증가하였다고 제안하였다. 그들은 또한 생성된 얼음양이 토양수분이 증가할 때 선형으로 증가하는 것을 밝혔다. 직경 약 1mm의 얼음바늘들은 지면으로부터 수직으로 또는 약간 굽은 형태로 성장하였다. 얼음바늘들은 많은 수가 서로 조밀하게 형성되어 빗과 같이 보인다. 그들은 성장하면서 짚, 토양입자와 (때때로 주먹만큼 큰) 돌들을 수 센티미터 높이까지 들어 올린다.

상주는 (따뜻한) 비가 내린 후에 그 이상의 강수 현상이 없이 갑자기 강한 동결 현상이 뒤를 이을 때 가장 쉽게 형성된다. 얼음바늘들은 초기에 가장 빠르게 성장한다. 경우에 따라서 그림 21-7의 후쿠다[2113]의 사진에서 보는 바와 같이 얼음바늘이 그다음 날들에 성장하는 것을 볼 수 있다. 토양의 표면 아래 처음 15cm가 이러한 효과를 만드는데 가장 중요한 역할을 하였다. 30cm 아래의 토양수분은 영향을 주지 않았다. 상주는 또한 적설 아래에서도 형성될 수 있다. 보통 얼음바늘들은 높이가 수 센티미터이다. 그렇지만 드문 경우에는 50cm 높이의 얼음바늘들도 관측되었다. 독자들은 이에 관한 많은 정보는 멘테메이어와 지핀[2927], 로우러[2125]를 참고할 수 있고, 추가적인 좋은 사진들은 J. R. 카터의 웹사이트(www.ilstu.edu/~jrcarter/ice)를 참고할 수 있다.

그림 21-7 일층(diurnal layers)을 보여 주는 상주(사진 : H. Fukuda[2113])

토양 내의 물은 0°C에서 얼지 않는다. 룩클리[2132]가 정밀하게 조사한 결빙점은 토양 내 물의 양의 적을수록 그리고 토양입자가 미세할수록 좀 더 크게 하강하였다. 온도가 하강하면 토양 기공 내의 모세관 수가 먼저 얼었으며, 입자들을 둘러싼 흡습성의 물 필름이 얼었고, 끝으로 또는 때때로 가장 작은 기공들에 크게 흡착된 필름들은 전혀 얼지 않았다. 예를 들어 새로 부은 콘크리트에서 기공들 내의 물은 대략 −3~−4°C에서 언다.

크레머와 류잉[2109]은 냉각하는 습한 토양에서 상층 10mm의 온도가 얼음이 형성되지 않으면서 0°C 이하로 하강하는 것을 밝혔다. 그다음에 얼음은 과냉각된 층 전체에서 동시에 형성되면서 잠열을 방출하여 얼음-물-토양의 온도를 거의 0°C까지 빠르게 상승시켰다(그림 21-8). 10mm와 25mm에서도 온도는 결빙이 시작되면서 0°C까지 상승하였으나, 그다음에 아래로부터의 지속적인 에너지 전달의 결과로 계속 점진적으로 상승하였으며, 좀 더 작은 기온경도의 결과로 위에 놓인 층으로의 열 손실이 감소하였다. 처음에 적은 양의 물만이 얼었다. 토양온도는 이용할 수 있는 물이 상태를 바꾸어 끊임없이 하강할 때까지 (1~6시간) 거의 0°C 부근에 머물렀다. 아래로부터 결빙층으로의 물의 이동은 결빙기간을 연장했다. 결빙으로 방출되는 열은 동결층이 얻는 에너지의 1/2 이상이 되었다.

겨울이 되면서 지면이 얼면, 지면의 물리적인 상태에서 수많은 중요한 변화가 일어날 수 있다. 먼저 물의 비부피(specific volume)는 0°C에서 물의 0.001로부터 0°C에서 얼음의 0.00109m³ kg⁻¹까지 변한다. 이와 같이 부피가 9% 증가하여 지면이 올라온다(凍上, heaving). 0°C에서 얼음의 열용량은 1.92 × 106J m⁻³ K⁻¹이다. 이것은 물의 1/2 이하이다. 그러므로 토양의 열용량은 결빙될 때 존재하는 물의 양에 따라 어느 정도까

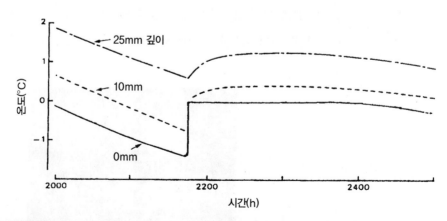

그림 21-8 토양동결 동안 습윤한 토양 0, 10, 25mm에서의 온도변화(K. W. Cremer and R. Leuing[2109])

지 감소한다. 상이한 물의 함량에서 밀도 ρ_s = 2,630kg m^{-3}과 비열 c_s = 0.84 × 10^{3}J kg^{-1} K^{-1}를 갖는 동결된 사토와 동결되지 않은 사토에 대해서 다음의 방정식으로 표 21-3에 제시된 값들을 갖게 된다.

$$(\rho c)_{m(ice)} = 0.01(v_s \rho_s c_s + 0.505\ v_w) \qquad (J\ m^{-3}\ K^{-1})$$

ρ_s = 2,630kg m^{-3}과 c_s = 0.838 × 10^{3}J kg K^{-1}을 갖는 사토(6장)에 대해서 우리는 표 21-3에 제시된 값을 갖는다.

얼음의 열전도율이 대체로 물의 4배가 되며, 얼음의 열용량이 물의 1/2 이하인 것을 표 6-2에서 볼 수 있다. 따라서 얼음의 열확산율(a)은 대략 물의 10배가 된다. (부분적으로만 물로 이루어진) 토양이 얼 때, 토양의 열확산율은 전형적으로 20~50%까지 증가할 것이다. 그러므로 토양의 동결은 토양 내에서 지면으로 에너지의 흐름을 증가시킬 것이다. 그리고 토양은 달리 기대될 수 있는 것보다 좀 더 깊이 동결될 것이다.

전체 에너지 교환에서 매우 중요한 것은 물이 얼 때 방출되는 숨은열(0°C에서 0.334MJ kg^{-1})이다. 예를 들어 케래넨[2119]은 핀란드의 소단킬래(67°22'N)에서 1915-1916년 겨울 동안 1.1m의 깊이까지 동결되는 매 1cm^{2}에 대해서 6,721J이 방출되는 것을 계산하였다. 이 총량 중에 69%(4,623J)는 숨은열로부터, 24%(1,629J)는 토양의 깊은 층으로부터, 7%(469J)는 토양의 최상층 1.1m의 냉각으로부터 나왔다.

포화수증기압이 물 위에서보다 얼음 위에서 낮기 때문에(표 21-4) 토양동결의 다른 효과는 아래에 놓인 동결되지 않은 지면에서 수증기압 경도가 항시 위를 향하고, 지표

표 21-3 동결되지 않은 토양과 동결된 토양의 열용량

물 함량, v_w (% 부피)	0	10	20	30	40
얼음 함량, v_e (% 부피)	0	11	22	33	44
$(\rho c)_m$ 비동결 (10^6 J m^{-3} K^{-1})	1.25	1.67	2.09	2.51	2.93
$(\rho c)_m$ 동결 (10^6 J m^{-3} K^{-1})	1.25	1.47	1.67	1.88	2.09

표 21-4 얼음과 물 위의 포화수증기압(hPa)

온도(°C)	0	-5	-10	-15	-20	-25	-30	-35	-40
얼음 위의 수증기압	6.11	4.02	2.60	1.65	1.03	0.63	0.38	0.22	0.13
물 위의 수증기압	6.11	4.22	2.86	1.91	1.25	0.81	0.51	0.31	0.19

출처 : R. J. List[4015]

에서 온도의 일변화에 종속되지 않는 것이다. 따라서 모세관 현상으로 상승하는 물과 토양의 기공을 통해서 위로 이동하는 수증기 둘 다 이 동결층에 도달하고, 융해숨은열의 비율에 종속되어 어느 정도까지 얼고, 승화된 열은 지표 쪽으로 전도될 수 있다. 경험에 의하면 온도는 평균적으로 균질의 동결층 내에서 깊이가 깊어질수록 선형으로 상승한다.

베거[2141]가 1953년 1월에 독일 라인 강변의 가이젠하임에서 행한 관측에서 나온 그림 21-9에서는 토양의 동결층에 물이 풍부한 것을 볼 수 있다. 과수원의 미세한 사질 양토에서 물의 함량이 10cm 층들에 대해서 지속적으로 측정되었다. 최상층에 대한 평균값은 그림이 시작하는 5cm 깊이까지 표시되었다. 막대그래프는 동결 깊이를 의미한다. 이 달 동안 강수는 2.0mm에 불과하여 토양 내 물의 이동에 아무런 영향도 주지 않았다. 토양은 12월 후반에 비로 잘 적셔졌다. 중량에 대한 백분율로 제시된 등수분선 (lines of equal water content)은 아래에 놓인 동결되지 않은 층을 이용하여 동결층에서 증가하는 것으로 나타났다. 1952년 12월 30일부터 1953년 1월 16일까지 1cm² 면적 아래에 놓인 토양 기둥에서 일어난 토양수분 분포의 변화를 고려하면, 동결층에서 2.14g의 물 획득이 일어나고, 50cm 깊이까지 그 아래에 놓인 토양층에서 2.08g의 물 손실이 일어났다. 따라서 1월에 토양의 최상층 0.5m에서 일어난 물 수송은 지표에 내린 강수의 10배였다. 1월 말에 지면이 녹을 때 등수분선은 발산했다. 물은 부분적으로 아래로 침투했다(20% 선). 그러나 대부분의 물은 토양에서 대기로 증발했다. 반복된 동결과 융해는 이러한 방법으로 지면을 마르게 하여 이 과정은 농부들에게 문제가 될 수 있다.

균질의 토양동결은 얼음렌즈(ice lenses) 형성과 구분된다. 균질의 토양동결은 아래로 0.05mm의 입자 크기까지 응집성이 없는 토양에서 일어난다. 여기서 토양입자들은

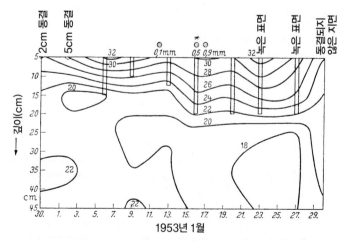

그림 21-9 동결층으로의 토양수 이동(등치선은 중량의 백분율로 표시된 토양의 물 함량이다)(가이젠하임에서 N. Weger[2141]의 관측)

얼음껍질로 둘러싸여서 서로 결합된다. 그렇지만 때로는 도로건설 전문가들이 상세하게 조사한 바와 같이 여러 가지 이유 때문에 (주로 수평적으로) 얼음렌즈들이 형성되어 원래 위치에서 토양이 이동하였다. 이들 얼음렌즈는 대체로 수직 섬유구조로 된, 경우에 따라서 공기를 포함한 맑은 얼음으로 이루어진다. 얼음렌즈는 극히 미세한 크기부터 20cm(극심한 경우에 30cm)까지의 크기로 나타난다.

겨울에 토양동결의 최대깊이는 동결로 영향을 받을 수 있는 수도 본관(本管)과 같은 파이프의 부설에 중요하다. 크로이츠[2123]는 1939년~1949년 사이에 네 번의 온화한 겨울과 네 번의 매우 추운 겨울 동안 동일한 토양의 동결 시기와 깊이를 비교했다. 동결 깊이를 결정하는 가장 중요한 인자는 적설의 깊이와 기간이다. 눈이 적게 내린 겨울은 토양동결의 관점에서 가장 위험하다. 눈은 주로 공기로 이루어져서 매우 낮은 열전도율을 갖는다(표 6-2). 지면이 눈으로 덮였을 때 지표로부터의 에너지는 빠르게 손실되지 않아서 지면은 따뜻하게 남아 있게 된다. 눈이 처음으로 내리면 토양의 깊은 곳으로부터 나오는 열이 차단되어 토양표면이 실제로 따뜻할 수 있다(그림 24-6). 독일 포츠담에서 1895년~1948년까지 오랜 관측기간에 이용된 깨끗한 자갈이 들어 있는 모래 실험장은 인공적으로 눈이 없게 했다. 이 기간에 2m 깊이의 온도는 결코 0°C 이하로 하강하지 않았다(G. Hausmann[1006]). 1m 깊이에서 토양동결은 표 21-5에 연대순으로 제시된 54년 동안 8회 관측되었다. 토양형과 수분함량은 토양동결의 깊이에 영향을 준다. 습윤한 토양은 건조한 토양보다 방출되는 융해숨은열 때문에 좀 더 느리고 좀 덜 깊은 곳까지 동결하나, 봄에는 또한 좀 더 느리게 해동한다.

그림 21-10은 1939-1940년의 추운 겨울에 독일 기쎈의 농업기상학 실험장에서 네 가지 서로 다른 토양형에 대한 토양동결의 기간과 깊이를 나타낸 것이다(W. Kreutz

표 21-5 두 깊이에서 토양동결 기간과 최저온도

겨울	토양동결 기간(일)		최저온도(°C)	
	0.5m	1m	0.5m	1m
1894-1895	32	6	−5.1	−0.2
1900-1901	21	8	−6.5	−0.3
1916-1917	38	2	−4.7	−0.1
1921-1922	33	10	−5.2	−0.3
1928-1929	63	36	−9.6	−2.7
1939-1940	58	41	−7.4	−1.6
1941-1942	64	40	−7.6	−1.1
1946-1947	80	51	−8.1	−1.7

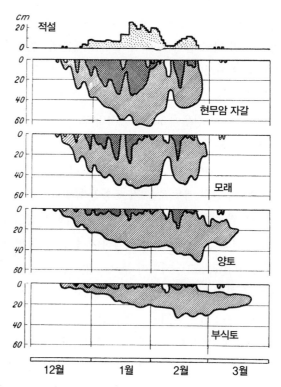

그림 21-10 독일 기쎈에서 1939–1940년 겨울에 네 가지 서로 다른 토양에 종속되는 토양동결 기간과 침투 깊이(W. Kreutz[2122])

[2122]). 옅은 빗금을 그은 부분은 토양온도가 0°C 이하였던 부분을 가리키고, 짙은 음영 부분은 토양온도가 −4°C 이하였던 부분을 가리킨다. 건조한 현무암 자갈에서는 토양동결이 하루에 평균 2cm 깊이로 침투하여 67cm 깊이에 도달했다. 그렇지만 전체 토양은 이미 2월 25일에 해동했다. 습윤한 부식토에서는 낮은 열전도율 때문에 토양동결 침투율이 하루에 0.6cm에 불과하여 단지 32cm에 도달했으나, 토양동결은 이미 녹은 표층 아래에서 3월 22일에야 비로소 완전히 사라졌다. 토양의 열전도율이 높을수록 토양동결의 깊이가 깊어질 것이다. 그렇지만 높은 열확산율을 갖는 토양은 또한 봄에 빠르게 해동한다. 도로를 건설하기 위한 목적으로 균질의 토양동결의 경우뿐만 아니라 얼음렌즈 형성의 경우에도 관련되는 모든 인자들을 고려하여 토양동결의 침투 깊이가 이론적으로 계산되었다(R. Ruckli[2132]).

토양이 동결할 때 9%의 물의 부피증가를 통해서, 그리고 얼음렌즈의 형성을 통해서 둘 다 토양이 부풀어 오르게 한다. 단단하게 포장된 도로는 부풀어 오르고(heaving), 동결로 갈라지고(frost fissure), 비틀리고(buckle), 다른 형태의 동결 피해를 입기 쉽다. 이 경우에 도로는 수십 센티미터나 부풀어 오를 수 있다. 여기서 1931년부터 1935년까지 헝가리에서 행한 관측으로부터 플라이쉬만[2111]이 평가한 여러 변위량에 대한 아래의 빈도표에서 제시된 바와 같이, 우리의 주 관심사인 자연 토양에서의 운동량은 이보다 훨씬 적다.

부풀어 오름(mm/24시간)	0~5	5~10	10~15	15~20	20~25
사례의 수	57	38	4	3	2

크레취머[2121]와 슈미드[2134]는 경작지의 운동이 하루에 24mm를 초과하지 않았으며, 전 겨울 동안 기껏해야 36mm에 이르렀다는 것을 밝혔다.

그림 21-11은 1954-1955년 겨울 동안 독일 예나 부근의 느슨하게 갈아 놓은 경작지에서 크레취머[2121]가 행한 지속적인 관측자료로부터 나온 세 가지 전형적인 기간들을 제시한 것이다. 겨울이 시작될 때 전형적인 최초의 강한 동상(凍上, frost heaving)은 12월 말에서 1월 초에 마른동결(dry frost)이 있을 때 발생했다. 1월 1일에 눈이 내려서 적설은 1월 3일에 12cm에 달했다. 눈은 토양을 단열시켜서 동상이 끝났다. 1955년 1월 22일부터 25일까지 정오에 토양이 짧게 해동했던 동결 일기가 있었다. 매일 정오에 토양이 해동하여 지면이 조금 내려갔다. 짧은 야간의 동결이 있었던 1월 28일부터 31일까지 해동 기간에 토양표면은 뚜렷하게 일주기적 운동을 했다. 이 모든 운동으로 곡물 또는 삼림 식물들의 어린 새싹들이 뿌리와 함께 토양에서 뽑혀서 마르거나 얼었으며, 또한 깊은 깊이에서 뿌리들을 잡아 뽑았다.

알래스카, 캐나다, 러시아의 아북극 지역에서 영구동토(permafrost)는 미기후 변화에 기인하여 공간적 범위와 수직 깊이에서 실질적인 소규모 차이를 나타낸다. 영구동토의 출현은 북부의 에너지, 광물 및 삼림 자원의 개발 때문에 특히 중요하다. 브라운[2106과 2107]과 톰슨[2137]은 영구동토의 분포를 조절하는 대기후 및 미기후의 인자들을 조사했다. 예를 들어 캐나다는 국토의 50%가 영구동토이다. 영구동토의 두께는 영구동토대의 남한계에서 2m부터 북한계에서 300m까지 이른다. 지속적인 영구동토대

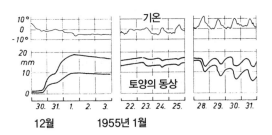

그림 21-11 경작지 표면에서 전형적인 동상(G. Kretschmer[2121]의 측정)

는 연평균 −9℃ 등온선과 대체로 평행하게 달리고, 비연속적 영구동토대의 남한계는 −1.1℃ 등온선과 약한 상관관계가 있다. 요한손 등[2118]은 유럽의 펜노스칸디아 지역에서 이에 상응하는 경계에 대해서 −6.0℃와 −1.5℃를 인용했다.

비연속적인 영구동토대에서 동결된 토양은 표면의 미기후에 의해서 조절되는 매우 복잡한 패턴으로 비동결토양과 병렬된다. 영구동토의 상층은 보통 여름에 해동하여 남부에서 그 깊이가 3m부터 고위도의 극 지역에서 수 센티미터에 달하는 포화된 활동층을 만든다. 비연속적 영구동토대가 나타나는 양호한 장소들은 북사면, 동결요지(frost hollow), 물이끼(sphagnum moss)로 덮인 지표, 낮은 열전도율과 열확산율을 가진 두꺼운 이탄, 그리고 그늘진 강둑을 따라서 있는 고립된 작은 구역이다. 영구동토대와 활동층의 깊이는 지표 알베도, 식생피복, 토양의 수분함량, 지표배수, 열전도율, 지형과 적설 깊이를 포함하는 복잡한 미기후 인자들의 배열에 종속된다. "… 눈은 단열재로 작용하여 열손실로부터 지면을 보호하고, 추운 겨울 기온이 지중으로 침투하는 것을 막는다. 연평균기온이 0℃에 가까운 지역들에서 적설은 영구동토가 나타나지 않게 할 수 있다…"(M. Johansson et al.[2118]). 스미스[2135]는 캐나다의 이누브크에서 적설이 연평균 표면온도를 연평균기온보다 5~10℃ 높이는 주 인자였음을 제안하였다. 스웨덴의 토르네트래스크에서는 적설이 10년마다 4~5% 증가하였다(J. H. Akerman[2100]과 M. Johansson et al.[2118]). 요한손 등[2118]은 이러한 경향이 지면온도를 상승시켜서 영구동토를 녹이는 데 기여했다고 믿었다. 그들은 또한 바닥이 얼지 않는 호수들에서 특히 비연속적인 영구동토 지역들에서 동결되지 않은 토양이 흔히 발견되는 것을 지적하였다.

이들 지역에서 증가한 경제개발로 인간에 의한 영구동토의 변화가 일어날 수 있는데, 특히 식생 벌채, 배수, 파이프라인, 도로, 건물 건설과 같은 지표의 요란에 기인한 서모카르스트 침강(thermokarst subsidence)[5]이 일어날 수 있다. 여름에 도로건설은 지표 알베도를 감소시키고, 태양복사의 흡수를 증가시키며, 증발을 감소시키고, 열전도율을 높인다. 이 모두는 토양 내로의 열전도를 증가시킨다. 이로 인하여 깊은 활동층이 생기며, 이것은 배수 증가와 지반 침하를 수반한다. 겨울에 도로를 따라서 제설작업을 하면 단열하는 적설을 제거하고, 이로 인하여 지표로의 열전도가 증가하며, 영구동토면이 도로 아래에서 상승한다.

해이호우와 타노케이[2116]는 비연속적인 영구동토 지역에서 자연 식생의 요란이 토

---

5) 영구동토지대에서 동토가 융해되어 생긴 지형으로 석회암 지역에서 볼 수 있는 카르스트 지형과 비슷하다. 돌리네의 요지(凹地)와 같은 지형이 많이 발달한다. 열이 발생하기 때문에 '열 카르스트'라고도 한다.

양온도에 미치는 영향을 설명하였다(표 21-6). 캐나다 노스웨스트 테리토리스의 매너스 크릭(61°36'N)에서 1988년 5월부터 1991년 9월까지 서로 20m 이하 떨어진 두 지점이 조사되었다. 첫 번째 지점은 요란되지 않았고, 흰색과 검은색의 가문비나무와 이끼의 식생피복이 있는 18cm 두께의 유기질 토양층이 있었다. 두 번째 지점은 노만 웰스 파이프라인을 따라서 25m 폭의 도로용지 안에 있었으며, 모든 삼림 피복이 벌채되었다. 다소 요란된 상태이기는 하지만 요란된 지점의 유기물 토양층은 방치되었고, 이 지역에는 초본의 씨를 다시 뿌렸다. 요란된 지점은 인접한 요란되지 않은 지점보다 연중 온난했고, 좀 더 깊은 활동층을 갖고 있었다. 요란된 지점의 온난한 겨울 온도는 개방된 도로용지를 따라서 좀 더 많은 눈이 쌓인 것에 기인하는 것으로 나타난 반면, 여름에 좀 더 높은 토양온도는 요란된 지점의 표층의 좀 더 큰 열전도율에 기인했다.

토양온도와 수분에 관한 19~21장의 고찰을 끝내기 전에 토양 특성과 표면 에너지 교환 사이의 관계를 보여 주는 세 가지 기상학적 과정을 언급해야 할 것이다. 이 세 가지 과정은 신적설의 융해, 서리의 형성과 비얼음(glaze)의 형성이다.

눈은 대기권의 상층에서 형성되어 미기후에 종속되지 않는다. 습한눈이 기온이 약간 0°C 이상인 산지에 내리면, 적설의 하부 한계가 등고선과 일치한다. 그렇지만 눈이 집적되자마자 미기후 차이가 복사 및 바람의 영향과 토양으로부터의 에너지 전도로 인하여 나타나기 시작한다. 이러한 차이는 얇은 적설이 있을 때 좀 더 눈에 띈다. 눈은 낮은 고도에서 먼저 녹기 시작한다.

눈은 어디에나 무차별로 내리고, 미기후 차이는 눈이 녹을 때에만 보이는 데 반하여, 서리의 형성은 그것이 형성되는 장소의 특성에 종속된다. 나무 더미는 양호한 전도체인 나무 주변의 지면이 검게 된 후 오랫동안 오전에 여전히 흰색이다. 열의 이동을 느리게 하는 송수관은 그렇지 않으면 한결같은 거리에서 흰색 서리를 통해서 볼 수 있게 된다.

표 21-6 1988~1991년에 캐나다 노스웨스트 테리토리스 매너스 크릭의 50cm 깊이에서 측정된 토양온도(°C)

	연평균 토양온도(°C)		여름 평균 토양온도(°C)		1월	2월	3월
요란되지 않은 지점	0.2		2.1		−1.6	−1.6	−1.3
요란된 지점	1.3		4.8		−0.9	−1.1	−0.9

	4월	5월	6월	7월	8월	9월	10월	11월	12월
요란되지 않은 지점	−0.4	0.0	0.9	2.3	3.1	2.1	0.5	−0.4	−1.1
요란된 지점	−0.4	0.0	2.0	5.4	6.9	4.2	1.1	−0.1	−0.4

출처 : H. Hayhoe and C. Tarnocai[2116]

가이거는 한때 독일의 바트 키싱겐에서 일출 후에 수분 동안 눈의 흰색 선으로 윤곽이 드러나 큰 헛간의 매끄러운 양철지붕의 완전한 구조를 보았다고 보고했다. 양철 아래에 얇은 보강 자재만이 있는 곳에서 서리는 아침 태양에 빠르게 녹았다. 그러나 아래에 들보와 기초가 되는 가로대(cross-ties)가 있는 곳에서는 이들이 태양열의 일부를 흡수하여 서리가 조금 후까지 녹지 않았다.

그림 21-12는 서리가 내린 밤 이후 이른 아침의 지붕 전망이다. 서리는 기온이 0°C 이하로 하강하여 수증기가 표면 위에 응결할 때 생겨서 흰색 코팅을 하였다. 검은서리(black frost)는 유사한 기온에서 나타나나 얼음이 형성되지 않았다. 지지하는 목재들은 서리로 분명하게 윤곽이 드러났다. 목재들은 야간에 냉각되어 이들의 많은 질량이 다음 날 가열되는 데 시간이 조금 더 걸렸다.

그림 21-13은 크로퍼드(O. G. S. Crawford)의 제안으로 잉글랜드 링컨셔의 영국 공군이 서리가 내린 게인스토프의 중세 취락 주변의 토지를 찍은 항공사진이다. 헤어드멩거[2117]가 ≪Orion≫에 실은 이 사진에서 서리가 내렸을 때 1610년 이후 사라진 과거 마을의 벽들이 지표 아래에서 열전도율과 열용량의 차이 때문에 다시 보이게 되었다. 고고학자들은 이러한 과정들을 빈번하게 사용했다.

비얼음(glaze)은 비, 이슬비(drizzle), 엷은안개(mist)에서 과냉각된 물방울 또는 안개가 물체에 부딪혀 접촉하여 얼거나, 차가운 지표 위에서 (0°C 이상의) 물방울이 얼어서 형성된다. 그 위에 차가운 표면과 접촉한 포화된 공기도 비얼음 코팅을 할 수 있다. 두 가지 유형의 비얼음, 즉 습윤한 것과 건조한 것이 있다. 건조한 비얼음 결착(accretion)에서는 물방울 또는 표면이 충분히 차가워서 접촉하면 언다. 습윤한 비얼음

그림 21-12 서리가 내린 밤 이후의 지붕(사진 : R. H. Aron)

그림 21-13　서리가 내렸을 때 과거 마을 취락의 윤곽이 나타난다(영국 공군의 항공사진. J. Herdmenger [2117]).

에서는 표면이나 물방울이 충분히 차갑지 않거나, 얼 때 방출되는 모든 숨은열을 제거하기 위한 대류 열전달이 불충분하다. 얼음결착율은 열전달율에 의해서 조절된다. 바람이 불면 표면 위의 물은 작은 방울을 형성할 수 있는데, 이것이 결빙되어 잔물결의 표면이 된다(R. J. Hansman Jr. and K. Yamaguchi[2115]). 두꺼운 얼음층이 퇴적되었을 때 그 중량은 종종 전화선과 전선, 나무에 피해를 주기에 충분하고, 도로와 철도운송을 느리게 하거나 마비시킨다. 비나 이슬비가 얼어서 된 비얼음은 따뜻한 공기(0°C 이상의 기온)가 지표 부근의 반동결된(subfreezing) 공기의 얕은 돔 위를 지나쳐 갈 때 생길 수 있다. 따뜻한 공기로부터 차가운 공기를 통과해서 내리는 비는 전도와 증발 둘 다에 의해서 냉각된다. 과냉각된 방울은 접촉한 직후에 언다(I. Benett[2101], C. E. Konrad II[2120]). 표면 위에 비얼음의 분포와 두께는 아래에 놓인 표면의 특성들에 의해서 크게 영향을 받는다(특히 표면의 열전도율과 열용량). 도로 또는 인도 위의 비얼음은 종종 검은얼음(black ice)이라고 부른다. 비얼음은 따뜻한 아스팔트 표면 위에 형성될 때 검게 나타나는데, 그 이유는 도로가 투명한 얼음을 통해서 보이기 때문이다. 검은얼음은 마찰이 없기 때문에 옆으로 미끄러지는 일(skidding)과 미끄러지는 일(sliding)이 보통이다.

　모든 도로, 모든 벽, 모든 지표, 모든 암석 유형은 소규모 변화가 매우 크기 때문에 그 자체의 비얼음을 형성한다. 표면의 거칠기, 암석의 두께와 표면의 유형, 지면의 경사 등

모두가 영향을 미친다. 차후의 연구가 필요한 분야는 다양한 습도, 풍속, 기온과 표면온도, 그리고 입자 크기하에서 검은얼음의 결착율이다.

독자들에게 비얼음의 분포와 이와 관련된 문제에 관한 좀 더 많은 정보로는 베네트[2101], 라폰[2124]을 추천하겠다. 독자들에게 비얼음의 형성과 관련된 기상조건에 관한 분명한 논의에 대해서는 콜라드 2세[2120], 번스타인과 브라운[2103], 게이와 데이비스[2114]를 추천하겠다.

제22장 ··· 작은 수면 위의 기층

대기의 하층 경계가 단단한 지면에 접하지 않고 수면에 접하면, 지표-대기 상호작용의 성질은 변화된 표면상태를 통해서 영향을 받는다. 물에서는 토양에는 없는 질량교환이 일어난다. 단단한 지면과 물은 단파복사에 대해서 근본적으로 다르게 반응한다. 적절한 물 공급이 없는 지면에서 실제 (유효) 증발량은 가능증발량(potential evaporation)의 수준 이하로 감소한다. 물에서 가능증발율은 증발하는 표면의 온도와 그 위에 놓인 공기의 상태에 의해서 결정된다.

접지기층의 바람장과 비교하여 물에서 약간의 거칠기조차 수면 위의 바람장을 변화시켜서 에너지 교환을 변화시킨다. 단단한 지면에서 에너지 교환은 거의 전적으로 분자전도(즉 매우 불량한 전도)를 통해서 조절된다. 그렇지만 움직이기 쉬운 물에서는 질량교환이 있다. 수면 위를 지나가는 바람은 이미 물의 상층을 크게 혼합시킨다. 이 마찰교환(frictional exchange)에 추가로 (공기에서처럼 수면에서도) 대류교환(convectional exchange)이 일어난다. 차가운 물은 아래로 침강하고, 따뜻한 물은 위로 상승한다. 따라서 물은 극히 양호한 전도를 하는 토양의 성질을 갖는다. 양호한 전도체에 대해서 설정된 규칙(19장)에 따라서 표면에서 온도의 일교차는 작아서, 예를 들어 외해에서 1°의 수십 분의 1에 불과하다(그림 23-1).

특정한 상황에서는 이 질량교환이 매우 작을 수 있다. 물은 4℃에서 최대밀도를 갖는다. 따라서 가을에 물의 표면이 냉각될 때 밀도가 높은 물은 연직 수온 단면이 불변하여 대류혼합이 저지될 때까지 아래로 침강한다. 겨울 야간에 무풍의 일기상태에서 마찰혼합이 일어나지 않으면 갑자기 얼음이 얼 수 있다. 카일[2205]은 선박 통행과 관련된 어려움을 최소화하기 위한 스웨덴의 방법을 기술하였다. 그 안에 작은 구멍들이 있는 긴 파이프들을 결빙이 되지 않게 하여 통행을 자유롭게 할 규정 항로들에 부설하였다. 표면이 결빙이 될 위험이 있으면, 압축된 공기를 파이프 안에 불어넣었다. 위로 올라가는

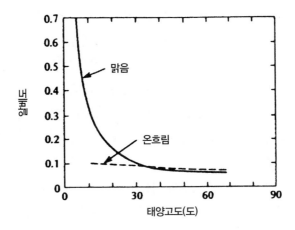

그림 22-1 무풍의 맑은 날과 구름 낀 날에 물의 알베도와 태양고도 사이의 관계(T. R. Oke[3332], M. Nuñez et al.[2206]에서 재인용)

기포는 표면층을 깊은 층으로부터의 4°C의 물과 인위적으로 혼합되게 하였다. 이렇게 하여 바다에 있는 선박들이 그들의 정박소로 돌아올 때까지 단기간에 얼음이 형성되는 것을 지연시켰다. 질량교환을 완전히 억제시키기 위한 충분한 얼음이 있으면, 예를 들어 북극해 위에서처럼 기후는 대륙성 특징을 갖게 된다. 그러면 수면 부근의 기층은 눈 또는 얼음 부근의 공기와 유사하게 된다.

단단한 지면과 비교하면 장파복사와 단파복사에 대한 물의 다른 행태도 있다. 장파복사 범위에서 수면은 단단한 지면과 거의 같은 방법으로 작용하여 둘 다 야간에 같은 흡수와 방출 조건을 갖는다. 표 4-2는 수면으로부터의 입사태양복사의 반사가 모든 다른 자연 표면들의 반사보다 작다는 것을 보여 준다. 그림 4-2와 그림 22-1에서 제시한 바와 같이 물의 알베도는 태양고도, 하늘의 조건뿐만 아니라 수면의 상태에 따라서도 변한다.

맑은 하늘 조건하의 낮은 태양고도에서 일어나는 거울면반사(specular reflection)는 해변과 호안 및 하안에서 실제적으로 중요하다. 경사가 급한 계단식 포도원의 미기후는 그 아래에 있는 강으로부터 반사된 '아래로부터의 빛(독 : Unterlicht)'의 영향을 받을 수 있다. 폴크[2217]는 태양고도가 낮은 2월 정오에 독일 뷔르츠부르크 부근 슈타인베르크에서 광전지(photoelectric cell)로 빛의 강도를 측정하여 직달광선, 확산복사(위로부터의 빛, 독 : Oberlicht), 마인 강으로부터 반사된 태양복사(아래로부터의 빛)가 42:11:41의 비율임을 밝혔다. 3월에 행한 5개 표본 측정의 평균은 지면으로부터 반사된 복사가 아래로부터의 빛이 위로부터의 빛의 65%에 달했다는 사실을 제시하고 있다. 폴크[2217]는 다음과 같이 기술하고 있다. "계단식 포도원의 최상의 입지는 이러한 추가적인 빛을 누리는 곳이다. 마인 강 하곡의 동쪽과 서쪽으로 강으로부터 수 킬로미터 거리 내에 이와 똑같은 방위, 사면경사, 지질구조 및 토양특성을 가진 많은 사면들이 있다. 이들 사면은 요컨대 마인 강 하곡의 남사면들 및 서사면들과 뚜렷한 차이가 없다. 그럼에도 불구하고 후자들에서는 더 이상 포도가 재배되지 않거나 단지 품질이 떨어지는 포도주만 생산된다. 마인 강 하곡과 베른 강 하곡 사이에 대기후 차이는 의문의 여지가 없었다.[6] 나는 위로부터의 빛의 양과 아래로부터의 빛의 양의 차이를 인식할 때까지 포도 재배의 차이를 설명할 수 없었다." 이 차이는 야생 식물의 분포에서도 뚜렷하게 알 수 있다.

그에 따라서 호수의 서안(西岸)들은 아침 해로부터, 동안(東岸)들은 저녁 해로부터 감지할 수 있는 추가적인 반사된 복사를 받는다. 그렇지만 복사에 대한 물의 행태에서의 주요 차이는 복사가 투과하는 깊이이다. 수영을 하는 모든 사람은 잠수할 때 상당한 깊이까지 물체를 인식할 수 있어서 가시 빛이 그곳까지 투과한다는 것을 알고 있다. 슈미트[2213]는 표 22-1에 세 개의 선별된 파장 범위에 대해서 맑은 물의 여러 깊이에서 태양복사의 강도를 제시하였다. 여기서 복사강도는 표면에서 흡수되는 복사(100%)에 대한 백분율로 제시되었다. 자외선부터 오렌지색($0.2{\sim}0.6\mu$)까지의 범위에서 복사의 거의 3/4이 10m까지 투과하고, 약 6%가 100m에 도달하였다. 적색부터 적외선($0.6{\sim}0.9\mu$)까지의 범위에서 투과가 불량한데, 그 이유는 긴 파장들이 물의 최상층에서 흡수되기 때문이다. 근적외선 파장($0.9{\sim}3.0\mu$)의 투과도 불량하다.

태양 스펙트럼의 상이한 파장들의 투과율 차이를 그림 22-2에서 볼 수 있다. [2215]로부터 전재한 소여(W. R. Sawyer)와 콜린스(I. R. Collins)의 맨 위의 곡선은 맑은 물 1m 깊이의 층을 투과하는 여러 파장들의 태양복사의 백분율을 보여 준다. 적외선 범위에서 투과율은 0.85μ 이상에서 급격하게 감소한다. 따라서 수면은 태양복사의 장파장들에 대해서 단단한 지면과 같은 방법으로 작용하는 것으로 고려될 수 있다.

표 22-1 맑은 물의 여러 수심에 도달하는 입사태양복사의 백분율

파장(μ)	깊이					
	1mm	1cm	10cm	1m	10m	100m
0.2~0.6	100.0	100.0	99.7	96.8	72.6	5.9
0.6~0.9	99.8	98.2	84.8	35.8	2.6	0.0
0.9~3.0	65.3	34.7	2.0	0.0	0.0	0.0

---

6) 제4판 독일어본에는 "makroklimatisch(대기후의)"라고 표현되었으나, 제7판 영어본에는 "microclimatic(미기후의)"라고 표현되어 있다. 내용상으로 미기후가 아니라 대기후가 맞아 대기후로 번역하였다.

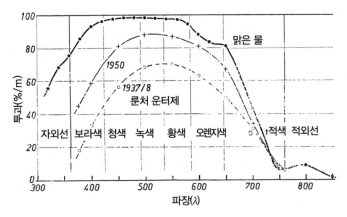

그림 22-2 순수한 물과 호수에서 빛의 투과율의 스펙트럼 종속성(W. R. Sawyer and I. R. Collins[2215에서 재인용])

맑은 물에 대해서 조사된 값들은 호수, 연못 또는 웅덩이와 같은 자연의 수체에는 적용되지 않는다. 용해된 물질들과 부유 물질들은 물의 색깔을 변하게 할 뿐만 아니라, 투명도에도 영향을 준다. 맑은 물과 비교하여 자연의 수체들의 투명도는 보통 전체적으로 낮고, 광선의 적정 투명도는 장파장 쪽으로 이동한다. 그림 22-2는 디름히른[2201]에서 인용한 서로 다른 두 해에 오스트리아 룬처 운터제에서의 전형적인 두 곡선을 포함하고 있다. 부유 물질의 총량은 상대적 투과율에 크게 영향을 주는 반면, 복사의 스펙트럼 분포는 실제로 변하지 않았다(그림 24-3 참조).

좀 더 상세하게 조사하면, 물에서 일어나는 복사교환은 훨씬 더 복잡한데 그 이유는 순수한 물에 의해서 흡수되는 것에 추가로 용해된 물질과 부유하는 외래 입자들에 의한 흡수량이 고려되어야 하기 때문이다. 빛의 굴절효과는 물의 내부로부터 보아 외부로부터의 모든 빛이 총반사에 대한 임계각인 반개방각(독 : halber Öffnungswinkel,[7] 영 : semivertical) 48.6°의 원추 내에서 오도록 한다. 흡수되는 것 이외에 빛은 산란된다. 산란복사는 주로 수면으로부터 온다. 그러나 빛은 아래로부터도 산란되고, 바닥이 너무 깊지 않으면 바닥으로부터의 반사를 통해서 상당히 증가될 수 있다. 따라서 깊이가 깊어질수록 복사강도가 약해지는 것은 단순히 흡수의 결과만은 아니다. 이 모든 인자들을 요약하여 '소산(extinction)'이라고 부른다.

표 22-2는 자연의 물에서 가시 스펙트럼 내에서의 빛의 투과율이 큰 폭으로 변동할 수 있는 것을 보여 준다. 이미 그림 22-2에서 제시된 순수한 물에 대한 값들은 첫 번째

---

7) *Öffnungswinkel*은 영어로 *opening angle*인데, 영어본에는 *semivertical*로 번역되어 있어 '개방각'으로 직역하였음.

표 22-2 물의 빛 투과(%/m)

파장(μ) 스펙트럼 범위	0.375	0.4 보라색	0.45 청색	0.5 녹색	0.55 황색	0.6 오렌지색	0.65	0.7 적색	0.75
순수한 물	84	93	98	98	97	87	81	43	7
아헌제 (Aachensee)	51	65	80	85	82	73	57	33	8
룬처 운터제	18	33	56	68	70	63	50	31	7
룬처 오버제 (Lunzer Obersee)	2	9	26	39	46	47	41	27	6
베를린 부근 뮈겔제 (Müggelsee)	-	-	8	23	34	36	36	28	5
도나우 강의 지류, 맑음	3	8	15	21	26	25	21	16	4
도나우 강, 약간 탁함	0	1	5	11	16	20	15	8	2
베를린 부근, 칼크제 I(Kalksee I)	-	-	4	10	15	17	15	13	3
노이지들러제 (Neusiedlersee)									
갈대가 있는 지역	-	0	2	8	13	17	17	12	-
개방된 물	-	0	1	3	6	7	6	4	-
베를린 부근 플라켄제(Flakensee)	-	-	1	3	6	5	5	5	1
도나우 강, 매우 탁함	-	0.0	0.1	0.1	0.3	0.7	0.8	0.5	0.1
평탄한 황무지 웅덩이	-	0.0	0.1	0.2	0.8	1.8	2.8	4.8	1.3

출처 : F. Sauberer and O. Czepa[2200, 2210, 2211]

줄에 비교하기 위해서 포함되어 있다. 오스트리아의 강 및 호수에 대한 결과는 자우버러[2210, 2211]에서 인용한 것이고, 독일의 브란덴부르크에 있는 호수에 대한 결과는 체파[2200]에서 인용한 것이다. 호수들 중에서 빈 남동부의 노이지들러제는 특수한 위치를 차지하는데, 그 이유는 이 호수가 250~300km² 사이의 표면적을 가지면서 수심이 불과 40~80cm이기 때문이다. 바닥에 약 0.5m 두께의 이토(泥土)층은 보통의 바람이 불 때조차 뒤섞인다. 그리하여 혼합과정을 방해하는 갈대로 덮인 넓은 호안 지역에서는 빛의 투과가 종종 개방된 수면에서보다 좀 더 깊이 들어간다. 브란덴부르크에 있는 작은 호수인 칼크제와 플랑켄제에서는 두꺼운 조류(藻類)가 자라서 혼탁하고, 더구나 플랑켄제는 호수로 유입하는 뢰크니츠의 더러운 물로 좀 더 혼탁하다. 강에서는 당연히 운반되는 부유 물질이 결정적인 역할을 한다. 이러한 측정을 다른 곳에 적용할 수 있기를 바라는데, 그 이유는 이러한 측정이 많은 실무적인 문제 — 하수를 통한 혼탁, 수생식물상의 동화작용, 육식어(肉食漁)의 광학 — 에 대해서 매우 중요하기 때문이다.

물에서 흡수된 복사가 에너지수지에 어떤 영향을 미치는가는 오스트리아의 룬처 운터제에 대한 디름히른[2201]의 사례에서 가장 잘 보게 된다. 한여름에 $25.1MJ\ m^{-2}$의 일전천복사를 가정하고, 다른 유형의 에너지 손실을 배제하면, 처음 1m 층의 물은 4.3°C까지 가열되고, 두 번째 1m 층은 0.6°C까지, 세 번째 1m 층은 0.3°C까지 가열될 것이다. 투과하는 단파입사복사 이외에 수면의 장파복사만이 고려되면, 즉 증발과 수면 아래에서의 혼합이 고려되지 않으면, 최고온도는 수면 아래에서 나타날 것이다.

수면 부근의 기층상태를 알기 위해서 우선 작은 수면, 호수와 바다를 구분해야만 한다. 주변 환경과 열평형상태에 도달하는 데 시간이 필요한 정지된 수체 이외에 물이 흘러 들어가는 환경보다 차갑거나 따듯할 수 있는 흐르는 물을 고려해야 할 것이다. 피흘러(W. Pichler)가 개발하고 회네[2204]가 보완한 다음과 같은 구분이 있다.

I. 정지된 물

1. 작은 수체(22장에서 다룸)

   (a) 얕은 웅덩이(puddle)[8]: 작고, 평탄하며, 대체로 일시적으로 물이 고인 곳. 얕은 웅덩이의 수온은 지면에 의해서 결정되어 물 내에서 온도성층이 없다(약 10cm까지의 최대깊이).

   (b) 깊은 웅덩이(pool)[9]: 영구적 또는 일시적으로 물이 고인 곳으로, 지면으로부터 가열을 증명할 수 있으나 일변화에 따른 온도성층이 있다(10~70cm까지의 깊이).

   (c) 못(pond): 일반적으로 영구적으로 물이 고인 곳. 성층의 일변화가 있을 수 있으나, 여름에 수온약층이 형성되지 않는다(수 미터까지의 깊이).

2. 호수(lake)

---

8) puddle은 흙탕물이나 더러운 물이 고인 얕은 웅덩이를 말한다.

9) pool은 맑은 물이 고인 작고 다소 깊은 웅덩이를 말한다.

여름에 수온약층이 발달(23장). 불연속층(discontinuity layer) 또는 수온약층 (thermocline)이란 특히 큰 온도변화가 있는 깊은 수층의 지대이다. 수온약층은 일변화와 일기변화에 의해 그 온도가 결정되는 표층을 열적으로 안정한 심층수와 분리시킨다. 수온약층의 위치는 일기변화에 따라 크게 변하기 때문에 장기간 평균 치에서는 대체로 나타나지 않는다.

3. 외해(外海, open sea)

II. 흐르는 물(23장 참조)

겨울에 물이 얼 때 얕은 웅덩이는 항시, 깊은 웅덩이는 때때로 수체로서 그들의 특성을 잃는다. 중위도 기후에서 못과 큰 부피의 흐르는 물은 예외적으로 추운 시기에만 얼 것이다. 페스타[2207]는 웅덩이가 바닥까지 온통 얼어붙는지 또는 얼음층 아래에서 동물들의 활동이 유지될 수 있는지의 여부에 따라서 나타나는 서로 다른 동물들을 제시했다.

회네[2204]는 독일의 할레대학교의 농업기상학연구소(Agrometeorological Institute)에서 작은 수체의 미기후에 관한 실험적·이론적 연구를 했다. 그림 22-3A는 양지바른 날에 5cm 깊이의 얕은 웅덩이에 대한 등시곡선(tautochrone)이다. 전체 수층은 위의 공기와 아래의 지면에 의해서 조절된 물의 온도로 거의 등온이나 다름없다. 증발은 종일 표면온도를 낮게 하였다. 야간의 냉각은 수면에서 시작되어 야간에 전층으로 퍼졌다. 지면에서의 수온은 주간에 태양복사의 흡수 때문에, 그리고 야간에 지면으로부터의 열 흐름 때문에 약간 높았다. 그림 22-3B는 같은 날 혼탁한 얕은 웅덩이를 제시한 것이다. 야간의 수온분포는 크게 다르지 않은 반면, 주간에 최고수온은 많은 입사태양복사가 흡수되는 얕은 웅덩이 내에 나타났다. 보통 얕은 웅덩이 중앙의 수온은 웅덩이 주변보다 약간 차가울 것이다. 증발을 통한 에너지 손실은 한낮에조차 물의 최상층을

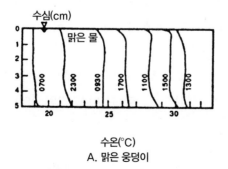
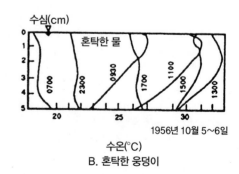

그림 22-3 맑은 얕은 웅덩이(A)와 혼탁한 얕은 웅덩이(B)의 등시곡선(S. Sato[2209], Z. Uchijima[2216]에서 재인용)

냉각시켜서 아래로부터의 가열 과정에 반대로 작용한다. 얕은 웅덩이의 미기후는 웅덩이를 둘러싸고 있는 주변의 단단한 지면과 비교하여 '해양성(maritime)'이다. 흐린 날씨와 평탄한 웅덩이 주변에서 수온은 중앙에서 가장 낮다. 이러한 주변효과는 회네의 측정에 의하면 약 0.5℃ 정도 된다. 해가 비치고 웅덩이 주변의 경사가 급하면 그림자가 수평 온도분포를 결정한다. 그러면 가장 차가운 곳은 중앙이 아니라, 음지에 있는 물의 남쪽 부분이 된다.

깊은 웅덩이들에서 등온선의 형태는 매우 다르다. 그림 22-4에서 수면온도의 일변화는 상당하다(맑은 날에 8℃). 그러나 주간의 가열은 30cm 깊이의 물의 질량으로 느리게 침투하여 바닥의 물이 표면보다 거의 8℃ 차갑다. 이 사례에서 깊은 웅덩이의 바닥에서 잔여복사의 흡수를 통한 다른 가열을 확인할 수는 없다. 주간에 공기-깊은 웅덩이의 수면 접촉면에서의 낮은 온도는 아마도 증발의 결과인 반면, 야간에 낮은 온도는 증발과 좀 더 차가운 기온 둘 다의 결과이다. 야간에 지면/수면 접촉면의 따뜻한 온도는 토양 내에서의 상향 에너지 흐름에 기인한다.

못들에서 물의 질량 관성은 수면온도의 일변화를 매우 작게 한다. 수면에서 온도의 일변화는 물의 깊이가 깊어질수록 감소하며, 그 감소율은 깊이의 네제곱근에 반비례한다. 이것은 헤어촉[2202]이 독일 라이프치히 부근 키르헨타이히에서 행한 측정으로 제시될 수 있다. 키르헨타이히는 1.1km 길이에 평균 폭이 200m이고, 깊이가 2m이다. 그림 22-5는 미풍이 부는 맑은 여름날(1934년 7월 17일)에 7개의 서로 다른 수심에서 저항온도계로 수온을 측정한 것이다. 그림의 위에는 날씨의 유형을 기록하였다. 1m 이하에서 주로 수평으로 달리는 등온선은 이보다 깊은 물에서 수온의 일변화가 거의 없다는 것을 보여 주고 있다. 표면에서조차 주간과 야간의 수온 차이는 2℃에 불과하였다.

접기기층의 기온이 지표의 온도를 통해서 결정되는 바와 같이, 수면 부근의 기온은

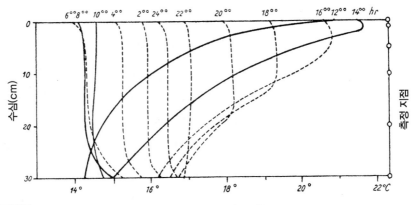

그림 22-4 맑은 여름날 깊은 웅덩이의 등시곡선(W. Höhne[2204])

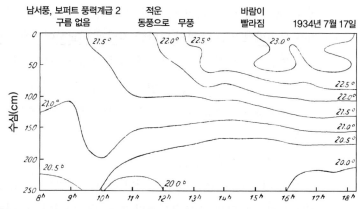

그림 22-5 독일 라이프치히 부근 키르헨타이히 2m 깊이 못의 일 수온변화(J. Herzog[2202])

수면온도에 의해서 결정된다. 작은 수면에서 주변 지역으로부터의 이류가 미치는 영향이 중요할 수 있다. 못 중앙의 기온과 주변 기온 사이의 차이는 수체의 크기가 커질수록 증가한다. 기온차는 복사의 변화에 느리게 반응하고, 풍속에 크게 종속된다.

보통 작은 면적의 수면 위에서 수증기압이 증가하는 것을 기대할 수 있다. 그러나 증발이 많이 되는 시간, 즉 한낮에 물은 주변의 지면보다 서늘해서 적은 수분을 증발시킨다. 그에 따라서 회네[2204]는 또한 수면 부근 기층의 수증기압이 인접한 호안보다 다소 낮다는 사실을 발견했다.

독일의 보덴제(독 : Bodensee, 영 : Lake Contance)에 있는 체펠린 비행선 공장에서 엔지니어들은 야간에 녹슬기 쉬운 그들의 연장을 갖고 육지로부터 물 위의 부선거(浮船渠)로 나갔다. 그 이유는 야간에 좀 더 따뜻한 호수의 물에서 육지에서보다 좀 더 많은 물이 증발되기 때문에 호안 지역에서 저녁에 기온이 크게 하강하여 그곳의 습도가 크게 상승하고, 물 위의 공기가 상대적으로 건조하여 모든 쇠 부품이 덜 부식되기 때문이다.

낮 동안 작은 수체들 주변에서 때로 수증기압이 좀 더 높다는 일반적인 인상은 정확하나 틀린 이유가 된다. 이에 대한 원인은 호수 수면으로부터의 수증기 공급보다는 호안 식생으로부터의 증발산이 보통 이러한 수증기원이 되기 때문이다. 호안의 식생은 물에서 멀리 떨어진 건조한 호안 지역들과 호수의 수면 자체보다 좀 더 많은 물을 증발시키는데, 그 이유는 식생 수관과 관련하여 좀 더 넓은 증발 표면적과 증가된 대기의 혼합 때문이다. 주변 공기에 풍부한 수증기를 공급하는 수면은 온천 또는 극 얼음의 갈라진 틈과 같은 단지 따뜻한 물과 라트슐러[2208]가 오스트리아 잘츠부르크 지역의 큰 크림 믈러 폭포에 대해서 증명한 것과 같은 폭포의 물보라이다.

작은 수체들에서 얼음은 호안에서 형성되기 시작하지 않고, 표면의 작은 고체들에서 형성되기 시작한다. 1cm 깊이까지 표면의 물은 과냉각된다(기껏해야 $-0.5 \sim -0.9°C$

까지). 그다음에 표면수가 갑자기 얼 때, 수온이 0°C까지 상승한다. 융해는 아래로부터 시작한다. 회네[2204]는 수면의 위아래 5cm에서 이 두 과정에 대해서 관측한 중요한 자료를 발간했다.

작은 수체에서 수생식물, 갈대와 조류 등이 자라면, 그들은 물을 투과하는 단파복사를 흡수하여 수온보다 높은 온도로 가열될 것이다. 샨데를[2212]은 스위스 제네바 호에서 조밀하게 조류가 자라는 지역과 물 위에 떠서 사는 가래(pondweed)[10]가 자라는 지역들에서 바로 인접한 주변의 물과 비교하여 식물들에서 6.3°C까지의 과잉온도(excess temperature)를 열전소자(thermo-element)로 측정할 수 있었다. 강한 입사복사, 고요(무풍), 투명한 물이 이러한 온도차가 나타나는 데 필요하다. 과잉온도는 보통 1~2°C에 불과한데, 그 이유는 물이 정상적으로 혼합을 통해서 열을 빠르게 이동시키기 때문이다. 이러한 온도상승은 못으로부터의 증발을 증가시킬 수 있다. 그렇지만 식물이 풍속을 감소시키면 그 결과로 증발율이 낮아질 수 있다(M. R. Hipsey and M. Sivapalan [2203]).

그림 22-6은 1926년 11월 13일 고요하고, 햇빛이 나는 따듯한 가을날에 오스트리아의 룬처 운터제의 호안에서 슈미트[2214]가 측정한 결과이다. 수면의 위와 아래에서 온

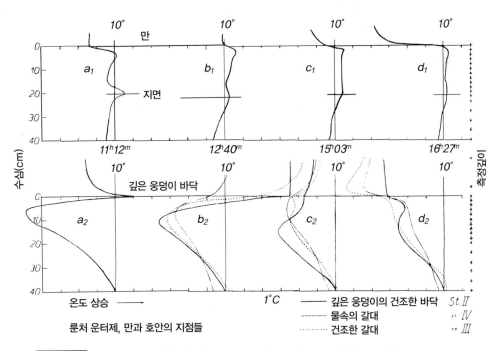

그림 22-6 가을에 오스트리아의 룬처 운터제의 호안에서 슈미트[2214]가 행한 온도 측정

---

10) 가래과(—科, Potamogetonaceae)에 속하는 다년생 수초이다.

도를 측정한 지점들이 그림의 오른쪽에 표시되어 있다. 그림에서 비교하기 쉽게 하기 위해서 10°C 선을 그려 놓았다. 온도는 1°C 간격으로 표시하였다. 문자 $a\sim d$는 각 그래프 아래에 제시된 날의 연속되는 시간을 가리킨다. a는 11시 12분에 양의 복사교환(정오의 입사복사)을 설명하고, d는 16시 27분의 음의 복사교환(저녁의 방출복사)을 설명한다.

그래프 위의 열은 20cm 깊이의 얕은 호수의 만에서 측정한 결과이다. 복사를 흡수하는 호상(湖床)은 정오에 최고온도(a_1)를 나타내고, 두 번째 최고온도는 증발하는 호수의 수면 바로 아래에 있었다. 단파복사의 감소(c_1)와 정지(d_1)로 수온은 일정하게 되었다. 호안 부근의 수온은 육지(d_1)의 이류냉각(advective cooling)의 영향을 받아 급격하게 하강하였다.

그림의 아래 열에서 두꺼운 실선은 몇 주 전에 말라 버린 깊은 웅덩이를 나타낸다. 등시곡선 a_2는 6cm 아래에 여전히 저장된 낮은 야간온도를 갖는 단단한 표면의 양측에서 양의 순복사(입사복사형)를 나타낸다. 건조한 깊은 웅덩이 바닥의 온도변화는 만에서보다 훨씬 더 컸다. 그 전날 야간의 차가움(a_2)이 하루 동안(b_2, c_2, d_2) 건조한 깊은 웅덩이의 바닥으로 깊이 침투할 때 그 영향은 약해진다. 15시 3분(c_2)에 표면의 음의 순복사 수지(표면 방출복사)가 시작하는 것을 이미 볼 수 있다.

그림 22-6 아래에서 점선은 대체로 죽은 갈대로 덮인 말라 버린 지역의 온도분포를 나타낸 것이다. 갈대로 인한 토양표면의 차폐(b_2)는 이 지역을 식생이 없는 호수의 토양보다 서늘하게 하였다. 야간의 냉각(d_2)은 상당한데, 그 이유는 아마도 여전히 증발의 영향이 있었기 때문이다. 가는 실선은 10cm의 물에서 성장하는 조밀한 갈대지역에 대한 것이다. 이 지역은 개방된 수면보다는 좀 더 건조한 육지처럼 반응하였다.

제23장 ··· 호수, 바다와 강 위 수면 부근의 기층

22장에서 논의된 작은 수체들과 비교하여, 호수 또는 바다와 같은 큰 수체들에서 나타나는 첫 번째 주목할 만한 차이는 기온의 일변화가 계절변화와 비교하여 작은 것이다.

콘라트[2307, 2308]는 오스트리아 알프스 산맥 호수들의 표면수에서 수온의 일교차가 한여름에도 평균 1~2°C에 불과하다는 것을 밝혔다. 뵈르터제(뵈르터 호)의 6월 평균은 2.6°C였다. 겨울에 수온의 일교차는 0.1~0.3°C까지 감소했다. 이러한 작은 일변화는 물의 흐름을 통해서, 차가운 심층수의 용승을 통해서, 특히 봄과 초여름에 바람의 영향을 통해서, 장소적·시간적으로 변하는 바람장 때문에 불균등한 연직 혼합을 통해서, 차가운 강수와 다른 과정들을 통해서 생기는 수온의 불규칙한 변화와 중첩된다. 페플러[2322]는 독일의 보덴제에 대해서 수온의 일교차를 상세하게 기술하였다. 그에 따르면 이에 대한 척도가 될 수 있는 수면온도의 일변화는 가장 고요한 날(1월 또는 2월)에 평균 0.18°C, 가장 변화가 심한 달(4월 또는 5월)에 평균 1.22°C였다. 콘라트[2307]에 의하면 오스트리아의 그문더제(그문트 호)에서 0.23°C와 0.99°C였고, 프레세거제(프레세크 호)에서 0.07°C와 1.12°C였다. 이와 유사한 결과가 엑켈[2310]이 발간한 오스트리아의 14개 호수에 대한 자료집에 제시되어 있다.

외해에서 수온의 일교차는 수십분의 1°C까지 감소한다. 그림 23-1은 발[2331]이 풍부한 관측자료를 기초로 수면온도의 일변화를 나타낸 것이다. 범포(帆布)나 양철로 만든 양동이로 갑판으로 끌어올린 해수 샘플로 수온을 측정했다. 따라서 이것은 약 1m 깊이의 표층수에 대한 평균값만을 제시한다. 실선(K)은 쿨브로트와 레거[2318]가 남대서양에서 독일의 메테오 엑스페디티온(Meteor-Expedition) 선상에서 구한 결과를 제시한 것이다. 점선(W)은 발[2331]이 북해에서 여름에 측정한 결과이다. 두 지역 사이의 큰 지리적 차이에도 불구하고 수온은 이 두 지역에서 하루 동안 일 평균값의 약 ±0.1°C 내에서 변화하였다.

해면의 물에서보다 바다 부근의 기층에서 기온의 일교차가 좀 더 크다는 사실을 주목할 만한데, 그 이유는 직접적인 태양복사 흡수의 영향 또는 코이주미[11]에 의하면 기압의 일변화의 결과 때문이다. 메테오 엑스페디티온 선상의 관측에 의하면 12시와 13시 사이에 나타난 최고기온은 최저기온보다 0.25~0.45°C까지 높았던 반면, 수면의 최고온도는 불과 0.26°C 높았고, 18시경에야 나타났다. 롤[2325]은 독일 헬고란트의 측정에서 수면 부근의 기층 내에서 고도가 높아질수록 일교차가 증가한다는 사실을 증명하였다. 그는 8월에 해면의 수온에서 일교차가 0.4°C였을 때 20m에서의 0.6°C부터

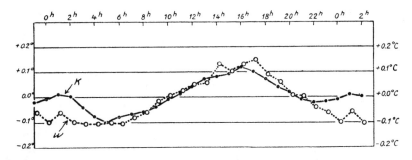

그림 23-1 바다의 표면수에서 수온의 일변화. 실선은 남대서양이고, 파선은 북해이다(E. Wahl[2331]).

---

11) *Koijumi, M.*, A note on the diurnal variation of air temperature on the open sea. Pap. in Met. and Geophys. Tokyo 7, 322-326, 1956.

150m에서의 0.9℃까지 기온의 일교차가 증가했다는 것을 밝혔다. 홀런드[2314]는 초여름에 열대 해양의 일 온도교차가 0.3℃를 넘지 않는다는 것을 밝혔다(그림 23-2). 주간에 해양의 상층 수 미터는 열의 느린 연직 침투와 함께 빠르게 가열되었다. 그는 야간에 빠른 연직 침투와 함께 느린 냉각율을 밝혔다.

밑에 놓인 표면이 영향을 주는 한, 큰 호수들과 바다에서 수면 부근의 기온은 수온의 계절변화를 통해서 결정된다. 그림 23-3은 오스트리아의 할슈테터제(할슈타트 호)에서 (1927년부터 1950년까지) 엑켈[2311]이 23년 동안 수심 40m까지 매달 평균한 등시곡선의 형태로 수온 관측을 한 결과를 제시한 것이다. 이 호수는 잘츠캄머굿 지역에 위치하며, 길이 8km, 폭 1~2km, 수심 125m로 오스트리아에서 수온이 가장 잘 연구된 곳이다. 겨울에 수온은 수면 부근에서 가장 낮았고, 수온이 약 4℃가 될 때까지 깊이가 깊어질수록 상승하였다. 담수는 4℃에서 밀도가 가장 높다. 수온이 하강하는 가을에 호수 표면은 냉각되면서 밀도가 높아져서 표면수가 침강하였다. 11월과 12월에는 등온이 되었고, 수온이 4℃가 될 때까지 냉각되었다. 표면수가 4℃ 이하로 냉각되는 겨울에 좀더 수온이 낮으면서 가벼운 물이 수면 부근에 남게 되었다. 얼음이 얼면 얼음 바로 아래에서 수온은 0℃일 것이다. 그리고 4℃가 될 때까지 깊이가 깊어질수록 수온이 상승할 것이다. 봄에 물은 표면으로부터 가열되어 아래로 전달되었다. 8월은 상층 5m 수심까지 수온이 가장 높은 달이었다. 9월은 5~30m 수심까지 수온이 가장 높은 달이었다. 그

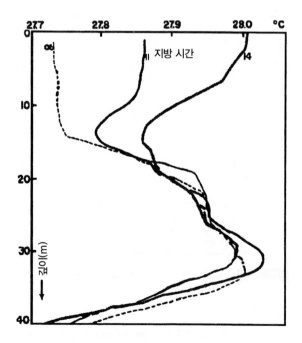

그림 23-2 바바도스에서 초여름 해양 수온의 등시곡선(J. Z. Holland[2314])

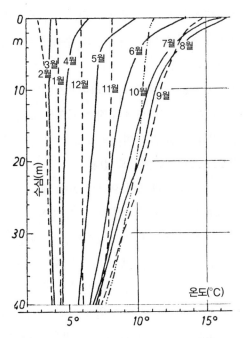

그림 23-3 오스트리아의 할슈태터제에서 월평균 수온의 등시곡선(O. Eckel[2311])

리고 이보다 더 깊은 수심에서는 10월에야 비로소 여름 가열의 충분한 영향이 나타났다. 호수가 가열되는 봄에 월평균에서조차 최상층 수 미터 수심에서 여전히 강한 수온경도가 나타났다.

이러한 열적으로 굼뜬(관성이 있는) 큰 수체들의 수면 부근의 기층에서 표면수와 수면 부근 기층 사이의 온도차는 아래에 놓인 표면의 규칙적인 온도변화에 의해서가 아니라, 불규칙한 기단변화에 의해서 결정된다. 물이 그 위에 있는 공기보다 따뜻하면, 수면 부근의 공기는 양의 순복사 시간(입사복사 시간)에 접지기층과 유사한 반응을 한다. 초단열(superadiabatic) 기온경도를 갖는 불안정 하층이 형성된다(12장). 브룩스[2301]는 1949년 여름부터 1951년 여름까지 광학적 방법을 통해서 '로터 잔트(Roter Sand)' 등대와 뷔즘 사이 독일 북해 해안 전면에서 수면 부근 기층의 불안정 하층을 조사하였다. 그는 초단열 기온경도를 갖는 이 층의 두께 h는 수면과 5m 높이의 공기 사이에서 온도차 ΔT가 증가함에 따라서 다음과 같이 증가한다는 것을 밝혔다.

$\Delta T (°C)$	0.5	1.0	1.5	2.0	2.5	3.0
$h (m)$	6	11	15	19	21	23

이와 반대로 물이 그 위에 있는 공기보다 차가우면, 수면 부근의 기층은 수면 위에 발달한 역전층과 함께 지면 위의 음의 순복사와 유사한 방출복사가 지배적인 접지기층에서처럼 안정되었다.

브루흐[2303]는 독일의 그라이프스발트 오이에 부근 발트 해에서 맑은 여름날에 수면의 양측에서 그림 23-4에 작은 원으로 표시한 지점들과 시간들에 열전소자로 온도를 측정하였다. 수면 위와 아래의 고도는 경계면 부근에서 일어나는 과정들을 강조하기 위해서 로그 스케일로 제시되었다.

그림 23-4의 아래에서 오른쪽 반이 제시하는 바와 같이 따뜻한 물은 정상적인 바람 성층(그림의 오른쪽 윗부분)에서 그 열을 서늘한 공기로 방출하여 최대경도가 그림에 표시해 놓은 구분 선으로만 나타나는 거의 혼합되지 않는 좁은 경계층에서 나타났다. 그림의 왼쪽 반(윗부분)에서 11시 이후에 바람이 크게 감소하는 것을 알 수 있다. 이것은 한편으로 감소된 혼합 때문에 수면에 가장 가까운 기층에서 기온이 크게 상승하게 하였고, 다른 한편으로 수면 위에 차가운 물 피막(cold water film)이 형성되게 하였다. 이것은 복사교환에 기인하였고, 증발을 통한 열 손실로 확실하게 강화되었다. 이 차가운 기층은 그림 23-5에서 7월의 두 날에 매우 분명하게 나타났다. 물과 공기 사이의 온도차는 작았고, 그림 23-4와 다르게 물은 공기보다 차가웠다. 등온선은 물의 차가운 표층과 이 표층이 수면에 가장 가까운 기층에 영향을 주는 방법을 보여 주고 있다. 이러한 영향은 그림의 왼쪽 반의 고요한 조건에서 매우 뚜렷하다. 오른쪽 반에서처럼 2~4m sec^{-1}의 풍속에서는 이러한 영향이 여전히 존재하나, 등온선이 좁은 간격(0.2℃)으로 그려졌을 때에만 알 수 있다.

브루흐[2303]는 그의 열전소자로 4cm 깊이까지만 (움직이는) 수면에 도달하였다.

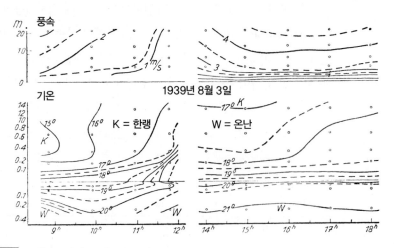

그림 23-4 독일의 그라이프스발트 부근 발트 해 위에서 여름날 바람 및 온도성층(H. Bruch[2303]의 관측)

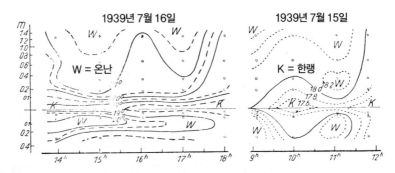

그림 23-5 물과 공기의 경계면에서 차가운 기층(H. Bruch[2303]의 관측)

롤[2327]은 독일의 노이베르커 바텐메어에서 썰물 때 남은 해수의 웅덩이에서 '뜨개 바늘온도계(독 : Stricknadelthermometer)'를 이용하여 1950년 8월의 변화하는 조건들 하에서 +8cm부터 −6cm까지의 온도단면을 측정하였다. 거의 모든 관측자료에서 2∼10mm까지 두께의 수층에서 동일한 표면냉각이 나타났다. 냉각의 정도는 1950년 8월 10일 15시 30분과 16시 5분 사이의 관측에 대해서 표 23-1에서 볼 수 있다.

롤[2326]은 전혀 다른 방법을 통해서 이러한 차가운 물 피막의 존재를 간접적으로 증명하였다. 3명의 저자들이 서로 다른 장소들에서 구한 165개 온도단면을 분석하여 외삽했을 때 수면온도가 위의 방법으로 동시에 조사한 온도보다 0.5∼1.5℃까지 낮았다. 이들 수치가 보다 넓은 수면층에 적용되기 때문에 두 번째 방법을 통한 낮은 온도는 공기와 물 사이의 경계층에서 증발을 통한 냉각량을 나타냄에 틀림없다.

바다 위에서 온도단면, 수증기단면과 바람단면은 서로 매우 밀접한 관계가 있다. 바다에 가까운 기층의 연구, 특히 이 책에서 상세하게 다룰 수 없는 해면으로부터 증발되는 물의 양과 관련하여, 해양학의 가장 중요한 기본 문제가 나타난다. 공기-바다의 상호작용에 관한 추가적인 정보는 학술지 ≪Ocean-Air Interactions: Techniques, Observations and Analysis, an International Journal≫에 수록된 논문들 또는 E. B. Kraus와 J. A. Bussinger[2317], B. A. Kagan[2316], G. L. Pickard와 W. J. Emery [2323]의 저서를 참고해야 할 것이다.

이제 정지된 물 위의 수면 부근의 기층으로부터 시내(brook), 개울(stream)과 강

표 23-1 공기-물 경계면에서의 온도

	물				공기		
높이(cm)	−6	−2	−0.5	0	0.2	1	10
온도(℃)	26.1	26.2	26.1	25.8	26.4	26.5	26.8

(river)에서 흐르는 물에서의 특수한 미기후 조건들을 고찰하도록 하겠다.

모든 개울은 우선 출발 수온으로서 샘물의 수온 또는 녹은눈의 온도를 갖는다. 이 온도는 일반적으로, 특히 여름에 중위도에서 물이 주변 환경과 평형을 이룬 후에 갖는 온도보다 낮다. 겨울에 샘물은 주변 환경보다 높은 온도를 가질 수 있어서 상류에서, 특히 샘들이 산지에 있으면 처음 솟아나올 때 냉각된다. 이러한 사실은 특히 온천에 적용된다.

엑켈과 로이터[2313]는 출발 수온과 수심의 영향을 설명하기 위해서 미분방정식의 해법으로 그래프를 통한 반복법(iteration method)을 이용하여 완전히 평탄한 평야에서 흐르는 강에 대한 7월의 어느 햇볕이 잘 드는 날의 강물 수온의 일변화를 계산했다. 강물의 4개의 출발 수온(Tw_A, 10, 15, 20, 25°C)과 4개의 수심(30, 60, 100, 300cm)에 대해서 수온의 일변화가 제시되었다(그림 23-6). 큰 수체의 균등하게 하는 작용과 낮은 출발 수온에서 열을 빠르게 획득하는 것을 잘 알 수 있다. 하여튼 환경 자체가 변하지 않는 한(다른 일기 및 다른 경관), 강물은 둘째 날에 변화된 출발 수온으로 새로운 환경에 적응하기 시작했고, 시간이 경과함에 따라서 새로운 평형 수온에 도달했다. 하류에서 관측된 수온의 일변화는 발원지로부터의 거리, 유속, 수량 및 수심, 기온과 수온 사이의 차이, 그리고 강기슭의 그늘짐 또는 강을 따라서 인접한 토지이용으로 일어날 수 있는 체계적인 변화 등에 종속될 것이다. 일 수온 주기의 크기는 수온의 일변화가 하루의 일기변화로 일어나는 겨울에 가장 작을 것이고, 변하기 쉬운 순복사의 영향이 지배하는 여름에 가장 클 것이다.

오스트리아 강들의 수온을 상세하게 연구한 엑켈[2312]은 오스트리아 동알프스 산맥의 강들이 오스트리아 영토를 관통해서 100~400km까지 흐르는 동안 평형온도에 일반

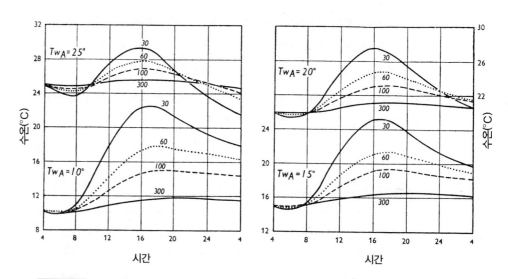

그림 23-6 발원지 수온 Tw_A와 강 수심에 종속되는 강들에서 여름의 수온변화(O. Eckel과 H. Reuter[2313])

적으로 도달하지 않았다는 것을 확인했다. 초기의 시내 하상(독 : Bachbett)에서 수온은 여름날에 수 °C까지 상승할 수 있었다. 그러나 발원지로부터 30~80km까지 범위의 좀 더 큰 수체에서 불과 약 0.6℃ 상승했고, 150~350km까지 범위에서 매 10km 유로마다 불과 0.15℃ 상승했다. 강물 수온의 시간적인 변화는 따뜻한 계절에 유로를 따라서 발원지로부터의 거리에 반비례했다. 오스트리아 수계망의 관측에서 유도한 이 규칙은 대략 일 최저수온인 이른 아침의 통상적인 수온 측정에만 적용된다.

강을 댐으로 막는 것과 저수지를 만드는 것은 수온을 변화시킬 것이다. 저수지 뒤 물의 부피 때문에 여름 최고수온은 낮아지고, 겨울 최저수온은 올라가며, 계절 주기는 늦어지고, 일 주기 역시 작아지고 늦어진다(B. W. Webb[2332]). 저수지가 충분히 크면 여름에 물은 위에 있는 따뜻한 물이 깊이가 깊어질수록 차가워지는 열적인 성층을 이룰 것이다. 강에서 댐으로부터 하류로의 수온은 물이 방출되는 곳의 수심에 종속될 것이다 (R. W. Palmer and J. H. O'Keeffe[2321]).

웹과 월링[2335]은 14년 동안 매시간의 수온 관측을 기초로 영국 데본에 있는 3개의 작은 지류의 장기간 수온의 행태를 조사했다. 계절평균 수온체제(regime)는 각각 7월 말에 최고수온과 2월에 최저수온을 갖는 3개 하천에 대해서 매우 유사하였다. 계절 주기는 봄에 수온이 급격하게 상승하고, 가을에 점진적으로 하강하는 사인곡선과 비슷하였다. 이 패턴은 계절적인 토양온도 체제의 정상적인 변화와 일치하였다(10장). 높은 열용량을 갖는 지하수 수온의 계절변화와 조합되어 봄에 일반적으로 잎이 없는 것과 가을에 잎이 있는 것이 비대칭적인 패턴을 더욱 강화시켰다. 그렇지만 단기간의 중요한 수온변화는 종관적 일기 요란 그리고 관련된 기단 차이 때문에 모든 계절에 나타났다.

주 흐름 위의 얇은 표층을 분리시키는 것은 죽은지대들(dead zones, 강의 주 흐름과 아무런 혼합도 하지 않는 지역)에서 짧은 거리상에 큰 수온경도가 나타나게 할 수 있다 (P. A. Carling et al.[2305], V. Ozaki[2320], 얕은 수로의 가장자리, 그리고 식생 위 : E. Clark et al.[2305]). 얇은 층은 태양에 의해 크게 가열될 수 있는 반면, 부유 식생 아래의 흐름은 단열로부터 보호된다. 야간에 식생 위의 층은 주 흐름의 수온 이하로 냉각될 수 있다. 중요한 온도경도 역시 열적으로 층을 이룬 깊은 웅덩이에 존재할 수 있다. 그늘이 지는 것이 측면의 온도차가 나타나게 할 수 있다(E. Clark et al.[2305]). 측면의 온도차는 또한 두 강이 합류하는 곳에 존재할 수 있으며, 하류 쪽으로 상당한 거리에서 유지될 수 있다(J. R. Mackay[2319]).

강의 혼합대(hyporheic zone)(D. S. White[2340], M. Brunke and T. Gonser [2304])는 혼합대와 물을 교환하는 강 아래의 지표와 강에 인접한 지역으로 이루어진다. 존슨[2315]은 혼합 영향의 크기는 혼합대의 크기와 혼합대를 통해서 흐르는 물의 양과 관련이 있다고 제안하였다. 혼합대의 온도는 봄과 여름에 깊이가 깊어질수록 일반적으로 하강하고, 가을과 겨울에 상승한다. 일변화는 지체되고, 깊이가 깊어질수록 약해진다(M. Brunke and T. Gonser[2304], K. Cozzotto et al.[2309]). 혼합교환은 흐르는 물과 지면 사이의 접촉을 증가시켜서 열교환을 늘리며, 하천에서 수온의 일변화 및 계절변화를 완화 및 지연시킨다.

흐르는 물이 그 위에 인접해 있는 기층에 미치는 항력(抗力, drag) 역시 고려되어야 할 것이다. 라이터[2324]는 오스트리아의 인 강에서, 베그너[2339]는 독일의 프랑크푸르트 부근 마인 강, 본과 쾰른 부근의 라인 강에서 흐르는 물의 항력의 영향을 조사했다. 풍속은 4m sec^{-1} 이하였음에 틀림없는데, 그 이유는 그렇지 않으면 경도풍에 의한 마찰혼합이 강 표면까지 도달했을 것이기 때문이다. 그러므로 라이터[2324]는 바람이 약한 이른 아침 시간에 조사한 반면, 베그너[2339]는 늦은 저녁과 밤 시간에 조사를 했다.

라이터[2324]는 오스트리아의 슈탐스에서 75m 폭의 인 강을 건너는 현수(懸垂) 인도교로부터 연막탄(smoke bomb)을 낙하시켜서 이때 나타나는 연기가 이동하는 모습을 촬영했다. 그림 23-7은 1초 간격으로 행한 63회의 실험 중에서 4회의 연기꼬리(smoke trail)의 공간적 위치를 보여 주는 것이다. 실험 a(왼쪽 위)에서 공기는 3.3m 고도에서 정지상태에 있었다. 이 고도 아래에서 공기는 수면에 가까워질수록 속도가 증가하여 강에 의해서 끌려갔다. 몇 개의 난류맴돌이(turbulent eddies)는 연기가 불규칙하게 이동하는 것에서 뚜렷하게 알아볼 수 있다. 그 위에서는 약한 사면상승풍(독 : Talaufwind, 영 : upvalley wind)을 볼 수 있다. 정지상태의 고도 위에는 계곡 위로 부는 약한 바람의 증거가 있다. 실험 b에서 d까지 불과 수초 간격으로 일어났지만, 정지상태의 기층의 고도는 변하여 2.5m까지 아래로 내려왔다. 수면은 모든 측정자료에서 약한 바람이 불 때 같은 정도의 거칠기를 가졌다(거칠기 파라미터 z_0 = 109cm, 16장). 사면 상승풍이 좀 더 강했을 때에야 비로소 거칠기가 갑자기 감소했고, 바람에 의해서 생성된 모세관파(capillary waves)가 나타났다.[12]

베그너[2339]가 독일의 마인 강과 라인 강에서 보트로 견인한 부이(buoy)로 행한 측정에서 물 위에서 고도가 높아질수록 끌려간 공기의 속도는 감소하지 않았고,[13] 불과 수십 센티미터의 '저층(독 : Grundschicht)'으로부터 기껏해야 150cm까지의 기층이

---

12) 독일어본(제4판, 1961, p.210)과 영어본(제7판, 2009, p.168)의 내용이 달라서 독일어 원문("Erst bei stärkeren Talaufwinden nahm die Rauhigkeit sprunghaft ab und es traten winderzeugte Kapillarwellen auf.")과 영어 원문("When the upvalley winds became stronger, there was a sudden jump in roughness because of capillary waves created by the wind.")을 제시하였다. 이 내용이 독일의 논문을 요약한 것이라 여기서는 독일어 원문을 번역하였다.

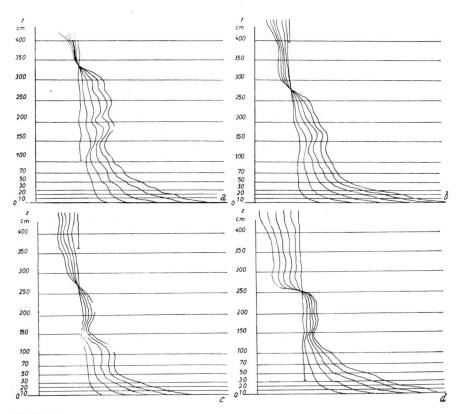

그림 23-7　흐르는 물의 항력과 약한 사면 상승풍의 영향을 받는 강의 수면 부근 기층에서 1초 간격의 연기 꼬리의 운동(E. R. Reiter[2324])

흐르는 강물과 함께 전체적으로 떠내려갔다. 이 층 위에서 풍향의 급격한 변화가 있었고, 단단한 지면 위에서처럼 고도가 높아질수록 증가하는 경도풍으로 바뀌었다. 모든 측정자료에 의하면 이와 일치되게 저층의 고도는 경도풍이 증가할수록 높아졌다. 베그너[2339]는 이와 같이 놀라운 사실을 바람이 강해질수록 증가하는 마찰교환이 흐르는 물에서 나오는 운동량을 좀 더 높은 고도로 전달할 수 있다는 것으로 설명했다. 흐르는 물과 함께 이동하는 강에 가까운 기층 내에서 바람단면의 큰 차이는 아마도 서로 다른 하폭과 주변 경관에서뿐만 아니라, 실험을 행한 하루 중의 서로 다른 시간에 있을 수 있

---

13) 제4판 독일어본에는 "Bei den Messungen von K. O. Wegner über Main und Rehein, …, ergab sich keine Abnahme der Geschwindigkeit der mitgeführten Luft mit der Höhe über dem Wasser, …"라고 표현되어 위의 내용과 같으나, 제7판 영어본에는 "In K. O. Wegner[2323] observations in the Main and Rhine, the air dragged along with the water showed no temperature decrease with increased height."라고 되어 있어 제4판과 같이 '공기의 속도'가 아니라 '기온이 감소' 하지 않는다고 표현되어 있다. 이 책에서는 제4판에 따라 번역하였다.

다. 그 이유는 베그너가 항시 차가운 물 위의 온난한 공기를 가졌으나, 라이터는 작지만 반대되는 온도차를 관측했기 때문이다.[14] 차후의 다른 연구로 이 문제가 해명되기를 바란다.

크거나 또는 평탄한 주변 지역으로 둘러싸인 정체된 호수와 대조적으로 지형을 깊이 파 놓은 좁은 유로들 또는 흔히 강둑을 따라서 나무들이 서 있는 유로들에서는 수평적 차폐로 인하여 복사량이 감소한다. 엑켈과 로이터[2313]는 30m 폭의 강에 대해서 방해받지 않는 입사태양복사의 백분율(차폐각도 0°)로 춘분(3월) 및 추분(9월, 태양의 편각 0°)과 한여름(태양의 편각 +20°)에 받는 상대적인 복사량을 계산했다(표 23-2). 야간에 방출복사에 대한 차폐의 영향은 이미 5장에서 다루었다.

웹과 크리스프[2334]는 강을 따라 있는 침엽수들이 여름의 월평균기온과 일교차를 낮추었다는 것을 밝혔다. 평균수온은 겨울 동안 주로 높은 최저수온 때문에 높았다. 게다가 강을 따라 있는 삼림은 수온 주기를 지연시켰다. 이러한 지연현상은 최저수온보다 최고수온에 대해서 좀 더 컸다. 앤더슨 등[2300]과 브로소프스케 등[2302]은 여름에 강 가까이에서 기온과 토양온도는 낮았고, 상대습도는 높았다는 것을 밝혔다. 강을 따라서 완충역을 가늘게 하거나 줄이는 것은 온도를 상승하게 하고 상대습도를 낮추었다. 강은 국지온도에 영향을 주고, 상대습도는 강 크기, 강과 공기의 온도차, 그리고 국지지형에 의해서 영향을 받았다. 리켄 등[2328]은 미국 오리건 주에서 두 개의 비교적 작은 강을 연구하여 기온과 습도에 가장 크게 미치는 영향이 강의 10m 이내에 있으며, 그 영향이

표 23-2 방해받지 않는 입사태양복사의 백분율로 본 강의 유로들이 받는 상대적인 태양복사량

최대차폐각		6°	11°	17°	22°	26°
이에 상응하는 나무 높이(m)		3	6	9	12	15
	춘분, 추분					
계곡의 방위	N-S	86	75	67	59	54
	NW-SE 또는 NE-SW	88	77	68	60	54
	W-E	91	80	71	62	54
	한여름					
계곡의 방위	N-S	88	78	70	65	57
	NW-SE 또는 NE-SW	91	83	76	70	64
	W-E	93	88	84	79	76

---

14) 이 문단은 제7판 영어본에서 생략된 것이 너무 많고, 내용이 크게 달라서 제4판 독일어본을 기준으로 번역했다.

20m까지 분명한 것을 밝혔다. 그들은 30m의 완충역이 강기슭의 미기후 경도를 적절하게 보호하는 데 필요하다고 제안하였다.

개울과 강의 수온은 유로 표면과 하상을 가로 건너는 에너지 교환으로 결정된다. 지류의 유입, 지하수 흐름과 유로 강수(channel precipitation)가 없는 것으로 특징지어지는 비이류 조건들(non-advective conditions)하에서 개울 또는 강의 짧은 구역의 에너지수지는 $Q_N = Q^* \pm Q_E \pm Q_H \pm Q_{Gb} \pm Q_F$이다. 여기서 Q_N = 총순열교환, Q^* = 순복사, Q_E = 증발 또는 응결로 인한 숨은열 전달, Q_H = 대기와 수면 사이의 느낌열 플럭스, Q_{Gb} = 하상을 가로 건너는 열전달, Q_F = 마찰로 인한 열전달이다.

웹과 장[2336]은 영국 데본의 엑시 분지에서 넓은 범위의 유로지형, 크기, 강기슭의 특성들을 포함하는 짧은 20~30m 구역들을 따라서 이 변수들을 측정했다. 1992년 여름부터 에너지 항의 획득과 손실의 결과는 표 23-3에 제시되어 있다. 수치들은 3개 개울 구역들의 변하는 크기로 인하여 에너지 획득(+)과 손실(−)의 백분율로 제시되었다. 작은 유역면적($1.89km^2$)을 갖는 블랙 볼 스트림은 서-동 계곡으로 달리고, 황무지에 인접해 있으며, 대충 방목을 하는 토지이다. 아이언 밀 스트림은 좀 더 큰 유역면적($32.9km^2$)을 갖고, 서-동 계곡으로 달리며, 조밀한 낙엽활엽수림으로 둘러싸여 있다. 리버 컬름 2(River Culm 2)는 $180.5km^2$의 유역면적을 갖고, 동-서 계곡으로 달리며, 소를 방목하는 토지에 인접해 있다. 이들 결과는 개울 에너지 교환의 성질, 유로 규모에 따라 일어날 수 있는 변화, 유로의 지형, 그리고 국지적인 유로 환경의 성질을 알 수 있게 한다.

순복사(Q^*)는 에너지 획득과 손실 둘 다의 가장 중요한 형태를 의미하였다. 그렇지

표 23-3 1992년 여름 동안 영국 데본의 엑시 분지의 3개 강에서 비이류 열에너지의 일평균 획득(+)과 손실(−)의 백분율

에너지 항	블랙 볼 스트림	아이언 밀 스트림	리버 컬름 2
순복사, Q^*	+83.0	+70.1	+86.9
	−35.7	−66.2	−53.1
증발, Q_E	+0.7	+2.9	+0.3
	−23.4	−21.5	−19.4
느낌열, Q_H	+11.7	+16.4	+9.8
	−5.8	−6.3	−3.4
하상 전도, Q_{Gb}	+0.5	+0.6	+1.3
	−35.1	−6.0	−24.1
마찰, Q_F	+4.1	+10.0	+1.7

출처 : B. W. Webb and Y. Zhang[2336]

만 순복사 획득에서 상당한 변화가 나타날 수 있었는데, 그 이유는 강기슭의 식생, 유로 하상, 계곡의 지형에 의해서 그늘이 지는 유로에서의 차이 때문이었다. 계절적인 변화도 중요할 수 있다. 폭이 넓고 방해받지 않는 유로들은 여름에 가장 많은 순복사를 받았던 반면, 활엽 식생에 의해서 크게 그늘이 지는 좁은 수로는 실제로 가을 또는 겨울에 가장 많은 순복사를 받을 수 있었다. 순복사의 큰 변화는 또한 하루 중에 구름량의 변화에 기인하여 일어났다. 또한 순복사는 보통은 특히 그늘이 많이 지는 구역에서 가장 큰 비율의 에너지 손실에 기여하였다.

증발(Q_E)은 일반적으로 두 번째로 많은 에너지 손실을 발생시켜 일부 경우에 순복사에 의한 에너지 손실 총계에 가까웠다. 개방되어 노출된 개울들은 증발에 의해서 가장 많은 에너지를 손실했던 반면, 강한 바람과 높은 습도에 덜 노출된 크게 그늘진 구역들은 가장 낮은 Q_E 백분율을 가졌다. 증발 손실은 얕은 수로에서 증가하였고, 수로 깊이가 깊어질수록 감소하였다. 응결에 의한 열 획득은 작은 에너지원에 불과하였다.

Q_H는 순복사 다음으로 두 번째로 중요한 비이류 에너지원이었다. 느낌열 플럭스는 보통 기온이 수온보다 높은 봄과 여름에 에너지원이 되었고, 수온이 자주 기온보다 높은 가을과 겨울 동안 에너지 손실이 되었다. 느낌열은 수로 구역이 식생피복에 의해서 해가 좀 더 많이 가려질 때 좀 더 중요한 에너지원이 되었다.

수로 하상으로의 열전도는 중요한 에너지 손실원을 의미하였으며, 증발과 느낌열 플럭스에 의한 총손실에 뒤지지 않았다. Q_{Gb}에 의한 에너지 손실은 주간의 순복사가 물에 침투하여 수로 하상을 따라서 흡수될 수 있을 때인 여름과 방해를 받지 않는 얕은 수로들에 대해서 가장 많았다. 흐르는 물의 마찰에 의한 에너지 투입량, Q_F는 큰 수로 경사를 갖는 수로 구역을 따라서 중요한 항이 되었다. Q_F의 계절변화 역시 강의 유출 변화로 인하여 일어났다.

"열 교환은 또한 수로 표면 위로의 직접적인 강수와 개울 수로로 그리고 개울 수로로부터 물의 유입과 관련된 열전달로 인하여 개울에서 일어날 수 있었다. 웹과 장[2336]은 강수에 의한 열 투입량이 매우 작다는 것을 밝혔다. 하상과 하안을 통한 물 교환과 관련된 열전달은 좀 더 중요할 수 있었다. 열은 혼합대(수면 밑의 퇴적물의 부피와 개울물

---

15) *phreatic*이란 용어는 지질학 여러 분야에서 사용되는데, 그 의미가 분야에 따라 상당히 다를 수 있다. 지하수 분야에서는 가장 간단하게는 'phreatic water = groundwater'이다. 원래 *phreatic water*는 지하수면 아래 포화대의 상위에 해당하는 물을 지칭하던 용어인데, 나중에는 그냥 (포화대에 존재하는) 지하수와 같은 의미로 사용하게 되었다. *phreatic water*는 흔히 *perched water*와 구별되는 개념으로 쓰인다. *perched water*는 중간대쯤에 물이 고여 생긴 일시적인 지하수로 아래의 포화대의 진정한 의미의 지하수와 분리되어 존재하는 것이다(http://www.korearth.net/bbs/board.php?bo_table=qna&wr_id=676&sfl=&stx=&sst=wr_datetime&sod=asc&sop=and&page=46).

이 이미 교환되는 것을 통해서 개울과 인접한 투과성이 있는 공간)로부터 또는 깊은 지층으로부터의 지하수로서 유로로 들어오는 물에 의해서 추가될 수 있었다. 그렇지만 수온에 미치는 영향은 지하수(phreatic)[15]와 혼합대 투입이 하천수보다 따듯하거나 차가운지에 종속되었다"(B. W. Webb[2333]).

웹과 장[2337과 2338]은 다른 연구에서 영국 도싯의 두 강에서 계절적인 에너지수지의 변화를 분석하였다. 여름과 겨울의 에너지수지는 표 23-4와 표 23-5에 각각 제시되었다.

표 23-4 여름에 비이류 열에너지원으로부터의 일평균 획득(+)과 손실(−)의 백분율

에너지 항	피들 강 지류	비어 강
순복사, Q^*	+89.51	+93.97
	−21.72	−37.59
증발, Q_E	+0.54	+0.31
	−6.96	−57.19
느낌열, Q_H	+7.44	+5.16
	−0.82	−4.59
하상 전도, Q_{Gb}	+1.52	+0.21
	−70.50	−0.63
마찰, Q_F	+0.99	+0.34

출처 : B. W. Webb and Y. Zhang[2337]

표 23-5 겨울에 비이류 열에너지원으로부터의 일평균 획득(+)과 손실(−)의 백분율

에너지 항	피들 강 지류	비어 강
순복사, Q^*	+88.51	+84.99
	−26.06	−28.14
증발, Q_E	+0.00	+0.22
	−39.25	−42.28
느낌열, Q_H	+1.19	+6.76
	−17.32	−12.75
하상 전도, Q_{Gb}	+6.22	+6.23
	−17.37	−16.83
마찰, Q_F	+4.08	+1.80

출처 : B. W. Webb and Y. Zhang[2337]

복사플럭스는 여름과 겨울에 피들 강 지류와 비어 강의, 개방되어 상대적으로 그늘이 지지 않은 하천에서 비이류 에너지 투입량을 지배하였다(B. W. Webb and Y. Zhang [2337]). 웹[2333]과 웹 및 장[2338]은 그 후의 좀 더 대표적인 연구("그 이유는 이 연구가 12개월 동안 10분 간격의 지속적인 열플럭스의 기록에 기초하였기 때문이다.")에서 순복사는 여름 동안에 에너지원이었으나, 입사단파복사가 감소하고 방출장파복사가 지배적인 겨울에는 흡수원으로 뚜렷한 계절차가 분명하다는 것을 밝혔다. 공기가 강보다 따뜻한 여름에 느낌열로부터 중요한 에너지 획득이 있었고, 겨울에는 에너지 손실이 있었다(표 23-4와 표 23-5). 증발은 물이 일반적으로 공기보다 따뜻한 겨울과 또한 비어 강에서 여름에 비이류 에너지 손실의 주요 구성요소였다. 수로 하상으로부터 수체로 전도된 에너지는 겨울에 중요한 에너지원이었으나, 여름에는 중요치 않은 에너지 흡수원이었다. 마찰은 연중 적은 에너지양을 추가했다.

웹과 장[2338]은 강들이 삼림지역을 통해서 흐를 때 "…수관이 여름에 하천 표면에 도달하는 단파복사량을 줄인다는 것… "을 밝혔다. 장파복사의 복사 플럭스도 강기슭의 삼림에 의한 영향을 받았다. 장파복사는 한여름부터 초가을까지 에너지원이었다. 나무들은 하천으로부터 다시 얻은 방출복사를 흡수하였다. "물과 기온 사이의 차이는 연중 삼림이 있는 하천에서 작은 경향이 있었고, 이것은 다시 느낌열 전달의 크기를 줄였다."

흐르는 하천에서 표면 에너지 교환과 수온변화에 대한 현재의 연구에 관한 개론서로 독자들에게 시노크로트와 스테판[2329]을 소개하겠다. 담수 하천의 서식지 관리 도구로서 강기슭의 식생에 관한 주제는 새로운 관심을 불러일으키고 있다.

제24장 ··· 눈과 얼음의 성질과 환경의 상호작용

적설은 최하층 기층에 대해서 밑에 있는 표면으로서 단단한 지면과 같이 다양하다. 강설의 밀도는 결정의 유형, 크기, 액체 물 함량에 따라 변하고, 전형적으로 $50 \sim 200 \text{kg m}^{-3}$의 범위에 있다. 그렇지만 10kg m^{-3}의 낮은 밀도도 가능하다. 신적설의 밀도와 점착성(cohesion)은 적설의 온도에 크게 종속된다. 마른눈(dry snow)은 낮은 기온에서 나타나며, 낮은 밀도와 불량한 점착성으로 특징지어지는 반면, 습한눈(wet snow)은 높은 기온에서 나타나며, 높은 밀도와 점성(viscosity)을 갖는다. 적설이 두꺼워질 때에는 각 강수 사건의 조건뿐만 아니라 눈쌓임(snowpack) 내에서 일어나는 눈 변성작용(snow metamorphism)과 융설의 과정을 반영하는 층구조를 이룬다. 적설에 내리는 비는 물의 양을 증가시켜서 밀도를 높인다. 융설기가 시작될 때 적설의 밀도는 보통 $350 \sim$

$500kg\ m^{-3}$이다. 고산에 연중 쌓여 있는 적설(독 : ganzjährige Schneedecke)은 해묵은 눈(만년설, firn snow)과 해묵은눈얼음(만년빙, firn ice)으로 변할 때 그 밀도가 $800kg\ m^{-3}$까지 증가할 수 있고, 빙하얼음(glacier ice)은 $900kg\ m^{-3}$을 초과하는 밀도를 가질 수 있다.

파울케[2442], 맥클렁과 셰러[2432]는 여러 가지 서로 다른 유형의 적설과 눈사태에 대해서 논하였다. 그들은 겨울에 관찰력이 예리한 산책하는 사람들과 스키 타는 사람들이 구분해야 할 12가지 유형의 눈을 기술하였다. 그들은 또한 적설이 바람과 폭풍에 의해서 수송되어 다시 쌓일 때, 노화되어 안정될 때, 그리고 녹을 때와 다시 얼 때, 서리가 형성될 때와 해묵은눈이 될 때 겪게 되는 여러 가지 변화[눈의 '속성작용(diagenesis)'[16)]도 기술하였다. 파울케[2442]는 신적설의 교체와 노화과정(ageing process)의 결과로서 적설의 순간적인 상태를 기술하여 지질학의 단면과 같이 자연에서 측정하여 최초로 적설의 단면을 만든 사람이다.

적설은 깊이(h_s, cm), 밀도(ρ_s, $kg\ m^{-3}$), 눈 물 당량(snow water equivalent, SWE, mm)[17)] 세 가지 기본 성질로 기술되며, 이들은 다음과 같은 관계가 있다.

$$SWE = 0.01\ h_s \cdot \rho_s$$

적설은 보통 짧으며 좀 더 빠른 융설기의 뒤를 잇는 오랜 집적기간을 갖는다. 적설 깊이는 눈이 내리는 계절 동안 각각의 눈 강수 사건으로 전형적으로 증가한다. 그렇지만 치밀화(densification)과정은 단기간 적설의 깊이를 감소시킬 수 있다. 적설의 밀도는 각각의 새로운 강수 사건으로 감소하나, 눈쌓임 변성작용과 융설과정으로 인하여 증가한다. 눈이 녹기 시작하면 SWE와 깊이 둘 다 시간이 지남에 따라 감소한다. 그림 24-1은 그루노프[2420]가 1951-52년 겨울에 행한 측정으로 알프스 산맥 호헨파이센베르크 위의 적설의 집적, 융해와 구조를 제시한 것이다. 측정 장소는 고도 997m 산의 서쪽으로 달리는 능선 위에 위치했다. 기상청을 위해서 매일 관측을 하는 부근에 위치한 주요 측정 장소에서 약간 다른 값들은 평균 눈 밀도(위) 및 적설 깊이(아래)와 비교하기 위해서 그림 24-1에 포함되어 있다. 그림 24-1의 윗부분에는 11월과 3월 사이의 신적설(막대)과 전체 적설(선)에 대한 평균 눈 밀도의 증가가 제시되어 있다. 이것은 눈의 노화와 관련이 있었다. 적설의 깊이, 내부구조와 융설수의 양은 그림 아랫부분에 제시되어 있다. 새로 눈이 내린 후에 구적설은 그 위에 쌓인 질량의 무게로 눌렸다. 그러므로 밀도는

---

16) 속성작용이란 퇴적물이 퇴적분지에 운반·퇴적된 후 단단한 암석으로 굳어지기까지의 물리·화학적 변화를 포함하는 일련의 변화 과정으로, 여기에는 치밀화과정, 교결작용, 재결정작용, 교대작용이 포함된다.

17) 눈 물 당량(snow water equivalent, SWE, mm)은 적설량 또는 이의 수자원으로의 환산량을 의미한다.

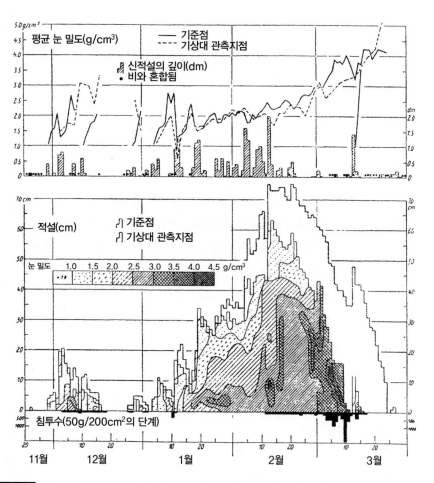

그림 24-1 1951–52년 겨울에 독일 호헨파이센베르크 위 적설의 깊이와 구조(J. Grunow[2420])

깊이가 깊어질수록 증가하였다. 그러나 경험에 의하면 최대밀도는 바닥까지 이동하지 않는다. 때로 바닥이 아니라 표면 부근에서 나타났다. 이에 대한 세 가지 이유가 있다. 첫째로 표면의 눈이 태양복사(또는 온난한 기단의 이류)의 영향으로 녹을 때 물은 적설층의 바닥까지 이동하기보다는 눈표면 부근에 머물렀다(그리고 때로 다시 언다). 둘째로 좀 더 따뜻한 깊은 적설층으로부터 차가운 눈표면으로 겨울에 온도가 하강하는 것(겨울의 온도경도)(그림 24-2)은 물의 모세관 상승에 추가로, 이미 21장에서 언땅에 대해서 기술한 것과 유사하게, 확산을 통해서 수증기를 위로 수송하였다. 이것은 쌓인눈 표면 크러스트(surface crust)와 이 크러스트 아래에서 빈번하게 관측되는 상대적인 속이 빈 공간 모두에 작용하였는데, 이 표면으로부터 눈이 승화해서 수증기가 표면의 낮은 수증기압 쪽으로 확산되었다. 표면에서 비가 어는 것이 쌓인눈의 표면 크러스트와 표면의 좀 더 높은 눈 밀도에 기여할 수 있는 세 번째 인자였다.

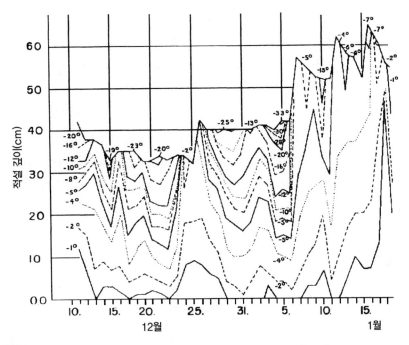

그림 24-2 스위스 다보스에서 겨울에 적설의 온도(O. Eckel and C. Thams[2416])

빙하 또는 눈쌓임 내에서의 온도경도는 높은(따듯한) 수증기압 지역으로부터 낮은 (차가운) 수증기압 지역으로의 승화와 응결에 의한 수증기압 경도 및 그로 인한 흐름이 된다. 표면이 빠르게 냉각되어 그 아래에 놓인 층들이 여전히 상대적으로 따듯한 가을에 이 흐름은 클 수 있고, 페터슨[2441]이 '심층서리(depth hoar)'라고 부른 것이 된다. 이것은 눈쌓임과 함께 있는 서리(hoarfrost)이다. 눈쌓임 내에서 수증기의 흐름 방향은 봄에 반대가 된다. 게다가 수증기는 작은 입자들로부터 큰 입자들로 흐르는데, 그 이유는 수증기압이 평탄한 표면 위에서보다 볼록한 표면 위에서 높고, 오목한 표면 위에서보다 평탄한 표면 위에서 높기 때문이다. 이 과정을 때로 '파괴적 변성작용(destructive metamorphism)'이라고 부르는데, 그 이유는 원래의 크리스탈 형태가 파괴되어 단순한 형태가 되기 때문이다(N. J. Doesken and A. Judson[2415]).

눈이 집적되기 시작하는 것과 융설수가 생성되기 시작하는 것 사이의 간격 동안 눈쌓임은 수많은 중요한 물리적 성질의 지속적인 변화를 받게 된다. '눈 변성작용(snow metamorphism)'이라고 부르는 이러한 변환과정들은 융설 유출이 일어나기 전에 끝나고, 밀도, 알베도, 강도, 온도, 물 및 불순물 함량, 단열의 질, 눈 입자의 형태 및 크기 등의 변화를 포함한다. 눈 변성작용의 과정은 바람의 표면 압밀(壓密) 작용, 표면 융해, 침투, 눈의 하부 표면 재결빙뿐만 아니라, 눈 입자들의 재결정작용에 의해서 일어난다. 일반적으로 표면 부근의 눈은 태양복사를 흡수해서 그리고/또는 따뜻한 공기와 접촉해서 가열된다. 표면 부근의 눈이 녹을 때 그것은 아래의 좀 더 차가운 눈으로 침투하여 다시 얼며, 융해숨은열을 방출하고, 눈쌓임의 온도와 열 함유량을 높인다. 적설 표면으로부터 눈쌓임 내부로 이러한 에너지 재분포과정을 통해서 적설은 점진적으로 따뜻해지고 좀 더 조밀하게 된다. 눈쌓임이 0°C의 등온상태에 도달할 때, 융설수가 생성되는 것에 의한 소모(ablation)가 시작된다. 이렇게 성숙된 조건 이전의 소모는 대부분 치밀화에 의한 것이다. 표 24-1에 제시된 적설은 2월 10일에 최대깊이에 도달했으나, 3월 1일까지 눈의 최고밀도에는 도달하지 않았다. 2월 10일~3월 1일 사이에 적설의 소모는 치밀화에 기인한다. 3월 1일 이후의 소모는 융설수가 생성되는 것에 기인하였다. 눈쌓임이 성숙된 조건에 도달했을 때, 거의 모든 양의 순복사는 융해숨은열로 전환되어 상대적으로 빠르게 눈쌓임이 제거되었다.

패터슨[2441]은 융설의 초기 단계에 입자들이 전형적으로 함께 모인다고 제안했다. 융설이 되면 입자들이 원형이 되는 비율이 증가하는데, 그 이유는 눈은 말단 부분에서 가장 먼저 녹기 때문이다. 평균입자크기는 증가하는데, 그 이유는 작은 입자들이 먼저 녹아서 큰 입자들에 합쳐지기 때문이다. 눈이 합쳐지는 현상은 일결빙-융해순환(daily freeze-thaw cycle)에 의한 영향을 받아서 표면층들에서 특히 빠르다. 눈쌓임, 눈이 얼

표 24-1 미국 미네소타 주 세인트폴에서 적설이 없는 날, <10cm의 적설이 있는 날, ≥10cm의 적설이 있는 날의 일평균기온(°C), 총복사량(MJ m^{-2} day^{-1})과 알베도(%). 측정기간에 대한 설명은 본문 참조

변수	적설이 없음	<10cm의 적설	≥10cm의 적설
최고기온	2.8	−3.7	−5.6
최저기온	−6.7	−13.0	−15.1
평균기온	−1.9	−8.3	−10.4
표면온도	4.0	−6.0	−11.0
전천복사 ($S + D$)	9.11	7.49	8.63
반사된 태양복사 ($K\uparrow$)	−1.78	−4.34	−6.77
순태양복사 (K^*)	7.32	3.15	1.86
알베도	20.2	56.3	79.5
역복사 ($L\downarrow$)	22.07	21.49	19.58
방출복사 ($L\uparrow$)	−26.60	−24.35	−22.66
순장파복사 (L^*)	−4.53	−2.86	−3.08
순복사 ($K^* + L^*$)	2.79	0.29	1.22

출처 : D. G. Baker et al.[2406]

음으로 변화하는 것을 다루거나 빙하에 관한 추가적인 정보에 대해서는 패터슨[2441]을 추천하겠다. 콜백[2412]은 변성작용의 과정을 개관했고, 랭햄[2428]은 마른눈과 습한눈의 서로 다른 물리적 성질을 요약했다.

눈과 공기의 경계면 특징과 가장 관련이 있는 성질은 단파복사에 대한 눈의 높은 알베도이다. 표 4-2는 신적설이 75~98%까지의 알베도를 갖는 것을 보여 주고 있다. 호인케스[2423]는 해묵은눈(만년설, firn snow)의 알베도를 40~60%까지로 제시하고 있다. 알베도는 해묵은눈이 점진적으로 얼음으로 변할 때 좀 더 감소한다. 빙하얼음은 더럽혀진 정도에 따라서 20~40%까지의 알베도를 갖는다. 자우버러[2448]는 오스트리아의 룬처 운터제로부터 맑은얼음이 7~8%까지의 값을 갖는 것을 밝혔다. 관측자가 본 반사된 빛은 표면으로부터 반사된 복사뿐만 아니라, 아래로부터 표면을 통해서 필터링된 스펙트럼 빛으로도 이루어진다(22장). 디름히른[2414]이 증명한 바와 같이, 이것은 복사계로 측정된 반사된 태양복사의 중요한 부분, 때로 압도적인 부분이 된다. 얼음, 해묵은눈과 구적설에 대해서 측정한 값은 다음과 같다.

알베도(%)	10	20	30	40	60	80
아래로부터의 빛의 비율(%)	31	48	80	92	88	64

자우버러[2448]가 이미 제시한 바와 같이, 가시스펙트럼 내에서 반사된 태양복사는 파장에는 조금만 종속되며, 가시스펙트럼의 중앙 범위가 가장 강하게 반사되는 범위이다. 릴리퀴스트[2429]는 이러한 사실을 마우드하임 관측소의 남극의 눈이 내린 곳에 대해서 증명하였다. 여기서는 온흐림날들(overcast days)에 반사율이 92%(적색)~97%(녹색과 황색) 사이에서 변했다. 디름히른[2414]은 1950년에 알프스 산맥의 빙하에 대해서 다음과 같은 반사율을 밝혔다.

파장(μ)	0.4	0.5	0.6	0.7	0.8
맑은얼음(%)	44	54	56	48	32
더럽혀진 얼음(%)	24	53	36	31	19

눈이 처음에 내릴 때에는 높은 알베도를 갖는다. 시간이 지날수록 알베도는 감소한다. 베이커 등[2407]은 온도, 열총량(heat sums), 태양고도, 마지막 눈이 내린 이후의 일수와 눈의 알베도 감소 사이의 관계를 분석하였다. 그들은 마지막 눈이 내린 이후의 일수가 눈의 알베도 감소를 설명하는 데 가장 단순하고, 가장 큰 관련성이 있는 것을 밝

혔다. 이러한 사실은 알베도 감소와 (본래 인자로서 시간을 포함하는) 열총량 사이의 (기대되는) 관련성보다 실제로 더 좋았다.

아래에 놓인 표면을 가리는 데 필요한 눈의 깊이는 눈의 소산계수(extinction coefficient), 알베도, 아래에 놓인 표면, 식생의 높이에 따라 변한다. 베이커 등[2408]은 미국 미네소타 주 세인트 폴에서 19년 겨울(1969년~1987년) 동안 3개 표면 — 나지 토양, 잔디, 알팔파 — 위에서 일평균알베도와 적설 깊이 사이의 관련성을 조사하여 나지 토양이 5.0cm, 잔디가 7.5cm, 알팔파가 15cm의 적설로 덮였을 때 알베도가 약 70%였다는 것을 밝혔다. 이 수준 이상으로 추가적인 적설량이 있었을 때 단지 무시해도 좋을 정도로 알베도가 증가하였다.

적설이 있는 것은 기온에 특히 강한 영향을 미쳐서 때로 기온-알베도 되먹임으로 간주되는 결과가 나타난다. 기온은 나지 토양 위보다 적설 위에서 5.0°C까지 낮을 수 있다. 듀이[2413]는 이러한 영향이 매일의 기온에서 발견될 수 있다는 것을 제시했지만, 그 영향은 기후자료가 장기간 축적되었을 때 가장 뚜렷하게 나타난다.

베이커 등[2406]은 미국 미네소타 주 세인트폴(45°N, 296m)에서 적설이 있는 날과 적설이 없는 날 사이에 관측된 기온과 복사 차이를 체계적으로 조사했다. 그들의 측정은 23년(1963년~1985년)간의 적설, 최고기온, 최저기온과 일평균기온, 그리고 11년간(1975년~1985년)의 전천복사, 반사된 태양복사, 역복사와 장파방출복사 관측을 포함하였다. 12월 16일부터 3월 15일까지 관측을 했고, 이 관측은 분석을 위해서 세 가지 범주로 정리되었다. 즉 적설이 없는 날(전체 일수의 10.4%), <10cm의 적설이 있는 날(전체 일수의 62.4%), ≥10cm의 적설이 있는 날(전체 일수의 17.2%)이었다. 전체 연구기간의 일평균기온과 총복사량은 표 24-1에 제시되어 있다. 적설 그룹들 중에서 단파입사복사와 장파복사의 작은 차이만이 주목된다. 그렇지만 적설이 없는 날들과 비교하여 ≥10cm의 적설이 있는 날에 59.3%나 알베도가 높았다. 이것은 남은 변수들에 중요한 차이가 나타나게 했다. ≥10cm 적설 그룹에 대한 평균 반사된 태양복사는 적설이 없는 범주보다 3.8배나 큰 반면, 평균 흡수된 총태양복사량은 25%에 불과하였다. ≥10cm의 적설에 대해서 관측된 작은 총장파방출복사량은 주로 낮은 표면온도에 기인하였다. 이것은 (눈의 0.98의 방출율과 나지 토양의 0.92의 방출율을 가정하여) 나지 토양에 대해서보다 15°C 낮은 것으로 나타났다. 관측지점들 중에서 관측된 순복사의 차이는 주로 태양복사의 흡수를 조절하는 알베도의 영향에 기인했다. 그렇지만 순장파복사의 보통의 차이도 나타났다. 표면 미기후에 미치는 눈 알베도의 영향은 표 24-1의 평균기온에서 관측될 수 있다. 이 표는 10cm 적설 그룹에 대한 평균 최고기온과 최저기온이 적설이 없는 그룹보다 둘 다 8.4°C 낮았다는 것을 제시하고 있다. 이러한 사실은 높은 알베

도와 적설의 깊이가 깊어질수록 토양으로부터의 열 흐름이 감소하는 것에 기인하였다.

바우어와 더틴[2410]은 미국 위스콘신 주 매디슨에서 기온과 적설 사이의 관계를 관측했다. 지면에 눈이 남아 있는 한 봄에 공기는 느리게 가열되는데, 그 이유는 입사복사의 약 30~40%만이 흡수되기 때문이다. 그렇지만 적설이 제거되면 입사태양복사의 대략 85%가 흡수되어 기온은 훨씬 더 빠르게 상승한다.

적설 깊이와 지속성(persistence)은 규칙적인 강설을 경험하는 지역들에서 토양온도와 동결 깊이(0℃ 등온선의 깊이)를 조절하는 데 결정적인 역할을 한다. 지속적으로 깊은 적설은 토양으로부터의 열 손실을 줄이는 단열층을 형성하여 겨울의 토양 환경을 대기 환경으로부터 효과적으로 분리시킨다. 미국 미네소타 주 세인트폴에서 프레리 적설 아래의 겨울 토양 열체제의 연구로 세 가지 겨울의 등급이 나타났다(D. G. Baker[2405a]). 이들은 (I) 깊으나 비지속적인 적설이 있는 겨울, (II) 깊으나 비지속적인 적설이 있는 평균 겨울(average winter), (III) 얕으나 비지속적인 적설이 있는 노출된 겨울(open winter)이었다. I 등급 겨울의 깊은 눈은 훌륭하게 단열을 하여 토양온도가 따듯하며, 토양동결 깊이가 상대적으로 낮게 했다. 0℃ 등온선은 겨울에 토양 속으로 느리게 들어가서 바로 봄에 해동할 때까지 불변하는 깊이에 도달하였다. III 등급 겨울에서는 토양열이 크게 손실되어 좀 더 빠르고 지속적으로 0℃ 등온선이 침투하고, 동결 깊이가 깊었다. II 등급 겨울은 I 등급과 III 등급의 두 극단 사이의 중간인 토양온도와 동결 깊이 패턴을 나타냈다. 좀 더 추운 기온과 좀 더 건조한 토양조건을 갖는 유사한 겨울의 적설 조건하에서 좀 더 낮은 토양온도와 좀 더 깊은 동결 깊이를 경험했으나, 적설 깊이와 지속성의 역할이 분명히 지배적이었다.

옹스트롬[2404]은 전천복사가 눈이 없는 상태의 유사한 지형과 비교하여 눈으로 덮인 지형 위에서 증가한다는 것을 처음으로 제시했다. 이것은 표면 쪽으로 반사된 태양복사($K\uparrow$)의 후방산란에 기인하여 확산태양복사(H)가 증가한 결과였다. 이것은 $(K\downarrow)(1 - R_T B_S)^{-1}$에 비례하여 표면과 대기 사이에서 확산태양복사의 일련의 다수의 반사가 나타나게 했다. 여기서 $K\downarrow$ = 수평 표면 위의 전천복사($S + D$)였고, R_T = 지역의 알베도(단편)였으며, B_S = 대기의 후방산란(단편)이었다. 지역의 알베도는 표면 알베도와 같지 않았으나, 둘러싸고 있는 지형을 대표했다. 대기의 후방산란은 대기상태들의 함수였고, 구름형, 구름량과 에어러솔 농도에 따라 변했다. 이 효과는 넓은 신적설과 부분적으로 구름이 낀 조건에서 가장 컸고, 눈의 노화, 적설의 감소와 맑은 하늘에 따라 강도가 감소했다. 키어커스와 콜본[2425]은 캐나다의 8개 관측소의 자료를 이용하여 이러한 다중의 반사과정이 일평균 확산복사를 30~40% 증가시킬 수 있다는 것을 제시하였다. 헤이[4008]는 캐나다의 5개 관측소에 대해서 R_T와 B_S의 역사적 월평균값을 제시했고,

뮐러[2434]는 이 과정에 관한 과거의 경험적 연구를 요약하였다. 야간에 눈이 새로이 내린 후 적은 구름량을 가진 도시들에서 구름으로부터 반복된 도시빛(urban light)의 후방산란과 눈으로부터의 반사는 특히 강하여 유별나게 빛나는 야간의 조건들이 나타나게 한다. 토드헌터(Todhunter)는 미국 노스다코타 주 그랜드 포크스에서 충분히 밝아서 사람들이 보통 일광(日光)으로만 가능했을 여러 활동을 할 수 있는 조건을 관측했다.

단파복사(태양복사와 하늘복사) 역시 눈 속을 투과할 수 있으나, 당연히 물속으로처럼은 쉽게 투과하지는 못한다(22장). 후자의 경우에 투과율은 미터당 투과하는 백분율로 측정되는 반면, 여기서는 소산계수 ν (cm^{-1})를 이용하는 것이 좀 더 유용하다. 소산계수는

$$I_z = I_0 e^{-\nu z} \qquad\qquad (\text{W m}^{-2})$$

의 관계로 정의된다. 여기서 I_0는 표면에서 흡수되는 복사이고, I_z는 깊이 z cm까지 투과하는 복사이다. 투과 D와 계수 ν 사이의 관계는 $D = 100 e^{-100\nu}$로 제시된다. 예를 들어 다음과 같다.

소산계수 ν (cm^{-1})	0.005	0.01	0.02	0.03	0.04	0.05
투과율 D (% m^{-1})	60.7	36.8	13.5	5.0	1.0	0.7

물과 비교하여 낮은 투과율을 갖는 눈에서 보통 약 0.07~0.23cm^{-1} 사이의 소산계수가 측정되었다. 그렇지만 극심한 경우에는 1.5cm^{-1}만큼 높은 값이 나타날 수 있었다. 소산계수는 넓은 한계 내에서 변동한다. 그렇지만 뢸레[2430]에 의하면 소산계수는 눈에서 물의 양과 확인할 수 있는 관련성은 없었다. 그림 24-2는 방금 언급한 범위 내에서 ν의 값들에 대해서 여러 깊이까지 눈표면을 투과하는 복사의 백분율을 제시한 것이다.

그림 24-3은 차후에 논의될 얼음과 22장 및 23장과 비교하기 위해서 또한 호수와 순수한 (증류된) 물을 포함하도록 확대되었다. 증류수에 대한 ν 값은 녹색-황색 범위에서 약 0.003cm^{-1}이다. $\nu = 0.005$ 곡선은 같은 스펙트럼 범위에 대해서 1937~38년 오스트리아의 룬처 운터제의 물에 대체로 상응한다(그림 22-2).

자우버러[2448]는 적설 속으로 0.38~0.76μ까지의 범위에서 경우에 따라서 빛투과율의 큰 차이가 나타나나, 파장과의 체계적인 관계는 없다는 것을 증명하였다. 이러한 사실은 어느 곳에서나 느슨한 눈에 적용되는 것 같다. 그렇지만 적설에 포함된 물의 양이 증가하면, 소산계수는 물에서처럼 파장이 길어질수록 증가하였다. 릴리퀴스트[2429]는 광전지(photo cell)와 쇼트필터(Schottfilter)를 이용하여 이미 언급한 남극 관측소 마우드하임에서 눈의 밀도가 400kg m^{-3}일 때 소산계수가 다음과 같다는 것을 밝혔다.

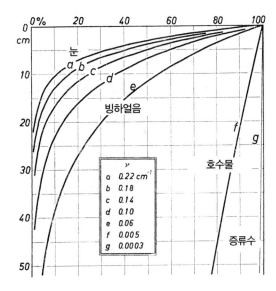

그림 24-3 눈, 얼음과 물 속으로의 빛의 침투

파장(μ)	0.42	0.52	0.59	0.65
빛의 색깔	청색	녹색	오렌지색	적색
소산계수, ν (cm^{-1})	0.066	0.083	0.114	0.172

단파복사는 눈보다 얼음을 좀 더 쉽게 투과할 수 있다. 자우버러[2448]는 파장에 대해 무시할 수 있는 종속성을 갖는 4cm 두께의 눈판(snow plate)에 대해서 0.03cm^{-1}의 평균소산계수를 밝혀냈다. 오스트리아 외츠탈 알프스 산맥의 힌터아이스페르너에서 암바흐[2403]가 새로이 정확하게 한 측정에 의하면, 228개의 개별측정평균으로 ν = 0.057cm^{-1}이었다. 이 값은 그림 24-2의 e 선에 대체로 상응한다. 따라서 20cm의 깊이에서 여전히 얼음표면을 투과하는 단파복사의 30%, 40cm에서 거의 10%를 측정할 수 있었다. 소산계수의 파장에 대한 종속성은 자우버러[2449]가 증명한 바와 같이 얼음과 물에서 같았다. 오스트리아 룬처 운터제의 얼음은 다음과 같은 소산계수를 가졌다.

파장(μ)	0.313	0.35	0.4	0.45	0.5	0.55	0.6	0.65	0.7	0.75	0.8
빛의 색깔		보라색		청색	녹색	황색		오렌지색	적색		
소산계수, ν (10^{-3} cm^{-1})	1.00	0.5	0.4	0.5	0.8	1.3	2.0	3.4	6.0	10.6	17.7

이들 수치에서 알 수 있는 바와 같이 근적외선 스펙트럼 부분에서 소산계수값이 급격하게 증가한다. 두꺼운 얼음은 푸른빛을 띠는데, 그 이유는 이들 파장에서 소산계수가 낮기 때문이다.

눈과 얼음은 장파복사 범위에서 실제로 흑체이다. 적설의 기공(氣孔)이 많은 표면과 같이 이상적인 공동(空洞) 복사체(독 : Hohlraumstrahler, 영 : hollow-box radiator)에 가까운 표면은 자연에 없다. 눈의 장파반사율$(1 - \varepsilon)$은 약 1.4%[18]에 불과하다. 따라서 눈표면이 이 스펙트럼 범위에서 그 위에 그을음을 살포해서 좀 더 잘 반사한다는 것(단지 좀 더 밝게 된다는 것)이 팔켄베르크(G. Falkenberg)의 역설이다. 콘드라티에프[212]는 가시스펙트럼에서 양호한 반사체인 눈으로부터 자외선스펙트럼에서 거의 흑체인 눈까지의 전이가 매우 점진적이라는 것을 언급했다. 단파복사에 대한 눈의 반사율은 그것이 단지 수 퍼센트에 달하는 2.6μ까지 아래로 지속적으로 감소하였다.

눈의 열전도율은 눈의 밀도 ρ에 종속된다. 이 관계는 많은 다른 방정식에서 여러 저자들에 의해서 표현되었다. 아벨스[2401]는 다음과 같은 단순하고 유용한 관계를 제안했다.

$$\lambda = c\rho^2$$

상수 c는 아벨스[2401]에 의하면 28.4J kg K^{-1}이고, 뢰베[2431]는 남극대륙 아델리 지방에서 행한 측정에서 27.6의 값을 구했으며, 브라흐트[2102]는 측정에서 190~510kg m^{-3}까지 밀도의 눈에 대해서 20.5의 값을 조사하였다. 표 24-2에는 눈의 밀도에 종속되는 세 가지 c 값에 대한 열전도율이 제시되어 있다. 이 표에서 아마도 큰 값들이 작은 값들보다 좀 더 정확할 것이다. 밀도가 증가할 때 λ는 점진적으로, 이미 표 6-2에 20.9 ~29.3 W m^{-1} K^{-1}로 제시된, 얼음에 대한 값에 가까워졌다.

로이터[2445]는 낮은 밀도를 갖는 눈에서 독특한 혼합과정이 공극(空隙)에서 대류 특성으로 일어난다는 증거를 제시하였다. 이러한 대류 특성은 상층에서 열전도율을 분

표 24-2 여러 가지 비열값(c)(J kg K^{-1})과 눈 밀도에 대한 눈의 열전도율 λ(W m^{-1} K^{-1})

c	눈의 밀도 (kg m^{-3})							
	100	200	300	400	500	600	700	800
21	0.02	0.08	0.19	0.34	0.52	0.75	1.03	1.34
25	0.025	0.10	0.23	0.40	0.63	0.90	1.23	1.61
29	0.03	0.12	0.26	0.47	0.73	1.06	1.44	1.88

---

18) 독일어본에는 불과 '1/2%'에 달한다고 기술되어 있다.

자전도값의 7~8배까지 증가시켰다. 따라서 이러한 유형의 교환을 고려하지 않은, 지면에 대해서 6장에서 제시한 규칙들에 따라 계산을 하면, 깊이가 깊어질수록 일온도변화가 감소하는 것에 대한 부정확한 값과 위상지연(phase lag)에 대한 이보다 덜 부정확한 값을 구하게 된다. 이것은 표 24-2에서 주어진 λ 값들에서 인식할 수 있는 불확실성이 나타나게 하였다. 얼음의 열전도율은 온도가 하강할수록 상승하였다(표 24-3).

눈의 낮은 열전도율은 적설 내에서 큰 연직온도경도가 나타나게 한다. 그림 24-2는 엑켈과 탐스[2416]가 스위스 다보스에서 1937~38년 겨울에 32~65cm 사이의 깊이에서 변화하는 적설에서 측정한 온도변화를 나타낸 것이다. 지면-눈표면(적설의 깊은 층) 부근에서보다 공기-눈표면(지표) 부근에서 등온선이 좀 큰 간격으로 그려졌다는 것을 유념해야 한다. 공기-눈표면온도가 −33°C일 때 지표의 온도는 좀처럼 0°C 이하로 하강하지 않았다. 적설은 이와 같이 높은 단열작용을 한다. 눈은 식물들을 덮어 극심한 추위로부터 보호할 뿐만 아니라, 반복된 결빙과 융해로 토양이 마르는 것에서도 보호해 준다(21장). 그렇지만 눈을 뚫고 불쑥 나와 있는 식물의 부분들은 높날림눈(blowing snow), 얼음에 의한 마손(磨損)과 눈표면에서 또는 조금 위에서 나타나는 매우 낮은 기온의 영향을 받기 쉽다.

그림 24-4는 니더도르퍼[2514]가 행한 관측으로부터 1932년 1월 16일에 대한 눈에서의 일온도변화를 보여 준다. 9시 45분의 측정은 표면과 20cm 깊이 사이에서 9°C의 온도차를 보여 주며, 야간의 복사손실을 나타낸다. 오전 동안의 가열은 눈표면에서 녹는점까지 온도를 상승시켰다. 최고온도가 눈표면 아래 1~2cm까지에 위치한다는 것을 유념해야 한다. 슬랫터[2450]는 남극대륙의 여름에 가장 높은 온도와 초기의 융설이 표면 아래 약 10cm에서 나타났다는 것을 밝혔다. 로이터[2446]는 먼저 등온성층이 존재하며, 부분적으로 눈쌓임(snow pack) 매체 속을 투과하는 단파입사복사, 그리고 표면으로부터만 나가는 장파방출복사의 불변하는 양이 작용한다는 가정하에서 복사가 투과하는 매체에서의 온도변화를 계산하였다. 그 결과가 그림 24-5의 한 이론적 사례에 대해서 제시되었다. 표면 조금 아래의 최고온도는 이 깊이에서 최대순복사가 나타나는 곳

표 24-3 온도에 종속되는 얼음의 열전도율과 비열의 변화

온도(°C)	0°C	−20°C	−40°C	−60°C
열전도율 λ (W m^{-1} K^{-1})	2.2	2.4	2.7	2.9
비열 c (10^3 J kg K^{-1})	2.09	1.97	1.80	1.68

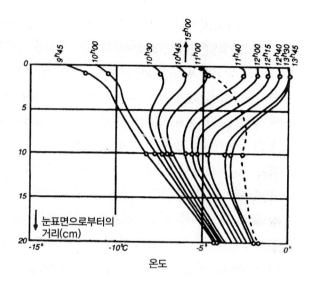

그림 24-4 햇볕이 잘 드는 겨울날에 적설에서의 등시곡선(E. Niederdorfer[2514])

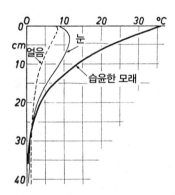

그림 24-5 복사의 영향만 받은 얼음, 눈과 지면의 이론적 온도분포(H. Reuter[2446])

과 일치하며, 최대태양복사가 흡수되는 곳이다. 투과하는 단파복사를 흡수하여 눈과 얼음에 묻힌 물체들은 가열되어 공동(空洞)을 녹일 수 있다. 이것으로 녹은 구멍들이 표면까지 뚫고 나올 때 매우 불규칙한 미지형(micro-relief)이 생길 수 있다.

아래에 놓인 세 가지 다른 표면들이 그림 24-5에서 비교되었다. 습윤한 모래 : $R = 10\%$, $(\rho c)_m = 1.42 \cdot 10^6$ J m^{-3} K^{-1}, $\lambda = 13.4$W m^{-1} K^{-1}; 구적설 : $R = 60\%$, $\rho = 400$kg m^{-3}, $c = 2,115$J kg^{-1} K^{-1}, $\lambda = 4.6$W m^{-1} K^{-1}; 얼음 : $R = 0\%$, $\rho = 917$kg m^{-3}, $c = 2,115$J kg^{-1} K^{-1}, $\lambda = 21.4$W m^{-1} K^{-1}이다. 이 세 가지 경우 모두 초기의 등온상태 후에 3시간 동안 551.3W m^{-2}의 단파입사복사와 69.8W m^{-2}의 장파방출복사가 가정되었다.

얼음에 대해서 순수한 물에 대해서와 같은 복사의 선택흡수가 가정되기 때문에(22장), 파선(그림 24-5)은 또한 질량 교환이 없으며 복사의 영향만을 받는 물에서의 온도분포를 제시한다. 그러므로 이미 22장에서 제시된 바와 같이 증발을 완전히 배제해도 물에서 최고온도는 수면 바로 아래에 위치할 것이다. 표면 아래 수 센티미터 깊이에서 눈에 대한 이론적 최고온도는 그림 24-4와 잘 일치하였고, 케래넨[2424]이 행한 유사한 측정과 일치하였다. 이로서 남극대륙 아델리 지방의 눈에서 눈표면보다 5cm 깊이에서 연평균온도가 0.6℃ 높았다는 뢰베[2431]의 관측이 설명이 된다. 로이터의 이론에 따르면 정체된 상태에서 최고온도의 위치는 눈의 열전도율 또는 열확산율에 종속되지 않았으나, 입사복사 및 방출복사의 강도와 소산계수 ν에 종속되었다. 표 24-4는 그림 24-3에서 이용된 4개의 소산계수 ν의 값에 대해서 눈표면 아래 최고온도의 이론적으로 계산된 깊이(cm)를 제시한다. 최고온도의 이론적 깊이는 소산계수에 반비례하였다. 표면에 대한 최대온도차는 열전도율에 종속되었고, 눈의 밀도가 감소할 때 매우 빠르게 증가하였다.

타카하시 등[2453]은 일본에서 가장 작은 써미스터(thermistor)로 야간에 적설의 온도단면을 측정했다. 그들은 표면 아래에 위치한 일최고온도와 같이 야간최저온도를 표면이 아니라, 표면 아래 7mm에서 발견했다. 이러한 사실은 공극이 많은 눈의 구조가 표면 아래 어느 정도의 깊이까지만 방출복사를 허용한다는 가정하에서 이론적으로 설명될 수 있다. 혼합량이 작아서 눈 부근의 기층으로부터의 에너지 수송 Q_H도 매우 작을 때에만 최저온도가 표면에서 나타났다.

오스트리아 외츠탈 알프스 산맥의 페어낙트페르너에서 암바흐[2402]가 빙하얼음 위에서 행한 측정은 얼음의 융해숨은열(0.334MJ kg⁻¹)이 야간의 온도변화에 중요한 역할을 한다는 것을 보여 주었다. 주간에 0℃까지 가열된 빙하얼음이 야간에 냉각되면, 융빙수가 동결할 때 방출되는 숨은열이 온도가 하강하는 것을 지연시켰다. 1952년 7월에

표 24-4 눈표면 아래의 최고온도의 이론적 깊이(cm)

복사 (W m⁻²)		소산계수 ν (cm⁻¹)			
순단파	순장파	0.10	0.14	0.18	0.22
279	105	4.7	3.4	2.6	2.1
279	70	2.9	2.1	1.6	1.3
558	105	2.1	1.5	1.2	0.9
558	70	1.3	1.0	0.7	0.6

표 24-5 빙하에서 야간의 에너지 교환(MJ m⁻²)

에너지 손실 :	
순장파복사를 통한	1.93
증발과 승화를 통한	0.04
흡수된 에너지 :	
공기로부터	0.71
얼음 융해 시 방출되는 숨은열로부터	0.67
냉각 손실량	0.59

출처 : W. Ambach[2402]

3일간 관측을 한 야간에 계산된 열수지는 표 24-5에 제시된 18시에서 6시까지 다음과 같은 평균값을 제시하고 있다.

　이제 눈 부근 또는 얼음 부근 기층의 기온을 고찰해 보도록 하겠다. 그림 24-6은 독일 뮌헨 공항에서 막대 형태의 저항온도계로 측정한 세 가지 서로 다른 유형의 일기상태에서의 기온변화를 정성적으로 제시한 것이다. 1935년 1월 9일의 위의 기록에서 야간에 새로 눈이 내렸을 때 적설이 지면 위에 놓인 온도계를 덮어 보호하였다. 적설로 덮인 온도계의 온도는 상승한 반면, 눈 위의 기온은 아침까지 계속 하강하였다. 1935년 1월 20일에 대한 중앙의 기록에서는 서리가 내린 맑은 겨울 날씨에서 모든 단기간의 온도 변

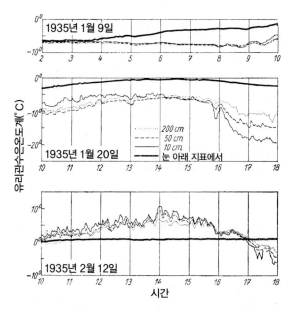

그림 24-6 독일 뮌헨 지역에서 신적설(위), 겨울 동결(중앙)과 해동 일기(아래) 때 눈 부근 기층에서 유리관수은온도계로의 온도 측정

동이 없는 9cm 적설 내에서뿐만 아니라, 주간에 높이가 높아질수록 약한 기온 감소와 야간에 강력한 역전현상이 나타나는 눈 부근의 공기에서 기온의 일변화를 알 수 있다. 1935년 2월 12일에 대한 이 그림 아래의 기록은 여전히 6cm 깊이까지 녹는눈에 대한 것이다. 눈-지면에서의 온도는 0℃에서 불변하였으나, 눈 부근의 공기는 태양복사와 온난한 기단의 이류의 영향을 받아 10℃를 넘었다. 14시와 15시 사이에 양의 복사수지가 눈에 잘 띄며, 일몰 시에 동결이 시작하면서 음의 복사수지로 변하였다.

눈의 낮은 열전도율(표 24-2)은 (특히 가을 또는 초겨울에) 때때로 눈이 내린 다음에 갑자기 추워지는 데 대한 이유들 중의 하나가 된다. 눈은 토양으로부터의 열 흐름을 감소시켰다. 그리고 열 흐름이 감소한 것이 토양이 좀 더 온난하게 남아 있는 반면, 공기를 냉각시켰다. 눈의 높은 방출율 역시 눈이 내린 다음에 추워지게 하였다.

느켐디림[2439]은 잔디 위와 신적설 표면 위에서의 냉각율을 비교하여 맑은 하늘 아래에서 신적설 위의 실제 냉각율이 잔디 위의 2배가 되는 것을 밝혔다. 이 결과는 잔디의 회색체(graybody) 방출율과 대비하여 신적설의 거의 흑체(near blackbody)의 방출율에 주로 기인하였다. 그는 차별적인 냉각율을 설명하는 두 번째 인자가 적설과 비교하여 잔디의 좀 더 큰 거칠기였다는 것을 제안했다. 이와 같이 좀 더 큰 거칠기는 좀 더 큰 역학난류(mechanical turbulence), 표면으로 가져오는 좀 더 많은 열(표 19-1)로 나타나서 잔디 위의 좀 더 느린 냉각율에 기여하였다.

주간에 눈 부근 기층에서 실제 기온을 정확하게 측정하는 것은 적설 표면에서 강하게 반사되는 태양복사 때문에 어렵다. 반트[2409]가 행한 실험에서 나타난 바와 같이, 광택이 나는 작은 온도계조차 복사로부터 보호되어야 했다. 이것은 야간에는 좀 더 단순하였다. 니베르크[2440]는 스웨덴에서 적설 위 최하기층 25mm에서 야간 역전을 매우 주의 깊게 측정했다. 저항온도계를 이용한 이 관측은 풍속과 고도에 따른 기온상승 사이에 다음과 같은 관계를 제시하고(표 24-6), 풍속이 증가할수록 기온경도가 감소할 뿐만 아니라, 야간 기온도 상승하는 것을 잘 보여 준다.

야간에 접지기층 위에서 나타나는 기온역전은 눈 부근 기층 위에서 주간에도 발생할 수 있다. 즉 겨울에 극기후와 여름에 빙하 위의 중위도(유럽)기후에서 주간에 발생할 수 있다. 호인케스와 운터슈타이너[2509]는 오스트리아 외츠탈 알프스 산맥의 페어낙트페르너 위에서, 호인케스[2421a]는 오스트리아 칠러탈 알프스 산맥의 호른케스 위와 외츠탈 알프스 산맥의 힌터아이스페르너 위에서 이러한 기온역전을 연구했다. 표 24-7은 해발 2,262m 고도의 호른케스 위에서 1951년 9월에 아스만(Aßmann) 통풍건습계를 이용하여 측정한 것에서 발췌한 일부 값들을 제시한 것이다. 고도가 높아질수록 수증기압이 증가하는 것은 (기온과 같이) 로그의 법칙을 따른다.

표 24-6 야간에 눈표면 위의 풍속과 고도에 종속되는 기온(℃)

풍속 (m sec⁻¹)	관측 수	눈표면 위의 고도 (mm)						
		1	5	10	15	20	25	1400ᵃ
절대고요	37	−17.6	−17.0	−16.4	−16.1	−15.9	−15.7	−12.1
0.3∼0.6	30	−11.5	−10.7	−10.1	−9.8	−9.4	−9.2	−6.7
0.9∼1.2	21	−9.3	−8.7	−8.4	−8.2	−8.1	−8.0	−6.4
1.8	20	−4.1	−3.7	−3.5	−3.4	−3.3	−3.3	−2.7

ᵃ 외삽되었음.

표 24-7 빙하얼음 위의 기온과 수증기압

1951년 9월 3일∼9일		08:00	12:00	15:00	18:00	절대최고	절대최저	09:00∼16:00 평균
기온(℃)	130cm	6.3	7.6	8.1	7.1	12.0	–	7.41
	10cm	4.2	5.9	6.2	4.6	–	1.2	5.70
수증기압(hPa)	130cm	6.8	7.2	7.5	7.6	–	–	7.29
	10cm	6.5	6.8	7.1	7.2	–	–	6.92

식물세계에서 적설은 보호와 위험 둘 다를 의미한다. 눈의 내부에 대한 표 24-3에 제시된 온도는 적설 내의 식물 또는 식물이 눈표면 아래에 있는 한 혹심한 겨울 추위에 대비하여 보호되고, 더욱이 눈의 습윤한 포장으로 바람으로부터 완전히 차폐되는 것을 보여 준다. 뷔러[2411]는 이미 1902년에 눈표면과 그 아래의 지표에서 최저기온을 측정한 것을 기초로 1cm의 눈조차도 약간 보호를 한다는, 그리고 5cm는 이미 효과적으로 보호한다는 규칙을 세웠다. 20cm의 적설에서 최대에 도달하여 그 이상 적설이 증가하여도 더 이상의 보호작용은 없다.

토양으로부터 나오며, 야간에 식생이 내뿜는 이산화탄소가 눈 아래에 위험한 양으로 집적될 수 있다는 주장은 피흘러[2443]에 의해서 반증되었다.[19] 그는 17∼92일 동안 35∼135cm 깊이까지의 적설 아래에서 호밀의 이산화탄소량을 측정하여 한 번만 0.21

---

19) 제4판 독일어본의 원문 "Die Behauptung, unter dem Schnee könne sich die aus dem Boden austretende und von der Vegetation nachts veratmete Kohlensäure in schädlicher Menge anreichern, wurde von F. Pichler widerlegt."은 제7판 영어본의 번역 내용 "The amount of carbon dioxide emanating from the ground and exhaled by plants at night can reach high though not dangerous levels under the snow, as shown by F. Pichler."과 다르다. 따라서 제4판 독일어본의 내용을 번역하였다.

부피 %의 최고값을 구했다. 그는 이와 같이 낮은 값은 적설의 투과성 이외에 식물의 낮은 호흡작용과 눈의 이산화탄소 흡수에 기인한다고 하였다.

이 상황은 적설 위로 나온 식물 부분들에 대해서 훨씬 더 위험하다. 이 식물 부분들은 주간에 직달태양복사와 확산하늘복사 둘 다뿐만 아니라 눈표면으로부터 반사되는 태양복사에도 노출되어 있다. 따라서 식물 부분들은 크게 가열되어 햇빛이 나는 날씨에 눈표면 위로 나와 있는 가지 또는 줄기 주변에 형성되는 소위 용해접시(독 : Schmelz-teller)[20]에서 바로 분명하게 알 수 있다. 그림 24-7의 바움가르트너(Baumgartner)의 사진은 1954년 3월에 독일 바이어른 주 삼림의 그로써 팔켄슈타인의 남동 사면에 있는 이에 대한 사례이다. 눈 부근의 식생 부분은 증발되도록 자극을 받으나, 0°C 이하에서 물이 공급되지 않거나 적어도 공급되기 어렵다. 야간에 눈표면으로부터의 방출복사는 기온이 매우 낮아지게 하였다. 더욱이 바람이 강한 날씨에는 눈 위에 노출된 식물 부분의 물리적 피해가 땅날림눈(drifting snow)의 단단한 눈결정을 통해서 일어날 수 있었다(17장).

포머로이와 구디슨[2444]은 한 그루 나무의 눈수집효율(collection efficiency)이 가지의 수평면적 위에 내린 눈에 대한 가지에 붙잡혀 있는 눈의 비율이라고 주장했다. 세찬 눈이 내리기 시작할 때에 눈송이들은 가지들, 침엽들과 잎들 사이의 공간을 통해서 내린다. 눈송이들은 작은 다리들이 좁은 틈들에 생길 때까지 가장 작은 공간들에 있다. "이 눈다리들(snow bridges)은 수집면적과 가지가 눈을 집적시키는 효율을 증가시킨다." 가지들은 눈의 하중이 증가하여 휘게 될 것이다. 가지가 휘면 가지의 수평면적이 감소하여 가지의 연직사면이 증가하며, 추가로 내리는 눈이 튈 확률이 증가하고, 집적

그림 24-7 각 줄기 주변의 녹은 부분들은 복사용해의 결과이다(사진 : A. Baumgartner).

---

20) 영어본에는 "melt holes(녹은 구멍들)"로 번역되었다.

율을 감소시킨다. 눈이 떨어지게 하여 지상풍은 겉보기차단효율(apparent intercep-tion efficiency)을 감소시킬 것이다. 그들은 차단효율이 일반적으로 눈송이의 크기가 커질수록, 기온이 하강할수록, 그리고 풍속과 눈 밀도가 감소할수록 증가한다고 제안하였다.

그림 24-8의 독일의 알고이 알프스 산맥 고산 수목한계선에서 미하엘리스[2433]가 찍은 소나무 사진은 이러한 피해를 입은 결과를 보여 준다. 파선은 겨울 적설의 깊이를 보여 주는 것이다. 나무의 형태는 이중표면에서 알 수 있다. 겨울의 표면 바로 위에는 바람에날린눈(wind-driven snow)의 마찰작용의 결과로 오른쪽(북측)에 아래의 가지들이 없었다. 또한 이곳의 줄기에는 다른 곳에 있는 이끼가 없었다. 나무껍질에는 드물지 않게 깊은 상처들이 있었는데, 그 이유는 매우 추울 때에는 눈결정이 유리처럼 단단하기 때문이다. 그러나 사진의 왼쪽(남측)에는 가지들이 말라 죽었으나, 부분적으로 여전히 죽은 목재로 남아 있었으며, 그 위에 이끼가 자라고 있었다. 강하게 반사하는 적설표면 위에서의 매우 큰 일교차가 가지가 말라서 죽는 것에 대한 원인이 되었다.

니만[2438]은 작은 규모로 유사한 피해를 입은 나무들의 훌륭한 컬러 사진들을 발간했다. 그중 한 사진은 눈 아래의 잎들이 신선한 녹색을 띠고 있었던 반면, 눈 위의 잎들은 제설기로 치운 길 옆에서 동상을 입어 적갈색으로 말라 죽은 체리라우렐(cherry

그림 24-8 마르는 현상(왼쪽)과 땅날림눈(오른쪽)을 통한 겨울 적설(파선) 위의 고산 젓나무에 대한 피해(P. Michaelis[2433])

laurel)[21]이었다. 독자들은 바람과 일기에 의한 편형수(tree deformation)의 원인, 유형과 형태에 관해서 훌륭하게 요약된 내용을 요시노[2733], 헤네시[2421], 백하우스와 펙[2405], 머셀만[2437]에서 참고할 수 있다.

중위도(중유럽)기후에서 기온이 0°C 이하일 때 적설은 우선 (반사되지 않는) 태양복사의 영향하에서 승화(sbulimation)를 통해서 감소된다. 승화는 공기의 수증기압이 눈표면의 수증기압보다 작을 때에만 가능하다. 이와 반대일 경우에는 서리가 적설 위에 내릴 것이다. 승화의 숨은열이 높기 때문에(0°C에서 2.835MJ kg^{-1}) 햇빛이 나는 날에 불과 약 0.2~1.0mm까지만(물의 상당 깊이) 보통 승화한다. 극히 양호한 조건들을 가진 날들에조차 이 양은 좀처럼 6mm를 넘지 않는다.

뮬러[2436]는 공기의 습도가 융해과정에서 중요한 역할을 한다는 것을 증명했다. 융해되는 적설(0°C) 위의 포화수증기압은 6.11hPa이다. 기온이 하강할수록 얼음 위의 포화수증기압은 표 21-4에 제시된 바와 같이 빠르게 감소한다. 공기의 수증기압이 이보다 낮으면 승화가 일어날 것이다. 그렇지만 공기의 수증기압이 이 값보다 높으면 수증기는 공기로부터 눈표면 위에 응결할 것이고, 응결되는 매 kg(0°C)에 대해서 2.501MJ을 방출하여 응결되는 물의 양의 약 7.5배를 녹일 수 있을 것이다. 공기가 습윤할수록 눈은 좀 더 빠르게 녹는다. 복사를 고려하지 않고, 지면으로부터 공급되는 에너지를 무시하면, 그리고 눈이 녹지 않는 한, 눈표면은 습구온도계처럼 작용할 것이고, (승화에 의해서) 기온 이하로 냉각될 것이다. 아래의 표에서 승화에 이용된 에너지는 녹는눈이 없으면서 공기로부터 눈표면으로의 전도에 의한 에너지 흐름과 같다.

상대습도 (%)	100	80	60	40	20	0
기온 (°C)	0.0	1.2	2.5	4.2	6.3	9.4

이 표로부터 다른 유사한 조건들 아래에서 기온이 상승하고, 상대습도가 상승할수록 눈이 좀 더 빠르게 녹는다는 것을 알 수 있다. 푄바람이 불 때 알프스 산맥의 구릉지에서 나타나는 유별나게 높은 기온으로 적설이 매우 빠르게 사라질 수 있다. 그루노프[2420]는 독일의 호헨파이센베르크에서 1951년 3월 13일에 24cm 깊이의 적설이 감소하고, 60mm의 융설수를 잃었다고 보고하였다.

복사, 기온 및 습도 패턴의 실질적인 소규모 차이는 대부분 눈으로 덮인 환경에서 자

---

21) 장미과(薔薇科, Rosaceae)에 속하는 상록관목으로 유럽이 원산지이지만 다른 온대지역에서도 울타리용으로 재배되고 있다.

주 일어났다. 후쿠토미[2418]는 (일본에서 온천을 찾기 위해서) 1950년 1월과 2월에 행한 144개의 측정을 분석하여 토양온도와 적설의 깊이(1∼10°C까지의 토양온도와 70 ∼0cm 깊이까지의 적설) 사이에 좋은 상관관계가 있다는 것을 확인하였다. 먼테이트 [2435]는 1955년 1월 7일 잉글랜드의 하펜덴에서 다음과 같은 것을 관찰했다. 크리켓 경기장의 짧은 잔디 위에서 부근의 긴 잔디 위에서보다 적설이 좀 더 빠르게 녹았는데, 그 이유는 따뜻한 토양으로의 열전도율이 좀 더 좋았기 때문이다. 그러나 같은 해의 2월 14일에는 짧은 초지 위에서 눈이 늦게 녹았는데, 그 이유는 이 경우에 온난기단이 눈을 녹일 때 긴 잔디가 이에 좀 더 쉽게 반응했기 때문이다. 토양온도와 토양의 열적 성질이 적설을 녹이는 데 미치는 영향은 토양온도가 좀 더 높은 가을에 더 크나, 겨울 동안 지속 된다. 예를 들어 표 19-2에는 겨울 동안과 봄에 눈이 내리는 동안 적설 깊이에 미치는 서로 다른 토양 열전도율과 확산율 사이의 관계가 제시되어 있다.

샤라트 등[2451]은 겨울의 토양조건을 서 있거나 누워 있거나(무경운) 또는 제거된 옥수수 그루터기와 비교하여 서 있는 그루터기가 좀 더 많은 눈을 받아들인다는 것을 밝혔다. 이것은 좀 더 온난한 토양온도(2°C까지), 좀 더 얕은 동결침투(0.5mm 이하)와 좀 더 이른 토양해동(20일까지)이 나타나게 했다. 겨울 토양온도와 토양동결의 깊이 및 기간은 그루터기가 제거되었거나 누워 있는 곳의 토양에서 같았다.

그러므로 제한된 지역에서 적설의 상태를 지도로 그려서 주어진 시점의 대지역의 기 후 차이에 관해서 국제적 기상기호(weather symbol)로 전달되는 기상청에서 이용하는 토양상태의 지도와 유사한 방법으로 그 지역의 미기후 특성을 나타낼 수 있다. 슬라나 [2452]는 오스트리아 빈 연구소(Wiener Anstalt) 주변 지역에 대해서 이와 같은 융해 과정의 지도를 최초로 발간하였다. 크렙[2427]은 1952년 2월 22일에 독일 플로칭엔 주 변 지역을 지도로 그려서 적설상태의 결과가 같은 지역에 대한 생물계절학 지도와 잘 일치하는 것을 제시하였다. 발트만[4509]은 독일 바이어른 주의 삼림에서 유사한 식물 성장지역의 경계를 그리기 위해서 눈지도(snow map)를 이용했다. 그림 45-6은 이와 같은 지도의 한 가지 사례이다. 알프스 산맥에서 늦겨울에 적설의 융해는 프리델[4619] 이 증명한 바와 같이 이와 유사한 규칙을 따랐다. 같은 눈의 형태(독 : Schneefigur)와 눈이 없는 형태(독 : Aperfigur)는, 해마다 각각의 천후에 따라서 시간적으로 변하지만, 매년 같은 순서로 반복된다. 프리델[4619]은 다음과 같이 쓰고 있다. "우리는 루머슈피 체 아래의 북쪽 산맥의 사면들에서 약 5월 중순에 나타나는, 인스브루크에서 자주 보이 는 '매사냥꾼(독 : Falkenjäger)'의 눈이 없는 형태와 6월 말경에 베네트베르크에서 나 타나서 임스터 지역의 농부들에게 건초 수확 시기의 신호가 되는 '흰낫(독 : weiße Sichel)' 모양의 눈의 형태를 기억해야 한다." 따라서 놀랍게도 이러한 융설 패턴은 지형

과 결부된 미기후의 영향을 크게 받아서 눈이 녹을 때 해마다 같은 지역의 사진 또는 지
도에서 같은 현상을 나타낸다. 그렇지만 달력의 날짜는 다를 수 있다. 대기후에서의 불
연속성이 얼마나 크게 미기후에 영향을 미칠 수 있는가, 그리고 미쳐야만 하는가는 산
맥 능선의 양측에 있는 오스트리아의 그로스글로크너 알프스 산맥 도로상의 눈상태에
관한 롤러[Roller][22]의 연구에서 알 수 있을 것이다.

　적설이 녹을 때 때로 얼음판(ice plate)이 형성된다. 얼음판이 형성되는 과정은 그림
24-9에 설명되어 있다. 새로 내린 눈이 초지의 흙무더기 위에 쌓인다(1). 그다음 날에
이렇게 형성된 '남사면'에서 일정량의 눈이 녹고, 야간에 이 융설수가 다시 얼어서 얼
음이 된다(2). 그다음 날 태양복사가 거의 방해받지 않고 얇은 얼음판을 통해서 투과하
여 가열된 초지의 흙무더기 위에서 융해과정이 일어난다(3). 얼음판은 사라진 적설 위
의 위치에 남아 있고, 흔히 많은 양의 깨진 유리판과 같은 얼음판이 초지 상부에 놓인다
(4). 얼음판 아래의 구멍 공간에서 상대적으로 높은 기온이 나타날 수 있는데, 그 이유
는 얼음판이 풀잎 끝들 위를 통해서 좀 더 따뜻한 지면으로부터 단열되기 때문이다(지

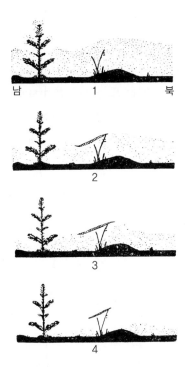

그림 24-9　적설이 녹을 때 얼음판이 형성되는 과정

22) Roller, M., Über die Auswirkung mikroklimatischer Faktoren auf das Abschmelzen der Win-
　　terschneedecke. Wetter u. Leben 5, 31-33, 1953.

면으로 열을 전도하기 않기 때문이다).

격리된 눈이 있는 지역을 분리시키는 나지가 있는, 불연속적인 적설이 한 번 형성되면 빠르게 눈이 녹는데, 그 이유는 노출된 지면의 강렬한 가열과 느낌열의 수평이동 때문이다. 그림 24-10은 퀸[2426]이 독일의 슈바르츠발트에서 1937년 5월 29일에 온도를 측정한 것이다. 겨울의 추운 조건들이 여전히 직경 수 미터의 적은 눈이 있는 부분에서 지배하는 반면, 눈 가장자리로부터 2m 떨어져서 이미 토양온도가 15℃ 이상에 달했다.

이와 같은 상황에서는 로쓰만[2447]이 좀 더 상세하게 조사한 눈 부근 기층에서 '눈 연기(snow smoke)'가 관측될 수 있다. 기온과 습도가 높고, 매우 약한 바람이 불면, 때때로 눈 위에서 매우 미세한 안개베일(misty veil)을 볼 수 있다. 약한 바람이 불 때 안개베일이 눈이 있는 부분의 풍상에서 형성되었고, 풍하측 눈의 한계 너머의 멀지 않은 곳에서 다시 증발하였다. 로쓰만[2447]은 1931년 5월 26일에 독일 슈바르츠발트의 펠트베르크(1,497m) 정상에서 아쓰만건습계로 이러한 미기후학 과정의 조건들을 조사하는 데 성공하였다. 그는 많은 측정자료의 평균으로 눈이 있는 부분의 풍상에서 18.1℃의 기온과 82%의 상대습도, 풍하에서 15.2℃의 기온과 89%의 상대습도를 관측하였다. 그러므로 이러한 현상은 눈표면에서 지면에 가장 가까운 따뜻한 공기흐름의 냉각을 통해서 발생하였다.

끝으로 생각하고 넘어가야 하는, 눈 부근 기층 내에서의 드물지만 특별히 눈에 띄는 현상은 두루마리눈 또는 눈실린더(snow roller 또는 cylinder)이다. 적어도 약 20m sec^{-1}에 달하는 강풍이 불 때 평탄한 들판과 목초지 위의 폐쇄된 적설 위에서, 그레쎌(W. Gressel)[2419]이 그림 24-11a에서 개략적으로 제시한 바와 같은 두루마리눈이 때

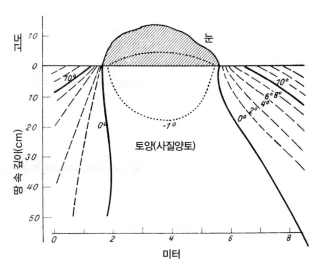

그림 24-10 녹는눈 주변에서의 지중온도(℃)

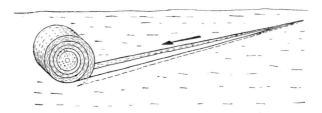

그림 24-11a 두루마리눈 성인의 개략도(W. Gressel[2419])

그림 24-11b 두루마리눈(D. White[2454])

때로 형성된다. 그림 24-11b는 화이트[2454]가 찍은 사진이다. 실린더의 축을 따라서 구멍 실린더를 통해서 볼 수 있을 때 '두루마리눈'이라고 부르고, 이 구멍 실린더가 완전히 채워졌으면 '눈실린더'라고 부른다. 두루마리눈의 길이는 15~80cm 사이이고, 직경은 8~50cm 사이에서 변한다. 때때로 수백 개의 롤러가 형성되어 멀리서 보아 두더지가 파 놓은 흙두둑처럼 보인다. 두루마리눈이 형성되는 과정에 남겨 놓은 흔적은 깊이 1cm까지 될 수 있고, 대체로 뚜렷하게 표시된다. 그 길이는 10~20m에까지 이른다. 최고기록으로는 34m가 관측되었다.

이것은 소규모의 눈사태가 아닌데, 그 이유는 두루마리눈이 완만하게 경사진 사면들 위에서 사면 위쪽으로 형성되기 때문이다. 프리드리히[2417]가 이미 증명한 바와 같이, 바람의 영향이 매우 중요한 것 외에도 두루마리눈이 형성될 때 기온조건이 중요한 역할을 한다. 가루눈(powder snow)은 두루마리눈이 형성되기 위해서 필요한 접착력을 갖지 않는 반면, 바람은 무거운 흠뻑젖은눈(soggy snow)을 더 이상 선회하여 올릴 수 없고, 바람작용에 의해서 변화된 형태가 나타난다. 이들의 형성에 필요한 드문 조건들은 단지 점이적인 단계들로 단기간에만 존재한다. 기상관측에 의해서도 이러한 사실이 증명되었다. 따듯한 바람은 선회하여 올라가는 느슨한 눈을 습윤하고 충분한 점성이 있게 만들어 좀 더 굴러서 그 크기가 커지게 된다. 그러나 지형조건도 영향을 미치는데, 그 이유는 작은 평탄하지 않음이 바람장에 요란을 일으켜서 이 과정을 일어나게 하는 풍하맴돌이(lee eddy)를 발생시킨다. 이들 모두는 두루마리눈으로 시작하여 압력과 눈실린더 안으로의 침강을 통해서 변형된다. 좀 더 상세한 내용, 참고문헌, 기술과 사진들은 그레쎌[2419]에서 찾을 수 있다.

고산의 미기후를 다루는 46장에서 다시 한 번 적설을 다룰 것이다.

제4부

에너지수지 분석

제 25 장 기초와 계산방법

제 26 장 지금까지 에너지수지 측정의 결과

제 27 장 이류의 영향 : 점이기후와 종속적인 미기후

제 28 장 증발에 관한 고찰

제25장 ··· 기초와 계산방법

지구를 둘러싸고 있는 우주와 지구 사이의 복사평형은 2장에서 개략적으로 고찰하였다. 대기의 기저부, 즉 지면에서 에너지수지를 결정하는 과정들은 3장에서 언급되었고, 이들 과정을 지배하는 법칙들은 4~8장에서 논의되었다. 이들 내용에 관한 지식은 지면 부근의 공기상태, 지면 부근의 공기와 그 아래에 놓인 지표에서 일어나는 변화를 이해하기 위한 전제조건이 된다. 정성적으로 기술된 에너지수지에 대한 논의를 이제 정량적으로 조사할 수가 있다. 이 장에서는 에너지수지에 초점을 맞출 것이다.

제1부에서처럼 이 문제를 먼저 광의로 고려하겠다. 그림 25-1은 지구의 연평균 에너지수지를 보여 주는 것이다. 이 그림은 처음에 미첼 2세[2512]에 의해서 개발되어 로티(R. M. Rotty)의 자료로 수정·갱신되었다. 그림 25-1의 왼쪽은 단파에너지수지를 설명하는 것이다. 태양으로부터 100단위의 에너지(%)가 도달하는 것으로 가정하여 총입사태양복사 중 3단위는 성층권에서 오존에 의해서 흡수되며, 약 17단위는 주로 수증기, 이산화탄소와 입자들에 의해서 대류권에서 흡수된다. 입사태양에너지의 평균 39%가 구름에 의해서 차단되며, 그중 약 1/2(20단위)은 우주로 반사 및 산란되고, 4단위는 구름에 의해서 흡수되며, 15단위는 구름에 의해서 지표로 산란된다. 평균하여 총태양복사의 약 49단위가 지표에 도달한다[직달빔(direct beam)으로 24단위와 확산 빔으로 25단위]. 이 복사 중에 적은 양(3단위)이 반사되는데, 특히 눈으로 덮인 지역 또는 낮은 태양의 각에서 반사된다. 총입사태양복사의 약 30단위가 지구-대기 시스템에서 흡수되지 않고, 우주로 반사 또는 산란된다. 이것이 행성알베도(planetary albedo)이다. 구름으로부터의 반사가 행성알베도의 거의 2/3가 된다. 비교를 하기 위해서 목성과 금성의 행성알베도는 각각 41%와 49%이다.

장파복사교환은 그림 25-1의 오른쪽에 설명되어 있다. 지표는 약 114단위의 장파복사를 방출하는데, 그중에서 108단위는 수증기, 미량기체들, 구름과 입자들에 의해서 대기에 흡수되고, 6단위는 대기창(atmospheric window)을 통해서 지구-대기 시스템으로부터 손실된다(5장). 평균하여 좀 더 많은 에너지가 (주로 야간에) 공기로부터 지면으로보다 (주로 주간에) 지면으로부터 공기로 전도-대류된다(우리는 전도-대류라는 용어를 사용하는데, 그 이유는 지표 부근 공기의 경계층에서 전도에 의해서 에너지를 얻거나 잃으나, 대기로 그리고 대기로부터 대부분의 에너지 흐름은 대류의 결과이기 때문이다). 따라서 지구의 표면은 느낌열의 순발원지(6단위)로 작용한다. 게다가 서리나 이슬로 응결하는 것보다 좀 더 많은(24단위) 에너지가 지표로부터 공기로 숨은열로 흐른다. 약 70단위의 장파복사는 지구-대기 시스템에 의해서 우주로 방출된다.

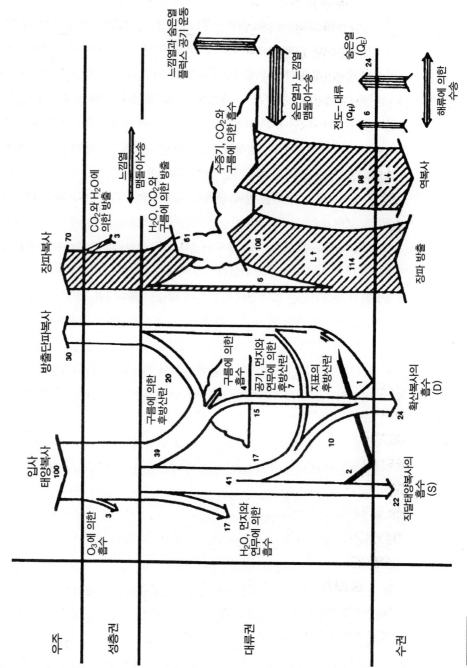

그림 25-1 지구와 대기의 연평균 에너지수지(Institute for Energy Analysis의 R. M. Rotty가 제작한 것으로서 J. M. Mitchell, Jr.[2512]를 수정하였음)

　그림 25-1에 제시된 지구의 연평균에너지수지의 여러 가지 특징은 특별히 언급될 만한데, 그 이유는 표면 미기후와의 관련성 때문이다. 첫째로, 구름, 기체 분자들과 입자들에 의한 태양복사의 산란이 매우 우세하여 지표에서 평균전천복사의 50% 이상이 확산복사이다. 둘째로, 구름은 표면의 단파복사와 장파복사 체제의 지리적, 계절적 변화를 설명하는 데 가장 주된 역할을 한다. 구름은 행성알베도의 67%, 대기의 태양복사 흡수의 17%와 지표에 도달하는 확산태양복사의 60%를 떠맡는다. 셋째로, 지표가 114단위의 장파복사를 방출하지만, 역복사에 의한 지표로의 장파복사의 투입량 역시 커서 불과 16단위의 지표의 장파복사 순손실이 일어난다. 전도-대류와 증발($Q_H + Q_E$)은 총 30단위로 지표에너지 순손실의 46단위의 65%가 된다. 끝으로 24단위의 숨은열은 주로 증발을 통해서 표면으로부터 손실되는데, 이는 46단위의 지표에너지 순손실의 52%가 된다. 이러한 사실은 표면에너지 교환에서 증발이 가장 중요하다는 것을 나타낸다.

　이제 지표에너지수지(3장)를 좀 더 상세하게 고찰하도록 하자. 지면-공기 경계면에 대한 에너지수지 방정식은 다음과 같다.

$$Q^* + Q_G\,(\text{또는 } Q_W) + Q_H + Q_E + Q_A + Q_R = 0$$

현재의 관심사가 단단한 지면이기 때문에 인자 Q_W는 무시될 수 있다. 주변 지역들로부터 온난한 기단 또는 한랭한 공기의 수송을 통한 에너지 획득 또는 손실을 평가하기는 항시 매우 어렵다. 따라서 인용된 연구에 대해서 $Q_A = 0$으로 고려될 것이다. 이것은 주변 환경이 같은 거칠기, 같은 유형의 토양 및 식생피복 등과 같은 실제 측정지점과 같은 특성을 갖는다는 것을 전제로 한다. 따라서 스버드럽[2516] 또는 니더도르퍼[2514]의 측정과 같은 최초의 에너지수지의 정량적 측정은 이 전제조건들을 이상적으로 충족시키는 평탄한 눈표면 위에서 수행되었다. 'Great Plains Turbulent Field Program'에서 네브라스카 주의 오닐은 상대적으로 균질하기 때문에 선택되었다. 레터와 데이비디슨 [103]이 기술한 바와 같이 지표는 1,300m 풍상쪽[1]으로 균질하며, 관측지점은 강을 따라서 일부 나무를 제외하고 방해받지 않는 반경 16km의 원으로 둘러싸였고, 이들 나무는 관측지점에서 8km 떨어져 있었다. 그러나 일반적으로 $Q_A = 0$이라는 가정은 충족되지 못하였다. 따라서 미기후에 미치는 이류의 영향이 실제로 매우 중요하여 27장에서 이 문제를 특별하게 다룰 것이다.

　강수를 통한 에너지 획득 또는 손실을 나타내는 양 Q_R은 에너지수지에 거의 직접적

---

1) 독일어본(제4판, 1961)에는 "windwärts(풍상쪽)"라고 기술되어 있는 반면, 제4판의 영어 번역본(1965)과 영어본 제7판(2009)에는 "downwind(풍하쪽)"라고 정반대로 기술되어 있다. 여기서는 독일어본(제4판, 1961)에 따라 '풍상'이라고 번역하였다.

으로 영향을 미치지 않는다. 보통 높은 고도에서 떨어지는 강수는 대체로 냉각효과를 갖고 있다(그림 6-1). 그러나 강수의 간접적인 효과는 큰데, 그 이유는 강수가 지면의 수분상태를 변화시키고, 지면의 수분상태는 또한 에너지수지의 모든 다른 요소들에 영향을 주기 때문이다. 강수가 고체형태로 내리면, 그로 인한 눈 또는 얼음 덮개는 지면-공기 경계면에서 완전하게 모든 에너지 관계들을 전환시킨다. 따라서 마찬가지로 $Q_R = 0$이 되게 시도하였다.

관계가 없는 인자들을 제거한 후에 에너지수지는 다음의 방정식과 같이 된다.

$$Q^* + Q_G + Q_H + Q_E = 0$$

이들 인자 중에 두 가지 인자, 즉 Q^*와 Q_G는 직접 측정될 수 있다. 4장에서 복사수지 Q^*는 여러 가지 단파복사와 장파복사의 구성요소들로 이루어졌다는 것을 제시하였다. 독일기상청 함부르크 기상대에는 이미 슐체(R. Schulze)식의 루폴렌 계기(Lupolen-Gerät)로 복사수지의 모든 구성요소들을 장기간 측정한 기록이 있다. 이 기록으로 구성요소들의 계절변화를 잘 알 수 있다. 플라이셔(R. Fleischer) 박사가 저자(가이거)에게 사용을 허락한 1954년 3월 1일부터 1958년 2월 28일까지 4년 월평균은 이 책에서 이미 이용된 그림을 사용하여 그림 25-2에 제시되어 있다. 그림 4-1은 두 가지 선택된 시간에 대한 이들 양의 비율을 보여 주는 것이다. 플라이셔[2504, 2505]는 각각의 두 해에 대해서 이들 수치를 분석한 것을 발간하였다.

그림 25-2의 위의 곡선은 지면으로부터 위로 방출되는 장파복사이다. 적은 양의 반

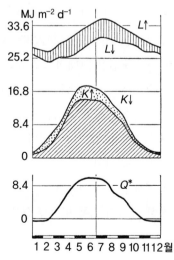

그림 25-2 함부르크 기상청에서 측정한 계절변화에 따른 복사수지의 개별 구성요소들(R. Fleischer[2504, 2505])

사된 장파복사 이외에(4장) 이것은 주로 지면의 방출복사($L\uparrow$)(스테판-볼츠만 법칙)로 이루어져서 지면의 온도가 상승하거나 하강할 때 증가하거나 감소한다. 역복사($L\downarrow$)에 의해서 상당한 정도까지 보상되지 않으면, 이 방출복사는 여름에조차 입사태양복사와 비교하여 엄청난 에너지 손실을 일으킬 것이다. 두 곡선 사이의 수직으로 평행선을 그은 부분은 (음의) 장파복사수지($L\uparrow$ − $L\downarrow$)를 나타낸 것이다. 에너지 손실은 겨울보다 봄과 여름에 좀 더 크다. 개별적인 날들에 에너지 손실은 맑은 날에 최대이고, 낮은 구름 또는 안개가 끼었을 때 최저이다.

그림 25-2의 가운데 부분에는 전천복사 $K\downarrow$(즉 S + D)의 계절변화가 제시되어 있다. 이 그림에서는 지표에 의해서 반사된 양 $K\uparrow$(점 찍은 부분)을 뺐다. 사선을 그은 부분은 1년 동안 정오의 태양고도에 따라 변하는 단파복사수지의 값을 제시한다. 함부르크 기상대의 알베도는 평균 16%이나, 일기변화에 따른 계절변화를 한다. 겨울에 눈이 있을 때 알베도는 85%까지 상승할 수 있다. 그림 25-2의 4년 평균에서조차 2월에 적설의 영향이 뚜렷하게 나타난다.

순태양복사 $K\downarrow$ − $K\uparrow$(사선을 그은 부분)와 순장파복사($L\downarrow$ − $L\uparrow$)(그림 25-2 위의 수직으로 평행선을 그은 부분) 사이의 차가 순복사수지 Q^*가 된다. 이것은 그림 25-2의 아래에 별도로 제시되어 있다. 겨울에만 순복사 항이 음이다. 이 곡선은 직접적인 측정으로 구한 순복사수지의 값을 보여 준다.

토양에서의 에너지 교환(Q_G)을 측정하는 데 지면이 식생으로 덮였으면, 에너지수지가 논의되는 참조 표면으로서 지표면 자체가 아니라 '활동표면(active surface)' 또는 '외부유효표면(outer effective surface)'이라고 부르는 좀 더 높은 곳에 있는 표면을 이용하는 것이 중요하다(30장). 예를 들어 바움가르트너[2501]가 독일 뮌헨 부근의 소나무 잡목 삼림의 에너지수지를 조사했을 때, 그는 참조표면으로 5m에 있는 어린 소나무의 평균수관높이를 선택하였다. 그러면 인자 Q_G는 약간 변화된 의미를 얻어서 지면, 그 위의 식생과 5m 이하의 기층으로 들어오거나 나가는 에너지 흐름을 포함한다.

두 가지 양 Q^*와 Q_G가 직접 측정될 수 있으므로 두 가지 남은 양의 값이 결정될 수 있는데, 그 이유는 Q_H + Q_E = −(Q^* + Q_G)이기 때문이다. 7장으로부터

$$Q_H = c_p A_H \frac{d\Theta}{dz} \qquad \text{(W m}^{-2}\text{)}$$

이 되는데, 여기서 c_p(1009.8J kg^{-1} K^{-1})는 정압에서 공기의 비열이고, Θ는 위치온도이며, z(m)은 지면 위의 고도이고, A_H(kg m^{-1} sec^{-1})는 느낌열의 수송에 대한 적절한 교환계수이다. 유사한 방법으로 증발 Q_E에 필요한 에너지는

$$Q_E = r_v A_E \frac{dq}{dz} \qquad (\text{W m}^{-2})$$

이다. 여기서 r_v는 물의 기화숨은열로 (0°C에서 2.50MJ kg^{-1}이고, 20°C에서 2.45MJ kg^{-1}로) 온도에 따라 변한다. q는 비습 또는 습윤한 공기 g당 수증기의 질량(15장)이고, A_E는 수증기 수송에 대한 교환계수이다.

스베드럽[2516]은 그의 첫 번째 에너지수지를 계산하는 데 동일한 혼합과정이 모든 특성을 동일한 방법으로 수송한다는 슈미트(W. Schmidt)가 처음으로 제안한 가정을 이용하였다. 따라서 $A_H = A_E$이다. 이 유사도 가정을 이용하여 비율

$$\frac{Q_H}{Q_E} = \frac{c_p \cdot d\Theta/dz}{r_v \cdot dq/dz}$$

은 동일한 층후의 접지기층의 기온경도와 수증기경도로부터 계산될 수 있다. 이 비율 (Q_H/Q_E)을 보우엔비(Bowen ratio, β)라고 부르고, 빈번하게 지표에서의 에너지 분배에 대한 척도로 이용된다. 이것으로부터 다음과 같이 된다.

$$Q_E = -\frac{Q^* + Q_G}{1 + \beta} \text{와} \quad Q_H = \frac{\beta(Q^* + Q_G)}{1 + \beta}$$

보우엔비는 에너지수지 계산을 쉽게 하는데, 그 이유는 이 비율이 두 고도에서 기온 및 습도 자료로 결정될 수 있고, 대기의 안정도에 대한 보정에 종속되지 않기 때문이다. Q_H와 Q_E를 알면 교환계수를 계산할 수 있다. 서로 다른 기후에 대한 Q^*, Q_G, Q_E와 Q_H의 측정 사례들이 26장에 제시되어 있다.

먼로[2513]는 지표 부근 경계층 내에서의 열과 수증기의 난류 플럭스를 추정하는 보우엔비 연구법의 강점과 한계를 개관하였을 뿐만 아니라, 두 가지 다른 연구방법, 즉 공기역학 및 맴돌이 상관관계법(aerodynamic and eddy correlation methods)을 논의하였다. 그의 참고문헌 목록은 또한 과거 수십 년 동안 이 분야에서의 이론적 발달을 망라하는 주요 참고문헌을 열거하고 있다. 앞서 언급한 아리야[100]와 스털[108]의 연구 역시 이 주제를 좀 더 형식상으로 다룬 것으로 참고가 되어야 할 것이다.

제26장 ··· 지금까지 에너지수지 측정의 결과

우리는 대표적인 습윤한 중위도(중유럽)기후에 대한 에너지수지의 일변화로 시작할 것이다. 프랑켄베르거[2506]는 1953년 9월 1일부터 1954년 8월 31일까지 독일 홀슈타

인 주 쿠빅보른 부근의 평탄한 (지하수면에 가까운) 목초지 저지 위 70m 고도까지 기온, 수증기와 바람을 측정·분석하였다. 그림 26-1은 세 계절 동안 미풍이 부는 맑은 날들에 대한 결과이다. 야간과 겨울 동안의 작은 에너지 교환에 대한 결과는 충분하게 신뢰할 수 없어서 포함시키지 않았다(일출과 일몰 사이의 에너지수지만이 제시되었다). 맑은 날들만이 고려되었기 때문에 순복사수지 Q^*는 약 12시 선에서 거의 대칭이 되는 부드럽게 균형을 이룬 곡선이다. 주간에 에너지는 지면(Q_G)과 공기(Q_H)로 흐르고, 증발(Q_E)에 이용된다. 그림 26-1~26-3에서 선 아래에 제시된 요소들은 지표에서 나가는 에너지를 수송한다. 습윤한 중위도(중유럽)기후에서 특히 여름에 대부분의 순복사는 증발에 이용된다.

바움가르트너[2501]의 그림 26-2는 뮌헨 부근 5~6m까지 높이의 가문비나무류 삼림의 한여름 건조한 기간에 대한 것이다(24시간). 양 Q_G는 삼림 토양에서의 에너지 교환뿐만 아니라, 토양을 보호하는 수목 덮개에서의 에너지 교환도 포함하고 있다. Q_G의 값은 비교적 작다. 1952년 6월 29일부터 7월 7일까지의 측정기간의 우연한 일기변동은 그림 26-2의 곡선들이 그림 26-1의 체계적인 변동 곡선들보다 다소 좀 더 불안정하게 나타나게 했다. 처음에 해가 뜬 후에 적은 양의 태양복사만이 공기를 가열하였고, 대부분은 이슬을 증발시키는 데 이용되었다. 이슬이 증발된 후 태양복사로부터의 증가하는 에너지양은 주로 공기를 가열(Q_H)하였다. 기온이 상승하고 상대습도가 감소한 후에

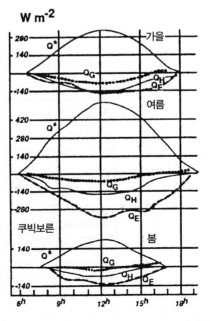

그림 26-1 독일 홀슈타인 주의 쿠빅보른에서 미풍이 부는 맑은 날들에 일에너지교환(E. Frankenberger [2506])

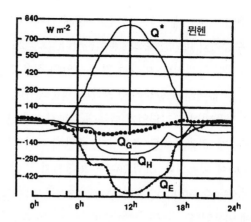

그림 26-2 독일 뮌헨 부근 어린 젓나무류의 입지에서 한여름의 건조한 기간의 일에너지교환(A. Baumgartner [2501])

증발은 다시 증가하기 시작했다. 지면은 오전에 느리게 가열하였다. Q_G의 최대비율은 정오 전에 나타나는 경향이 있었다. 약 15시에 Q_G는 지면이 최고온도에 도달했을 때 양이 되고, 그다음에 냉각되기 시작했다. 이것 또한 그림 26-1에서 관측될 수 있다.

이러한 상황은 강수량이 적은 지역들에서는 달랐다(그림 26-3). 그림 26-3의 윗부분은 레터와 데이비드슨[103]이 미국 네브라스카 주 오닐에서 실시된 'Great Plains Turbulence Field Program'에서 1953년 8월 4일과 9월 2일 동안 평균한 에너지수지를 보여 주는 것이다. 그림 26-3의 아랫부분은 스벤 헤딘(Sven Hedin)의 중국 탐험 동

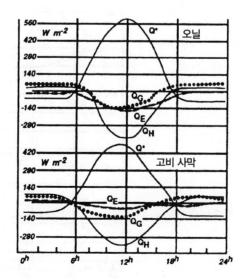

그림 26-3 아건조 지역 네브라스카 주의 오닐(위)과 건조한 고비 사막(아래)에서 일에너지교환(F. Albrecht [1000]와 W. Haude[4407])

안 이켄귕(Ikengüng)에서 하우데[4407]가 관측한 1931년 5월 11일~20일 동안 고비 사막으로부터의 결과이다(F. Albrecht[1000]가 분석했음). 곡선들은 부드럽게 보이는데, 그 이유는 2시간 평균만 발간되었기 때문이다. 관측계기와 측정한 사람들이 서로 다름에도 불구하고 두 그림이 일치하는 것이 눈에 띤다. 증발은 북아메리카의 프레리에서보다 거의 같은 위도에 있는 중앙아시아 고비 사막 스텝에서 좀 더 적었다. 그림 26-1과 그림 26-2에서 관측된 야간의 응결과 대비하여 오닐에는 적은 양의 야간의 증발이 있었다. 이켄귕에서는 측정 정확도가 판단을 하기에 충분치 못하였다.

그림 26-4의 윗부분에는 주간의 여러 인자들의 값이 있고, 아랫부분에는 동일한 축척으로 그린 주간보다 작은 야간의 값들이 있다. 관측지점들에 대한 상세한 내용은 표 26-1에 있다. 그림에서 1분을 기준으로 한 값들이 주간과 야간의 평균이기 때문에 절대값들이 작다. 그렇지만 예외 없이 맑은 일기이다. 계절과 천후가 주간에 복사수지의 주요인자를 결정한다. 맨 오른쪽에 제시된 알프스 산맥의 빙하를 제외하고 각 장소들은 위도가 높아지는 순서대로 배열되었다. 이켄귕에서 하우데[4407]의 측정은 5월이었고, 오닐에서의 측정은 8월과 9월이었다. 독일 뮌헨은 가장 높은 순복사값을 기록하였는데, 그 이유는 태양고도가 가장 높은 부근에서 한여름의 가뭄 동안 관측을 했기 때문이다.

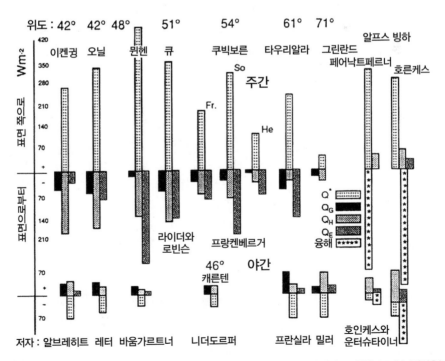

그림 26-4 표 26-1에서 인용된 모든 미기후 에너지수지 측정의 요약. 야간(아래)과 주간(위)으로 분리하였음(F. Albrecht[2500])

표 26-1 그림 26-4의 에너지수지를 설명하기 위해서 이용된 자료의 세부 내용

국가	관측지점				관측자와 분석자	그림 26-5에서 이용된 자료		발간 연도
	위도	경도	고도(m)	위치		측정기간	일기상태	
중국	41.9°N	107.8°E	1,500	이켄궝 부근 고비 사막	알브레히트, 하우데[4407]의 관측에서 인용[1001]	1931년 5월 11일부터 20일까지	맑은 날씨	1941
미국	42.5°N	98.5°W	603	네브라스카 주 오닐 부근의 프레리 대초원	레터, 여러 팀의 관측에서 인용[103]	1953년 8월 9, 13, 19, 25일과 9월 1, 8일	맑은 날씨	1957
독일 남부	47.9°N	11.7°E	645	젓나무류 관목 삼림 5~1/2m 높이, 뮌헨의 남동쪽 30km	바움가르트너 [2501]	1952년 6월 29일에서 7월 7일까지	여름 가뭄	1956
잉글랜드	51.5°N	0.3°W	5	큐 관측소의 잔디	라이더와 로빈슨[2515]	1949년 6월 20일에서 24일까지, 11시~15시	맑은 날씨	1951
독일 북부	53.7°N	9.9°E	12	평탄한 목초지, 홀슈타인 쿠빅보른의 지하수면 위 1m	프랑켄베르거 [2506]	1953년 9월 1일에서 11월 30일까지, 1954년 3월 1일에서 8월 31일까지	미풍만 있는 맑은 날	1955
오스트리아	46.5°N	14.6°E	560	카린타아, 아이젠카펠 부근 눈 쌓인 곳	니더도르퍼 [2514]	1932년 1월 14일에서 15일까지	맑고 고요한 야간	1933
핀란드	61.2°N	24.4°E	Low	타우리알라 부근 평야 위의 목초지	프란씰라[2108]	1934년 8월의 3일간[2511]	맑은 날씨	1936
그린란드	70.9°N	40.8°W	3,000	'아이스미테' 관측소의 빙모	뮬러, 베게너와 빅토 탐험의 관측에서 재인용 [2511]		맑은 여름날 (14시간의 주간)과 겨울밤	1956
오스트리아	46.9°N	10.8°E	2,973	외츠탈 알프스 산맥의 페어낙트 페르너의 빙하얼음	호인케스와 운터슈타이너 [2509]	1950년 8월 21일에서 31일까지	맑은 일기 기간	1952
	47.0°N	11.8°E	2,262	칠러탈 알프스 산맥의 호른케스 의 빙하얼음	호인케스[2508]	1951년 9월 3일에서 9일까지	한여름의 맑은 일기 기간	1953

라이더와 로빈슨[2515]이 영국 큐(Kew) 관측소에서 행한 측정은 1949년 6월 20~24일 사이의 한낮(11시~15시)에 읽은 7개 개별 관측의 평균이다. 독일 쿠빅보른의 값은 그림 26-1과 같이 3개 계절에 따라 배열되었다. 이 값들이 야간의 값들을 포함하고 있지 않기 때문에 니더도르퍼[2514]가 이미 1932년에 눈표면 위에서 행한 야간의 에너지수지 측정을 삽입하였다. 그린란드의 값들은 밀러[2511]에서 인용한 아이스미테(Eismitte) 관측소 (70°54'N, 40°42'W, 3,030m)에 대한 프랑스와 독일 탐험의 연구이다. 이 값은 극주 (polar day)에 해가 높이 떠 있는 14시간과 극야(polar night)와 관련된다.

전체적으로 보아 그림 26-4는 지표에서의 에너지 교환의 분명한 특징을 제공하고 있다. 습윤한 온대기후에서 주간에 대부분의 양의 순복사는 증발에 이용된다. 풍부한 식생에서는 심지어 가뭄기간(뮌헨)에도 증발에 이용된다. 저위도 건조기후에서의 증발은 이용할 수 있는 표면 수분이 부족하여 제한되고, 고위도 습윤기후에서의 증발은 순복사가 부족하여 제한된다. 야간에 복사수지(Q^*)는 음이다. 음의 복사수지는 공기와 토양으로부터 지표로의 에너지 흐름으로 보상된다. 증발 그리고/또는 응결은 야간에 최저이다.

여름에 알프스 산맥 빙하의 에너지수지는 오스트리아 외츠탈의 페어낙트페르너에 대해서 호인케스와 운터슈타이너[2509]가 조사하였으며, 오스트리아 칠러탈의 호른케스에 대해서는 호인케스[2508]가 조사하였고, 융설수의 양(소모, ablation)을 동시에 측정하여 검증하였다. 한여름에 빙하와 그 주변 지역 사이의 큰 기온차에서 Q_H는 주간과 야간 둘 다 양이었고, Q_E조차 거의 항상 양이었다. 이것은 공기를 냉각시키는 것과 응결을 통해서 에너지가 빙하로 흐르는 것을 의미한다(표 24-7). 이들 빙하를 녹이는 주 에너지원은 복사였다. 운터슈타이너[2517]는 위도 37°N의 해발 4,000~4,300m 고도에 있는 파키스탄 카라코름 북서부의 초고-룽마 빙하에 대해서도 유사한 결과를 밝혔다.

그림 26-5는 6개 지상 관측소에 대해서, 그림 26-6은 5개의 해양 관측소에 대해서 동일한 축척으로 한 해 12개월의 인자 Q^*, Q_H, Q_G(또는 Q_W), Q_E를 제시한 것이다. 각 반년은 수직선으로 구분된다. 두 그림에서 위도는 왼쪽에서 오른쪽으로 높아진다. 따라서 순복사 Q^*는 저위도에서 연중 양의 수지로부터 고위도에서 겨울에 음의 수지까지 변한다. 육지와 해양은 이 점에서 실제적으로 다르지 않은데, 그 이유는 구름대가 주로 대상으로 분포하고, 표면온도와 성질의 영향이 그리 중요하지 않기 때문이다. 그렇지만 태양에너지가 이용되는 방법은 매우 다르다.

육지 관측소들(그림 26-5)에서 지면에서의 계절적 에너지 교환(Q_G)은 비교적 작다. 모든 달에 사실상 차이가 없는 인도네시아 자바 섬의 자카르타에서 계절적 에너지 교환은 무시될 수 있다. 그림에서 이 관측소에서는 차가운 강수의 물(cold precipitation water)을 따듯하게 하는 데 이용되는 에너지의 양 Q_R은 Q_G로 대체되는데, 그 이유는

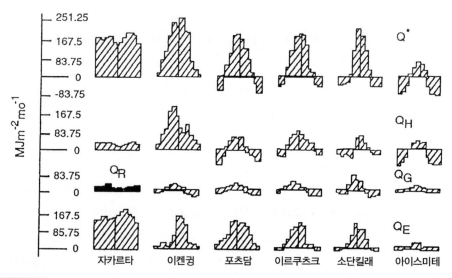

그림 26-5 일련의 위도에 있는 6개 지상 관측소에서 에너지수지의 계절변화(1월~12월)(F. Albrecht[2500])

열대에서 강수가 항시 차갑기 때문이다. 기단들이 교체되는 습윤한 중위도(중유럽)기후에서 다시 Q_R은 연중 무시될 수 있는데, 그 이유는 강수가 따뜻하거나 차가울 수 있기 때문이다. 계절들 사이에 차이가 크면 클수록 지면으로 또는 지면으로부터 흐르는 계절적 에너지(Q_G)가 더욱 많아진다. 그림 26-5에서 최대는 핀란드의 소단킬래(67°N)에서 나타난다. 이것은 그림 26-4의 핀란드 타우리알라에서 특히 큰 Q_G의 값과 잘 일치한다.

증발 Q_E는 열대에서 많고, 한대 지역에서는 적다. 그러나 실제 증발량은 또한 이용 가능한 물의 양(물 저장량)에 종속된다. 그러므로 Q_E는 독일 포츠담(52°N)에서보다 — 짧은 여름 계절풍이 부는 기간을 제외하고 — 중국 이켄궝(42°N)에서 적다. 훨씬 북쪽(그린란드의 아이스미테)에서 응결은 극야의 겨울 동안 (그림 26-4에서 나타나는 바와 같이) 심지어 증발보다 많을 수 있다.

양 Q_H는 지표가 얻거나 지표에서 대기로 손실되는 느낌열의 양이다. 증발하는 데 에너지가 거의 이용되지 않는 이켄궝에 대한 값들은 지구의 건조지역들이 대기에 대한 강한 느낌열원으로 작용한다는 것을 보여 준다. 이보다 고위도에서는 많은 양의 에너지를 겨울에 공기로부터 빼앗고, 따뜻한 위도로부터의 이류로만 다시 대체될 수 있다(그림 26-7). 주어진 장소에서 에너지 교환과 대규모 수평적 에너지 교환은 서로 밀접하게 관련되어 있다.

그림 26-7의 해양관측소들에서 계절변화에 따른 물에서의 에너지 교환 Q_W의 크기는 플로리다 해협(25°N)과 영국 실리 제도(50°N)에서 최고이고, 연중 온난한 열대 쪽

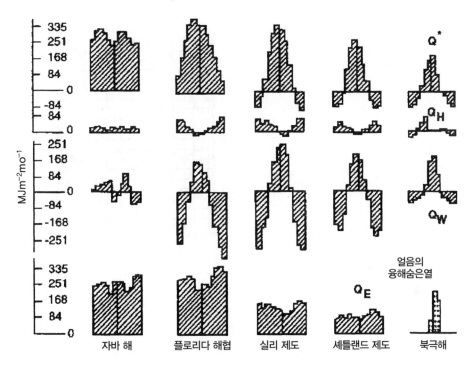

$MJm^{-2}mo^{-1}$

자바 해   플로리다 해협   실리 제도   셰틀랜드 제도   북극해

그림 26-6 여러 위도에 있는 5개 해양관측소에서 에너지수지의 계절변화(1월~12월)(F. Albrecht[2500])

으로 크게 감소하며, 극쪽으로 전체 에너지 교환의 감소와 함께 작아진다. 그림 26-5와 그림 26-6에서 Q_G와 Q_W를 비교하면 대륙성기후와 해양성기후 사이의 차이가 나타난다. 바다에서 실제 증발량은 항시 가능증발량(potential evaporation)과 같아서 위도가 높아질수록 상당히 규칙적으로 감소한다. 한대해양[마우드 탐험(Maud Expedition)의 결과]에서는 증발이 무시될 수 있는데, 그 이유는 적은 양만이 포함되기 때문이다. 한대 해양에서 빙점의 온도에서 $Q_H = 0$이면 여름에 얼음을 녹이는 데 이용되는 에너지의 양이 그림에 삽입되었다.

　지구-대기 시스템의 연평균 에너지수지는 이미 그림 25-1에 제시되었다. 그림 26-7은 플론(Flohn)이 발행한 보고서에 따라 부디코[2502]의 결과에 기초하여 — 육지와 해양을 고려한 — 지구상의 위도에 따른 연평균에너지수지의 변화를 보여 주는 것이다. 위도의 축척은 위도대들 사이의 서로 다른 면적을 보충하기 위하여 극쪽으로 줄어들었다. 표 26-2에 제시한 부디코[2503]의 그 후의 계산 결과는 본질적으로 같은 특징을 나타내고, 육지와 해양 표면에 대해서 분리된 총계를 포함하고 있다. Q_M은 해류에 의한 에너지 전달을 의미한다.

　지표에 대한 복사수지 Q^*는 $33.1 \cdot 10^2$ MJ m^{-2} yr^{-1}로 지구 대기권에서 동등하게 큰 복사 손실에 필적한다. 지표복사수지는 양극의 부근을 제외하고 모든 위도에서 양이

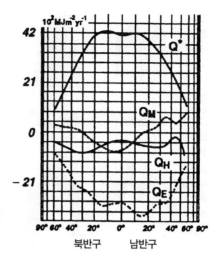

그림 26-7 지표에 대한 연에너지수지의 위도별 변화(M. I. Budyko[2502])

다(그림 26-7). 정오에 태양이 항시 천정 부근에 있는 적도의 20° 내에서 복사수지는 대략 $42 \cdot 10^2$ MJ m^{-2} yr^{-1}이다. 20°부터 극쪽으로 연간 총 Q^*는 지속적으로 감소한다. 양의 복사수지가 존재하는 곳에서는 연평균표면온도가 기온보다 높아서 전도-대류 Q_H에 의해서 표면으로부터 공기로 에너지가 전달된다. 대략 위도 30°의 두 건조지대에서 대부분의 순복사는 그림 26-3에 제시된 바와 같이 접지기층을 가열하는 데 필요한 에너지를 공급한다. 극쪽으로 이동하는 온난한 해류가 대기로 많은 양의 느낌열을 손실하는 50°N의 북쪽을 제외하고, Q_H는 해양 위에서보다 육지 위에서 더 크다. 증발과정에서 소모되는 에너지(Q_E)는 위도에 크게 종속되는 것으로 나타난다. 인자 Q_G(또는 Q_W)는 그림 26-7 또는 표 26-2에서 나타나지 않았는데, 그 이유는 그림 26-5와 26-6에서 연역될 수 있는 것과 같이 연중 에너지 획득이 대략 에너지 손실과 균형을 이루기 때문이다.

지구의 에너지수지를 적절하게 평가하기 위해서 이류 에너지 수송이 고려되어야만 한다. 해류에 의한 느낌열의 이류(Q_M)는 적도지역으로부터 중위도와 극지역으로의 에너지 수송에 의해서 그림 26-7에 제시된 순복사의 위도적 불균형을 균등하게 한다.

따라서 지표는 이중 패턴의 에너지 수송을 경험하게 된다. 첫째, 에너지는 전자에서 $33.1 \cdot 10^2$ MJ m^{-2} yr^{-1} 잉여를, 그리고 후자에서는 부족을 보상하기 위하여 지표로부터 대기로 전달되어야 한다(그림 26-1 ~ 26-6). 둘째, 에너지는 저위도로부터 고위도로 위도 횡단면을 따라서 수송된다. 이를 이루기 위한 세 가지 방법이 있다. 즉 (1) 대기대순환에 의한 느낌열 수송, (2) 해양 순환에 의한 느낌열 수송, (3) 물순환과 관련된 숨은 열 수송이 있다. 헨더슨-셀러와 로빈슨[3923]에 의하면 전구 규모로 이들 세 과정의 비율은 60 : 25 : 15이다.

표 26-2 지표에 대한 에너지수지 구성요소들의 위도별 연평균(10^2 MJ m^{-2} yr^{-1})

위도(°)	육지			해양				지구 전체			
	Q^*	Q_E	Q_H	Q^*	Q_E	Q_H	Q_M	Q^*	Q_E	Q_H	Q_M
북반구											
70~60	9.2	−6.7	−2.5	9.6	−13.0	−9.2	+12.6	9.2	−8.4	−4.6	+3.8
60~50	13.4	−9.6	−3.8	18.0	−19.7	−7.9	+9.6	15.5	−13.8	−5.5	+3.8
50~40	18.9	−10.5	−8.4	26.8	−28.1	−6.7	+8.0	22.6	−18.9	−7.5	+3.8
40~30	24.3	−9.6	−14.7	37.7	−40.2	−5.9	+8.4	31.8	−27.2	−9.6	+5.0
30~20	26.8	−8.0	−18.8	46.5	−45.7	−2.9	+2.1	39.4	−31.4	−8.8	+0.8
20~10	31.0	−13.4	−17.6	50.6	−49.0	−2.9	+1.3	45.7	−39.8	−6.7	+0.8
10~0	33.1	−23.9	−9.2	51.9	−43.6	−2.9	−5.4	47.7	−38.9	−4.2	−4.6
남반구											
0~10	33.1	−25.6	−7.5	53.2	−41.5	−2.5	−9.2	48.6	−37.7	−3.8	−7.1
10~20	31.4	−18.8	−12.6	51.1	−47.3	−3.8	0	46.9	−41.0	−5.9	0
20~30	29.7	−11.7	−18.0	45.6	−44.4	−4.6	+3.4	41.9	−36.9	−7.5	+2.5
30~40	26.0	−12.2	−13.8	38.5	−34.3	−4.6	+0.4	36.9	−31.8	−5.9	+0.8
40~50	18.4	−9.2	−9.2	30.2	−21.4	−2.5	−6.3	29.7	−20.9	−2.9	−5.9
50~60	14.7	−9.2	−5.5	19.3	−14.7	−3.8	−0.8	19.3	−14.7	−3.8	−0.8
지구 전체	20.9	−11.3	−9.6	38.1	−34.3	−3.7	0	33.1	−27.6	−5.4	0

출처 : M. I. Budyko[2503]

제27장 ··· 이류의 영향 : 점이기후와 종속적인 미기후

25장과 26장에서는 공기와 지면 사이의 경계면을 향하는, 또는 경계면으로부터 나가는 연직 에너지 흐름에 대해서 지표의 에너지수지가 분석되었다. 연직경도 이외에 수평경도도 영향을 미칠 수 있다. 지표가 수평참조표면이기 때문에 지표는 수평적(이류) 에너지 전달에 의한 영향을 받을 수 없다. 그러나 우리는 공기의 부피를 지표, 즉 지표에 평행한 덮개면(독 : Deckfläche)을 통해서 그리고 연직측면들[독 : Seitenfläche, 외피면(독 : Mantelfläche)]을 통해서 구분하여 이 공기부피의 에너지수지를 고찰할 수 있다. 우리는 이렇게 유도된 방정식들로 실제 이류를 마찰교환과 대류교환을 통한 연직 에너지 흐름과 구분할 수 있다(8장). 얼마만큼의 에너지가 실제로 이류에 의해서 고찰되는 공기부피로 들어오는가는 수평적 에너지 흐름의 크기 이외에 당연히 또한 고려되는 표면 위의 고도(부피)에 종속된다.

우리가 이류과정들의 중요성과 이들 영향의 성질과 크기를 평가할 수 있는 많은 연구가 있다. 이류과정은 서로 다른 종류의 지표들이 서로 접하고 있는 곳(토지, 물, 적설)

또는 지면이 다른 용도로 사용되고 있는 곳(도로, 목초지, 경지, 삼림)에서 가장 쉽게 인식된다. 지면피복이 미기후를 지배하는 표면 성질과 관련해서 보통 이질적이기 때문에 우리는 보통 미기후들 중에서 일부 유형의 이류의 영향을 다루어야만 한다.

이러한 모든 경계에서는 점이기후(transitional climate) 또는 경계기후(boundary climate)가 발달한다. 대지역을 다루는 고전기후학에서는 이 기후가 이미 일찍이 고려되었다. 해안기후(독 : Küstenklima, 영 : coastal climate)는 이러한 점이기후의 한 가지 사례로 이 기후는 종종 수마일 내륙으로 그 영향을 미친다(육지 쪽으로 기껏해야 30km에 이른다). 해안의 공기가 좀 더 내륙으로 이동하면 점이기후는 덜 뚜렷하게 된다. 크레이그[2708]는 미국 매사추세츠 만에서 육지로부터 바다 위로 이동하는 300m 고도까지의 공기가 변질되는 상호과정을 상세하게 조사하였다.

세계의 모든 국가들로부터 이와 같은 해안기후에 관한 기술이 있다. 소규모 공간으로 오면, 인간이 이용하는 기층에서 육지와 물 사이의 대비는 수백 미터의 좁은 기슭 지대에 집중되어 해안기후 내에서 하안기후(독 : Uferklima, 영 : river-bank climate) 또는 해변기후(독 : Strandklima, 영 : sea shore climate)를 이야기해야만 하는 것이 나타난다. 베르크[2]는 최근에 해안기후를 분석하여 건강휴양지(health resort)에 대한 해안기후의 중요성을 증명하였다. 첸커[3]는 독일 우제돔 섬의 헤링스도르프에 대한 건강휴양지의 국지기후를 기술하였다.

이제 미기후의 차원을 고찰해 보도록 하자. 표면 부근에서 적은 양의 혼합은 그 아래에 있는 표면에 종속되는 공기의 특징들(제3부 비교)이 처음에는 원위치에서 유지되게 한다. 최소 공간에서(독 : auf kleinstem Raum, 영 : within a very small space) 어떤 놀라운 차이들이 나타나는가를 먼저 육지와 물 사이의 경계 위치에 대해서 제시하겠다.

물표면과 육지표면이 서로 영향을 준다는 것에 대해서 작은 수체 위의 물에 가까운 기층을 다룰 때(22장) 이미 언급하였다. 베르크[2702]와 매데[2714]는 불연속선[하안선(독 : Uferlinie)] 양측의 경계지대를 연구하였다. 그림 27-1은 베르크가 때때로 미풍이 분 1952년 7월 2일 9시부터 10시 30분까지 독일 로덴키르헨 부근 라인 강의 평탄한 모래 하안에서 통풍건습계로 측정한 기온 및 수증기 단면이다. 최하층 10cm에는 물 위의 서늘하며 수증기가 많은 공기와 불과 8m 떨어진 모래 위의 13°C 더 따듯한 공기가 있었다. 그 위에 10~40cm 높이 사이에서 약간 높은 기온은 실제로 같으나, 서늘한 강

2) *Berg, H.*, Die Bedeutung des Insel-und Küstenklimas für die Klimatheraphie. Geofisca pura e appl. 21, 15pp. 1952.

3) *Zenker, H.*, Lokalklimatische Studien in Heringsdorf/Usedom. Angew. Met. 2, 289-300, 1956.

위의 이 높이에서 수증기압은 따뜻한 하안 위에서보다 약간 낮았다. 베르크[2702]는 다른 측정과 관측으로 주간에는 수면 위로부터의 서늘하고 습윤한 공기 덩이가 지표 부근의 과열된 공기 위로 흐르나, 야간에는 차가운 공기가 물 쪽으로 하강할 것으로 추측하였다. 약한 교환지대는 완전하게 발달한 작은 해륙풍 순환이 없을 때조차 형성되었다. 인접한 표면들에서 습윤도가 다를 때, 건조한 표면에서 습윤한 표면으로 부는 바람은 습윤한 표면으로 느낌열을 전달할 수 있다. 식물이 성장하는 지역의 가장자리에서 느낌열은 증발산을 높일 수 있다(C. W. Thorn-thwaite and F. K. Hare[2725]). 라우너[2717]는 건조한 밭으로 둘러싸인 삼림의 가장자리에서 증발산에 소비된 에너지는 적지 않은 양으로 순복사를 초과할 수 있다고 제안하였다. 그는 밭의 영향이 삼림 속으로 3km에서 여전히 중요했다는 것을 밝혔다.

매데[2714]는 독일의 아이스레벤 부근 쥐쎈 호수에서 열전온도계(thermoelectric thermometer)로 오랫동안 측정한 중요한 관측자료를 제공하였다. 얕은 요지에 위치한 2~3km² 면적을 갖는 이 호수에는 수면 위 약 5cm 높이의 식생만이 있는 평탄한 호안이 있다. 호안선 양측에서 1m 높이까지와 약 100m의 수평거리에서 측정을 하였다. 그림 27-2는 1955년 8월 16일~18일까지(왼쪽)와 1955년 9월 4일~7일까지(오른쪽)의 두 관측자료에 대한 3시간 간격의 서로 다른 등온선 분포이다. 비교적 따뜻한 지역들은 왼쪽 아래로부터 오른쪽 위로 그은 사선으로, 비교적 찬 지역들은 이 선들에 수직으로 왼쪽으로 기운 사선으로 표시하였다. 이곳에 온도가 균등하게 되는 것을 방해하는 갈대지대는 없지만, 최하 0.5m에서 주간에는 육지가 따뜻하며 야간에는 서늘한 육지와 물 사이의 경계에서 경도가 매우 컸다. 비셔[2729]는 1월에 미국 오대호에서 평균온도가

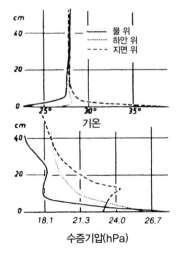

그림 27-1 7월의 늦은 오전 라인 강 하안에서 기온(°C) 및 수증기압(hPa) 단면(H. Berg[2702])

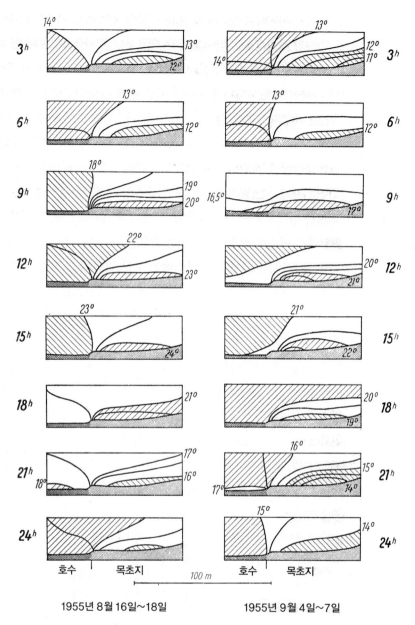

그림 27-2 독일의 아이스레벤 부근 쥐쎈 호수의 호안 부근에서 평균 온도장(A. Mäde[2714])

2.8°C였고, 최저온도는 내륙보다 호안에서 5.6∼8.3°C 따듯했다고 보고하였다. 오대호
는 또한 여름에 예외적으로 높은 기온을 약 1.7∼2.8°C까지 하강시켰다. 그리고 호수
부근의 무상기간도 30∼40일 더 긴 것으로 보고되었다. 버버[2727]는 호수로부터 거리
가 멀어질수록 이리 호의 영향이 감소하는 것을 보고하였다.

미국 미시간 주와 캐나다 온타리오 주 오대호의 풍하의 호안에 있는 낙엽과수 지대는 대부분 호수가 온화하게 하는 영향의 결과이다. 호수는 두 가지 영향을 미치는데, 첫째로 봄과 둘째로 가을에 영향을 미친다. 봄에 호수는 느리게 가열되어 호수의 풍하 측에 있는 지역들을 상대적으로 서늘하게 유지시킨다. 낙엽과수의 싹들은 겨울을 지나 봄까지 기온이 서늘한 한 이들 지역에서 추위에 대한 저항력이 있다(cold hardy, 耐寒性)(54장). 따뜻한 기온은 새로운 성장을 자극하고 추위에 대한 민감도를 증가시킨다. 따라서 호수는 기온을 서늘하게 하여 봄 서리의 피해를 최소화한다. 가을에 호수는 느리게 식어서 이미 언급한 바와 같이 무상(無霜) 생육기간을 증가시킨다. 이러한 증가는 주로 가을에 초상을 지연시키는 결과가 된다. 따라서 호수는 가을의 첫서리로부터 나무와 과일 둘 다를 보호하는 데 도움이 된다.

니베르크와 라압[2716]은 스웨덴 월란트 섬의 서해안을 따라서 바다로부터 육지로 흐르는 공기의 맴돌이확산 과정을 조사하였다. 그림 27-3에서 작은 원들로 제시된 고도에 4개의 기둥에 써미스터(thermistor)를 고정시켰다. 기온, 풍속과 풍향이 2일의 맑은 날에 측정되었다. 대기의 처음 20m에서 등온선들은 실선(발간된 값들)으로, 그리고 계산된 교환계수 A(kg m^{-1} sec^{-1})는 파선으로 제시되었다.

격렬한 지면 가열에 의해서 시작된 자유대류로 인하여 맴돌이확산 구성요소는 기단이 내륙으로 이동할 때 좀 더 중요해진다. 지면은 제시된 지역 전체에 걸쳐서 대체로 같은 정도까지 모든 곳에서 가열되었다(지표는 35°C 이상까지 가열되었다). 교환계수가 작은 해안 부근에서 공기로 전달되는 에너지는 얇은 기층에만 제한된다. 물 위에서 공기는 (아래로부터 냉각되어) 안정하다. 공기가 내륙으로 따뜻한 모래 위를 지나 이동할 때 좀 더 불안정하게 되어 교환계수가 증가하고 좀 더 많은 대류와 혼합이 일어났다. 이러한 사실은 처음에 놀라운 관측 결과를 설명한다. 즉 해안으로부터 내륙으로 1m 높이에서 기온은 처음에는 상승하였으나 그다음에는 감소하였다. 공기가 해안 위로 이동할

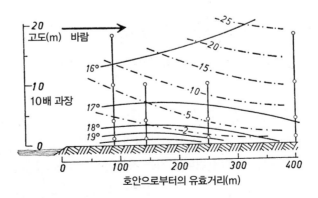

그림 27-3 호수로부터 가열된 지면 위를 통과하는 기단에서 기온과 맴돌이확산(A. Nyberg and L. Raab [2716]). 실선은 기온(°C)이고, 점 찍은 파선은 교환계수이다.

때 거칠기가 급격하게 증가하였다. 마찰의 증가는 풍속을 빠르게 감소시켰다.

털러[2726]는 캐나다 브리티시컬럼비아 주의 빅토리아에서 여름에 해안으로 부는 흐름을 분석하였다. 해안으로 부는 직접적인 영향하에 있는 물전선(water front)에서 육지 지점들보다 기온 및 수증기압이 낮았고, 풍속은 빨랐다. 그는 물전선의 낮은 수증기압이 빅토리아 주변의 차가운 물(11~11.5℃)로부터의 제한된 증발의 결과, 그리고 좀 더 큰 표면 거칠기와 증발 지역을 갖는 따뜻한 잔디(21℃)로부터의 많은 증발의 결과였다고 지적하였다. 이와 같이 낮은 수증기압의 관측은 바다 쪽의 수온이 좀 더 높은 곳(S. Zhong and E. S. Takle[2734]과 C. G. Helmis et al.[2710]) 또는 육지표면이 좀 더 건조한 곳에서(B. Krawezyk[2713]) 해안 쪽으로의 흐름 관측과 반대된다. (독자들은 해륙풍에 관한 훌륭한 논의에 대해서 M. M. Yoshino[2733]의 『Climate in a Small Area』 또는 J. E. Simpson[2720]의 『Sea Breeze and Local Winds』를 참고할 수 있다.)

브뤼머와 티만[2703]은 열린 북극해로부터 얼음으로 덮인 표면으로 흐르는 따뜻한 공기를 측정하였다. 물 위에서 기온은 수면보다 낮아서 표면공기는 불안정하여 대류경계층(convective boundary layer)이 되어 일부 대류구름이 생기게 하였다. 공기가 얼음의 가장자리 위를 지나가자마자 얇은 안정한 기층이 발달하기 시작하였다. 이 공기가 좀 더 얼음 위로 이동했을 때 안전한 기층의 층후는 증가하여 20km 내에서 대류구름이 소멸되었다. 비마와 브뤼머[2728]는 얼음을 떠나는(off-ice) 흐름이 있는 동안 표면과 공기 사이의 결합이 강해져서 열적인 변화가 크고, 경계층은 열린 물 위에서 크게 불안정해졌다는 것을 밝혔다.

적설이 있는 토양과 나지 토양 사이의 큰 차이는 이미 그림 24-10에서 논의되었다. 이러한 특징은 특히 복사가 강한 고산지역에서 종종 가장 잘 관측되어 봄에 깊은 눈 옆에서 꽃이 피는 꽃밭을 볼 수 있다. 이러한 차이가 잘 포착된 켄드류(W. G. Kendrew)의 『Climatology』(제3판, 1949, 그림 12)에 훌륭한 컬러 사진이 있다.

육지 위에는 토양형 및 표면알베도의 차이와 그 위에서 자라는 식생 유형과 키로 인하여 많은 종류의 점이기후가 있다. 그림 27-4는 약간의 이슬이 내리기 시작했던 22시 후 맑고 고요한 야간에 지면 위 4개의 서로 다른 고도에서 크노헨하우어[2712]가 행한 관측 결과를 보여 주는 것이다. 그는 독일 하노버 공항에서 콘크리트 활주로(왼쪽) 위와 그 옆의 잔디(오른쪽) 위에서 측정을 했다. 그림에서는 우선 등온선과 등습도선이 수평보다 좀 더 수직으로 달리는 것이 눈에 띈다. 그러므로 건물 부근의 공기는 따뜻하고 건조한 반면, 잔디 위의 공기는 서늘하고 습했다. 전자의 영향이 좀 더 큰데(아마도 바람의 영향), 그 이유는 두 표면의 경계로부터 30~40m 거리 후에서 비로소 잔디 위에서 평형이 이루어졌기 때문이다. 이 거리에서 등온선과 등습도선은 수평이었다. 잔디 위

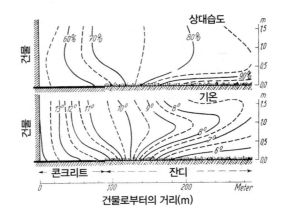

그림 27-4 공항의 활주로와 초지의 경계에서의 점이기후(W. Knochenhauer[2704])

약 1m 높이에 최고기온지역이 있었다. 습도장에서도 매우 약하기는 하지만 건조지대를 인식할 수 있다. 이것은 적어도 부분적으로 좀 더 높은 포화수증기압 때문에 낮은 상대습도를 갖는 지대였다. 콘크리트 위에 형성된 온난 건조한 공기가 이 높이에서 잔디 위로 흘러 나가서 이때 한랭 습윤한 지면의 공기 위로 활주하는 것처럼 나타났다.

룽에[2718]는 짙은안개가 끼었을 때 도로 바로 위에 보통 약 35cm의 높이까지 올라가는 맑거나 약간만 혼탁한 얇은 기층이 있는 것을 발견하였다. 그러므로 자동차의 아래에 낮게 추가로 헤드램프를 설치하여 그 빔이 비스듬히 아래를 비추어 빛이 위로 산란되지 않으면 야간에 안개가 낀 상태에서 운전할 때 시정이 실제로 나아질 수 있었다. 여기서 건조한 도로 표면의 미기후가 35cm까지 위로 확장되어 주변 경지의 미기후와 현저히 달랐다.

'점이기후' 또는 '경계기후'라는 용어는 밑에 놓인 상이한 표면들 사이의 경계선 부근 장소들에 적절하게 제한될 수 있다. 그러나 상당히 멀리 떨어진 곳에서 발원하는 이류 요소들 역시 영향을 미칠 수 있다. 특히 지형이 평탄하지 않아 국지적인 바람이 발생하는 곳에서 국지풍은 지역과 관련된 특성을 상당히 먼 거리로 수송할 수 있다. 식생 유형과 키의 모든 변화는 기후의 유사한 점이현상을 일으킨다. 이 주제는 제5부에서 더 다룰 것이다. 37과 38장에서는 삼림의 가장자리에서 전형적인 점이기후의 유형을 다룰 것이다.

점이기후의 마지막 유형은 화재와 관련이 있다. 세 가지 기본 유형의 산불(wild fire)이 있다. 즉 땅불(ground fire, 지표 밑의 유기물 연료에서 나는 불), 표면불(surface fire, 지표에서 또는 지표 부근에서 연료의 연소), 수관불(수관을 태우는, bruning tree crown)이 있다. 먼저 땅불에 주의를 집중하고, 그다음에 표면불과 수관불을 다루도록 하겠다. 땅불은 전형적으로 삼림 바닥의 부분적으로 부패된 유기물(썩은 낙엽더미)이 비교적 낮은 온도에서 느리게 탈 때 연기가 나면서 지표 밑의 연료가 타는 것이다. 일부 타르와 다른 타지 않은 유기물에 불이 붙지는 않으나, 썩은 낙엽더미 위에 찌꺼기와 같은 차가운 표면 그리고/또는 그 아래의 차가운 토양 위에 응축할 수 있다(R. A. Hartford and W. H. Frandsen[2709]). 그들은 실험에서 썩은 낙엽더미불(duff fires)이 가까스로 300℃에 이르고, 위의 표면 찌꺼기는 100℃ 이하였다는 것을 밝혔다. "광물질 토양표면(mineral soil sufrace)에서 도달한 최고온도는 썩은 낙엽더미와 토양의 수분함량에 의해 영향을 받는 것으로 나타났다." 부식과 광물질 토양이 습윤할 때 타고 있는 썩은 낙엽더미 아래의 광물질 토양표면은 100℃ 이하였다. "광물질 토양표면에서 최고온도는 일부 생물체에 피해를 주기에 충분한 반면, 광물질 토양에서 물리적인 변화를 일으키기에는 온도가 너무 낮거나 광물질 토양에서 유기물을 불태우거나 열분해하기에는 온도가 너무 낮다. 썩은 낙엽더미/광물질 토양 접촉면 아래 약 4~7cm까지 광물질 토양은 거의 따듯해지지 않았다"(R. A. Hanford and W. H. Frandsen[2709]). 수분이 있는 한 타고 있는 물질 아래의 썩은 낙엽더미와 토양의 온도는 100℃ 이하일 것이다. 이 층의 수분이 증발할 때 온도는 발화까지 상승할 수 있다. 썩은 낙엽더미가 건조하면 훨씬 더 높은 온도에서 탔다.

표면불은 짧은 기간에 온도를 높인다. "일반적으로 불길이 타오르는 것으로부터 머무는 시간은 초지에서 10~15초부터 매우 강한 산불에서 30~45초에 이른다(Taylor et al.[2722]). 앤더슨[2701]은 연료 조각이 소진(燒盡)되는 시간(fuel particle burnout time)이 연료의 직경에 종속된다는 관계를 제안하였다. 이것은 일반적으로 좀 더 큰 조각을 갖는 연료 바닥(fuel beds)이 머무는 시간을 좀 더 길게 갖는 경향이 있음을 의미한다. 삼림과 방목지에 있는 전형적인 섬유소 연료로부터의 불길은 크고 두꺼운 불길에 대해서 대략 1,100~1,300℃의 최고온도에 도달할 수 있다. 최고온도는 일반적으로 바닥 부근의 가장 두꺼운 불길에서 일어난다. 그렇지만 최고온도는 아래층에서 비효율적인 혼합이 연소반응을 제한할 수도 있는 곳의 불길에서 이 높이 위에서 일어날 수 있다"(B. W. Butler et al.[2705]). 눈에 보이는 불길의 끝 부근에서 불꽃의 온도는 대략 200~400℃에서 측정되었다(B. M. Wotton and T. L. Martin[2729], P. H. Thomas [2723] and T. Marcelli et al.[2714A], B. M. Wotton[2731]).

워튼[2713B]은 더욱이 다음과 같이 주장하였다. "확산율과 머무는 시간은 이들이 불길 전선의 깊이를 예측하도록 조합될 때 중요하다. 이 불길 전선의 깊이는 불의 영향을 받는 표면 및 표면 위 공기의 범위를 가리킨다. 머무는 시간이 비교적 불변하기 때문에 불길 전선의 깊이는 대체로 0.1m/min 이하(대체로 5~10cm 높이의 불길이 있는 낮은 강도의 표면불)에서부터 100m/min까지(불길이 30m 높이 이상인 높은 강도의 수관불에서)와 200m/min 이상까지[강하게 바람에 의해서 날리는 잔디불(grass fires)의 경우에] 이를 수 있는 확산율로 결정된다"(B. M. Wotton and T. L. Martin[2729], P. H. Thomas[2723], T. Marcelli et al.[2714A], B. M. Wotton[2731]). 위타커[2730]는 이와 같이 높은 불길 온도에도 불구하고 온도가 20cm 높이에서보다 지표에서 전형적으로 100～500°C 낮았다는 것을 밝혔다. 노튼과 개리티[1908]와 속터[2719]는 토양온도의 단지 작은 상승과 이 상승이 비교적 얕은 토양의 상층에 제한된다는 것을 보고하였다. 베일리와 앤더슨[2700]은 관목과 프레리 초지 둘 다에서 최고온도가 반대 방향으로 타는 화재[맞불(backfires)][4](5cm)와 비교할 때 바람이 불면서 퍼지는 불(head fires)[5](15cm) 동안 좀 더 높은 높이에서 일어났다는 것을 밝혔다. 그들은 또한 바람이 불면서 퍼지는 불, 좀 더 많은 연료와 목재 연료(잔디와 비교할 때)와 관련하여 좀 더 높은 온도를 밝혔다. 다른 한편으로 트롤로페[2724]는 지면에서 맞불이 바람이 불면서 퍼지는 불보다 좀 더 강한 반면, 바람이 불면서 퍼지는 불이 잔디의 수관 위의 높이에서 맞불보다 좀 더 뜨겁다는 것을 밝혔다.

위타커[2730]는 다음과 같이 보고하였다. "약한 바람부터 적당한 바람으로의 증가와 그 결과로 나타나는 불길의 퍼짐(fanning)은 지면에서 온도가 50～100°C 상승하게 했다. 반대로 바람이 강했다면 상당온도는 식생 위로 좀 더 빠르게 지나가서 그들의 효과가 지면에 도달하지 않는 불길 때문에 감소되었다." 바람은 또한 불길의 각을 좀 더 수평이 되게 하여 풍속이 증가함에 따라 불길은 타지 않은 물질 속으로 밀고 들어가 좀 더 연료를 예열하고 좀 더 큰 비율로 퍼지게 한다(W. S. W. Trollope[2721]). 체니와 설리반[2704]은 풍속이 바람이 불면서 퍼지는 불의 확산율에 극적인 영향을 미치는 반면, 맞불에는 거의 아무런 영향도 미치지 않는다고 제안하였다. 그렇지만 맞불은 때때로 매우 높은 바람(very high wind)에 의해 자게 될 수 있다. 5km/h 이상의 풍속에서 바람이 불면서 퍼지는 불의 확산율의 증가는 풍속이 증가할수록 느리게 감소한다. 5km/h 이하의 풍속으로 불 전선 뒤의 열대류(thermal convection)는 공기를 불 전선에서 아래로 끌어내릴 수 있어서 모든 불 둘레에 맞불을 만든다. 그들은 또한 바람이 강해질수록 잔디불이 점점 더 좁아지고 점점 더 길어질 것이라고 제안하였다. 캐치폴 등[2706]은 바람에 의해서 흩어지는 불(wind driven fire)에서 최고확산율은 가볍게 쌓인 엷은 연

---

4) Backing fire : Fire spreading into the wind or downslope(http://www.fs.fed.us/rm/pubs/rmrs_rp009/appA.html).

5) Head fire : A fire spreading with the wind, or upslope, or both(http://www.fs.fed.us/rm/pubs/rmrs_rp009/appA.html).

료(lightly packed fine fuels)에서 일어나며, 쌓인 비율이 감소할수록 증가하고, 풍속에 따라 선형으로 증가하며, 연료의 수분함량이 증가함에 따라 감소한다는 것을 밝혔다. 그들은 연료 깊이가 불의 확산율에 아무런 영향도 주지 않는 것을 밝혔다. 머피 등[2715]은 사면이 경사가 급하게 될 때 시간당 1마일을 초과하는 풍속에 대해서 불의 전면에서 상승하는 따뜻한 공기가 연료를 예열하기 때문에 불은 적어도 부분적으로 좀 더 커지는 경향이 있다는 것을 밝혔다. "반대로 내려가는 사면(down-slope)은 표면불의 확산율을 감소시킨다"(W. S. W. Trollope[2721]). 체니와 설리반[2704]은 사면과 불이 전진하는 비율 사이의 직접적인 상관관계가 있음을 제안하였다. 예를 들어 "20°의 사면에서 확 타오르는 불은 평탄한 지면 위의 유사한 불보다 4배나 빠르게 타는 반면, 20° 사면 아래로 타는 불은 그 비율의 1/4로 퍼질 것이다." 워튼[2731]은 다음과 같이 주장했다. "사면은 확산율을 증가시키는데, 그 이유는 1) 불길 앞의 연료 바닥으로의 불길의 기울어짐, 따라서 복사 전달의 증가와 2) 불 앞의 연료로의 대류 전달의 증가 때문이다 … 전형적으로 불은 바람방향 또는 최대사면 위 방향으로 가장 빠르게 그리고 가장 집중적으로 퍼진다." 좀 더 빠른 풍속에서 확산의 역행률(backing rate)은 진행률(heading rate)보다 낮은데, 그 이유는 들어오는 공기가 연료를 예열시키기보다 타지 않은 연료를 냉각시키기 때문이고, 불길은 연료로부터 멀리 휘어서 복사 전달을 낮춘다.

수관불은 관목이나 나무의 살아 있는 수관 잎에서 주로 퍼진다. 땅불이나 표면불과 비교하여 연료 바닥은 낮은 밀도를 가지며 수직으로 좀 더 깊고, 계속되지 않는다. 수관불은 높은 밀도로 퍼질 수 있다(J. D. Cohen et al.[2707]). 버틀러 등[2705]은 다음과 같은 내용을 밝혔다. "불길과 연료 사이의 복사 에너지 전달은 삼림 수관을 통해서 60m 거리상에서 일어날 수 있으나, 기온은 불길 전선에 도달하기 직전까지 주위의 수준에 머물러 복사 가열이 불길 전선의 앞에 예열의 크기를 밝힌다는 것을 의미한다." 복사 전달의 거리는 식생 밀도에 반비례한다. "… 식생을 통한 에너지 침투 거리는 입목 내에서 높이가 감소할수록 감소하여 하층 식생이 삼림 수관 공간보다 좀 더 쉽게 불길에 의해서 방출되는 에너지를 흡수하는 것을 가리킨다. 주로 연료의 밀도와 접근하는 불을 가리는 식생의 능력 차이 때문에 연료가 가열되는 시간은 삼림 입목을 통한 높이가 증가할수록 증가한다." "불 전선이 도달하는 시간에 기온은 삼림 수관의 상부에서 $700°C \cdot s^{-1}$의 온도변화율을 나타낸다. 가열율은 지면의 3.1m 내에서 일어나는 최저율(명목상으로 $30°C \cdot s^{-1}$)을 갖는 지면 위의 높이에 비례한다. 이것은 대류 에너지 전달이 수관의 상부에서 중요할 수 있으나, 점화와 동시에 일어나고, 삼림 입목의 아랫부분에서 대류 가열은 수관 공간에서보다 낮은 크기의 순서보다 좀 더 많다는 것을 암시한다."[6] "삼림 입목의 낮은 부분에서 낮은 온도 상승률은 불길 전선의 주요한 가장자리에서 수관의 아랫부분을 통한 상대적으로 서늘한 공기를 빨아들임과 연결되는 것 같다." 적어도 수관의 최저부피가 나무와 관목의 불연속적인 수관에서 퍼지기에 충분하게 큰 불길을 만들도록 타야만 한다(J. D. Cohen et al.[2707]).

독자들에게 불이 미기후에 미치는 영향을 다루는 것에 관한 좀 더 많은 정보로 세비지[2035], 체니와 설리번[2704], 존슨과 미야니시[2711]를 추천하겠다. 불과 불의 행태의 미기후는 좀 더 많은 연구가 이루어져야 할 가치 있는 분야이다.

제28장 · · · 증발에 관한 고찰

4장과 26장에서 증발이 복사 다음으로 에너지수지에서 적어도 유럽의 기후에서 가장 중요한 인자라는 사실을 알게 되었다. 증발은 또한 물수지에서 가장 중요한 인자들 중의 하나인데, 그 이유는 전구적으로 지구의 육지 표면에 내리는 강수의 대략 2/3가 증발에 의해서 대기로 돌아가기 때문이다. 각 단위의 물의 질량을 증발시키는 데 고정된 양의 에너지가 필요하기 때문에 지표수와 에너지수지는 밀접한 관련이 있으며, 하나는 다른 것에 대해서 각 수송 과정의 추정치를 검증하는 데 이용될 수 있다.

증발이라는 용어는 두 가지 과정을 포함하고 있다. 증발이라는 용어는 관습적으로 습윤한 사질 토양, 축축한 콘크리트 도로 또는 젖은 잎 표면과 같이 물이 대기와 직접 접촉하고 있는 환경으로부터의 기화(vaporization)를 의미한다. 이 과정은 주로 물리학의 법칙에 의해서 조절된다. 증산(transpiration)은 식물의 습윤한 내부 조직들부터 식물의 기공을 통과해서 대기 환경으로 물이 기화하는 것을 의미한다. 그렇지만 살아 있는 식물이 물을 증산시킬 때 순이론적인 물리학 법칙 이외에 식물생리학(plant physiology)의 과정들도 중요한 역할을 한다. 물의 공급이 부족할 때 식물은 기공을 닫아서 증산량을 감소시킬 수 있다. 동시에 식물은 살기 위해서 물을 방출해야만 하는데, 그 이유는 수분과 광물이 토양으로부터 수액의 흐름으로 수송되고, 탄소가 외부 공기로부터 동화되어야 하기 때문이다. 동화되는 매 g의 탄소에 대해서 수백 배의 물이 식물의 뿌리 체계를 통해서 흡수되어야 하고, 잎 표면으로 수송되어 탄소가 잎 조직으로 들어온 같은 기공을 통해서 공기로 배출되어야 한다. 자연 식생으로 덮인 표면은 토양의 증발에

---

6) 문장의 내용이 번역하기 어려워 독자들의 바른 이해를 위해서 원문을 추가한다. This suggests that convective energy transfer can be significant in the upper portion of the canopy, but that it occurs simultaneously with ignition and that convective heating in the lower portion of the forest stand is more than an order of magnitude lower than in the canopy space.

의해서, 그리고 살아 있는 식물들의 증산으로부터, 그리고 습한 식물 표면의 증발에 의해서 물을 잃는다. 대부분의 자연지표가 증발과 증산을 포함하기 때문에 이 두 과정이 일어날 때 '증발산(evapotranspiration)'이라는 용어를 보통 사용한다.

에너지수지와 같이 이 연구는 지구 물수지의 간략한 개관으로 시작하겠다. 스페이델과 애그뉴[2820]가 요약한 지구의 물 공급 추정량이 표 28-1에 제시되어 있다. 같은 특징에 대한 다른 연구자들의 수치(F. Van der Leeden et al.[2822])는 추정 절차의 불확실성으로 인하여 약간 다를 수 있다. 전체 물의 0.001%에 불과한 13,000km^{3}의 대기 중의 물은 거의 전적으로 대류권 내에 포함되어 있다. 1년 동안 대략 496,000km^{3}의 물이 지구의 육지 표면과 해면으로부터 증발하여 여러 가지 형태의 강수로 돌아온다. 이 양이 대기 중 물의 양과 비교되면, 대기의 물 저장량은 매 9~10일에 바뀐다는 것을 알 수 있다.

그림 28-1은 지구 물순환 내에서 저장소들과 연직 및 수평 플럭스의 추정량을 제시한 것이다. 이들 값은 National Research Council[2815]이 밝힌 것으로 1.46 × 10^9 km^{3}의 총저장부피에 기초한 것이다. 제시된 값들은 1,000km^3/yr로 표현된 평균 총량이다. 육지 표면과 해양 표면을 비교할 때 해양이 지구 표면의 70.8%를 차지한다는 것을 기억해야 할 것이다.

어느 시기 t에 대한 일반 물수지는 다음의 형태로 표현될 수 있다.

$$r = E + f + b \qquad \text{(cm t}^{-1}\text{)}$$

여기서 r은 강수이고, E는 증발이며, f는 유출이고, b는 토양 상층에서 토양수분의 변화율이다. 양 b는 단기간 실질적으로 변할 것이다.

그렇지만 1년 동안 b는 작을 것이고, 1년 이상의 긴 기간에는 0에 가까워질 것이다.

표 28-1 지구 물 저장소의 추정량

저장소		총계(km^3)	백분율(%)
해양		1,350,000,000	97.40
대기		13,000	0.001
육지			
	빙모와 빙하	27,500,000	1.984
	지하수	8,200,000	0.592
	호수	205,000	0.015
	강	1,700	0.0001
	토양수분	70,000	0.005
	생물상	1,100	0.00008

출처 : D. H. Speidel and A. F. Agnew[2820]

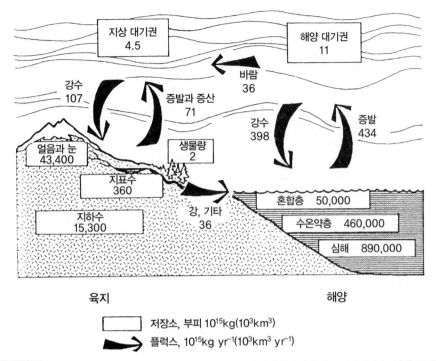

저장소, 부피 10^{15}kg(10^3km³)

플럭스, 10^{15}kg yr⁻¹(10^3km³ yr⁻¹)

그림 28-1 지구의 물순환. 이 그림은 주요 저장소들에 대해 추정된 함유량과 이들 사이의 수송비율을 보여 준다(*Global Change in the Geosphere–Biosphere: Initial Priorities for an IGBP*, National Academy Press, Washington, D.C., 1986[2815]의 허락을 받아 전재하였음).

해양에 대해서 b는 물론 항시 0이다. f값은 육지 표면에 대해서는 음이고, 해양 표면에 대해서는 양이며, 36,000km³ yr⁻¹과 같다. E와 r 사이의 차이 역시 대기 수분의 순이류와 같아야 하고, 육지 표면에 대해서는 양이고, 해양 표면에 대해서는 음이다.

표 28-2는 대륙과 해양에 대한 지구의 물수지를 요약한 것이며, 드로즈도프(O. A. Drozdov)의 연구에 기초한 것을 부디코[2503]에서 인용하였다.

물과 에너지 둘 다 증발에 필요하다. 자유롭게 이용할 수 있는 물 공급이 있으면, 가능증발량(potential evaporation)이라고 말할 수 있다. 물 공급이 제한되면, 가능증발량보다 작거나 기껏해야 같은 실제 또는 유효증발량(actual or effective evaporation)이 있다. 자유로운 수면이 있는 곳에는 이 두 가지 양이 일반적으로 같다.

기온에 대한 증발의 종속성은 이미 3장에서 지적되었다. 눈과 얼음에는 증발 대신에 '승화(sublimation)'라는 용어가 사용된다. 승화숨은열은 전형적으로 2.835∼2.839MJ kg⁻¹가 된다(표 3-1).

지구의 물수지에서 증발에 의해서 일어나는 부분의 중요성을 보여 주는 앞에서 기술한 정보는 미기후에서 한 가지 인자로서 증발을 연구하기 위한 기초를 이룬다.

표 28-2 대륙과 해양의 물수지

대륙과 해양	강수 (cm yr⁻¹)	증발 (cm yr⁻¹)	유출 (cm yr⁻¹)
유럽	79.0	50.7	28.3
아시아	74.0	41.6	32.4
북아메리카	75.6	41.7	33.9
남아메리카	160.0	91.5	68.5
아프리카	74.0	58.7	15.3
오스트레일리아와 오세아니아	79.1	51.1	28.0
모든 대륙	80.0	48.5	31.5
세계의 대양	127.0	140.0	13.0
지구 전체	113.0	113.0	0

출처 : M. I. Budyko[2503]

서로 다른 유형의 표면들로부터의 증발산율을 결정하는 데 포함되는 일부 기본적인 문제들을 설명하기 위하여 우리는 세 가지 기본적인 연구방법을 제시할 것이다. 이들 방법은 표면의 복잡성이 커지는 순서로 제시될 것이다. 세 가지 연구방법은 개방된 수면에 대한 질량수송방법(mass transfer method), 개방된 수면에 대한 조합방법(combi-nation method), 식생이 있는 표면에 대한 조합방법이다.

질량수송 방정식은 포차 E_o-e와 경험적으로 결정된 상수의 곱으로서 증발량(E, mm hr^{-1})을 추정한다.

$$E = c(E_o-e)$$

여기서 E_o(hPa)는 공기의 포화수증기압이고, e(hPa)는 공기의 수증기압이며, c는 경험적으로 결정된 상수이다. 질량수송이 증발의 물리적 기초에 대해서 제한된 통찰력을 제공하기 때문에 이 방법은 경험적 상수가 결정되는 특정한 지역들과 조건들을 넘어서서 제한되어 사용된다.

증발하는 표면의 온도를 알면, 부호 $É$로 제시하게 될 이 표면에 대한 포화수증기압도 알게 된다. 달톤(Dalton)의 증발 공식을 이용하는 절차는 다음과 같다.

$$E = c(É-e) \qquad \text{(mm hr}^{-1})$$

양 $É-e$를 자주 '포차(saturation deficit)'라고 부른다. 그렇지만 일반적으로 이것은 E_o-e와 실제로 다르다. E_o-e는 공기의 포차인 반면, $É-e$는 공기와 증발하는 표면의 포차이다. 표면이 공기보다 따뜻할 때 $É-e$는 양(+)일 것이고, 이용할 수 있는 물이 있으면 공기가 포화되었어도($E_0-e = 0$) 증발이 일어날 것이다. 수분이 공기에 추가될 때, 그리고 표면 공기가 그 위의 공기와 혼합되어 냉각될 때, 증기('연기')가 관측될 수 있다. 표면이 공기보다 차가우면 $\acute{E}-e$는 음($-$)이 되고, 공기가 포화상태가 아닐지라도($E_0-e > 0$) 응결(이슬)이 일어날 것이다. 위의 방정식에서 상수 c는 가능증발량의 측정으로부터 경험적으로 결정된다. 상수 c는 풍속 u에 종속되어 다음의 추정값을 갖게 된다.

u (m sec^{-1})	0.1	0.5	1	2	5	10
c (mm hr^{-1} hPa^{-1})	0.0053	0.0120	0.0173	0.0240	0.0375	0.0533

이것은 증가하는 풍속이 증발에 미치는 큰 영향을 가리킨다. 달톤 공식으로 우리는 지면과 공기 사이 온도차의 중요성을 평가할 수 있다. 표 28-3은 공기와 증발하는 표면 사이의 상대습도와 온도차의 함수로서 4개의 다른 기온에 대한 증발률(mm/hr)을 보여주는 것이다. T는 기온이고, 가수($\pm$)는 공기와 증발하는 표면의 온도차이다. 표 28-3은 기온이 상승하고, 상대습도가 하강하며, 증발 표면이 그 위의 기층보다 따뜻할 때 가능증발량이 어떻게 상승하는가를 제시하고 있다.

증발을 지배하는 물리적 과정들에 대한 최초의 통찰은 호프만[2808, 2809]의 연구에서 얻을 수 있다. 그는 증발에 영향을 주는 에너지 공급원에 기초하여 증발 Q_E(W m^{-2})를 복사 단편 Q_{Es}와 통풍 단편 Q_{Ev}로 세분한 개방된 물에 대한 조합 방정식을 개발하였다. 그러면 다음과 같은 수식이 된다.

표 28-3 기온과 상대습도의 함수로서 서로 다른 온도에서 표면으로부터의 증발률(mm hr^{-1})

기온 T(°C)	증발 표면의 온도(°C)							
	T-3				T+0			
	100%	80%	60%	40%	100%	80%	60%	40%
0	응결	0.00	0.03	0.06	0.00	0.03	0.06	0.09
10		0.01	0.06	0.12	0.00	0.06	0.12	0.18
20		0.02	0.13	0.24	0.00	0.11	0.22	0.34
30		0.04	0.24	0.45	0.00	0.20	0.41	0.61
	T+3				T+6			
0	0.04	0.06	0.09	0.12	0.08	0.11	0.14	0.17
10	0.07	0.12	0.18	0.24	0.14	0.20	0.26	0.32
20	0.11	0.23	0.34	0.45	0.25	0.36	0.47	0.58
30	0.19	0.39	0.60	0.80	0.41	0.61	0.82	1.02

$$Q_E = Q_{Es} + Q_{Ev} = -r_w\,\omega_s(Q^\star + Q_G) - \frac{r_w\omega_v}{E}\,a_L(E - e) \qquad \text{(W m}^{-2}\text{)}$$

여기서 Q_E(W m^{-2})는 대략 증발률(mm/h)에 상응하는 증발에 이용된 에너지이고, a_L은 지표와 공기 사이의 1°C의 온도차에 대해서 단위 면적과 단위 시간에 표면으로부터 공기로 흐르는 에너지양을 표시한 에너지전달계수이다. ω_s와 ω_v는 기온 T_A만의 함수인 계수들로 호프만[2808, 2809]에 따르면 표 28-4에 제시된 값들을 갖는다. 호프만[2808, 2809] 방법의 강점은 증발하는 표면의 온도가 논의되지 않은 것이다. 증발하는 표면의 온도가 증발율에 큰 영향을 미치지만, 일상적인 기초로 측정하기가 매우 어렵다.

공기가 수분으로 포화되어서 포차 $E - e = 0$인 것을 가정하자. 그러면 단편 $Q_{Ev} = 0$이고, 증발은 $Q^\star + Q_G$에 의해서만 결정된다. 복사수지가 양일 때 증발은 공기가 포화상태일 때조차 일어날 것이다. 이것이 지면 부근의 기층들에서 엷은안개[박무(mist)] 또는 안개가 형성되게 할 것이다. 26장에서 보여 준 바와 같이 일반적으로 $Q^\star$는 주간에 Q_G를 훨씬 초과하여 Q_{Es}를 '복사단편'이라고 부른다. 그렇지만 때때로 Q_G가 증발에서 중요한 역할을 할 수 있다. 차가운 천둥소나기(thundershower)가 내린 후에 거리들이 '연기(smoking)'를 내면, 이 증발은 도로 물질에 저장된 에너지(Q_G)와 다시 통과하는 태양으로부터의 증가된 복사($Q^\star$)에 의해서 일어난다. 매우 따뜻한 물이 차가운 공기에 직면해 있으면, 인자 Q_G 역시, 예를 들어 '증기가 발생하는' 온천, 북극 얼음 '바다증기안개(sea smoke)'의 공해(open sea)와 함께 주요 역할을 할 수 있고, 또는 따뜻한 해류가 차가운 기층으로 흘러 들어갈 때 주요 역할을 할 수 있다.

표면온도의 중요성은 얕은 못과 깊은 호수로부터의 증발을 비교하여 설명되었다(그림 28-2). 얕은 못의 온도는 기온과 밀접하게 관련되어 증발은 여름에 증가하고 겨울에 감소한다. 그러나 큰 호수들에서 수온은 기온보다 뒤처져서 증발은 물이 상대적으로 따뜻하고 공기가 서늘한 ($\acute{E} - e$가 최대일 때인) 가을에 가장 많을 것이고, ($\acute{E} - e$이 최저 또는 음인) 봄에 가장 적거나 음일 것이다. 증발(또는 응결)은 기온과 수면온도차가 가

표 28-4 증발에 이용된 에너지에 대한 방정식의 계수

계수	기온(°C)									
	−20	−10	0	0	5	10	15	20	25	30
	얼음으로부터 증발			물로부터 증발						
$r_w\omega_s$	0.24	0.31	0.49	0.43	0.51	0.58	0.65	0.70	0.75	0.80
$\dfrac{r_w\omega_v}{E}$ (°C/hPa)	1.62	1.32	0.975	0.96	0.83	0.71	0.59	0.49	0.40	0.33

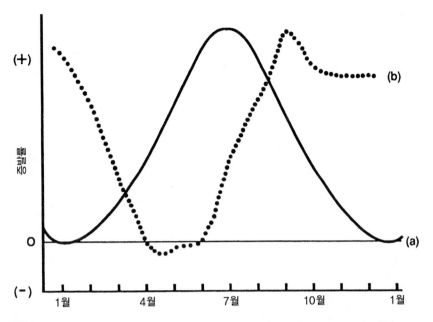

그림 28-2 a) 얕은 못, b) 깊은 호수(온타리오 호를 기준으로)로부터의 계절적인 증발 경향(D. H. Miller [2927])

장 클 때 최대인 경향이 있다. 버트 등[2804]은 여러 표면 유형들과 조건들에 대한 증발의 현행 이론과 방법을 비교·논의하였다.

식생으로 덮인 표면으로부터의 물 손실을 추정하는 것은 개방된 물 표면에서 나타나지 않는 여러 독특한 인자들에 의해서 복잡해진다. 이들 인자는 젖은 식물 표면으로부터 차단된 물의 증발, 증산 과정에 식물생리학적 조절, 삼림에서 다수의 수관층의 존재, 토양의 수분함량을 제한하는 조건들, 부분적 또는 불완전한 수관층들의 존재를 포함한다. 이들 각각의 인자를 간략하게 고찰하겠다.

식생피복으로 또는 식물 수관을 통해서 낙하하는 강수의 일부는 식생에 의해서 차단되어 물의 표면장력과 흡착력이 있는 성질로 인하여 식물 표면에 붙는다. 이렇게 차단된 물의 증발은 매우 빠른 비율로 일어나서 식생이 있는 표면에 저장된 물은 중요한 증산 손실이 시작되기 전에 보통 소비된다.

브라질 마나우스(2°57'S)에서 35m 키의 지속적으로 방해받지 않은 열대우림 수관 위에서 25개월 동안 45m에 계기를 설치한 기상탑에서 행한 측정으로 이러한 여러 가지 과정들이 설명되었다(W. J. Shuttleworth[2819]). 그림 28-3은 강수 투입량(input), 총증발량과 차단손실의 월별 합계(mm month^{-1})를 제시한다. 이 열대기후관측소에 대한 강수 투입량은 3월에 최고와 8월에 최저를 갖는, 계절에 따른 강한 종속성을 나타낸다. 젖은 수관으로부터의 차단손실은 수관 위에서 측정된 강수량과 수관 아래

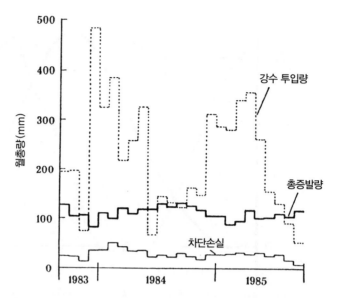

그림 28-3 25개월 동안 아마존 강 유역의 열대우림으로부터 월강수투입량, 총증발량과 차단손실(W. J. Shuttleworth[2819])

에서 측정된 강수량[수관통과우(throughfall),[7] 직접강수량, 잎물방울(leaf drip)과 수간류(樹幹流, stemflow)]의 차이로 결정된다. 젖은 수관 표면으로부터의 차단손실은 총 강수량의 9%였으며, 건조한 달들에 8%로부터 습윤한 달들에 32%에까지 이른다. 절대차단손실은 습윤한 계절 동안 약간 높았고, 건조한 계절 동안 다소 낮았다. 총 Q_E의 백분율로서 차단손실은 가장 건조한 달들에 10% 이하부터 가장 습윤한 달들에 50% 이상까지 이르렀다.

젖은 수관으로부터의 차단손실은 참고문헌 목록 [3627]~[3629]에 기술된 러터 유형 모델(Rutter type model)을 이용하여 일반적으로 모의실험된다. 총차단손실은 수많은 변수에 종속된다. 잎면적지수(leaf area index), 잎의 형태, 수관 밀도를 포함하는 수관의 특성들은 수관저장능력과 수관을 통과해서 직접 낙하하는 강수의 일부를 한정한다. 수관 차단량은 강수량과 정비례하는 반면, 차단되는 강수의 일부는 강수강도와 반비례한다. 차단손실은 높은 수준의 순복사와 강한 바람에 의해서 강화되고, 낮은 공기의 수증기 밀도와 공기역학 저항(R_A)에 의해서 강화된다. 후자의 변수는 식생 표면의 공기역학 성질[거칠기길이(roughness length)와 영면변위(zero-plane displacement)]과 관련된다. 린케 등[2811]은 유사한 개쉬 유형(Gash type)으로부터 유도된 계절별

---

7) 비가 올 때 나무의 가지나 잎을 통과해서 삼림의 바닥에 떨어지는 강수량. 수관통과우량(RDA농업용어사전, http://lib.rda.go.kr/NewDict/s_result_1.asp?pl=&TcLang=ENG&TcKey=t&pNum=65& TcMethod=RT).

온대우림에 대한 결과를 제공하였다.

식물 피복으로부터의 증산은 차단된 물이 소모될 때 증가한다. 식물은 개별식물기공의 구멍 크기를 조절하여 실제로 증산율을 조절한다. 식물기공은 이산화탄소가 확산되어 들어가고, 수증기가 부드러운 엽육(mesophyll)으로부터 확산되어 나오는 잎의 표피(epidermis)에 있는 작은 구멍이다. 식물은 잎 표면 위의 보호세포(guard cell)를 이용하여 이들 구멍의 크기를 조절해서 주위 환경과 잎 환경 사이의 기체 확산을 조절한다. 이와 같은 잎 증산의 직접적인 생리적 조절은 미기후 조건에 반응하는 역학과정이다. 개별식물기공으로부터 수증기 확산에 대한 저항의 측정은 잎의 기공저항측정기(porometer)로 야외에서 측정할 수 있다. 잎의 기공을 통한 수증기 확산에 대한 보호세포의 제한은 보통 기공 저항(stromatal resistance, R_{ST}, sec cm^{-1}) 또는 기공 상호성(reciprocal), 기공 전도도(stromatal conductance, G_{ST}, cm sec^{-1})의 관점으로 표현된다.

식물의 기공은 선호되는 선별된 환경 조건의 범위 내에서 상대적으로 일정한 기공전도도 값을 유지하나, 기공 전도도값이 급격하게 감소하는 이상 그리고/또는 이하의 분명하게 정의된 임계치를 갖는다. 아비싸 등[2801]은 선별된 환경 변수들에 대한 상대적 기공전도도의 전형적인 반응을 설명하는 서로 다른 식물 발달단계들에 대해서 담배(Nicotiana tabaccum var. 'samsun') 잎으로 실험실 실험을 하였다. 1.0의 상대적 기공전도도값은 기공이 닫히지 않는 것을 의미하는 반면, 0.0의 값은 기공이 완전히 닫히는 것을 의미한다. 그림 28-4에 제시된 결과는 선별된 환경 조건에 대한 이들 종의 반응을 나타내고, 수많은 변수들이 증산을 제한할 수 있다는 것을 암시한다. 그렇지만 특정한 임계치들은 다른 종들에 대해서 다르다. 담배(Nicotiana tabaccum) 잎은 전천복사 총량이 100W m^{-2} 이하로 떨어질 때까지 기공을 닫지 않는다. 상대적 기공전도도는 20~32°C 사이에서 1.0이나, 이 범위 이하와 이상의 잎의 온도에서 떨어지고, 0°C와 40°C에서 0.0이 된다. 전도도 감소는 잎 온도 범위의 상부 끝에서 좀 더 빠르다. 기공전도도가 잎 에너지수지에 미치는 변수의 영향을 통해서 잎 온도에 직접적으로 반응하고, 기온에 간접적으로만 반응한다는 것을 아는 것이 중요하다. 상대적 기공전도도는 2,000Pa의 수증기압 차이 이상에서 1.0 이하로 떨어지나, 10~1,000ppm 범위 사이의 대기 중 CO_2 농도에 반응하여 떨어지지 않는다. 높은 음의 토양수분퍼텐셜(soil water potential) 역시 내부 잎의 물 함량을 조절하여 상대적 기공전도도를 조절하는 것으로 생각되나, 이 연구에서 직접 측정되지는 않았다. 0.0의 상대적 기공전도도에서 증산은 잎 상피(上皮)를 통해서만 일어난다. 이 종에 대해서 상피 증산 손실은 식물 기공을 통한 최대 물 손실의 5%에 불과하였다. 이들 결과는 한 가지 변수만이 체계적으로 변하는 실험실 조건하의 한 종에만 적용된다. 자연의 벌판 환경에 있는 다른 종들은 개별 반응

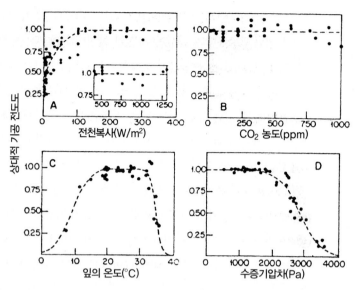

그림 28-4 실험실에서 측정된 것(•)과 경험 모델에 적합한 것(파선)으로서 담배 *Nicotania Tabaccum*의 상대적 기공 전도도에 미치는 전천복사(A), CO_2 농도(B), 잎의 온도(°C)와 잎-공기 수증기압 차이(D)의 영향(R. Avissar et al.[2801]. Elsevier Science의 허락을 받아 Agricultural and Forest Meteorology에서 전재하였음)

패턴을 나타낼 것이고, 개별 식물 종에 대한 기공전도도는 다수의 환경 강제력(environmental forcings)의 조합된 영향들에 반응하여 변할 것이다. 균일한 수관에 대한 수관전도도, 광합성, 증산을 모의실험하는 방법은 투제트 등[2821]에서 찾을 수 있다.

Q_E를 정확하게 측정해야 한다면, 잔디와 같이 일정하게 잘 관개되는 식생이 있는 표면으로부터 증발산의 추정은 이러한 생리적 조절을 고려해야만 한다. 펜만-몬테이트(Penman-Monteith) 방정식은 여러 지표로부터 Q_E를 측정하기 위해서 가장 널리 이용되는 방법이 되었다. 이것은 분자에 복사 항과 공기역학 항뿐만 아니라 증산의 식물 생리적 조절에 대한 저항 항도 포함하고 있는 조합 방정식이다. 이 방정식은 다음과 같다.

$$Q_E = (\Delta(Q^* + Q_G) + c_p(e_s - e_a)/R_A)/(\Delta + c_p[1 + R_S/R_A]/\lambda)$$

여기서 Δ = 기온에 따른 포화비습곡선의 경사, Q^* = 순복사, Q_G = 지면의 열 저장, c_p = 정압에서 공기의 비열, $(e_s - e_a)$ = 비습차, R_A = 증발 표면으로부터 참조 고도 z 까지 수증기 수송에 대한 공기역학 저항, R_S = 전체적으로 표면 내에서부터 수증기 확산에 대한 표면 저항, λ = 물의 기화숨은열이다. 잔디, 목초지 또는 작은 곡식밭과 같은 단순하고 일정한 표면에 대해서 표면 저항 R_S[때로 전체 기공의 저항(bulk stromata resistance)이라고도 부름]는 개별 기공 저항 R_{ST}의 표본의 평균으로 간주될 수 있다.

베븐[2803]은 기상 입력 자료와 모델 매개변수에 대한 증발산의 민감도를 측정하기 위해서 펜만-몬테이트(Penman-Monteith) 증발산 방정식의 분석을 하였다. 그는 영국의 여러 온대 해양성 기후관측소들의 기상자료를 이용하여 두 가지 식생 유형(목초지와 Scots/Corsican pine forest)을 조사하였다. 공기역학 저항 항 R_A는 풍속에 대한 거칠기 길이와 영면변위의 종속성 때문에 시간에 따라 변화하는 것이 기대된다. 그는 목초지 표면에 대해서 46sec m^{-1}의 상수값과 삼림 표면에 대해서 4sec m^{-1}의 상수값을 이용하였으나, 그 결과에서 거의 아무런 변화도 발견하지 못하였다. 그러나 표면 저항 R_S는 개별 식물 기공의 행태에 대해서 환경 변수들이 영향을 미쳐서 강한 일변화를 하였다(그림 28-4). R_S의 계절변화 역시 생육기간에 잎면적지수가 증가하여 일어날 수 있다. 잎의 노쇠와 관련한 R_S의 라이프 사이클 변화도 일어날 수 있다. 관개가 잘되는 조건하에서 표면 저항은 보통 일출 시 최대에서 정오에 최저까지 감소하고, 일몰 시 다시 최고로 돌아간다. 베븐[2803]은 목초지 표면 피복에 대해서 50~200sec m^{-1} 사이의 R_S 값과 소나무 삼림 피복에 대해서 100~400sec m^{-1} 사이의 R_S 값을 이용하였다. 목초지 표면에 대해서 복사 항이 방정식에서 공기역학 항을 좌우하기 때문에 Q_E가 $Q*$를 추정하는 데 가장 민감하였다. 소나무 삼림 지역에 대해서 Q_E는 공기역학 항에 의해서 좌우되어 표면 저항 R_S 매개변수에 대해서 가장 민감하였다. 두 가지 모델 매개변수들은 변화하는 식생 유형들 사이에서 크게 다르기 때문에 펜만-몬테이트 방정식을 이용한 성공적인 Q_E 추정은 이들 두 변수의 정밀한 측정을 필요로 한다.

수관이 비가 내린 후에 젖었을 때 차단된 물의 증발은 식생으로부터의 증산보다 좀 더 빠른 비율로 진행될 것인데, 그 이유는 젖은 수관에 대한 수관 저항 R_{ST}가 0이기 때문이다. 따라서 수관 내에서 식물 표면에 저장된 물은 빠르게 소모된다. 수관 물 저장량이 0이 될 때 식생으로부터의 증산은 토양 증발로부터의 단지 작은 기여량과 함께 Q_E를 통한 물 손실을 공급할 것이다. 이렇게 건조한 수관 조건하에서 잘 관개된 표면에 대한 Q_E는 R_S의 변화에 의해서 크게 조절된다.

수관에서 깊이가 증가할수록 일어나는 미기후의 변화 때문에 키가 큰 삼림 수관을 다룰 때 복잡해진다. 돌맨 등[2806]은 브라질 마나우스에서 열대우림 수관의 상부 2/3 내에서 기상조건은 잘 혼합되고, 수관 위의 기상탑에서 관측된 주위의 조건에 일반적으로 가까운 기온, 습도와 습도 부족조건(humidity deficit conditions)을 갖는다는 것을 보고하였다. 그러나 수관의 하부 1/3은 본질적으로 상부 수관으로부터 분리되고, 낮은 기온, 높은 습도, 작은 습도 부족을 특징짓는다. 풍속과 태양복사는 수관 속으로 깊이가 깊어질수록 감소하였다. 기공 저항 때문에 R_{ST}는 이러한 환경 조건에서 변화에 반응하며, 기공전도도 G_{ST}는 수관에서 깊이가 깊어질수록 크게 변할 것이다. 돌맨 등[2806]은 상부 수관에서 전형적인 G_{ST} 값이 하부 수관에서보다 3배나 컸고, 크게 일변화를 하였으나, 하부 수관에서 상대적으로 불변하였다는 것을 밝혔다. 사우기어와 카테지[2818]는 G_{ST}가 수관 속으로 깊이가 깊어질수록 보통 감소하나, G_{ST}의 변동성은 태양복사 총량이 감소하여 수관 깊이에 따라 증가하나, 햇빛의 좀 더 큰 변동성이 삼림의 바닥에 가까워질 때 나타난다고 보고하였다.

펜만-몬테이트 방정식을 삼림 수관에 적용하려면 개별 기공 저항의 행태를 합한 수관 저항 R_C 항(또는 수관전도도 G_C)의 정밀한 내역이 필요하다. 이것은 매력적인 일인데, 그 이유는 R_{ST}가 같은 수관의 다른 층들 사이에서, 같은 수관 층에서 다른 잎들 중에서, 하나의 개별 잎 내에서, 종들 사이에서 변하고, 수관 전체에서 변하는 환경 조건들에 반응하여 변하기 때문이다. 이러한 추정은 적분된 수관 저항을 측정하기 위한 수관 내에서의 많은 잎들로부터의 적절한 수평적·수직적 기공 저항의 표본을 취하거나, 수관 정상 위에서 행한 미기상학 측정에 기초한 펜만-몬테이트 방정식으로부터 수관 저항에 대해서 풀어서 보통 이루어진다. 미기상학 측정으로부터 여러 삼림과 식물 수관에 대한 수관 저항을 측정하는 것 또는 개별 잎의 기공 저항으로부터 비율에 따라 늘리는 것(scaling up)은 현재 미기상학의 활발한 연구 영역이다.

자주 내리는 비, 잠재적으로 습윤한 큰 수관 표면적, 풍부한 순복사, 거친 삼림 수관으로 인한 낮은 공기역학 저항, 습윤한 토양 조건에서 나타나는 높은 수관전도도는 열대우림 환경에서 극히 높은 Q_E 수준을 만들기 위해서 조합된다. 셔틀워스[2819]는 평균 Q_E가 그의 25개월의 연구 기간에 Q^*의 거의 90%였고, Q_E/Q^* 비율이 맑은 날에 75~80%에 달했으며, 공기 Q_H로부터 느낌열의 공급으로 인하여 비오는 날에 100% 이상에 달했다는 것을 밝혔다.

사우기어와 카테지[2818]는 한 종에 대한 G_C 값들이 물 스트레스 또는 식물 노쇠의 조건 동안 크기의 순서로 변할 수 있다고 언급하였다. 셔틀워스[2819]는 열대우림 환경에서 있음 직하지 않은 심각한 물 스트레스 때문에 수관 저항 R_C가 입사태양복사와 습도 부족의 변화에 가장 크게 영향을 받는다는 것을 밝혔다. 그러나 그는 토양의 상층 1m 내에서 토양수 장력에 미치는 평균 수관 전도도의 계절에 따른 작은 종속성을 밝혔다. 삼림은 삼림의 깊고 조밀한 뿌리 때문에 큰 토양 부피로부터 토양수분을 추출할 수 있어서 일반적으로 얕게 뿌리를 내린 식물보다 토양수분장력에 대한 적은 G_C의 종속성을 나타낸다. 토양수분을 제한하는 조건은 토양수분퍼텐셜과 잎수분퍼텐셜 사이의 연결로 인하여 G_C를 감소시킬 것이다. 일반적으로 가능증발산에 대한 실제 증발산의 비율은 토양수 고갈의 위험한 수준에 도달하였을 때까지 1.0일 것이다. 이 위험한 수준 이하에서 비율은 0.0의 값이 토양이 마르는 점(soil wilting point)에 도달할 때까지 토양수 함량에 따라 거의 선형으로 감소할 것이다. 그러나 이와 같이 단순한 관계는 식물의 뿌리 깊이와 밀도, 식물 유형, 증발 수요(evaporative demand)와 토성(soil texture)에 따라 변한다.

고려해야 할 마지막 조건은 예를 들어 띄엄띄엄한 삼림 수관층이 초지/초본층 또는 나지 토양과 혼합되어 있는 불완전한 수관의 존재이다. 이러한 경우에 펜만-몬테이트 방정식은 각각의 피복 유형에 대해서 증발산을 추정하는 데 이용될 수 있다. 이와 같이 분리해서 추정하는 것은 불완전한 수관에 대해서 총 Q_E의 1차 추정치에 도달하는 각 유형의 단편 피복에 의해서 가중될 수 있다. 그러나 이렇게 단순하게 다루는 것은 개방된 지면에서 생성된 느낌열 이류로 인하여 Q_E가 강화되는 것을 무시한다.

증발은 토양형 또는 식생피복에 따라 변할 것이다. 그러나 사람이 직관을 통해서 항시 환경 변화의 영향들을 예상할 수 있는 것은 아니다. 예를 들어 호수에서 자라는 갈대가 증산을 증가시켜서 특히 건조기후에서 물 손실을 증가시킬 것이라고 보통 가정할 것이다. 그렇지만 이와 반대로 리너커 등[2810]은 건조기후에서 호수 또는 다른 수체에서 갈대의 성장이 물 손실을 증가시키기보다는 감소시킨다는 것을 밝혔다. 이것은 갈대에 의해서 건조한 바람으로부터 물 표면을 막아 주는 효과, 갈대에 의해서 생기는 그늘효과, 개방된 물과 비교하여 상대적으로 높은 갈대의 알베도, 증발 손실에 대한 갈대에서 식물 기공의 내부 저항의 조합에 기인하는 것으로 나타났다. 따라서 다른 사람들(W. S. Eisenlohr[2807], D. A. Rijks[2817]) 중에서 리너커 등[2810]은 증발이 호수에서보다 습지 위에서 작다는 것을 밝혔다. 독자들은 습지 증발산의 복잡성의 좀 더 완전한 개관에 대해서 드렉슬러 등[2805]을 참고할 수 있다.

가능증발산량의 값을 측정하는 것은 쉽지 않고, 실제 증발산량을 측정하려고 할 때 어려움은 증가한다. 증발산량계(lysimeter)를 이용한 측정은, 이것이 미기후학의 관심사인 한, 30장에서 제시될 것이다. 현대 미기상학 이론의 발달로 증발물리학을 잘 이해할 수 있게 된 반면, 식물학에서의 유사한 새로운 통찰은 증산을 통한 식물 생리 조절의 역할을 새로이 인식하게 했다. 증발을 다루고 있는 추가적인 정보를 위해서 부룻새어트[2802]의 벤치마크 연구를 참고해야 할 것이다.

인위적인 방법으로 개방된 수면으로부터의 증발량을 감소시키기 위한 방법이 개발되었다. 증발을 느리게 할 수 있는 이 방법은 크게 공기로 물이 통과하는 것을 막을 얇은 물질의 층으로 물 표면을 가리는 것에 의존한다. 이 물질은 점착성이 높아서 바람과 파도의 작용에 저항할 수 있으나, 담수생물학(water biology)을 저해하지 말아야 하며, 경제적으로 실용적이어야 한다. 기름 필름은 증발을 감소시키나 너무 쉽게 파열된다.

맨스필드[2812]에 따르면, 이 단분자층(monomolecular layer)은 표면으로부터 공기로 물분자가 탈출하는 것을 막아서 증발이 75%까지 감소된다. 그렇지만 E의 감소는 수면 에너지수지의 변화를 일으키고, 물의 온도가 실제로 상승함에 틀림없다. $\acute{E} - e$와 E가 증가하여 보호층의 영향은 어느 정도 상쇄될 것이다. 표면온도가 30°C이고, 상대습도가 23%, 풍속이 3m sec^{-1}인 평탄한 분지의 물 실험에서 기대되는 증발은 햇빛이 없을 때 약 75%까지 감소하였다. 정오의 햇살에서 감소된 양은 약 30%였다. 0.6m sec^{-1}의 바람으로만 감소량이 수 퍼센트까지만 줄었다. 좀 더 바람직한 결과는 추가적인 열이 많은 물의 질량에 퍼질 수 있는 깊은 물에서 구했다. 몬테이트[2814]에 따르면 절약된 hl(hectorliter)당 1센트 이하의 비용으로 37%의 물이 오스트레일리아의 저장소들에서 14주 동안 절약되었다.

바람과 파도의 결과로 지속적으로 움직이는 거대한 표면 위에서 유지되는 단분자층에 대해서 물질의 작은 잉여분이 있음에 틀림없다. 이것 또한 해안에서 지속적인 손실 때문에 요구된다.

제5부

키 작은 식생으로 덮인 지면이
접지기층에 미치는 영향

제29장 식물 구성요소의 에너지수지와 온도
제30장 키 작은 식물 피복에서의 복사, 맴돌이확산과 증발
제31장 목초지와 경작지의 미기후
제32장 정원과 포도원의 미기후

식생은 지표와 대기권 사이의 공간을 점유하고 있다. 폐쇄된 식생피복은 공간을 차지할 뿐만 아니라, 그 특성에 따라 점이지대를 이루는데, 그 이유는 잎, 침엽, 잔가지, 가지 등과 같은 식물의 각 부분들이 고체의 지면과 같이 복사를 흡수하며 방출하고, 물을 증발하며 증산하고, 주변 공기와 에너지 교환을 하기 때문이다. 그럼에도 공기는 식생피복 내에서 다소 자유로이 순환할 수가 있다. 따라서 식생은 접지기층의 새로운 구성요소가 된다.

환경과 복사, 전도, 수증기 교환을 하는 식생 구성요소들의 총질량은 상당히 작은 열용량을 갖고 있다. 바움가르트너(A. Baumgartner)가 에너지수지를 연구한(그림 26-2) 조밀한 5m 키의 소나무 입목에 대해서 마우레[3324]는 정확한 입목 조사를 통해서 총식물질량이 단지 19mm 두께의 목재층에 상응하는 것을 증명하였다.

식물 기관들은 단파복사가 이들을 통과할 수 있다는 점에서 고체의 지면과 다르다. 폐쇄된 삼림의 수관 아래에는 약화된 초록의 빛이 있다. 그 외에도 식물 기관들은 죽은 물리적 체계(physical system)의 일부가 아니다. 살아 있는 과정은 입사하는 빛의 방향을 향하는 잎과 꽃의 방향, 또는 증산을 감소시키기 위해서 잎의 기공의 폐쇄와 같이 환경과 관련하여 활발한 역할을 하는 것을 의미한다.

성장하는 장소에 뿌리를 내린 식물들은 그 입지의 기후 조건에 종속된다. 이러한 기후 조건은 식물의 생존에 유리하거나 해로울 수가 있다. 다른 한편으로 식물이 입지의 미기후에 미치는 영향은 식물이 성장함에 따라 증가한다.

이 장에서는 식생피복이 접지기층의 기후에 미치는 영향을 다룰 것이다. 이 장에서는 일련의 학문적으로 중요한 문제들뿐만 아니라, 실제적으로도 매우 중요한 내용을 다룰 것이다. 그 이유는 원예, 농업, 임업에서 초기 단계에 천후 및 기후의 영향에 특히 민감한 식물 성장을 연구하기 때문이다. 습윤지역에는 우리가 지금까지 고찰한 것과 유사한 식생이 없는 평탄한 지면(vegetation-free level ground)이 드물다. 그러므로 표면 미기후에 미치는 식생피복에 대한 고찰은 접지기층의 기후에 대한, 우리를 둘러싸고 있는 자연의 실재에 좀 더 가까운 분석이 될 것이다.

식물과 미기후(입지기후, 독 : Standortklima)의 상호 영향을 논의하기 전에 우리는 먼저 식물의 에너지수지와 식물온도가 지면온도와 기온에 어떻게 적응하는가를 고찰해야만 한다.

제29장 ··· 식물 구성요소의 에너지수지와 온도

복사가 잎이나 침엽에 도달하면, 그중 일부는 표면으로부터 반사된다. 반사계수 또는 알베도 R은 입사복사에 대한 백분율로서 반사된 복사를 나타낸다. 다른 부분은 잎이나 침엽을 통과하여 다시 나타나는 양으로, 백분율 D로 표현되는 투과계수(transmission coefficient)가 된다. 흡수계수 A로 표현되는, 남아 있는 복사는 흡수되어 잎의 온도를 높이는 열로 전환된다. 결국은 $R + D + A = 100\%$이다.

표 4-2에 의하면 식생에 대한 R은 단파복사(태양복사와 하늘복사) 범위에서 5~30% 사이에 있다. 얼룩덜룩한 잎들의 밝은 표면에서 알베도가 때때로 60%까지 상승할 수 있다. R의 값은 자외선 범위에서 좀 더 작다. 뷰트너와 수터[203]는 사구의 히스(heath) 속 식물에 대해서 R이 불과 2%인 것을 발견하였다.

앙게러[2900]가 이미 1930년에 증명한 바와 같이, 근적외선 복사에 민감한 필름으로 찍은 경관 사진에서 나무는 매우 밝게, 거의 흰색으로 나타난다. 그러므로 태양 스펙트럼의 근적외선 범위에서 잎과 침엽은 고체의 지면과 비교하여 35~50%의 반사율로 좀 더 강하게 반사한다. 그림 29-1은 자우버러[2937]가 콘크리트 표면(파선)과 목초지(실선)의 반사율 R_λ를 측정한 결과를 제시한 것이다. 콘크리트 표면에서는 반사율이 파장에 매우 적게 종속되는 것이 나타나나, 목초지는 0.5μ(녹색빛)에서 약한 최대치를 가지며, 그다음에 0.75~1.0μ까지의 범위에서 반사율이 증가한다. 대부분의 잎은 0.5μ주변에서 약한 2차 최대 반사율로 인하여 가시광(visible light)으로 조명될 때 녹색으로 나타난다.

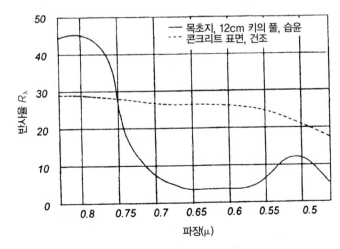

그림 29-1 목초지(실선)와 콘크리트 표면(파선)에 대해서 파장이 짧아짐에 따른 반사율 R_λ(%)의 변화(F. Sauberer[2937])

식물 수관은 보통 확산으로 태양복사를 반사한다. 그러나 일부 지중해 상록수의 잎에서 밝게 광택이 나는 것으로 증명되는 바와 같이, 때때로 거울면반사(specular reflection)가 일어날 수 있다. 그렇지만 잎들을 통해서 투과된 복사는 항시 확산복사이다. 반사(R), 투과(D), 흡수(A) 계수는 식물의 유형에 따라 변한다. 표 29-1은 많은 식물의 잎에 대해서 이들 계수를 제시한 것이다. 전형적인 낙엽활엽수림의 잎에 대한 파장에 따른 이들 계수의 변화가 그림 29-2에 제시되어 있다. 태양고도가 낮을 때 반사율은 좀 더 크다. 태양고도가 높을 때와 낮을 때 잎으로부터의 반사율과 흡수율, 그리고 반사율과 흡수율이 생육기간에 어떻게 변하는가에 관한 상세한 정보는 밀러[2929]를 추천하겠다. 투과율 D_λ 역시 엽록체의 운동에 의한 영향을 받고, 파장에 종속된다. 그림 29-3은 자우버러[2937, 2938]가 어린 붉은 너도밤나무 잎(실선), 앵초(파선), 크리스마스로즈(점 찍은 파선)에서 측정한 것을 제시한 것이다. 투과율은 파장이 약 0.7μ 이상으로 증가하면 약 10%부터 4~6배까지 매우 현저하게 증가하였다. 이 최고는 약 1.5μ 까지 유지되었고, 그 후에 느리게 감소하였다. 우리의 눈이 황색-녹색 범위($0.55\sim$ 0.58μ까지)에서 약한 최고에 대한 것과 같이 근적외선에 민감하다면, 우리는 삼림 내에서의 빛이 압도적으로 근적외선인 것으로서 기술할 것이다. 에글레[2905]는 위에서 언

표 29-1 식물 잎에 대해서 전형적인 단파반사 *R*, 흡수 *A*, 투과 *D* 계수

	R	A	D
미국너도밤나무(*Fagus grandifolia*)	0.24	0.52	0.24
물푸레나무(*Fagus pennsylvanica*)	0.31	0.51	0.18
바나나(*Musa paradisiaca*)	0.26	0.55	0.19
극락조화(*Streliztsia sp.*)	0.23	0.62	0.15
black cherry(*Prunus serotina*)*	0.25	0.51	0.24
벨루티나참나무(*Quercus velutina*)	0.24	0.50	0.26
육지면(*Gossypium hirsutum*)	0.22	0.52	0.26
미루나무(*Poplus deltoides*)	0.24	0.50	0.26
태류(苔類, *Reboulia sp.*)*	0.16	0.81	0.03
복숭아(*Prunus persica*)	0.25	0.59	0.16
고추(*Capsicum annuum*)	0.21	0.53	0.16
은단풍(*Acer Saccharinum*)	0.23	0.48	0.29
해바라기(*Helianthus annuus*)	0.22	0.52	0.26
튤립나무(*Liriodendron tulipifera*)	0.24	0.52	0.24
미국참나무(*Quercus alba*)	0.22	0.44	0.34

* 역자 주 : 우리말 명칭을 찾을 수 없었음.

출처 : D. H. Miller[2929]

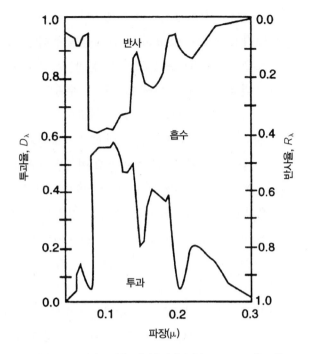

그림 29-2 전형적인 낙엽활엽수림 잎의 투과율, 반사율과 흡수율(D. M. Gates[2911])

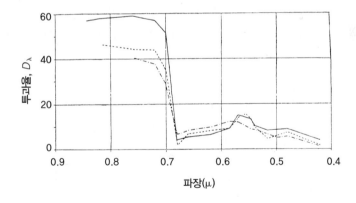

그림 29-3 여러 유형의 잎들에 대한 파장에 따른 투과율 D_λ(%)의 변화(F. Sauberer[2937])

급한 측정에서 $1.0{\sim}2.4\mu$ 사이에서 $25{\sim}47\%$까지의 D_λ 값을 구하였다. 에글레[2905]는 근적외선 복사에 대해서 2.4μ에서 반사율이 5개의 다른 식물 유형의 녹색 잎들에 대해서 $5{\sim}16\%$ 사이에서 변하는 것을 밝혔다.

자우버러[2937]에 의하면 잎의 윗면이나 아랫면이 복사에 노출되느냐에 따라서 차이가 났다. 예를 들어 은백양(white poplar) 잎은 복사가 윗면에 비치면 $D = 22\%$, 복사가 아랫면에 비치면 $D = 15\%$였다. 이러한 차이는 파장에 따라서 변했다. 또한 같은 식물에서도 잎들 사이에 큰 차이가 있었다. 라쉬케[2932]는 4~29%까지 변화하는 개별 잎들에 대한 값으로 *Alocasia indica*의 잎들에 대해서 $D = 10\%$의 평균값을 구하였다.

벨로프와 아에취세프[2902]는 가문비나무류(spruce)와 젓나무류(fir)의 어린 잎이 오래된 잎의 3~4배의 반사율을 가졌고, 수관의 낮은 부분에서 침엽은 윗부분보다 평균 1.5배나 많은 에너지를 반사했고, 아래쪽이 그늘지지 않은 위쪽보다 2배나 반사했다는 것을 밝혔다(W. E. Reifsnyder and H. L. Lull[2934]).

투과율은 삼림에서 스펙트럼으로 여과된 녹색빛을 만드는데, 이것을 '녹색음지(green shade)'라고 말한다. 자이볼트[2939]에 의하면 이것은 벽의 북쪽에서 나타나는 청색음지(blue shadow)와 다르다. 청색빛은 다른 색의 빛들보다 좀 더 크게 산란되기 때문에 벽의 북측에서 확산 에너지는 높은 백분율의 청색빛을 갖는다. 스토우티에스디이크[3631]는 식생의 북측에 대해서 '푸른적외선그늘(blue infrared shade)'이라는 용어가 좀 더 적절하다고 제안하였는데, 그 이유는 입사 에너지가 이들 두 파장에 집중되었기 때문이다. 독자들은 식물 수관에서 빛의 스펙트럼 변화에 대한 추가적인 정보는 발레-그랑셔 등[2944]을 참고하고, 서로 다른 유형의 수관에 대한 여러 복사전달모델에 관한 논의에 대해서는 아니시모프와 푸크샨스크[2901]를 참고하기 바란다.

주간에 엽록소는 적색과 청색 스펙트럼 범위 둘 다에서 에너지를 반사한다. 이러한 반사와 광합성 활동 사이에는 크게 반비례하는 관계가 있다. 이러한 반사는 볼 수가 없는데, 그 이유는 이것이 수관 내에서 빛의 작은 부분에 불과하기 때문이다. 독자들은 엽록소의 자연 방출을 다루는 좀 더 많은 정보에 대해서 지요[2912]와 솔즈베리와 로스[2936]를 참고할 수 있다.

흡수된 복사는 단파복사수지에서 잎의 안쪽에 보존되어 잎을 가열하는 데 이용되거나 증산이나 광합성과 같은 다른 방법으로 이용된다. 잎은 장파복사에 대해서 거의 흑체와 같이 작용하여 아래와 위로부터 흡수하고, 다시 그 자체 온도에 적절하게 장파복사를 방출한다($L\uparrow$). 표 29-2에 제시된, 잎의 복사교환을 정량적으로 평가한 것은 라쉬케[2932]의 연구로부터 나온 것이다. 복사교환은 인도를 대표하는 기후조건하에서 $R = 21\%$, $D = 10\%$를 갖는 수평으로 놓인 *Alocasia indica*를 이용하여 측정되었다.

주간에 잎은 직달태양복사(S), 확산복사(D), 역복사($L\downarrow$)를 흡수하여 복사에너지를 얻는다. 그렇지만 마지막 두 에너지 항은 잎의 윗면과 아랫면 둘 다에서 흡수된다. 에너지는 잎의 양면에서 방출되는 장파복사($L\uparrow$)로 손실된다. 주간에 복사 획득의 과잉은 공기로의 전도-대류, 증발산(숨은열)으로 손실되고, 적은 정도로 잎 내의 열저장소에서의 획득으로 손실된다. 야간에 잎은 주로 공기로부터 잎 주변으로의 전도-대류와 적은 정도로 잎 내에서의 열저장소의 손실로 이루어진 순복사손실을 한다(표 29-2).

표 29-2 잎의 복사수지

	주간	야간
지표온도	65°C	35°C
잎의 온도	46°C	34°C
단파복사수지 (W m^{-2})		
직달태양복사로부터 (S)	+558	--
확산태양복사로부터 (D)	+105	--
지면에서 반사된 복사로부터 ($K\uparrow$)	+105	--
순단파복사수지 (K^*)	+768	
장파복사수지 (W m^{-2})		
대기로부터의 입사복사 ($L\downarrow$)	+440	+377
아래로부터의 입사복사 ($L\downarrow$) $K\downarrow - K\uparrow$	+684	+468
잎에서 방출되는 복사 ($L\uparrow$)	−1,124	−956
순장파복사수지 (L^*)	0.00	−111
순복사수지 (Q^*)	+768	−111

식물은 그 자체 잎들의 복사수지에 영향을 줄 수 있다. 이것은 단지 식물 구조의 문제가 아니다. 식물은 그 구조에서 잎의 주름을 통해서, 선인장에서는 가시 부분을 통해서 또는 연모(軟毛)를 통해서 크게 가열되는 것을 막는다. 독자들은 식물 구조와 온도 조절을 다루고 있는 좀 더 많은 정보를 테일러[2942] 또는 캠벨과 노먼[2904]에서 참조할 수 있다. 식물의 잎들은 또한 잎의 방향을 변화시켜서 잎 위에 도달하는 복사량을 줄일 수 있다. 이 현상은 태양에 노출된 면적을 감소시키기 위해서 잎의 고유한 접합부분(peculiar joint)의 운동을 통해서 일어난다. 케쓸러와 샨데를[2917]은 여러 각도의 잎들을 가진 *Melilotus albus*의 사진을 발간하였다. 포세트와 테라무라[2908]는 칡이 과잉온도를 피하기 위해서 잎의 방향을 어떻게 변화시키는가를 논의하였다.

엘러링어[2907]는 두 *Encelia* 변종의 열 스트레스에 대한 적응을 연구하였다. *Encelia californica*는 미국 캘리포니아 주 남부의 해안지역에서 성장하고, *Encelia farinosa*는 이보다 좀 더 더운 모하비 사막과 소노라 사막에서 성장한다. 두 종은 주로 잎 연모에서 차이가 난다. *Encelia farinosa*는 작은, 좀 더 반사를 잘 시키는 빽빽한 연모(털이 많은) 잎을 가진 반면, *Encelia californica*의 잎은 털이 없다. 온도를 조절하는 주요 인자가 잎 알베도의 차이인 것으로 생각되지만, 잎의 각도도 온도를 조절하는 데 도움이 된다. 캘리포니아 주 포인트 마구에서 정오의 봄 기온은 평균 약 20℃였던 반면, 애리조나 주 투손에서는 평균 약 30℃였다. 그러나 이와 같은 잎의 적응의 결과로 지점들 사이의 잎 온도차는 극심하지 않았다. *E. californica*의 잎 온도(17.3~25℃)는 높았던 반면, *E. farinosa*의 온도(21.6~29.6℃)는 주변 기온보다 낮았다. 여름에 *E. californica*는 건기 동안 휴지하는(잎이 없는) 반면, *E. farinosa*는 온도가 주변 기온보다 항시 낮은(5℃ 또는 그 이상) 잎을 갖고 있다.

인자 Q_G는 잎들에서, 잎 내에서의 에너지 저장에 그리고 잎의 줄기를 통해서 공급되는 에너지에 해당한다. 그러나 초본식물의 열용량이 작기 때문에 이것은 무시될 수 있다. 예를 들어 방금 언급한 알로카시아속(*Alocasia*)의 상당히 다육질(多肉質)인 잎에서 열용량은 0.0837×10^6 J m^{-2} K^{-1}에 불과하였다. 그러므로 잎들은 주변 환경의 변화에 대해서 수초 내에 스스로 적응하였다. 양의 복사수지가 있을 때, 잎의 온도가 기온보다 높이 상승하는 양 또는 음의 복사수지와 함께 냉각되는 양은 주로 에너지수지에서의 다른 3개 인자, 즉 Q^*, Q_H, Q_E에 종속된다.

주변 공기와의 에너지 교환(Q_H)은 에너지전달계수 a_L에 의해서 결정된다. 따라서 $Q_H = -a_L (T_l - T_A)$이다. 여기서 T_l은 잎 표면온도이고, T_A는 잎 표면 환경의 기온이다. 수 밀리미터 두께의 경계층이 잎 표면에 형성되는데, 여기서 T_l은 점진적으로 T_A로 변한다. 공기가 완전히 고요할 때, a_L은 약 6.98W m^{-2} K^{-1}의 값을 갖는다. a_L은 풍속의 제곱근에 대체로 비례하고, 측정을 한 잎 위의 크기, 형태와 위치에 종속된다. 잎들의 노출된 부분들 위의 작은 잎과 강한 바람으로 도달된 최고값은 약 209.4W m^{-2} K^{-1}이다.

인자 Q_E를 추정하기 위해서는 잎이 증발과 증산 모두에 참여할 수 있다는 것을 기억해야 한다. 모든 식물 수관은 이들이 완전히 젖었을 때 수관 표면에 저장된 물의 최대량을 나타내는 수관 저장 매개변수 S를 갖는다. S를 초과하는 수관 위의 물은 자유로이 배수되어 증발에 이용될 수 없을 것이다. 젖은 수관으로부터 차단된 물의 증발은 보통, 예를 들어 펜만-몬테이트 방정식으로 결정된 가능증발량으로 일어난다. 식물 수관에 저장된 물의 실제 양 C는 완전히 건조한 수관에 대한 0부터 완전히 젖은 수관에 대한 S에까지 이를 것이다. C/S가 1.0일 때, 수관 전도도는 0이고, 모든 숨은열 수송은 수관 표면으로부터의 증발로 일어난다. 이러한 경우에 증발은 에너지 이용가능성, 수증기 밀도 부족, 공기역학 저항 항에 의해서 제한된다. C/S가 0.0일 때, 모든 숨은열 수송은 증산으로 일어나고, 수관 전도도가 물 손실을 주로 조절하게 된다. 0.0~1.0 사이의 C/S 값에 대해서 차단된 물의 증발율은 젖은 수관 증발율의 비율(C/S)과 같고, 증산은 건조한 수관 증산율의 비율($1 - (C/S)$)로 결정된다. 셔틀워스[2819]는 열대우림 환경에 대해서 이 연구방법을 적용하는 것을 논의하였다. 그러므로 한 식물의 온도는 식물을 둘러 싼 주변 조건들(순복사, 기온, 습도), (공기역학 거칠기와 공기역학 저항을 통한) 잎 표면의 물리적 차원, (수관 저항을 통해서) 식물이 증산에 미치는 생리적 조절 정도에 의해서 결정된다.

라쉬케[2931, 2932]는 그림 29-4에 잎의 에너지수지에서 요소들의 일변화를 제시하였다. 에너지 투입량(위)과 산출량(아래)이 서로 대비되고, 잎의 열용량이 무시할 수 있을 정도로 작기 때문에 양쪽으로 같은 크기가 된다. 이것은 1954년 5월 7일과 8일 맑은 날에 인도 푸네(18°31'N)의 *Alocasia indica*의 수평으로 놓인 잎에 대해서 측정한 것이다. 이 곡선들은 반시간 평균값을 연결한 것으로 단기간의 변동은 배제되었다. 기공이 일반적으로 잎의 아래 표면에 위치하기 때문에 잎의 위 표면과 아래 표면으로부터의 증산 손실의 차가 상당히 컸다.

지면과 공기 사이의 에너지 교환과 같이(25장) 공기로의, 그리고 공기로부터의 에너지 흐름(Q_H)을 '전도-대류'라고 부른다. 잎의 층류경계층에서 잎으로, 그리고 잎으로부터 흐르는 모든 열은 전도에 의한 것이고, 이 얇은 층을 넘어서는 대류가 열을 수송하는 주 방식이다. 가장 고요한 조건에서조차 대류는 전도보다 잎으로 그리고 잎으로부터의 총 에너지 수송에 훨씬 더 효과적이다. 잎은 주간에 잎의 위 표면과 아래 표면에서 단

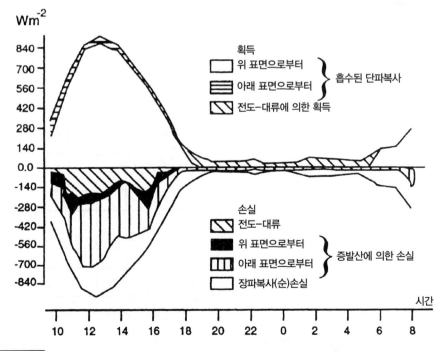

그림 29-4 *Alocasia indica* 잎의 에너지수지의 일변화(K. Raschke[2931, 2932])

파복사의 흡수로 에너지를 얻는다. 야간에는 잎이 전도-대류로 에너지를 얻는다. 주간에 잎은 전도-대류, 증발산과 장파복사로 에너지를 잃는다. 야간에 에너지는 주로 장파복사의 방출로 손실되고, 그다음은 증발산으로 손실된다.

그림 29-4에서 Q_H가 주간에는 에너지 손실로, 그리고 야간에는 에너지 획득으로 나타나기 때문에 주간에 잎의 온도는 기온보다 높고 야간에는 낮다. 그림 29-5는 중유럽 기후에서 식물과 주변 공기와의 온도차를 나타낸 것이며, a_L(로그 눈금으로 제시된)과 순복사수지 Q^*의 함수로서 잎 온도의 과잉($+$) 또는 부족($-$)을 나타낸다(K. Raschke [2932]). 0의 선 위의 주간의 수치(양의 Q^*)는 22°C의 기온, 61%의 상대습도, 16.0hPa의 수증기압(여름 낮)과 0.03의 수면비율인자(water coverage factor)를 기초로 한 것이다. 야간의 수치는 13.2°C의 기온, 95%의 상대습도, 15.2hPa의 수증기압과 0.01의 수면비율인자를 근거로 한 것이다.

주간에 상쾌한 바람(큰 a_L)이 불며, 적은 양의 입사태양복사(구름 낀 하늘)가 있으면 증산을 통해서 기온보다 십분의 수°C 정도 잎의 온도가 낮아질 수 있다. 이와 반대로 매우 강한 태양복사를 갖고 고요(무풍)할 때에는 과잉온도가 10°C 이상이 될 수 있다. 그렇지만 잎의 온도 상승으로 증산이 증가하여 잎이 크게 냉각될 수 있다.

Copiapoa haseltoniana(acatus)의 털이 많은 정상부는 주변 공기보다 20°C 높았고, 표면온도는 13°C 높았다. 털이 많은 표면의 주요 기능의 하나는 과도하게 높은 또는 낮은 온도로부터 식물을 보호하는 단열층을 제공하는 것이다(G. Krulik[2919]). 복사교환이 야간에 상대적으로 적기 때문에 기온 이하로의 잎의 온도 하강은 거의 2°C를 초과하지 않는다. 야간에 잎의 온도는 주로 열복사 손실과 주변 공기로부터의 느낌열의 획득으로 조절된다. 이티어 등[5439]은 그들의 복사서리(radiative frosts) 연구에서 식물

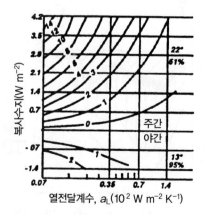

그림 29-5 순복사수지와 통풍 인자 a_L에 종속되는 잎의 주간의 온도 과잉과 야간의 온도 부족(K. Raschke [2932])

의 야간 온도가 맑은 하늘의 주변 기온보다 0.5～2.0℃ 서늘하고, 안개 낀 조건하에서 0.1～0.2℃ 서늘한 것을 관측하였다. 조단과 스미스[2915]는 아고산 조건에서 상대적으로 고요한 조건하에서 (감소된 대기 밀도와 낮은 수분함량으로 인하여) 감소된 역복사의 결과로 야간의 잎 온도가 주변 기온보다 6℃ 이상 낮은 것을 밝혔다. 류닝과 크레머[2923]는 야간의 잎의 온도가 기온보다 1～3℃ 낮은 것을 밝혔다. 수평으로 달려 있는 잎들은 수직으로 달려 있는 잎들보다 0.5～1.5℃ 정도 서늘하였다. 그들은 또한 작은 잎이 큰 잎보다 일반적으로 야간에 높은 온도를 갖는 것을 관측하였다(그림 29-6). 이것은 잎의 크기가 에너지전달계수 a_L에 반비례하는 것을 따른다. 큰 잎과 비교하여 작은 잎으로부터의 전도-대류의 증가는 주간에 좀 더 크게 냉각되고 야간에 좀 더 크게 가열되게 한다. 따라서 작은 잎이 야간에 좀 더 따듯할 뿐만 아니라, 주간에 좀 더 많이 차다. 조단과 스미스[2916]는 이러한 결과와 일치되게 미국 와이오밍 주의 고산 환경에서 여름 동안 8cm 높이에서 광엽식물에서 41일간 야간 서리를 관측하였으나, 침엽 묘목에서는 불과 25일간 야간 서리를 관측하였다. 작은 잎의 크기는 전도-대류로 인한 열 손실을 증진시키고, 그 결과로 증발 손실을 감소시킨다. 이렇게 물을 절약하는 적응력이 사막 초본식물의 작은 잎들에서 주목될 수 있다. 류닝[2925]은 야간에 그 위에서 응

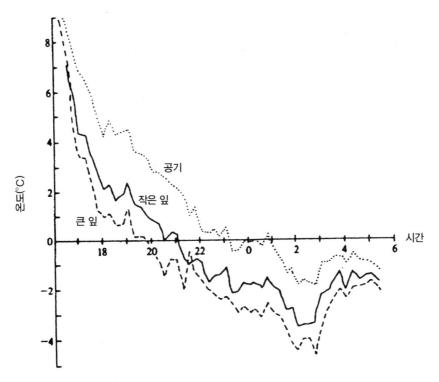

그림 29-6 1984년 7월 20일~21일에 풀 위의 100mm에서 기온, 작은 잎들(*E. viminalis*)과 큰 잎들(*E. pauciflora*)의 온도의 시계열(R. Leuning and K. W. Cremer[2923])

결(이슬 또는 서리)이 일어나는 잎들이 다른 유사한 조건하에서 응결이 일어나지 않는 잎들보다 1~2°C 따뜻하다는 것을 밝혔다. 류닝[2924]은 다음과 같이 주장했다. "잎이 지면 가까이에 있을 때, 잎 바로 아래 표면에서의 복사교환은 차가운 하늘에 의해서보다 오히려 그 존재에 의해서 지배된다. 따라서 그늘진 지역은 인접한 그늘지지 않은 지면보다 따뜻할 것이다. 잎과 지면 사이의 복사교환은 그늘이 지지 않았을 때 구한 것보다 높은 잎 온도가 나타나게 한다…." 이러한 야간의 그늘짐이 표면온도가 불량하게 전도하는 잔디 위에서는 8°C까지 따뜻하게 했으나, 양호하게 전도하는 광물질 토양 위에서는 불과 약 2°C 따뜻하게 했다.

후버[2913]에 의하면 잎, 침엽 또는 싹의 온도는 주위 공기의 기온과 지표온도 사이에 있을 것이다. 잎 또는 싹이 좀 더 크고 두꺼울수록, 식물의 부분은 지면온도에 좀 더 가까워질 것이다. 쿠니이[2920]는 일본에서 주간에 벚꽃의 가지가 2~22°C까지 변화했던 반면, 기온의 변화는 1~13°C에 불과했던 것을 밝혔다. 브라운[2902A]은 겨울에 싹의 최고온도가 기온보다 8.5°C까지 높았다는 것을 밝혔다. 클라크와 위글리[2905]는 변화하는 풍속에서 한 잎의 표면의 온도변화를 측정하였다. 주어진 풍속에서 꽃 또는 잎과 주변 공기 사이의 온도차는 꽃 또는 잎이 노출된 태양복사 강도를 조절하는 많은 인자들 중에 어느 인자의 영향을 받을 수 있다. 이들 인자는 그늘, 안개, 연무, 구름량, 태양의 입사각, 잎, 꽃 또는 싹의 위치 등을 포함한다. 예를 들어 루 등[2926]은 고요한 맑은 날의 야간에 위를 향한 꽃들의 씨방은 아래를 향한 씨방보다 평균 0.33°C 차가웠다는 것을 제시했다. 이러한 차는 구름이 낀 야간에는 훨씬 적었고, 바람이 부는 야간에는 관측되지 않았다.

타카수[2941]는 일본에서 빠르게 진행하여 모든 개별 과정들을 반영하는 기록을 발간하였는데, 그중의 한 사례가 그림 29-7에 제시되어 있다. 이것은 1943년 7월 16일의 오전에 시로우마 산 2,720m 정상에서 행한 관측기록이다. 높은 해발고도와 측정을 하는 시간에 정상 주변에 엷은안개가 낀 것이 가장 아래의 곡선에서 제시되는 복사강도의 큰 변화와 높은 최고값의 원인이었다. 지면 부근에 잎을 가진 다년생식물인 *Lagotis glauca*의 잎 아래 표면의 온도는 지면 위 5cm 높이에서 복사를 보정한 열침(독 : Thermonadel)으로 측정되었다. 두 곡선을 정밀하게 분석하여 제시되는 바와 같이, 잎의 온도는 태양복사의 감소보다 급격한 증가에 대해서 좀 더 빠르게 반응한다. 잎의 바로 아래에 있는 공기는 잎의 무시할 수 있는 열용량 때문에 잎 자체보다 좀 더 큰 온도 불안정도를 보여 주고 있으나, 잎의 온도변동을 매우 밀접하게 따른다. 1m 높이에서 기온은 상당한 정도로 복사 변화를 반영하였다. 기대되는 바와 같이 지표의 온도가 가장 높고, 복사 변화에 가장 느리게 반응하였다. 잎의 질량이 낮고 통풍이 잘되는 것이 지표

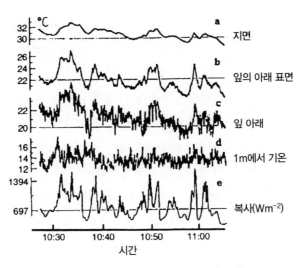

그림 29-7 *Lagotis glauca* 잎에 대한 온도와 복사의 변화(K. Takasu[2941])

와 비교하여 온도변동이 좀 더 큰 것의 원인이 되었다. 잎 온도는 지면온도보다 낮았으나, 잎 주변의 기온 또는 지면 위 1m의 기온보다는 높았다.

태양의 복사강도 이외에 기온과 잎 온도의 차이에 영향을 주는 주 인자들 중의 하나는 풍속이다. 주어진 복사수지에 대해서 한 개의 싹과 주변 공기 사이의 온도차가 어느 일정한 풍속에 대해서 알려져 있으면, 온도차는 게이츠[2909]의 다음 방정식을 이용하여 다른 풍속에 대해서 계산될 수 있다.

$$h_c = 2.513 \times 10^6 \, \frac{u^{1/3}}{D^{2/3}}$$

여기서 u는 풍속이고, D는 싹의 직경이며, h_c는 바람과의 조건에 대한 에너지 전달률($W \, m^{-2}$)이고,

$$\frac{dQ}{dt} = h_c \, A \Delta T$$

이다. 여기서 A는 접촉하는 표면의 면적이고, dQ는 전달되는 에너지이며, dt는 단위 시간이고, $\Delta T = T_S - T_A$에서 T_S는 싹의 표면온도이고 T_A는 주변의 기온이다. 치환하면

$$\frac{dQ}{dt} = 2.513 \times 10^6 \, \frac{u^{1/3}}{D^{2/3}} A \Delta T$$

이다. 복사 투입량이 불변하는 조건하에서

$$\frac{dQ}{dt} \, \frac{1}{A} \, \frac{1}{2.513} \cdot 10^{-6} \, D^{2/3} = 불변(K)$$

이다. 따라서

$$\Delta T = \frac{K}{u^{1/3}}$$

이다. 풍속이 변하면[한 단위의 풍속(mile/h 또는 km/h 또는 m sec^{-1})을 갖는 복사조건하에서 잠재 ΔT가 변하지 않는 한] 새로운 ΔT가 추정될 수 있다. 그림 29-8은 여러 풍속에서 주변 공기의 기온과 한 싹의 온도차를 추정한 것이다. 이들 수치는 초당 한 단위(m) 풍속의 조건하에서 주어진 주변 공기-싹의 온도차를 추정한 것이다. 따라서 풍속이 느릴 때, 약간의 풍속 증가가 주변 공기-싹의 온도차를 크게 감소시킬 것이다. 그렇지만 증가하는 풍속이 이와 같은 온도차를 줄이는 데 감소된 효과를 가질 것이다. 더욱이 공기-싹 온도차를 나타나게 하는 복사조건이 변하지 않는 한 풍속에 관계없이 싹의 온도는 기온과 실질적으로 다르게 될 것이다. 이러한 결론은 식물의 다른 어느 부분에 대해서도 마찬가지로 정확하다.

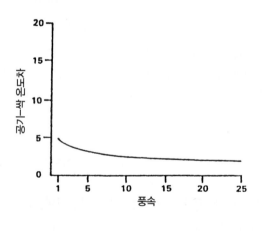

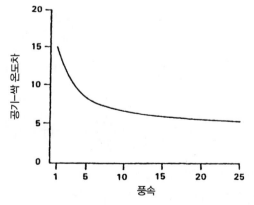

그림 29-8 바람이 시간당 1mile에서 5°C(위)와 15°C(아래)의 원래 조건을 갖는 공기-싹 온도차에 미치는 영향

지표나 암석 표면 바로 위에 있어서 바짝 마를 수 있는 지의류는 70°C의 온도에 이를 수 있다. 랑에[2921, 2922]는 이러한 사실을 실험으로 상세하게 조사하였다. 그는 독일 슈바르츠발트의 프라이부르크(엠마딩겐 부근)에 있는 카이저스툴(해발 350m)에서 예를 들어 꽃이끼속(*Cladonia furcata*)에서 같은 식물의 3개의 서로 다른 높이의 작은 가지에서 정오에 지면에서 4cm에서 42°C, 1cm에서 46°C, 지면을 덮은 엽상체(葉狀體, thallus)에서 66°C를 측정하였다. 이들 지의류에서 크게 변할 수 있는 색깔도 그들의 온도에 크게 영향을 주었다. 온실에서 공기가 수증기로 포화되어 증발 Q_E가 결과적으로 작을 때 식물온도는 치명적으로 높은 수준까지 상승할 수 있다.

그림 29-9에서 제시된 온도는 G. 미하엘리스와 P. 미하엘리스[2928]가 잎에서 측정한 것이 아니라, 알누스 비리디스(*Alnus viridis*) 가지의 나무껍질에서 측정한 것이다. 1933년 3월 16일에 독일 알고이의 클라이네스 발저탈 해발 1,670m 고도에 여전히 눈이 있었다. y축의 기준점은 알누스 비리디스의 가지가 적설에서 나온 위치를 가리킨다. 기온이 −2~+4°C 사이일 때 나무껍질의 온도는 30°C에 도달했다. 그렇지만 이 최고온도는 적설표면에서 나타나지 않았고, 녹는눈의 냉각효과의 결과로서 눈 위 약 15cm에서 나타났다. 야간에 최저온도는 항시 방출복사를 하는 눈표면에서 나타났다.

뷔델[2903]은 양봉업자들을 위해서 봄꽃의 개화시기에 온도변화를 조사하였는데, 그 이유는 과즙의 분비가 꽃의 온도에 종속되기 때문이다. 그림 29-10은 햇빛이 나는 날에 대한 것이다. 점선은 민들레(*Taraxacum officinale*) 꽃잎 사이에 삽입한 열전소자로 기록된 온도였으며, x자는 꽃 바로 주변의 기온이었고, 파선은 1m 높이에서 기온이었다.

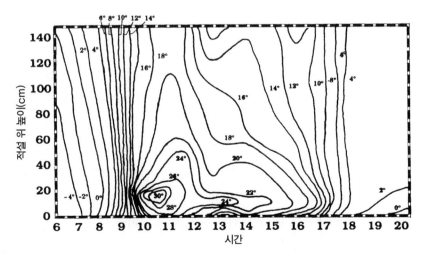

그림 29-9 3월의 어느 날에 적설 위로 올라온 알누스 비리디스 가지에서의 온도변화(°C)(G. and P. Michaelis [2928])

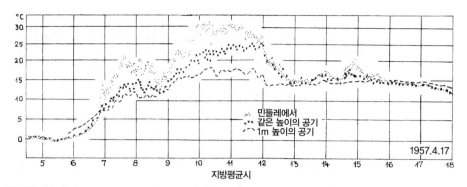

그림 29-10 봄날(1957년 4월 17일)에 민들레 꽃에서의 온도변화(A. Büdel[2903])

비교적 큰 꽃의 빠른 반응이 눈에 띈다. 큰 변화는 인접한 나무들의 동요하는 차폐를 통해서 일어났다. 17°C의 정오 기온에서 꽃의 온도는 30°C까지 상승했다.

식물온도는 동결의 위험이 있을 때 특히 흥미 있다. 훔멜[2914]의 측정으로 유럽할미꽃(*Anemone pulsatilla*)과 크리스마스로즈(*Helleborus niger*)의 살아 있는 겨울 싹의 기온이 −12°C까지 하강할 때 주위의 공기보다 10°C까지 높았다는 것이 증명되었다. 죽은 싹은 아무런 과잉온도도 나타내지 않았다. 넛슨[2918]은 2월과 3월에 동부의 앉은부채(eastern skunk cabbage, *Sympolocarpus foetidus* L.)[1]의 내부 온도가 주변 기온보다 15~35°C 높았다는 것을 밝혔다. 기온은 −15~+15°C까지 변하였다. "화서[inflorescence, spadix 육수화서(肉穗花序)]의 조직은 서리에 저항력이 없으며, 높은 호흡률을 유지하여 얼지 않는다"(R. Knutson[2918]). 육수화서는 식물로부터 잘리는 즉시 냉각되기 시작했다. 이러한 앉은부채의 뿌리는 높은 온도를 유지하는 데 필요한 에너지원인 많은 양의 전분을 저장하고 있었다. 나지 등[2930]은 필로덴드론 셀로움(*Philodendron selloum*) 화서의 온도가 기온이 결빙점에 가까울 때조차 38.6~45.8°C 사이에서 유지되었다고 보고하였다. 필로덴드론 화서는 산소대사의 비율을 조절하여 상대적으로 높은 온도를 유지했다. "열은 날아다니는 벌새와 나방들이 접근하는 비율로 산소를 소비할 수 있는 주로 작은 열매를 맺지 않는, 수꽃에 의해서 생성된다."

다른 유형의 온도변화는 결빙에서 일어난다. 울리히와 매데[2943], 스즈키[2940]와 타카스[2941]는 잎 내부에서의 온도변화를 측정한 결과를 발간하였는데, 이것은 결빙이 시작될 때 숨은 열이 방출되어 갑자기 온도가 상승하는 것을 분명하게 보여 주고 있다. 스즈키[2940]와 타카스[2941]는 이러한 온도 상승을 그 사이에 2~4분까지의 간격

---

1) 온대지방의 늪과 목초지에 자라는 3종(種)의 식물을 말하며, 북아메리카 동부에서는 앉은부채를 '스컹크 캐비지'라 부른다.

을 갖는 두 부분으로 세분하였다. 첫 번째 상승은 잎 위의 이슬의 결빙을 통해서 일어났고, 두 번째 상승은 세포에서 수액의 결빙을 통해서 일어났다.

육종 실험에서 꽃가루가 새지 않는 꽃가루받이 보호 봉투(protective pollen proof-bag)로 꽃을 덮을 때 꽃은 완전히 다른 미기후의 영향을 받는다. 베거[2945]는 이를 처음으로 연구하였다. 그림 29-11은 네 가지 다른 유형의 봉투 안에서 1937년 5월과 6월의 5일의 햇빛이 나는 날에 일평균 온도변화를 제시한 것이다. 주변 기온(굵은 실선)과 비교하여 내부의 기온이 정오에 15°C까지 높았다. 꽃들이 우선 온실에 있는 식물과 같이 복사에 반응한다는 것은 야외의 공기와 비교하여 최고값의 출현시간이 빠른 것을 통해서 증명된다. 배나무에서 봉투로 쌓은 꽃들이 2~4일까지 먼저 개화한다는 베거 등[2946]의 관측도 이러한 사실에 상응한다. 야간에 이 온도는 기온 이하로 1~2°C까지 하강한다. 주간의 과잉온도와 야간의 부족온도는 주변 공기와의 혼합이 감소하였기 때문이다.

로메더와 아이젠훗[2931]은 또한 18°C까지의 정오의 과잉온도와 야간에 5°C 이상의 부족온도를 발견하였다. 봉투 내에서조차 현저한 온도성층이 있었다. 정오에는 복사를 받는 쪽이 반대쪽보다 6°C까지 온난하였고, 야간에는 하늘로 방출복사하는 쪽이 2°C 차가웠다. 이를 통해서 보호 봉투 내에서 흔히 나타나는 불균등한 피해의 차이가 설명되었다. 주간에는 봉투 내에서 공기가 외부보다 약 35% 높은 상대습도를 갖는 수증기로 포화되었다.

꽃가루받이 봉투(dusting bag)의 크기는 미미한 영향만을 미쳤다. 다른 한편으로 봉

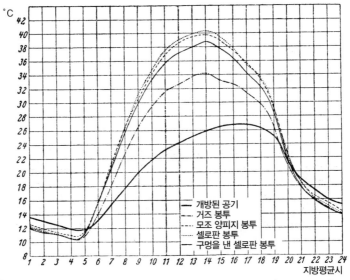

그림 29-11 서로 다른 유형의 꽃가루받이 봉투로 폐쇄된 꽃들에서 기온의 일변화(N. Weger[2945])

투의 재료는 그림 29-11에서 볼 수 있는 바와 같이 현저한 영향을 미쳤다. 내부에서 빛의 강도는 외부 빛의 95%(폴리에틸렌)와 54%(실크) 사이에서 변했다. 폴리에틸렌 봉투는 가격이 싸며, 그 안에 있는 꽃들을 쉽게 볼 수 있으나, 이 봉투는 기체들의 확산을 막는다. 상당한 양의 응결된 물(14일간 800g까지)이 내부에 모이는데도 불구하고, 야간에 여전히 크게 냉각되었다. 천으로 만든 봉투는 잘 닳거나 찢어지지 않았으며, 천의 그물코가 화분의 크기에 적용될 수 있었고, 기체들은 물질을 통과해서 확산될 수 있었다. 따라서 온도변화는 보통이 되었다. 모조 양피지 봉투는 가격이 싸나 쉽게 파손되어 기체 확산이 없을 때 극심한 미기후를 나타냈다. 이러한 봉투 안에서 종종 치명적인 미기후가 셀로판 봉투에 구멍을 내서 완화될 수 있었다(그림 29-11).

제30장 · · · 키 작은 식물 피복에서의 복사, 맴돌이확산과 증발

개별 식물 부분의 에너지수지를 알고 난 후에 모든 식물군락의 미기후를 결정하는 일부 일반적인 관점들을 다루고, 그다음에 개별 입목을 논의하도록 하겠다.

목초지 위에서 성장하는 식생의 총표면적은 목초가 자라는 지면의 면적보다 20~40배까지 크다. 토양표면부터 식생 수관의 정상까지 이르는 $1m^2$ 기둥 내에 포함된 총잎면적의 비율을 잎면적지수(leaf area index, LAI)[2]라고 부른다. 잎면적지수는 m^2/m^2의 단위를 갖고, 식물 수관의 밀도를 정량화하는 데 이용된다. 식생을 통해서 이와 같이 표면적이 확대되는 것은 입사태양복사량에 아무런 영향도 주지 않는다. 주어진 일기상태에서 나지와 식생으로 피복된 토양의 $1m^2$는 같은 복사량 $S + D + L\!\downarrow$을 받는다(4장). 따라서 주간과 야간에 이 두 가지 유형의 표면은 $1m^2$당 표면온도가 같으면 같은 양의 열을 방출한다. 표면방출율, 단파알베도와 표면온도의 차이가 나지와 식생으로 덮인 토양 사이에 복사수지의 차이를 일으킨다.

그렇지만 복사 획득과 손실의 연직분포에는 근본적인 차이가 있다. 나지 위의 수평면과 식물 수관 정상에 투사되는 태양복사량(그림 30-1)은 당연히 같다. 옹스트롬[3000]은 큰조아재비(*Phleum pratense*)의 목초지와 오리새(*Dactylis glomerata*) 목초지 위 성장의 1/2 높이에서 복사값이 다소 감소하는 것을 발견하였는데, 그 이유는 풀잎의 끝이 이미 입사복사의 작은 부분을 흡수했기 때문이다. 흡수량은 수관 속으로 들어갈수록 초지가 조밀해지면서 증가했고, 원래 복사의 1/5만이 지면에 도달했다.

---

2) 전체 잎 면적을 수관이 차지한 면적으로 나눈 값이다.

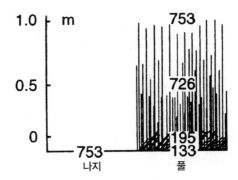

그림 30-1 목초지 수관 내에서 태양복사(W m^{-2})의 감쇠(A. Ångström[3000])

유사한 분포가 야간의 방출복사 측정으로 나타났다. 목초 덮개가 토양표면과 유사한 온도를 갖기 때문에 그것은 토양과 대략 같은 양을 방출했다. 그러나 목초로 덮인 토양 위에서 지표로부터 나가는 장파복사량은 적었다. 목초 덮개 내에서 높이가 높아질수록 하늘조망인자도 증가하여 장파복사의 순손실을 증가시켰다. 야간의 하늘로부터 차폐가 감소하여 방출복사는 수관의 상부 표면에서 (같은 온도의) 나지 토양의 온도에 상당하는 값에 이를 때까지 증가했다. 이것이 식생의 질량 (바깥의 유효표면) 내에서 주간의 최고기온과 야간의 최저기온 둘 다 나타나게 했다. 식생의 질량 내에서 상대적으로 고요한 공기는 절연층으로 작용하여 토양표면에서 에너지 교환을 완화시켰다. 이것은 보리(*Hordeum vulgare*)의 수확 전과 후에 토양 열플럭스 Q_G를 보여 주는 그림 30-2에 제시되어 있다. 보리를 제거하면 좀 더 큰 일표면온도의 극대치가 나타났다. 이것은 주간에는 토양으로 그리고 야간에는 토양으로부터 에너지가 좀 더 많이 전도되게 하였다.

식물의 개별 부분들은 식생의 밀도, 수관의 구조, 그리고 그에 따른 개별 식물 부분들

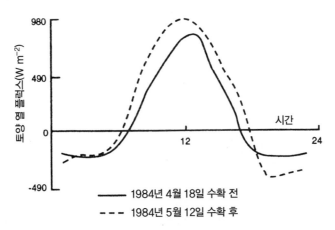

그림 30-2 1984년 4월 18일과 5월 12일에 시리아의 보리밭에 대한 토양 열 플럭스(Wm^{-2})(S. A. Oliver et al. [3422])

의 하늘조망인자(차폐량)에 따라서 서로 크게 다른 수준의 태양복사와 장파복사를 받을 수 있다. 그 결과로 식물 수관 내에서 실질적인 온도차가 매우 자주 나타난다. 식생피복의 내부에서 보통 지배하는 상대적으로 고요한 상태에서 이러한 온도차는 느낌열과 숨은열의 일부 난류혼합에 더하여 활발한 장파복사교환이 일어나게 한다.

전천복사가 균일한 식물 수관으로 침투하는 것은 흔히 베르의 법칙(Beer's Law)을 이용하여 모델링된다.

$$K{\downarrow}_z = K{\downarrow}e^{-\nu LAI_z}$$

여기서 $K{\downarrow}_z$ = 수관의 정상으로부터 수관 안으로의 깊이 z에서 전천복사, $K{\downarrow}$ = 식물 수관 위의 전천복사, e = 대략 2.71828, ν = 식물종, 수관구조, 수령, 바람에 의한 잎과 가지의 운동, 잎의 형태, 경사와 방위에 따라 변하는 소산계수, LAI_z = 수관의 정상부터 수관 안으로의 깊이 z에서 누적잎면적지수이다. ν의 값은 주로 수직인 잎구조를 가진 식물 수관에 대해서 0.3~0.5이고, 주로 수평의 잎구조를 가진 식물 수관에 대해서 0.7~1.0이다(N. J. Rosenberg et al.[5369]). 지표까지 투과하는 태양복사량도 식생피복의 밀도와 구조에 종속된다. 자우버러[2937]의 그림 30-3은 나지 토양과 비교하여 상이한 식생군락의 지면에서 가시광의 일변화를 제시한 것이다. 겨우 12~15cm 높이의 봄보리, 거의 1m 높이의 가을호밀, 그리고 조밀한 잎의 우산을 갖는 클로버에 의한 하늘의 상이한 차폐도가 쉽게 구별된다. 지면에 도달하는 빛의 양은 잡초를 성장하게 하거나 또는 억제하는 데 중요하다. 웅거[3014]는 1950년 6월 23일부터 25일까지 완두콩 밭 안에서 0.65μ(최대 광합성 동화작용의 파장)에 대한 조도를 측정하고, 외부 조도가 38~84% 사이에서 변하는 것을 밝혔다. 밭에서 실제로 잡초를 제거할 수가 없기 때문에 이와 같은 종 고유의 복사에 대한 차폐력이 재배자에게 중요한 특성이 된다.[3]

자우버러[2937]가 조밀한 덤불이 있고, 으아리속(Clematis)이 무성한 3m 높이의 어린 느릅나무 잡목 삼림이 있는 곳에서 측정한 값은 어느 정도까지 조도가 감소될 수 있는지를 증명하였다(표 30-1). 키 작은 식물들이 7월 초에 완전히 성장할 때 0.01%만이 지면의 1cm 이내까지 침투하였고, 2%만이 잡목 삼림의 처음 100cm를 침투하였다. 지면 조도는 덤불이 죽으면 상승하였으나, 잎이 떨어질 때(11월 15일)에야 비로소 상황이 크게 변하였다. 겨울에는 느릅나무 잡목 삼림 위 조도의 6~7%까지 지면 위 1cm 높이에 도달하였다.

---

3) 독일어본(제4판, 1961)과 영어본 제7판(2009)의 내용이 크게 달라서 독일어본(제4판, 1961)에 있는 다음의 문장 "Weil hier eine Unkrautbekämpfung im Feld praktisch unmöglich ist, bedeutet diese sorteneigene Beschattungskraft eine für den Züchter wichtige Eigenschaft."을 번역하였다.

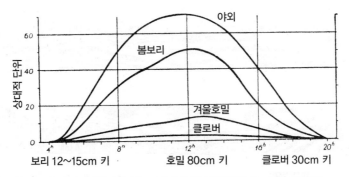

그림 30-3 5월 어느 날 여러 식생군락이 있는 지면에서 빛의 일변화(F. Sauberer[2937])

이러한 두께의 식생으로 지표는 더 이상 대기와의 경계면으로서 작용하지 못하였다. 보아이코프(Woeikov)는 여러 관점에서 지표의 역할을 떠맡는 '외부유효표면'이 어떻게 발달되었는가를 논의하였는데, 이는 대략 식생의 상부 표면의 외부유효표면에 상응하였다.

식생에 의해서 흡수되고 방출되는 증가된 복사의 연직분포는 토양표면이 나지일 때보다 작은 표면온도의 극대치를 나타냈다. 식생피복 아래의 표면온도는 주간에는 낮았고 야간에는 높았다. 식생은 기후를 온화하게 하여 해양성기후와 같이 만든다.

변화된 복사조건 이외에 맴돌이확산도 성장하는 식물의 미기후에 영향을 준다. 무성한 목초지나 경지에서와 같이 쉽게 흔들리는 식물들의 정상부 위로 강풍이 불 때, 파동(wave motion)이 경계면에서 발달하였다. 다른 한편으로 좀 덜 휘거나 좀 더 불규칙한 식물 표면은 큰 난류요소들이 쉽게 발달하게 하였다. 그림 30-4는 밀 그루터기가 있는 경지(위) 위와 40~50cm까지에 이르는 잎들이 성장한 사탕무(아래) 위의 바람구조를 제시한 것이다. 이 지역은 평탄하고 두 측정지점에서 바람은 그 자체로 표면의 거칠기에 적응하도록 충분히 강하게 불었다.

그림 30-4는 그루터기만 남은 밭과 사탕무 밭 위의 1.5m 높이의 연직단면이다. 각단면의 위에는 초 단위의 시간 눈금이 제시되어 있어서 빠른 난류의 변화가 파악될 수 있다. 등풍속선은 25cm sec^{-1} 간격이고, 그 사이의 공간은 흑백으로 교대로 표시되었

표 30-1 느릅나무 잡목 삼림 내에서 외부 조도의 백분율

일자	지면 위 높이(cm)			
	1	10	25	100
1936년 7월 5일	0.01%	0.06%	0.13%	2.1%
1936년 7월 19일	0.03%	--	2.17%	2.2%
1936년 11월 15일	0.50%	22%	30%	59%

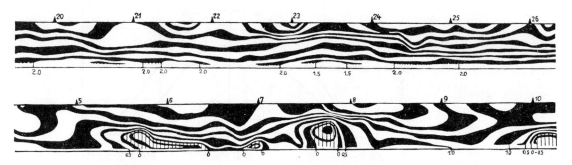

그림 30-4 밀 그루터기가 있는 밭 위(위)와 사탕무 밭 위(아래)의 상이한 바람 패턴(W. Schmidt[708])

다. 바람이 주 풍향과 반대 방향으로 불면, 음영이 되게 수직 평행선을 그었다. 바람이 그루터기만 남은 밭 위에서 높이가 높아질수록 상당히 규칙적으로 증가했던 반면, 주요 요란이 키가 큰 사탕무 밭 위에서 나타났다. 6초의 짧은 시간간격 내에 바람이 세 번 잎들 바로 위에서 반대 방향으로 풍향을 바꾸었다. 그 사이에 상대적으로 고요한 순간들이 있었다.

식생이 없는 지면 위에서 풍속이 증가한다는 논의를 할 때 단열 기온분포의 경우에 대해서 단순한 관계 $u = c \log(z/z_0)$를 이용할 수 있었다(16장). 그림 30-5는 파에쉬케

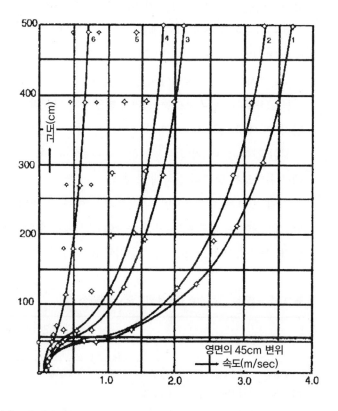

그림 30-5 사탕무 밭 안과 위의 바람단면(W. Paeschke[1607, 3011])

[1607, 3011]가 독일의 괴팅겐 부근 사탕무 밭 위에서 측정한 바람단면을 하루 여섯 번 서로 다른 기간에 풍속이 증가하는 순서로 배열하여 제시한 것이다. 두 축이 선형의 눈금을 가졌기 때문에 약 0.5m 높이 위의 단면은 그림 16-6A의 나지 토양에 대한 단면과 유사하다.

식생피복이 존재하면 단열기온감율 조건하에서 고도가 높아질수록 풍속이 증가하는 방정식은

$$u = c \log \frac{z - d}{z_o}$$

가 된다. 16장에서 상수 c는 논의되었고, z_o(cm)는 '거칠기 파라미터(혹은 거칠기길이)'라고 불렀다. 줄어든 높이 $(z - d)$는 매개변수 d가 영면변위(cm)인 방정식에 삽입되었다. 양 d는 식생 표면의 평균 높이가 아니나, 운동량이 식물 수관의 개별 요소들에 의해서 흡수되는 겉보기 높이(apparent level)를 나타냈다. 이것은 바람단면 자료와 식생의 특성들로부터 평가되었고, 식물 유형, 식물 성장단계, 수관 높이, 수관 요소들의 간격과 풍속에 따라 변하는 것으로 나타났다. 그림 30-5에 제시된 사탕무 밭에 대해서 d = 45cm의 값이 이용되었다. 바람의 압력하에서 풀의 큰 유연성이 사탕무 밭에 대해서 관측된 것보다 낮은 d 값의 원인이 되었다.

그림 30-6은 디컨[1603]이 요약한 거칠기길이값이다. x축은 로그 눈금으로 z_o를 나타낸다. y축은 난류가 되는 흐름에 대해서 1m 높이에서 존재하는 풍속(m/s)이다. 자연 표면이 극심하게 변하기 때문에 이 그림은 양 z_o에 대한 개략적인 평균값에 불과할 수

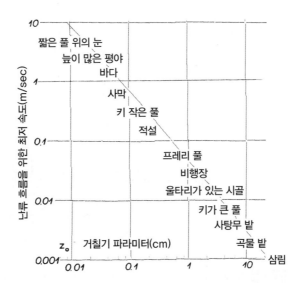

그림 30-6 여러 자연 표면의 거칠기 파라미터(cm)(E. L. Deacon[1603])

있다. 마찰의 저항이 거의 없는 눈표면 및 수면(왼쪽 위)으로 시작하여 눈금은 공기역학적으로 가장 활발한 자연 표면인 삼림 피복(오른쪽 아래)으로 진전되었다. 개별 측정값은 상당히 다를 수 있다. 초지에 대해서 디킨[1603]은 다음의 관계를 발견하였다.

초지의 키(cm)	1	2	3	4	5
거칠기 파라미터(cm)	0.1	0.3	0.7	1.6	2.7

y축의 값이 제시하는 바와 같이, 식생으로 덮인 표면 위의 흐름은 거의 항시 난류였다.

증산하는 식물의 잎들 사이에서 상대습도는 높고, 난류 변동과 맴돌이확산은 낮으며, 고요하고 습윤한 기후가 지배한다. 카니트샤이더[3007]는 오스트리아의 인스부르크 부근 남사면 위의 1,600m 고도에서 2～3m 크기의 왜송 입목에서 2초 간격으로 기온을 측정하였다. 그림 30-7은 구름이 없는 1931년 7월 28일 하루 중의 시간과 지면 위의 높이에 종속되는, 연속해서 2회 읽은 기온의 평균 차이(1/10°C)를 기록한 것이다(음영이 진할수록 변동이 크다). 태양고도가 가장 높을 때 불안정도가 가장 컸다. 여기서도 약 2.5m 높이에서 외부 유효표면을 분명하게 볼 수 있다.

나지 위의 미기후와 식생으로 덮인 지면 위의 미기후 사이의 세 번째 차이는 표면 수분 이용도의 차이에서 생겼다. 광합성은 식물이 뿌리를 통해서 많은 부피의 물을 흡수하여 증산을 통해서 대기로 물을 다시 돌려보내는 과정이 필요하다. 증산율은 1kg의 건조한 물질을 생산하기 위해서 식물이 소비하는 물의 양(리터)으로 표현된다. 이 양은 식물의 유형에 종속된다. 나무들에 대한 값은 170(소나무)～400(너도밤나무) 사이에 있다(J. N. Köstler[3008]). 발터[3016]는 농작물에 대한 평균값이 400～600 사이이고, 기장 300과 아마 900의 극값을 밝혔다. 습윤한 지역에서 식물은 수확량과 소비된 물의 총량 사이에 식물 종들과 식물의 생활환(life cycle) 동안 물 스트레스의 존재와 시기에 종속되는 선의 경사를 갖는 선형관계를 나타냈다. 물이용효율(water use efficiency, kg

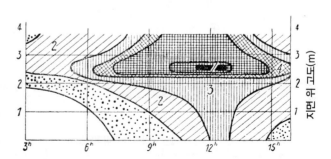

그림 30-7 1931년 7월 28일 맑은 날 동안의 오스트리아 인스부르크 부근 왜송 입목에서의 기온변화(R. Kanit-scheider[3007])

t^{-1})이란 용어는 증발산에 소비된 물 1ton당 광합성으로 생산된 건조한 물질 kg을 나타내는 데 이용된다. 가장 좋은 자급적 농업체계에서 물사용효율은 $0.1{\sim}0.2$kg t^{-1}이었다. 개량된 품종, 향상된 작물관리 경험, 증가된 비료, 물, 화학제품의 투입을 가진 최상의 현대식 농업체계에 대해서 $0.7{\sim}1.2$kg t^{-1}의 물이용효율이 실현되었다. 비생산적인 토양 증발이 훨씬 더 감소될 수 있는 현대의 실험농장들에서는 $1.0{\sim}1.8$ kg t^{-1} 사이의 값에 도달할 수 있었다(N. J. Rosenberg et al.[5369]).

식물 피복은 나지보다 좀 더 많이 증발한다(표 19-3). 이 결론은 포함된 표면적을 단순히 고려하여 도달될 수 있다. 수관의 표면적은 잎면적지수(LAI, m^2/m^2)를 측정하여 추정될 수 있다. 빈약한 삼림은 잎이 성장하는 지면 면적의 $4{\sim}12$배까지의 잎면적지수를 갖는다. 필처[3003]는 초지에 대해서 $20{\sim}40$의 잎면적지수를 제시하고, 실험을 기초로 하여 증산되는 물의 양이 표면적이 증가하는 것에 정비례하여 증가한다는 것을 제시하였다. 이것은 맴돌이확산이 잎들의 습윤한 경계면으로부터 수증기를 제거할 수 있고, 식물이 증산을 통해서 손실된 수분을 재공급할 수 있는 한 사실이 된다. 랑[3009]은 잎 면적을 측정하기 위한 여러 기술을 논의하였으나, 표면적지수방법(surface area indices method)의 이용을 추천하였다. 입면적지수를 측정하는 직간접적인 방법에 대해서는 독자들에게 존크히어 등[3006]과 웨이스 등[3015]을 추천하겠다.

식생으로 덮인 지면으로부터 증발이 증가하는 것은 증발산량계(lysimeter) 측정을 통한 실험으로 확인될 수 있다. 여기서 제시된 결과는 독일 에버스발데 임학교(Forstliche Hochschule Eberswalde)에서 바텔스[3001]와 프리드리히[3004]가 설치한 증발산량계로 얻은 것이다. $1m^2$의 표면적을 갖는 $1.5m^3$ 용량의 유사한 상자 3개가 각각 3m 간격으로 지면과 같은 높이에 설치되었다. 이들의 중량은 지하실에서 100g 이내의 정확도로 측정될 수 있었는데, 이것은 0.1mm 강수량에 상응하였다. 투수는 수집되어 측정될 수 있거나, 상자 안 임의의 깊이에서 지하수면을 유지하기 위하여 상자의 아래를 밀폐할 수 있었다. 표 30-2는 괴레[3005]가 포괄적으로 분석한 것으로부터 택한 1.5m 깊이에서 연평균 증발량과 침투량을 제시한 것이다. 쉽게 비교하기 위해서 증발과 침투도 같은 기간의 연강수량에 대한 백분율로 제시하였다. 이 두 백분율의 합은 대략 100까지만 되는데, 그 이유는 토양에서 토양수분 저장량의 변화가 미미하나 세 번째 인자가 되기 때문이었다. 이 수치들이 여러 해의 평균이기 때문에 토양수분 저장량의 변화는 결코 연강수량의 ±5% 이상이 되지 못하였다. 표에는 모든 잡초를 제거하여 인위적으로 식생이 없게 만든 토양에 대한 2개의 관측자료가 포함되어 있어서 나지 토양에 의한 증발산 손실이 비교하기 위해서 고려될 수 있다.

습윤한 기간이었던 1929년~1932년에 강수의 1/4은 생물학적으로 비생산적인 증발

표 30-2 1.5m 깊이에서 연평균 증발산량과 투수량

식생피복	기간	연평균총량				
		강수량 (mm)	증발산량 (mm)	투수량 (mm)	증발산량 (%)	투수량 (%)
나지	1929~1932	674	178	484	26	72
	1950~1953	533	270	266	51	50
키 작은 풀	1929~1937	615	356	259	58	42
소나무(1932년에 수령 3년)	1932~1937	576	450	149	78	26
참나무(1949년에 수령 3년)	1950~1953	533	454	117	85	20

로 나지로부터 손실되었다. 1950년~1953년의 좀 더 건조한 기간에 증발은 강수의 거의 1/2이었다. 시간에 따른 변화는 놀랍지 않은데, 그 이유는 나지 토양의 증발량이 크게 일기변화에 따르기 때문이었다. 그렇지만 식생은 뿌리를 통해서 토양의 건조한 상층에 의해서 일어나는 물전도장벽(water conduction barrier)을 극복할 수 있었다. 물요구량이 증가하는 순서로 배열된 세 가지 식물 피복은 점점 더 많은 강수의 비율을 소모하였다. 전년 대신에 5월부터 9월까지의 생육기간만을 고려하면, 식생에 의해서 이용되는 강수의 비율은 좀 더 커졌다. 예를 들어 어린 참나무는 이 기간에 강수의 145%를 소비하였다. 이것은 서늘한 비생육기간에 토양에 저장된 물을 끌어내서만 가능했다.

말렉[3010]은 미국 유타 주 로건(41°45'N, 1,460m)에서 관개되는 알팔파 밭에 대한 야간(일몰에서 일출까지)과 주간(일출에서 일몰까지)의 증발산 사이의 관계를 조사하였다. 그의 결과는 완전한 생육 사이클(1991년 8월 4일부터 9월 7일까지)에 기초하여 평균 야간 증발산이 24시간 총증발산의 1.7%에 불과하였다는 것을 제시하였다. 좀 더 활발한 연직 혼합으로 특징지어지는 바람이 많은 야간에조차 야간의 총량이 기껏해야 24시간 총량의 14%에 불과하였다. 이 기간에 최대주간증발산은 7.85mm였던 반면, 최대야간증발산은 1.05mm였다. 이슬침적(dew deposition)은 야간의 37%에만 관측되었고, 그렇다고 해도 출현하는 수시간 동안에만 이슬 침적이 있었다.

바텔스[3001]는 1930년~1932년의 5월에서 8월까지 잘 정의된 기상조건들에 대한 일 증발량을 계산하였다(표 30-3). 나지의 사토는 맑고 건조한 기간에 증발량을 상당히 제한하였는데, 그 이유는 표면 증발로 손실된 수분을 대체시키기 위해서 위로 물을 끌어올리는 능력이 토양에 없었기 때문이다. 초지 지역은 건조한 기간 제한된 정도로만 물을 끌어올릴 수 있었고, 잎이 누렇게 되면서 죽어서 물이 부족한 결과를 보여 주었다. 풍부한 토양수분이 있는 맑은 날에 식물의 뿌리체계는 상당한 깊이로부터 물을 끌어올릴 수 있어서 개방된 물에서의 증발보다 좀 더 많은 증발산이 일어나게 하였다.

표 30-3 여러 조건하에서의 표면 증발산량(mm day^{-1})

기상조건	나지로부터	키 작은 풀로부터	수면으로부터
비온 후의 날	2.38	2.80	2.24
맑은 날들	0.47	2.15	3.61
가문 날들	0.26	1.14	3.80

카번[3002]은 관개된 지역과 관개되지 않은 지역 위의 미기후를 비교하여 관개된 표면에 의해서 반사된 태양복사($K\uparrow$)가 건조한 표면보다 작았으나(19% : 26%), 증발산 때문에 온도가 낮았다는 것(32°C : 53°C)을 밝혔다. 좀 더 많은 에너지가 관개된 표면에서 이용될 수 있었지만(778 : 537 W m^{-2}), 90%는 물을 증발시키는 데 이용되어 적은 양만이 공기와 토양을 가열하도록 남았다(표 30-4). 이것으로 관개된 지역 위에서 공기가 상당히 서늘하게 되었다(E. A. Ripley[3013]).

케라와 산두[3104]는 관련된 연구에서 작물스트레스(crop stress)가 수관온도에 어떤 영향을 미치는가를 조사하기 위해서 사탕무 밭에 차별적으로 관개하였다. 그들은 스트레스를 받은 작물의 평균수관온도가 스트레스를 받지 않은 작물보다 항시 높았다는 것을 밝혔다. 맑은 낮들의 좀 더 더운 시간 동안 수관온도는 스트레스를 받지 않은 작물에서 2~7°C 낮았다. 가드너 등[3016]은 물스트레스(water stress)가 차별적으로 관개된 옥수수에 미치는 영향에 관한 다소 유사한 연구를 하였다. 그들은 스트레스를 받은 수관 내의 어느 수준에서 식물이 스트레스를 받지 않은 같은 높이에서보다 좀 더 따뜻했다는 것을 밝혔다. 스트레스를 받지 않은 식물과 적당하게 스트레스를 받은 식물의 햇볕을 쪼인 잎들의 정오 온도는 주변 공기의 기온보다 1~2°C 낮았고, 스트레스를 받은 식물의 정오 온도는 주변 공기의 기온보다 무려 4.6°C까지 높았다. 산두와 모턴[3116]은 귀리에서, 레이코스키 등[3115]은 콩에서 이와 유사한 결과들을 밝혔다. 물스트레스가 증가할 때 식물의 개별 기공은 구멍의 크기를 줄이기 시작하여 식물의 증산율

표 30-4 건조한 지역과 관개된 지역에서 공기와 토양의 표면 에너지 플럭스(W m^{-2})

	건조	관개되었음
증발 플럭스	0	698
대기의 열 플럭스	420	33
토양 열 플럭스	117	47
계	537	778

출처 : J. M. Caborn[3002]

을 줄였다. 따라서 순복사의 좀 더 큰 부분이 식물에 저장되거나 대류(Q_H)에 의해서 공기를 가열하는 데 이용되었다. 이것이 아마도 스트레스를 받은 밭에서 관찰된 좀 더 높은 기온이 나타나게 했을 것이다.

그림 30-8은 잎면적지수와 생산된 건조한 물질의 양(성장) 사이의 관계를 제시한 것이다. 예상되는 바와 같이 이 관계는 곡선인데, 그 이유는 광합성에 이용할 수 있는 제한된 에너지의 양만이 있었기 때문이다. 낮은 곳에 있는 잎들이 부분적으로 그늘지게 하기 때문에 각 단위의 추가적인 표면적은 남은 햇빛의 감소된 양만을 흡수했을 것이다. 나무딸기, 사과, 복숭아, 마틴달(sour cherry)과 같은 작물에서 과일의 질, 묘목과 꽃의 개화는 그늘이 증가할수록 감소하였다. 팔머[3012]는 반사경을 이용하고, 열 구조(row structure)를 엷게 심어서 이 문제를 최소화하려는 방안에 관해서 논의하였다.

결론적으로 토양 내에서 온도 및 수분 분포는 토양이 식생피복을 가질 때 상당히 변한다는 것을 지적해야 하겠다. 이 내용은 다음 장에서 좀 더 상세하게 논의될 것이다.

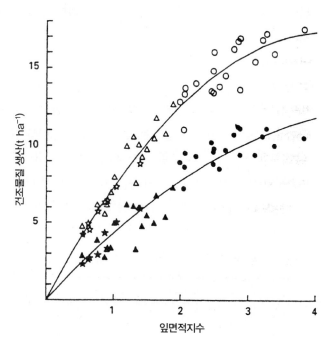

그림 30-8 1982년~1984년에 'Crispin'/M27 묘포 체계 나무로부터(○), 1974년~1975년에 영국의 이스트몰링에서 'Golden Delicious'/M9 spindlebush 과수원(△)과 1969년에 바게닝엔에서(★) 계절 최대 잎면적지수와 총계(개방된 부호)와 과일(폐쇄된 부호) 건조물질 생산 사이에 관계(J. W. Palmer[3012])

제31장 ··· 목초지와 경작지의 미기후

표면 미기후의 변화는 표면 식생피복이 발달하고 잎면적지수(LAI), 수관 깊이(canopy depth), 백분율 지면피복(percent ground cover), 표면 그늘이 증가할 때 경감된다. 식생피복의 밀도가 증가하고 좀 더 끊이지 않을 때 일표면온도변화와 최고표면온도가 감소하는 반면, 표면 토양수분량은 증가한다. 최대온도변화의 지대인 외부유효표면 역시 지면으로부터 위로 이동한다.

이 장에서는 목초지와 경작지에서 나타나는 것과 같은 현저한 연직[vertical, 직립형(erectophile)] 구조와 잎 분포를 갖는 식물군락을 조사할 것이다. 개별 식물은 그것의 수평 범위에 대해서 상대적으로 키가 크다. 그들의 연직 방향 잎은 식물 수관 안으로 중요한 햇빛이 투과하게 한다.

뮬러-슈톨과 프라이탁[3109]은 독일의 슈프레발트에서 1953년 7월에 파랑상의 지형에서 비교 측정을 하기 위해서 충분하게 가까이 위치한 6개의 서로 다른 유형의 목초 군락에서 지면과 식생에서의 온도를 측정하였다. 3개의 식물군락에서 햇빛이 나는 1953년 7월 23일에 온도를 측정하였다. 첫 번째 군락은 깊은 지하수면 위의 사질 토양 위에 약 15cm 높이의 잡목 삼림에 느슨하게 배열된 목초였다. 이 목초는 그 사이에 연분홍 식물이 있는 *Nardus stricta*와 *Festuca rubra*로 이루졌다(지면의 25%는 나지였다). 두 번째 군락은 55cm 깊이의 지하수면 위에서 부식질이 많은 모래 위에 자라는 습윤한 진퍼리새속(*Molinia*) 목초지였다. 이것은 평균높이가 약 40cm에 달하며 개별 줄기가 70cm까지 솟아 있고, 20cm 높이로 조밀하게 성장해 있었다. 세 번째 군락은 부분적으로 분해된 이탄 위 지하수면 위에 불과 35cm에 있는 젖은 사초속(*Carex*) 식물로 80cm 높이로 조밀하게 성장하였다(표 31-1). 이들 측정 결과는 토양피복이 증가할수록 미기후가 어떻게 온화해지는가를 제시하고 있다.

지면에 그늘이 많이 질수록 지표의 일최고온도가 감소한다. 동시에 최대온도변화대

표 31-1 세 가지 유형의 식생에서 온도와 일교차(°C)

성장 유형 (지면 차폐가 증가하는 순서로 배열)	최고 지면온도	최고 식생표면온도	일교차			
			−10cm	0cm	5cm	100cm
목초 잡목 삼림	43	35	*4	*26	10	*14
진퍼리새속 목초	27	31	1.5	9	*13	12
사초속 식물	24	31	0.5	7	10	*14

* 최고치를 의미

(결측된 최저온도 대신에 6시 직후의 온도를 이용하였음)가 지표로부터 외부유효표면(*표 한 곳)까지 이동하였다. 건조한 상태에서 습윤한 상태로 토양이 변하는 것은 목초지 군락의 변화와 밀접한 관련이 있고, 온도에 같은 종류의 영향을 미친다.

그림 31-1은 키가 50cm나 되는 목초지 내에서 전형적인 기상요소들의 연직 분포를 제시한 것이다. 이것은 워터하우스[3121]가 스코틀랜드에서 비가 내린 이후 햇빛이 나는 6월 어느 날 15시와 16시 사이에 측정한 것이다. 기온단면에 의하면 최고기온(T)은 외부유효표면이 있는 약 30cm 높이에 있었다. 죽은 목초도 혼합되어 있는 지면에 가장 가까운 목초층에서 매우 서늘하여 복사에 민감한 곤충들이 완전하게 보호되고 있었다. 지면에 가장 가까운 목초층에서 상대습도도 포화상태에 가까웠고, 수증기압(e)은 최대였으며, 공기는 고요하였다. 포차 $E_o - e$의 곡선은 기온 곡선에 상응하였다. 포화수증기압(E_o)은 기온에 종속되었다. 수증기압(e)의 변화가 $E_o - e$ 곡선을 변화시키기는 하지만 그 변화가 너무 작아서 이 목초지에서 곡선에 절대적으로 영향을 주지는 못하였다. 식생을 통한 기온변화가 구름 낀 날에서처럼 작았다면, e의 변화는 포차($E_o - e$) 곡선에 좀 더 크게 영향을 미쳤을 것이다. 따라서 지면에 가장 가까운 이러한 보호지대와 목초지 위의 공기 사이의 온도차는 시간에 따라 가장 큰 변화를 나타냈다.

노먼 등[3113]은 겨울에 템스 강 유역 부근에서 목초의 성장, 가축의 겨울 사료와 봄에 목초가 다시 푸르게 되는 과정에 대해서 목초를 자르는 것의 중요성을 알기 위해서 짧게 자른 목초지와 자르지 않은 목초지에서 기온차를 기록하였다. 이 두 비교 목초지

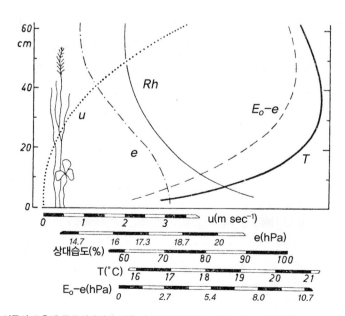

그림 31-1 여름의 오후에 목초지에서의 기온, 습도와 바람(F. L. Waterhouse[3121])

는 불과 약 5m 떨어져 있었다. 앞선 생육기간에 여러 번 자른 목초는 키가 2~3cm였다. 다른 목초는 키가 30~45cm였다. 두 목초지에서 지면 위 2.5cm에서의 기온이 1953-54년과 1954-55년의 겨울에 지속적으로 기록되었다. 표 31-2는 1953-54년의 첫 번째 겨울에 4주 동안 기록된 기온차였다. 이 기온차는 키가 큰 목초에서의 온도계가 키가 작은 목초에서의 온도계보다 온난할 때 양이었고, 한랭할 때 음이었다.

가장 두드러진 결과는 키가 큰 풀이 추위에 대해 야간에 열을 보호하는 것이었다. 따라서 0℃ 이하의 기온을 갖는 야간의 일수(서리가 내린 야간)가 키가 작은 목초의 1/2에 불과하였다. 겨울의 오후 동안 키가 큰 목초 아래에서 약간 더 서늘했으나, 봄에는 온화한 잉글랜드의 기후에서 풀이 빠르게 성장하고 그 차이가 빠르게 증가하여 3월에조차 키가 큰 목초에서 일평균기온이 짧게 자른 목초에서보다 상당히 낮았다. 이 결과는 또한 목초의 키가 커질 때 미기후가 어떻게 온화해지는가를 보여 주고 있다. 이것은 작물의 키가 커질수록 작물 최저온도가 상승했다는 것을 밝힌 롬메와 구일리오니[3109]의 연구 결과와 일치하였다. 그들은 또한 입면적지수(LAI)가 증가할 때 작물 최저온도가 하강하였으며, 작물 최저온도의 하강이 증가한 입면적지수(LAI)에 따라 토양으로부터 식물의 외부유효표면으로의 열 수송 감소에 기인했다는 것을 밝혔다. 이것은 최저온도가 나지 토양보다 식생 위에서 2~4℃ 낮다는 것을 밝힌 셀리어[3101]의 연구 결과와 일치하였다.

볼 등[3100]은 키 작은 잔디로 둘러싸인 나지 토양 구획의 중심에서 겨울과 봄에 지면 위 5cm의 최고기온과 최저기온을 분석하였다. 나지 구획은 직경이 0~120cm에 이르렀다. 볼 등이 최고기온에서는 아무런 차이도 발견하지 못했지만, 나지 구획의 크기가 커질수록 최저기온이 꾸준히 상승하였다. 최저기온은 나지 구획의 직경이 커질수록 상승했으며, 가장 큰 나지 지역에서 평균 2℃ 온난하였다. 풀로 둘러싸인 묘목은 좀 더

표 31-2 키 큰 목초지와 키 작은 목초지 사이의 온도차

1953-54년 겨울	온도차(℃) (키 큰 목초지 2 키 작은 목초지)			야간의 유상일수	
	평균최고	일평균	평균최저	키 큰 목초지	키 작은 목초지
11월 4일~12월 1일	−0.9	1.0	2.2	0	3
12월 2일~12월 29일	−0.1	1.1	2.1	0	6
12월 30일~1월 26일	−0.3	1.1	2.1	11	20
1월 27일~2월 23일	−2.7	0.8	2.4	18	20
2월 24일~3월 23일	−4.6	−0.3	1.6	7	13
평균(또는 합)	−1.8	0.7	2.1	36	62

빈번하고 심한 서리가 내린 낮은 최저기온을 가졌다. 이러한 상황에서 잔디는 토양에서 열이 빠져나가지 못하게 하는 단열재로 작용하였다. 게다가 잔디 내에서의 최저기온으로부터 좀 더 낮은 나지 토양과 묘목으로의 일부 배기(air drainage)가 있었다. "류닝과 크레머[3108]는 풀이 무성한 지면 피복으로부터 나온 묘목들의 잎 온도가 나지 토양으로 둘러싸인 묘목들의 온도보다 수°C 낮은 것을 관측했다. 따라서 잔디 수관 위의 묘목은 나지 토양으로 둘러싸인 묘목보다 좀 더 빈번하고 좀 더 심한 서리를 경험할 수 있었다"(M. C. Ball et al.[3100]).

가이거[101]는 독일 뮌헨 부근의 겨울호밀 밭에서 기온변화를 측정하였다. 그림 31-2의 윗부분은 정오의 기온단면을 포함하고 있다. 호밀이 성장함에 따라 최초에 최대가열지대는 실제로 호밀의 상부 표면 아래에 있었는데, 그 이유는 태양복사와 바람 둘 다 가느다란 연직구조 안으로 침투할 수 있었기 때문이다. 기온단면에서 호밀이 성장해서 두꺼워질 때 최대가열지대는 위로 이동했다. 그렇지만 귀리가 익어서 건조해지고 색깔이 밝아지면, 최대가열지대는 다시 지면 가까이 내려와서 수확 후에 지표에 도달하였다. 야간(그림 31-2의 아랫부분)에 호밀 표면에서 형성된 찬 공기는 굵어진 줄기 사이로 천천히 내려와서 수확 직전에 최저기온이 지면 위 1m 높이에서 나타났다.[4]

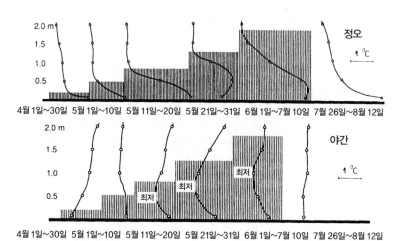

그림 31-2 독일 뮌헨 부근 겨울호밀 밭에서의 기온단면(R. Geiger[101])

---

4) 독일어본(제4판, 1961)에 이 문장은 "Bei Nacht(Abb. 148 unten) sinkt die an der Oberfläche des Getreides gebildete Kaltluft nur langsam zwischen den dichter werdenden Halmen abwärts, so daß vor dem Schnitt die tiefste Temperatur in 1m über dem Boden angetroffen wird."라고 기술되어 있어, 영어본(제7판, 2009) 의 "As the grain becomes denser the lowest temperatures at night(lower part of Figure 31-2) are found in the mass of vegetation about 1m above the ground."라는 내용과 다르다. 더군다나 이 문장이 가이거가 직접 관측한 내용이라 독일어본을 기준으로 번역하였다.

그림 31-3은 호밀 밭, 감자 밭, 뚱단지(Jerusalem artichoke) 밭과 잔디 위의 백금선 온도계로 측정한 기온의 일변화를 나타낸 것이다. 이 그림은 1936년 8월의 햇빛이 나는 날씨에 잔디 위 2m 높이의 값으로부터의 기온 편차를 제시한 것이다. 기대되는 바와 같이 잔디의 지면 부근에서 기온은 백엽상에서 읽은 기온보다 정오에 좀 더 높았고, 야간에 좀 더 낮았다. 각 지점의 고도는 B.H.로 표시하였다. 식생의 밀도와 키는 기온분포에 영향을 주었다. 일최대가열지대는 잔디보다 곡물 위에서 훨씬 더 높이 올라갔다. 감자 밭과 잔디에서는 최고기온이 지표에 있었다. 호밀과 뚱단지는 조밀하여 식생의 질량 내에서 최고기온이 나타났고(그림 31-3), 주간에 지표는 외부유효표면보다 뚜렷하게 차가웠다. 야간에 잔디 위의 최저기온은 지면에 있었다. 작물과 함께 (이들 밀도의 영향을 받는 동안) 최저기온은 분명하게 식생의 질량 내에서 나타났다.

류닝과 크레머[2923]는 잔디, 건조한 토양과 습윤한 토양 위에서 야간 기온을 관측하였다(그림 31-4). 잔디가 차가운 공기와 온난한 토양 사이에 단열층이 되어 잔디 위에서 기온은 일반적으로 낮았다. 이것은 또한 가을에 이른 눈이 내린 이후에 때때로 관측될 수 있었다. 거리 또는 나지 토양 위의 눈은 빠르게 사라졌던 반면, (토양의 열로부터 단열되는) 잔디 위의 눈은 훨씬 더 오랫동안 남았다. 류닝과 크레머[2923] 또한 습윤한 토양 위에서 좀 더 높은 야간 기온을 관측하였다(그림 31-4). 습윤한 토양은 좀 더 높은 열용량과 전도율을 가져서 야간에 좀 더 많은 열이 지표로 흐르게 하였다. 주간에 좀 더 습

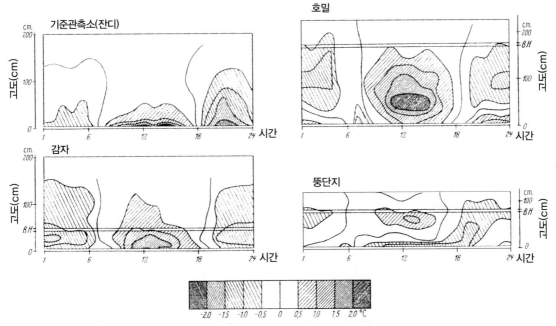

그림 31-3 기준관측소 또는 참조작물(잔디) 미기후로부터 여러 유형의 작물의 기온편차(A. Mäde[3110])

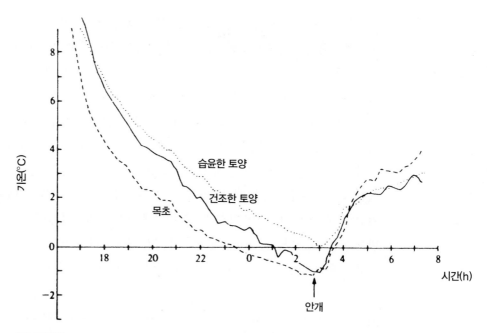

그림 31-4 1984년 8월 15일~16일에 목초(파선), 건조한 토양(실선), 습윤한 토양(점선) 위 5mm에서 측정한 야간 기온의 시계열(R. Leuning and K. W. Cremer[2923])

윤한 토양 역시 높은 열용량과 전도율, 그리고 증가된 증발 때문에 좀 더 느리게 가열되었다. 센[3117]은 그 결과로 좀 더 습윤한 토양 위에서 약한 호수 순환을 밝혔다.

탐과 푼케[3119]는 1953년 8월 어느 날 2.1m 키의 옥수수 밭과 인접한 나지에서 지면 위의 각각 16개와 9개의 서로 다른 높이에서 기온을 측정하였다. 양의 순복사 기간에 지면 위 40~60cm 높이에서 옥수수 밭은 나지보다 0.5~2.5°C까지 기온이 낮았고, 그 위의 2.1m 높이까지는 나지보다 0.5~1.5°C까지 기온이 높았다. 외부유효표면은 80~180cm 사이에서 매우 잘 나타나지는 않았으며, 그 출현이 상이한 복사량과 일기상태에 따라 변하였다. 음의 순복사수지 기간에 옥수수 밭은 80cm의 높이까지 0.5~1.0°C까지 기온이 높았으며, 그 위에서는 0.5°C 기온이 낮았다. 외부유효표면은 차이가 작았지만 주간보다 뚜렷하였다.

성장 밀도 역시 습도를 조절하는 중요한 인자이다. 필처[3003]는 상이한 밀도로 심은 옥수수로 이에 대한 실험을 하였다. 그는 1cm³의 공기 공간에 존재하는 cm²의 잎 표면의 면적으로 밀도를 지정하였다. 그는 측정자료에 대해서 다음의 평균상대습도를 밝혔다. 상대습도는 가장 조밀한 옥수수(18.1cm² cm^{-3})에서 73%, 보통 조밀한 작물(0.82)에서 64%, 소밀한 작물(0.38)에서 51%, 나지에서 40%였다.

인공관개되는 밭에서 습도와 기온 분포는 실제로 다르다. 람다스 등[3114]은 인도 푸네(18°N) 부근의 인공관개되는 사탕수수 밭에서 이것을 조사하였다. 그들의 측정은 1951년 가드레[3102]에 의해서 보완되었다. 그림 31-5는 인도의 북동계절풍이 부는 건기 동안 나지 위, 150~180cm까지 키의 기장 밭 위와 인공관개되는 2.5m 키의 사탕수수 밭 위의 기온단면을 비교한 것이다. 정오에 사탕수수 밭은 입사복사를 주로 증발에 이용한다. 따라서 사탕수수 밭 위의 기온은 나지 위보다 14℃ 낮았고, 기장의 그늘 아래보다 8℃ 낮았다. 야간에 사탕수수 밭에서 나지 위보다 지면 위 1.2m 높이까지 높은 기온이 나타났는데, 그 이유는 사탕수수 밭의 물이 주간의 열을 저장하고 지면으로부터 1.2m 고도까지 나지 위보다 다소 높은 기온이 나타나게 하는 열저장소로 작용했기 때문이다. 소밀하게 자라는 기장 밭에서 야간의 기온은 0.5m 고도까지 나지보다 온난하였고, 이 높이 위에서는 방출복사하는 식생으로 인하여 나지 위보다 기온이 낮았다.

그림 31-6(수증기압)과 그림 31-7(상대습도)은 상응하는 습도 분포를 제시한 것이다. 가장 높은 습도는 절대습도나 상대습도 둘 다 관개된 사탕수수 밭 위에서 나타났고, 기장밭, 나지가 그 뒤를 이었다. 사탕수수 밭에서 수증기압 경도는 정오경에 매우 높았다.

가드레[3102]는 성장한 사탕수수 밭의 미기후와 특히 주변 영향을 연구하기 위해서 인도 푸네의 시험장에 1.2m 간격으로 동에서 서로 달리는 33개 열에 사탕수수를 심었다. 1주일에 1회 정오에 밭의 한가운데 6개의 서로 다른 높이에서 건습계로 측정하였다. 이때 관측자는 6열, 13열, 21열, 28열에서 측정하기 위해서 서 있었다. 동일한 값들이 인접한 나지와 관개되지 않은 밭에서 동시에 측정되었다. 주목할 만한 차이는 사탕수수를 심은 후 사탕수수가 70~90cm 키에 달하는 3~4개월이 지나서야 비로소 나타나기 시작했다. 사탕수수가 거의 5m 키가 되는 11월에 밭의 중앙에서 기온, 수증기압, 상대습도를 측정하였다(표 31-3). 경계 영향(27장)은 4열까지 미쳤다(최고치는 *표로

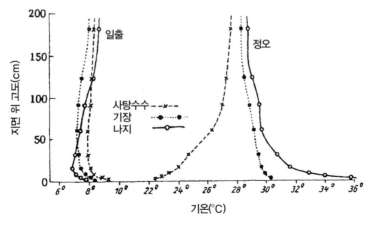

그림 31-5 인도 푸네 부근의 나지, 기장 밭과 관개된 사탕수수 밭 위의 기온성층(L. A. Ramdas et al.[3114])

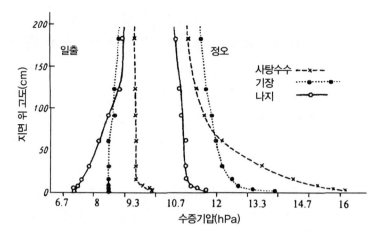

그림 31-6 그림 31-5와 같은 장소에서 수증기압의 성층(L. A. Ramdas et al.[3114])

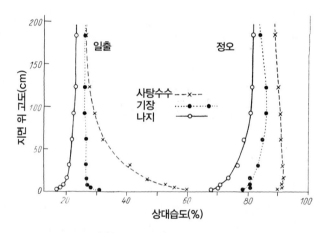

그림 31-7 그림 31-5와 같은 장소에서 상대습도의 성층(L. A. Ramdas et al.[3114])

표 31-3 나지와 사탕수수 밭 위의 기온 T_A(°C), 수증기압 e(hPa)와 상대습도 RH(%)

고도 (m)	나지			사탕수수 밭			편차		
	T_A	e	RH	T_A	e	RH	T_A	e	RH
6	30.2	18.7	43*	29.1	20.0	49	−1.1	1.3	6
5	30.3	18.7	43*	29.6	22.0	53	−0.7	3.3	10
4	30.5	18.7	42	30.2*	24.5	57	−0.3	5.9*	15
3	30.7	18.7	42	29.7	22.9	55	−1.0	4.3	13
2	31.0	18.7	41	29.0	22.3	55	−2.0	3.6	14
1	31.6	18.7	40	28.0	23.9	63	−3.6	5.2	23
0	38.0*	24.6*	37	26.1	28.0*	83*	−11.9*	3.3	46*

출처 : K. M. Gadre[3102]

표시하였다).

식생피복은 토양의 온도와 수분함량에 크게 영향을 준다. 먼테이트[3111]는 잉글랜드에서 지표 바로 아래의 에너지 흐름을 직접 측정하여 목초지, 밀 밭, 감자 밭에 대해서 양의 복사수지시간 동안에 흡수되는 에너지양과 음의 복사수지시간 동안에 방출되는 에너지양을 결정하였다. 1956년 7월의 구름이 없는 날에 대한 에너지양이 표 31-4에 제시되어 있다. 주간에 Q_G는 복사수지 Q^*의 13%(밀)와 16%(감자)에 달했다. 6월과 7월 모든 주간 관측의 평균은 좀 더 높은 평균값을 제시했다. 모든 Q_G 값의 9/10는 Q^*의 18~23% 사이에 있었다. Q_G가 양이고 Q^*가 음인 야간에 이에 상응하는 수치는 39~46%까지였다. 개별 값은 일기가 변화함에 따라서 크게 분산되었다(30~140%까지!). 3개 밭은 이러한 점에서 거의 차이가 없었다. 목초지 위에서 $Q_G : Q^*$의 비율은 풍속이 증가할수록 감소하였는데, 그 이유는 좀 더 강한 바람이 난류를 통해 좀 더 많은 에너지를 이동시켜서 복사 손실을 상쇄하기 때문이다. 이러한 관계는 밀과 감자에는 존재하지 않았다. 여기서 결정적인 인자는 토양수분이 비가 온 후에 많았고, 따라서 좀 더 많은 입사복사가 증가된 열용량과 전도율 때문에 토양에 저장될 수 있었던 것이다.

라이트 등[3122]은 미국 아이다호 주 레이놀즈에서 세이지브러시와 개방된 토양의 혼합을 따르는 12.3m 횡단면에서 전천복사와 온도의 큰 변화를 발견하였다. 온도는 그늘과 표면 토양수분의 변화에 반응하여 방해물이 없는 사이의 공간과 세이지브러시(*Artemisia tridentada ssp. wyomingensis*) 수관 아래(그림 31-8) 사이에서 35℃나 변하였다.

토양의 수분함량과 온도는 식물 피복 유형의 영향을 받는다. 나무의 주근(主根) 부근에서 토양이 건조한 것은 잘 알려져 있다. 크납 등[3107]은 1951년 4월~7월 사이에 독일의 쾰른 식물원에서 호밀풀(*Lolium perenne*) 아래와 검은 휴한지(black fallow)에서 석고블록방법(독 : Gipsblockmethode)으로 토양수분을 비교 측정하였다. 두 지역의

표 31-4 서로 다른 작물이 있는 밭에서의 에너지 교환(MJ m^{-2})

기간	복사수지 Q^*	토양 내에서 교환되는 에너지 Q_G		
		목초지 (2cm)	밀 (100cm)	감자 (75cm)
주간	14.2	2.2	1.9	2.3
야간	−1.93	−0.84	−0.75	−0.88
24시간	12.3	1.3	11.3	1.4

출처 : J. L. Monteith[3111]

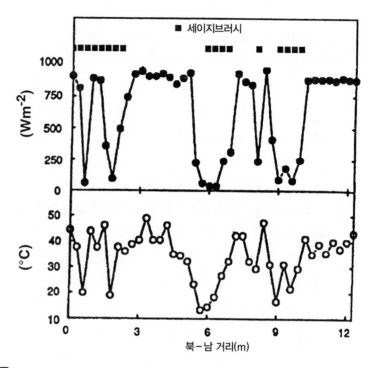

그림 31-8 미국 아이다호 주 레이놀즈, Reynolds Creek Experimental Watershed의 퀀시트에서 12.3m 횡단면을 따라서 1989년 3월 4일 정오에 측정한 토양표면에서의 전천복사(W m⁻²)와 지표에서의 온도(°C)(J. R. Wright et al.[3122])

각각 4개 깊이에 대해서 발행한 기록은 나지의 밭을 갈아 놓은 표면 아래에서보다 잔디 아래에서 훨씬 더 큰 수분 변동을 보여 주고 있다.

오스트레일리아의 식물학자 스페치트[3118]는 1956년에 캔버라에서 개최된 건조지대의 미기후에 관한 심포지엄에서 식물 자체가 토양수분에 미치는 영향에 대한 극심한 사례를 제시하였다. 그림 31-9는 1955년 어느 여름날에 스텝 식생⁵⁾ 아래에서 30cm의 수평 간격으로 6개 깊이에서 측정한 토양수분의 분포를 제시한 것이다. 그 전날 긴 건기 이후에 24mm의 비가 내렸다. 이 건기는 큰 점들로 표시한 중간 깊이에서 여전히 알 수 있다. 여기서도 정상적으로 깊이가 깊어질수록 수분이 약간 증가하였다. 식물의 상이한 구조가 스케치에 제시되어 있다. 식물들은 빗물의 일부를 흡수하여 증발시켰고, 또한 일부는 수간류(樹幹流)로 직접 식물 아래의 토양 속으로 들어갔다. 비가 온 다음 날 가장 많은 수분은 비가 방해받지 않고 내린 식물들 사이의 공간에서 나타나지 않고, 식물

---

5) 제4판(독어본)에 "Steppenvegetation(스텝 식생)"으로 표현되어 있으나, 제7판(영어본)에는 "desert vegetation"으로 표현되어 있다. 여기서는 제4판(독어본)에 따라 '스텝 식생'으로 번역하였다.

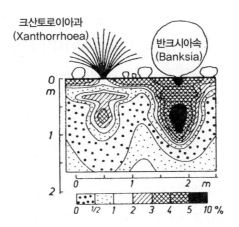

그림 31-9 비가 온 후 오스트레일리아 스텝 식생 아래에서의 토양수분(R. L. Specht[3118])

의 뿌리 지대에서 나타났다. 그루버 등[3103]은 아프리카의 사바나에서 빗물이 고립된 나무들(*B. aegyptiaca*)의 줄기를 따라 아래로 흘러서 집중되는 것을 발견하였다. 이 물은 나무 아래에 침투하여 좀 더 깊은 곳을 적셨다. 이 흐름과 집적된 물의 양은 식물의 키와 양의 상관관계가 있다. 그루버 등은 나무 쪽으로 물이 이렇게 좁은 통로로 흐르는 것(funneling)이 나무 주위에 좀 더 건조한 조건과 초지 식생 패턴을 유지시키는 역할을 한다고 제안하였다.

식생피복이 타는 것도 토양수분에 두 가지 반대되는 영향을 미칠 수 있다. 불에 탄 지역에서 토양수분은 증가된 유출(R. J. Hanks and K. L. Anderson[3104])과 낮아진 눈 집적(M. J. Trlica and J. L. Schuster[3120])으로 인하여 좀 더 줄어들 수 있었다. 다른 한편으로 토양수분은 식물에 의한 사용이 줄어들어 좀 더 증가할 수도 있었다. 불에 탄 지역의 좀 더 높은 온도(20장)는 또한 좀 더 깊은 토양 속으로 수분을 이동시킬 수 있었다(21장).

김과 버마[3106]는 1987년 5월~10월에 미국 캔자스 주(39°03'N) 맨해튼의 장초 프레리의 표면 에너지수지를 측정하여 뚜렷하게 차이가 나는 수분함량의 조건하에서 초지 표면의 에너지수지 특징을 설명하였다. 표 31-5의 총계는 1,230~1,430시간의 정오

표 31-5 1987년 미국 캔자스 주 맨해튼의 장초 프레리에 대한 정오(1,230~1,430시간)의 평균 에너지수지 항과 기상조건

	T_A (8°)	D (kPa)	u (m sec^{-1})	Q_E/Q^*	Q_H/Q^*	Q_G/Q^*	녹색 LAI	G_A (mm sec^{-1})	G_C (mm sec^{-1})
7월 11일	31	1.8	8	0.67	0.21	0.09	2.8	48	13.1
7월 30일	37	4.3	6	0.35	0.48	0.11	2.6	36	1.5

출처 : J. Kim and S. B. Verma[3106]

평균을 나타낸 것이고, 에너지수지 항은 그 결과를 위치에 덜 종속되는 방법으로 표현하기 위한 순복사 $Q*$의 단편으로 제시되었다. 지표층(0.0~0.3m)의 부피 물 함량은 5월 중순에 0.35m³ m⁻³였으나, 10월 중순까지 0.15m³ m⁻³로 점진적으로 감소하였다. 이들 값은 대부분의 생육기간에 0.25m³ m⁻³ 이상이었고, 수분 스트레스 조건이 존재하고 표면 부피 물 함량이 0.15m³ m⁻³까지 떨어지는 7월 중순에서 하순까지의 건기를 제외하고 일반적으로 식물 성장에 적절하였다. 녹색 잎면적지수 LAI는 6월 말의 절정 성장단계 동안 3.2로 절정에 달하였고, 10월의 노쇠 단계에 1.0까지 점진적으로 떨어졌다.

표 31-5에서 7월 11일에 대한 에너지수지 총계는 양호한 토양수분조건을 경험한 초지 표면에 대표적이다. 601W m⁻²의 정오 평균순복사 총계는 이보다 훨씬 낮은 수준의 대류 및 전도와 함께 주로 높은 수준의 증발산을 지원하는 데 사용되었다. 보우엔비 값 β는 이슬 침적 때문에 이른 아침에 실제로 음이나, 해가 뜬 직후 0.31까지 빠르게 상승하였고, 하루 종일 그 값을 유지하였다. 높은 수준의 Q_E는 주간에 식물 표면 수관을 냉각시켜서 감소된 포차 D와 낮은 정오의 기온 T_A가 나타났다. G_C의 값($G_C = 1/R_C$, 여기서 R_C는 수관 저항이다)은 펜만-몬테이트 방정식으로 결정되었다. 초지 표면에 물이 잘 공급되면, 수관 전도도값은 하루 종일 순복사의 이용가능성을 밀접하게 따른다. 7월 11일에 G_C 값은 일출 시에 1.0mm sec⁻¹로부터 일몰경에 다시 하강하기 전에 정오에 13.1mm sec⁻¹까지 상승하였다. 물을 쉽게 이용할 수 있으면, Q_E는 순복사 $Q*$, 풍속 u, 포차 D와 기온 T_A와 같은 기상조건들에 의해서 주로 조절된다.

물 스트레스의 조건하에서 수관 전도도는 그 대신에 식물 생리적 매개변수에 의해서 조절된다. 7월 30일에 587W m⁻²의 정오 순복사는 일출 시에 0.17부터 정오에 1.37에 이르는 주간 보우엔비와 함께 주로 공기와 지면을 가열하는 데 이용되었다. 식물 수관 온도는 감소된 Q_E 때문에 증가하였고, 포차는 감소된 증발 냉각에 반응하여 크게 증가했으며, 기온은 증가된 대류 Q_H에 반응하여 상승하였다. 7월 30일에 3.4mm sec⁻¹의 최고 수관 전도도는 일출 직후에 발생했으며, 점진적으로 주간에 일몰 부근에서 1.5의 낮은 값으로 떨어졌다. 제한된 물이 있는 조건하에서 식물의 잎들은 좀 더 빠르게 잎 팽압(leaf turgor)을 손실하기 시작했고, 적절한 내부의 물 조건을 유지하기 위해서 기공을 닫기 시작했을 것이다. 잎 팽압의 손실은 표 31-5에서 7월 30일에 감소된 LAI 값에서 반영된다. 따라서 Q_C의 일 패턴은 수분 이용도가 좀 더 제한될 때 $Q*$에 대한 종속성으로부터 본질적으로 분리되었다. 이러한 이유 때문에 최대 광합성 비율은 때로 물 스트레스를 받은 식물 또는 일반적으로 건조한 환경에 대해서 이른 아침에 발생하였다. 공기역학 전도도 G_A 값은 1.5m sec⁻¹ 이상의 모든 풍속에 대해서 풍속에 직접적으로 반응하여 변했다.

제32장 ··· 정원과 포도원의 미기후

앞 장의 고찰로 목초지와 밭의 주로 연직(erectophile) 구조로 이루어진 식물군락의 연구를 마치고, 이제 개별 식물이 성장 형태와 잎 분포가 좀 더 수평 구조(planophile)를 나타내는 식물군락을 다루도록 하겠다. 이들은 관상식물, 지면을 완전히 덮는 데 좀 더 긴 시간을 필요로 하는 좀 더 넓은 간격의 열로 심은 농작물과 지면을 결코 완전히 덮지 못하는 포도원과 과수원을 포함한다. 좀 더 개방된 이들 수관에서 지표는 지표의 에너지수지와 미기후에서 좀 더 중요한 역할을 한다.

첫 번째 사례는 독일 뮌헨의 한 정원에서 금어초(*Antirrhinum*)를 심은 화단이다(R. Geiger[101]). 그림 32-1은 기온단면이다. 식물이 작으며, 개방형의 덮개를 형성한 7월에 정오의 기온단면(위의 그림)은 나지 위의 기온단면과 여전히 유사하다. 그렇지만 식물이 완전히 성장한 8월에는 조밀한 잎 구조가 연직 유형의 잎 방향과 수관 구조를 가진 곡물(그림 31-2)에서보다 최고기온이 나타나는 지대를 훨씬 더 크게 위로 올라가게 하였다. 외부유효표면은 식물이 서 있는 상부 표면 바로 아래에 위치하였다. 식물의 상부 표면이 복사하는 야간에 좀 더 차가운 공기는 곡물에서보다 좀 더 쉽게 지면으로 침강할 수 있었다. 따라서 최저기온은 화단에서 항시 지표에 위치하였다.

잎의 구조는 이 정원의 화단에서처럼 항시 조밀하고 가깝게 붙어 있지는 않았다. 브로드벤트[3202]는 잉글랜드의 로담스테드에서 감자 밭을 조사하여 키 60cm의 감자 식물에서 정오의 최고기온이 조밀하게 심은 곳에서는 30cm 높이에서, 덜 조밀하게 심은 곳에서는 10cm 높이에서 나타나는 것을 제시하였다.

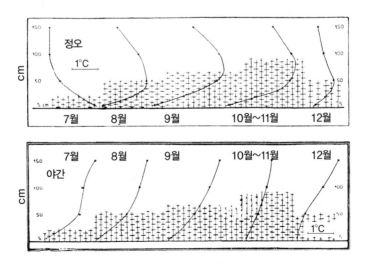

그림 32-1 독일 뮌헨 부근에서 식물이 성장한 화단 위의 기온단면(R. Geiger[101])

대기후학의 관점에서 독일의 포도원은 포도재배의 북한계에 위치한다. 이로 인하여 특히 햇빛이 잘 들고, 온난하며, 서리가 없는 미기후 지역에 포도나무를 심어야 한다. 린크[3206]는 미기후학자들이 읽을 가치가 있으며, 훌륭한 그림을 포함하고 있는, 식물학적으로 다룬 계단식 포도원(vineyard terrace)의 미기후 조건에 대한 개론서를 저술하였다.

독일에서 '포도원(독 : Weinberg, 영 : wine mountain)'의 미기후는 여러 개별 인자들로 이루어진다. 이미 '바인베르크(Weinberg)'라는 명칭은 일반적으로 포도재배를 위해서 햇빛이 잘 드는 사면을 이용하는 것을 의미한다. 우선 첫째로 구릉의 양지바른 사면들이 포도 재배를 위해서 선택된다. 따라서 계단식 포도원기후(독 : Weinbergklima)는 42장에서 다루게 될 사면기후(독 : Hanglagenklima)이다. 포도원을 계단식으로 만들어 이러한 사면기후가 인위적으로 변화된다. 그 위에 포도나무를 심는, 평탄하여 일하기 쉬운 표면은 산 쪽에서 석축(石築)으로 구분된다. 이 석축의 미기후효과는 이미 20장에서 논의되었다. 여러 장소에서 포도원은 석축으로 구분되어 있다. 이러한 석축은 농부들이 수백 년 동안 포도원을 만들 때 나온 돌들을 측면의 울타리에 쌓아서 만든 것이다. 이들 계곡 쪽으로 쌓아 놓은 석축은 그 사이에 바람을 막아서 따뜻한 공간을 만드는 반면, 야간에 차가운 공기가 계곡으로 유출되는 것은 막지 않는다. 석축이 날려 온 미세한 토양으로 덮이지 않는 한 돌들 사이의 많은 공간 때문에 불량한 전도율을 갖는다. 이들 석축은 주간에 햇빛으로 크게 가열되고, 장파복사를 하여 포도나무를 위한 열원으로 작용한다. 그에 상응하게 석축의 깊은 곳은 서늘하고 습하여 건생식물의 (xerophytic) 표면 식물상 이외에 또한 뿌리가 깊은 큰 덤불과 심지어 나무도 잘 자라게 하여 석축이 바람을 막는 효과를 한층 더 높인다.

포도원의 주변 지형도 마찬가지로 중요하다. 구릉의 기저부가 하안(河岸) 또는 호안(湖岸) 부근에 위치하면, 거울면반사를 통해서 추가적인 에너지를 얻게 된다(4장). 포도원 위에 차가운 고원이 위치하면, 고원으로부터 야간에 유출되는 찬공기가 야간의 서리 피해의 위험을 증가시킬 수 있다(42장). 이러한 위험에 대한 보호대책으로 포도원의 상한계에 흔히 두꺼운 울타리를 두르거나 방풍림을 심어서 찬공기의 배기(cold air drainage)를 최소로 한다.

그러나 포도나무 자체와 포도나무를 기르는 방법도 포도원[또는 포도재배 지역에서 언급되는 바와 같이 — 포도원(독 : Wingert, Wengert)[6)]의 미기후를 만드는 데 결정적인 역할을 한다. 존탁[3209]은 포도나무의 열의 기후와 그 사이에 놓인 개방된 공간

---

6) *Wingert*와 *Wengert*는 '포도원(Weinberg)'을 의미하는 독일어 방언이다.

의 기후를 근본적으로 구분해야 한다고 인식하였다. 그림 32-2는 1933년 9월 햇빛이 나는 어느 날에 관측된 정오(왼쪽)와 야간(오른쪽)의 기온분포이다. 햇빛은 남-북으로 달리는 개방된 공간에서 지면까지 침투하여 높은 표면온도와 지면에 가장 가까운 곳에 큰 기온경도가 나타나게 했다. 포도나무의 열에서 최고온도는 잎이 바람으로부터 막아 주는 외부유효표면 아래에 위치하나, 이 최고온도는 당연히 개방된 공간에서보다 훨씬 낮았다. 포도나무의 열 사이에서 최고온도는 지표에서 나타났다. 야간에 최저온도는 방출복사하는 잎 표면의 높이(차가운 하늘로부터 부분적으로 차폐된 개방된 공간의 지면이 아니라)에서 나타나서 이슬이 식물 내에서 많이 형성되었다. 존탁[3209]은 다음과 같이 기술하였다. "심지어 포도원 밖 도로에 서 있는 쇠기둥이 지면부터 줄기의 높이까지 건조했으나, 잎의 높이에서는 완전히 물방울로 덮여 있었다." 포도나무의 외부유효표면과 단단한 지면의 이와 같은 이중적 영향은 추보이(Y. Tsuboi), 나카가와(Y. Nakagawa)와 혼다(Honda)[7]가 일본의 포도원에서 측정한 기온단면에서도 알 수 있다.

이러한 유형의 식물 수관의 좀 더 개방된 구조는 식물 수관과 인접한 토양표면의 복잡한 기능인 증발산 총계와 에너지수지 패턴으로 나타난다. 이러한 사실은 헤일만 등[3203]이 조사한 포도원의 극심한 경우에서 분명하게 알 수 있다. 이에 대한 주간(일출에서 일몰까지) 에너지수지 총계는 표 32-1에 요약되어 있다. 북쪽으로부터 160°의 방위인 열을 갖는 포도원에 대한 에너지수지 총계는 미국 텍사스 주 라메사(33°30'N)에서 1992년 5월 31일부터 6월 7일까지 구했다. 조밀한 울타리의 열은 3m 간격으로 떨어져

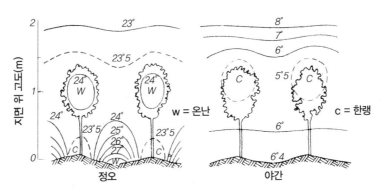

그림 32-2 1933년 9월 17일 독일 팔츠의 포도원에서 정오(왼쪽)와 야간(오른쪽)의 기온(K. Sonntag[3209])

---

7) *Tsuboi*, *Y*., und *Nakagawa*, *Y*., Micro-meteorological characteristics in the vineyard (1). Ebenda 8, 77-80, 1953. *Tsuboi*, *Y*., und *Honda*, *I*., Micro-meteorological characteristics in the vineyard (2). Ebenda 10, 37-41, 1954.

있었다. 개별 식물은 키가 1.6m, 폭이 0.4m였으며, 1.7m 간격으로 심었고, 1.25m 이하의 작은 식생을 가졌다. 포도원 수관은 10일의 연구기간에 불과 0.7로부터 1.1m² m⁻²까지 증가한 잎면적지수값으로 지적된 바와 같이 매우 개방되었다.

분리된 에너지수지 총계와 에너지 항은 전체 포도원(a), 토양표면(b), 식물 수관에 대해서 표 32-1에 있다. 키가 큰 식물과 넓은 간격의 열을 갖는 포도원의 구조는 하루 동안 태양복사에 대한 토양과 수관의 노출에 큰 변화를 일으켰다. $K\!\downarrow$의 수관 흡수는 태양 광선이 수관에 좀 더 직접적으로 향하는 이른 아침과 늦은 오후 시간 동안 가장 많았던 반면, 토양표면으로의 $K\!\downarrow$의 침투는 주간의 한가운데에서 우세하였다. 낮은 잎면적지수 총계와 결합된 토양표면으로의 좀 더 많은 태양복사의 침투는 포도원 증발산에 크게 기여하는 토양 증발이 되었다. 개방된 수관도 수관 증산에 추가적인 에너지원이 되는 열 내에서 국지적으로 이류된 토양표면에서의 좀 더 많은 Q_H를 형성하게 하였다. 토양표면온도는 주간에 17°C까지 수관 온도를 초과하였다. 결과적으로 포도원 보우엔

표 32-1 미국 텍사스 주 라메사의 포도원에 대한 주간(일출에서 일몰까지) 에너지수지 총계와 에너지 항

일	Q^* MJ m⁻²	Q_G MJ m⁻²	Q_H MJ m⁻²	Q_E MJ m⁻²	Q_G/Q^*	Q_H/Q^*	Q_E/Q^*	β 보우엔비
(a) 포도원								
5월 31일	13.3	−3.2	−3.3	−6.8	−0.24	−0.25	−0.51	0.49
6월 4일	15.4	−4.5	−2.6	−8.3	−0.29	−0.17	−0.54	0.31
6월 5일	17.1	−5.0	−4.3	−7.8	−0.29	−0.25	−0.46	0.55
6월 6일	12.5	−1.8	−3.5	−7.2	−0.14	−0.28	−0.58	0.49
6월 7일	16.6	−3.2	−3.3	−10.1	−0.19	−0.20	−0.61	0.33
(b) 토양표면								
5월 31일	11.9	−3.2	−4.1	−4.6	−0.27	−0.34	−0.39	0.89
6월 4일	12.9	−4.5	−3.6	−4.8	−0.35	−0.28	−0.37	0.75
6월 5일	14.2	−5.0	−4.9	−4.3	−0.35	−0.35	−0.30	1.14
6월 6일	10.9	−1.8	−5.9	−3.2	−0.17	−0.54	−0.29	1.84
6월 7일	13.8	−3.2	−4.1	−6.5	−0.23	−0.30	−0.47	0.63
(c) 수관								
5월 31일	1.4	−	0.8	−2.2	−	0.57	−1.57	−0.36
6월 4일	2.5	−	1.0	−3.5	−	0.40	−1.40	−0.29
6월 5일	2.9	−	0.6	−3.5	−	0.20	−1.20	−0.17
6월 6일	1.6	−	2.4	−4.0	−	1.50	−2.50	−0.60
6월 7일	2.8	−	0.8	−3.6	−	0.29	−1.29	−0.22

출처 : J. L. Heilman et al. [3203]

비는 잘 관개된 초지표면(31장)과 비교하여 일반적으로 높았고, 토양표면에서 생성된 느낌열에 대한 침강지로 작용했던 수관에 대해서 음이었다. 그 결과로 수관 Q_E는 모든 날에 수관 Q^*를 초과했다.

콩 밭 및 감자 밭의 수관과 같은 덜 개방된 수관은 완전한 초지 표면의 에너지수지 패턴과 적은 차이를 나타낼 것이나, 완전한 지면 피복이 이루어지기 전인 특히 초기 성장 동안 포도원과 유사할 것이다.

포도나무의 수관 구역은 주간에 복사 가열과 증발을 통한 열 손실을 하였다. 키가 큰 포도나무에서 좀 더 넓은 잎 면적 때문에 복사 가열이 많았다. 그러므로 키 작은 포도나무에서보다 키 큰 포도나무에서 온도가 높았다. 그러나 키 작은 포도나무의 포도가 지표에 가까운 곳에서 성장하기 때문에 이것은 다소 상쇄되었다. 그러므로 키 큰 포도나무와 키 작은 포도나무 둘 다의 포도는 오후의 따뜻한 시간에 같은 온도를 누렸다. 이러한 사실로 포도나무가 따뜻한 지면으로부터 너무 멀리 떨어져 있으면 포도 수확이 감소할 것이라고 포도주 상인이 두려워하는 이유가 정당하지 못하다는 것이 설명된다. 그렇지만 수증기압은 증산하는 잎의 질량이 좀 더 크기 때문에 키가 크게 자란 포도나무 위에서 항시 더 높았다.

이 결과는 바이제[3211]의 관측과 일치한다. 그에 의하면 독일 뷔르츠부르크 포도 재배 지역에서 키가 큰 형태의 재배(프랑켄 지방의 줄기 재배, 독 : frankishe Stammerziehung, 영 : Frankisch stem training)가 키 작은 형태의 재배(프랑켄 지방의 머리 재배, 독 : frankishe Kopferziehung, 영 : Frankish head training)와 비교하여 주간에 열손실을 하지 않는다는 것을 의미한다. 그렇지만 키가 큰 형태는 야간의 찬공기가 최하층 기층의 비교적 잎이 없는 공간을 통해서 좀 더 쉽게 유출되어(그림 32-2) 키가 작은 형태보다 서리 피해의 위험이 적다. 바이제[3212]는 포도원 내부에서 온도를 측정하여 이러한 사실을 증명하였다.

포도나무 재배, 간격, 그리고 잎 제거가 포도 생산, 포도의 질과 질병에 미치는 영향을 다룬 중요한 연구가 있다. 이 주제는 이 책의 영역 밖의 대상이다. 이에 대한 추가적인 정보는 레이놀즈 등[3210]과 스마트[3207]를 참조하기 바란다. 독자들은 특정 지역에 대한 다양한 포도나무 종의 적합성을 결정하는 인자들에 관한 추가적인 기후 정보에 대해서 애런[3201]과 윈클러 등[3213]이 저술한 고전서 『일반 포도재배학(General Viticulture)』을 참조하기 바란다. 클리워와 월더트[3205]는 조밀한 포도원에서 잎을 제거하면 과일에 그늘지는 것, 상대습도, 과일 부패가 감소하며, 공기 운동과 증발이 증가한다는 것을 밝혔다. 이것은 포도원 미기후, 열 간격, 격자 울타리, 가지치기, 새싹의 배치 등을 논의한 훌륭한 저서이다.

제6부

삼림기후학

제33장 삼림에서의 복사

제34장 삼림에서 대사, 에너지 저장과 바람

제35장 삼림에서의 기온과 습도

제36장 삼림에서 이슬, 비와 눈

제37장 입목 가장자리의 미기후

제38장 삼림의 입지기후와 관련된 다른 문제들

제39장 삼림이 기후에 미치는 원격 영향

임학자가 삼림을 일구려고 하는 경우, 자연 회생이든 인공 모종이든 조림이든 간에 어린 식물들은 피해를 주는 일기의 영향에 특히 민감하다. 늦서리, 겨울의 추위, 봄의 건조함, 여름의 가뭄과 끊임없는 바람은 대부분 어린 식물들에 피해를 주는 원인이 된다. 그러므로 미기후학의 문제에 대한 임학자의 관심사는 앞의 제5부에서 다룬 모든 내용과 관련이 있다. 삼림의 묘목장은 농업 또는 원예에 이용되는 면적과 같은 어려움을 겪는다.

그러나 삼림이 성장하면, 임학자에게 새로운 문제와 과제가 나타난다. 강한 바람, 상고대, 눈과 얼음의 무게로 인해 나무가 꺾임[설해(雪害)], 번개에 의한 파괴 등과 같은 가능한 기상 피해는 여기서 다루지 않겠다. 이 책에서는 삼림기후(forest climate)와 미기후로 인하여 발생하는 문제들만 다룰 것이다. 제6부의 고찰 대상은 임학자가 고려하는 입지인자(독 : Standortsfaktor)로서의 삼림기후이다. 기후학적인 입지학(독 : klimatologische Standortskunde)은 최근에 점점 더 조림(造林)을 위한 보조학문으로 발달하였다. 33~36장에서는 전형적으로 폐쇄된 오래된 입목(立木)의 기후로부터 출발해야 할 것이다. 대부분의 어린 식물들이 자라는 그 경계 지역의 미기후는 37장에서 다루고, 삼림을 벌채해서 만든 개간지의 미기후는 38장에서 다룰 것이다. 끝으로 39장에서는 삼림이 지역기후(regional climate)에 미치는 영향에 관한 예로부터의 문제를 다룰 것이다.

제33장 ··· 삼림에서의 복사

키가 크게 성장하여 폐쇄된 수관으로 둥근 아치를 만든 오래된 입목은 줄기 부분에서 자체의 폐쇄된 공기를 갖는 공간이 나타나는 것을 통해서 제5부에서 다룬 식물 피복과 구분된다. 줄기부분기후(독 : Stammraumklima, 영 : climate of the trunk area)는 그 위에 놓인 조밀한 수관 부분을 통해서 그로부터 분리되는 자유로운 공기 부분의 기후와 그 아래에 놓인 삼림지면기후 사이의 점이기후이다. 이러한 줄기 부분의 보호 덮개 아래에 삼림지면기후(독 : Waldbodenklima, 영 : forest floor climate)는 나지지면의 기후(독 : Klima des Freilandbodens, 영 : climate of the bare ground)와 근본적으로 다르다. 오래된 입목에서 외부유효표면은 수관의 정상에 위치한다. 이렇게 좁은 수직 지대에서 복사가 흡수되며 방출되고, 바람이 어느 정도 침투하게 한다. 그리고 외부기후(독 : Außenklima)와 줄기부분기후 사이의 차이는 난류, 그러나 수관 부분에서 크게 제지된, 교환을 통해서 지속적으로 완화된다. 나무 수관의 정상은 현저한, 울창하게 우거진 패턴(clumping pattern)으로 특징지어지는 불규칙한 표면이다. 이것이 울창하게 우거진 나무 수관 정상과 나무 수관 틈새의 상대적 깊이 사이에서 경계 거리가 변하는 삼림 수관의 정상에서의 불규칙한 표면을 만든다. 이러한 불규칙한 수관 정상 패턴은 수관의 반사, 투과, 흡수 특성에 영향을 주어 태양복사 흡수의 효율을 증가시킨다.

따라서 수관 부분의 미기후는 불안정도가 큰 것으로 특징지어진다. 수관 부분의 불안정함과 줄기 부분의 평형 사이의 차이는 매우 주목할 만하다. 줄기 부분이 완화시키는 효과는 보호받지 못하는 야외의 작열하는 여름의 더위에서, 또는 돌진하는 폭풍(무시무시한 큰바람, 풍력 계급 8)이 불 때, 또는 살을 에는 듯한 겨울 추위로부터 삼림으로 들어올 때 매우 분명하다. 수관, 줄기 부분과 삼림 지면의 미기후의 특성을 주 인자인 복사부터 시작하면서 다룰 것이다.

삼림 수관의 총체투과(bulk transmission), 반사, 흡수 특성은 수관 잎면적지수, 잎 스펙트럼 특성, 태양고도(그림 33-1), 나무의 키(그림 33-2), 수관 잎의 크기, 형태 및 방위에 종속된다. 조밀한 삼림이 총입사태양복사의 75~90%를 흡수할 수 있지만, 개별 잎은 약 50%만 흡수할 것이다(29장). 입목은 개별 잎보다 훨씬 더 많이 흡수하는데, 그 이유는 한 잎을 통해서 반사되거나 통과하는 에너지가 다음 잎이나 가지에 의해서 흡수될 수 있기 때문이다(W. E. Reifsnyder and H. W. Lull[2934]). 맥코기[3325]는 캐나다 온타리오 주의 혼합낙엽활엽수림의 알베도 조사에서 여름에 삼림의 알베도가 12~15% 변한다는 것을 밝혔다. 셔틀워스[3338]는 완전한 잎(full-leaf)의 열대상록수림과 온대상록수림에 대해서 평균 12%의 알베도와 온대낙엽활엽수림에 대해서 14%의 약간

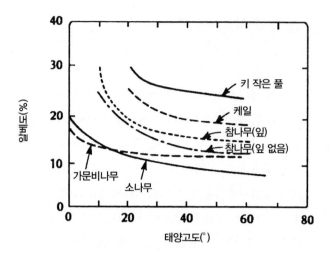

그림 33-1 서로 다른 식생 유형의 알베도와 태양고도 사이의 관계(T. R. Oke[3332], 초지와 케일은 J. L. Monteith and G. Szeicz[3329], 참나무 삼림은 J. V. L. Rauner[3333], 가문비나무는 P. G. Jarvis et al. [3320], 구주소나무는 J. B. Stewart[3343]로부터)

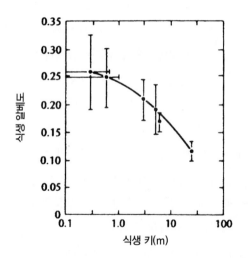

그림 33-2 평균 알베도와 식생 키 사이의 관계(T. R. Oke[3332], G. Stanhill[3342]에서 재인용)

높은 값을 보고하였다. 초지 및 농지 수관과 비교하여 삼림 수관에 의해서 늘어난 흡수가 그림 33-1과 33-2에서 분명하게 나타난다.

　겨울에 온대낙엽활엽수림의 알베도는 눈이 없을 경우에 최저 10%까지 감소한다. 일반적으로 벌거벗은 수관의 알베도는 완전한 잎의 수관의 알베도보다 낮다(그림 33-1). 온대낙엽활엽수림의 알베도는 눈이 내린 직후에 50% 정도까지 상승하나, 빠르게 감소하여 눈이 지면에 있는 동안 20% 정도로 안정된다. 낙엽활엽수림 알베도는 잎이 성장하는 봄과 잎이 떨어지는 가을에 빠르게 변한다.

삼림의 알베도는 그 효과가 좀 더 뚜렷한 매우 낮은 태양고도를 제외하고 태양고도에 약하게 종속된다(그림 33-1). 초지 및 농지 수관과 비교하여 태양고도에 대한 알베도의 덜 두드러진 종속성은 나무 수관의 울창한 패턴에서 일어난다. 맥코기[3325]는 삼림의 알베도 역시 구름량과 수관의 축축함에 영향을 받는다는 것을 밝혔다. 삼림의 알베도는 또한 나무들이 커서 좀 더 많은 잎과 가지를 가질 때 감소한다(그림 33-2).

삼림 수관 정상부의 불규칙한 형태는 외부유효표면에서 태양복사의 초기 산란에 지배적인 영향을 주지만, 삼림 수관을 통과하는 차후의 태양복사 투과는 수관 잎면적지수와 수관 구조에 의해서 조절된다.

단파복사는 목초지와 유사한 방법으로 삼림 수관 내에서 감소한다(그림 30-1). 바움가르트너[3703]는 식물 피복의 비고(比高)에 종속되는 것으로서 셀렌 광전지로 여러 가지 유형의 식생 내에서 빛의 강도를 측정하였다. 식물 피복의 높이를 — 이 높이를 cm 또는 m로 재는 것에 종속되지 않고 — 높이 척도의 단위로서 선택하고 빛의 강도를 외부 빛의 백분율로 제시하면 그는 두 가지 서로 다른 식생 유형이 구분될 수 있다는 것을 밝혔다(그림 33-3). 한 가지 유형에서 빛의 강도 곡선은 위로 볼록하고, 다른 유형에서는 선형 또는 오목하다. 이들 곡선은 각각 주로 수평적(planophile)인 잎 분포 패턴을 가진 식생군락(32장)과 주로 수직적(erectophile)인 잎 분포 패턴(31장)을 가진 식생군락에 상응한다. 잎 또는 침엽의 수관은 이미 상부에서 빛의 강도를 크게 감소시킨다. 이것은 2~3m 키의 어린 소나무류와 너도밤나무류가 있는 그림 33-3에서 알 수 있으며,

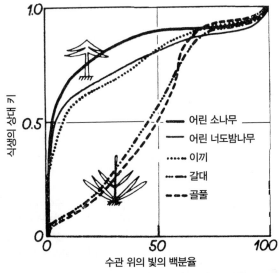

그림 33-3 삼림 수관 내에서 두 가지 서로 다른 유형의 빛의 감쇠 패턴(A. Baumgartner[3703])

또한 불과 4cm 키의 이끼 덮개(독 : Schrebermoss)에서도 알 수 있다. 그러나 초지는 분지(分枝)가 많이 되고 마른 부분이 있는 아랫부분에서 많은 빛을 흡수한다. 대부분의 식물과 같이 서로 다른 종의 초지는 광합성에 유용한 복사를 흡수하기 위한 그들의 입지가 서로 다르다. 플리어보에트와 워저[3311]는 예를 들어 *Cirsio-Molinietum*에서 식물생산성(phytomass), 잎 면적과 태양복사의 흡수가 그림 33-3에서 매골풀(rushes)과 갈대에서처럼 지면 가까이에 집중하는 것을 밝혔다. 다른 한편으로 *Seneciomi-brometum*에 대한 식물생산성, 잎 면적과 태양복사의 흡수는 식물 위에서 높게 위치하고, 이의 흡수곡선은 이끼와 나무의 흡수곡선과 좀 더 유사하다(그림 33-3). 당연히 이들 두 가지 잎 분포 유형들 사이에 여러 중간 형태들이 있다.

그림 33-4는 개별 소나무들과 혼합된, 31m 키에 수령이 120~150년인 미국너도밤나무(red beech, *Fagus grandifolia*)에 대한 트랍[3345]의 빛 곡선을 제시한 것이다. 이 나무는 오스트리아 룬츠 부근 해발 1,000m 고도의 20° 경사의 남동 사면에 서 있었다. 실선은 햇빛이 나는 날들에 삼림 지면 위 빛의 분포이다. 구름이 낀 날씨에 태양복사의 좀 더 높은 백분율이 확산복사일 때 절대빛의 강도는 당연히 삼림에서 낮으나, 그 감소율은 좀 더 느리다. 하라다[3318]는 같은 이유로 일본에서 안개가 끼지 않은 날들보다 안개가 낀 날들에 입목에 상대적으로 좀 더 많은 양의 빛이 있다는 것을 증명할 수 있었다. 울창한 삼림 수관을 통과하는 완전한 스펙트럼 태양복사의 투과는 베르의 법칙(Beer's Law) 근사치로 적절하게 기술될 수 있다(30장).

입목에서 단파복사의 감소는 크게 나무의 유형, 입목의 특성, 수령과 생산성에 종속

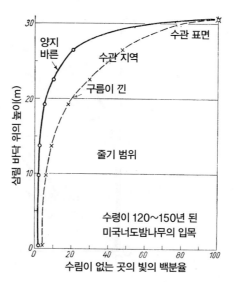

그림 33-4 조밀한 잎을 가진 미국너도밤나무 입목에서 빛의 감소(E. Trapp[3345])

된다. 가이거와 아만[3407], 라우셔와 슈바블[3321], 자우버러와 트랍[3336], 트랍[3345], 내겔리[3331], 셰어[3337], 시렌[3340], 밀러[3326, 3327]와 바움가르트너[2501, 3301]로부터 이용할 수 있는 많은 측정이 있다. 서로 다른 유형의 입목들의 빛의 강도에 대한 일부 값들이 표 33-1에 있다.

셔틀워스[3339]는 침엽수와 낙엽활엽수 입목 둘 다에 대해서 대략 0.47의 총체소산계수(bulk extinction coefficient) v를 보고하였다. 이들 값은 초지 및 농업의 수관에 대한 계수(30장)와 비교하여 낮고, 삼림 수관을 통한 태양복사의 좀 더 빠른 소산의 실례가 된다.

삼림의 지면까지 침투하는 빛이 그곳에서 성장하는 식물에 대해서 매우 중요하기 때문에 입목의 수령 또는 밀도와 삼림 지면에서 관측한 빛의 강도 사이의 관계를 발견하려는 많은 연구가 있었다. 미셜리히[3328]는 독일 튀링겐 삼림지대의 분트잔트슈타인(Buntsandstein, 적색사암) 지역에 있는 디츠하우젠 영림서의 수많은 젓나무 입목에서 사진용 노출계로 측정하여 입목의 수령과 그 수량등급(收量等級, yield class)이 어떻게 삼림 지면에서 빛의 양을 결정하는가를 확인하였다.

그림 33-5는 87개의 서로 다른 입목에 대한 그 결과이다. 어린 입목이 성장할 때 적은 빛이 삼림 지면에 도달하였다. 입목의 수령이 대략 17년이 되면, 외부 빛의 약 10%만이 삼림의 지면에 도달하였다. 삼림이 오래되고, 나무들 또는 가지들이 피해를 입으면 좀 더 많은 양의 빛이 삼림 지면에 도달하기 시작하였다. 좀 더 양호한 수량등급은 적지만, 좀 더 강한 줄기를 가져서 불량한 수량등급보다 좀 더 많은 빛을 침투시켰다. 이 지역의 기후상태하에서 외부 빛의 16% 이하가 침투할 수 있을 때 삼림의 지면에는 아

표 33-1 나무들의 입목에서 빛의 강도(입목 외부에 대한 백분율)

나무의 유형(오래된 입목)	잎이 없음	잎이 있음
낙엽수		
미국너도밤나무	26~66	2~40
참나무	43~69	3~35
물푸레나무	39~80	8~60
자작나무	--	20~30
상록수		
은젓나무	--	2~20
가문비나무	--	4~40
소나무	--	22~40

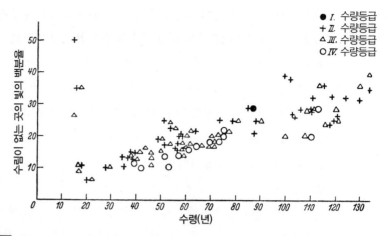

그림 33-5 젓나무 입목의 수령과 삼림 지면으로 침투하는 빛 사이의 관계(G. Mitscherlich[3328])

무런 덤불도 자라지 못하였다. 16~18%까지에서 최초의 요구가 지나치지 않은 (undemanding) 이끼가 나타났다. 22~26%까지에서 장과(漿果)류가 자랐다. 30%에서야 비로소 자연적으로 씨를 뿌린 젓나무가 관찰되었다.

그림 33-6에서 서로 다른 부호로 구분된 독일과 미국 저자들의 9개의 서로 다른 측정 자료는 입목 밀도와 삼림 지면에 도달하는 빛의 양 사이의 밀접한 관계를 보여 주고 있다. 레이프스나이더와 럴[2934]은 수관 깊이가 빛의 침투에 영향을 주는 가장 유력한 인자일 것이라는 제안을 하였다.

열대림에서 지면까지 침투하는 빛의 양은 극히 적다. 어둠, 습윤한 더위와 썩은 냄새는 열대우림의 흔한 특성이다. 구진데와 라우셔[3317]는 콩고 지역 30m 높이의 열대

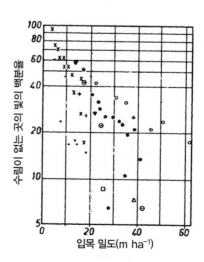

그림 33-6 삼림 지면으로 침투하는 빛의 입목 밀도에 대한 종속성(D. H. Miller[3326, 3327])

원시림의 지면 위 2m 높이에서 외부 빛의 불과 1%만을 발견하였다. 슬라나[3341]는 같은 지역에서 불과 0.5%만을 측정하였고, 아이드만[3308]은 적도기니 페르난도 포의 산림에서 0.4%를 측정하였으며, 애슈턴[3801]는 스리랑카의 열대우림에서 1%를 관측하였다. 앨레이(W. C. Allee)가 파나마의 여러 고도에서 측정한 값들은 리처즈[3334]의 열대우림에 관한 책에서 볼 수 있다. 이 책에 의하면 외부 빛의 백분율로 본 빛의 양은 다음과 같다.

위치	상부 수관 범위	작은 나무의 정상	줄기 범위	삼림의 지면
높이(m)	25~23	18~12	9~6	0
빛(%)	25	6	5	1

리처즈[3334]는 열대우림에서 지면까지 침투하는 빛의 양이 0.5~1%이고, 단기간에만 1%를 초과하나 결코 5% 이상이 되지 않았다고 제시하였다. 셔틀워스 등[3339]은 지면 전천복사가 열대 아마존 삼림에 대해서 수관 위 태양복사의 불과 1.2%였다는 것을 밝혔다. 일반적으로 열대림에서 지면 태양복사는 약 3%, 온대림에서 약 5%이다. 이 백분율은 온대림에서보다 완전한 수관(full-canopy) 열대림에서 덜 변한다. 셔틀워스 등 [3339]은 예를 들어 일부 온대 침엽수림에서 14%와 *Pinus nigra ssp. laricio*(Corsican pine forest) 삼림에서 1%의 값을 보고하였다. 이러한 백분율은 삼림 수관 구조가 좀 더 개방될 때 증가하고 좀 더 변하기 쉽다. 완전한 수관 아래의 삼림 지면까지 태양복사의 침투는 매우 낮은데, 그 이유는 삼림 수관의 높은 잎면적지수와 낮은 소산계수 때문이다.

에번스[3404]가 스펙트럼 필터를 이용하여 측정한 것은 열대림에서 삼림 지면에 도달하는 태양복사의 8%가 0.32~0.50μ까지의 보라색-청색 범위에 있었으며, 22%가 0.47~0.59μ 사이의 녹색 범위에, 45%가 0.60μ 너머의 적색 범위에 있던 것으로 나타났다. 삼림의 내부 복사에서 적색 파장이 우세한 것도 중유럽 삼림들에서 나타났다. 에글레[3307]는 상이한 파장들에 대해서 낙엽활엽수림에 도달하는 동일한 파장 강도의 몇 %나 삼림 지면까지 침투하는가를 측정하였다(표 33-2).[1] 잎이 무성해질수록 침투하는 빛의 강도는 단파 범위에서보다 장파 범위에서 좀 더 느리게 감소하였다. 그 결과로

---

1) 독일어본(제4판, 1961)에 이 문장은 "K. Egle bestimmte für verschiedene Wellenlängen, wieviel Prozent der auf einen Laubwald fallenden Intensität gleicher Wellenlänge bis zum Waldboden durchkam."라고 기술되어 있어, 영어본(제7판, 2009)의 "K. Egle determined the illumination penetrating to the forest floor, expressed as a percentage of that incident on the foliage for a number of wavelengths."라는 내용과 다르다. 이 내용이 독일어 논문에 관한 것이라 독일어본을 기준으로 번역하였다.

표 33-2 삼림 지면에 도달하는 빛의 강도(잎 정상에서의 빛 강도에 대한 백분율)

일자	파장(μ)과 색깔					
	0.7 적색	0.65 오렌지색	0.57 황색	0.52 녹색	0.45 청색	0.36 보라색
3월 12일(싹이 여전히 닫혀 있음)	61	54	51	48	46	44
4월 15일	59	39	35	33	32	30
5월 10일	19	6	7	6	6	5
6월 4일	14	4	5	4	3	3

태양복사의 스펙트럼 분포는 삼림 수관 안으로의 깊이가 깊어질수록 변하여 줄기 부분의 빛은 점점 더 짧은 (청색) 파장을 덜 포함하였다.

삼림에서 빛의 양과 스펙트럼 분포를 측정하기 어려운 것은 대체로 이러한 조건하에서의 빛의 특수한 구조에 기인한다. 삼림 지면에서 빛을 받는 부분은 짙은 그림자와 교대로 나타나고, 어둠과 빛의 모자이크 패턴은 태양이 이동하는 데 따라 지속적으로 변한다. 사하로프[3335]는 러시아의 삼림에서 풍속이 증가할수록 내부 빛이 증가한다는 것을 증명하였다. 이 사실은 바람에 의한 수관 구조의 변화를 통해서 이해된다. 다른 한편으로 시렌[3340]은 핀란드의 자작나무 삼림에서 그의 측정으로 이러한 사실을 증명할 수 없었다. 계절, 태양고도, 일기상태가 크게 영향을 미치기 때문에 대표적인 값을 구하기가 어렵다. 그러므로 내겔리[3331]는 삼림에서 확산복사로 나타나는 기본 조도와 다소 높은 단기간 변동하는 직달태양복사량을 구분하였다. 브룩스[3304]는 빛의 모자이크 특성을 좀 더 완전하게 분석하기 위해서 독일 에버스발데 부근의 참나무 삼림과 젓나무 삼림 내부에서 서로 다른 각도로 경사진 표면들의 조도를 연구하였다. 그는 각 장소에서 84회의 개별 측정으로 삼림의 지면 위 1m에서 반구 표면의 조도를 결정하였다. 동시에 측정한 삼림 밖의 값과 비교하여 반구에서 가장 밝은 부분과 가장 어두운 부분의 비율은 10 : 1이었고, 잎이 없는 참나무 입목에서 이 비율은 180 : 1이었으나, 나무에 다시 잎이 달린 후에는 17 : 1이었다. 하층에서 받는 많은 태양에너지는 '태양광선의 얼룩(sunflecks, 상부 수관을 통과한 빛이 순간 빛나는 것)'에 기인한다. 연구자들은 태양광선의 얼룩이 하층에서 받는 전천복사의 20~70%에 달한다는 것을 밝혔다(P. M. S. Ashton[3801], G. C. Evans[3310], T. C. Whitmore and Y. K. Wong[3346], P. J. Grubb and T. C. Whiotmore[3316], R. L. Chazdon and N. Fetcher[3305]). 통과 힙스[3344]는 풍속이 1m sec^{-1}에서부터 7m sec^{-1}까지 증가했을 때 태양광선의 얼룩과 광합성활동복사(photosynthetically active radiation, PAR)가 선형으로 증가했다는 것을 밝혔다. 그들은 태양광선의 얼룩 밀도가 풍속으로부터 평가될 수 있다는 결론

을 내렸다. 바라다스[3302]는 짧은 태양광선의 얼룩(100초 이하)은 주로 태양의 천정
각(solar zenith angle), 식물의 키와 잎 및 줄기의 면적지수에 주로 종속되는 반면, 긴
태양광선의 얼룩(100초 이상)은 주로 천정각에 종속된다는 것을 밝혔다. 이들 태양광선
의 얼룩은 침엽수(±0.11)와 낙엽활엽수(±0.13) 입목 둘 다에 대해서 셔틀워스[3338]
가 보고한 바와 같이 소산계수가 크게 변화하는 원인이 되었다.

그림 33-7은 두 가지 다른 유형의 삼림에서 100m²의 두 실험 지역에서 엘렌베르크
[3309]가 행한 측정자료를 제시한 것이다. 그림 33-7의 왼쪽의 두 부분은 삼림 지면에
서 성장하는 식물상의 새로 난 가지 끝에서 측정한 빛의 강도를 보여 주고 있다. 검은 부
분들은 나무줄기를 나타낸다. 등빛강도선(line of equal light intensity)을 매 0.5%마
다 그렸고, 이들 중 일부에 대한 값들을 주변에 기록하였다. 그림 33-7의 왼쪽 위는 참
나무와 서어나무 삼림에 대한 것이고, 왼쪽 아래는 순수한 너도밤나무 삼림에 대한 것
이다. 너도밤나무 삼림에서 빛의 강도는 훤히 트인 지역의 빛 강도의 4~5%이고, 그 분
포가 매우 균등한 반면, 참나무-서어나무속 삼림에서는 현저히 좀 더 어둡고, 입목의 계

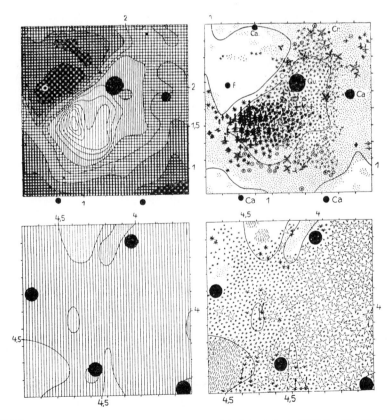

그림 33-7 참나무–서어나무 삼림(위)과 너도밤나무 삼림(아래)의 빛의 강도(왼쪽)와 지면 식물상(오른쪽)(H. Ellenberg[3309])

단과 같은 구조를 통해서 빛의 공간적인 차이가 매우 컸다. 오른쪽의 그림은 실험 지역 지표 위의 식물상을 보여 주는 것이다. 그들의 분포는 그림 33-7의 왼쪽에 제시된 빛의 분포와 매우 밀접한 상관관계가 있었다. 지면 식물상에 대해서 선별된 부호의 의미는 원전에서 찾을 수 있다.

그러나 건조 및 아건조 환경에서 키가 큰 식물에 의해서 그늘이 지는 것은 조밀한 식물의 하층이 성장할 수 있는 조건을 만들 수 있어 모로 등[3330]이 '비옥한 섬(islands of fertility)'이라고 부른 것이 생긴다. 그들은 스페인에서 식생 섬의 중심으로 갈수록 표면온도가 서늘하고 복사 스트레스가 적은 것을 밝혔다.

마치와 스킨[3323]의 그림 33-8은 미국 조지아 주 애틀랜타 삼림지의 작은 개간지 (15m × 25m)와 삼림 수관 아래의 연간 전천복사 패턴을 보여 주는 것이다. 봄의 첫 번째 정상은 싹이 트는 동안 나타났다. 전천복사의 강도는 봄에 빠르게 상승하였으나, 새로이 잎들이 성장하면서 감소되는 태양복사량이 수관을 침투하게 하였다. 가을에 두 번째 정상은 태양복사가 감소함에도 불구하고 잎이 떨어지기 때문에 나타났다. 허친슨과 매트[3319]의 그림 33-9는 미국 테네시 주 동부의 삼림 위와 내에서 전천복사의 연변화를 보여 주는 것이다.

삼림에서 빛의 강도가 약해지는 것은 박명이 아침에 늦게 끝나고, 저녁에 일찍 시작하는 것을 의미한다. 다인호퍼와 라우셔[3306]는 구름이 없는 하늘에서 저녁에 (더 이상 신문을 읽을 수 없는) 상용박명(civil twilight)의 끝이 노천보다 낙엽활엽수림에서 16분 빠르고, 침엽수림에서는 20분 빠르며, 수령이 오래된 키 큰 삼림에서는 28분 빨랐

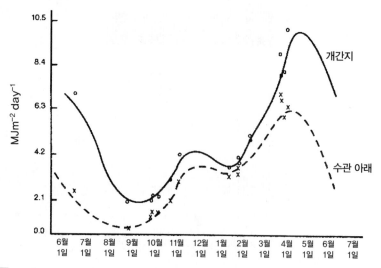

그림 33-8　개간지(실선)와 수관 아래(파선)에서의 전천복사의 계절변화(W. J. March and J. H. Skeen[3323])

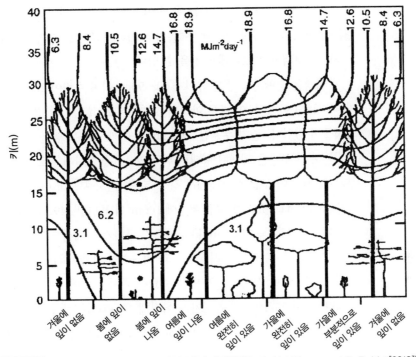

그림 33-9 삼림 위와 내에서 받는 평균전천복사의 계절변화(B. A. Hutchinson and D. R. Matt[3319])

다는 것을 밝혔다. 온흐림 하늘에서는 시간이 단축되는 것이 45분과 비가 오는 경우에 54분에 달했다. 셰어[3337]는 독일 다름슈타트 식물원의 다양한 나무들로 그늘진 지역에서 새들이 이른 아침에 지저귀기 시작하는 시간을 관찰하여 전천조도(global illumination) 강도의 계절변화를 추정하였다.

장파복사의 교환은 나무 수관의 외부유효표면에서 가장 컸다. 야간의 강한 방출복사 후에 수관 부분의 상부에 많은 이슬의 침적으로 이러한 현상을 볼 수 있었다(36장). 줄기 부분에서 기온은 비교적 균일하여 장파복사의 순내부교환(net internal exchange)은 보통 중요하지 않았다. 그렇지만 나무들이 드물게 심어 있으면 중요한 순장파복사교환 역시 나무 위의 공기와 함께 줄기 부분과 그 아래의 지면으로부터 일어날 수 있다.

삼림에 적설이 있어서 삼림 지면의 온도가 0°C를 넘을 수 없으면, 나무줄기들이 적설보다 따뜻할 때 나무줄기로부터 적설 표면으로 순장파복사교환이 있을 것이다. 그리고 적설을 녹게 할 것이다. 밀러[3326]는 미국 캘리포니아 주 시에라네바다의 빈약하게 나무가 우거진 지역에 대해서 적설을 녹이는 과정을 조사하였다.

단파복사와 장파복사가 함께 순복사수지(net radiation balance)를 결정한다. 우리는 바움가르트너가 입목의 여러 높이에서 현재의 완전한 복사수지를 측정한 것에 감사해야 할 것이다. 바움가르트너[2501, 3301]는 독일 뮌헨의 남동쪽 30km에서 5~6m

키의 어린 젓나무에서 순복사를 측정했다. 이 측정 결과가 차후에 자주 논의될 것이기 때문에 여기서는 측정 장소에 관한 일부 일반적인 정보를 제시하겠다. 이에 대한 상세한 기술은 마우러[3324]에서 찾을 수 있다.

이 지역은 평탄하고 풍화 깊이가 60~90cm이며 수령이 20년 된 어린 자연생 젓나무가 자라는 곳이었다. 이 나무 아래의 지면에는 2cm 깊이의 침엽층과 베어 낸 작은 나뭇가지들이 있었다. 줄기 부분은 약 2.5m 높이까지 죽은 덤불로 덮여 있었다. 여기서 시작되는 수관 부분은 폐쇄된 형태로 위로 약 4m 높이까지 이르렀고, 그 위에 수많은 정상 부가 있었다. 이 부분은 아래에서 정상 부분이라고 부르고 6m 높이에 이르렀다. 목재의 양은 189m³ ha⁻¹였으며, 수관 부분에 100m²의 표면당 349그루의 나무가 있었다.

줄기공간기후(독 : Bestandklima)를 연구하기 위해서 키 작은 어린 입목을 선택하였는데, 그 이유는 수령이 오래된 입목과 비교하여 자재비용(구조물 건설)이 싸고, 실험을 하기에 용이하며, 삼림기후의 많은 중요한 특성을 이미 유년 단계에서 알 수 있었기 때문이다. 그림 33-10은 관측계기가 어떻게 설치되었는가를 보여 준다. 컵풍속계(W)는 삼림 위의 바람장을 확실하게 파악하기 위해서 입목 높이의 거의 3배까지 설치되었다. 자기온도계와 자기습도계(T, H)는 지면 위 10m까지 5개의 서로 다른 고도에 설치되었다. 알브레히트(F. Albrecht)와 호프만[2]이 사용한 것과 같은 순복사수지계 Q^*는 완전

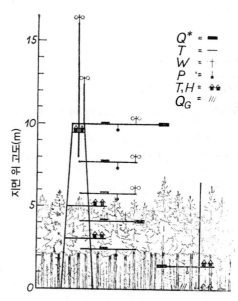

그림 33-10 독일 뮌헨 부근 어린 젓나무의 입목기후를 연구하기 위한 관측계기의 배치(A. Baumgartner [2501, 3301])

---

2) *Hofmann*, G., Ein Strahlungsbilanzmesser für forstmeteorologische Untersuchungen. Forstw. C 71, 330-337, 1952.

하게 노출되도록 긴 수평의 장대 끝에 3개(후에 이들 입목에 적절한 5개) 고도에 설치되었다. 토양온도계(B), 라이케의 이슬판(Leicke dew plate)과 피헤 증발계(Piche evaporimeter)도 사용되었다.

그림 33-11에는 1951년 늦여름의 맑은 날에 대해서 전형적인 순복사수지의 일변화를 제시하였다. 입목 위(굵은 실선)에서 야간에 일정한 음의 복사수지는 일출 후 약 1시간 동안 변하여 오전 동안 급격하게 상승하였다. 일기는 11시까지 구름이 없었지만, 13시까지 구름이 남쪽 수평선에서만 나타났으며, 변화하는 연무가 있었고 16시부터 개별적인 적운이 나타났다. 두 가지 구름이 순복사수지를 불안정하게 했고, 증발량을 변화시켰다. 일몰 1시간 30분 전에 순복사수지가 다시 음이 되었다. 4.1m의 수관 부분 아래(점선)에서 순복사는 나무 정상과 가지들로부터 임의의 그늘 효과에 상응하게 변하였다. 정오경에 태양고도가 높았을 때에만 언급할 만한 양의 순복사가 삼림 내에서 2.4m까지 침투하였다.

그림 33-12는 등치선의 형태로 1952년 6월 29일부터 7월 7일까지 한여름의 건기 동안 어린 젓나무 조림지에 대한 순복사의 일변화이다. 이른 아침에 복사는 나무의 정상에서 흡수되고, 낮 동안 수관 부분으로 퍼졌다. 태양고도는 태양이 최고고도에 달할 때인 정오에 밀집된 등치선들이 아래로 약간 내려온 것에서 알 수 있다. 가열된 정상 부분들과 수관 부분들은 위의 공기와 아래의 차가운 지면으로 장파복사를 하였다. 이러한 복사에너지의 순교환은 나무 정상 부분으로부터 방출되는 복사가 기온을 하강하게 하여 순복사교환이 반전될 때까지 계속되었다. 삼림의 지면은 수관이 좀 더 온난한 주간에 에너지를 얻었다. 그렇지만 수관이 좀 더 한랭할 때 순장파복사교환은 지면으로부터 수관을 향했다. 이 장파복사의 일부는 부분적으로 그 사이의 빈틈을 통해서 야간에 하

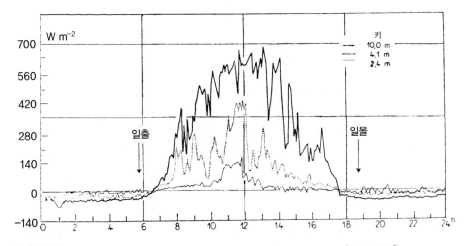

그림 33-11 1951년 9월 11일에 어린 젓나무에서 순복사의 일변화(A. Baumgartner[2501, 3301])

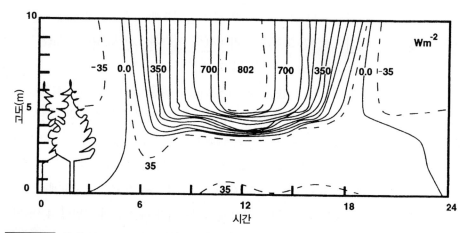

그림 33-12 한여름의 건기 동안 독일 뮌헨 부근의 어린 젓나무 조림지에 대한 순복사의 등치선

늘로 빠져나갔다.

1952년 7월 2일, 4일, 5일, 7일에 5개의 서로 다른 측정고도에 대한 순복사수지의 시간 평균값이 표 33-3에 제시되었다(A. Baumgartner[3303]). 이 기간에 대한 평균값을 계산하면 다음과 같은 결과를 발견하게 된다. 여기서 '야간'이라는 용어는 음의 복사수지시간을 의미하고, '주간'이라는 용어는 양의 복사수지시간을 의미한다.

방출복사하는 나무 정상 부분에서 음의 순복사수지시간이 가장 긴 반면, 지면에 가까운 곳에서 이 시간은 일출 전 3시간 동안만 지속되었다. 5m에서 최고기온은 이른 오후에 나타났다. 이 이후에 받는 것보다 좀 더 많은 복사에너지가 방출되었다. 5m에서 복사교환이 음인 오후에 지면(0.2m)보다 보통 여전히 좀 더 따듯하여 지면으로부터 받는 것보다 지면으로 좀 더 많은 에너지가 방출되었을 것이다. 표 33-3에서 수치로 제시되고, 그림 33-12에서 삼림 지면에서 35W m⁻²의 등치선으로 지적되고 있는 바와 같이, 0.2m에서 양의 순복사수지가 3.3m에서보다 더 클 가능성은 없었다. 관측계기의 우연한 위치 선정에서 다른 관측계기가 있는 좀 더 높은 줄기 부분보다 0.2m에서 좀 더 많

표 33-3 어린 젓나무 입목의 서로 다른 높이에서의 순복사

측정 높이(m)	기간(시간)		평균 수지(W m⁻²)		일 수지	
	주간	야간	주간	야간	MJ m⁻²	%
삼림 위, 10.0	15.0	9.0	258.2	−37.7	25.3	100
나무 정상 부분, 5.0	13.6	10.4	258.2	−32.1	23.1	91
수관 부분, 4.1	15.0	9.0	114.4	−9.8	10.9	43
줄기 부분, 3.3	17.0	7.0	9.1	−7.7	1.2	5
삼림 지면 위, 0.2	21.0	3.0	14.0	−3.5	1.8	7

은 태양광선의 얼룩을 받았던 것이 이해될 수 있다.

그란베르그 등[3314]은 소나무 방풍림의 정상에 있는 외부유효표면을 부근 개간지의 지표와 비교하여 맑고 고요한 밤에 개간지로부터 약간 더 많은 복사에너지 손실을 처음으로 밝혔다(그림 33-13). 그러나 대부분의 야간에 나무 정상 부분으로부터의 복사에너지 손실은 개간지보다 좀 더 많았다. 그들은 증가된 공기 운동과 그에 따라 증가된 대류열플럭스가 개간지의 지표보다 나무 정상으로의 좀 더 큰 열원이 된다고 제안하였다.

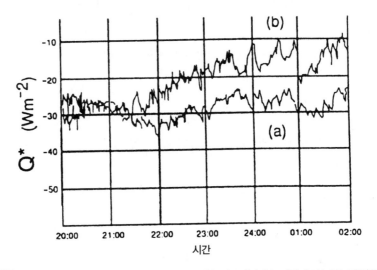

그림 33-13 맑고 고요한 밤(1987년 7월 3일~4일)에 (a) 방풍림과 (b) 개간지로부터의 평균순복사(H. B. Granberg et al.[3314])

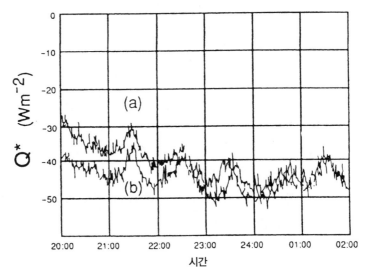

그림 33-14 맑고 바람이 세게 부는 밤(1987년 7월 2일~3일)에 (a) 방풍림과 (b) 개간지로부터의 평균 순복사 (H. B. Granberg et al.[3314])

바람이 세게 부는 야간(그림 33-14)에 "측정 결과는 개간지(b)에서보다 방풍림(a)에서 원래 덜 음이었다. 그러나 밤 동안 두 지점 사이의 차이는 일출 시에 실제로 0까지 점진적으로 감소하였다." 외부유효표면(나무의 정상과 개간지 표면)으로부터의 복사 손실은 좀 더 많은 대류 열플럭스 때문에 바람이 세게 부는 야간에 좀 더 많았다.

제34장 ··· 삼림에서 대사, 에너지 저장과 바람

삼림의 수관 부분에 있는 외부유효표면에서 에너지수지는 다음과 같이 쓸 수 있다.

$$Q^\star = Q_H + Q_E + Q_S$$

여기서 Q_S = 수관을 통한 자유대기 사이의 수관과 수관 부분 내에서의 순에너지 저장이며, 삼림의 지면을 포함한다. 이 에너지 항은 다음 5개의 분리된 구성요소로 이루어진다.

$$Q_S = Q_G + Q_B + Q_A + Q_V + Q_P$$

여기서 Q_G = 토양의 열 저장, Q_B = 생물량의 열 저장(줄기, 가지, 잔가지, 수관의 잎 또는 침엽에 저장된 에너지), Q_A = 수관 공기 부피에 느낌열 저장, Q_V = 수관 공기 부피에 숨은열 저장, Q_P = 광합성 에너지 저장이다. 이 모든 항은 에너지가 저장될 때 양이고, 에너지가 저장으로부터 방출될 때 음이다.

석탄이 연소될 때는 과거 지사(地史)에 삼림에 의해서 집적된 에너지, 햇빛으로부터 얻은 에너지와 동화과정(광합성)에서 저장된 에너지를 방출한다. 식물은 녹색의 엽록체에서 공기로부터 추출된 이산화탄소와 수액의 흐름으로부터 흡수한 물로 포도당을 생산한다. 이 화학 과정을 완성하는 데 필요한 에너지는 광합성활동복사(photosynthetically active radiation, PAR)[3]나 광합성에 효과적으로 이용될 수 있는 전천복사 $K{\downarrow}$의 일부에 의해서 제공된다. 평균적으로 PAR은 $K{\downarrow}$의 약 49%이고, 식물은 1g의 포도당을 생산하기 위해서 PAR의 약 16,750J을 흡수한다. 따라서 우리는 생산된 물질의 양으로부터 이용된 에너지양을 계산할 수 있다. 발독치 등[3402]은 1984년 7월 24일부터 8월 10일까지 미국 테네시 주 오크 리지(35°57'N)의 참나무-히코리 낙엽활엽수림에 대한 수관 광합성 Q_P를 조사하였다. 이 지점은 충분한 최근의 강수를 받아서 수관 광합성 Q_P

---

3) photosynthetically active radiation(PAR)은 인터넷에서 '광합성 활성 복사' 또는 '광합성 유효광량' 등으로 번역되어 있으나 통일된 용어를 발견하지 못하여 '광합성 활동 복사'라고 번역하였다.

는 주로 PAR에 의해서 조절되었다. 수관 광합성은 수관 위에서 측정된 CO_2 플럭스 F_C와 삼림 지면으로부터 측정된 CO_2 유출의 합으로 결정되었다. 마찬가지로 입사 및 방출 PAR은 삼림 수관 위와 아래에서 측정되었다. 이러한 잘 관개된 낙엽활엽수림에 대해서 Q_P는 PAR의 수준이 증가할수록 곡선으로 증가하였다. 많은 농작물과 달리 낙엽활엽수림의 Q_P는 Q_P가 PAR의 높은 수준에서 평평하게 되는 빛포화효과(light-saturation effect)를 나타내지 않아서 잘 관개되는 낙엽활엽수림에 대해서 Q_P가 주로 PAR에 의해서 조절된다는 것을 암시하였다. Q_P의 최고비율은 $0.80 \sim 1.00$mg m^{-2} sec^{-1}였다. 이들은 낮은 값이었으나, 이노우에[3409, 3410]와 이노우에 등[3411]에 의해서 농작물로부터 구한 것과 같은 크기의 정도였다. 삼림에 대한 낮은 Q_P의 비율은 CO_2 확산에 대한 삼림의 좀 더 큰 기공의 저항과 PAR에 대한 Q_P의 좀 더 약한 결합(coupling)으로 설명된다. 수관 광합성 효율 또는 흡수된 PAR에 대해서 Q_P에 의해 고정된 에너지 비율은 $0.04 \sim 0.08$(또는 $K\downarrow$의 $0.02 \sim 0.04$)이었다. 낙엽활엽수림 수관 위에서의 CO_2 교환 F_C는 삼림 지면으로부터의 CO_2 유출로 제공되는 나머지와 함께 수관 광합성에서 소비된 CO_2의 $60 \sim 80\%$를 제공하였다(D. D. Baldocchi et al.[3401]). 이들 값은 농작물에 대해서 비교할 수 있는 수치($80 \sim 90\%$)보다 낮았으며, 삼림 수관 위의 좀 더 낮은 F_C 플럭스 때문에 농업 수관(agricultural canopy)과 비교되고, 삼림 지면으로부터의 좀 더 큰 CO_2 유출은 농업 표면(agricultural surface)과 비교되었다. 바움가르트너[2501]에 의하면, 광합성을 위해서 삼림이 이용하는 에너지는 약 3.5W m^{-2} 또는 대체로 총입사태양복사의 1%이다. 밀러[3326]는 미국 캘리포니아 주 시에라네바다 삼림에서 목재 성장을 조사하여 유사한 결론을 얻었다. 이러한 이유로 삼림이 광합성에 이용하는 에너지가 보통 에너지수지 연구에서 무시되었다.

주간에 광합성되는 에너지양은 크게 변하여 이용 가능한 PAR, 기온, 포차, 기공의 저항에 의해서 조절되었다. 태양고도가 낮았고, 구름이 끼었거나 그늘이 졌을 때와 같은 낮은 수준의 빛은 낮은 기온 또는 높은 기온이 할 수 있는 것처럼 Q_P를 크게 감소시킬 수 있었다. 식물은 특정한 광합성율에 필요한 빛의 양과 기온의 상부, 최적 및 하부 범위 둘 다에 대해서 다르다. 그림 34-1은 가문비나무의 광합성율에 대해서 상대적으로 이 둘 인자 모두가 미치는 영향을 설명한 것이다. 물이 제한되지 않으면, Q_P는 PAR과 기온에 의해서 가장 밀접하게 결정될 것인 반면, 제한된 물이 있는 조건하에서는 포차와 기공 저항이 지배적이 된다. 예를 들어 최대 Q_P는 정오의 최대 $K\downarrow$와 일치하지 않는데, 그 이유는 기공이 정오경에 닫히는 경향이 있기 때문이다. 마렉[3420]은 참나무-서어나무 삼림에서 서로 다른 수관층에 의한 주간 광합성율의 변화를 논의하였다.

광합성에 소모되는 에너지에 반대로 세포 호흡[광분해(photolysis)]을 통한 에너지

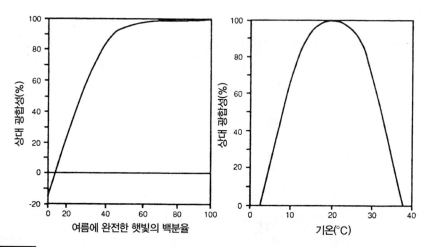

그림 34-1 빛과 기온이 가문비나무 삼림의 순광합성율에 미치는 상대적인 영향(D. L. Spittlehouse and R. J. Stathers[3426])

획득이 있다. 식물들이 호흡(respiration)할 때 식물의 당(糖)은 이산화탄소와 물로 분해된다. 광합성과 뚜렷한 대조를 이루면서 세포 호흡은 주야간 둘 다에 일어나서 야간에 잎들의 질량이 손실된다. 에너지 획득은 광합성을 통해서 소모되는 에너지와 같은 정도로 약 3.5W m^{-2}이다. 그렇지만 이것은 야간에 순복사교환의 10%에 달할 수 있다. 호흡으로 방출되는 에너지는 10분의 수°C 정도 온도를 상승시킬 수 있다. 많은 관측자들은 그들이 이것을 측정했다고 믿고 있다. 기온이 높아질수록 호흡율이 지수적으로 증가하기 때문에 또한 최고기온이 나타나는 시간인 이른 오후에 최대가 나타나는 일변화를 하기 쉽다. 그러므로 삼림의 대사는 광합성과 호흡 사이의 차이이다. 바움가르트너[2501]는 독일 뮌헨 부근의 어린 젓나무 조림지에 대해서 표 34-1에 제시된 값을 계산했다.

에너지수지에 포함된 양들을 측정하는 데 대사에 포함된 적은 양의 에너지는 무시될 수 있었다. 따라서 식물의 대사는 모든 다른 논의에서 고려되지 않을 것이다. 식물의 대사를 다루는 좀 더 상세한 논의에 대해서는 독자들에게 W. P. 로우리와 P. P. 로우리[3415]를 추천하겠다.

수관 증산 T와 수관 광합성 Q_P는 서로 밀접한 관련이 있는데, 그 이유는 모든 식물이 CO_2를 얻기 위해서 물을 손실해야 하기 때문이다. 발도치 등[3401]은 참나무-히코리 낙엽활엽수림에 대해서 Q_P와 T 사이에 강한 선형관계를 밝혔다. 물이용효율(water use efficiency, WUE)은 수관 증산 T에 대한 수관 광합성 Q_P의 비율로 정의된다. 발도치 등[3401]은 그들의 낙엽활엽수림에 대해서 6~12mg CO_2(g H_2O)$^{-1}$ 사이의 WUE 값을 구하였고, WUE 값이 순복사 Q^*와 거의 관계가 없었으나, 포차에 대한 강한 음의

표 34-1 젓나무 조림지 내에서 광합성, 호흡과 대사(W m⁻²)

하루 중의 시간	3~4	6~7	9~10	12~13	15~16	18~19	21~22
광합성	0	+7.0	+9.8	+8.4	+9.1	+7.0	0
호흡	−3.5	−4.2	−4.9	−5.6	−5.6	−4.9	−4.9
대사	−3.5	+2.8	+4.9	+2.8	+3.5	+2.1	−4.9

출처 : A. Baumgartner[2501]

곡선 관계를 나타냈다는 것을 밝혔다.

삼림의 미기후에 대한 삼림 수관 내 열 저장의 중요성은 그림 34-2(또한 독일 뮌헨 부근의 어린 젓나무 조림지에 대한)를 고려하여 쉽게 인식될 수 있다. 이 그림은 바움가르트너[2501]가 계산한 1952년 6월 29일부터 7월 7일까지 맑은 일기 기간에 대한 에너지 교환의 일변화를 보여 준다. Q_A로 표시된 점선은 삼림 내에서 공기 질량의 에너지 교환을 보여 주는 것이다. 최대는 ±7W m⁻²였다. 이것은 공기의 작은 열용량의 관점에서 놀라운 일이 아니다. 따라서 양 Q_A는 키가 큰 오래된 입목에서조차 실제로 거의 항시 무시될 수 있었다. 이와 대비하여 목재와 침엽(생물량)에서 교환된 에너지의 양 Q_B는 생물량이 가열되는 일출 후에 컸다. 생물량은 이른 오후에 최고온도에 도달했고, 그 다음에 받는 것보다 더 많은 에너지를 방출하기 시작했다. 생물량은 일몰경에 가장 빠른 비율로 에너지를 손실했고, 일출 직후에 최저온도에 도달했다. 삼림 내에서 공기(Q_A)는 유사한 순서를 따랐다. 생물량에서 교환되는 에너지는 전도 Q_G를 통해서 삼림

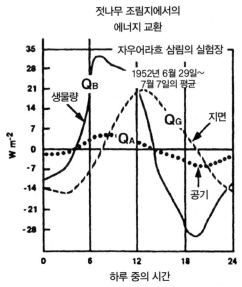

그림 34-2 젓나무 조림지와 그 아래의 지면 내에서 교환되는 에너지의 일변화(A. Baumgartner[2501])

지면에서 교환되는 에너지양보다 좀 더 많을 수 있었다. 생물량과 공기 질량이 복사의 변화에 빠르게 반응했던 반면, 삼림 지면은 삼림 지면을 가리는 입목의 일변화를 간접적으로만 따랐다. 그러므로 Q_G의 일변화는 Q_B 및 Q_A와 비교하여 4~6시간까지의 위상 차이를 나타냈다. 이른 아침에 지면은 여전히 냉각되는 반면, 생물량은 빠른 비율로 가열되어 늦은 오후에 에너지는 생물량이 냉각된 지 오래된 후에도 여전히 지면으로 흘렀다.

삼림의 에너지 교환이 전체로서 조사되면, Q_A와 Q_B는 중요하지 않게 된다. 따라서 마치 Q_G의 일부였던 것처럼, 입목의 에너지 교환을 고려하는 것이 좀 더 적절할 것이다. Q_A와 Q_B로 수정된 후에 Q_G의 값은 같은 기간에 같은 삼림에 대한 것인 그림 26-2의 그것의 적절한 부분에서 알 수 있게 된다. Q^*, Q_E, Q_H와 비교하여 Q_G가 중요하지 않은 것이 분명하다. 이 맑은 일기 기간의 일평균에너지수지는 $Q^* = 24.54$, $Q_E = -16.16$, $Q_H = -8.25$인 반면, Q_G는 불과 0.13MJ m^{-2} day^{-1}였다. 그렇지만 다른 인자들과 대비하여 인자 Q_G는 실제적으로 같은 입사 및 방출 에너지양을 포함하였다. 그러므로 이 부분에 대한 좀 더 나은 아이디어는 부호를 무시하고 양 방향으로의 에너지 흐름을 더 하여 획득되었다. 이렇게 구한 값은 $Q^* = 26.97$, $Q_E = 16.58$, $Q_H = 8.75$, $Q_G = 2.81$MJ m^{-2} day^{-1}이었다. 이것으로 Q_G는 55.11MJ m^{-2} day^{-1}의 총교환의 5%에 해당하는 것을 알 수 있었다.

맥코기와 색스턴[3419]은 1985년 5월~8월에 캐나다 온타리오 주 초크 강(45°58'N) 부근의 60~70% 수관 피복의 혼합림에 대한 에너지수지 저장을 조사하였다. 네 가지의 대기 및 수관 조건에 대한 결과는 다음과 같이 요약된다. 즉 맑은 하늘과 건조한 수관, 부분적으로 구름이 끼고 건조한 수관, 온흐림 하늘과 건조한 수관, 온흐림 하늘과 습윤한 수관이다. 마찬가지로 네 가지 에너지저장 구성요소가 있다. 즉 토양열 저장, 수관 공기의 느낌열 저장, 수관 공기의 숨은열 저장, 생물량의 열 저장이다. 건조한 수관에 대해서 일에너지저장은 드물게 순복사의 7%를 초과했다. 그렇지만 음의 일총량은 습윤한 수관에 대해서 그리고 온흐림 하늘 또는 비가 내리는 동안 관측되었다. 에너지저장은 9시에 일출에 뒤이어 100W m^{-2}만큼 빠르게 증가했으며, 정오까지 높았고, 그 후에 빠르게 하강하기 시작해서 14~16시까지 음의 값들에 도달했다. 야간의 총량은 -35~-50W m^{-2} 사이였다. 구름량은 에너지 저장 항의 일교차를 감소시켰다. 토양 열플럭스(Q_G)는 시간 기준으로 보아 네 가지 구성요소들 중에서 가장 컸고, 불완전한 수관 피복으로 인한 좀 더 많은 태양복사 침투 때문에 9시와 12시에 두 개의 분리된 정상이 나타났다. 수관 공기에 느낌열 저장은 가장 규칙적인 패턴을 따라서 일출 시에 양이 되어 7시에 최고가 되었으며, 그다음에 음의 값들이 16시에 도달할 때까지 하강하였다. 생물량의 열 저장은 최고값이 12시에 도달하는 것을 제외하고 유사한 패턴을 나타냈다. 이와 대비하여 수관 공기의 숨은열 저장은 매우 변하기 쉬워서 모든 대기 조건하에서 양의 값과 음의 값들 사이에서 빠르게 변동했다. 맥코기와 색스턴[3419]은 토양 열플럭스가 토양이 습윤하고 높은 열전도율을 갖는 1일 기준으로 가장 큰 열 저장 항이었다는 것을 밝혔다. 토양수분이 좀 더 제한되고, 열전도율이 감소할 때 생물량 열 저장 Q_B는 1일 기준의 정도에서 토양열 저장에 가까웠다. 열 저장이 보통 1일 기준으로 Q^*의 불과 2~3%에 해당하지만, 정오경에 크게 비대칭적인 시간 패턴을 가졌다. 따라서 Q_S는 Q_S가 음인 야간에, 그리고 Q_S가 양과 음인 일출과 일몰의 점이 시간 동안 각각 Q^*의 40~50%에 달할 수 있었다. 온흐림 하늘과 습윤한 수관 조건은 Q_S의 크기를 감소시켰으며, 하루 종일 개별 구성요소 최고점의 타이밍을 지연시켰고, Q_S를 1일 기준으로 Q^*의 백분율로서 증가시켰다.

애슈턴[3400]은 어린 유칼리나무 삼림에 대한 에너지저장 항의 유사한 조사를 통하여 생물량-기온변화와 생물량의 낙엽(litter), 줄기, 가지, 작은 가지, 잎 구성요소들의 개개의 기여 정도에 관한 상세한 정보를 제공하였다. 유칼리나무 삼림 수관의 완전함으로 인해서 삼림 지면까지 감소된 태양복사가 침투하기 때문에 토양열 플럭스는 정오경에 좀 더 대칭적이었다. 무어와 피쉬[3421]는 열대림 환경을 조사하였다. 그들은 하루의 Q_S가 건조한 날에 Q^*의 3~5%였으며, 비 오는 날에는 Q^*의 거의 6%였다는 것을 밝혔다. 그러므로 Q_B, Q_A, Q_V는 크기가 좀 더 거의 같았는데, 그 이유는 열대림의 커진 키가 좀 더 많은 생물량, 공기 부피와 수관에 대한 습도 함량이 나타나게 했기 때문이다.

순복사를 물이 잘 뿌려진 삼림 수관에 대한 느낌열과 숨은열로 분할하는 것은 잘 관개된 농지 표면 및 목초지 표면과 매우 다르다. 후자의 표면들(31장, 표 31-5)에 대한 공기역학 저항은 수증기 확산에 대한 총저항에 크게 기여하고, 대부분의 순복사는 숨은열플럭스로 분할되며, 보우엔비는 일반적으로 매우 낮고, 수관 저항은 순복사와 밀접하게 결합된다.

버마 등[3430]은 미국 테네시 주 오크리지(35°57'N)에서 1984년 7월~8월에 물이 잘 뿌려진 완전한 잎을 가진 참나무-히코리 낙엽활엽수림에 대해서 구한 에너지수지 측정으로 이러한 차이의 일부를 설명하였다. 그림 34-3은 수관이 건조하고, 완전한 잎을 가졌으며, 물이 잘 공급되는 6일 동안 공기역학 저항과 수관 저항의 하루 패턴을 제시한 것이다. 수관이 높아질수록(z = 22m), 표면-거칠기길이가 길어지고 영면변위가 커지며, 그리고 좀 더 넓은 잎면적지수(LAI = 4.9)는 지상풍이 약한 이른 아침과 늦은 오후에 최고점에 달하는 상대적으로 작은 공기역학 저항값 R_A를 만들고, 풍속이 최대인 정오 부근에 최저값에 이르게 하였다. 그러므로 수관 저항 R_C는 삼림 수관으로부터 수증기의 확산에 주요 조절작용을 하였다. 수관 저항 R_C는 잎 표면이 야간의 이슬로 인하여

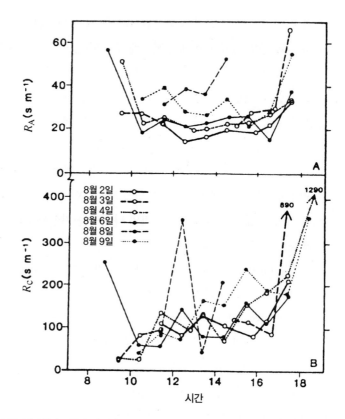

그림 34-3 1984년 8월에 6일의 건조한 날들 동안 미국 테네시 주 오크리지의 충분히 물이 잘 뿌려진 참나무-히코리 낙엽활엽수림에서 수증기 수송에 대한 공기역학 저항(위)과 수관 저항(아래)의 일 패턴(S. B. Verma et al.[3430])

여전히 축축할 수 있는 이른 아침에 가장 낮았고, 이들 값은 자정까지 꾸준히 증가하였다. 수증기 확산에 대한 수관 저항은 순복사에 대해서 훨씬 덜 민감하였고, 포차(vapor pressure deficit, VPD)에 훨씬 더 민감하였다. 수관 온도가 낮 동안 상승할 때 포차 VPD는 증가했고, 이것이 수관 저항을 증가시켜서 Q_E에 의한 물 손실에 음의 피드백을 제공했다. 그 결과로서 보우엔비 β는 이른 아침에 최저였고, 주간에 증가하여 때로 이른 오후에서 늦은 오후까지 최고점에 달했다. 낙엽활엽수림에 대해서 버마 등[3430]이 구한 0.25~0.65 사이의 최고 보우엔비는 프레리 경관으로부터 상응하는 값의 2배나 되었다(J. Kim and S. B. Verma[3106]). 숨은열 플럭스 Q_E는 낙엽활엽수림에 대해서 순복사 Q^*의 25~90%를 소비했던 것으로 나타난 반면, 80~120%의 값이 잘 관개된 농지 표면에 대표적일 수 있었다.

침엽수림은 낙엽활엽수림보다 좀 더 낮은 공기역학 저항과 비교될 수 있거나 좀 더 높은 수관 저항을 갖는 것으로 나타났다. 이들 효과는 침엽수림의 좀 더 휘어지지 않는 구조, 다소 좀 더 큰 기공의 저항, 그리고 침엽의 연중 존재하는 성질에서 일어났다. 그 결과로서 낙엽활엽수림과 비교하여 느낌열 플럭스는 증가했으며, 숨은열 플럭스는 감소했다. 린드로스[3414]는 생육기간에 스웨덴 애드라아스(60°49'N)의 조밀하지 않은 소나무 삼림에 대해서 1.0~2.0 사이의 평균 주간 보우엔비를 관측한 반면, 탠과 블랙[3428]은 캐나다 브리티시컬럼비아 주 밴쿠버 섬의 미송 삼림에서 맑은 햇빛이 나는 날들 동안 Q_E가 기껏해야 Q^*의 58%를 소비했음을 밝혔다.

린드로스[3414]가 관측한 조밀하지 않은 소나무 삼림에 대한 에너지수지 구성요소들의 일평균변화가 1978년 8월~9월의 6일의 건조한 날들에 대해서 그림 34-4에 제시되었다. 숨은열 플럭스 Q_E는 하루 종일 느낌열 플럭스 Q_H를 능가했다. Q_H는 아침 시간 동안 좀 더 크게 집중하였고, Q_E는 오후에 좀 더 집중하였다. 토양열 플럭스 Q_G는 주간에 Q^*를 따랐다.

삼림 수관의 에너지수지는 생리적 조절, 대기 환경, 토양수분 조건, 습윤 또는 건조한 수관의 존재에 의해서 결정된다. 린드로스[3413]는 건조한 소나무 삼림 수관으로부터의 숨은열 플럭스 Q_E가 수관 저항 R_C와 포차 VPD에 의해서 주로 조절되는 것을 밝혔다. 낮은 수준의 전천복사 $K\downarrow$에서 증가된 빛의 강도는 수관 저항을 감소시키는 것으로 나타났다. 수관 저항은 포차의 변화에 훨씬 더 크게 반응했던 것으로 나타났다. R_C는 전형적으로 서늘한 기온과 $K\downarrow$의 시작 때문에 이른 아침에 최저였다. 수관 저항은 수관 온

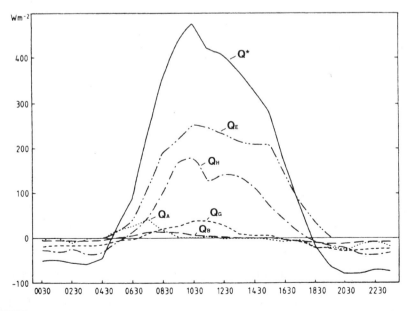

그림 34-4 1978년 8월~9월의 6일의 건조한 날들에 스웨덴 애드라아스(60°N)의 조밀하지 않은, 충분히 물을 뿌린 소나무 삼림 수관에 대한 에너지수지 구성요소들의 일평균변화(A. Lindroth[3414])

도 및 기온이 주간에 상승할 때 충분하게 물이 잘 뿌려진 조건하에서조차 끊임없이 증가했다. 그들은 수관 저항이 VPD와 K↓에 대해서 약 2배 민감했던 것을 밝혔다. 탠과 블랙[3428]은 유사한 패턴을 구하였다.

삼림의 깊고 넓은 뿌리 체계는 그들의 에너지 교환 패턴이 토양 수분함량의 단기간 변화에 훨씬 덜 민감하게 할 수 있다. 그러나 장기간 토양수분 변화에 대한 일부 반응이 일어난다. 탠과 블랙[3428]은 토양수분퍼텐셜이 침엽수림 아래 정상부 45cm에서 −0.6∼−6.5bar 사이에서 변했을 때 Q_E/Q^*의 비율이 0.58∼0.27 사이에서 변했다는 것에 주목하였다. 수관 저항 역시 토양이 마를 때 증가했으며, 낮은 토양수분퍼텐셜에서 포차가 증가하는 것에 좀 더 민감했던 것으로 나타났다.

수관이 젖었으면 (거의) 모든 에너지는 젖은 수관으로부터 물을 증발시키는 데 이용되었고, 매우 적은 물이나 어떤 물도 물을 증산시키는 데로 가지 않았다. 펜만-몬테이트의 모델에 의하면 이것은 수관 저항이 높으며(수관 전도도가 낮고), 아무런 증산도 일어나지 않고, 많은 증발이 일어나는 것을 의미한다. 수관의 축축함이 시간이 갈수록 감소할 때 수관 저항은 감소했으며(수관 전도도는 증가하고), 증산은 ET 총계의 좀 더 큰 부분이 되었다. 따라서 삼림 수관이 젖었을 때 수관 저항은 매우 크게 되었으며, 수관 증산은 0에 가까워졌고, 수관 숨은열 플럭스는 거의 전적으로 젖은 잎 표면으로부터 차단된 물의 증발로 이루어졌다. 삼림 수관의 극히 작은 공기역학 저항 R_A 때문에 젖은 수관으로부터의 Q_E는 같은 수준의 이용할 수 있는 에너지에 대한 건조한 수관으로부터의 Q_E보다 훨씬 더 높았을 것이다($Q^* - Q_S - Q_G$). 젖은 수관으로부터의 Q_E에 대한 추가적인 에너지는 또한 느낌열의 투입 −Q_H으로 제공될 수 있었다.

스웨덴 애드라아스의 조밀하지 않은 소나무 삼림에 대한 주간의 에너지수지가 그림 34-5(A. Lindroth[3414])에 요약되었다. 삼림 수관이 열려 있었기 때문에 상당한 순복사가 삼림 지면에 도달하였다. Q^*의 수관 분할은 Q_E에 의해서 지배되었던 반면, 느낌열 및 숨은열 플럭스는 삼림 지면에 좀 더 균일하게 분할되었다. 열 저장 Q_S에 이용된 순복사 9%의 대부분은 열린 삼림 수관이 존재하기 때문에 토양열 플럭스에 있었다.

에너지 분할에서 상당한 계절변화 역시 삼림 수관 내에서 관측되었다. 에너지 분할에서 이들 계절변화는 생육기간에 증가된 LAI, 전천복사의 계절변화, 포차와 증가된 기공효율로부터 일어났다. 린드로스[3414]는 하루의 보우엔비가 5월의 −2∼2로부터 9월의 −1∼1까지 변했다는 것을 밝혔다. 생육기간에 이와 같은 보우엔비의 큰 체계적인 변화가 전형적인 생육기간의 에너지 패턴을 결정하는 것을 매우 어렵게 하였다.

에너지수지 패턴의 큰 경년변화(interannual variation) 역시 삼림에서 관측될 수 있었다. 예거와 케슬러[3412]는 1974년∼1988년에 독일 라인 강 상류 지역의 하르트하임

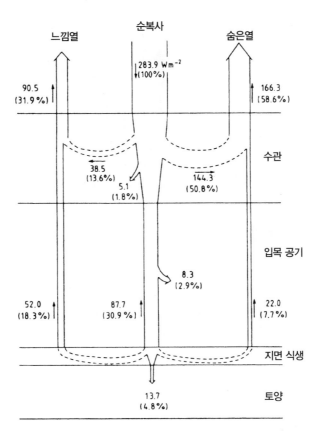

그림 34-5 1978년 8월~9월에 6일의 건조한 날들에 스웨덴 애드라이스(60°N)의 조밀하지 않은, 충분히 물을 뿌린 침엽수림에 대한 주간 에너지수지의 요약. 에너지 항들은 에너지 총계(W m^{-2})와 순복사의 백분율(괄호)로 제시되었다(A. Lindroth[3414]).

(47°56'N) 부근의 소나무 삼림 조림지로부터 에너지수지 및 물수지 패턴을 조사하였다. 그들은 변하는 날씨, 수분 이용가능성의 변화, 자연 삼림의 성장, 조림지 간벌(thinning)의 영향으로부터 일어나는 15년의 연구기간에 삼림 에너지수지의 중요한 변화를 밝혔다. 그들은 기후변동성, 자연 삼림의 변화, 인위적으로 만든 삼림의 변화가 삼림 에너지수지 패턴에 미치는 영향들을 구분하는 것이 매우 어렵다는 결론을 내렸다.

삼림에서 기온 및 수증기 분포를 이해하기 위해서는 바람단면뿐만 아니라 복사수지를 아는 것도 중요하다. 일어나는 맴돌이확산의 양은 주로 바람 강도에 종속되고, 복사에너지가 삼림에 남는지 또는 다른 곳으로 수송되는지를 결정한다.

영면변위 d(30장)는 당연히 작물 또는 갈아 놓은 경지보다 삼림에 대해서 훨씬 더 크다. 삼림의 잎 때문에 공기흐름에 대한 저항은 잎의 밀도와 직접 관련이 있다. 삼림에서 공기운동은 특히 바람이 입목의 열려 있는 경계를 통해서 불어 들어올 수 있을 때 가지가 없는 줄기 부분에서 덜 제한된다. 그림 34-6은 가이거[3406]가 행한 측정을 이용하

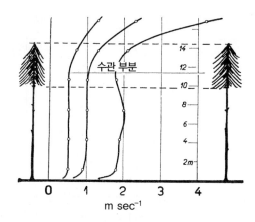

그림 34-6 세 가지 풍속 계급에 대한 소나무 입목에서의 바람단면

여 독일 바이어른 주의 영림서 본트렙(오버팔츠)에서 조밀하지 않은 15m 높이의 젓나무 입목에서 세 가지 서로 다른 풍속에 대한 바람단면을 제시한 것이다. 바람이 강할 때에는 줄기 부분을 통과하는 2차 최대풍속이 있었다. 운게호이어[3429]는 독일 타우누스 사면에 있는 키 큰 젓나무 삼림에 대해서 야간에 활강바람(katabatic wind, 43장)이 줄기 부분을 통과할 수 있었을 뿐만 아니라, 삼림 수관을 통해서 외부 요란으로부터 보호되어 그 발달이 심지어 유리하게 되었던 것을 증명할 수 있었다.[4]

삼림의 특수성은 또한 잎이 달리는 것(독 : Belaubung)[5]이 바람장에 영향을 미치는 것이다. 가이거와 아만[3407]은 독일 슈바인푸르트 부근의, 수령이 40~50년 된 너도밤나무의 어린 간재가 그 아래에서 자라는, 키가 24m나 되며 수령이 115년 된 참나무 입목에서 그림 34-7에 제시된 바람단면을 측정하였다. 그림 34-7은 (28m 높이에서 측정한) 동일한 외부의 바람상태에서 관측된 나무에 잎이 달리기 전과 후의 바람단면을 보여 주는 것이다. 당연히 외부의 바람은 잎이 나오기 전에 삼림 속으로 좀 더 깊숙하게 침투할 수 있었다. 이러한 사실은 비행기로부터 살충제를 뿌려서 애벌레를 박멸하는 데 실제로 중요하다. 나무에 잎이 나기 전에는 아래로 부유하는 살충제가 자리 잡을 차후

---

4) 독일어본(제4판, 1961)에 이 문장은 "Für einen Buchhochwald an den Hängen des Taunus konnte H. Ungeheuer sogar nachweisen, daß der nächtliche Hangabwind(43) nicht nur den Stammraum durchstreicht, sondern durch das Kronendach vor Störungen von außen geschützt, also in seiner Entwicklung sogar begünstigt wird."라고 기술되어 있어, 영어본(제7판, 2009)의 "H. Ungeheuer was able to show, for a high beech forest on a slope, not only that the katabatic wind at night(section 43) was able to pass through the forest, but that its passage was even favored by its being protected from external disturbances by the forest crown."이라는 내용과 다르다. 따라서 이 문장은 독일어본을 기준으로 번역하였다.

5) 제4판(독어본)에는 "Belaubung(잎이 달리는 것)"으로 표현되어 있으나, 제7판(영어본)에는 "forest foliage"로 표현되어 있다. 여기서는 문맥상으로 '잎이 달리는 것'이 정확하여 제4판(독어본)에 따라 번역하였다.

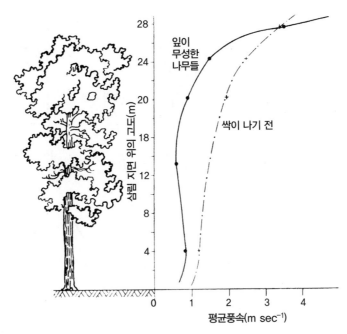

그림 34-7 참나무 삼림에서 잎이 바람단면에 미치는 영향(R. Geiger and H. Amann[3407])

에 어린잎들이 형성되는 표면이 없을 뿐만 아니라, 좀 더 강한 바람에 의해서 더 빠르게 아래로 운반되고, 잎이 났을 때보다 좀 더 강한 난류에 의해서 가루가 좀 더 넓게 살포될 수 있다.

잎이 나오기 전과 후의 차이는 고요(calm, $u < 0.7$ m sec^{-1}) 시간의 빈도에서 특히 뚜렷하게 나타난다. 잎이 나기 전 206시간의 관측에서 참나무 정상에서 1시간의 고요도 기록되지 않았던 반면, 잎이 난 후에는 고요가 494시간의 관측 중에서 10%나 되었다. 그러나 삼림 지면 위 4m 고도에서 고요시간의 빈도는 잎이 달림에 따라 67%에서 98% 까지 상승하였다.

바람이 어느 정도까지 삼림 속으로 침투할 수 있는가는 여러 인자에 종속된다. 덤불과 어린 나무는 바람을 완전히 막는다. 수령이 오래된 입목에서 삼림의 유형과 수관이 폐쇄된 정도가 중요하다. 가이거[3406]의 그림 34-8은 이미 언급한 영림서 본트렙에 위치하며 불과 86m 떨어져 있는 임학적으로 다르게 관리한 두 입목에서 바람단면을 비교한 것이다. '렘라헤(Lehmlache) I'이라고 부르는 입목은 느슨하게 폐쇄된 균일한 수관이 있는 수령이 65년 된 소나무 삼림이었다. '렘라헤 II'에는 같은 종류의 입목이 있었으며, 그 아래에 수령이 어린 젓나무가 많아서 수관들이 모든 고도에 있었다. 이로 인하여 그림 34-8에 제시된 바와 같이 풍속이 현저히 감소하여 이를 통해서 직접적으로 줄기 부분에서 주간에 좀 더 서늘하고 야간에 좀 더 따듯했다. 렘라헤 II에서 수관 부분은

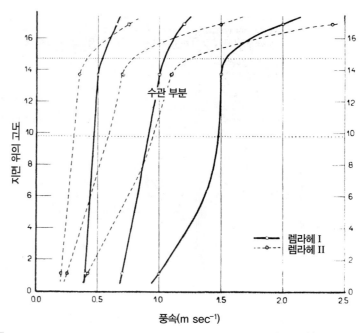

그림 34-8 아래에 어린 젓나무가 없는 곳(I)과 있는 곳(II)의 두 소나무 입목에서 바람단면의 비교(R. Geiger [3406])

조밀하지 않아서 통풍이 좀 더 잘되는 렘라헤 I 입목보다 좀 더 극심한 기온을 갖게 되었다. 풍속이 렘라헤 II의 수관 내에서 그리고 수관을 통해서 크게 느려졌기 때문에 수관 위의 공기는 좀 더 빠른 비율로 흘렀을 것이다. 이와 같은 효과가 싹이 나기 전과 후에 활엽수들 위의 풍속과 비교하여 그림 34-7에서 관측될 수 있다. 식생이 공기운동을 느리게 할수록, 방해할수록, 또는 깔때기 작용을 할수록 공기는 식생 위로 또는 식생 내에서 적절한 크기의 틈새를 통해서 좀 더 빠르게 흐를 것이다[벤츄리 효과(Venturi effect)]. 이 내용은 52장에서 좀 더 고찰하게 될 것이다.

그림 34-9는 독일 뮌헨 부근의 어린 젓나무 조림지에 대한 풍속의 일변화 사례이다. 그림 33-12와 그림 35-3~35-6과 대비하여 여기서는 고도의 눈금이 삼림의 정상(5m) 위로 연장되었다. 등치선의 수치는 이 실험을 위해서 선별된 맑은 날의 풍속(cm sec^{-1}) 이다. 나무의 정상 부분이 5m 고도에 위치하는 것을 고려하면 그림 34-9에서 약 10~18시 사이의 시간에만 수관 부분에서 풍속이 50cm sec^{-1} 이상이었다. 마찰 때문에 풍속은 나무에 가까워질수록 감소하였다. 이른 오후에 최대 풍속을 갖는 막히지 않은 대기에서 바람의 일변화(그림 16-2)는 입목 위에서 분명하게 알 수 있고, 이것은 주간에 증가된 대류와 운동량 교환의 결과였다(그림 16-2와 16-3). 자정 무렵의 2차 최대 풍속은 국지적인 산풍(mountain wind)[6]의 결과였다. 산풍은 보통 이러한 여름의 일기상태

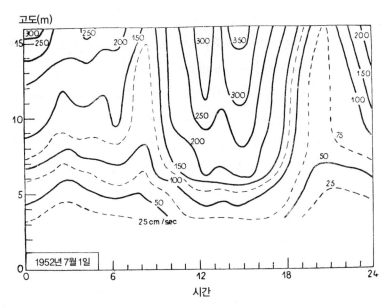

그림 34-9 뮌헨 부근 젓나무 조림지에서 풍속의 등치선(cm sec⁻¹)(A. Baumgartner[2501])

에서 알프스 산맥에 가까운 오버바이어른의 고원 위에서 불었다.

데비토와 밀러[3403]는 옥수수 밭과 잎이 없는 참나무 수관을 통과하는 야간의 바람의 흐름을 조사하기 위해서 연기추적자(smoke tracer)를 이용하였다. 그들은 바람이 약할 때 밀도공기배출(density air drainage)이 위에 있는 공기가 반대 방향으로 흐를 때조차 수관 내에서 지속되는 것을 관찰했다(그림 34-10). 수관 위의 바람이 5m sec⁻¹과 같거나 그 이상일 때 밀도류(density flow)는 지면 부근에서만 지속되었다. 잎이 없는 시기 동안 지면의 배출 흐름(drainage flow)은 삼림에서만 발달하였다. 참나무에 잎이

A. 배출 흐름에 반대되는
국지 풍향 – 잎이 없는
삼림

B. 배출 흐름에 반대되는
국지 풍향 – 옥수수

그림 34-10 일반화된 바람단면의 패턴(A. S. Devito and D. R. Miller[3403])

6) 제4판(독어본)에는 "lokaler Bergwind(국지적 산풍)"로 표현되어 있으나, 제7판(영어본)에는 "local downslope wind(국지적 활강풍)"로 표현되어 있다. 여기서는 제4판(독어본)에 따라 '국지적인 산풍'으로 번역하였다.

달렸을 때 배출 흐름은 수관 위에서만 발달하였다.

제이콥스 등[3416]은 옥수수 수관에서 야간에 수관 위에서 공기가 수관 정상에서의 장파복사 냉각 때문에 열적으로 안정하게 된다는 것을 밝혔다. 그러나 수관 내에서는 공기가 수관 정상에서의 냉각과 토양으로부터의 가열 때문에 불안정하게 되었다. 그들은 잎이 덜 조밀한 식생의 낮은 부분에서 자유대류(free convection) 상태가 발달했다는 것을 밝혔다. 프뢰리히와 슈미트[3405]는 수관 아래의 조밀한 삼림에서 유사한 관측을 보고하였다. 주간에 흐름은 역전 조건과 일치하여 활강하였으며, 야간에 흐름은 수관 아래의 좀 더 따뜻한 조건의 결과로 활승하였다. 바람은 삼림 수관 위에서 반대 방향으로 부는 경향이 있었다. 잎이 떨어진 겨울에 흐름은 주간에 수관 위와 아래에서 계곡 위로(up valley)였고, 야간에는 계곡 아래로(down valley)였다. 스차르진스키와 안후프[3427]는 주간에 식생의 정상과 대기 사이에 난류 교환이 있었던 것을 밝혔다. 그렇지만 야간에는 수관의 정상부로부터 복사냉각과 그로 인한 안정한 조건 때문에 그 위에 놓인 대기로부터 중요한 수관의 분리가 있었다.

제35장 ··· 삼림에서의 기온과 습도

삼림에서의 기온 측정은 가급적 연직 단면의 기록을 통해서 구하게 된다. 표 35-1은 기존 연구들에 관한 개관이다. 이 표에서 괴레와 뤼츠케[3408]의 연구는 추가적으로 보호 덮개가 있거나 없는 많은 경지 표면으로도 확대된다. 오보렌스키[7]는 1922년 초여름에 상트페테르부르크(구 레닌그라드) 부근의 소나무와 어린 참나무 조림지의 서로 다른 4개 고도에서 건습계로 측정을 하였다. 에르미히(K. Ermich)의 키 작은 나무에서의 연구도 언급되어야 할 것이다.

표 35-1에서 평탄한 지형에 있는 입목과 사면에 있는 입목이 구분되는데, 그 이유는 후자에서 지형기후(독 : geländeklimatisch)의 영향이 나타나기 때문이다(제7부 비교). 측정방법의 칸에 써놓은 부호는 다음을 의미한다. H = 자기온도계를 백엽상에 설치하여 복사로부터 보호하였음. 그렇지만 자료는 복사오차의 영향을 받았을 수 있음. HA = 자기온도계의 값을 통풍건습계로 측정하여 실제 기온으로 환산하였음. A = 통풍건습계로 읽었음. Th = 써미스터(thermistor)로 읽었음. 여기서 후자를 백엽상에 설치하였

---

7) *Obolensky, N. v.*, Effect of arborous vegetation on the temperature of soil and the temperature and humidity of the air. J. Geophys. and Met. 3, 113-139, Moscow 6.

표 35-1 삼림에서의 기온 측정 개관

발간연도		저자(문헌)	연구된 입목				측정 방법
			수령(년)	나무의 유형과 특성		높이(m)	
평탄한 지형	1925/26	가이거[3406]	65	수령이 오래된 소나무 입목(그 아래에 어린 젓나무가 있거나 없음)		14	H
	1931/32	가이거와 아만[3407]	115	수령이 오래된 참나무 입목		24	H
		바움가르트너[2501]	45	아래에 어린 너도밤나무가 있음			
	1952~1956	괴레와 뤼츠케[3408]	20	어린 젓나무 조림지		6	HA
	1956		90	a) 소나무-너도밤나무 혼합 입목		20	A
		운게호이어[3429]	81	b) 수령이 오래된 소나무 입목		17	A
			26	c) 어린 소나무 조림지		11	A
사면위에서	1934	자우버러와 트랍[8]	136	북서 사면에 수령이 오래된 너도밤나무 입목		17	H
	1941		135	a) 남동 사면에 수령이 오래된 너도밤나무 입목		28	H
		바움가르트너와 호프만[3402]	90	b) 북 사면에 너도밤나무-젓나무-은젓나무 혼합 입목		22	H
	1957		100	서남서 사면에 수령이 오래된 젓나무 입목		30	Th

으나 복사오차를 배제하지는 않았음.

수령이 40~50년 된 너도밤나무의 어린 간재가 그 아래에서 자라는, 키가 24m나 되며 수령이 115년 된 참나무 입목이 있는 독일 슈바인푸르트 영림서에서의 가이거와 아만[3407]의 연구에서 자기온도계 측정 이외에 열전소자도 사용되었다. 이들 계기가 수관 위의 요소들에서 눈에 띄게 한 뚜렷한 측정오차를 가졌지만 햇빛이 나는 1930년 8월 18일에 관측된 기온의 일변화가 그림 35-1에 제시되었다. 이 자료가 우리에게 삼림에서의 여름날의 생생한 특징을 제공하고 있다. 측정은 일출 전에 시작되었다. 기온은 방출복사하는 참나무 수관이 있는 23m에서 최저였다. 측정은 또한 입목의 5개 높이에서 매 30초 간격으로 진행되었다. 일출과 함께 먼저 임목 위의 열전소자가 가열되었다. 이 시간에 수관 부분에 뚜렷한 경계면이 위치하였다. 입목 내에는 여전히 서늘하고 습윤한 공기를 갖는 야간이 지배하였다. 입목 위에서는 아침 해(입사복사)가 나무의 정상부를

---

8) *Sauberer, F.,* und *Trapp, E.,* Temperatur- und Feuchtemessungen in Bergwäldern. Centralbl. f. d. ges. Forstw. 67, 233-244, 257-276, 1941.

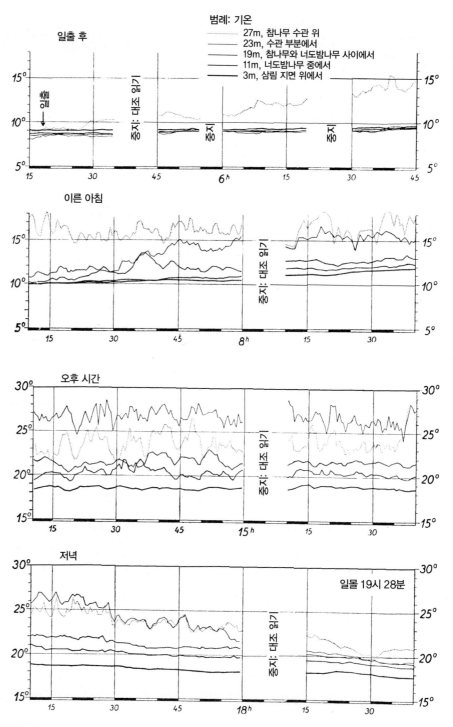

그림 35-1 맑은 여름날 수령이 오래된 참나무 입목의 5개 높이에서의 기온변화 : 오전, 오후, 저녁(R. Geiger and H. Amann[3407])

크게 가열하여 상대습도를 낮추었다. "이 구분은 맑은 아침에 관측 사다리를 오르는 모든 사람이 뚜렷하게 느낄 수 있다. 날아다니는 수천 마리의 곤충들이 경계면 위의 공간을 가득 채워서 이와 같은 살아 있는 구름(living cloud)은 아래와 뚜렷하게 구분되었다"(R. Geiger[3406], p. 852). 수관 부분의 기온은 8시경에 매우 느리게 상승하였는데, 그 이유는 초기의 대부분의 에너지가 이슬을 증발시키는 데 이용되었기 때문이다. 시간이 경과하면서 이슬이 증발될 때 수관 부분은 빠르게 가열되어 공기는 줄기 부분에서 일정하게 느리게 상승하는 기온과 대비하여 불안정하게 되었다.

정오경에 평형상태에 도달하였다. 이때 기온곡선은 수평으로 달리고 서로 다른 불안정도를 통해서만 구분되었다. 강한 태양복사에 상응하게 기온은 수관 부분에서 최고로부터 위의 자유대기로 그리고 아래의 줄기 부분으로 하강하였다. 저녁에 기온이 하강하는 것은 아침에 기온이 상승하는 것과 대비하여 수관 위의 기층에서 안정도가 증가하게 하였던 반면, 오전의 가열은 기층의 불안정도를 증가시켰다.

기온이 서로 다른 고도에서 어떻게 나타나는가는 당연히 나무의 유형, 입목의 수령과 구조에 종속된다. 괴레와 뤼츠케[3408]는 입목에서 연직기온경도가 이용된 계기의 복사오차를 통해서 크게 왜곡될 수 있다는 것을 분명하게 지적하였다. 수관 부분과 그 위에 놓인 열전소자만이 복사에 주야간 노출되었고, 입목의 보호를 받는 열전소자는 복사에 노출되지 않았기 때문에 실제와 비교하여 수관 부분에서 기온의 일교차가 과대하게 나타났다. 측정은 매우 조밀한 입목인 것처럼 잘못된 인상을 주었다. 이와 같은 정당한 반론으로 인하여 과거의 측정자료가 별로 가치가 없기 때문에 다음에서 이러한 관점에서 흠잡을 데 없는 두 가지 연구 결과를 고찰하겠다.

그림 35-2와 35-3은 기온변화에서 근본적인 차이를 나타내는 두 가지 입목 유형, 즉 조밀하지 않은 소나무 입목과 조밀한 소나무 입목으로부터 나온 결과를 제시한 것이다.

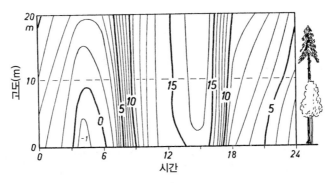

그림 35-2 독일 에버스발데 부근의 조밀하지 않은 소나무 삼림에서 하루 중의 기온변화(K. Göhre and R. Lützke[3408])

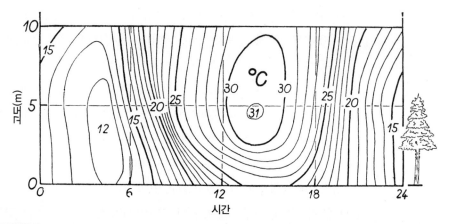

그림 35-3 독일 뮌헨 부근의 조밀한 젓나무 조림지에서 하루 동안의 기온변화(A. Baumgartner[2501])

그림 35-2의 기온변화의 등치선은 괴레와 뤼츠케[3408]가 1953년 9월 14일과 15일(맑은 날)에 독일 에버스발데 부근의 소나무-너도밤나무 혼합림에서 측정하여 발간한 24개의 연직기온단면에 기초한 것이다. 이 입목은 평균 13m 키의 수령이 10~60년 된 약하면서 강하기까지 한 너도밤나무의 사이 입목(독 : Zwischenstand, 영 : inter-growth) 및 하층 입목(독 : Unterstand, 영 : undergrowth)과 함께 평균 20m 키의 수령이 82~100년 된 구멍이 많은 소나무로 이루어졌다. 8개 높이에서 맑은 날의 측정은 소나무의 수관 조금 위에서까지 행하였다.

같은 표현 방법이 조밀한 입목에 대해서 그림 35-3에 이용되었는데, 이것은 이미 기술된 독일 뮌헨 부근 젓나무 조림지에서 여러 차례 이용된 바움가르트너[2501]의 측정을 이용한 것이다.9) 기온은 나무 키의 2배까지 연장되는 6개 높이에 대해서 측정된 여름(1952년 6월 28일에서 7월 7일까지) 10일 동안의 평균이다. 앞의 두 그림과 비교하여 그림 35-3의 기온은 나무들의 정상 위로 좀 더 연장되었다는 것을 기억해야 할 것이다.

등온선은 일출 후 수시간 동안 최대가열시간과 일몰 전 냉각시간 동안 조밀하였고, 전자가 후자보다 좀 더 조밀하였다. 덜 조밀한 입목(그림 35-2)에서 삼림 전체의 대기가 영향을 받아 연직등온선이 나타났던 반면, 좀 더 조밀한 입목(그림 35-3)에서는 열이 수관으로부터 아래로 삼림의 지면까지 느리게만 침투하여 등온선이 왼쪽 위에서부터 오

---

9) 제4판(독어본)을 거의 직역한 영어 번역본(Fifth printing, 1975)에는 "The same method of representation is used in Fig. 175 for a dense stand, using the series of measurements, already consulted frequently, from A. Baumgartner[437] for the fir plantation near Munich."라고 번역되어 있으나, 제7판(영어본)에는 "Fig 35-3 is for a dense stand from A. Baumgartner[2501] for a fir plantation near Munich."로 표현되어 있다. 여기서는 제4판(영어본)에 따라 내용을 번역하였다.

른쪽 아래로 처음에 기울다가 시간이 경과함에 따라 좀 더 수평으로 되었다.

조밀하지 않은 입목(그림 35-2)과 조밀한 입목(그림 35-3) 사이의 기온분포에 실제적인 차이가 있었다. 조밀하지 않은 입목에서 주간에 최고기온은 지표에서 나타났고, 나무의 정상에서보다 약 1℃ 높았다. 야간에 역전은 지면보다 약 5℃ 온난한 나무 정상의 기온과 함께 존재하였다. 조밀한 입목(그림 35-3)으로 나무 정상은 외부유효표면이 되었다. 수관 부분에서 최고기온은 지표보다 정오에 약 6℃ 높았으나, 야간에는 약 1℃ 정도 낮았다. 작은 야간의 차이는 아마도 부분적으로 아래로 흐르는 수관 지역에서 차가운 공기 때문이었거나, 좀 더 차가운 나무 정상으로의 장파복사교환에 의해서 지면이 에너지를 잃었기 때문일 것이다. 정오에 태양광선이 덜 조밀한 삼림으로 좀 더 침투할 수 있었고, 좀 더 활발하게 혼합되어 가열된 위의 공기를 아래로 더 빠르게 내려오게 하기 때문에 다소 등온인 조건이 이루어졌다. 좀 더 조밀한 삼림에서 햇빛이나 바람 모두 크게 침투할 수 없었다. 따라서 주간에 줄기 부분의 공기는 수관 부분의 따듯함과 비교하여 서늘하고 습윤하였다.

뢰프베니우스[3322]는 입목 밀도뿐만 아니라 입목 키도 야간 기온에 영향을 준다는 것을 밝혔다. 그는 키가 큰 산목(傘木, shelterwood)[10]이 같은 밀도와 조망인자(view factor)를 갖는 키 작은 산목보다 최저기온을 좀 더 높인다는 것을 밝혔다.

여름에 삼림 지면에서 기온은 위의 공기보다 평균 4℃ 낮았고, 주간과 야간 사이의 일교차는 위의 공기보다 5.4℃ 작았다. 이러한 내용은 표 35-2의 1952년 6월 29일부터 7월 7일까지의 건조한 기간의 일평균기온에서 나타난다. 복사수지가 음인 겨울에는 반대로 지면에서의 공기가 나무 정상부 사이의 공기보다 평균적으로 온난한 것을 기대할 수 있을 것이다.

쉬미체크[3424]는 오스트리아의 룬츠 부근 소나무 삼림에서 나무좀류(bark beetles, *Ips typographus*)의 성장에 관한 그의 관찰에서 이러한 에너지 분포의 실제적인 중요성을 제시하였다. 그는 나무좀류가 20℃에서야 비로소 떼를 지어 모이기 시작했다는 것을 밝혔다. 따라서 나무껍질의 좀 더 높은 온도, 수관 부분에서 높은 온도의 좀 더 높은 빈도와 좀 더 긴 지속 기간이 삼림의 지면에서보다 수관 부분에서 이러한 삼림의 해충을 좀 더 빠르게 성장시켰다. 폐쇄된 젓나무 입목에서 최초의 발병은 수관 부분에서 시작하여 느리게 아래로 확산되었다.

상이한 삼림 입목에서의 복사 분포 역시 입목 아래의 토양온도에 영향을 주었다. 그림 35-4는 영국 노퍽의 버너스 히스(52°23'N)에 있는 세 가지 유형의 식생피복에 따른

---

10) 傘代作業에 있어서의 산목 = 保護母樹.(http://www.foa.go.kr/forest/view.dict?voca_id=2071&young=s).

표 35-2 조밀한 젓나무 조림지에서의 기온과 상대습도

측정고도(m)	기온 (°C)		평균 수증기압 (hPa)	상대습도 (%)		
	일평균	일교차		일평균	일교차	온흐림 날의 평균
10.0, 삼림 위	22.3+	16.4	15.9	63*	58	76*
5.0, 나무 정상 부분에서	21.6	19.4+	14.9*	63*	62+	80
5.0, 수관 부분에서	21.1	19.0	16.3	70	62+	84
2.5, 줄기 부분에서	20.8	18.4	16.6	69	60	86
1.5, 죽은 가지들이 있는 부분에서	19.6	16.5	15.3	71	60	87
0.2, 삼림의 지면에서	18.3*	14.0*	16.7+	79+	45*	90+

+는 가장 높은 값, *는 가장 낮은 값을 의미한다.

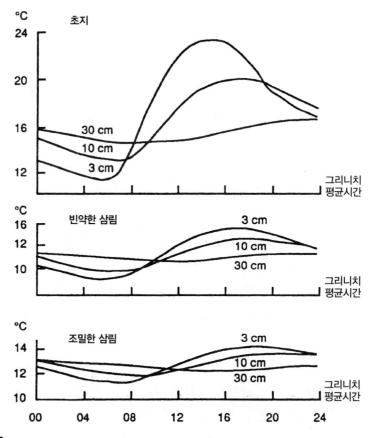

그림 35-4 1981년 8월 11일에 버너스 히스에서 세 가지 유형의 식생 아래에서 3개 깊이의 토양온도(S. A. Oliver et al.[3422])

토양온도의 변화를 제시한 것이다. 식생이 조밀할수록 토양온도의 변화는 작았고, 최고 및 최저토양온도가 늦게 나타나는 경향이 있었다. 라우즈[3423]는 북극 지방에서 유사한 관측을 하였다. 그는 툰드라 피복에서보다 삼림 아래에서 온도변화는 작았고, 온도는 높았다는 것을 밝혔다. 이들 측정은 식생피복이 증가할 때 미기후가 어떻게 좀 더 온화해지는가를 보여 주고 있다.

식생피복을 단순화하고 지면의 노출도를 높이는 토지이용 변화와 토지 관리는 좀 더 극심한 표면 미기후와 좀 더 높은 토양온도가 나타나게 했다. 카나리아 제도 테네리페 섬 북사면 위의 습윤한 800~1,400m 고도를 따르는 자연 식생은 운무림(雲霧林, cloud forest)과 나무-히스(tree-heath) 삼림지대이다. 지난 500년 동안 이 자연 식생의 많은 부분이 개간되었으며, 작은 잎면적지수를 갖는 소나무 및 유칼리 삼림, 초본 식물과 농작물로 대체되었고, 좀 더 단순하고 개방된 구조를 갖게 되었다. 표 35-3에는 연평균, 여름평균(6~8월), 겨울평균(12월~2월) 토양온도의 관측자료가 제시되었다(Jiménez et al.[3417]). 소나무 삼림의 토양기후(soil climate)는 약간의 차이만이 있는 운무림의 토양기후(1지점)와 비교될 수 있었다. 나무-히스 삼림지대를 대체한 초본 식물 및 작물 피복(2지점)은 훨씬 더 따뜻한 토양기후와 좀 더 큰 토양온도의 계절변화를 갖게 되었다. 벌채된 소나무 삼림의 뒤를 이은 초본 피복(3지점) 또한 좀 더 큰 계절 극값들을 갖는 좀 더 높은 토양온도가 나타나게 했다. 좀 더 개방되어 변화된 표면 피복 아래의 토양 표면으로의 복사 침투의 증가에 추가로 일부의 차이는 연중 무역풍으로부터의 수분을 포획하는 운무림, 소나무 삼림과 나무-히스 삼림의 좀 더 큰 유효성과 좀 더 균질한 환경 조건을 만드는 것에 기인할 수 있다.

표 35-3 카나리아 제도 테네리페 섬에서 안도솔 토양 위 선별된 토지이용 피복에 대한 계절평균 및 연평균 토양온도

지점	토지 피복	연평균 토양온도(°C)	여름평균(JJA) 토양온도(°C)	겨울평균(DJF) 토양온도(°C)	편차 (°C)
1지점	운무림	14.1	14.9	13.0	1.9
	소나무 삼림	14.6	15.1	13.4	1.7
2지점	나무-히스 삼림지대	14.7	17.2	12.1	5.1
	초본	15.8	18.3	12.7	5.6
	작물	17.1	20.6	13.3	7.3
3지점	소나무 삼림	11.7	13.6	9.5	4.1
	벌채된 지역의 초본	14.0	17.5	10.6	6.9

출처 : Jiménez et al.[3417]

삼림은 증산을 하여 수증기원으로서 작용한다. 표 35-2 역시 독일 뮌헨 젓나무 조림지의 연직 수증기압 단면을 제시하고 있다. 지면에서 최고 수증기압은 지표로부터의 증발과 감소된 혼합에 기인한다. 지면 위 1.5m에 죽은 가지들이 있는 지역에서 수증기압은 다소 낮았다. 수관 부분에서 작은 2차 최고는 증산하는 잎들에서 방출되는 수증기에 기인하여 나타났다. 이 2차 최고수증기압은 지면의 최고수증기압보다 낮은데, 그 이유는 위로부터 좀 더 건조한 공기가 혼합되었기 때문이다.

이 과정은 그림 35-5의 수증기압 등치선에서 볼 수 있다. 이 그림은 그림 33-12, 34-9, 35-3과 같은 동일한 건조한 기간에 대한 것이다. 야간의 최저는 낮은 기온과 이슬 침적에 기인하였다. 그러므로 가장 많은 양의 이슬과 서리는 최저기온과 관련된 수관 바로 아래에서 나타났다. 아침에 해가 뜰 때, 나무 정상에서의 이슬 또는 서리는 증발하기 시작하였다. 대류는 제한되고, 광합성은 활발하여 9시경에 수증기압이 최대가 되었다. 태양이 계속 상승하여 이슬이 증발할 때 좀 더 많은 에너지 투입이 수관의 기온을 높였고, 활발한 대류가 일어났다. 이러한 대류가 위에서부터 아래로 내려오는 좀 더 건조한 공기가 나타나게 하였다. 정오에 수관에서 최고수증기압은 훨씬 덜 뚜렷하였다. 늦은 오후에 최저수증기압은 나무 정상 부분에서 나타났는데, 이는 주로 대류혼합, 증가된 수관 저항과 감소된 증발산에 기인하였다(표 34-1). 다른 최저수증기압은 죽은 가지들이 있는 부분에 위치했던 반면, 삼림 지면과 수관은 다소 좀 더 습윤하였다. 오후에 건조한 공기가 깊이 침투하는 주요 이유는 일기가 극심하게 건조한 데 있었다. 괴레와 뤼츠케[3408]는 심지어 나무에 잎이 나기 전에도 삼림 내에서 이러한 현상을 관측하였다. 해가 지기 시작할 때 대류혼합은 감소하였고, 증발산이 때로 다시 증가하여 19시에 2차 최고가 나타났다.

상대습도의 분포는 훨씬 더 단순하였다. 여기서 나타나는 기온 범위에서 1.33hPa의

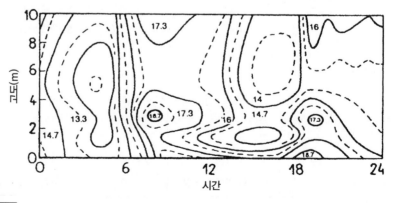

그림 35-5 독일 뮌헨 부근 어린 젓나무 조림지에서의 수증기압(hPa) 등치선(A. Baumgartner[2501])

수증기압차는 약 6%의 상대습도의 변화와 같았다. 그러므로 상대습도의 분포는 주로 기온분포에 의해서, 그리고 그다음으로 위로부터의 건조한 공기의 혼합에 의해서 결정 되었다. 따라서 그림 35-6의 등치선 형태는 그림 35-3의 형태와 대체로 유사하다. 상대 습도는 서늘한 줄기 부분에서 주간에 높고, 나무 정상에서는 낮았다.

한여름의 건조한 기간에 대한 평균상대습도는 수증기압에 대한 등치선과 같이 삼림 의 지면과 수관 부분에 2개의 최고상대습도를 나타냈다. 이것은 24시간 전체에 대한 평 균의 결과인데, 그 이유는 야간에 수관 부분이 자주 좀 더 습윤한 반면, 접지기층의 공기 는 항시 상대적으로 습윤했기 때문이다. 줄기 부분의 보호받는 기후(protective climate)는 상대습도의 작은 일변화로 특징지어졌다.

그림 35-7에 제시된 체코슬로바키아의 복층의 참나무-서어나무 삼림에서 크라토치 오바[3418]는 기온(그림 35-8), 상대습도(그림 35-9), CO_2 농도(그림 35-10)를 측정하 였다. 그림 35-3과 일치하듯 야간 기온은 지면 부근에서 가장 높았고(그림 35-8의 1m 에서), 수관 내(17m)에서 가장 낮았다. 주간에 기온은 수관(17m와 22m) 내에서 가장 높았고, 지표에서 가장 낮았다. 그림 35-6과 부분적으로 일치하면서 야간에 상대습도 (그림 35-9)는 수관 내에서 가장 높았고, 1m에서 가장 낮았다. 주간에 이 패턴은 역전 되었다. 이산화탄소 패턴은 대기로부터 대류 플럭스, 광합성 흡수와 삼림 내에서의 호 흡원의 결과였다. 삼림은 늦은 오전부터 이른 오후까지 CO_2에 대한 흡수원으로 작용하 였다. 이 시간 동안 토양의 호흡원은 CO_2가 생기게 하였다. 야간에 삼림 내에서의 호흡 은 CO_2 수준을 증가시켰다. 가장 낮은 CO_2 농도는 주간(9시~16시)에 나타났고, 가장 높은 CO_2 농도는 야간(2시~5시)에 나타났다(그림 35-10). 주간에 CO_2 수준은 높은 고도에서보다 1m 높이(그림 35-10)에서 전형적으로 훨씬 더 높았다. 이것은 아마도 부

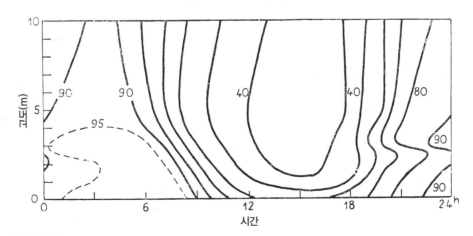

그림 35-6 독일 뮌헨 부근 어린 젓나무 조림지에서 상대습도(%) 등치선(A. Baumgartner[2501])

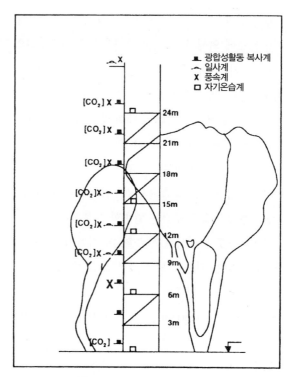

그림 35-7 참나무-서어나무 삼림 안과 위에서의 미기후 측정을 위한 계기 위치의 개략도(PAR은 광합성활동 복사이다)(E. T. Kratochíová[3418])

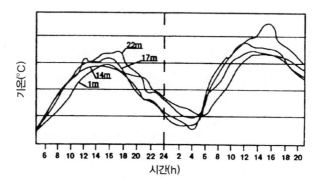

그림 35-8 참나무-서어나무 삼림의 1m, 14m, 17m, 22m 높이에서의 기온(E. T. Kratochíová[3418])

분적으로 토양에서 나오는 CO_2와 위의 수관 내에서 일어나는 광합성에 기인할 것이다.

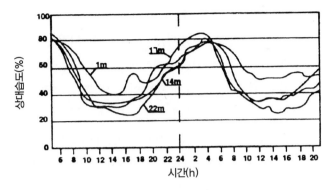

그림 35-9 참나무-서어나무 삼림의 1m, 14m, 17m, 22m 높이에서의 상대습도(E. T. Kratochíová[3418])

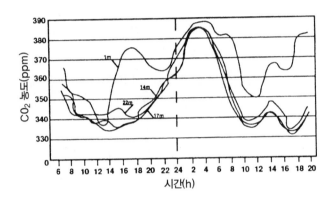

그림 35-10 참나무-서어나무 삼림의 1m, 14m, 17m, 22m 높이에서의 이산화탄소 농도(E. T. Kratochíová [3418])

제36장 ⋯ 삼림에서 이슬, 비와 눈

홀로 서 있는 나무는 하늘의 차폐를 증가(하늘조망인자를 감소)시키고 그것으로 야간에 방출복사를 감소시켜서 아래의 지면을 가리게 될 것이다. 이슬로 덮인 수관 아래에는 흔히 이슬이 내리지 않은 일부 지면이 있을 것이다. 매데[3617]는 독일 할레 부근 에츠도르프 시험장에서 너도밤나무 아래에 많은 수의 이슬기록계(dew recording instrument)를 설치하였다. 잎 수관의 낮은 가장자리는 나무줄기로부터 5.2m 떨어져 있었고, 기록계는 나무로부터 외부로 방사선상에 설치되었다. 너도밤나무에 잎이 완전하게 달렸을 때인 1951년 5월부터 7월까지의 측정으로 이슬의 양, 침적 시간 및 낙하 기간이 나타났다.

　잎은 야간에 차가운 하늘로부터 차폐되는 양에 의해서 부분적으로 이슬 침적의 양과 기간에 영향을 주는데, 이것은 장파복사의 순손실과 야간의 기온 하강을 조절한다. 오전 동안 차광은 표면 가열을 지연시켜서 침적된 이슬의 양, 침적 기간, 그리고 이슬이 남아있는 기간을 증가시킨다. 따라서 매데[3617]는 침적된 이슬의 양이 나무의 주변으로부터 밖으로 약 2m까지 급격하게 증가하였고, 이를 넘어서는 다소 좀 더 느리게 증가하는 것을 관측하였다(표 36-1). 이슬 침적의 기간과 이슬이 남아 있는 기간 둘 다 4m까지 증가하였고, 그다음에는 약간 감소하였다. 이러한 증가 현상은 야간의 차폐 감소에 기인하였다. 감소 현상은 아마도 부분적으로 증가된 공기 순환과 주간의 차광이 감소하는 것 둘 다에 기인하였다. 잎의 범위 아래에서 응결되는 매우 적은 양(0.5mm)은 나무에 5월 초에 완전히 잎이 나지 않았기 때문이었다.

스토우티에스디이크[3632]는 확산복사는 받으나 직달태양복사로부터 가려진 식생(또는 벽) 뒤의 지역으로 개방된 그늘(open shade)을 정의하였다. 그는 가장 눈에 잘 띄는 개방된 그늘의 효과는 이슬의 지속성이라고 제안하였다. 그는 개방된 그늘 지역에서 주간 기온은 빈번하게 주변 기온보다 $6 \sim 8°C$ 낮은 것을 밝혔다. 우리는 보통 주간 지표온도가 기온보다 높은 것을 기대한다. 그렇지만 개방된 그늘에서는 직달태양복사가 0일뿐만 아니라 지면이 (스토우티에스디이크[3632]가 주변 기온보다 약 $25°C$ 낮은 것을 밝힌) 차가운 하늘과 복사를 교환한다. 그는 개방된 그늘에서 지표 복사교환이 0이었거나 심지어 약간 음일 수 있었다는 것을 밝혔다.

고립된 나무들에서 폐쇄된 입목들로 돌아와서 바움가르트너[2501]는 어린 젓나무 조림지에서 이슬 단면을 측정했다. 야간당 평균 이슬량은 다음과 같았다.

지면 위 고도(m)	0.5	1.0	1.5	2.5	4.0	5.5	8.0	10.0	12.0	16.0
어린 젓나무 (mg cm^{-2})	0.5	0.5	0.5	1	2	12	6	4	3	1

삼림에서 최고이슬침적은 최고 음의 순복사수지 지대의 조금 아래에 있는 수관에서 일어났던 반면, 수림이 없는 곳에서는 지면에 가까운 곳에서 일어났다. 이슬이 조금 내릴

표 36-1 잎이 이슬 침적에 미치는 영향

나무 주변으로부터의 거리(m)	-3.2	0	2	4	6	8
이슬이 내린 모든 야간의 이슬량(mm)	0.05	1.1	1.6	2.0	2.0	2.1
이슬 침적 시간(hr)	39	330	370	388	382	368
이슬이 내린 기간(hr)	47	420	479	500	499	473

때에는 침엽과 가지의 상부 표면이 이슬에 젖었던 반면, 이슬이 많이 내릴 때에는 전체 표면이 이슬에 젖었다. 수관 부분에 이슬로 내린 수증기의 일부는 입목의 낮은 높이에서의 증발로부터 유래하였을 것이다(15장).

한 입목 내에서 나타나는 이슬은 많은 침적이 있었던 일부 야간에 중요할 수 있는데, 그 이유는 수관 내에서 형성된 큰 이슬방울들이 똑똑 떨어져서 틀림없는 이슬소나기 (shower of dew)가 내릴 수 있기 때문이다. 방풍림들을 따라서 이슬이 형성되는 것에 관한 추가적인 논의는 52장에 있다.

트리셸터(tree shelter)[11]는 묘목을 둘러싸는 둥근 실린더이다. 그들은 전형적으로 정상부가 개방되어 있으나, 온실처럼 작용한다. 내부 기온은 혼합의 감소로 인하여 주간에 좀 더 높고, 야간에 좀 더 낮다. 델 캄포 등[2003]은 일출 직후에 나무 은신처 내부의 기온이 외부 기온 이하로 수°C 하강하는 것을 밝혔다. 그들은 벽들이 복사응결기(radiative condenser)로 작용할 수 있어서 내부 벽에 응결하는 이슬이 토양수분을 늘리는 데 이용될 수 있고, 식물의 생존과 성장을 향상시킨다고 제안하였다.

삼림에서 비의 분포를 연구하기 위해서는 다시 고립된 나무로 시작하는 것이 바람직하다. 린스켄스[3614]는 전체 생육기간에 사과나무 아래에서 강우분포를 측정했다. 선별된 나무는 과수원에서 다른 나무들과 떨어져 있는 덤불처럼 우거진 10년생 사과나무로 바람의 영향을 최소화할 수 있었다. 나무에 잎이 달리지 않았을 때 비는 나뭇가지들 아래의 빗방울들을 제외하고 그 아래에 균등하게 분포했다. 잎의 수관이 발달했을 때에는 잎들이 비를 방해했다. 이러한 현상은 지면에 도달하는 빗물이 일반적으로 감소했을 때 먼저 관찰되었다. 잎들이 완전하게 달린 후에야만 잎이 휘어지지 않는 성질이 감소하여 잎이 강수를 비끼게 하는 능력이 증가하였다. 그러면 최대강수는 잎들의 바깥쪽 가장자리 아래에서 나타났는데, 여기서 잎들은 도랑과 같이 작용하였다. 나무의 주위에는 때때로 나무가 수관 아래의 선별된 물방울이 떨어지는 지점으로 수관통과우를 집중시킬 수 있어서 수목이 없는 지면 강수의 160%나 내렸다. 비를 막는 수관의 표면은 잎의 수를 세고, 50개의 표본 잎의 면적을 구적계(planimeter)로 측정하여 54m²였고, 그 아래의 나무로 덮인 지면의 면적은 28m²였다. 잎들이 떨어지기 시작할 때 강수분포는 나무 아래에서 매우 불규칙하게 되었고, 그 후에 나무에 잎이 달리지 않았을 때 다시 일정하게 되었다.

린스켄스[3613]는 또한 서로 다른 여러 유형의 나무들이 낙하하는 강수의 행태에 미

---

11) 산에 심은 묘목을 플라스틱 덮개로 씌워 사슴 따위가 잘라 먹는 것을 방지하는 방법(1979년 영국 시험장에서 개발)(출처 : http://jpdic.naver.com/entry_foreign.nhn?entryId=49525)

치는 영향을 연구했다. 그림 36-1은 이 중에서 몇 가지 사례를 제시한 것이다. 맨 위의 열은 다음의 5개 유형을 스케치한 것이다. 수관의 구조를 제시하기 위해서 (A) 레드비치(red beech), (B) 가지가 늘어지는 사과(독 : Trauerapfel, 영 : weeping apple), (C) 피라미드형 참나무(pyramid oak), (D) 단풍나무(maple), (E) 레바논 시다(Lebanon cedar, *Cedrus libani*)를 열거했다. 두 번째 아래 열에는 조감도를 제시하였다(사용된 축척이 다른 점을 유의하라). 세 번째 열에는 겨울비의 분포와 네 번째 열에는 여름비의 분포를 제시하였다. 둘 다 수림이 없는 곳에서 영향을 받지 않은 강수량의 백분율로 표현되었다.

침엽수(E)에서는 겨울과 여름 사이에 차이가 없었다. 두꺼운 수관은 60~90%까지의 비만 통과시켰던 반면, 주변의 낙하 지대에는 수목이 없는 지면보다 10~20%까지 좀 더 많은 비가 내렸다. 너도밤나무(A)에 대한 그림에서는 겨울에 위에서 언급한 잎이 나기 전의 상당히 균등한 분포가 나타났다. 가지가 늘어지는 유형(weeping type, B)에서는 개별 가지의 끝으로부터 물이 떨어졌다. 우산형(umbrella type, D)에서는 심지어 잎이 없는 상태에서 뚜렷한 낙수효과(gutter effect)가 나타났다. 이와 반대로 잎이 있는 여름에 우산형은 단지 불규칙한 소수의 낙수 지점들만을 나타냈다. 처음 두 가지 유형

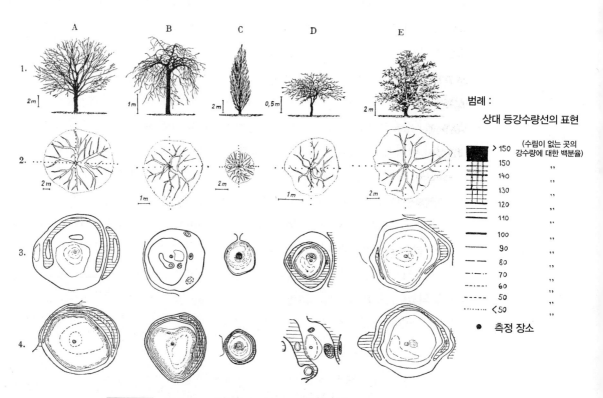

그림 36-1 겨울(3열)과 여름(4열)에 5개의 다른 나무 유형 아래에서의 강수분포(H. F. Linskens[3613])

은 잎의 외부 가장자리 아래에 물이 떨어지는 부분으로 뚜렷한 물의 통로를 보여 줬다. 피라미드형 참나무(*C*)는 이들 구분의 어느 쪽에도 해당되지 않았으나, 겨울에 모든 물이 깔때기와 같이 줄기를 따라서 아래로 흐르게 하여 그 주변에서 물의 양은 강수량의 10배에 달했다. 여름에 나무에 잎이 달렸을 때에도 이러한 깔때기 효과는 줄기 부분에서 여전히 110%나 되어 그 낙수 부분에서 높은 값이 나타났다. 린스켄스는 이를 정상적인 원심형(centrifugal) 강수분포와 대비하여 '구심형(centripetal) 강수분포'라고 불렀다. 호어스와 맥퍼슨[3610]은 큰 나무가 적은 비나 많은 비가 내리는 동안 수관통과우(아래에 정의된) 분포에 영향을 주는 반면, 작은 나무는 주로 적은 비가 내리는 동안 수관통과우 분포에 영향을 준다는 것을 밝혔다.

개별 나무들 아래에서 수관통과우와 수간류(樹幹流)의 공간적 변화는 지면의 미기후, 수분상태, 영양상태를 변화시킬 수 있고, 하층 식물과 동물의 분포에 영향을 줄 수 있다. 무기물이 풍부한 수간류는 나무줄기로부터 방사상으로 수분경도, 무기물경도, 토성, 토양 집적에 영향을 줄 수 있다. 호어스와 맥퍼슨[3610]은 미국 애리조나 주의 반건조 사바나에서 개별 나무 아래의 평균토양온도가 인접한 목초지 지역보다 서늘한 계절에 온난했고, 따뜻한 계절에 서늘했다는 것을 관찰하였다. 그러나 그들은 그들의 연구에서 토양수분이나 영양상태의 큰 변화를 관찰하지 못했다.

고립된 나무들을 떠나서 이제는 폐쇄된 입목에 대해서 논하도록 하겠다. 수림이 없는 지역보다 삼림의 지면에 적은 비가 도달한다. 따라서 삼림이 지하수 공급에 기여하는 정도는 종종 작다. 수관이 폐쇄되어 조밀하면, 특히 비가 완만하게 내리기 시작할 때 물방울들을 동반한 첫 번째 돌풍(flurry)은 잎, 침엽과 작은 가지에 머무는 경향이 있다. 델프스 등[3602]은 수령이 오래된 젓나무들 입목의 안쪽과 바깥쪽에서 동시에 측정하여 이러한 초기 단계가 약한 비가 내리는 수시간 동안 지속될 수 있다는 것을 제시할 수 있었다. '수관저장능력(canopy storage capacity)'이란 용어는 물이 삼림의 지면으로 침투하기 전에 수관에 의해서 흡수될 수 있는 비의 양을 기술하는 데 이용되었다. 수관저장능력은 전형적으로 1~3mm에 달한다.

자유바람(free wind)에 노출된 삼림 수관의 상부 표면이 비에 젖을 때 바로 증발이 일어나기 시작한다. 일시적으로 비가 내리지 않으면 종종 주목할 만한 증발 손실이 일어나고, 수관저장량이 감소한다. 비가 내리지 않는 것에 뒤이어 수관저장량은 수관이 건조해질 때까지 배수와 증발로 빠르게 고갈된다. 수관이 젖어서 축축해진 것과 그 후의 증발로 인한 손실을 '차단(interception)'이라고 부른다. 젖은 수관으로부터 차단된 물의 최대증발률은 동일한 건조한 수관으로부터의 최대증산율보다 몇 배 더 클 수 있는데, 그 이유는 전자가 수관 저항에 의해서 측정될 때 수증기 수송에 대한 생리적 저항에 의한 영향을 받지 않기 때문이다. 수관 위에서 큰 잎 표면적과 강한 공기역학 혼합의 크기 역시 젖은 수관으로부터 관측된 예외적으로 높은 증발률에 기여한다. 1차적으로 증발을 제어하는 것으로 작용하는 공기역학 저항은 전형적으로 삼림 수관에 대한 수관 저항보다 작은 크기의 정도이다.

비가 계속 내리면, 물은 어느 정도 시간이 지난 후에 수관을 통해서 똑똑 떨어지기 시작한다. 빈틈이 있는 수관에 비가 강하게 내리면, 이러한 현상은 이미 비가 내리기 시작할 때부터 관측될 수 있다. 수관통과우(독 : durchtropfender Regen, 영 : throughfall)는 우연히 수관을 통과해서 방해받지 않는 통로를 발견하는 빗방울과 대체적으로 보아 침엽, 잎 또는 작은 가지 끝에서 떨어지는 큰 물방울들로 이루어진다. 이러한 잎으로부터 떨어지는 물방울들의 크기 분포는 일찍이 미국 학자들이 증명한 바와 같이 수림이 없는 지역에 내리는 비(독 : Freilandregen, 영 : rain in the open)의 크기 분포와 완전히 다르다. 그림 36-2는 서로 다른 나무 유형의 대묘(大苗)의 성장에서 오빙턴[3620]이 잉글랜드 켄트 주의 베지베리에서 연구한 내용에 따라 수관통과우의 크기 분포를 제시한 것이다. 수령이 23년 된 3개 입목(*Q*, *A*와 *L*)이 수림이 없는 지역 *F*(3개 측정 지점의 평균)와 비교되었다. 이들 입목은 *Q*(루브라참나무, *Quercus rubra*), *A*(젓나무류, *Abies grandis*)와 *L*(잎갈나무류, *Larix eurolepsis*)이었다.

빗방울의 크기 분포를 측정하기 위해서 보통 유색의 가루를 뿌린 필터 종이가 사용되었다. 관측자는 비가 내리는 동안 60 × 60cm 크기의 이 필터 종이를 가지고 입목 주위

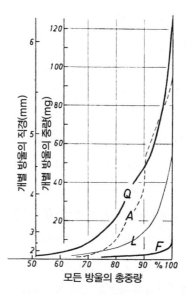

그림 36-2 수림이 없는 지역(*F*)과 비교하여 루브라참나무(*Q*), 젓나무류(*A*), 잎갈나무류(*L*) 묘목에서 수관통과우의 빗방울 크기 분포(J. D. Ovington[3620])

를 돌아다니면서 필터 위 틈 사이에서 뚝뚝 떨어지는 빗방울을 전적으로 무작위로 선별하여 받았다. 이렇게 하여 생긴 색깔 얼룩의 직경과 빗방울 크기 사이의 관계는 알려져 있다. 그러므로 오빙턴이 발간한 색깔 얼룩 직경의 빈도 통계에서 비의 전체 중량(= 100%)에 대한 — 가장 작은 빗방울로부터 시작하는 — 서로 다른 빗방울 크기의 비율을 제시하는 누적 곡선(summation curve)이 계산될 수 있었다.

그림 36-2의 y축은 빗방울의 중량이다. 구체적으로 설명하기 위해서 그에 속하는 빗방울의 직경도 제시하였다. 모든 것이 빗방울의 직경 0에 대해서 0%에서 시작하는 이들 누적 곡선은 모든 경우에 비의 중량의 1/2 이상이 1mm 이하의 직경을 갖는 작은 물방울로부터 온다는 것을 보여 준다. 수림이 없는 지역(F)에서는 많은 기상학자들의 연구에서 알려진 바와 같이 2mm 이상의 직경을 가진 물방울이 드물었다. 이 조사에서 측정된 비에서는 2.5mm 이상의 빗방울이 수림이 없는 지역에서 더 이상 나타나지 않았다. 입목 내에서는 상황이 달랐다. 3개 곡선의 형태(Q, A, L)가 평탄하지 않다는 것은 이러한 통계 측정 결과에서 놀라운 일이 아니다. 활엽수인 루브라참나무(Q) 입목에서 직경 6mm 이상의 빗방울들이 나타났다. 이러한 크기의 빗방울들은 수림이 없는 곳에서 오랫동안 남아 있지 못하는데, 그 이유는 그들이 매우 빠른 낙하속도를 가져서 작은 빗방울로 갈라지기 때문이다. 그러나 잎의 수관으로부터 낙하하는 빗방울들은 갈라질 속도에 도달할 만한 낙하 공간과 시간을 모두 갖고 있지 못하다. 그러므로 이들 빗방울은 매우 큰 크기로 삼림의 지면에 떨어져서 부딪힌다. 그림 36-2에서 볼 수 있는 바와 같이, 직경 5mm 이상의 빗방울은 수관통과우 전체 중량의 약 5%에 불과하다. 빗방울의 무게가 직경의 세제곱에 비례하여 증가하기 때문에 이들의 수 역시 매우 적다. 빗방울은 광엽(廣葉)들보다 두 가지 다른 유형의 침엽(A, L)으로부터 좀 더 쉽게 떨어져서 일반적으로 작은 크기를 갖는다.

비스[3633]는 콜롬비아의 개방된 경지에서 빗방울 크기 분포가 1.5～2.0mm 직경 범위에서 최대 빗방울 수를 갖고, 직경이 2.0mm 이하인 빗방울로부터 생기는 강우 부피의 50%를 갖는 단봉(unimodal) 분포를 따랐다는 것을 밝혔다. 그렇지만 4개의 열대림 생태계 아래의 수관통과우는 모두 4.0mm보다 큰 빗방울로부터 내리는 강우 부피의 50%와 2.0mm 이하의 빗방울로부터 내리는 수관통과우 부피의 불과 15～20%를 갖는 이봉(bimodal) 빗방울 크기 분포를 나타냈다. 이봉 수관통과우 빗방울 크기 분포는 좀 더 작은 크기로 빗방울을 갈라지게 하는 것과 잎에서 떨어지는 물방울(leaf drip)을 통해서 좀 더 큰 크기로 빗방울을 합쳐지게 하는 수관의 조합된 영향에 기인할 수 있었다.

식생 수관은 또한 비의 침식력을 변화시키는데, 이것은 침식되기 쉬운 토양에 대해서 중요한 결과를 가져올 수 있다. 수관은 차단손실을 통해서 총강우량을 감소시키고, 강우의 빗방울 크기 분포를 변화시키며, 빗방울의 낙하속도를 변화시켜서 표면에 도달하는 총폭풍운동에너지(storm kinetic energy)를 변화시킨다. 이러한 변화의 정도는 지면피복의 백분율, 삼림 밀도, 잎의 형태, 크기 및 방향에 따라 변화한다. 비스[3633]는 차단손실의 이유를 밝히면서 열대림 수관들 아래의 총폭풍운동에너지가 수림이 없는 곳보다 4~30% 더 크다는 것을 보고하였다. 가장 큰 빗방울들에 대한 종단속도(terminal velocity)[12]가 8m에 도달될 수 있기 때문에 다중의 수관층들(multiple canopy layers)이 존재하는 것 역시 중요할 수 있다. 브란트[3600]는 브라질에서 하나의 수관층 열대우림 아래의 총폭풍운동에너지가 수림이 없는 곳에서보다 57%나 더 컸다는 것을 밝혔다. 인접한 다중의 수관층 열대우림 아래에서는 이 값이 9~90% 사이에서 더 컸는데, 이는 바닥 수관층 평균높이에 종속되었다. 따라서 높은 수관 아래의 덤불과 부엽토(腐葉土)가 제거된 토지는 증가된 토양침식퍼텐셜(soil erosion potential)에 노출되었다.

수관통과우의 공간적 분포는 항시 매우 불규칙하며, 특히 이질적인 수관상태와 불완전한 지면 피복 지역들에서 매우 불규칙하다. 중간유출(throughflow)의 최대 공간적 변동성은 열대림의 큰 종다양성과 좀 더 변화무쌍한 수관 구조에 기인하여 열대림에서 나타난다. 좀 더 균일한 수관 구조와 좀 덜 변화무쌍한 종 구성을 가진 북부의 삼림 또는 중위도의 삼림 조림지(forest plantation)에서는 변동성이 작다. 고립된 나무들의 경우에서 주목할 만한 나무의 물방울이 떨어지는 지역(drip area)에서 비가 집적하는 것은 폐쇄된 입목에서도 여전히 알 수 있다. 홉페[3612][13]는 오스트리아 마리아부룬 임업시험장(Forstliche Versuchsanstalt zu Mariabrunn)에서 1800년대 말에 삼림 내에서의 강우분포를 처음으로 체계적으로 연구하여 수령이 60년 된 젓나무 입목에서 수림이 없는 지역에 떨어지는 비의 55%를 줄기 부근에서, 그리고 수관의 가장자리에서 76%를 확인할 수 있었다. 이와 같이 고르지 않은 수관통과우의 분포는 삼림에서의 강수분포 측정을 매우 어렵게 하고, 총강우량의 백분율로 차단에 대해서 보고된 폭넓은 값들의 산포 이유를 설명해 준다. 비가 그친 후에 빗물이 입목 내에 계속 떨어져서 2시간까지 지속되었다. 로이드와 마르크 F°[3615]는 극단적인 사례로 브라질 마나우스 부근의 아마존 우림(2°57'S) 아래에서 총강수량의 0~410% 사이에 달하는 차단 총량을 발견하였다. 평균수관통과우량이 총강수량의 91%이지만, 선택적인 배수 패턴으로 인하여 수관

---

12) 최종도달속도를 의미한다.

13) 제7판(영어본)에는 "Höppe"로 이름이 표기되었으나, 제4판(독어본)에는 "Hoppe"라고 표기되어 있어 제4판에 따라 '홉페'로 발음하였다.

통과우의 총량은 실제로 505개 표본 중 29%에서 총강수량을 초과했다. 이러한 이유로 적절한 공간적 표본추출(spatial sampling)이 매우 중요하고, 평균차단백분율은 표준오차(standard error)로 보고되어야 할 것이다.

하나의 우량계는 임의 값을 제시할 것이다. 앞에서 빗방울이 떨어지는 분포를 조사한 그루노브[3609]의 방법을 따라서 평균 상태를 특징짓는 장소를 선별하면 임의 영향들(random influences)은 감소될 수 있을 것이다. 홉페[3612]는 좋은 표본을 구하기 위해서 입목에서 서로 수직인 두 개의 선을 따라서 20개의 우량계를 설치하였고, 고드스케와 파울센[3608]은 9개의 전형적인 지점을 선택하였다. 그 수수구 면적이 50개의 정상적인 우량계에 상응하는(1리터의 물 = 1mm의 비) 20cm 폭과 5m 길이의 우량 측정 물통을 이용한 델프스[3602]가 채택한 다른 방법이 있다. 로이드와 마르크 F°[3615]는 이질적인 수관 아래에 100 × 4 m의 격자를 따라서 임의 표본을 택할 것을 추천하였다.

수관 부분에서의 차단과 수관통과우 이외에 줄기 아래로 내려오는 수간류(樹幹流, stemflow)도 고려되어야 한다. 잔가지와 가지에 의해서 차단되는 비는 줄기를 향해서 가늘고 긴 홈을 이루어 줄기에서 삼림의 지면으로 흐른다. 똑똑 떨어지는 비(dripping rain)와 같이 수간류는 수관이 거의 완전히 젖은 후에만 흐르기 시작한다. 침엽수림에서 수간류의 양은 전형적으로 낙엽활엽수림에서보다 적다. 그렇지만 수간류를 측정하는 것 역시 수관통과우에 대해서 관측된 일시적, 공간적 변동성과 같은 정도이다. 수간류가 보통 총강수량의 불과 1~2%에 달하기 때문에 물 수지에 미치는 이 변동성의 영향은 그리 중요하지 않다.

수문학자들이 우선 관심을 갖는 크기는 삼림의 지면에 도달하는 물의 양이다. 이것은 수관통과우와 수간류의 합이다. 차단과 수간류를 합하여 대체로 차단손실(독 : Interception-Verlust; 총차단, 영 : gross interception)이라고 부른다. 그러므로 비교할 수 있는 수림이 없는 지역에 내린 강수량과 수관통과우의 차가 차단손실이다. 침엽수림에서 수간류가 중요하지 않기 때문에 흔히 차단손실을 또한 간략하게 '차단'이라고 부른다. 호른스만(E. Hornsmann)은 차단을 독일어 단어로 'Auffang(포착, 영 : capture)'이라고 부를 것을 제안하였다.

강우의 강도, 기간과 시간에 따른 변화가 차단에 중요한 영향을 미칠 수 있다. 오빙턴[3620]이 차단이 '6~93% 사이'였다고 그의 관측 결과를 요약했다면, 이것은 비와 입목의 특성에 따라 소위 모든 백분율의 차단이 가능하다고 언급한 것이다. 하나의 입목에 대해서 차단은 비가 약하게, 단기간 또는 빈번하게 중단될 때 내리는 우량에 비례해서 많을 것이고, 강한 소나기나 지속성 비(persistent rain)가 내릴 때 작을 것이다. 이것은 독일 하르츠 게비르게의 같은 젓나무 입목에서 두 가지 측정을 비교하여 나타났다.

70.5mm의 50시간 동안의 지속성 비에서는 수림이 없는 지역에 내린 비의 75%가 수관 부분을 통과하였고, 74.6mm의 3시간 30분 동안의 천둥소나기에서는 98%가 수관 부분을 통과하였다. 몰리에오바와 휴버트[3618]는 수관통과우 밀도가 불규칙하였으나 수관이 젖었을 때 좀 더 균등하게 되었다는 것을 밝혔다.

현재까지 나타난 결과를 알기 위해서는 당연히 나무의 유형과 수령에 따라 구분해야만 한다. 그림 36-3의 아랫부분에 제시된 수령이 오래된 젓나무 입목에서 차단과 수관통과우 사이의 관계는 강수량에 종속되었다. 두꺼운 곡선 *M*은 오스트리아 마리아부룬의 수령이 60년 된 젓나무 입목에서 홉페(E. Hoppe)가 최초로 행한 측정 결과이다. 실제로 이 선과 거의 완전하게 일치하는 작은 x표로 표시한 값은 1948년부터 1953년까지 독일 하르츠 지역에서 행해진 델프스 등[3602]의 대규모 공동연구의 결과이다. 이들 수치는 수령이 80년 된 키 22m의 젓나무 입목에서 측정되었다. 호헨파이센베르크의 점선의 곡선 *H*는 거의 1,000m 높이의 고립된 산 정상 부근 급경사의 남사면 위에 있는 수령이 오래된 입목에서 그루노브[3609]가 행한 측정 결과이다. 곡선 *C*는 해발 1,020m의 36% 경사를 가진 북북동 사면에 대한 것이다.

그림 36-3의 윗부분에 제시된 바와 같이, 어린 입목들에서 좀 더 많은 비가 삼림의 지면으로 떨어졌다. 오버하르츠 게비르게(Oberharz Gebirge)의 연구에서 파선들은 수령이 60년 된 15m 키의 나무(*St*), 수령이 30년 된 6m 키의 잡목 삼림(*D*), 그리고 수령이 15년 된 아직 밀폐되지 않은 젓나무 조림지(*J*)의 결과를 제시한 것이다. 4년 동안의 평균차단은 수령이 오래된 입목의 37%와 비교하여 불과 *St* = 29%, *D* = 24%, *J* = 12% 였다. 수간류는 수령이 오래된 입목의 0.8%와 비교하여 0.5~3% 사이에 있었다.

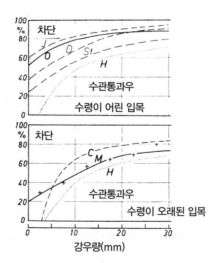

그림 36-3 강수량에 종속되는 젓나무 입목에서의 차단과 수관통과우

선 O는 노르웨이 베르겐 부근 오스에서 수령이 35~50년 된 젓나무 대묘 조림지에서 고드스케와 파울센[3608]이 행한 연구 결과이다. 여기서 차단값은 다소 낮은데, 이것은 같은 수령의 독일 입목들(52°)과 비교하여 노르웨이 입목들(60°N)의 조밀하지 않은 성장에 기인하였다. 독일 호헨파이센베르크의 점 찍은 곡선(H)은 산지의 북사면에 있는 수령이 40~60년 된 대묘 조림지에 대한 것이다.

차단이 일시적인 강우분포, 기상조건, 수종, 입목의 수령에 크게 종속되어 삼림이 차단하는 평균값을 추정하는 것은 극히 어렵다. 그렇지만 일반적으로 차단은 생물량이 증가할수록 증가한다. 독일 하르츠 게비르게의 연구(J. Delfs[3601])에서 젓나무의 수관에 있는 비의 절대량(mm)이 수많은 개별 사례들에 대해서 측정되었다. 이 절댓값은 표 36-2에 제시된 바와 같이 강수량이 많아질수록 그리고 입목의 수령이 오래될수록 증가하였다. 따라서 강우량이 많아질수록 총차단은 증가하는 반면, 생물량에 의해서 차단되는 비의 백분율은 감소하였다.

삼림의 수관이 물을 차단하는 것에 관한 최근의 연구는 젖은 수관의 물수지 역학에 대한 물리적 모델 개발에 초점이 맞추어져 있다. 이들 모델에서는 관련된 생리적 매개변수들을 기초로 강우, 수관통과우, 증발, 수관 물 저장량, 시간이 경과하는 데 따른 젖은 수관의 수간류의 연속수지(running balance)가 계산되었다. 이들 모델은 알베도, 영면변위, 거칠기길이, 수관저장능력, 줄기저장능력, 수관의 개방된 곳을 통해서 직접적으로 통과하는 비의 백분율, 줄기로 흐르는 비의 백분율, 수관의 배수 특성 등을 포함하고 있다. 이 분야에 관한 선도적인 연구에 대한 소개는 러터 등[3627, 3629]과 러터와 모턴[3628]의 논문에서 구할 수 있다.

표 36-3은 셔틀워스[3338]가 편찬한 것으로서 선별된 온대림 및 열대림으로부터 러터(Rutter) 모델을 이용하여 측정된 차단 변수들을 요약한 것이다. 수관저장능력 S는 삼림의 수관에 의해서 저장된 물의 깊이이고, 자유 수관통과우 부분 p는 수관을 통해서 삼림의 지면으로 직접 낙하하는 비의 부분이다. 상당한 변화가 삼림의 유형 내에서와 사이에서 관측되었다. 모든 온대 침엽수림에 대한 S의 평균값은 1.4 ± 0.5mm였다. 광

표 36-2 강우와 식생에 종속되는 차단(mm)

강우량(mm)	0	5	10	15	20	25
잡목 삼림, 수령 30년(mm)	3	6	7	*	*	9
대묘(大苗), 수령 60년(mm)	3	6	8	8	9	12
오래된 삼림, 수령 80년(mm)	4	7	10	10	11	18

* 결측을 의미함

표 36-3 선별된 온대림 및 열대림에 대한 수관저장능력과 자유 수관통과우 부분

삼림의 유형	수관저장능력 S(mm)	자유 수관통과우 부분 p
온대침엽수		
코르시칸 파인	1.05	0.25
구주소나무	1.02	0.13
시트커 가문비나무	1.73	0.05
미송류	1.20	0.09
온대낙엽활엽수림		
참나무(여름)	0.80	0.30
참나무(겨울)	0.30	0.80
열대림		
혼합 수종	1.10	0.00
혼합 수종	0.74	0.08

출처 : W. J. Shuttleworth[3338]

엽과 비교하여 수분을 저장하는 데 좀 더 효과적인 침엽의 구조는 확실히 뚜렷하였다. 잎이 없는 상태에서 낙엽활엽수림의 S값은 완전히 잎이 달렸을 때 값의 1/2 이하였다. 열대림의 S값은 좀 더 변하기 쉬웠고, 좀 더 제한된 수의 연구로 인하여 덜 확실하였다. 온대 침엽수림 수관의 넓은 개방 범위는 자유 수관통과우 부분 p에 대한 넓은 범위의 값이 나타나게 하였다. 잎이 없는 온대낙엽활엽수림은 상당한 양의 비가 삼림의 지면으로 침투할 수 있게 하는 반면, 방해받지 않은 열대림은 거의 또는 전혀 비가 직접 지표에 도달하지 못하게 하였다.

침엽수의 침엽과 대비하여 낙엽활엽수의 잎은 물을 모은다. 잎 끝(leaf drip)으로부터의 물방울은 그림 36-3의 참나무에 대한 물방울 분포 곡선 Q에서 우리가 이미 본 바와 같이 매우 클 수 있다. 참나무 잎은 잔가지와 가지를 경유하여 모은 물이 나무줄기를 향해서 흐르게 하는 구조를 갖고 있다. 따라서 수간류는 침엽수림에서보다는 낙엽활엽수림에서 훨씬 더 중요하다.

낙엽활엽수림에서 수간류가 증가하는 것은 아이드만[3605]이 1952년부터 1958년까지 독일 힐헨바흐(베스트팔렌 주) 영림서의 젓나무와 너도밤나무 입목에서 행한 비교측정에서 추론될 수 있었다. 젓나무는 수령이 70년, 키가 25~28m였던 반면, 너도밤나무는 수령이 95년, 키가 25~30m였다. 두 입목은 해발 600m 고도의 25~28° 경사진 남사면 위에 서로 인접해서 자라고 있었다. 표 36-4는 연평균강수량(1,216mm = 100%)에 대한 백분율로서 6년 동안 이들 입목에 내린 강수분포이다. 젓나무의 수관에 의해서 차단되지 않은 비는 아래로 떨어졌다. 이와 대비하여 너도밤나무 입목에서는 여

표 36-4 두 입목 위에 떨어지는 강수량 분포(연평균에 대한 백분율)

수종	계절	차단	수간류	수관통과우
젓나무	여름	32.4	0.7	66.9
	겨울	26.0	0.7	73.3
너도밤나무	여름	16.4	16.6	67.0
	겨울	10.4	16.6	73.0

름에 잎들에 의해서 잡힌 물의 1/2이 줄기로 흘러내렸다. 겨울에는 낙엽활엽수림에서 대체로 잎이 달리지 않은 수관에 남아 있는 것보다 심지어 좀 더 많은 양의 물이 줄기를 타고 아래로 흘렀다. 따라서 차단이 낙엽활엽수림에서 적었고, 지면에 도달하는 물의 총량이 침엽수림에서보다 많았다. 수관통과우의 비율은 두 유형에서 대략 같았고, 이 두 가지 입목에서만 여름보다 겨울에 좀 더 많았다.

차단은 강수량이 적을 때 수관을 적시는 데 필요한 양 때문에 비례하여 크고, 강수량이 증가할 때 백분율이 감소한다. 수간류는 거의 완전히 젖은 때에만 흐르기 시작하여 강우량과 강수 시간이 증가할수록 증가한다. 이러한 사실은 이미 오스트리아의 마리아 브룬에서 홉페[3612]의 측정으로 증명되었다. 그는 1894년에 80%의 너도밤나무와 20%의 젓나무[14]를 포함하고 있는 수령이 88년 된 입목에서, 그리고 1895년에 수령이 84년 된 순수한 너도밤나무 입목에서 수간류에 대한 다음과 같은 값(총강수량에 대한 백분율)을 관측하였다(표 36-5). 이 결과에서 강수량이 증가할수록 수간류가 증가하는 것이 나타났다. 아이드만[3605]의 평균값은 이들 결과와 완전하게 일치하였다. 호어스와 맥퍼슨[3610]은 수간류가 강수 사건의 크기가 증가함에 따라 지수적으로 증가했고, 총강수량의 1~16%까지 변했다는 것을 밝혔다.

위에서 이미 언급한, 오빙턴[3620]이 잉글랜드 켄트 주의 베지베리에서 행한 측정은 유럽의 많은 수의 외래 수종에 관한 풍부한 개관을 제공한다. 오빙턴[3620]은 수령이

표 36-5 총강수량에 대한 백분율로서 수간류

강우량(mm)	0~4.9	5~9.9	10~14.9	15~20
1894(%)	8.4	14.5	15.7	20.2
1895(%)	10.1	18.4	18.0	22.5

---

14) 제4판(독어본)에는 "Tanne(젓나무, *Abies holophylla*)"라고 표현되었으나, 제7판(영어본)에는 "silver maple (은단풍, *Acer saccharinum*)"이라고 잘못 번역되었다. 따라서 제4판(독어본)에 따라 젓나무로 번역하였다.

22～23년 된 나무들이 있는 각각 1,000m² 면적의 13개의 서로 다른 임업시험장에서 10개의 우량계로 강수를 측정하였으며, 줄기에 부착한 3개의 용기로 수간류를 조사하였다. 그림 36-4는 7개의 선별된 수종에 대해서 강수량에 대한 차단과 수관통과우의 종속성을 제시한 것이다. 표 36-6은 그림 36-4의 머리글자로 제시된 나무들의 상세한 내용을 제시한 것이다. 수관통과우에 대해서 표에 제시된 수치들은 1949～1951년의 3년 동안 가장 적은 연평균과 가장 많은 연평균이다. 수간류는 모든 경우에 극히 적다. '물방울(drop)'이라는 명칭을 붙인 칸에 있는 수치들은 수림이 없는 지역에서 동시에 관측된 것보다 좀 더 큰 방울로 떨어진 강수의 중량 백분율을 제시한 것이다. 이 수치들은 그림 36-2를 보충 설명하기 위한 것이고, 동시에 다른 유형의 나무들 사이에서 큰 차이를 보

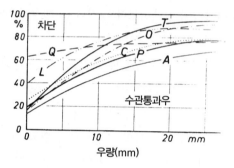

그림 36-4 잉글랜드에서 다양한 유형의 어린 입목들에서의 차단(J. D. Ovington[3620])

표 36-6 표 36-5에 제시된 다양한 수종의 차단

대묘의 기술			측정된 양			
수종 (모두 수령이 22～23년임)	입목의 키(m)	수관의 높이(m)	수관통과우 (%)	수간류 (%)	물방울 (%)	강설량 (mm)
낙엽활엽수 :						
Q Quercus rubra (루브라 참나무)	7.3	2.4	68～71	0.3	68	13
침엽수 :						
L Larix eurolepsis	14.6	3.0	70～90	0.1	45	7
T Thuja plicata (자이언트측백나무)	7.6	2.1	63～65	0.1	45	7
O Picea omorica	10.1	4.0	59～61	0.2	66	0
C Chamaecyparis lawsonia (카마이키파리스 라우소니아나)	8.8	1.8	56～57	0.1	48	--
P Pinus nigra (흑양)	8.5	2.1	52～53	0.2	61	1
A Abies grandis	14.3	4.9	49	0.1	64	--

여 준다. 건생(乾生) 물가 아카시아(Mulga Acacia, *Acacia aneura* F. Muell) 가지는 위로 뻗어서 수간류가 종종 많다. 건조한 중앙 오스트레일리아에서 수간류는 총강우량의 40%나 되었으나(R. O. Slatyer[3631]), 좀 더 습윤한 퀸즐랜드에서는 수간류가 총강우량의 18%에 불과하였다(A. J. Pressland[3621]). 프레스랜드[3622]는 수간류가 토양의 깊은 곳에서 물을 저장하는 데 도움이 되었으며, 특히 중규모(75mm) 강우 사건에서 주목할 만하다는 것을 밝혔다. 큰 강우 사건들(~160mm)은 이러한 효과를 가리는 경향이 있었다. 슬래티어[3631]는 나무 수관이 그늘지게 하는 것 때문에, 그리고 수간류가 토양에서 좀 더 깊이 침투한다는 것 때문에 적은 양의 물이 증발을 통해서 손실되고, 좀 더 많은 양의 물이 증산에 이용될 수 있다는 것을 제안하였다.

프라이제[3607]는 브라질의 아열대림 원시림(19°~23°S까지, 41°~45°W까지, 600~900m까지)에서 여러 해 동안 적은 수의 우량계로 신중하게 강우량을 관측하였다. 그에 따르면 총강수량(100%) 중에서 20%는 수관 부분에서 증발했고, 28%는 줄기를 타고 삼림의 지면에 도달했으며, 34%는 통과 낙하하여 총 82%가 되었다. 나머지 18%는 부분적으로 나무껍질, 속이 빈 줄기에 흡수되었거나, 부분적으로 증발을 통해서 손실되었다. 칼더 등[3604]이 웨스트자바(6°35'S, 80m)의 2차 저지 열대우림에서 관측한 것에 의하면 차단손실이 총강수량의 21%를 소비한 것으로 드러났다. 젖은 수관으로부터 차단된 물의 증발은 총증발산량의 40%를 차지하여 증산 손실의 2/3가 되는 증발 손실이 일어났다. 비스[3633]가 조사한 4개의 열대우림 생태계 중에서 차단손실은 저지 삼림(0~1,000m)의 24.6%로부터 높은 고도의 삼림(3,750~4,700m)의 11.4%까지 변했다. 4개의 생태계 중에서 구조적 및 구성적 차이로 이러한 변화의 일부가 설명되지만, 고도가 주요 조절인자로 고려되었다. 고도가 높아질수록 기온이 낮아져서 증발률을 감소시켰던 반면, 좀 더 높은 고도에서 구름수분차단[안개물방울(fog drip)]은 삼림 수관 아래의 수관통과우를 증가시켰다.

적어도 한 시간 동안 내린 비가 그친 후(눈이 내리기 전후가 아니라) 삼림의 연기(독 : Rauchen der Wälder, 영 : forest smoke)가 산지 사면 위 폐쇄된 입목 위와 또한 평야에서 관측될 수 있다. 로스만[3625]은 이와 같이 독특한 현상을 기술하고 설명하였다. 작은 구름 또는 갈라지는 가는 안개 줄기는 방금 비가 그친 후에 나무 꼭대기 위에 걸려서 거의 1시간 동안 달려 있었다. 그 안에 있는 공기가 포화상태에 가까울지라도 비로 젖은 수관 부분에는 안개가 전혀 없었다. 수관 부분의 좀 더 온난한 공기가 위의 서늘한 외부 공기와 혼합되면, 이와 같이 적은 냉각이 잠시 동안 공간에 관련 없이 점착 구름(coherent cloud)을 형성하지 않으면서 약한 응결을 일으키기에 충분하였다. 수관 부분의 거의 포화상태에 가까운 공기가 혼합 과정에서 소모되자마자 이 현상은 그쳤다.

삼림에서 강설은 종종 수관 아래에 있다. 이 눈은 증발로부터 크게 보호되어 특수한 형태로 겨울에 물을 저장한다. 봄에 수관 아래에 있는 눈은 수목이 없는 곳에 있는 눈보다 좀 더 느리게 녹아서 상당한 양의 물을 보유하고 있다.

강설의 유형은 삼림의 지면에 도달하는 눈의 양에 크게 영향을 준다. 점성이 있는 젖은 큰 눈송이는 쉽게 수관에 달라붙는다. 델프스 등[3602]이 독일 하르츠 게비르게의 수령이 오래된 젓나무와 대묘에서 겨울에 측정했을 때 12cm 깊이와 13.1mm의 물의 양을 가진 신적설의 80%가 수관에 있었다. 젓나무 잡목 삼림은 10cm의 전체 신적설을 그 수관 부분에 잡고 있었다. 눈의 하중을 받아서 가지가 부러지는 피해는 거의 항시 젖은 눈으로 인하여 발생하였는데, 그 이유는 기온이 낮을 때에는 가루눈이 쉽게 삼림의 지면에 침투하기 때문이다.

이 모든 사실에도 불구하고 지금까지의 측정에 의하면 평균적으로 겨울 강수의 차단이 여름비의 차단보다 작다는 사실이 나타났다. 이에 대한 원인은 거의 확실하게 낮은 기온에서 증발이 감소하고, 눈이 뭉쳐서 잔가지들과 가지들에 집적되어 와르르 무너지면서 떨어지는 경향에 있다.

로우와 헨드릭스[3626]는 비가 오느냐 눈이 오느냐에 따라서 미국 캘리포니아 주의 수령이 70년 된 소나무 입목에서 이미 언급한 그들의 6년 측정 결과를 세분하였다. 그들은 비의 84%와 눈의 87%가 수관을 통해서 지면에 도달했다는 것을 밝혔다. 독일의 오버하르츠에서도 앞에서 언급한 젖은 눈의 개별 사례에도 불구하고 여름보다 겨울에 삼림의 지면에 좀 더 높은 백분율의 강수가 도달하였다. 수령이 오래된 젓나무에서 4년간의 평균값은 겨울에 67%였고, 여름에 60%였다. 젓나무 대묘에서는 이 비율이 73%와 69%였다. 이 수치들은 침엽수림에 대한 것이다. 당연히 이 수치는 겨울에 잎이 떨어진 낙엽활엽수림에서 좀 더 컸다. 표 36-6은 눈이 적은 잉글랜드의 겨울에 평균 적설량이 침엽수 입목에서보다 참나무에서 좀 더 많았다는 것을 제시한다. 로젠펠트[3624]는 독일의 오버슐레지언에서 눈의 하중을 받아서 가지가 부러지는 피해가 날 때 추정된 나무 위의 눈 하중으로 젓나무 및 가문비나무 입목에서 눈의 25~55%까지 지면으로 떨어지는 반면, 너도밤나무 입목에서는 눈의 60~90%까지 지면으로 떨어진다는 것을 추론하였다. 아이팅엔[3606]은 러시아의 자작나무 삼림에서 545mm의 연강수량에서 여름에는 91%가 삼림의 지면에 도달했고, 겨울에는 100%가 지면에 도달했던 것을 관측하였다.

비가 내릴 때뿐만 아니라 눈이 내릴 때에도 나무 주변 부근의 지면은 젓나무 수관으로부터 미끄러져 떨어지는 눈이나 낙하하는 가루눈을 통해서 좀 더 많이 덮이기 때문에 개별 젓나무 줄기 주변에 많은 눈(독 : Frostteller = 눈 접시, 영 : frost circle)이 쌓인다. 프리호이서[3623]는 독일 바이어른 주 삼림의 입목들에 대한 이들의 성인과 영향을 홀륭하게 기술하였다. 삼림에 의해서 이동하는 엷은안개(driving mist)로부터 여과되는 물의 영향은 37장에서 다룰 것이다.

제37장 ··· 입목 가장자리의 미기후

삼림학 전문가가 새로운 수종으로 조림을 하려고 하면 기존에 서 있는, 수령이 오래된 나무의 주변에서 나타나는 특수한 미기후 조건을 자주 이용하게 된다. 삼림 주변의 방위에 따라 수령이 오래된 나무들 부근의 지면과 공기는 햇볕이 잘 들거나 그늘이 지고, 바람이 세게 불거나 고요하며, 온난하거나 한랭하고, 습윤하거나 건조하다. 삼림학 전문가에 의해서 선별된 수종과 일반적인 기후 조건의 요구에 따라서 이러한 성질은 자연적인 자생(natural regeneration) 또는 인공 조림의 성장을 촉진하는 데 이용될 수 있다. 따라서 입목 주변의 기후에 관한 지식은 임학에서 매우 중요하다.

산림파괴가 증가했을 때는 총삼림면적이 줄어들 뿐만 아니라 남은 삼림의 대부분이 작은 조각들로 분열된다. 삼림이 분열되어 나타나는 가장 두드러진 영향 중의 하나는 삼림과 주위의 개간 지역 사이에 가장자리가 생기는 것이다.

가이거[3711]에 의하면 입목가장자리기후(독 : Bestandrandklima, 영 : edge climate)는 두 가지 전혀 다른 근원으로부터 발달한다. 첫째로 입목가장자리기후는 점이기후(독 : Üubergangsklima, 영 : transitional climate)이다. 바로 옆의 삼림의 영향은 소위 외부 가장자리(독 : Außensaum, 영 : outer edge. 입목 주변의 수림이 없는 지대)에 영향을 미친다. 예를 들어 여름의 한낮에 줄기 부분의 서늘한 삼림 공기가 수림이 없는 지역 위로 불 수 있다. 내부 가장자리에서 외부로부터의 영향이 수림이 없는 지역에 가까운 나무들에 대해서 매우 뚜렷하다. 둘째로 삼림의 가장자리는 표면에서 태양복사, 바람과 비의 변화에 영향을 주는 지형계단(독 : Geländestufe, 영 : step in the topography)을 형성한다. 이 두 번째 영향은 첫 번째 영향보다 일반적으로 미기후를 좀더 크게 변화시킨다.

햇빛과 그늘의 비율(분포)은 가장자리기후(영 : edge climate ; 장소기후, 독: Ortsklima)를 결정하는 첫 번째 인자이다. 전천복사에서 확산태양복사가 커질수록 구름이 낀 날씨나 겨울처럼 삼림 가장자리에서 태양복사의 차이는 작아진다.

그림 37-1은 1년 동안 모든 방위의 입목 가장자리가 받는 일조시간 수이다. 키에늘레[4015]가 정리한 독일 칼스루헤의 1895~1934년까지의 장기간 복사 측정에 기초한 곡선들은 일기의 영향을 보여 준다. 따라서 예를 들어 남쪽 가장자리에서 여름 최고는 6월

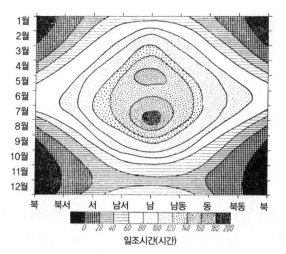

그림 37-1 1년 동안 모든 방향을 향한 입목 가장자리에서 월평균일조시간(J. V. Kienle[4015])

에 '유럽 계절풍'의 나쁜 일기에 의해서 둘로 갈라진다. 그러나 일반적으로 복사와 관련되는 한(그러나 다른 요소들은 아님) 동쪽 및 서쪽 가장자리의 대칭과 봄 및 가을의 대칭이 유지된다. 겨울에 북쪽으로 노출된 입목의 가장자리에는 직달 햇빛이 전혀 없다.

입사태양복사의 강도는 일조시간보다 좀 더 중요하다. 그림 37-2는 맑고, 정상적인 하늘 조건에 대해서 1년 동안 직달태양복사의 1일 총량을 제시한 것이다. 위의 반은 삼

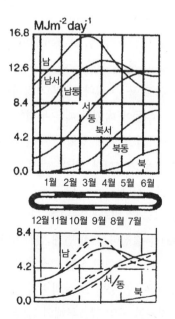

그림 37-2 1년 동안 햇빛이 나는 날(위)과 정상적인 날(아래)에 여러 방향을 향한 입목 가장자리에서 받는 직달태양복사의 1일 총량. 아래의 그림에서 실선은 봄이고, 파선은 가을이다.

림 가장자리가 면할 수 있는 8개 주요 방위에 대한 맑은 날의 직달태양복사의 1일 총량을 제시한 것이다. 이 수치들은 평균 대기의 혼탁도(turbidity)를 가진 50°N에서 구름이 없는 날에 대한 캠퍼트와 모르겐[4013]의 계산에 근거한 것이다. 따라서 햇빛이 나는 일기상태에 최고값이다. 확산하늘복사는 여기에서 포함되지 않았다. 확산복사의 중요성은 40장에서 논의될 것이다.

남쪽 가장자리는 당연히 한여름이 아니라 대략 춘분과 추분에 가장 많은 양의 에너지를 받는다. 겨울에는 낮의 길이가 짧아서 받는 에너지양이 감소하는 반면, 태양이 정오에 최고고도에 도달하는 여름에는 태양광선의 입사각이 매우 급하다. 이것이 수직 가장자리에서 받는 에너지양을 감소시킨다. 그러므로 여름에 남동쪽과 남서쪽을 향한 삼림 가장자리가 좀 더 유리하다. 하지에는 정동쪽과 정서쪽을 향한 가장자리들이 가장 많은 직달태양복사를 받는다.

구름량은 삼림 가장자리에서 받는 평균태양에너지양을 크게 감소시킨다. 슈버트[3739]는 1907년~1923년의 기간에 독일 포츠담의 복사량 자료를 기초로 남쪽, 동쪽, 서쪽, 북쪽 가장자리에 대한 평균값을 계산하였다. 구름량의 일변화는 아침에 대류가 적고 구름이 적어서 좀 더 많은 햇빛을 받는 동쪽을 향한 가장자리에서 나타났다. 이것은 오후에 좀 더 많은 구름량 때문에 적은 복사량을 받는 서쪽 가장자리와 뚜렷한 차이를 보인다. 그러나 이러한 차이는 작아서 단지 맑은 하늘 조건에 대한 그림 37-2의 윗부분에서 지적되지 않았다. 태양의 최고고도를 중심으로 한 한 해의 대칭성은 계절적인 구름량의 결과로서 균형이 잡히지 않았다. 그림 37-2의 아랫부분은 봄에 대한 실선과 가을에 대한 파선으로 이러한 차이를 제시하고 있다. 이러한 차이는 5월과 특히 늦여름('Altweibsommer')[15]의 맑음을 나타낸다. 그림 37-2의 윗부분과 아랫부분에서 서로 다른 입목 방위를 비교하면 특징적인 변화가 상당히 잘 일치한다.

삼림의 한 가장자리가 햇빛을 받으면, 다른 가장자리는 그늘져서 햇빛을 받지 못하게 된다. 외부 경계에서 어린 나무들의 성장은 그들이 인접한 입목의 그림자에 있게 되는 시간의 길이에 부분적으로 종속된다. 가이거[3711]의 그림 37-3은 48°N(독일 뮌헨)에서 하지(a)와 동지(b)에 그림자 폭의 등치선이다. x축은 입목이 향한 방위이고, y축은 낮의 시간이다. 각 그림의 위의 가장자리와 아래의 가장자리에서 수평의 파선은 일출 시간과 일몰 시간을 나타낸 것이다. 등치선은 입목의 키의 단위로 표현된 동일한 음지 폭의 등치선이다. 지나친 음지는 자주 성장을 방해하지만, 지나친 더위 또는 가뭄 동안

---

15) 미국의 '인디안 서머(Indian Summer)'와 같이 가을에 절기에 맞지 않는 따뜻한 날씨가 나타날 때 독일에서 '알트바이브좀머(Altweibsommer = old wives summer)'라고 부른다.

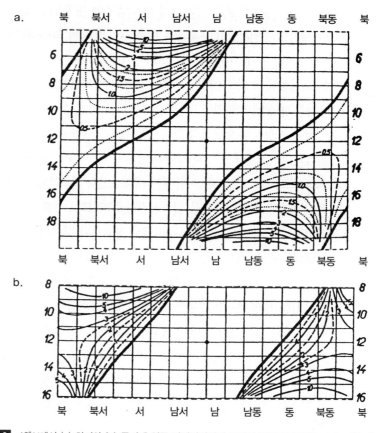

그림 37-3 48° N에서 (a) 하지와 (b) 동지에 입목 가장자리에서 그림자 폭의 등치선(R. Geiger[371])

에는 식물에 유리할 수 있다. 두꺼운 0선은 낮 시간(y축)과 입목 가장자리(x축)를 연결한 것인데, 그 이유는 태양광선이 입목 가장자리에 평행하게 접하기 때문이다. 왼쪽의 바닥으로부터 오른쪽 위로 달리는 중앙의 넓은 등치선이 없는 띠는 입목 가장자리가 직달태양복사를 받고 있는 것을 가리킨다. 그림 37-4의 왼쪽 위 모서리와 오른쪽 바닥의 모서리에도 등치선이 없는 부분이 있다. 한여름(그림 37-4)에 태양은 멀리 북동쪽에서 떠서 이른 아침에 북북서쪽을 향한 입목 가장자리가 직달태양복사를 받는다. 같은 방법으로 북북동쪽을 향한 입목은 늦은 저녁에 지는 해를 다시 접하게 된다. 어느 낮시간에 15m 폭의 개간지가 서남서쪽을 향한 20m 키의 입목의 그림자에 완전히 위치하는가를 측정하면, 15 : 20 = 0.75의 그림자 폭에 대해서 그림 37-4에서 6월 21일에 개간지가 일출부터 9시까지 그늘에 있는 것을 발견하게 된다. 이 시간 이후부터 개간지의 이쪽이 직달태양복사를 받는 11시 직후까지 그늘이 좁아진다. 이쪽은 일몰까지 계속 직달태양 복사를 받는다.

슈버트[3739]는 춘분과 추분에 북쪽을 향한 입목 가장자리에 대해서 그늘의 폭이 주

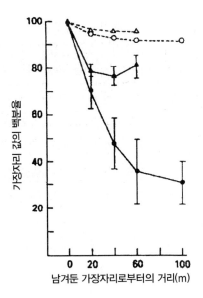

그림 37-4 주위의 기온(열린 기호)과 VPD(폐쇄된 기호)는 1ha(▲)와 100ha(●) 삼림에서 가장자리로부터의 거리에 관하여 가장자리 값의 평균 백분율로 표현되었다. 오차 띠는 ± 1 SEM을 의미한다(V. Kapos[3717]).

간의 시간과 무관하다는 것을 제시하였다. 일출과 일몰에 길게 기울어진 입목의 그늘은 정오에 경사가 급하게 수직으로 입목 가장자리에 지는 그늘의 폭과 같았다.

야간에 외부 가장자리의 음의 복사수지는 밤하늘의 일부가 부근에 위치한 입목에 의해서 가려지기 때문에 수림이 없는 지역과 비교해서 감소된다. 이렇게 감소된 하늘조망인자와 증가된 삼림조망인자(forest view factor)가 순장파복사 손실을 감소시키는데, 그 이유는 삼림 가장자리에 의해서 방출되는 장파복사가 하늘로부터 받는 복사보다 훨씬 많기 때문이다. 다음 표에서 A열은 입목의 키 h의 배수로서 (각 γ 대신에) 삼림 가장자리로부터의 거리 D를 이용하여 수림이 없는 지역으로부터의 순장파복사 손실의 백분율로 순장파복사 손실을 제시한 것이다. 야간 하늘의 천정에 가까운 부분이 역복사에 가장 적게 기여하기 때문에(5장) 삼림의 보호작용이 입목 가장자리로부터 거리가 멀어질수록 빠르게 감소하였다. 볼츠[3805]는 10m 키의 한 그루의 나무로부터 거리가 멀어지는 데에 따른 복사수지의 변화를 계산하였다. 야간의 측정을 통해서도 증명될 수 있는 수치들은 아래 표의 B열에 제시되어 있다. A열로부터의 편차는 부분적으로만 한 그루의 나무가 삼림 가장자리의 폐쇄된 나무의 열보다 작은 차폐효과를 갖는다는 것에 기인하였다.

거리 D	0	0.2h	0.4h	0.6h	0.8h	1h	2h	3h
A (라우셔) 삼림	50	60	70	78	84	88	95	98
B (볼츠) 나무	50	79	83	87	89	91	96	98

많이 언급된 보호작용이 별로 영향이 없는 것처럼 보일지라도, 이것은 실제로 매우 중요하다. 입목 가장자리의 보호작용은 서리가 내린 밤 이후에 입목 가장자리를 따라서 서리가 내리지 않은 띠에서 자주 직접 관찰될 수 있다. 입목 가장자리의 보호작용은 어린 가문비나무들의 신선한 녹색이 입목 가장자리로부터 멀리 떨어진 가문비나무의 갈색의 시든 어린가지와 비교될 때도 관찰될 수 있다. 입목 가장자리의 보호작용은 서리 피해에 노출된 산림개간지에서 재배의 성질에 영향을 준다. 입목 가장자리로부터 외부로 수림이 없는 지역의 영향이 점차적으로 좀 더 중요해진다. 서리로 인하여 파괴된 경지의 한가운데에 있는 한 그루의 나무 주위에 어린 식물들이 몰려 있는 것을 자주 볼 수 있다.

뤼디와 촐러[3724]는 비행장 계획을 고려하여 삼림이 미치는 영향을 연구하기 위하여 1943년과 1944년에 스위스 바젤 부근 하르트발트의 남쪽 가장자리에 임시로 4개 관측소를 운영하고 표 37-1에 제시된 여름 기온의 일변화를 관측하였다. 대략 일최고기온과 일최저기온에 상응하는 시간들이 선별되었다. 선별된 시간은 토양에서 침투하는 데 걸리는 시간(온도 일변화의 지연) 때문에 상당히 늦다. 남쪽 가장자리는 주간뿐만 아니라 야간에도 삼림 또는 수림이 없는 지역보다 온난하였다. 토양의 10cm 깊이에서 삼림 가장자리에 있는 관측소와 삼림으로부터 35m 떨어진 관측소 사이의 차이는 주간에 6°C였으며, 이 차이는 지표에서 심지어 이보다 더 컸다. 상대습도의 일변화는 사실상 기온변화의 경상(鏡像)이다. 삼림 가장자리에서 좀 더 높은 기온(표 37-1)은 부분적으로 (삼림에서보다) 가장자리를 따라서 혼합의 감소, 좀 더 많은 태양복사의 흡수에 기인하고, 부분적으로 장파방출복사의 차폐와 증발의 감소에 기인하였다(53장). 아치볼드 등[3702]은 캐나다 서스캐처원 주에서 아스펜 삼림[16]과 부근의 프레리를 비교하여 10cm 깊이에서 프레리 토양이 아스펜 삼림보다 여름에 6~8°C 따뜻했으며, 한겨울에 6°C 차가웠다는 것을 밝혔다. 토양온도의 연교차는 프레리에서 38°C였으나, 아스펜 삼림의 연교차는 24°C에 불과하였다. 아스펜 삼림에서 겨울의 눈 집적과 여름의 상대습도 역시 많았으며, 높았다. 첸 등[3706]은 가장자리의 영향(edge effect)이 남서쪽을 향한 가장자리에서 가장 강했고, 북동쪽을 향한 가장자리에서 가장 약했다는 것을 밝혔다. 그들은 또한 삼림에서 가장자리 영향의 깊이가 관계되는 변수에 크게 종속된다는 것을 지적하였다. 예를 들어 가장자리 영향의 기온 깊이(air temperature depth)는 180~240m,

---

16) 버드나무과(—科, Salicaceae) 사시나무속(—屬, Populus)에 속하는 3종(種)의 교목이다. 북반구가 원산지이며 미풍에도 잎이 살랑거린다. 다른 사시나무속 식물보다 더 북쪽에서 그리고 높은 산악지역에서 자란다. 홀로 자라는 경우는 드물고 어린 흡지(吸枝)가 생긴 후 이들이 자라 삼림을 이루며 자란다.

표 37-1 삼림 남쪽 가장자리의 기온과 토양온도(℃)

관측 지점	삼림에서 20m	삼림 가장자리에서	삼림으로부터 35m	삼림으로부터 100m
10cm에서 기온				
14시	18.4	22.2	20.0	18.8
5시	9.0	8.0	6.8	6.0
차이	9.4	14.2	13.2	12.8
토양 10cm 깊이에서 온도				
18시	11.2	17.8	17.2	17.0
8시	10.6	13.6	13.0	12.8
차이	0.6	4.2	4.2	4.2

토양온도는 60~120m, 상대습도는 240m 이상, 단파복사는 15~60m, 풍속은 240m 이상, 토양수분은 0~90m였다. 사람들이 기대하는 것과 반대로 그들은 가장자리 영향이 부분적으로 맑으며, 덥고, 바람이 센 조건하에서 가장 뚜렷하다는 것을 밝혔다. 그들은 또한 가장자리 영향의 깊이가 식생 유형, 하층의 구조와 입목 밀도에 의한 영향을 받는다고 지적하였다. 바람은 수관이 끊이지 않고, 하층이 조밀할 때 삼림 속으로 단지 짧은 거리를 침투할 수 있다.

카포스[3717]는 가장자리와 관련된 기후 변수들이 삼림 속으로 침투하는 범위를 측정하였다. 이들 변수는 광합성활동복사(PAR), 기온과 포차, 토양의 수분함량과 잎 수분함량을 포함한다. 그녀는 작은 삼림(1ha)의 미기후가 가장자리와 관련된 영향들로 복잡하게 변화된다고 제안하였다. 기대되는 바와 같이 광합성활동복사, 최고기온, 포차는 삼림의 가장자리로부터 거리가 멀어질수록 감소하였고, 잎 수분함량은 증가하였다. 따라서 새로이 조성된 삼림 가장자리는 일반적으로 기온, 증발산, 포차를 증가시키고, 표면에 좀 더 많은 햇빛이 들게 하며, 삼림 속으로의 변화하는 거리에 대해서 상대습도와 토양수분을 감소시킨다. 그녀는 그림 37-4에서 가장자리로부터의 거리에 종속되는 작거나 큰 조림지의 기온 및 포차를 비교하였다.

로란스[3720]는 열대우림에서 가뭄 기간을 제외하고 큰 삼림의 흔적들이 보통 화재에 내성이 있는데, 그 이유는 습윤한 조건과 낙엽의 빠른 분해 때문이라고 제안하였다. 그렇지만 단편(斷片)이 되었을 때 열대우림은 가장자리가 건조해지며, 낙엽과 나무 부스러기가 증가하기 때문에 화재가 발생하기 쉽게 된다. 그림 37-5는 화재가 삼림 가장자리로부터 멀어질수록 빠르게 감소하는 것을 보여 준다. 따라서 코치레인과 로란스[3707]는 삼림이 단편으로 되는 것이 화재에 대한 열대우림의 취약성을 '극적으로' 증

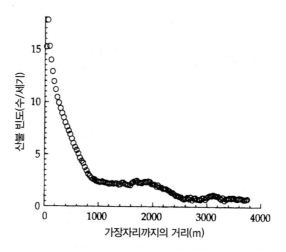

그림 37-5 삼림 가장자리로부터의 거리에 종속되는 추정된 산불의 빈도(W. Laurance et al.[3721], W. Laurance[3720]로부터 재인용)

가시킨다고 제안하였다.

디드햄과 러튼[3708]은 삼림 가장자리로의 화재 확장이 토양 종자(soil seed)를 없애며, 식물 사망률을 높이고, 개방된 가장자리를 만든다고 제안하였다. 그들은 아마존 삼림의 삼림 가장자리와 비교하여 개방된 가장자리와 폐쇄된 가장자리 사이에 두드러진 차이가 있었다는 것을 밝혔다. 가장자리 침투는 조밀한 자연적인 성장이 있는 폐쇄된 가장자리보다 산불로 개방된 가장자리에서 2~5배나 더 클 수 있었다. 이러한 차이의 크기는 가장자리 구조가 가장자리 침투에 있어 주요 인자 중의 하나라는 것을 제시한다. 그들은 또한 삼림 단편(forest fragment)이 삼림 가장자리의 모든 거리에서 지속적인 삼림보다 시종일관 낮은 수관 높이, 높은 잎 밀도, 기온, 증발건조율(evaporation drying rate), 낮은 부엽(腐葉, leaf litter) 수분 및 깊이를 갖는다는 것을 밝혔다.

영과 미첼[3746]은 삼림으로 들어오면서 변이지대(transition zone)가 있다는 것을 관측하였다. 삼림 가장자리가 향하는 방위에 기초하여 일부 변동성이 있는 반면, 그들은 일반적으로 삼림의 가장자리 지대가 다음의 세 부분으로 구분될 수 있었다는 결론을 내렸다. (1) 광합성활동복사(photosynthetically active radiation, PAR), 기온, 포차(vapor pressure deficit, *VPD*) 모두 감소하는 외부 가장자리 지대(10m 깊이), (2) 삼림 속으로 대략 50m까지 연장되는 내부 가장자리 지대, 여기서 기온과 *VDP*는 계속 감소하나 PAR은 안정되었다. (3) PAR, 기온과 *VDP*가 상대적으로 불변하는 수준에 있는 내부 지대. *VDP*는 좀 더 낮은 기온과 좀 더 높은 수증기압 둘 다로 인하여 감소했다.

태양복사, 기온과 토양수분의 차이는 개간지의 북쪽 가장자리와 남쪽 가장자리를 비교하여 가장 뚜렷하게 나타났다. 남쪽 가장자리에서 햇빛은 삼림 속으로 침투하여(그림

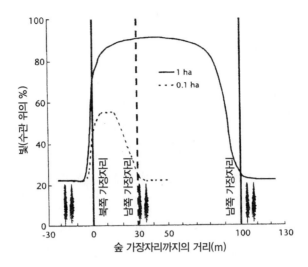

그림 37-6 북서쪽을 향한 사면 위의 삼림과 0.1ha 및 1.0ha의 열린 틈에 대한 수관 위 태양복사의 백분율로서 삼림 지면 위 태양복사의 단편(D. L. Spittlehouse et al.[3741])

37-6) 삼림 속으로의 거리에 대해서 기온을 높이고 토양수분을 감소시켰다. 북쪽 가장 자리는 그늘이 져서 개간지 속으로 기온이 낮아지고 토양수분은 높아졌다(D. L. Spittlehouse et al.[3741], T. E. Redding et al.[3732]). 탁월풍에 면한 가장자리는 풍 하에 면한 가장자리에서의 영향보다 좀 더 심한 가장자리의 영향을 나타냈다(J. L. C. Camargo and V. Kapos[3710]). 토양수분은 또한 큰 삼림(forest clump)에서 좀 더 높았다.

삼림 가장자리의 폭 또한 방위와 미기후 변수들에 따라 변한다. 마틀락[3726]은 기 온, 포차, 낙엽 수분 모두 이용할 수 있는 빛에 종속된다는 것을 밝혔다. 강한 가장자리- 방위 경도(edge-orientation gradient)는 북쪽을 향한 가장자리를 제외한 모든 가장자 리에서 나타났다. 가장자리 영향의 폭은 고려되는 변수에 종속되는 것을 나타냈다.

기암벨루카[3712]는 증발산에 관하여 주위의 개간지가 조림이 된 지역의 증발에 영 향을 주는 것을 밝혔다. 증발산은 삼림 가장자리에서 가장 높았다(그리고 토양수분은 가장 낮았다). 삼림, 삼림 가장자리, 개간지 사이의 이러한 차이는 건기 동안 가장 뚜렷 했다.

바람장은 삼림의 가장자리에서 입자(먼지) 분포와 강수 분포에 영향을 준다. 덥고 먼 지가 많은 여름날에 삼림의 가장자리에 있는 지방 도로를 따라서 이동하면, 흰 가루를 뿌린 표면 위에서 입목 가장자리가 먼지를 여과하는 것을 관찰할 수 있다. 뢰취케 [3734]는 바람이 입목 가장자리로 수직으로 불 때 가장자리 자체에서 최대입량에 더 하여 내부 경계 지대에서 입자의 양이 증가하는 것을 밝혔다. 예를 들어 1935년 1월 29

일에 초속 2~3m 바람이 불 때 삼림 가장자리의 전면(+)과 후면(−)의 수림이 없는 지역에서 공기 1리터당 1,000개 단위로 먼지의 양은 아래와 같았다.

거리(m)	−100	−50	−25	+25	+50	+100
입자량	10.1	10.2	10.3	14.0	11.8	11.5

이 특별한 경우에 −2℃에서 얇은 적설이 있었기 때문에 여과 효과는 표면 입자들의 2차 먼지원들로부터 방해를 받지 않고 관측될 수 있었다. 입목 내부로 갈수록 입자들이 점점 더 적었다(39장). 바람이 삼림 가장자리에 비스듬히 불면, 외부 경계 지대에서 풍속의 증가와 관련하여 입자의 양이 눈에 띄게 증가하였다.

파이퍼[3731]는 바람이 입목 가장자리에 미치는 영향을 논의하면서 삼림이 바람에 미치는 수동적 영향과 능동적 영향을 구별하였다. 삼림의 수동적인 영향은 삼림 가장자리가 공기의 흐름에 대한 장애물로 작용한다는 사실로부터 일어났다. 한 그루의 나무조차 그 주위의 바람장에 영향을 주었다. 보엘플레[3744]는 이러한 영향을 수령이 오래된 키 큰 참나무로 측정하였다. 삼림의 가장자리에서 삼림이 바람에 미치는 수동적인 영향은 삼림의 능동적인 영향보다 훨씬 더 효력이 있었다.

공기의 흐름은 입목의 풍상 가장자리에서 사실상 느려졌다. 정체된 공기의 쐐기(wedge of stagnant air) 또는 풍하맴돌이(lee eddy)는 입목 키의 약 1.5배의 수평 범위와 함께 발달하였다. 보엘플레[3744]는 조밀한 젓나무 입목의 수관 뒤에서 수림이 없는 곳의 풍속의 불과 20~30%의 풍속을 기록하였다. 이 백분율은 풍속이 증가할수록 감소하였다. 개방된 하나의 입목과 함께 바람은 돌풍으로 침투할 수 있었으나 나무줄기에 의해서 느려졌다. 이러한 감소는 관목이 있으면 좀 더 빠르게 일어났다. 유선(stream-line)은 삼림 위의 경계 지대에서 함께 제한되었다. 바람이 강할 때 거친 삼림 표면 위에 상당한 난류가 있었는데, 난류는 우듬지(나무의 꼭대기 줄기)를 흔들 수 있었다. 삼림의 풍하측에는 바람으로부터 보호되는 지역이 있었다(53장). 바람이 입목 가장자리에 비스듬히 불 때 입목 가장자리는 조정선(steering line)으로 작용하여 바람은 외부 가장자리에서 증가하였다(그림 53-8). 큰바람(high wind)이 불 때, 이러한 강한 옆바람(cross wind)은 숲에서 바로 뻗어 나오는 도로 위를 주의를 기울이지 않고 달리는 운전자들에게 위험하다.

주간에 수림이 없는 지면 부근의 공기는 가열되는 반면에 삼림 수관 아래의 공기는 서늘하다. 이러한 일이 일어날 때 서늘한 공기는 주간의 수풀바람(독 : Tageswladwind, 영 : daytime forest breeze)으로 줄기 부분으로부터 흘러 나간다. 헤어[3715]와 되르펠

[3710]은 이러한 영향이 외부 가장자리에서 공기가 서늘해지며 습윤해질 때 관측될 수 있다고 믿었다. 수풀바람은 주간에 서늘한 바다로부터 온난한 육지 위로 부는 해풍과 성인이 같다. 슈마우스[3738]는 이미 1920년에 수풀바람을 '바다가 없는 해풍(독 : Seewind ohne See, 영 : sea breeze without a sea)'이라고 불렀다.

들판바람(독 : Feldwind, 영 : field breeze)은 주간의 수풀바람과 대비하여 야간에 훨씬 덜 빈번하게 관측된다. 나무들의 강한 제동작용(braking effect)은 들판바람의 발달을 방해한다. 나무가 우거진 구릉지에서 야간의 수풀바람은 수림이 없는 지역으로 부는데, 이는 방출복사하는 수관 부분 위에 형성된 찬공기가 하강하여 흐르는 것이다. 코흐[3719]는 고무기구를 이용하여 이 바람을 증명하고 상세하게 기술하였다. 보엘플레[3745]는 이것이 34장과 42장에서 기술한 바와 같이 정상적인 야간의 냉각현상(찬공기 흐름)이므로 이 바람에 수풀바람이라는 명칭을 부여하는 것은 부정확하다고 지적하였다.

밀러[3727]는 삼림 가장자리에 있는 주차장에 관한 그의 여름 연구에서 주차장 위의 기온이 (2m 높이에서) 삼림 수관 아래의 공기보다 주간에는 따뜻하고 야간에는 서늘하다는 것을 밝혔다. 수관 정상 아래의 가장자리를 가로 건너는 수평기온경도는 느낌열이 주간에 입목으로 수송되고, 야간에 입목으로부터 주차장으로 수송된다는 것을 제시하였다. 삼림 수관 위의 공기는 주간에 가열되었고, 야간에 주간보다 느리기는 하지만 주차장 위의 공기와 유사하게 냉각되었다.

스코트 등[3740]은 주차장에서 (창문을 닫은) 그늘에 있지 않은 차량과 나무 그늘에 있는 차량의 8월 기온을 비교하였다. 그들은 12시~17시에 그늘에 있는 차량의 실내 온도보다 그늘에 있지 않은 차량의 실내 온도가 평균 25°C 높았다는 것을 밝혔다. 그늘에 있지 않은 내부의 연료탱크 온도는 평균 3°C 높아서 약 2% 연료 탱크의 증발 손실을 증가시켰다.

경계(가장자리)에서의 기온은 일반적으로 주차장의 기온과 삼림 기온 사이의 기온이었고, 열의 수평 이류를 반영하였다. 바람이 주차장으로부터 삼림 가장자리로 불 때 삼림 가장자리의 기온은 주차장의 기온과 매우 비슷하였다. 바람이 삼림으로부터 불 때는 삼림 가장자리의 기온이 삼림 수관 아래의 기온과 비슷하였다. 삼림 가장자리가 직달태양복사를 받는 고요한 아침에 2m 높이에서 기온은 주차장 위에서보다 삼림 가장자리에서 높았다. 밀러[3727]는 또한 상대적으로 고요한 날들 동안 삼림 가장자리에서 좀 더 높은 기온을 발견하였다(그림 37-7). 그렇지만 첸 등[3705]은 미국 워싱턴(46°N) 주의 최근 개벌지(clear-cut), 삼림 가장자리와 내부의 수령이 오래된 미송(Douglas-fir)의 뚜렷하게 다른 생육기간의 미기후를 조사하여 기온과 습도에 관해서 가장 변하기 쉬운

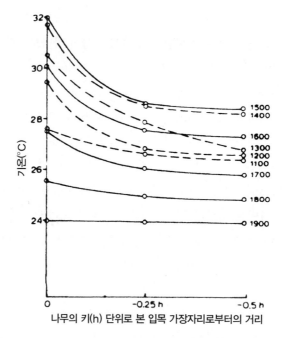

그림 37-7 삼림 입목으로 약한 미풍이 부는 날(1975년 8월 14일) 동안의 시간별 기온경도(D. R. Miller[3727])

미기후가 삼림 가장자리에 나타나는 반면, 바람과 복사에 대해서는 삼림 가장자리가 삼림과 개간지 사이의 변이지역이 된다는 것을 밝혔다.

밀러[3727]는 삼림에서의 수증기압이 주차장보다 시종 일관 높았다는 것을 밝혔다. 가장 급한 수평경도는 수관 높이에 있었는데, 이것은 상부 수관이 수증기원이었다는 것을 반영한다. 그림 37-8은 수증기압 및 기온단면이다. 바람이 주차장으로부터 삼림으로

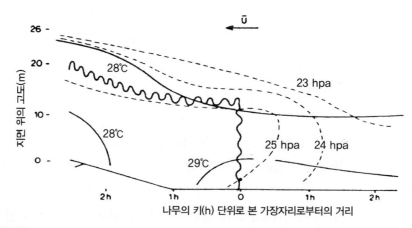

그림 37-8 1974년 8월 24일 12시에 삼림으로 바람이 불 때 주차장-삼림 가장자리를 가로 건너는 기온과 수증기압(D. R. Miller[3727])

불어옴에도 불구하고 수증기압은 삼림 가장자리에 가까이 갈 때 증가하였다.

비와 좀 더 큰 범위까지 눈은 가볍기 때문에 또한 입목의 경계 지역으로 들어가서 큰 범위까지 바람장에 의해서 결정되는 양이 지면에 도달한다. 입목의 풍하 가장자리에 있는 무풍지대에 눈이 집적하는 것은 알려진 풍경이다(53장). 1947년의 악명 높은 건조한 여름(5월부터 8월까지)에 람머트(A. Lammert)가 행하고 치글러[3747]가 보고한 강우 측정 기록은 (바람그늘에 있는) 북-남으로 서 있는 40m 높이의 조밀한 포플러 입목의 동측에 내린 비에 대해서 다음과 같은 결과를 제시하고 있다. 이 경우에 바람그늘(wind shadow)은 또한 비그늘(rain shadow)을 의미한다.

가장자리로부터의 거리(m)	4	14	24	방해받지 않음
강우량(mm)	8	33	76	105~110

안개강수(독 : Nebelniederschlag, 영 : precipitation from fog)에 관해서는 많은 연구가 있다. 안개강수는 나무에 의해서 바람에 날린 안개방울이 여과되어 생긴다. 이것을 때로 '수평강수(horizontal precipitation)'라고도 부른다. 말로트[3725]는 1906년에 남아프리카 공화국 케이프타운의 테이블 산에서 최초로 이 현상을 조사하였다. 그는 정상적인 우량계 옆에 그 위를 베어낸 작은 나뭇가지의 다발로 덮은 우량계를 설치하고, 전자에서보다 후자에서 16배[17]나 많은 비를 수집하였다.

린케[3723]는 1915년~1919년까지 독일의 타우누스에서 그의 체계적인 측정을 통해서 안개강수가 주로 삼림의 가장자리에서 나타나는 현상임을 증명하였다. 그러나 이 현상은 삼림 가장자리에만 제한되지는 않았다. 43°N의 일본 홋카이도 동해안에는 캐나다 뉴펀들랜드의 안개 유형에 상응하는 태평양으로부터의 짙은 바다안개(sea fog)가 낀다. 먼 옛날부터 안개를 막는다고 하는 삼림 지대가 해안을 따라 있었다. 호리[3716]의 감독하에 1951년에 오치이시(落石) 부근의 침엽수림과 1952년에 아케시(厚岸町) 부근의 낙엽활엽수림에서 안개를 막는 작용을 검증하여 그에 따른 가장 효과적인 삼림 보호지대의 유형과 크기를 찾기 위해서 많은 수의 주도면밀한 현대적인 이론적, 실험적 연구가 수행되었다. 안개강수의 총량은 안개의 빈도와 기간, 공기 중의 수분함량, 삼림 수관 위의 연직혼합의 정도에 좌우될 것이다. 마지막 인자는 풍속과 관련이 있었고, 삼림 수관의 공기역학저항 R_A에 반비례하였다. 나무 꼭대기 위에서의 난류를 통해서 안개방울은 부분적으로 삼림 안과 삼림 밖으로 떨어졌다. 낙하율로 인하여 삼림 안으로 떨어

---

17) 1961년 독일어판에는 '16배'로 기록되어 있으나, 1975년 영어판과 2003년 영어판에는 '10배'로 기록되어 있다.

지는 물방울의 수가 삼림 밖으로 떨어지는 수보다 많았다. 삼림 내부와 외부 사이의 차이는 나무에 의해서 안개로부터 추출되는 물의 양으로 나타났다. 이것은 오오우라[3730]에 의해서 삼림 위에 잘 계획된 격자와 그물을 배열하고, 모든 이슬비를 주의 깊게 제한하며 배제하여 실험적으로 측정되었다. 오오우라[3730]는 이 삼림으로부터 풍속이 4m sec^{-1}이고 안개가 낀 공기의 물의 양이 800mg m^{-3}일 때 시간당 0.5mm의 안개강수량을 측정하였다. 이 양은 다른 동일한 조건하에서 목초지에 침적되는 양의 6~10배가 되었다. 그러므로 안개가 기후학적으로 중요한 모든 지역에서 36장에서 다룬 삼림에서의 강수분포에서 안개로 인하여 추가되는 양을 함께 고려해야만 한다. 이러한 사실은 유럽 기후에서 특히 구름 높이 위로 솟아 있는 높은 지대에 적용된다. 그루노브[3713]는 다음과 같이 기술하였다. "산지의 삼림에서 그 위에 구름이 있을 때 폭우가 내린 후처럼 침적된 물방울이 삼림의 지면에 떨어지는 것을 경험하였고, 가지와 수관이 무거운 상고대의 하중을 받아 휘어서 삼림 전 지역이 어떻게 파괴되었는가를 한 번 경험하였으며, 낙하하는 상고대에 의해서 삼림의 지면이 적설과 같이 덮여서 어떻게 그 이전에 눈이 없던 지면 위에 썰매장이 생기는가를 보았던 사람은 안개강수량이 많다는 것을 더 이상 의심하지 않을 것이다." 그루노브[3713]는 독일의 호헨파이센베르크(989m)에서 안개가 끼었을 때와 안개가 끼지 않았을 때 내린 강우량을 비교하여 폐쇄된 입목에서 안개로부터 추가되는 양이 연강수량의 20%가 되는 것으로 계산할 수 있었다. 그러므로 여기서 부유하는 안개에서 얻은 물의 양이 차단손실을 대략 보상한다. 아제베도와 모겐[3701]은 온대습윤기후의 캘리포니아 레드우드(*Sequoia sempervirens*)[18]와 미송 삼림들에 대해서 140mm/년까지의 안개강수를 보고한 반면, 카벨리어와 골드스타인[3704]은 콜롬비아와 베네수엘라의 열대구름림(tropical cloud forest)에 대해서 800mm/년 또는 그 이상의 총량을 언급하였다.

식물 성장을 위한 물 공급원으로서 안개의 중요성이 상당 기간 인식되어 왔다(D. Kerfoot[3718], R. S. Schemenauer and P. Cereceda[3735]). 입목 가장자리에서 안개강수는 실제로 이보다 좀 더 높은 비율을 이룬다. 오오우라[3730]의 안개채집기(fog collector)는 삼림의 풍상측에서 삼림의 풍하측에 있는 안개채집기보다 20배나 많은 양의 물을 모았다. 그루노브[3713]는 독일 호헨파이센베르크에 대해서 입목 가장자리에서 안개강수가 액체 강수량의 평균 57%를 차지하는 것을 계산하였다. 1952년 4월 25

---

18) 낙우송과(落羽松科, Taxodiaceae)에 속하는 상록침엽수이다. 오리건 남서부에서 캘리포니아 중부에 이르는 해변가 안개 운무대의 해발 1,000m 지역에서 자란다. 세콰이어삼나무나 삼나무와 구별하기 위해 '해안세콰이어'라고 부르기도 한다.

일부터 29일까지 특히 안개가 자욱한 일기상태에서 수림이 없는 지역에 18mm의 강수량이 내린 반면, 젓나무 아래의 입목 주변에는 157mm가 내렸다. 린케[3723]는 1915년부터 1919년까지 독일 타우누스의 800m 고도에 있는 젓나무 삼림에서 수림이 없는 곳에 설치된 우량계와 비교하여 입목 내에 설치한 우량계에서 우량이 증가했다는 것을 밝혔다(표 37-2). 나겔[3728]은 남아프리카 공화국 케이프타운 부근 테이블 산에서 1954년 3월 1일부터 1955년 2월 28일까지 표준 우량계의 1,940mm와 비교하여 그루노브 유형(J. Grunow type)[3713]의 안개우량계에서 3,294mm를 측정하였다. 산지 사면에서 해발고도에 종속되는 안개로 인한 강수량 백분율의 증가에 관한 상세한 내용은 45장에서 다룰 것이다.

셰메나우어와 세레세다[3726]는 안개로부터 물을 모으는 2개 층의 폴리프로필렌으로 만든 망을 이용하였다. 이 시스템은 1992년 이후 사용되어 아타카마 사막의 칠레 춘궁노에서 하루에 약 11,000L의 물을 공급하였다. 그들은 안개를 모을 수 있는 훌륭한 잠재력이 있는 많은 수의 해안건조지역을 확인하였고, "이 수원의 가장 흥분시키는 측면 중의 하나가 많은 지역에서 물 공급이 사람들이 설치하려고 선택하는 수집기의 숫자에 의해서만 제한될 것이라는 사실"을 제안하였다. 그들은 또한 인공적인 수집기 또는 식생에 의한 안개 수집이 증명되고 있는 건조지역이 있는 나라들을 열거하였다(R. S. Schemenauer and P. S. Cereceda[3737]).

니콜라예프 등[3729]은 이슬로부터 물을 되찾는 역사와 실무를 개관하였다. 그들은 이상적인 이슬응결기(dew condenser)가 낮은 열전도율과 야간에 이슬을 쉽게 냉각시킬 수 있는 능력을 가져야 한다고 제안하였다. 표면은 또한 이슬이 흔한 지역에서 복사손실이 허용되도록 저녁 하늘로 개방되어 있어야 한다. 지금까지의 결과는 혼합되는 것으로 나타났다.

기온이 0°C 이하일 때 과냉각된 안개방울들은 침엽 및 가지들과 접촉하여 얼어붙어 위험한 상고대를 집적시킨다. 린크[3733]는 독일 리젠게비르게의 슈네콥페에서 그리고 그루노브[3714]는 독일 호헨파이센베르크에서 이러한 얼음 성장의 형태와 양을 연구하

표 37-2 수림이 없는 지역의 강수량의 백분율로 제시된 젓나무 삼림의 강수량

우량계	월최소로 안개가 낀 달(6월)	월최대로 안개가 낀 달(11월)	여름	겨울	년
바로 삼림 가장자리에 위치	104	301	131	184	157
입목 쪽으로 조금 들어간 위치	87	259	90	159	123
평균 안개일수	11	24	14	22	18

여 기술하였다. 바이벨[3743]은 독일 슈바르츠발트의 펠트베르크(1493m)에서 측정한 것으로 집적될 수 있는 얼음의 중량을 제시할 수 있었다. 삼림 가장자리에 있는 나무들은 얼음의 하중으로 눌릴 수 있다. 때때로 폭설이 이미 과부하된 가지 위에 내릴 때 또는 강풍이 맨 위의 무거운 나무들을 부러트려서 흔들 때 그 피해가 커진다. 고압선 위의 얼음양은 기온과 동반된 강설량을 통해서보다 주로 풍속에 종속되는 것으로 나타났다. 1m 고압선의 시간당 최대증가량은 230g이었고, 두 해 겨울 동안 일최대총량은 3.2kg m^{-1}이었으며, 긴 기간 최대증가량은 32.3kg m^{-1}이었다. 디임[3709]은 고압선이 받을 수 있는 스트레스를 기술하였다. 보겔과 허프[3742]는 미국 일리노이 주의 냉각된 연못의 조사에서 한 해의 추운 기간 연못과 호안구조(coast structure) 밖으로 이동하는 김안개(steam fog)가 연못 위와 식생 위에 실제적인 얼음양[상고대화(riming)]을 가지며 형성된다는 것을 밝혔다. 그들은 상고대가 형성되게 하는 연못이 다음과 같은 대기의 조건과 관련이 있다는 것을 밝혔다. 1) 7°C 또는 그 이하의 기온, 2) 0.5g kg^{-1} 또는 그 이하의 포차, 3) 적어도 19°C의 수온과 기온의 차, 4) 적어도 1km hr^{-1}의 바람 등이다. 그들은 19개월의 관측기간에 185일의 안개일수를 발견하였고, 이 중 137일은 연못이 안개를 발생시켰던 날이었다. 나머지 48일에 연못은 기존의 안개가 낀 조건을 강화시켰다. 김안개가 형성된 날들의 75%에서 이들 조건은 한랭한 기단과 관련이 있었다. 전선활동과 저기압계는 김안개가 자연 안개를 강화시킨 날들에 좀 더 빈번하였다.

제38장 ··· 삼림의 입지기후와 관련된 다른 문제들[19]

임학의 관심은 갱신(regeneration)을 위해서 가장 적절한 장소를 이루는 경계 지역의 미기후학에 제한되지 않고, 어린 나무가 성장하는 모든 지역 또는 수령이 오래된 입목이 무성하게 되는 데 도움이 되는 모든 조건과 관련이 있다. 기후학적 입지학(독 : klimatische Standortskunde)은 여전히 초기 발달단계에 있다. 아래에서는 체계적이기보다는 좀 더 무작위한 초기의 연구들을 사례로 소개하겠다. 이 모든 연구의 목적은 문제가 되는 입지의 열수지와 물수지를 완전하게 이해하는 것이었다(25~28장 비교). 그래야만 우리가 유익한 관측자료를 가질 수 있을 뿐만 아니라 그 과정들을 이해하고 그 결과를 다른 장소에 적용할 수 있는가를 판단하게 된다. 이러한 조사에는 많은 비용이 들고

---

19) 제4판(독어본)에는 이 장의 제목이 "삼림의 입지기후와 관련된 다른 문제들(Weitere forstliche Standortsklimafragen)"이라고 표현되었으나, 제7판(영어본)에는 "삼림 개간지의 기후(The Climate of Forest Clearings)"라고 표현되어 있다. 여기서는 원저 제4판의 내용을 강조하기 위해서 제4판의 제목을 번역하였다.

교육을 받은 사람들이 필요하여 이러한 목표에 도달하는 것은 물론 요원하다. 그러나 이러한 사실이 현재 연구할 만한 가치가 있는 과제가 없다는 것을 의미하는 것은 아니다. 최근에 임학적 측면에서 괴테(H. Goethe)[20]를 통해서 삼림의 입지기후학(독 : forstliche Standortsklimakunde)에 대한 요구 목록이 제시되었다. 임학자는 삼림을 회춘시키기 위해서 삼림 가장자리 지역을 이용하는 것 이외에 벌목(독 : Lochschläge, 영 : cutting)과 벌도(독 : Lochhiebe, 영 : felling)를 할 수 있다. 임학자는 수령이 오래된 입목에서 원형 또는 타원형으로 개간하여 다음 세대의 나무에 필요한 빛을 제공한다. 새로운 어린 나무의 성장은 자연적인 재생산[자연적으로 씨가 날아옴(독 : Samenflug)] 또는 직접적인 파종(seeding)이나 조림(planting)의 결과로 나타난다. 어린 나무들은 인접한 입목을 통해서 크게 보호받아서 삼림기후의 장점을 누리게 된다. 어린 나무들은 바람으로부터 보호되고, 상대적으로 균등한 기온과 상대적으로 높은 습도를 갖게 되어 이 모두가 성장을 촉진시킨다. 그러나 어린 나무들에게 좀 더 많은 공간을 제공하기 위해서 벌목을 확대하면 수림이 없는 지역에서 지배하는 고요한 공기로 인하여 야간에 서리(늦서리) 피해를 입을 수 있는데, 그 이유는 벌목을 한 지역의 면적이 넓어질수록 방출복사의 손실이 증가하기 때문이다.

그러므로 좁은 개간지에서부터 넓은 개간지까지의 변이에서 특정한 크기에서의 입지기후가 특히 극심하게 되는 것을 기대하게 된다. 개간지의 크기는 주변 입목의 평균키 H에 대한 (원형으로 가정하여) 개간된 지역의 직경 D의 비율로 정의될 수 있다. $D : H$의 비율을 '개간지크기지수(독 : Kenngröß des Lochschlags, 영 : index of size of the clearing)'라고 부른다. 예를 들어 단켈만[3807]은 이미 1894년에 독일의 브란덴부르크 삼림에 대해서 1.25의 지수가 완전하게 서리 피해로부터 보호하였고, 1.50지수에서는 보통의 서리 피해를 입었으나, 2.00 이상의 지수부터 큰 서리 피해를 입었다는 것을 밝혔다. 이들 $D : H$의 비율은 개간지 중심의 입지에 대해서 각각 0.28, 0.36, 0.50의 하늘 조망인자에 상응하였다.

이러한 결과가 나타나는 관찰이 문제가 된 해의 우연한 늦서리 빈도에 종속되기 때문에 가이거[3809]는 독일 에버스발데 부근 평균 26m 키의 소나무, 너도밤나무의 혼합입목에서 직경만이 다른 7개 원형의 개간지에서 체계적인 연구를 수행하였다. 표 38-1은 개간지의 크기와 개간지의 중앙에서 측정한 결과이다. 차폐각 h는 개간지 중앙의 지면으로부터 측정된 수평선으로부터 주변 입목 나무 정상까지의 각이다. 라우셔[526]에

---

20) *Goethe, H.*, Forstliche Klima-Aufnahmen-eine notwendige Ergänzung forstlicher Standortsaufnahmen. All. Forstz. 9, 316-318, 1954.

표 38-1 1940년 7월 8일에 개간지에서의 측정

측정	직경 D(m)						
	0	12	22	24	38	47	87
크기지수 $D:H$	0	0.46	0.85	0.93	1.47	1.82	3.36
하늘조망인자 Ψ_{sky}	0.00	0.05	0.15	0.10	0.35	0.45	0.74
차폐각 h	90°	72°	59°	58°	48°	40°	26°
순장파복사손실 L^*(수목이 없는 지역에 대한 백분율)	0	11	31	33	52	66	87
입목보다 온난한 개간지의 정오의 기온과잉(°C) (1940년 6월 8일)	0	0.7	1.6	2.0	5.2	5.4	4.1

출처 : R. Geiger[3809]

의하면 원형의 개간지의 중앙에서 순장파복사손실 L^*는 수림이 없는 지역의 순장파복사손실의 백분율로 다음의 방정식으로 계산될 수 있다.

$$L^* = 100(1 - \sin^{r+2}h)$$

여기서 r은 관측된 수증기압 e(hPa)의 함수로 $r = 0.11 + 0.045e$로 상당히 정확하게 제시된다. 표 38-1에서 이렇게 계산된 L^* 값은 가장 큰 개간지로부터의 순장파복사손실이 수림이 없는 지역과 불과 13% 차이가 남을 제시한다.

표 38-1의 정오 기온은 주위 입목의 기온(통풍온도계)보다 개간지의 중심점 위 10cm에서 기온(통풍온도계)이 얼마나 온난했던가를 제시한다. 복사와 바람, 두 인자가 개간지에서 정오 기온에 영향을 주었다. 개간지의 크기가 커질수록 좀 더 많은 햇빛이 들어와 기온이 상승하였다. 그러나 개간지의 크기가 커질 때 개간지가 바람으로부터 덜 보호받게 되어 혼합이 증가하였다. 개간지의 크기가 커질 때 태양복사가 증가하여 개간지에서 $D:H$의 비율이 약 1.8이 될 때까지 기온이 상승하였다(표 38-1). 개간지의 직경이 이 비율 이상으로 커질 때 혼합의 증가가 태양복사의 증가보다 우세하여 삼림에 대한 개간지의 정오 기온과잉이 감소하였다.

구릉지에서처럼(41장과 44장) 삼림의 개간지에서 최고기온은 보통 동쪽을 향한 측면보다 서쪽을 향한 측면에서 다소 높았다. 바든[3802]은 서쪽을 향한 측면에서 최고기온이 평균 약 2℃ 높다는 것을 밝혔다. 그는 위에 걸린 가지들 아래 갈라진 틈의 가장자리에서 식물 성장이 동쪽을 향한 측면에서보다 서쪽에서 39%나 높았다는 것을 밝혔고, 이것이 높은 기온의 결과였다는 것을 제안하였다. 이와 같은 식물 성장의 차이는 가장

자리로부터 거리가 멀어질수록 빠르게 감소하였다. 바든[3802]은 이러한 기온 차이가 종 구성의 대칭성을 일으킬 수 있다고 제안하였다.

야간의 최저기온은 개간지의 직경과 장파복사 손실이 증가할 때 하강하였다. 그림 38-1은 1940년 봄과 여름의 추운 야간 평균과 늦서리가 내린 가장 추운 야간에 대한 것이다. 최저기온을 높게 하는 바람(표 19-1)은 덜 중요한데, 그 이유는 최저기온을 갖는 야간이 보통 약한 바람과 관계가 있기 때문이다. 그루트와 칼슨[3811] 또한 평균 최저기온이 삼림 개간지의 하늘조망이 증가할 때 선형으로 하강했다는 것을 지적하였다. 삼림과 개간지 사이의 최저기온의 평균 차이는 맑은 하늘에서 6℃, 흐린 하늘에서 1℃에 달했다. 삼림이 야간에 차폐하는 효과는 조단과 스미스[2916]가 여름 동안 고산의 목초지에서 서리가 내리는 것을 관측한 것으로부터 분명하게 알 수 있다. 하층의 삼림에서 서리가 내리는 조건은 개간지 가장자리의 불과 약 1/2만큼 발생하였다. 개간지 가장자리에서는 개간지 중심의 불과 10~40%의 서리 조건이 발생하였다. 야간의 복사손실 이외에 다른 두 가지 인자가 개간지에서 최저기온에 영향을 준다. 첫 번째 인자는 줄기 부분의 따듯한 공기와 혼합되어 일어나는 가열의 영향이다. 이러한 영향은 개간지의 크기가 커지고 나무로부터 거리가 멀어질수록 감소하였다. 두 번째 인자는 나무의 수관으로부터 내려오는 차가운 공기의 흐름으로 일어나는 냉각의 영향이다. 이러한 영향은 작은 개간지에 대해서 크지 않았으나, 개간지의 크기가 커질수록 그리고 좀 더 많은 공기가 흐를 수 있을수록 커졌다. 그리고 이러한 영향은 나무로부터의 거리가 멀어질수록 큰 개간지에 대해서 다시 감소하였다. 뢰프베니우스[3616]는 야간 기온에 관하여 산벌림(傘伐林)과 부근의 개간지 사이에 접지기층의 기온차가 일몰경에 나타나고, 야간 동안 유지되는 것을 밝혔다. 누네와 보우맨[3815]은 삼림과 부근의 수림이 없는 지역에서 야간의 표면온도를 측정하였다(그림 38-2). 나지의 개간지와 암석 노두 지역들의 지면온

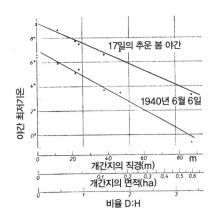

그림 38-1 개간지의 면적이 커질 때 증가하는 서리 피해

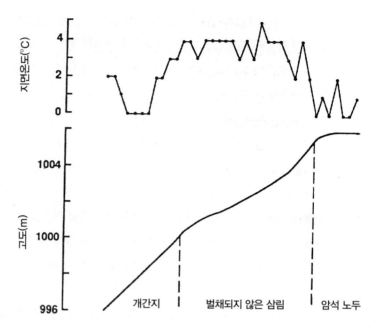

그림 38-2 삼림과 개간지의 야간 표면온도 패턴(M. Nuñez and D. M. J. S. Bowman[3815])

도는 조림을 한 지역보다 4°C 낮았다. 그림 38-3은 삼림이 맑은 야간과 흐린 야간 둘 다 수림이 없는 지역보다 따뜻했던 정도와 빈도를 나타낸 것이다. 기대되는 바와 같이 온도차는 맑은 야간에 가장 컸다. 개간지와 비교된 삼림의 계산된 야간 기온과잉은 맑은

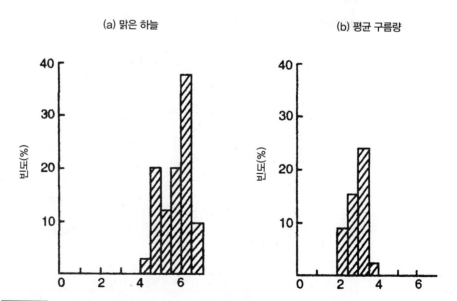

그림 38-3 맑은 조건(a)과 흐린 조건(b)(평균 구름량은 5/8)에 대한 삼림과 부근의 수림이 없는 지역의 야간 기온과잉(°C)의 빈도 분포(M. Nuñez and D. M. J. S. Bowman[3815])

조건과 흐린 조건 둘 다에서 입목 밀도에 종속되는 것으로 나타났다(그림 38-4). 이렇게 계산된 차이는 관측된 것과 유사했다.

랄과 커밍스[3814]는 나이지리아에서 12월에 개간지의 기온이 10m, 50m, 100m에서 부근 삼림 내에서의 기온보다 주간에 5~8℃ 높고, 야간에 1~2℃ 낮았다는 것을 밝혔다. 최고토양온도는 1m, 5m, 10m 깊이에서 측정되어 삼림 내에서보다 개간지에서 주간에 각각 25℃, 12℃, 7℃ 높았다. 상대습도는 야간에 비슷했던 반면, 주간에 개간지에서 15~20% 정도 낮았다. 최저상대습도는 주간에 개간지 내에서 2~3시간 늦게 나타났다.

개간지 내에서 미기후는 결코 균일하지 않다. 슬라빅 등[3818]은 체코 프라하의 남서쪽으로 35km 떨어진 삼림 지역에서 철저하고 광범위한 연구를 하였다. 그들은 자작나무, 낙엽송, 소나무, 젓나무와 함께 50%의 참나무, 30%의 너도밤나무가 있는 혼합림에서 그 직경이 대략 입목의 키에 상응하게 개간지를 만들었다. 개간지의 형태는 그림 38-5에서 진한 일점쇄선으로 표시되었다. 벌목한 후 처음 3년 동안 수많은 환경인자들과 식생 및 어린 나무들의 성장을 측정하였다. 그림 38-5는 국지기후의 관측 중에서 선별한 것이다.

이미 일조시간은 경사면 위에서 매우 달랐다. 1953년 5월 20일의 관측에 따라서 직달태양복사의 등기간선(등일조선)이 왼쪽 상단에 기입되었다. 개간지의 남서쪽 구석은 이른 아침에만 햇빛을 받았고, 남동쪽 구석은 저녁에만 햇빛을 받았다. 개간지의 북쪽 측면은 '남쪽 가장자리'가 되어 최대직달복사 시간을 가졌다. 측정된 일최고기온(제시되지 않았음)은 이러한 태양복사 분포에 매우 밀접하게 상응하였다.

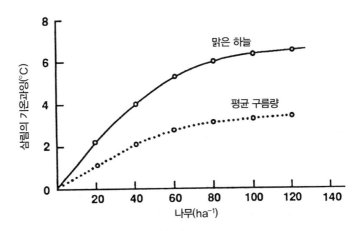

그림 38-4 나무 밀도와 구름량(평균 구름량은 5/8)에 기초한 삼림과 부근의 수림이 없는 지역의 야간의 기온과 잉(M. Nuñez and D. M. J. S. Bowman[3815])

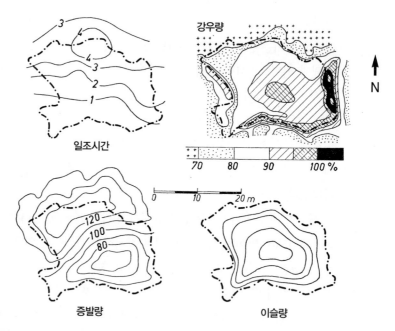

그림 38-5 혼합낙엽활엽수림에서 개간지의 국지 조건(B. Slavík et al.[3818])

오른쪽 하단의 그림은 (독일어 개요에 수치가 제시되어 있지 않은) 등이슬침적선이다. 최대이슬량은 개간지의 중앙에 있었다. 장파방출복사의 차폐는 나무로부터의 거리가 멀어질수록 감소하였다. 그러므로 개간지 가장자리로부터 멀어질수록 야간의 기온은 낮아지며, 이슬 침적은 많아질 것이다.

1953년과 1954년 두 생육기간의 강수량은 오른쪽 상단에 제시되어 있다. 탁월한 편서풍은 비가 개간지로 비스듬하게 떨어지게 하여 동쪽에 많이 내리게 하였다. 이곳에서는 나무들 주변에서 잎으로부터 물방울이 떨어져서(leaf drip) 비를 더 많이 내리게 하여 수림이 없는 지역에서보다 강수량이 많았다(100% 이상). 나무들의 주변에서 물방울이 떨어지는 선(drip line)이 미치는 영향은 개간지의 다른 가장자리에서 볼 수 있었던 반면, 중앙 부근의 좀 더 고요한 지역에서는 강우량이 수림이 없는 지역의 95%였다.

체코의 강수량이 적은 지역(연 547mm)에서는 당연히 물수지에 특별히 관심을 가졌다. 그림 38-5의 왼쪽 하단의 마지막 그림은 지면 위 20cm 높이에서 피체 증발계(Piche evaporimeter)로 측정한 등증발량선이다. 등치선은 수령이 오래된 입목의 평균증발량의 백분율로 제시된 모든 측정의 평균값이다. 세 가지 인자가 개간지의 증발량의 변화에 영향을 주었다. 첫째로 나무들이 차폐를 감소시키는 데 기인하여 개간지 중앙에서 낮은 야간 기온은 증발률을 낮추거나 이슬 침적율을 높였다. 둘째로 남쪽, 남서쪽과 남동쪽 가장자리에서 주간에 나무에 의한 차폐는 기온과 증발을 감소시켰다. 이러한 현상은 나무에 의한 차폐가 기온을 높이고 증발량을 증가시키거나 적어도 이슬 침적을 감소시키는 야간에 부분적으로 상쇄되었다. 끝으로 증발량은 좀 더 많은 양의 햇빛을 받고 높은 기온이 나타나는 지역에 있는 북쪽 가장자리에서 가장 많았다. 이러한 수분 투입 및 배출 과정과 관련되어 뚜렷한 차이를 보이는 비대칭적 패턴이 나무의 새로운 성장에 중요한 결과가 될 수 있는 개간지 내에서 중요한 소규모의 토양수분 패턴을 만든다. 중국에서 추 등[3821]은 작은 개간지에서 광합성 광자 플럭스 밀도(photosynthetic photon flux density), 기온 및 토양온도의 분포를 평가하는 다소 유사한 연구를 하였다.

삼림의 개간지 내에서 융설과 승화 패턴 역시 유사한 반응을 하였다. 베리와 로트웰[3803]은 봄에 개간지에서 눈 소모(snow ablation)를 관측하였다. 융설은 총소모의 70~97%에 달했다(표 38-2). 개간지의 크기가 커질 때 융설량은 증가했고, 승화는 감소했다(둘 다 백분율과 절대량으로). 남쪽을 향한 지역(개간지의 북측)에서 융설은 북쪽을 향한 지역보다 평균 7%나 많았다.

허가드와 비세[3812]는 개간지의 북쪽 및 남쪽 가장자리에 대한 융설과 적설을 삼림 내부와 비교하였으며(그림 38-6), 개간지의 북쪽 가장자리(남향)에서 봄에 눈이 일찍 녹았고, 적설이 작았다는 것을 밝혔다.

그림 38-7은 그림 38-8에 제시된 조건들에 대해서 토양수분에서 일어났던 변화의 북-남 단면을 보여 주는 것이다. 6월에 토양수분은 개간지와 삼림에서 비슷하였다. 그렇지만 여름부터 가을까지 인접한 삼림의 물 수요는 토양을 마르게 하였다. 토양수분은 삼림 뿌리 체계의 측면 범위 밖인 개간지의 일부에서는 감소하지 않았다. 이러한 관찰은 대부분의 문헌(P. E. Black[3804], D. R. Satterlund[3817], J. J. Zhu et al.[3821], E. Ritter et al.[3816])에서 일치하였다. 그렇지만 애슈틴[3801]은 강우량이 풍부한 스리랑카의 열대림과 개간지를 연구하여 표면 토양수분이 개간지의 중앙에서보

표 38-2 0~5까지의 삼림크기지수($D:H$)로 원형으로 개방된 남쪽을 향한 지역과 북쪽을 향한 지역에서 총소모의 백분율로 제시된 융설과 승화

개방된 크기 ($D:H$)	총소모의 백분율			
	융설		승화	
	남향	북향	남쪽	북쪽
0	70	70	30	30
1	87	89	13	11
3	96	84	4	16
5	97	86	3	14

출처 : G. J. Berry and R. L. Rothwell[3803]

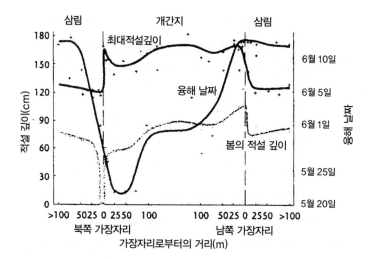

그림 38-6 개간지의 북쪽 및 남쪽 가장자리를 가로 건너는 적설 깊이와 융설 날짜(오른쪽 축)(D. Huggard and A. Vyse[3812])

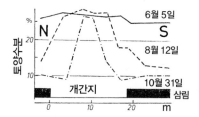

그림 38-7 그림 38-5에 제시된 개간지에서 1953년 동안의 토양수분

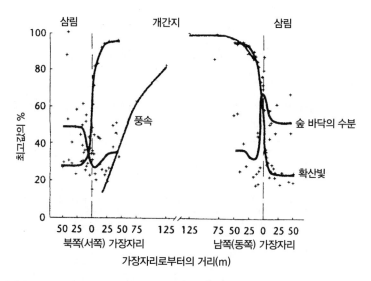

그림 38-8 개간지의 북쪽 및 남쪽 가장자리를 가로 건너는 토양수분, 풍속, 확산빛(D. Huggard and A. Vyse [3812])

다 수관 아래에 거의 항시 좀 더 많았다는 것을 밝혔다. 그는 이를 삼림이 나무들에 의해서 끌어올려지는 증산을 보상하는 것보다 많이 그늘지게 하는 것에 기인하는 것으로 생각하였다. 그는 이러한 차이가 측정 깊이의 결과일 수 있다고 제안하였다. 그는 표면에서 수분을 측정했다. 개간지에서 표면의 수분은 직달태양복사에 노출된 결과로 마를 수 있다. 다른 연구들에서는 전형적으로 좀 더 깊은 깊이에서 수분이 측정되었다. 카마르고와 카포스[3806]는 폐쇄된 삼림에서 수관이 단면의 하부를 '보호'하는 반면, 가장자리에서는 태양복사가 좀 더 많이 침투하며, 건조시키는 미풍이 증발산이 더 많이 일어나게 하여 토양수분이 고갈된다고 제안하였다. 그들은 게다가 시간이 갈수록 2차 종들의 성장과 원래 서 있던 나무들의 가지와 잎 생산이 가장자리를 따라서 단면을 '막는다'고 제안하였다. 그러나 이 모든 추가적인 층들은 가장자리에서 총증발산량을 증가시켜서 토양수분을 좀 더 고갈시킬 수 있다. 따라서 그들은 토양수분이 가장자리보다 방해받지 않은 1차 삼림에서 좀 더 높다고 제안하였다. 기암벨루카 등[3808]은 삼림 가장자리를 따라서 잘 노출된 나무의 증산율이 기대되는 바와 같이 불충분하게 노출된 나무보다 높으며, 삼림의 가장자리로부터 감소하는 것을 밝혔다. 그들은 또한 삼림의 작은 구획에서 증발산이 주위 개간지의 영향을 크게 받는다고 제안하였다.

허가드와 비세[3812]는 9월에 한 개간지의 북쪽 및 남쪽 가장자리에서 토양수분을 분석하였다. 토양수분은 이 가장자리에서 그늘짐과 봄에 눈의 지속성 때문에 남쪽 가장자리(북향)의 10m 내(그림 38-8)에서 가장 높았고, 좀 더 따뜻한 온도 때문에 북쪽 가장자리에서 낮았다. 그렇지만 기암벨루카 등[3808]은 열대에서 건기 말에 토양수분이 삼림 가장자리에서 낮았던 것을 밝혔고, 이는 보다 많은 증발산에 기인한다고 제안하였다. 증발과 토양수분의 공간적 차이는 조건이 좀 더 습윤해졌을 때 감소하였다.

구만과 랄[3810]은 나이지리아의 한 개간지와 삼림에서 미기후 변수들을 비교하기 위해서 일련의 관측을 수행하였다. 그들은 삼림 내에서 수관통과우가 개간지에 내린 비보다 1984년에 약 12% 적었고, 1985년에 약 32% 적었다는 것을 밝혔다. 상대습도는 특히 우기 동안 개간지에서보다 삼림에서 높았다. 개방된 증발계 증발(pan evaporation)은 삼림 아래에서보다 개간지에서 4~6배 많았고, 풍속은 약 18배 빨랐다. 맑은 날들에 1cm 깊이에서 최고온도는 개간지에서 약 10°C 높았다. 그러나 이러한 차이는 흐린 날들에 약 3°C까지 감소하였다. 그들은 50cm 깊이의 토양에서 삼림이나 개간지 아래 모두에서 인식할 만한 일변화를 발견하지 못하였다. 그러나 50cm 깊이의 온도는 항시 삼림에서 약 3°C 낮았다. 삼림에서 맑은 날들에 최고기온은 약 5°C 낮았고, 약 1.5시간 늦게 나타났다. 그들은 또한 단파복사가 개간지에서 25~30배 더 많았다는 것을 밝혔다.

벌채(cutting)를 하는 절차는 잔가지를 치는 것(thinning)이 입목의 기후에 미치는 것과 유사한 영향을 미친다. 옹스트룀[3800]은 스웨덴 북부의 빈델른 부근에서 여러 해 동안 관측을 하여 벌채의 범위가 넓어질 때 삼림 지면에 도달하는 열의 점진적인 획득을 관측하였다. 지면온도는 벌채가 되지 않은 입목에서보다 벌채가 상당히 진행된 입목에서 2~3℃ 높았고, 봄에 지면이 2~4주 일찍 해동하였다.

브레데[3820]는 개간지를 연구하여 개간지에서 풍향이 종종 수림이 없는 지역과 차폐된 입목이 있는 지역의 풍향과 반대가 된다는 것을 밝혔다. 이것은 아마도 수령이 오래된 입목에 의해서 모든 측면에서 둘러싸인, 대규모 맴돌이가 일어나는 것에 기인할 것이다(그림 38-9).

뢰프베니우스[3617]는 개간지를 부근의 삼림과 비교하여 소나무 삼림에서 주변의 나무들이 개간지에서보다 먼저 직달태양복사를 차단하는 것을 밝혔다. 이러한 차단 때문에 순복사 역시 삼림에서 좀 더 빠르게 음이 되었다(그림 38-10a). 일몰 전에 기온은 지면 위 1.5m와 0.1m 둘 다에서 개간지에서 높았으나, 일출 후에는 0.1m에서 낮았다. 1.5m에서 기온은 일출 후에 개간지에서 약간 낮았으나, 야간에는 산벌림(傘伐林)의 기온과 대략 같았다(그림 38-10(b)).

원저[3819]는 삼림과 개간지에서 정오의 상대습도가 모든 고도에서 서로 밀접하게 관련이 있으나(그림 38-11), 상대습도는 고도가 높아질수록 감소하는 것을 밝혔다. 그러나 그는 1년 동안 개간지보다 삼림에서 상대습도가 약 10% 높았다는 것을 밝혔다.

삼림의 국지기후는 엄청나게 변할 수 있다. 그림 38-12의 코흐[3813]의 연구는 독일 라이프치히 부근의 삼림에서 어느 맑은 날에 자동차에서 측정된 기온변화이다. 7km의 약도는 그림의 윗부분에 제시되었다. 일출 직전과 일몰 전 약 2시간에 등온선은 조밀하게 분포하였으며, 주로 수평으로 달렸다. 이것은 이 시간에 전 구간을 따라서 기온이 빠르게, 그리고 상대적으로 일정하게 변했다는 것을 의미한다. 일몰 시의 기온 하강과 일출 시의 기온 상승은 대규모 기상학적 특징으로 입목에서의 모든 차이는 이와 비교해

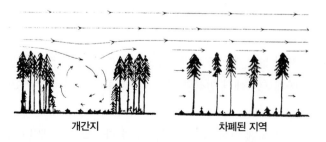

그림 38-9 갱신 지역과 수령이 오래된 나무들로 차폐된 지역 아래에서의 공기 흐름(C. V. Wrede[3820])

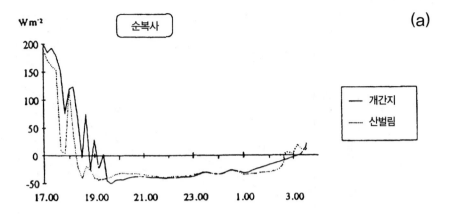

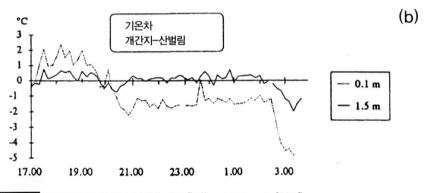

그림 38-10 산벌림과 개간지의 중앙에서 비교 측정(M. O. Löfvenius[3617])

보면 대수롭지 않다. 그렇지만 에너지수지가 평형에 가까워질 때 국지적인 차이의 미기후학적 영향이 중요해진다. 이러한 사실은 폐쇄된 등온선이 주간보다 야간에 훨씬 더 뚜렷한 것에서 알 수 있다. 폐쇄된 등온선은 야간에 좀 더 뚜렷하게 눈에 띤다. 정오에 기온은 3개 장소에서 25℃를 넘었다. 3개 장소는 그림 38-12 위의 나무들의 스케치에서 볼 수 있는 바와 같이 개간지, 어린 나무가 자라는 곳과 수림이 없는 지역이었다. 이들 지역에서 또한 야간에 가장 추워서 여러 장소에서 기온이 11℃ 이하로 하강하였다. 등온선에서는 또한 야간의 추위가 수령이 오래된 나무들로 매우 느리게 침투하는 것을 알 수 있다.

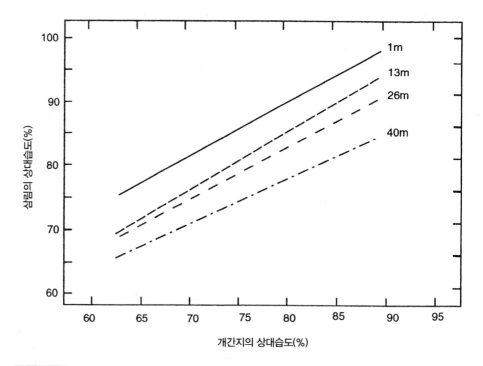

그림 38-11 삼림과 개간지의 1m, 13m, 26m, 40m 높이에서 한낮의 상대습도의 관계(D. M. Windsor[3819])

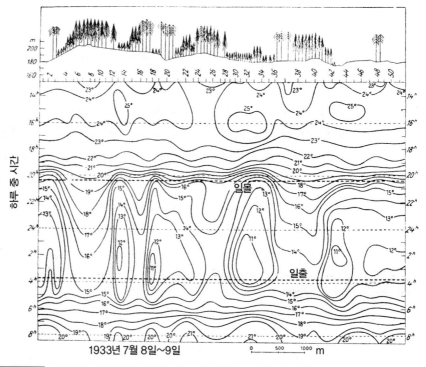

1933년 7월 8일~9일

그림 38-12 독일 라이프치히 부근 폐쇄된 삼림 지역 내에서의 기온의 일변화(H. G. Koch[3813])

제39장 ··· 삼림이 기후에 미치는 원격 영향

33~38장에서는 식물과 식물 입지의 미기후 사이에서 관측되는 상호작용을 다루었다. 이제 문제는 미기후에 이와 같이 크게 영향을 미치는 이들 모든 식생의 영향이 지역적인 규모의 영향을 기후에 미치지 않을 수 있겠느냐는 것이다. 결론적으로 이제 우선 장소와 결부된 이러한 식생의 영향의 합에서 넓은 의미로 기후에 미치는 영향이 발생하지 않겠느냐는 문제를 제기하게 된다. 수백 년 동안 많은 저자들이 삼림이 기후에 영향을 미친다고 생각해 왔다. 삼림이 많은 나라들은 삼림이 없는 나라들과 다른 기후를 갖는다고 하였다. 벌거숭이산과 삼림에서의 남작(濫作)은 기후를 악화시키고, 조림은 기후를 향상시킨다.

많은 역사적 사실을 통해서 고도로 발달한 인류의 문화는 특히 지구의 건조 지역들에서 그들의 삼림이 사라지는 것과 동시에 몰락하였다는 사실이 증명되었다. 그러나 이러한 관련성은 다방면에 걸치고 여러 가지 뜻으로 해석될 수 있어서 역사적 자료를 근거로 매우 신중하게 분석되어야 할 것이다. 독일에서 삼림기상학(forest meteorology)의 발달이 이러한 문제로부터 출발하였다는 사실은 흥미가 있다. 삼림기상학은 처음에 자연과학 분야라기보다는 삼림정치학 분야였다. 삼림기상학은 삼림 파괴가 국민들에게 피해를 의미한다는 것을 증명해야 했다. 당시에 삼림의 '복지효과(독 : Wohofahrts-wirkungen)'[21]라는 단어가 유행하기 시작했는데, 그 이유는 '국가와 국민은 삼림이 존재하는 한 편안할 것이기 때문이었다.' 우선 이 단어의 의미를 평가하지 않고 '삼림이 미치는 영향(forest influence)'이라는 용어를 사용할 것이다.

삼림파괴(deforestation)는 관련된 지역의 대기후, 토양의 성질, 식생 유형에 따라서 환경에 서로 다른 영향을 줄 것이다. 스텝과 대륙성 기후에서는 그 결과가 온대습윤기후(또는 열대우림 지역)에서보다 클 것이다. 산악지역들은 평지보다 삼림의 손실에 좀 더 민감할 것이다. 이것은 작은 공간에도 적용될 수 있다. 해양성기후인 잉글랜드에서 제2차 세계대전 동안의 벌채는 거의 아무런 영향도 주지 않은 반면, 1945년 이후 독일 하르츠에서 대규모 벌채는 심각한 피해를 초래하였다. 비티히(W. Wittich)[22]는 토양과 식생의 중요성을 여러 사례로 논하였다. 그가 명백하고 비판적인 설명으로 제시한 바와 같이 이와 같이 복잡한 관련성이 개별 과정들로 분해되어 이들 과정이 전형적인 장소적

21) 1975년 영어본에는 "beneficial influence"라고 번역되었으나, 직역하여 '복지효과'라고 우리말로 번역하였다.
22) Wittich, W., Der Einfluß des Waldes auf die Wasserwirtschaft des Landes. Allg. Forstz. 7, 433-438, 1952; 8, 144-148, 436-438, 1953.

으로 제한된 지역에서 연구될 때 연구가 진척될 수 있고, 정확한 결과를 다른 지역에 잘 못 전달하는 것을 피할 수 있을 것이다.

기후의 특성이 아닌 삼림이 미치는 영향으로 논의를 시작하면서 먼저 일부 일반적으로 알려진 사실들을 언급하겠다. 삼림은 사면에서 유수에 의한 토양 침식을 가장 잘 보호한다. 슐체[3958]에 의하면 독일에서 토양 침식이 일어나는 사면의 임계각은 경지에서 1∼7°였고, 도로에서는 5∼10°였지만, 삼림에서는 20∼30°였다. 산지에서 삼림은 급류(독 : Wildbäche, 영 : flash flood[23])를 억제하고, 눈사태를 방지한다. 삼림은 또한 느슨한 토양의 풍식을 가장 확실하게 막는다. 인공적으로 방풍림을 심어서 일어난(52장) 바람장의 변화(삼림 가장자리에 대해서 37장에서 논의됨)는 삼림이 기후에 원격 영향을 주지 않고 다르게 영향을 미치는 것이다.

보시와 휼릿[3910]은 벌채와 조림이 수량에 미치는 영향에 관한 문헌을 포괄적으로 검토했다. 그들은 75개의 실험 유역 연구를 조사했으며, 기후의 영향을 식생피복(forest cover) 변화의 영향으로부터 분리하기 위하여 검정 기간(calibration period)과 조절 분지(control basin)를 포함시켰다. 그림 39-1은 삼림 피복을 감소시킨 후 처음 5년 동안의 최대수량증가를 제시한 것이다. 그들은 삼림 피복의 감소(확장)가 한 실험 유역을 제

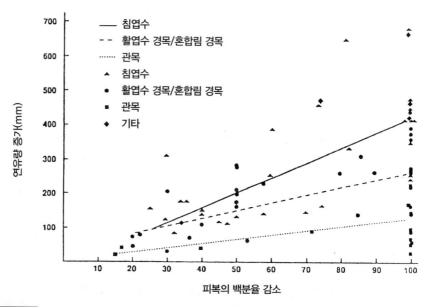

그림 39-1 식생피복의 변화에 따른 물의 증가(J. M. Bosch and J. D. Hewlett[3910])

---

23) 1975년 영어본에는 "flash flood"라고 번역되어 있다. 이는 독일어로 "Sprungschwall"로 표기되어 있어 그 의미가 조금 다르다. 이 단어의 의미는 산간의 계류에서 일어나는 급격한 수위 상승과 유속 증대로 단기간의 천이적 유출 형태이다(地形學辭典, 二宮書店, 1981, p. 433).

외하고 모든 유역에서 수량을 증가(감소)시켰다는 것을 밝혔다. 침엽수림과 유칼리나무 삼림은 매 10%의 삼림 피복이 감소되는 데 대해서 대략 40mm의 물을 증가시켰다. 낙엽활엽수림은 10%의 삼림 피복이 감소될 때마다 약 25mm의 물을 증가시켰다. 잡목과 초지는 10%의 지면 피복이 제거될 때마다 불과 10%의 물을 증가시켰다. 삼림 피복의 변화가 수량에 미치는 영향에서의 뚜렷한 차이는 잎면적지수, 알베도, 기공 저항(stomatal resistance), 공기역학적 저항, 거칠기길이, 영면변위와 같은 각 삼림 유형의 서로 다른 생리적 특성에 의해서 대체로 설명되었다. 이들은 차단손실량과 증산량을 변화시켰다. 수량 변화의 경향이 식생피복의 백분율 변화로 나타나지만, 삼림 피복의 변화로 설명되는 수량 변화의 분산량은 낮아서(침엽수림 42%, 낙엽활엽수림 26%, 관목 12%) 이러한 관계의 복잡성을 제시하고 있다. 분명하지는 않지만, 측정할 수 있는 하천 흐름 반응을 나타내지 못하는 20% 이하의 삼림 피복 변화와 같은 작은 변화에 대해서도 수량 변화의 경향이 나타났다. 드물게 식생이 있는 지역에서 삼림 피복을 형성하면 수량이 감소하였다. 미국 서부와 같은 건조지역들에서 종종 삼림이 소멸하거나 물 수요가 좀 더 경제적인 나무로 재식목되어 보호 및 조절되는 성질은 유지되었으나, 가능한 적은 물이 소모되었다.

산림수확(forest harvesting)도 강을 따라서뿐만 아니라 강 자체의 온도로써 미기후에 영향을 준다. "벌채수확(clear-cut harvesting)은 감소된 수관 덮개와 관련되어 주로 태양복사의 증가로 여름 동안 주간에 개울 온도를 크게 상승시킬 수 있다… . 겨울의 온도변화는 잘 증명되지 않았으나, … 좀 더 큰 지구복사 손실로 인하여 규모가 좀 더 작으며, 종종 반대 방향으로 나타났다"(R. D. Moore et al.[3942]). "하안식생(riparian vegetation)의 보존이 기온변화에 대한 보호에 도움이 될 수 있지만, 실질적으로 더워지는 것은 빈약하지 않은 완충역과 부분적인 보존 완충역 둘 다와 함께 개울에서 관측되었다"(R. D. Moore et al.[3942]). 지하수는 주간에 여름 동안 개울물보다 수온이 낮고, 겨울 동안에는 수온이 높아서 계절적 및 하루의 개울 온도변화를 조절하도록 작용한다(B. W. Webb and Y. Zhang[2337], T. Bogan et al.[3908]). 그들은 또한 산림 벌채와 관련된 상대습도의 감소를 보고했다. 산림수확은 차단손실과 증산의 감소로 인하여 토양수분과 지하수위를 상승시킬 수 있다(E. D. Hetherington[3932], P. W. Adams et al.[3900], R. D. Moore et al.[3942]). 산림수확에 이은 지하수위의 상승은 온도변화를 개선할 수 있었다(R. D. Moore et al.[3942]).

삼림은 물수지에도 중요한데, 그 이유는 삼림이 하천의 유수를 조절하는 데 영향을 미치고, 유출의 시기를 크게 지연시키기 때문이다. 삼림이 조절하는 영향은 주로 표면 유출을 감소시키고 침투를 증가시키는 삼림의 능력에 종속된다. 정상적인 삼림의 지면은 높은 침투력을 갖는다. 부르거[3914]가 스위스에서 행한 100mm나 되는 인공비 실험에서 이 물을 완전히 흡수하는 데 버드나무 아래의 단단한 토양에서는 3시간 이상 걸렸고, 다른 버드나무 아래의 토양에서는 거의 2시간 걸렸으며, 간격이 있는 조림지에서는 불과 20분이 걸렸던 반면, 젓나무, 가문비나무, 자작나무의 입목에서는 이 물을 흡수하는 데 불과 2분 걸렸다는 것이 나타났다. 매그데프라우와 부츠[3937]가 행한 삼림의 이끼와 지의류에 대한 조사에서는 공기가 건조할 때 이끼의 유형에 따라서 이끼가 3~10mm의 비를 흡수할 수 있다는 것이 나타났다. 독일 바이어른 주 삼림의 여러 이끼의 1dm²로의 실험실 실험에서 네 그루의 젓나무 입목은 2.3~7.5mm, 소나무 입목은 8.6mm, 소나무와 젓나무의 혼합 입목으로부터 이끼는 14.7mm의 물을 흡수하는 것으로 나타났다.

삼림의 지면은 이렇게 흡수한 물을 느리게 방출한다. 위에서 언급한 이끼는 물을 방출하는 데 16일 걸렸다. 따라서 토양이 물을 함유할 수 있는 능력과 투수성에 따라서 건기 동안에조차 새로운 물이 좀 더 깊은 토양층으로 침투할 수 있다. 삼림지역에서 지하수 재충전은 좀 더 일정하다. 겨울에는 삼림에서 증발로부터 보호되는 눈이 저장되는 물이 된다.[24]

이들 과정은 여름 홍수가 삼림지역에서 좀 더 적당해지는 결과를 가져온다. 예를 들어 독일 하르츠의 두 계곡에서 1950년 7월 7일에 37분 동안 16.4mm의 비가 내렸다. 이를 통해서 벌거숭이가 된 계곡의 유역에서 200 l sec⁻¹ km⁻²가 유출된 반면, 삼림이 있는 계곡에서는 불과 75 l sec⁻¹ km⁻²가 유출되었다. 그러나 겨울에는 두 계곡에서 물의 유출이 교체될 수 있다. 겨울에 지하수가 재충전될 때, 예를 들어 벌채된 지역에 이미 오래전에 눈이 사라졌을 때 삼림지역에서 아직 녹고 있는 잔설이 비와 함께 운반되면 봄에 삼림지역에서 홍수 수위가 좀 더 높을 수 있다. 삼림에서는 표면 유출이 억제되어 수질도 향상된다. 1950년에 하르츠에서 벌채된 계곡으로부터 작은 개천을 통해서 1km²의 유역 면적당 56.0톤의 부유물질과 2.0m³의 자갈이 운반된 반면, 조림이 된 계곡에서는 18.6톤의 부유물질과 0.05m³의 자갈만이 운반되었다. 정상 유출 동안에는 작은 개천 둘 다 5~10mg l⁻¹의 부유물질을 포함하고 있었다. 홍수 때에는 삼림이 있는 계곡에서는 적게만 변했으나, 벌채된 된 계곡에서는 550mg l⁻¹까지 증가하였다.

살라티 등[3954]은 아마존 분지에서 일어난 벌채에 관한 그들의 연구에서 총유출량

---

24) 1961년 독일어판에는 "Im Winter bildet der im Bestand gegen Verdunstung geschützte eine Wasserreserve."라고 표현되어 있으나, 2009년 영어판에는 "In winter, a reserve of water is built up in the forest in the form of snow."라고 표현되어 있어 그 내용이 조금 다르다. 여기서는 독일어판에 따라 번역하였다.

과 특히 최대유출량이 증가할 수 있는 반면, 낮은 하천 유량(low river flows)은 크게 감소할 수 있다고 제안하였다. 다니엘과 쿨라싱검[3919]은 아논[3902]이 말레이시아의 두 작은 계곡의 연구에서 자연 삼림을 고무 또는 기름 야자나무 재배로 전환시켜서 그의 연구 지역에서 최대유량이 2배가 되었으며, 낮은 하천 유량이 반으로 감소한 것을 밝혔다고 보고하였다. 벌채와 관련하여 최대유량이 증가한 것은 보통 토양 침식이 증가한 것과 동시에 일어난다. 삼림 피복 제거와 재성장이 수량에 미치는 영향, 최대유출량, 낮은 유량과 수질 등에 관한 추가적인 정보는 히버트[3933], 스위프트 2세와 스웬크[3960], 버츠 등[3912], 펙과 윌리엄슨[3948], 벨 등[3906]에서 구할 수 있다.

이와 같이 간략하게 개관한 삼림의 비기후적으로 유익한 영향이 특정 지역의 삼림을 보호림(독 : Schutzwald, 영 : protected forest), 수원보호림(독 : Wasserschutzwald, 영 : forest for water conservation) 또는 보안림(독 : Bannwald, 영 : prohibited forest)으로 지정한 유럽에서 14세기까지 연대가 소급되는 법령에 대한 정당성을 충분히 입증하고 있다. 따라서 삼림 개발은 삼림을 확실하게 보존하는 것을 통해서 특정한 제한을 받게 되었다. 페흐만[25]은 독일 바이어른 주에서의 삼림학의 경험을 기초로 오늘날의 상황과 우리의 현재 지식에 상응하는 법령을 통해서 이러한 삼림을 보호할 필요성을 지적하였다.

이제 삼림으로부터의 기후적 이익을 고찰하면, 우리는 먼저 삼림이 한 지역의 강수량을 증가시키느냐는 자주 반복되는 질문으로 시작하게 된다. 이러한 유형의 주장은 삼림이 존재하는 것이 물수지에 유리한 영향을 준다는 정확한 확증에 기초한다. 이러한 사실은 먼저 강수량 증가에 기인한다. 삼림의 습윤한 공기와 36장에서 기술된 연기가 나는 현상(smoking phenomenon)은 므로제[3943]가 증명한 바와 같이 삼림 주위에 있는 공기에서 관측된 습도가 높은 지대와 다른 관찰로 이러한 상상을 하게 할 수 있었다. 스탈린(Stalin)의 자연개조계획은 아마도 기후를 변화시키려고 한 가장 대규모의 목적이 있는 시도였다. "1948년 10월에 공포되어 1950년에 다소 확장된 이 아이디어는 급진적으로 기후를 개선시켜서 국토의 넓은 부분인 볼가 강 하류 지역, 카스피 해 전면(Pre-caspian) 저지, 투르크메니아, 우크라이나 남부, 크림 북부 내에 있는 건조 스텝, 반사막, 사막지역의 농업 가능성을 향상시키는 것이었다"(P. P. Micklin[3940]). 이 아이디어는 광범위한 방풍림의 식목, 연못과 작은 저수지를 설치하고 관계 프로젝트를 통해서 수행되었다. 1948년~1951년에만 13,500km^{2}의 면적에 방풍림을 심었다. 스탈린의 사망 이후에 이 계획은 대부분 포기되었다. 대부분의 나무들은 식목된 건조한 조건

---

25) *Pechmann, H. v.*, Gedanken zur Schutwaldfrage. Allg. Forstz. 4, 419-421, 429-430, 1949.

에서 생존하지 못했다(P. P. Micklin [3940]).

강수가 형성되는 것이 주로 높은 대기권에서 일어나는 과정이기 때문에 그 아래에 있는 지표의 유형은 지역의 강수량에 작은 영향만을 미친다. 아프리카의 지중해 해안에 관한 연구는 아래로부터의 대량의 수증기 공급조차 얼마나 작은 영향을 미치는가를 인상적으로 제시하고 있다. 그 지역에서 따뜻한 지중해가 증발을 통해서 엄청나게 많은 양의 물을 대기로 공급하지만, 해안은 건조한 사막(스텝 경관)으로 남게 되는데, 그 이유는 이들 지역에서의 대기대순환이 강수 형성에 불리하기 때문이다.

조림을 한 지역과 삼림을 벌채한 지역의 강수량을 비교하여 일부 사실의 기초를 확인하려던 최초의 시도에서는 해발고도, 해안으로의 근접성, 토양 유형, 대기의 기압 중심에 대한 상대적 위치와 같이 추가적으로 많은 다른 영향들 때문에 아무것도 증명될 수 없었다. 슈버트[3957]가 독일의 레츠링거 하이데 특별 관측망에서 측정한 바와 같이 바람이 강수량 측정에 미치는 영향을 파악하기 어렵기 때문에 측정은 쉽게 설명될 수가 없었다. 여기서 삼림을 통해서 5~6%까지 연강수량이 증가한 것으로 나타난 것은 확실히 너무 높게 추정되었다. 부르크하르트[3913]가 독일 훈스뤼크의 816m 고도의 에르베스코프 정상에 있는 기상관측소에서 행한 작은 공간에서의 연구는 유익하다. 1949년에 정상의 20ha 면적의 상이한 수령을 가진 너도밤나무 삼림을 벌채했을 때 강수량은 지금까지의 강수량보다 15~38%까지 감소하였다. 블랜포드[3907]는 1875년의 신삼림법의 결과로 중부 인도 남부의 넓은 지역에 재조림되었을 때 흥미 있는 조사를 하였다. 그는 재조림 이전과 이후의 강수량을 비교하여 강수량의 증가를 밝혔다는 결론을 내렸다. 그러나 카민스키[3934]는 그 후에 이러한 사실이 인도의 넓은 지역에 영향을 주었던 기후변화에 기인하였으나, 블랜포드가 그의 결과를 증명하기 위해서 조림 이전과 이후의 시기에 대해서 비교 관측소로 선택했던 관측소들은 영향을 받지 않았다는 것을 제시하였다. 이것은 이와 같이 넓은 지역에 걸치는 관측으로부터 쓸모 있는 결론을 얻는 것이 얼마나 어려운가를 보여 주는 유익한 사례이다.

전통적인 미기후학의 방법을 가지고는 소규모 삼림과 지표 피복 변화 사이, 그리고 지역적인 기후변화와 전구적인 기후변화 사이의 관련성을 확인하는 것이 부적절하다. 지난 20년 동안 벌채, 사막화, 농업의 확장, 관개, 도시화 등을 포함하는 대규모 지표 피복의 변화와 관련된 미기후의 영향이 중규모와 대규모의 기후변화를 일으킬 수 있는지의 여부를 결정하는 데 점증하는 관심이 있었다.

예를 들어 차니[3916]는 아프리카의 사헬 지역에서 사막화로 인한 알베도 변화가 지역 강수량을 감소시킬 수 있다고 주장하였다. 핀커 등[3949]은 모든 하늘 조건하에서 태국(14°31'N)의 열대 건조 상록수림에 대해서 부근의 조림된 장소와 비교하여 대규모 삼림 개간에 대한 0.03의 평균 알베도 감소를 관측하였다. 개간된 지역에 대한 알베도 감소는 하루 중 모든 시간 동안 관측되었고, 한여름에 가장 뚜렷하였다.

민츠[3941]와 라운드트리[3951]의 논평은 조림 또는 벌채와 관련된 알베도의 변화가 강수량 분포에 영향을 줄 수 있다는 것을 지적하였다. 수드 등[3959] 역시 조림 또는 삼림파괴가 지면의 거칠기에 영향을 주고, 이것이 강수량 분포에 영향을 줄 수 있다는 것을 제시하였다. 살라티 등[3954]은 아마존 분지의 삼림파괴는 매우 규모가 커서 국지 기후에 심각한 영향을 미칠 수 있다는 것을 제안하였다. 그들은 증발산량이 감소하기 때문에 기온이 상승하고 상대습도가 약간 감소할 것으로 기대된다고 제안하였다. 강수량 역시 감소할 것으로 기대되나, 강수량의 감소율은 10% 또는 그 이하일 것이다.

이와 같이 인간에 의한 가속화된 지구의 육지표면변화는 소규모 육지표면의 과정들과 지역적·전구적 규모의 일기와 기후 상호 간의 관련성과 관련한 기초 연구에 대한 최근의 관심을 증대시켰다(P. S. Eagleson[3920]). 대기와 육지표면은 이제 대규모 토지이용 변화의 영향이 대기역학을 통해서 먼 지역들까지 전달될 수 있다는 관점에서 서로 영향을 미치는 연결된 시스템으로 간주되고 있다.

물순환과 대기대순환 사이의 상호작용을 이해하기 위해서 세 가지 발달이 중요하다. 첫째로 강수와 에너지가 지구 표면에 어떻게 분배되는가를 좀 더 많이 정량적으로 이해하는 것이다. 러터[3952]의 연구로 시작되어 셀러 등[3955]과 엔타카비와 이글슨[3922]의 좀 더 최근의 연구를 통해서 계속되어 학자들은 이제 알베도, 표면온도, 토양 수분, 식생 매개변수 등의 공간 변화가 지표와 대기의 가열 패턴에 어떻게 영향을 주고, 그 결과로 대기의 동적 행태에 어떻게 영향을 주는가 하는 정량적 모델을 갖고 있다. 특히 삼림은 증산, 차단된 물의 증발과 토양 증발을 통해서 대기로 돌아가는 많은 양의 물을 전달하는 것으로 알려져 있다.

두 번째 주요 인자는 과학자들이 국지 지역으로부터의 육지표면 플럭스가 어떻게 지역 기후에 영향을 주는가를 조사하게 하는 대기대순환 모델(general circulation models, GCMs)의 발달이다. 이글슨[3920]은 대기를 통해서 관심 있는 모델격자단위(model grid cell)로부터 증발된 물의 이동을 추적하는 GCM의 이용에 관해서 보고하였다. 이 기술로 연구자들은 수분 이류의 공간 범위를 확인하고, 강수를 통해서 국지 증발이 재순환하는 정도를 측정할 수 있었다. 그는 아마존 분지의 격자 단위로부터 국지 증발산량의 37%가 같은 격자 단위에 강수로 다시 침적되는 것을 밝혔다. 동남아시아와 수단의 수드[26] 지역의 격자 단위에 대한 비슷한 수치는 각각 52%와 19%였다. 살라티와 보세[3953]는 아마존 분지 내에 내린 강수량의 50%가 증발산으로 대기로 돌아갔고, 이 증발산된 수분의 48%가 분지 내에서 재순환되었다고 주장하였다.

세 번째 인자는 기후학자들이 육지표면 특성을 정량화하고 지표-대기 상호작용의 모델을 검증하고 개발할 수 있게 하는 육지표면과 대기 조건들의 포괄적인 전구적 자료 집적의 발달이었다. 이러한 전구적 자료는 또한 대기의 조건들과 육지표면 과정들 사이의 되먹임 강도를 입증하는 데 이용될 수 있다. 부루베이커 등[3911]은 국지적인 (증발) 발원지에 기인하는 총강수량의 일부를 추정하기 위해서 전구 고층기상 자료를 이용하였다. 표 39-1에는 세계의 4개 지역(유럽의 러시아, 북아메리카의 미시시피 강 유역, 남아메리카의 아마존 분지, 서아프리카)에 대해서 이러한 강수량 재순환비율의 월 추정치를 제시하였다. 표 39-1의 결과는 중요한 계절 변화와 지역 변화를 제시한 것이고, 국지적인 강수량의 재순환을 통해서 삼림이 중규모와 대규모로 기후에 영향을 미치는 추가적인 증거를 제공하고 있다.

원격탐사(remote sensing) 기술의 출현, 새로운 국제적인 야외 연구, 그리고 수치 컴퓨터 모델들은 삼림이 일기와 기후에 어떻게 영향을 미치는가 하는 과거의 의문에 새로운 통찰력을 보장하고 있다. 이 분야에서 최근의 발달에 관한 소개는 다음의 참고문헌을 참고하여 구할 수 있다. A. Henderson-Sellers 등[3929, 3931], J. C. Andre 등[3901], J. L. Kinter와 J. Shukla[3936].

표 39-1 선별된 지역의 총강수량에 대한 지역 강수량의 비율 추정치

월	유라시아	북아메리카	남아메리카	서아프리카
1월	0.07	0.18	0.27	0.14
2월	0.00	0.19	0.23	0.41
3월	0.04	0.21	0.29	0.41
4월	0.07	0.16	0.26	0.27
5월	0.15	0.23	0.24	0.20
6월	0.31	0.22	0.14	0.10
7월	0.26	0.34	0.18	0.47
8월	0.23	0.33	0.15	0.48
9월	0.10	0.26	0.16	0.39
10월	0.06	0.34	0.29	0.25
11월	0.04	0.21	0.31	0.34
12월	0.03	0.15	0.32	0.27

출처 : K. L. Brubaker et al.[3911]

---

26) 수단 중남부에 위치한 폭 320km, 길이 400km의 늪이 많은 저지대이다. 서쪽으로는 가잘 강이, 중앙으로는 자발 강(마운틴 나일)이 흐르는데, 두 강은 모두 백(白)나일 강의 주요지류들이다. 이곳에는 키가 큰 파피루스(아랍어로는 'as-sudd')와 수초, 수생히아신스가 무성해 강물의 흐름을 막기 때문에, 자발 강은 앗수드를 거치면서 전체유출량의 절반이 증발되거나 유실된다.

소규모에서 삼림 피복 성장(제거)과 강수량 증가(감소) 사이에 분명한 통계적 관련성을 설정하는 것과 관련된 실질적인 실험 디자인 문제가 있지만, 이 주제에 대한 엄청난 양의 실험 자료는 삼림이 아마도 10%까지 강수량에 영향을 줄 수 있다는 것을 지적하는 것 같다. 인과적인 메커니즘을 수립하기 위한 노력은 일반적으로 두 분야에 초점을 맞추었다. 첫째로 삼림이 일반적으로 국지적인 고지(local upland)에 위치하기 때문에 국지적인 지형적 영향(orographic effect)을 강화하는 것으로 생각되었다. 둘째로, 공기 역학적으로 거친 삼림이 그 위에 놓인 대기로부터 운동량을 추출하는 데 매우 효과적이다. 이러한 사실이 강수량을 증가시킬 수 있거나, 표면 우량계에 의한 강수량 포획을 증가시킬 수 있는 감소된 지상풍이 나타나게 한다. 삼림이 풍속을 느리게 할 때 강수량은 풍속 수렴(speed convergence)과 그에 따른 상승하는 공기의 결과로 증가될 수 있다. 이러한 사실은 특히 삼림의 가장자리에서 눈에 띈다. 삼림이 풍속을 느리게 할 때 강수는 좀 더 수직으로 낙하하고, 불려 날아가는 대신에 좀 더 많은 백분율이 우량계 안으로 낙하하여 좀 더 많은 양이 들어가게 된다. 독자들은 삼림파괴가 기후와 물수지에 미치는 영향과 관련된 좀 더 많은 정보에 대해서 데스자딘스 등[4905]을 참고할 수 있다.

모든 우량계는 우량계 구멍 부근에서 공기 흐름에 장애를 일으켜서 강수 포획의 효율에 영향을 준다. 이러한 공기역학적 영향의 정도는 우량계의 유형, 설치 높이, 운동량 보호막의 존재 여부, 풍속, 빗방울 직경(또는 강수 강도) 등에 따라 변한다. 뮬러와 키더[3941]가 바람터널모델(wind tunnel model)과 빗방울의 공기역학적 항력(aerodynamic drag) 특성에 기초하여 구한 결과는 심각한 강수량포획오차(precipitation catch error)가 직경이 2.0mm 이하인 빗방울에서 발생할 수 있다는 것을 제시하였다.

19세기 말경에 유럽에서 삼림의 영향을 추적하기 위한 새로운 방법이 사용되기 시작했다. 바이어른 주에서 최초로 에버마이어(E. Ebermeyer)[27]를 통해서, 그다음에 스웨덴에서 함베르그(H. E. Hamberg),[28] 프로이센에서 뮈트리히(A. Müttrich)[29]와 슈버트(J. Schubert),[30] 오스트리아에서 로렌츠-리부르나우(v. Lorenz-Liburnau),[31] 스위

27) *Ebermayer, E.*, Die physikalischen Einwirkungen des Waldes auf Luft u. Boden. Aschaffenburg 1873.

28) *Hamberg, H. E.*, De l'influence des forêts sur le climat de la Siède (5 Teile). Stockholm 1885-1896.

29) *Müttrich, A.*, Über den Einfluß des Waldes auf die periodischen Veränderungen der Lufttemperatur. Z. f. F. u. Jagdw. 22, 385-400, 449-458, 513-526, 1890.
Müttrich, A., Bericht über die Untersuchung der Einwirkung des Waldes auf die Menge der Niederschläge. Nuemann, Neudamm 1903.

30) *Schubert, J.*, Der jährliche Gang der Luft- u. Bodentemperatur im Freien und in Waldungen. J. Springer, Berlin 1900.

31) *Lorenz-Liburnau, v.*, Resultate forstlich-meteorologischer Beobachtungen. Mitt. a. d. forstl. Vers. w. Österr. 12 u. 13, Wien 1890.

스에서 부르거(H. Burger)를 통해서 삼림의 2중 관측소(독 : forstliche Doppel-station)가 설치되었다. 이들 관측소는 서로 가까이 있는 삼림의 내부와 외부에 위치한, 여러 유형의 삼림지역들에 설치된 한 쌍의 기상관측소로 이루어졌다. 이들 관측소는 줄기 부분의 기후와 수림이 없는 지역의 기후 사이의 차이를 연구하기 위한 좋은 기회를 제공하였다. 이 기술은 삼림의 내부와 외부의 강수 조건에 관해서 최초의 지식을 제공하여, 우리에게 차단량에 관한 정보를 주었다(36장). 학자들은 입목에서 높은 습도를 확인하였다. 삼림의 지면과 수림이 없는 지역의 기온변화와 겨울 동결의 빈도와 침투 깊이가 비교될 수 있었다. 그리고 삼림에서 기온변화의 완화 정도를 수치로 표현할 수 있었다. 그림 39-2는 젓나무 입목의 5쌍의 관측소, 소나무 입목의 4쌍의 관측소, 너도밤나무 입목의 6쌍의 관측소에서 뮤트리히[3946]가 15년 동안 관측했던 소위 '나무 유형에 대한 특징적 곡선(characteristic curve for tree type)'의 사례이다. 이들 계절변화 곡선은 평균기온의 일변화가 동일한 높이의 입목의 외부보다 줄기 부분에서 몇 °C나 낮았던가를 보여 준다. 이 차이는 당연히 여름에 가장 컸다. 계절변화는 봄에 잎이 나와서 가을에 사라지는 것이 주목할 만한 불연속성을 일으키는 너도밤나무 삼림과 비교하여 침엽수림에서 좀 더 일정하였다. 삼림이 존재하는 것이 소규모에서 기후 극값을 완화시키는 작용을 하는 것이 알려져 있다. 조림이 된 지역은 삼림이 없는 부근 지역보다 해양성기후와 좀 더 유사한 온화한 기온 체제를 갖는다.

　삼림이 기후에 미치는 영향을 연구하기 위한 다른 방법은 부근의 조림이 된 지역과 개간지 위의 외부유효표면에서 미기후의 영향을 조사하는 것이다. 배스터블 등[3904]은 아마존 강(3°S, 80m)의 방해받지 않은 원시림에서 35m 키의 삼림 수관 위의 미기후

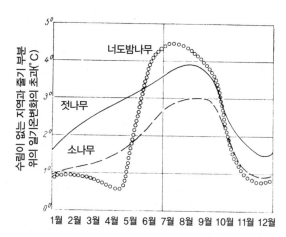

그림 39-2　서로 다른 유형의 나무들에 대한 줄기 부분과 수림이 없는 지역 사이의 기온변화(A. Müttrich [3946])

와 부근의 10km² 개간지의 목초지 내의 미기후를 비교 연구하였다. 건기가 끝나고 우기가 시작되는 1990년 10월 12일~12월 10일의 60일간 관측을 하였다. 전체 연구기간의 평균 결과가 표 39-2에 제시되어 있다. 기후 변수들의 평균값이 크게 다르지 않지만, 특히 건기 동안 개간지에서 실질적으로 좀 더 큰 일변화가 나타났다. 수관 위의 바람 흐름은 1.5~2.2m s⁻¹ 사이의 바람이 있는 약한 일 흐름 패턴으로 특징지어졌다. 개간지의 주간 지상풍은 수관 위의 지상풍과 비교될 수 있으나, 야간의 바람은 개간지 위에서 훨씬 느렸다. 조림이 된 수관 위의 바람과 비교하여 개간지의 느린 바람과 개간지의 낮은 야간의 목초지 표면온도가 강한 야간의 기온역전 현상을 일으켰다. 이 기온역전은 수관 위의 공기 흐름으로부터 지면 부근의 바람이 분리된 것과 관련이 있다. 개간지의 평균기온의 일교차는 삼림지역의 거의 2배가 되었다. 낮은 야간 기온은 감소된 연직 혼합 때문에 개간지에서 나타났고, 높은 주간 최고기온은 큰 물 스트레스, 감소된 증발, 증가된 대류 때문에 특히 건기 동안에 나타났다. 비습(g kg⁻¹)의 일교차 역시 개간지 위에서 거의 2배나 컸다. 야간에 감소된 바람과 낮은 기온으로 인하여 개간지 위에서 자주 안개와 이슬이 형성된 반면, 높은 주간 기온과 증발이 감소하여 높은 주간 평균 비습차(specific humidity deficit)가 나타났다. 개간지에서는 지면에 좀 더 많은 태양복사가 침투하여 토양 속으로 좀 더 많은 양과 좀 더 긴 시간(2시간) 동안 열전도가 일어났다. 개간지는 지표로 좀 더 많은 태양복사가 침투하게 하여 토양 속으로 좀 더 많은 양의 열전도가 좀 더 긴 기간(2시간) 동안 일어났다. 그렇지만 개간지에서 좀 더 낮은 야간 지면온도는 지표로 좀 더 많은 야간 전도가 일어나게 하여 열전도량의 좀 더 큰 일교차가 나타났다.

에너지수지의 복사 항들 역시 두 지점 사이에서 변했다. 주간의 순복사 총량은 낮은 수관 알베도(표 39-2)와 개간지의 높은 표면온도로 인하여 삼림 수관에 대해서 대략 10% 더 많았다. 이로 인하여 방출복사가 더 많았다. 이들 효과는 건기 동안 가장 잘 발달했다.

표 39-2 아마존 강의 삼림과 부근의 개간된 지역 위의 외부유효표면에서 1990년 10월 12일~12월 10일 동안 시간평균최저기온, 시간평균최고기온, 일평균기온, 비습차, 풍속, 알베도

변수	개간지			삼림 위		
	최저	최고	평균	최저	최고	평균
기온(°C)	21.8	31.4	25.8	23.9	29.6	26.5
비습(g kg⁻¹)	0.0	12.7	4.3	2.0	9.8	5.3
풍속(m s⁻¹)	0.3	2.2	0.9	1.5	2.2	1.8
알베도(%)	–	–	16.3	–	–	13.1

출처 : H. G. Bastable et al.[3904]

라이트 등[3962]은 브라질 마나우스(2°19'S) 부근에서 대규모로 열대우림이 튼튼한 목초지와 초지로 전환되어 나타나는 표면 에너지수지의 변화를 조사하였다. 토양수분이 폭풍이 분 직후와 같이 쉽게 이용될 수 있었을 때 두 표면 모두 약 3.8mm d⁻¹를 손실하였다. 이러한 조건하에서 Q_E는 두 표면에 대해서 이용 가능한 순복사 Q^*의 평균 0.70이었던 반면, 평균 보우엔비 β는 0.43이었다. 이러한 사실은 초지에 대한 좀 더 큰 수관 저항이 좀 더 높은 초지의 표면온도와 습도차에 의해서 보상되었다는 것을 제시한다. 그러나 지연된 강우 부재는 결국 증발산과 에너지 분배에 빠른 발산을 일으켰다. 깊은 뿌리 체계를 갖는 삼림에 대한 Q_E는 계속 Q^*의 0.60~0.75에 달했다. 좀 더 얕은 뿌리를 가진 초지 표면에 대해서 증발산은 평균 2.1mm d⁻¹였으며, Q_E는 평균 Q^*의 0.50이었고, 평균보우엔비는 0.67까지 증가하였다.

삼림의 영향은 나무가 성장하는 데 덜 적합한 지역에서 좀 더 컸다. 건조기후와 습윤기후 사이의 경계 지대에서, 산지와 한대지역의 수목한계선에서, 그리고 빈번하게 폭풍이 불거나 지속적으로 강한 바람이 부는 지역에서 삼림의 유익한 결과는 매우 크다.

37장에서 부유미립자를 여과하는 삼림 가장자리의 특성은 소개되었다. 그림 39-3은 뢰츠케[3734]가 1935년 4월 10일 오후에 라이프치히 부근에서 자동차로 이동하면서 차이스사의 먼지측정계(conimeter)로 측정한 부유미립자의 분포이다. 삼림 가장자리에서뿐만 아니라 전혀 새로운 부유미립자를 공급하지 않는 전체 삼림지역에서 부유미립자가 적었다. 첸커[3963]는 1953년에 독일의 우제돔 섬에서 좀 더 작고 많은 응결핵에 대해서 이와 같이 부유미립자가 감소하는 것을 증명하였다. 독자들은 삼림의 대기 오염물질을 다룬 다른 정보에 관해서 파울러 등[3925]을 참고할 수 있다.

관목과 나무가 도시 내, 공장, 공항과 도로 주변에서 소음을 감소시킬 수 있다는 것은 이미 오래전에 알려졌다. 공원에서 또는 도로를 따라서 시각적 장벽으로서뿐만 아니라, 소음 장벽으로서 자주 나무를 심었다. 식물은 산란, 반사와 흡수를 통해서 음의 전달을

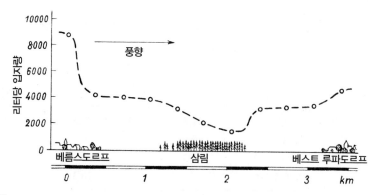

그림 39-3 수림이 없는 지역과 삼림에서의 부유미립자 농도(M. Rötschke[3734])

변화시킨다. 소리의 강도를 측정하는 데 이용되는 데시벨(dB) 단위는 로그값이다. 매 10dB이 증가하는 데 대해서 귀에 대한 실제 음압(音壓, sound pressure)은 10배 증가하나, 실제 소리는 대략 2배가 되는 것으로만 감지된다. 따라서 2~6dB의 음향감쇠(sound attenuation)는 상대적으로 좁은 폭의 식생에 기인하는 반면, 작은(그러나 잠재적으로 인식할 수 있는) 양으로 감지되는 소리를 줄이는 것은 귀가 노출된 음압의 38~75%를 감소시키는 것이 될 것이다.

식생이 소음을 얼마나 감소시키는가에 대한 논의가 있었다. 리토프와 헤일슬러[3950]는 다음과 같이 제안하였다. "큰 줄기의 가장 두꺼운 나무껍질조차 매우 불량하게 음향을 흡수하는 물체이다. 다른 한편으로 부패한 잎 또는 침엽이 있는 전형적인 삼림의 지면은 상당히 넓은 범위의 진동수에서 탁월하게 음향을 흡수하는 물체이다." 칼슨[3915]은 나무가 적은 양의 소음을 흡수하는 반면, 주로 음을 산란시키는 작용을 한다고 제안하였다. 나무가 있는 지역 내에서 일어나는 다중의 산란효과가 지면과 같은 좀 더 많이 흡수하는 표면에 부딪히는 기회가 늘어나서 전달되는 음파를 좀 더 많이 흡수하게 한다. 보스윅 등[3909]과 연방도로청(Federal Highway Administration)[3924]은 좁은 식생 지대의 음향감쇠작용이 무시될 수 있다고 제안하였다. 적어도 30m의 폭과 15m 높이를 갖는 조밀한 지대만이 주목할 만한 영향을 갖는다. 쿡과 반 하버벡케[3917]는 넓은 방풍림에 대해서 5~8dB(데시벨)의 소음감쇠가 흔하고, 10dB(대체로 시끄러움의 1/2)이 흔하다고 보고하였다. 멀리건 등[3945]은 가시적 및 음향적 측면이 소음의 지각을 변하게 하는 데 상호작용을 할 수 있다고 제안하였다. 실제로 식생이 음향 전달에 거의 아무런 영향도 주지 않을 때, 상대적으로 좁은 식생대로부터 소음 수준의 감소가 있는 것으로 보고되었다. "식생을 제거하였을 때 부근의 거주자들은 주위의 소음 수준이 바로 증가한 것을 지각하고 많은 불평을 제기하였다"(R. A. Harris et al.[3927]). 대부분의 학자들(J. Borthwick et al.[3909], Federal Highway Administration[3924], R. A. Harris et al.[3927])은 넓고(적어도 30m), 높은(15m) 식생대가 소음을 감쇠시킬 수 있다는 데 동의한 반면, 해리스 등[3927]은 조밀한 좁은 식생대에 의해서조차 제한된 감소(2~3dB)를 밝혔다. 다른 학자들도 상대적으로 좁은(3~6m) 방풍림에 의한 3~6dB의 일부 소음 감소를 보고하였다(D. I. Cook and D. F. Van Haverbeke[3917, 3918], B. K. Huang[3928]). 멕클렌부르크 등[3939]은 식물에 의한 최대소음감쇠는 좀 더 낮고, 좀 더 높은 청각 주파수에서 일어났다는 것을 밝혔다. 트롬프[4930]는 "큰 콘크리트 벽이나 건물에 의해서 반사되는 소음이 콘크리트 표면 사이에 심은 나무들에 의해서 3배나 감소될 수 있다"고 제안했다. 쿡과 반 하버베케[3917, 3918]는 나무들, 관목들과 지형의 서로 다른 유형, 키와 밀도의 음향감쇠성질(sound attenuation properties)을 평가하고, 수많은 상황에 대해서 적정 소음 감소를 위해서 나무를 심는 것을 추천하였다. 아일러[3903], 프릭케[3926], 마텐스[3938]와 엠블턴 [3921]은 여러 주파수에서 다양한 식물 유형에 대한 소음감쇠를 평가하였다. 그들은 소음감쇠가 낮은 주파수에서 적당한 반면, 높은 청각 범위에서 크다는 것을 밝혔다. 프릭케[3926]는 조밀한 소나무 삼림에서 높은 주파수에서의 과잉 감쇠가 0.1dB/m의 크기라는 것을 제안하였다. 벡[3905]과 휘트코움 및 스토우어[3961]는 식물들 사이에서 음향감쇠의 차이는 주로 잎과 침엽의 크기, 상호 위치, 밀도에 기인하는 것을 밝혔다. 그는 또한 입목의 가장자리에 있는 덤불이 입목의 음향감쇠성질에 큰 영향을 미친다는 것을 밝혔다(S. Kellomäki et al.[3935]에서 재인용). 켈로매키 등[3935]은 음향원으로부터 여러 거리에서 서로 다른 식물의 유형과 수령에 의해서 제공되는 음향감쇠를 추정하기 위한 방정식을 회귀식을 이용하여 개발하였다. 그들은 침엽 또는 잎과 가지의 총량이 음향감쇠를 추정하는 데 가장 중요한 인자라는 것을 밝혔다. 그러나 입목의 밀도, 높이와 수령도 중요하다. 입목의 초기 천이 단계는 성숙한 입목보다 좀 더 잘 감쇠시킨다.

위에서 참조한 논문들 이외에 대기의 음향학, 나무껍질과 삼림의 지면에 의한 음향 흡수, 삼림 입목 위와 삼림을 통한 소음의 전달, 소음 조절의 토지이용계획에 관한 다른 정보에 대해서는 대도시의 자연환경에 관한 회의(Conference on Metropolitan Physical Environment)[3947]를 추천하겠다.

플레밍[3923]의 책 『삼림, 기상과 기후 - 삼림기상학개론(Wald, Wetter, Klima-Einführung in die Forstmeteorologie)』은 삼림에서 기후요소들의 변화에 관한 다른 정보를 제공하는 좋은 참고문헌이다.

제7부

지형이 미기후에 미치는 영향

제40장   여러 사면들 위에서의 일사
제41 장   미환경(최소 공간)에 미치는 상이한 일조량의 영향
제42장   야간에 소규모 지형의 영향(찬공기 흐름, 서리 구멍)
제43장   구릉지와 산지 지형에서의 국지풍
제44장   여러 사면의 기후(노출기후)
제45장   사면온난대 : 산, 계곡과 사면
제46장   고산의 미기후
제47장   극지역
제48장   지형기후학
제49장   동굴기후 : 동굴의 미기후

제2부에서는 식생이 없는 평탄한 지표의 미기후를 고찰하였다. 그리고 제5부와 제6부에서는 식생과 미기후의 상호작용을 연구하였다. 이제는 지면이 평탄하다는 가정도 포기될 것이며, 지표의 변화하는 지형이 미기후에 미치는 영향을 조사할 것이다.

먼저 지형의 영향이 야간보다 주간에 훨씬 더 두드러진다는 사실을 주목하겠다. 해가 빛날 때, 서로 다른 경사와 방위를 갖는 사면들은 각각 서로 다른 양의 복사에너지를 받고, 그로 인하여 발생하는 보상류[예 : 활승풍(upslope wind or anabatic wind)과 같은]가 미기후를 결정한다. 주간에 사면의 방위가 결정적으로 중요하다. 그렇지만 기온분포가 지표와 접촉하여 냉각된 공기의 하향 흐름[예 : 활강풍(downslope wind or katabatic wind)]으로 조절되는 야간에는 사면의 방위가 중요하지 않으나, 고도차는 중요하다. 그러므로 다음의 장들은 우선 하루 중의 시간에 따라 구분된다.

지형의 영향을 고려하면 바로 새로운 문제를 제기하게 된다. 평탄한 지면만이 고찰될 때, 미기후의 특성에 관한 논의는 대기의 최하 수 미터 높이의 기층에만 제한되며, 수반되는 과정들을 좀 더 잘 이해하기 위해서만 이 얇은 기층 너머의 영향에 관해서 논의했다. 그러나 기복이 심한 지형에서의 미기후 분석은 눈에 띄지 않게 항시 좀 더 큰 지역으로 연장되어야만 했다. 갈아 놓은 경지의 밭고랑의 미기후로부터 일반기후학 분야에 좀 더 적합한 규모인 산지 종곡의 기후까지 지속적인 변이가 있다. 이 책이 미기후학 교과서이기 때문에 일반기후학 교과서에서 다루는 규모의 문제들에 가까워질수록 그 내용은 당연히 간략하게 다루어져야 할 것이다.

제40장 ··· 여러 사면들 위에서의 일사

경사진 지면은 수평면으로부터 측정된 경사각(또는 경도)과 진북으로부터 시계방향으로 측정된 사면의 방위각 또는 방위로 기술된다. 이들 두 가지 크기가 사면의 위치 또는 노출을 결정한다. 경사각과 경도 사이의 관계는 다음과 같다.

경사각	0.1°	0.5°	1°	3°	7°	11°	27°
경도	1 : 573	1 : 115	1 : 57	1 : 19	1 : 8	1 : 5	1 : 2

서사면은 서쪽을 향하는 사면을 의미한다. 따라서 북-남으로 달리는 계곡은 그 동측에 서사면을 갖고, 그 서측에 동사면을 갖는다.

사면기후[독 : Hanglageklima, 영 : slope climate, 때로 '지형기후(terrain climate)' 또는 '노출기후(exposure climate)'라고도 부름]는 우선 수평면보다 경사진 표면이 받는 많거나 적은 양의 단파복사와 장파복사를 통해서 결정된다. 이 차이는 매우 중요할 수 있다. 예를 들어 독일에서 많은 구름량을 고려하면, 20° 남쪽으로 경사진 표면은 1월에 수평면보다 약 2배나 많은 복사량을 받는다. 따라서 이 남사면이 받는 복사량은 실질적으로 적도쪽으로 변위된 것에 상응한다. 90°의 극심한 사면각이 절벽 및 노출된 암석 표면과 같은 자연 환경에서 나타날 수 있지만, 자연 지형에서 사면각은 보통 그리 크지 않다. 예를 들어 올리펀트[4020]는 미국 콜로라도 주의 프런트 산맥을 따라서 있는 고산 권곡 분지(alpine cirque basin)의 지면에 대해서 7~11° 사이의 사면각을 보고하였다. 따라서 한 사면이 받는 태양복사는 사면이 면한 방위에 의해서 가장 크게 영향을 받는다.

그러므로 사면기후는 항시 중요하였다. 독일의 포도재배는 사면기후에 크게 의존하였다. 농업과 원예에서 사면기후는 이용 가능한 경지의 질과 특정한 식물종의 재배 가능성을 결정하였다. 제철보다 2개월 전에 일본 도쿄에 공급되는 딸기는 시즈오카의 급경사 계단식 경지에서 재배된다. 이 계단식 경지의 사면기후를 스즈키[4030]가 기술하였다. 래드클리페와 레페버[4026]는 뉴질랜드 내에서 25°의 북사면과 남사면의 미기후 차가 약 9°의 위도 이동과 같다고 제안하였다. 또한 병원과 (특히 병 회복기 및 결핵 환자의) 요양소를 건설할 때에는 양지바른 사면을 찾는다. 90°의 수직 경사를 생각하면, 가옥의 건축, 도시계획, 과학기술과 격자 울타리(독 : Spalierobstbau, 영 : trellise) 위에서의 과수재배에서 여러 방향에 면한 벽들이 중요한 역할을 한다.

경사진 표면 위에서 받는 태양복사는 세 가지 분리되는 구성요소, 즉 태양으로부터의 직달복사, 하늘로부터의 확산복사, 주위 지표로부터 반사된 태양복사로 이루어진다. 헤이 및 맥케이[4010]와 헤이[4009]는 이들 세 가지 구성요소를 추정하는 방법을 개관하였다. 경사진 표면이 받는 장파복사는 두 가지 구성요소, 즉 대기복사와 주위의 지형으로부터 방출되는 복사로 이루어진다. 먼로와 영[4017], 플린트와 차일즈[4005]는 산지 지형에서 개별 단파 구성요소들을 측정하기 위한 모델을 제시했던 반면, 올리펀트[4021]는 모든 입사복사원을 조사하는 모델을 개발하였다. 이들 각 항을 차례대로 논의할 것이다.

맑은 하늘 조건 아래에서 경사진 표면 위에 입사하는 직달태양복사는 사면-태양 기하학의 함수이며, 5개 인자, 즉 위도, 태양의 편각(solar declination, 연중 기간), 태양고도(하루의 시간), 사면각, 사면의 방위에 종속된다. 콘드라티예프[212]는 사면-태양 기하학을 평가하는 데 이용된 근본적인 방법을 기술하였다. 리스트[4015]가 준비한 스미소니언 기상상용표(Smithsonian Meteorological Tables)와 콘드라티예프[212] 둘 다 서로 다른 위도, 하루의 시간, 한 해의 계절, 구름량(또는 대기의 탁도)에서 사면각에 대한 입사태양복사량의 목록을 제시하였다. 어느 표도 모든 요구를 충족시킬 수 없다는 사실이 분명하게 나타난다. 431쪽에 요약된 표는 독자들이 그의 필요에 가장 상응하는 논문을 찾을 수 있는 데 도움이 될 것이다. 이 개관은 단지 기존 문헌의 일부를 발췌한 것이다.

키에늘레(J. v. Kienle)는 독일 칼스루헤에서 천문학적으로 가능한, 장기간의 복사 측정에 따른 실제로 존재하는 일조시간을 8개 주요 방위와 0°, 15°, 30°, 45°, 60°, 75°, 90°의 경사각에 대해서 표를 만들었고, 일출과 일몰 시간도 제시하였다. 그림 37-1은 모든 유형의 벽(90°)에 대한 자료를 그래프 형태로 제시하고 있다. 431쪽의 표는 복사강도에 관한 논문만을 정리한 것이다. 과거에는 우선 대기의 영향을 배제한 이론적 계산으로 만족해야 했다. 게쓸러[1])는 이러한 방법으로 17개의 선별된 날에 15° 간격의 위도 및 경사각과 4개 주요 방위에 대해서 사면이 받는 외기 복사를 계산하였다. 퍼스[2])는 대기에 대한 0.8의 일반적인 투과계수를 이용하여 유사한 이론적 계산을 하였다.

이와 반대로 표 40-1에서 언급된 연구들은 모든 (가능한 장기간의) 복사 측정에서 출발하여 실제에 가깝다. 그렇지만 A그룹에서처럼 직달태양복사만을 기초로 하여 사면 위에서 측정된 전체 복사 또는 수평 복사로 환산하는지 또는 복사계 자체를 원하는 각도로 설치하여 (지면으로부터 반사된 복사 이외에) 중요한 하늘복사의 영향도 파악되는

1) *Geßler, R.*, Die Stärke der unmittelbaren Sonnenbestrahlung der Erde in ihrer Abhängigkeit von der Auslage unter verschiedenen Breiten und zu verschiedenen Jahreszeiten. Abh. Pr. Met. I. 8, Nr. 1, 1925.
2) *Pers, M. R.*, Calcul du flux d'insolation sur une façade on pente. La Mét. 11, 429-435, 1935.

표 40-1 상이한 사면 위치 위에서의 복사강도에 관한 논문들(다른 논문들은 본문과 참고문헌 목록 참조)

저자, 발간연도	위도	사면의 경사와 방위	하늘 상태	계산된 시간과 변수	표현 방법
A. 직달태양복사의 측정으로 계산(하늘복사는 고려되지 않았음)					
슈버트(1928)	52°	0°, 30°, 90° N, E, S, W	a) 구름이 없음 b) 평균구름량	a) 각 달의 중간에 1시간 값 b) 각 달의 중간에 1일 총량	표(와 그래프)
페를(1936)	0°, 15°, 30°, 45°, 60°, 75°, 90°	0°와 90° N(S)와 E(W)	구름이 없음	하지 및 동지와 춘분 및 추분의 4일의 1시간 및 1일 총량	표와 그래프
캠퍼트(1942)	50°	0°, 10°, 20°, 30°, 60°, 90° N, E, S, W	구름이 없음	하지 및 동지와 춘분 및 추분의 4일의 1시간 총량	표와 그래프
니콜레트와 보 시(1950)	51°	90° N, NE, E, SE, S	구름이 없음	각 달의 5, 15, 25일에 대한 반시간 순간값과 1시간 및 1일 총량	표와 그래프
셰들러(1951)	48°	10°, 20°, 30° N, NE, E, SE, S	a) 구름이 없음 b) 평균구름량	a) 각 달의 중간에 오전, 오후 및 1일 총량 b) 월총량	표(일부 그림)
캠퍼트와 모르 겐(1952)	50°	0°, 10°, 20°··· 80°, 90° N, NE, E, SE, S	구름이 없음	계절변화	그래프
뵈겔(1957)	50° 60°	0°, 10°, 20°, 30°, 40° W(E)	구름이 없음	서로 다른 태양의 편각의 11일에서 1일 총량	표와 그래프
B. 경사진 표면 위에서 측정된 전천복사					
한트(1947)	42°	90° S와 E	평균구름량	벽 위와 수평면 위의 복사 비율. 각 주에 대한 시간값, 1945년 3월 26일~1946년 6월 3일	표와 계절변화 곡선
탐스(1956)	46°	0° 25°S	a) 구름이 없음 b) 평균구름량	1일 전천복사 총량의 월평균	표
그래페(1956)	54°	0°와 90° N, E, S, W 45°S	평균구름량	4년 측정기간의 매 1일에 대한 전천복사의 1일 총량과 4년 평균	그래프
콜만(1958)				전천복사의 1일 총량의 순평균과 월평균	

지의 여부에 따라 큰 차이가 있는 것을 쉽게 발견할 수 있다. B그룹은 모든 실제적인 목적에 훨씬 더 유용한 새로운 방법을 이용한 연구들을 포함하고 있다. 물론 A그룹의 수치들이 훨씬 더 광범위하고 다양한 측면을 포함하지만, B그룹의 수치들은 드물지만 사실에 가깝다.

경사진 사면 위의 직달태양복사는 또한 구름량, 대기의 탁도, 오존 및 수증기 농도, 기압 등을 포함하는 대기의 조건들에 따라서 변한다. 올리펀트[4019]는 맑은 하늘 조건이 미국 콜로라도 주의 프런트 산맥에서 조사된 날들의 9%에만 나타나고, 대기의 투과(atmospheric transmission)는 보통 오후에 적운이 발달하여 주간에 크게 변했다는 것을 밝혔다. 1시간 또는 그 이하 동안 경사진 표면 위에 직달태양복사를 추정하는 모든 방법이 사면-태양 기하학에 대한 일반적인 방법을 공유하기 때문에 추정의 차이는 대기의 투과를 모델링하는 다른 방법에서 생긴다. 우리는 좀 더 단순하나 덜 대표적인 맑은 하늘의 경우를 먼저 조사할 것이다. 경사진 표면 위의 직달태양복사를 결정하는 모델링 결과의 사례들은 애트워터와 볼[4000], 데이비스와 맥케이[4001]에서 찾을 수 있다. 먼로와 영[4017], 플린트와 차일즈[4005], 올리펀트[4021]의 연구와 같은 거친 지형에 대한 모델링 결과의 확장은 또한 지형의 그늘효과, 표면온도의 공간적인 변화, 주변 지면의 알베도를 고려해야만 했다.

윌슨[4421]은 표면에 대한 직달태양복사의 강도는 표면에 대한 광선의 각에 비례한다고 지적하였다. 이것은 위도, 하루와 한 해의 시간, 표면의 경사 및 방위에 종속된다. 맑은 하늘 조건에 대한 사면의 쬐임(irradiation)의 기본 원리가 그림 40-1에 제시되어 있다. 이 그림은 캠퍼트[4012]가 독일 트리어(49°45'N)에서 1930년~1933년까지 구름이 없는 맑은 날씨에 직달태양복사를 측정한 것에 기초한다. x축은 사면의 경사(°)이고, y축은 지방시이다. 3개의 사면방위와 3개의 선별된 날에 대한 9개의 그림에서 등치선은 정상 대기의 탁도를 갖는 맑은 하늘에서 받는 직달태양복사량을 의미한다.

각 계절에 대한 각 다이어그램의 사면 눈금은 0°의 사면각으로 시작하기 때문에 각 그림의 왼쪽은 수평면에서 받는 복사량을 의미하며, 이것은 각 세로줄에 대한 것과 같다. 각 다이어그램의 오른쪽은 수직벽이 받는 복사량을 의미하고, 위의 한계는 일출 시간, 아래의 한계는 일몰 시간을 의미한다. 북쪽에 면한 사면과 남쪽에 면한 사면은 당연히 정오선에 대칭적인 등치선의 분포를 보여 주는 반면, 동사면은 비대칭적인 분포를 나타낸다.

3월 21일(9월 21일과 동일, 중앙의 다이어그램)에 남사면에 대한 가장 아래에 있는 열을 우선 고려하면 태양은 정확하게 정동에서 떠서 정서로 진다. 오른쪽 다이어그램은 동반년 동안 태양이 일출 시에 같은 순간에 모든 경사의 남사면을 비추는 것을 나타낸

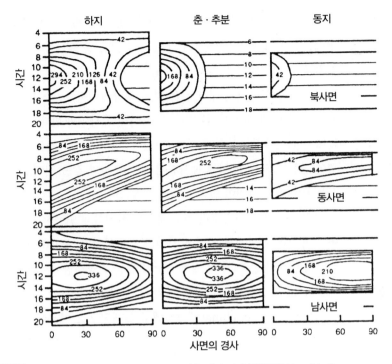

그림 40-1 북사면, 동사면, 남사면(49°45'N)에서 맑은 날의 직달태양복사(MJ m⁻² hr⁻¹)

것이다. 이 상황은 하반년에는 다르다. 이때에는 태양이 북동쪽에서 뜨고, 태양이 수평
선 위에 나타나서 상승하기 시작한 후, 태양광선이 남쪽으로 기울어진 사면에 닿을 수
있기 전에 약간 시간이 걸린다. 그리고 남사면의 경사가 급할수록 시간이 더 많이 걸릴
것이다. 그러므로 왼쪽의 다이어그램에서 위와 아래의 경계는 중앙과 오른쪽 다이어그
램의 좀 더 직선인 경계와 대비하여 곡선이 된다. 시간적으로 항시 12시에 최대인 복사
강도는 (장소적으로) 태양광선에 수직인 사면에서 가장 크다. 그러므로 최대치는 여름
(왼쪽)의 상대적으로 평탄한 사면으로부터 겨울(오른쪽)의 급한 사면으로 이동한다. 12
월 21일에 남쪽 벽은 정오에 하지의 9시에 평탄한 표면이 받는 복사강도와 대략 같은
복사강도를 받는다.

   그림 40-1에서 한여름(왼쪽)에 맨 위의 열의 북사면에 대해서 일출과 일몰의 시간은
모든 사면각에서 같다. 사면의 경사가 매우 급하면 태양은 정오에 더 이상 남쪽으로부
터 넘어올 수 없다. 그러므로 오른쪽 주변에서 '목'이 잘린다. 경사가 급한 북사면은 이
른 아침과 늦은 저녁에만 직달 햇빛을 받는다. 남사면과 유사하게, 시간을 고려한 북사
면에서의 최대복사강도는 정오이나, 사면을 고려한 최대치는 남사면과 대비하여 항시
수평면 위에서 나타난다.

   동사면(가운데 열)은 최대복사강도의 위치가 사면각과 한 해의 시기에 따라 움직이

는 북사면 및 남사면과 다르다. 최대복사는 여름에는 경사가 좀 더 완만한 사면에서, 겨울에는 경사가 좀 더 급한 사면에서 나타난다. 일출은 항시 같은 시간인 반면, 일몰은 경사가 급한 사면에서 좀 더 이르게 된다.

동사면과 서사면은 대략 같은 양의 태양에너지를 받으며, 전자는 대체로 오전에, 후자는 오후에 태양에너지를 받는다. 따라서 동사면과 반대되는 것을 취하여 서사면에 도달하는 직달태양복사를 추정할 수 있다. 정오에 동사면과 서사면은 같다. 13시에 서사면이 받는 복사는 11시에 동사면이 받는 복사와 같을 것이고, 14시에 서사면이 받는 복사는 10시에 동사면이 받는 복사와 같을 것이다.

그림 40-1은 사면각과 위치의 차이를 상세하게 연구하는 데 적합하다. 그러나 구름량이 실제적인 관점에서 이러한 차이를 감소시킨다. 표 40-2는 농업과 원예에 중요한 사면각에 대해서 한 해의 각 달에 1m²가 받는 직달태양복사의 에너지양을 제시한 것이다. 세들러[4028]는 오스트리아 빈의 복사측정을 기초로 이 계산을 하였다.

지형기후학(topoclimatology)에서 실제적으로 이용할 수 있는 값을 구하기 위해서는 확산태양복사도 고려되어야 한다. 일반적으로 전천복사에 대한 확산태양복사의 상대적인 중요성은 구름량, 대기의 탁도, 표면 알베도가 증가할수록 커진다. 그림 40-2는 올리버[4018]가 영국의 옥스퍼드셔(52°N)에서 얻은 수평면에 대한 대기 투과의 함수로 전천복사 중에 확산태양복사와 직달태양복사 사이의 대략적인 관계를 제시한 것이다. 구름량이 흔한 중위도에서는 전형적으로 직달태양복사보다 확산태양복사로서 좀 더 많

표 40-2 오스트리아의 빈에서 (존재하는 구름량을 고려하여 1930년~1932년의) 복사측정으로부터 구한 직달태양복사의 월총량(MJ m⁻²)

평탄한 지면		1월	2월	3월	4월	5월	6월	7월	8월	9월	10월	11월	12월	계
		44.8	75.0	159.1	245.0	310.0	343.0	373.0	330.0	238.3	123.1	44.8	34.3	2,320.4
10° 사면	N	21.8	48.6	124.0	213.6	288.9	324.1	346.3	294.4	193.5	85.8	24.3	13.0	1,978.3
	NE(NW)	27.6	55.7	133.6	221.1	291.5	328.3	354.7	304.9	203.5	94.6	28.9	18.8	2,063.2
	E(W)	43.6	74.5	157.0	241.6	306.1	340.0	367.3	325.8	232.4	117.7	42.7	31.0	2,279.7
	SE(SW)	59.5	91.3	178.4	259.6	319.9	350.1	380.2	346.7	256.3	142.8	57.4	44.4	2,486.6
	S	66.2	99.7	186.8	266.3	323.7	352.2	387.4	356.8	272.2	155.8	64.9	52.3	2,584.3
20° 사면	N	1.7	21.8	85.4	174.6	255.9	294.0	311.6	249.6	143.2	47.7	2.9	0	1,588.4
	NE(NW)	15.1	38.5	107.2	193.5	265.1	303.6	324.1	269.7	168.3	69.1	17.2	8.8	1,780.2
	E(W)	43.6	73.7	153.3	234.1	295.2	325.8	352.2	314.9	226.1	116.8	42.7	31.0	2,209.4
	SE(SW)	73.3	105.9	195.1	270.5	319.9	345.5	380.7	354.3	271.8	160.0	69.1	56.1	2,602.2
	S	85.0	121.0	209.8	283.5	330.8	354.7	388.2	370.2	302.8	185.1	80.8	67.0	2,778.9

출처 : A. Schedler[4028]

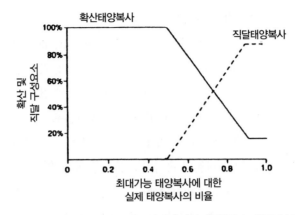

그림 40-2 영국 옥스포드셔에서 최대가능 태양복사에 대해서 측정된 태양복사의 비율로 본 직달태양복사와 확산태양복사 사이의 관계(H. R. Oliver[4018])

은 태양복사를 받는다(그림 25-1). 예를 들어 콜만[204]이 독일 함부르크 기상대에서 행한 복사 측정에 의하면, 수평면은 1년에 약 1,420MJ m⁻²을 직달태양복사로부터 받으나, 1,800MJ m⁻²을 확산복사로 받는다.

사면에서 받는 확산태양복사는 사면의 하늘조망인자에 비례하고, 태양 원판을 고려한 사면의 각 방향(angular direction)과 대기의 투과에 종속된다. 확산태양복사와 대기의 장파 방출도(emittance)가 구름량, 수증기량, 대기의 탁도와 기압이 증가함에 따라 증가하는 반면, 전천복사와 직달태양복사는 이러한 인자들이 증가할 때 감소한다. 확산태양복사가 직달태양복사보다 서로 다른 사면각 및 방위를 갖는 사면상에서 좀 더 균등하게 분포하기 때문에, 전천복사의 분포가 구름량이 증가하고 대기의 투과가 감소하는 거친 지형에서 좀 더 균등하다. 그루노브[4007]는 이미 1952년에 인상적인 사례에서 확산복사가 사면의 방위로 인한 차이를 얼마나 크게 보상하는가를 제시하였다. 그는 독일 호헨파이센베르크의 대략 30° 경사진 북사면과 남사면 위에 기록계의 흡수면이 사면에 평행한 로비츠(M. Robitsch)식의 복사기록계를 설치하였다. 캠퍼트[4012]의 표들에 의하면, 북사면은 12월에 남사면 직달태양복사 약 2%를 받고, 6월에 약 73%를 받았다. 그러나 확산복사를 포함하는 측정은 32%(12월)와 94%(7월) 사이에서 변하는 값을 제시하였다. 루주와 윌슨[4027]은 1964년과 1967년의 5월~8월 동안 캐나다 퀘벡 주의 몽생트힐레르 부근의 레이크 힐에서 남사면과 북사면 위에서 행한 측정을 기초로 유사한 결과를 보고하였다. 수평면에 대한 직달태양복사가 북사면과 남사면 위에서 받는 직달태양복사와 비교될 때, 남사면 : 수평면 : 북사면에 대한 직달태양복사의 비율은 120 : 100 : 72인 반면, 전천복사에 대한 유사한 비율은 단지 107 : 100 : 81이었다. 따라서 입사전천태양복사의 지형적 제어는 맑은 하늘 조건에서 증가되었다.

기후학자들은 자주 하늘이 모든 방향으로 균등하게 확산태양복사를 산란시킨다고 가정하였다. 아무런 방향의 치우침(directional bias)이 없이 이러한 확산복사 분포는 등방성(isotropic) 분포로 적용되고 있으며, 대부분의 미기후학 연구에 적절한 가정이 된다. 그렇지만 지형기후학과 태양에너지원 평가에 적용하기 위해서는 하늘 반구 위의 확산복사휘도(diffuse radiance)의 공간분포가 고려될 필요가 있다. 스티븐[4029]은 일사계(actinometer)를 이용하여 영국 서턴 보닝턴(53°N)에서 여러 천정각에 대해서 표준화된 맑은 하늘의 복사휘도 분포를 만들었다. 맥아더와 헤이[4016]는 확산하늘 복사휘도(diffuse sky radiance)를 좀 더 상세하게 지도화하기 위하여 일사계 측정과 전천사진(all sky photograph)을 조합하였다. 1978년 2월 10일 13시 40분의 맑은 하늘 조건에 대한 그들의 결과의 한 가지 사례가 그림 40-3에 제시되었다. 입사 확산복사에 대한 등치선 패턴은 세 가지 기본 경향을 드러내고 있다. 첫째, 산란시키는 질량(scattering mass)이 증가하여 수평선을 따라서 하늘이 밝아지는 현상이 있다. 산란시키는 질량의 증가는 태양의 천정각이 커질 때 일어난다. 둘째, 산란의 증가는 태양 원반(solar disk) 부근에 태양을 둘러싸는 지역(circumsolar region)에서 나타나는데, 그 이유는 에어러솔에 의한 우선의 전방산란(prefered forward scattering) 때문이다. 끝으로 최저하늘밝기(minimum sky brightness)가 있는 지역은 태양 원반으로부터 대략 90°인 일반적인 지역에서 나타났다. 예를 들어 그림 40-3에서 태양이 남쪽-남서쪽에 있을 때 최저밝기는 북동 사분면에 집중된다. 맑은 하늘 복사휘도 분포는 7~118.6W m^{-2} sr^{-1} 사이에서 나타났다. 표면 위의 한 지점에 대한 복사가 전체 하늘 반구로부터 오기 때문에 얼마만큼의 복사가 하늘의 다른 부분들로부터 오는가를 측정하는 것이 때로 유용하다. 스테라디안(sr)은 하늘의 한 부분으로부터 오는 입사복사를 측정하기 위한 단위로 구의 표면에서 제곱한 반경과 같은 면적에 의해서 주어진 반경의 구의 중심에서 범위를 정하는 입체각(solid angle)3)과 같다. 확산복사 역시 주위의 지형으로부터 차단과 반사에 의해서 영향을 받을 수 있다(J. A. Olseth and A. Skartviet[4019]).

구름량은 구름방울의 좀 더 큰 산란효과로 인하여 하늘 복사휘도 분포를 상당히 복잡하게 한다. 맥아더와 헤이[4016]는 부분적으로 구름이 낀 조건에 대한 하늘 복사휘도가 20.9~132.6W m^{-2} sr^{-1} 사이인 것을 밝혔고, 맑은 하늘 패턴에 대한 일부 공간적 유사성을 제시하였다. 가장 중요한 차이는 작은 물방울에 기인하여 최저복사휘도가 증가하는 것이었고, 큰 복사휘도값은 태양 원반 부근에서 구름 요소들로부터의 태양복사의 반

---

3) 2차원의 각도를 3차원으로 확장한 것이다. 입체각의 차원은 0이며, 단위로 스테라디안(sr)을 사용한다(http://ko.wikipedia.org/wiki/%EC%9E%85%EC%B2%B4%EA%B0%81).

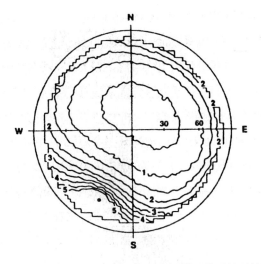

그림 40-3 캐나다 브리티시컬럼비아 주(BC) 밴쿠버에서 1978년 2월 10일 13시 40분에 맑은 하늘의 표준화된 하늘 복사휘도 분포(단위 : 스테라디안*). 태양의 원반은 남서 사분면에 검은 점으로 표시되었다(L. J. B. McArthur and J. E. Hay[4016]).

*스테라디안(steradien)은 입체각 크기의 단위임.

사율과 관련되었다. 온흐림 조건하에서 맑은 하늘 복사휘도 분포는 거의 완전하게 불분명하였고, 하늘 복사휘도가 14~28W m^{-2} sr^{-1} 사이에 있을지라도 비등방성 분포의 가정은 하늘의 중심 부분에 대해서 합리적으로 타당한 것으로 나타났다. 헤이[4008]와 페레즈 등[4024]은 경사진 표면 위에서 확산태양복사의 흡수에 대한 하늘 복사휘도의 비등방성 분포의 효과를 모델링하려는 노력의 사례들을 제공하였다.

사면 노출(slope exposure)에 관한 많은 연구들은 단순화한 조건으로서 맑은 하늘 조건을 가정하였다. 올리펀트[4020]는 맑은 여름날 동안 전천태양복사 투과가 미국 콜로라도 주 프런트 산맥의 인디언 픽스 부분에서 평균 0.80이었으며, 정오에 대칭이었다는 것을 밝혔다. 그러나 이러한 날들은 전형적이지 않았는데, 그 이유는 지형치올림(orographic lifting)과 대류치올림(convectional lifting)이 보통 오후에 적운을 발생시키기 때문이다. 좀 더 전형적인 날들에 전천 투과는 정오 전에 평균 0.75였고, 이른 오후에 0.55였다. 이러한 대기 투과의 일변화는 일 $K\downarrow$ 총량이 맑은 하늘의 날들에 남사면에서 가장 많으면서 입사전천태양복사에 영향을 주었으나, 부분적으로 구름이 낀 하늘의 날들에는 동사면에서 가장 많았다.

경사진 표면 위의 세 번째 태양복사원인 지면반사복사(ground-reflected radiation)는 지면 위에 입사되는 전천태양복사량, 표면 알베도, 지면에 대한 경사진 표면의 조망인자에 종속된다. 인에이첸 등[4011]이 경사진 표면 위에서 지면반사복사량을 측정한 것은 지면반사 태양복사의 등방성 분포가 가정될 때 9.8W m^{-2} 이하의 평균오차를 지적하고 있고, 지점의 표면 알베도는 알려져 있다. 그렇지만 덤헌과 이튼[4004]은 미국 유타 주의 캐치 계곡에서 눈으로 덮인 표면으로부터 지면반사 태양복사에 대한 비등방성 분포를 밝혔다. 지면반사 태양복사를 추정하는 것은 많은 환경들에서 나타나는 표면 알베도의 큰 공간적 변화에 의해서 더욱 복잡해진다. 순태양복사 K^*를 추정하는 것은 표면 알베도를 결정하는 데 특히 민감하다. 먼로와 영[4017]은 캐나다 로키 산맥의 빙하 분지(glacial basin)에서 다음과 같은 평균 알베도를 밝혔다. 얼음 0.24, 나지 토양 0.25, 만년설 0.50, 구적설 0.61, 신적설 0.74였다. 시간에 따른 설선의 이동, 새로 내린 눈의 존재, 눈의 노화(snow aging)는 순태양복사 K^*에 크게 영향을 미치는 산지지역의 극히 변화가 심한 동적 표면 알베도 조건을 만들도록 조합된다.

그림 40-4는 독일 함부르크에서 남쪽 벽, 북쪽 벽, 동(서)쪽 벽과 45° 경사의 남사면에 대해서 측정한 전천태양복사의 3년 평균값을 보여 준다. 여기서 동쪽 벽은 독일에서 오후에 구름량이 증가하는 특성으로 인하여 남쪽 벽보다 한여름에 좀 더 많은 $K{\downarrow}$를 받는다.

데코스터 등[4003]은 4°S의 콩고민주공화국의 킨샤사[4]에 대해서, 데코스터와 쉐프[4002]는 1°N의 키상가니[5]에 대해서 매달, 맑은 날과 구름 낀 날에 8개의 주요 방위에 면한 벽들 위에서의 복사를 계산하였다. 그림 40-5는 적도(키상가니)에서 맑은 날에 수평면과 벽들 위에서의 전천태양복사($K{\downarrow}$)를 보여 준다. 동반년에 남쪽에 면한 벽이 온대에서 수평면과 대략 같은 에너지를 받았던 반면(그림 40-4), 열대에서 벽이 받는 양은 수평면 위에 투사되는 것보다 훨씬 작았다. 동쪽 벽은 연중 대략 같은 양의 에너지를

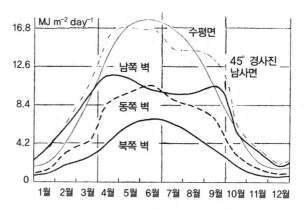

그림 40-4 수평면, 45° 경사진 남사면과 3개 벽 위에서 측정된 전천복사($K{\downarrow}$)(K. Gräfe[4006])

---

4) 과거의 지명은 레오폴드빌(Leopoldville)이었다.

5) 과거의 지명은 스탠리빌(Stanleyville)이었다.

받았고, (수평면과 같이) 태양의 2회의 천정 위치를 나타냈다. 북쪽 벽과 남쪽 벽은 현저하게 계절변화를 했으며, 태양이 각각 가장 북쪽 및 남쪽에 있을 때 최대치에 도달하였다.

그림 40-4와 40-5를 비교하면 온대와 열대의 차이가 나타난다. 태양이 천정 부근에 오는 지역들에서는 사면의 방위가 중위도에서 얻는 것만큼의 실제적인 중요성을 갖지 않는 것이 분명했다. 극지역에서는 낮은 고도와 태양의 광학적 통과길이(optical path length)의 증가를 통해서 산란이 증가하여, 전천태양복사가 압도적으로 확산태양복사로 이루어졌다. 이것이 변화하는 사면에 기인하는 차이를 다소 균등하게 하였다. 다른 한편으로 매우 추워서 사면 방위의 덕택으로 인한 작은 열의 획득조차 매우 중요할 수 있다.

그림 40-4와 40-5에 제시된 전천태양복사의 결과는 사면각과 사면 방위의 영향이 가장 극심한 수직 표면에 대한 것이었다. 자연적으로 나타나는 표면은 일반적으로 전천태양복사의 누적 흡수에서 훨씬 적게 변화하였는데, 그 이유는 표면들이 보통 훨씬 작은 범위의 사면각을 갖기 때문이다. 빈번한 구름량이 확산복사를 증가시켰으며, 직달태양복사를 감소시켰다. 올리버[4018]는 영국 옥스퍼드셔(52°N)에서 1989년 12월부터 1990년 7월까지 17° 북사면과 10° 남사면 위에서 전천태양복사를 측정하였다. 완전하게 높은 태양/낮은 태양의 태양계절(solar season)을 망라하는 8개월 기간의 누적 결과는 실제적으로 이 모든 차이의 원인이 되는 맑은 날들과 불과 25%의 차이만 있었다.

개별 표면에 대한 대기의 장파복사 투입량 $L{\downarrow}$을 지배하는 원리는 이미 논의하였다(5장). 그러나 대기의 장파복사 역시 비등방성의 분포를 따라서 $L{\downarrow}$의 표면 흡수는 하늘에

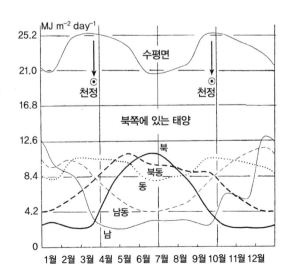

그림 40-5 적도 부근에서 수평면과 수직 벽 위에서의 전천복사(H. Decoster and W. Schüepp[4002])

대한 표면의 방위와 대기의 조건에 따라 변한다는 것을 언급해야 하겠다. 주위의 지형 으로부터 방출되는 장파복사 $L{\downarrow}$은 또한 표면방출율 및 표면온도가 변하여 큰 공간적 변 화를 하였다.

이들 개별 항의 조합된 영향은 표 40-2에 요약되었다. 이 표는 미국 콜로라도 주 프론 트 산맥의 그린 레이크 계곡 상부에서 모델화된 복사 항으로부터의 1일 총계를 제시한 다(G. A. Olyphant[4021]). 15.28MJ m^{-2} d^{-1}의 직달태양복사 총계는 측정된, 방해받 지 않은 능선 정상의 총계보다 불과 0.29MJ m^{-2} d^{-1} 작았다. S 총계의 큰 범위는 변화 무쌍한 사면각, 사면 방위, 태양 장애물(solar obstruction)의 영향으로 인하여 나타났 다. 하늘 D와 지형 $K{\uparrow}_t$로부터의 확산태양복사는 총 $K{\downarrow}$의 1/3보다 많았고, S보다 덜 변 했다. 분지에 대한 복사 투입은 또한 크게 변할 수 있었던 장파복사 항에 의해서 지배되 었다. 따라서 이질적 지형은 개별 복사 항에서 상당한 공간적 변화를 하기 쉽다. 직달태 양복사 투입에 의한 산지 지형 표면으로의 모든 파장 복사 투입의 단순한 특성화는 큰 오차를 나타나게 할 것 같다. 그러나 올리펀트[4021]는 개별 복사 구성요소들이, 개별 적으로 공간적으로 변할 수 있지만, 복사 투입에서 내부 위치(inter-site) 변동성을 감소 시키도록 조합한다는 것을 밝혔다.

일부 특정한 사면의 유형이 식물, 동물 또는 인간에게 유리한지 또는 불리한지는 지 역기후에 종속된다. 강우량이 풍부하나 태양에너지가 다소 부족한 독일에서처럼 남사 면은 포도원이 증명하는 바와 같이 대부분의 식물에 대해서 좀 더 나은 서식지가 되었 다. 그렇지만 풍부한 태양에너지가 있으나 물이 부족한 지역에서는 그늘이 많은 북사면 에 좀 더 식생이 울창하였다. 가이거(R. Geiger)는 1956년 10월에 이집트 시나이 반도 상공을 처음 비행할 때 산지의 북사면에만 얇은 식생피복이 푸르게 빛나는 것을 보고 매우 깊은 감동을 받았다고 기록하였다. 애런(R. H. Aron)은 여름에 미국 캘리포니아 주 상공을 비행하면서 유사한 경험을 하였다. 그는 동-서로 달리는 산맥에서 북사면에

표 40-2 미국 콜로라도 주 그린 레이크 계곡 상부에서 적설 위의 모델화된 순복사에 대한 개별 복사 항의 총계

항	평균 (MJ m^{-2} d^{-1})	표준편차 (MJ m^{-2} d^{-1})	범위 (MJ m^{-2} d^{-1})
S	15.28	2.15	8.37~17.79
D	7.83	0.65	4.94~8.67
$K{\uparrow}_t$	1.55	0.57	0.38~3.68
$L{\downarrow}$	19.55	1.54	13.23~22.23
$L{\uparrow}_t$	5.23	2.12	1.63~13.90

출처 : G. A. Olyphant[4021]

는 관목 참나무가 성장하여 녹색으로 나타나는 반면, 남사면은 황색과 갈색 초지를 포함하고 있는 것을 관찰하였다. 능선은 두 가지 식생의 유형과 색깔 사이의 구분선을 이루었다. 다른 사례에서 서와로 선인장(saguaro cactus, *Cereus giganteus*)[6]은 산맥 남단의 북사면, 남사면의 북단과 보호된 지역에서 성장하였다(G. Krulik[2919]). 발터(J. Walther)는 그의 저서에서 사막의 형성을 지배하는 법칙을 기술하였다(Berlin, 1900). "한대지역에는 산지의 관목만이 식생이 성장하는 데 필요한 충분한 복사를 받을 수 있기 때문에 대부분의 수평면에 식생이 없는 반면, 사막에서 산지 사면은 경사가 급할수록 그리고 태양복사로 인하여 더 많이 달구어질수록 좀 더 나지가 된다. 북사면(북반구에서)만이 풍부한 식생을 부양할 수 있고, 그늘이 많은 계곡과 피난처가 되는 요지가 식물 군락의 정착에 유리하다." 토드헌터(P. E. Todhunter)는 대학원생 때 미국 캘리포니아 주 팜스프링스(34°N) 부근의 극심한 사막 환경에서 실제로 성장하는 양치류(羊齒類)를 연구한 것을 기억하였다. 양치류는 정북방향에 면한 위에 걸친 암석이 있는 좁은 갈라진 틈 아래에서만 발견되었다. 이러한 위치는 양치류가 실제로 모든 직달태양복사와 대부분의 확산태양복사를 피할 수 있게 하였던 반면, 인접한 바위로부터 흐르는 추가적인 수분 투입을 받게 하였다. 폴루닌[4025]은 북사면 위의 좀 더 극쪽의 식생(북반구)이 이들 사면 위의, 늦게 녹거나 녹지 않는 눈으로 인하여 더욱더 많이 제한된다고 기록하였다. 그렇지만 그는 라플란드와 캐나다 래브라도에서 남사면이 완전히 마르기 때문에 북사면에 좀 더 무성한 식생이 있는 것을 관찰하였다. 남사면에는 주로 지의류(地衣類)와 내건성((耐乾性)이 있는 작은 관목이 성장하는 반면, 북사면에는 초본, 양치류와 이끼가 성장하였다. 피어스와 콜맨[4022와 4023]은 침식과 관련하여 미국 아이다호 주에서 북쪽에 면한 급경사면보다 남쪽에 면한 급경사면에서 적은 식생과 좀 더 많은 저하작용(低下作用, degradation)을 발견하였다. 2m 높이의 급경사면 위에서 저하율은 북쪽에 면한 급경사면 위에서보다 남쪽에 면한 급경사면 위에서 2배가 되었고, 10m 높이의 급경사면 위에서는 5배나 되었다.

제41장 ··· 미환경(최소 공간)에 미치는 상이한 일조량의 영향

이제 작은 공간에서 변화하는 복사량의 영향에 관해서 논의하도록 하겠다.

태양은 주간에 홀로 수직으로 서 있는 나무줄기의 둘레를 돈다. 줄기 표면의 1/2은 언

---

6) 선인장과(仙人掌科, Cactaceae)에 속하는 큰 선인장이다. 멕시코, 미국의 애리조나 · 캘리포니아가 원산지이다. 케레우스속(—屬, Cereus)을 몇 개의 속으로 재분류하여 이 종의 학명(*Carnegiea gigantea*)으로 쓰기도 한다.

제든지 태양에 노출되어 있다. 크렌[4107]은 구름이 없는 맑은 날에 나무줄기의 개별 측면들이 받는 태양복사량을 계산하기 위해서 해발 202m의 오스트리아 빈과 1,474m의 캐른텐에 있는 칸첼회혜의 정상에서 직달태양복사 강도를 측정하였다. 원형으로 생각한 1cm 직경의 줄기는 각각 1cm 높이의 나침반의 방위에 상응하게 16개 부분으로 세분하여 주간에 매시간 각 부분이 받는 직달태양복사량을 계산하였다. 그림 41-1은 칸첼회혜의 정상에 4월 1일에 도달한 값을 크렌[4017]이 선택한 표현방법으로 그린 것이다.

매시간 동안 각 부분이 받는 직달태양복사량은 벡터 길이로 제시되어 거기에 속하는 반경을 따라서 기입되었고, 해당 시간을 벡터의 끝에 표기하였다(축척은 그림 41-3을 참조). 같은 시간을 나타내는 지점들을 연결하여 선을 그렸으며, 그 사이의 공간은 분포를 좀 더 잘 나타내기 위해서 흑백으로 교대로 표기하여 동쪽에서 서쪽으로 이동하는 태양의 효과를 제시하였다. 밖의 곡선은 하루 동안 받는 총태양복사량을 나타낸 것이다. 맑은 날씨가 전제되었기 때문에 이 그림은 남-북을 연결하는 축을 기준으로 대칭이 된다.

나무껍질에서, 그 껍질 아래의 살아 있는 부름켜(형성층, cambium)[7]에서, 그리고

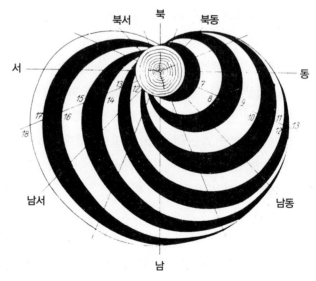

그림 41-1　서 있는 나무줄기에서 1시간 동안 받는 직달태양복사량(K. Krenn[4107])

---

7) 식물의 물관부(목재)와 체관부(인피) 사이에 있는 분열 세포층이다. 줄기와 뿌리의 2차 생장을 일으켜 굵기가 굵어진다(2차 생장은 1차 생장이 끝난 후에 일어남). 부름켜는 이론적으로 시원세포(始原細胞)라고 하는 하나의 세포층을 말하나 실제로는 주위의 미분화된 딸세포와 구별하기 어려워 몇 개의 세포층을 통틀어 '부름켜' 또는 '부름켜대'라고 한다.

나무줄기의 목재 부분들에서 온도변화는 나무줄기가 받는 태양복사량의 패턴에 상응하였다. 3개 층으로 이루어진 토양 속으로와 같이 나무껍질에 의해서 흡수되는 에너지가 내부로 침투하였다. 이들 층의 밀도, 열전도율과 열용량은 나무의 유형 및 수분함량에 종속되었다. 서 있는 나무줄기에서 빈번하게 온도가 측정되었다. 그림 41-2는 1951년 7월 20일에 덴마크 유틀란트 서부의 니스트룹 농장에서 수령이 50년 된 시트커(Sitka) 가문비나무에서 하루 온도변화의 단순화된 그림을 제시한 것이다. 이것은 하르뢰브와 페터센[4104]이 지면 위 1.3m 높이에서 써미스터로 측정한 것이다. 실선은 그 위에 표시된 방위에 대한 나무껍질 아래의 온도이고, 점선은 남서쪽에 있는 나무의 5cm 깊이의 온도이며, 파선은 기온이다.

최고온도는 남동쪽으로부터 남서쪽까지 태양을 따라갔다. 낮에 늦게 태양복사를 흡수하는 부분들은 좀 더 건조했고, 이미 어느 정도까지 따뜻해졌다. 그러므로 태양복사가 정오를 기준으로 대칭인 사실에도 불구하고 낮이 지속되는 동안 최고온도는 상승하였다. 남서쪽의 가장 높은 최고온도는 남동쪽의 최고온도보다 9°C 높았다(그림 41-2). 북쪽의 나무껍질 온도는 우선 — 확산복사의 흡수를 통해서 — 기온보다 약간 높았으나, 저녁에 기온과 대비하여 증가하는 차이는 전체 줄기가 어떻게 가열되는가를 보여주었다. 북쪽의 온도는 나무로 전도된 열의 결과로 상승하였다.

그 차이는 인접한 나무들의 가지들로부터 또는 구름량의 증가로 그늘이 질 때 감소하였다. 하르뢰브와 페터센[4104]이 측정한 나무껍질의 최고온도는 기온이 23°C였을 때 북쪽에서 26°C, 남동쪽에서 33°C, 남쪽에서 38°C, 남서쪽에서 42°C였다. 나무의 온도 측정에 관한 다른 중요한 자료는 프리몰[4111], 콜요[4106], 게라흐[4103], 아이헬레 [4100]에서 찾을 수 있다.

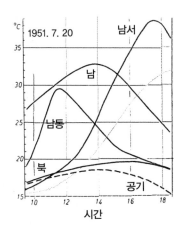

그림 41-2 시트커 가문비나무 껍질의 온도변화(N. Haarløv and B. B. Petersen[4104])

그림 41-3에서 그림 41-1로부터의 4월 1일에 오스트리아 칸첼회헤 위의 나무줄기의 1일 직달태양복사량은 제시되었으나(파선), 정오의 선을 기준으로 대칭이 되기 때문에 오른쪽 1/2만 제시하였다. 그림 41-3에는 1월 1일(점선), 4월 1일(파선)과 7월 1일(실선)의 복사 곡선을 포함하여 계절의 영향을 제시하였다. 다이어그램의 왼쪽에는 오스트리아 빈(202m)의 나무와 다이어그램의 오른쪽에는 칸첼회헤(1,474m)의 나무에 대한 유사한 곡선으로 해발고도의 영향을 제시하였다. 계절의 영향은 북쪽 부분에서 가장 작았다. 좀 더 높은 고도에 위치한 남쪽 부분에서 겨울의 낮은 태양고도는 수직으로 서 있는 나무줄기에 1년의 다른 어느 시기에서 보다 좀 더 많은 에너지를 제공하였다. 칸첼회헤에서 1월 1일에 이 에너지양은 빈의 2배 이상이었다. 빈에서조차 남쪽 부분(그러나 다른 쪽은 아님)은 7월보다 1월에 좀 더 많은 직달태양복사를 받았다.

따라서 겨울에 가장 큰 온도 차이는 결빙점보다 훨씬 이하일 수 있는 한랭한 공기와 맑은 겨울 날씨에 태양복사를 통해서 크게 가열되는 그 남쪽 부분에 있는 나무줄기의 표면 사이에서 나타났다. 겨울이 끝날 무렵 수액이 오르게 하기 위하여 상당한 양의 물을 포함하고 있는 나무껍질 아래의 부름켜 세포의 층은 급격하게 변하는 한낮의 열과 야간의 결빙을 견디지 못할 수 있다. 이것은 때로 사람들이 들을 수 있는 폭음을 내면서 세로로 갈라진다. 이렇게 형성된 나무껍질의 갈라진 금(독 : Rindenriß; 동결로 갈라진 틈, 독 : Frostriß, 영 : frost crack)은 처음에는 머리카락처럼 가늘 수 있으나, 나무껍질

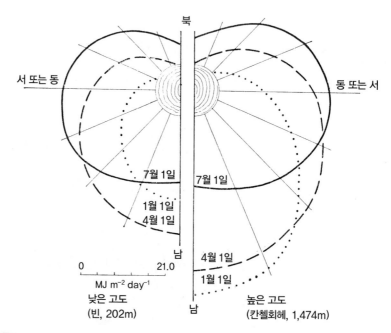

그림 41-3 구름이 없는 하늘에서 1년 중 3일에 평탄한 지면에 서 있는 나무(왼쪽)와 산지에 서 있는 나무(오른쪽)에 도달하는 직달태양복사(K. Krenn[4107])

에 큰 갈라진 틈을 형성하도록 차후에는 넓어진다. 그림 41-4는 제홀처[4114]가 찍은 사진으로 레드비치(red beech)에 나타난 피해를 제시한 것이다. 슐츠[4113]는 동결로 갈라진 틈이 넓어지는 것과 지속적인 동결작용 사이의 관계를 제시하였다. 그는 갈라진 틈의 폭은 하루 온도변화의 리듬에 따라 변하고, 이러한 변동이 포플러에서 가장 컸고, 참나무에서 가장 작았다는 것을 확인할 수 있었다. 벌채를 통해서 갑자기 노출된 나무들에서 특히 민감하다. 과수들 역시 이러한 종류의 피해를 입기 쉽다.

　이러한 위험은 줄기 표면에서 흡수되는 복사량을 감소시켜서 줄일 수 있다. 프리몰[4111]은 스위스 취리히 부근에서 1952/53년에 열전소자 관측에 의하여 짚으로 만든 덮개가 나무의 남서쪽 부분에서 온도의 일교차를 약 29% 감소시켰고, 백색 페인트(백회 바르기, 독 : Kalkanstrich)를 칠한 것이 일교차를 약 35% 감소시켰다는 것을 밝혔다. 아이헬레[4101]는 과수 위에 백색 페인트의 고리를 칠하여 백색 고리 아래의 부름켜 온도와 그 위와 아래의 백색 페인트를 칠하지 않은 나무껍질 아래의 온도를 비교하였다. 나무의 북쪽 부분과 남쪽 부분 사이의 온도차는 1월에 8°C(백색 페인트를 칠하지

그림 41-4　낮은 기온에서 정오의 강한 태양복사의 결과로 레드비치의 나무껍질에 나타난 갈라진 금과 벗겨진 껍질(M. Seeholzer[4114])

않았음)로부터 4℃(백색 페인트를 칠했음)까지 감소되었고, 2월에는 20℃에서 14℃까지 감소하였다. 단열하는 나무 덮개(insulating tree wrap)도 이 문제를 완화시키기 위해서 이용되었다(R. L. Synder and J. P. Melo-Abreau[5479]). 나무껍질은 온도를 조절하는 데 도움이 될 수 있다. 니콜라이[3917]는 흰 껍질을 가진 수종들은 태양복사의 반사를 통해서 그들 표면의 과열을 피한다고 주장하였다. 갈라 터지고 인편(鱗片)이 있는 나무껍질을 가진 나무는 나무껍질의 내부를 그늘지게 하고, 대류와 복사를 통해서 외부 표면으로부터 열을 손실한다. 나무껍질은 또한 과열을 피하도록 나무를 단열한다(코르크). 얇고 매끄러운 나무껍질을 가진 나무들은 과열을 피하기 위해서 빈번히 폐쇄된 입목들을 형성한다(Nicolai[3917]).

나무줄기의 단면은 (원형이 아니라) 보통 타원형이다. 평탄한 지면 위의 입목들에서 최대직경은 뮬러[4110]가 제시한 바와 같이 보통 탁월풍의 방향에 있고, 최소직경은 이 방향에 직각이다. 사면 위에 서 있는 나무줄기의 단면들은 더 이상 풍향에 의해서 결정되지 않고, 받는 빛에 의해서 결정되는데, 이것은 상승하는 사면(upslope) 방향에서 가장 작고, 그 반대 방향에서 가장 크다. 이것은 최대직경이 가장 경사가 급한 사면의 선을 따라 나타나게 한다. 예를 들어 그림 41-5는 독일 팔츠 삼림의 2개 실험 지역의 331개 참나무를 측정하여 얻은 결과를 제시한 것이다. 왼쪽의 스케치는 그 안에 등고선이 그려진 지역이다. 오른쪽에는 최대직경(실선)과 최소직경(파선)의 빈도 분포가 나침반 장미(compass rose)에 배열되었다.

지금까지 나무줄기만 논의되었다. 이제는 나무 전체를 고려하도록 하겠다. 아이젠후트[4102]는 독일의 예젠방에서 균등하게 형성된 수관을 가진 수령이 90년 된 고립된 라임 나무(*Tilia euchlora*)에서 5,276개의 수관 위에 분포된 하나하나의 꽃들을 조사하였다. 그의 목표는 특정한 시점에 수관 부분과 방위에 따라 이미 몇 %의 만개한 꽃(또는 시든 꽃)들이 있는가를 확인하는 것이었다. 아이젠후트[4102]는 다음과 같은 백분율을 발견하였다.

방위	남	서	동	북
수관 상부	38.7	-	-	-
수관 중앙	30.2	22.1	16.9	2.9
수관 하부	14.3	19.5	21.9	5.7

그에 따라서 꽃이 피는 것은 방위에 종속되는 것으로 나타났다. 종일 햇빛을 받는 수관의 끝에서 먼저 꽃이 피었다. 수관 중앙 부분에서 방위는 그림 41-2의 최고기온의 방

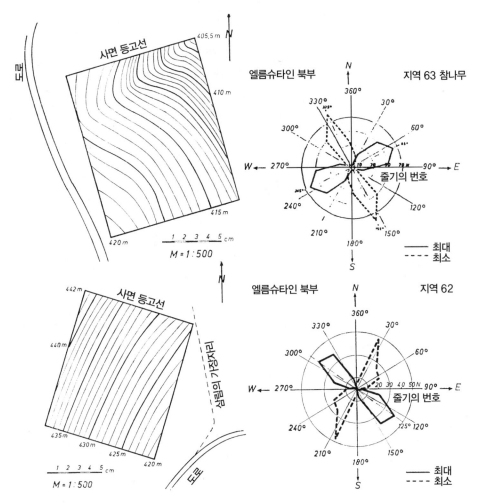

그림 41-5 독일 팔츠 삼림에서 많은 빛을 필요로 하는 참나무 줄기의 최대직경은 사면의 경사 방향에 있다(G. Müller[4110]).

위에 상응하는 순서를 따랐다. 수관의 하부에서 그 차이는 좀 더 균형을 이루었다. 낮은 태양고도에서 태양은 아침에는 남쪽보다 동쪽에 특혜를 주고, 저녁에는 서쪽에 특혜를 주었다. 그리고 북쪽에서 일찍 꽃이 피는 것은 주간에 가열된 지면에 좀 더 가까웠기 때문이다. 꽃의 수도 방위에 종속되어 나타났다. 신선하게 달린 매 100g의 꽃잎에서 수관의 끝에 296개의 꽃들이 있었고, 수관 중앙에서 남쪽에 327개, 북쪽에 130개가 있었다. 그리고 수관의 하부에는 남쪽에 251개, 북쪽에 115개가 있었다.

스카모니[4112]는 독일 에버스발데 부근의 수령이 15년 된 고립된 소나무에서 지면 위 1.1m 높이에 위치한 가지의 새싹들(독 : Astquirlen)에서 181개의 수꽃이 매일 꽃피는 순서를 연구하였다. 그림 41-6에 꽃들이 개화하는 순서가 그래프로 제시되었다.

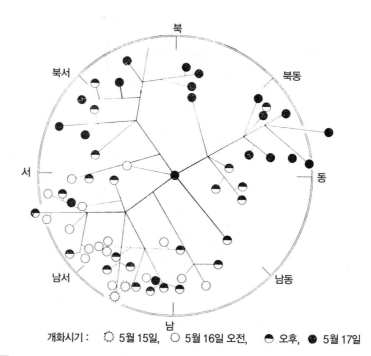

개화시기 :　◌ 5월 15일,　○ 5월 16일 오전,　◑ 오후,　● 5월 17일

그림 41-6 독일 에버스발데 부근에 홀로 서 있는 소나무의 개화시기(A. Scamoni[4112])

그늘의 차이(교호하는 그늘), 꽃들의 밀도, 수액 공급 등과 같은 많은 다른 영향들이 작용하지만 방위의 영향은 분명하다. 독일 슈투트가르트-호헨하임의 발터(H. Walter) 교수는 가이거(R. Geiger) 교수에게 이 그림에 관해서 다음과 같이 편지를 썼다. "나는 당신에게 미국 애리조나 주의 좋은 사례를 드릴 수 있습니다. 거대한 서와로 선인장은 항시 남서쪽에서 먼저 꽃이 핍니다. 북동쪽에서는 아무런 싹도 발육하지 않았습니다. 수액 농도 역시 남서쪽의 세포들에서 가장 높았고, 북동쪽에서 가장 낮았습니다. 용설옥속(*Echinocactus wislizeni*)의 성장은 좀 더 건조한 남서쪽에 제한되어 점차로 남서쪽으로 휘어 마침내 쓰러지게 되었습니다." 위치도 과일 성숙에 영향을 줄 수 있다. 예를 들어 베레인 등[4116]은 감귤이 나무의 남쪽보다 북쪽에서 훨씬 더 푸르렀음을 밝혔다.

농업에서 평탄한 경지는 작물을 심기 전에 여러 차례 서로 다른 방위의 밭이랑에서 변화된다. 이것으로 수평면에서 받는 총복사량은 같을 수 있지만, 그럼에도 불구하고 이 총복사량이 작은 밭이랑 위에서 다르게 분포한다. 그리고 많은 장점이 생길 수 있다. 성장하는 어린 식물이 미기후를 바꾸기 전에 베거[4117]는 독일 라인 강 부근 가이젠하임에서, 레스만[4109]은 독일 브라이스가우 부근의 프라이부르크에서 여러 실험 면적에서 각각 5cm와 10cm의 깊이에서 온도를 조사하였다. 그림 41-7은 구름이 없는 날(1948년 8월 31일)에 3회에 걸쳐 45°의 사면 경사에서, 26~30cm의 줄 간격에서 13~

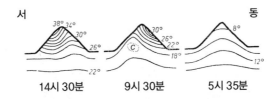

그림 41-7 8월의 양지바른 날에 북-남으로 달리는 식물을 심지 않은 밭이랑의 온도(H. Lessmann[4109])

15cm 이랑 높이의 북-남으로 달리는 열들에 대해서 2℃ 간격의 등온선의 형태로 레스만[4109]의 결과를 제시한 것이다.

일출 후 20분(오른쪽 그림)에 밭이랑의 정상부는 가장 추운 부분으로 평탄한 지면보다 좀 더 차가웠다. 밭이랑의 정상부는 부분적으로 고요한 조건으로 야간의 가장 낮은 온도가 지면 위 5~10cm에서 나타나기 때문에(12장), 부분적으로 지면으로부터 올라오는 열로부터 멀기 때문에, 그리고 부분적으로는 밭이랑의 정상부가 가장 높은 하늘조망인자를 가져서 순장파 교환에 의해서 에너지 손실이 증가하기 때문에 좀 더 추울 수 있었다. 9시 30분에 밭이랑은 양지바른 동사면의 표면에서 30℃까지 가열된 반면(가운데 그림), 서사면은 야간부터 여전히 차가웠다. 이른 오후에 서사면은 39℃ 이상으로 가열되었다(왼쪽 다이어그램). 주간에 북-남 열의 식물들은 이러한 방법으로 실제로 좀 더 많은 열을 받았다. 두 가지 조사는 이러한 점에서 일치하였다. 동-서로 달리는 열에 대해서 베거[4117]는 작기는 하지만 평탄한 지면에서의 획득을 확인할 수 있었으나, 레스만[4109]은 이러한 내용을 관측하지 않았다.

베거[4117]는 5cm의 깊이에서 그의 온도 측정을 열의 밭이랑과 밭고랑 위로, 그리고 동에서 서로 달리는 아래의 100cm 폭과 위의 50cm 폭의 평탄한 댐으로, 그리고 18cm 높이와 표면에서 50cm 직경을 갖는 원형의 작은 언덕으로 확대시켰다. 그는 특히 강한 계절의 영향을 확인할 수 있었다. 맑은 날씨의 4개 기간에 각 지형의 일평균 열 획득이 평탄한 지면과 비교되었다. 모든 올라간 지형들은 평탄한 지면의 온도와 같거나 높은 온도를 가졌다. 2시간 간격으로 계산된 온도-시간의 차가 표 41-1에 제시되어 있다.

원추형 언덕이 가장 많은 열을 획득했다. 댐에서의 획득이 가을까지 증가한다는 것은 주목할 만하다. 표 41-1에서 계곡에서의 온도 부족은 무시되었는데, 그 이유는 그곳에서는 아무것도 자라지 않았기 때문이다. 밭이랑 위의 어린 식물들은 일찍 싹이 텄고, 좀 더 빠르게 성장하여 증명된 추가 열 획득에 반응하였다. 식물이 성장할 때 처음의 토양 형태 위로 벗어 나올 수 있었다.

스피틀하우스 등[4419]은 미기후를 향상시키기 위해서 작은 언덕 위에 작물을 심는 일부 장점을 다음과 같이 기술하였다. "캐나다 브리티시컬럼비아 주 내륙의 아북부 가

표 41-1 평탄한 지면의 일평균 열 획득량을 초과하는 여러 지형 형태에서의 일평균 열 획득량(°C-시간)

기간 (맑은 날씨의 일수)	원추형 언덕	댐 동-서	열			
			측면		밭고랑	
			북-남	동-서	북-남	동-서
7월 21일~8월 1일(9)	50	30	16	14	0	0
8월 29일~9월 10일(6)	39	32	14	10	1	2
9월 19일~25일(4)	34	34	12	7	6	10
10월 3일~10일(6)	26	30	6	5	4	2

문비나무 및 피케아 엥겔만니(Engelmann Spruce, *Picea engelmanni*)-아고산 젓나무 지대에서 상대적으로 많은 수확이 있는 지점에 있는 피케아 글라우카(white spruce, *P. glauca*)와 자주 심각한 재생 문제가 있다." 그들은 이들 문제를 개선하려는 시도에서 약 0.3m 높이의 작은 언덕에 가문비나무 묘목을 심었다. 이로 인하여 빛이 증가했고, 온도 가 상승했으며, 0.1m에서 생장도일(growing degree days)이 2배가 되었고, 봄에 일찍 온난해졌으며, 토양이 건조해지는 것을 포함하는 좀 더 양호한 생육 조건이 나타났다. 5 년 후에 언덕 위의 가문비나무는 작은 언덕 위에 심지 않은 가문비나무보다 좀 더 높은 생존율을 가졌으며, 평균 70% 이상 키가 더 컸고, 곧은 줄기와 좀 더 넓은 뿌리 체계를 가졌다. 스타더스와 스피틀하우스[4415]는 작은 언덕을 만드는 것이 좀 더 큰 일 온도 교차가 나타나게 한다는 것을 밝혔다. 스피틀하우스와 스타더스[3426]는 그림 41-8에 서 (그늘을 없애기 위한) 주위 식생의 제거와 (그늘을 없애고, 양의 작은 언덕효과를 제 공하는) 원형의 작은 언덕을 만드는 것이 도 가열일(degree heating days)의 누적에 미

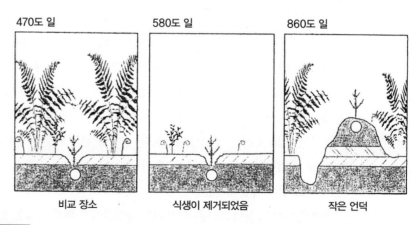

그림 41-8 위치 준비가 (원으로 표시한) 10cm 깊이에서 생장도일의 누적에 미치는 영향(D. L. Spittlehouse and R. J. Stathers[3426])

치는 영향을 제시하였다.

식물들이 성장할 때 복사 조건은 매우 달라진다. 캠퍼트[4105]는 식물들의 열이 달리는 방향의 영향과 열들 사이의 간격에 대한 식물 높이의 비율(E)의 영향을 연구하였다. 그림 41-9는 식물을 수직 벽으로 가정하여 일조시간의 계절변화를 제시한 것이다. 하루의 시간은 y축에서 아래로부터 위로 읽을 수 있다. 어디서나 같은 일출 및 일몰 곡선은 가조시간(possible sunshine duration)의 범위를 정한 것이다. 첫 번째 그림은 북-남으로 달리는 열들에서 지배하는 조건들을 제시한 것이다. 두 번째 그림은 22.5°의 각으로 돌아선 열에 대한 것이다. 다른 그림들은 동-서 열에 도달할 때까지에 대한 것들이다. 그림들은 시간 눈금을 역으로 하여 위에서부터 아래로 읽을 수 있다.

경계의 경우 $E = \infty$ (이점쇄선)는 식물의 열들이 서로 접촉해 있는 것을 의미한다(간격 = 0). 이 경우에 북-남으로 달리는 열로 태양은 정오에 잠시 동안만 열들 사이의 열려진 곳을 통해서 지면에 도달할 수 있었다. 이러한 순간은 계절과 무관하였다. 그러나 북동-남서로 달리는 열에서 이러한 순간은 여름에 이르게 나타나고, 겨울에는 늦게 나타날 것이다. 열들이 동북동-서남서로 달리면 태양은 실제로 겨울에 열려진 곳을 더 이상 침투하지 못하고, 봄과 가을의 늦은 오후에만 서남서로부터 침투한다. 한여름에 태양이 먼 북동쪽에서 뜨면, 이른 아침에 심지어 두 번 침투할 수 있다. $E = 2$이면, 즉 열에 있는 식물들이 그들의 수직 거리보다 2배나 키가 크면, 태양은 그림 41-9의 흰 부분에 상응하는 시간에만 열들을 비출 것이다. $E = 1$이면, 점 찍은 부분으로 덮인 시간에도 해가 비출 것이다.

가뭄의 위협을 받는 묘목장에서 어린 젓나무를 요지에 심었다. 잡초가 덮인 표층토를 갈아엎고 이 표층토를 나무를 심은 구덩이 주변에 쌓아 놓았다(그림 41-10). 구멍의 동측에 이 표층토를 덮은 B로 표시한 식물들만이 잘 견뎠는데, 그 이유는 이들이 작은 서사면에 위치하여 낮의 열이 작용하기 전인 아침 수시간 동안 야간의 이슬과 수분을 이용할 수 있었기 때문이다. 그러나 동 사면에 A로 표기한 식물들은 아침의 태양으로 인하여 빠르게 바싹 말랐고, 오후의 그늘은 수분 손실을 대체하지 못했다.

사면각과 사면 방위의 영향으로 인하여 태양복사량의 공간적인 변화의 크기는 보통 중위도에서 가장 크다. 남사면에서 받는 태양복사량(북반구)은 이보다 훨씬 낮은 위도의 평탄한 지형에서 받는 복사량과 같을 수 있다. 표면 태양복시 투입은 수분이용기능성, 기온 및 토양온도, 습도, 빛의 강도와 상관관계가 있을 것이다. 이들 변화는 식생 패턴에 영향을 주는 토양 생성 및 특성에 영향을 준다. 북사면에서 감소된 태양복사 투입은 마찬가지로 표면 수분함량에 영향을 줄 수 있는 표면 증발산을 감소시킬 것이다.

표면 토양수분 체제(regime)는 사면각과 사면 방위에 의해서 결정되는 태양복사 투

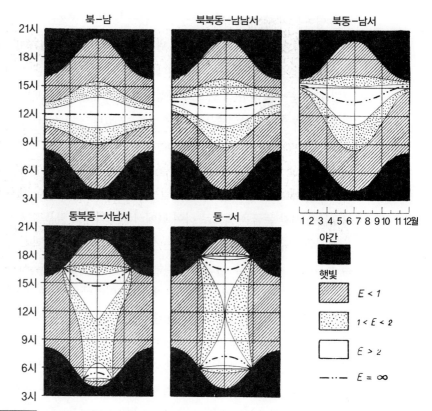

그림 41-9 여러 열의 방향과 식물들 사이의 여러 간격에 대한 식물 열에서의 일조시간(W. Kaempfert[4105])

그림 41-10 새로 나무를 심은 곳에서 미기후는 잡초가 덮인 표층토가 놓인 장소에 의해서 결정된다.

입량에 의한 영향을 받을 뿐만 아니라, 또한 사면을 따르는 위치와 사면의 형태에 대해
서도 영향을 받는다. 마지막 두 변수는 강수량, 표면수의 수집, 표면 유출의 이동, 표면
배수 패턴에 영향을 준다. 토양수분은 사면을 따라서 토양 발달, 토양의 깊이, 침식률,
영양 수준에 영향을 준다. 이들 인자는 식물 종의 구성, 다양성 및 우점도(優點度)에 심
각한 영향을 주는 미기후 환경의 다양성을 만드는 것을 조합한다. 이와 같이 다양한 환
경 내에서 개별 식물들과 식물군락에 미치는 기후인자들의 영향을 비기후 영향으로부
터 분리하는 것은 어렵다.

　리퍼스와 라킨-리퍼스[4108]는 사면각, 사면의 방위, 사면의 위치, 사면의 형태가 캐나
다 앨버타 주 레드브리지 부근의 아건조 목초지 군락에서 (간헐) 하류(coulee)를 따라서

식물과 토양의 화학성질 분포에 어떻게 영향을 주는가를 제시하였다.

제42장 · · · 야간에 소규모 지형의 영향(찬공기 흐름, 서리구멍)

지형의 영향이 최소이며, $L*$과 지역의 공기 흐름이 우세한 능선 정상부(ridge tops)로 부터, 그리고 하늘이 점진적으로 차폐되는 하부 계곡 위치(down-valley location)로부 터의 전이가 있어서 지형의 영향이 좀 더 중요해진다. 이것은 이중의 전이(two-fold transition)가 되는데, 하나는 감소하는 지역적 공기 흐름의 영향이고, 다른 하나는 증 가하는 지형의 영향이다. 낮은 고도에서 표면 기온과 상층 기온 사이의 음의 감율은 안 정한 대기 조건, 고요한 바람, 맑은 하늘 조건과 관련이 있다. 양의 감율은 불안정한 대 기 조건, 온흐림 하늘, 강한 바람과 관련이 있다. 이들 후자의 조건이 나타날 때, 감율은 건조단열감율에 가까울 것이고, 지형이 표면 기온에 미치는 영향은 0에 가까울 것이다.

표면의 최저기온은 또한 찬공기 배기(cold air drainage)와 표면 공기의 정체에 의해 서 영향을 받는다. 가이거와 프리체[2008]는 독일 에버스발데 부근의 서리 피해를 입은 소나무 입목에서 상이한 서리 피해 정도의 원인을 밝히기 위해서 1939년 봄과 여름 동 안 지면 위 10cm 높이에서 야간 최저기온을 측정하였다. 지형이 평탄하게 보이고, 측량 을 할 때에만 약한 경사가 인식되지만, 늦서리가 내린 개별적인 야간뿐만 아니라 모든 관측의 평균으로도 고도의 영향이 뚜렷했다. 표 42-1은 100m 내에 서로 가까이 위치한 5개 지점에서 관측된 최저기온이다. 수십 센티미터의 고도차로 인하여 실제적인 기온차 가 나타났다. 가장 낮은 곳에 위치한 측정 지점에서 야간에 가장 낮은 기온이 관측되었 고, 생육기간 중 17일간 야간에 기온이 어는점 이하로 하강하였다. 가장 높은 곳에 위치 한 측정 지점에서 가장 따듯했고, 12일간의 밤에만 서리가 내렸다.

무풍 조건에서 지면 또는 식물의 상부 표면과 접촉하여 냉각된 공기는 비중이 증가하

표 42-1 독일 에버스발데 부근의 거의 평탄한 지면 위의 야간 최저기온(°C)

1939년 서리가 내린 야간	높이(m)				
	36.1	36.2	36.3	36.6	37.7
5월 23일 ~ 24일	−7.6	−6.9	−5.4	−5.1	−3.7
6월 2일 ~ 3일	−9.4	−7.9	−8.2	−6.7	−5.0
7월 2일 ~ 3일	−2.1	−1.3	−1.1	0.0	0.1
7월 11일 ~ 12일	−2.5	−1.4	0.0	1.6	1.9
가장 추운 30일간의 야간 평균	−0.6	−0.4	0.1	0.7	1.7

여 지형이 좀 더 낮은 장소로 흘러 내려가기 시작한다. 그러므로 물과 유사하게 습관적으로 '야간의 찬공기 흐름(독 : nächtlicher Kaltluftfluß, 영 : nocturnal cold air current)'이라고 부르는데, 이것은 낮은 곳을 향한 밀도류(density current)로 흐른다. 유출되는 공기는 위로부터 상응하는 보상 기류로 대체되어야만 한다. 사면 아래로의 흐름은 종종 매우 얇아서, 찬공기를 정체 및 집적시킬 수 있는 돌로 만든 울타리, 다리, 산울타리의 열(hedge rows)과 같은 작은 장애물의 존재에 의해서 방해를 받을 수 있다. 지형의 사면(the slope of the terrain)이 증가할 때 밀도류는 좀 더 강해지고, 이러한 장벽에 의한 찬공기풀의 형성(cold air pooling)은 덜 일어난다.

라이허[4322]는 주어진 밀도차로부터 공기의 유속을 계산하여 대부분 1m sec⁻¹ 이하인 값을 구하였다. 따라서 소규모 찬공기 흐름은 보통 약하여 관측자가 거의 발견할 수 없었고, 장애물 또는 보통 강도의 바람으로 쉽게 전복되었다. 소규모 찬공기 흐름은 폐쇄된 순환의 부분으로서 이동하였고, 야간의 냉각이 잠시 진행된 이후에만 발달할 수 있었다. 그러나 이러한 공기운동이 음의 순복사 체제가 외부 유효표면에서 유지되는 한 야간 내내 계속되었기 때문에 실제로 매우 중요하다.

그림 42-1은 독일 뮌헨 부근의 규모가 큰 안칭-에버스베르크 삼림에서 마찬가지로

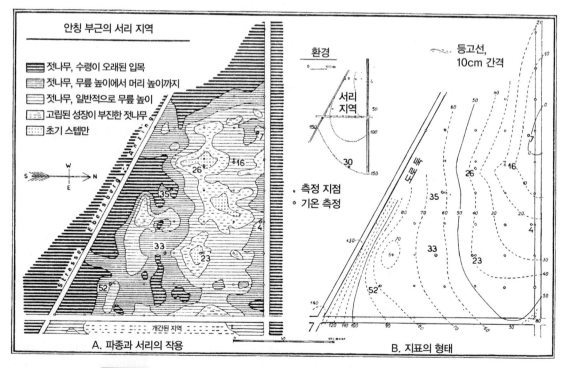

그림 42-1 독일 뮌헨 부근 안칭 삼림의 늦서리가 내린 지역에서의 식물 성장, 지형과 관측지점의 위치(R. Geiger[4201])

서리 피해를 입은 젓나무 조림지를 제시한 것이다. 그림의 왼쪽 부분은 식생의 서로 다른 수령 등급의 분포를 제시한 것이고, 오른쪽 반은 10cm 간격의 등고선으로 그린 지형이다. 눈에는 평탄한 표면인 것으로 나타난다. 표 42-2에는 이 그림에 기록된 9개 측정지점으로부터 가이거[4201]가 1925년 봄에 지면 위 5cm에서 측정한 야간 최저기온이 포함되어 있다.

우선 가장 현저하게 눈에 띄는 것은 5월 야간의 3/4과 6월 야간의 1/2이나 되는 서리가 내리는 야간의 극히 높은 빈도이다. 그러므로 이는 우리에게 스칸디나비아와 핀란드로부터만 알려진 국지기후가 나타나는 것이다. 표 42-2에 포함된 독일 뮌헨 기상대의 2개 기후관측소의 자료는 그 지역의 식생에 대한 서리 위험에 관해서 잘못된 인식을 하게 하고 있다. 사람들은 이 자료를 주변 지역의 식물 성장에 대한 척도로서 간주하기를 원했었다. 그리고 이 자료는 심지어 작은 지형 변화를 포함하는 지역들의 기후 자료의 외삽과 관련된 문제를 제시하고 있다. 측정된 수치는 이와 같이 특히 서리가 많이 내리는 지역에서 왜 지난 30년 동안 어린 젓나무가 성장할 수 없었는지를 설명해 준다.

표 42-2 독일 뮌헨과 안칭 삼림의 야간 최저기온(°C)

관측소	측정고도	5월 평균기온	5월 3일~4일의 가장 추운 야간	서리가 내린 야간의 일수	6월 평균기온	6월 7일~8일의 가장 추운 야간	서리가 내린 야간의 일수
		A. 대기후 비교					
뮌헨 시	8.4m	8.8	2.1	0	10.6	8.2	0
뮌헨 교외 관측소	1.4m	6.5	−1.8	1	9.0	4.2	0
		B. 뮌헨 부근의 안칭 삼림					
Anzinger Sauschütte	5cm	1.6	−8.4	12	4.5	−3.9	4
삼림 표면 위 :							
Nr. 30지점		0.1	−10.7	17	1.2	−5.2	9
Nr. 52지점		−0.3	−11.0	17	0.4	−7.9	12
Nr. 35지점		−0.3	−10.8	19	1.4	−7.1	8
Nr. 33지점		−0.6	−12.4	20	0.4	−7.0	12
Nr. 4지점	5cm	−0.7	−11.9	20	−0.1	−8.0	14
Nr. 16지점		−0.8	−12.8	20	0.3	−7.2	13
Nr. 7지점		−1.1	−13.5	22	0.1	−7.1	13
Nr. 23지점		−1.5	−13.5	22	−0.2	−7.1	15
Nr. 26지점		−2.0	−14.4	23	−0.7	−8.8	15

좀 더 상세한 분석 결과는 이 지역에서 결코 비고(比高)만이 기온을 결정하지 않는다는 것을 보여 준다. 야간의 찬공기 흐름은 북쪽의 수령이 오래된 나무들의 경계쪽으로 일어났으나, 이 지역에서 키 큰 나무들의 보호효과(37장)가 서리의 강도를 완화시켰다. 이 지역에서 또한 찬공기는 조밀한 입목 사이로 침투하기 어렵다. 조밀한 입목은 찬공기 댐(독 : Kaltluftstau, 영 : cold air dam)이 발달하게 하였다.

농업, 즉 독일 남서부 과수 재배지역의 한 가지 사례가 빈터[4212]의 그림 42-2에 제시되어 있다. 카이저스툴의 예흐팅엔 부근 복숭아 과수원에서 1957년 5월에 얼은 과일의 비율을 추정 및 임의 추출하여 세어서 개별 줄기들에 검은 음영으로 표시하였다. 고도차는 3m에 불과하나, 동결 피해가 일어난 경계는 과수원의 중앙을 관통하였다.

요지(凹地)는 배출구가 없는 둘러싸인 분지이다. 이곳의 지형 중 가장 낮은 장소에 찬공기 흐름을 통해서 찬공기호수(독 : Kältesee, 영 : lake of cold air)가 형성된다. 찬공기호수는 기온이 0°C 이하이면 '서리 요지(frost hollow)'라고 부르고, 기온이 0°C 이상이면 '찬공기 요지(cold hollow)'라고 부른다. 이 현상은 서리주머니(frost pocket), 찬섬(cold island), 서리구멍(frost hole), 찬공기풀(cold air pool), 서리요지(frost hollow) 등을 포함하는 다양한 이름을 갖는다. 옛날부터 다음과 같은 규칙이 적용되었다. 요면(凹面)의 지형은 야간에 차갑고, 철면(凸面)의 지형은 따뜻하다. 이러한 배출풍(drainage wind)의 강도는 찬공기의 상대 밀도, 야간 역전의 고도, 국지 지형의 사면, 표면 마찰저항(frictional resistance)의 크기, 지역 기압경도로부터 일어나는 상층 공기 흐름의 방향과 강도에 종속될 것이다.

많은 수의 상세한 연구에서 울퉁불퉁한 지형에서 야간의 기온 분포가 연구되었다. 냉각 현상의 다양한 측면을 분석한 것에서 방금 기술한 (1) 찬공기 흐름이 낮은 요지에서 미기후에 영향을 주는 5개 인자 중의 하나에 불과하다는 것이 나타난다. 다른 네 가지 인자들은 다음과 같다. (2) 요지에서 존재하는 수평 차폐를 통한 역복사의 증가와 이를 통해서 서리 피해를 줄이는 장파복사수지의 변화. (3) 요지 형태를 통해서 제한되는 난류 교환의 감소, 이것이 야간에 기온이 낮게 머물러 있게 한다. (4) 깊고 좁은 요지에서 사면의 토양으로부터의 열공급. 끝으로 (5) 늦은 일출과 이른 일몰을 통한 낮의 길이의 단축이다.

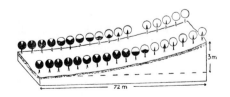

그림 42-2 1957년 5월 사면에서 언 어린 복숭아(검은색)의 비율(F. Winter[4212])

이들 5개 인자의 상호작용은 지면에서 요지의 크기와 형태에 따라 변할 수 있다. 볼츠[3805]는 작은 요지를 그림 42-3의 스케치에 제시된 3개 유형으로 구분하였다. 평탄한 요지(I)는 주로 찬공기 흐름을 통해서 낮은 야간기온을 갖는다. 이것은 찬공기 포켓(cold air pocket)에 불과하다. 이보다 깊은 요지(II)에서의 낮은 기온은 주로 난류의 감소에 기인한다. 그러나 좁은 요지(III)는 난류가 없는데도 불구하고 토양(측면 벽들)으로부터의 열 공급을 통해서 그리고 차가운 하늘의 강한 수평 차폐를 통해서 비교적 따듯하다. 볼츠[3805]가 기입한 최저기온은 세 가지 요지 유형의 기온 특성을 실례로 제시하고 있다.

야외에서 행한 일부 실험은 5개 인자의 조합된 영향을 잘 보여 준다. 브룩스[4200]는 독일 에버스발데에서 바닥의 폭은 같으나 사면각이 다른 20cm 깊이의 6개의 도랑을 팠다. 그는 바닥 위 10cm 높이에서 야간 최저기온들을 관측하여 이들을 평탄한 지면 위의 기온들과 비교하였다. 그의 결과는 아래와 같다.

사면각	0°	15°	30°	45°	60°	75°	90°
1937년 5월 24일(°C)	6.3	6.6	7.0	7.3	7.5	7.5	8.1
138일 야간의 평균(°C)	6.23	6.23	6.27	6.34	6.44	6.59	6.67
적설로 덮임(°C)	−2.5	--	−4.4	−3.5	−2.7	−2.4	−2.4

얇은 신적설 덮개가 토양으로부터의 열 공급을 차단할 때, 찬공기 흐름은 평탄한 지면 위보다 평평한 도랑에서 기온이 좀 더 낮아지게 하였다(표의 마지막 줄). 그렇지 않으면, 도랑은 차폐된 장파복사 손실과 개방된 측면 벽들로부터의 열전도를 통해서 평탄한 지면 위의 공기보다 좀 더 따듯하였다.

기복이 있는 지형에서 서리 위험의 가능성을 평가하기 위해서 지형과 지표 피복을 야외에서 상세하게 추정한 것에 추가로 최근에는 저공비행하는 비행기로부터의 열 스캐닝(thermal scanning) 자료와 위성으로부터의 열 센서(thermal sensor) 자료가 이용되고 있다. 이러한 방법으로 제공되는 지역 적용범위는 미기후학자들이 광범위한 지형적 제어와 국지적 표면 특징이 야간의 최저기온에 미치는 영향을 구별할 수 있게 하였다. 이러한 연구 사례들은 마트와 힐드[4205], 칼마 등[4203, 4204]에서 찾을 수 있다.

지금까지 다룬 소규모 요지로부터 이제 좀 더 큰 규모의 특징으로 넘어가겠다. 슈미

그림 42-3 세 가지 유형의 작은 요지(H. M. Bolz[3805])

트[4210]는 오스트리아의 룬츠 부근 해발 1,270m 고도에 위치한 돌리네 그스테트너알름을 연구하였다. 이 돌리네는 석회암 산지에서 함몰(독 : Einsturz)[8]로 형성된 깔때기 형태의 요지이다. 장기간 훌륭하게 관측한 사람인 젭 아이그너(Sepp Aigner)[9]는 이미 10세의 소년으로 이 돌리네를 알았으며, 이에 관하여 구체적으로 기술하였다. "나는 소치기와 함께 방목하는 소들에게 갈 수 있었다. 우리는 그때 또한 그스테트너(Gstettner) 지면으로 내려갔다. 그때 나와 같이 간 소치기는 당시에 그곳의 아래에 있던 산악목초지(독 : Alm)의 오두막집 앞에 개 한 마리가 얼어 죽었고, 구름이 없는 날씨에 소들은 항시 저녁에 곡저(谷底)로부터 사면 위로 올라가 오전에야 비로소 다시 돌아오고, 돌리네의 바닥에는 아침에 모든 것이 서리에 의해서 하얗게 되고, 웅덩이는 야간에 자주 얼었다는 등의 이야기를 하였다. 양치기들과 사냥꾼들은 돌리네 그스테트너알름이 차가운 구멍이라는 것을 이미 옛날부터 알고 있었다. 그들은 또한 지면에 왜송이 자라고 젓나무가 훨씬 위에서 나타나기 시작하는 것을 보았다."

그림 42-4는 약간 과장하여 그린 돌리네의 단면이다. 이 그림에는 1930년 1월 21일 일출 전에 사면의 측정 지점들에서 측정된 기온이 기입되었다. 상부 사면에서는 −1∼−2°C까지의 기온만이 측정되었다. 그러나 찬공기가 안부(鞍部)를 지나 레흐너 계곡으로 유출될 수 있는 서남서 사면의 가장자리 아래에서는 기온이 깊은 찬공기 분지에서 매우 크게 하강하였고, 곡저에서는 특정한 날에 −28.8°C에 도달했다. 이 돌리네는 중유럽에서 가장 낮은 최저기온을 기록하였다. 이러한 고립되고 메마른 지역에서 1928년

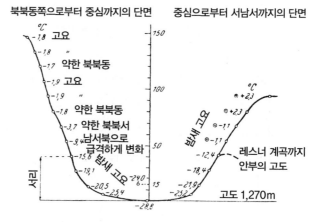

그림 42-4 1930년 1월 21일 돌리네 그스테트너알름의 야간 기온(W. Schmidt[4210])

---

8) 영어본(1975, 2003)에는 "faulting(단층)"으로 번역되어 있으나, *Einsturz*는 독일어로 '함몰'을 의미하여 '함몰'로 번역하였다.

9) *Ruttner, F., Sepp Aigner.* Wetter u. Leben 10, 96-97, 1958.

부터 1942년까지 73회 읽은 최저온도계는 27번 −40℃ 이하의 기온과 8번 −50℃ 이 하의 기온을 기록하였고, 절대극값은 −52.6℃였다! 한여름에도 야간에 서리가 관측되 었다. 다른 곳에서는 산지에서 고도가 높아질수록 식생이 빈약해지는 반면, 돌리네에서 는 이와 반대가 된다. 돌리네의 상부 가장자리에 키가 큰 삼림이 있고, 그 아래로 로도덴 드론 히르수툼(alpine rose, *Rhododendron hirsutum*)과 혼합된 위엄 있는 젓나무가 아 래로 이어지며, 그다음에 키 작은 젓나무와 성탄꽃(Christmas rose, *Helleborus niger*) 이 나타났다. 그다음에 왜송이 이어지고, 돌리네 기저부의 눈 아래에서 겨울을 극복하 는 일부 내한성이 있는 목초와 초본류로 이루어진 식생이 있었다. 호르바트[4202]는 구 유고 공화국의 카르스트 돌리네에 대해서 식생 패턴의 이와 유사한 반전을 상세하게 기 술하였다. 독자들은 요지의 미기후와 식생의 관계를 다루는 좀 더 많은 정보를 릭키넨 [4207]과 라자코르피[4206]에서 찾을 수 있다.

여러 가지 일들이 작은 요지에서 일어나는 것과 비교하여 이러한 큰 요지에서 다른 방법으로 일어났다. 동지에 북사면은 하루 종일 음지였고, 이들 사면이 심지어 주간에 도 찬 기단을 만들었다. 따라서 대규모의 찬공기 흐름은 새로운 중요성을 갖는데, 그 이 유는 대기로부터의 역복사가 매우 얇은 기층으로부터 왔기 때문이다(대기의 최하층 87m에서 이미 약 72%의 역복사가 왔다). 이렇게 깊은 돌리네에서는 돌리네가 찬공기 로 채워질 때 역복사가 크게 감소되었다. 돌리네에서 극히 낮은 기온이 형성되기 위한 필수 조건은 지면과 접촉하여 냉각된 공기가 충분하게 넓은 주변 면적으로부터 유입되 는 것이었다. 즉 '서리 유역 면적(frost catchment area)'이 충분히 넓어야 할 것이다. 그리고 주위의 사면은 배출 흐름을 충분히 크게 일어나게 하여 유지시켜야 할 것이다. 이들 조건이 그스테트너알름에서 충족되지 못했다면, 그렇게 기록적으로 낮은 기온이 나타나지 못했을 것이다.

끝으로 수증기에 대해서 언급되어야 할 것이다. 돌리네의 차가운 기저부는 자주 안개 로 채워진다. 이것은 기온이 이슬점까지 하강한다는 것을 의미한다. 바그너[4211]는 (사진과 함께) 1953~54년에 헝가리의 뷔크 산맥에 있는 돌리네에서 변동하는 안개를 기술하고 이를 측정한 기온과 비교하였다. 그러나 그스테트너알름에 적설이 있을 때, 과잉 수증기는 안개를 형성하지 않았고, 바로 눈표면 위에 승화하여 공기는 상당히 건 조해졌다. 정량적으로 방출되는 승화숨은열은 건조해진 공기를 통해서 잃은 증가된 장 파복사량과 비교하여 미미하였다. 에너지 획득은 손실량의 6%에 불과한 것으로 추정되 었다(75.4 10^4 J m^{-2}와 비교하여 4.2 10^4 J m^{-2}).

자우버러와 디름히른[4208, 4209]은 그스테트너알름 목초지 위에서 우세한 조건들 을 분석하였다. 도달했던 기록 저온에 대해서는 최초의 낮은 기온이 필요하다. 이것은 계절, 고도, 지형 특징, 일기상태가 유리할 때 얻게 된다. 겨울의 적설도 땅에 저장된 열로부터 기층을 단열시켜서 중요한 역할을 한다(24장). 이것은 최저기온이 새로 내린 신적설이 있을 때 나타나는 사실로 제시된다. 모든 관측에서 무풍 조건이 70~80m 깊이의 돌리네의 가장자리 아래에서 지배하였다. 돌리네의 정상부터 바닥까지의 기온 하강은 여름에 평균 10°C, 겨울에 16°C였고, 극값은 25°C였다. 지역 바람이 빈번하게 이 정체된 찬공기풀의 정상부 위로 불었고, 경계층에서 규칙적인 파동운동(undulating motion)만을 일으켰다. 사슴이 아래의 분지에 있을 때 사람은 모든 규칙을 어기고 바람과 함께 살며시 다가갈 수 있다. 사냥꾼이 위로부터 찬공기호수로 내려갈 때 사슴은 냄새를 맡고 도망칠 수 있다.

그림 42-5는 156m의 고도차를 갖는 돌리네의 사면(1)과 기저부(2)에서 행한 일부 야간 기온의 기록이다. 왼쪽 위의 곡선 (*a*)는 정상적인 맑은 야간에 대한 것이다. (*b*)는 23시경의 푄(Föhn)바람에 의한 간섭을 보여 준다. 이것은 사면에서 이미 20시의 약한 가열에서 알 수 있으나, 돌리네의 기저부까지는 23시에야 비로소 도달하였다. 2시에 푄의 영향은 중단하였고, 다시 냉각되기 시작했다. (*c*)에서 푄은 뚫고 나갈 수는 없었으나, 기저부에서 기온이 하강하는 것을 다소 완화시켰다. 곡선 (*d*)는 5시에 신선한 찬공기가 유입하는 것을 보여 준다. 이 찬공기가 사면을 냉각하였으나, 불어 가는 바람은 돌리네의 기저부를 가열하였다. 곡선 (*e*)는 구름이 끼고 강한 바람이 불 때 균질한 기단을

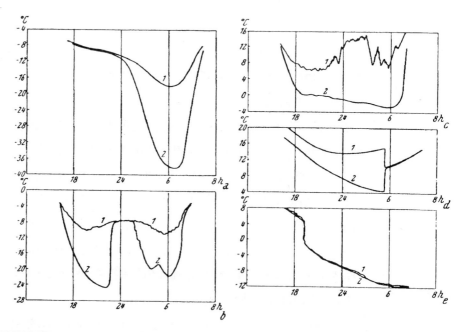

그림 42-5 돌리네 그스테트너알름의 사면(1)과 기저부(2)에서 야간 기온변화의 유형(F. Sauberer and I. Dirmhirn[4208, 4209])

가진 찬공기 유입을 나타낸다. 강한 바람은 돌리네와 사면 사이의 미기후 차이를 효과적으로 제거하였다.

앞에서 기술된 수많은 인자들 때문에 단절된 지형에서 기온분포를 정확하게 예측하는 것은 어렵다. 제3부에서 기술된 지표와 식물 피복의 영향 역시 고려되어야 할 것이다.

제43장 ••• 구릉지와 산지 지형에서의 국지풍

37장에서는 삼림이 바람장에 미치는 능동적 영향과 수동적 영향을 구분하였다. 지형이 그 위를 흐르는 기류에 미치는 영향을 연구할 때도 이와 유사한 구분을 할 수 있다. 그러므로 지형을 통해서 일어나는 기온 및 기압의 차이가 기류가 흐르게 할 때 우리는 지형의 능동적 영향에 관해서 언급할 수 있다. 이들 중에 가장 중요한 것은 산풍(mountain wind)이며, 이것은 하루 동안 주기적으로 변한다. 이 영향은 지형의 형태, 산지, 계곡, 사면이 역학(dynamic) 영향을 통해서 기존의 바람장에 영향을 주어 변화시킬 때 지형의 수동적 영향으로 기술된다. 이 장에서는 능동적 지형의 영향만을 논의하겠다. 구릉지와 산지가 그 위에 놓인 공기 흐름에 미치는 역학 영향은 1장에서 인용된 여러 미기상학 교과서와 미국기상학회(American Meteorolgical Society)의 발간물[4302]에서 논의되었다.

바그너[4333]는 하루에 주기적으로 변하는 산풍을 세 가지 유형, 즉 보상바람(compensating wind), 산풍(mountain wind) 및 곡풍(valley wind), 그리고 사면풍(slope wind)으로 구분하였다. 두 인접 지역(평지와 인접한 넓은 산지 사이)의 차별가열이 보상바람을 불게 한다. 좀 더 많은 가열이 한 지역 위의 등압면이 위로 볼록해지게 하여 한 지역으로부터 다른 지역으로의 수평 기압경도를 발생시킨다. 기온차가 반전되면 야간에 되돌이흐름(return flow)이 일어날 수 있다. 눈으로 덮인 산 아래에 있는 계곡은 가열되어 산지와 아래 계곡 사이의 기온차와 아래로부터의 바람의 강도 둘 다를 증가시킨다. 산지와 평야를 연결하는 이러한 공기운동은 좁은 고개에서 큰바람(gale, 풍력계급 8)의 힘으로까지 증가할 수 있다. 트롤[4332]은 남아메리카와 아프리카의 열대 고원에서 보상바람의 발달을 연구하고, 보상바람이 구름 형성, 강수와 식생에 미치는 영향을 기술하였다. 그는 또한 보상바람이 이들 지역에서 곡풍 또는 해풍과 육풍, 무역풍 그리고 계절풍과 종종 분리할 수 없이 결합되어 있음을 제시하였다.

이제 주간에 보통 사면 위(upslope)로 불고, 야간에 사면 아래(downslope)로 부는 사면풍(slope wind)을 고찰하도록 하자. 야간에 사면 아래로 부는 바람(활강풍)은 42

장에서 기술한 찬공기 흐름의 결과이다. 산지 지형에서 활강풍은 야간에 사면 위에서 발달하여 주간에 활승풍(upslope wind)으로 대체된다.

데판트[4306]는 오스트리아 인스브루크 북부 산맥의 사면에서 리이델(A. Riedel)의 이중 경위의(經緯儀, double-theodolite)로 측풍기구띄움을 이용하여 사면 표면 위의 고도의 함수로 사면에 평행한 바람의 구성요소를 조사하였다. 그는 활강풍이 부는 요란을 받지 않는 5일의 야간에 행한 측정으로 다음과 같은 연직 단면을 발견하였다(표 43-1).

활강풍의 최대풍속은 20~40m까지의 고도, 즉 사면의 표면에 가까운 곳에서 나타났다. 그렇지만 최대풍속은 거친 표면으로부터의 마찰에 기인하여 지면으로부터 어느 정도 떨어진 거리에서 도달하였다. 경사가 좀 더 급한 사면 위에서 공기는 돌풍(gust)으로 흘렀다. 데판트[4305]에 의하면 경도가 약 1 : 100에 도달할 때 돌풍이 불기 시작하였다. 라이허[4322]는 독일 괴팅겐 부근의 가파른 18° 경사의 사면의 지면 위 10, 30, 50cm의 고도에서 백금저항온도계(platinum resistance thermometer)로 기온을 측정하였다. 그림 43-1의 아래의 반은 3개 측정 지점에서의 기온변화를 나타낸 것이고, 위의 반은 불과 5분 30초 동안 최하층 0.5m의 공기에서 등온선의 분포로 기온성층을 제시한 것이다. 고도가 높아질수록 기온이 상승하는 것은 전형적인 야간의 음의 복사수지를 특징짓는다. 19시 4분에 전형적인 차가운 기온 방울[cold air temperature drop, 찬공기 방울(cold-air drop)]이 위로 향한 등온선의 아치로부터 쉽게 인식될 수 있다. 이러한 운동은 매 4~5분까지 일어났다. 1.4m sec^{-1}의 평균풍속에서 차가운 기온 방울의 수평 범위는 300~400m까지 되었다.

니체[4320]는 이와 유사한 과정을 관측하고, 다음과 같이 생생한 설명을 하였다. "찬공기가 사면의 고원(독 : Hangplateau, 영 : the plateau of the slope) 위에 막혀서 고인 것과 같다. 찬공기가 작은 연직 층후를 갖는 한 느리게만 흐른다. 지면 마찰의 영향이 매우 크다. 그러나 찬공기가 충분한 양이 모였을 때 찬공기 방울은 활강하기 시작한다. 이를 통해서 찬공기 방울은 그 뒤에 있는 공기를 끌고 내려가 사면의 고원 위에 더 이상 충분한 찬공기가 존재하지 않을 때까지 지속되는 강한 찬공기 기류가 발달한다."

포츠 등[4321]은 계곡 아래로 찬공기 진동(cold air pulse) 흐름의 타이밍은 그 지류

표 43-1 높이와 하루 중의 시간에 따른 사면풍의 변동

사면 위의 고도(m)	5	10	20	30	50	100
야간의 활강풍(m sec^{-1})	1.0	1.5	2.3	2.4	1.9	0.2
정오의 활승풍(m sec^{-1})	2.3	2.9	3.7	3.9	3.4	2.4

출처 : F. Defant[4306]

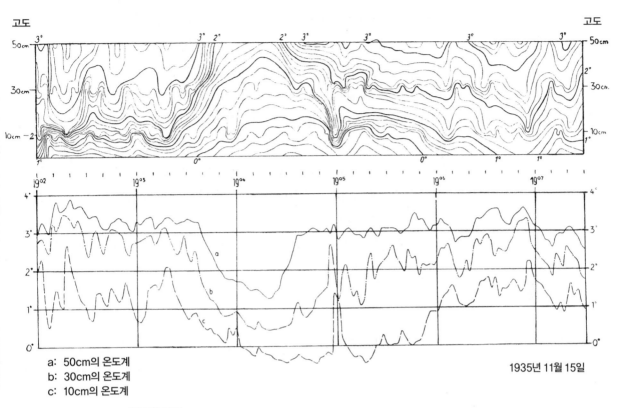

a: 50cm의 온도계
b: 30cm의 온도계
c: 10cm의 온도계

1935년 11월 15일

그림 43-1 독일 괴팅겐 부근의 경사가 급한 사면 위의 찬공기 운동(M. Reiher[4322])

로부터의 흐름에 의해서 크게 영향을 받을 수 있다고 제안하였다. 추가로 계곡 아래로 흐르는 많은 찬공기는 지류를 통하여 들어갈 수 있었다.

고산지역에서 차가운 기온 방울은 슈마우스[4325]의 명칭에 따라 '공기 사태(독 : Luftlawine, 영 : air avalanches)'의 특성을 띨 수 있다. 그는 독일 바이에른 주의 알프스 산맥에서 이러한 공기 사태[활강바람(katabatic wind)]를 기술하였다. 스카예타 [4324]는 중앙아프리카 키우 호의 북동부(카리심비 산 4,000m)에서 2일간의 저녁에 같은 시간에 시작되는 활강바람이 그의 텐트를 거의 날려 버릴 것 같은 것을 관측하였다. 퀴트너[4318]는 산행 후에 암반(岩盤) 가운데에서 야간에 비박(독 : Biwak)10)을 하면서 주의 깊게 관측하여 활강바람이 주기적으로 진동한다는 사실을 제시하고, 다음과 같이 기술하였다. "나는 1947년 7월 22일에서 24일까지 독일의 내부 횔렌 계곡의 정상 (베티슈타인 산맥)의 북벽을 산행할 때, 내가 이 북벽의 상부에서 보낸 이틀 밤 동안 찬 공기 방울이 분리되는 미구조를 추적할 수 있었다. 관측지점은 정상 아래 약 100m의

---

10) 비박은 산에서 천막을 사용하지 않는 일체의 노영을 의미한다.

2,700m 고도에 위치했다. 약한 바람이 부는 고기압 일기상태가 지배하였다. 중유럽 표준시로 21시 1분의 일몰 후에 1분 내에 다시 사라지는 약한 기류가 발달했다. 21시 6분에 다른 공기 운동이 있었고, 21시 11분에도 다른 공기 운동이 있었다. 규칙적인 5분 간격으로 이제부터 돌풍이 뒤따라서 불쾌하게 잠을 설치게 하면서 밤 동안 계속되었다. 때때로 돌풍이 불지 않았으나, 다음 돌풍은 다시 정확하게 나타났다. 가장 큰 편차는 ±1분에 달했다. 이 주기는 믿을 수 없을 만큼 규칙적으로 오전 6시까지 계속되었고, 항시 h+1, h+6 등에 찬공기 소나기(독 : Kälteschauer, 영 : shower of cold air)를 불게 하였다. 해가 뜨자마자 곧 이러한 주기적인 바람은 그쳤다. 그렇지만 북벽은 여전히 불변하는 음지로 남아 있었다." 다음 밤에도 같은 5분 주기가 계속되었다.

슈마우스[4326]는 독일 카르벤델 산맥(2,000m)의 키 작은 젓나무 지역에서 1942년 10월 4~6일까지 지속된 산불 동안 불이 야간에 활강풍을 통해서 고립된, 수백 미터 아래의 키 작은 젓나무 입목까지 내려왔다는 것을 증명하였다. 그러므로 좋은 일기상태가 지배할 때 야간의 활강풍 순환이 화재가 발생한 지역의 국지적으로 상승하는 대류에도 불구하고 전 지역 위에서 일어났다. 그림 43-2는 완전히 벌채되기 전과 후의 독일 핀켄바흐 계곡의 야간의 풍속 분포를 제시한 것이다. 벌채 이전에 활강풍은 수관 위로 올라갔고, 풍속은 마찰항력(frictional drag) 때문에 상당히 감소하였다.

주간의 활승풍은 야간의 활강풍과 대비된다. 일반적으로 활승풍이 좀 더 강하게 발달하는데, 그 이유는 복사교환이 좀 더 크기 때문이고, 또한 약한 활승풍이 표면과 마찰을 적게 하기 때문이다. 표 43-1은 활승풍의 단면을 제시한 것이다. 여기서 역시 바람은 지면 위 20~40m 높이에서 가장 강했다. 이것은 이 바람을 열기포(thermal)로 이용하려는 글라이더 조종사가 16~18m의 날개 길이를 갖는 글라이더로 사면과 매우 가까이에서 날아야 한다는 것을 의미한다. 말레츠케[4319]의 보고에 의하면 독일 뮌헨 공과대학

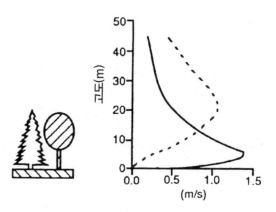

그림 43-2 활강풍의 연직 단면(————— : 수관이 있는 경우, ——— : 벌채 후의 경우)(G. Gross[4313])

학생 항공대원이 1958년에 글라이더로 알프스 산맥을 여행할 때 글라이더가 고도를 잃지 않고 활승풍을 이용하여 30km까지 사면을 따라 날 수 있었다. 그러나 국지 사면풍은 경험에 의하면 대기의 불안정한 온도성층을 통해서 좀 더 빈번하게 발달하였다.

그루노브[4314]는 1950년 1월 28일부터 2월 6일까지 독일 알고이의 오버스트도르프에서 개최된 국제스키점프주간의 스키점프 선수권대회 동안 남동 사면에 설치된 스키점프대 위에서 $2\sim3$m sec^{-1}의 풍속과 최대풍속 3.6m sec^{-1}의 활승풍을 측정하였다. 활승풍은 11시 30분에서 13시 사이에 가장 강하게 발달하였으며, 스키점프의 길이를 증가시킨 것으로 증명되었다. 10명의 최고의 스키점프 선수들은 1.8m sec^{-1}의 활승풍이 불 때 $92\sim117$m 사이의 스키점프를 하였고, 3.2m sec^{-1}의 활승풍이 불 때 $106\sim$ 128m까지의 스키점프를 하였다.

그림 43-3은 정오경 산지 계곡의 횡단면이다. 햇볕을 받는 두 사면에서 위로 부는 바람은 작은 점으로 음영을 넣은 지역들에 비례해서 훨씬 더 사면 위로 연직 범위가 증가하였다. 상승하는 공기는 지속적으로 보충되어야 한다. 이렇게 보충되는 데에는 그림 43-3에 제시된 계곡 단면의 순환뿐만 아니라, 큰 점으로 표시된 횡단면(곡저) 위에서 종이(그림) 평면에 수직으로 계곡 위로 부는 바람도 기여하였다. 이것의 한 가지 근원은 여러 연구자들에 의해서 관측된 표면 계곡 흐름 위의 되돌이흐름(return flow)일 수 있다(C. B. Clements[4304], K. J. K. Buettner and N. Thyer[4303]).

그림 43-3에서 화살표 방향이 반대가 되면, 우리는 야간에 사면 활강풍(down-slope wind)과 계곡 활강풍(downvalley wind)의 풍계를 갖게 된다. 그러나 이 경우에 작은 점을 찍은 면적은 활강풍이 대체되는 사면의 정상에서 역으로 좁아지고, 곡저 부근에서 넓어진다.

그러므로 일 주기적인 산풍의 이중 시스템이 있다. 주간에는 사면 활승풍(upslope

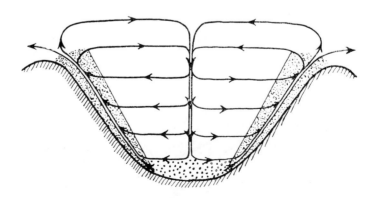

그림 43-3 활승풍과 활강풍의 시스템(A. Wagner[4333])

wind)과 계곡 활승풍(upvalley wind)이 불며, 야간에는 사면 활강풍과 계곡 활강풍이 분다. 이들을 흔히 그들의 발원지에 따라서 '곡풍'과 '산풍'이라고 부른다. 데판트 [4307]는 사면풍이 항시 먼저 발달하고, 그다음에 곡풍이 발달하기 때문에 하루 중에 위상변위에 따른 변화가 나타난다고 제시하였다. 이것은 약한 바람이 부는 맑은 여름날 에 대해서 그림 43-4에 제시되었다.

그림 A는 일출 직후의 상황을 나타낸 것이다. 해가 위로 떠오르면서 지표는 가열된 다. 사면 위의 공기 밀도는 계곡 중앙 부근의 같은 고도의 공기 밀도에 대해서 상대적으 로 감소한다. 이로 인한 기압차는 활승풍으로 공기가 사면 위로 흐르게 한다. 활승풍이 불기 시작하는 동안(복선의 화살표) 계곡의 공기는 계곡 밖 평지 위의 공기보다 야간부 터 여전히 더 차갑다. 계곡 활강풍이 여전히 불고 있으며(검은 화살표), 활승 순환 (upslope circulation)으로부터 되돌이흐름으로 유지된다. 시간이 경과하면서 계곡 활 강풍은 더욱 가열되면서 소멸된다. 다음 순간(B)에 활승풍만이 불게 된다. 이것은 계곡 의 공기가 가장 빠르게 가열될 때인 아침 시간이다. 정오로 갈수록(C) 계곡 활승풍이 불

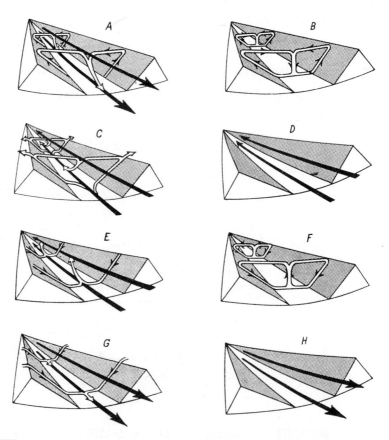

그림 43-4 하루 동안 사면풍과 곡풍의 상호작용(F. Defant[4307])

기 시작하면서 이 바람은 활승풍을 강화시키며, 계곡의 중앙에 좀 더 높은 고도로부터 하강하는 되돌이흐름으로 유지된다(그림 43-3). 이것은 일련의 적운이 때로 사면 위에서 나타나는 반면, 계곡 중앙의 침강하는 공기 위에서 하늘에 구름이 없는 시간이 된다. 늦은 오후(D)에 활승풍은 불지 않게 된다. 그러나 계곡 활승풍은 계속 분다. 베르크 [4301]가 독일의 알고이 알프스 산맥에서 관측한 바와 같이 북-남으로 달리는 계곡들에서 햇빛을 받는 서사면에서는 활승풍이, 음지인 동사면에서는 활강풍이 분다. 글리슨 [4309]의 이론에 따르면 태양의 상이한 가열 정도에 따르는 이러한 상황이 자체의 횡단 곡풍[독 : Talquerwind, 영 : cross valley wind; 뒤집힘, 전복(overturning)이라고 부름]을 일으킴에 틀림없다.

저녁이 될 때, 어쨌든 일찍이 또는 늦게 활강풍이 불기 시작하나(E), 계곡 활승풍은 잠시 동안 지속된다. 이와 같이 풍향이 바뀌는 것은 자주 연기의 궤적(독 : Rauchfahne, 영 : trail of smoke)을 통해서 알 수 있다. 빈터[11]는 하이델베르크의 곡구(谷口)에서 이에 대한 사진을 제시하였다. 그림 43-4에서 F와 G는 아침의 B와 C에 상응한다. 그림 H 는 활강풍이 지표 가열로 인하여 그친 때인 일출 직후의 기간을 제시하나, 강한 계곡 활강풍은 잠시 동안 계속된다. 구름은 지표로부터의 지구복사에 의한 에너지 손실과 태양 복사로부터의 에너지 획득 둘 다 감소시켜서 활강풍과 활승풍 모두 구름 낀 하늘에서 좀 더 약하다. 사면풍이 도달하는 풍속은 사면풍이 발생하는 지표 사면의 경사도 및 거칠기와 관련이 있다. 평균 사면 위에서 풍속은 수 m sec^{-1}이나, 장애물이 없는 급사면 위에서는 훨씬 더 강할 수 있다. 나무로 덮인 사면 위에서 풍속은 약하거나 없을 수 있다. 마찬가지로 계절적인 차이도 있다. 겨울에는 활강풍이 좀 더 강하고, 활승풍은 특히 눈으로 덮인 사면이나 북사면에서 약하거나 없다.

사면풍과 같이 곡풍의 행태도 하루의 시간, 구름량, 사면과 곡저의 거칠기, 계절, 탁월풍의 강도에 종속된다. 양 방향으로 부는 곡풍은 좀 더 큰 규모이고, 일반적으로 사면풍보다 좀 더 강하게 발달한다. 사면풍의 경우에서처럼 구름 낀 하늘은 주간에 지면에 의한 에너지 획득과 야간에 에너지 손실을 감소시켜서 곡풍이 좀 더 약해진다. 곡풍의 강도는 곡저의 사면에 따라 직접 변하고, 식생피복에 따라서 역으로 변하는 경향이 있다 (E. W. Hewson[910]). 데비토와 밀러[3403]는 풍향을 측정하기 위해서 연기 방출 추적기(smoke release tracers)를 이용하여 위의 좀 더 강한 바람이 종종 밀도류(density-induced flow)를 사라지게 하거나 약하게 했던 것을 관측했다. 그렇지만 바람이 약했을

---

11) *Winter, F.,* Schornsteinrauch veranschaulicht das abendliche Einsetzen des Hangabwinde, Met. Rundsch. 9, 224, 1956.

때 밀도류는 위에 있는 바람 아래 지표 부근에서 발달하였다.

계곡 활강풍은 부분적으로 야간 서리 위험의 원인이 된다. 쉬에프[4329]는 스위스의 다보스 계곡에서 계곡 활강풍을 연직 범위에 따라 그리고 기온 및 수증기압과 관련하여 연구하였다. 그는 그의 몇몇 공동 연구자들과 함께 겨울 아침에 지면 부근에서 20회에 걸쳐 측정을 하였고, 동시에 한 기상관측소(다보스 관측소)와 70m 높이의 교회 첨탑 위에서 관측한 것을 이용하였다. 이렇게 구한 기온단면 및 바람단면은 그림 43-5의 윗부분에 제시되어 있고, 수증기압 분포는 아랫부분에 제시되어 있다.

곡저 위 40m 고도에서 계곡 활강풍의 최대풍속은 2.5m sec⁻¹였다. 사면에서 마찰을 통해서 풍속이 약 1m sec⁻¹로 감소되어 이 바람은 동시에 관측한 결과에 의하면 활강풍으로서 등고선에 수직으로 흘렀던 반면, 이 바람은 좀 더 높은 고도에서는 계곡 활강풍으로 일반적인 계곡의 방향을 따라 불었다. 기온역전은 약 9℃에 달했다. 3.33hPa의 최대수증기압은 사면의 정상에서 나타났고, 차가운 곡저에서 공기는 절대습도의 관점으로 보아 건조해진 반면, 상대습도는 70~90%였다. 연직단면에서 최대수증기압을 연결한 3점쇄선은 활강풍과 함께 사면 상부로부터 좀 더 습윤한 공기가 아래로 내려오는 것을 보여 준다.

R. H. 애런과 I-M. 애런[4300]은 중국 치엔화 계곡에서 사면풍과 곡풍을 조사하였다. 측정 위치, 계곡의 등고선, 관측기기의 위치가 그림 43-6에 제시되어 있다. 이 계곡

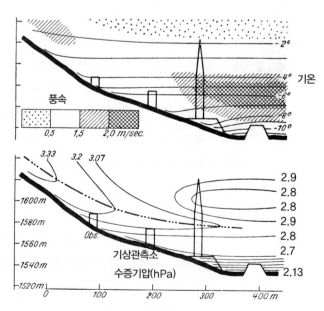

그림 43-5 스위스 다보스 계곡에서 야간의 계곡 활강풍의 연직단면(W. Schüepp[4329]). 위의 그림은 풍속(m sec⁻¹) 및 기온(℃)을, 아래의 그림은 수증기압(hPa)을 나타낸 것이다.

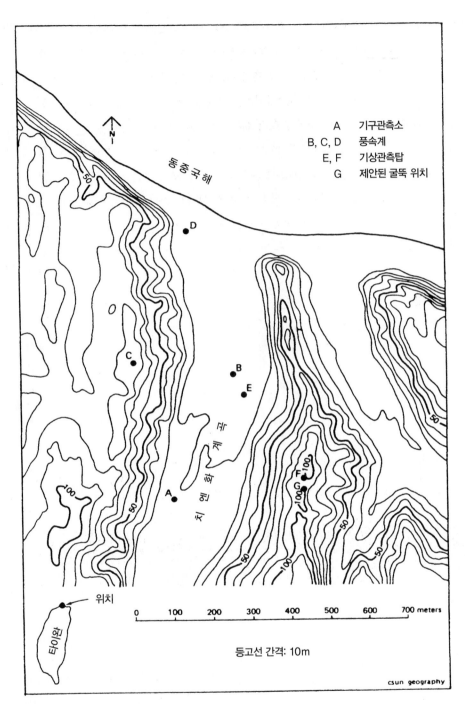

동 중 국 해

A	기구관측소
B, C, D	풍속계
E, F	기상관측탑
G	제안된 굴뚝 위치

치 엔 화 계 곡

위치

타이완

0   100   200   300   400   500   600   700 meters

등고선 간격: 10m

csun geography

그림 43-6 치엔화 계곡의 기상관측소(R. H. Aron and I-M. Aron[4300])

은 북-남으로 달리며, 폭이 약 200m이고, 길이가 1,200m이며, 양쪽에 약 100m 높이
의 거의 평행한 구릉이 있다.

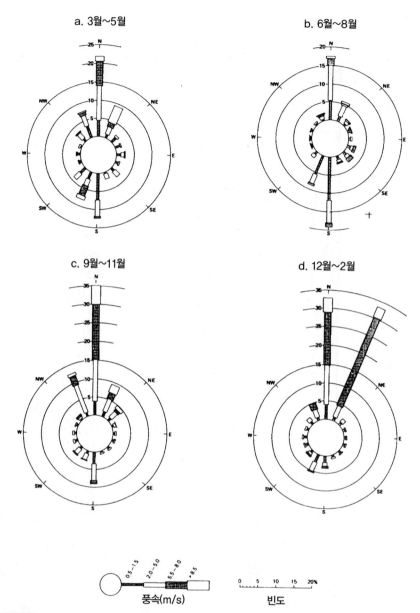

a. 3월~5월   b. 6월~8월

c. 9월~11월   d. 12월~2월

풍속(m/s)   빈도

그림 43-7 치엔화 계곡의 곡풍의 바람장미(그림 43-6의 지점 B)(R. H. Aron and I-M. Aron[4300])

이 계곡에서 가장 빈번한 바람은 북풍과 남풍이었다(그림 43-7). 북풍과 남풍이 탁월한 것은 산풍-곡풍 순환과 해풍-육풍 순환에 기인한다. 추가로 일반 지상풍이 계곡에 한 각도로 불 때, 바람은 계곡에 평행하게 바뀌어 계곡을 통해서 부는 경향이 있다. 지형이 풍향에 미치는 이러한 영향은 유로(流路, channeling)로 알려져 있으며, 자주 열적으로 발생하는 바람(thermally induced wind)을 근본적으로 변화시킨다. 치엔화 계곡에서 북풍은 이 기간에 27% 불었던 반면(그림 43-7), 구릉지 정상부에서 북풍은 이 기간 중

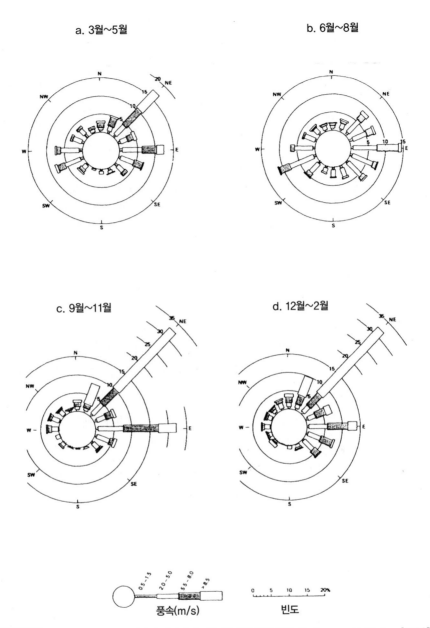

a. 3월~5월   b. 6월~8월

c. 9월~11월   d. 12월~2월

풍속(m/s)   빈도

그림 43-8 치엔화 계곡의 구릉 바람의 바람장미(그림 43-6의 지점 F)(R. H. Aron and I-M. Aron[4300])

2.4%만 불었다(그림 43-8). 남풍은 계곡에서 이 기간 중 10.8% 불었으나(그림 43-7), 구릉 정상부에서는 1.6%만 불었다(그림 43-8). 표 43-2 역시 고도가 높아질수록 풍향이 변하는 것을 보여 준다. 일반 바람 순환과 해풍 순환이 일반적으로 이들 구릉의 정상부보다 좀 더 큰 깊이를 갖는 까닭에 계곡의 방위가 풍향(channeling)에 미치는 영향을 쉽게 볼 수 있다. 4월의 야간에 북동계절풍이 300m에서 지배적이었던 반면, 국지 순환은 100m에서 지배적이었다(표 43-2). 윅스 등[4336]은 직각으로부터 45° 이상으로 계

표 43-2 치엔화 계곡에서 2시와 14시의 북풍과 남풍의 빈도분포(%)

월	시간	고도(m)					
		100		200		300	
		N	S	N	S	N	S
4월	02:00	15.4	40.3	15.4	15.4	16.7	0
	14:00	42.9	0	19.1	0	15.8	0
5월	02:00	5.0	42.0	5.0	26.0	6.0	12.0
	14:00	24.0	12.0	8.0	4.0	4.0	4.0
6월	02:00	15.0	15.0	5.0	35.0	10.0	20.5
	14:00	36.3	9.1	22.6	9.2	13.7	0
9월	02:00	9.0	22.7	9.0	18.1	4.5	18.1
	14:00	29.2	4.2	12.5	4.2	8.3	8.3

곡에 접근하는 바람은 계곡 축의 방향으로 따르는 풍향을 갖게 된다고 제안하였다. 계곡의 축에 대해서 직각으로부터 45° 이하인 바람은 계곡 내에서 큰 가로회전 소용돌이(roll-vortex)를 일으킨다. 유로에 영향을 줄 수 있는 인자들에 관한 추가적인 정보는 화이트맨과 도란[4335], 에크만[4308]을 추천하겠다.

북-남과 동-서 바람 구성요소에 대한 일평균 바람 분포는 그림 43-9와 43-10에 제시되었고, 계류기구(captive ballon)와 자유기구(free ballon)를 이용하여 구하였다. 이들 기구가 빠른 풍속에는 적합하지 않기 때문에 바람 분포는 상대적으로 고요한 조건에 대해서 좀 더 대표되었고, 지상 풍속이 5m sec^{-1} 이상일 때 사용이 중단되었다. 그림 43-9는 열적으로 발생한 산풍과 곡풍, 육풍과 해풍의 분포를 제시한 것이다. 야간에 남풍이 지배적이었고, 150m(곡저 위 125m) 고도 주변에서 3.5m sec^{-1}를 초과하는 최대 풍속에 도달하였다. 주간에 북풍이 지배하였고, 75m(관측지점에서 곡저 위 50m) 고도 주변에서 5m sec^{-1}를 초과하는 최대풍속에 도달하였다.

탁월풍속이 약할 때, 바람 패턴은 열적으로 발생한 사면풍의 영향을 자주 받았다. 이것은 이들 날에 구릉 측면에서 동풍과 서풍의 빈도가 높게 나타나게 하였다(그림 43-10). 맑은 야간에 공기는 구릉의 사면 아래로 배출되었던 반면, 햇빛이 나는 날들에는 바람은 반대 방향으로 흘렀다(그림 43-10a). 아침에 R. H. 애런과 I-M. 애런[4300]은 또한 아마도 주 사면풍의 마찰항력(frictional drag)으로 시작된 주 사면풍 위의 좀 더 약한 2차 순환을 관측하였다(그림 43-10b). 기구관측소(그림 43-6, 지점 A)가 계곡의 서측에 위치했기 때문에 동쪽 및 서쪽 구성요소들은 서사면과 관련된 사면풍을 반영하였다. 유사한 패턴이 동사면에서 기대될 것이다. 마주보고 있는 사면들이 같지 않은 태

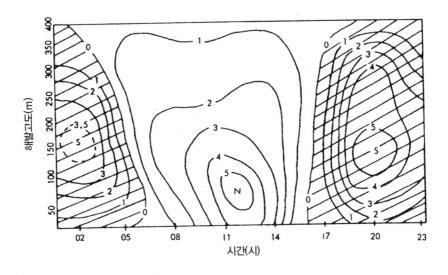

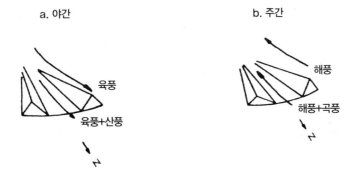

그림 43-9 치엔화 계곡의 북-남(사선) 바람 구성요소들(m sec⁻¹)의 일변화(그림 43-6에 제시된 기구관측소에서 기록된 자료). 남풍(음영)과 북풍(음영이 없음)(R. H. Aron and I-M. Aron[4300])

양복사량을 받는 이른 아침과 늦은 오후에 그림 43-10c에 제시된 것처럼 뒤집힘 (overturning)이 빈번하게 발생하였다. 뒤집힘은 맑은 하늘과 약한 바람이 있는 날들에 가장 뚜렷하였다.

바람이 장애물을 넘어서 불 때, 씻어내림(dwonwash) 현상이 공기가 장애물의 풍하 측에서 하강하여 나타날 수 있다. 북동풍으로의 연기방출 테스트(smoke release test)를 늦은 오후에 기상관측탑으로부터 실시하였다(그림 43-6, 지점 F). 연기가 풍하쪽 (downwind)으로 운반되어 계곡의 서쪽 구릉지의 사면과 접촉하였고, 그다음에 계곡에서 흩어지는 것이 관측되었다. 이것은 아마도 씻어내림 현상과 뒤집힘이 결합한 것에 기인하였을 것이다.

구딕슨과 쉬어러[4315]는 미국 콜로라도 주 서부의 브러시 크릭 계곡에서 광범위한

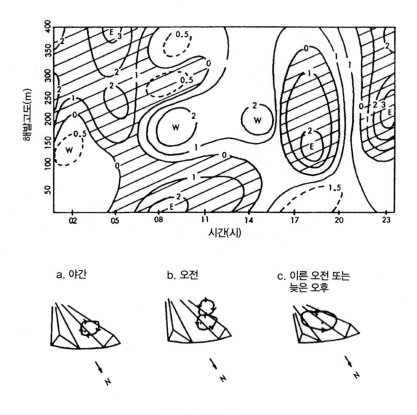

그림에서 점은 기구관측소를 나타낸다
(그림 43-6의 지점 A)

그림 43-10 치엔화 계곡의 동―서(사선) 바람 구성요소들(m sec^{-1})의 일변화(그림 43-6에 제시된 기구관측소에서 기록된 자료)(R. H. Aron and I-M. Aron[4300])

기상조건 연구의 일부로 야간에 강한 계곡 활강풍을 관측하였다(그림 43-11a). 그들은 동사면에서 일출 후 수분 내에 시작된 보통의 활승풍을 관측하였다(그림 43-11b). 그들은 공기순환을 탐지하기 위하여 PDCH 추적기(perfluorodimethylcyclohexane tracer)를 이용하여 아침에 활승풍 및 계곡 횡단풍(crossvalley wind) 순환이 야간의 배출 흐름 내에 유지되었다는 것을 밝혔다. 실제로 어느 추적자도 주간 순환패턴이 설정될 때까지 브러시 크릭의 동측에서 관측하지 못하였다(그림 43-11c).

골트라이히[4312]는 이스라엘에서 실례를 들어 잘 설명된 연구에서 곡풍/산풍과 해풍/육풍의 상호작용을 분석하였다. 그는 3개의 수직으로 분리된 바람 체제를 확인할 수 있었다. 산풍/곡풍은 곡벽 내에서의 흐름을 지배하였다. 지역적 경도 흐름은 국지적인 지형 위의 400m에서 인식될 수 있었다. 그리고 육풍과 해풍이 그 사이에 끼었다.

맥컷찬과 폭스[4636]는 미국 뉴멕시코 주의 고립된 원추형 산인 산안토니오에서 바람 패턴을 분석하였다. 정상에서 풍속이 5m sec^{-1} 이하일 때, 주간의 흐름은 사면 위

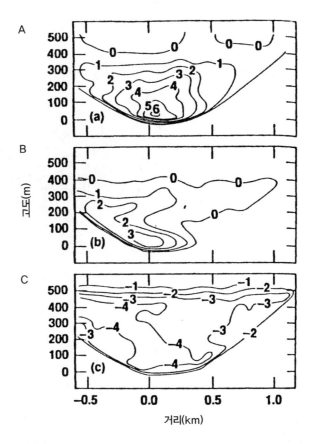

그림 43-11 브러시 크릭 계곡 내에서 도플러 라이더(Doppler lidar)로 실험 4 동안 관측된 흐름의 횡단곡 관점. 이 자료는 (a) 야간, (b) 오전의 전이 기간과 (c) 주간에 수집되었다. 양의 값은 활강 흐름을 의미하는 반면, 음의 값은 활승 흐름(m sec^{-1})을 의미한다(P. H. Gudiksen and D. L. Shearer[4315])

(upslope, 활승)로 있었고, 야간 흐름은 사면 아래(downslope, 활강)로 있었다(그림 43-12). 활승 흐름은 보통 태양이 처음으로 사면을 비추는 일출 후 수분 내에 시작되어 주간에 계속 강화되었다. 활강 흐름으로의 전이는 사면에 오후에 그늘이 지자마자 바로 시작되어 밤 동안 계속되었다. 정상에서 풍속이 강했을 때(≥5m sec^{-1}), 사면풍은 일반 바람 순환으로 압도되었다.

계곡이 좁아질 때에는 찬공기의 흐름이 막힐 수 있다(그림 43-13). 이러한 찬공기의 흐름에 대한 제한은 장애물, 지형적으로 좁은 곳과 식생에 의해서 일어난 마찰의 영향에 기인하여 발생할 수 있다. 형태가 일정하고 길이가 약 8km 되는 독일 모싸우 계곡에서 찬공기의 상한계는 매우 느리게 하강하였고, 수평이 되어 키 큰 나무로 덮인 10~20°까지의 사면이 있는 곳에서는 어디서나 막혔다. 20개의 이러한 계곡의 좁은 부분을 더 상세하게 분석하여 계곡에서 400~500m 또는 그 이상의 수평 범위로 계곡의 열린 곳

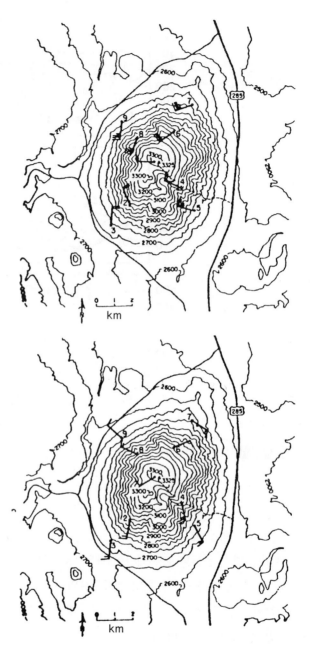

그림 43-12 미국 산안토니오 산의 9개 관측소에서 1981년과 1982년 9월과 10월에 0000 MDT의 28일간(위의 그림)과 1200 MDT의 27일간(아래의 그림)에 대한 정상에서의 풍속이 5m sec^{-1} 이하일 때 평균 u와 v 바람 구성 요소의 합성풍향과 풍속. 작은 기 5m sec^{-1}, 긴 선 1m sec^{-1}, 짧은 선 0.5m sec^{-1}. 등고선 단위 m, 등고선 간격 50m(M. H. McCutchan and D. G. Fox[4636])

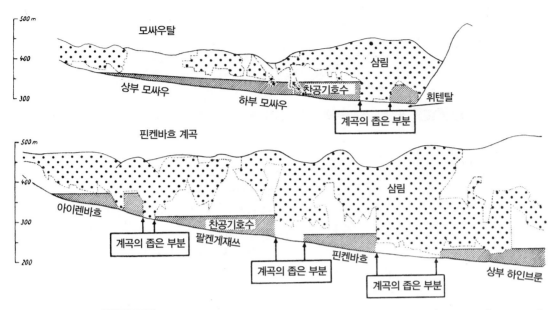

그림 43-13 독일 오덴발트의 2개의 계곡에서 계곡 아래로 흐르는 찬공기의 막힘(F. Schnelle[4327, 4328])

만이 계곡의 좁은 부분 뒤에서 형성되는 찬공기호수를 피하면서 충분한 양의 찬공기가 유출될 수 있게 한다는 것이 나타났다. "야외 관측으로 찬공기가 물처럼 흐르지 않고, 죽 또는 진한 시럽처럼 흐른다는 것이 항시 반복해서 나타났다."

그러므로 두 사면으로부터 활강풍으로 오는 찬공기는 계곡의 각 부분의 상부에서 평탄한 표면을 이루었으나, 계곡의 좁은 부분 위에서는 55m까지의 연직 층후에 이르렀다.

지형이 그 위에 있는 공기 흐름에 능동적 또는 수동적으로 미치는 영향은 국지적인 연직기온경도에 따라 변할 수 있다. 스코러[107]는 예를 들어 경도풍이 지표가 차가울 때 지형을 따르나, 지표가 따뜻할 때는 표면으로부터 분리될 수 있다는 것을 제시하였다(그림 43-14).

여기서 우리는 여름의 가장 강력한 더위에서 가장 강력하게 발달하는 드문 찬공기바람, 즉 빙하바람(독 : Gletscherwind, 영 : glacier wind) 또는 만년설바람(독 : Firn-wind, 영 : firn wind)을 고려해야만 할 것이다. 빙하바람은 능동적인 산풍에 속하는데, 그 이유는 빙하바람이 빙하얼음과 햇빛을 받는 주변 지역 사이의 온도차를 통해서 발생하고, 따라서 따뜻한 낮 동안 강하게 발달하는 경향이 있기 때문이다. 톨러[4331]는 빙하바람을 처음으로 기술하였고, 그 후에 엑하르트[4309]와 호인케스[4316]가 알프스 산맥의 빙하에서 이를 상세하게 조사하였다.

그림 43-15는 빙하바람이 하루의 풍계에 어떻게 공간적으로 배열되는가를 제시한 것

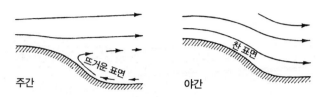

그림 43-14 표면온도가 불규칙한 지형 위의 흐름에 미치는 영향(R. S. Scorer[107])

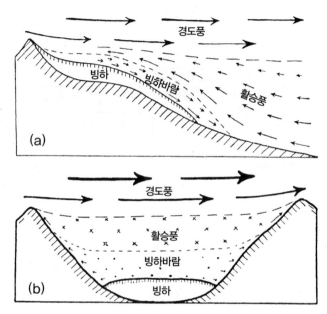

그림 43-15 빙하바람의 맑은 날씨 풍계로의 편입. (a) 종단면, (b) 횡단면(E. Ekhart[4309])

이다. 맑은 일기상태에서는 반대 방향으로 부는 계곡 활승풍과 빙하풍 모두 경도풍 아래에 발달할 수 있다. 불과 수십 미터의 층후와 (빙하 표면 위 2.5m에서 도달한) 3m sec^{-1}의 최대풍속을 갖는 빙하바람은 계곡 활승풍 아래에서 아래로 흘렀다.

빙하바람은 여름의 낮과 밤에 대략 같은 강도로 분다. 빙하바람은 일출 전에 야간의 최대 찬공기 흐름에 상응하는 1차 최대를 가졌고, 가열된 주변 지역과 빙하얼음 사이의 온도차가 최대에 이르는 일몰 전에 2차 최대를 가졌다. 호인케스[4316]는 얼음 부근 기층의 기온을 논의하면서 빙하에 속하는 공기와 외부로부터 오는 공기를 구별하였다. 주간에 주변으로부터 흘러 들어온 공기는 빙하에 약간의 열만을 전달하여 (주변 암석 표면 위의 기온 감소와 대비하여) 높이가 높아질수록 기온이 약간만 상승하였다. 다른 한편으로 빙하에 속한 공기는 얼음과 오래 접촉하여 크게 안정되어 급한 기온경도(2m에서 6℃)를 가졌고, 계곡 활강풍 진동과 결합하여 단기간 기온변동을 하였다. 급한 기온경도는 주변 공기로부터 얼음 표면으로 강하게 열이 흐른다는 것을 의미한다. 주위의 공기로부터의 수증기는 빈번하게 얼음 표면 위에 침적하였다(표 24-6과 그림 26-5). 이 것이 호인케스[4317]가 증명한 바와 같이 소모(ablation) 과정을 돕는다. 따라서 찬 빙 하바람이 얼음을 '보존하는' 효과를 갖는다는 자주 발표된 견해는 맞지 않는다.

빙하바람은 계곡 아래로 빠르게 소멸된다. 그럼에도 불구하고 빙하바람은 아래로부 터 빙하에 접근하는 등산가를 상쾌하게 하는 효과가 있고, 주변의 식물 생활에 중요한 영향을 미친다. 프리델[4310]에 의하면 오스트리아 그로쓰글록크너의 파스테르체 빙하 는 초지에 바람자국(독 : Windanrisse, 영 : wind track), 이끼[12)에 바람상처(독 : Windwunden), 왜소한 나무 등 여러 유형의 바람 피해를 일으키고, 식물이 성장할 수 있는 고도를 감소시켰다(예를 들어 *Elynetum*은 빙하바람의 범위에서 약 500m 감소하 였다). 슈레켄탈-쉬미체크[4645]는 1931년 여름에 피츠탈의 미텔베르크페르너의 전면 에서 1m 높이에서 기온과 3, 30, 500m 거리에서 5cm와 20cm 깊이의 토양온도를 측 정하였다. 빙하로부터 30m 거리에서 8월과 9월의 토양온도는 더 이상 0°C 이하가 아니 었고, 빙하 말단으로부터 3m 거리에서보다 5cm 깊이에서는 2~3°C 높았고, 20cm 깊 이에서는 2~4°C 높았다. 최초의 빈약한 식생도 빙하로부터 30m 떨어진 곳에서 나타 났다. 식생은 서늘한 빙하바람 때문에 빙하 말단 전면의 상당한 거리에서 종종 키가 작 거나 변형되었다. 빙하바람은 보통 빙하 전면 0.5km에서 사라진다.

구릉과 산지 지형에서 나무들이 성장하는 방법은 자주 탁월풍향의 영향을 받는다.

제44장 ··· 여러 사면의 기후(노출기후[13))

주간에 서로 다른 사면에서 받는 상이한 복사량이 40장의 주제였다. 41장에서는 이러한 차이들의 소규모 최소 공간에 미치는 영향을 여러 사례를 이용하여 다루었다. 이러한 논의는 이제 좀 더 큰 규모에 미치는 영향으로 확대될 것이다. 우리는 모든 방향으로 같 은 형태의 사면을 갖는 원추형 구릉(독 : Bergkegel, 영 : cone-shaped hill)을 고찰하는 것으로 시작할 것이다. 작은 규모로 이러한 형태를 만드는 것은 가능하나, 대규모의 자 연에서 이러한 형태는 유감스럽게도 거의 나타나지 않는다.

---

12) 원저에는 독일어로 "Polsterpflanze(영 : cushion plant)"라고 표기되어 있으나, 영어본에는 "moss(이끼)"라고 표기되어 있다. Polsterpflanze는 고산이나 극 부근 지역에서 나타나는 식물로, 쿠션과 같은 형태의 성장 형태가 자체의 미기후를 만든다(http://forum.leo.org/archiv/2002_06/25/20020625082654e_en.html).
13) 독어로 'Expositionsklimate', 영어로 'exposure climate'라는 부제가 있어 우리말로 '노출기후'라고 번역하 였다.

40장에서 기술된 사면이 받는 태양복사는 더구나 단지 주간의 에너지수지의 수많은 인자들 중 하나에 불과하였다(25장). 따라서 사면기후(독 : Hanglagenklima, 영 : slope climate)[14]의 실제 특성은 수많은 다른 인자들의 영향을 받는다. 지형을 통해서 발생하는 또는 단지 조절되는 공기 운동은 42장과 43장에서 논의되었다. 같은 형태의 사면을 갖는 원추형 구릉을 가정하면, 지배하는 바람과 관련하여 최대풍속은 구릉 측면들에서 나타난다. 풍상측은 활승풍의 발달에 유리하고, 풍하에서는 바람이 풍향과 풍속 모두에서 돌풍의 특성을 갖게 된다. 그러므로 주어진 장소에 존재하는 풍향의 빈도분포는 각 사면이 서로 다른 바람기후(독 : Windklima, 영 : wind climate)를 갖게 한다.

복사 및 바람 이외에 습도 조건도 서로 다른 방향에 면한 사면의 기후에 크게 영향을 준다. 산지는 두 개의 서로 다른 공간 규모에서 강수분포에 영향을 준다. 독일의 하르츠 게비르게와 같은 큰 규모의 산지에서는 산지에 의한 공기의 치올림 때문에 서측(풍상)에 강수량이 많은 반면, 동측(풍하)에는 바람으로부터 보호된 사면 위에서 푄과 같은 건조함 때문에 건조하다. 그러나 지형의 규모가 작을수록 국지적인 강수분포는 바람장과 국지 지형에 의해서 결정된다. 지형적으로 일어나는 국지풍의 흐름 패턴은 자주 대규모 패턴의 강수분포와 반대가 될 수 있게 낙하하는 빗방울을 재분배한다. 특히 강한 바람이 불 때 풍상보다 풍하에 좀 더 많은 강수가 내린다. 독일 호헨카르펜의 원추형 구릉의 풍하측에 설치된 정상형의 우량계에는 풍상측의 우량계에서보다 5~10%까지 많은 강수량이 내렸다. 눈이 내릴 때에는 울타리 또는 지면의 기복 뒤에 눈이 쌓이는 것이 자주 관측되었다(그림 53-12). 풍상측에 내리는 일부 비와 눈은 정상을 지나 풍하측으로 운반되었다. 이것은 '날림눈', '날림비(spillover)'라고 부르며, 일부 산지 지역에서 강수량 분포에 매우 중요한 역할을 한다(R. D. Fletcher[4404]).

사면은 또한 강수에 영향을 주는데, 그 이유는 경사진 표면에 내리는 빗방울의 입사각이 사면의 경사, 사면의 방위, 풍속, 풍향, 강우강도에 따라 변하기 때문이다. 일반적인 합의에 따라서 수수구(receiving surface)가 수평이 되게 설치한 우량계로 강수를 측정한다. 수수구가 사면에 평행하고, 그 면의 수평 투영이 표준 우량계의 수평 투영과 같은 크기의 우량계를 이용하면, 수집된 양은 보통 달라서 실제로 사면의 표면이 받는 강우량이 된다. 우리가 가장 관심을 갖는 것이 바로 이 양이다. 그 차이는 사면의 방향, 사면의 경사, (풍속에 좌우되는) 비가 낙하하는 각에 종속된다. 요시노[2733]는 "… 산지

---

14) 독일어본(제4판, 1961)에는 "Hanglagenklima"로 표기되어 있으나, 제4판 영어 번역본(1965)과 제7판 영어본(2009)에는 이를 "exposure climate"라고 표기하였다. 우리말 번역본에서는 吉野正敏 外, 1985, 氣候學 · 氣象學辭典, 二宮書店, p. 228을 참조하여 이를 '사면기후'로 번역하였다.

의 나무들은 평탄하게 놓인 용기(容器)를 가진 우량계로 들어오는 빗방울보다 좀 더 많은 빗방울을 받는다"고 언급하였다.

그루노브[4405]가 독일 호헨파이센베르크에서 행한 연구에서 우리는 이러한 관계에 관해서 가장 잘 알 수 있다. 그림 44-1[4405]은 호헨파이센베르크의 20° 경사진 사면에 평행한 우량계가 받는 강수량이 수평으로 놓인 우량계와 비교하여 풍속에 종속되는 것을 제시한 것이다. 바람이 사면으로 불 때(풍상), 사면은 수평면이나 풍하 사면보다 항시 좀 더 많은 비를 받았다. 그 차이는 비(파선)에서보다 바람에 의해서 좀 더 쉽게 운반되는 눈(실선)에서 당연히 컸다. 그러나 사면이 풍하에 위치하며, 보통의 풍속일 때 산지의 '비그늘(雨陰, rain shadow)'은 분명하게 나타났다. 풍속이 7m sec^{-1} 이상으로 증가할 때에만 수평면 위보다 풍하 사면에 좀 더 많은 비가 내렸다. 제시된 관계는 수직으로부터 측정된 강수가 낙하하는 각도에 종속되었다. 이 각도는 그림의 오른쪽 가장자리에 제시되었다. 7m sec^{-1} 이상의 바람이 불 때는 내리는 강수의 입사각이 변하기 시작하여 풍하맴돌이(lee eddy)가 형성될 때 일반 풍향의 반대 방향으로 점진적으로 돌았다. 다른 사면들에서는 수집된 강우의 비율과 강우의 입사각에 대해서 다른 값들이 나타났으나, 근본 원리는 같았다. 데 리마[4402]는 표준 수평우량계 관측이 거친 지형의 경사진 표면에 대해서 강수 추정을 하기 위하여 배가될 수 있는 우량계 보정 인자를 추정하기 위한 계산도표(nomograph)를 개발하였다. 보정 인자는 10m에서의 풍속, 풍향, 강우형(강도), 사면의 각도, 경사진 표면의 방위에 종속된다. 샤론[4418]은 이스라엘 네게브 사막에서 조밀한 관측망을 기초로 구릉지에서 경사진 표면 위의 유효강수량을 추정하기 위

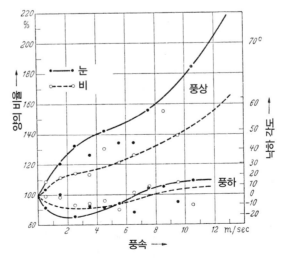

그림 44-1 독일 호헨파이센베르크에서 수평으로 놓인 우량계의 수수구에 내리는 강수량에 대한 사면에 평행하게 설치된 우량계의 수수구에 내리는 강수량의 비율(J. Grunow[4405])

해서 수평우량계 측정에 맞는 단순한 삼각 조정법(trigonometric adjustment)을 이용하는 것을 평가하였다. 이러한 모델들은 사면 기하학(slope geometry)과 폭풍 벡터(storm vector)가 좁은 한계 내에서 지정될 수 있어야만 잘 들어맞는다. 좀 더 일반적인 조건하에서 이러한 정보가 정확하게 규정될 수 없을 때, 경사진 우량계로부터 직접 관측한 결과를 이용하는 것을 권하였다. 아라지 등[4400]은 약 30m의 국지적인 기복을 가진 작은 계곡에서 바람이 계곡을 가로질러서 불 때(그림 44-2) 풍하 사면 위에서의 좀 더 많은 강우량을 발견하였다.

사면에서 토양수분은 강수량과 토양이 마르는 비율 둘 다에 종속된다. 토양이 마르는 비율은 토양형, 기온, 바람장과 복사기후의 영향을 받는다. 우리는 이미 41장에서 복사가 비대칭적인 영향을 미친다는 것을 알았다. 복사가 대체로 정오의 전과 후에 균등하게 분포하지만, 오전에 받는 에너지의 많은 양은 복사를 받는 표면을 건조시키는 데 이용되는 반면, 오후에는 복사의 대부분이 공기와 토양을 가열하는 데 이용된다. 나무줄기의 껍질 온도에 대해서 밝힌 결과들(그림 41-1)은 서로 다른 방위를 갖는 사면 위의 표면온도와 유사하다.

이러한 이유들에 대해서 (북반구에서) 가장 온난한 사면은 일반적으로 남쪽 사면이 아니라 남서쪽 사면이다. 이러한 규칙은 8개 주요 방위에 15° 기울어지게 설치한, 체로 거른 토양으로 채워진 상자들을 이용하여 이미 1878년에 볼니[4422]에 의해서 증명되었다. 그림 44-3은 오스트리아 인스부르크 부근의 유덴뷔헬에서 케르너[4411]가 실험한 결과를 제시한 것이다. 이 구릉은 홍어베르크 고원 남사면에 원추구(圓錐丘, 독 : Kuppe)[15]로 솟아 있어서, 현재 그 형태 때문에 '슈피츠뷔헬(Spitzbühel)'[16]이라고 부

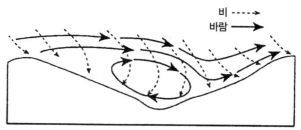

그림 44-2 국지적인 바람장과 계곡에 수직인 바람에 대한 빗방울 유적선(A. Arazi et al.[4400])

---

15) 독일어본(제4판, 1961)에는 "Kuppe"로 표기되어 있으나, 제7판 영어본(2009)에는 이를 "peak"라고 표기하였다. 우리말 번역본에서는 독일어의 'Kuppe'가 영어의 'cone'과 같은 의미이므로 양승영, 1998, 지질학사전, p. 561를 참조하여 이를 '원추구'로 번역하였다.

16) 'Spitze'는 '정점' 또는 '산정상(Bergspitze)'을 의미하며, 'Bühel'은 '혹, 곱사등, 고지 등'을 의미한다.

른다. 그는 이 산의 사면에서 1887년~1890년에 70~80cm 깊이까지 토양온도를 측정
하였다. 온도차는 작으나, 이 온도차는 서로 다른 사면 방위의 근본적인 특징을 제시하
기에 충분하였다.

그림 44-3의 원은 사면의 방위를 나타내고, 각 달은 동심원으로 제시되었다. 평균 토
양온도는 각 달에 모든 방향에 대해서 계산되었고, 이 평균 토양온도로부터의 편차를
제시하였다. 음영이 있는 부분은 상대적으로 추웠고, 점 찍은 부분은 따듯했다. 최대온
도차는 여름에 나타났다(원형 띠의 중앙). 북사면이 가장 추웠다. 그러나 가장 온난한
지대는 계절에 따라서 위치가 변하였다. 가장 온난한 지대는 가을부터 봄까지 예상되는
바와 같이 남서쪽이었다. 이와 반대로 여름에 가장 온난한 지대는 남동쪽으로 이동하였
다. 이것은 40장에서 논의된 구름량의 일변화에 기인하였다. 구름량의 일변화는 이른
오후에 알프스 산맥에서 강하게 적운이 발달하게 하였으며, 때때로 뇌우를 일으켰다.
그러므로 오후보다 구름량이 적은 오전에 지면이 좀 더 많은 복사를 흡수하였다.

슈바베[4416]는 칠레 남부에서 행한 실험적인 생태학 연구에서 인위적으로 만든 흙
무더기를 이용하여 훔볼트 해류로 인하여 비교적 낮은 기온과 이 위도의 많은 입사복사

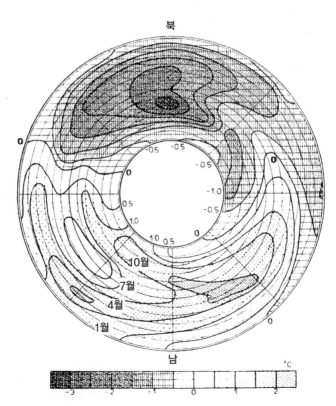

그림 44-3 사면의 방위와 계절에 따른 70cm 깊이에서의 평균토양온도로부터의 편차(오스트리아 인스부르크
부근에서 케르네[4411]의 관측)

량 사이의 차이가 여러 경사를 가진 사면 위의 식물에 미치는 영향을 연구하였다. 그는 이 연구를 위해서 10~15m 직경의 수평 원형의 면적에 있으며, 그림에 의하면 약 35°의 사면 각도를 갖는 1.2~1.5m 높이의 원형의 흙무더기를 이용하였다. 흙무더기의 표면과 평탄한 주변 지역에 일정하게 씨를 뿌리고 후에 구역별로 수확을 하였다.

슈바베[4416]의 결과의 두 가지 사례가 그림 44-4에 제시되었다. 남반구로부터의 이들 측정과 다른 그림을 비교하기 위하여 칠레에서는 북쪽인 양지쪽을 그림의 아래쪽에 배치하였다. 그러면 적도의 북쪽에 사는 사람들은 바꾸어 생각할 필요가 없다. 그림 44-4(A)의 등치선은 발디비아(40°S) 부근의 2개의 흙무더기 위에 1955년 10월 3일에 심은 콩 중에서 10월 28일~29일의 늦서리가 내린 야간 후에 살아남은 콩의 백분율이다. 그림 44-4에서 작은 원들로 표시된 위치에서 흙무더기의 8개 구역에 따라 수를 세어서 조사를 하였다. 그 차이는 10.8~30.3%였으며, 사면들 위에서 가장 컸다. 이 차이는 평탄한 주변 지역에도 영향을 주었다. 사면의 좀 더 건조한 토양이 야간에 열 저장소로 작용하였고, 양지와 서쪽 사이의 최대입사복사 지역에서 가장 많은 식물이 살아남았다.

그림 44-4(B)는 발디비아 부근 자연 목초지의 8개 흙무더기에서 평균목초수확량(kg m⁻²)을 제시한 것이다. 봄과 초여름에는 예외적으로 건조했고, 건조한 서풍은 흙무더기의 서사면에 불리한 영향을 주어서 최대수확량이 나타난 지역이 토양온도가 아니라 토양수분에 의해서 결정되었고,[17] 최대수확량은 동쪽과 북쪽에 있었다.

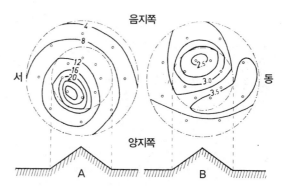

그림 44-4 A : 야간에 서리가 내린 후에 살아남은 콩(%), B : 1.5m 높이의 인공적으로 쌓은 흙무더기 위의 목초 생산량(kg m⁻²)(G. H. Schwabe[4416])

---

17) 독일어본(제4판, 1961)과 제4판 영어 번역본(1965)에는 각각 "die Lage des Höchstertrages hier nicht durch die Wärme, sondern durch die Bodenfeuchte bestimmt wurde"와 "the region of highest yield was determined by humidity rather than the warmth of the soil"로 표현되어 있다. 그러나 제7판 영어본(2009)에는 "the region of highest yield was determined by both humidity and temperature"라고 다르게 표현되어 있어 독일어본(제4판, 1961)과 제4판 영어 번역본(1965)에 따라 번역하였다.

하우데[4407]는 이와 유사한 위도인 에드센골의 건조한 고비 사막에서 사구(砂丘) 사면 위의 토양온도를 측정하였다. 그는 스벤 헤딘(Sven Hedin)이 1931~32년에 중국 북서부로 탐험하는 겨울 캠프 부근의 해발 1,400m 고도에서 23m 높이의 한 사구를 선택하여 그 사구의 동, 남, 서 사면과 정상에서 규칙적으로 토양온도를 측정하였다. 그림 44-5는 거의 구름이 없는 12일간의 평균으로 기온의 일변화를 제시한 것이다. 기온은 사구 위의 백엽상에서 동시에 측정되었다. 기온은 영하였다(최고기온 < 0°C). 그럼에도 불구하고 2mm 깊이의 사구 남사면의 토양온도는 이 건조기후에서 22°C에 이르렀고, 1932년 2월 18일의 경우에는 정오에 심지어 32.8°C까지 상승했다. 동사면은 서사면보다 따뜻했는데, 그 이유는 동쪽으로 평탄한 자갈이 많은 지역이 있었던 반면, 서쪽으로는 다른 사구들이 있었기 때문이다. 고비 사막에서는 또한 유럽 기후와 다르게 토양수분과 증발이 열수지에서 부수적인 역할만 하였다. 좀 더 많이 노출된 정상에서 토양온도는 제시된 3개 방향에 대해서보다 낮은 최고값을 가졌다. 40mm에서 토양온도는 태양복사가 강한 오전과 이른 오후 동안 2mm에서보다 낮았으나, 표면 복사냉각이 표면을 냉각시킨 늦은 오후에는 2mm의 토양온도를 초과했다. 키드론 등[4412]은 사구들에서 일최고기온과 일최저기온이 북사면들에서보다 남사면들에서 높다는 것을 밝혔다.

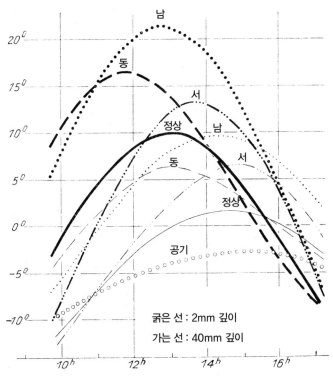

그림 44-5 고비 사막의 사구에서 겨울의 토양온도(W. Haude[4407])

그림 41-1과 표 41-1에서 기대되는 바와 같이 이 차이는 겨울 동안 가장 컸다. 그들은 또한 북사면들 위에서 좀 더 많은 이슬 침적 및 기간, 그리고 토양수분을 관측했다.

오코[4415]는 핀란드 남부와 중부의 에스커(영 : esker, 독 : Oser)[18]에서 주목할 만한 미기후 현상을 조사하였고, 트롤[4420]은 이에 대해서 토론하였다. 빙하의 융빙수에 의해서 퇴적된, 약 25m의 비고를 갖는 쇄설물 능선은 거친 암괴와 느슨한 자갈로 이루어졌으며, 표면만이 세사(細砂)로 덮여 있었다. 이곳에서 식물들이 충분한 양분과 수분을 흡수하였다. 이와 같이 많은 에스커들의 능선 위 또는 부근의 일부 장소들에는 겨울 내내 눈이 없는 곳이 있었다(오코[4415]는 60~64°N까지의 28개 장소를 사례로 제시하였다). 한겨울에 −30℃까지 내려가는 주변 공기의 기온과 무관하게 약 +3℃의 평균기온을 갖는 따뜻한 공기가 이들 장소로부터 흘러 나갔다. 지면으로부터 나오는 기류는 타고 있는 성냥불을 끌 정도로 매우 강했다. −20℃ 이하의 기온에서 지면으로부터 나오는 기류는 2~3m 높이까지 응결된 수증기구름(독 : Dampfwolke)을 형성하였다. 순환은 거친 암괴가 있어서 외부 공기가 자유로이 들어올 수 있는 에스커의 기저부로부터 공급되었다. 이러한 겨울 순환은 9월 말경에 시작하여 3월과 4월에 점차 감소하는 속도로 끝났다. 이에 대한 설명은 특별한 상황을 통해서 예외적으로 지연되는 토양에서의 열저장(공급)의 계절변화에 있다.

여름에 에스커의 남사면에서 서사면까지 매우 크게 가열되었다(62℃까지의 사면 온도가 측정되었다). 이 시기에 찬공기가 차가운 내부로부터 에스커의 기저부에서 흘러나오고, 능선에서 내부로 공기가 흘러 들어가는 것이 관측되었다. 따라서 여름 동안 가을까지 인접한 평탄한 토양표면보다 좀 더 많은 열이 에스커에 저장되었다. 얇은 세사 덮개 위에 첫눈이 내리자마자 쇄석 질량 내에 저장된 열은 좀 더 강한 열 손실로부터 보호되었다. 추정 계산으로 나타나는 바와 같이 이렇게 저장된 열이 겨울에 외부로 나가는 공기에 열을 공급할 수 있어서 개별 능선의 장소들에 겨울에 눈이 없었다. 지하수면은 보통 수 미터 깊이에 있고, 지하수는 5~6℃까지의 수온을 가져서 또한 열을 공급하였다. 외부로 흘러 나가는 따뜻한 공기가 외부 공기와 대비하여 항시 포화상태라는 것은 놀라운 일이 아니었다. 눈이 없는 장소 부근의 식생은 종종 침적된 무거운 상고대로 덮여 있었다.

하르트만 등[4406]은 1954년에 독일의 하르츠(쥐트하르츠 초르게 부근의 그로써 슈타우펜베르크)에서 키가 큰 너도밤나무 삼림으로 완전하게 덮인 구릉에서 사면기후를

---

18) 빙하 하부에서 녹은 물이 흐르면서 모래와 자갈이 퇴적되어 생긴 층으로 구성된, 길고 좁으며 구불구불한 능선이다. 에스커는 높이 5~50m, 너비 50~500m, 길이 90m부터 수십 킬로미터에 달한다.

연구하였다. 그렇지만 입목(立木)들은 사면의 위치에 따라 현저하게 서로 다른 삼림 특
징을 보여 주었다. 이러한 특성이 서로 다른 미기후 위치에 상응하는가가 조사되었다.
여름과 가을에 15~40°까지 경사진 사면과 약 200m의 비고를 가진 이 구릉의 주변 동
일한 종의 입목과 균등한 수관을 가진 20개 지점에서 삼림 접지층의 복사(로비치 일사
계), 조도(광전지), 기온, 습도와 증발(피체 증발계)을 측정하였다. 외부 빛의 5~15%
만이 투과되는 입목 내부의 크게 완화된 미기후에서조차 사면 방위의 특징이 분명하게,
그리고 두 관측 기간에 일치되게 나타났다. 많은 결과 중에서 일부만을 여기서 다루도
록 하겠다.

그림 44-6은 1954년 6월의 맑은 4일간 산 주변에서 삼림의 지면 위 40cm 높이에서
측정한 일최고기온의 분포이고, 그림 44-7은 일최저기온의 분포이다. 이 분포는 모든
날의 분포에 상응하나, 그 차이만을 좀 더 잘 나타낸다. 최고기온은 또한 상당한 정도로
전천복사 그리고 일평균 토양온도 및 일평균기온과 같은 분포를 보인다. 남서 사면, 특
히 이 사면의 중앙이 가장 온난하였고, 북동 사면 또한 특히 이 사면의 중앙이 가장 추웠
다. 여기서 19°C의 등온선이 국지적인 지형의 영향으로 동쪽으로 연장되었다. 피체 증
발계로 측정한 증발량 역시 18cm³ d⁻¹의 최고치로 남남서 사면의 중앙에서 가장 많았
고, 북동 사면에서는 9cm³ d⁻¹로 가장 작았다. 그에 상응하여 상대습도는 남남서 사면
에서 가장 낮았다. 북사면은 그림 44-6에서 상대적으로 온난한 것으로 나타났는데, 그

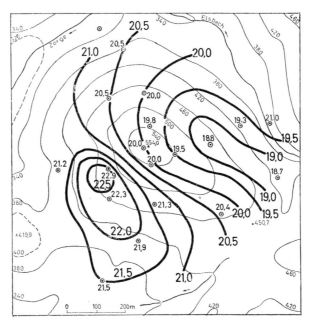

그림 44-6　1954년 6월에 햇빛이 나는 4일간 독일 슈타우펜베르크 삼림의 접지기후에서 최고기온(F. K.
Hartmann et al.[4406])

이유는 여름에 태양고도가 높아서 북사면도 늦은 오후에 햇빛을 받았기 때문이다. 가을에는 이러한 현상이 더 이상 나타나지 않았다.

여름에 야간 최저기온(그림 44-7)은 우선 북쪽으로부터 초르게 계곡에서 유입하는 찬공기 흐름으로 결정되었다. 이 찬공기는 슈타우펜베르크에 의해서 막혀서 북동쪽 엘스바흐 계곡에서 최저기온이 나타나게 하였다. 찬공기는 또한 구릉 사면 기저부 주위의 폐쇄된 입목으로 침투할 수 있었다. 산 주변으로의 찬공기 침입은 남사면의 하부가 다른 계절의 야간에도 가장 따뜻한 장소가 되게 하였다. 야간 최저기온 패턴은 또한 주간에 저장된 열이 야간에 방출되는 것으로 부분적으로 설명된다.

이와 같은 광범위한 측정이 정량적으로 미기후 지대를 설정하기에 아직 충분하지는 않지만, 저자들은 그 결과를 실제로 이용하기 위하여 그림 44-8에 제시된 정성적인 지도를 그리는 모범적인 시도를 하였다. 그림 44-8은 주간의 순복사(S), 기온(T), 상대습도(F)[19]의 관측값을 5등급으로 구분하여 제시한 것이다. 여기서 1은 최고값, 5는 최저값을 의미한다. 이렇게 구분한 분포는 입목의 유형과 밀접한 관련이 있었다. 기대되는 바와 같이 최고기온은 일반적으로 높은 순복사 및 낮은 상대습도와 관련이 있다.

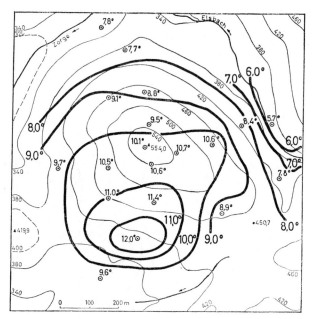

그림 44-7 그림 44-6과 같은 장소의 최저기온(F. K. Hartmann et al.[4406])

---

19) 독일어본(제4판, 1961)에는 "relative Luftfeuchtigkeit(상대습도)"로 표현되어 있으나, 제7판 영어본(2009)에는 "vapor pressure(수증기압)"라고 표현되어 있어 독일어본(제4판, 1961)에 따라 '상대습도'로 번역하였다.

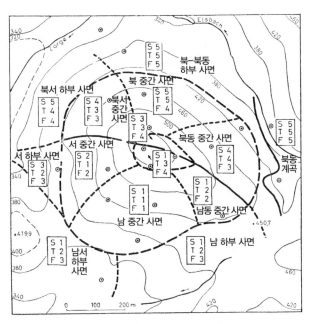

그림 44-8 독일 슈타우펜베르크의 미기후 구분(F. K. Hartmann et al.[4406])

　그림 44-9는 캐나다 퀘벡의 원뿔형의 작은 언덕 위의 2cm 깊이에서 북사면과 남사면 사이의 1년 동안의 온도차를 제시한 것이다. 온도차는 잎이 떨어진 후인 가을 동안과 싹이 나오기 전인 봄에 가장 컸다. 이들 기간에 태양은 하늘에 상대적으로 높이 떴고, 태양에너지의 많은 부분이 토양표면에서 흡수되었다. 4월 말에 남사면의 표면온도는 5°C였던 반면, 북사면은 여전히 얼어 있었다. 2cm 깊이에서 토양온도는 봄에 남사면에서 6°C 높았고, 늦여름에 2°C 높았다.

　커크패트릭과 누네[4413]는 오스트레일리아 태즈메이니아 주 리스돈 부근의 구릉들에서 북-남 단면을 따라서 표면 태양복사 투입과 종 분포의 변화를 조사하였다. 태양복사 투입의 가장 큰 변화는 봄과 가을에 나타났으며, 가장 작은 변화는 여름에 나타났다. 두 능선을 따라서 총복사량은 1년 동안 비슷했으며, 북사면은 이 남반구 위치에 대해서 모든 계절에 증가된 태양복사 투입량을 받았다. 추정된 강수량과 표면 증발량으로부터 계산된 연건조도지수(yearly dryness index)는 하나의 요인에 의해서 단면을 따라서 두 가지 이상 다양하게 나타났다. 이러한 미기후 변화에 대한 식생의 반응은 많았다. 가장 내건성(耐乾性, xeric)이 있는 식생은 일반적으로 북서사면에서 나타났던 반면, 가장 중습(中濕, mesic)의 식생은 남동사면에서 나타났다. 초본의 종다양성은 북사면에서 가장 낮았고, 남사면에서 가장 높다. 구릉들에서 3개 식물군락은 일반적으로 고도에서, 그리고 좀 더 급격한 식물 변화가 일어난 사면과 방위가 뚜렷하게 변하는 지역을 제외하

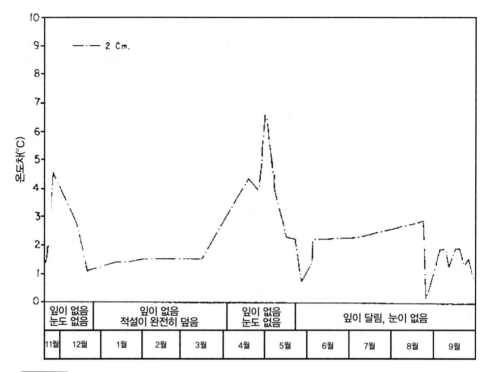

그림 44-9 캐나다 퀘벡의 2cm 깊이에서 북사면과 남사면 사이의 온도차(R. G. Wilson[4421])

고, 단면을 따라서 상대적으로 지배한 곳에서 점진적으로 변했다.

캔틀론[4401]은 미국 뉴저지 주 구릉 능선(쿡케틴크 산)의 북사면과 남사면의 각각 2개 관측소에서 세 계절 동안 5, 20, 100, 200cm 높이에서 토양온도, 기온과 습도를 측정하였다.[20] 그는 주간에 크게 그늘이 진 남사면에서 거의 등온 상태를 관측하였다. 반면에 약한 그늘 아래에서는 고도가 높아질수록 기온이 뚜렷하게 하강하였다. 그러나 북사면에서는 항시 식생의 밀도에 관계없이 고도가 높아질수록 기온이 상승하였다. 이것은 윌슨[4421]과 일치하였다. 캔틀론[4401]은 또한 특히 북사면에서 지표 쪽으로 주간에 포차가 감소하는 것을 발견하였다. 생크스와 노리스[4417]는 미국 테네시 주 낙스빌 부근의 동-서로 달리는 한 계곡의 북사면과 남사면 위에서 늦서리 위험을 30cm 높이에 최저온도계가 설치된 14개 관측소에서 조사하였다. 남사면은 높은 최고기온을 갖고, 북사면은 낮은 최저기온을 가졌다. 일평균기온은 남사면에서 1.7℃ 높았던 반면, 남사면의 최저기온은 불과 0.6～1.1℃ 높았다. 기온이 영하인 기간은 최저기온보다 관측된 서

---

20) 독일어본(제4판, 1961)과 제4판 영어 번역본(1965)과 다르게 제7판 영어본(2009)에는 "4개 고도(5, 20, 100, 200cm)에서 기온과 습도 그리고 4cm 깊이에서 최고 및 최저 토양온도를 조사하였다"고 기술되었다.

리 피해와 좀 더 나은 상관관계를 가졌다. 데스타 등[4403]은 미국 애팔래치아 산맥의 분수령 연구에서 정오의 기온이 북사면과 동사면보다 서사면과 남서사면에서 평균 5.5°C 높았다는 것을 밝혔다. 상대습도 역시 서사면과 남서사면에서 낮았고, 포차는 높았다. 그들은 이들 차이와 관련하여 나무의 생물량, 직경과 수고(樹高)가 북사면과 동사면(중습)에서 실제로 높았고, 나무 밀도는 서사면과 남서사면(건조한 사면)에서 실제로 높았다는 것을 밝혔다. 체스넛오크(*Quercus prinus*)와 미국참나무(*Quercus alba*)와 같은 좀 더 내건성이 있는 나무들이 서사면과 남서사면(건조한 사면)을 지배하였다. 건조한 사면 위에서 나무의 밀도가 좀 더 높은 것은 수관의 좀 더 개방된 조건에 기인하여 그늘에 잘 견디는 종들의 좀 더 낮은 수관이 나타나게 했다. 토양수분의 큰 차이 역시 서로 다른 사면들에서 나타날 수 있다. 그림 44-10은 풀로 덮인 토양의 표면 아래 5cm 깊이에서 측정한 독일 호헨파이센베르크의 20° 경사진 남사면과 북사면에서 1953년 5월부터 10월까지 토양수분의 변화를 제시한 것이다(K. Heigel[4409]). kΩ 눈금은 토양수분 측정에 이용된 석고 블록의 전기저항으로 석고의 우연한 특성에 종속된다. 두 가지 눈금은 (역으로 된 눈금으로) %중량으로 토양수분을 제시하였다. 북사면은 전 기간에 좀 더 습윤하였다. 가을의 맑은 일기 동안 북사면의 토양수분은 가장 건조한 시기의 20%까지 떨어졌던 반면, 남사면에서는 토양수분이 10%까지 감소하였다.

그러나 물이 제한되는 환경에서 북사면(북반구)에 감소된 태양복사 투입량은 그 사

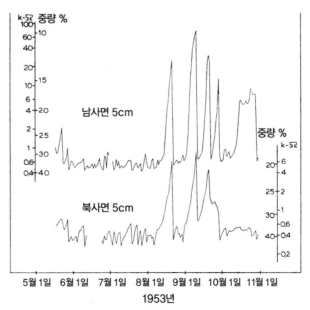

그림 44-10 독일 호헨파이센베르크의 남사면과 북사면에서 1953년 5월부터 10월까지 토양수분의 변화(K. Heigel[4409])

면 위에서 토양수분의 수준을 높일 것으로 자주 가정되었다. 그렇지만 좀 더 중습(mesic)의 환경에서 생산된 좀 더 많은 생물량(biomass)이 이러한 일반적인 패턴을 복잡하게 할 수 있다. 엔지와 밀러[4414]는 예를 들어 이들이 좀 더 높은 토양 증발율을 가질지라도 미국 캘리포니아 주 남부의 차파랄(chaparral)²¹⁾ 군락(32°54'N, 925m) 중에서 남사면 위의 좀 더 높은 토양수분 수준을 발견하였다. 북사면에서 나타나는 증가된 식생피복, 좀 더 큰 잎면적지수와 좀 더 깊은 뿌리 체계는 남사면보다 좀 더 높은 정도까지 토양수분 수준을 고갈시키는 높은 증산율이 나타나게 했다.

하이겔[4408]은 또한 호헨파이센베르크의 사면들에서 생물계절학 과정의 방위와 고도에 대한 종속성을 조사하였다. 단양앵두(*Prunus avium*)의 개화는 1951년에 매 100m 고도마다 2일씩 지연되었다. 그러나 북사면과 남사면의 차이는 5~7일까지 되었다. 이와 반대로 가을호밀의 수확은 주로 고도에 반응하여 크게 분산되어(토양형!) 100m 고도마다 평균 7일씩 지연되었다. 서양민들레(*Taraxacum officinalis*) 꽃의 개화는 사면의 일조시간에 극히 민감하게 반응하였다. 18~20°까지의 같은 경도를 갖는 남사면과 북사면의 식물들만을 비교하여 1954년에 다음과 같은 개화 일자가 나타났다.

해발고도(m)	820	860	900	940
남사면 :	4월 25일	4월 27일	5월 2일	5월 11일
북사면 :	5월 9일	5월 17일	(식생 없음)	

제45장 ··· 사면온난대 : 산, 계곡과 사면

44장에서는 사면 방위가 국지기후에 미치는 영향을 주로 다루었다. 이제는 고도 또는 비고(比高)가 국지기후에 미치는 영향을 다룰 것이다.

42장에서 설명된 야간의 찬공기 운동의 규칙들이 적용되면, 계곡은 그림 45-1의 상부의 스케치에 제시된 것과 같이 거대한 찬공기호수를 포함하게 될 것이다. 개별 순환은 따뜻한 공기를 가져와서 사면에서 냉각되는 공기를 대체한다. 그림 45-1의 아래 스

---

21) 잎이 넓은 상록성의 교목, 관목, 키가 2.5m 이하인 소교목으로 구성된 식생이다. 이들이 함께 어우러져 종종 빽빽한 덤불을 이룬다. 뜨겁고 건조한 여름과 온화하고 다습한 겨울이 특징적인 지중해성 지역에서 발견된다. '차파랄'이라는 이름은 처음에 북아메리카 남서부지방의 해안과 내륙의 산악지대 식생을 가리켰으나, 현재는 더 일반적으로 쓰이는 용어인 지중해식생과 같은 의미로 사용된다.

케치는 실제 관측에 좀 더 적합하다. 니체[22)]는 이러한 순환을 야간에 작은 램프를 매달은 기구들을 이용하여 직접 관측하고 사진측량학으로 측정하였다. 이를 통해서 찬공기 호수는 곡저 부근에만 발달하였다. 다른 한편으로 높은 고원 위 지면 부근의 찬공기층은 남아 있기 때문에 그 사이에 '사면온난대(독 : warme Hangzone, 영 : thermal belt)'라고 부르는 야간에 기온이 좀 더 높은 중간 지대가 형성되었다.

이렇게 3개 지대로 연직 구분하는 것은 영[4510]이 미국 캘리포니아 주 포모나 계곡의 산호세 산의 사면들에서 1918년 12월 27일~28일 야간에 5개의 서로 다른 고도에서 구한 기온 기록으로부터 알 수 있다. 그림 45-2의 0m와 8m 고도에 대한 가장 아래의 곡선들은 곡저의 찬공기호수에서 영하의 기온을 나타낸다. 이들 곡선은 일출 전에 고요한 찬공기에서 거의 수평으로 달렸다. 15m에서 기온이 상승하였는데, 그 이유는 온난한 사면온난대에 접근하였기 때문이다. 기온 패턴은 훨씬 더 불규칙하였다. 가장 온난한 지대는 68m 주변이었고, 그 위(84m)에서 기온은 다시 하강하였다.

주간에도 3개 지대의 구분이 유지되었으나, 기온패턴은 달랐다. 가이거 등[4503]은 1931년과 1932년에 독일 바이에른 주 삼림의 그로써 아버(1,447m)에서 이러한 법칙성의 연구를 위해서 조사를 하였다. 그림 45-3은 가이거 등[4503]이 그로써 아버에서 수

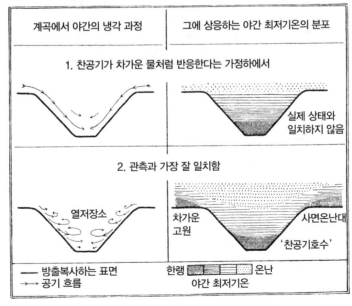

그림 45-1 사면온난대의 발달

22) *Nitze, F. W.*, Untersuchung der nächtlichen Zirkulationsströmung am Berghang durch stereophotogrammetrischen vermessene Ballonbahnen. Biokl. B. 3, 125-127, 1936.

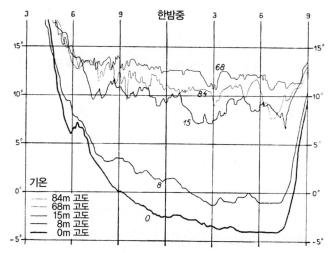

그림 45-2 미국 캘리포니아 주 포모나 계곡의 5개의 서로 다른 고도에서 야간의 기온변화(F. D. Young[4510])

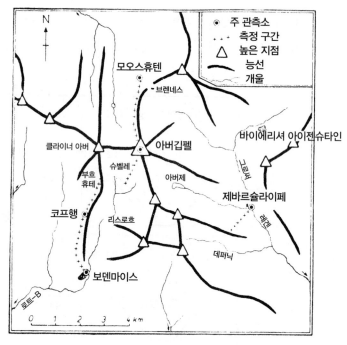

그림 45-3 1931년~1932년 독일 그로써 아버에서 관측소의 분포(R. Geiger et al.[4503])

행한 조사에서 관측지점의 위치를 나타낸 것이다. 백엽상이 설치된 관측소들은 남서쪽 보덴마이스(665m)와 동쪽 제바흐슐라이페(645m)의 계곡, 남서쪽 코프행(1,008m)의 사면 위, 북쪽 모오스휴텐(946m)의 평탄한 지역 위와 정상(1,447m)에 위치하였다. 교차선을 따라서 99개 측정지점이 지면 부근의 야간기온을 기록하기 위해서 설치되었다.

그림 45-4와 45-5는 5월과 6월의 맑은 25일간의 백엽상 읽기의 평균으로 기온과 상대
습도의 일변화를 제시한 것이다.

그림 45-4에서 0시보다 24시에 온난했는데 그 이유는 계절이 진행되고 있었기 때문
이다. 계곡의 위치는 야간에 가장 낮은 기온과 가장 높은 상대습도를 가졌고, 주간에 가
장 높은 기온과 가장 낮은 상대습도를 가졌다(그림 45-4와 45-5). 그러므로 계곡은 '대
륙성 기후'를 가졌다. 사면 관측소(사면온난대)는 야간에 가장 따뜻한 위치였다. 사면
온난대의 주간 기온은 비고에 종속되었고, 상대습도도 하루 종일 중간이었다. 정상에서
일교차가 가장 작았다. 정상은 주간에 기온이 낮았으나, 계곡은 야간에 좀 더 기온이 낮
았다. 사면온난대 위에서는 기온이 고도가 높아질수록 하강하였다. 정상이 충분하게 높
으면, 야간에 정상의 기온도 계곡보다 낮을 것이다. 정상은 가장 작은 상대습도의 일변
화를 보였다(그림 45-5). 정상은 야간에 가장 건조했고 낮 동안 가장 습윤했다.

독일 바이에른 주 삼림에 있는 그로써 팔켄슈타인의 등고선도가 그림 45-6에 제시되

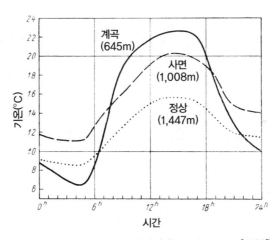

그림 45-4 독일 그로써 아버의 맑은 봄날들에 기온의 일변화(R. Geiger et al.[4503])

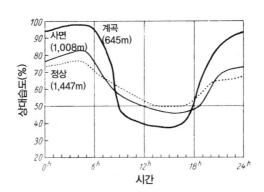

그림 45-5 그림 45-4와 같이 같은 시간과 장소에서 상대습도의 일변화(R. Geiger et al.[4503])

어 있다. 측정 구간은 서남서 사면에서 벌채하여 생긴 직선의 삼림 속 길을 따른다. 이 구간은 입목이 없는 곳에 설치된 관측기기들을 위해서 충분히 열려 있었고, 사면풍을 저지하기에 충분히 좁았다. 그림 45-7은 관측기기들이 배치된 상태를 제시한다. 그 옆에 작은 생물계절학 실험장이 위치한, 백엽상이 있는 8개의 관측소는 사면을 따라 분포하였다. 이들 관측소 사이에 지면 위 2개 높이에서 야간 최저기온, 강수량과 안개 강수량(precipitation from fog), 적설량을 측정하는 지점들이 위치하였다. 그 부근의 입목에서 6개의 높이, 즉 삼림의 지면, 줄기의 하부, 수관, 나무 꼭대기 위 수 미터 높이의 긴 장대 끝에 복사를 차단하는 백엽상 안에 반도체 써미스터(semiconductor thermister)가 설치되었다(W_1에서 W_6). 모든 전기온도계는 정상에 있는 중앙 관측소에서 선택적으로 읽을 수 있었다. 바움가르트너와 호프만[23]은 습도 및 바람까지 확장되는 이와 같이 유익한 미기후학 측정 방법에 관해서 보고하였다.

표 45-1은 그림 45-7에서 1,307m의 정상(2)부터 622m의 계곡(14)까지 숫자로 표시

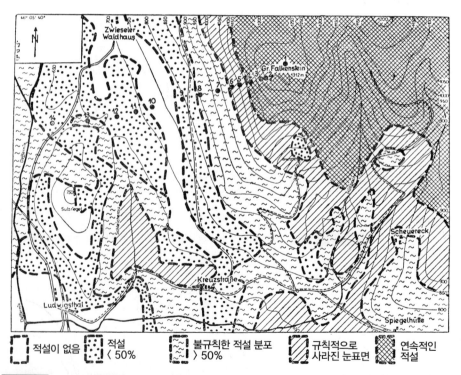

적설이 없음 | 적설 < 50% | 불규칙한 적설 분포 > 50% | 규칙적으로 사라진 눈표면 | 연속적인 적설

그림 45-6 1955년 4월 19일 독일 그로써 팔켄슈타인의 적설 분포도는 사면온난대에서 일찍 눈이 녹는 것을 보여 준다(G. Waldmann[4509]).

23) *Baumgartner, A.*, und *Hofmann, G.*, Elektrische Fernmessung der Luft-und Bodentemperatur in einem Bergwald. Arch. f. Met. (B) 8, 215-230, 1957.

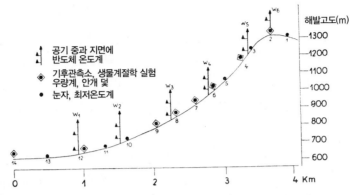

그림 45-7 1955년에 독일 그로써 팔켄슈타인의 서남서 사면에 설치된 관측기기(A. Baumgartner and G. Hofmann[3401])

표 45-1 1955년 5월 독일 그로써 팔켄슈타인의 서사면에서 백엽상에서의 일변화. 수치 뒤의 별(*)은 연직 단면에서 가장 온난한 지대와 상대적으로 가장 건조한 지대를 의미한다. 수치 뒤의 플러스(+)는 가장 추운 지대와 가장 습윤한 지대를 의미한다.

관측소 No. (그림 45-7)	고도 (m)	하루의 시간												일평균
		2	4	6	8	10	12	14	16	18	20	22	24	
		기온(°C)												
2	1,307	2.9	2.7	2.7	3.6+	5.2+	6.6+	7.0+	6.5+	5.2+	4.0+	3.4+	3.0	4.4+
4	1,157	4.2	3.8	3.6	4.2	5.8	7.4	8.1	8.1	7.3	5.6	4.7	4.3	5.6
7	925	5.8	5.5	5.1	5.9	8.1	9.7	10.5	10.4	9.3	7.3	6.3	5.7	7.4
9	796	6.4*	6.0*	5.9*	6.9	9.9	11.4	12.0	12.0	11.0*	8.8*	7.2*	6.5*	8.6
12	658	3.8	3.4	3.6	6.6	10.2	11.9	12.3	12.0	10.6	8.4	5.8	4.4	7.7
14	622	1.9+	1.5+	2.4+	8.0*	11.0*	12.6*	13.2*	12.9*	10.9	6.8	3.8	2.4+	7.8

관측소 No. (그림 45-7)	고도 (m)	상대습도(%)												수증 기압 (hPa)
2	1,307	89	89	90	86	82+	75+	75+	77+	82+	86	88	89	7.1
4	1,157	88	88	89	86	81	73	72	73	75	82	86	88	7.5
7	925	86*	86*	88*	83	70	60	60	62	68	79*	84*	86*	8.0
9	796	91	92	92	80	66	56	58	60	66	80	88	91	8.7
12	658	97+	97	96	88+	68	58	59	63	72	85	95	97+	8.8
14	622	97+	98+	97+	81*	64*	55*	56*	58*	66*	88+	95+	97+	8.3

출처 : A. Baumgartner[4500]

한, 6개의 선별된 백엽상 관측소에 대한 1955년 5월의 기온 및 상대습도의 일변화, (7시, 14시, 21시의 관측으로 구한) 일평균 수증기압을 제시한 것이다. 수치 뒤의 별(*)은 각 연직 단면에서 가장 온난한 지대와 상대적으로 가장 건조한 지대를 강조한 것이고, 수치 뒤의 플러스(+)는 가장 추운 지대와 절대적으로 가장 습윤한 지대를 강조한 것이다. 바움가르트너[4500]가 발간한 실험 결과의 사례에서 곡저로부터 정상까지의 사면기후가 변화하는 주요 특징을 연구할 수 있다.

앞서 기술된 사면기후의 3개 구분은 상대적으로 고요한 조건과 맑은 하늘이 있는 상황에서 가장 뚜렷하게 나타났다. 구름이 끼었거나 강한 바람이 불 때는 고도가 높아질수록 기온이 하강하는 것이 관측되었다. 그림 45-8에는 그로써 아버에서 행한 관측이 기온이 가장 높은 정오 시간과 야간에 기온이 가장 낮은 시간에 대해서 3개의 가장 빈번한 기단에 따라 배열되었다. 정오에 기온은 항시 고도가 높아질수록 감소하였다. 야간에는 해양성 한대기단(mP)에서만, 즉 기온이 비교적 낮았으며, 강수와 구름이 빈번하고, 바람이 잘 불 때, 기온만 고도가 높아질수록 하강하였다.

그러나 (항시 봄과 여름에 높은 기온 및 약한 바람과 관련된) 대륙성 기단(c)에서는 기온역전과 따뜻한 사면온난대가 발달하였다. 기온이 그로써 아버의 서사면과 동사면에서 다소 달랐던 반면, 고도에 따른 기온변화의 패턴은 유사하였다. 정상에서 기온이 8°C 높았지만, 서사면 아래의 계곡은 해양성 한대기단에서보다 대륙성 기단에서 야간에 좀 더 추웠다.[24] 이들 둘 사이에 있는 해양성 기단(m)은 또한 기온역전의 형성과 관련되었다.

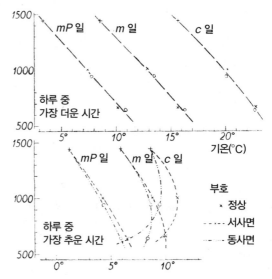

그림 45-8 하루 중의 시간과 기단에 종속되는 독일 그로써 아버의 봄의 연직 기온단면(R. Geiger et al.[4503])

마노[4506]는 일본에서 1954년 가을에 이나와시로(猪苗代町) 호수(514m) 위 반다 이산(磐梯山, 1,819m) 사면에서 사면온난대의 정상적인 위치에 상응하는 830m 고도에 설치된 관측소에서 규칙적인 야간 기온의 변동을 확인하였다. 이러한 변동은 1℃ 정도였고, 한 극값에서 다른 극값으로 약 2시간의 시간 간격을 가졌다. 1,800m 고도까지의 산 사면 위 자유대기의 기온장과 바람장을 측정하여 변동의 원인이 사면 부근의 하층 바람과 상층 경도풍 사이의 경계층의 변위에 있었던 것을 확인할 수 있었다. 이러한 규칙적인 변위는 부분적으로 열 과정(thermal process)과 부분적으로 역학 과정으로 시작되었고, 830m 고도의 관측소가 때로 역전층 안에 그리고 때로 역전층 위에 있게 하였다.

지속적으로 침강역전(subsidence inversion)이 일어나는 지역들에서 중요한 변화가 사면온난대에서 관측될 수 있다. 기암벨루카와 눌레트[4504]는 미국 하와이 제도 마우이(20°45'N)의 할레아칼라 화산 풍하 사면을 따라서 5개 고도에서 전천태양복사, 순복사, 기온, 상대습도, 수증기압, 풍속의 일변화, 월변화, 계절변화를 조사하였다. 이 아열대 섬에서 해들리 세포 순환(Hadley cell circulation)의 하강하는 지류와 관련된 침강역전은 모든 날의 70%에 1,200~2,400m 사이의 고도에서 나타났다. 침강역전은 연직혼합에 강하게 영향을 주어 차례로 구름량, 강수, 태양 투과, 순장파복사, 기온, 습도, 풍속에 영향을 주었다. 화산 정상의 풍하측 위에서 중부 고도와 상부 고도의 기후, 자연 식생, 야생 생물은 하루와 1년 동안의 역전의 존재와 이동에 의해서 크게 영향을 받았다.

그들의 분석으로 4개의 기후대가 분명해졌다. 해양 지대(marine zone)는 거의 항시 역전층 아래에 있는 1,200m 이하에서 나타났다. 이 지대는 해양과 접촉하는 잘 혼합된 기층으로 이루어졌다. 이 해양층에서 기온과 습도는 높고, 고도가 높아질수록 선형으로 하강하였다. 구름(안개) 지대(cloud (fog) zone)는 1,200m 고도의 평균 구름 기저부와 1,800m 고도의 가장 빈번한 역전층 하한계 사이에서 나타났다. 여기서 구름층은 자주 지표와 접촉하여 전천복사와 순복사가 종종 낮았고, 기후 조건은 역전층의 고도 변화에 반응하여 급격하게 변할 수 있었다. 점이지대(transition zone)는 역전층 기저부가 가장 빈번하게 나타나는 1,800~2,400m 고도에서 나타났다. 이 지대에 가장 높은 정도의 기후변동성이 있었다. 끝으로 건조 지대(arid zone)는 해양의 영향으로부터 고립된 역전층 기저부 위의 2,400m 고도 위에서 나타났다. 여기서 기후는 햇볕이 잘 들고, 상대

---

24) 독일어본(제4판, 1961)에는 "Trotz des um 8℃ höheren Temperaturniveaus am Gipfel wird es am Westhang im Tal bei C-Luft nachts kälter als bei PM-Luft."로 기술되어 있으나, 제4판 영어 번역본(1965)과 제7판 영어본(2009)에는 "Although the temperature at the peak is 8 deg higher, the valley below the W slope is colder at night with mP than with c air."로 기술되어 줄 친 부분의 내용이 오역되었다. 이 책에서는 독일어본에 따라 번역하였다.

적으로 온난하며, 건조하고, 바람이 강했다. 전천태양복사와 순복사는 이 층에서 구름이 없고 수증기 농도가 낮기 때문에 높은 태양의 투과로 인하여 증가하였다. 각 지대에서 국지기후는 산지에서 흔하게 발달하는 활승풍 및 활강풍의 하루 주기의 영향을 나타냈다(43장).

사면온난대의 고도에 작용하는 여러 가지 영향에도 불구하고, 특정한 사면에서 사면온난대의 위치는 통계적 평균으로 상당히 불변한다. 이러한 사실은 사면온난대의 위치에 실제로 매우 중요한 특성을 부여한다. 그림 45-9는 그림 45-3에서 제바흐슐라이페로부터 남서쪽으로 달리는 x로 표시된 구간을 측면에서 본 단면으로 제시한 것이다. 이 단면 위에 23개 측정 지점들의 위치가 짧은 수직선으로 제시되어 있다. 1931년과 1932년의 두 번의 봄에 관측된 야간 최저기온에 따라 어느 해발고도에서 가장 높은 기온이 나타나는가를 결정하였다. 이렇게 조사한 빈도분포가 그림 45-9의 오른쪽에 제시되었다. 이에 따르면 가장 높은 기온은 해발 800m 고도보다 조금 높은 곳에서 가장 빈번하게 나타났다. 곡저의 약한 2차 최고기온은 기온이 고도가 높아질수록 규칙적으로 하강하는, 바람이 불거나 구름이 낀 일기상태에서 나타났다.

사람들이 이미 기후학이 발달하기 오래전에 사면온난대를 알고 있었다는 것은 놀라운 일이 아니다. 독일에서 이 지역은 최초의 취락, 수도원, 귀족의 저택 지역으로 선호되었다. 빌룬트와 준드보르그[4502]는 스웨덴의 라플란드에서 좋은 사례를 제시하였다. 이 지역에서는 수평으로 2~3km까지 떨어지고 100m 이하의 고도차를 갖는 장소들에서 8~9°C까지의 기온차가 나타났다.

후앙[4410]은 중국의 작은 원추형 구릉에서 그림 45-10에 제시된 감귤나무의 서리 피해 분포를 보고하였다. 동쪽과 북쪽으로 낮은 지역들에서 서리 피해가 증가하는 것은 이 지역의 낮은 최저기온의 결과였다(그림 44-8). 북사면과 동사면 위에서 서리 피해가 감소하는 것은 사면온난대가 있는 결과였다.

비고(比高)의 영향 역시 산지 지형의 적설 분포에서 분명하게 나타난다. 독일 그로써 팔켄슈타인 실험에서 그림 45-6은 1955년 4월 19일의 녹는 적설의 분포도이다. 사면의

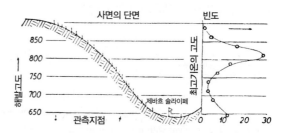

그림 45-9 봄에 독일 그로써 아버의 사면에서 사면온난대의 위치(R. Geiger et al.[4503])

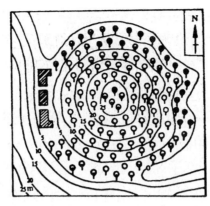

그림 45-10 원추형의 구릉 위의 폰칸(Ponkan) 감귤나무. 음영은 1977년 3월의 서리 피해 정도를 보여 주는 것이다(S. B. Huang[4410]).

위치, 사면의 방위, 지형의 영향을 파악하기 위해서 삼림에 의해서 영향을 받지 않는 적설을 측정하기 위한 비교 가능한 지점들을 선별하였다. 등고선을 비교하여 약 700m의 따뜻한 사면온난대에 이미 눈이 없는 것을 볼 수 있다. 이 고도 아래에서 적설은 증가하였고, 이 고도 위에서 당연히 적설은 좀 더 많이 증가하였는데, 그 이유는 겨울에 집적된 것이 이 지역에 훨씬 더 많았기 때문이다. 발트만(G. Waldmann)[25]은 일련의 이러한 지도를 발간하였다. 이 지도는 또한 24장에서 언급했던 한 지역의 지형미기후(독 : Geländemikroklima)와 융설 패턴 사이의 밀접한 관계의 사례를 제공하고 있다. 요시노[2733]는 사면온난대 중심의 고도는 곡저 또는 산지의 기저부 위 100~400m(보통 200~300m) 고도에 위치하고, 여름보다 겨울에 보통 높으며, 고요한 맑은 야간에 좀 더 높고 좀 더 뚜렷하다는 것을 언급하였다. 그러나 오브레브스카-스타켈[4507]은 선행연구들을 요약하여 사면온난대 중심의 평균고도가 기저부 위 150~200m인 것을 밝혔다. 바움가르트너[4500] 역시 사면온난대가 겨울에 보통 좀 더 높다는 것을 밝혔다.

식물들의 발달 역시 사면온난대의 위치를 반영한다. 슈넬레[106]는 독일과 영국의 관측자료를 기초로 한 그의 저서 『식물계절학(Pflanzenphänologie)』에서 따뜻한 사면온난대에서 식생이 우선 20일까지 앞서서 나타났고, 200m 아래의 계곡보다 수일 먼저 꽃이 폈다는 사실을 지적하였다. 1936년~1939년에 독일의 생물계절학 관측망의 결과에 의하면 바덴의 슈바르츠발트에서 마찬가지로 슈넬레[4508]에 따라 가을호밀의 최초의 이삭이 다음과 같이 나타났다.

---

25) *Waldmann, G.*, Schnee-und Bodenfrost als Standortsfaktoren am Großen Falkenstein. Forstw. C. 78, 98-108, 1959.

고도(m)	150	200	300	500	700	1,000
일자	5월 17일	16일	15일	22일	28일	6월 7일

그러므로 여기서 가장 이르게 가을호밀의 이삭이 출현한 위치는 300m였다. 프렌첼과 피셔[26])는 독일 알고이 알프스 산맥에서 광범위한 생물계절학 관측을 통해서 따뜻한 사면온난대가 해발 1,100m인 것을 확인하였다.

그림 45-11 왼쪽의 곡선은 (그림 45-3과 그림 45-9에 제시된) 제바흐슐라이페 위의 측정 구간에 대해서 왼쪽에 1931년과 1932년 5월과 6월에 68일의 야간에 대한 야간 평균 최저기온을 제시한 것이다. 이 기간이 모든 종류의 일기상태를 포함하고 있음에도 불구하고 따뜻한 사면온난대를 쉽게 알아볼 수 있다. 그 옆에 오른쪽에는 서로 다른 고도들에서 선별된 생물계절학 단계의 시작 일자를 나타내는 3개 생물계절학 그래프가 있다. 여기서는 쉽게 비교하기 위해서 시간 눈금을 오른쪽에서 왼쪽으로 그렸다. 생물계절학 곡선과 기온 곡선은 매우 유사하였다.

그림 45-12는 그림 45-11의 연직 단면에서 제시된 것과 유사하게 팔켄슈타인(그림 45-6 비교)의 지도 위에 특정한 생물계절학 단계의 시간적 발달을 나타낸 것이다. 유럽너도밤나무(*Fagus silvatrica*)에서 첫 번째 엽록소는 사면온난대에서 1955년 5월 1일 이전에 나타났다. 이 시점에서부터 녹색 지대는 위와 아래로 퍼져서 9일 늦게야 비로소 계곡에 도달하였다. 바움가르트너 등[4501]은 일련의 이와 유사한 생물계절학 지도들을

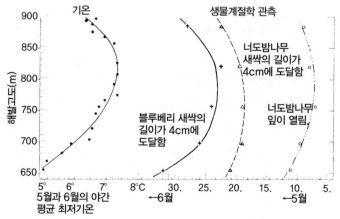

그림 45-11 독일 그로써 아버에서 5월과 6월의 야간평균 최저기온(왼쪽)과 식물 성장 단계 사이의 밀접한 관계 (R. Geiger et al.[4503])

26) *Frenzel, B.*, und *Fischer, H.*, Beobachtungen zur Phänologie eines Alpentales. Arch. f. Met. (B) 8, 231-256, 1957.

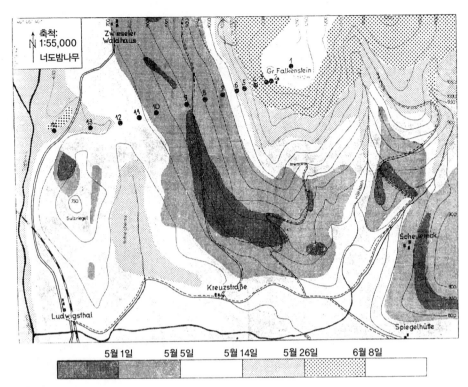

	5월 1일	5월 5일	5월 14일	5월 26일	6월 8일

그림 45-12 독일 그로써 팔켄슈타인 사면들 위에서 유럽너도밤나무의 잎들이 처음으로 출현하는 시기(A. Baumgartner et al.[4501])

발간했는데, 여기서는 4개 수종과 지면 식물상(ground flora)이 지속적으로 관찰되었다. 모든 가지의 1/2 이상에 새로 나온 잎이 달렸던 시점부터 한 나무에서 이미 1/2 이상의 잎이 떨어졌던 시점까지의 일수로 측정된 1955년의 생육기간은 다음과 같은 고도에 대한 종속성을 나타내고 있다.

고도(m)	620	700	800	900	1,000	1,100	1,200
너도밤나무(일수)	139	157	163	161	135	127	121
단풍나무(일수)	137	146	146	140	134	129	126

700~900m 사이에서 좀 더 긴 생육기간이 분명하게 나타났다. 완두(*Pisum sativum*)에서 마디를 세고 마디 사이의 길이를 측정하여 생물계절학의 발달 상태를 실험적으로 결정하는 히긴스[4507]가 추천한 방법은 팔켄슈타인의 이미 언급한 생물계절학 실험장에서 성공적으로 이용되었다. 5월 12일과 8월 30일 사이에 5회 파종한 것은 800~850m까지의 고도(사면온난대)에서 가장 잘 성장하였다.

제46장 ··· 고산의 미기후

산지와 높은 고원은 지구 육지 표면의 거의 20%를 차지한다. 고도가 높아질수록 접지기층의 기후는 높은 고도에서 점점 더 두드러지는 새로운 특성을 갖게 된다. 이와 같은 특별한 조건은 학문적으로 흥미가 있을 뿐만 아니라 점점 더 실무적인 중요성을 갖는다.

증가하는 인구압과 좀 더 집약적인 경제적 이용으로 고산 지역은 광범위하게 심각한 피해를 입게 되었다. 나무들이 느리게 성장하며, 좀 더 심하고 빈번하게 일기에 의한 피해를 입는 수목한계선에서 사람들이 남용할 수 있는 삼림이 특히 민감하였다. 그러므로 인간의 영향을 받아서 황무지가 증가하고 있으며, 넓은 삼림 면적이 손실되고 있고, 눈사태와 돌발홍수(flash flood) 피해가 증가하고 있으며, 높은 고도에서 농업 생산량이 감소하는 것은 이러한 인간의 영향에 크게 기인하였다. 여기서 식물학적 · 임학적 문제들을 제외하고 도입된 어린 식물이 의존해야만 하는 미기후 입지 조건을 알면 경계 지역이 삼림으로 바람직하게 다시 회복될 수 있다. 오스트리아에서는 함펠(R. Hampel)의 관리하에 인스브루크의 돌발홍수 및 눈사태를 담당하는 임학기술과가 오버구르글(47°N, 11°E, 1,940m) 부근의 외츠탈에서 대규모 조림 계획을 준비하면서 광범위한 조사를 시작하였다. 특히 아우리츠키[27]가 보고한 첫 번째 부분 결과에 의하면 이 조사를 통해서 지금까지보다 삼림 경계에서의 입지 조건이 훨씬 더 정확하게 알려졌다. 그러나 새로운 도로도 관광 교통의 수요에 부응하기 위해서 관광의 시대에 좀 더 높은 지역에 점진적으로 건설되었다. 방문객들은 좋은 자동차 도로로부터 야생의 고산 경관을 힘들이지 않고 경탄할 수 있기를 원했다. 그러나 이러한 도로를 건설 · 이용하고 유지 · 관리하는 것은 크게 접지기층의 기후[특히 비얼음(glaze), 강설, 예외적인 강우 때에 각각 도로를 이용할 수 있는 가능성]에 종속된다.

27) *Aulitzky, H.*, Forstmeteorologische Untersuchungen an der Wald- und Baumgrenze in den Zentralalpen. Arch. f. Met. (B) 4, 294-310, 1952.

-, Waldkrone, Kleinklima u. Aufforstung. Centralbl. f. d. ges. Forstw. 73, 7-12, 1954.

-, Über mikroklimatische Untersuchungen an der oberen Waldgrenze zum Zwecke der Lawinenvorbeugung. Wetter u. Leben 6, 93-99, 1954.

-, Die Bedeutung meteorologischer u. kleinklimatischer Unterlagen für Aufforstungen im Hochgebirge. Ebenda 7, 241-252, 1955.

-, Über die lokalen Windverh?ltnisse einer zentralalpinen HochgebirgsHangstation. Arch. f. Met (B) 6, 353-373, 1955.

-, Waldbaulich-?kologische Fragen an der Waldgrenze. Centralbl. f. d. ges. Forstw. 75, 18-33, 1958.

-, Hinweise für eine naturnahe Waldwirtschaft im Bereich der Waldgrenze. Allg. Forstzeitung Wien 69, 4-6, 1958.

해발고도가 높아지는 데에 따른 급격한 대기후 조건의 변화를 염두에 두어야만 고산의 미기후 특성을 바르게 이해할 수 있다. 유럽의 어느 다른 산맥도 오스트리아 기상학자들에 의해서 연구된 동알프스 산맥에서와 같이 평야부터 정상까지 철저하게 연구되지 않았다. 그러므로 표 46-1에서는 이러한 산맥 지역이 사례로 선별되었다. 그렇지만 스위스 및 독일 알프스 산맥은 크게 다르지 않다. 이 표는 차후에 언급될 여러 출전의 자료들을 선별한 것이다. 표 46-1에 제시된 수치들은 평균 상태이고, 내삽되었기 때문에 때때로 정확하지 않을 수 있다. 그러므로 이러한 대기후 값들은 해당 고도의 어느 임의의 장소에 대해서 적용되는 것으로 간주되어서는 안 된다. 그럼에도 불구하고 이들 자료는 고산기후에 대한 일반적인 상황을 제공한다.

에어로솔 함량과 대기의 수증기 농도는 대략 700hPa 이하의 대기권 하층에 집중된다. 그러므로 대기의 투과율은 맑은 하늘 조건하에서 2,000~3,000m 고도까지 지수적으로 증가하고, 그 후에는 훨씬 더 점진적으로 증가한다. 해발고도가 높아질수록 맑은 하늘 조건하에서 직달태양복사는 증가하고, 확산태양복사는 감소하는데, 그 이유는 대기의 질량, 수증기 함량과 혼탁도가 산란 및 흡수 성질과 함께 고도가 높아질수록 감소하기 때문이다. 표 46-1은 자우버러와 디름히른[4643] 그리고 디름히른[4625]으로부터 복사가 가장 많은 달(6월)과 복사가 가장 적은 달(12월)의 구름이 없는 날과 구름 낀 날에 대한 수평면에서의 일전천복사량을 제시한다. 해발 200~3,000m 고도까지 전천복사는 구름이 없는 하늘에서 21% 증가하였고, 구름 낀 하늘에서 160% 증가하거나, 고도가 100m 높아질수록 각각 1%와 4% 증가하였다.

중위도에서 고도가 높아지는 데에 따른 확산태양복사(D), 전천태양복사(G)와 이들 비율(D/G)의 평균 단면이 그림 46-1에 제시되었다. 1.0~1.5km 사이의 전천태양복사의 최저는 수증기의 흡수에 기인하였다. 확산복사와 비율 D/G 둘 다 고도가 높아질수록 감소했던 반면, 전천복사와 필연적으로 직달태양복사는 고도가 높아질수록 증가하였다.

그러나 고도가 높아질수록 불규칙해지는 구름량 패턴은 전척복사와 고도 사이의 관계를 복잡하게 할 수 있다. 표면 복사는 구름의 빈 곳을 통과해서 빛나는 직달태양복사와 구름의 측면들로부터 반사되는 확산복사의 합이다. 투르너[4653]는 독일 오버구르글(1,940m)의 관측소에서 복사 조건을 상세하게 연구하여 1,570W m^{-2}의 순간값을 측정하였는데, 이것은 태양상수의 115%나 되었다. 그러므로 이동하는 구름이 있을 때 지표에서 태양복사는 매우 크게 시간적으로 변동할 수 있다. 투르너는 1953년 여름 그의 측정에서 전천복사가 1분에 7배, 9분에 11배, 11분에 15배까지 변동하는 것을 관측하였다. 투르너[4654]는 매우 정밀한 열전소자로 수초 내에 10°C의 표면온도의 변화를 기록할 수 있었다. 높은 고도에서 식물들은 기온과 태양복사의 급격한 변화를 극복할

표 46–1 동알프스 산맥의 해발고도에 따른 기후 조건의 변화 1판

해발고도 (m)	일평균 전천복사 총량(K↓) (MJ m⁻² d⁻¹)				평균기온 (8°)				연간 일수			
	구름 없음		흐림		1월	7월	년	연교차	여름날	무상일	서리 변화 일수	유상일
	6월	12월	6월	12월								
1	2	3	4	5	6	7	8	9	10	11	12	13
200	28.9	5.4	6.5	1.3	−1.4	19.5	9.0	20.9	48	272	67	93
400	29.7	5.7	7.0	1.3	−2.5	18.3	8.0	20.8	42	267	97	98
600	30.3	5.9	7.5	1.4	−3.5	17.1	7.1	20.6	37	250	78	115
800	30.8	6.1	8.0	1.5	−3.9	16.0	6.4	19.9	31	234	91	131
1,000	31.2	6.3	8.6	1.6	−3.9	14.8	5.7	18.7	15	226	86	139
1,200	31.8	6.5	9.2	1.7	−3.9	13.6	4.9	17.5	11	218	84	147
1,400	32.3	6.6	9.9	1.8	−4.1	12.4	4.0	16.5	7	211	81	154
1,600	32.8	6.7	10.6	2.0	−4.9	11.2	2.8	16.1	4	203	78	162
1,800	33.1	6.8	11.4	2.1	−6.1	9.9	1.6	16.0	2	190	76	175
2,000	33.5	7.0	12.3	2.3	−7.1	8.7	0.4	15.8	0	178	73	187
2,200	33.8	7.0	13.1	2.4	−8.2	7.2	−0.8	15.4	0	163	71	202
2,400	34.1	7.1	14.0	2.6	−9.2	5.9	−2.0	15.1	0	146	68	219
2,600	34.4	7.1	15.0	2.8	−10.3	4.6	−3.3	14.9	0	125	66	240
2,800	34.7	7.2	15.9	2.9	−11.3	3.2	−4.5	14.5	0	101	64	264
3,000	34.9	7.2	16.9	3.1	−12.4	1.8	−5.7	14.2	0	71	62	294

표 46-1 (계속)

해발고도 (m)	연일수		상대습도 (%)	연 강수량 (mm)	상대 눈 빈도(%)		강설 일수	평균 적설량 (cm d⁻¹)	최대 적설 깊이	
	건조한 지면	적설			여름	겨울			길이 (cm)	시작일
1	14	15	16	17	18	19	20	21	22	23
200	187	38	71	615	0	49	27	4.6	20	1월 18일
400	173	55	74	750	0	61	32	5.2	31	1월 23일
600	160	81	77	885	0	70	38	5.8	51	1월 28일
800	147	109	78	1,025	0	79	45	6.4	73	2월 3일
1,000	133	127	76	1,160	0	85	53	7.0	93	2월 11일
1,200	120	138	74	1,295	1	90	62	7.6	100	2월 14일
1,400	107	152	73	1,430	2	93	73	8.2	120	2월 21일
1,600	93	169	73	1,570	5	96	85	8.8	142	3월 3일
1,800	80	189	74	1,700	10	97	98	9.4	168	3월 14일
2,000	67	212	74	1,835	16	98	113	10.0	199	3월 26일
2,200	53	239	75	1,970	24	99	128	—	242	4월 8일
2,400	40	270	78	—	34	100	143	—	296	4월 20일
2,600	27	301	80	—	44	100	158	—	366	5월 3일
2,800	13	332	82	—	55	100	173	—	446	5월 15일
3,000	0	354	84	—	67	100	188	—	545	5월 29일

출처 : 본문 참조

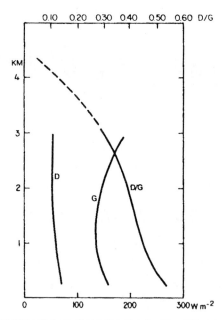

그림 46-1 중위도에서 전천태양복사(G) 및 확산태양복사(D)와 이들 비율(D/G)의 평균단면(E. Flach[4616A], R. G. Barry[4605]에서 재인용)

수 있어야만 한다.

이러한 시간적인 변동에 추가로 장소에 따른 차이도 나타난다. 고산에서 수평선은 경우에 따라서 눈 및 빙하 표면으로부터 강하게 반사된 복사를 방출하는 산에 의해서 차폐된다. 투르너[4653]는 오버구르글 관측소에 대해서 수평선의 차폐를 통해서 구름이 없는 일기에서 전천복사 손실이 6월에 태양고도가 가장 높을 때 10%였고, 12월에 태양고도가 가장 낮을 때 60%까지 증가한 것을 계산하였다. 수평선의 차폐를 통해서 나타나는 이러한 손실은 구름이 없는 일기에 높은 고산에서 대기의 탁도가 감소하여 나타나는 획득과 상쇄하였다. 5월과 6월에만 낮은 고도와 비교하여 산지에서의 복사 획득이 있었다.

전천태양복사의 스펙트럼 구성도 높은 고도에서 변한다. 이러한 사실이 미치는 가장 중요한 효과는 고도가 높아질수록 자외선 복사가 증가하는 것이다. 이것은 세 가지 다른 원인으로 일어난다. 첫째, 5장에서 해면에서의 광로 길이(sea level optical path length) m_0는 태양 천정각의 정의 함수였다. 높은 고도에서 광로 길이 m_z는 기압이 감소하면 줄어든다.

$$m_z = m_0{}^{P_z/P_0}$$

여기서 P_z는 기압이고, P_0는 해면기압이다. 이 고도 조정은 오존 광로 길이를 줄이고,

자외선 복사의 투과를 증가시킨다. 둘째, 높은 고도에서 눈과 얼음은 선택적으로 자외선 복사를 반사하여 자외선 복사의 후방산란을 증가시킨다(24장). 끝으로, 단파 태양복사의 선택 레일리산란(Raleigh scattering)은 자외선 복사를 받는 것을 증가시킨다.

이들 효과는 블루멘탈러 등[4607]이 스위스 융프라우요흐(3,576m)와 오스트리아의 인스브루크(577m)에서 전천태양복사 $K\downarrow$, UV-A 복사($0.315\leq \lambda \leq 0.400$ μ), UV-B 복사($0.280\leq \lambda \leq 0.315$ μ)를 측정한 것으로 설명되었다. $K\downarrow$, UV-A 복사와 UV-B 복사의 일 총량의 계절변화가 2개 관측소에 대해서 그림 46-2에 제시되었다. 그림 46-2의 계절값의 상한계를 따라서 그린 곡선으로부터 취한 두 관측소에 대한 1일 최대총량은 3개 복사 항의 연 총량과 함께 표 46-2에 제시되었다. UV-B 복사는 볕타기 단위 SU (Sunburn Unit)로 제시되었다. 여기서 1 SU는 홍반 반응(erythemal reaction)의 임계량(SU = 200J m^{-2})과 같다. UV-A/$K\downarrow$ 비율은 두 관측소에서 연중 지속적으로 4~6% 사이에서 변하는 것으로 나타났다. 그러나 UV-B/$K\downarrow$ 비율은 겨울부터 여름까지 4배 이상 증가하는 현저한 여름 최대를 나타냈다. 융프라우요흐의 높은 고도에 위치한 관측소는 연중 인스부르크의 낮은 고도에 위치한 관측소보다 28% 많은 전천태양복사를 받았

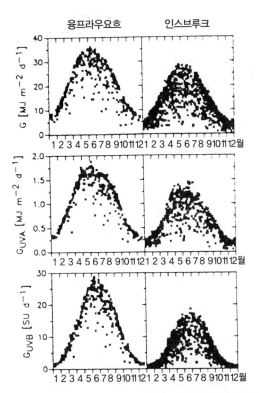

그림 46-2 융프라우요흐(3,576m)와 오스트리아 인스브루크(577m)에서 전천태양복사, UV-A 및 UV-B 복사의 일총량의 계절변화(M. Blumthaler et al.[4607])

표 46-2 스위스 융프라우요흐(3,576m)와 오스트리아의 인스부르크(577m)에서 전천태양복사, UV-A 및 UV-B 복사플럭스의 1일 및 연 총량

	여름	겨울	연간
융프라우요흐			
$K{\downarrow}$	$36.50 \text{MJ m}^{-2} \text{ d}^{-1}$	$7.39 \text{MJ m}^{-2} \text{ d}^{-1}$	$8,167 \text{MJ m}^{-2} \text{ y}^{-1}$
UV-A	$1.89 \text{MJ m}^{-2} \text{ d}^{-1}$	$0.32 \text{MJ m}^{-2} \text{ d}^{-1}$	$412 \text{MJ m}^{-2} \text{ y}^{-1}$
UV-B	28.70SU h^{-1}	1.61SU h^{-1}	$5,154 \text{SU y}^{-1}$
인스브루크			
$K{\downarrow}$	$29.45 \text{MJ m}^{-2} \text{ d}^{-1}$	$5.09 \text{MJ m}^{-2} \text{ d}^{-1}$	$6,344 \text{MJ m}^{-2} \text{ y}^{-1}$
UV-A	$1.48 \text{MJ m}^{-2} \text{ d}^{-1}$	$0.24 \text{MJ m}^{-2} \text{ d}^{-1}$	$307 \text{MJ m}^{-2} \text{ y}^{-1}$
UV-B	18.65SU h^{-1}	0.96SU h^{-1}	$3,265 \text{SU y}^{-1}$

출처 : M. Blumthaler et al.[4607]

으나, 58%나 많은 UV-B 복사를 받았다. 겨울과 비교하여 여름에 증가된 UV-B 복사의 투과가 두드러졌다. 여름에 높은 고도에 위치한 관측소는 비교할 수 있는 기상조건하에서 낮은 고도의 관측소보다 잠재적으로 54%나 많은 UV-B 복사를 받을 수 있었다. 자우버러와 디름히른[4643]은 200m에서 3,000m까지 고도가 높아짐에 따라 직달 UV-B가 여름에 100%까지, 그리고 겨울에 280%까지 증가한 반면, 상응하는 전천 UV-B는 34%와 72%까지 증가했다고 보고하였다(R. G. Barry[4605]). 이것은 고도가 높아질수록 대기의 산란이 감소하기 때문이다.

온흐림 조건은 그림 46-3에 제시된 것과 같이 전천태양복사를 감소시켰다. 이러한 감소 현상은 겨울보다 여름에 구름량이 증가할 때 좀 더 뚜렷했다. 높은 고도에서는 구름량이 증가함에 따라 전천태양복사가 거의 선형으로 감소했던 반면, 감소율은 좀 더 두꺼운 구름의 층후 때문에 낮은 고도에서 좀 더 높았다. 확산복사는 비율 D/G와 마찬가지로 온흐림 조건하에서 고도가 높아질수록 증가했다. 지형적 치올림(orographic lifting)으로 인한 산지에서의 빈번한 구름의 출현 때문에 확산복사는 연평균 전천태양복사의 50~70%나 될 수 있었다. 하늘로부터의 역복사량은 고도가 높아질수록 산지에서 크게 감소하였는데, 그 이유는 대기의 투과율이 증가하였으며, 대기의 밀도가 감소하였고, 수증기량이 감소했기 때문이다. 지표의 장파복사 방출도 고도가 높아질수록 감소하였는데, 그 이유는 표면온도가 하강했기 때문이다.

고도가 산지 환경에서 표면의 기온과 연직 기온감율을 조절하는 데 지배적인 역할을 하지만 40장과 44장에서 기술한 사면 방위로 인한 차이도 고도가 높아질수록 좀 더 중요해진다. 표면기후는 좀 더 극심한 복사 조건으로 인하여 특성이 좀 더 극심하게 된다.

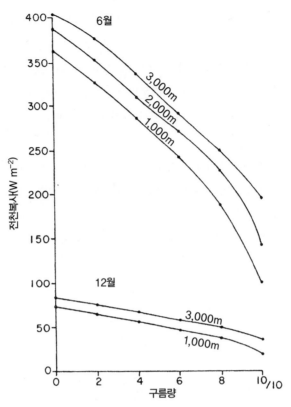

그림 46-3 6월과 12월에 오스트리아 알프스 산맥의 서로 다른 고도에서 전천태양복사 : 구름량(F. Sauberer and I. Dirmhirn[4643]에 기초하여 R. G. Barry[4605]가 작성)

좀 더 강한 태양복사는 좀 더 높은 표면온도가 나타나게 한다. 슈버트[3956]는 이미 1900년에 삼림에서 한 쌍의 관측소를 이용하여 2m 높이에서의 기온과 비교하여 60cm 깊이의 토양온도가 평야에서는 0.75°C 높았고, 1,000m 고도의 관측소에서 2°C 높았음을 제시하였다. 마우러[4634]는 스위스에서 1.2m 깊이의 토양온도가 기온보다 다음과 같이 높은 것을 밝혔다.

해발고도(m)	600	1,200	1,800	2,400	3,000
초과량(°C)	0.5	1.3	2.0	2.5	2.9

오스트리아 외츠탈 2,070m 고도의 수목한계선에서 투르너[4654]는 이 고도에서 이미 낮은 기온에도 불구하고 실제로 유럽 평원에서 알려진 가장 높은 값을 훨씬 능가했던 절대 표면온도를 측정할 수 있었다(20장). 높은 고도에서의 좀 더 강한 복사, 35° 경사의 남서 사면, 9%의 낮은 알베도, 식생이 없는['과열된 나지(독 : Überhitzungsbarflecken)'] 검은 조부식토(粗腐植土)의 매우 불량한 열전도율을 고려하면, 1957년의 더운 7월에 신뢰할 만한 방법으로 반복해서 측정된 80℃(추정된 최고치 84℃)의 표면온도가 이해될 수 있다. 이것을 2m 높이의 기온과 비교하면 과잉 온도는 50℃가 된다. 동시에 북동 사면의 표면온도는 57℃ 낮았다. 예외적으로 내열성이 있는 일부 식물들만이 이렇게 과열된 나지에서 다시 자랄 수 있다. 이들 식물에서는 잎의 온도가 44℃까지 측정되었다.

1951년 9월에 디름히른[4612]은 오스트리아 호허 존블릭의 3,050m 고도에서 수평으로 놓인, 33%의 알베도를 갖는 0.25m² 면적 및 6cm 두께를 갖는 편마암 석판의 표면온도를 측정하였다. 표면온도는 주간에 29℃에 달했고, 야간에 −4℃에 달했다. 맑은 날에 암석 표면온도의 일교차는 기온의 일교차와 비교하여 다음과 같은 풍속에 따라 배열된 초과량을 가졌다.

풍속(m sec⁻¹)	3	6	8	11	14
초과량(℃)	24.1	20.6	18.5	17.2	16.4

맑은 9월의 날들(0~0.2의 구름량)에 주간의 평균온도는 다음과 같았다.

시간	2	4	6	8	10	12	14	16	18	20	22
기온(백엽상) (℃)	2.4	2.7	3.2	4.3	4.8	5.2	5.7	5.4	4.7	4.0	3.6
편마암표면 (℃)	−0.8	−1.0	0.0	9.0	19.6	24.0	22.7	13.0	6.6	0.0	−0.6

인접한 바위들은 이보다 적게 가열되었는데, 그 이유는 일부 에너지가 낮은 층으로 전도되어 나갔기 때문이다. 그러므로 매우 얇은 석판은 크게 기계적 풍화작용을 받을 수 있다.

라우셔[4629, 4630]의 기온값은 표 46-1의 6~13번째 칸에 제시되어 있다. 연평균 기온은 대기의 밀도, 수증기량 및 혼탁도의 감소와 관련된 온실효과의 감소로 인하여 고도가 높아질수록 감소하였다(표 46-1의 8번째 칸). 산지 환경에서 나타나는 큰 연직 기온경도는 고도에 따른 자연 식생 및 농업 실무의 변화에서 분명하게 알 수 있는 뚜렷한 기후대가 나타나게 하였다. 절대 최고기온이 고도가 높아질수록 감소했지만(제시되지 않았음) 상대적인 기복의 영향과 찬공기 배기(cold air drainage)로 발생하는 절대

최저기온(제시되지 않았음)은 보통 고도와 아무런 관계도 없었다. 기온의 일교차와 연교차(9번째 칸)는 고도가 높아질수록 감소하였다. 야간의 기온역전은 찬공기 배기로 연중 흔하게 발달했다. 야간의 기온역전은 보통 여름의 주간에 사라졌으나, 겨울에 특히 강한 조건하에서는 주간에도 지속될 수 있었다. 빈번한 겨울의 기온역전(45장의 사면온난대)은 표 46-1에서 1월에 기온 하강이 800~1,200m 고도 사이에서 그쳤던 것에서 알 수 있다. 라우셔[4631]의 16번째 칸은 그해의 일평균 상대습도를 포함하고 있다. 산지의 북사면과 남사면 사이에는 빈번하게 큰 차이가 있었다. 예를 들어 탕과 팡[4651]은 중국의 타이베이 산에서 남사면보다 북사면에서 높았고, 겨울보다 여름에 높은 월평균 기온 감율을 밝혔다. 그들은 특히 여름에 0.43°C/100m 및 겨울에 0.14°C/100m의 남사면의 감율과 여름에 0.63°C/100m 및 겨울에 0.29°C/100m의 북사면의 감율을 밝혔다. 북사면과 남사면 사이의 차이는 좀 더 낮은 고도에서 더 뚜렷했고, 부분적으로 남사면의 좀 더 해양성 기후에 기인했다. 중위도에서 북사면과 남사면 사이에 종종 기온과 식생의 큰 차이가 있는 반면, 열대에서 이러한 차이는 작다(J. M. B. Smith[4646]). 그렇지만 파푸아뉴기니의 빌헬름 산에서 스미스[4646]는 동사면과 서사면 사이의 차이를 밝혔다. 최고기온은 동사면에서 시종일관 높았다. 그는 이것이 늦은 오전과 오후에 구름이 형성되어 크게 감소된 서사면 위의 일사의 결과였다고 제안하였다.

일반적으로 풍속은 고도가 높아질수록 증가한다. 이로 인하여 평균적으로 극심한 상태가 발달하는 접지기층은 평탄한 지면보다 평균적으로 작은 연직 범위를 갖는다. 그러나 사면 방위의 영향하에서 국지적인 복사 조건이 크게 변하는 것과 같이 고산에서의 통풍도 대단히 변화하는데, 그 이유는 통풍이 국지 지형과 순간의 풍향에 종속되기 때문이다. 지면 부근의 고유한 기후(독 : Eigenklima)가 전혀 발달할 수 없는, 항시 바람이 지나가는 능선이 있다. 그러나 산지에 바람이 약한 지역도 있다. 오스트리아 오버구르글 부근 외츠탈의 경사가 급한 서북서 사면에서 1953년 5월부터 11월까지 아우리츠키[4601]가 행한 바람 기록에 의하면 사면 위 10m 높이에서 평균 풍속이 불과 1~3m sec^{-1}였고, 로도덴드론 히르수툼(*Rhododendron hirsutum*) 관목 위 40cm에서는 평균 풍속이 0~1.5m sec^{-1}였다. 5.5개월 동안 10m 고도에서 순간 풍속이 10.2m sec^{-1}를 결코 넘은 적이 없었고, 정상적인 일최고풍속은 2~9m sec^{-1} 사이였다. 풍향 분석에서 나타나는 바와 같이 모든 경우의 70%에서 이들 바람은 국지적인 사면풍과 곡풍이었다(43장). 이들 경우의 나머지 30%에만 바람은 일반적인 기압장에 상응하는 경도풍이었다. 이때 사면풍은 삼림 가장자리에서 두꺼운 가지가 있는 나무들('비행기의 수평꼬리날개에 의해서처럼')에 의해서 조절되었다. 그리고 이를 통해서 미기후에 크게 영향을 미칠 수 있었다. 주간에 탁월하게 부는 북풍과 남풍은 남쪽 가장자리가 바람 그늘(wind shadow)이 되게 하여 공기가 어린 식물에 치명적일 수 있는 기온까지 태양에 의해서 가열되게 하였다. 이와 반대로 그늘진 북쪽 주변은 통풍이 잘되었다.

고산의 미기후를 판단하기 위해서는 더욱이 고도에 따른 토양 상태의 변화를 고려해야 한다. 강수량은 바람과 사면 방위의 영향을 통해서 매우 다르게 분포한다(480쪽 이하). 따라서 프리델[28]은 측정 기술상의 어려움의 관점에서 고산에서 대기로부터 공급되는 강수량과 실제 내린 강수량을 구분해야 한다고 지적하였다. 예를 들어 많은 눈이 내릴 때 고개에는 그곳에 집적되는 눈보다 좀 더 많은 눈이 바람에 날려 갈 수 있다.

강수는 지형성 강수를 일으키는 산지의 풍상 쪽에서 보통 증가하거나, 폭풍 경로에 면한 산지의 측면에서 증가한다. 또한 강수는 산지의 풍하 측에 있는 지역에서 자주 감소한다. 폭풍 경로가 하나의 탁월풍향으로부터 올 때는 풍상 측과 풍하 측 사이의 연강수량이 크게 차이가 날 수 있다. 산지의 풍상 측은 폭풍이 한 계절 동안 하나의 기상학적 원인으로부터 나타낼 때와 같이 한쪽 사면일 수 있거나, 다른 계절 동안 다른 기상학적 원인들로부터 나타날 때 다른 사면들일 수 있다.

요시노[2733]는 고도가 높아지는 데에 따른 강수량 변화를 기술하면서 최대강수량이 보통 고산의 사면들 위에 내린다고 주장하였다. 최대강수량이 내리는 고도가 다소 크게 지역적으로 변하지만, 열대에서는 보통 고도가 낮았고, 중위도에서는 높았다. 열대에서 최대강수량이 내리는 고도는 보통 1,000m 주변이었고, 중위도에서는 흔히 이보다 수백 미터 높았다. 최대강수량이 고산의 사면에서 나타나는 이유는 공기가 사면 위로 상승할 때, 이 공기의 치올림응결고도(lifting condensation level)에 도달하여 구름이 형성되고 비가 내릴 수 있기 때문이다. 비는 이 고도로부터 위로 내릴 수 있고, 고도가 낮아질수록 비가 덜 빈번하게 내린다. 따라서 우리는 고도가 높아질수록 강수량이 증가하는 것을 기대할 수 있으나, 고도가 높아질수록 기온은 하강하고, 그로 인하여 공기의 포화수증기압이 감소하여 강수량이 감소하게 된다. 따라서 최대강수대는 전형적으로 고산의 사면에서 나타났다. 최대강수대는 여름에 기온이 높기 때문에 보통 겨울보다 여름에 고도가 높았다.

일부 산지에서는 사면에서 최대강수량이 내리지 않는다. 표 46-1의 17번째 칸과 배리[4604]는 예를 들어 고도가 높아질수록 강수량이 지속적으로 증가한다고 보고하였다.

37장에서 논의된 안개강수에 더하여 산지에서 중요한 수분 투입은 또한 구름 차단(cloud interception)으로부터 유래할 수 있다. 콜레트 등[4609]은 캘리포니아 주 시에라네바다 산맥에서 고도 경도(elevation gradient)를 따라서 구름 차단과 강수량을 조

---

28) *Friedel, H.*, Gesetze der Niederschlagsverteilung im Hochgebirge. Wetter u. Leben 4, 73-86, 1952.

사하기 위해서 수동적인 구름물(cloudwater) 감시 체계를 이용하였다. 수집계로의 구름물 침적율은 여러 측정 지점에서 종종 1.0mm h⁻¹을 초과했고, 강수량의 25~33%나 되었다. 구름물 침적율은 14개 측정 지점들 중에서 4배까지 변하는 것으로 나타났고, 4개 인자, 즉 구름의 액체 물의 양, 구름의 작은 물방울 크기 분포, 삼림 수관 구조, 주위의 풍속에 의해서 조절되었다. 최대 침적율은 전선성 폭풍이 통과하는 동안 강한 주위의 풍속을 경험했던 능선 정상 측정 지점들을 따라서, 그리고 전선 통과와 탁월 지상풍의 방향에 면한 사면에서 나타났다. 구름물 차단은 또한 고도가 높아질수록 항시 증가하는 것으로 나타났는데, 그 이유는 이 경우에 전선성 치올림(frontal lifting)이 주요 강수 메커니즘이었기 때문이다.

 그 외에도 고도가 높아지고 기온이 하강할수록 강수는 좀 더 빈번하게 눈의 형태로 내린다. 엑하르트[4616]의 표 46-1의 15번째 칸과 18~23번째 칸은 강설 및 적설 상태에 관한 자료를 포함하고 있다. 18과 19번째 칸은 퍼센트로 제시한 강수일수에 대한 강설일수의 비율이다. 21번째 칸은 강설일당 cm 단위의 평균 적설 깊이이다. 그리고 22번째 칸은 1,200m 이하의 지점들에 대해서 슈타인하우저[4649]의 값으로부터 연평균으로 기대되는 최대적설깊이이다. 최대적설깊이의 시기는 23번째 칸에 제시되어 있다 (H. Steinhäußer[4648]).

 산지 지형의 표면 에너지수지에 관한 적은 연구들이 있다. 그러나 표면 에너지 교환의 무시할 수 없는 소규모 변동이 표면 에너지수지를 조절하는 물리적 인자들의 소규모 시간적·공간적 변화로 인하여 기대된다. 이러한 변화는 사면 방위, 사면각, 표면 알베도, 토양의 깊이와 토성(soil texture)의 공간적 변화, 구름량과 풍속의 일변화, 풍속의 고도 경도(elevation gradient)와 강수량과 강수형을 포함한다.

 아이사드[4624]는 미국 콜로라도 주 니워트 능선(40°3'N)에서 1985년 7월 3일~10일 여름의 건기 동안 고산 능선의 정상과 사면을 따라서 표면 에너지수지를 조사하였다. 40장에서 논의된 바와 같이 대류 치올림(convective lifting)으로 인한 구름량은 보통 주간에 체계적으로 증가하여 서사면과 비교하여 동사면에서 전천태양복사를 증가시킨다. 사실 구름량은 이용할 수 있는 에너지에 부차적인 영향을 주는 지형적 제어(사면과 방위)와 함께 느낌열과 숨은열($Q_H + Q_E$)에 대해서 이용할 수 있는 에너지($Q^* - Q_G$)를 조절하는 주요 인자로 나타났다. 그러나 지형의 역할은 운동량에 대한 난류전달계수, 그리고 느낌열과 숨은열 전달을 결정하는 데 영향을 미쳤다. 풍속은 보통 고도가 높아질수록 표면 마찰이 감소하여 증가하였고, 잎 크기는 빈번하게 수분 손실을 감소시키는 데 필요한 반응을 하여 고도가 높아질수록 작아졌으며, 식물들은 보통 높은 고도에서 지표에 가까이 위치하였다. 이들 인자가 느낌열 플럭스를 증가시키고, 숨은열 플럭스를 감소시키며, 높은 고도에서 보우엔비를 증가시켰다. 아이사드[4624]는 예를 들어 비가 온 후 토양이 습윤할 때 최저보우엔비가 불과 1.0이었으나, 극히 건조한 후에는 보우엔비가 7.5까지 나타난 것을 밝혔다. 풍향도 풍속을 크게 조절하였다. 중위도에서 서사면에서는 동사면과 비교하여 풍속이 빠르고, 잎-공기의 온도차가 작고, 전천태양복사가 약하고, 느낌열 및 숨은열 플럭스에 이용할 수 있는 에너지($Q^* - Q_G$)가 감소하였다. 고산에서 흔한 얇은 사력토(砂礫土)는 증발산에 강한 음의 되먹임을 하는 제한된 토양의 수분함량을 가져서 숨은열 플럭스 Q_E에 대한 주요 인자였다.

식물이 적설 아래에 있는 한 해로운 일기의 영향으로부터 보호된다. 그러나 눈 위에 노출된 식물 부분들은 24장에서 기술된 눈 부근의 극심한 기후 조건의 영향을 받는다. 겨울에 양지바른 사면에서 흔히 있는 일과 같이 지면에 눈이 없으면, 식물은 증산을 늘리도록 자극을 받아 특히 토양이 얼었을 때 크게 수분이 부족할 수 있다. 라르허[4628]는 오스트리아 인스브루크 부근 파처코펠의 알프스 정원(Alpengarten)에서 이러한 현상의 조사 결과를 보고하였다.

열대 산지 환경에서는 무역풍 역전(trade-wind inversion, 45장)이 있어서 중위도 산지에서 얻은 미기후 패턴의 변화가 일어나고, 탁월 무역풍은 또한 해풍·육풍의 하루의 순환과 상호 작용을 한다. 주빅과 눌렛[4627]은 하와이 섬(19°30'N)에서 이들 영향을 조사하였다. 이 섬의 풍상 측에는 무역풍이 지배하였으며, 이것은 약한 하루의 순환 위에 있었다. 거의 7,000mm yr^{-1}의 최대 연강수량은 1,000m 고도에서 나타났고, 대류구름이 발달하지 않아 $K{\downarrow}$가 고도가 높아질수록 증가한 대칭적 하루의 전천태양복사 패턴이 나타나게 하였다. 산맥의 풍하 측에서 연강수량은 여러 장소에서 250mm yr^{-1}로 감소하였고, 하루의 해풍·육풍 순환이 지배하였다. 이로 인하여 오후에 빈번하게 적운이 발달하였으며 강한 오전의 최대 $K{\downarrow}$가 나타났다. Q_E가 보통 고도가 높아질수록 지속적으로 감소하는 중위도의 산지와 대비하여 무역풍 역전 위에서 맑은 하늘, 낮은 상대습도와 풍속의 증가는 역전층 기저부 위에서 고도가 높아질수록 증발을 증가시켰다. 최고기온, 평균기온과 최저기온의 감율도 약 0.64°C/100m로 고도에 따라 불변하였다.

트란쿠빌리니[4652]는 오스트리아 오버구르글 부근의 고산 관측소에서 최초의 미기후 관측자료를 발간하였다. 1955년 4월과 5월의 융설 기간의 결과가 그림 46-4에 제시되어 있다. 전천태양복사, 백엽상의 기온, 적설이 녹을 때 급격하게 상승하는 지면온도에 관한 기상 자료 이외에 1.5m 키의 어린 유럽 눈잣나무(*Pinus cembra*)[29] 침엽의 온

---

29) stone pine(*Pinus cembra*)의 우리말 명칭이 없어서 Japanese stone pine(*Pinus pumila*)이 눈잣나무이므로 '유럽 눈잣나무'로 번역하였다.

도변화에 관한 기록도 있다. 적설 내에서 침엽의 온도는 항시 0°C 부근이었고, 적설 위에서는 30°C까지 상승하거나 백엽상 기온보다 20°C 높았고, −12°C까지 하강할 수 있었다. 소나무의 침엽에서 측정된 온도의 최대일교차는 4월 어느 날에 34°C까지 달하였다.

고산 또는 북극 지역에서 광합성은 이 고도의 식물 온도로 인하여 기대되는 것보다 좀 더 많을 수 있다. 해들리와 스미스[4621]는 고산의 굽은 나무 매트(krummholz mat) 내에서 주간 기온이 빈번히 10°C였고, 주위의 기온보다 23.7°C나 높았다는 것을 밝혔다. 몰가르드[4637]도 북극 지역의 식물 온도가 종종 주위의 기온보다 20°C 이상 높았다는 것을 밝혔다. 이와 같이 높아진 침엽 온도도 그림 46-4에서 뚜렷하게 나타났다.

산지 지역에서 적설이 녹는 것은 지형과 밀접한 관련이 있다. 눈이 서로 다른 해에 조금 이르거나 늦게 녹을지라도, 녹는 공간적 패턴은 흔히 유사하였다. 프리델[4619]은 1935년에 오스트리아 파스트에르체 빙하 부근 동알프스 산맥 지역 32km²의 면적에서 적설이 녹는 것을 사진측량하고, 야외에서 직접 측정한 것을 통해서 분석을 보완하였다. 이 지역을 620개 부분으로 세분하여 토양형과 사면 방위가 눈이 녹는 데 미치는 영향이 고도에 종속되어 평가될 수 있었다. 그림 46-5는 이 결과의 한 부분이다.

그림 왼쪽 위의 관측은 자연의 단단한 지면 위에 놓인 적설에 대한 것이고, 오른쪽 위의 관측은 빙하 위의 적설에 대한 것이다. 실선은 매달 1일, 파선은 매달 15일의 해당 고도의 지면의 몇 %에 눈이 없는가를 나타낸 것이다. 예를 들어 8월 1일에는 2,800m 고도에서 지면의 60%에 눈이 없고, 2,500m 고도에서는 이미 80%, 2,000m에서는 100% 눈이 없었다는 것을 볼 수 있다. 반면에 같은 시기에 빙하 위에는 각각 불과 35%, 55%, 90% 눈이 없었다. 날짜선은 모두 0%와 100%에서 만나는데, 그 이유는 특정한 고도의 장소들에서 가장 먼저 눈이 사라졌고, 일부 요지에서 눈이 오랫동안 계속 남아 있었기 때문이다. 만년설선(firn line)은 9월에 눈이 녹는 패턴이 위로 올라가는 것이 가을에 내리는 첫눈과 처음 만나는 곳에 위치하였다(이 경계 위의 부분이 사선으로 표시되어 있다).

사면 방위의 영향은 그림 46-5의 아랫부분에 제시되어 있다. 이것은 2,400~3,000m까지 고도의 단단한 지면 위의 적설에 적용된다. 날짜선의 특이한 배열에서 경사가 급한 남사면에서 눈이 먼저 녹았고, 경사가 완만한 남사면과 또한 북사면에서 그다음으로 눈이 녹았다는 결과가 나타난다. 후자에 이어 한참 후에 평탄한 표면에서 눈이 녹았다. 이것은 아래로 미끄러질 수 없는 평탄한 표면 위의 적설이 항시 더 많았기 때문이다. 태양으로부터 가려진 경사가 급한 북사면에서 가장 늦게 눈이 녹았다. 봄에 눈이 녹을 때

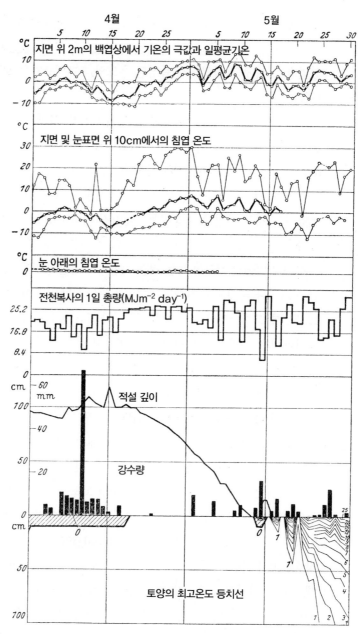

그림 46-4 오스트리아 오버구르글 부근 고산 수목한계선에서 융설 기간의 미기후 측정(W. Tranquillini[4652])

적설이 감소하여 알베도가 극적으로 감소하였다. 따라서 $K\!\downarrow$가 하지 후에 감소할지라도 K^*는 초여름에도 적설이 남아 있는 고도가 높은 환경에서 잠시 동안 증가할 수 있었는데, 그 이유는 새로이 노출된 암석과 얼음이 낮은 알베도를 갖기 때문이다(D. S. Munroe[4639]). 독자들은 한 해 동안 고산 분지에서 녹는 눈표면의 표면 기후와 에너

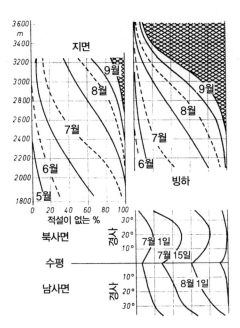

그림 46-5 고산에서 눈이 없는 지면의 백분율의 고도(왼쪽), 아래에 놓인 지표(위), 사면 방위(아래)에 대한 종속성(H. Friedel[4619])

지 교환에 관한 좀 더 상세한 조사와 논의에 대해서 막스와 도지어[4633]를 참고할 수 있다. 기복의 영향이 매우 강하기 때문에 고산의 미기후는 매우 다른 조건들의 모자이크이며, 식물의 공간 분포는 이와 같이 빠르게 변하는 조건들에 전적으로 종속된다.

무상기일의 수는 고도가 높아질수록 감소하였다(표 46-1의 11번째 칸). 무상 생육기간(frost-free growing season)은 봄의 종상과 가을의 초상까지 사이의 기간으로 정의된다. 무상 생육기간은 고도가 높아질수록 감소하였다. 조단과 스미스[4625]는 미국 와이오밍 주 메디신보 산맥의 아고산 환경에 관한 그들의 연구에서 위의 정의에 따라 생육기간이 1933년에 불과 5일이었다는 것을 밝혔다. 그러나 그들은 적어도 삼림 내에서 개간지의 중심에서 서리의 좀 더 잦은 빈도와 긴 유상기간을 포함하는 많은 미기후 변화를 밝혔다(표 46-3). 그들은 또한 광엽인 망초속 *Erigeron peregrinus*가 좀 더 넓은 경계층을 만들어(그리고 잎 위에서 순환을 감소시켜서) 침엽인 젓나무속 알파인 젓나무(*Abies lasiocarpa*)(25일 밤)보다 서리 조건이 있는 좀 더 많은 밤(41일 밤)을 경험한다는 것을 밝혔다. 야간 하늘로의 복사 손실은 작은 장소(microsite)의 하늘 노출에 크게 종속되었다. "삼림 상층에 의한 차폐가 광엽과 침엽 둘 다에 대해서 복사 서리의 빈도와 기간을 극적으로 감소시켰다."

식생피복이 미기후에 미치는 상호작용도 생각해야 하겠다. 최틀[4656]은 독일과 오스트리아 사이의 베터슈타인 산맥의 해발 1,830m 고도에서 20° 경사의 서사면 위에 3

표 **46-3** 1993년 여름 동안 지면 위 8cm에서 유상일수와 총시간

감지장치	장소	서리가 내린 일수	서리가 내린 시간 수
Erigeron peregrinus	개간지 중심	41	226
광엽	개간지 가장자리	33	151
	삼림 하층	16	82
공기	개간지 중심	26	138
	개간지 가장자리	25	125
	삼림 하층	13	82

출처 : D. N. Jordan and W. K. Smith[4625]

개의 똑같이 노출된 기온관측소를 자갈밭, 목초지대, 왜소한 젓나무 관목에 설치하였다. 식물들은 해당 장소에 위-아래의 띠로 배열되어 식물의 영향만이 미기후 차가 나타나게 하였다. 자갈밭에서 풀의 개척(pioneer) 종이 기껏해야 지면의 30%에 뿌리를 내렸다. 초지 자체(*Caricetum firmae*)는 지면의 85%를 차지하였다. 왜소한 젓나무는 *Pinus montana prostrarata*와 *Erica carnea*의 군락이었다. 이들 3개 식생 유형이 아고산 고도대에서 특징적이다. 한 가지 사례로 1949년 7월 2일의 기온(실수로 사사오입하였음)은 다음과 같다.

지면 위 높이(cm)	오후 13시			이른 아침 4시 30분		
	초지	자갈	왜소한 젓나무	초지	자갈밭	왜소한 젓나무
20	15	13	15	2	2	2
0	41	23	18	0	1	2
−20	10	8	7	11	8	8

이 표에 따르면 풀로 덮인 표면이 가장 극심한 미기후를 가졌는데, 그 이유는 입사복사가 전혀 장애를 받지 않을 때 지면과 목초의 상부 사이에 낮은 공기 이동성과 열전도율이 있었기 때문이다. 그러나 왜소한 젓나무는 이 고도에서도 크게 일변화를 완화시켰다. 고도가 높아질수록 식생은 좀 더 내구력이 있고, 나무에서 난쟁이나무(독 : Krumm-holz, 영 : dwarf tree), 사초류(sedges)와 툰드라 초본류(tundra grass)로 바뀌었다. 그레이스[4620]는 다음과 같이 주장하였다. "나무는 최난월 평균기온이 약 10°C 이하인 곳에서 일반적으로 성장하지 않는다. 이 한계에서 나무는 종종 짧고 굽는다(Krumholz) … 키 큰 삼림에서 난장이 관목 식생으로의 변화는 종종 급격하여 독특한 교목한계선을

만든다."

'교목한계선(tree line)'이라는 단어가 일반적으로 고산 또는 북극 추이대(ecotone)의 이미지를 환기시키는 동안 교목한계선들은 이보다 훨씬 더 넓은 다양한 환경하에서 나타난다. 습윤한 교목한계선들(wet tree lines)은 보그(bog) 또는 습원(swamp)의 변두리를 따라서 나타나고, 건조한 교목한계선들(dry tree lines)은 삼림과 초원 사이의 전이대를 이루며, 한랭한 교목한계선들(cold tree lines)은 북극, 고산 또는 돌리네 조건을 포함한다(42장). 교목한계선들은 나무가 거친 기후 조건을 견딜 능력이 없는 것과 관련된다(G. C. Stevens and J. F. Fox[4650]). 나무들이 전형적으로 오래 살고, 일부 불리한 조건을 견딜 수 있기 때문에 교목한계선들에서의 변화는 보통 기후변화에 뒤진다. 예를 들어 기후가 온난해지면 교목한계선들은 기대되는 것보다 낮은 고도에서 나타날 수 있지만 시간이 경과함에 따라 좀 더 높아질 수 있다(A. D. Richardson et al.[4642]). 그렇지만 홀트마이어 등[4623]은 교목한계선들에서의 극심한 미기후 조건 때문에 이것은 항시 그렇지 않을 수 있다는 것을 제시하였다.

가장 높은 고도에서 식생은 유리한 미기후에서만 나타난다. 할로이[4622]는 가장 높은 고도의 일부 식생을 관찰하였다. 그는 안데스 산맥 5,760~6,060m 고도의 분기공(噴氣孔, fumarole)30)에서 조류(藻類), 지의류(地衣類), 이끼, 우산이끼[선태류(bryophyte)와 지의류의 36개 분류군]를 발견하였다. 분기공 가까이에서 식생은 조밀하고 다양하였다. 분기공으로부터 거리가 멀어질수록 식생은 좀 더 마르고 덜 다양했으며, 작은 구역의 가장자리에서 시들었다. 이끼와 지의류가 있는 몇 개의 고립된 작은 구역은 분기공과 관련이 없는 암석 위에서 나타났다. 분기공 주변의 식생을 제외하고 이 지역은 식생이 없는 나지였다. 가장 높은 곳의 지의류는 6,600m(M. S. Mani[4632]), 우산이끼는 6,060m(S. Halloy[4622]), 이끼는 6,035m(H. N. Dixon[4613]), 양치류는 5,500m(M. S. Mani[4632]), 현화식물은 6,350m(A. Zimmermann[4655])에서 나타났다.

이들의 춥고, 덥거나, 건조한 가장자리에서 일부 식물 묘종은 주로 다른 식물의 보호를 받아 안정되었다. 보호하는 식물들은 종종 '보호식물' 또는 '완충식물(nurse or cushion plant)'이라고 부르고, 모진 환경으로부터 묘종을 보호하였다. 아로요 등[4600]은 고산지대에서 좀 더 스트레스가 많은 서식지(좀 더 높은 고도)에서 성장하는 완충식물이 덜 극심한 서식지(좀 더 낮은 고도)에서보다 좀 더 많은 수의 종에게 피난처를 제공한다는 것을 밝혔다. 그들은 이것이 부분적으로 상대적으로 따뜻한 완충식물과

---

30) 가스와 증기가 분출하면서 남긴 화산체 속의 구멍을 가리키며, 이들은 화산 활동 후기를 가리키는 특징이다.

나지 사이에서 고도가 높아지는 것과 관련하여 증가하는 온도차에 기인한다고 하였다. 바다노와 카비에레스[4603]도 "완충식물과 외부 환경 사이의 미기후 조건의 차이가 고도가 높아질수록 증가하기 때문에" 완충식물은 높은 고도의 식물군락에 좀 더 큰 영향을 미친다고 제안하였다. 거친 미기후 조건 이외에 보호식물은 또한 어린 잎을 먹는 동물로부터 보호할 수 있거나(J. R. McAuliffe[4635]), 토양에 영양을 추가하여 비옥한 환경을 만들 수 있다(J. G. Franco-Pizana et al.[4618]). 극심한 환경은 곤충의 생존에 매우 스트레스를 준다(M. A. Molina-Montenegro et al.[4638]). 완충식물은 환경을 변화시켜서 물의 이용도가 높고 온도가 덜 변동하는 미서식지(microhabitat)를 만든다. 몰리나-몬테네그로 등[4638]은 예를 들어 칠레의 안데스 산맥에서 완충식물 내에 무당벌레류 코키넬라 노벰노타타(ladybird beetle, *Coccinella novemnotata*)가 많은 것을 발견하였다. 다음에는 이에 관한 좀 더 많은 정보가 있는 연구들을 제시하였다(B. Å. Carlsson and T. V. Callaghan[4608], A. C. Franco and P. S. Nobel[4617], K. L. Bell and L. C. Bliss[4606], P. S. Nobel[4641]과 P. W. Jordan and P. S. Nobel[4626], T. D. Drezner and C. M. Garrity[4615], and T. D. Drezner[4614]).

　제4부에서 기술된 삼림이 기후에 미치는 영향 역시 고산에서 곧 알 수 있다. 이것은 젓나무 입목이 있는 관측소에서 데싱[4610]이 관측한 것으로 제시되었다. 아우리츠키[4601]는 교목한계선에 가까워지고 삼림이 희박하고 촘촘하지 않으면, 다음 세대의 나무들에 제공되는 삼림의 보호 효과는 점차로 감소할 것이라고 지적하였다. 요시노[2733], 배리[4605], 니드츠비즈[4640]와 스미스[4647]는 산지 지역에서 기후요소들의 변화에 관한 훌륭한 추가적인 정보원이다. 사운더스와 베일리[4644]는 고산 툰드라 지역에 대한 복사수지와 표면 에너지수지 특성에 대한 훌륭한 장기간 연구를 하였다.

제47장 · · · 극지역

지난 40~50년 동안 지구 극지역들에서의 미기후 연구가 상당히 발달하였다. 극지역들은 남극대륙 및 북극지역과 주위의 해양을 포함한다. 극지역들이 적도로부터 멀리 떨어져 있기 때문에 방위나 위치가 조금만 변해도 이들 지역의 미기후에 중요한 영향을 미칠 수 있어서 특별한 지형적 상태를 나타낸다.

　극지역은 주로 세 가지 표면으로 이루어졌다. 즉 눈 및 얼음, 물과 바위의 노두[누나탁(nunatak)][31] 및 건조한 계곡으로 이루어졌다. 눈과 얼음이 상대적으로 높은 알베도를 갖는 반면에 물과 바위가 많은 지역은 상대적으로 낮은 알베도를 갖는다.

빈탄자[4701]는 서로 다른 눈과 얼음 표면을 가진 남극대륙의 3개 지점에서 에너지 수지를 측정하였다. 1지점은 푸른 얼음 위, 2지점은 낮은 고원(1,100m)의 눈표면 위, 3지점은 눈으로 덮인 높은 고원(2,100m) 위였다(표 47-1).

푸른 얼음(1지점)이 2지점과 3지점을 덮은 눈보다 훨씬 낮은 알베도를 갖기 때문에 입사태양복사($K{\downarrow}$)의 훨씬 높은 백분율이 1지점에서 흡수되었다. 푸른 얼음의 알베도는 기상조건의 변화와 가끔의 적설 때문에 지적된 것보다 낮을 수 있다. 좀 더 높은 지점(3지점)에서 음의 순복사수지로 표면 냉각과 높은 정도의 풍향의 불변성(directional constancy, DC)을 갖는 상당히 일정한 활강풍이 불었다. 파노프스키와 브리어[4723]는 풍향의 불변성을 다음과 같이 정의했다.

표 47-1 1997년 12월 28일~1998년 2월 2일에 남극대륙의 3개 지점에서 평균 표면에너지수지 플럭스(W m^{-2})와 다른 변수들

구 분		1지점	2지점	3지점
입사 단파복사	$K{\downarrow}$	320.5	362.8	355.3
반사된 단파복사	$K{\uparrow}$	−185.1	−286.9	−305.2
순단파복사	K^*	135.4	75.9	50.1
입사 장파복사	$L{\downarrow}$	199.3	192.7	171.0
방출된 장파복사	$L{\uparrow}$	−284.6	−266.4	−234.6
순장파복사	L^*	−85.3	−73.7	−63.5
순복사	Q^*	50.1	2.2	−13.4
느낌열	Q_H	0.4	9.3	20.4
숨은열	Q_E	−34.2	−10.8	−6.2
얼음으로의 열 흐름	Q_{Gv}	37.9	6.8	4.3
알베도		0.58	0.79	0.86
침투된 태양 플럭스		−54.1	−7.6	−5.0
총 하층 플럭스		−16.2	−0.8	−0.7
표면온도	°C	−7.1	−11.5	−19.7
상대습도	%	49.4	70.1	68.1
비습	g/kg	1.22	1.47	0.79
풍속	m s^{-1}	4.2	4.3	5.7
풍향	deg	144	81	109
풍향의 불변성		0.58	0.85	0.86

출처 : R. Bintanja[4701]

---

31) 대륙빙하의 빙상이나 산지빙하의 빙모(氷帽)를 뚫고 솟아 있는 고립산정이다. 대개 누나탁은 빙상의 주변부에서 형성되기 때문에 빙하기에는 식생들의 피난처였으며, 빙하가 물러간 후에는 식생들이 다시 정착할 수 있는 근거지였을 것으로 여겨진다(브리태니커 백과사전 CD DELUXE 1999-2001).

$$DC = \frac{합성풍속}{평균풍속}$$

여기서 평균풍속은 풍향에 상관없는 바람관측의 평균이다. 합성풍속은 풍향을 고려한 바람관측의 평균이다.

그린란드의 대부분, 북극해, 남극대륙 지역은 눈과 얼음으로 덮여 있다. 일부 여름 달들을 제외하고 한해의 대부분 동안 표면에서 입사복사가 방출복사보다 작아서($K\downarrow + L\downarrow < K\uparrow + L\uparrow$) 남극대륙에 대해서 제시된 것과 같이 표면이 냉각되고 강한 역전이 발달한다(그림 47-1). 슈베르트페거[4729]와 미스터스 등[4722]은 그린란드 고원에서 유사한 조건들을 밝혔다. 여름에 역전은 일반적으로 표면으로의 에너지 흐름이 눈과 얼음을 녹이는 것과 관련된다(R. Przybylak[4726]).

남극대륙과 그린란드에서 구름량의 빈도와 광학 깊이(optical depth)는 해안으로부터 거리가 멀어질수록 감소하였다(R. Przybylak[4726], J. C. King and J. Turner [4713]). 여름에 구름은 주로 야간 기온을 상승시켜서 기온의 일교차를 줄인다. 온흐림

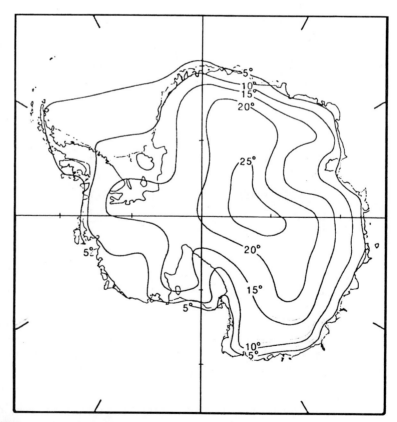

그림 47-1 겨울 동안 남극대륙에서 표면역전의 평균강도(°C)의 등치선(H. R. Phillpot and J. W. Zillman [4725])

조건하에서 Q^*는 음에서 양으로 변하여 평균기온이 높다(Van Den Broeke et al. [4732]). 그림 47-2는 남극대륙에서 맑은 조건과 구름이 낀 조건하에서의 K^*와 L^*를 보여 준다.

"큰 얼음선반[빙붕(ice shelf)]들을 제외하고 사면이 무시될 수 있는 대륙의 표면 위에 개개의 지점들만이 있다. 고원 위의 다른 곳에서 지상풍이 표면 지형의 방위에 종속되는 방향으로부터 끊임없이 불어온다. 완만하게 경사진 내륙 위에서 소위 이러한 역전풍(inversion wind)은 경사진 지형의 강한 복사냉각에 반응하여 발달한다(W. Schwerdtfeger[4730]). 이것은 그린란드의 빙상(氷床) 위의 미스터스[4722]의 연구 결과와 일치한다."

슈베르트페거[4730] 또한 남극대륙에서 다음과 같은 내용을 지적하였다.

1. 표면 풍향은 매우 불변하여 역전층 상부 쪽으로 감소한다.
2. 코리올리 효과로 인하여 지상풍은 지형의 사면으로부터 30~60° 편향한다.
3. 역전과 함께 약하거나 적당한 상층기류는 지상풍 흐름에 아무런 영향도 주지 않는다. 이것이 역전층의 상부에서 풍향을 크게 변화시킬 수 있다. 슈베르트페거[4729]는 그린란드 빙모(氷帽) 위에서 유사한 조건을 밝혔다.
4. 감열 조건이 있는 여름 동안 바람은 고도가 높아질수록 증가하여 상층기류에 의한 영향을 받는다.
5. 사면의 가파름이 풍속을 조절한다.

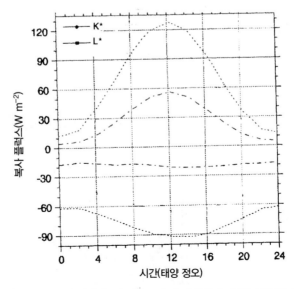

그림 47-2 남극대륙에서 맑은 조건(점선)과 구름 낀 조건(1점 쇄선)하에 대해서 K*(위의 선)과 L*(아래의 선)의 여름 평균 일변화(Van Den Broeke et al.[4732])

그린란드와 남극대륙 모두에서 음의 복사수지는 지표 부근을 냉각시키고 활강 순환을 잘 발달시켰다(M. Van Den Broeke et al.[4732]). 그림 47-3은 남극대륙의 활강순환의 한 사례를 보여 주는 것이다. 활강풍의 강도는 사면의 각도와 공기의 기온차에 종속되었다. 슈베르트페거[4730]는 활강풍이 눈을 들어 올리면 이 하중이 밀도를 조금 증가시켜서 아래로 돌진하는 공기의 풍속을 증가시킬 것이라고 제안하였다. 높날림눈(blowing snow)의 승화도 공기의 밀도를 약간 높일 수 있다. 그린란드와 남극대륙 둘 다 일반적으로 중심부를 향해서 높아지고, 사면은 해안 쪽으로 내려간다. 태양고도가 낮은 동안 복사 표면냉각은 해안 쪽으로 끊임없이 중력 흐름(gravitational flow) 또는 활강 흐름(katabatic flow)을 일으켰다(D. H. Bromwich and C. R. Stearns[4702]). 그림 47-4는 남극대륙 위의 시간 평균 풍향을 보여 준다. 해안 쪽으로의 찬공기 배기의 활강 흐름은 전향력 때문에 왼쪽으로 돌았다. 도란 등[4704]은 활강풍이 종종 낮은 지역들에 모인 찬공기 위를 타고 가는 것을 밝혔다.

바람이 충분한 눈을 들어 올리고 입사 빛의 강도를 태양의 위치와 관계없게 할 만큼 조밀한 구름층이 있으면 아래, 위와 측면들로부터의 빛은 거의 같을 수 있어서 화이트아웃(whiteout, 乳白天空) 조건이 나타날 것이다. 화이트아웃 조건은 조종사가 착륙을 할 때 표면으로부터의 거리를 추정하기가 어려워서 위험하다. 걷거나 스키를 타는 사람들조차 종종 지표를 볼 수가 없어서 보이지 않는 장애물 위로 넘어질 수 있다.

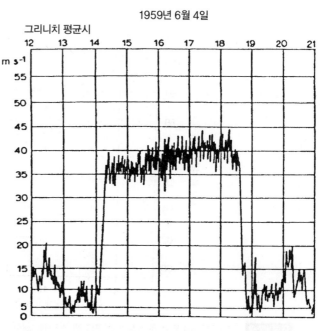

그림 47-3 남극대륙 뒤몽 뒤르빌에서 활강 폭풍의 갑작스러운 시작과 중지의 사례(F. Loewe[4717])

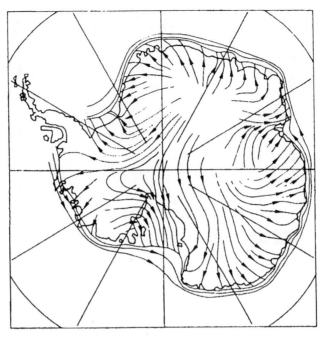

그림 47-4 남극대륙 위의 표면 바람 흐름(K. B. Mather and G. S. Miller[4720])

높날림눈의 승화는 빙상의 표면 얼음 질량수지에 중요한 인자일 수 있다. 빈탄자 [4701]는 날려쌓인눈(snow drift)의 승화가 연적설량의 약 10~20%를 제거할 수 있다고 생각했다. 만 등[4722]은 실제 수치가 높날림눈의 공기가 포화되어 표면으로부터의 승화를 줄이기 때문에 다소 작을 수 있다고 생각했다(추가적인 정보는 17장 참조).

슈베르트페거[4730]도 태양고도가 낮은 기간(3월~10월)에 강한 역전과 관련하여 고도가 높아질수록 수증기 함량이 증가한다고 지적하였다. 이것이 서리가 형성되게 하였다. 뢰베[4716]는 서리 침적이 1년에 0.3g/cm² 이하라고 제안하였다. 그는 이것이 여름 동안 승화로 손실되는 양과 같다고 추정하였다. 활강풍이 남극대륙의 대부분을 지배하는 반면, 여름 동안 건조한 계곡들에서는 기류가 강한 표면 가열 때문에 주로 계곡 위로 향했다(I. G. McKendry[4721]).

예싱과 외브스테달[2507]은 남극대륙 퀸모드랜드에서 여름 동안 암석과 눈으로 덮인 표면 모두에서 복사(그림 47-5)를 측정하였다. 눈 위에서(알베도 80~95%) 입사전천 복사의 대부분은 반사되었다. 24시간 동안 순장파복사 손실($L\uparrow > L\downarrow$)이 있었다. 순복사(Q^*)는 하루의 한가운데 동안을 제외하고 음이었다. 알베도는 암석 표면 위에서 17%에 불과하여 표면온도가 때때로 30℃를 초과하게 하였다. 기온이 여전히 상대적으로 서늘하기 때문에 순장파복사($L\uparrow > L\downarrow$)는 눈표면보다 암석 표면 위에서 훨씬 더 컸다. 순복사(Q^*)는 암석 표면 위에서 훨씬 더 크게 양이었다. 누나탁 위의 나지의 암석

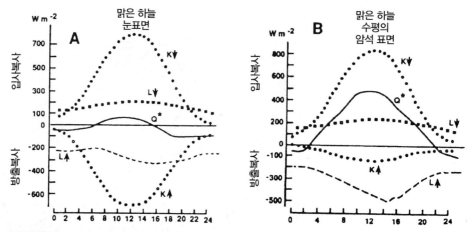

그림 47-5 남극대륙 퀸모드랜드의 눈표면(A)과 암석 표면(B) 위의 복사수지(Y. Gjessing and D. O. Øvstedal [2507])

표면은 특히 따뜻한 온도를 가져서 다양한 조류, 지의류, 이끼를 부양했다(맑은 날에 대한 그림 47-6과 구름 낀 날에 대한 그림 47-7 참조). 예상되는 바와 같이 누나탁(암석 노두)의 남사면과 북사면 위의 최고온도 출현의 시간 지연 현상이 있었다.

콜라치노와 스토치노[4703]는 남극대륙의 얼음으로 덮인 지역과 얼음으로 덮이지 않은 지역에서 복사와 온도를 측정하였다. 기대되는 바와 같이 흡수된 태양복사와 비교하여 좀 더 많은 복사가 얼음으로 덮인 표면 위에서 반사되었다(표 47-2). 그들은 복사수지(Q^*)가 얼음으로 덮이지 않은 지면 위에서 좀 더 양인 것을 밝혔다(표 47-3). 지방시로 10시와 12시에 낮은 복사값은 구름량의 증가 때문이다. 하루 중의 온도는 그림 47-8에 제시되었다.

그들은 또한 햇볕에 쬐인 지역과 그늘진 지역 사이에 상당한 차이를 밝혔고, 따뜻한 시간 동안 해풍이 불고, 서늘한 시간 동안 육풍이 부는 것을 관측하였다.

존스톤 등[4707]은 남극대륙에서 빙퇴석 물질이 얼음으로 녹아 들어가서 얕은 수로를 형성한다고 제안하였다. 이들 수로는 매우 크게 성장하여 그들 자체의 미기후를 만들었다. 그들은 빙하 표면과 비교하여 이들 수로에서 기온이 약 1.7°C 높았고, 풍속은 2.4 m s^{-1} 느렸으며, 순단파복사($K\downarrow - K\uparrow$)가 1.4W m^{-2} 컸던 것을 밝혔다. 이러한 변화가 크게 얼음이 녹게 하였다. 그들은 더욱이 이들 수로가 다른 곳에서 생긴 물을 운반하기보다는 그들이 운반할 물을 생기게 한다고 제안하였다.

극지역들의 해양은 부분적으로 높은 열용량, 혼합의 깊이, 그 위에 놓인 공기로의 잠열 수송 때문에 기후에 크게 영향을 미친다. 육지로부터 또는 바다 얼음으로 덮인 지역으로부터 때때로 찬공기가 광활한 물이 있는 지역으로 흐른다. 이들 흐름은 안개[김안

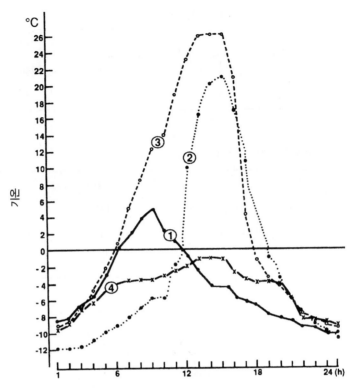

그림 47-6 남극대륙 퀸모드랜드에서 남사면 1, 북사면 2, 누나탁의 정상 3에서 맑은 날에 식생 표면 아래 2mm에서 온도와 기온 4(Y. Gjessing and D. O. Øvstedal[2507])

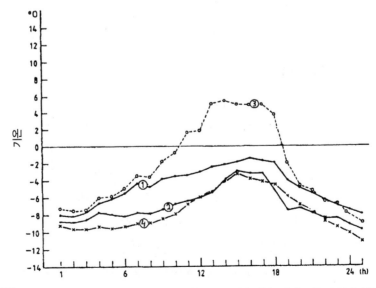

그림 47-7 남극대륙 퀸모드랜드에서 남사면 1, 북사면 2, 누나탁의 정상 3에서 구름 낀 날에 식생 표면 아래 2mm에서 온도와 기온 4(Y. Gjessing and D. O. Øvstedal[2507])

표 47-2 흡수된 태양복사(K*, W m^{-2}) (12월)

지방시	8	10	12
얼음으로 덮이지 않은 지면	241	246	241
얼음으로 덮인 지면	55	56	55

표 47-3 복사수지(Q*, W m^{-2}) (12월)

지방시	8	10	12
얼음으로 덮이지 않은 지면	121	116	110
얼음으로 덮인 지면	−41	−40	−41
언 호수	−62	−61	−62

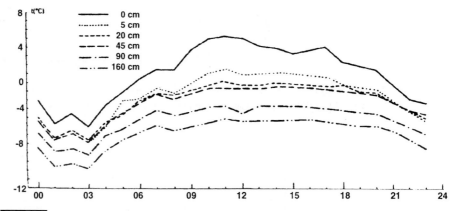

그림 47-8 남극대륙에서 12월에 테일러 드라이 밸리의 시간별 온도(M. Colacino and C. Stocchino [4703])

개(steam fog)], 국지 강수, 저기압발생(cyclogenesis)의 원인이 될 수 있는 많은 열플럭스(Q_E와 Q_H)가 된다(O. Hertzman[4706], W. Schwerdtfeger[4730]). 저위도로부터 온난한 기단이 극쪽으로 이동하여 차가운 표면과 접촉하여 냉각될 때 짙은 안개도 극 해양 위에서 형성될 수 있다(W. Schwerdtfeger[4730]). 다른 한편으로 여름 동안 해풍이 발달할 수 있다. 긴 낮시간 때문에 육지가 가열될 때 강한 기온경도가 육지와 해양 사이에 발달하였다(T. Kozo[4714]).

린드세이[4715]는 북극해에서 얼음판(ice slab)의 에너지수지를 연구하였다. 그는 물에서 음의 표면 복사수지는 주로 얼음 바닥으로부터의 에너지 흐름[바닥 플럭스(bottom flux)]과 거의 열저장 손실이 없는 느낌열 플럭스로 이루어지는 것을 밝혔다

(그림 47-9). 여름에 양의 순복사는 주로 저장과 얼음 용해와 이보다 덜한 정도로 표면 숨은열 플럭스에 의해 균형을 이루었다. 가을에 음의 복사는 주로 얼음의 냉각작용(저장)에 의해서 균형을 이루었다. 순복사의 큰 일변화는 주로 에너지 저장과 얼음 융해의 일 순환에 의해서 균형을 이루었다.

식물성장에 필요한 주요 인자들은 온량과 적절한 수분이다. 북극 지역의 식생은 매우 낮은 기온을 견딜 수 있어야만 한다. 그렇지만 이용할 수 있는 물과 노출이 상대적으로 다양한 해양성의 남극대륙과 좀 더 빈약하게 식물이 성장하는 대륙 지역 내에서 분포를 조절하는 데 매우 중요한 것으로 나타나고 있다(R. E. Longton[4718], A. D. Kennedy [4711, 4712]). 해양성의 남극대륙에서 높은 상대습도가 나타나는 날들에 비 이외에 눈 녹음(E. D. Rudolf[4727], Schlensog et al.[4728]), 안개, 수증기가 지의류 수화작용 (hydration)의 주요 근원인 것으로 믿어지고 있다. 케네디[4711과 4712]는 "이용할 수 있는 수분과 연직, 수평, 시간적 스케일에서 생물의 분포와 풍부함 사이에 분명한 상관관계가 있다"는 것을 제안하였다.

수화상태에서조차 −196℃만큼 낮은 기온을 견디고 −20℃만큼 낮은 기온에서 광합성을 계속하는 극지역 지의류의 능력은 유일무이한 적응 형태이다(L. Kappen[4710]). 방위(aspect)는 지의류의 서식지 선택에서 중요한 역할을 한다. 대륙성의 남극대륙에서 지의류는 열과 수분을 공급하는 보호받는 장소에서만 생존할 수 있다. 바람이 센 지역

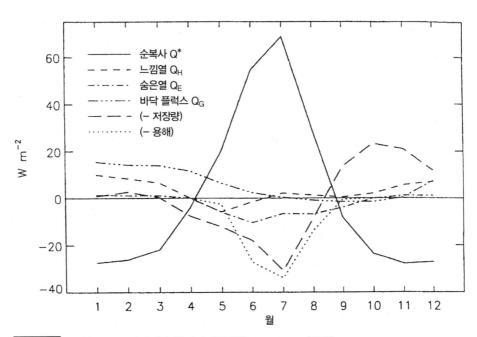

그림 47-9 두꺼운 북극 부빙의 에너지수지의 계절변화(R. W. Lindsay[4715])

에서 지의류는 암석의 풍하 장소와 바람을 피할 수 있는 장소에서만 집단적으로 살 수 있다(L. Kappen[4710]). 핀타도 등[4724]과 영 등[4733]은 생물다양성(biodiversity)과 생물량(biomass)이 해양성 남극대륙과 해양성 북극 지역에서 해안으로부터 거리가 멀어질수록 그리고 고도가 높아질수록 각각 매우 빠르게 감소한다는 것을 밝혔다. 이것은 해양의 영향이 감소하기 때문인 것으로 생각된다.

예싱과 외브스테달[2507]은 누나탁에서 여름에 이용할 수 있는 물이 광합성에 대해서 주요 제한 인자라는 것을 제안하고, 식물에 물을 공급할 수 있는 5개의 서로 다른 메커니즘을 제안하였다. 이들 메커니즘은 강수, 땅날림눈(drifting snow), 눈녹은 물, 구름과 이슬로부터의 물이다. 그들은 생육기간에 이슬이 광합성에 이용되는 물의 30%를 제공할 수 있고, 적어도 남극대륙 퀸모드랜드에서 식물에 대해서 가장 중요한 물 공급원일 수 있다고 제안하였다. 캅펜과 레돈[4708]은 기온뿐만 아니라 바람에 대한 노출도 식생 발달에 영향을 줄 수 있다고 지적하였다. 그들은 암석 노두의 북-동측과 동측이 좀 더 따뜻한 반면, 북-서측과 서측은 안개의 형태로 수분을 수송하는 편서풍에 노출되었기 때문에 식생이 훨씬 더 풍부했다는 것을 밝혔다.

우와 영[4734]도 한대 사막에서 물이 주요한 제한 인자라는 것을 제안하였다. 상대적으로 풍부한 식생(불모의 환경과 비교할 때)이 여름에 눈이 녹는 동안 물을 이용할 수 있는 지역에서 발견된다고 제안하였다. 그들은 이에 대한 두 가지 예외를 발견하였다. 첫째로 눈더미(snowbank)는 눈더미로부터 거리가 멀어질수록 좀 더 풍부해지는 식생으로의 지대화로 특징지어지고, 둘째로 따뜻한 계절 동안 오래된 범람을 경험한 강을 따라서 있는 관다발식물(vascular plnat) 덮개는 차가운 난류 물(turbulent water)에 의한 범람 때문에 키가 낮다. 갑펜[4709]은 안개 이외에 이슬과 눈을 지의류를 위한 물의 근원으로 제안하였다. 여름 동안 바람은 눈을 주로 검은 지의류 위로 불어 보내서 눈이 빠르게 녹는다. 그는 지의류가 여름의 긴 기간 이와 같은 방법으로 다소 젖을 수 있다고 제안하였다. 다른 한편으로 일부 건조한 계곡에서는 잘 건조시키는 활강풍이 식생을 제한할 수 있다(L. Kappen[4709]).

바람은 수분을 가져와서 식생에 긍정적인 영향을 미치거나 식물을 건조시켜서 부정적인 영향을 미칠 수 있다. 게다가 풍식(風蝕)은 식물의 성장을 방해할 수 있다. 두꺼운 바람 퇴적물은 대부분의 식물을 죽일 수 있는 반면, 적당한 퇴적물은 다른 종들보다 일부 종에게는 유리하다. 적은 퇴적물조차 지의류나 이끼를 죽일 수 있다(S. A. Edlune et al.[4705]).

북극의 기후에 관한 좀 더 많은 정보에 대해서 프르지빌락[4726]과 세레지와 배리[4731]의 저서는 추천할 만한 탁월한 저서이다. 남극대륙에 대해서는 슈베르트페거

[4730], 브롬위치와 스턴스[4702], 그리고 특히 킹과 터너[4713]가 추가적인 훌륭한 정보원이다.

제48장 ··· 지형기후학

40~47장에서는 지형이 접지기층의 기후에 미치는 영향을 다루었다. 문헌에서 '지형기후(독 : Geländeklima, Topoklima, 영 : terrain climate)'라는 용어가 사용되면, 이것은 일반적으로 지형뿐만 아니라 토양형(19~24장) 및 식물피복(29~39장)에 종속되는 특정 장소의 기후를 의미한다. 그 이유는 이들 인자도 장소와 관련되고, 시간이 경과함에 따라 단지 느리게 변하기 때문이다.

그림 48-1은 이미 앞에서 언급한 가이거, 보엘플레와 자이프[32]의 연구에 따라서 해발고도에 종속되는 독일 그로써 아버의 99개의 모든 측정지점에 대한 1931년과 1932년 5월과 6월의 야간 평균 최저기온을 제시한 것이다. 모든 야간을 종합한 것보다 맑은 야간(그림의 왼쪽)에 차이가 당연히 더 컸다. 그러나 각 장소는 왼쪽과 오른쪽의 점들을 비교하여 나타낸 바와 같이 각각의 기온 특성을 유지하였다.

오른쪽 그림에서는 계곡의 추운 위치, 800~900m 고도까지의 사면온난대와 그 위에

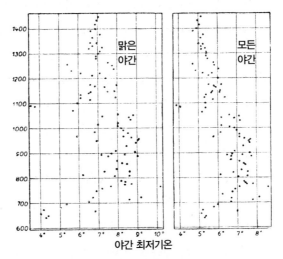

그림 48-1 독일 그로써 아버의 99개 미기후 관측소에서 해발고도에 종속되는 봄의 야간 기온

32) *Geiger, R., Woelfle, M.,* und *Seip, L. P.,* Höhenlage u. Spätfrostgefährdung. Forstw. C. 55, 579-592, 737-746, 1933; 56, 141-151, 221-230, 253-260, 357-364, 465-484, 1934.

서 고도가 높아질수록 기온이 하강하는 것을 알 수 있다. 그러나 왼쪽의 점들이 모인 것은 다른 국지적인 영향을 통해서 크게 흩어져서, 예를 들어 산의 최하층 200m에서 야간 기온이 정상보다 평균적으로 3℃ 낮거나 높을 수 있다. 이 경우에 온도계는 접지기층에 설치되지 않았고, 눈높이에 설치되었다. 1,100m 바로 아래의 두개의 가장 추운 관측소는 찬공기 유출이 방해를 받는 늪이 많은 목초지에 위치하였다. 762m의 가장 따뜻한 관측소는 경사가 완만한 남서 사면에 위치하였고, 양지 쪽을 제외하고 삼림과 과수원으로 둘러싸여 있었다. 그러므로 각 지점의 기후는 지형, 지면의 특성, 식생 등의 영향으로 이루어졌다. 따라서 이미 제4판(1961) 231쪽과 472쪽에서 미기후가 지형에 종속된다는 것을 지적하였다.

지형도에는 지형뿐만 아니라 지층, 토양 상태, 토지 이용, 취락의 밀도 또는 식생과 같은 지형과 관련된 특성도 표현된다. 대기후학(독 : Großklimatologie)에서도 지도학적으로 표현하려고 하였는데, 그 이유는 지도학적으로 표현하는 것이 항시 가장 간략한 형태로 가장 많은 정보를 제공할 수 있기 때문이다. 그러나 기후는 여러 해의 관측자료에서만 추론될 수 있는 이론적인 개념이다. 그러므로 기후를 지도화하기 위해서는 근본적으로 다른 두 가지 방법을 취할 수 있다. 즉 개별 요소들을 지도화하여 그에 상응하게 기온분포도, 강수분포도, 안개 또는 뇌우 빈도분포도 등을 그리거나 단 하나의 표현 형태에 도달할 수 있다. 협의로 이러한 기후도는 기후구분과 따라서 기존의 기후를 유형으로 구분하는 것(예 : 쾨펜의 기분구분도)을 전제로 한다. 첫 번째 유형의 지도는 연속적인 상황을 제시하여 지도상의 모든 지형 지점에 대해서 한 기후요소의 개별값을 추측할 수 있게 하는 반면, 두 번째 유형의 지도에서는 많은 장소들이 동일한 유형 내에 포함된다. 많은 수의 유형으로 세분하는 것은 여기서 많은 수의 등치선(기온, 일조시간)과 같이 특정 지역에 대해서 지도를 이용하기 쉽게 할 수 있거나 많은 수의 등빈도선은 하나의 요소의 지도를 이용하기 쉽게 한다. 한 장의 지도에 식생 또는 토양을 지도화할 때에도 유형화하는 것을 피할 수 없으며, 아무도 이러한 지도의 실제적인 가치에 이론을 제기하지 못할 것이다.

지형기후의 지도화(독 : Kartierung des Geländeklimas)에 관해서 이야기하면, 사람들은 익숙한 일반적인 기후도보다 대축척 지도에 기후를 지도화한 것을 생각한다. 대기후도는 50km부터 100km까지 또는 그 이상 떨어진 관측망의 격자간격을 기초로 한다. 이를 기초로 1 : 500,000 또는 그 이하의 축척에 만족할 만한 기후도를 그릴 수 있다. 여기서 허용할 수 있는 한계는 관측망의 밀도와 지형의 기복량에 종속된다. 기후 지도책이나 지리학 책에 포함된 지도는 이러한 유형에 속한다.

그러므로 지형기후의 지도화라는 개념은 우선 대축척 지도를 의미하고, 더 이상 일반적인 기후관측소에 의존하여 지형기후도를 만들 수가 없다. 보통 1 : 25,000 또는 10,000 의 축척을 생각하게 된다. 동시에 다른 측면에 대한 한계를 그리게 되는데, 그 이유는 밭 고랑도 북측과 남측에서 그 차이가 지형의 영향에 기인하는 매우 다른 기후를 갖기 때문 이다. 이러한 미세한 특징을 지도화하는 것은 그럼에도 불구하고 지형기후 지도화(독 : Geländeklimakartierung)가 아니라 미기후 지도화(독 : Mikroklimakartierung)라고 부를 것이다.[33]

그러므로 손스웨이트[4832]가 'topoclimate'라는 적절한 명칭을 제안한 '지형기후 (독 : Geländeklima)'라는 개념은 현재 대기후(macroclimate)와 미기후(microcli- mate) 사이의 중간 역할을 넘겨받았다. 이와 같은 중간 단계는 오래전부터 필요하다고 생각되어 왔다. 스카에타[4826]는 이에 대해서 '중기후(mesoclimate)'라는 명칭을 제 안하였다. 그러나 이 명칭은 가이거와 슈미트[4809]가 제안한 명칭과 같이 거의 수용되 지 못하였다. 플론[4808]이 이에 반대해서 정당하게 이의를 제기했던, 대기후를 지역기 후(regional climate)와 아지역기후(subregional climate)로 세분한 바이세트[4841]는 지형기후를 위의 의미에서 '국지기후(local climate)'라고 명명하였다. 이 명칭을 여기 서는 사용하지 않겠는데, 그 이유는 이 명칭이 국제적인 문헌에서 많은 다른 의미로 사 용되고 있기 때문이다.

지형기후(terrain climate 또는 topoclimate)를 파악하기 위한 가장 직접적인 방법은 기존의 관측망을 조밀하게 확충하는 것이다. 따라서 약 2m 높이에 관측기기가 들어 있 는 정상적인 백엽상으로 동일한 관측방법을 이용하는 것이다. 이 특별 관측망의 격자 크기는 실제로 작아서 인건비와 재료 비용이 적절한(견딜 수 있는) 한계 내에서 유지될 수 있도록 보조 관측소에서의 관측 기간을 크게 줄여야 한다. 일시적으로 설치된 관측 소에서 나온 결과는 장기간 관측을 해 온 정상 관측소의 자료에 추가되어야 한다.

틴[4833]은 예를 들어 영국 노팅엄 지역에서 그때마다의 일기상태에 종속되는 지형 의 영향을 파악하기 위해서 이미 평가를 한 8개 관측소에 추가로 2년 동안(1935년~ 1937년까지) 기록을 한 4개 관측소의 관측을 분석하였다. 스핀난그르[4830]는 노르웨 이 베르겐 시 주변에서 1941년 8월부터 1942년 7월까지 프레드릭스베르크 관측소로부 터 7.7km 거리까지 8개의 관측소를 추가로 설치하고 관측하였다. 이렇게 구한 강수량 과 기온 자료는 베르겐 시 지역과 주변에 대한 상업, 공업, 건축업 등에 필요한 정보와 전문가의 의견을 제공하기 위한 기초가 되었다. 발친과 파이[4801, 4802]는 잉글랜드

---

33) 1975년 제5판의 영어본에는 '지형지후 지도화(독 : Geländeklimakartierung)'를 "map of local climate"로, '미기후 지도화(Mikroklimakartierung)'를 "microclimatic map"이라고 영어로 번역하였다.

의 온천 지역 배스 주변에서 1944년 10월부터 1945년 12월까지 31개 표준 관측소를 운영하였다. 이들 관측소는 지표 및 식물 성장의 영향을 가능한 한 배제하고 지형 및 도시의 영향만을 유지하기 위해서 모두 가능한 한 동일한 토양형 위에 그리고 항시 잔디 위에 설치되었다. 안개가 형성되는 경향을 포함하여 주간과 야간의 기온, 바람 조건, 습도는 인간의 거주에 대한 조사된 지역의 생물기후학적 적합성을 여름과 겨울에 따라 분리하여 구분할 수 있게 하였다. 풍향에 종속되는 국지 강수분포도는 지형의 영향을 보여주었다. 패리[4823]는 이와 유사한 방법으로 영국 템스 강 하곡에 있는 레딩 주변의 기온분포를 1951년 6월부터 1952년 11월까지 기록한 12개 백엽상 관측소를 이용하여 조사하였다. 오스트리아의 호헤 바르테에 있는 빈 관측소가 어느 정도까지 멀리 도시의 남쪽 지역을 대표하는가를 조사한 라우셔[4821]의 연구, 다우버트[34]가 튀빙겐의 기후를 생생하게 기술한 것, 또는 아르헨티나 북서부의 특정한 경관 지역의 서리 위험에 관한 부르고스, 카그리올로와 산토스[4804]의 '미기후학적 실지답사(microclimatic exploration)'라고 부르는 연구도 거의 전적으로 이러한 대기후 관찰을 기초로 하였다. 이들 연구의 결과는 기후를 지도화한 것이 아니고 기술한 것이다.

그러나 협의의 지형기후 연구는 새로운 연구방법의 발달과 접지기층을 포함시키고나서야 비로소 시작되었다. 빌헬름 슈미트[4827, 4828]가 제1차 세계대전 이후에 오스트리아의 빈으로부터 남서쪽으로 100km에 있는 오스트리아 룬처 운터제에 설치한 생물기후학 특별 관측망은 이 분야에서 개척적인 것이었다. 식물지리학적 관점에 따라 해발 610m~1,530m 고도 사이에 13개 관측소가 선정되었다. 복사로부터 차폐된 기록계에 추가로 토양표면의 위와 아래의 각각 3개 높이에 최고 및 최저온도계를 설치하고 1주일에 1회씩 읽었다. 이것으로 식물과 동물에 대한 입지 조건의 밀접한 관계가 확립되었다. 그러나 관측소 밀도가 지형기후를 파악하기에 너무 낮아서 지도화하는 데 문제가 있었다.

이에 대한 고전적인 연구로는 자료는 풍부하지만(457쪽 이하 비교) 유감스럽게도 결코 완전하게 발간되지 않은 결과가 있으며, 유사하나 확대된 형태로 미국 오아이오 주 네오토마 계곡의 최소 공간에서 수행되었다. 울페, 웨어햄과 스코필드[4843]는 그들의 책에서 네오토마 계곡에서 나타나는 식물군락의 미기후학적 입지 조건을 기술하였다. 표준 기상 관측소들의 자료를 기초로 오하이오 주의 이 지역의 일기와 기후를 상세하게 분석한 것 이외에 1939년~1943년 사이에 일시적 또는 지속적으로 다음과 같은 측정지점들을 운영하였다. 100개 이상의 지점에서 91cm 높이와 11~30cm까지 높이에서 최고기온 및 최저기온을 매주 읽었으며, 11개 관측소에서 토양 피복 아래의 온도를 읽었

---

34) *Daubert, K.*, Klima u. Wetter in Tübingen. Tübinger Blätter 1957, 10-24.

고, 일부 선별된 지점들에서 24시간의 기온변화를 측정하였다. 이 광범위한 프로그램은 10개 우량 관측소, 리빙스턴 증발계(Livingston atmometer)를 설치한 34개 증발 관측소, 세 가지 서로 다른 방법을 이용한 빛 측정과 휘돌이건습계(sling physcrometer)로 습도를 측정한 4개 관측소로 완성되었다. 모든 계절에 생물계절학 관측을 하였다. 서로 다른 입지에서 상이한 성장 조건은 수치로 제시되어 상세하게 기술될 수 있었다.

이와 관련하여 원자력발전소의 주변에 대해서 필요한 새로운 유형의 목표 설정하에서 수행된 기후 기술을 언급해야 하겠다. 해로운 배출가스와 일어날 수 있는 사고의 관점에서 우선 지형과 일기상태에 종속되는 대기의 확산에 관심을 두었다. 그러므로 바람, 맴돌이확산과 기온의 연직단면을 측정하는 것이 이러한 목적에 매우 유용하였고, 또한 연기구름(smoke cloud)으로 기류를 연구하거나 인공적으로 대기에 피해를 주지 않으나 쉽게 증명할 수 있는 오염물질로 확산을 측정하였다. 미국 원자력 에너지 위원회(U. S. Atomic Energy Comimission)[4835]가 테네시 주 오크리지 지역에서 행한 측정에 관해서 제출한 584쪽 분량의 보고서는 이에 대한 사례와 모델이 될 수 있을 것이다.

블리스[4803]의 방법론적으로 주목할 만한 연구도 언급하겠다. 그는 부분적으로 북극의 툰드라(알래스카 북부)와 부분적으로 고산 툰드라(미국 와이오밍 주의 산맥)에 8개 미기후 관측소를 설치하여 모든 중요한 기후요소들을 지표 위와 아래에서 측정하였다. 이러한 방법으로 이 두 툰드라 지역 사이의 기후 입지 조건의 유사성과 차이가 발견될 수 있었다.

지금까지 논의된 모든 방법들은 처음으로 기형기후를 기술하고 설명하였다. 그러나 지형기후를 지도화하는 것은 전혀 새로운 연구방법을 필요로 하였다. 크노흐[4813~4816]는 이미 제2차 세계대전 전에 지형기후도에 대한 미래의 농업과 지역계획의 요구를 예견하고 이를 지칠 줄 모르고 준비하여 많은 수의 연구를 시작하였다. 그는 특히 새로운 연구방법에 대한 표준을 개발하였다.

지형기후의 지도화는 말하자면 새로운 직업, 즉 지형기후학자의 직업을 가정하였다. 지형기후학자는 기후학과 미기후학 교육을 받을 것을 전제로 하나, 책상을 떠나서 야외로 연구하러 나가서 측정하며, 관찰하고, 청취하며, 검증해야 할 것이다. 그러나 지형기후학자가 점차 야외의 실제 특성을 잘 알 수 있기 위해서, 그리고 이러한 실제 특성을 올바르게 판단할 수 있기 위해서는 대체로 또한 이러한 연구에서의 오랜 경험이 요구된다. 반 아이머른[4806]은 최근에 이 분야에서의 그의 활동에 관한 훌륭한 개관을 제시하였다.

방법론적으로 이러한 연구는 기후관측망의 가장 가까운 표준 관측소와 함께 시작되었다. 그 이유는 "국지기후는 대기후에 끼어 있기 때문이다"(크노흐). 연구의 중추는 야외조사를 지속하기 위해서 추가로 설치된 표준 백엽상 관측소이다. 이들 관측소는 기온, 습도, 바람과 아마도 다른 필요한 기후요소들을 측정하는 많은 수의 접지기층 관측소로 보충되었다. 지표의 알베도, 지면의 경사, 수평적인 제한에 종속되는 구름이 없는 날에 예상되는 복사량을 측정하는 것이 필수적이다. 이러한 요소들을 지도화하는 것은 가능한 많은 야외의 지점들에서 측정하는 것을 전제로 한다. 이에 대해서는 56장과 57장의 관측기술적인 기초에서 찾을 수 있다. 바그너와 그의 공동 연구자들[4836, 4837]은 1 : 25,000 지형도와 캠퍼트와 모르겐[4013, 432쪽 이하 참조]의 계산도표(nomogram)만을 기초로 체코 포그란트(엘스터 산맥) 상부 지역의 연복사량 분포도를 작성하였다. 그러나 한편으로 지도화된 수치들과 다른 한편으로 삼림 성장지대와 생물기후학적인 현상 사이에서 그들이 발견한 양호한 상관관계는 이러한 중산성 산지[미텔게비르게(Mittelgebirge)] 경관에서 눈에 띄는 복사 인자의 중요성만을 증명하였다. 그렇지만 지형기후학자는 그의 조사 지역에 대해서 측정과 관찰로 이러한 사실을 확인해야 할 것이다.

방금 기술된 방법으로 조사된 기본 정보는 임의표본을 통해서 확대된다. 이러한 측정은 주의 깊게 선별한 하루 중의 시간, 일기상태와 계절에 야외에서 대체로 도보, 자전거 또는 — 도시기후 연구에서 흔히 사용되는 것과 같은(579쪽 비교) — 자동차를 이용하여 이루어진다. 일정한 고정 지점들로 반복해서 돌아와서 시간에 따른 변화를 고려할 수 있다. 이따금 덜 숙련된 많은 공동 연구자들도 배치될 수 있다. 예를 들어 호우[4811]는 영국 웨일스의 한 도시 주변에서 하루의 복사 일에 기온과 습도를 지도화하기 위해서 22명의 학생이 휘돌이건습계로 4시간마다 관측을 하게 하였다.

그 지방에 사는 농부, 과수 재배자, 원예가, 삼림학 전문가 등으로부터 정보를 수집 · 분석하는 특히 능숙한 방법이 요구된다. 이러한 사람들은 조사되지 않고 남아 있는 풍부한 실무 경험의 보고이다. 이 경우에 심리적인 이해와 정확한 관측 및 잘못된 관측을 분별 있게 구분할 수 있어야 한다.

식물 세계를 관찰하는 것이 매우 중요하다. 식물학, 특히 식물사회학 지식이 전제가 되어야 한다. 제한된 경관에서 동일한 식물군락이 동일한 미기후에 상응한다는 일반원리는 토양의 유형과 물 함량을 통해서 제한적으로만 유효하나, 새로운 지역을 연구할 때에는 좋은 출발점이 된다. 특히 측정 지점들을 선정하기 위해서는 식생이 제공하는 특징이 크게 도움이 될 수 있다. 서리 피해를 입은 나무나 편형수(扁形樹)는 기상 피해를 나타낼 수 있고, 특히 까다로운 식물은 유리한 장소기후(독 : Ortsklima)를 나타낼 수 있다.

이에 추가로 생물계절학 관측(phenologic observation)이 있다. 이 관측의 가치는 특히 이 관측이 기상관측이 행해지는 지점들 사이에서 올바르게 내삽할 수 있게 한다는데 있다. 바이셰트[4841]는 독일 라인 강 하류지역 분지의 지형기후를 기술하면서 3년간의 생물계절학 관측 결과를 충분히 이용하였다. 아이헬레[4800]는 독일 보덴제 서부지역에 대해서 미기후와 사과꽃 개화 시기 사이의 밀접한 관계를 제시하였다. 그림 45-12에서 이미 이 지역에 대해서 상세하게 다룬 사례를 찾을 수 있다. 그러나 지형기후학자는 그의 설명이 기상학적인 근거를 지지하고 식물이 단지 보조수단 및 단서에 불과하다는 사실을 결코 잊어서는 안 될 것이다. 그렇지 않으면 식생도가 차라리 나을 것이다.

지형기후학자들은 항시 서로 다른 일기상태가 국지적으로 미치는 영향을 주의 깊게 추적하였다. 어디에 안개가 발생하는가? 어느 곳에서 습한 토양이 처음 눈에 띄는가? 어느 곳에서 토양의 건열(乾裂)이 처음 생기는가? 이슬, 서리, 비얼음 또는 상고대(189쪽 이하 비교)는 어떻게 분포하는가? 어느 곳에서 비에 적은 식생이 먼저 마르는가? 지형기후학자의 측정일지는 이러한 정보로 가득 차 있음에 틀림없다.

앞서 기술한 방법을 이용하여 지형기후학자는 그의 자료를 수집한다. 이때 지형기후학자는 기본도로 축척 1 : 10,000 지형도를 가장 잘 이용한다. 현재에도 결과를 제시하기 위해서 일반적으로 이용할 수 있는 방법은 없다. 추상적인 기후를 기술하는 것과 같이 표현하기 어려운 자료로 체계화시킬 수는 없다. 크노흐(K. Knoch)가 반복해서 강조한 바와 같이 야외에서의 작업을 통해서만 점차로 이용할 수 있는 방법이 개발될 수 있을 것이다. 이에 대해서도 대기후 지도화에서와 같이 두 가지 길이 열려 있다. 개별 기후요소들을 나타내는 (여러 장의) 지도를 준비하거나, 내용이나 표현방법이 지도화되어야 할 특별한 목적에 맞는 한 장의 지도를 준비하는 것이다. 이 두 가지 방법을 설명하기 위해서 지금까지 시도된 많은 조사들에서 일부 사례를 소개하도록 하겠다.

탐스[4831]는 이탈리아와 스위스 사이 마조레 호의 북쪽 끝에 있는 34km² 면적의 마가디노 평야의 일광계(heliograph)가 설치된 71개 측정 지점에서 개별 기후요소로 수평 경사에 종속되는 일조시간을 측정하였다. 그는 축척 1 : 150,000 지도에 8개 시간 간격(년, 월, 낮이 가장 긴 날과 가장 짧은 날)에 대해서 가조시간(possible duration of sunshine)의 등치선[등일조선(isohel)]과 또한 6월의 실제 일조시간의 등치선을 그렸다. 이들 지도는 많은 햇빛을 필요로 하는 담배가 높은 산맥으로 둘러싸인 이 평야의 어느 지역에서 재배되어야 하는가를 자문하는 데 기초가 되었다.

개별 기상요소를 지도화하는 것은 현재 이미 상당한 단계로 발달하였다. 이에 대한 사례가 야간 최저기온 분포를 기초로 한 서리 위험 지도(frost-danger map)이다. 이것은 이미 42장에서 상세하게 다루었다. 또한 특정 지역에서 비그늘[우음(雨陰)]을 찾을 수 있는 강수량 분포도를 다른 사례로 들 수 있다. 소규모 지역에서 강수량 분포가 바람에 종속되는 것은 우선 개별 경우들이나 특정 풍향에 대해서 미기상도를 작성하게 하였다. 고드스케[4810]는 노르웨이 하르당게르 협만에 대해서 이러한 유형의 가장 정밀한 분석을 하였다. 이미 앞에서 언급한 잉글랜드의 온천 지역 배스에서의 연구 이외에 독일 예나 부근 자알레 계곡에 대한 카우프[4812]의 연구도 언급될 수 있다. 독일 함부르크와 하부르크 주변 지역에 대한 반 아이머른과 캅스[1403]의 연구는 미기후학적인 강수분포도의 다른 좋은 사례이다. 46장에서 언급된 적설 분포도도 여기서 기억해야 하겠다.

실무자에게 한 장의 지도만 주려고 한다면 우선 일반적으로 크노흐[4814, 4816]가 제안한 5단계의 지도화 방법을 추천할 수 있다. 첫째로 가장 가까운 대기후 관측소들에 상응하는 정상적인 기후가 나타나는 지역들을 구분한다. 그다음에 지도화의 목적에 따라 유리한 지역(예 : 햇빛이 풍부한 지역)과 불리한 지역(예 : 바람이 강한 지역)을 구분한다. 끝으로 대체로 작은 지역만을 차지하는 극히 유리한 지역과 극히 불리한 지역[예 : 서리 요지(frost hollow)]을 구분한다. 지형기후학자가 경험이 많을수록 이러한 판단이 좀 더 확실해질 것이다. 경험에 따라 5단계의 척도를 갖는 이러한 유형의 지도는 실무 사용자에게 이미 매우 귀중한 도움이 될 것이다.

이러한 시도를 한 최초의 지도 중에 하나는 포도재배에 적용되었다. 베거[4839]는 1947년에 독일 라인 강변의 가이젠하임 주변 지역에서 그의 연구의 최초의 기초로서 야외에서 측정한 사면 위치를 기초로 사면에 투사되는 태양의 열량을 이용하였다. 서리 위험, 범람의 위험, 과다한 사면 경사 등과 같은 포도재배를 위해서 중요한 다른 인자들은 점의 크기(scale of dots)를 통해서 함께 고려되었다. 이렇게 하여 포도재배를 위한 '매우 양호'에서 '부적절'까지의 4단계 지형 적합도 지도(독 : Karte der Eignung des Geländes)가 제작되었다. 베거[4840]는 다른 경험을 기초로 상이한 포도 종의 재배 가능성과 포도재배의 수익성 한계를 판단하는 데 도움이 되고, 포도원을 매매하거나 교환할 때 가격 산정을 위해서 도움이 되는 이러한 지도를 만들기 위한 상세한 방법론적 제안을 발간하였다.

슈넬레(F. Schnelle)와 그의 공동 연구자들은 독일 오덴발트에서 과수 재배에 적용되는 현대적인 연구를 하였다. 방법론과 결과는 이미 제4판(1961) 431쪽 이하에 제시되었다.

반 아이머른[4807]이 독일 도나우 강 구 하도의 서남서쪽으로 열린, 넓고 건조한 계곡에 위치한 휘팅 교구에서 한 연구는 국지기후를 개선하는 데 도움이 되었다. 이 계곡은 약 6km 길이의 벨하임 건조 계곡의 일부에 위치하였다. 이 지역에서 바람 피해와 늦서리 피해가 나타났기 때문에 기후 지도화와 기대되는 개선 계획에서는 이 두 인자가 고려되었다. 이를 위한 기초로 정상적인 기후 관측소 이외에 1957년 봄에 17개 고정 관측소와 다른 17~19개의 이동 관측소가 설치되었다. 이동 관측소는 2~3주마다 다른 장소로 옮겨 설치되었다. 모든 관측소에서는 50cm 높이에서 최고기온과 최저기온이 측정되었고, 1.5m 높이에서 풍속이 측정되었다. 3명의 관측자가 그들이 규칙적으로 측정을 하러 다니는 동안 관측소들 사이에서 풍향과 풍속을 기록하였다. 3개 지점에서는 토양온도를 측정하였다.

이 결과로 먼저 기준 지점의 풍속에 대한 백분율로 등풍속선을 포함한 7개의 전형적인 풍향에 대해서 측정된 7장의 바람장 지도를 작성하였다. 늦서리 위험을 지도화하기 위해서 15일 봄의 야간 평균을 이용하였다. 기준 지점으로부터의 기온 편차 이외에 18년 동안 5월 15일 이후에 50cm 높이에서 −2℃ 서리(피해 한계)의 백분율 빈도를 정량적으로 추정하여 늦서리 위험의 6개 지대가 지도화되었다. 이를 위해서 국지 관측자료가 인접한 기후 관측소의 서리 빈도 통계에 추가되었다. 사면의 방위(햇빛) 이외에 바람(통풍)을 통해서 크게 영향을 받는 50cm 높이의 최고기온은 불과 3℃의 차이만 나타내어 분석에서 중요하지 않았다. 최종 결과로 모든 개별 측정을 면밀하게 평가하여 최소 공간을 차지하면서 늦서리의 위험을 증가시키지 않고 적용될 수 있는 최적 방풍을 목표로 하는 방풍 대책을 제안한 지도가 작성되었다.

산림학자들이 관심을 갖는 독일 하르츠 산맥의 상세한 지도화에 대해서는 이미 486쪽 이하에서 다루었고 그림 44-8로 기후도를 제시하였다. 독자들은 다른 사례를 참고문헌에서 찾을 수 있다[4817~4820, 4822, 4824, 4825, 4829, 4834, 4838].

제49장 ··· 동굴기후 : 동굴의 미기후

동굴기후학(Speleoclimatology)은 동굴의 기후를 연구하는 학문이다. 동굴의 기후조건들은 여러 가지 측면에서 토양의 기후에 관한 10장과 19~21장에서 논의된 내용에 상응한다. 입구 및 환기 구멍과 같은 구멍들도 동굴의 기후에 영향을 준다. 여름날에 산에 있는 동굴에 들어가는 사람은 급격하게 빛의 강도가 감소하고 그로 인하여 공기가 좀 더 서늘하고 습해지는 것을 느끼게 될 것이다. 동물 및 식물 생활이 이러한 환경에 적응하는 방식은 독특하다.

개방된 체계의 동굴 대기는 외부 대기와의 공기 교환을 통해서 크게 영향을 받는다. 스미스슨[4926]에 의하면 동굴에서 공기 흐름은 세 가지 인자, 즉 중력, 밀도로 인한 대류와 강제 이류에 의해서 조절된다. 동굴 내에서 공기 흐름의 크기와 그로 인한 기온변화는 터널 및 방(chamber)의 크기 및 형태와 같은 동굴 형태, 입구로부터의 거리, 동굴 내부와 외부 사이의 기온차, 동굴 입구에 대해서 상대적인 외부 풍속과 풍향의 영향을 받는다. 보통 공기 흐름이 강할수록 외부 기온이 동굴의 기온에 미치는 영향이 커진다. 그러나 이들 영향의 크기는 크게 변하는 반경, 큰 표면 거칠기, 구불구불한 동굴 통로와 경사진 동굴 바닥을 갖는 동굴 통로에 의해서 감소될 수 있다. 한 결과로 스미스손[4826]은 각 동굴은 동굴의 미기후에 유일무이한 요소를 갖는다고 강조하였다.

동굴의 미기후에 대해서는 동굴의 입구가 하나인지 둘 또는 여러 개인지가 결정적으로 중요하다. 그러므로 외들[4919]은 한쪽만 개방되어(독 : einseitig offene Höhlen) 공기 순환이 거의 없는 정적 동굴(static cave)과 여러 개의 입구가 있어서 좀 더 강한 공기 순환이 일어나는 통과 동굴[독 : Durchgangshöhlen, 영 : transit cave, '바람 파이프 (wind pipe)' 또는 '동적 동굴(dynamic cave)'이라고도 부름]을 구분하였다. 정적 동굴에서는 입구에서의 난류혼합이 짧은 거리 안쪽으로 들어올 수 있거나 차후에 다루게 되는 것과 같이 기온 그리고/또는 수증기압 차이로 인한 공기 밀도 차이의 결과로 공기가 내부 또는 외부로 흐를 수 있다. 그러나 통과 동굴에서는 경우에 따라서 특히 동굴 횡단면이 좁아지는 곳에서 빠른 풍속을 갖는 공기 순환이 지배한다. 이러한 순환을 위해서 사람들이 통과할 수 있는 '입구'가 있어야 할 필요는 없다. 이를 위해서 암석에 충분한 횡단면을 갖는 바람갱(wind shaft) 또는 갈라진 틈(crack)이 있으면 통과 순환이 일어나기에 충분하다. 한 입구와 다른 입구의 해발고도가 크게 다르면 순환이 강해진다.

정적 동굴을 먼저 다루도록 하겠다. 그림 49-1은 팔레스타인의 제닌에 있는 동굴의 종단면을 제시한 것이다. 벅스턴[4903]이 1931년 6월 7일 정오에 행한 측정을 기입하여 한쪽만 개방된 동굴의 전형적인 기온분포를 나타냈다. 낮에 빛이 여전히 안으로 들어오고 사람이 아직 바로 서 있을 수 있는 측정 지점 A에서는 덥고 상대적으로 건조했다. 동굴은 7m(B) 이후에 좁아져서 기어서만 좀 더 들어갈 수 있었다. 이 지점에서 개구리와 수서곤충의 유충이 웅덩이에서 발견되었다. 더 안쪽으로 건구온도계의 기온은 급격하게 하강하여 입구로부터 약 25m에서 불변하는 습구온도와 같게 되었다. 이 지점으로부터 안쪽으로 공기는 포화상태였고, 기온은 불변하였다.

여기서 한 가지 단순한 사례로 제시한 야외로부터 동굴 상태로의 변화는 두디츠 [4905]가 헝가리의 바라들라 종유석 동굴에서 1년 동안 측정한 자료를 통해서 가장 잘 증명된다. 남사면에 있는 이 동굴의 입구로부터 45m 길이의 구간이 계단으로 아래로 이어진다. 표 49-1에 제시된 값은 1928년~1929년에 이 구간에서 기록한 것에서 조사 되었다. 제시된 연최저상대습도는 기온에서처럼 상대습도에서 동굴 입구로부터 거리가 멀어질수록 마찬가지로 빠르게 감소하는 연교차의 정도를 나타냈다. 최고상대습도는 모든 장소에서 100%였다.

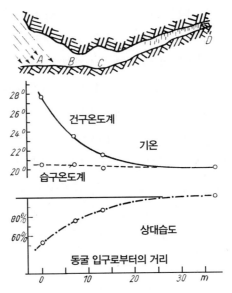

그림 49-1 한쪽만 개방된 정적 동굴에서 기온과 상대습도(P. A. Buxton[4903])

표 49-1 정적 동굴에서 기온과 상대습도

위치	동굴 입구		아래로 내려가는 계단			입구로부터 45m
	출입구	문 뒤	10번째 계단	40번째 계단	68번째 계단	
연평균기온(℃)						
최고기온	17.3	14.6	11.8	10.6	10.2	10.4
최저기온	1.8	4.8	6.6	7.1	7.8	8.8
편차(℃)	15.5	9.8	5.2	3.5	2.4	1.6
상대습도, 최저(%)	19	66	77	91	95	96

출처 : E. Dudich[4905]

   동굴 내부의 연평균기온은 깊은 광산이나 시추공에서 관측되는 토양온도와 대략 같다고 추측해도 될 것이다. 동굴의 기온은 위도와 고도 둘 다의 영향을 받고, 그 지역의 연평균기온과 대략 같다(G. Moore and N. Sullivan[4917]). 그들은 동굴의 기온이 ℃ = 38 − 0.0L − 0.002k와 같다고 제안하였다. 여기서 L = 위도(°)이고, k는 고도(m)이다. 그렇지만 동굴의 형태가 큰 영향을 발휘한다. 동굴이 입구로부터 아래로 기울어져있으면, 차가운 공기가 아래로 흘러서 더 이상 따뜻하고 가벼운 위 공기의 영향을 받지 않는다. 이러한 유형의 동굴을 '자루동굴(독 : Sackhöhlen, 영 : sock caves[35])'이라고 부르고, 따라서 냉기 저장소(독 : Kältespeicher, 영 : cold storage)가 된다. 게다가 동굴 입구가 차가운 곡저에 위치하면(45장 비교) 이에 대해서 라우텐자흐[36]가 사례를 제시한 바와 같이 이 효과가 강화된다. 극심한 경우에는 동굴의 통로가 수직으로 아래로 내려간다. 므로제[4918]가 연구한 독일 에르츠게비르게의 해발 900m 고도에 있는 '아이스빙에'는 주석을 함유한 화강암에 함몰된 광산에 있는 폭이 1m, 깊이가 20m인 암석의 갈라진 틈이었다. 겨울에 1.5m 깊이의 눈이 동굴 안으로 떨어졌다. 암석의 연평균온도는 4°C로 눈을 녹였다. 그러나 유출되지 못하는 찬공기가 남아 있어서 여름에 5~10m까지 깊이의 얇은 안개층이 종종 나타나서 외부의 따뜻한 공기가 차가운 동굴 공기와 단지 적게 혼합되었다. 봄부터 암석에서 동굴 바닥으로 열이 전도되어 눈을 녹였으나, 가을에 첫눈이 오면 눈이 완전히 녹지 않았다. 8.4°C의 연평균기온에도 불구하고 얼음은 연중 아래쪽으로 내려가는 사면에 있는 후지 얼음 동굴들에 남아 있었다. 11월부터 2월까지 차가운 공기가 들어가 동굴을 냉각시켰다. 3월과 4월에 녹은눈으로부터의 물과 비가 동굴로 스며들어 냉각된 바위와 접촉하여 얼었다. 7월부터 10월까지 일부가 녹았다(T. Ohaia et al.[4920, 4921]). 순환이 일어나지 않기 때문에 이 두 동굴의 미기후는 예상되는 것보다 훨씬 더 추웠다.

바움가르트너[4901]는 1949년에 독일 알고이의 '휠로흐(Hölloch, 지옥 구멍)'에서 이러한 수직 통로의 기상상태를 조사하였다. 이 동굴은 한쪽이 개방된 동굴로 기술될 수 있는데, 그 이유는 암석의 갈라진 좁은 틈과 절리를 통한 야외와의 연결이 매우 작은 횡단면 때문에 적은 영향만 미쳤기 때문이다. 71m 깊이에 직경이 약 8m인 거의 원형의 수직 통로가 동굴로 이어졌다. 1949년 9월 3일에 셀렌 광전지(selenium cell)로 측정한 빛의 강도는 다음과 같이 깊이가 깊어질수록 감소하였다.

통로의 깊이(m)	0	5	10	15	20
빛의 강도(%)	100	90	30	10	4

30m부터 그 아래로 외부 빛의 약 0.5%의 강도를 갖는 산란된 빛만이 있었다. 이 빛으로는 오랫동안 적응한 이후에 통로의 바닥 위에서 가장 가까운 주변만이 인식될 수 있었다.

그림 49-2는 자루동굴에서 맑은 여름날에 깊이에 따른 기온 변화를 제시한 것이다.

---

35) 영어로 sock hole, 즉 '양말 동굴'이라고 번역되었는데, sack hole, 즉 자루동굴의 오타가 아닌가 싶다.

36) *Lautensach, H.* Unterirdische Kaltluftstau in Korea. Peterm. Mitt. 85, 353-355, 1939.

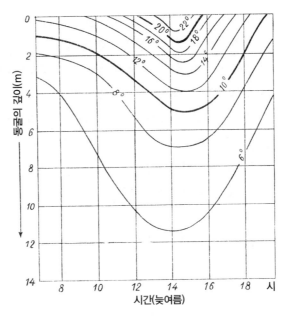

그림 49-2 자루동굴로의 일기온변화의 침투(A. Baumgartner[4901])

이러한 유형의 동굴의 특성이 쉽게 구별된다. 15m 깊이 아래에서 기온은 4.5~5.5°C였다. 외부 공기의 높은 정오 기온은 혼합을 통해서 불과 수 미터 아래로 침투할 수 있었고, 빠르게 그 강도가 감소하였다. 상대습도는 기온과 반대로 작용하여 15m 깊이 아래에서 포화상태에 도달하였다. 물이 침투하는 암석의 갈라진 틈과 절리를 통해서 공기 수송이 충분하면 동굴의 찬공기는 통로의 상부 가장자리 위로 흘렀다. 이렇게 침입하는 공기는 주변보다 20°C까지 차가웠고, 0.5m sec⁻¹의 속도로 산사면 아래로 흘러 내려왔다. 이 공기는 동굴을 잘 아는 방문자에게는 동굴 미기후의 전조가 되었다.

정적 동굴이 한쪽만 개방된 입구로부터 위로 기울어지면 이와 반대되는 열 효과가 나타난다. 동굴의 공기가 외부 공기보다 차가우면, 차가운 동굴의 공기는 밖으로 흘러 나오고, 따뜻한 외부 공기가 안으로 들어갈 수 있다. 그러므로 특히 여름에 자루동굴의 입구에서 자주 기온이 갑자기 하강하는 반면, 특히 겨울에는 위로 올라가는 동굴에서 들어가자마자 기온이 갑자기 상승할 수 있다. 따라서 곤충이나 박쥐가 이러한 동굴을 동면 장소로 선호한다.

통과 동굴에서 외부 공기와 동굴 공기 사이의 공기 교환 정도 또는 '호흡(breathing)'의 정도는 하루 규모, 종관 규모 또는 연 규모로 변한다. 하루의 표면 가열 및 냉각 주기는 그 강도가 동굴 공기 및 외부 공기의 상대적인 기온과 이보다 적게 수증기압에 종속되는 밀도차로 일어나는 바람 운동의 반전을 일으킬 수 있다. 고기압계와 저기압계의 종관 규모 운동과 관련된 기압변화도 공기 교환을 증가시킬 수 있다. 스미스슨

[4926]은 영국의 벅스턴 부근에 있는 위로 올라가는 정적인 동굴(rising static cave)인 풀스 캐번 내에서 상당한 공기 교환의 계절변화를 관측하였다. 외부 기온이 동굴 내부보다 훨씬 높은 여름과 초가을에 동굴의 열 환경은 매우 안정하였다. 강한 기류가 동굴 입구로부터 빠져나갔고, 위의 이보다 훨씬 약한 온난한 공기의 유입으로 덮였다. 가을까지 내부 공기와 외부 공기 사이의 기온차가 감소하여 공기 교환이 감소되었다. 외부 기온이 동굴 기온 이하로 하강하는 겨울 동안 공기 흐름이 반전되어 좀 더 멀리 그리고 높은 고도에 동굴이 입지할수록 동굴에서 기온 하강이 늦게 일어났다. 그렇지만 차가운 겨울 공기는 동굴 벽과 빠르게 평형을 이루었다.

맥린[4915]도 미국의 칼스배드 캐번에 관한 그의 연구에서 여름에 동굴로부터 나오는 찬공기 흐름과 겨울 동안 동굴로 들어가는 찬공기 흐름을 보고하였다. 겨울에 동굴로 흘러 들어가는 찬공기는 동굴에 의해서 가열되었다. 공기가 가열될 때 포화수증기압은 상승했으며, 상대습도는 하강했다. 이것으로 증발이 겨울 동안 이들 동굴에서 최대인 이유가 설명되었다. 맥린[4915]은 엘리베이터의 통로를 통한 수증기의 추가와 손실이 겨울에 증발을 증가시킬 수 있고, 왜 동굴 안에 있는 많은 호수의 크기가 감소하는가 하는 이유를 설명하는 데 중요하다고 믿었다.

많은 수의 입구를 가진 동굴에서는 기상 조건이 전혀 다르다. 이들 동굴에서는 어느 정도까지 공기순환이 일어났다. 주 입구는 보통 낮은 곳에 있었고, 높은 곳과의 연결은 동굴들을 움푹 들어가게 하는 흐르는 물이 침투할 수 있는 공기 통로를 통해서 일어났다. 동굴 내부에서 순환 패턴은 동굴 입구의 수, 유형과 상대적 위치, 입구의 높이, 동굴 공기와 외부 공기 사이의 기온차와 자유 대기의 역학 순환에 의해서 결정될 것이다. 이들 인자는 동굴의 반경, 굴곡, 경사와 거칠기를 포함하는 동굴 지형에 의해서 변한다.

이에 대한 좋은 사례가 오스트리아 다흐슈타인 산맥에 있는 '아이스리젠벨트'이다. 외들[4919]과 자르[4924] 등은 이곳의 기후 조건을 상세하게 연구하였다. 이 동굴에는 해발고도 1,458m의 다흐슈타인 고원의 경사가 급한 사면에 주 입구가 있는 반면, 개방된 통풍관은 1,600~1,900m 고도의 고원 위에서 끝난다. 13m²의 크기를 갖는 아이스리젠벨트의 관 모양의 입구 주랑(柱廊)에서 동굴 기류의 평균속도는 4.0 m sec^{-1}였다. 기록된 최고풍속은 10 m sec^{-1}였다. 이러한 상한 속도는 분명하게 마찰이 벽에 미치는 영향[37] 때문이었다. 1년 동안 평균 1.6×10^9 m³의 공기가 흐르는 것으로 추정된다. 기류의 방향은 주로 외부 공기와 내부 공기 사이의 기온차로 결정되었다. 공기의 운동이

---

37) 독일어본(제4판, 1961)의 "die Reibungsverhätnisse der Windröhren(바람관의 마찰 상태)"가 "the effect of friction on the wall"이라고 번역되어 있다.

동굴의 기온에 영향을 주었다. 대략 12월부터 3월까지 겨울에 낮은 입구로 들어오는 차가운 공기는 동굴의 바위에 의해 가열되어 위로 빠져 나갔다. 위글리와 브라운[4931]은 이것을 '굴뚝 효과(chimney effect)' 때문이라고 하였다. 이 찬공기는 비교적 건조하여 40%까지의 상대습도가 측정되었다. 동굴 기온이 0℃ 이하로 크게 하강했을 때, 특히 봄에 동굴로 들어오는 따뜻한 공기가 냉각되어 승화할 때 얼음이 형성될 수 있었다. 따뜻한 여름 기간은 동굴 내에서 거의 느낄 수 없었다. 5월부터 11월 중순까지 동굴의 기온은 −1℃∼1℃ 사이에 있었다. 7월부터 9월까지의 순환은 동굴의 낮은 입구를 흘러나가는 차가운 공기와 함께 겨울 순환과 반대로 일어났다. 여름에는 공기가 위로부터 빨려 들어왔고, 동굴 내 높은 곳에 있는 암석을 가열하였다. 이 공기가 들어오면서 냉각될 때 공기의 상대습도는 상승하였다.

봄과 가을의 점이계절 동안 또는 변화하는 종관 순환 패턴 동안과 같이 외부 공기와 내부 공기의 기온이 크게 다르지 않을 때 동굴에서 공기 순환의 방향이 단기간 반전될 수 있다. 그레쎌[4706]은 대기의 역학 과정, 서로 다른 동굴 입구에서의 기압경도, 국지적인 산풍의 강화 또는 억제, 전선 기압차(frontal pressure differences) 등도 동굴의 공기 순환에 영향을 줄 수 있다고 주장하였다. 동굴에서 기압의 변화는 종종 외부의 변화에 뒤떨어져서 변화가 일어난 후 여러 시간 동안 공기가 동굴로 들어오거나 나가게 하였다. 동굴 입구가 적절하게 노출되어 있으면 외부 바람 역시 입구를 통해서 깔때기 효과를 일으킬 수 있다. 뵈글리[4902](A. Pflitsch and J. Piasecki[4923]에서 재인용)는 겨울에 외부 공기와 비교하여 동굴 내부의 기압이 매우 조금 감소하는 것과 여름에 기압이 상승하는 것을 보고하였다. 기압차는 또한 풍향에 대한 입구의 방위에 의해서 생길 수 있다. 풍상의 입구는 풍하보다 좀 더 높은 기압을 가질 것이다(A. Bögli[4902]). 따뜻한 공기가 동굴로 들어와서 이슬점까지 냉각될 때 동굴에서 응결이 일어난다. 차가운 공기가 동굴로 들어와서 가열될 때 증발이 일어날 수 있다. V. 두블리얀스키와 Y. 두블리얀스키[4904]에 의하면 중위도에서 응결은 여름에 그리고 증발은 겨울에 주로 일어났다. 그들은 또한 1년의 일부 기간에 응결이 봄에 주요한 물 공급원일 수 있고, 동굴의 물순환에서 중요한 부분일 수 있다고 제안하였다. 그들은 더욱이 두 상태에서 동굴은 증발과 응결에 대해서 비교적 폐쇄된 상태를 가질 수 있다고 지적하였다. 첫째 상태는 바닥에 온천 호수(thermal lake)가 있는 동굴이다. 증발은 따뜻한 물 위에서 일어난다. 따뜻하고 습윤한 공기가 동굴 체계를 통해서 위로 상승할 때 이 공기는 차가운 벽과 접촉하여 냉각된다. 물은 응결되어 호수로 되돌아 흘러간다. 둘째 상태에서는 눈이 동굴의 입구를 덮고 있다. 수증기는 동굴 체계를 통해서 위로 이동하여 차가운 벽에 도달하며, 응결하여 물이 동굴 안으로 돌아 흘러간다. 동굴에서의 응결은 상당한 양의 침식을 일으켜서 동굴침전물(speleothem)의 원인이 된다(C. HIll and P. Forti[4912]).

위글리와 브라운[4931]이 기술한 다른 공기 운동의 근원은 개울이 있는 동굴에서 나타난다. 개울은 그와 함께 공기의 흐름을 당기거나 끌 수 있다. 동굴보다 차거나 따듯한 동굴로 들어가는 개울은 또한 동굴에서 기류와 기온에 영향을 줄 수 있다(A. Bögli [4902], G. Moore and N. Sullivan[4817]). 물이 기온에 미치는 영향은 물의 높은 열용량 때문에 종종 기류의 영향보다 동굴 안으로 좀 더 깊숙하게 미칠 수 있다. 정적 동굴 내의 표면 부근에서 개울로 인한 이러한 기류는 그 위에서 균형을 이룬 반류(balancing counter flow)가 일어나게 할 수 있고, 변하는 물 수위도 공기가 유입 또는 유출되게 할 수 있다(T. D. Ford and C. H. D. Cullingford[4906]).

미기후는 퇴적된 동굴침전물의 형태와 유형에 영향을 줄 수 있고, 결정체 구조의 발달을 조절할 수 있다. "상대습도는 동굴침전물의 성장 또는 붕괴에 영향을 주는 가장 중요한 인자 중의 하나이다"(C. Hill and P. Forti[4913]). 상대습도는 모세관 필름(capillary film)의 흐름과 그로부터 동굴침전물이 성장하는 동굴 광물의 퇴적에 크게 영향을 준다. "많은 바람에 의해 조절되는 동굴침전물(amenolite, wind-controlled speleothem)은 공기 흐름의 계절적인 반전과 관련된 단기간 퇴적(ephemerae)의 사례인 것으로 나타난다." 우크라이나 유린스카야의 석고 성에(gypsum frostwork)는 외부 공기가 여름 동안 흘러 들어오며, 상대습도가 약 80%일 때 자랐으나, 동굴 공기가 겨울에 거의 100%의 상대습도를 가지면서 흘러 나갈 때 일부 용해되었다(V. Maltseu [4716]).

토양의 이산화탄소 농도는 식물 및 동물 호흡 작용의 결과로 대기보다 전형적으로 좀 더 높다. 빗물이 토양을 통과할 때 이산화탄소를 흡수한다. 빗물이 동굴로 침투하면 일부 이산화탄소를 방출할 것이다. 그 결과로 동굴의 이산화탄소 농도는 일반적으로 대기에서보다 높다(C. Hill and P. Forti[4913]). 드 프레이터스와 스메킬[4909]은 많은 동굴 방문객이 이산화탄소 농도를 높여서 방해석의 형태를 용식시킬 수 있다고 제안하였다.

동굴의 미기후는 학문적으로 관심을 불러일으키나, 동굴이 거주지, 관광, 동굴 탐사 또는 식량 저장을 위해서 이용될 때 실제적으로도 중요하다. 관광은 동굴의 미기후에 영향을 줄 수 있다. 예를 들어 트라파소와 칼레츠키[4921]는 미국 켄터키 주 매머드 동굴(Mammoth Caves)의 연구에서 음식 준비와 관광객의 존재가 동굴 내의 습도와 기온에 영향을 주었다는 것을 밝혔다. 빌라 등[4930]은 스페인 알타미라(Altamira) 동굴의 연구에서 서로 다른 수를 갖는 관광객 그룹이 지나갈 때 기온이 상승하는 것을 측정하였다. 그들은 한 그룹에 5명이 추가될 때마다 기온이 대략 0.2℃ 상승하는 것을 밝혔다.

관광객들이 나간 후 1시간 이내에 기온은 원래 수준으로 돌아왔다. 그러나 맥린[4915]은 미국의 칼스배드 캐번에서 관광객들이 방출한 체열이 최저(25W)인 반면, 조명, 음식 준비와 다른 활동으로 방출된 열(43,970W)이 입구를 통한 자연적인 에너지 교환의 거의 6배가 되었다는 것을 제시하였다. 쿠바의 동굴들에서 박쥐 서식지(각각 300~800만 마리의 박쥐가 있는)도 기온에 영향을 주는 것으로 밝혀졌다. 열은 박쥐와 그들의 발효되는 배설물로부터 직접적으로 방출되었다(A. Stoev and P. Maglova[4927]). 산체스 모랄 등[4925]은 사람의 존재가 사실상 용식 과정을 증가시켰다는 것을 밝혔다.

헬[4807]은 오스트리아의 잘츠부르크 할라인 부근의 유명한 영주 대사교 맥주양조장 칼텐하우젠의 맥주를 저장한 지하실에서 6m 길이의 회랑들이 후면의 산 속의 벽으로 터널을 파서 지하실에 자연 공기 순환이 되게 하였다는 것을 증명하였다. 외부 기온이 20°C일 때, 4°C의 기온을 갖는 바람이 지하실로 불어 들어왔다. 이 동굴 기후가 칼텐하우젠 전 지역을 유명하게 만들었다! 한국에서는 사람들이 봄에 갑자기 더워질 때 누에알을 동굴과 유사한 찬공기 통로로 운반하여 누에의 먹이인 뽕나무에 잎이 나기 전까지 유충이 일찍 부화하지 못하게 하였다(H. Lautensach[4914]).

미기후는 종유석을 형성하는 데 중요한 영향을 미칠 수 있다. 미기후가 동굴 내부의 깊은 곳에는 거의 아무런 영향도 미치지 못하는 반면, 입구, 밝음과 어둠의 중간지대(twilight zone)나 다른 기후적으로 덜 안정한 환경에서 미기후는 활발하게 형성되는 종유석의 특성에 똑똑 떨어지는 물(drip water)의 성질과 같은 다른 인자들보다 훨씬 중요하게 영향을 미칠 수 있다(D. Taboroši et al.[4828]). 그들은 더욱이 입구나 낮은 상대습도를 갖는 지역에서 증가한 증발이 방해석이 빠르게 떨어지게 하여 엉성하게 배열되고, 낮은 공극률을 가지며, 일정치 않은 방향을 갖는 미정질 석회질화 종유석(randomly oriented microcrystalline calcareous tufa stalactite)이 생긴다고 제안하였다. 동굴의 깊은 곳에서처럼 높은 상대습도를 갖는 지역에서는 느린 증발이 좀 더 조밀한 조립질의 결정질 동굴침전물(more coarsely crystalline classic speleothem)이 생기게 한다.

마지막의 한 가지 동굴과 같은 구조는 나무나 다른 두꺼운 줄기식물의 구멍이다. 패클릭과 웨이딩거[4922]는 나무 구멍의 기온이 주위의 기온보다 평균적으로 야간에 높고, 주간에 낮다는 것을 밝혔다. 그들은 입구 부분, 나무의 건강과 직경이 기온에 영향을 미친다는 것을 밝혔다. 작은 직경과 건강한 나무의 구멍은 야간에 따뜻하였다. 그들은 또한 기온이 나무 직경이 커질수록 감소하는 것을 밝혔다. (동굴에서처럼) 구멍이 입구로부터 위로 경사지면 따뜻하고, 구멍이 아래로 경사지면 서늘하다는 것을 분석한 연구는 없다.

결론적으로 두 가지 드물고 특수한 동굴 형태를 언급할 필요가 있다. 첫 번째는 미기후가 동굴을 통과하는 따듯한 온천의 흐름에 의해서 전적으로 조절되는 열동굴(thermal cave)이다. 오스트리아의 유명한 가슈타인의 온천의 회랑에 이미 서 있어 본 사람은 그곳의 극심하게 축축하고 따듯한 기후를 생생하게 기억할 것이다. 두 번째 유형은 인공적으로 빙하를 파서 만든 얼음동굴과 터널이다. 이에 대해서는 파울케[2442], 헤스[4911], 배틀과 루이스[4900]가 행한 측정에서 좀 더 상세한 내용을 참고할 수 있다. 동굴 기후의 순환, 기온 및 습도에 관한 다른 정보는 드 프레이터스 등[4907], 드 프레이터스와 리틀존[4908], 위글리와 브라운[4931]에서 찾을 수 있다.

제8부

미기후에 대한 인간과
동물의 상호관계

제50장 동물의 행태

제51장 동물의 서식지

제52장 생물기후학

제53장 도시기후

제54장 인공 방풍

제55장 인공적인 저온방지책

생물기후학은 협의로 기후와 생활 사이의 관계를 연구하는 학문이다. 예를 들어 생물기후학에서는 인간이 지구상의 서로 다른 대기후에 대해서 그들의 가옥 건축 양식을 어떻게 적응시켜 왔는가를 또는 초지 위의 일조시간이 어떻게 젖소의 우유 생산량에 영향을 미치는가를 조사한다.

광의의 생물기후학은 이와 같은 넓은 영역의 특수 학문으로 발달하여 여기서 논의되는 미기상학적 그리고 미기후학적 관점을 상세하게 다룰 수가 없다. 그 대신에 앞 장들에서 논의된 원리들을 설명하기 위해서 미기후학적으로 관심이 있는 일부 선별된 문제들이 제시될 것이다.

건강한 생물의 생활 조건을 고찰하는 데 제한하였다. 병든 식물이 병든 동물이나 사람과 마찬가지로 건강한 상태에서보다 대기의 영향에 좀 더 민감하게 반응한다는 것은 잘 알려져 있다. 병든 생물과 일기 및 기후 사이의 관계에 관심을 갖는 식물학, 수의학과 의학에서도 미기후을 다룬다. 유감스럽게도 이와 같이 중요한 실제적 문제들은 이 책의 범위를 넘는다.

그러므로 이 책에서는 식물 및 동물을 다루는 곳에서 식물의 질병을 다루는 학문인 식물병리학(phytopathology)과 동물해충(animal pests)을 제외하였다. 식물병리학에서는 미기후의 관점으로 보아, 예를 들어 어떤 기후 및 습도 조건이 진균류와 다른 병원(病源)들의 발달에 유리한가 또는 해충에 의한 피해가 연구된다. 기상학의 관점에서 이러한 문제를 종합하여 제시한 연구는 슈뢰터[5026], 웅거와 뮬러[5031], 뮬러 등[5020]과 스미스와 거프[5027]에서 찾을 수 있다.

다음 장들(50∼52장)에서는 동물 및 인간 생물기후학의 일부 관점에 대한 기본적인 내용만을 소개하도록 하겠다. 좀 더 완전하고 상세한 내용에 대해서 독자들은 W. P. 로우리와 P. P. 로우리[3415], 트롬프[5030]를 참고하기 바란다.

오크[3332]의 책 『Boundary Layer Climates』는 동물과 기후의 상호관계를 지배하는 물리적 원리를 훌륭하게 개관하였고, 캠벨[4901]과 게이츠[2910]의 일반 교과서도 이와 같다. 타우버 등[5029]의 『Seasonal Adaptions of Insects』 그리고 햇필드와 토마슨[5011]의 『Biometeorology and Integrated Pest Management』는 일기 및 기후가 곤충에 미치는 영향을 다룬 책들이다. 허프에이커와 랩[5012]의 책 『Ecological Entomology』 역시 일기 및 기후가 곤충에 미치는 영향을 직접적 또는 간접적으로 다루고 있는 여러 장을 포함하고 있다.

제50장 · · · 동물의 행태

식물은 미기후적 입지 조건이 불리하더라도 이로부터 벗어날 수가 없다. 이와 반대로 동물들은 자유로이 이동할 수가 있어서 불리한 미기후 조건을 피해서 유리한 조건을 찾을 수 있다. 이 장에서는 동물 체온조절의 일부 기본 원리를 논의하고, 미기후 환경에 반응하는 동물 행태의 일부 사례들을 제시할 것이다.

모든 동물은 그 안에서 이동하는, 대체로 좁게 제한된 생활공간을 갖고 있다. 이것은 퀴넬트[1]가 언급한 바와 같이 입지에 따른, 즉 반복하여 미기상학적 및 미기후학적 조건의 영향을 받는다. 이러한 사실은 특히 애벌레, 벌레 또는 모충(毛蟲)과 같은 낮고 느리게 이동하는 동물에만 적용된다. 그러나 새와 같이 가장 이동성이 있는 동물들조차 둥지에서 야간을 보내고, 새끼를 끼워서 특정한 입지 조건과 결부된다. 동물 서식지의 미기후는 51장에서 다룰 것이다.

자연환경, 특히 태양복사, 기온, 습도와 풍속은 모든 온혈동물과 냉혈동물의 에너지 수지 및 물수지에 크게 영향을 미친다. 우리는 먼저 온혈동물[endothermic(warm-blooded) organism]의 선별된 미기후 적응을 조사할 것이다.

온혈동물들은 그들 자신의 대사열(metabolic heat)을 발생시켜서 더위와 추위에 독특하게 생리적으로 적응하며, 불변하는 심부체온(core body temperature)을 유지하기 위해서 적정하게 미기후를 이용한다. 작은 질량과 높은 표면적 대 부피 비율(surface-area-to-volume)을 갖는 작은 온혈동물은 이러한 관점에서 특별한 도전을 받는다. 그들의 작은 질량과 제한된 열 관성(thermal inertia)은 그들의 에너지 및 물 저장 능력을 제한하여 단위 신체 질량당 높은 에너지 생산율을 필요로 하고, 불변하는 심부체온을 유지하기 위해서 열 환경의 변화에 빠르게 반응해야 한다. 그러나 그들의 높은 표면적 대 부피 비율로 극심하게 춥거나 따듯한 환경하에서 빠른 복사 및 대류 냉각 또는 가열이 일어난다. 이러한 작은 생물에서 기초대사 및 체온조절에 소비되는 에너지는 1일 총 에너지 소비량의 큰 백분율이 될 수 있다. 체온조절 에너지를 줄이는 생물의 행태는 생물의 총에너지 필요량을 줄일 것이고, 다른 중요하게 필요한 곳에 에너지를 배분하며, 에너지를 구하는 데 요구되는 시간과 다른 기능을 위한 자유 시간을 보존할 것이다. 따라서 미기후 선택의 효율성은 특히 극심한 환경에서 생존율과 경쟁력에 대해서 중요한 관계가 될 수 있다.

미국 남서부와 멕시코 북부 사막의 노란머리박새(*Auriparus falviceps*)는 이러한 원

1) *Kühnelt, W.*, Die Bedeutung des Klimas für die Tierwelt. Biokl. B. 1, 120-125, 1934.

리의 실례가 된다. 울프와 월스버그[5034]는 이와 같이 작은 우는 새에 대한 주간의 기초대사율(basal metabolic rate)이 10°C에서 182.9W m⁻²의 높은 비율로부터 36°C에서 59.8W m⁻²의 낮은 비율에 이르렀고, 그다음에 48°C에서 87.5W m⁻²로 증가하였다는 것을 밝혔다. 증발 물 손실은 37°C 이하의 기온에서 6~10mg g⁻¹ hr⁻¹이었으나, 48°C에서 71.6mg g⁻¹ hr⁻¹의 크기 이상까지 증가하였다. 행동적응을 통해서 노란머리박새는 기초대사율을 증가시키는 추운 미기후 장소와 과도한 물 손실을 일으키는 더운 미기후 조건을 피하려고 했다. 울프와 월스버그[5034]는 사막 환경에서 전형적인 고요한 바람 조건(0.4m s⁻¹), 기온(15°C), 태양의 복사조도(solar irradiance, 1,000W m⁻²)하에서 노란머리박새가 태양복사의 흡수를 적정화했던 미기후 장소를 선택하여 대사열 필요량의 46%를 공급할 수 있었다는 것을 밝혔다. 그러나 이 값은 이보다 빠른 풍속(3.0 m sec⁻¹)에서 대사 필요량의 불과 3%까지 감소되었다. 노란머리박새와 같은 작은 생물은 불필요한 에너지 및 물의 소비를 피하기 위한 노력으로 변화하는 미기후 조건에 빠르고 빈번하게 반응하였다. 기온이 낮고 먹이가 적은 겨울 동안 노란머리박새는 먹이를 찾아다니는 데 그들이 활동하는 날의 75~95%를 소비하였다. 햇빛이 잘 비추는 적소를 찾고, 바람이 많은 장소를 피해서 주의 깊게 작은 장소(micro-site)를 선별하여 그들의 에너지 소비율을 크게 줄일 수 있었다. 여름 동안에는 가혹한 환경에서 노란머리박새는 열을 발산했으며, 유리한 물 수지를 유지하는 능력에 도전을 받았다. 여름 동안 노란머리박새는 그늘진 환경을 찾았고, 바람이 많은 조건을 피했으며, 그들이 먹이를 찾는 활동을 그들이 활동하는 낮의 9~21%만큼 감소시켰다.

미기후는 또한 둥우리를 선택(51장)하는 것과 같은 고정된 장소 활동의 입지와 먹이를 찾는 것과 같은 자유 활동의 시기 및 입지에 영향을 준다. 추운 환경에서 따뜻한 기온을 갖는 보금자리와 먹이를 찾는 장소는 태양에너지를 많이 받게 하고, 바람으로부터의 보호는 자유 및 강제 대류 열 손실(free and forced convective heat loss)을 줄이고, 복사 열 손실을 개선한다. 극심하게 추운 환경에서 이러한 활동 공간을 주의 깊게 선택하여 도달하는 에너지 절약은 생존을 위해서 매우 중요할 수 있다.

위첩[5032]은 미국 와이오밍 주에서 겨울 동안 산쇠박새(*Parus gambeli*)가 먹이를 찾아다니는 장소와 먹이를 찾아다니지 않는 장소의 미기후를 비교하고, 먹이를 찾아다니는 장소가 먹이를 찾아다니지 않는 장소보다 훨씬 더 따뜻하고 바람이 적었다는 것을 밝혔다. 포식(捕食)의 위험, 먹이를 이용할 수 있는 가능성, 먹이에 대한 경쟁과 같은 많은 인자가 먹이를 찾아다니는 장소를 선택하는 데 영향을 주지만, 그는 양호한 먹이를 찾아다니는 장소를 선택하여 대사율이 10~12%까지 감소될 수 있었다는 것을 밝혔다. 기온이 늦겨울과 봄 동안 상승했을 때 산쇠박새는 또한 좀 더 바람이 많이 부는 환경을 견딜 수 있어서 대류 또는 복사 열 손실을 증가시키지 않고도 좀 더 넓은 범위의 장소에서 먹이를 찾아다닐 수 있었다.

많은 종들은 또한 극심한 환경에 대한 생리적 적응력을 갖고 있다. 예를 들어 와이오밍 주의 산쇠박새는 야간 체온이 겨울에 10℃까지 떨어지는 야간 저체온증(hypothermia)을 겪었다(B. O. Wolf and G. E. Walsberg[5034]). 대부분의 사막 조류와 같이 이스라엘의 양비둘기(*Columba livia*)는 기온이 50~60℃까지 올라가고, 상대습도가 보통 30% 이하이며, 직달태양복사가 아주 강한 극심한 주위 환경에서 생존할 수 있는 많은 크게 전문화된 생리적 적응력을 갖고 있다. 양비둘기는 상승된 심부체온이 한정된 기간 유지될 수 있는 조절된 고열(hyperthermia)뿐만 아니라, 증발 냉각을 촉진시키는 호흡촉진(panting)과 퍼덕거림(gular fluttering)을 경험했다. 그러나 이 두 가지 생리적 적응은 열 스트레스와 과도한 물 손실을 줄이기 위해서 추가적인 행동 메커니즘을 필요로 하는 대사열 생산을 증가시킨다. 마더 등[5017]은 극심하게 춥거나 따뜻한 환경에 사는 많은 새들과 같이 양비둘기가 열 스트레스와 물 손실을 줄이기 위해서 어떻게 깃털을 세우는(piloerection)가를 세밀하게 조사하였다. 입모(立毛)에서 내부 피부 표면과 외부 깃털 껍질 사이에 공기구멍을 만들기 위해서 깃털을 세운다. 이를 통해서 외부 깃털 껍질이 받는 극심한 온도가 가능한 반면, 단열하는 기층은 대류에 의한 열 획득($-Q_H$)으로부터 양비둘기의 내부 피부 표면을 보호한다. 춥거나 따뜻한 환경에 잘 작용하는 이러한 적응의 유효성은 단열하는 기층의 두께, 깃털 껍질이 팽창될 때 어떻게 원래대로 유지되는가, 그리고 공기 운동이 얼마나 충분하게 기층 내에 제한되는가에 종속된다. 양비둘기에 대해서 흡수된 태양복사의 대부분은 순장파복사(L^*) 또는 대류열손실(Q_H)로서 제거된다. 내부 피부층으로부터의 적은 양의 증발 냉각은 대사열 생산으로부터의 열 획득과 느낌열 플럭스($-Q_H$)를 상쇄할 수 있다. 따라서 양비둘기는 에너지학적으로 효과적이며 물을 필요로 하지 않는 방법으로 50~60℃의 기온에서 정상적인 대사율을 유지할 수 있다.

극히 추운 환경에서는 상당한 양의 에너지가 단순히 휴식하는 동안 소모될 수 있다. 이 에너지 손실은 특히 생리적인 수단을 통해서 그들 신체의 단열을 크게 증가시킬 수 없는 큰 표면적 대 부피 비율을 갖는 작은 생물들에서 특히 심각하다. 결과적으로 사회적 집적(또는 사회적 모임, social aggregation)이 온열동물이 추운 환경에서 열 손실을 줄이기 위해서 이용하는 많은 방법들 중에 하나이다. 캐나다의 프레리에서 사향뒤쥐(*Ondatra zibethicus*)는 최대 여섯 마리까지 하나의 겨울 보금자리에서 겨울에 군거(群居)한다. 배진과 맥아더[5000]는 그들의 보금자리 내에서 떼지어 몰려서 사향뒤쥐가 그들의 유효 표면적 : 부피 비율을 증가시켜 그들의 총에너지 손실을 줄일 수 있다는 것을

밝혔다. 이 동물들은 평균 12분 주기로 자리를 바꾸어 기온이 0~10℃ 사이일 때 24~
28℃ 사이의 인접한 동물들 사이에서 기온을 유지할 수 있었다. 사향뒤쥐는 단열이 잘
되는 겨울 보금자리를 만들고(51장) 집단으로 거주하면서 많은 대사열을 발생시켜서
그들의 보금자리에서 0℃ 이상의 기온을 보통 유지할 수 있다. 기온이 −10~0℃일 때
네 마리의 사향뒤쥐 집단이 같은 기온에서 네 마리의 개별 사향뒤쥐보다 11~14% 적은
산소를 소비하는 것으로 나타났다. 사향뒤쥐가 겨울에 휴식하는 동안 하루에 14~15시
간을 보금자리에서 보내기 때문에 하루에 많은 에너지를 절약할 수 있고, 겨울에 먹이
를 찾아다닐 필요성이 줄어든다.

　냉혈동물들은 불변하는 심부체온을 유지할 수 없다. 그 대신에 냉혈동물은 그들이 생
존할 수 있는 온도 범위와 그들이 가장 잘 움직일 수 있는 선호되는 좁은 체온 범위를 나
타낸다. 이들 범위의 임계치 위와 아래의 온도는 치명적이어서 냉혈동물은 주변을 둘러
싸는 미기후에 행동적으로 적응하여 그들의 체온을 주의 깊게 조절해야만 한다.

　갈라파고스 제도 이슬라 산타페의 육지이구아나(*Conolophus pallidus*)는 냉혈동물이
선호하는 체온을 유지하기 위해서 어떻게 행태적으로 적응하는가를 실례로 보여 주고
있다. 이 제도에서는 2개의 독특한 계절이 나타나는데, 즉 6월 말부터 9월까지 지속되
는 서늘하고 안개가 많은 조건으로 특징지어지는 서늘한[엷은안개, 가루아(스 :
Garua)] 계절과 1월부터 5월까지 지속되는 햇빛이 나는 더운 계절이다. 이 두 계절에
대한 10cm 높이에서 전형적인 기온, 지면온도와 전천태양복사가 그림 50-1(위)에 제시
되었다. 각 계절에 대해서 전형적인 하루 동안 암컷 육지이구아나에 대해서 측정된 체
온의 일변화가 그림 50-2에 제시되었다. 관측된 체온은 더운 계절 동안보다 서늘한 계
절 동안 항시 낮았고, 한낮의 체온은 서늘한 계절 동안 평균 4.4℃ 낮았다. 모델링한 결
과에 의하면 행태적 적응을 하지 않으면 육지이구아나는 각각 1,200~1,600시간(서늘
한 계절)과 900~1,800시간(더운 계절) 사이에 치명적인 체온(> 40℃)을 경험했을 수
있을 것으로 나타났다.

　육지이구아나는 또한 미기후학적으로 큰 차이를 갖는 두 개의 독특한 서식지에 살았
다. 북사면 절벽 표면 서식지는 경사가 급한 동-서로 달리는 능선을 따라서 나타났다.
이들 절벽 표면은 바람그늘(wind shadow) 내에 있어서 강한 전천태양복사와 크게 감
소된 풍속을 받았다. 그 결과로 높은 기온과 지면온도가 나타났다(그림 50-1 아래). 그
들의 고원 서식지는 절벽 표면 위의 평탄한 지역들에 있었고, 훨씬 더 강한 바람 조건과
매우 낮은 기온 및 표면온도로 특징지어졌다.

　체온조절 행태(thermoregulatory behavior)를 통해서 육지이구아나는 치명적으로
높은 체온을 피하면서 가능한 한 가장 긴 불변하는 체온 기간을 유지하기 위하여 이들

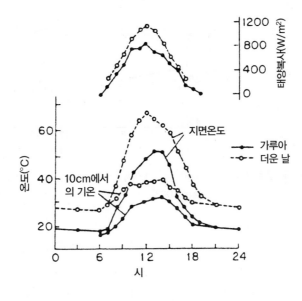

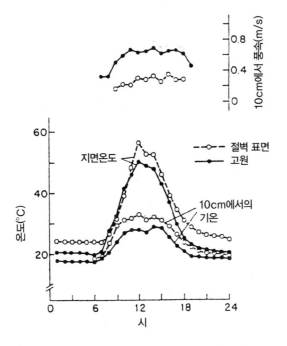

그림 50-1 위 : 갈라파고스 제도 이슬라 산타페에서 가루아 동안(검은 원)과 더운 계절(개방된 원) 동안 전형적인 날의 미기후 자료. 아래 : 고원(검은 원)과 절벽 표면 지점(개방된 원)에 대한 가루아 계절 동안 전형적인 날의 미기후 자료(K. Christian et al.[5003])

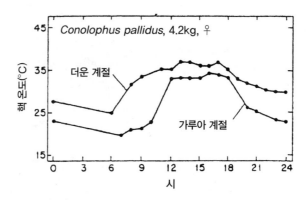

그림 50-2 전형적으로 서늘한 계절(가루아)과 더운 계절의 하루 동안 암놈 육지이구아나에서 측정된 체온(°C)의 1일 패턴(K. Christian et al.[5003])

두 서식지를 이용하였다. 1일 기준으로 이 두 계절 동안 육지이구아나가 선호하는 행태는 선호하는 수준까지 체온을 빠르게 높이기 위하여 이른 아침 햇볕을 쬐는 것이다. 한 계절 기준으로 육지이구아나는 서늘한 고원의 장소에서 서늘한 계절 동안 시간의 39%를 보냈으나, 더운 계절 동안에는 시간의 78%를 보냈다. 서늘한 계절 동안 육지이구아나는 또한 맑은 날에 좀 더 자주 고원 입지를 찾았고, 흐린 날에 좀 더 자주 절벽 표면 장소를 찾는 경향이 있었다. 따라서 육지이구아나는 미기후학적 공간을 적절하게 이용하기 위해서 체온조절 행태의 하루, 계절, 그리고 일기에 종속되는 변화를 나타냈다.

이동성이 있는 동물은 최소 공간의 일기 조건에 반응하여 인접한 환경의 미기후 조건에 스스로 빠르게 적응할 것이다. 라우셔[5016]가 때때로 관측한 바와 같이 춤추는 모기떼는 울타리의 바람그늘에 대피하여 세게 부는 바람의 변화하는 풍향을 피한다. 이와 같은 극심한 미기후 조건들에 대한 행태적 적응은 사막의 생물들이 이동하거나 서식지를 선택할 때 특히 분명하게 나타난다. 모자우어[5019]에 의하면 모래도마뱀(sand lizard, *Uma notata*)은 빠르게 달릴 때 가열된 지면 위로 몸을 조금 들어서 사막 모래의 극심한 온도를 견딜 수 있다. 보덴하이머[5001]에 의하면 사막메뚜기(*Schistocerca gregaria*)는 정오에 태양광선 방향으로 몸을 돌려서 태양광선에 가장 작은 횡단면을 노출시키나, 서늘한 아침에는 태양광선에 넓은 쪽을 노출시킨다. 해들리[5010]는 굴 침투 깊이를 조절하며, 굴 내에서 행동을 변화시키고, 야간에 먹는 패턴에 적응하여 미국 애리조나 사막에서 성숙한 전갈이 표면 조건이 20~65°C이고 상대습도가 5~100%였을 때 32~40°C의 기온과 55~70%의 상대습도에 달하는 환경 조건을 견딜 수 있다는 것을 밝혔다.

닐센[5022]은 덴마크에서 베짱이의 한 유형(중베짱이, *Tettigonia viridissima*)이 키가 작은 식물이나 갈대 위에 앉아서 오후에 울기 시작하는 것을 관측하였다. 저녁에는 높은 곳, 즉 나무에서 우는 것을 듣게 된다. 다른 유형의 베짱이인지 또는 아래에서 울다가 어두워질 때 높은 곳으로 기어 올라가는 같은 베짱이인지를 확인하기 위해서 그는 수 미터의 꼰 실로 만든 줄에 시험용 중베짱이를 놓았다. 실제로 먼저 지면에서 울던 중베짱이는 접지기층이 냉각되기 시작할 때 나선형으로 나무 위로 올라갔다. 닐센[5022]은 중베짱이가 좀 더 높은 기층의 좀 더 편안한 기온을 찾았다고 추정했다.

가이거(R. Geiger)는 키가 큰 소나무 입목에서 관측할 때 해가 뜬 후 몇 시간 동안 나무 수관 위에 많은 곤충들이 규칙적으로 모여서 항시 깊은 인상을 받았다. 공중에 떠 있는 수천 마리의 곤충들, 각다귀들과 나비들은 그와 같은 숫자로 존재한다는 사실을 거의 믿을 수 없게 대량의 살아 있는 피조물로 그곳에 모였다. 이와 같은 살아 있는 구름(living cloud)은 미기후의 경계 표면에서 아래로 매우 뚜렷하게 차단되어(그림 35-1) 관측자가 관측 사다리에 올라갈 때 머리로 층 경계를 통해서 뚫고 나가는 것과 같았다.

갈매기는 바다 위를 날아갈 때 수면 부근 기층의 바람장과 기온감율을 고려한다. 우드콕(A. H. Woodcock)은 이에 관해서 체계적인 관측을 했고, 노이만[5021]은 그 결과를 그림 50-3에서 제시했다. 물이 공기보다 따뜻하고 풍속이 약할 때, 바다 위에 세포형 순환(cellular circulation)이 발달하였다. 갈매기들은 이들 세포에서 상승기류를 이용하고, 원을 그리며 위로 활공하여 올라갔다. 이러한 경우들이 그림 50-3에 작은 삼각형으로 표시되었다. 이와 반대로 물이 공기보다 차가울 때 또는 따뜻한 물 위로 보퍼트 풍력계급 6 이상의 바람이 지나갈 때 상승기류가 전혀 없어서 갈매기들은 날개를 치며 직선으로 상승하였다(그림 50-3의 ×표). 이 두 가지 가능성 사이에 두 가지 중간 형태가 있었다. 즉 직선으로 위로 활공하였고(작은 원), 부분적으로 직선으로 그리고 부분적으로 원을 그리면서 위로 활공하였다(점 찍은 원). 그러므로 각각의 나는 유형은 잘 표시

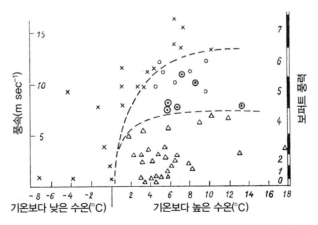

그림 50-3 갈매기의 비행술은 바람과 기온 구조를 이용한다(A. H. Woodcock, G. Neumann[5021]에서 재인용)

된 경계들이 있는 바다 위의 미기후 상태에 상응하였다.

종다리(*Alauda arvensis japonica*)는 보통 일정한 고도에서 약 60m 직경의 수평의 원을 그리며 난다. 스즈키와 그의 동료들[5028]은 50m 거리의 끝에 설치한 두 대의 경위의(經緯儀)로 종다리의 비행경로를 측정하여 이 고도가 지면온도에 종속되는 것을 확인했다. 비행고도는 지면온도가 24~28℃일 때 평균적으로 80~100m였고, 16℃에서는 불과 40~70m였다.

생물의 활동 공간도 습도와 풍속에 따라 변한다. 주어진 체형을 갖는 생물의 표면적은 그 질량의 2/3승의 함수로 변할 것이다. 그러므로 같은 체형을 갖는 좀 더 작은 생물들은 유사한 체형을 갖는 좀 더 큰 생물보다 빠르게 생기를 잃게 될 것이다. 카스파리[5015]는 코스타리카의 열대림에서 큰 개미가 큰 범위의 기온과 수증기압 부족을 경험했던 폐쇄된 수관과 개방된 수관 둘 다의 아래에서 먹이를 찾아다니는 경향이 있다는 것을 밝혔다. 그렇지만 작은 개미는 폐쇄된 삼림 수관 아래의 좀 더 일정한 삼림 바닥 내에서만 먹이를 찾아다녔다. 따라서 몸 크기가 커지면 개미가 이용하는 미기후의 폭도 넓어졌다. 커티스[5004]는 남서아프리카의 나미브 사막에서 먹이를 찾아다니는 장소와 보금자리 장소 사이에서 *Camponotus detritus*의 활동이 11km hr^{-1} 이하의 풍속에 의해 영향을 받지 않았으나, 16km hr^{-1}까지의 풍속에 의해 다소 영향을 받았고, 25km hr^{-1}까지의 풍속에 의해 뚜렷하게 영향을 받았으며, 25km hr^{-1} 이상의 풍속에서 완전히 억제되는 것을 밝혔다.

위에서 기술한 바와 같이 동물들이 그들에게 적합한 생활 조건에 적응하는 것은 작으나 미기후적으로 구분된 공간에서조차 동물의 분포뿐만 아니라 그 수와 종 구성이 이러한 미기후 차이에 적응하는 결과를 나타낸다. 이에 대한 사례는 지면 위에 놓인 나무줄기에서 나무좀류(*Ips typographus*)의 발달을 조사한 쉬미체크[5025]의 연구에서 알 수 있다. 그림 50-4는 북서-남동 방향으로 놓인 젓나무 통나무의 단면이다. 태양의 영향을 가장 많이 받는 상부의 남서쪽 1번 구역에는 나무좀류가 전혀 알을 낳지 않았다. 이곳에서는 50℃의 나무껍질 온도가 측정되었다.

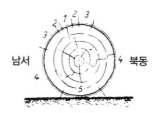

그림 50-4 나무줄기 둘레에서의 나무좀류의 발달(E. Schimitschek[5025])

양쪽으로 그에 이어지는 2번 구역에는 알을 낳았으나 죽었다. 3번 구역에서는 알이 애벌레로 부화하였으나 그 후에 바짝 말랐다. 양지는 좁고 음지가 넓은 4번 구역에서만 정상적인 발달에 적절한 조건이 나타났다. 줄기가 지면과 접하고(5번) 습윤한 날씨에 매우 습한 곳에서 사망률은 다시 75~92%까지 증가했다.

지형적으로 좀 더 복잡한 환경은 동물들이 단거리를 이동할 수 있는 국지적 서식지의 질에 중요한 변화를 일으킨다. 와이스[5033]는 나비(*Euphydryas editha*)의 애벌레와 번데기 발달의 생물계절이 미국 캘리포니아 중부의 해안 산맥을 따르는 사면의 방위에 의해 크게 영향을 받았다는 것을 밝혔다. 그 후에 서늘한 북사면 위의 기주식물(host plant)의 노화는 전휴면기(前休眠期, prediapause) 애벌레에 대한 질 높은 서식지를 제공했던 반면, 따듯한 남사면은 성장하는 번데기가 선호하는 환경을 제공했다. 흩어진 번데기(dispersing larvae)는 능선이나 v자형 우곡들을 건너 단거리를 이동해서만 부분적으로 그들의 생활조건을 개선할 수 있었다.

일부 동물은 작은 온도의 변화에 매우 민감한 것으로 나타났다. 예를 들어 식물에 기생하는 선충류(*Ditylenchus dipsaci*)와 *Pratylenchus penetrans*는 0.03°C cm^{-1}의 작은 기온변화에 응하여 이동하고(M. El-Sherif and W. F. Mai[5008]), 뿌리마디선충류 *Meloidogyne incognita*는 0.001°C cm^{-1}의 작은 토양온도 변화로 이동하는 것으로 나타났다(M. Pline et al.[5023], J. A. Diez and D. B. Dusenbery[5006] and D. B. Dusenbery[5007]).

따라서 동물생활의 분포는 일반적인 대규모 기후 조건뿐만 아니라 미기후에도 종속된다. 어느 특정한 종들이 출현하는 지역의 한계는 생물이 주위에서 고립된 지역에 나타나는 경계지대이다. 식물과 마찬가지로 동물이 미기후가 양호한 장소를 발견할 수 있을 때에만 불리한 일반적인 기후 조건에 존재할 수 있다. 예를 들어 열대 기온에 적응한 십이지장충의 알과 애벌레는 광부들에게 위험을 줄 수 있는 터널이나 수갱에서 적절한 환경쪽을 찾는다. 파리의 지하 난방체계에서 전염병을 옮기는 쥐벼룩은 잘 자랄 수 있다. 그렇지만 쥐벼룩은 따듯한 지역에서 온 벌레이다. 마티니와 토이브너[5018]는 실험실 연구와 야외관찰로 실제 말라리아 모기(*Anopheles*)가 다른 모기와는 다른 미기후 조건을 필요로 한다는 것을 증명했다. 이러한 사실은 열대에서 말라리아의 위험에 노출된 사람들에 대해서 직접적인 영향을 준다. 열대 거주지(가축의 우리와 같은 부속 건물을 포함하여)의 미기후는 어떤 종류의 곤충들이 인간과 함께 사는 데 적합한가 부적합한가를 결정한다. 이에 관한 많은 유사한 사례를 들 수 있다.

제51장 ··· 동물의 서식지

대부분의 고등동물은 새로운 세대를 기르기 위한 서식지를 가지고 있다. 동물들은 서식지를 선택할 때 본능적으로 미기후 조건을 고려한다. 이러한 동물들은 생존을 고려하여 최적인 미기후 조건을 만들려는 선천적인 본능을 나타낸다. 현대 동물학에서는 종종 동물학자들과 미기후학자들의 바람직한 공동연구의 형태로 번식장소의 생태적 조건이 점점 넓어지는 규모로 연구되고 있다. 현대 동물학자들은 번식장소의 생태를 연구하기 위해서 미기후학의 원리를 잘 알아야만 한다. 어쨌든 영국의 식물학자 벅스턴[2]이 기상학자들에게 다음과 같이 이야기할 수 있었던 때는 지났다. "당신들은 기껏해야 집게벌레만이 살 수 있는 잘 통풍되는 백엽상의 기후를 연구하고 있다. 그러나 우리가 알고자 하는 것은 새둥지나 쥐구멍에서 어떤 기후가 나타나는가이다." 다음의 사례들은 표면 기후가 동물의 보금자리 및 휴식하는 장소의 선별에 어느 정도까지 영향을 주는가를 제시할 것이다.

먹이를 찾아다니거나 휴식하는 장소를 선별하는 경우와 같이(50장) 미기후는 보금자리 장소를 찾는 데도 영향을 준다. 열적인 이점은 나무나 다른 장애물의 특정한 측면을 따라서, 수관 내에서 또는 장애물을 따르는 특정한 수직 위치에서, 또는 특별한 입구의 방위로 보금자리를 배치하여 얻을 수 있다.

워첩[5119]은 미국 와이오밍 주(41°N)에서 산쇠박새(*Parus gambeli*)가 이른 아침 동안 빠른 가열을 위한 태양의 접근을 최대화하기 위해서 남동쪽으로 좀 더 많이 열려 있는 나무들 부근의 둥우리 자리를 선별하였다는 것을 밝혔다. 북서쪽으로 덜 노출된 장소들 역시 보통 같은 방향에서 왔던 비와 눈에 둥지가 노출되는 것을 최소화하기 위해서 선별되었다. 기온, 지면온도, 전천복사 모두 사용되지 않거나 성공하지 못한 둥우리 장소들보다 성공적인 산쇠박새 둥우리 장소들에서 현저히 높았다(D. G. Wachob [5119]).

둥우리 장소 주변의 감소된 대류 냉각 때문에 성숙한 산쇠박새를 위해서 체온조절 절약을 하는 데 더하여 신중하게 둥우리 장소를 선정하는 것은 또한 생식을 성공하게 한다. 따뜻한 미기후에 둥우리 장소를 선정하는 것은 알을 부화하고, 갓 깨어난 새끼 새에게뿐만 아니라 알을 품고 있는 암놈에게도 열적으로 도움이 된다. 이러한 에너지 절약은 산란(産卵)에 방해되는 것을 줄이고, 부화하는 데 드는 에너지 소비를 감소시키며, 성숙한 새가 둥우리를 떠나 먹이를 찾아다니는 데 지장이 없도록 시간을 늘려서 이 모

---

2) *Buxton, P. A.*, Insects of Samoa. British Mus. 9, Fasc. 1, 1930.

두 성공적인 번식의 가능성을 증가시킨다.

둥우리 장소 선정은 작은 새들에게 특히 중요한데, 그 이유는 그들의 얼마 되지 않는 질량과 큰 표면적 : 부피 비율 때문이다. 더욱이 작은 새들은 성장의 초기 단계 동안 외온성(또는 변온성, ectothermic)이고, 신중하게 둥우리 장소를 선정하여 얻을 수 있는 체온조절 장점이 그들의 생존 경쟁과 기회를 향상시킬 것이기 때문이다.

시디스 등[5116]은 이스라엘의 해안평야를 따라서 노란 술이 있는 태양조(*Nectarinia osea*)가 그들이 직달태양복사를 피하는 데 도움이 되는 보호받는 구조 부근에 둥지 장소를 선정한다는 것을 밝혔다. 여름 최고기온이 종종 40℃에 달하는 미기후에서 이러한 선택은 과열 위험을 감소시키는 데 도움이 되었다. 월평균최저기온이 5℃가 될 수 있는 이스라엘의 해안평야를 따라서 바람 역시 태양조가 둥우리 장소를 선택하는 데 주요 인자 역할을 하였다. 탁월풍으로부터 벗어나게 둥우리와 둥우리 입구를 정하는 것은 거의 1/10만큼 둥우리 장소 부근의 풍속을 감소시킬 수 있었다. 이것은 새들에 대한 냉각률을 크게 감소시켰다(Y. Sidis et al.[5116]).

다른 한편으로 큰 몸의 질량과 작은 표면적 : 부피 비율을 갖는 좀 더 큰 동물들은 열을 방출하는 능력에 중요한 생리적 한계를 갖고 있다. 배로우스[5100]는 이러한 사실을 그의 북아메리카에서의 점박이올빼미(*Strix occidentalis*) 연구에서 증명하였다. 이 새의 열 스트레스에 대한 상대적인 과민성은 보금자리 장소를 선정하는 데 중요한 인자 역할을 하였다. 여름 동안 점박이올빼미는 조밀한 다층의 수관 아래와 그리고 깊은 협곡의 북사면을 따라서 보금자리 장소를 선택하였다. 이러한 미기후의 감소된 태양복사 투입량은 시종일관 개방된 장소보다 5~6℃ 서늘한 보금자리 장소가 되게 하였다. 점박이올빼미는 기온, 전천복사, 풍속에 종속되어 27~31℃ 사이에서 목을 비정상적으로 움직이기(gular fluttering) 시작했다. 배로우스[5100]는 선호되는 여름 보금자리 장소들이 계속적으로 목을 비정상적으로 움직이는 것(그와 관련된 산소 소비율의 증가와 함께)이 요구되는 연간 일수에서 40~90% 감소시킬 수 있다고 추정하였다. 점박이올빼미는 이와 대비하여 겨울 동안 북향의 보금자리 장소를 모두 회피했으며, 시종일관 태양에 노출된 나무들의 남쪽에 보금자리 장소를 선정하였다.

가이거(R. Geiger)는 북해의 쥘트 섬에서 토끼들이 어떻게 그들의 굴을 배열하는가에 항시 놀랐다. 예를 들어 그는 사구의 중간 사면에 입구가 있어 폭우가 내릴 때 물이 아래에 고여 결코 구멍 안으로 들어갈 수 없는 것을 보았다. 그 위에 히스속 식물이 자라서 처마처럼 입구를 비나 물방울로부터 보호하였다. 입구가 남사면에 있어서 많은 햇빛을 받을 수 있었고, 북풍이 구멍 안으로 들어올 수 없었다. 서쪽으로 매우 큰 수풀이 추가로 폭풍우를 가져오는 서풍을 막았다.

햇빛이 적은 유럽의 기후에서 높은 돔 형태의 개미집은 명백하게 삼림 내에서 적은 태양복사량을 될 수 있는 대로 최대한 이용하기 위한 것이다. 이용된 재료(소나무 잎과 짚)와 느슨하게 개미집을 끼워 맞춘 것은 열전도를 나쁘게 하기 때문에 짧은 거리 내에서 노출(기후) 차이를 고르게 하지 못한다. 벨렌슈타인[5121]은 독일 트리어 부근에서 1927년 9월에 둘레가 12m 이상이며, 어린 젓나무 아래의 급사면에 있는 80cm 높이의 붉은삼림개미(독 : rote Waldameise, *Formica rufa*)집을 조사했다. 음지 쪽의 표면 아래 25cm에 있는 개미집은 주변 공기보다 3~4°C 따듯했으나, 양지 쪽에서는 다시 음지 쪽보다 5~9°C 따듯했다.

슈타이너[5117]는 다음과 같은 방법으로 개미집의 구조와 효능을 기술했다(요약했음). "흙과 식물 재료로 만든, 공기가 들어 있는 수많은 내부 공간이 있는 돔 형태의 개미집은 남향의 바람이 불지 않는 위치에 있다. 복사 및 강수 조건에 따라 반구에서 원추형까지 목적에 맞게 변하는 돔 형태는 열을 흡수하는 역할을 한다. 이러한 면에서 상대적으로 가장 큰 효용성은 태양고도가 낮을 때 나타난다. 위도 47°N에 대한 계산에 따르면 반구 형태의 돔이 수평면보다 12월 21일 정오에 2배, 춘분과 추분에 1.25배, 6월 21일에 1.05배나 많은 태양복사를 받는다. 받는 열이 증가한 것에 추가하여 이제 열 손실을 줄이기 위한 몇 가지 수단이 나타난다. 특히 식물 재료로, 즉 불량한 열전도율을 갖는 두꺼운 돔 덮개, 내부의 단열하는 공기 공동(空洞), 야간에 개미집의 입구를 닫아서 열 손실을 막는다. 이러한 방법으로 최상의 경우에 평균적으로 30cm 깊이에 있는 개미집 중앙의 온도는 여름에 종종 좀 더 긴 기간 23~29°C 사이에서 변동하여 상응하는 토양 온도보다 10°C 높다. 돔의 상부에서 장소에 따라 태양고도와 함께 변하는 온도 상태는 쉬지 않고 부화하는 장소를 이동하여 가급적 적정하게 이용되고, 그에 상응하게 개미집의 좀 더 깊은 곳으로 수송되어 부화의 과열을 피한다."

사막과 같은 극심한 환경이 동물들 사이에서 미기후에 적응하는 것을 밝히는 데 좋은 장소이지만, 적응하는 데 있어 상당한 소규모 변화는 좀 더 상세히 조사하면 각각 서로 다른 적응을 드러내는 것으로 일어난다. 미국 남서부 사막의 선인장굴뚝새(*Campylorhnchus brunneicapillus*)는 잔가지, 풀, 부드러운 털과 깃털로 긴 통로 입구가 있는 폐쇄된 둥우리를 짓는다. 폐쇄된 둥우리에서 내부 기온은 둥우리에 완전히 햇빛이 비칠 때 외부 공기보다 6°C까지 따듯할 수 있다. 북쪽을 향한 둥우리 입구는 통로를 통해서 둥우리 내부로 직달 태양복사의 투입량을 감소시켜 낮은 내부 기온을 유지하는 데 도움이 된다. 그렇지만 탁월풍향을 90° 각도로 가르는 둥우리 입구는 또한 미기후의 이점을 갖는데, 그 이유는 진공 효과가 내부로부터 둥우리 입구를 통해서 공기를 뽑아내기 때문이다. 이것이 외부 공기가 폐쇄된 둥우리의 위, 바닥과 측면을 통해서 둥우리로 들어

오게 하는 통풍 효과를 일으키고, 내부에 느낌열의 집적을 제한하는 데 도움이 된다. 페이스마이어 등[5104]은 둥우리 입구의 방위가 미기후 조건에 종속되어 변하는 것을 밝혔다. 보통 남서풍이 부는 주간에 잘 발달된 곡풍 순환이 있는 산의 동측에 위치한 둥우리들은 북-북동쪽을 향한 둥우리 입구를 가졌다. 이 입구의 방위에는 통풍과 그늘이 지게 하는 두 가지 이점이 모두 있다. 바람이 일정하지 않고 크게 변하는 산지의 서사면에 위치한 둥우리는 북쪽을 향한 둥우리 입구를 가졌다. 일정하지 않은 풍향 때문에 아무런 통풍의 이익이 없더라도 북쪽 입구는 그늘이 지게 하는 이점을 최대한으로 활용하게 한다. 끝으로 주간의 바람이 일반적으로 남동풍이고, 야간의 바람이 북서풍인 곡저에 위치한 둥우리는 통풍 이점을 제공하는 남서쪽으로 향한 둥우리 입구를 가졌다.

동물들 스스로에 의해 방출되는 대사열도 그들 둥우리의 적절한 구조에 의해 이점으로 활용될 수 있다. 헤세[5109]에서 인용한 그림 51-1은 오스트레일리아 북부 아른헴랜드의 흰개미 구릉의 사진이다. 흰개미 구릉의 비대칭적인 구조는 강한 태양복사에 대해서 보호하도록 발달하였다. 홀더웨이와 게이[5110]는 유럽의 개미들과 유사한 평탄한 개미집을 짓는 흰개미(*Eutermes exitiosus*)를 광범위한 온도 측정으로 조사했다. 그림 51-2는 오스트레일리아의 수도 캔버라(35°S) 부근에서 직경이 약 80~90cm이며, 높이가 38cm인 원형의 개미집에서 1933년 8월 9일의 겨울날에 측정한 온도를 제시한 것이다. 기온이 9°C 이하였을 때 흰개미집의 벽은 복사를 통해서 북쪽(남반구)에서 25°C까지 크게 가열되었다. 그러나 개미집의 내부에서 개미들은 기온을 양지쪽보다 높게 항시 25°C 이상을 유지할 수 있었다. 이것은 열을 생성하는 생활과정(대사)이 작용하여 가능했다. 저자들은 수많은 비교측정을 통해서 개미들이 살고 있는 집이 빈 집보

그림 51-1 오스트레일리아 북부에서 나침반 방향을 가리키는 흰개미집(R. Hesse[5109])

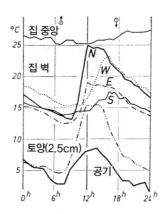

그림 51-2 오스트레일리아 캔버라 부근의 평탄한 흰개미집에서 겨울날의 온도변화(F. G. Holdaway and F. J. Gay[5110])

다 평균 8.1~10.3°C까지 따뜻하다는 것을 확인할 수 있었다.

캐나다 마니토바(50°10'N) 북부한대수림의 비버(*Castor canadensis*)는 연중 열중립적(thermoneutral)인 환경과 또한 적절한 기체를 교환하게 하는 가지와 이토로 집을 지었다. 딕과 맥아더[5103]는 주위 기온의 연교차가 73.8°C(−41.4°C에서 32.4°C까지)나 되지만 집의 내부 벽 온도가 불과 34.2°C(1.4°C에서 35.6°C까지) 변한다는 것을 밝혔다. 외부 기온이 −40°C가 될 때조차 내부 벽은 보통 비버의 열중립적인 범위인 0~28°C 내에 있는 3~5°C 사이에 있었다. 집의 벽 두께와 집을 짓는 데 이용된 이토의 양을 변화시켜서, 그리고 또한 암수 한 쌍과 그들의 새끼와 공동 집단으로 사는 비버에 의해서 발생된 대사열로 체온조절을 통제했다. 일부 이산화탄소 집적과 산소 고갈 상태가 집을 짓는 방법의 결과로 집 내에서 관측되었다. 그렇지만 각 기체들의 수준은 비버가 잘 견딜 수 있는 한계 내에 있었는데, 그 이유는 집 지붕에 있는 공기구멍, 얇은 지붕 벽과 지붕 위의 이토를 덜 넓게 덮어 적절한 통풍이 이루어지기 때문이었다.

일부 동물은 자신의 대사열에 추가로 그들의 둥우리를 따뜻하게 하기 위해서 추가적인 에너지원의 이점을 취할 것이다. 풀삼림무덤새(*Leipoa ocellata*, mound bird, jungle fowl)는 특별하게 미기후를 조절하였다. 그 때문에 이 새를 '온도계 새(thermometer bird)'라고 불렀다. 프리트[5105]는 이 새 둥우리의 온도가 표면 기온이 연중 16~49°C에서 변할 때 불과 1~2°C까지 변하면서 34.5°C로 유지되었다는 것을 제시했다. 둥우리는 대체로 그 형태가 원형이며, 대략 직경이 5m였다. 한 주에 약 20개의 알을 낳아 약 6개월에 부화하였다. 추운 봄 동안 이 새는 많은 양의 잎을 모으며, 이 잎을 그다음에 약 50cm의 모래로 덮고 발효시켜서 열을 만들어 둥우리의 온도를 높였다. 여름 동안 태양 복사량과 기온에 종속되어 모래 두께를 조절하였다(2~3시간까지의 작업을 포함함).

갓 깬 새끼새는 깨어난 후에 두 가지 다른 체온조절 패턴을 나타낸다. 부화 후 곧 고도로 독립된 활동을 할 수 있는 새(precocial bird, 早熟成鳥)는 깨어난 후부터 또는 매우 이른 성장 단계에 그들의 체온을 조절할 수 있다. 부화 직후에는 잠시 어미새가 돌봐야 하는 새(altricial bird, 晚熟成鳥)는 초기에 변온동물(ectotherm)처럼 행동하고, 며칠 후에 그들의 체온[내온성(endothermy)]을 조절한다. 갓 깬 새끼새 단계 동안 체온조절은 이들을 잠시 어미새가 돌봐야 하는 종들에게 결정적이다. 황새(*Ciconia ciconia*)는 그들이 생리적으로 내온성이 되기보다 이른 시기에 갓 깬 새끼새가 효과적으로 내온성이 될 수 있는 여러 가지 행태적 적응을 보여 준다(F. S. Tortosa and R. Villafuerte [5118]). 황새는 나무 꼭대기에 직경 1~2m의 큰 둥우리를 짓고, 바람에 보호되지 않도록 구축한다. 이 둥우리에는 새들이 짚과 다른 가는 물질들로 정렬한 30~40cm 깊이의 움푹 들어간 중앙이 있다. 그다음에 둥우리 바닥을 주변의 농지에서 모은 축축한 소똥으로 덮는다. 갓 깬 새끼새는 처음에 33℃의 체온을 갖는다. 약 30일 후에 새끼새는 생리적 내온성을 가져서 40℃의 불변하는 체온을 유지할 수 있다. 부모새 중 한 마리는 어린 새가 낮은 체온을 갖는 부화 후 처음 5일 동안 항시 새끼새와 함께 있고, 춥거나 비가 오는 날씨에는 성숙한 새 두 마리 다 함께 있다. 새끼새의 체온이 느리게 높아지기 시작할 때 성숙한 새는 먹이를 구하고 똥을 찾기 위해서 짧은 기간 새끼 새를 홀로 놔둔다. 이 기간의 길이는 어린 새를 더 긴 기간 내버려 둘 수 있는 30일까지 증가한다. 많은 수분을 포함하고 있는 축축한 소똥은 둥우리의 온도를 조절하는 데 중요한 역할을 한다. 갓 나온 소똥 수분의 높은 열 관성은 느낌열원으로 작용하여 둥우리 내에서 높아지고 좀 더 안정한 열 환경을 유지시키는 데 도움이 된다. 새끼새가 자라서 높은 체온을 갖게 되면, 성숙한 새는 어린 새가 생리적 내온성을 얻어 소똥 모으는 일을 그만둘 때까지 갓 나온 소똥을 덜 빈번하게 모은다.

둥우리 장소 선정과 만들기는 또한 건조한 환경에서 동물의 물수지 조건을 향상시킨다. 미국 솔트레이크 시티 부근의 사막에는 물을 찾을 수 없어서 불충분한 음식물로만 액체를 얻을 수 있는 한 유형의 토끼가 산다. 버크하트[5101]는 이와 같이 드문 생활 조건을 조사하기 위해서 토끼의 환경과 토끼굴의 습도 조건을 조사하였다. 이 조사를 위해서 토끼를 토끼굴 앞에서 올가미로 잡아 기록 장치를 꼬리에 매달았다. 이 장치는 토끼보다 단면적이 작았고, 수시간 동안 기온과 습도를 기록할 수 있었다. 토끼를 놓아주자 토끼는 토끼굴의 보호 속으로 매우 급히 돌아가서 내부 및 환경의 조건이 기록되었다. 토끼를 죽이거나 토끼굴에서 몰아내어 기록 장치를 회수하였다. 이러한 방법으로 토끼가 오랫동안 머무는 토끼굴 안의 습도가 매우 높아서 한 방울의 물도 마시지 않고 액체 수지를 유지할 수 있다는 사실이 밝혀졌다.

캐나다 온타리오 주(42°10'N)의 동부 낙엽수림의 다섯줄도마뱀(*Eumeces fasciatus*) 역시 알을 품는 장소를 위해서 서늘한 곳을 선택하지만, 수분 조건이 둥우리 장소 선택에 좀 더 중요한 역할을 하였다(S. J. Hecnar[5108]). 알은 도마뱀의 라이프 사이클에서 가장 취약한 단계로 적절한 온도, 습도, 기체 교환 조건이 있는 둥우리 장소가 도마뱀의 생존에 결정적이다. 암놈은 알의 발육을 위해서 상대적으로 불변하는 미기후를 만들기 위해서 적당하게 부패된 큰 통나무를 선택하였다. 도마뱀 알들은 그들이 통나무의 접착면 위에 놓여 있을 때 껍질을 통해서 수분을 이동시켜 건조로 인한 탈수뿐만 아니라 수분 획득에 의한 과도한 팽창을 견딜 수 있었다. 사망률은 통나무 접착면의 수분 수준이 적당할 때 가장 낮았다. 암놈 도마뱀은 알을 품는 장소의 수평 및 수직 위치를 알 접착면의 수분 수준을 조절하는 데 맞추었다.

동물들은 또한 극심한 열 환경으로부터 연장된 기간에 은신처를 찾을 것이다. 이와 같이 장기간 보금자리에 드는 행태의 좋은 사례는 개방된 또는 폐쇄된 눈굴(snow burrow)에서 극심한 추위와 바람으로부터 은신처를 찾는 늪뇌조(*Lagopus lagopus*)에서 보게 된다. 코호넨[5111]은 핀란드 시모(65°37'N)에서 늪뇌조의 폐쇄된 눈굴을 연구하여 외부 기온이 −24°C였을 때 보금자리에 든 60분 후에 눈굴의 벽 온도가 단지 −3°C였다는 것을 밝혔다. 높아진 눈 온도는 눈의 낮은 열 전도율 때문에 눈굴 벽으로부터 단지 5∼7cm 연장되었다. 눈굴 내에서 상대습도가 항시 100%였기 때문에 숨을 내쉴 때 나온 수증기가 바로 눈굴 벽에 집적되었다. 이것이 눈굴 벽을 따라서 눈의 밀도를 높였고, 숨은열을 방출하였다. 눈굴 내에서 새의 배설물에 포함된 물도 얼어 숨은열을 방출하였다. 이 두 가지 형태의 숨은열이 활발하지 않은, 보금자리에 있는 늪뇌조에 대한 총열손실의 거의 35%나 되는 것으로 추정되었다. 이 열원이 단열이 잘되는 늪뇌조 깃털과 결합하여 눈굴이 그 안에서 눈굴 벽 온도가 −6°C의 늪뇌조에게 치명적으로 낮은 온도 이상이 되게 하는 열 중립 환경을 제공하였다.

동물은 따뜻함과 보호를 위해 도시의 미기후(52장)도 이용하였다. 뢰를[5113]은 한 종의 멧박쥐(*Nyctalus noctula* Schreb.)가 그가 사는 넓은 지역에서 놀라울 만한 재주로 가장 따뜻한 미기후를 갖는 장소를 보금자리 장소로 찾아내는 것을 증명하였다. 독일 뮌헨에서 관찰된 멧박쥐들은 먼저 농촌보다 겨울에 좀 더 따뜻한 대도시 내의 장소를 선택했다. 선호된 장소는 남동쪽으로 개방된 도심의 가장 따뜻한 부분에 안쪽으로 향한 가옥의 모서리였다. 차가운 표면 기층 위에 있는 도로 위의 약 12m에서 쥐들은 비를 맞지 않는 지붕 홈통 뒤의 벽에 약 50cm 깊이의 구멍을 팠다. 집의 내부는 난방되었고, 그에 더하여 중앙난방의 주 배관 중 하나가 둥우리 옆을 지나고 있었다. 다음과 같은 기온이 한 번 동시에 측정되었다. 기상관측소에서는 −14°C였고, 집의 지붕에서는 −5°C였으며, 보금자리 장소에서는 거의 0°C였다.

동굴은 박쥐가 보금자리 장소를 선택하는 안정한 미기후를 제공한다. 동굴 미기후는 동굴 입구로부터의 거리, 바닥 위의 높이, 지표 아래의 깊이, 지하수면으로부터의 거리, 고인 물의 존재, 공기 운동의 양에 따라 변한다(49장). 따라서 큰 동굴들은 박쥐들의 요구가 변하는 한 해 동안 넓은 범위의 잠재적인 보금자리 장소 조건을 제공한다. 따뜻하고 습한 장소는 새끼들이 체온과 물 수지를 유지하는 데 도움이 되는 여름 동안 암놈과 새끼들이 선호하는 반면, 겨울에 서늘한 장소는 박쥐들이 좀 더 제한된 먹이 자원이 있는 기간 그들의 체온과 기초대사율을 낮추는 데 도움이 되어 선호되었다. 처칠 등 [5002]은 생식이 중요하지 않은 5월과 6월의 서늘한 달들 동안 아프리카의 아열대 남부에 있는 나미비아에서 다양한 박쥐 종들이 동굴을 이용하는 것을 조사하였다. 보금자리의 조건은 조사된 7종에 대해서 19∼28°C와 22∼100% 상대습도 사이의 범위에 있었다. 7종은 각각 그들의 평균체질량(body mass)에 따라 변하는 보금자리 장소에서 특징적인 한 세트의 기온과 상대습도를 가졌다. 박쥐가 한 해의 시기, 연령, 성별과 생식 조건에 따라 체온조절 요구가 변할 때 큰 동굴들 내에서 보금자리 장소를 바꾸거나 다른 동굴들 내에서 새로운 보금자리 장소를 찾았다.

오스트레일리아 뉴사우스웨일스(35°45'S)에서 헐[5107]이 연구한 긴가락박쥐(*Miniopterus schreibersii blepotis*)는 그들이 겨울 동안 먹이 부족기간을 피하고 체온조절 에너지 손실을 줄일 수 있는 유일한 동면 패턴을 나타낸다. 이것은 생리적 및 행태적 적응의 조합을 필요로 한다. 긴가락박쥐는 내온성과 변온성 둘 다로서 행동할 수 있다. 동면 동안 그들의 체온은 동굴 기온의 1°C 이내로 떨어져서 이것이 그들의 대사열 생산율을 낮춘다. 동굴 미기후가 변하면 긴가락박쥐는 깨서 그들의 장소를 좀 더 적절한 미기후로 바꿀 것이다. 서쪽을 향한 입구가 있는 길이 60m, 폭 2∼5m의 작은 동굴인 서모클라인 동굴(Thermocline Cave)에서 기온은 9∼19.5°C 사이에서 변했다. 먹이가 많은 가을에 긴가락박쥐는 주간에 보금자리에 있을 동안 동굴에서 가장 따뜻한 지역을 찾았다. 이 지역은 더운 공기가 갇혀 있는 동굴에서 가장 높은 장소였다. 긴가락박쥐가 가을에 체중을 늘릴 때 보금자리에 있는 동안 그들의 기초대사율을 줄이기 위해서 동굴의 서늘한 부분($T_A = 11$°C)으로 이동하기 시작했다. 가을 말경에 최대 체중을 갖게 되었을 때 긴가락박쥐는 그들이 좀 더 긴 동면 기간을 견디는 동안 대사열 생산을 통해서 열 손실을 더욱 줄이기 위해서 다시 동굴의 가장 서늘한 지역($T_A = 9.5$°C)으로 옮겼다. 봄에 그들은 좀 더 따뜻한 주간의 보금자리 장소로 돌아갔다. 이러한 생리적 및 행태학적 적응의 조합을 통해서 긴가락박쥐는 동면 동안 그들의 체온과 대사율을 최소화할 수 있었다. 반면에 그들의 지방을 동면에 앞서 비축했다.

제52장 ··· 생물기후학

생물기후학은 가장 넓은 의미로 기후와 살아 있는 생물 사이의 관계를 연구하는 것이다 (R. E. Munn[5232]). 그러므로 생물기후학의 여러 세부 분야는 동물행태(50장), 동물 서식지(51장), 농지(29~32장), 삼림(33~39장), 산지환경(46장)에서 이미 다루었다. 이 장에서는 인간생물기후학(human bioclimatology), 동물생물기후학(animal bioclimatology), 공중생물학(aerobiology) 분야가 집중적으로 논의될 것이다.

인간의 열쾌적(human thermal comfort)은 인간의 에너지수지방정식으로 가장 잘 추정될 수 있다. 회페[5220]는 근본 원리들을 설명하는 하나의 이러한 모델을 개발하였 다. 인간의 에너지수지방정식은 다음과 같다.

$$Q_{MH} + Q^* + Q_G + Q_H + Q_{ED} + Q_{ES} + Q_{ER} + Q_{HR} = 0$$

여기서 에너지 투입량(W m^{-2})은 양이고, 에너지 배출량은 음이다. 이 모델에서 Q_{MH} = 인간의 대사를 통해 생성된 내부열, Q^* = 순복사, Q_G = 전도, Q_H = 느낌열 플럭 스, Q_{ED} = 수증기의 확산을 통한 숨은열 플럭스, Q_{ES} = 땀의 증발을 통한 숨은열 플럭 스, Q_{ER} = 호흡을 통한 숨은열 플럭스, Q_{HR} = 호흡을 통한 느낌열 플럭스이다.

온혈동물로서 인간은 생존을 위해서 좁은 범위(약 37°C) 내에 있는 심부체온(inner core body temperature)을 유지해야 한다. 인간은 단파 및 장파 복사, 전도, 대류에 의 해 환경으로부터, 그리고 내부의 대사열(Q_M)을 만들어 열에너지를 얻는다. 대사열 생 산은 두 가지 기본 형태, 즉 인체가 휴식할 때(또는 수면 상태에서) 생산되는 기초대사 열(basal metabolic heat)과 일하거나 운동하거나 또는 떨리는 기간 방출되는 근육대사 열(muscular metabolic heat)로 이루어진다. 인체 심부로부터 피부로의 대사열 플럭스 (Q_{CS})는 다음과 같이 제시된다(P. Höppe[5220]).

$$Q_{CS} = A_S \, V_B \, r_B \, c_B \, (T_C - T_{SK})$$

여기서 A_S = 피부의 표면적(m^2), V_B = 핵으로부터 피부로의 혈류밀도(1s^{-1} m^{-2}), r_B = 피의 밀도(kg l^{-1}), c_B = 피의 비열(J kg^{-1} K^{-1}), T_C = 심부체온(°C), T_{SK} = 평균 피부온도(°C)이다.

인간은 복사, 전도, 느낌열 플럭스(대류와 호흡) 그리고 숨은열 플럭스(발한과 호흡) 를 통해 환경으로 에너지를 손실한다. 피부로부터 의복을 통해서 그리고 의복의 외부 표면까지 열 플럭스(Q_{SC})는 다음과 같은 모델이 될 수 있다(P. Höppe[5118]).

$$Q_{SC} = A_C / R_{CL} (T_{SK} - T_{CL})$$

여기서 A_C = 옷을 입은 표면적(m²), R_{CL} = 열 이동에 대한 의복의 저항(m² K W⁻¹), 그리고 T_{CL} = 의복의 표면온도(°C)이다.

대기의 상태(태양복사, 기온, 풍속, 상대습도)를 관측하고, 인간의 특성(연령, 성별, 체중, 신장, 대사율, 자세, 의복 특성)을 확인하며, 복잡한 인간 신체가 좀 더 단순한 형태에 가까워질 수 있는 것을 추정하면, 에너지수지 연구방법을 이용하여 인간의 쾌적함(human comfort)을 연구할 수 있다. 버트 등[5206, 5207]은 도시 환경에 대해 개발한 인간 에너지수지 모델의 다른 사례를 제시한 반면, 마이어와 회페[5230]는 인간의 쾌적함을 추정하는 데에도 이용된 좀 더 단순한 생물기상학의 일부 지표들을 개관하였다.

인간의 신체는 무의식적인 생리적 메커니즘을 통해서 불변하는 심부체온을 유지하도록 작용한다. 인간은 또한 체온을 조절하도록 돕는 의식적인 행동 적응을 할 수 있다(R. E. Munn[5232]).

열 스트레스(heat stress)는 인간의 에너지수지 방정식에서 연장된 양의 불균형으로 일어나서 적정 수준 이상으로 인간의 심부체온을 높일 수 있다. 열 스트레스를 일으키는 환경 조건들은 많은 태양복사 투입량, 많은 장파복사 투입량, 전도와 대류를 통해서 열을 획득하게 하는 심부체온(37°C) 이상의 기온, 신체로부터 숨은열의 손실을 감소시키는 대기의 높은 습도를 포함한다. 강한 바람은 심부체온 이상의 기온과 결합할 때 열 스트레스를 높이나, 대기 중의 높은 습도가 열 스트레스에 미치는 영향은 무풍 상태로 악화된다. 열 스트레스를 높이는 인간 행동은 지속되는 격렬한 신체 활동과 부족한 액체 섭취량을 포함한다. 후자의 인자는 강한 햇빛과 따뜻하며 습윤하고 무풍의 조건에서 격렬한 신체 활동을 하는 사람들에게 특히 치명적이다.

심부체온이 상승하기 시작할 때 인체는 무의식적으로 체열을 발산하기 위해서 고안된 일련의 조처를 시작한다(R. E. Munn[5232]). 이것은 피부 표면 부근의 혈관을 팽창시키고(피부로의 혈류를 증가시키기 위해서 체열이 장파 방출, 대류 또는 증발을 통해 좀 더 쉽게 손실될 수 있음), 땀을 많이 흘리고(증발 냉각을 증가시킴), 호흡률을 증가시키는 것(호흡을 통해서 느낌열 및 숨은열 손실을 증가시킴)을 포함한다. 열 스트레스의 위협을 줄이는 자발적인 행동 적응은 복사 열원을 회피하며, 그늘진 미기후를 찾고, 통풍이 잘되는 미기후를 찾으며, 증발 냉각을 촉진시키기 위해서 액체를 많이 섭취하고, 신체 활동률을 줄이며, 느낌열과 숨은열 플럭스로 열 손실을 증가시키기 위해서 옷을 갈아입는 것을 포함한다.

인간의 에너지수지 방정식에서 음의 불균형에 대해서 오랫동안 노출되면 또한 추위 스트레스를 일으킬 수 있는 적정수준 이하로 인간의 심부체온이 낮아질 수 있다. 추위 스트레스는 순장파복사와 대류에 의해서, 그리고 피부로부터 의복 표면으로의 열 이동에 대해 불충분하게 저항하게 하는 얇거나 젖은 의복에 의해서 에너지 손실을 증가시킨 낮은 기온에 노출되어 증가된다. 이러한 조건하에서 강한 바람은 경계층의 두께를 줄여서 항시 추위 스트레스를 증가시킨다. 신체가 열손실을 줄이기 시작하는 무의식적인 생리적 메커니즘은 피부 부근의 혈관을 수축시키는 것(피부 표면으로의 혈류를 줄이기 위해서)과 떨기 시작하게 하는 것(대사열 생산율을 증가시키기 위해서)을 포함한다. 추위 스트레스의 위협을 줄이는 행동 적응은 춥고, 비가 내리며 바람이 센 환경으로부터 보호되는 장소로 이동하고, 대사열 생산을 증가시키기 위해서 신체 활동율을 높이고, 피부 표면으로부터의 열 이동에 대한 저항을 증가시키기 위해서 마른 옷을 껴입는 것을 포함한다.

인간은 신중하게 옷을 선택하여 매우 넓은 범위의 미기후에 살 수 있다. 중요한 원리는 열 이동에 크게 저항하는 물질을 선택하며, 입은 옷의 층들 사이에 정지된 공기를 잡아 두기 위해서 여러 겹의 옷을 입고, 수증기가 이동할 수 있는 재료를 선택하며, 옷이 젖는 것을 피하는 것이다. 인간의 대사, 의복, 주위 환경의 상호 작용은 나츠메 등[5237]이 보고한 심부체온, 피부온도, 내부 의복온도와 기온의 장 측정에서 설명되었다. 심부체온[직장 온도(rectal temperature)]은 인간의 대사가 최저인 수면 동안 가장 낮았으나, 내부 대사열 생산이 증가하는 불면 동안에 1~2℃ 상승하였다. 그렇지만 수면 동안 심부체온이 가장 낮음에도 불구하고 흉곽 피부온도와 내부 의복온도는 수면 동안 가장 높았고, 불면 동안 가장 낮았다. 이러한 현상은 인간 활동으로 불면 동안 신체 전반에서 공기 순환이 증가하여 일어났다. 이러한 활동은 대류 열수송계수를 증가시켰고, 피부로부터 의복을 통해서 공기로의 열수송에 대한 저항을 감소시켰다. 내부 의복온도는 또한 인간 활동(그리고 따라서 열수송에 대해 좀 더 변하기 쉬운 의복 저항) 그리고 좀 더 변하기 쉬운 환경의 증가된 범위로 인하여 불면 동안 좀 더 변하기 쉬웠다. 인간의 쾌적에 관한 좀 더 많은 정보는 W. P. 로우리와 P. P. 로우리[3415]를 추천하겠다.

인간은 또한 스스로에게 알맞은 거주 조건을 만드는 데 직접적인 관심이 있다. 이것은 실내기후(cryptoclimate) 분야, 즉 완전히 또는 부분적으로 밀폐된 공간의 기후로 이야기를 이끌어 간다. 브룩스와 에번즈[5205]는 가옥, 학교, 극장, 병원, 도서관, 박물관, 공장, 창고, 사무실, 실험실, 지하실, 선박, 터널, 텐트 그리고 많은 다른 장소의 기후를 기술하는 초기의 주해(註解) 참고도서를 발간하였다. 기후(그리고 미기후)와 건축학 사이의 관계는 아로닌[5203]과 지보니[5217]의 책에서 논의되었다. 이러한 생물기후 논제의 지식 범위로부터 일부 기본적인 아이디어와 설명에 도움이 되는 사례만을 제시하겠다.

인간은 건축물에서 좋지 않은 날씨를 피하며, 마음에 드는 주거 공간(독 : Wohnraum)을 만드는 것을 안다. 랜즈버그[5229]는 건물의 미기후[건물 기후(독 : Hausklima)]에 관해서 요약한 보고서에서 사람들이 18~32℃ 사이의 기온 범위에서 가장 쾌적하게 느낄 수 있으나, 지구상의 인간 거주지는 −76℃로부터 +63℃까지의 기온극값범위에서 전개될 수 있다는 것을 제시하였다. 주거 공간의 기후(독 : Wohnraumklima), 방의 기후(독 : Zimmerklima)는 우선 집의 위치와 집 내부에서 개별 방의 위치에 종속된다. 집이 향해 있는 방위, 지면으로부터의 높이, 창문의 배열, 그리고 가장 가까운 이웃은 집이 노출된 외부로부터 들어오는 대기의 조건을 결정한다. 방이 이들 조건에 대처할 수 있는 방법은 건축자재, 벽의 견고성, 방의 크기, 그리고 문과 창문의 크기와 수 등에 종속된다. 그것은 라이스트너[3]가 언급했던 바와 같이 외부 기후가 내부 기후로 침입하는 것에 종속된다.

주거 공간과 주변 환경 사이의 공기 교환은 주로 문과 창문의 틈새를 통해서 일어나나, 또한 벽 자재의 기공(氣空)을 통해서 일어난다. 게오르기[5215]는 이러한 자동 통풍의 두 가지 요소를 폐쇄된 공간에 이산화탄소가 풍부하게 만든 다음 — 기체가 벽을 통해서 통과하는 것은 이미 1858년에 한 막스 폰 파텐코퍼(Max von Pattenkofer)의 연구로 알려져 있음 — 틈새를 통해서만 새는 인공 에어러솔(비말 $CaCl_2$ 용액)로 구별할 수 있었다. 이 두 경우에 폐쇄된 문과 창문에서 시간에 따른 농도의 감소율은 외부와 내부 사이의 풍속과 기온차에 종속되는 것으로 조사되었다. 이 실험 결과는 프랑크푸르트 기상연구소(Frankfurter Meterologisches Institut)의 2개의 외벽(벽돌 벽), 2개의 문과 1개의 창문이 있는 32m³ 크기의 3층 실험실에 관한 것이다. 놀랍게도 외부와 내부 사이의 기온차는 폐쇄된 공간의 자동 통풍과 식별할 수 있는 아무런 관계도 없다. 이와 반대로 외부에서 부는 바람의 영향은 그림 52-1에서 볼 수 있는 바와 같이 강했다. 무풍 상태에서 CO_2 측정으로 2.3l sec⁻¹의 공기 교환이 나타났고, 이것은 풍속이 빨라질 때 매우 빠르게 증가했다. 이산화탄소는 자동 통풍의 두 가지 방법에 동시에 포함된 데 반하여 에어러솔은 틈새를 통해서만 새어 나가서 훨씬 적은 양의 공기 교환을 나타냈다. 에어러솔은 벽에서 그 농도가 퇴적, 응고, 확산을 통해서 시간에 따라 변하여 수정된 곡선(파선)을 갖게 된다. 35개 측정자료의 평균으로 방의 공기 부피의 46%가 매시간 자동 통풍을 통해서 교환되었다(통풍계수). 1의 교환값, 즉 1시간 내에 실험실 총부피에 상당하는 공기의 교환은 6~7m sec⁻¹의 바람에서야 비로소 도달했다.

같은 건물의 지하실의 통풍계수가 이 값의 2배 이상(1.15)이나 되는 것은 주목할 만하다. 이것은 따뜻한 계단 부분의 흡입작용으로 인하여 나타난 것으로 밝혀졌다. 그에

---

3) Leistner, W., Beziehungen zwischen Raumklima und Außenklima. Ann. d. Met. 2, 53-56, 1949.

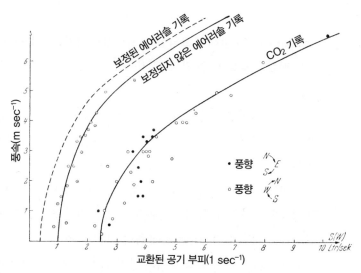

그림 52-1 외부의 바람과 관련된 실험실 내에서의 자동 통풍(H. W. Georgii[5215])

상응하게 이 경우에 외부와 내부 사이의 기온차에 대한 흡입작용의 종속성이 매우 뚜렷했다. 애런 등[5202]은 미국 센트럴미시건대학교의 겨울 난방과 여름 냉방의 에너지 사용량에 영향을 주는 인자들을 연구하여 다소 다른 결과를 얻게 되었다. 그들은 에너지 사용량에 영향을 주는 주 인자는 대학 활동(방학, 주말, 저녁 등)의 정도임을 밝혔다. 두 번째로 중요한 인자는 외부 기온이었다. 게오르기[5215] 및 정상적으로 기대되는 것과 반대로 풍속은 에너지 사용량을 설명하는 데 별로 중요하지 않은 것으로만 나타났다. 분명히 건축술이 시간이 지남에 따라 발달하여 현대의 실내 거주공간과 작업공간의 미기후는 외부 기후와 관계가 없게 되었다.

기너와 헤쓰[5216]가 1년 동안 오스트리아 인스부르크에서 행한 측정에 의하면 폐쇄된 방에서 오웬(Owen)의 방법으로 측정된 먼지(입자)의 양은 단지 평균 58%에 불과했으며, 아이트켄과 뤼델링(Aitken-Lüdeling)의 방법으로 측정된 응결핵의 양은 발코니의 값의 31%에 불과했다. 환기 후 3~4시간 이내에 이 상태가 다시 나타났다. 사람들이 활동 중이거나(교실에서 98%), 일을 하면 먼지의 양이 당연히 다르게 된다(종이 공장의 제지용 펄프를 자르는 방에서 800~900%까지). 데싸우어 등[5211]이 독일 프랑크푸르트에서 행한 측정에 의하면 이온 수는 방 안의 '죽은 실내 공기(독 : tote Innenluft, 영 : dead inside air)'(C. Dorno[2004])에서 '살아 있는 실외 공기(독 : lebendige Außenluft, 영 : live outside air)'와 달리 여름에 뇌우가 칠 때만 야외에서 나타나는 것과 같이 매우 높았다. 그리고 '이온 기후(독 : Ionklima)[4]'는 훨씬 불안정하였다.

단열을 하는 것도 건물 안이나 밖으로의 열 흐름을 줄인다. 대부분 유형의 단열의 주요한 목적은 공기 이동을 줄이기 위한 것이다. 고요한 공기의 열전도율은 매우 낮다(표 6-2). 예를 들어 단열 유리 창문(thermal pane window)에는 두 장 이상의 유리가 있다. 유리 사이의 거리는 두 충돌 인자(conflicting factor)로 결정된다. 한편으로 거리가 멀어질수록 좀 더 많은 공기가 유리 사이에 있을 것이다. 다른 한편으로 유리 사이의 공간이 증가할수록 공기 순환도 증가할 것이다. 이와 같이 증가된 순환은 공기 공간을 통한 열 흐름을 증가시켜서 최소화되어야 할 필요가 있다. 유리 사이의 최적간격은 약 1/2인치이나, 유리 코팅의 방출율(emissivity)에 종속된다. 독자들은 좀 더 많은 정보를 카디널[5209]에서 찾을 수 있다.

식생은 주택의 겨울 난방과 여름 냉방 에너지 사용량에 영향을 줄 수 있다. 드 월 등[5245]은 나무 그늘이 태양 난방을 현저히 줄일 수 있고, 풍속을 감소시켜서 외부 공기가 스며드는 것을 줄어들게 할 수 있는 것을 밝혔다. 그들은 미국 펜실베이니아 주에서 낙엽수 밑에 서 있는 이동식 주택에서 여름 에너지 소비량이 개방된 곳에서보다 75% 적었다는 것을 발혔다. 파커[5235, 5236, 5237]는 집 주변을 녹화(綠化)한 것이 에너지 소비량을 50% 이상 감소시켰고, 더운 여름날에 표면온도를 13.5~15.5°C 낮추었다는 것을 밝혔다. 스틴 등[5244]은 미국 플로리다 주에서 전형적으로 냉방된 집에 대해서 침투로 얻은 총열량이 창문과 벽을 통해서 복사와 전도로 얻은 열보다 많았다고 추정했다. 드월 등[5245]은 겨울에 그늘이 역효과를 가지며, 절약된 것을 감소된 침투로부터 상쇄시킨다고 주장했다. 그들은 겨울에 한 그루의 낙엽수 입목에서 8%의 에너지가 절약되었던 반면, 조밀한 소나무 삼림에서는 난방 에너지 소비량이 12% 상승했다고 보고했다. 아크바리 등[5200]과 심슨 및 맥퍼슨[5241]은 유사한 결과를 보고했다.

밀스[5231]는 건물의 밀도가 실내 기온에 미치는 영향을 분석하여 좀 더 조밀한 건물 배치가 주간에 적게 가열되게 하고(직달태양복사가 적어서) 야간에 덜 냉각되게(좀 더 작은 하늘조망인자) 한다는 것을 밝혔다.

최소한의 에너지를 소모하면서 인간의 쾌적도를 최대화하도록 하는 건축 디자인을 다룬 추가적인 정보는 지보니[5217, 5218]를 참고할 수 있다. 젠센[5120]과 블렌크 및 트리엔네스[5401]은 바람 스트레스와 방풍을 연구하였다. 이들과 같은 문제는 병원과 요양소에 매우 중요하다(H. Landsberg[5229]).

교통 기관의 미기후는 특별한 형태의 인간의 주거 공간이 된다. 디름히른[5212]은 여객들이 겨울과 여름에 오스트리아 빈에서 13개 유형의 난방하지 않은 전차에서 노출된 조건을 조사하였다. 겨울에 외부 공기 이상의 내부 공기의 초과기온(excess tem-

---

4) 제4판 영어본에서 '이온 기후'는 "ion concentration"으로 번역되었다.

perature)은 복사, 바람, 문과 창문을 통한 신선한 공기의 유입, 여객의 수에 종속되었다. 초과기온은 열린 플랫폼이 있는 트레일러에서 2.9°C로부터 자동차의 10.3°C까지 변했다. 초과기온은 빈 차에서 3.5°C, 여객이 반만 탄 차에서 6.0°C, 여객이 가득 탄 차에서 7.7°C였고, 초만원이었을 때 12.7°C였다. 차 내에는 현저한 기온성층이 있었다. 어느 때에는 바닥에서 0°C가 측정되었고, 60cm에서 6.0°C, 1.7m 높이에서 8.5°C가 측정되었다. 상대습도는 기대되는 바와 같이 기온 초과가 증가할 때 낮아졌다.

가축우리의 건축에서는 두 개의 경합하는 목표가 있다. 첫째는 동물의 땀 흘림과 배설 때문에 통풍이 잘되게 하는 것이다. 두 번째는 자연 환경으로부터 동물을 보호하는 것이다. 이것은 특히 겨울에 기류를 제한하여 가장 쉽게 이루어진다. 외양간을 건축할 때에는 이 두 가지 경합하는 필요조건 사이에 수지를 계산하려고 시도해야만 한다.

개방된 가축우리조차 날씨로부터 어느 정도 보호된다. 로이버[5115]는 남쪽으로 열려 있었던 송아지 우리에서 기온과 습도가 야외와 대략 같았다는 것을 제시했다. 그렇지만 비와 바람에 대해서는 보호를 했다.

닫힌 가축우리는 고요한 공기와 일정한 미기후가 나타나게 했다. 난방은 동물의 체열에 종속된다. 메너와 린츠[5114]는 비어 있는 가축우리와 완전히 차 있는 가축우리에서 비교 측정을 하여 전자에서의 기온 변동이 옥외 공기 기온 변동의 1/2, 후자에서 1/8인 것을 제시했다. 그림 52-2는 가축우리에서 지배하는 균형을 이룬 기후 유형의 사례이다. 배흐터스호이저[5120]는 35~40마리까지의 젖소를 위한 가축우리가 있는 27 × 11 × 4m 크기의 헛간에서 측정을 했다. 1949년~1952년에 10월부터 4월까지 추운 기간 일평균기온변동은 3~4°C였다. 내부에서는 거의 6°C 이상이 되지 않았으나(위의 그림), 외부에서 일반적인 일기상태를 따라서 그 값이 널리 분산되었다. 그림 52-2의 아랫

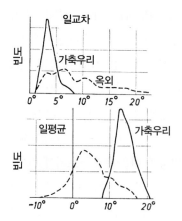

그림 52-2 40마리의 젖소를 위한 가축우리에서 4년의 겨울 동안 기온의 평균일교차(위)와 기온(아래), 옥외 기온과 비교하였음(H. Wächtershäuser[5220])

부분은 같은 기간 여러 평균기온의 빈도를 제시한 것이다. 가축우리에서 외부 기온이 −8°C였을 때 일평균기온이 결코 8°C 이하로 떨어지지 않았다.

열대지역에서 가축우리는 열이 증대되는 것을 피하도록 통풍이 잘되는 것이 중요하다. 가튼비 등[5106]은 인도네시아 가축우리의 설계를 기술하였다. 이러한 내용을 좀 더 상세하게 조사하는 것은 이 책의 범위를 넘어서는 일이다.

식량 창고는 성장하지 않거나 수확된 식물의 환경에 대한 계획적인 변화의 사례가 된다. 감자, 사탕무, 순무, 과일의 겨울 비축은 짚ㆍ흙 따위로 덮어 야외에 저장된다(얼지 않게 하기 위해서 짚이나 흙으로 덮은 더미에 쌓아놓은 농산물). 두덩 형태의 더미 내에서 가장 알맞은 저장 온도는 2~4°C이다. 크로이츠[5226]는 1948년에 더미 기후의 연구에서 최초의 온도 측정 결과를 발간하였다. 토양 자체보다 불량한 열전도율을 가진 푸석푸석한 흙으로 쌓아올려서 짚으로 더미를 덮는 것은 온도의 일변화와 작은 불규칙성을 배제하였다. 겨울에 적설층도 추가적으로 단열을 한다. 눈이 녹으면 특히 남쪽에서 눈의 열전도율을 증가시켜서 상해의 위험이 높아질 수 있다. 더미 미기후(clamp microclimate)에 관한 상세한 내용은 독일에 대해서는 홈멜[5221], 케른[5223], 크로이츠[5226~5228]에서 찾을 수 있고, 영국에 대해서는 크룩 및 왓슨[5210]에서 찾을 수 있다. 더미 저장 체계의 변화에서 당근과 일부 다른 뿌리채소 작물은 때때로 수확하지 않은 채 토지에 그대로 두고 그 위에 잎, 대팻밥, 또는 다른 단열재로 덮는다. 그런 다음 뿌리채소 작물을 겨우내 수확한다.

현대 농업기상학은 이제 에너지수지 조사를 동물 신체의 열수지를 포함하는 것으로 확대되었다. 프리스틀리[5239]는 오스트레일리아에서 열대 태양하에 있는 양(羊)에게 투사되는 직달태양복사, 확산태양복사와 지면으로부터 반사된 단파복사의 양뿐만 아니라 장파복사수지, 그리고 전도 및 맴돌이확산(eddy diffusion)으로 주변 공기와의 에너지 교환도 계산하였다. 이들 모든 인자는 수평 원형의 실린더의 형태로 이상화된 이론적인 양에 대해서 계산되었다. 2개의 층, 즉 불량한 열전도율을 갖는 양털과 양의 실제 몸이 계산에서 구별되었다. 이 조사로 측정된 기상조건들에 관한 외부 열 교환을 평가할 수 있었고, 이들을 내부의 생리적 과정들과 구분할 수 있었다.

미기후학의 원리들은 또한 생물학 분야로 확대되어 생물물리생태학(biophysical ecology)을 발전시켰다. 생물물리생태학은 동물이 적정 범위 내에서 체온을 유지시키는 체온조절 행태를 조사하기 위해서 에너지수지 연구방법을 이용한다. 바트레트와 게이츠[5204]는 도마뱀(*Sceloporus occidentalis*)이 수용할 수 있는 범위 내에서 그의 특징적인 체온을 유지하기 위해 미국 캘리포니아 주의 로바타참나무(valley oak, *Quercus lobata*)에서 하루 중의 서로 다른 시간에 스스로 위치를 정하는 장소를 결정하는 모델을 개발하였다. 관찰된 행태와 예측된 행태 사이에 잘 일치되는 점이 나타났다. 스코트 등[5242]과 그랜트 및 던햄[5219]은 파충류의 체온조절 연구의 다른 사례들을 제시했다. 이 분야의 선구자인 게이츠(Gates)는 그의 저서[5214]에서 기본 원리와 응용을 철저하게 개관하였다.

고기 및 유제품의 질과 양뿐만 아니라 동물들의 생산고는 그들의 생리적 쾌적도와 밀접한 관련이 있다. 레이 등[5240]은 미국 애리조나 주 피닉스의 건조한 아열대기후에서 젖소 중에서 여름의 열 스트레스가 자주 발생한다는 것을 밝혔다. 젖소에 대한 열중립(thermoneutrality) 지대 위에서 지속된 기온은 여러 가지 생식의 성공 척도로 측정하여 젖소의 감소된 생식 성과(reproductive performance)를 가져왔다. 이들 부정적인 효과는 그늘지게 하는 것과 함께 증발하는 분무기를 사용하여 감소된 것으로 나타났다. 양의 이월 효과(carryover)는 또한 냉각 시스템을 이용하여 가을과 봄에 관측되었다.

높은 기온과 습도 역시 온대와 열대지역의 젖소들 사이에서 우유 산출량의 감소와 관련되었다. 카부가[5224]는 캐나다로부터 열대습윤지역인 가나로 수입된 홀스타인-프리슬란트(Holstein-Friesian) 암놈 젖소가 평균 20%의 우유 생산량 감소를 경험했고, 이들의 가나에서 태어난 새끼들은 50%의 우유 생산량 감소를 경험했다는 것을 밝혔다. 그는 기후 변화가 우유 생산량의 일변화의 약 2~9%만을 설명했으나, 생산량 감소의 대부분은 영양 공급, 질병, 발육 저해와 같은 다른 인자에 기인한다는 것을 밝혔다. 따라서 자연 환경이 중요할 수도 있으나, 자연 환경에서 다른 좀 더 중요한 변수들의 영향으로부터 기후 하나만의 작은 영향을 구별하는 것은 매우 어렵다.

곤충, 화분, 포자, 녹병균 등의 이동과 같은 다른 형태의 이동 역시 생물기후학 분야에서 고려되었다. 바람에 쉽게 날리는 작고 가벼운 곤충들은 17장에서 기술한 무기물 입자들과 부유 물질의 분포와 많은 점에서 유사한 대기에서의 분포 민감도를 나타낸다. 존슨[4914]은 잉글랜드 베드포드 부근의 공기에서 600m 고도까지 표본 채집용 망으로 진디의 수를 조사하였다. 6개의 다른 고도에서 151회의 측정으로부터 밀도는 세제곱미터당 진디 0.0008~1.8마리인 것으로 나타났다. 고도 h에 따른 감소는 근사지수법(approximate index law) $D = h^{-b}$를 따르는 것으로 나타났다. 여기서 D는 1m 높이에서의 밀도에 비례하는 밀도이고, h (m)는 고도이며, 지수 b는 감율에 따라 그 정도가 현저하게 변했다. 단열구조와 함께 b는 대략 1이고, 따라서 밀도는 고도에 반비례했다. 작은 감율과 함께 높은 곳에서 진디의 밀도는 항시 매우 낮았다. 고도가 높아짐에 따라 기온이 크게 감소할수록 진디는 좀 더 높이 수송되었다. 단위를 환산한 후에 지수 b의 값은 1.0, 1.2, 1.4℃/100m의 감율에 대해서 각각 1.04부터 0.80, 그리고 0.55까지 감소하는 것으로 나타났다. 이 수치를 이용하여 고도에 따른 진디 밀도의 감소는 다음과 같았다.

고도(m)	1	10	50	100	500	1,000
1.0°C/100m	1	0.091	0.017	0.008	0.002	0.001
1.2°C/100m	1	0.158	0.044	0.025	0.007	0.004
1.4°C/100m	1	0.282	0.116	0.079	0.033	0.022

이러한 이유 때문에 고도가 높아질수록 진디가 감소하는 것은 가을(9월과 10월의 평균 $b = 1.25 \pm 0.31$)보다 봄과 여름(5월부터 8월까지의 평균, $b = 0.78 \pm 0.21$)에 느렸다. 2개의 최고가 하루 중의 분포에서 각각 늦은 오전과 저녁 무렵에 나타났다.

메뚜기는 빽빽하게 떼를 지어 나나, 여기서 역시 무리 내에서의 밀도는 감율의 함수이고, 레이니[4924]의 관측에 따르면 케냐와 소말리아에서 세제곱미터당 0.001~10마리 사이에서 변했다. 이 무리는 수 미터와 수 킬로미터 사이에서 수직으로 퍼졌다. 레이니의 탁월한 항공사진은 때로는 지면 위에 있는 두꺼운 안개처럼 보이는 무리를 보여 주고, 때로는 적은 형태의 베일과 같은 무리도 보여 주고 있다. 에드먼드[5213]의 저서는 좀 더 형식에 맞는 공중생물학(aerobiology) 개론으로 참고해야 할 것이다.

제53장 · · · 도시기후

도시화(urbanization)는 자연적인 지표면 피복이 개간되어 건조 환경(built environment)으로 대체되면서 자연경관이 변화되게 하였다. 이러한 지표 변화는 지표에너지수지 및 물수지에 큰 변화를 일으켜서 독특한 도시 미기후를 만들었다. 선진국 인구의 대다수는 도시에 살고 있으며, 도시-교외의 단지에 계속 집중하고 있다. 현재의 도시화율로 보아 개발도상국 인구의 대다수 또한 도시에 살게 될 것이다.

도시기후에 관한 선구적인 연구는 18세기 초에 처음 발간된 하워드[5337]의 런던 기후에 관한 조사였다. 1956년 도시기후에 관한 크라처[5347]의 저서가 이 연구의 뒤를 이었다. 순드보르[5380]는 1951년 스웨덴 웁살라의 기후에 관한 연구를 발간했다. 오스트리아의 빈과 린츠에 관한 포괄적인 연구는 그 후에 슈타인하우저 등[5379]과 라우셔 등[5349]에 의해 발간되었다. 랜즈버그[5348]의 저서는 도시기후에 관한 초기의 연구를 포괄적으로 개관한 것인 반면, 오크[5343, 5356, 5357, 5359, 5360, 5361, 5374]와 아른필드[5301]의 일련의 개관과 참고문헌 목록은 좀 더 최근의 연구를 요약한 것이다. 그리몬드[5335]는 계측기의 고안과 기술의 발달이 가능하게 해 준 일부 새로운 연구 문제들과 함께 도시기후의 관측과 측정에서의 최근 발달을 개관하였다.

도시기후와 관련된 미기후 변화의 주요 이유는 표면 에너지수지 및 물수지의 변화이다. 이러한 변화는 세 가지 기본 범주로 구분된다. 첫째, 도시 대기로의 폐열, 폐기체와 폐부유미립자의 직접 방출이 도시 경계층(boundary layer)의 성질을 변화시켜서 표면이 받는 태양 및 대기 복사를 변화시킨다. 둘째, 지표 피복의 변화가 지표의 열 및 복사 성질을 변화시킨다. 자연적인 지면 피복이 강수가 빠르게 손실되는 불투수성의 물질로 대규모로 대체되었기 때문에 느낌열과 숨은열 사이의 표면 순복사의 분할을 변화시킨다. 끝으로 건물의 존재에 의한 표면의 기하학적 특성(surface geometry)이 변하여 표면 복사교환에 영향을 주고, 표면 거칠기를 증가시킨다. 이들 세 가지 주요 인자에 의해 생성된 변화된 표면의 복사 체제와 자유·강제 대류 체제를 통해서 생기는 부차적인 영향은 도시의 일기와 기후의 모든 측면을 변화시킨다(H. Landsberg[5348]).

도시의 대기오염 정도는 도시의 날씨가 고기압 일기상태로 특징지어진 날에 특히 비행기와 같은 높은 고도로부터 강한 인상을 받게 된다. 짙은 회색, 때때로 채색된 먼지 돔(dust dome)이 종종 도시 위에 있다. 그림 53-1은 뢰브너[5351]가 독일 라이프치히에

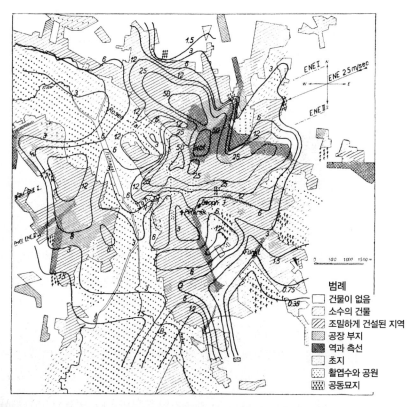

그림 53-1 독일 라이프치히에서 동북동풍이 불 때 부유미립자의 분포[(부유미립자의 수 × 100)/리터](A. Löbner[5351])

서 동북동풍이 불 때 대기권 최하층에서 행한 측정이다. 건조(建造)지역이 아닌 지역 위로 부는 공기는 비교적 깨끗하나, 부유미립자 함유량은 라이프치히로 들어가는 곳 바로 위에서 증가하였다. 이러한 증가는 커서 이 도시의 북동부에 있는 철도역 지역에서 갑자기 일어났다. 식생이 있는 로젠탈 지역(그림의 상부 왼쪽)은 빠르게 거의 다시 부유미립자들을 걸러냈다.

미국 그레이터 신시내티 지역에서 부유미립자의 공간 분포에 관한 바흐[5307]의 연구에서 먼지돔이 획일적인 특징은 아니나, 일련의 연합하는 미니돔(minidome)으로 기술될 수 있다는 것이 드러났다. 독특한 공간 패턴은 공업 지역, 도심, 교통의 간선(幹線) 부근에서 나타나는 국지적인 부유미립자량의 최대와 함께 나타났다. 국지적인 최소량은 거주 · 교외 · 공원 환경 부근과 도시 개발이 거의 되지 않은 구릉지에서 나타났다. 먼지돔의 수평 · 수직 범위는 연직혼합률, 바람에 의한 표면 통풍의 강도, 표면 부유미립자원(중공업, 도로, 굴뚝)의 크기 및 분포와 침강지역(식생피복)에 종속되었다.

그림 53-2는 바흐와 다니엘스[5309]가 뚜렷하게 다른 두 가지 일기상태 동안 그레이터 신시내티에서 50km의 자동차 횡단면을 가로질러 구한 수평 산란 단면(그리고 이 단

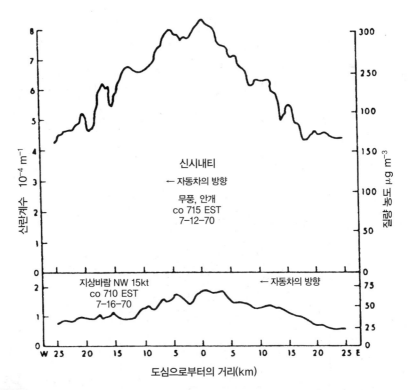

그림 53-2 미국 그레이터 신시내티에서 자동차 횡단면으로부터 구한 상이한 일기 조건하의 수평 산란 단면(W. Bach and A. Daniels[5309])

면으로부터 유도된 질량 농도 단면)이다. 1970년 7월 12일(위)에 고요하며, 안개 낀 상태와 높은 역전으로 특징지어진 고기압 일기는 높은 수준의 대기오염이 생기게 했다. 잘 발달한 먼지돔은 도시 교외의 먼지보다 대략 2배나 많은 도심에 부하된 먼지로 발달하였다. 같은 횡단면을 따라서 15노트의 북서풍이 부는 1970년 7월 16일에 저기압 일기 동안 먼지 부하는 그 이전 4일간의 먼지의 1/4에 불과했다. 이것은 주로 좀 더 많았던 통풍에 기인하였다. 바람은 먼지돔에서 공간적인 세부 부분을 감퇴시켜 부유미립자의 수준을 감소시켰으나, 도심과 교외 사이의 에어러솔 농도의 비율에 영향을 주지는 않았다. 두 횡단면에서 최저점들과 최고점들은 변화무쌍한 표면 피복의 영향으로 생겼다.

바흐와 다니엘스[5309]는 먼지돔의 연직 범위가 고기압 상태에서 가장 잘 발달했으나, 그때에도 지면 위 불과 1,000~1,500m였다는 것을 밝혔다. 에어러솔 성층의 복잡한 역학 패턴은 대기의 안정도 구조와 강하게 연결된 도시 대기에서 나타났다. 서로 번갈아 나타나는 오염된 층들과 깨끗한 층들은 성층을 이룬 역전(stratified inversion)과 감율 조건들(lapse conditions)에 기인하여 나타날 수 있었다.

부유미립자보다 좀 더 위험한 것은 화학적으로 활성인 고체와 기체 산물들이다. 이들의 혼합물은 존재하는 공업의 유형에 종속된다. 높은 일산화황(황산화물, SO_x) 농도는 식물과 사람의 건강에 유해할 수 있다. 그림 53-3은 바이스와 프렌첼[5386]로부터 오스트리아의 린츠와 그 주변에서 여름(왼쪽)과 겨울(오른쪽)에 이산화황의 평균분포를 제시한 것이다. 작은 원 안의 수치는 측정한 지점을 의미한다. 여름에 린츠에서 최대황산 농도는 도시의 남동쪽에 있는 공업지역에서 나타났다. 가정에서 석탄의 소비가 많은 겨울에는 도시의 중심에 2차 최대가 있었고, 농도가 전체적으로 여름보다 좀 더 높았다.

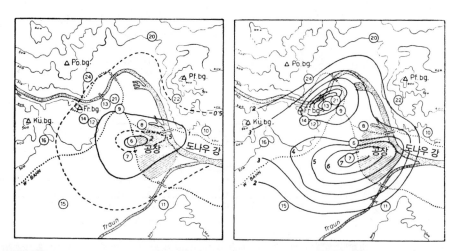

그림 53-3 오스트리아 린츠에서 여름(왼쪽)과 겨울(오른쪽)에 이산화황 분포(E. Weiss and J. W. Frenzel [5386])

애런[5302]은 대만의 타이베이에서 이산화황이 7월부터 11월까지 다른 달들보다 전형적으로 낮았다는 것을 밝혔다. 설명되지 않은 이유 때문에 농도는 다른 요일보다 목요일에 매우 높았다. 미국 로스앤젤레스에서 일산화탄소 농도는 주중에 높았고, 주말에 낮은 것으로 나타났다(R. H. Aron and I-M. Aron[5305]). 그러나 타이베이에서 일산화탄소는 월요일, 화요일, 금요일, 토요일에 높았고, 주 중 한가운데와 일요일에 낮았다(R. H. Aron[5303]). 이러한 오염농도 수준의 변화는 인간 활동의 패턴과 관련이 있었다. 이것의 다른 사례는 로스앤젤레스 분지에서 산화제(oxidant) 농도와 함께 일어났다. 그러나 이 경우에 그 관계는 명백하지 않았다. 높은 산화제 수준에 필요한 전구물질(precursor)[5]은 여러 날 동안 형성되었다. 따라서 어느 특정 날에 대한 산화제 농도의 가장 좋은 척도 중에 하나는 전날의 전구물질 수준이었다(R. H. Aron and I-M. Aron[902] and R. H. Aron[5304]). 로스앤젤레스에서 자동차와 다른 활동은 일요일에 적고, 좀 더 적은 산화제 전구물질이 생성되었다. 따라서 산화제 수준은 금요일과 토요일의 최고로부터 감소하여 월요일에 최저에 이른다. 그다음 농도는 주중에 다시 형성되기 시작하였다(R. H. Aron[5304]).

도시 대기는 에어러솔 농도가 상승하면 $1 \sim 10\mu$ 사이의 직경을 갖는 특히 많은 수의 대핵을 포함하고 있다. 이들 부유미립자는 응결핵으로 작용하고, 많은 부유미립자가 흡습성(hygroscopic)이 있기 때문에 100% 이하의 상대습도에서 응결하기 위해 물을 효과적으로 끌어당길 수 있다. 본스타인과 오크[5310]는 그 결과로 도시 지역에서 안개 빈도가 증가한 것을 보고하였다.

도시 지역에는 높은 수준의 부유미립자들과 오염물질이 있을 뿐만 아니라 높은 수준의 CO_2도 있다. 이드소 등[5339, 5340]은 미국 애리조나 주 피닉스의 연구에서 도시의 CO_2 돔을 발견하였다. 돔 내부에서 동트기 전의 CO_2 값은 이른 오후보다 상당히 높았다. 식물 호흡으로 생성된 CO_2와 함께 인위적으로 만든 CO_2는 야간에 지면 부근에 집적하였다. 주간에 태양광선으로 인한 대류혼합과 식생에 의한 광합성 CO_2 흡수는 낮은 한낮의 값을 설명해 준다. 도시-농촌의 CO_2 차이는 여름과 주말보다 겨울에 좀 더 컸다(S. B. Idso et al.[5341]). 데이 등[5319]은 CO_2 농도가 도시의 변두리보다 도심에서 좀 더 높다고 제안하였다. 이러한 차이는 풍속이 강한 경향이 있는 주간에 작았고, 특히 강한 기온역전과 관련된 느린 풍속과 함께 야간에 좀 더 현저하였다.

---

5) 전구물질(precursor)은 어떤 화합물을 합성하는 데 필요한 재료가 되는 물질이다(인용문헌 : 김문수, 문양호, 박소현, 박순권, 박정현 공역, 2006, 생물심리학. 시그마프레스: http://www.cogpsych.org/dict/dict.cgi?cmd=view_iterm&iterm=precursord에서 재인용).

과거 수십 년 동안 대기의 질은 경제적·기술적·인구학적 인자와 공공정책 인자의 조합으로 인하여 상당히 변하였다. 일반적으로 선진국들에서는 대기의 질을 개선하는 방향으로 그 경향이 나타난 반면, 개발도상국들에서는 대기의 질이 쇠퇴해 왔다. 데 코닝 등[5345]과 에글스톤 등[5331]은 전 지구 및 국가 규모에서 이러한 경향을 개관하였다. 선진국과 개발도상국의 도시들에 대한 공기의 질 경향에 관한 개별 사례 연구들은 데이비드슨[5318], 콜린스와 스코트[5317]에서 각각 찾아볼 수 있다.

인공열 또한 가정, 서비스, 공업, 수송 부분에서 도시의 대기로 방출된다. 그림 53-4는 1971년~1976년 동안 영국의 그레이터 런던 내에서 연평균 인공열 방출의 공간 분포를 제시한 것이다. 방출된 인공열은 도시 주변부의 $4.9 W m^{-2}$ 이하로부터 도심의 $50.3 W m^{-2}$ 이상에 이르렀다. 이러한 공간적 이질성에 덧붙여서 공간 난방을 위한 계절적 수요와 교통 수요의 일변화에 의해 대체로 생성된 일시적 변화가 있다. 예를 들어 그레이터 런던에서는 업무와 관련되어 러시아워인 8시와 17시에 인공열 방출이 하루에 두 번 최고치가 나타나는데, 이는 오전 5시의 일최저치보다 거의 2.5배 컸다. 대도시 환경에서 도시 표면으로부터의 인공열 생성은 차별적인 표면 인공열 생산에 의해 생긴 공간적인 변화에 추가로 하루의 변화, 종관 변화 및 계절적인 일시적 변화를 나타냈다. 칼

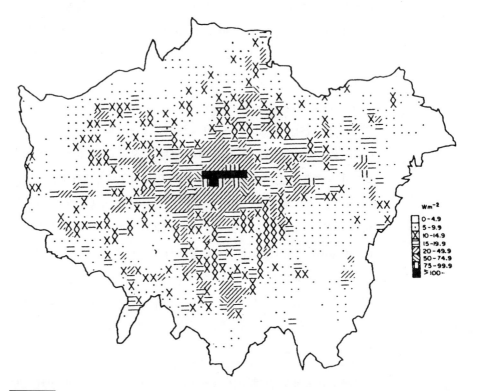

그림 53-4 1971년~1976년 영국의 그레이터 런던으로부터의 연평균 인공열 방출의 분포(R. Harrison et al. [5336])

마와 뉴콤[5344]은 홍콩과 시드니의 두 가지 매우 다른 기후 체제에 대해서 유사한 에
너지 사용 패턴을 기술하였다.

　대기로 방출되는 에어러솔에 의한 태양복사의 흡수와 도시에서 광화학적으로 생성된
오존에 의한 태양복사의 흡수 모두 전천복사, 특히 직달태양복사(S)의 대기 투과를 감
소시킨다. 피터슨과 플라우어스[5372]가 구름이 없는 47일 동안 미국 로스앤젤레스에
서 행한 측정으로 하나의 농촌 지점과 비교하여 5개 도시 지점에서 전천복사($0.3\sim$
$3.0\mu)(K\downarrow)$가 평균 11% 감소한 것으로 드러났다. 일평균감소값은 4~20% 사이였다.
피터슨과 플라우어스[5372]는 농촌 환경과 비교하여 세인트루이스에 8%, 로스앤젤레
스에 29%의 평균 자외선($0.3\sim0.385\mu$) 감소를 보고하였다. 에어러솔에 의한 태양복사
의 산란 역시 확산태양복사(D)를 증가시켰을 뿐만 아니라 확산비율($D/K\downarrow$)을 증가시켰
다. 에어러솔과 오존 모두 선택적으로 단파복사를 감소시키기 때문에 도시 지역에서 태
양복사의 스펙트럼 구성 역시 변했다.

　1989년~1992년 사이에 스페인 바르셀로나에서 구름이 없는 날들 동안 행한 전천복
사 스펙트럼 구성의 관측은 이러한 원리들을 설명한다. 네 가지 대기의 혼탁도
(turbidity) 계급이 조사되었다. 즉 D1 : 매우 맑은 공기, D2 : 상대적으로 맑은 공기,
D3 : 중간 정도로 혼탁한 공기, D4 : 극히 혼탁한 공기이다. 이 결과는 여름의 정오값에
상응하는 광학공기질량(optical air mass)(m)값($1.1\sim1.2$)에 대해서 표 53-1에 요약되
었다. 전천복사($K\downarrow$)는 극심하게 혼탁한 조건 동안 10% 감소하였다. 도시의 에어러솔

표 53-1 1989년~1992년 구름이 없는 맑은 날들 동안 스페인 바르셀로나에서 맑은 하늘 조건에 대한 백분율로 표현된 선별된 스펙트럼 밴드(nm)의 전천복사($K\downarrow$)와 확산복사(D). 광학공기질량(m) 범위는 $1.1 < m < 1.2$

혼탁도 계급	UVB 300~320	UVA 320~400	UV 300~400	VIS 400~700	NIR 700~1,100	계 300~1,100
$K\downarrow$						
D1	100	100	100	100	100	100
D2	96	94	92	96	94	95
D3	91	86	87	94	90	92
D4	86	73	74	91	91	90
D						
D1	100	100	100	100	100	100
D2	127	120	120	171	192	164
D3	127	138	137	224	242	209
D4	127	153	151	303	336	278

출처 : J. Lorente et al.[5352]

은 태양복사의 스펙트럼 구성에 영향을 주었다. 즉 가시 밴드(VIS) 또는 근적외선 밴드(NIR)와 비교하여 자외선 밴드(UV)에서 일어나는 $K{\downarrow}$가 좀 더 많이 감소하게 하였다. 대기의 에어러솔에 기인한 부유미립자 산란은 모든 스펙트럼 밴드에 걸쳐서, 특히 장파에서 확산복사를 크게 증가시켰다. 그들의 연구에서 측정된 것은 아니지만, 도시의 에어러솔이 증가함에 따라 전천복사가 감소하고, 확산복사가 증가하면 직달태양복사(S)는 뚜렷하게 감소했음에 틀림없다. 표 53-1에 제시된 맑은 하늘 조건(D1)하에서 확산자외선복사는 전천자외선복사의 거의 50%를 이루었다. 이 백분율은 증가하여 광학공기질량과 대기의 혼탁도가 증가함에 따라 100%에 가까워졌다. 따라서 확산복사는 높은 혼탁도의 조건하에서 햇볕에 타는 데 크게 기여하였다.

바흐[5308]는 태양복사에서 도시-농촌 차이의 정도를 정확하게 결정하는 것이 여러 인자에 의해서 복잡해진다는 것을 제시하였다. 먼지돔은 종종 주변의 농촌 위로 퍼져서 탁월풍에 의해서 먼지줄기흐름(dust plume)으로 퍼질 수 있다. 도시 대기에서 태양 투과는 광학공기질량, 탄화수소와 아산화질소(일산화이질소, nitrous oxides)의 표면 생산, 부유미립자의 표면 방출, 표면 가열의 정도, 풍속과 풍향, 구름량, 지면 위 연직고도, 대기의 안정도에 따라 변하는 역학적 특징이다.

도시 알베도는 또한 공간적으로 다양하고, 인간에 의해 영향을 받기 쉽다. 도시 알베도는 표면 피복과 도시의 구조를 이루는 건축물들의 기하학적인 배열과 함께 도시를 이루는 자재들(urban materials)에 종속된다. 도시를 이루는 자재들의 알베도와 도시 표면 복합체의 유효 알베도 사이에 구분이 있다. 도시 복합체를 이루는 자재들은 일반적으로 자연 표면과 비교하여 낮은 알베도를 갖는다.

아이다[5300]가 수행한 야외 실험에서는 콘크리트 블록재의 한 평탄한 면(flat bed)의 알베도가 측정되었고, 이 값들을 일련의 도시 협곡(urban canyon)들을 시뮬레이션하는 데 사용한 블록 협곡(block canyon) 형태로 규칙적으로 배열된 같은 자재의 알베도와 비교하였다. 콘크리트 블록들의 불규칙한 배열은 콘크리트 벽들 사이에서 다양한 태양복사의 산란이 일어나게 해서 흡수를 증가시켰다. 블록 협곡 체계의 유효 알베도는 평판 형태로 배열된 같은 자재에 대해서보다 연평균 10% 낮았고, 겨울에는 20% 낮았다.

도시 표면 피복의 복잡한 모자이크 성질, 매우 불규칙한 도시의 기하학(urban geometry), 공간적인 표본 추출의 고려, 도시 에어러솔 층으로 일어나게 되는 측정오차 때문에 정확한 도시-농촌 알베도 차이를 측정하기가 매우 어렵다. 타카무라[5382]는 겨울에 맑은 날들 동안 일본 도쿄 상공에서 5km 헬리콥터 비행경로를 따라서 태양 반사율(solar reflectance)의 측정값을 구하고, 이 값을 츠쿠바 부근 농촌 지역 상공에서 얻은 유사한 값들과 비교하였다. 도쿄의 주요한 토지이용 유형 중에서 큰 차이가 있지만, 태양 반사율의 일반적인 감소는 도시화된 지역 위에서 나타났다.

일반적으로 도시 지역에서 대략 10% 감소된 전천복사와 유효알베도[6]는 서로 상쇄되어 그 결과로 도시-농촌 간에서 흡수된 태양복사의 매우 작은 차이만이 났다(T. R. Oke[5363]).

도시 상공에서 야간의 역복사($L{\downarrow}$)는 주간값에 대한 다소 큰 차이와 함께 농촌 지역에 대해서보다 일반적으로 5~10% 많다. 오크와 퍼글[5366]은 1969년~1970년에 여러 계절 동안 맑은 야간에 캐나다 몬트리올 섬에서 자동차 횡단루트를 따라서 기온과 역복사를 측정하였다. 그들은 도시 상공에서 나타난 증가된 야간의 역복사가 평균 6~12%였고, 극심한 경우에 25%나 되었다는 것이 도시의 높은 기온으로 모두 설명될 수 있다는 것을 밝혔는데, 그 이유는 표면에서 받는 역복사의 대부분이 대기의 최하층 100m에서 방출되기 때문이다. 에어러솔 층에 의한 태양 흡수가 중요한 주간에 먼지돔의 존재 역시 역복사를 높이는 데 도움이 될 수 있었다.

비에 젖은 후에 바로 증발되는 도시의 일반적인 방수재료와 물질이 있어서 농촌 지역보다 훨씬 높은 도시 표면온도가 나타나게 된다. 이 매개변수를 적절하게 측정하는 것은 항공 및 위성 열 영상(thermal imagery)이 출현할 때까지 공간적 표본추출의 문제 때문에 불가능하였다. 최근의 연구들에서는 도시 표면의 장파 방출($L{\uparrow}$)이 야간에 5~12% 많았으며, 주간에 20% 더 많았던 것으로 나타났다. 로트 등[5373]은 캐나다의 밴쿠버, 미국의 시애틀과 로스앤젤레스에서 정오의 열 영상을 분석하여 토지이용 피복과 표면온도 패턴 사이의 밀접한 관계를 관측하였다. 도시-농촌 표면의 평균 주간 온도차는 5.5~7.5°C였으나, 유사한 추운 계절값은 1.0~2.7°C였다. 갈로 등[5328]은 최저표면온도와 식생피복의 정도 사이에서 도시 지역에 반비례 관계가 있음을 제시했다. 도시-농촌 표면온도차는 한낮에 가장 컸고, 도시-농촌 기온차는 야간에 최대였다.

흥미 있게도 4개의 복사 항($K{\downarrow}$, $K{\uparrow}$, $L{\downarrow}$, $L{\uparrow}$) 중 각각은 도시-농촌의 큰 차이를 나타내지만, 그 영향은 대부분 다른 하나를 상쇄하여 도시-농촌 순복사(Q^*) 차는 무시해도 괜찮다(T. R. Oke[5363]).

순복사를 받는 양이 도시 환경과 농촌 환경 사이에서 거의 변하지 않더라도 이 에너지를 증발(Q_E), 대류(Q_H), 전도(Q_G)로 분할하면 현저한 도시-농촌 차이가 나타난다.

---

6) 제6판 p. 454에는 "The approximate 10 percent decrease in global solar radiation and effective albedo …" 라고 표현되어 있으나, 제7판 p. 465에는 "The approximate 10 percent decrease in global solar radiation and decreased albedo …" 라고 잘못 표현되어 있어 제6판에 따라 번역하였다.

일반적으로 증발은 감소된 식생피복과 좀 더 건조한 표면 때문에 도시 지역에서 적으며, 대류는 건조한 표면과 증가된 공기역학 거칠기 때문에 많고, 전도는 증가된 건물 질량과 건축 자재의 높은 열전도율 때문에 많다. 이러한 사실은 평균값에만 적용되는 보편성이다. 도시 환경의 복잡성 때문에 엄청나게 다양한 도시 표면 에너지수지를 구할 수 있다. 첫째, 도시 경관은 여러 가지 토지이용의 복잡한 모자이크로 이들 각각은 열전도율, 열용량, 알베도, 방출율, 잎면적지수, 기공 저항, 표면 거칠기길이, 영면변위를 포함하는 표면 물리적 성질의 큰 이질성으로 특징지어진다. 둘째, 도시 순복사를 분할하는 것은 극히 동적인데 이는 종관 일기변화 때문뿐만 아니라, 도시 및 교외 경관의 인위적인 관계 때문이다. 끝으로 도시 표면 에너지수지는 건조한 표면으로부터 비에 젖은 또는 식생이 있는 표면으로 계속되는 열과 수분의 국지적 이류로 특징지어진다. 오크[5356, 5357]에 의한 도시 에너지수지의 두 가지 개관은 이들 영향의 좀 더 상세한 논의를 위해서 참고되어야 할 것이다.

이들 사례 연구로 도시 에너지수지의 큰 차이가 설명된다. 누네와 오크[5355]는 캐나다 밴쿠버에서 두 개의 마주 선 벽과 하나의 협곡 바닥으로 이루어진 도시 협곡으로부터 에너지수지 측정을 조사하였다. 1973년 9월 9일~11일에 평균 총계는 순복사(Q^*)의 60%가 대류로 손실되며, 30%가 협곡 내의 열저장으로 손실되고, 불과 10%만이 증발로 손실되어 평균 보우엔비가 6.0이 되었다. 클르그와 오크[5316]는 1983년 9월 18일부터 9월 22일까지 밴쿠버에서 교외(농촌) 지점들로부터 동시 에너지수지 측정을 하여 평균 Q_H, Q_G, Q_E의 총계가 복사의 44(30), 22(4), 34(66)%인 것을 밝혔다. 교외의 평균 보우엔비는 농촌의 평균 0.46과 비교하여 1.28이었다. 그렇지만 이들 평균값은 하루하루 변화가 크게 나타나지 않았다. 클르그와 오크[5316]는 예를 들어 이 기간 농촌 지점에 대한 일평균 보우엔비가 0.35~0.55 사이였던 반면, 상응하는 교외의 값은 0.65부터 1.80까지 변했다. 크리스텐과 보그트[5315]는 6월 동안 스위스의 바젤에서 도시 및 농촌 관측망의 복사와 표면 에너지수지를 조사하였다. 도시의 주간 표면온도는 도시의 낮은 알베도와 감소된 총식생피복 때문에 좀 더 높았다. 도시의 K^*는 농촌 지역들보다 평균 51W m^{-2} 많았던 반면에 농촌의 평균 Q_E는 도시의 Q_E보다 168W m^{-2} 많았다. 이렇게 추가된 열 획득은 도시 표면의 증가된 질량과 변화된 열 특성, 그리고 증가된 대류에 의해서 보상되었다. 도시 질량의 열 저장은 농촌 열 저장의 2~3배인 반면에 도시의 Q_H는 농촌의 총계보다 거의 4배나 컸다.

도시 에너지수지의 계절 변화에 관한 정보는 그리몬드[5334]의 여름과 겨울의 밴쿠버에 대한 교외 에너지수지의 연구에서 찾을 수 있는 반면, 스미드 등[5375]은 밴쿠버에서 교외 에너지수지의 공간 변화에 대한 논의를 하였다. 오페를 등[5371]은 폴란드의 중유럽 도시 £ódÿ에서 도심 장소의 장기간 표면 에너지수지 관측을 하였다.

가장 철저하게 증명된 도시기후의 분야는 도시열섬(urban heat island)으로 알려진 기온 이상(temperature anomaly)이다. 연중 도시는 주변 농촌보다 1~2°C 온난하다. 약한 바람이 부는 고기압계하에서 야간에 이러한 차이는 상당히 커질 수 있다. 일반적으로 도시열섬은 겨울의 야간과 느린 풍속 및 맑은 하늘의 기간에 가장 뚜렷하였다. 관찰력이 예리한 도시 거주자는 봄에 이르게 싹이 트는 날짜 또는 가을에 낙엽이 늦게 지는 날짜와 같은 식물의 행태로부터, 그리고 도시 내에서 빠르게 눈이 녹는 비율로부터, 또는 도시에서 눈보다 비의 형태로 강수가 내릴 가능성이 큰 것으로부터 이러한 기온차를 관측할 수 있다.

그림 53-5는 페플러(A. Peppler, A. Kratzer[5347]에서 인용)가 독일의 칼스루헤를 연구한 것으로부터 도시열섬의 가장 중요한 특징들을 제시한 것이다. 지도 A는 1929년 7월 23일 한여름의 저녁에 루트를 따라서 자동차로 이동하면서 측정한(독 : Temperaturmeßfahrt, 영 : automobile traverse) 기온으로 등온선을 그린 것이다. 그래프 B와 C는 정오(b)와 늦은 저녁(a) 동안 서-동 단면과 북-남 단면을 각각 제시한 것이다. 7월 23일에 기온은 도시의 교외보다 도심에서 7°C까지 높았다. 도시열섬의 크기는 시간에 따라 변하고, 비교되는 도시 및 농촌 냉각률과 밀접한 관련이 있다. 오크와 맥스웰[5368]은 캐나다의 몬트리올, 퀘벡, 밴쿠버에서 도시열섬의 강도와 도시 및 농촌 냉각률 사이의 관계를 연구하여 농촌 지역이 일몰 후에 일반적으로 빠르게 냉각되었던 반면, 도시의 입지들은 덜 그리고 좀 더 점진적인 비율로 냉각되었다는 것을 밝혔다. 그 결

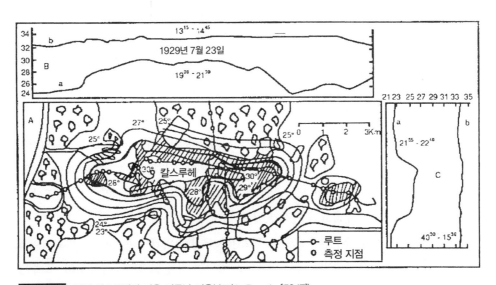

그림 53-5 독일 칼스루헤의 더운 여름날 기온분포(A. Peppler[5347])

과로서 도시열섬의 최고 강도는 보통 (모든 계절에) 일몰 후 3~5시간에 도달하였다. 이에 대한 증거는 그림 53-5의 13시 15분~14시 45분과 19시~21시 30분으로부터 독일 칼스루헤에 대해서 구한 기온단면을 비교하여 볼 수 있다.

도시열섬은 챈들러[5312]가 영국 런던에 대해서 제시한 것처럼 하루, 계절, 연 타임스케일에서 큰 변화를 한다. K³ysik과 포르투니악[5346]은 3년(1992~1994) 동안 그리니치 평균시(GMT) 0시, 6시, 12시, 18시에 폴란드 중부의 £ódÿ에서 한 쌍의 도심과 교외 관측소(ΔT_{U-R}) 사이에 도시열섬의 일시적인 변화를 연구하였다. 겨울에 ΔT_{U-R}은 대도심의 인공열 생산 때문에 모든 시간에 항시 양이었다. 인공열 생산은 평균 K^*보다 많은 평균 70~90W m^{-2} 사이였다. 여름에 ΔT_{U-R}은 종종 한낮 동안 사라졌다. ΔT_{U-R}은 그리니치 표준시 12시에 작았고, 양이거나 음일 수 있었다. 도시열섬은 그리니치 표준시 18시 부근에서 빠르게 발달하였고, 보통 1~2°C에 달했다. 도시열섬은 그리니치 표준시 0시에 가장 잘 발달하여 여름에 평균 3~4°C, 겨울에 평균 1~2°C에 달했다. 그들은 ΔT_{U-R}과 풍속 사이에 강한 반비례 관계가 있는 것을 밝혔다. 구름량은 단지 온흐림 조건 동안에만 ΔT_{U-R}에 큰 영향을 미쳤다.

도시열섬을 유발시키는 원인은 도시 환경의 에너지 및 물수지가 적절하게 이해되기 오래전에 추측되었다. 오크[5362]는 현재의 원인 메커니즘을 이해시키기 위한 개관을 하였다. 이들 메커니즘은 작은 하늘조망인자 때문에 도시 협곡들 내에서부터의 감소된 장파복사 냉각, 도시 협곡들에서 다수의 반사로 인한 낮은 알베도 때문에 증가된 태양복사의 흡수, 좀 더 많은 주간의 열저장, 도시 자재들의 열 성질과 도시의 물리적 형태(urban fabric)의 증가된 질량으로 인한 차후의 야간의 열 방출, 식생피복의 제거와 일반적인 표면 방수재료로 인한 증가된 보우엔비, 도시 협곡으로의 직간접적인 인위적 열의 방출, 큰 표면 거칠기로 일어나는 불량한 통풍으로 인한 감소된 대기의 혼합을 포함한다.

오크 등[5367]은 각 인자가 야간의 도시열섬에 미치는 중요성을 정량화하기 위한 시도에서 고요하며 구름이 없는 야간에 도시 협곡의 모델링 연구를 하였다. 그들의 결과에 의하면 장파 냉각을 감소시키는 도시기하학(하늘조망인자)의 영향, 증가된 주간 열저장의 영향과 계속해서 일어나는 야간 방출의 영향은 주요한, 그리고 거의 동등한 원인이 되는 인자들이었다. 겨울에 인위적으로 만든 열의 방출 역시 선별된 고위도 도시들에서 중요한 인자가 될 수 있다.

엠마누엘과 요한손[5323]은 도시 지역과 농촌 지역을 비교하여 도시의 수증기압이 야간에 높았으나 주간에는 낮았다는 것을 밝혔다(그림 53-6). 그들은 이것을 주간에 도시 지역의 낮은 증발산에 그 원인이 있는 것으로 여기고, 농촌의 수증기압이 감소된 증

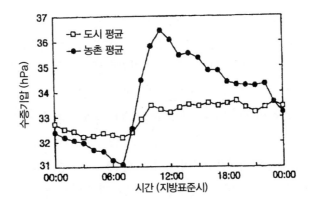

그림 53-6 '맑은' 날과 '부분적으로 구름이 낀' 날에 평균수증기압(R. Emmanuel and E. Johansson [5323])

발로 인하여 오후에 감소하였다고 제안하였다.

도시 표면의 큰 거칠기로 일어나는 마찰의 증가로 마찰혼합이 증가한다. 이것은 도시 열섬으로부터 나타나는 대류혼합의 증가와 함께 또한 도시의 풍속, 풍향, 그리고 대기의 안정도 패턴을 변화시킨다. 리[5350]는 1961년~1970년 동안 영국 런던 주변의 시간별 풍속을 분석하여 도시의 평균풍속이 야간에 20% 감소하였고, 주간에 30% 감소하였다는 것을 밝혔다. 강한 경도풍과 함께 도시의 바람은 큰 마찰항력(frictional drag) 때문에 감속되었고, 약한 경도풍과 함께 도시의 바람은 증가된 대류혼합 및 마찰혼합 때문에 증가된 연직 혼합의 결과로서 종종 가속되었다. 도시의 바람 가속은 경도풍이 약하며, 도시열섬이 강하게 발달하고, 도시-농촌 대기의 안정도 차가 가장 컸던 고기압 일기 조건하에서 야간에 가장 자주 일어났다. 리[5350]는 도시 가속/감속을 분리하는 임계 풍속이 주간보다 야간에 빠르고(주간에 $1.1{\sim}2.1\text{m sec}^{-1}$과 비교할 때 야간에 $2.0{\sim}2.5\text{m sec}^{-1}$), 계절에 따라 변한다는 것을 밝혔다. 펄머터 등[5369]은 상대 풍향 및 도로의 축을 고려한 도시 지역에서의 풍속 감소를 분석하였다. 그들은 도로가 풍향과 거의 평행할 때 바람은 자유공기흐름(free air flow)의 약 66%였다는 것을 밝혔다. 그러나 도로가 풍향에 수직일 때 풍속은 자유흐름의 약 33%까지 좀 더 크게 감소하였다.

풍향은 또한 코리올리 효과에서 변화가 일어나 도시 상공에서 변화될 수 있는데, 그 이유는 바람의 감속이 저기압성 회전을 일으키고, 바람의 가속이 고기압성 회전을 일으키기 때문이다. 바흐[5306]는 무풍과 맑은 하늘을 갖고, 강한 도시열섬이 있는 고기압 일기상태하에서 어떻게 도시 순환 체제가 일어날 수 있는가를 기술하였다. 도시열섬은 도시 상공에서 열적 상승기류(thermal updraft)를 시작할 수 있고, 이것은 그다음에 농촌 상공에서 하강한다. 열적으로 일어난 작은 기압경도는 농촌바람(country breeze)을 형성하게 한다. 43장에서 기술된 다른 국지 규모의 낮은 폐쇄 순환계(closed cir-culation)와 달리, 도시 순환은 (야간에)⁷⁾ 풍향 전환을 하지 않는다.

증가된 도시의 대류혼합 및 마찰혼합도 많은 도시 지역에서 관측되어 온 강수이상 (precipitation anomaly)의 원인이 된다. 미국 세인트루이스의 Metropolitan Meteorological Experiment(METROMEX)의 연구 결과는 도시 강수 변화의 특징과 이의 물리적 원인을 설명하는 데 도움이 되었다. 창논 등[5313, 5314]은 겨울, 봄, 여름 과 가을에 최대강수량이 각각 0, 4, 25, 17% 증가한 것을 밝혔다. 이들 효과는 예를 들 어 도시열섬처럼 도시 상공에 집중하지 않았으나, 도시의 절반 정도가 인근 시골의 풍 하 쪽으로 이동하였다. 도시 강수이상은 여름에 가장 컸고, 최대표면가열과 최대대기불 안정도가 나타나는 오후 동안 가장 현저했다. 이들 효과는 맹렬한 뇌우, 스콜선(squall line), 한랭전선, 기단 뇌우(air mass thunderstorm)와 같은 대류 과정에서 가장 명백 하였고, 층운형이 나타나는 경우(stratiform event)에 가장 적거나 뚜렷하지 않았다. 큰 강수, 우박, 강한 돌풍과 같은 맹렬한 뇌우와 관련된 활동의 증가 역시 주목되었다.

가장 확률이 높은 증가된 도시 강수의 원인은 강화된 대류 활동과 좀 더 깊은 혼합층, 그리고 도시 상공에 수렴과 상승(uplift)을 야기하는 도시 건축물의 기계적 효과를 일 으키는 주간의 좀 더 강한 표면 가열이다. 구름 응결과 얼음 핵의 수와 크기 분포의 변화 뿐만 아니라 좀 더 큰 마찰항력으로 인한 도시 상공의 감소된 전선 통과율 역시 이에 기 여하는 인자들일 수 있다.

스나이더[5378]는 미국 디트로이트의 강수 연구에서 주변 농촌 환경과 비교하여 디 트로이트에서 강수량이 증가한 반면, 강수일수는 적었다는 것을 지적했다. 그는 강수가 적은 날들에는 좀 더 높은 도시 기온과 낮은 상대습도가 강수가 지면에 도달하기 전에 이를 증발시킨다는 것을 제시하였다.

일반적으로 도시 내와 그 주변에서 지형(제7부)은 앞에서 기술한 영향이 효력이 있는 범위를 결정하는 결정적인 인자일 것이다. 바람에 노출되어 있는 고원 위에 위치한 도 시에서보다 바람이 약한 계곡과 같이 막혀 있는 입지에 있는 도시에서 그 중심과 교외 사이의 기후가 크게 다른 것이 당연하다. 산지 사면 또는 해안의 입지 역시 특정한 도시 기후의 양상에 유리하다. 도시기후와 지형기후(topoclimate) 사이의 상호 작용은 골드 라이히[5333]에서 좀 더 상세하게 논의되었다.

도시열섬의 영향들 중의 하나는 식물의 생육기간이 길어지고 그 범위가 극쪽으로 확

---

7) 제6판 p. 457에는 "a nighttime reversal of direction"이라고 표현되었으나, 제7판 p. 469에는 "a reversal of direction"으로 표현되어 있다.

장되는 것이다. 엔트리허와 란퍼[5325]는 그들의 식생 연구에서 일부 나무들의 생존율이 독일의 베를린 도심에 가까워질수록 높아지는 것을 밝혔다(표 53-2). 그들은 집의 측면이 또한 식물이 노출된 기온에 영향을 줄 수 있다는 것을 제시하였다(그림 53-7). 토드헌터[5383]는 도시열섬이 8개의 기온 관련 지수에 미치는 영향을 정량화하기 위해서 Twin Cities Metropolitan Area(미국)에 대한 기온 관측망을 수집하였다. 대도시 지역에 중심을 둔 96.6km 직경의 원 내에 26개의 관측소 중에서 지역적인 변화가 표 53-3에 제시되어 있다. 도시열섬 크기의 공간 변화는 물리적인 풍화율, 에너지 수요, 자연

표 53-2 독일 베를린 내 또는 부근에서 2002-03년의 첫겨울 이후에 살아남은 나무 묘목의 백분율

구 분	도심	오버쇠네바이데 (Oberschöneweide) 교외 산업 지역	블로신(Blossin) 주변 시골
Ailanthus altissima 가죽나무	0.0	0.0	0.0
Acer negundo 네군도단풍	30.3	23.3	5.5
Acer platanoides 노르웨이단풍	50.0	20.0	0.0

출처 : W. Endlicher and H. Lanfer[5325]

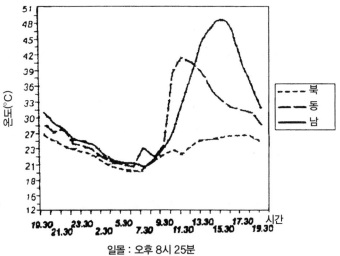

일몰 : 오후 8시 25분
일출 : 오전 5시 59분

그림 53-7 8월의 7일 동안 서로 다르게 노출된 집 벽의 최저표면온도(W. Endlicher and H. Lanfer[5325])

표 **53-3** Twin Cities Metropolitan Area(미국) 내에서 8개 환경지수의 최고값, 최저값, 범위의 요약

매개변수	최고	최저	범위	% 차이
연평균기온 (0°C)	6.62	4.06	2.56	na
생육 도-일 > 0°C	3,651	2,923	728	25
생육 도-일 > 10°C	1,616	1,018	598	59
난방 도-일 < 18.3°C	5,341	4,654	687	15
냉난방 도-일 >18.3°C	516	173	343	198
동결 도-일 < 0°C	1,404	1,126	278	25
서리 변화 일수	238	154	84	55
무결빙 계절의 길이	151	135	16	12

출처 : P. E. Todhunter[5383]

식생과 원예 식물의 반응에서 중요한 도시 내 변화를 일으키기에 충분할 만큼 컸다. 장 등[5387]은 미국의 북동부에서 도시열섬이 식물의 생물계절학(phenology)에 미치는 영향을 조사하기 위해서 MODIS 위성으로부터 원격탐사 영상을 이용하였다. 그들은 도시 지역에서 주변의 농촌 지역에 상대적으로 봄에 7일까지 이르게 녹화가 시작(greenup onset)되며, 가을에 8일까지 늦게 휴지가 시작(dormancy onset)되고, 생육 기간의 길이가 15일까지 늘었다는 것을 밝혔다.

지보니[5332]는 다음과 같이 주장했다. "도시의 물리적 구조의 많은 특징은 도시기후에 영향을 줄 수 있다. … 실외와 실내 둘 다 주민들의 편안함을 향상시키기 위해서, 그리고 여름에 냉방뿐만 아니라 겨울에 난방을 위한 건물의 에너지 수요를 줄이기 위해서 적절한 디자인을 통해서 도시기후를 변화시킬 수 있다." 예를 들어 자연 통풍은 여름의 냉방 수요와 열 스트레스를 조절하는 데 매우 중요하다. 한 도시가 입지하는 데 풍상사면은 풍하보다 바람직하다. 그는 도로 설계에 관해서 다음과 같이 주장했다.

"도로와 인도 내에서 가장 좋은 통풍은 도로가 오후 시간(도시 기온이 최고기온에 달할 때)에 탁월풍 향에 평행할 때 이루어진다. 그러나 도로가 풍향에 평행하고, 건물들이 도로를 따라 매우 가까이 밀집해 있고, 이 건물들이 도로에 면할 때 건물들의 통풍 가능성이 떨어진다. 그 이유는 이 방위와 함께 건물의 모든 벽들이 '흡입(suction)' 지대에 있기 때문이다. 적어도 벽들(과 창문들) 중 하나가 '압력(pressure)' 지대에 있을 때에만 효과적인 실내의 가로질러 나타나는 통풍(indoor cross ventilation)이 건물에서 일어날 수 있다."

풍향에 수직인 도로는 바람을 차단하여 도시 통풍을 저지할 수 있다. 따라서 지보니

[5332]는 다음과 같이 주장했다.

> "고온 습윤한 지역(또는 한 해의 시기)에서 도시 통풍(urban ventilation) 측면에서 좋은 도로의 윤곽은 넓은 주 도로가 탁월풍에 사각(예를 들어 30~60° 사이)지대로 향할 때이다. 이 방향은 도심으로 바람이 침투할 수 있게 한다. 이러한 도로를 따라 있는 건물들은 건물의 전면과 후면 외관에서 서로 다른 기압에 노출되어 있다. 풍상 쪽 벽은 한 압력 지대에 있고, 풍하 쪽 벽은 한 흡입 지대에 있어서 자연 통풍의 가능성을 제공한다."

1층이 도로의 모서리로부터 뒤로 물러나 있는 곳에서 위에 쑥 내밀고 있는 지붕과 이 지붕을 받치는 열주(列柱)가 있는 건물, 돌출된 윗층이 있는 건물, 또는 차일 또는 처마가 있는 덮어 가린 보도가 있는 건물은 보행자를 햇빛으로부터 보호할 수 있다. 흰색 칠을 한 벽은 여름의 실내 열 부하를 줄이나(반면에 검은색 칠을 한 벽은 겨울의 난방 요구를 줄이나), 외부의 번쩍거림을 증가시킬 것이다. 도시 식생 역시 도시 기온 및 환경 조건들에 영향을 준다. 지난 한 세기 이상 동안 자택 소유자들은 인기 있는 원예서적을 통해서 여름에는 그늘을 만들며, 겨울에는 햇빛이 들어가고, 겨울 바람을 막도록 전략적으로 나무와 관목(특히 낙엽수)을 배치하는 이점을 깨달았다.

직달태양복사의 최대강도는 여름에 동쪽과 서쪽에 면한 벽에서 나타났고, 겨울에는 남쪽에 면한 벽에서 나타났다(그림 40-1과 37-2). 따라서 지보니[5329]는 건물의 정면과 특히 창문들이 북쪽 또는 남쪽에 면해야 한다고 제안하였다. 이 방위는 여름에 돌출부(overhang)[8]로 그늘지게 할 수 있고, 겨울에 낮은 태양 각(sun angle)은 돌출부 아래로 침투하여 난방에 도움이 될 수 있다. 더운 기후에서 작은 창문은 햇빛이 들어와 실내를 가열하는 것을 최소화하기 위해서 바람직하다. 그렇지만 단열재로 만든 덧문이 있는 큰 창문은 유리하다. 덧문은 가열을 최소화하기 위해서 주간에 닫을 수 있고, 야간에 냉방율을 높이기 위해서 열어 놓을 수 있다. 그는 더 나아가서 지붕과 벽의 색깔은 엄청난 차이를 일으킬 수 있으며, 여름에 검은색 지붕은 흰색 지붕보다 40℃나 더 더울 수 있다고 제안하였다. 높은 열질량(heat mass)을 갖는 건물의 벽과 지붕은 실내 최고온도를 낮출 것이나 야간온도를 높일 것이다. 드 카모나[5311]는 따뜻한 기후에서 지붕 꼭대기는 불규칙하고 경사가 져서 주간에 일부는 그늘에 있거나 적어도 비스듬한 각도로 직달태양복사를 받아야 한다고 제안하였다. 내부의 안뜰은 건물의 표면적을 증대시켜서 난방과 냉방 수요를 증가시켰다.

---

8) 지지 벽체보다 앞으로 튀어나온 지붕의 일부분을 의미한다.

알리-투더트와 메이어[5201]는 외부 열쾌적(thermal comfort)이 단파복사 및 장파복사의 플럭스에 크게 종속되었고, 북동-남서 또는 북서-남동으로 달리는 거리들은 여름의 그늘과 겨울의 햇빛의 접근 둘 다에 보다 나은 쾌적 조건을 가져다주었다고 주장했다. 도시 지역에서 나무들은 그늘을 만들며, 공기에 수분을 공급하고, 표면의 야간 복사 손실을 줄이며, 부유미립자와 다른 오염물질들을 여과하고, 비와 눈을 차단하며, 소음을 줄이고(39장), 증발산을 통해서 공기를 차게 하며, 상대습도를 높인다. 오크[5365]는 도시의 삼림에 관한 그의 논문에서 도시 공원에 의해서 생성되는 열 패턴이 고요하고 맑은 야간에 보통 가장 뚜렷하다는 것을 지적하였다. 그림 53-8의 측정은 이러한 조건하에서 이루어졌고, 도시 공원의 기온이 도시 지역과 농촌 지역의 기온 사이에 있다는 것을 보여 준다. 도시, 농촌, 도시 공원의 기온 차이는 3개 지역이 다소 유사한 비율로 냉각되는 일몰 직후에 시작되었다(T. R. Oke[5364]). 전형적으로 도시 공원의 야간 기온은 주변 지역들보다 1~2°C 이상 낮지 않았다. 그림 53-9는 멕시코의 멕시코시티(a)와 캐나다 퀘벡 주 몬트리올(b)의 공원이 야간 기온에 미치는 영향이 공원 자체를 넘어서 상당한 거리까지 확대될 수 있는 것을 제시하고 있다. 오크[5364]는 이것이 공중에서 돌아오는 도시로부터의 따듯한 공기와 함께 공원으로부터[공원바람(prak breeze)] 서늘한 공기 유출을 일으킨다는 가설을 세웠다. 이것은 엘리아손과 읍마니스[5322]에 의해서 스웨덴의 2개 공원에서 고요하며(풍속 < 0.5m sec⁻¹) 맑은 야간에 관측되었다.

읍마니스 등[5384]은 공원-도시(park-urban) 기온차의 크기와 공원을 둘러싸는 건

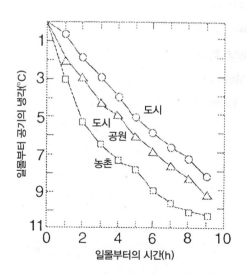

그림 53-8 캐나다 브리티시컬럼비아 주 밴쿠버에서 도시(도심), 도시 공원과 농촌 환경의 야간 냉각. 값들은 1971년 8월의 3일간에 거의 바람이 없고 구름이 없는 야간에 자동차 횡단면에서 유도하였다. 각 환경에 대한 자료는 그들의 각각의 일몰 기온에 대해서 표준화되었다. 공원은 1.1°C였고, 농촌 지역은 5°C 이상이었으며, 일출 시에 도심보다 기온이 낮았다(T. R. Oke[5364]).

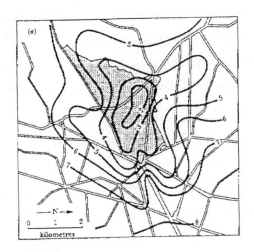

그림 53-9 도시 공원의 부근에서 지표 부근 기온(°C)의 분포. (a) 1970년 12월 3일 5시 28분~6시 48분에 고요하고 구름이 없는 조건하에서 멕시코 멕시코시티 차풀테펙 공원(500hPa)(E. Jauregui [5342]). (b) 1970년 5월 28일 20시 15분~21시 15분에 구름이 없는 하늘과 2m sec⁻¹의 남서풍이 부는 캐나다 몬트리올 파라폰텡 공원(38hPa)(T. R. Oke[5364])(공원 지역은 음영이 들어간 곳)

조(建造)지역으로의 서늘한 공원 야간 기후의 확장이 공원의 크기에 종속된다는 것을 밝혔다. 공원의 냉각 효과는 공원의 가장자리로부터 공원의 약 한 폭에 이르는 거리에서 최대에 이르렀으나, 이러한 야간의 냉각 영향은 공원으로부터 거리가 멀어질수록 감소하였다. 공원의 냉각 효과가 주변 지역으로 미치는 거리는 지형과 공원을 둘러싸고 있는 건조지역의 패턴을 포함하는 다수의 인자의 영향을 받을 수 있다. 이들 인자는 건조지역으로 공원의 공기가 들어가는 것을 방해할 수 있다.

증발산의 중요성은 미국 샌프란시스코 골든게이트 공원이 주변 도시보다 8°C 서늘하다는 것을 뚜렷하게 보여 주는 그림 53-10에서 나타난다. 옵마니스와 첸[5376]은 야간에 공원-도시의 기온차에 관한 그들의 연구에서 최고기온차가 전형적으로 일몰 후 2~3

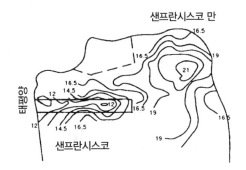

그림 53-10 미국 샌프란시스코에서 1952년 3월 26일 23시의 기온(F. S. Duckworth and J. S. Sandberg [5320])

시간에 일어났다는 것을 밝혔다. 이러한 차에 영향을 주는 유일한 지리적 인자는 공원 경계로부터의 거리였다. 이러한 차에 영향을 주었던 기상학적 인자들은 풍속과 구름량이었다. 풍향은 아무런 영향도 미치지 않았다.

식물은 도시의 공기에도 영향을 줄 수 있다. 첫째, 식생은 부유미립자, 오존, 아황산가스, 이산화질소, 일산화탄소와 중금속의 중요한 흡수원이다(J. A. Schmid[5376]). 부유미립자에 관해서 구과식물(毬果植物, conifers)은 광엽낙엽활엽수(broadleaf deciduous tree)보다 일반적으로 좀 더 효과적인 필터이다. 주요 공원에서처럼 넓은 식생이 있는 공간은 공기오염을 여과하는 것 이외에 낮은 표면 유출(surface runoff) 지역이 된다. 이들 지역은 또한 희석(dilution)을 통해서 주변의 공기오염을 줄인다(J. A. Schmid[5376]). 게오르기와 차피리아디스[5330]는 공원의 나무들이 미기후를 개선하는 데 미치는 영향을 조사하였다. 그들은 주간에 나무들 아래에서 기온의 하강, 상대습도의 증가, 태양복사의 감소를 밝혔다.

그림 53-11은 따뜻하고 바람이 없는 여름날에 오스트리아 빈의 세 도로에서 기온을 비교한 것이다. 페더러[5327]는 다음과 같이 제안하였다. "좁은 도로들에 대해서 방향도 중요한 역할을 한다. 북-남 거리들은 강한 정오의 태양복사로부터 그늘이 지지 않는다. 북-남 도로들에서는 좁은 동-서 거리들보다 기온이 높을 것이다." 우리는 "… 공원, 그린벨트, 지붕 위의 정원과 고립된 나무들이 기온에 미치는 영향을 정량적으로 예상할 수 있기 위해서 좀 더 많은 연구를 필요로 한다"는 펜더[5327]의 결론에 동의한다. 후앙 등[5338]과 맥퍼슨 등[5353]의 연구들은 이들 문제에 관한 최근의 좋은 연구 사례이다.

에렐과 윌리엄슨[5326]은 여름철 주간의 도시냉섬(daytime summer urban cool island)을 관찰하였다. 강한 냉섬은 높은 기온을 갖는 날들에 관측되었다. 서늘한 날들에는 도시냉섬이 약하거나 존재하지 않았다. 그들은 도시냉섬이 부분적으로 에너지 교

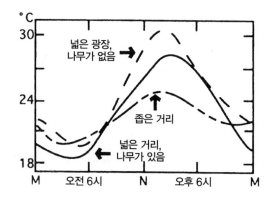

그림 53-11 오스트리아 빈에서 1931년 8월 4일~5일에 기온의 일변화(A. Kratzer[5347])

환에 참여하는 증가된 표면 지역, 그늘짐, 그리고 열질량(thermal mass)의 증가에 기인하는 것으로 생각하였다. 게다가 도시 환경에서 입사 태양에너지의 많은 부분은 표면위의 건물 벽들에 의해 흡수되었다. 따뜻한 벽은 공기를 가열하였다. 이 공기는 상승하여 표면온도에 제한된 영향만을 주었다. 열질량의 증가는 일교차를 완화시켰을 뿐만 아니라, 냉섬 효과의 최대강도가 지체되게도 하였다. 건조한 지역에서는 잔디와 관목의 유지와 관련된 증가된 증발냉각도 주간의 도시냉섬을 강화시킬 수 있다. 펄머터 등[5370]은 냉섬은 도로 협곡(street canyon)의 방위에 의한 영향도 받는다고 제안하였다. 거리 방위가 좀 더 북-남이 되어 동-서 방위를 무시할 수 있게 될 때 냉섬이 이스라엘의 네게브 사막에서 증가하였다.

사슈아바 등[5377]은 그들의 도시 협곡 모델링에서 건물들의 높이와 간격이 도시 기온에 영향을 미칠 수 있다는 것을 밝혔다. 주간에 넓은 간격으로 떨어져 있는 낮은 건물의 정오 기온은 기상관측소보다 높았던 반면, 좁은 간격으로 떨어져 있는 높은 건물들의 기온은 낮았다(그림 53-12). 넓은 간격으로 떨어져 있는 낮은 건물의 주간 기온 과잉은 아마도 혼합의 감소에 기인했던 반면, 좁은 간격으로 떨어져 있는 높은 건물들의 기온은 표면에 햇빛이 적어 낮았다. 두 도시 모델들은 야간에 따뜻했다(그림 53-12). 그들은 이 연구가 고온습윤한 기후에서 여름에 수행되었기 때문에 그들 결과의 영역을 좀 더 완전하게 이해하기 위해서 이 연구가 기온이 낮은 다른 계절과 기후로 확대되어야 한다고 제안하였다.

알리-투더트와 메이어[5201]는 좁은 폭의 도로들을 갖는 높은 건물들이 있고, 공기

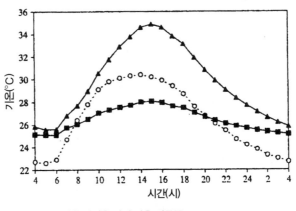

▲: 넓은 간격을 가진 낮은 건물들
■: 좁은 간격을 가진 높은 건물들
○: 기상관측소

그림 53-12 건물의 높이와 간격의 영향을 설명하는 하루의 기온(L. Shashua-Bar[5377])

성층이 도로상에서 그 수치보다 수°C 낮은 기온을 갖는 도시 협곡에서 주간에 공기성층이 발생할 수 있다고 제안하였다. 엠마누엘 등[5324]은 폭(w) 대비 높이(h)가 증가하는 비율(h/w)로 일최고기온이 낮아지는 것을 밝혔다. 그렇지만 그들은 또한 h/w 비율이 증가하는 것이 거리 수준의 바람 흐름에 부정적인 영향을 미치는 것을 밝혔다. 로버트 애런(Robert Aron)은 건물 꼭대기 아래의 갈색의 오염된 공기와 그 위의 맑은 공기가 있는 이러한 기온역전을 관측하였다. 도시 환경의 기후를 좀 더 잘 이해하는 것을 돕기 위해서 다음의 논문들을 추천하겠다(H. Swaid[5381], F. Ali-Tudert and H. Mayer [5201], T. R. Oke[5364, 5365], B. Givoni[5331, 5332]).

제54장 ··· 인공 방풍

방풍림(shelterbelt, 열로 심어 놓은 나무 또는 식물)과 방풍 설비(windbreak, 무생물의 벽 또는 구조물)는 풍속을 줄이는 데 큰 효과가 있을 수 있다. 이러한 바람으로부터의 보호는 또한 미기후에 큰 영향을 미칠 수 있다. 식물에 물리적 스트레스와 피해를 주는 주요 직접적인 바람 인자는 식물에 작용하는 비대칭적인 기압이다(C. J. Stigter [5484]). 흔들림, 동요, 굽음, 쓰러짐이 식물 전체에 피해를 주는 반면, 식물 부분에 대한 피해는 익지 않은 과일, 잎과 꽃의 떨어짐, 손상, 흠 손상, 벗겨짐에 의한 것이다. 부차적으로 바람과 직접 관련된 손상은 식물을 비벼 대어 벗기며, 인접한 잎들을 마찰하고, 병원균과 곤충을 운반하며, 증발과 토양수분 감소를 일으키는 바람에 의해 운반된 토양입자와 토양 침식의 결과이다.

지면이 평탄하다고 가정하고 바람장의 변화를 논의하도록 하겠다. 일반적으로 탁월풍의 방향에 수직으로 설치된 좁고 긴 땅으로 방풍이 된다. 이를 위해서 이용된 길이, 폭, 키와 자재는 상당히 다양하다. 관목, 울타리, 수풀의 열이 있는 나무와 없는 나무, 돌벽, 해바라기 또는 다른 키가 큰 식물들, 윗가지 격자세공, 짚 매트, 갈대로 짜서 만든 담, 작은 그물눈이 있는 철망, 판자로 만든 벽 또는 담이 방풍에 이용된다. 그림 54-1(W. Nägeli[5453])에는 3개의 풍속 집단에 대한 20m 높이의 혼합된 입목으로 이루어진 75m 폭의 방풍림 내에서 바람에 미치는 평균 제동 효과를 제시하였다. 어느 느슨한 방풍림의 2중의 효과를 인식할 수 있다. 줄기, 가지, 잎 또는 침엽은 마찰로 풍속을 감소시켰던 반면, 동시에 공기 흐름에 열려 있는 통로가 감소되거나 좁아질 때에는 풍속이 증가하였다. 그러므로 특히 강한 바람과 함께 제동 효과는 늦어지고, 바람의 증가가 입구 지대에서 측정되었던 경우들조차 있었다. 단 하나의 나무들의 열은 종종 일종의 '깔때

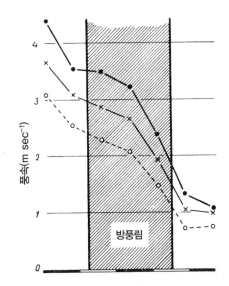

그림 54-1 20m 높이의 나무들로 이루어진 방풍림에서 바람이 느려지는 현상(W. Nägeli[5453])

기 효과(funnel effect)'를 일으켰다. 사토 등[5471]이 아소산에서 한 조사에서 최대풍속은 방풍림의 16개 열의 나무들의 안쪽에서 기록되었다. 바람을 늦추는 최대방풍은 방풍림 뒤 50m에서 나타났다.

하나의 방풍림이 풍속을 감소시킬 수 있는 범위는 풍향과 방풍림의 높이, 폭과 특징에 종속된다. 모든 경우에 보호 효과는 방풍림으로부터의 거리의 함수이다. 그것은 풍상보다 풍하에서 사실상 좀 더 크다. 모든 조사에 의하면 풍하 효과는 방풍림의 높이 h 와 풍속 u에 비례하는 것으로 나타났다. 방풍림의 전면(−) 또는 후면(+)에서 거리 x는 h의 무차원 단위로 표현된다. 즉 사용된 양은 $\pm x/h$(방풍림의 높이의 배수)이다. 풍속은 노지(露地)의 풍속의 백분율로 표시된다. 그림 54-2는 방풍림에 직각으로 부는 바람에 대한 여러 유형의 방풍림의 방풍 효과를 설명한 것이다. 이것은 내겔리[5453]가 스위스에서 1.4m 높이의 12개의 다른 방풍림에서 노지에서 행한 측정에 기초하였다.

장애물이 조밀할수록 바람은 장애물 바로 뒤에서 좀 더 크게 감소하였으나, 풍하 효과는 좀 더 빠르게 감소하였다(그림 54-2). 따라서 매우 조밀한 방풍림(왕과 테이클 [5497]에 의해서 10% 또는 그 이하의 공극률이 있는 것으로 확인되었음)은 방풍림 바로 뒤에서 최대로 풍속을 감소시켰다. 다른 한편으로 중간 정도 조밀한 방풍림은 바로 뒤에서 덜 효과적이지만, 풍하에서 좀 더 효과적이었다(그림 54-2). 젠센[5430]에 의하면 가장 유리한 실용적인 결과는 35∼40%까지의 투과율로 얻었다. 블렌크와 트리에네스[5401]는 투과율이 40∼50%까지였던 것을 밝혔다. 왕과 테이클[5497]은 바람 터널 (wind tunnel)을 이용하여 낮은 공극률을 갖는 방풍설비는 중간 정도의 공극률을 갖는

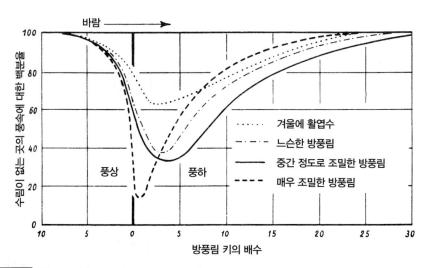

그림 54-2 침투성의 함수로서 방풍림의 효과(W. Nägeli[5453])

방풍설비보다 조금만 덜 효과적이라는 결론을 내렸다. 그렇지만 로젠버그 등[5469]은 다음과 같이 제안하였다. "… 바람을 가장 잘 감소시키고, 최대의 풍하 영향을 위해서 방풍설비는 풍속이 가장 느린 지면 부근에서 좀 더 투과성이 있어야 한다. 이상적으로 장애물의 밀도는 풍속 단면에 따라 높이가 높아질수록 대수(對數)로 증가해야 한다." 이는 조밀한 삼림의 방풍 효과가 침투할 수 있는 나무들의 좁은 띠까지 확장되지 못한다는 것을 의미한다(W. Nägeli[5455]). 그렇지만 헤일슬러와 데월[5426]은 조금 투과성이 있는 장애물과 매우 투과성이 있는 장애물 사이에서보다 견고한 장애물과 조금 투과성이 있는 장애물 사이에서 발생되는 난류에 큰 차이가 있다는 것을 제안하였다. 열린 부분(openings)의 형태는 풍속을 감소시키는 데 아무런 영향도 주지 못하는 것으로 밝혀졌다. 젠센[5430]에 따르면 잎이 없는 방풍림은 잎이 있는 여름에 방풍림이 갖는 효과의 60%를 가졌다. 바람을 감소시키는 것을 평가하는 데는 방풍림의 실제 공극률이 중요했을 뿐만 아니라 투과율도 중요했다. 동일한 공극률이 있을 때 좀 더 큰 열린 부분이 기류에 좀 더 적은 저항을 하였다(G. Heisler and D. DeWalle[5426], C. Frank and B. Ruck[5421]). 게다가 방풍림의 투과율은 풍속이 빨라질수록 증가하였다(W. M. O. [5499], J. A. Smalko[5482], J. van Eimern[5418]에서 인용하였음).

　판 아이머른[5415]은 두 열의 단풍나무에서 여름과 겨울에 상세한 비교 측정을 하였다. 그는 또한 직각으로부터 ±45°의 풍향 변화가 방풍 효과에 아무런 중요한 변화도 일으키지 않았다는 것을 밝혔다. 조밀한 방풍림 뒤의 바람 구조 및 난류 특성은 투과성이 있는 장애물에 대한 바람 구조 및 난류 특성과 다르다. 조밀한 방풍림에서는 견고한 장애물 위에서 바람이 장애물의 풍하에서 뒤쪽 아래로 끌어당겨져서(그림 54-3) 일반 바

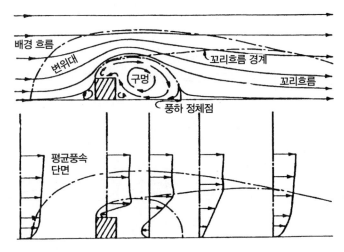

그림 54-3 건물 또는 침투할 수 없는 장애물 부근에서의 바람 흐름(J. Halitsky[5425])

람의 흐름에 역으로 흐른다. 슈바르츠 등[5474]은 20% 이하의 방풍림 투과율이 역으로 흐르게 하였고, 20% 이하의 감소하는 장애물 투과율이 풍속에 아무런 추가적인 영향도 주지 않는다는 것을 지적하였다. 공기를 침투하게 하는 투과성이 있는 장애물은 좀 더 큰 맴돌이를 쇠약하게 하여 바람이 풍하맴돌이를 형성하는 뒤쪽 아래로 끌어당기는 것을 막는다.

클류 등[5411]을 포함하는 많은 저자들은 방풍림 주변의 지역을 3개 지대로 구분하였다. 첫째, '새나오는 흐름/경쟁 지대(Bleed Flow/Competition Zone)'는 2개 높이 풍상 주위(around two heights upwind)로부터 2개 높이 풍하까지 달한다. 이 지대에서 바람은 느려지고 방풍림에 침투한다. 빛, 물, 영양분에 대한 경쟁이 수확량을 감소시킨다. 다음 지대는 전형적으로 '고요 지대(Quiet Zone)'라고 부르며, 약 2개로부터 8개 높이까지의 풍하에 달한다. 이 지대에서 바람은 가장 고요하며, 기온은 좀 더 높고, 상대습도가 좀 더 높으며, 작물 수확량과 생물량 생산이 전형적으로 좀 더 많다. 셋째 지대는 '소생 지대(Wake Zone)'라고 부르며, 8개 높이 너머의 풍하로 연장된다. 이 지대에서 방풍림의 효과는 일반적으로 거리가 멀어질수록 감소한다.

지금까지 언급된 모든 결과는 지표로 인한 대부분의 영향이 없게 충분히 높으나, 키가 작게 성장하는 작물이 노출된 조건을 측정하기에는 충분히 낮은 곳(지면 위 1~1.5m)에 설치된 계기로 행한 바람 측정에 기초했다. 그림 54-4는 내겔리[5454]가 스위스 취리히 부근 푸르트탈에서 2.2m 높이의 갈대 스크린(reed screen)의 양측에서 지면 위 8.8m까지 9개의 높이에서 행한 측정의 사례이다.

위의 그림에서 등풍속선(isotach)은 45~55%까지의 투과율을 갖는 갈대 스크린에

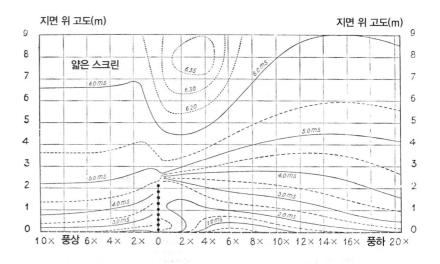

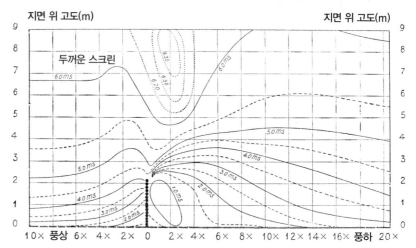

그림 54-4 상이한 밀도를 갖는 2개의 갈대 스크린 주변의 바람장(W. Nägeli[5453])

대한 것이고, 아래 그림은 15~20%까지의 투과율을 갖는 갈대 스크린에 대한 것이다. 압축 가속(compressional acceleration)으로 생긴, 스크린 위의 풍속이 상승하는 지대는 9m 이상까지 추적될 수 있었고, 고도가 높아질 때 풍하 쪽으로 느리게 위치가 바뀌었다. 맥너턴[5448]과 왕과 테이클[5497]도 방풍림 위에서 풍속이 빨라지는 것을 제시했다.

아래의 그림은 좀 더 조밀한 갈대 스크린 근처에서의 좀 더 강한 방풍 효과를 나타낸다. 등풍속선은 장애물 위에서 좀 더 가파르게 상승하였으며, 좀 더 빈틈없이 꽉 찼고, 풍하 맴돌이에 1m sec^{-1}의 폐쇄된 등풍속선이 있다. 그렇지만 기본 규칙과 일치하여 등풍속선은 지면 쪽으로 다시 아래로 좀 더 빠르게 휘어 조밀한 스크린이 얼마간 떨어져서 좀 더 작은 효과를 가졌던 것을 보여 준다.

대기 안정도(atmosphere stability)는 방풍림이 풍속을 변화시킬 수 있는 거리에 영향을 준다. 스말코[5482](J. van Eimern[5418]에서 인용하였음)는 조밀한 방풍림에서 원래 풍속의 90%가 초단열(superadiabatic) 조건하에서 $14\sim15h$, 등온(isothermal) 조건에서 $22h$, 기온역전에서 $44h$에까지 이르렀다고 보고했다.

대표적인 평균을 구하기 위해서 계속되어야 하는 시간 관측의 길이(length of time observation)는 이중의 열의 나무들을 가지고 반 아이머른[5415]이 행한 실험의 주제였다. 그림 54-5에 제시된 결과는 3m 높이에서 행한 측정에 대한 것이다. 이들 결과는

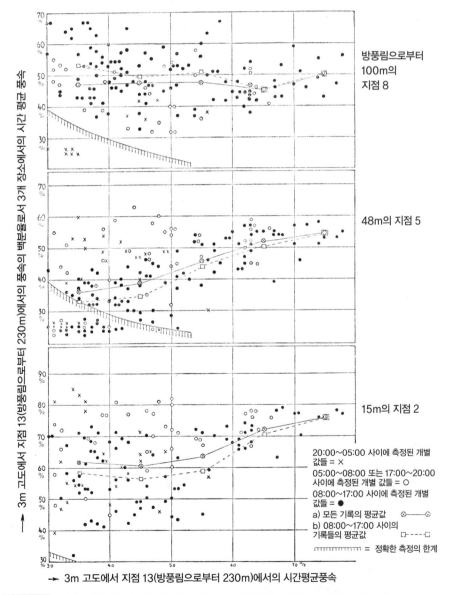

그림 54-5 잎이 무성한 2중의 나무 열 뒤의 3개 지점에서의 바람 측정(J. van Eimern[5415])

방풍림의 방위에 수직인 바람과 15, 48, 100m의 거리에서 여름 조건을 요약한 것이다. x축은 노지에서의 풍속이고, y축은 전자의 백분율로 표현된 방풍림에서의 풍속이다. 각 점은 시간 평균이고, 사용된 기호는 하루 중의 시간을 가리킨다. 왼쪽의 수직선으로 표시된 선 아래에 제시된 점들은 측정 정확도의 한계 아래에 있다.

실제 관측에 의하면 방풍림이 바람을 막는 정도에서 큰 변화가 나타났다(그림 54-5). 시간 평균의 산포(散布)는 약한 바람이 불 때 좀 더 컸다. 겨울에 행한 유사한 측정은 1/2의 산포량만을 나타냈다. 이 경우에 결과 분석에 의하면 주어진 한 풍향에 대해서 적어도 20시간의 기록이 평가를 하기 위해서 충분한 자료를 수집하는 데 요구되는 것으로 나타났다. 주간 값만을 만나는 파선은 15m의 거리에서 상대적으로 낮은 속도를 나타냈고, 모든 기록의 평균보다 100m에서 상대적으로 높은 속도를 나타냈다. 그러므로 나무들의 열은 주간에 좀 더 조밀하고, 야간에 덜 조밀한 것처럼 작용하는 것으로 나타났다. 이에 대한 이유는 주간 동안 좀 더 불안정한 공기의 구조 때문이었다. 스쿨테투스[5475, 5476]는 이러한 온도성층의 효과를 확인하고, 방풍 효과 역시 공기 질량의 유형에 종속됨을 제시하였다.

좀 더 넓은 면적의 토지는 종종 연속된 다수의 방풍림으로 보호된다. 내겔리의 측정[5457]에 기초한 그림 54-6은 추가적인 나무들의 지대가 보호하는 영향을 제시한 것이다. 카이저[5433]는 이것을 방풍림의 '배후 결합(back coupling)'이라고 불렀다. 같은 두 방풍림 사이에서 최적의 거리를 조절하는 — 방풍림의 특징, 풍향의 빈도 분포, 국지적 특징, 지역의 지형 등과 같은 — 많은 인자들이 있다. 내겔리[5456]는 그 뒤에 서로 다른 간격을 갖는 방풍림과의 배후 결합의 효과를 검토하여 좁은 간격에서 바람이 작았

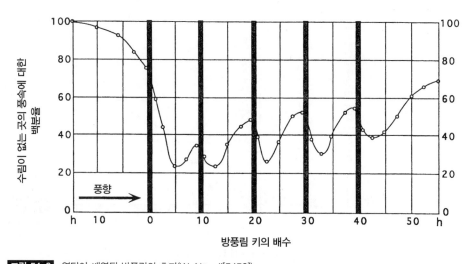

그림 54-6 연달아 배열된 방풍림의 효과(W. Nägeli[5456])

다는 결론을 내렸다. 그러나 각각의 연속적인 방풍림의 최대감소는 다소 적었다(그림 54-6). 풍향이 방풍림에 수직이 아닐 때 풍속의 감소는 작았다. 헬머스와 브랜들[5427]은 방풍림의 최적간격이 그 높이의 13배나 되었다는 것을 밝혔다.

경험적으로 마찰이 작은 바다로부터 오는 바람장은 해안의 점이 지대를 지난 후에 육지 위에서 큰 마찰에 순응하게 된다. 이와 유사한 종류의 변화는 보호되지 않은 지역으로부터 보호되는 지역으로의 변화가 있는 곳에서 일어난다. 다른 방풍림 뒤에 설치된 방풍림은 토지의 공기역학 거칠기(aerodynamic roughness)를 증가시켜서 앞에서 기술된 개별 실험들에서 기대될 수 있는 것보다 실제로 좀 더 유리한 효과를 가졌던 경험으로 나타났다.

좀 더 유리한 배열은 서로에 대해서 직각인 방풍림의 망을 배열하는 것이다. 여기서 방풍림의 방위는 지면이 평탄하지 않을 때에만 근본적으로 중요하다. 이 경우에 방풍림 사이의 거리는 크게 늘어날 수 있다. 방풍 효과는 좀 더 균일하여 방풍림의 망의 중심 부근에서 일반적으로 가장 작다. 모퉁이들은 출입하는 데 필요한 통로를 만드는 데 특히 알맞은 위치가 된다. 보호하는 장애물에 대해서 편리하게 바람이 통로로 들어가게 하는 '바람을 조종하는 선(wind steering line)'으로서 키가 큰 나무들의 열을 이용할 수 있다는 희망은 바람장의 난류 특성을 무시한 것이다.

토드헌터(P. Todhunter)는 배후 결합과 방풍림의 직각 방위 둘 다가 미국 노스다코타 주 레드 리버 계곡에서 풍식(風蝕)을 최소화하기 위해서 채택된 것을 관측하였다. 과거에 빙하 호상이었던 레드 리버 계곡에서는 집약적인 영농을 하여 1930년대의 더스트볼 시기(Dust Bowl Era)[9] 동안 심각한 풍식을 입었다. 그 시기 이후에 토양 손실을 줄이기 위해서 광범위하게 방풍림을 심었다. 이 지역의 초기 정착자들은 다코타 준주로 이주시키기 위한 유인책으로서 0.25mile^2(quartersection 또는 160에이커)의 토지를 받았다. 이 지역의 현대 농장들은 현재 160에이커보다 훨씬 더 크지만 0.25mile^{2}은 기본 경지 단위로 남아 있다. 경지의 북서쪽 모퉁이를 따라서 90° 각도로 심은 방풍림으로 농부들은 사각의 바람으로부터 그들의 경지를 보호할 수 있다. 한때 거의 나무가 없던

9) 미국 그레이트플레인스의 일부분으로 남서부 하이플레인스로도 알려진 지역으로 대략 콜로라도 남동부, 캔자스 남서부, 텍사스와 오클라호마 주의 좁고 긴 돌출 지역들, 그리고 뉴멕시코의 북동부로 이루어져 있다. 더스트볼이라는 말은 1930년대 초 이 지역을 강타했던 기후 상황에서 비롯되었다. 가축을 방목하고 토지관리가 대체로 허술했던 시기의 뒤를 이어 연평균 강우량이 500mm에도 못 미치는 심한 가뭄이 수년간 계속되자, 이 초원의 토착식물이며 뿌리에 수분을 간직하여 흙을 고정시켜 주는 풀인 쇼트그래스가 죽었고, 결국 겉으로 드러난 표토는 강한 봄바람에 모두 날려 갔다. '검은 눈보라'는 태양을 가렸고 바람에 날린 흙이 쌓였다. 대공황 때 수천 세대가 이 지역을 떠나야만 했다. 풍화작용은 연방정부의 지원으로 점차 줄어들었다. 방풍림을 심고 초원의 많은 부분이 복구되었다. 1940년대 초에 이르러서는 원래의 모습을 거의 되찾았다(출처 : 브리태니커 백과사전 CD DELUXE).

이 초원에서 방풍림의 밀도(P. E. Todhunter and L. J. Cihacek[5489])는 현재 북아메리카에서 가장 높고, 풍식은 크게 줄었다.

바람 터널 방풍림 모의실험(H. Wang and E. S. Takle[5493, 5495, 5496])으로 풍속을 감소시키는 방풍림의 효과는 방풍림의 폭, 내부 구조 또는 외부 형태의 변화에 따라 거의 변하지 않았다는 것이 드러났다. 그들의 결과에 의하면 폭이 100배 증가했을 때 풍속이 불과 15~18% 감소했다. 내부 구조와 형태가 다른 것은 풍속에 좀 더 적은 영향을 주었다. 그렇지만 폭은 최저풍속의 위치, 압력 섭동(pressure perturbation), 방풍림의 투과율에 크게 영향을 주었다. 최저풍속의 위치는 폭이 증가할 때 방풍림 가까이 이동하였다(H. Wang and E. S. Takle[5493, 5495]). 왕과 테이클[5494]과 노드[5457]는 또한 바람이 방풍림에 사각(90°가 아닌)으로 불 때 방풍림이 풍속 감소에 미치는 효과를 연구하였다. 그들은 다음과 같은 것을 밝혔다.

1. 사각 흐름에 대한 바람 감소는 90°에 대한 바람 감소와 유사하였다. 그러나 사각 흐름과 함께 바람의 통로화(channeling)는 특히 중앙 풍하(middle lee)의 조밀한 방풍림에 대해서 방풍 효과를 감소시켰다. 이러한 상태에서 바람은 방해받지 않은 풍속값을 초과할 수 있을지도 모른다.
2. 최저풍속의 위치(최대감속)는 사각이 커짐에 따라(90°로부터 크게 편향될수록) 방풍림 쪽으로 가까이 이동하였다.
3. 사각 흐름에서 보호되는 거리는 사각이 커질수록 감소하였다.
4. 보호되는 거리의 감소율은 방풍림의 밀도가 증가할수록 그리고 방풍림의 높이가 낮아질수록 증가하였다.

멀헌과 브래들리[5451]는 풍속 감소가 중간 밀도의 방풍림에 대한 사각 흐름에 의해서 크게 영향을 받지 않는 반면, 조밀한 밀도에 대해서 감소된다는 것을 밝혔다.

바람장 변화의 간접적인 효과는 주목할 만하다. 간접적인 효과는 토양 침식, 미기후, 그리고 작물 수확량의 변화를 포함한다. 한계가 풍속의 최고값에 위치하기 때문에 토양 침식의 위험은 젠센[5430]과 반 아이머른[5415]이 통계적으로 증명한 바와 같이 급격하게 감소된다. 체필 등[5410]은 미국 캔자스 주 가든 시티에서의 야외 연구를 기초로 토양입자의 바람 침식율(erodibility)이 30피트에서 풍속의 세제곱으로 정비례로 변했고, 대략 유효 토양수분의 제곱으로 반비례로 변했다는 것을 입증했다. 두 매개변수는 방풍림의 간격과 밀도에 의해 직접 영향을 받았다. 체필[5409]은 또한 보호되지 않는 최대거리는 탁월풍향을 따라서 농지를 건너서 경지에서 토양의 침식율을 결정했다는 것을 제시하였다.

바람에너지가 풍속의 세제곱까지 증가하기 때문에 방풍림은 풍식을 줄이는 데 도움이 될 것이다. 세계의 여러 지역에서 풍식이 방풍림을 설치하는 주요 원인이고, 나무를 제거하는 것은 사막 확장의 원인이 되고 있다(J. Kort[5437]). 스키드모어와 헤이건[5480]은 탁월풍향이 남서풍인 미국 몬태나 주 그레이트펄스(Great Falls)에서 바람 장애물이 바람의 침식력에 미치는 효과를 평가하였다(그림 54-7). 그들의 연구는 탁월풍에 대한 장애물 방위의 중요성을 보여 주고 있다. 방풍림은 모래를 뿜어 꺼칠꺼칠하게 하는 것(sandblasting, 이것은 식물 조직을 비벼 대어 벗기는 토양입자의 작용이다), 바람이 농작물을 쓰러뜨림(lodging, 이것은 바람 또는 비로 경지의 작물들이 쓰러지는 것이다)을 포함하여 작물에 대한 바람 피해를 줄인다(J. Kort[5437]). 티크노[5488]는 토양 침식을 제한하는 여러 가지의 방풍림 디자인을 추천하였다.

하나의 바람막이를 채택한 부수적인 결과는 풍속이 바람직하지 않게 증가한 것이었다. 이러한 현상은 항시 장애물의 끝 주변에서 일어났다. 그림 54-8은 그림 54-6에서 제시된 방풍림에 대한 사례이다. 방풍림의 가장자리에 있는 경지에서는 20% 이상의 좀 더 강한 바람이 불었다. 같은 내용이 갈라진 틈(깔때기 효과, funnel effect)에도 적용된다. 따라서 바람 피해는 이들 갈라진 틈 부근이나 갈라진 틈을 통해서 좀 더 클 수 있다.

방풍림을 설치할 때에는 그 지역에 대해 철저한 선행연구를 해야 한다. 자연 그대로의 풍속과 풍향의 분포가 분석되어야 하고, 미기후적 특징을 조사해야 한다. 크로이츠[5439]는 이러한 종류의 계획의 두 가지 사례를 제시하였고, 다른 사례는 반 아이머른의 조사[5416]에서 제시되었다. 일르너[5429]와 스뢰터[5473]는 방풍이 감염의 위험

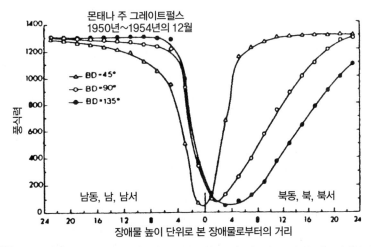

그림 54-7 장애물 방향(BD)이 각각 45°, 90°(동−서)와 135°일 때 40%의 투과율이 있는 장애물로부터 직각을 이루는 표시된 거리에서의 풍식력. 바람 자료는 미국 몬태나 주 그레이트펄스에 대한 것임(E. L. Skidmore and L. J. Hagen[5480])

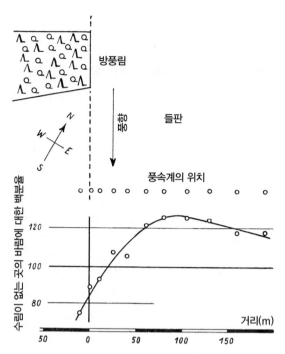

그림 54-8 방풍림의 부수 효과(W. Nägeli[5453])

을 일으킬 수 있는 잡초 씨와 포자의 흩어짐에 미치는 영향을 조사하였다.

다음에서는 방풍림이 미기후에 미치는 영향을 논의할 것이다. 바람장에 대해서 수립된 첫 번째 단순화된 규칙은 짧은 거리 떨어져 있는 키가 작은 방풍림이 상응하게 먼 거리 떨어져 있는 키가 큰 방풍림과 같은 효과를 낸다는 것이었다. 이러한 사실이 미기후의 다른 요소들에 대해서 반드시 유효하지는 않다.

복사수지는 방풍림에서 그림자에 의해 변화된다. 이에 관해서는 41장과 반 데어 린데와 보우덴베르크[3722], 디름히른[5412], 사토[5472]에서 좀 더 많이 알 수 있다. 디름히른[5412]은 오스트리아의 빈에 대해서 방풍림으로부터 0과 10h 거리 사이에서 네 계절 동안 다수의 방위에 대해서 지면이 받는 관측된 일조시간을 고려하여 전천복사량($K\downarrow$)을 계산하였다. 그 차이는 봄과 가을보다 여름에 작았는데, 그 이유는 여름에 태양고도가 높기 때문이다. 예를 들어 방해받지 않는 전천복사량의 백분율로 표현된 봄 하루의 총전천복사량이 표 54-1에 제시되었다.

단파복사의 감소는 방풍림으로의 근접성에 제한되었다. 그늘지게 하는 효과(shading effect)는 동-서 방풍림에서보다 북-남 방풍림에서 훨씬 작았다. 동-서 방풍림의 북쪽을 향한 지역은 특히 겨울에 긴 시간 동안 그늘에 있을 수 있다. 야간에 장파방출복사는 감소된 하늘조망인자(5장과 37장) 때문에 방풍림 부근에서 감소하였다. 하늘조망인자

표 54-1 오스트리아의 빈에서 봄에 방풍림 부근의 1일 전천복사량($K\downarrow$)

방풍림의 방위	방풍림의 측면	나무 높이(h)의 단위에서 거리				
		0	0.2	0.5	1	2
동-서	북	27	33	39	48	97
	남	81	85	90	95	98
남서-북동	북서	37	45	60	79	92
	남동	71	77	81	92	97
남-북	양 방향	53	60	72	84	94

는 방풍림에 근접하여 0.5였으며, 방풍림으로부터 거리가 멀어질수록 증가하였다. 그 값은 방풍림에 대한 상대적인 높이, 길이와 지면 위치에 의해서 결정되었다(G. T. Johnson and I. D. Watson[5431]).

특히 맑고 건조한 날씨의 주간에 토양온도와 기온은 방풍림 지역에서 실제로 높았다. 평균적으로 토양 최상층에서의 차이는 약 2°C였고, 접지기층에서는 0.5~1°C까지였다. 캐스퍼슨[5408]은 독일 포츠담 부근 3m 키의 서양산사나무로 만든 방풍림에서 강한 복사가 있던 날들에 10°C의 과잉 기온(excess temperature)이 나타난 것을 관측하였다. 5월 어느 날의 이러한 일 기온 과잉(°C)의 극심한 사례가 표 54-2에 제시되었다. 이것은 주로 상승한 주간 최고기온의 결과였다. 방풍림 주변에서의 열 획득은 혼합의 감소와 증발의 감소 둘 다에 기인하였다. 증발의 감소와 관련한 이러한 열 획득은 종종 성장을 향상시켜서 방풍된 지역에서 곡물 수확량을 증가시켰다.

우자와 아데오예[5490] 역시 개방된 경지에서보다 방풍림의 풍하 쪽에서 좀 더 높은 최고기온을 관측하였다(표 54-3). 최저기온은 양 지역에서 대략 같았다. 5cm 깊이의 풍하 쪽 2~4h 거리에서 최고토양온도는 개방된 경지에서보다 0.5~1°C 높았다. 4h에서 나타난 것보다 좀 더 작은 수확량 증가가 방풍림 뒤 2h 거리에서 관측되었다(표 54-4).

표 54-2 독일 포츠담 부근에서 5월에 방풍림 부근의 기온과 지온의 초과량(°C)

높이(cm)	지면에서			공기에서		
	−10	−5	−2	5	75	140
수림이 없는 곳에서	4.1	5.9	8.7	26.9	22.9	22.0
장애물 뒤 8m	7.2	11.4	15.5	32.9	26.0	24.2
초과량	3.1	5.5	6.8	6.0	3.1	2.2

표 54-3 나이지리아 담바타에서 개방된 경지와 방풍림이 있는 경지에서 월평균최고기온(°C)

기간	개방된 농지	방풍림이 있는 농지				
		방풍림으로부터의 거리(나무 키 h의 배수)				
		2h	4h	10h	15h	20h
7월	32.1	33.5	33.3	32.9	32.2	32.1
8월	32.1	33.9	33.4	32.8	32.0	32.1
9월	33.2	34.1	33.8	33.0	33.2	33.1
10월	34.3	35.0	34.7	34.4	34.4	34.2
11월	34.3	35.2	34.9	34.5	34.6	34.3
12월	32.7	33.5	33.3	33.3	33.0	33.0
1월	30.0	30.9	30.7	30.0	29.6	30.1
2월	31.0	31.8	31.6	31.1	31.0	31.2
3월	37.1	38.0	37.5	37.5	37.2	37.2
4월	39.8	40.9	40.2	39.7	39.7	39.5
5월	38.2	39.0	38.9	38.4	38.1	38.2
6월	34.3	35.1	34.8	34.3	34.3	34.1

출처 : J. E. Ujah and K. B. Adeoye[5490]

표 54-4 방풍림으로부터 상이한 거리에서 곡물 수확량(개방된 경지에 대한 백분율)

방풍림으로부터의 거리(나무 키 h의 배수)				
2h	4h	10h	15h	20h
115	121	115	110	107

출처 : J. E. Ujah and K. B. Adeoye[5490]

그들은 2h 거리에서 좀 더 낮은 수확량 증가를 방풍림 나무들의 뿌리와 작물 사이의 수분 및 영양분의 경쟁에 기인하는 것으로 생각하였다. 게다가 방풍림으로부터 거리가 멀어질 때 양의 효과가 감소했다. 작물들은 또한 방풍림에 대한 그들의 반응에서 차이를 나타냈다. 겨울밀, 보리, 호밀, 수수, 알팔파, 건초는 크게 반응했던 반면, 봄밀, 귀리, 옥수수는 덜 영향을 받았다(표 54-5)(J. Kort[5437]). 노튼[5456]은 방풍림이 포도원과 과수원에 미치는 영향을 요약하였다. 대부분의 경우에 생산량과 과일의 품질은 향상되었다. 높아진 생산성은 부분적으로 좀 더 높은 기온과 방풍림과 관련된 증발량 및 풍마작용(wind abrasion)의 감소에 기인하였다.

동물들은 그들의 쾌적대(comfort zone) 기온 이하에서 먹이 섭취와 에너지 소비를 증가시킨다. 바람냉각(windchill)은 동물의 에너지 소비를 증가시킬 수 있다. 따라서 바람막이는 30%까지 동물의 먹이 필요량을 줄일 수 있다(B. C. Wright and L. R.

표 54-5 나이지리아 담바타에서 방풍림에 대한 여러 작물의 상대적 반응도

작물	경지 해(field years)의 번호	가중된 평균수확량 증가(%)
봄밀	190	8
겨울밀	131	23
보리	30	25
귀리	48	6
호밀	39	19
기장	18	44
옥수수	209	12
알팔파	3	99
건초	14	20

출처 : J. E. Ujah and K. B. Adeoye[5490]

Townstead[54100]).

맥애니 등[5446]은 좀 더 높은 최고기온과 토양온도를 관측했으나, 성장하는 방풍림과 관련된 6년 동안의 기온변화 연구에서 분명한 최저기온의 아무런 패턴도 관측하지 못했다. 방풍림과 관련된 좀 더 높은 주간 기온은 식물들이 좀 더 빠르게 성장하게 하였다. 방풍림의 보호를 받은 평지의 씨(rapeseed)와 잇꽃(safflower)은 좀 더 이르게 꽃이 피었다(PFRA[5462]). 옥수수도 2주나 일찍(Y. Zohar and J. R. Brandle[54101]), 그리고 면화는 4~5일 일찍 꽃이 피었다(R. A. Read[5464]).

라드케[5463]는 콩을 관찰하여 동-서 방향의 줄로 배열된 투과성이 있는 장벽에 대해서 방풍림의 보호를 받은 작물의 반응을 개략적인 다이어그램에 제시하였다(그림 54-9). 두 개의 수직선은 장벽을 의미하고, 숫자는 식물 성장 또는 수확량의 상대적인 증가를 의미한다. 그림 아랫부분의 실선 및 파선의 곡선은 각각 남풍과 북풍에 대한 식물의 반응을 의미한다. 약한 음영이 들어간 부분은 토양 영양분 및 물을 구하기 위한 경쟁에 대해서 음의 식물 반응을 의미하고, 사선을 그은 부분은 그늘로 인한 추가적인 감소를 의미한다. 위의 곡선은 아래 곡선들의 합으로 예상되는 수확량을 의미한다. 예상되는 수확량이 그늘짐과 방풍림 뿌리로부터의 물 및 영양분에 대한 경쟁 때문에 방풍림 부근에서 낮은 것을 주목하라. 스키드모어[5477]는 다음과 같은 사실을 밝혔다. "겨울 밀의 식생적 성장과 건조한 물질 생산이 개방된 경지에서보다 바람막이로 보호되는 지역에서 보통 좀 더 높았다. 그렇지만 장애물에 가장 가까운 곳에서는 성장 및 수확량이 줄었고, 장애물이 차지하고 있는 토지가 작물 생산에 이용될 수 없기 때문에 곡물 생산량에 미치는 순효과는 종종 무시될 수 있었다." 그러나 대부분 연구자들은 방풍림이 풍식을 감소시키고, 미기후를 개선하며, 토양수분을 증가시키고, 작물 피해를 감소시키기 때문

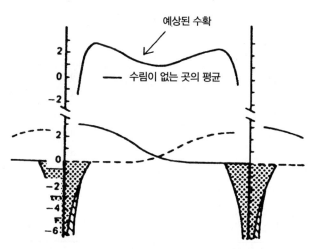

그림 54-9 방풍림과 풍향이 식물 성장에 미치는 영향(J. K. Radke[5463])

에 수확량을 증가시킨다고 보고하였다. 그렇지만 건조한 사헬 지대에서 브렌너 등[5403]은 그들이 제시했던 작물 생산의 감소가 주로 방풍림 뒤에서 주간에 기온이 상승하였기 때문이라는 것을 밝혔다. 서드마이어와 스페이저스[5486]는 오스트레일리아에서 수확량이 3배의 방풍림 고도까지 일반적으로 낮은 것을 밝혔고, 이것이 주로 물에 대한 뿌리 경쟁에 기인한다고 하였다. 그들은 또한 작물이 물 스트레스하에 있을 때 그들이 때때로 증발 수요량을 줄여서 수확량에 양의 효과를 준다고 제안하였다. 그렇지만 서드마이어와 스코트[5485]는 오스트레일리아에서 수확량 증가가 건조한 해들에 좀 더 유망하다고 보고하였다. 독자들은 어느 작물 유형이 어느 곳에서나, 그리고 방풍림 부근 지대 둘 다에서 가장 많은 이익을 내는지, 방풍림과 관련된 다른 문제와 이익을 다룬 정보에 대해서 코트[5437]와 노튼[5458]을 참고할 수 있다.

많이 논의된 바람의 감소가 간접적으로 미치는 영향은 서리의 위험이 증가하는 것이다. 경사진 지역에서 방풍림의 위쪽 뒤에 막힌 찬공기(42장)는 기온이 낮아지게 하는 것이 분명하다. 다이고와 마루야마[5411]는 1.2m 키의 삼나무(*Cryptomeria japonica*) 울타리를 가진 6° 사면에 대해서 이러한 사실을 증명하였다. 이러한 상황에서 바람막이를 계획할 때 찬공기가 아래쪽으로 흐를 수 있는 공간을 마련하는 것을 고려해야 한다. 판 데어 린데와 우덴버그[5443], 그리고 옌센[5430]의 연구에 의하면 평탄한 지역에서 야간에 고요할 때 기온이 방풍림에서 높은데, 그 이유는 장파복사가 감소되어 토양온도가 주간 동안 높았기 때문이다. 바람이 잘 불 때 기온은 내부와 외부가 같았다. 옌센[5430]은 약한 바람이 불 때(0.5~2m sec⁻¹)에만 방풍림 지역에서, 특히 토양이 겨울부터 여전히 차가운 봄의 첫 주에 야간 서리의 위험이 증가한다는 것을 제안하였다.

카민스키[5436]는 방풍림 부근에서 기온이 상승하고, 4~16h 거리에서 기온이 하강하는 것을 관측하였다. 누네와 산더[5459]는 개간된 지역과 비교할 때 유칼리 방풍림 내에서 1~2°C의 야간 기온 과잉을 관측하였다. 그들은 방풍림에서 순장파복사 손실의 21~31% 감소를 관측하여 이것이 관측된 기온 과잉에 대한 주된 이유였다고 느꼈다. Controller General of the United States[5423]는 서늘한 날과 야간에 방풍림 부근의 기온이 2.2°C까지 높았다고 보고했다. 애런(R. H. Aron, 미발간) 역시 식생 부근에서 서리가 감소한 것을 관측했다.

방풍림은 야간의 냉각에 세 가지 영향을 미친다. 첫째, 방풍림은 장파복사 순손실을 감소시킨다. 이것은 방풍림에 가까운 곳에서 가장 효과적이고, 이 장소에서 관측된 좀 더 높은 기온(서리의 감소)을 설명하는 주 인자일 것이다. 둘째, 토양(과 공기)은 주간에 좀 더 따듯하기 때문에(표 54-3), 좀 더 많은 에너지가 야간에 토양으로부터 방출될 것이다. 이것은 특히 토양이 여전히 상대적으로 따듯한 초가을의 경우이다. 봄에 차가운 토양은 옌센[5430]에 의해서 관측된 증가된 서리의 위험을 설명할 수 있을 것이다. 셋째, 풍속의 감소와 그로 인한 혼합의 감소는 위로부터 적은 따듯한 공기가 내려오는 것을 의미하여 야간의 기온이 낮아지게 한다(표 19-1). 혼합의 감소는 토양온도의 하강 및 나무로부터의 장파복사 방출의 감소와 함께 나무로부터 얼마간 떨어진 곳에서 나타나는 낮은 야간 기온을 설명할 것이다. 카본[5406]은 방풍림 뒤에서 조금 더 높은 서리의 위험을 발견하였다. 로젠버그[5467, 5468, 5469], 기요와 세기언[5424], 마셜[5445] 역시 야간 기온이 방풍림 부근에서 일반적으로 낮다는 것을 보고했다. 이러한 사실이 그림 54-10에 제시되었다. 어느 조건이 방풍림 부근에서 야간 기온을 낮추는가를 정확하게 결정하기 위해서 추가적인 연구가 필요할 수 있다.

스토이빙[5483]이 행한 측정으로 제시된 바와 같이 바람으로부터 보호된 장소에 좀 더 많은 양의 이슬이 침적될 수 있다. 그 차이는 강한 바람이 부는 야간에 가장 컸다. 많은 양의 이슬은 장애물 뒤의 고요한 공기로부터, 그리고 또한 어느 정도까지 그곳의 좀 더 높은 습도로부터 생겼다. 스토이빙은 장애물 뒤의 2~3h까지의 거리에 있는 노지에서 그 값이 3배까지 최대로 증가한 것을 밝혔다. 판 아이머른[5414]도 일출 후에 이슬이 사라지는 것이 지연되는 것을 입증했고, 야간 기온이 가장 낮은 울타리 사이의 중간에서 가장 많은 양의 이슬을 발견하였다(그림 38-5). 로젠버그[5467]도 좀 더 많은 이슬 침적과 기간을 보고했고, 방풍림 부근에서 절대습도가 주간과 야간 내내 보통 좀 더 높았다고 주장했다. 그는 상대습도가 야간에 일반적으로 높았고, 높은 주간 기온에도 불구하고 주간에 보통 좀 더 높았다는 사실도 보고했다. 그는 높은 주간의 상대습도는 연직 혼합의 감소와 관련하여 수증기 수송이 감소된 결과라고 제안했다.

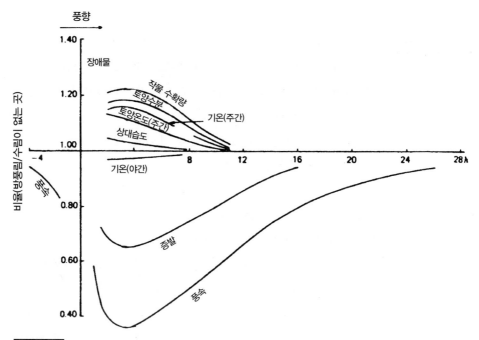

그림 54-10 장애물이 미기상학 인자들에 미치는 영향(J. K. Marshall[5445])

　따라서 방풍림과 관련된 혼합의 감소는 좀 더 높은 주간 기온뿐만 아니라 좀 더 높은 상대습도, 증발량 감소, 높은 토양수분이 나타나게 하였다(그림 54-10). 스키드모어와 헤이겐[5479]은 특히 증발량이 많은 농업 지역에서 바람막이가 증발량을 감소시키기 위해서 이용되어 식물에 좀 더 유리한 환경이 된다고 제안하였다. 증발량의 감소는 종종 바람을 인공적으로 막아서 나타나는 가장 유용한 결과인 것으로 고려되는 반면, 연구에 따르면 실제의 감소는 종종 적었고, 좀 더 큰 식물 성장에 기인하여 증가된 잎 면적의 결과로서 이따금 증발조차 증가하였다(E. J. George[5422], M. Dixon and J. Grace [5413]). 젠센[5430]은 주간에 열이 증가하는 것과 성장이 증가한 것이 증발을 증가시킬 것이라고 지적하였다. 이러한 생산적 증발(productive evaporation)은 젠센[5430]이 측정한 바와 같이 물수지가 울타리로 보호되는 지역의 내부와 외부에서 실제로 차이가 없는 효과를 갖는다. 브렌너 등[5403]은 방풍림 뒤에서 식물에 대한 좀 더 많은 증산량을 발견하였고, 이것을 좀 더 넓은 잎 표면적과 좀 더 높은 포차에 기인하는 것으로 생각하였는데, 이 둘 다 높은 기온의 결과였다. 브라운과 로젠버그[5404]는 약한 바람이 불 때 방풍림이 사탕수수의 1일 물사용량에 현저한 영향을 미치지 않았다는 것을 밝혔다. 그러나 마셜[5445]은 약 16h 풍하까지 증발량이 감소한 것을 밝힌 반면, 부체트 등 [5402]은 30h 풍하까지 증발량이 감소하는 것을 밝혔다. 이러한 내용들은 대부분의 보고서들과 일치하였고, 이것은 물사용량의 감소를 제시하였다(예를 들어 J. van Eimern

[5417]).

스키드모어와 헤이겐[5478]은 방풍림의 투과성이 증발에 미치는 영향을 평가하였다 (그림 54-11). 그들은 투과성이 적은 방풍림에서 최저 풍하측 증발이 바람막이 가까이 에서 일어났고, 최저에 도달한 후에 좀 더 투과성이 있는 방풍림보다 좀 더 빠르게 증발 이 증가하는 경향이 있다는 것을 밝혔다. 견고한 방풍림의 $4h$ 풍하측에서 증발량은 구 획되지 않은 상태로 공동으로 경작되는 곳(open-field)의 증발량의 92%까지 만회된 반 면, 40%와 60% 투과성의 방풍림의 $4h$ 풍하측에서 증발율은 각각 구획되지 않은 상태 로 공동으로 경작되는 곳의 증발의 65%와 75%였다. 방풍림은 풍속의 감소에 정비례하 여 증발량을 감소시키는 것으로 나타났다. 밀러 등[5451]도 바람막이가 보호된 작물의 증발량을 감소시킨다는 것을 밝혔다. 그들은 이것을 느낌열 이류의 감소에 기인한다고 생각하였다. 그들은 또한 방풍림이 증발량을 감소시켜서 식물 스트레스를 줄이고, 기공 을 좀 더 오랫동안 열리게 하여 잠재적 광합성(potential photosynthesis)을 증가시킨 다는 것을 밝혔다. 요약하여 방풍림 부근에서 좀 더 높은 기온에도 불구하고 증발량은 대부분의 상황에서 대부분의 작물에 대해서 줄어든다. 이러한 감소는 주로 상대습도의 상승과 증산량의 감소를 통해서 일어난다. 이렇게 증가된 토양수분 조건은 더욱이 토양 의 점착력을 증가시켜서 농지의 바람 침식성(wind erodibility)을 줄이는 데 도움이 될 것이다. 로젠버그[5467]는 부분적으로 낮은 야간의 기온과 관련된 증발산의 감소와 낮 은 야간의 호흡 때문에 방풍림으로 보호된 식물에 대해서 광합성이 보통 증가한다고 보 고하였다.

뤼슈[5470]는 방풍림의 영향 범위에 있는 공기가 외부에 있는 공기보다 적은 이산화

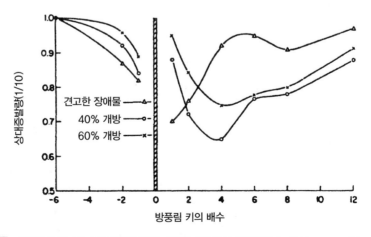

그림 54-11 방풍림의 투과성과 장애물로부터의 거리의 함수로서 증발량(E. L. Skidmore and L. J. Hagen [5478])

탄소를 포함하고 있다는 것을 밝혔다. 레몬[5440]도 특히 느린 풍속에서 방풍림 주변의 낮은 이산화탄소 농도를 밝혔다. 광합성의 증가로 뤼슈[5470]와 레몬[5440]이 보고한 이산화탄소 농도의 감소를 설명할 수 있다. 브라운과 로젠버그[5405]는 개방된 곳에서 나타나는 것보다 방풍림에서 주간 이산화탄소 농도가 평균 1ppm 낮았고, 야간 농도는 약 3.5ppm 높았다는 것을 밝혔다. 야간 농도는 풍속과 음의 상관관계가 있었다. 높은 야간의 농도는 식물 호흡과 낮은 대기 혼합에 기인하였다.

코왈척과 드 종[5438]의 연구는 방풍림과 관련된 곡물 수확량의 일부 보고된 변동성을 설명할 수 있을 것이다. 그들은 대략 5m 폭의 초지 경계에 접한 방풍림으로 보호된 작물 수확량을 조사하여 건조한 해들에 수확량이 경지 쪽으로 약 10m($2h$)에 대해서 감소했다는 것을 밝혔다. 이것은 개간지의 가장자리에서 적은 토양수분을 제시한 그림 38-7과 일치한다. 코왈척과 드 종[5438]은 또한 건조한 해들 동안 수확량이 보호되는 가장자리로부터 10~20m(2~$4h$)부터 경지 평균보다 조금 높았다고 보고했다. 이것은 증발량이 감소하거나 좀 더 많은 생산적 증발량 때문일 것이다. 그렇지만 물이 풍부한 습윤한 해에는 방풍림 부근의 경쟁 효과가 작아서 그 이상의 향상된 작물 성장 지대가 확장되지 않았다. 이것은 수분에 대한 경쟁 또는 증발량의 감소가 방풍림과 관련된 향상된 작물 수확량을 설명하는 주요 인자일 수 있다는 것과 특히 건조한 해들에 방풍림 부근의 작물 수확량 감소를 설명하는 주 인자일 수 있다는 것을 제시한다.

포차($E_o - e$)는 수증기압과 기온 둘 다의 영향을 받는다. 방풍림과 관련된 혼합의 감소는 잎으로부터의 수증기 수송을 느리게 하고, 증산의 증가와 함께 포차를 감소시켜야만 한다(K. W. Brown and N. J. Rosenberg[5405], S. P. Long and N. Persuad [5444]). 그렇지만 다른 학자들은 그들이 좀 더 높은 기온에 기인하는 것으로 생각하는 포차의 증가를 보고했다(A. J. Brenner et al.[5403], M. K. U. Carr[5407], H. C. Aslying[5400]).

방풍림은 또한 여러 유형의 야생동물이 잘 자랄 수 있는 서식지를 제공한다(G. McClure[5447], R. J. Johnson and M. M. Beck[5432]). 날개가 없는 매우 작은 곤충들은 일반적으로 그들을 새로운 장소로 이동시키는 기류에 종속되나, 그들이 좀 더 비행 조절을 쉽게 할 수 있는 느린 풍속의 지역들에 자리를 잡으려는 경향이 있다. 그러므로 곤충들은 바람막이의 풍하측에 모인다(J. E. Pasek[5460], T. Lewis[5441]). 유익한 곤충과 해로운 곤충 둘 다 방풍림에 머무를 수 있다. 루이스와 스미스[5442]는 방풍림으로 보호된 과수원에서 수분 작용을 하는 좀 더 많은 수의 곤충을 발견하였다. 그렇지만 슬로써 등[5481]은 면화고치바구미(cotton boll weevil)가 숨어 있는 방풍림을 발견하였다.

방풍은 많은 문제와 관련되므로 이 문제를 여기서 다룰 수는 없다. 예를 들어 강한 바람에 노출된 지역들에서 방풍림을 설치하기 위해서 사용되는 가장 좋은 식물들, 방풍림의 폭, 열들과 식물 입목들 사이의 거리, 적당한 나무들의 혼합이 적절하게 선별되어야만 할 것이다. 힐프[5428]는 1959년에 이러한 실용적인 문제들에 대한 안내서를 발간하였다. 이 모든 방풍림의 유용한 효과에도 불구하고 Controller General of the United States[5423]의 보고서는 점증하는 토지 가격과 대규모 영농에 따른 바람막이의 불일치가 미국에서 많은 방풍림을 제거하게 하였다고 지적하였다.

바람터널(wind tunnel)을 이용하여 방풍림의 효과를 분석한 일부 연구자들은 야외에서 관측된 패턴들과 다른 바람 교체(wind alternation), 증발, 바람 방해에 미치는 방풍림 밀도의 영향의 패턴들을 관측하였다(K. G. McNachton[5448, 5449]). 그들은 그들이 고요한 지대(quiet zone)로 간주한 풍하측에서 약 8배의 방풍림 높이까지 풍속이 감소하였고, 소생 지대(wake zone)로 간주한 8배 높이 이상에서 풍속이 증가했던 것을 관측하였다. 방풍림이 바람에 미치는 영향에 관한 수치 모의실험에 관한 정보는 왕 및 테이클[5491, 5492, 5493]과 윌슨[5498]의 권위 있는 책을 참고할 수 있다. 방풍림이 작물 수확량, 식물생리학적 반응, 물사용량에 미치는 영향에 관한 추가적인 정보는 로젠버그 등[5469]을 참고할 수 있고, 바람막이에 관한 일련의 논문은 학술지『Agriculture, Ecosystems and Environment』(1988, vol. 22∼23)에서 볼 수 있다.

이제 바람막이(windbreak)에 관해서 논의하도록 하겠다. 눈막이 울타리(snow fence)는 농촌 도로에서 보게 되는 친숙한 바람막이의 한 유형이다. 눈막이 울타리는 또한 도로에서 날려쌓인눈(snowdrift)을 조절하는 데 이용되었다. "날려쌓인눈을 치우는 비용은 눈막이 울타리의 약 100배 이상이 된다"(R. D. Tabler[5487]). 세 가지 주요 유형의 눈막이 울타리가 있다. 즉 수집 울타리(collecting fence, 이것은 풍속을 늦춰서 눈이 쌓이게 한다), 인도 울타리(guide fence, 이것은 눈이 다른 곳에 쌓이도록 눈을 편향시킨다), 송풍 울타리(blower fence, 이것은 다른 곳에 눈이 쌓이도록 국지적으로 풍속을 가속한다)가 있다. 풍속을 줄임으로써 눈막이 울타리는 그 위에 놓인 공기의 운동에 너지를 낮추어, 이것이 눈을 부유 상태로부터 제거되게 하여 도로에 눈이 쌓이지 못하게 한다. 이 과정의 관측과 측정은 반 아이머른[5415], 카민스키[5436], 카이저[5435], 크로이츠[5439], 내겔리[5453]에서 찾을 수 있다. 눈막이 울타리는 또한 상수도용으로 지하수를 재충전시키기 위해서 적설을 유지하는 데도 사용된다.

뮬러[5452]는 눈이 울타리의 틈새 내와 그 뒤에서 휩쓸려가는 방법을 관측하여 '깔때기 효과'를 지도화하였다. 유사한 과정들이 땅날림모래(drifting sand)에서 작용하는 것에서 관측될 수 있다. 땅날림모래에서는 눈보다 상당히 긴 시간 동안 그 효과를 추적할 수 있다. 그림 54-12는 카이저[5434]가 모래 더미로 구한 결과를 제시한 것이다. 모래 집적은 4배 과장되었다. 그림은 (a) 지날 수 없는 관목 삼림 장벽, (b) 지날 수 있는 관목 삼림 울타리, (c) 지면이 벌채된 눈막이 울타리 뒤의 집적 상태를 보여 주는 것이다.

투과성이 있는 바람막이(그림 54-13)와 투과성이 없는 바람막이(그림 54-14)가 눈 집적에 미치는 영향은 매우 클 수 있다. 견고한 눈막이 울타리는 울타리 부근에 눈이 많이 집적되게 하지만, 투과성이 있는 눈막이 울타리는 울타리의 풍상과 풍하 둘 다의 상당한 거리로 눈의 집적이 퍼진다. 링[5466]은 최대 날려쌓인눈(snowdrift) 집적에 대해서 수직으로부터 15° 아래쪽으로의 경사로 50% 투과율의 얇고 좁은 널조각이 있는 약 30cm의 바닥 틈새를 제안했다. 10%를 초과하는 아래쪽으로의 사면 역시 저장 능력을 증가시켰다. 핀니[5419]는 1930년대에 이미 간선도로(highway)와 차도(driveway)의 형태가 눈 집적을 최대화 또는 최소화한다는 것을 제시하였다(그림 54-15와 54-16). 주요 무료간선도로(freeway)가 공기역학적으로 날려쌓인눈이 없는(drift-free) 차도가 되게 건설된 반면, 도시거리(city street)와 차도는 종종 전적으로 그의 조언을 무시하여 추가적인 제설과 제거 노력이 필요하였다. 도로에 눈이 없게 유지하기 위한 노력을 최소화하기 위해서 핀니[5420]는 다음과 같이 조언을 하였다.

1. 거리 또는 차도는 적어도 평균적설까지 인접한 지면 위로 올라와야 할 것이다. 사면은 윗면과 바닥에서 둥글어야 한다.

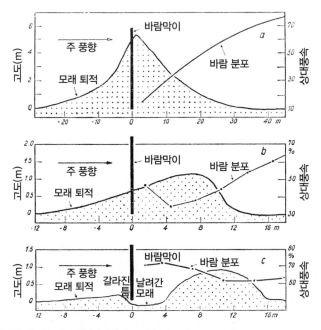

그림 54-12 상이한 밀도를 갖는 바람막이에서 모래의 집적량(H. Kaiser[5434])

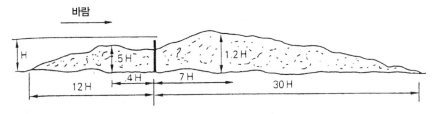

그림 54-13 투과성이 큰 바람막이 주변의 날려쌓인눈의 집적(S. L. Ring[5466])

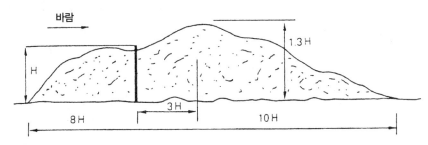

그림 54-14 투과성이 없는 바람막이 주변의 날려쌓인눈의 집적(S. L. Ring[5466])

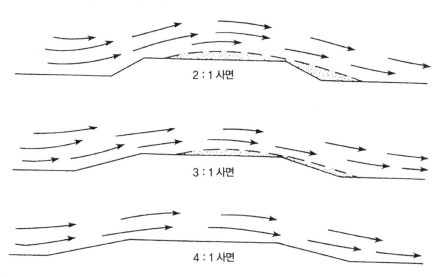

그림 54-15 도로 사면이 공기 흐름과 눈 집적에 미치는 영향(E. A. Finney[5419])

2. 도로의 절단 부분 또는 내려앉은 차도를 피해야 한다(그림 54-17). 링 등[5466]은 견고한 장벽 또는 도로의 절단 부분이 풍하쪽으로 그 높이의 7~10배 날려쌓인눈을 생기게 할 것이라고 주장했다. 따라서 날려쌓인눈이 없는 차도를 보장하는 데 도움이 되는 것은 장벽 또는 절단 부분의 가장자리로부터의 거리가 풍하쪽으로 7~10배 높이를 초과해야 할 것이다.

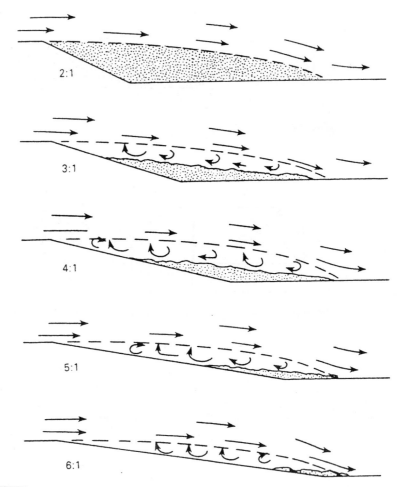

그림 54-16 도로 사면의 변화가 날려쌓인눈의 집적에 미치는 영향(E. A. Finney[5419])

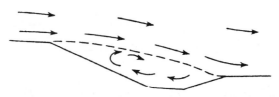

그림 54-17 도로 절단면에서 맴돌이를 형성하는 표류(E. A. Finney[5419])

3. 4 : 1 또는 그 이상의 경사(그림 54-15), 넓은 갓길과 얄고 넓은 배수구를 갖는 사면과 둥근 사면의 교차점을 권했다. 6 : 1 사면의 풍하측에는 거의 또는 전혀 집적이 되지 않는다(그림 54-16).

4. 눈막이 울타리로 작용하는 가드레일, 보도(步道)의 연석(緣石)과 다른 사물들은 최소화되어야 한다.

여러 가지 기상 인자들이 도로 상태와 간선도로 건설에 미치는 영향과 개선에 관한 좀 더 많은 지식을 원하는 독자들에게는 링 등[5465], 페리와 시먼[5461]이 이 주제에 관해 쓴 책들을 추천하겠다. 식생 장애물과 눈 집적 사이의 관련성에 관한 정보에 대해서는 링 등[5460]을 추천하겠다. 눈막이 울타리를 다룬 좀 더 많은 정보에 대해서는 링 등[5465]과 테이블러[5487]를 추천하겠다.

제55장 ··· 인공적인 저온방지책

저온은 식물에 상해를 입힐 수 있다. 0°C 또는 그 이하의 기온은 서리로 간주되는 반면, 일부 식물들에서는 실제로 빙점 이상의 기온이 상해를 입힐 수 있고, 다른 식물들은 실제로 빙점 이하의 기온을 견딜 수 있다는 것이 지적되어야 한다. 차가운 기온에 대한 식물의 내성(耐性)은 대부분 식물의 발달단계에 종속된다. 예를 들어 휴면하는 일부 서양배나무 품종은 −196°C만큼 낮은 기온을 견딜 수 있다. 이들 같은 식물은 만개하기 직전, 직후 또는 만개하는 동안 빙점 이하 수°C 기온으로 서리 피해를 입을 수 있다(M. N. Westwood[5587]). 웨스트우드[5587]와 로젠버그 등[5469], 특히 신더와 멜로-아브로[5579]는 식물이 여러 발달 단계 동안 피해를 입는 임계 기온의 목록을 제시하였다. 게다가 웨스트우드[5587]는 식물 발달의 어느 특정한 시기에 피해가 일어날 기온의 범위가 있다는 것을 지적하였다. 예를 들어 살구꽃에서 최초의 핑크색 기미에서 10%는 기온이 −3.9°C까지 하강할 때 죽었다. 그렇지만 90%의 꽃이 죽으려면 기온이 −7.2°C까지 하강해야만 했다.

이류서리(advection frost)와 복사서리(radiation frost)를 구별하는 것이 유용하다. 이류서리는 찬공기의 이류에 그 기원이 있고, 일반적인 종관일기 패턴에 의해서 조절되며, 보통 강한 바람과 관련된다. 복사서리는 야간에 복사냉각으로 인하여 발생하고, 느린 풍속, 맑은 하늘, 낮은 상대습도에서 보통 형성된다. 강한 복사냉각은 종종 이류서리를 강화시킨다.

서리 피해에 대한 가장 효과적인 수단은 예방책이다. "서리로부터 과수를 보호하기 가장 좋은 시점은 과수원이 설치될 때이다"라고 1914년에 험프리스(W. J. Humphreys)가 이야기했다. 새로운 과수원을 많은 비용을 들여 반복해서 서리 피해를 입기 쉬운 지역에 설치할 때 가장 근본적인 미기후학의 법칙이 계속해서 무시되는 것은 이해할 수 없다.

예방책이 고려될 때 지형의 함수로서 서리 위험에 관한 정보가 수집되어야 한다. 이것을 하는 가장 좋은 방법은 위험 지역을 지도에 그리는 것이다. 좋은 사례들은 바이어[5507]의 독일 뷔르템베르크와 바덴의 북부에 있는 포도주 지역에 대한 보고서와 파우펠[5585]의 독일 라인란트-팔츠의 포도주 산업에 대한 보고서, 로마스 등[5550]의 『이스라엘의 서리도(Frost Atlas of Israel)』에서 찾을 수 있다. 칼마 등[5540]은 지형에 기초하여 서리를 지도화하는 방법에 대하여 논의했다. 위성은 서리에 취약할 수 있는 지역을 지도화 및 예보하는 데 대한 새로운 방법론을 제공하고 있다. 이 주제를 다루는 좀 더 많은 정보에 대해서 독자들은 첸[5514], 첸 등[5515, 5516], 마트솔프[5553], 오스월트[5560]와 칼마 등[5540]을 참고할 수 있다. 서리를 예보하기 위해서 위성을 사용하는 것과 관련된 한 가지 문제는 찬공기 이류와 함께 역복사($L\downarrow$)가 감소되고 토양과 공기가 기대되는 것보다 빠르게 식는 것이었다. 마트솔프 등[5555, 5556]은 이 문제를 논의하였다. 서리를 최소화하기 위한 입지 선정에서는 낮은 지점, 찬공기호수와 댐(cold air pond and dam)(42장과 43장), 땅안개(ground fog)가 일찍 형성되는 장소들을 피한다.

주의 깊게 장소를 선택하는 것과 똑같이 중요한 것 중에는, 일부 식물 변종들이 서리 피해에 좀 더 내성이 있는 것과 같이, 적절한 작물 또는 작물 변종을 선택하는 것이 있다. 예를 들어 낙엽성의 과수들은 나무들이 휴면을 하는 한 서리에 강한 내성이 있다(내한성, cold hardy). 나무의 성장 주기의 휴면 기간에 식물성장억제제(S-ABA)가 식물의 호르몬 균형을 지배하여 따뜻한 기온이 새로운 성장을 촉진시키지 않을 것이다. 겨울 동안 차가운 기온에 노출되는 것[대략 7.2°C 이하, 냉각하는 온도(chilling temperature)]은 식물의 호르몬 균형을 변화시켜서 성장촉진물(GA)이 우세해지기 시작한다. 식물의 냉각 필요조건이 충족되면, 성장촉진물은 호르몬 균형을 지배할 것이다. 그렇지만 식물은 내한성이 있을 것이고(서리 내성), 봄의 따뜻한 기온이 새로운 성장을 촉진할 때까지 휴면할 것이다(강요된 휴면). 따라서 그 지역에 빈번하게 봄 서리가 내리면 초봄에 일어났던 것으로 기대될 수 있는 것보다 다소 많은 냉각 필요조건을 갖는 작물 변종을 심는 것이 타당할 수 있을 것이다. 휴면을 연장시키기 위해서 스프링클러 또는 휴면 오일(dormant oil)을 이용하는 것은 이 장에서 차후에 논의될 것이다. 식물은 휴면할 것이고, 봄 늦게까지 상대적인 서리 내성이 일부 서리 문제들을 피하게 할 것이다. 그렇지만 냉각되는 필요조건이 너무 긴 변종을 심지는 말아야 할 것이다. 식물이 냉각되는 온도에 지나치게 오랜 시간 동안 노출되면, 연장된 휴면으로 간주되는 수많은 문제가 복합적으로 일어날 수 있을 것이다. 냉각, 냉각에 영향을 주는 인자들, 연장된 휴면, 수많은 낙엽성 과일 종류의 냉각 필요조건의 목록에 관한 좀 더 많은 정보에 대해서 독자들은 애런[5501]을 참고할 수 있다. 식물의 냉각 필요조건에 영향을 줄 수 있는 냉각 시간과 환경 인자들을 추정하는 것을 다룬 정보에 대해서 독자들은 애런[5502, 5503], 애런과 개트[5504]. 세사라치오 등[5513]을 참고할 수 있다. 봄에 식물의 내한성과 서리에 대한 내성을 유지시키기 위해서 식물의 성장을 지연하는 성장 조절장치(growth regulator)도 이용되었다(R. Ryugo et al.[5570]).

작물이 숙성할 때 다가올 서리에 대해서 사전에 충분한 경고를 했다면, 이 문제를 회피하거나 최소화하는 한 가지 방법은 가능한 많은 양의 작물을 수확하는 것이다. 1년생 식물에 대해서 서리를 예방하는 가장 좋은 방법 중 하나는 이 식물을 봄 서리를 피할 수 있을 만큼 충분히 늦게 파종하는 것이다. 이른 수확이 실제로 좀 더 큰 가치가 있는 지역의 경우에는 서리로부터 보호하는 데 이른 파종이 필요할 수도 있다.

서리 피해를 효과적으로 막는 데는 실제로 많은 비용이 든다. 이러한 지출은 포도나무나 과일과 같이 작물의 가치가 높을 때에만 경제적으로 타당하다. 흔히 있는 일이지만, 봄에 여러 날에 야간의 늦서리가 있으면, 서리가 내리는 전 기간에 서리방지의 효과는 방지가 적어도 성공적이었던 야간에 종속될 것이다. 모든 유형의 서리방지는 방지책이 임계 온도에 도달하기 전에 시작되어야만 좀 더 효과적일 것이다. 이렇게 하는 것이 온도를 올리는 것보다 유지하기가 쉽다.

서리방지는 먼저 논의될 복사냉각의 양을 줄이거나(방출복사의 방지), 직접적 또는 간접적으로 열을 공급하여 이루어질 수 있다.

덮개(covering)는 키가 작은 식물에 대한 서리의 영향을 완화시키기 위해서 수십 년 동안 사용되어 왔다. 전통적인 뿌리덮개(mulch)는 짚, 대팻밥 또는 잎과 같이 공기를 잘 통하게 하여 불량한 전도를 하는 토양 덮개로 이루어졌다. 이들 뿌리덮개는 가을에 이용될 때 열 손실을 늦추고 지연시켜서 토양동결의 깊이와 강도를 줄인다. 뿌리덮개가 봄에 제거되지 않으면 토양이 따뜻해지는 것을 방해한다. 신더와 멜로-아브로[5579]는 서로 다른 유형의 덮개의 장점과 단점에 관해서 논했다. 일반적으로 덮개는 낮은 열전도율을 가져서 장파복사에 대해서 불투명하다. 적설도 토양 열손실을 늦추어(24장) 토양동결의 깊이와 강도를 줄인다. 서리 피해로부터 뿌리를 보호하기 위해서 나무의 아래 주위에 토양을 쌓아둘 수 있다[둑 쌓기(banking)]. 이것은 나무의 뿌리와 아랫부분을 구할 수 있으나 수관을 포기하게 되는 것이다(M. Nesbitt et al.[5559]).

베이커와 애런[5500]은 봄에 서리방지를 위해서 플라스틱으로 만든 우유 주전자(milk jug) 또는 폴리우레탄(스티로폼과 같은) 장미 콘(rose cone)의 가치를 조사했다. 두 가지 덮개 안의 기온은 맑은 날에 따뜻했고, 구름이 낀 날에 우유 주전자에서 따뜻했던 반면, 우유 주전자에서 야간의 기온은 주위 공기보다 맑은 하늘과 구름 낀 하늘에서 평균 0.9°C와 0.6°C 서늘했다. 반면에 장미 콘은 주변 공기의 기온보다 평균 0.6°C 높은 기온으로 일부 보호를 했다. 이들 용기 내에서 야간 기온에 영향을 주었던 세 가지 인자는 주변 공기의 혼합, 토양으로부터의 열 흐름 및 야간의 복사수지의 감소였다. 장미콘 안쪽의 기온은 주위의 공기보다 높았는데, 그 이유는 토양으로부터의 열 손실이 느려져서 이것이 대기로부터의 열 획득의 감소를 상쇄하고도 남았기 때문이다. 우유 주전자 내의 야간 기온은 주위의 공기보다 서늘했는데, 그 이유는 우유 주전자가 공기로부터의 열 획득을 줄였던 반면, 토양으로부터의 열 손실을 뚜렷하게 늦추지 않았기 때문이다(20장의 온실 참조).

디온 등[5524]은 골프장 그린에 대한 서리 덮개를 평가했다. 그들은 불투수성 나무 매트, 투수성 나무 매트, 물결모양의 나무 매트(curled wood mat)와 불투수성 덮개를 5cm의 공기 공간(air space)이 있는 짚으로 만든 덮개와 비교하여 덮개들에 대해서 각각 −19.5, −18.2, −11.1, −6.6, 1.0℃의 최저온도를 발견했다. 이것은 덮개가 없는 대조 표본에 대해서 −20.6℃의 최저온도와 비교되었다.

웰바움[5586]은 서로 다른 유형의 핫캡(hotcap)[10]을 조사했다. 모두 좀 더 높은 주간 온도를 나타냈다. 야간에 플라스틱 주전자가 결코 주위 기온 이상의 최저온도를 유지하지 못했으나, 물을 채운 플라스틱 원뿔 아래에서 최저온도는 주위보다 평균 1.9℃ 높았다.

표 31-2에서 제시된 바와 같이 키가 큰 식물들은 서리의 영향을 덜 받는다. 블랑 등[5509]은 식물이 성장하는 높이가 증가하면 식물이 1~2℃까지 노출된 최저기온을 상승시킬 수 있다. 과수원 내에서 잔디 또는 잡초의 지면 덮개를 제거하면 기온을 상승시키고 서리를 줄일 수 있다. 키 작은 식생은 주간에 토양의 가열과 야간에 토양으로부터의 열 손실을 지체시켜서(토양을 단열시킴) 낮은 야간 기온이 나타나게 한다(D. R. Donaldson et al.[5526], R. Leyden and P. W. Rohrbaugh[5542]).

안개 또는 낮은 구름[높은 구름은 덜 유효한 경향이 있다(5장)]이 한 지역을 덮으면 추운 야간에 서리 피해는 상당히 적게 또는 아마도 배제될 것이라고 오랫동안 인식되어 왔다. 안개와 구름은 장파방출복사를 흡수하고 그중의 많은 양을 지표로 역복사하여 서리 피해를 최소화하는 데 도움이 되어서 장파복사의 순손실을 느리게 한다. 수년 동안 농부들은 서리의 위험이 있는 지역을 짙은 연기로 덮어서 자연 안개와 같은 효과를 만들려고 노력해 왔다. 이것을 '연기뿜기(서리방지용, smudging)'라고 부른다. 연기 구름(smoke clouds)을 만드는 데 잎, 젖은 짚, 폐타이어, 목재, 기름에 적신 걸레, 산소가

---

10) 서리, 태양, 새, 곤충으로부터 보호하기 위해서 이용되는 개별적인 원추형의 식물 덮개(An individual, conically shaped plant cover used to protect against frost, sun, birds, and insects). 출전 : http://www.gardenguides. com/resources/dictionary/definition.asp?i=395545#

부족한 히터를 포함한 많은 유형의 재료가 이용되었다. 대부분 이러한 노력은 성공하지 못했는데, 그 이유는 대부분의 연기 입자들이 너무 작아서 장파복사를 투과시켰기 때문이다. 서리 피해는 식물이 천천히 녹게 하면 덜한 경향이 있다. 연기가 장파복사를 투과시키는 반면, 입사 단파복사를 반사시켜서 아침에 해동을 느리게 하여 작물 피해를 줄이는 데 유익하다. 연기뿜기는 유리한 것으로 판명되었는데, 부분적으로 그 이유는 야간의 냉각을 느리게 하는 데 매유 효과적이지 않았기 때문이며, 부분적으로 종종 가까운 이웃마을에서 싫어하기 때문이다. 연기뿜기는 일부 지역에서 금지되고 있다.

인공 안개(artificial fog)를 만드는 것은 일부 상황에서 야간의 냉각을 늦추는 데 효과적인 것으로 나타났다. 인공 안개는 추가적으로 경제적인 장점이 있다. 인공 안개는 상대습도가 높고 바람이 약한 야간에 가장 효과적이다. 공기가 건조하면 일부 안개는 증발하여 공기를 차게 할 것이다. 간헐적으로 풍속이 증가하여 문제가 생길 수 있는데, 그 이유는 바람이 안개를 흩뜨릴 뿐만 아니라 증발도 증가시키기 때문이다. 식물의 잎이 젖으면 건조한 공기의 주입은 잎이 습구온도까지 냉각되게 할 수 있다. 증발의 문제를 최소화하기 위해서 물방울들(drops)은 증발 억제물질(evaporation suppressant)로 코팅될 수 있다. 인공 안개를 만드는 것이 그 자체로 또는 히터와 함께 효과적이라는 것이 제시되었지만, 널리 사용되고 있지는 않다. 인위적으로 만든 안개에 관한 좀 더 많은 정보에 대해서 독자들은 미[5557]와 이티어 등[5539]을 참고할 수 있다.

토양이나 식물로부터의 복사 손실을 늦추도록 고안된 다른 서리방지책은 거품을 응용한 것이다. 거품의 기포는 낮은 열전도율을 가져서 작물을 단열시킨다. 이 방법이 감귤류에 시도되었지만, 키가 작게 성장하는 작물을 보호하는 데 아주 효과적으로 거품 아래의 온도를 10°C까지 상승시켰다. 낮은 온도는 거품의 꼭대기에서 나타날 수 있는데, 그 이유는 토양으로부터의 열 흐름이 감소하기 때문이다. 거품은 오래 가도록 고안되었다(C. Y. Choi and G. Giacomelli[5517], C. Y. Choi et al.[5518]). 서리방지를 위해 거품을 사용하는 것은 널리 유행하지 않았는데, 그 이유는 높은 비용과 느린 적용률 때문이다. 독자들은 서리방지를 위한 거품 단열과 관련된 좀 더 많은 정보에 관해서 바톨릭[5508], 데자딘스와 시미노비츠[5521]를 참고할 수 있다.

많은 화학제품이 추운 기온에 대한 식물의 저항력을 높이기 위해서 식물에 사용되었다. 이들 중 어느 것도 상업적으로 받아들일 수 있기에 충분히 효과적이고 싼 것으로 증명되지 않았다(J. D. Kalma et al.[5540]).

식물이 물로 덮여 있으면 냉각으로부터 완전하게 보호될 수 있다. 이것은 미국에서 크랜베리로 시행되었다. 크랜베리는 흙으로 만든 벽으로 둘러싸인 경지에서 재배되었다. 이들 경지는 피해를 주는 서리가 예보되었을 때 물에 잠겼다. 서리의 위협이 지나갔을 때 물은 배수되었다. 서늘한 야간 기온은 벼가 번식 불능이 되게 한다. 피터슨 등 [5564]은 좀 더 따듯한 야간 온도 때문에 논에서 수위를 높이는 것은 이 문제를 실제로 줄였다고 보고했다. 작은 수체(水體)가 이 수체에 가까운 식물을 보호하는 영향은 정량적으로 너무 작아서 실제적인 중요성이 없다. 판 아이머른과 뢰벨[5530]은 독일 함부르크 부근의 습지 지역에서 수로 위의 '조금 더 따듯한 공기 튜브'의 존재를 증명할 수 있었다. 한유와 츠가와[5538]는 서리방지를 위해서 일본의 논에 물대기는 지표 위 60 또는 70cm까지 따듯하게 하는 효과가 있다는 것을 제시하였다.

적설은 지면을 단열하여 서리 피해와 작물 및 식물의 동사(凍死)로부터 결정적인 보호를 할 수 있다. 사브디 등[5572]은 초겨울 적설의 신빙성이 적설의 총량보다 겨울밀의 동사를 최소화하는 데 좀 더 중요하다는 것을 지적하였다. 그들은 또한 이전 작물의 그루터기를 남겨 놓아 눈을 잡아 두는 방법이 북아메리카의 작물을 북동쪽으로 캐나다 서부 농업 지역의 대부분을 포함하도록 확장시켰다고 제안하였다.

열을 공급하여 서리를 방지하는 네 가지 다른 방법이 있다. 이것은 통풍을 하여(지면 부근의 차가운 공기를 위의 따듯한 공기와 혼합하여), 토양에 저장된 열을 이용하여, 버너로 가열하여, 또는 물이 냉각되어 어는 동안 방출되는 숨은열을 이용하여 이루어질 수 있다.

20장에서 지적한 바와 같이 토양을 느슨하게 하는 것은 열전도율과 열용량을 감소시켜서 야간에 기온이 낮아지게 한다(R. H. A. van Duin[1903]). 건조한 토양은 낮은 열전도율과 열용량 때문에 야간에 온도가 크게 하강하게 한다(R. H. A. van Duin[1903], J. D. Kalma et al.[5540]). 캘리포니아에서 감귤류는 서리의 위협을 받기 전에 종종 관개된다. 이것은 토양의 열전도율과 열용량 둘 다 증가시킨다. 버싱어[5512]는 서리 이전에 관개하는 것이 온도를 4℃나 높일 수 있다고 제안하였다. 이 방법은 특히 가을에 첫서리의 위험에 효과적인데, 그 이유는 토양이 상대적으로 많은 열을 저장하고 있기 때문이다. 증가된 표면 증발과 서리에 대한 작물의 민감도는 일부 이익을 상쇄할 것이다. 그 자체로나 전도율을 증가시키기 위해서 관개되어 토양이 굳어지는 것(compaction, rolling)도 토양에 저장된 열의 일부가 방출되는 데 도움이 될 것이다. 브리들리 등 [5511]은 토양이 굳어지는 것과 물대기(watering)가 약 1m에서 야간 기온을 0.6℃ 상승하게 한 것을 밝혔다. 이것은 토양이 굳어지는 것이나 물대기 하나만 한 것을 관측한 것보다 더 많았다.

롬메와 구일리오니[3109]는 토양수분의 함수로서 작물 최저온도를 분석하였다. 그들은 작물온도가 토양수분이 증가할수록 상승하는 것을 밝혔다(그림 55-1). 그들은 더욱이 토양 열확산이 그 구성에 종속되기 때문에 토양형이 최저온도에 큰 영향을 미칠 수

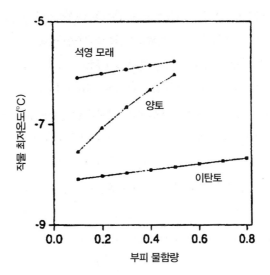

그림 55-1 토양수분의 함수로서 작물 최저온도(J. P. Lhomme and L. Guilioni[3109])

있다고 제안하였다.

과수원에서 지면 피복은 주간에 과수원을 약간 따뜻하게 하고, 야간에 토양으로부터의 열 손실을 느리게 하는 단열 장벽으로 작용하여 약간 서늘한 야간 기온이 나타나게 한다. 지면 피복 위의 공기는 서늘하나 토양은 따뜻하게 남아 있다(20장 및 31장). 샤라트와 글렌[5573, 5574, 5575]은 토양이 서리방지를 위해서 도움이 되게 이용될 수 있는 열 저장소라는 것을 제안하였다. 주간에 토양으로의 열 흐름을 증가시키면 야간에 토양으로부터 흘러나오는 좀 더 많은 열이 있게 된다. 그들은 과수원에서 토양의 표면에 석탄 가루를 뿌려서 야간 기온이 0.5℃ 상승한 것을 관측하였다. 석탄 가루와 같은 토양 덮개의 효과는 20장에서 좀 서 상세하게 논의되었다. 스나이더와 코넬[5578]은 과수 아래의 지표 피복을 제거하여 야간 기온을 상승시키는 것을 제시하였다. 지면 피복의 단열 효과에 더하여 지면 피복은 또한 토양보다 높은 알베도를 갖는다. 따라서 지면 피복이 없는 토양은 주간에 야간에 방출될 좀 더 많은 에너지를 흡수한다.

강한 복사역전이 형성되었을 때 바람기계(wind machine, 장대 위의 프로펠러)로 상당히 따뜻한 위의 공기를 아래의 차가운 기층으로 불게 한다. 우듬지(나무의 꼭대기 줄기) 바로 위를 날아가는 헬리콥터 역시 스몰[5577]과 마트솔프[5554]가 기술한 바와 같이 성공적으로 이용되었다.

판 아이머른[5529]은 사과나무들 사이의 실험에서 그림 55-1에서 보여 준 프로펠러가 45°로 기울고, 180° 주변을 선회할 때 1.2ha 위에서 0.5℃, 0.8ha 위에서 1℃의 기온을 상승시키는 계속적인 효과를 갖는다는 것을 밝혔다. 더스킨 등[5525]은 바람기계에 대한 점증하는 관심이 연료비용에 직접적으로 기인할 수 있다고 제안하였다. 그들의 분석에 의하면 미국 콜로라도 주 서부에서 바람기계가 피해를 주는 결빙이 있는 봄의 야간의 93%와 가장 심각한 결빙이 있는 야간의 100%로 서리 피해를 최소화하는 데 도움이 된다는 강한 징후가 나타났다. 많은 작은 프로펠러가 몇 개의 큰 프로펠러보다 항시 좀 더 효과적이었다. 거버[5532]는 다음과 같이 주장하였다.

"바람기계와 히터의 결합이 히터만보다 에너지 효율이 훨씬 더 높고, 바람기계에만 의존하는 것으로부터의 위험을 줄여 준다. 히터와 바람기계에 동시에 투자한 것이 그것들을 개별적으로 사용했을 때 합친 비용보다 적은데, 그 이유는 히터 수의 1/2만이 필요하기 때문이다."

바람기계는 강한 역전이 있는 맑고 고요한 야간에 가장 효과적이다. 싹들이 종종 주위 공기의 기온보다 낮은 온도를 갖기 때문에(그림 29-5) 일부 학자들은 바람기계가 역전이 없거나 매우 약한 역전이 있는 야간에 서리방지에 대해서 효과적이라는 제안을 하였다. 그렇지만 렌퀴스트[5568]는 이것이 좀처럼 나타나지 않는 경우라는 것을 제시하였다. 그는 이에 대해서 두 가지 설명을 하였다. 첫째, 야간 기온/싹 온도 차이는 매우 작아서 드물게만 임계 온도에 걸친다. 둘째, 좀 더 큰 기온/싹 온도차는 강한 역전에 도움이 되는 조건(맑은 하늘과 약한 바람)하에서만 나타날 것이다.

바람기계의 장점은 (프로펠러를 작동시키는 데) 인원이 최소로 필요하고 1 내지 2분 내에 최대 효과에 이르는 것이다. 모든 이슬이 5~10분 내에 날려 갈 때 증발에 의해 일어나는 냉각을 두려워할 필요가 거의 없다. 신더와 멜로-아브로[5579]는 바람기계가 야간에 기온에 미치는 영향을 제시하였다(그림 55-2). 독자들은 바람기계에 관한 다른 정보를 거버[5532]와 신더와 멜로-아브로[5579]에서 찾을 수 있다.

난방에 의한 서리방지는 케슬러와 캠퍼드[5541]가 그들의 기본서에서 상세하게 기술하였다. 열은 나무, 타이어, 석탄을 태우고, 알루미늄 반사판이 있는 탄소 필라멘트 램프, 기름 또는 석유 히터를 포함하는 수많은 유형의 근원 또는 지면 위에 작은 더미로 배열되거나 난로에서 태운 연탄으로 공급되었다. 그림 55-3은 가장 낮은 열에서 4.5m 떨어져서 배열된 7개 열의 연탄난로가 1935년 5월 2일~3일의 서리가 내린 야간에 타는 것을 볼 수 있는 독일 자르의 포도원이다. 사면 위로 버너들 사이의 거리는 멀어질 수 있는데, 그 이유는 열과 연기가 위로 불어 가기 때문이다. 추보이 등[5584]이 보고한 바와 같이 일본에서 석유난로는 때로 포도원에서 지면이 아니라 90cm 높이에 설치되어 문제가 되지 않는 차가운 기층이 지면 부근에 남고, 많은 열이 포도에 이롭게 되었다.

딘켈라커와 아이헬레[5523]는 100m²당 2~3개의 연탄난로를 사용하여 기온을 2~

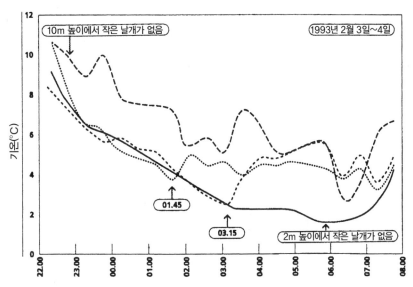

그림 55-2 1시 45분과 3시 15분에 시작된 작은 날개가 없는 것과 바람기계가 있는 2m와 10m 높이에서의 기온(R. L. Synder and J. P. Melo-Abreau[5579])

그림 55-3 포도원에 야간에 서리가 내리기 시작할 때 연탄난로에 불을 붙인 모습(O. W. Kessler and W. Kaempfert[5541])

3°C까지 높였다. 불을 붙이기가 훨씬 쉽고, 야간에 기온변화에 적합하게 조절될 수 있는 석유난로로 100m²당 2~5개의 난로로 약 3°C 기온을 높였다.

난방을 통한 서리 방지는 지형과 일기의 변덕스러움에 종속된다. 그림 55-4는 케슬러(O. W. Kessler)가 1929년 4월 26일 저녁에 독일 오펜하임 부근의 난방이 된 실험장에 내부에 28개의 온도계, 외부에 17개의 온도계로 측정한 결과를 설명한 것이다. 지면 위 50cm에 설치된 온도계의 최초의 온도는 난방이 시작되기 전(왼쪽 위의 그림)에 6.0~6.5°C였다. 첫 번째 난로에 22시 15분에 불을 붙인 후 기온은 실험장의 중앙에서 8°C까

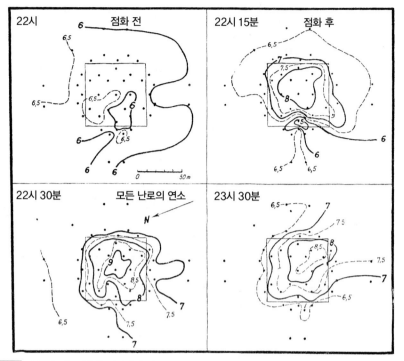

그림 55-4 석유난로를 이용한 서리방지(지면 위 50cm에서의 등온선)(O. W. Kessler)

지 상승한 반면, 난로에 아직 불을 붙이지 않았던 남쪽 가장자리에서 5°C까지 기온이 하강했다(첫 번째 불로 끌어들인 찬공기?). 모든 난로에 불을 붙인 15분 후(왼쪽 아래)에 따뜻한 지대는 잘 분포되어 중앙에서 2~3°C 기온이 상승하였다. 1시간 후의 등온선의 분포(오른쪽 아래)로 나타나는 바와 같이 기온 상승은 이 상태를 유지하였다. 유일한 차이는 따뜻한 중심이 조금 측면으로 이동한 것이다. 앞서 언급한 바와 같이 히터는 일반적으로 바람기계, 스프링클러 또는 안개 발생기(fog generator)와 결합하여 이용될 때 좀 더 효과적이다. 독자들은 서리방지에 대한 난방에 관한 좀 더 많은 정보에 대해서 마트솔프[5552]를 참고할 수 있다. 에너지의 비용이 상승하여 히터는 현재 덜 빈번하게 이용되고 있다.

스프링클러도 상당히 서리를 방지한다. 물이 얼려고 차가워질 때(4.19×10^3J kg^{-1} K^{-1})와 물이 얼기 시작할 때(334×10^3J kg^{-1} K^{-1}) 둘 다 열을 얻게 된다. 기온이 0°C 이하일 때 잎들은 얼음층으로 덮이나, 바깥쪽은 물보라의 물로 덮인다. 잎의 위쪽 표면은 복사, 주변과의 대류 열교환과 증발로 열을 방출한다. 그렇지만 얼음과 물 사이의 경계에서 동결 과정은 숨은열을 방출시켜서 0°C에서 경계를 유지한다. 이 온도는 많은 식물들이 견딜 수 있다. 추가로 물이 공급되지 않고 얼음이 마르게 되면 잎의 윗면은 곧 0°C 이하로 떨어져서 식물이 죽게 되는데, 그 이유는 얼음이 양호한 열 전도체이기 때문이다(표 6-2와 24장). 딘켈라커와 아이헬레[5523]의 그림 55-5는 스프링클러로 보호되는 독일 모젤 포도원을 보여 준다.

　단 하나의 식물에 물 공급을 중단하는 것은 물의 필름이 완전히 얼기에 충분할 만큼 결코 오래 걸리지 않음에 틀림없다. 이것은 중단 시간을 짧게 하거나 물보라가 강하게 떨어지면 피할 수 있다. 당연히 반대로 작용될 수 있는 기온은 길게 중단할 때의 낮은 밀도로부터 짧게 중단할 때의 높은 밀도에까지 이르는 물보라 밀도와 중단 간격에 종속될 것이다. 물의 양이 많을수록 많은 양의 숨은열이 방출되고, 성공적으로 극복될 수 있는 기온은 낮아질 것이다. 헤이머[5536]는 변화하는 기온에서 사과 싹과 꽃을 보호하는 데 적용될 필요가 있는 물의 양을 평가했다.

　피해는 종종 경계 지역에서 일어난다. 이것은 물보라의 양이 불충분하거나 중단이 너무 길어서 때문일 뿐만 아니라 젖은 식물로부터의 증발이 식물을 냉각시켜서(이것은 특히 상대습도와 기온이 낮은 가장자리에서 문제이다) 식물이 좀 더 서리 피해를 입기 쉽게 한다. 일부 경우에 피해가 그 지역 안과 밖에서 식물이 본래대로 있는 지역들에서 관측되었다. 헤이머[5536]는 스프링클러로부터의 물의 분포가 매우 균일하지 않아서 작물에서 보호하는 정도가 변하였다는 것을 제시하였다.

그림 55-5　독일 모젤 포도원에서 서리방지를 위한 스프링클러 배열(O. Dinkelacker and H. Aichele[5523])

적절한 때에 급수를 시작하고 멈추는 것이 중요하다. 첫 번째 방울들은 식물을 바로 습구온도까지 냉각시킨다. 공기가 상대적으로 건조하고 움직이지 않을 때, 냉각은 바로 지금 실제로 기온 이하가 될 수 있다. 어는점에 도달한 후에 물을 너무 늦게 뿌리기 시작하면 식물들은 방출된 숨은열이 효력을 나타내기 전에 죽을 수 있다. 과거의 많은 부실한 효과는 이러한 실수에 기인할 수 있다. 스프링클러는 모든 얼음이 녹은 일출 후에만 정지되어야 한다는 의견을 종종 듣게 된다. 스프링클러 작동이 너무 이르게 중단되면 얼음을 녹이기 위해서 식물로부터 열을 빼앗을 수 있어 식물에 피해를 준다.

몇몇 작물에 대해서 스프링클러의 주요 문제들 중 하나는 얼음 부하이다. 거버와 마트솔프[5533]에 따르면 다음과 같다.

키가 작게 자라는 작물들은 지면까지 구부러질 수 있지만 얼음에 의해서 좀처럼 부러지지 않는다. 종종 서릿발(ice pillar)이 형성되어 이러한 작물들을 지탱해 준다. 일부 벚나무속(Prunus, 복숭아, 매실, 살구, 아몬드) 품종과 같은 약한 비계 가지(weak scaffold branch)를 갖는 엽상의 나무들(foliated trees)은 보통 심각하게 피해를 입어 냉해 방지를 위해서 스프링클러의 사용을 사전에 자재한다. 가지치기와 버팀목을 세워 주는 것을 제외하고 다 성장한 나무에서 할 수 있는 일은 거의 없다.

서리방지를 위해서 머리 위의 스프링클러(overhead sprinkling)와 관련하여 가지가 부러지는 문제를 최소화하기 위해서 간헐적인 사용과 마이크로 스프링클러 관개(microsprinkler irrigation)가 제안되었다. 이 두 가지 방법은 사용되는 물의 양을 줄여서 얼음 형성을 최소화한다. 간헐적으로 사용하여 페리 등[5563]이 논의한 것과 같이 물을 짧은 기간 잠근다. 마이크로 스프링클러 관개는 가는 물보라를 채택하여 물 사용량을 줄인다. 마이크로 스프링클러 관개는 보통 머리 위의 스프링클러보다 지면 가까이에 설치된다. 마이크로 스프링클러 관개는 미국 플로리다 주의 감귤류 산업에서 추위 방지를 위해서 가장 널리 사용되고 있는 방법이다(L. R. Parsons et al.[5561]). 마이크로 스프링클러 관개와 간헐적인 사용이 머리 위의 스프링클러만큼 좋은 방지책은 아니지만, 이것들은 얼음 형성의 문제를 최소화한다. 간헐적인 사용과 마이크로 스프링클러 관개 둘 다 이용하면 바람이 불거나 건조한 조건하에서 작물들이 주변의 기온 이하로 증발에 의해 실제로 냉각될 염려가 있다. 페리 등[5563]은 이 문제를 간헐적인 사용으로 조사했고, 파슨스와 휘튼[5562]은 이 문제를 마이크로 스프링클러 관개로 조사했다. 두 가지 상황에서 문제는 제어하기 쉬운 것으로 나타났다. 독자들은 마이크로 스프링클러에 대한 좀 더 많은 정보를 브르주아 등[5510], 파슨스 등[5561], 파슨스와 휘튼[5562]에서 찾을 수 있다. 데이비스 등[5520]은 단열재로 나무를 둘러싸는 것과 결합된 스프링클러 관개가 따로따로 사용된 스프링클러 또는 랩(wrap)보다 어린 감귤류 나무를 좀 더 잘 보호했다는 것을 밝혔다. 리저 등[5569]도 단열재로 둘러싼 어린 나무가 기온보다 2~3℃까지 어린 나무를 따뜻하게 하는 동안 스프링클러의 사용이 추가로 1~5℃ 보호를 했다는 것을 밝혔다.

활엽 과수나무(와 일부 다른 작물)에 서리를 방지하기 위해서 봄에 추가적으로 스프링클러를 사용하는 것은 성장하는 싹들을 서늘하게 유지하기 위해서 따뜻한 날들에 물을 뿌리는 것이다. 봄에 시작하자마자 싹의 성장율은 싹이 따뜻한 기온에 노출되는 것과 관련이 있다. 싹이 성장할 때 더욱더 서리에 민감하게 된다(내한성이 작아짐). 이러한 유형의 스프링클러 사용의 목적은 환경적으로 강요된 휴면 기간을 연장하여 봄 서리를 피하는 것이다. 독자들은 서리 방지 방법으로서 봄 싹의 성장을 방해하는 스프링클러의 이용을 다룬 추가적인 정보에 대해서 헤이머[5535, 5537], 스트랭 등[5581], 칼마 등[5540]과 그리핀[5534]을 참조할 수 있다. 휴면 오일(dormant oil)도 봄에 싹이 나오는 것을 지연시키는 데 이용될 수 있다(I. E. Dami and B. A. Beam[5519], R. E. Meyers et al.[5558]).

서리방지의 수단으로서 물을 뿌리는 것이 유행하고 있다. 이 수단은 다른 방법들보다 훨씬 낮은 기온에 대해서 효과적이며, 인공 안개나 가열된 공기를 날려 버리는 약한 바람에서도 그 효력을 잃지 않는다. 방지될 지역의 지형은 종종 다른 방법과 함께 큰 어려움을 일으키지만 물보라가 식물에 도달할 수 있으면 덜 중요하다. 막대한 설치비는 어느 정도까지 (히터와 비교하여) 낮은 운영비로 상쇄된다. 게다가 스프링클러는 또한 관개, 해충 구제에 이용될 수 있고, 작물 또는 식물 자체를 해칠 수 있는 기온이나 습도 조건에 종종 노출되는 지역에 심은 작물에 대해서 열을 억제하거나 상대습도를 증가시키는 데 이용될 수 있다. 예를 들어 로마스와 맨델[5551]은 아보카도 플랜테이션에서 머리 위의 스프링클러가 최고기온은 낮추고, 상대습도는 높인다는 것을 밝혔다. 그들은 기온이 하강하는 양은 실제 기온과 직접적으로 관련이 있다는 것을 밝혔다. 기온이 24℃일 때 하강하는 양은 6℃였고, 44℃에서 10℃, 예외적으로 더운 날들에 13℃였다. 스프링클러는 또한 상대습도를 33%나 높였다. 리케이슨스 등[5567]은 높은 기온과 관련된 스트레스에 노출을 줄이기 위해서 여름에 스프링클러를 이용하는 사과나무는 큰 과일이 열려서 수확량과 용해할 수 있는 고체(주로 당)를 증가시키며, 견고함과 저장 기간 둘 다 증가시킨다는 것을 밝혔다. 큰 호수들의 풍하에 과수나 서리에 민감한 다년생 작물들을 심는 주요 장점 중 하나는 호수가 봄에 느리게 따뜻해질 때 기온을 서늘하게 하여 봄에 싹이 늦게 나게 하는 것이다.

봄에 싹이 나오는 것을 지연시키고, 식물의 내한성을 좀 더 길게 하는 다른 방법은 식물에 흰 도료를 칠하여 알베도를 높이는 것이다. 이것은 식물의 강요된 내한성을 좀 더 길게 유지할 것이다. 아이헬레[4101]는 흰 도료를 칠하는 것이 온도를 사실상 낮춘다는 것을 밝혔다. 시버트와 베일리[5576]는 호두나무에 페인트를 칠하여 싹이 나오는 것을 2~3주까지 지연시켰다고 보고했다.

화학제품들도 휴면을 연장시키기 위해서(E. F. Durner and T. J. Gianfagna[5527], L. J. Edgerton[5528], L. Proebsting and R. Mills[5565], C. Tsipouridis[5580]), 일부 작물에서 과냉각을 높이기 위해서(E. F. Durner and T. J. Gianfagna[5527]), 그리고 나무의 내한성을 증가시키기 위해서(G. Sauvage[5571], F. Sun et al.[5582], S. Zilkah et al.[5590]) 이용되었는데, 이 모두 서리 피해를 줄일 수 있다.

식물이 얼어 죽을 때 얼음이 형성되는 것에 상당히 주의를 했다. 1970년대에 빙핵 세균[ice nucleation-active(INA) bacteria][11]이라고 부르는 어떤 병원체(주로 세균)가 발견되었는데, −2℃ 이하로 과냉각된 초본의 식물 조직에서 물의 이용 가능성을 크게 제한하였다(E. L. Proebsting, Jr. and D. C. Gross[5566]). 빙핵 세균의 농도가 낮은 식물은 −8~−10℃ 이상에서 활동하는 다른 내인성의 빙핵 병원체가 없는 것으로 생각된다(E. N. Ashworth, et al.[5506]). 이러한 연구결과는 빙핵 세균에 살균성 또는 억제성을 응용하여 식물이 좀 더 크게 과냉각될 수 있다는 것을 제안하였다. 많은 연구자는 빙핵 세균의 존재와 서리 피해가 발생하는 좀 더 높은 기온 사이의 양의 상관관계를 제시했다. 그렇지만 특히 과수를 다룬 일부 연구는 아무런 상관관계도 제시하지 못했다(E. N. Ashworth and G. A. Davis[5505], E. L. Proebsting, Jr. and D. C. Gross [5566]). 따라서 지금까지의 결과가 어떤 작물에 대해서 특정 상황에서는 가능성이 있는 것으로 나타나기는 했지만, 이것이 서리로부터 식물을 보호하는 데 도움이 되는 새로운 실용적인 방법으로 우리가 결론을 내릴 수는 없다.

*P. springae*는 5개의 알려진 빙핵 세균 중에 가장 흔하다(S. E. Lindow[5548]). 린도우[5549]는 재조합형의 유전학(recombinant genetics)을 이용하여 이것을 변화시켜서 −15℃ 이상의 따뜻한 기온에서 아무런 빙핵 활동도 하지 못하게 하였다(원래의 세균을 'ice+ *P. springae*', 돌연변이를 'ice− *P. springae*'라고 부를 것이다). 린도우[5547]는 세균의 착생(bacterial adhesion)에 충분한 영양분 또는 적절한 장소가 있는 잎 또는 과일에서 장소의 수가 제한될 수 있고, 이것이 식물기생 세균(epiphytic bacteria)의 모집단 크기를 제한할 수 있다고 제안하였다. 이렇게 제한된 장소들을 놓고 경쟁하는 세균은 유사한 자원을 요구하는 압력에 대해서 상당한 반항을 했다.

---

11) 결빙을 촉진하는 작용을 하는 빙핵으로서의 성질을 가진 세균.

린도우와 파노포울로스[5549] 역시 ice− *P. springae*의 주입과 직접적인 적용으로 모집단이 증가하여 ice+ *P. springae*의 모집단이 크게 감소했다는 것을 제시하였다. 이것은 ice+ 세균에 의한 이식 이전에 ice− *P. springae*가 적용될 때에만 효과적이었다. 야외 테스트에서 처리된 식물에 대한 서리 피해는 처리되지 않은 식물과 비교하여 20∼95%까지 감소하였다(S. E. Lindow[5543, 5544], S. E. Lindow et al.[5545, 5546]). 빙핵 성질이 없는 *P. springae*가 자연히 나타나는 것이 발견되었고, 발생적으로 처리된 것과 같이 효과적인 것으로 증명되었다. 자연히 나타나는 변종이 서리방지를 위해 이용되었다(R. Wrubel[5589]).

위스에니브스키 등[5588]은 식물에 소수성(疏水性, hydrophobic)[12] 물질을 뿌려서 수분이 식물 표면에 형성되는 것을 방지할 수 있으며, 그때 빙핵을 위한 표면 장소의 수를 줄인다는 것을 밝혔다. 이것은 식물이 낮은 온도까지 과냉각되게 하여 결빙이 시작되는 것을 늦추었다(M. P. Fuller[5531]).

서리방지를 다루는 추가적인 정보에 대해서는 칼마 등[5540]과 신더와 멜로-아브로[5579]를 추천하겠다. 서리방지 대책, 운영 방법과 경제적인 측면에 대해서는 신더와 멜로-아브로[5579], 신더 등[5580]을 추천하겠다.

---

12) 물을 쉽게 흡수하지 않는, 또는 소수성 콜로이드처럼 물과 반대로 작용하는 것을 의미한다.

제9부

미기후학과 미기상학 연구를 위한 측정기술적 조언

— 구스타프 호프만

제56장 측정요소를 획득하고 표현하기 위한 일반적 관점

제57장 개별 요소의 측정

제58장 조합된 측정 및 계산 방법

제56장 ··· 측정요소를 획득하고 표현하기 위한 일반적 관점

개별 논문들에서만 기술된, 특별히 접지기층에서 측정을 하기 위해서 개발된 많은 수의 기기들이 있지만, 많은 경우에 기상학[5604, 5607, 5603]과 물리학 및 물리학의 세부 분야들[5601, 5608]에서 이용된 측정기술에 관해서 종합된 내용은 적절한 기기를 선택하기 위한 훌륭하고 적절한 기초를 제공할 것이다. 더욱이 구하는 측정요소들이 공식 관측망의 관측과 결합되어야 한다면 기상청의 관측 지침[5612, 5611, 5614]을 따라야 할 것이다. 또한 제조 회사의 내용 설명서와 사용 설명서도 제한된 범위에서 도움이 될 것이다.

특정한 요소를 측정하기 위해서 결국 어떤 기기를 택해야 하는가는 대부분의 경우에 가장 적절한 것으로 생각되는 것뿐만 아니라 이미 기존에 존재하는 기기의 이용 가능성, 기기를 제조하는 작업장의 능력, 재정적 수단과 더군다나 중요한 것은 차후에 결과를 분석할 때 드는 비용에도 종속된다. 이러한 관점은 또한 문헌에서 기기를 판단하여 기술할 때에도 고려되어야 한다. 그 이유는 예를 들어 밀리볼트 기록계(millivolt recorder)를 사용할 수 있으면 열전온도기록계(thermoelectric recording device)가 수은온도계보다 측정 문제를 비용이 덜 들게 해결해 줄 수 있기 때문이다. 측정기기를 완전히 새로 구입해야 하는 경우에는 일반적으로 동일한 유형의 기기를 스스로 개발하는 것보다 기성 제품을 구입하는 것이 결국 저렴할 것이다.

조사 목적에 따라서 미기후학 측정과 미기상학 측정을 구분하는 것이 유용할 것이다. 그렇지만 실무에서는 당연히 중간 단계가 있다.

미기후학 측정으로 특정 장소에 대한 기상학 매개변수의 특징적인 값을 조사해야 한다. 이러한 값은 평균값, 극값, 특정한 값들의 빈도, 지속 기간 또는 출현 시기 등일 수 있다. 공식 기상관측망의 측정값이 이러한 유형의 특성 값들로 간주될 수 있다. 독일에서는 관측소들이 약 20~30km 떨어져 있어서 각각 이 자료로 평균 500km² 이상의 지역을 대표한다. 이러한 대기후 관측망의 관측소들 사이에 위치한 지역의 기후 특성을 파악하는 것이 미기후학의 과제이다(48장). 대기후 관측망의 관측소들[5606]에서와 같은 확실한 자료를 미기후학 연구에서 기대하는 한 일반적으로 같은 측정방법을 이용할 필요가 있다. 즉 개별 기간의 일기의 특수성을 어느 정도 고르게 하기 위해서 장기간에 걸쳐 측정을 할 필요가 있다. 이러한 측정은 이에 소요되는 비용 때문에 제한된 범위에서만 가능할 것이다. 실제로 지금까지도 동일한 측정방법을 이용하였기 때문에 훌륭한 공간적 내삽을 할 수 있었던 적은 연구만이 있다. 우리는 적어도 적은 기상학의 매개변수, 작은 신뢰도를 가진 값들 또는 간접적인 방법으로 만족해야만 했다.

이와 대조적으로 우리가 흔히 적은 매개변수들, 자주 심지어 하나의 매개변수에만 관심이 있어서 기후 자료에서 기대되는 정확도가 결코 요구되지 못하는 한 실제적인 목적에 부딪히게 된다. 이에 대한 사례가 서리 위험이다. 서리 위험은 대개 문제가 되는 작물에 대해서 적절한 높이에서 최저기온을 측정하여 추론될 수 있다. 모든 본질적인 차이를 제시하기 위해서 수일간의 야간에 측정하는 것으로 충분하다[5613].

그러나 매우 다양한 요구(서리방지, 방풍, 개간, 도시계획 등)로부터 자극받은 바로 이러한 지형기후 연구는 연구방법에서 큰 차이가 나타나게 하여[5613], 어렵게 구한 자료를 서로 비교할 수 없고, 실제 문제에 대해서도 매우 중요한 자료를 서로 연결할 수 없는 위험성이 있다. 여기서 위에서 언급한 실제적인 목적과 대기후 관측망에 연결시킬 수 있는 가능성 사이에 좋은 균형을 이루기 위해서 많은 연구가 필요하다. 지형기후 연구의 측정방법이 대기후 관측망과 크게 다를수록 이 자료를 장기간 관측소들 사이에서 내삽하는 것이 점점 더 어려워진다. 이러한 의미에서 상이한 측정 높이에서의 기온이 다른 기후 자료가 되어, 예를 들어 크로이츠[5613]는 백엽상 옆에 보통 2m 높이에 세우는 백엽상을 50cm에 세울 것을 권하였고, 부르크하르트[5602]는 야외에서 자동차로 측정 운행을 할 때 측정 센서의 높이를 고정 설치된 측정 기기의 높이에 맞추거나 그 반대로 해야 한다고 지적하였다. 야외의 지형을 이용하여 비교하고 결론을 내릴 때 특히 주의를 해야 한다. 여기서 예를 들어 "약한 구릉성 지역에서조차도 이 지역의 서로 다른 부분 위로 부는 바람이 전혀 정확하게 추정될 수 없다"(43장)는 설명[5613]과 같이 차후의 측정은 전혀 다른 결과를 가져올 수 있다.

그러므로 좋은 미기후학 자료를 얻는 것은 보통 측정하는 데 많은 어려움과 노력이 필요하여 많은 경우에 자기기록계를 이용해야 한다. 개별적으로 읽을 때에도 많은 측정자료가 확실한 기초로 필요하다. 이것은 모든 경우에 미기후 연구가 많은 분석 및 평가 작업을 필요로 한다는 것을 의미한다. 하나의 기후값에서 모든 측정 시간들이 동일하게 중요하기 때문에 작업은 측정요소들의 수를 줄여서만 감소될 수 있다. 비교적 적은 노력으로 많은 수의 측정자료를 얻게 해 주는 장점이 있는 자기기록계는 유감스럽게도 차후에 실제로 분석할 수 있는 것보다 좀 더 많은 작업을 필요로 한다. 그러나 사용되지 않는 측정값들은 가치가 없어서 이 측정값을 구하는 것은 헛되게 낭비한 작업이 된다. 그러므로 미기후 연구를 시작하기 전에 기대되는 자료가 또한 실제로 연구목적과 일치하는 방법으로 분석될 수 있는지의 여부를 특히 잘 고려해야만 한다. 여기서 측정요소들을 잘 고려하여 제한하는 것이 처리되지 않고 분석을 기다리고 있는 산더미 같은 자료보다 훨씬 더 좋은 일이다. 유감스럽게도 오늘날 비싸고 복잡한 측정기기를 위한 돈을 얻는 것이 많은 인내심을 요구하는 주요 자료를 실제 학문적 연구에서 이용할 수 있는 자료로 처리하는 단순한 작업을 위한 돈을 얻는 것보다 쉽다.

미기상학 연구는 기록된 자료를 분석하는 데 이용되는 방법으로 미기후학 연구와 구분된다. 여기서는 측정자료가 일반적으로 타당한(즉 측정 장소에 종속되지 않는) 기상학의 법칙성을 조사하거나 검증하게 하는 기상 매개변수들 값의 조합을 얻는 데 이용되어야 한다. 그러나 물리학의 연구방법과 유사한 이러한 연구방법은 특히 기상학자가 드물게만 직접적인 실험을 통해서 관심을 갖는 요소들 사이의 관계를 증명할 수 있는 것을 통해서 실험물리학의 연구방법과 구분된다. 이에 상응하는 시점이 원래부터 나타날 가능성이 없기 때문에 기상학자는 나중에 많은 수의 자료 조합에서 관계를 설명하기에 적합한 것을 찾기 위해서 개별 매개변수들을 지속적으로 기록해야 한다. 기상학자가 기록된 자료 중에 작은 부분만을 분석한다는 사실이 자료를 낭비하는 것을 의미하지는 않는다. 이러한 일이 결국 필요한데, 그 이유는 접지 기상 매개변수들이 겹쳐진 제어(하루의 주기, 계절 주기, 일기상태)의 결과로 서로 결합되어 나타나기 때문이다. 그러므로 특정한 값들의 조합은, 관심을 갖는 관계를 설명하기 위한 그 값이 적지 않으며, 자주 심지어 그 지역의 경계 지대에 위치하기 때문에 나타나는 값들이 특히 이에 적합한, 다른 조합보다 훨씬 더 빈번하게 나타날 것이다.

접지기층의 연구를 미기후학의 목적과 미기상학의 목적으로 구분하는 것은 당연히 어느 정도까지 임의적인데 그 이유는 이미 언급된 바와 같이 모든 변하는 형태가 있고, 많은 연구들에서는 동시에 두 가지 목적을 추구하기 때문이다. 그러나 측정기기를 선택할 때에는 미기후학의 목적에서 특히 다른 장소들에서 동일한 유형의 결과를 비교할 수 있어야 한다는 점을 고려해야만 할 것이다. 상당 부분 공식 기후관측소에서 이용되는 보통의 기기들이 이용되고, 보통의 기기로 연구 목적에 도달할 수 있는 경우에는 자체의 기기를 개발하지 말아야 할 것이다. 이러한 유형의 연구를 위해서는 자주 표현된 '표준 관측기기 세트'를 바라는 것이 의미가 있을 것이다. 그러나 이러한 사실은 측정 센서에 대한 매우 상이한 요구 때문에 모든 방면을 만족시킬 수 있는 기기가 없는 미기상학 연구에는 적용되지 않는다. 이 분야에서 표준화는 점점 더 나은 그리고 발전된 새로운 연구에 적합한 기기를 개발하려는 노력을 저지할 것이다.

그러나 모든 경우에 측정 정확도의 문제가 중요하다. 가능한 한 정확한 측정값을 구하려는 노력이 당연히 올바를 것이다. 그러나 측정 정확도가 높아질수록 일반적으로 비용이 매우 크게 증가하여 전체 문제의 범위에서 개별 측정값에 어떤 비중이 주어지는가를 고려해야 할 것이다. 원하는 요소를 조사하는 데 측정값 포함하는 공식이 있으면, 오차 추정을 통해서 상황이 분명하게 되고, 상황에 따라서 무익한 비용을 줄일 수 있다.

측정기기에서는 읽는 오차, 즉 관측자가 기기의 눈금을 읽을 때 나타나는 오차와 기기의 전체 오차를 구분해야 한다. 보통 측정 센서와 읽는 부분 사이의 전달 부분에 불변성이 없고, 노화(aging) 그리고 변할 수 있는 외부의 영향으로 인한 오차를 포함하는 후자가 훨씬 더 크다. 유감스럽게도 연구 논문뿐만 아니라 제조 회사의 인쇄물에도 흔히 두 가지 오차가 종종 뒤섞여서 기기는 충분히 비판적으로 읽지 않으면 환기되는 기대를 충족시키지 못한다. 오늘날에는 이미 보통 비용을 들여서 측정기기가 $0.01°C$ 또는 그 이하의 측정 센서 온도의 변화를 쉽게 감지하는 기온 측정기기를 만드는 데 아무런 문제가 없다. 그러나 아직 이것으로 측정 센서의 온도가 $0.01°C$까지 정확하게 조사될 수는 없는데, 그 이유는 전달 부분에서의 통제할 수 없는 변화가 마찬가지로 읽을 때 변할 수 있기 때문이다. 물론 그에 상응하게 면밀하게 만들어서, 즉 그에 상응하는 비용을 들여서 또한 이러한 문제를 어느 정도까지 피할 수 있다. 그러나 또한 — 기온 측정의 사례를 유지하기 위해서 — 측정 센서를 매우 정확하게 조사할 수 있어서 항시 실제로 구하는 요소, 즉 기온이 아닐 수 있다. 이러한 사실은 이와 유사한 방법으로 다른 요소들에도 적용된다. 특히 미기상학 측정에서 나타나는 다른 두 가지 오차를 — 다시 기온 측정의 사례에서 — 간략하게 지적하도록 하겠다.

첫 번째 오차는 측정기기를 통한 자연적 상태의 요란과 관련된다. 측정 센서의 온도는 측정하는 공기의 온도뿐만 아니라 복사 및 통풍과 같은 다른 과정들의 영향도 받는다. 가리지 않은 센서에서는 오차, 즉 측정 센서의 온도와 공기의 온도 사이의 차이가 수 $°C$에 달할 수 있다. 그러나 차폐와 인공적인 통풍을 통해서 오차를 줄이려고 한다면 특히 지면 부근의 강한 기온성층에서 자연 상태가 요란된다. 그러므로 요란되지 않은 실제 상태를 가능한 한 잘 파악하고 당연히 상당 부분 각각의 상황에 종속되는 타협을 해야만 한다. 그러면 대략 $0.5°C$까지 조절할 수 없는 오차를 기대해야만 해서 $0.01°C$까지 측정 센서 온도를 나타내는 측정기기를 요구할 의미가 없어진다.

두 번째 오차, 즉 영어권 문헌에서 자주 '표집오차(sampling error)'라고 부르는 것은 제한된 수의 측정값에 기인한다. 많은 기상학의 매개변수는 바람이 불 때 같은 현상과 유사하게 흔히 돌풍도(gustiness)라고 부르는 단기간의 변동을 나타낸다. 기온에서 이와 같이 불규칙한 변동이 평균 약 $±0.3°C$에 달하면 관성이 작은 기기에서 읽은 개별 값들은 평균적으로 긴 측정자료의 평균값에서 약 $±0.3°C$ 편차가 나고, 장기간 추이에서 이러한 정도로 분산된다(그림 9-1). 그러면 $0.01°C$의 정확도를 갖는 측정기기는 측정 시간에 종속되는 확률값을 제공하게 된다. 약 10개의 값이 $0.1°C$까지 정확한 평균값을 제시할 것이다. 그러나 $0.1°C$까지 정확한 값을 원하면 — 평균상태가 불변하는 것을 가정하여 — 약 1,000개의 개별 값이 필요하게 된다. 분석을 할 때 가능한 비용은 여기서 도달할 수 있는 정확도를 제한한다. 많은 측정기기는 관성 때문에 어느 정도까지 이러한 단기간의 변동을 고르게 한다. 그러므로 측정기기들은 그들의 관성에 상응하는 평균값을 이룬다. 측정기기의 관성계수를 대략 측정 간격에 상응하게 해야 할 것이다. 이것은 대체로 기술적인 이유로 불가능할 것이다. 그러나 일반적으로 가능한 한 관성이 작은 — '실제 값을 나타내는' — 측정기기를 추구하는 일은 완전히 잘못된 것은 아닌데, 그 이유는 그러면 측정값들이 측정 간격의 평균값이 아니라 확률값을 나타내기 때문이다. 이와 유사한 사실은 측정 센서의 크기에도 적용된다. 여기서도 가능한 한 지점 측정 (point measurement)을 추구하는 것이 항시 장점이 있는 것은 아니다.

그러나 연구의 유용성은 이용된 측정기기의 양부(良否)뿐만 아니라 분석할 때 드는 시간에도 종속된다. 많은 경우에 발간된 자료를 좀 더 이용하는 것이 어려운데, 그 이유는 일부 정보가 빠져 있기 때문이다. 그렇지만 저자에게는 중요치 않으나 독자에게 당연히 그렇지는 않다. 사용한 측정기기와 분석방법을 충분하게 기술하는 것이 필수불가결하나 측정 장소, 특히 지명 또는 이보다 더 나은 경·위도를 통해서 완전한 위치를 기술하는 것도 마찬가지로 중요하다. 측정 장소를 기술하는 것은 더욱이 장소적 상태, 특히 해발 위와 주변에 대해서 상대적인 측정 장소의 위치를 특징지어야 한다. 측정고도는 흔히 고도 0의 위치에 대한 지표가 된다. 측정 지점의 지면의 경사도와 방위와 또한 주변에서 성장하는 식생의 유형과 높이에 관한 정보도 마찬가지로 중요하다. 특히 산악 지역과 삼림에서 일사 및 바람 조건에 대해서 중요한 수평적 제한에 관한 자료가 제시되어야 한다. 이에 대한 사례는 오스트리아 룬츠 기후관측소에 관한 라우셔[5605]의 훌륭한 연구에서 알 수 있다. 그림 56-1 왼쪽 위의 그림에서 이 방법을 가장 잘 볼 수 있다. 주변을 둘러싸고 있는 원은 수평선과 중심점이 천정에 상응하는 것을 나타낸다. 수평선과 천정 사이에는 같은 간격으로 30°와 60°의 고도를 나타내는 원이 그려져 있다. 6월 21일, 춘·추분과 12월 21일의 태양의 궤도가 함께 기입되었다. 시간을 나타내는 점들은 태양의 궤도에 점으로 표시되었고, 부분적으로 점선으로 연결되었다. 그다음에 수평선 위의 투영은 개별 방위에 점을 찍었다. 가공되지 않은 이 자료는 그림 56-1에서 제시된 4개 관측소에서 4°, 17°, 30°, 49°에 달하는 평균 차폐각을 통해서도 가능하다. 경위의(theodolite) 이외에 이용할 수 있는 단순한 측정기기는 655쪽 이하에 제시되었다. 일기에 관한 자료에서는 가능한 한 기상대에서 이용하는 표준을 따라야 할 것이다. 최소 공간에서 최대 정보를 제공하는 종관기상학에서 이용하는 기상기호로 성공적으로 포괄적인 기술을 할 수 있다. 시간을 제시할 때에는 평균 지방시(예 : 중유럽표준시) 또는 기후학적으로 좀 더 적합한 평균지방시를 언급해야 한다.

측정요소들의 자료와 이 자료에서 유도된 관계를 기술할 때 특히 주의해야 한다. 모든 측정은 원리에 따라서 측정된 요소를 다른 단위와 비교하는 것이다. 수치값과 단위

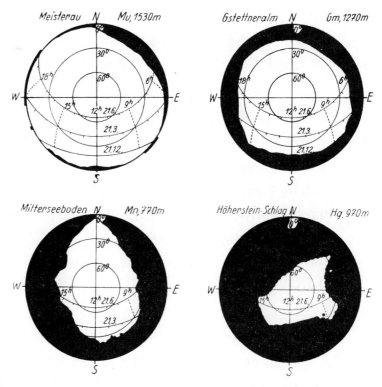

그림 56-1 오스트리아의 룬츠에서 선별된 4개의 관측소에서 서로 다른 수평 차폐(F. Lauscher[5605])

가 자료를 완전하게 한다. 수치값만으로는 특히 기상학에서 나란히 사용되는 많은 단위와 관련하여 종종 거의 가치가 없다. 적어도 이러한 수치값은 독자가 예상되는 단위를 찾는 데 필요한 일을 하게 할 것이다. 이러한 사실은 또한 'cgs'[1]와 같은 일반적인 단위를 기술하는 데에도 적용된다. 단위는 개별 자료뿐만 아니라 표, 다이어그램과 특히 공식에도 적용된다. 여기서 여러 요소들을 포함하는 방정식(독 : Größengleichung)과 수치값을 갖는 방정식(독 : Zahlenwertgleichung)이 혼합되어 많은 혼란이 일어난다. 유감스럽게도 이러한 부족한 점으로, 가능하다면 상황에 따라서 많은 비용을 들여서 수집된 자료를 이용하는 것을 어렵게 하는, 참고문헌 목록으로 많은 페이지를 채우는 것이 쉽다는 사실을 확인해야만 한다. 위원회가 다음과 같이 단위와 공식 요소들에 대해서 표현한 단순한 결론이 어디서나 관측되는 것이 가장 바람직할 것이다. "물리학의 방정식에서 이용된 부호는 일반적으로 물리적 '양', 즉 언급된 수치를 의미한다. 물리적 양은 방정식에 따라서 수치값(측정된 수)과 이용된 단위의 부호의 곱으로 좀 더 적절하게 간주된다." '물리적

---

1) 제4판(1961)의 내용을 번역한 내용이라 'cgs' 단위이다.

양 = 수치값 × 단위'이다. 이용된 부호를 수치값 또는 선택적으로 양 또는 수치값으로 정의하면 어떤 방법으로, 예를 들어 '수치 방정식'과 같이 추가하여 혼란이 배제되게 된다. '여러 요소들을 포함하는 방정식'을 이용할 때에는 단위의 부호뿐만 아니라 수치와 문자가 서로 곱해지거나 나누어져도 된다."

여러 요소들을 포함하는 방정식뿐만 아니라 수치값을 갖는 방정식의 계산을 위해서 기초로 사용될 수 있는 가능한 많은 사례 중의 하나가 25장의 스베드럽(Sverdrup) 방법의 논의로 제공된다. 보우엔비는 248쪽에서

$$\frac{Q_H}{Q_E} = \frac{c_p \cdot d\Theta/dz}{r_v \cdot dq/dz}$$

로 제시되었다. Q_H/Q_E에 대한 이 요소들을 포함하는 방정식에서 포함된 모든 요소들은 임의의 단위로 제시될 수 있다. 계산된 Q_H/Q_E는 예를 들어 $d\Theta/dx$가 grd/100m 또는 grd cm^{-1}로 제시되고 dq/dz가 g/kg · 100m 또는 cm^{-1}로 측정되는가에 종속되지 않고 항시 동일한 값을 가지게 될 것이다. 그러나 이러한 사실은 차후의 다른 방정식 형태

$$\frac{Q_H}{Q_E} = 0.49 \frac{\Delta t}{\Delta e}$$

에는 더 이상 적용되지 않는다. 수치값을 갖는 방정식은 Δt에 °C로 제시된 온도의 수치값의 편차와 Δe에 토르(torr)로 제시된 수증기압의 수치값의 편차가 대입되어야만 정확한 결과가 나올 것이다. °F, hPa, 대기압(atmosphere) 등과 같은 다른 단위를 이용하면 수치값을 갖는 방정식은 틀린 Q_H/Q_E 값이 나타나게 할 것이다. 그러므로 이러한 형태의 방정식에서 방정식에 적합한 단위가 제시되어야 한다. 위의 사례에서 이것은 수치값을 갖는 방정식 바로 앞에서 언급되었다. 이러한 정보가 생략되면 전체 방정식은 사용자에게 아무런 의미도 없다는 사실을 쉽게 알게 된다. 유감스럽게도 — 이미 강조한 바와 같이 — 이러한 사실은 많은 논문에서 충분히 고려되지 않았다. 이러한 사례에서 또한 수치값을 갖는 방정식의 형태로 관계를 제시하는 것이 유리하다는 사실을 알게 된다.

슈틸레[5609]도 요소들을 포함하는 방정식이 이와 같이 바람직하게 선호된다는 사실을 강조하였다. "역학에서 의식적 또는 무의식적으로 과거부터 이용되어 왔고, 오늘날 물리학과 공학에서 점점 더 많이 이용되고 있는 요소들을 포함하는 방정식을 만드는 방법으로 우리는 물리학적인 법칙성을 차후에 이러저러한 이유로 특별히 제한된 단위 선택에 완전히 종속되지 않는 일반적인 형태로 기술할 수 있다." 그럼에도 불구하고 수치값을 갖는 방정식은 특히 경험적인 관계를 제시할 때 배제될 수가 없다. 그러한 경우에는 수치값이 방정식을 충족시키기 위해서 양이 어떤 단위로 제시되어야 하는가를 방정

식 바로 앞이나 뒤에 제시해야 한다.

제57장 ··· 개별 요소의 측정

우선 단순하게 보이는 기온 측정은 바로 지면과 가까운 범위에서 어려운데, 그 이유는 측정 센서가 주변 공기에 열을 전도하는 위치에 있을 뿐만 아니라 특히 복사의 영향을 받기 때문이다. 복사오차는 측정 센서의 복사수지 $Q*$(14쪽 참조)에 정비례하고, 대략 풍속 v의 제곱근으로 증가하는 에너지전달계수 α_L(272쪽 참조)에 반비례한다. 백엽상과 이와 유사한 시설로 복사를 차폐하면 $Q*$뿐만 아니라 동시에 v와 그에 따라 α_L도 감소된다. 그 외에도 측정 센서로 흐르는 공기가 복사를 차단한 시설에서 가열되면 이러한 과정으로 복사오차를 감소시킬 수는 있으나 배제시킬 수는 없다[5604, 5703, 5725]. 그러므로 특히 기후학적인 목적을 위해서는 복사를 차폐하는 것을 포함하여 기온을 측정하는 데 이용되는 기기가 표준화되어 절대적으로 정확한 값은 아니지만 측정값의 비교 가능성은 보장되어야 한다. 바로 이러한 비교 가능성 때문에 오늘날에도 측정 규정을 유지하고 있다. 그렇지만 기술적으로 좀 더 나은 자료를 구할 수 있는 가능성이 있다. 그러나 이로부터 기상학이 물리학과 편차가 나는 자체의 기온 개념을 갖는다고 결론을 내리는 것은 지나친 일이다. 복사수지 $Q*$를 줄이는 다른 방법은 측정 센서에 흰색을 칠하고 백금선 경질유리 온도계(platinum-wire hard glass thermometer)를 이용하는 것이다[5613]. 이 온도계는 적어도 단파복사의 일부만을 흡수한다. 야외에 당겨 놓은 줄 [5733]은 작은 직경 때문에 비교적 높은 열전달 계수 α_L를 가져서 복사오차가 감소된다. 그러나 바이제[5613]는 백금선으로 만든 온도계가 대수롭지 않은 원인으로 끊어져서 줄을 다시 걸고 검정하고 재검정하는 것이 매우 번거로운 일이라는 사실을 지적하였다. 끝으로 개별 측정에만 이용될 수 있는 휘돌이온도계(sling thermometer)를 언급하겠다. 수십 년 동안 증명되어 온 차폐와 인공적인 통풍이 결합된 것이 통풍건습계 (aspiration psychrometer)이다. 통풍건습계로는 습도도 측정할 수 있다. 특히 크기가 큰 아쓰만건습계(Aßmann aspiration psychrometer)를 추천하겠다[5604]. 작은 아쓰만건습계는 덜 정확하고 쉽게 요란받을 수 있기 때문에 작은 중량이 실제로 장점이 있는 경우에만 이용된다. 전기 측정 센서가 달린 통풍건습계[5712]도 있어서 지속적인 기록을 할 때 이용할 수 있다.

그림 57-1은 완전히 전기로 작동하는 이러한 유형의 건습계이다. 그림 위에 통풍기 (aspirator)가 있다. 외부 커버와 함께 회전하는 모터는 비가 침투하고 특히 고체의 강

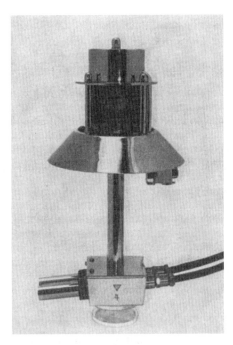

그림 57-1 프랑켄베르거(E. Frankenberger)의 전기건습계(함부르크에서 Th. Friedrichs의 사진)

수가 들러붙는 것을 막아 준다. 공기는 아쓰만건습계에서와 같이, 그러나 여기서는 수평으로 놓인, 두 개의 복사를 차단한 관을 통해서 빨려 들어간다. 복사를 차단한 관들 안에 두 개의 백금선 경질유리 온도계가 있고, 전기선은 그림에서 오른쪽에 있다. 두 온도계 중 하나는 뒤에 있는 용기로부터 물을 공급받아 습구온도를 나타낸다. 기기 중앙의 흡인관은 공기가 기기로 들어가는 높이와 다시 빠져나가는 높이 사이에 충분한 거리를 보장한다. 지면에 가장 가까운 부분에서 인공통풍은 자연적인 기온성층을 방해할 수 있다. 그러므로 바텔스[5702]는 지면 부근에서 측정할 때 항시 새로운 방해받지 않은 공기가 측정 센서에 도달하게 하기 위해서 항시 동일한 원하는 높이에서 기기를 느리게 이동시켜야 한다고 제안하였다. 복사오차를 줄이기 위한 장치 이외에 때때로 보정 설비도 제안되었다[5741]. 브록스[2]와 플리글[3]은 기온경도를 측정하기 위한 광학적 방법을 제시하였다.

토양온도의 측정값은 — 지표 바로 아래에서 측정하는 것을 제외하고 — 복사오차가 없다. 여기서 온도계의 관성은 아무런 역할도 하지 않는다. 이와 반대로 토양의 이질성

2) *Brocks, K.,* Eine räumlich integrierende optische Methode für die Messung vertikaler Temp. u. Wasserdampfgradienten in der untersten Atmosphäre. Arch. f. Met. (A) 6, 370-402, 1954.

3) *Fleagle, R. G.,* The optical measurement of lapse rate. Bull. Am. Met. Soc. 31, 51-55, 1950.

은 측정값이 원하는 층에 대해서 대표적이지 못하고, 특히 토양이 기기가 설치된 바로 그 지점에서 요란이 되었을 때 대표적이지 못하다. 그러나 동일한 깊이에서 여러 온도계를 동시에 사용하면 매우 높은 요구에 대해서만 정당화된다. 수온을 측정할 때에는 물통온도계(bucket thermometer)와 전도온도계(reversing thermometer)[5604] 이외에 즉각적이고 지속적으로 온도를 읽을 수 있는 전기 온도 측정방법이 성공적으로 이용된다[5754].

토양표면온도를 측정하는 것이 특히 어려운데, 그 이유는 여기서 복사 차폐와 인공 통풍이 완전히 사용할 수 없는 측정값이 나타나게 하기 때문이다. 나지 토양에서 위에서 언급한 지면 부근 범위에서의 바텔스의 방법은 표면 위로 편평한 측정 센서를 당겨서 사용할 수 있는 평균값을 제시한다. 그러나 얇은 토양층으로 유리온도계를 덮는 것은 전혀 원자료(raw data)를 제공할 수 없을 것이다. 아마도 여기서 표면의 고유 복사를 이용하여 기술적으로 이미 보장된 표면온도의 측정이 머지않아 좀 더 나은 기초가 될 것이다[5732, 5729].

기온 측정기기로서 여러 가지 형태로 제조되어 또한 직접 토양에 설치하는 액체온도계(수은, 알코올 등) 이외에[5604] 부르돈관(Bourdon tube) 또는 바이메탈(bimetal)로 만든 자기온도계(thermograph)를 이용할 수 있다[5604]. 공식 기상관측망에서 이용되는 것과 같은 표준 백엽상[5604, 5612] 이외에 분해하여 쉽게 운반할 수 있는 백엽상[5731, 5743]과 서로 다른 형태의 많은 복사 차폐 장비[5613, 2501, 5606, 5725]가 있다. 반 아이머른[5613]에 의하면 야외에서 자전거를 이용하여 측정 운행을 할 때 기상기록계(meteorograph)를 사용할 수 있음이 증명되었다. 자동차에도 이러한 목적을 위해서 이미 여러 차례 원격 측정 온도계(remote-reading thermometer)를 장착하여 차 안에서 온도를 읽을 수 있었다[5613, 5709]. 장기간 기온 평균값을 구하기 위해서 설탕 용액을 채운 앰플에서 광학적 회전을 측정할 수 있다. 이 방법[5742]이 반응 속도의 기온에 대한 지수적 종속성 때문에 습관적인 산술적 기온 평균을 제시하지 않지만, 생물기후학적인 목적을 갖는 연구에서는 성공적으로 이용될 것이다. 이 방법으로는 특히 매우 많은 지점에서 동시에 측정할 수 있다.

전기를 이용하지 않는 이러한 측정 방법 이외에 전기를 이용한 측정 방법이 점점 더 중요해지는데, 그 이유는 전기를 이용한 측정 방법으로 원격 측정뿐만 아니라 기록도 할 수 있기 때문이다. 주로 온도차를 측정하는 데 적절한 열전온도계(thermoelectric thermometer)로 기온을 측정할 때 비교 온도의 양호한 불변성(무저항의 땜납으로 붙인 부분, 독 : passive Lötstelle, 영 : passive junction)이 특히 온도를 기록할 때 장점이 된다. 야외에서 비교 땜납(독 : Vergleichslötstellen, 영 : reference junction)으로 붙인 부분을 20~50cm까지 땅 속에 묻어 그 깊이에서의 작은 온도 변동을 이용할 수 있다. 이 경우에 비교 온도를 충분히 많이 읽는 것은 당연히 열적으로 관성이 있는 금속 본체 [5711] 또는 얼음과 물을 채운 욕조[5715]를 이용할 때와 같이 필수적이다. 여기서 전기 도금 요소들을 배제하기 위해서 그 외에도 양호한 전기 절연을 고려해야만 한다 [5734]. 온도에 종속되는 저항과 연결하여 변하기 쉬운 비교 온도의 영향이 보정된다 [5720]. 단순한 열전소자를 접촉기록계(독 : Punktschreiber, 영 : intermittent contact recorder)에 직접 연결해서는 절대 0.1℃의 측정 정확도에 이를 수 없다. 그러므로 여러 경우에 증폭기(amplifier)[5734] 또는 열전기더미(thermophile)[5752]가 이용되었다. 후자는 최근에 또한 비교적 단순한 방법으로 콘스탄탄 줄(constantan wire)[4]을 전기 도금으로 연결하여 생산된다[5701]. 언제 반도체 열전소자가 실제적으로 이용할 수 있는 측정기기에 장착될 수 있는가는 아직 예견할 수가 없다.

전기 저항으로 온도를 측정할 때에는 백금선 경질유리 온도계가 시간에 따라 상당히 불변하는 장점이 있다. 온도변화에 따라 변하기 쉬운 연결선 저항의 영향은 3개 심 줄 (three-core cable)을 통해서 크게 배제될 수 있다. 격자 심 기기(cross-coil instrument)가 일반적으로 0.3℃까지의 정확도만을 허용하는 반면, 값비싼 보정 기록계로는 0.1℃와 그 이하의 정확도에 이를 수 있다. 기온을 측정할 때에는 전류가 통과하여 측정 센서가 가열되는 문제를 고려해야만 한다. 금속선온도계(metal-wire thermometer)로 온도를 측정하는 시스템은 여러 가지 형태로 산업에서 필요하여 기상학적 목적을 위해서도 많은 경우에 적절하고 기술적으로 잘 개발된 기기를 발견할 수 있다. 이와 반대로 써미스터(thermistor)로 온도를 측정하는 것은 아직 실험실 단계를 벗어나지 못했다 [5725, 5719]. 써미스터(열적으로 민감한 저항기)는 금속선온도계와 비교하여 약 10배 의 상대적인 저항 변화(백금의 약 $4 \cdot 10^{-3}$ deg^{-1}과 비교하여 $-2 \sim -6 \cdot 10^{-2}$ deg^{-1}) 를 갖는 장점이 있다. 그러므로 동일한 정확도를 요구할 때 써미스터는 실제로 튼튼한 지시계로 함께 채택될 수 있다. 많은 유형들 중에 또한 높은 저항을 갖는 것이 있기 때문에 이를 이용할 때 연결선, 플러그와 스위치의 저항이 아무런 역할도 하지 않는다. 부분적으로 상당한 제조 오차 허용도는 적절한 저항을 통해서 보상될 수 있다[5725]. 상대적으로 높은 저항 변화는 저항이 온도가 높아질수록 대략 지수적으로 감소하게 한다. 이것은 적절한 전위차계(potentiometer)를 이용하여 허용될 수 있다. 그러나 지수적 특성은 높은 제조 오차 허용도와 함께 써미스터를 채택하여 산업용으로 제조된 기록기기가 전혀 없는 데에 대한 이유가 될 것이다.

---

4) 온도에 따른 변화가 거의 없는 높은 전기저항을 지닌 구리와 니켈의 합금이다.

기온 측정의 중요성은 기상학의 측정 기술에서 기상학의 매개변수 기온을 얻는 데에만 제한되지 않는다. 오히려 다른 요소들에 대한 일련의 매우 중요한 측정 방법들이 기온 측정에 기인한다[5722]. 이에 대한 사례가 건습계(psychrometer)이다. 건습계로는 건구온도계와 습구온도계를 이용하여 습도를 측정할 수 있다[5604]. 이미 위에서 언급한 아쓰만건습계 이외에 낮은 정밀도를 요구할 때에는 통풍되지 않는 건습계[5739]도 이용할 수 있다. 특히 이용되는 온도계가 매우 얇을 때 오차는 허용될 수 있다[5706]. 몬테이트와 오언[5737]이 기술한 열전건습계(thermoelectric psychrometer)도 있다. 이 건습계에서는 펠티에 효과(Peltier effect)[5]를 이용하여 냉각된 땜납으로 붙인 부분 위에 응결을 통해서 습도를 측정하고, 특히 포화상태보다 조금 낮은 상태에서 이용될 수 있다. 기상학에서 단지 매우 드물게 사용되는 이슬점거울(독 : Taupunktspiegel, 영 : deposition of dew on a polished plate)은 크게 기술적으로 개선(맴돌이 흐름에 의한 가열, 광전지를 이용한 이슬 침적 측정)되어 다시 중요해지고 있다[104]. 그 외에도 최근에 가열되거나[5728] 가열되지 않는[1101, 5608], 흡습성 표면을 갖는 측정요소들이 이용되고 있다. 그러나 사람의 머리카락은 많은 오차에도 불구하고[5748] 습도 측정요소로 그 중요성을 잃지 않았다. 머리카락의 관성은 그에 상응하게 처리하여 크게 배제될 수 있다. 콥페(Koppe)형의 큰 모발습도계(hair hygrometer)[5604] 이외에 바로 미기상학 연구에서 유용하게 사용할 수 있는 작은 모발습도계가 있다[5706]. 모발습도계의 감소되지 않는 중요성은 머리카락의 단순한 기록 능력[자기모발습도계(hair hygrograph)]에 있다. 이것이 상대습도를 측정하는 데 자기모발습도계가 빈번하게 이용되고 있는 이유이다. 그렇지만 이것은 공기 중에 수분량에 대한 척도가 아니라 포화상태에 대한 척도를 나타낸다.

상대습도는 반트호프의 법칙(van't Hoff's law)으로 토양의 삼투압(osmotic pressure)과 같은 습윤한 물체의 삼투압과 매우 밀접한 관계가 있다. 10의 여러 제곱에 이르는 범위에서 가능한 삼투압으로 pF 값을 도입하게 되었다. pF 값은 mm의 물기둥의 높이로 표현되는 삼투압의 상용로그와 같다. 작은 삼투압(pF < 4)을 측정하기 위해서는 토양수분계(tensiometer)를 이용하고[104, 5724], 큰 삼투압은 상대습도를 측정하는 방법을 이용하여 조사할 수 있다. 물이 토양과 결합된 강도를 나타내는 삼투압 이외에 토양의 수분함량이 있다. 이 두 크기 사이에는 토양의 특성이 같을 때에만 어느 정도 불변하는 관계가 있다. 그럼에도 불구하고 토양의 수분함량을 측정하기 위한 일련의 방

---

5) 2개의 서로 다른 금속으로 된 회로에 전류가 흐를 때 한쪽 접합부는 냉각되고 다른 부위는 가열되는 현상을 말한다.

법이 있다. 이 방법은 실제로 삼투압 측정 방법이다[5721]. 그러나 가장 신뢰할 수 있는 측정값은 항시 보링기를 이용한 샘플을 통해서 구하는 것이다.[6] 그렇지만 이 방법도 매우 이질적인 수분 상태 때문에 동시에 많은 샘플들을 구해야만 비로소 충분히 확실한 값을 구할 수 있다. 기상학적인 측정을 위해서는 토양 부피와 관련된 수분함량($g \, cm^{-3}$)이 건조한 토양의 중량에 대한 물의 중량의 비율(%)보다 좀 더 적절하기 때문에 그 장소에서 보링을 해야 한다[5735]. 특히 토양의 질을 평가할 때 많은 수의 샘플은 빠르게 측정하는 방법을 개발하게 하였다[5613]. 그렇지만 아이헬레[5613]는 탄화칼슘 방법(calcium carbide method, C-M 기기)을 이용한 물함량 측정이 바로 매우 많은 샘플에서 건조시키는 것과 비교하여 전혀 시간을 절약하지 못한다는 사실을 지적하였다. 상층(20cm)에서의 측정 이외에 방사능 물질을 이용하는 새로운 토양수분 측정기기[5723]를 성공적으로 사용할 수 있다.

수평 풍속을 측정하기 위해서는 대체로 컵풍속계(cup anemometer)[5604]를 이용한다. 컵풍속계는 접점컵풍속계(contact-cup anemometer)로서 단순한 방법으로 시간 기록기(chronograph)[5604], 적산계(totalizer)[5756] 또는 전화 계수기(telephone counter)와 함께 평균풍속을 조사할 수 있다. 평가를 용이하게 하기 위해서 시간기록계에서는 매 열 번째 접촉을 표시할 수 있다[5613]. 전류가 저항과 콘덴서를 통해서 공급되면 풍속계가 접점에 정지해 있을 때에도 배터리가 비는 것을 염려할 필요가 없다. 기기를 가볍게 만들고[104] 접촉이 축에 기계적 반작용이 없이 전달되면[104] 매우 약한 바람에 의해서도 작동하는 유형을 만들 수 있다. 단기간의 평균값은 두 접점 사이의 시간에 스톱워치를 통해서 구한다. 이와 같은 방법으로 약한 바람에도 작동하는 작은 날개 풍속계(fan anemometer)[5604]를 이용할 수 있다. 그러나 이 풍속계는 컵풍속계와 반대로 바람이 부는 방향으로 회전해야만 한다. 이러한 사실은 외적으로는 피토관(Pitot tube)처럼 보이나 공기의 일부가 통과하는 압력관풍속계(pressure-tube anemometer)에도 적용된다. 이 풍속계는 컵풍속계와 마찬가지로 발전기와 기록계[5759, 5760]로 순간적인 값을 제시한다. 바람의 흐름은 컵풍속계와 작은 날개 풍속계에서 또한 순기계적으로 풍속계 축으로 작동하는 계수기로도 제시된다. 10^6m까지의 바람의 흐름에 달하는 유형만을 이용하는 것이 적절한데, 그 이유는 그렇지 않으면 상황에 따라서 너무 자주 읽어야 하기 때문이다[5613]. 이보다 긴 작동 기간을 갖는 바람 측정 설비를 위해서는 바람의 흐름 이외에 순간풍속(돌풍기록계, gust recorder)과 풍향을 기록하는 발전

---

6) *Uhlig, S.,* Acht Jahre Bodenfeuchte-Bestimmungen des Deutschen Wetterdiensts. Met. Rundsch. 10, 163-170, 1957.

된 기기가 있고, 그 외에 언급한 요소들 중에 하나나 둘을 위한 다른 기기가 있다[5759, 5760, 5755].

컵풍속계로 제시되지 못하거나 매우 불량하게 제시되는 약한 풍속을 측정하기 위해서 통풍이 열전달에 종속되는 성질에 기초한 열풍속계(thermal anamometer)를 이용할 수 있다. 알브레히트[5604]의 카타온도계(katathermometer, 냉각온도계)와 열선풍속계(hot-wire anemometer) 이외에 문헌에는 이러한 유형의 많은 기기들이 기술되어 있으며[5725, 5717, 5705], 그중에는 이를 기초로 풍향을 측정하는 기기도 있다[5718].

풍속 측정기기 중에서 카타온도계를 언급한 바와 같이, 열풍속계는 프리고리미터[냉각력측정계(frigorimeter)] 또는 냉각력기록계(frigorigraph)와 같이 냉각력을 측정하기 위한 기기와 밀접한 관계가 있다.

수평 풍속을 측정하기 위한 일련의 시험을 거친 방법과 기기들이 있는 반면, 연직 바람을 신뢰할 수 있게 측정하는 것은 아직 매우 어렵다. 이러한 사실은 바람의 (평균) 연직 구성요소가 수평 구성요소와 비교하여 작다는 것을 고려하면 이해된다. 많은 시도 [5604, 5713, 104]에도 불구하고 아직 만족할 만한 기기가 없다.

복사를 위한 측정기기에는 가열 효과를 이용하여 적어도 원리상으로 복사의 전체 범위에 적절한 열량측정 유형(calorimetric type)과 비교적 작은 스펙트럼 부분에만 반응하는 측광 유형(photometric type)을 구분해야 한다. 열량측정 복사계[5604]에는 매우 많은 유형이 있어서 여기서 열거할 수가 없다. 열량측정 복사계는 측정 원리에 따라 다음과 같이 구분될 수 있다. (a) 측정 센서의 온도가 상승하는 것 또는 측정 센서와 열을 전도하는 것으로 결합된 물체 또는 이 물체의 위상 변화(phase change)의 온도가 상승하는 것을 측정하는 기기, (b) 측정 센서와 복사에 의해서 영향을 받지 않거나 다르게 영향을 받는 물체 사이에 정상평형(stationary equilibrium)을 나타내는 온도차를 측정하는 기기, (c) 복사 가열의 효과를 (전기적) 가열의 효과와 비교하는 기기가 있다. 측정하는 크기의 유형에 따라서 다음과 같이 구분된다. 직달태양복사 S를 측정하여 교정 (calibration)이 필요하지 않은[절대계기(absolute instrument)] 직달일사계(pyrheliometer)가 있다. 직달일사계는 일반적으로 큰 관측소에서만 이용된다. 대부분의 직달일사 측정을 위해서는 절대계기로 교정을 해야 하는 일사계(actinometer)가 이용된다. 이러한 유형 중에 많이 이용되는 기기가 마이클슨-마텐(Michelson-Marten)의 바이메탈 일사계(bimetallic actinometer)(b*[7])[5604]와 은반일사계(silver disk actinometer)(a)[5604]이다. 미기상학 측정을 하기 위해서는 자주 직달일사계, 즉 반구 공간

---

7) 개별 기기들에서 문자 a, b, c는 각각 (위에서 기술한) 측정 원리를 가리킨다.

에서 단파복사(약 $0.3\sim3\mu$까지), 따라서 전천복사 $S + D$와 반사된 태양복사 $K\!\uparrow$를 측정하는 기기가 필요하다. 몰-고르친스키(Moll-Gorczynski)(b)[5707]의 일사계(solarimeter)와 같은 하나의 검은 측정 센서만을 갖는 직달일사계 이외에 린케(Linke)의 별전천일사계(star pyranometer)(b)[5730]와 같은 검은색과 흰색 복사 흡수면을 가진 다른 전천일사계와 로비취(Robitsch)의 바이메탈자기전천일사계(b)[5744]가 있다. 직달태양복사 S를 차폐하면 적절한 전천일사계로 하늘복사 D를 측정할 수 있다. 2개의 전천일사계(하나는 아래를 향하고, 다른 하나는 위를 향하게 하거나, 사정에 따라서 또한 차례차례)를 조합하여 측정기기들 아래에 놓인 표면의 단파복사수지 $S + D - K\!\uparrow$를 구한다. $K\!\uparrow / (S + D)$의 몫이 (단파의) 반사지수 또는 에너지학의 알베도이다. 평탄한 표면에 도달하는 단파복사를 측정하는 기기 이외에 구 표면에 도달하는 단파복사를 측정하는 기기도 있다. 이러한 유형 중에 가장 잘 알려진 기기는 벨라니(Bellani, a)의 구형전천일사계(spherical pyranometer)이다. 이 일사계는 현재 잘 고안된 모델로 이용할 수 있다[5613]. 반구로부터 오는 장파복사(약 $6\sim60\mu$까지), 즉 대기의 역복사 $L\!\downarrow$와 지면의 방출복사 σT_S^4은 옹스트롬지구복사계(Ångström pyrgeometer)(c)[5604]로 가장 잘 알려진 적외선전천일사계(infrared pyranometer)로 측정된다. 여기서도 두 기기를 조합하여 복사수지와 장파의 $L\!\downarrow - \sigma T_S^4$를 측정할 수 있다. 어느 정도 타당하게 적외선전천일사계에서는 (겉보기) 물체의 표면온도를 측정할 수 있는 제한된 입구의 각을 갖는 기기를 언급할 수 있다. 그러므로 반구로부터 오는 전체 단파 및 장파복사, 즉 $S + D + L\!\downarrow$ 또는 $K\!\uparrow + \sigma T_S^4$와 유효복사(effective radiation) $S + D + L\!\downarrow - \sigma T_S^4$는 유효전천일사계(effective pyranometer)로 측정된다. 여기서 슐체(Schulze)의 복사수지계(b)[5747]와 게오르기(Georgi)의 보편복사계(universal radiation meter)(b)[5714]가 언급된다. 후자로는 커버를 교환하는 매우 단순한 방법으로 앞서 언급한 크기들도 측정할 수 있어서 특정한 방향에서 행한 모든 측정에 적절한 것으로 나타난다. 이미 위에서 기술한 두 기기의 조합으로 지면의 복사수지 $Q_s = S + D - K\!\uparrow + L\!\downarrow - L\!\uparrow$, 즉 열수지 방정식의 복사 인자 S가 나타난다. 두 개의 전천일사계로 함께 이러한 측정을 준비하면, 복사교환이 위로부터와 아래로부터의 단파복사와 장파복사의 복사 플럭스로 구분된다($S + D, L\!\downarrow, K\!\uparrow, L\!\uparrow$). 복사수지만 측정하려고 하면 좀 더 단순한 기기인 복사수지계(radiation balance meter)도 사용할 수 있다. 이들 기기와 이러한 유형에 속하는 다른 기기들이 [5758]에 상세하게 기술되어 있다.

측광 복사 측정기기(photometric radiation-measuring meter)는 이 기기의 스펙트럼 민감도에 상응하는 단파복사의 일부만을 측정한다. 이 기기는 적절한 필터를 통해서 측광 단위 정의의 기초가 되는 사람의 눈에 밝게 인식되는 스펙트럼 민감도 범위에 상응하게 만들 수 있다[5609]. 그러나 이 경우에도 스펙트럼 구성을 잘 알아야만 lx(lux)로 측정한 값을, 예를 들어 cal cm^{-2} min^{-1}과 같은 상응하는 에너지 단위로 환산할 수 있다. 전천복사[일광(daylight)]에 대해서 1cal cm^{-2} min^{-1} △ 70klx가 개략적인 단서가 될 수 있다. 이러한 단점에도 불구하고 측광 복사 측정기기는 특히 특정한 경향을 측정하기 위해서 자주 이용되고 있는데, 그 이유는 사용하기 쉽고 측정 목적에 대해서도 광화학 복사(동화작용 등)에 대해서 복사의 칼로리 효과가 중요하지 않기 때문이다[5746]. 광전지(photoelectric cell)로 측정할 때 감소 필터(reduction filter)를 통해서 빛의 흐름을 측정 센서에 해롭지 않은 정도로 감소시킬 수 있다[5761]. 유색 필터를 통해서 특히 관심을 가지는 스펙트럼 부분을 여과시킬 수 있다. 동시에 입사하는 빛에 대한 반사되는 빛의 몫은 빛 알베도(light albedo)가 된다. 이것은 앞에서 언급한 에너지학의 알베도와 항시 같지는 않으나 대체로 근사치로 같은 것으로 간주될 수 있다.

실제 일조시간(duration of sunshine)은 자기일조계(autographic sunshine recorder)[5604]로 구한다. 특히 지형기후 연구에서 벡커프라이젱(Becker-Freyseng)의 반원통형 핀홀 카메라(pinhole camera)[5704]와 같은 단순한 기기를 이용할 수 있다. 모르겐(Morgen)의 야외일조계[5738]와 톤네(Tonne)의 호리존토스코프(horizontoscope)는 지형의 경사와 수평적으로 좁은 곳이 일사에 미치는 상태를 연구하는 데 기본적인 자료가 될 수 있다.

그러므로 그림 57-2에 제시된 톤네의 호리존토스코프는 주변을 둘러싸는 몸체가 특히 수평적으로 좁은 곳이 반사를 시키는 굽은 플렉시 유리(plexiglas) 표면으로 이루어

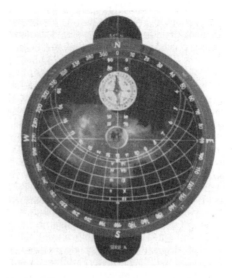

그림 57-2 호리존토스코프(H. Tonne)

졌다. 위로부터 수직으로 나침반을 이용하여 방향을 맞춘 기기를 보고 연필로 아래에 놓인 투명한 종이 위에 수평적으로 좁아진 곳의 윤곽을 그리면 바로 그림 56-1에 상응하는 그림을 얻게 된다. 이 윤곽을 그린 투명한 종이를 (그림 56-1과 같이) 태양의 위치 다이어그램에 놓으면 태양광선이 측정 지점에 닿은 시간을 쉽게 조사할 수 있다. 다른 다이어그램으로는 심지어 총복사량을 조사할 수도 있다.

강수량(비, 눈)을 측정하기 위해서는 200cm²의 입구 면적을 갖는 일반적인 헬만식 우량계[5604] 이외에 100cm²의 입구 면적을 갖는 다른 우량계를 이용할 수 있다. 그러나 이 우량계는 다른 값을 제공한다. 강수량을 자기우량계(recording rain guage)로 측정할 수 있다[5604]. 쉽게 접근할 수 없는 지역에는 오랫동안 강수를 수집하기 위해서 적산우량계(totalizer)[5604]를 설치할 수 있다. 경사진 표면에는 사면에 평행한 입구를 가진 우량계를 설치하는 것이 적절하다. 안개 강수량에 대한 척도(36장 비교)는 동시에 우량계를 무량계(霧量計)[3714]와 함께 설치하여 구한다. 이슬을 측정하기 위해서는 이슬량계(dew gauge)[5726, 5708, 5613]와 이슬기록계(dew recorder)[5736]를 이용할 수 있다. 이들 기기는 무량계와 유사하게 상대적인 값[2808]을 제시하여 이 경우에 특히 표준화가 필요하다. 여러 가지 목적에서 흥미가 있는 비, 안개 또는 이슬로 젖어 있는 기간을 측정하는 데 이용할 수 있는 단순한 기기[5727]가 있다. 이 기기는 강우의 기간과 유형에 관한 단서를 얻고[5743] 밤에 강수 현상이 있었는지의 여부를 확인하는 데 이용할 수 있다[5753]. 눈에서는 적설 깊이와 밀도에 관심을 갖는다. 눈을 측정하는 기기(독 : Schneeausstich)[5604] 이외에 최근에 방사성 물질을 이용한 측정방법을 유리하게 이용할 수 있다[5710].

대부분의 경우에 많은 결점에도 불구하고 강수량을 측정하기 위해서 어느 정도 만족할 만한 측정 방법이 있는 반면에 증발량 측정[2813]은 여전히 이에 크게 미치지 못하고 있다(28장 비교). 이에 대한 원인은 특히 한 표면에 내리는 강수가 — 안개와 이슬을 제외하고 — 근본적으로 작은 공간 구조에 종속되지 않기 때문이다. 이와 반대로 증발은 실제로 증발되는 표면의 유형, 표면의 열수지, 물 공급에 의해서 영향을 받는다. 가능증발량(potential evaporation)의 개념을 도입하면 대부분 지면의 영향을 받지 않는 기상학적으로 의미가 있는 크기를 갖게 된다. 가능증발량을 측정하기 위해서는 실제 증발량의 측정과 같이 증발산량계(lysimeter)[5745, 5749]를 이용할 수 있다. 증발산량계는 적절하게 설치하고 정밀하게 조사할 경우 매우 유용한 측정값을 제시한다. '공기의 증발 요구(독 : Verdunstungsanspruch der Luft, 영 : evaporation requirement of the air)'라는 표현이 자주 이용되는, 현재에도 많이 이용되고 있는 증발계(atmometer) 또는 증발계(evaporimeter)[5604, 5751]의 측정값은 측정 센서의 매우 상이한 열수지 때문에 서로 비교하기가 매우 어렵고, 토양의 가능증발량에 상응하지 않는다. 증발계의 측정값은 실제 증발량에 대해서 카타온도계(katathermometer) 또는 이와 유사한 기기로 측정한, 공기로부터 지표로의 열 플럭스에 대한 냉각량과 대략 같은 비율이 된다[2808]. 작은 증발산량계와 다른 식물들로부터 떨어져 있는 일부 식물에서 측정한 증발량의 값도 전혀 다른 열수지 때문에 식물 군락에 적용될 수 없다[5716].

제58장 · · · 조합된 측정 및 계산 방법

조합된 측정방법이란 여기서 예를 들어 크로이츠[5613]가 농업기상 관측소의 기본 장비로 제시했던 개별 관측기기들을 함께 설치하는 것이 아니라, 특별한 목적을 위해서 서로 일치되게 필요한 부수적인 설비를 포함하는 상이한 개별 기기들의 조합을 의미한다. 지형기후학 연구를 위한 이동관측소가 이미 이러한 범주에 들어간다. 베르거-란데펠트[5801]는 많은 기록계를 설치한 식물기후측정차량을 기술하였다. 폴크스바겐의 승합차에 이동실험실로서의 설비를 갖추고 그 안에서 사진작업도 할 수 있게 하였다. 측정을 할 때 장비는 선반에 설치되어 고정되었다. 특히 이동실험실로서 트레일러를 단 폴크스바겐의 승합차로 이루어진 측정차량 노이슈타트(Neustadt)[5613]가 투입되었다. 그 외에 이 차량은 측정 운행을 위한 이동측정 장비 운반차량으로도 이용될 수 있었다. 이와 반대로 가이거[5806]는 주로 차량을 많은 작업 장비를 빠르게 나르는 운송수단으로 이용하였다. 방풍 연구의 측정을 위해서 이용된 측정 차량 노르트라인-베스트팔렌은 견인차에 의해서 연구지역으로 옮겨진 트레일러를 이용하였다[5613]. 트레일러로부터 관측기기들이 야외에 설치되었다. 자동차나 트레일러를 이와 같이 매우 다르게 이용하는 것은 대체로 연구의 유형에 따라 결정되었다. 그러나 어느 경우든 관측기기의 이동성과 빠른 투입 가능성을 먼저 고려하였다.

크로이츠[5613]는 수면 위에서 측정하는 작은 부유하는 기기를 기술하였다. 그러나 바다 위에서 측정할 때에는 많은 새로운 어려움이 있다. 브록스[5802]는 성층 측정을 위해서 거의 10m 높이의 마스트가 있는 측정 부표(buoy)를 이용하였다(그림 58-1). 기둥에는 측정 센서로 컵풍속계와 전기 통풍건습계를 설치하였다. 기록계는 연구선에 설치하였다. 선박에서 분리된 기기를 이용하는 것은 측정을 상당히 복잡하게 하나, 가능한 한 요란이 없는 측정을 위해서 감수해야만 했다. 브록스는 이와 같은 어려움을 분명히 성공적으로 극복하였다.

육지 위에서의 성층 측정은 좀 더 빈번하게 수행되었다. 베스트와 공동 연구자들

그림 58-1 독일 만(Deutsche Bucht)에서 성층 측정을 하는 연구선과 관측 부표(K. Brocks)

[1101]은 100m 높이 이상의 마스트에 기온, 습도와 바람 측정기기를 설치한 것을 기술하였다. 크라우스[5725]는 동일한 요소들과 복사 플럭스 측정 센서를 설치한 두 개의 작은 마스트를 이용하였다. 이때 각 높이에 동일한 기능을 가진 여러 측정 센서를 통해서 지역 평균값을 구하였다(그림 58-2).

성층 측정은 특히 열수지 연구에 필요하다. 이러한 목적을 위해서 현재 이용되고 있는 측정방법에 관한 개관을 표 26-1에 제시된 연구 목록을 통해서 구할 수 있다. 지표의 에너지수지 방정식의 4개 항에서 복사수지 Q_s는 대부분 복사수지계를 이용하여 결정된다. 여기에는 두 개의 유효 전천일사계(effective pyranometer)의 조합이 포함되어야 한다. 지면으로부터의 열 플럭스 B는 토양의 열량 변화(25장 참조)로부터 조사된다. 개별 경우들에는 토양에서의 열 플럭스를 측정하는 기기가 이용된다[104]. 나머지 두 개항, 느낌열 Q_H 플럭스와 토양으로의 증발 숨은열 Q_E 플럭스에 대해서는 지면 위의 일부 고도에서 상응하는 교환열 플럭스를 취한다. 그렇지만 이것은 이류 및 대류의 영향을 고려하지 않은 것을 의미한다.[8] 이러한 교환열 플럭스에 대해서 방정식에 들어가는

---

8) *Hofmann, G.*, Wärmehaushalt u. Advektion. Arch. f. Met (A) 11, 474-502, 1960.

그림 58-2 성층 측정을 위한 단순한 마스트(H. Kraus)

교환계수(25장)를 조사하기 위해서 대체로 바람 성층 또는 열수지를 이용한다. 첫 번째 경우에 서로 다른 특성에 대한 교환계수의 몫에 대해서 유사한 분자 수송계수에 대한 몫과 같은 동일한 값을 대입한 할슈테아드[9]가 제시한 것과 같은 관계를 유도한다. 두 번째 경우에는 248쪽 이하에서 기술된 스베드럽(Svedrup)의 방법을 이용하였다. 레타우[104]는 교환계수에 미치는 성층의 양향도 느낌열 플럭스에 대해서 고려하는 방법을 제시하였다. 이 모든 방법은 기온 및 습도 성층의 지식을 전제로 한다. 이러한 지식과 관계없이, 그리고 또한 대기에서 맴돌이확산에 의한 수송을 기술하는 데 이용되는 이론적 모델과 관계없이 질량 플럭스 변동의 곱의 시간 적분과 상응하는 시간에 문제가 되는 특성의 값에 의해서 직접 맴돌이 플럭스를 측정하는 기기가 있다[5805, 5808].

그러나 이러한 유형의 측정기기는 측정 센서가 제공한 자료를 바로 처리하는 아날로 그 컴퓨터로 간주될 수 있다. 측정값이 사진과 같이 기록된 곡선의 형태로 공급되는 이와 유사한 계산기[5809]는 개별 기상 매개변수들의 임의로 주어진 시간 경과에 대해서 기계에 설치된 고정된 관계에 따라 다른 매개변수들과 특히 열수지 방정식의 항들을 계

---

9) *Halstead, M. H.*, The fluxes of momentum, heat and water vapour in micrometeorology. Publ. Climat. 7, 326-361, 1954.

산하는 아날로그 컴퓨터 및 시뮬레이터(모의실험 장치)와 연결된다[5803]. 이러한 기기들은 이들 모델이 실제로 일어나는 일을 얼마나 정확하게 기술하는가를 미기상학의 모델로 실험 및 검정할 수 있게 한다.

아날로그 컴퓨터 이외에 디지털 컴퓨터, 즉 보통 계산기와 같이 수치를 처리하는 컴퓨터가 점점 더 중요해지고 있는데, 그 이유는 이와 같이 빠르게 자료를 처리하는 기기를 이용하여 급격하게 증가하고 있는 관측자료를 처리할 수 있기 때문이다. 특히 기존의 광범위한 측정자료를 천공 카드(punched-card)와 천공 테이프(punched-tape)로 다방면으로 좀 더 빠르게 처리하려는 기상청의 노력[5803]은 미기후학의 분석에도 영향을 줄 것이다. 자동기상관측소(automatic weather station)와 디지털 기록계(digital recorder)[5804]는 좀 더 많고 나은 자료를 제공할 수 있을 뿐만 아니라 현재 여전히 매우 어려운 원자료의 분석을 단순하고 빠르게 할 것이다. 이 분야에서의 발달은 여전히 진행 중에 있다. 그러나 우리는 수년 내에 실제적인 변화가 일어나리라는 것을 예상할 수 있다.[10]

---

10) 1964년에 저자가 예측했던 내용보다 현재 이 분야에서 훨씬 더 많은 변화가 있다.

제1장

[100]   *Arya, S. P.*, Introduction to Micrometeorology, Academic Press, 1988.

[101]   *Geiger, R.*, Das Stationsnetz z. Untersuchung d. bodennahen Luftschicht. Deutsch. Met. Jahrb. f. Bayern 1923～1927.

[102]   *Jones, H. G.*, Plants and the Microclimate — A Quantitative Approach to the Environmental Plant Physiology, Cambridge University Press, 1992.

[103]   *Lettau, H. H.* and *Davidson, B.*, Exploring the Atmosphere's First Mile, vol. I and II. Pergamon Press, London, 1957.

[104]   *Linacre, E. T.*, Climate Data and Resources: A Reference and Guide, Routledge, 1992.

[105]   *Munn, R. E.*, Descriptive Meteorology, Academic Press, 1966.

[106]   *Schnelle, F.*, Pflanzen-Phänologie, Probleme der Bioklimatologie 3, Akad. Verl. Ges. Leipzig 1955.

[107]   *Scorer, R. S.*, Environmental Aerodynamics, Ellis Horwood Limited, 1978.

[108]   *Stull, R. B.*, An Introduction to Boundary Layer Meteorology, Kluwer Academic Publishers, 1988.

[109]   *Sutton, O. G.*, The development of meteorology as an exact science. Quart. J. 80, 328～38, 1954.

[110]   *Yoshino, M. M.*, Local Climatology. In: J. E. Oliver and R. W. Fairbridge (Eds.) The Encyclopaedia of Climatology, 551～58, Van Nostrand and Reinhold Co., 1987.

제2~4장

[200]   *Ahmad, B. S.,* and *Lockwood, J. G.,* Albedo. Prog. Phy. Geog. 3, 510~43, 1979.

[201]   *Ångström, A.,* The Albedo of various surfaces of ground, Geograf. Ann. 7, 323-42, 1925.

[202]   *Baumgartner, A.,* Das Eindringungen des Lichtes in den Boden. Forstw. C. 72, 172~84, 1953.

[203]   *Büttner, K.,* und *Sutter, E.,* Die Abkühlungsgröße in den Dünen etc. Strahlentherapie 54, 156-73, 1935.

[204]   *Collmann, W.,* Diagramme zum Strahlungsklima Europas. Ber. DWD 6, Nr. 42, 1958.

[205]   *Coulson, K. L.,* and *Reynolds, D. W.,* The spectral reflectance of natural surfaces, J. App. Met. 10, 1285-95, 1971.

[206]   *Dirmhirn, I.,* Einiges über die Reflexion der Sonnen- und Himmelsstrahlung an verschied. Oberflächen. Wetter u. Leben 5, 86-94, 1953.

[207]   *Falkenberg, G.,* Absorptionskonstanten einiger met. wichtiger Körper für infrarote Wellen. Met. Z. 45, 334-37, 1928.

[208]   *Fleischer, R.,* und *Gräfe, K.,* Die Ultrarot-Strahlungsströme aus Registrierungen des Strahlungsbilanzmessers nach Schulze. Ann. d. Met. 7, 87-95, 1955/56.

[209]   *Gates, D. M.,* and *Tantraporn, W.,* The reflectivity of deciduous trees and herbaceous plants in the infrared to 25 microns. Science 95, 613-16, 1952.

[210]   *Gayevsky, U. L.,* Surface temperature of large territories, Proc. Main Geophys. Obs., No. 26, 1951.

[211]   *Köhn, M.,* Zur Kenntnis des Lichthaushaltes dünner Pulverschichten, insbesondere v. Böden. Naturw. 34, 89-90, 1947.

[212]   *Kondratyev, K. Ya,* Radiation in the Atmosphere, Academic Prerss, 1969.

[213]   *Malek, E.,* Microclimate of a desert playa: Evaluation of annual radiation, energy and water budget components. Int. J. Climatol. 23, 333-45, 2003.

[214]   *Sauberer, F.,* Das Licht im Boden. Wetter u. Leben 3, 40-44, 1951.

[215]   —, Beiträge zur Kenntnis des Strahlungsklima von Wien. Wetter u. Leben 4, 187-92, 1952.

[216]   —, und *Dirmhirn,* I., Untersuchungen über die Strahlungsverhältnisse auf den Alpengletschern. Arch. f. Met. (B) 3, 256-69, 1951.

[217]   *Van de Griend, A. A., Owe, M., Groen, M.,* and *Stoll, M. P.,* Measurement and spatial variation of thermal infrared surface emissivity in a savanna environment. Wat. Resourc. Res. 27, 371-79, 1991.

제5장

[500]   *Angell, J. K.* and *Korshover, J.,* Update of ozone variations through 1979. In J. London (Eds.), Proceedings of the Quadrennial International Ozone Symposium, Boulder, Colorado, 393-6, 1980.

[501]   *Ångstöm, A.,* Über die Gegenstrahlung der Atmosphäre. Met. Z. 33, 529-38, 1916.

[502]   *Arnfield, A. J.,* Evaluation of empirical expressions for the estimation of hourly and daily totals

of atmospheric longwave emission under all sky conditions. Q. J. R. Meteorol. Soc. 105, 1041-52, 1979.

[503] *Berdahl, P.* and *Martin, M.*, Emissivity of clear skies. Sol. Ener. 32, 663-64, 1984.

[504] *Boden, T. A., Kaiser, D. P., Spanski, R. J.* and *Stoss, F. W.* (Eds.), Trends 93: A Compendium of Data on Global Change, Carbon Dioxide Information Analysis Center, World Data Center — A For Atmospheric Trace Gases, Center for Global Environmental Studies, Oak Ridge National Laboratory, 1993.

[505] *Bolz, H. M.*, Über die Wirkung der Temperaturstrahlung des atmosphärischen Ozons am Erdboden. Z. f. Met. 2, 225-28, 1948.

[506] —, Die Abhängigkeit der infraroten Gegenstrahlung von der Bewölkung. Z. f. Met. 3, 201-03, 1949.

[507] —, und *Falckenberg, G.*, Neubestimmung der Konstanten der Ångstömschen Strahlungsformel. Z. f. Met. 3, 97-100, 1949.

[508] *Brunt, D.*, Notes on radiation in the atmosphere. Q. J. R. Meteorol. Soc. 58, 389-418, 1932.

[509] *Brutsaert, W.*, On a derivable formula for long-wave radiation from clear skies. Wat. Resourc. Res. 11, 742-44, 1975.

[510] *Czepa, O.* und *Reuter, H.*, Über den Betrag der effektiven Ausstrahlung in Bodennähe bei klarem Himmel. Arch. f. Met. (B) 2, 250-58, 1950.

[511] *Davies, J. A.* and *McKay, D. C.*, Estimating solar irradiance and components. Sol. Ener. 29, 55-64, 1982.

[512] *Dubois, P.*, Nächtliche effektive Ausstrahlung. Gerl. B. 22, 41-99, 1929.

[513] *Falckenberg, G.*, Die Konstanten der Ångstömschen Formel zur Berechnung der infraroten Eigenstrahlung d. Atmosph. aus dem Zenit. Z. f. Met. 8, 216-22, 1954.

[514] *Fishmann, J., Ramanathan, V., Crutzen, P. J.*, and *Liu, S. C.*, Tropospheric ozone and climate. Nature, 282, 818-20, 1979.

[515] *Goody, R. M.*, and *Robinson, G. D.*, Radiation in the troposphere and lower stratosphere. Quart. J. 77, 151-87, 1951.

[516] *Hatfield, J. L., Reginato, R. J.* and *Idso, S. B.*, Comparison of longwave radiation calculation methods over the United States. Wat. Resourc. Res. 19, 285-88, 1983.

[517] *Haude, W.*, Ergebnisse der allgemeinen met. Beobachtungen etc. Rep. Scient. Exped. to the NW China under the leadership Dr. Sven Hedin IX Met. 1, Stockholm 1940.

[518] *Hinzpeter, H.*, Die effektive Ausstrahlung u. ihre Abhängigkeit v. d. Absorptionseigenschaften im Fenster der Wasserdampfbanden. Z. f. Met. 11, 321-29, 1957.

[519] *Hov, O.*, Ozon in the troposphere: high level pollution. Ambio, 13, 73-9, 1984.

[520] *Howard, J. H.*, The transmission of the atmosphere in the infrared. Proc. I. R. E. 47, 1451-57, 1959.

[521] *Idso, S. B.*, A set of equations for full spectrum and 8- to 14-μm thermal and 10.5- to 12.5-μm thermal radiation from cloudless skies. Wat. Resourc. Res. 17, 295-304, 1981.

[522] —, and *Jackson, R. D.*, Thermal radiation from the atmosphere. J. Geophys. Res. 74, 5397-403, 1969.

[523] *Kley, D., Crutzen, P. J., Smit, H. G. J., Vömel, H., Oltmans, S. J., Grassl, H.*, and *Ramanathan,*

V., Observations of near-zero ozone concentrations over the convective Pacific: Effects on air chemistry. Science 274, 230-33, 1996.

[524] *Lal, M., Dube, S. K., Sinha, P. C.* and *Jain, A. K.*, Potential climatic consequences of increasing anthropogenic constituents in the atmosphere. Atm. Env., 20, 639-42, 1986.

[525] *Lauscher, F.*, Bericht über Messungen der nächtl. Ausstrahlung auf der Stolzalpe. Met. Z. 45, 371-75, 1928.

[526] —, Wärmeausstrahlung u. Horizonteinengung. Sitz-B. Wien. Akad. 143, 503-19, 1934.

[527] *Liou, K-N.*, An Introduction to Atmospheric Radiation, Academic Press, 1980.

[528] *Morgan, D. L., Pruitt, W. O.* and *Lourence, F. J.*, Estimation of atmospheric radiation. J. App. Met. 10, 463-69, 1971.

[529] *Sauberer, F.*, Registrierungen der nächtlichen Ausstrahlung. Arch. f. Met. (B) 2, 347-59, 1951.

[530] *Schnaidt, F.*, Zur Absorption infraroter Strahlung in dünnen Luftschicht. Met. Z. 54, 234-42, 1937.

[531] *Sugita, M.* and *Brutsaert, W.*, Cloud effect in the estimation of instantaneous downward longwave radiation. Wat. Resourc. Res. 29, 599-605, 1993.

[532] *Swinbank, W. C.*, Long-wave radiation from clear ckies. Q. J. R. Meteorol. Soc. 89, 339-48, 1963.

[533] *Unsworth, M. H.* and *Monteith, J. L.*, Longwave radiation at the Ground I Angular distribution of incoming radiation. Q. J. R. Meteorol. Soc. 101, 13-24, 1975.

[534] *Volz, A.* and *Kley, D.*, Evaluation of the Montsouris series of ozone measurements made in the nineteenth century. Nature 332, 240-2, 1988.

제6~8장

[700] *Albrecht, F.*, Messgeräte des Wärmehaushalts an der Erdoberfläche als Mittel d. bioklimat. Forschung. Met. Z. 54, 471-75, 1937.

[701] *Becker, F.*, Die Erdbodentemperaturen als Indikator der Versickerung. Met. Z. 54, 372-77. 1937.

[702] *Diem, M.*, Bodenatmung. Gerl. B. 51, 146-66, 1937.

[703] *Hofmann, G.*, Die Thermodynamik der Taubildung. Ber. DWD 3, Nr. 18, 1955.

[704] *Lettau, H.*, Über die Zeit-u. Höhenabhängigkeit d. Austauschkoeff. im Tagesgang innerhalb d. Bodenschicht. Gerl. B. 57, 171-92, 1941.

[705] *Monin, A. S.* and *Obukov, A. M.*, Basic turbulent mixing laws in the atmospheric surface layer. Tr. Geofiz. Inst. Akad. Nauk. SSSR 24(151), 163-87, 1954.

[706] *Priestley, C. H. B.*, Free and forced convection in the atmosphere near the ground. Quart. J. 81, 139-43, 1955; 82, 242-44, 1956.

[707] *Ramdas, L. A.*, and *Malurkar, S. L.*, Surface convection and variation of temperature near a hot surface. Indian J. Physics 7, 1-13, 1932.

[708] *Schmidt, W.*, Der Massenaustausch in freier Luft u. verwandte Erscheinungen. H. Grand, Hamburg, 1925.

제9장

[900] *Aron, R. H.*, Mixing Height — An Inconsistent Indicator of Potential Air Pollution Concentrations. Atm. Env. 17, 2193-97, 1983.

[901] —, Author Reply to Hawke and Heggie. Atm. Env. 19, 1732-33, 1985.

[902] —, and *Aron, I.-M.*, Statistical forecasting models: II. Oxidant concentrations in the Los Angeles Basin. J. Air Poll. Con. Assoc. 28, 686-88, 1978.

[903] *Berger-Landefeldt, U., Kiendl, J.,* und *Danneberg, H.*, Betrachtungen zur Temp.-u. Dampfdruckunruhe über Pflanzenbeständen. Met. Rundsch. 10, 11-20, 1957.

[904] *Boubel, R. W., Fox, D. L., Turner, D. B.,* and *Stern, A. C.*, Fundamentals of Air Pollution, Academic Press, 1944.

[905] *Church, P. E.*, Dilution of waste stack gases in the atmosphere. Ind. Eng. Chm. 41, 2753-56, 1949.

[906] *Deng, J. P.,* and *Aron, R. H.*, Further investigations into mixing height. Atm. Env. 19, 1563-64, 1985.

[907] *Firbas, F.,* und *Rempe, H.*, Über die Bedeutung der Sinkgeschwindigkeit für d. Verbreit. des Blütenstaubes durch d. Wind. Biokl. B. 3, 49-53, 1936.

[908] *Haude, W.*, Temperatur u. Austausch der bodennahen Luft über einer Wüste. Beitr. Phys. d. fr. Atm. 21, 129-42, 1934.

[909] *Hewson, E. W.*, The meteorological control of atmospheric pollution by heavy industry. Quart. J. 71, 266-82, 1945.

[910] —, Industrial air pollution meteorology, Meteorological Laboratories of the College of Engineering, University of Michigan, Ann. Arbor, 1964.

[911] —, and *Gill, G. C.*, Meteorological Investigations in Columbia River Valley near Trail, B. C., In: report submitted to the Trail Smelter Arbitral Tribunal, U. S. Bureau of Mines Bull. 453, 23-228, 1944.

[912] *Holzworth, G. C.*, A study of air pollution potential for the Western United States. J. App. Met. 1, 366-82, 1962.

[913] *Kohlermann, L.*, Untersuchungen über d. Windverbreitung der Früchte u. Samen d. mittel-europ. Waldbäume. Forstw. C. 69, 606-24, 1950.

[914] *Lyons, W. A.* and *Cole, H. S.*, Fumigation and plume trapping on the shores of Lake Michigan during stable onshore flow. J. App. Met. 12, 494-510, 1973.

[915] *Scorer, R. S.*, The behavior of chimney plumes. Int. J. Air Poll. 1, 198, 1959.

[916] *U. S. Weather Bureau*, Meteorology and Atomic Energy, Washington, 1968.

[917] *W. M. O.*, Quide to International Meteorological Instruments and Methods of Observation, World Meteorological Organization, Geneva, No. 8, TP. 3, 1983.

제10장

[1000] *Albrecht, F.*, Ergebnisse von Dr. Haudes Beobachtungen etc. Rep. Scient. Exped. to the NW

Prov. China under the leadership Dr. Sven Hedin 9, Met. 2, Stockholm, 1941.

[1001] *Ameyan, O.*, and *Alabi, O.*, Soil temperatures in Nigeria. Phys. Geor. 8, 275-86, 1987.

[1002] *Chang, Jen-hu*, World patterns of monthly soil temperature distribution. Ann. Assoc. Amer. Geogr. 47, 241-49, 1957.

[1003] —, Global distribution of the annual range in soil temperature. Tran. Amer. Geophys. Union 38, 718-23, 1957.

[1004] —, Ground temperature (2 vol.). Blue Hill Met. Observ., Milton Mass., 1958.

[1005] *Dirmhirn, I.*, Tagesschwankung d. Bodentemp., Sonnenscheindauer u. Bewölkung. Wetter u. Leben 3, 216-19, 1951.

[1006] *Hausmann, G.*, Unperiodische Schwankungen der Erdbodentemp. in 1 m bis 12m Tiefe. Z. f. Met. 4, 363-72, 1950.

[1007] *Herr, L.*, Bodentemperaturen unter bosonderer Berücksichtigung der äußeren met. Faktoren. Diss. Leipzig, 1936.

[1008] *Hómen, T.*, Der tägliche Wärmeumsatz im Boden u. die Wärmestrahlung zwischen Himmel u. Erde. Leipzig, 1897.

[1009] *Kullenberg, B.*, Biological observations during the solar eclipse in southern Sweden etc. Oikos 6, 51-60, 1955.

[1010] *Leyst, E.*, Über die Bodentemperaturen in Pawlowsk. Rep. f. Met. 13, Nr. 7, 1-311, Petersburg, 1890.

[1011] —, Untersuchungen über die Beodentemp. in Königsberg. Schr. d. phys. ökonom. Ges. Königsberg 33, 1-67, 1892.

[1012] *Paulsen, H. S.*, On radiation, illumination and meteorological conditions in S. Norway during the total solar eclipse of June 30, 1954. Arbok Univ. Bergen Nr. 7, 1955.

[1013] *Schmidt, A.*, Theoretische Verwertung der Königsberger Bedentemperaturbeobachtungen. Schr. d. phys.-ökonom. Ges. Königsberg 32. 97-168, 1891.

[1014] *Unger, K.*, Bearbeitung der Bodentemperaturen von Quedlinburg. Angew. Met. 1, 85-90, 1951.

제11 ~ 12장

[1100] *Ambach, W.*, The influence of cloudiness on the net radiation balance of a snow surface with a high albedo. J. Glaciol. 13, 73-84, 1974.

[1101] *Best, A., C., Knighting, E., Pedlow, R. H.*, and *Stormonth, K.*, Temperature and humidity gradients in the first 100m over SE-England. Geophys. Mem. 89, London 1952.

[1102] *Brocks, K.*, Über den tägl. u. jährl. Gang der Höhenabhängigkeit der Temp. in den untersten 300m d. Atmosphäre u. ihren Zusammenhang mit. d. Konvektion. Ber. DWD-US Zone 1, Nr. 5, 1948.

[1103] —, Die Höhenabhängigkeit der Lufttemperatur in der nächtlichen Inversion. Met. Rundsch. 2, 159-67, 1949.

[1104] —, Temperatur u. Austausch in der untersten Atmosphäre. Ber. DWD-US Zone 2, Nr. 12, 166-70, 1950.

[1105]   *Flower, W. D.,* An investigation into the variation of the lapse rate of temperature in the atmosphere near the ground at Ismailia, Egypt. Geophys. Mem. 71, London, 1937.

[1106]   *Henning, H.,* Pico-aerologische Untersuchungen über Temperatur- und Windverhältnisse d. bodennahen Luftschicht bis 10m Höhe in Lindenberg. Abh. Met. D. DDR 6, Nr. 42, 1-66, 1957.

[1107]   *Johnson, N. K.,* A study of the vertical gradient of temperature in the atmosphere near the ground. Geophys. Mem. 46, London, 1929.

[1108]   —, and *Heywood, G. S. P.,* An investigation of the lapse rate of temperature in the lowest 100m of the atmosphere. Geophys. Mem. 77, London, 1938.

제13장

[1300]   *Aron, R. H., Francek, M. A., Nelson, B. D.,* and *Bisard, W. J.,* The persistence of atmospheric misconceptions: How they cloud our judgement. Sci. Teach. 61, 30-33, 1994.

[1301]   *Baum, W. A.,* Note on the theory of super-autoconvective lapse rates near the ground. J. Met. 8, 196-98, 1951.

[1302]   *Best, A. C.,* Tranfer of heat and momentum in the lowest layers of the atmosphere. Geophys. Mem. 65, London 1935.

[1303]   *Czepa, O.,* Über die Energieleitung durch langwellige Strahlung in der bodennahen Luftschicht. Z. f. Met. 5, 292-300, 1951.

[1304]   *De Mastus, H. L.,* Pressure disturbances in the vicinity of dust veils. Bull. Am. Met. Soc. 35, 497-98, 1954.

[1305]   *Flower, W. D.,* Sand devils. Met. Office London Profess. Notes 71, 1936.

[1306]   *Franssila, M.,* Mikroklimatische Temperaturmessung in Sodankylä. Mitt. Met. Z. Anst. Helsinki 26, 1-29, 1945.

[1307]   *Graetz, R. D.* and *Cowan, I.,* Microclimate and evaporation. In: Arid Land Ecosystems: Structure, Functioning and Management. Cambridge University Press, International Biological Programme, 409-33, 1979.

[1308]   *Ives, R. L.,* Behaviour of dust veils. Bull. Am. Met. Soc. 28, 168-74, 1947.

[1309]   *Klauser, L.,* Beobachtung einiger Kleintromben bei Potsdam. Z. f. Met. 4, 187-88, 1950.

[1310]   *Kyriazopoulos, B. D.,* Micrometeorological phenomenon in Byzantine decoration. Publ. Met. Inst. Univ. Thessaloniki 4, 1955.

[1311]   *Möller, F.,* Strahlungsvorgänge in Bodennähe. Z. f. Met. 9, 47-53, 1955.

[1312]   *Nelson, B. D., Aron, R. H.* and *Francek, M. A.,* Clarification of selected misconceptions in physical geography. J. Geog. 91, 76-80, 1992.

[1313]   *Schlichting, H.,* Kleintrombe. Ann. d. Hydr. 62, 347-48, 1934.

[1314]   *Thronthwaite, C. W.,* Microclimatology of the surface layer of the atmosphere. Publ. Climat. 1-5, 1948-52.

제14장

[1400] *Bottsma, A.,* Estimating grass minimum temperatures from screen minimum values and other climatological parameters. Ag. For. Met. 16, 103-13, 1976.

[1401] *De Quervain, F.* und *Gschwind, M.,* Die nutzbaren Gestein der Schweiz. H. Huber, Bern, 1934.

[1402] *Dimitz, L.,* Untersuchungen über die Frostdauer in 2m and 5cm über dem Erdboden. Wetter u. Leben 2, 58-61, 1950.

[1403] *Falckenberg, G.,* Der Einfluß der Wellenlängentransformation auf das Klima der bodenn. Luftschichten u. d. Temp. der freien Atmosphäre. Met. Z. 48, 341-46, 1931.

[1404] —, Der nächtliche Wärmehaushalt bodennaher Luftschichten. Met. Z. 49, 369-71, 1932.

[1405] —, Experimentelles zur Absorption dünner Luftschichten für infrarote Strahlung. Met. Z. 53, 172-75, 1936.

[1406] —, und *Stoecker, E.,* Bodeninversion u. atmosphärische Energieleitung durch Strahlung. Beitr. Phys. d. fr. Atm. 13, 246-69, 1927.

[1407] *Fleagle, R. G.,* A theory of fog formation. J. Marine Res. 12, 43-50, 1953.

[1408] *Hader, F.,* Kann der Erdbodenabstand der Thermometerhütte verkleinert werden? Wetter u. Leben 6, 27-31, 1954.

[1409] *Heyer, E.,* Über Frostwechselzahlen in Luft u. Boden. Gerl. B. 52, 68-122, 1938.

[1410] *Murthy, A. S. V., Srinivasan, J.,* and *Harasimha, R.,* A theory of the lifted temperature minimum on calm clear nights. Phil. Trans. R. Soc. Lond. A. 344, 183-206, 1993.

[1411] *Narasimha, R.,* The dynamics of the Ramdas layer. Current Science. 66, 16-23, 1994.

[1412] —, and *Murphy, A. S. V.,* The energy balance in the Ramdas layer. Boundary Layer Met. 76, 307-21, 1995.

[1413] *Oke, T. R.,* The temperature profile near the ground on calm clear nights. Quart. J. R. Met. Soc. 96, 14-23, 1970.

[1414] *Ramanathan, K. R.* and *Ramdas, L. A.,* Derivation of Ångströms formula for atmospheric radiation and some general considerations regarding nocturnal cooling of air-layers near the ground. Proc. Ind. Acad. Sciences 1, 822-29, 1935.

[1415] *Ramdas, L. A.* and *Atmanathan, S.,* The vertical distribution of air temperature near the ground during night. Gerl. B. 3, 49-53, 1936.

[1416] *Raschke, K.,* Über das nächtliche Temperaturminimum über nacktem Boden in Poona. Met. Rdsch. 10, 1-11, 1957.

[1417] *Schwalbe, G.,* Über die Temperaturminima in 5cm über dem Erdboden. Met. Z. 39, 41-46, 1922.

[1418] *Siegel, S.,* Messungen des nächtlichen Gefüges in der bodennahen Luftschicht. Gerl. B. 47, 369-99, 1936.

[1419] *Sverdrup, H. U.,* Austausch u. Stabilität in der untersten Luftschicht. Met. Z. 53, 10-15, 1936.

[1420] *Troll, C.,* Die Frostwechselhäufigkeit in den Luft- u. Bodenklimaten der Erde. Met. Z. 60, 161-71, 1943.

[1421] *Witterstein, F.,* Die Differenz zwischen Hütten- u. Erdbodenminimumtemp. nach heiteren und trüben Nächten in Geisenheim. Met. Rundsch. 2, 172-74, 1949.

제15장

[1500] *Beysens, D., Milimouk, I., Nikolayev, V., Muselli, M.,* and *Marcillat, J.,* Using radiative cooling to condense atmospheric vapor: A study to improve water yield. J. Hydrol. 276, 1-11, 2003.

[1501] *Lehmann, P.,* und *Schanderl, H.,* Tau und Rief. R. f. W. Wiss. Abh. 9, Nr. 4, 1942.

[1502] *Monteith, J. L.,* Dew. Q. J. R. Meteorol. Soc. 83, 322-41, 1957.

[1503] *Ramdas, L. A.,* The variation with height of the water vapour content of the air layers near the ground at Poona. Biokl. B. 5, 30-34, 1938.

[1504] *Raman, C. R. V., Venkataraman, S.* and *Krishnamurthy, U.,* Dew over India and its contribution to winter-crop water balance. Ag. Met. 11, 17-35, 1973.

[1505] *Subramaniam, A. R.* and *Kesava Rao, A. V. R.,* Dew fall in sand dune areas of India. Int. J. Biomet. 27, 271-80, 1983.

[1506] *Tuller, S. E.* and *Chilton, R.,* The role of dew in the seasonal moisture balance of a summer-dry climate. Ag. Met. 11, 135-42, 1973.

[1507] *Vowinckel, E.,* Temperatur u. Feuchtigkeit der bodennahen Luftschicht in Pretoria. Met. Rundsch. 4, 22-23, 1951.

제16장

[1600] *Blackadar, A. K.,* Boundary layer wind maxima and their significance for the growth of nocturnal inversions. Bull. Amer. Met. Soc. 38, 283-90, 1957.

[1601] *Bonner, W. D.,* Climatology of the lower level jet. Mon. Wea. Rev. 96, 833-50, 1968.

[1602] *Chen, Y.-L., Chen, X. A.* and *Zhang, Y.-X.,* A diagnostic study of the low-level jet during TAMEX 10P 5, Mon. Wea. Rev. 122, 2257-84, 1994.

[1603] *Deacon, E. L.,* Vertical profiles of mean wind in the surface layers of the atmosphere. Geophys. Mem. 11, Nr. 91, London, 1953.

[1604] *Hellmann, G.,* Über die Bewegung der Luft in den untersten Schichten der Atmosphäre. Met. Z. 32, 1-16, 1915, und Sitz-B. Berlin, Akad. 404-16, 1919.

[1605] *Heywood, G. S. P.,* Wind structure near the ground and its relation to temperature gradient. Quart. J. 57, 433-55, 1931.

[1606] *McAdie, A. G.,* Studies in frost protection-effect of mixing the air. Mon Weath. Rev. 40, 122-23, 799, 1912.

[1607] *Paeschke, W.,* Experimentelle Untersuchungen zum Rauhigkeits- und Stabilitätsproblem in der bodennahen Luftschicht. Beitr. Phys. d. fr. Atm. 24, 163-89, 1937.

[1608] *Prandtl, L.,* Führer durch die Strömungslehre, 5. Aufl. Fr. Vieweg, Braunschweig, 1957.

[1609] *Sutton, O. G.,* Note on the variation of the wind with height. Quart. J. 58, 74-76, 1932.

[1610] *Walters, C.,* A synoptic climatology of warm-season low level wind maxima in the Great Plains and their relationship to convection. Unpublished Ph.D. Thesis, Michigan State University, 1997.

[1611] *Wexler, H.,* A boundary layer interpretation of the low-level jet. Tellus 13, 368-78, 1961.

제17장

[1700] *Ashwell, I. Y.*, Meteorology and dust storms in Central Iceland. Arc. Alp. Res. 18, 223-34.

[1701] *Attmannspacher, W.* and *Hartmannsgruber, R.*, On the extremly high values of ozone near the ground. Pure Appl. Geophys. 106-08, 1091-1096, 1973.

[1702] *Brazel, A. J.,* and *Nickling, W. G.,* Dust storms and their relation to moisture in the Sonoran-Mojave Desert region of the South-western United States. J. Env. Man. 24, 279-91, 1987.

[1703] *Becker, F.,* Messung des Emanationsgehalts der Luft in Frankfurt a. M. und am Taunus-observatorium. Gerl. B. 42, 365-84, 1934.

[1704] *Buch, K.,* Kohlensäure in Atmosphäre u. Meer. Ann. d. Hydr. 70, 193-205, 1942.

[1705] *Davis, D. R.,* Influence of thunderstroms on environmental ozone. Proc. Ann. Tall Timber Fire Ecology Conf., 505-16, 1973.

[1706] *Chatfield, R.* and *Harrison, H.,* Ozone in the remote troposphere: Higher levels?. Proc. Conf. on Ozone-Oxidants Interaction with the Total Environment, APCA, 77-83, 1976.

[1707] *Chung, Y. S.* and *Dann, T.,* Obserbations of stratospheric ozone at the ground level in Regina, Canada. Atm. Env. 19, 157-62, 1985.

[1708] *Demon, L., DeFelice, P., Gondel, H., Pontier, L.* and *Kast, Y.,* Recherches effectuées par la section de physique de centre de recherches sahariennes en 1954, 1955 et 1956. J. des Recherches du Centre Nat. de la Rech. Scientif., Lab. de Bellevue 38, 30-63, 1957.

[1709] *Dougherty, P. M.,* Net carbon exchange characteristics of a dominant white oak tree. Unpublished Ph.D. Dissertation. School of Forestry, Fisheries and Wildlife, University of Missourie, Columbia, 1977.

[1710] *Effenberger, E. F.,* Kern- u. Staubuntersuchungen am Collmberg. Veröffentlicht. Geoph. I. Leipzig 12, 305-59, 1940.

[1711] *Garrett, H. E., Cox, G. S.,* and *Roberts, J. E.,* Spatial and temporal variations in carbon dioxide concentrations in an oak-hickory forest ravine. Forest Sci. 24, 180-90, 1978.

[1712] v. *Gehren, R.,* Die Bodenverwehungen in Niedersachsen 1947-51. Veröff. Niedersächs. Amt f. Landesplanung u. Statistik, Reihe G, Bd. 6, Hannover, 1954.

[1713] *Goldschmidt, H.,* Messung der atmosphärischen Trübung mit einem Scheinwerfer. Met Z. 55, 170-74, 1938.

[1714] *Huber, B.,* Über die vertikale Reichweite vegetationsbedingter Tagesschwankungen im CO_2-Gehalt der Atmosphäre. Forstw. C. 71, 372-80, 1952.

[1715] —, Der Einfluß der Vegetation auf die Schwankungen des CO_2-Gehalts der Atmosphäre. Arch. f. Met. (B) 4, 154-67, 1952.

[1716] *Iizuka, I.,* On carbon dioxide in the peach orchard. J. Agr. Met. Japan 11, 84-86, 1955.

[1717] *Jauregui, E.,* The dust stroms of Mexico City. J. Climatol. 8, 1-12, 1988.

[1718] *Lamb, R. G.,* A case of stratopheric ozone affecting ground-levle oxidant concentrations. J. Appl. Met. 16, 780-94, 1977.

[1719] *Manabe, S.,* and *Wetherald, R. J.,* Thermal equilibrium of the atmosphere with a given distribution of relative humidity. J. Atm. Sci. 24, 241-59, 1967.

[1720] *Middleton, N. J.,* A geography of dust storms in South-west Asia. J. Climatol. 6, 183-96, 1986.

[1721] *Moses, H., Stehney, A. F.* and *Lucas, Jr., H. F.*, The effect of meteorological variables upon the vertical and temporal distributions of atmospheric radon. J. Geophys. Res. 65, 1223-38, 1960.

[1722] *Mühleisen, R.*, Atmosphärische Elektrizität. Hand. d. Physik (herausg. v. S. Flügge) 48 (Geophysik 11) 541-607, Springer 1957.

[1723] *Nickling, W. G.*, Eolian sediment transport during dust storms: Slims River Valley, Yukon Territory. Ca. J. Earth Sci. 15, 1069-84, 1978.

[1724] *Ohtaki, E.* and *Oikawa, T.*, Fluxes of carbon dioxide and water vapor above paddy fields. Biomet. 35, 187-94, 1991.

[1725] *Peterson, J. T., Komhyr, W. D., Waterman, L. S.* and *Gammon, R. H.*, Atmospheric CO_2 variations at Barrow, Alaska, 1973-1982. J. Atm. Chem. 4, 491-510, 1986.

[1726] *Pomeroy, J. W.,* and *Male, D. H.*, Steady-state suspension of snow: A model. J. Hydrol. 136, 275-301, 1992.

[1727] *Priebsch, J.*, Die Höhenverteilung radioaktiver Stoffe in der freien Luft. Met. Z. 49, 80-81, 1932.

[1728] *Schaedle, M.*, Tree photosynthesis. Ann. Rev. Plant Physiol. 26, 101-15, 1975.

[1729] *Siedentopf, H.*, Zur Optik des atmosphärischen Dunstes. Z. f. Met. 1, 417-22, 1947.

[1730] *Sindowski, K. H.*, Korngrößen- und Konformen-Auslese beim Sandtransport durch Wind. Geolog. Jahrb. Hannover 71, 517-25, 1956.

[1731] *Spittlehouse, D. L.* and *Ripley, E. A.*, Carbon dioxide concentrations over a native grassland in Saskatchenwan. Tellus 29, 54-65, 1977.

[1732] *Teichert, F.*, Vergleichende Messung des Ozongehaltes der Luft am Erdboden und in 80m Höhe. Z. f. Met. 9, 21-27, 1955.

[1733] *Wakamatsu, S., Uno, I., Ueda, H., Uehara, K.* and *Tateishi, H.*, Observational study of stratospheric ozone intrusions into the lower troposphere. Atm. Env. 23, 1815-26, 1989.

[1734] *Wilkening, M. H.*, Daily and annual courses of natural atmospheric radioactivity. J. Geophys. Res. 64, 521-26, 1959.

제18장

[1800] *Albert, D. G.*, Acoustic pulse propagation over a seasonal snow cover. Proc. East. Snow Conf. 47-53, 1992.

[1801] *Beranek, L. L.*, Acoustic properties of gases. In: American Institute of Physics Handbook. D. W. Gray (Ed.) 3-57-3-66, 1957.

[1802] *Bohn, D. A.*, Environmental effects on the speed of sound. J. Audio Eng. Soc. 36, 223-31, 1988.

[1803] *Brocks, K.*, Die terrestrische Refraktion, ein Grenzgebiet der Meteorologie und Geodäsie. Ann. d. Met. 1, 329-36, 1948.

[1804] *Delasso, L. P.* and *Knudsen, V. O.*, Propagation of sound in the atmosphere. J. Acoust. Soc. Am. 12, 417, 1941.

[1805] *Fényl, J.*, Über Luftspiegelungen in Ungarn. Met. Z. 19, 507-09, 1902.

[1806]   *Fraser, A. B.* and *Mach, W. H.*, Mirages. Sci. Amer., 102-11, Jan., 1976.

[1807]   *Greenler, R.*, Rainbows, Halos, Glories, Cambridge University Press, 1990.

[1808]   *Heuer, K.*, Rainbows, Halos and other Wonders, Dodd, Mead, and Co., 1978.

[1809]   *Kaye, G. W. C.* and *Evans, E. J.*, Sound absorption by snow. Nature 143, 80, 1939.

[1810]   *Klug, H.*, Sound-speed profiles determined from outdoor sound propagation measurements. J. Acoust. Soc. Am. 90, 475-81, 1991.

[1811]   *Können, G. P.*, Polarized light in nature. Cambridge University Press, 1985.

[1812]   *Kurze, V.* and *Beranek, L. L.*, Sound propagation outdoors. In: Noise and Vibration Control. Institute of Noise Control Engineering, 164-93, 1988.

[1813]   *Lehm, W. H.* and *Schroeder, I.*, The horse merman as an optical phenomen. Nature 289, 362-66, 1981.

[1814]   *Lindsay, J., Chriswell, D., Chriswell, T.,* and *Chriswell, B.*, Sound-producing dune and beach sands. Geol. Soc. Am. Bull., 87, 463-73, 1976.

[1815]   *Lynch, D. K.* and *Livingston, W.*, Color and Light in Nature. Cambridge University Press, New York, 1995.

[1816]   *McCartney, E. J.*, Optics in the Atmosphere, Wiley Interscience, 1976.

[1817]   *Meisser, O.*: "Luftseismik", Handb. d. Experimentalphysik (edited by W. Wien and F. Harms), Vol. 25, Angew. Geophys., part 3, Chapter 1, 211-51, Akad. Verl. Leipzig, 1930.

[1818]   *Minnaert, M.*, The Nature of Light and Colour in the Open Air, Dover, 1954.

[1819]   *Neuberger, H.*, Introduction to Physical Meteorology. The Pennsylvania State University, 1957.

[1820]   *Rasmussen, K. B.*, Outdoor sound propagation under the influence of wind and temperature gradients. J. Sound Vib. 104, 321-35, 1986.

[1821]   *Pierce, A. D.*, Acoustics – An Introduction to its Physical Principles and Applications. McGraw-Hill, New York, 1981.

[1822]   *Sholtz, P., Bretz, M.,* and *Nori, F.*, Sound-producing sand avalanches. Contem. Phy., 38, 329-42, 1997.

[1823]   *Sobel, M. I.*, Light. The University of Chicago Press, 1987.

[1824]   *Tape, W.*, The topology of mirages. Sci. Amer. June, 120-29, 1985.

[1825]   *Thomson, D. W.*, Personal communication, 1986.

[1826]   *Tricker, R. A. R.*, Introdution to Meteorological Optics. American Elsevier Pub. Co., Inc. 1970.

[1827]   *Whipple, F. J. W.*, The high temperature of the upper atmosphere as an explanation of zones of audibility. Nature 111, 187, 1923.

[1828]   *Williamson, S. J.* and *Cummins, H. Z.*, Light and Color in Nature and Art, John Wiley and Sons, © New York, 1983.

제19장

[1901]   *Baden, W.* und *Eggelsmann, R.*, Ein Beitrag zur Hydrologie der Moore. Moor u. Torf 4, Beilage 3, 1952.

[1902]   *Bender, K.*, Die Frühjahrsfröste an der Unterelbe u. ihre Bekämpfung. Z. f. angew. Met. 56,

273-89, 1939.

[1903]   *Duin, R. H. A. van*, Influence of tilth on soil-and air temperature. Netherlands J. Agric. Sci. 2, 229-41, 1954.

[1904]   *Booysen, P. de V.* and *Tainton. N. M.*, Ecological Effects of Fire in South African Ecosystems. Ecological Studies, V. 48. Springer-Verlag, Berlin, 1984.

[1905]   *Homén, T.*, Der tägliche Wärmeumsatz im Boden u. die Wärmestrahlung zwischen Himmel u. Erde. Leipzig, 1897.

[1906]   *Kern, H.*, Die Temperaturverhältnisse in Niedermoorboden im Gegensatz zu Mineralboden. Landw. Jahrb. f. Bayern 29, 587-602, 1952.

[1907]   *Morgen, A.*, Zur künstl. Wärmesteuerung im Wurzelraum der Pflanze. Met. Rundsch. 10, 135-39, 1957.

[1908]   *Norton, B. E.*, and *McGarity, J. W.*, The effect of burning of native pasture on soil temperature in northern New South Wales. J. Brit. Grassland So. 20, 101-05, 1965.

[1909]   *Olsson, A.*, Undersökning över vältuingens iuverkan på marktemp. och på lufttemp. närmast markytan. Lantbruksakad. Tidskr. Stockholm 92, 220-41, 1953.

[1910]   *Pessi, Y.*, Studies on the effect of the admixture of mineral soil upon the thermal conditions of cultivated peat land. Publ. Finnish State Agric. Res. Board 147, 1956(89 pp.).

[1911]   —, On the effect of rolling upon the barley and oat crop yield and upon the thermal conditions of cultivated peat land. Publ. Finnish State Agric. Res. Board 151, 1956 (23 pp.).

[1912]   *Philipps, H.*, Zur Theorie der Wärmestrahlung in Bodennähe. Gerl. B. 56, 229-319, 1940.

[1913]   *Reuter, H.*, Zur Theorie der nächtlichen Abkühlung der bodennahen Schicht u. Ausbildung der Bodeninversion. Sitz-B. Wien. Akad. 155, 333-58, 1947.

[1914]   *Sauberer, F.*, Messungen des nächtlichen Strahlungshaushaltes der Erdoberfläche. Met. Z. 53, 296-302, 1936.

[1915]   *Schmidt, W.*, Über kleinklimatische Forschungen. Met. Z. 48, 487-91, 1931.

[1916]   *Vries, D. A. de*, Het Warmtegeleidingsvermogen van grond. Med. Landbouwhogeschool Wageningen 52, 1-73, 1952.

[1917]   *Winter, G.*, Antibiose u. Symbiose als Elemente der Mikrobenentwicklung im Boden u. Wurzelbereich. Naturw. Rundsch. 116-23, 1951.

[1918]   *Yakuwa, R.*, On the effect of soil dressing upon the temperature of peat soil. J. Agr. Met. Japan 8, 92-96, 1953.

제20장

[2000]   *Aderikhin, P. G.*, Ob uteplenii pochv putem izmeneniia ikh tsveta. Met. I Gidrologiia 8, 28-30, 1952.

[2001]   *Anderson, R. C.*, The use of fire as a management tool on the Curns prairie. Tall Timbers Fire Ecology Con. 12, 23-35, 1973.

[2002]   *Bristow, K. L.*, The role of mulch and its architecture in modifying soil temperature. Aust. J. Soil Res. 26, 269-80, 1988.

[2003]   *Burt, C. M., Mutziger, A. J., Allen, R. C.,* and *Howell, T. A.,* Evaporation research: Review and interpretation. J. Irr. Drain . Eng. 131, 37-58, 2005.

[2004]   *Dorno, C.,* Über die Erwärmung von Holz unter verschiedenen Arlstrichen. Gerl. B. 32, 15-24, 1931.

[2005]   *Dufton, A. F.,* and *Beckett, H. E.,* Terrestrial temperatures. Met. Mag. 67, 252-53, 1932.

[2006]   *Ehrenberg, W. W.,* Künstliche Geländefärbung als Beispiel für physikalische Katalyse. Arch. f. Met. (B) 4, 470-82, 1953.

[2007]   *Fleagle, R.,* and *Businger, J.,* An Introduction to Atmospheric Physics, International Geophysical Series, Vol. 25, Academic Press, 1980.

[2008]   *Geiger, R.,* und *Fritzsche, G.,* Spätfrost u. Vollumbruch. Forstarchiv 16, 141-56, 1940.

[2009]   *Greb, B. W.,* Effect of soil-applied wheat straw on soil water losses by solar distillation. Soil Sci. Soc. Am. Proc. 30, 786-88, 1966.

[2010]   *Gurnah, A. M.,* and *Mutea, J.,* Effects of mulches on soil temperatures under arabia coffee at Kabete, Kenya. Agr. For. Met. 25, 237-44, 1982.

[2011]   *Ham, J. M., Kluitenberg, G. J.,* and *Lamont, W. J.,* Optical properties of plastic mulches affect field temperature regime. J. Amer. Soc. Hort. Sci. 118, 188-93, 1993.

[2012]   *Hanson, K. J.,* The radiative effectiveness of plastic films for greenhouses. J. App. Met. 2, 793-97, 1963.

[2013]   *Hatfield, J. L.,* and *Prueger, J. H.,* Microclimate effects of crop residues on biological processes. Theor. Appl. Climatol. 54, 47-59, 1996.

[2014]   —, *Sauer, T. J.,* and *Prueger, J. H.,* Managing soils to achieve greater water use efficiency: A review. Agron. J. 93, 271-80, 2001.

[2015]   *Helgerson, O. T.,* Heat damage in tree seedlings and its prevention. New Forests 3, 333-58, 1990.

[2016]   *Horton, R., Bristow, K. L., Kluitenberg, G. J.,* and *Sauer, T. J.,* Crop residue effects on surface radiation and energy balance – review. Theor. Appl. Climatol. 54, 27-37, 1996.

[2017]   *Huber, B.,* Der Wärmehaushalt der Pflanzen, Datterer, Freising-München, 1935.

[2018]   *Hulbert, L. C.,* Fire and litter effects in undisturbed bluestem prairie in Kansas. Ecology, 50, 874-77, 1969.

[2019]   *Keil, K.,* Frostbekämpfung im hehen Norden. Met. Rundsch. 1, 40-41, 1947.

[2020]   *Kubecka, P.,* A possible world record maximum natural grounds surface temperature. Weather 56, 218-21, July 2001.

[2021]   *Ludlow, M.,* and *Fischer, M.,* Influence of soil surface litter on frost damage. J. Aust. Inst. Agric. Sci. 42, 134-36, 1976.

[2022]   *Manera, C., Picuno, P.,* and *Mognozza, G. S.,* Analysis of nocturnal microclimate in single skin cold greenhouses in mediterranean countries. Acta Hort. 281, 47-56, 1990.

[2023]   *Mason, B.,* In: *Blanc, M. L., Geslin, H., Holzberg, I. A.,* and *Mason, B.,* Protection against frost damage, WMO Tech. Note 51, 1963.

[2024]   *Martsolf, J. D., Wiltbank, W. J., Hannah, H. E., Bucklin, R. A.,* and *Harrison, D. S.,* Modification of temperature and wind by an orchard cover and heaters for freeze protection. Proc. Fla. State Hort. Sci. 101, 44-48, 1988.

[2025] *Neubauer, H. F.*, Notizen über die Temperatur der Bodenoberfläche in Afghanistan. Wetter u. Leben 4, 165-68, 1952.

[2026] *Novak, M., Chen, W., Orchansky, A. L.,* and *Ketler, R.,* Turbulent exchange processes within and above a straw mulch. Part 1: mean wind speed turbulent statistics. Agr. For. Met. 102, 139-54, 2000.

[2027] *Nijskens, J., Deltour, J., Coutisse, S.,* and *Nisen, A.,* Heat transfer through covering materials of greenhouses. Agr. For. Met. 33, 193-214, 1984.

[2028] *Oke, T. R.,* and *Hannell, F. G.,* Variations of temperatures within a soil. Weather 21, 21-28, 1966.

[2029] *Old, S. M.,* Microclimate, fire and plant production in an Illinois prairie. Ecological Monographs, 39, 355-84, 1969.

[2030] *Ramdas, L. A.,* and *Dravid, R. K.,* Soil temperatures. Current Science 3, 266-67, 1934.

[2031] *Ramin, v.,* Maßnahmen gegen das Verwehen der jungen Zuckerrüben. Zuckerrübenbau 17, 66, 1935.

[2032] *Regula, H.,* Die Wetterverhältnisse während der Expedition und die Ergebnisse der met. Messungen. Ergeb. d. Antarkt. Exped. 1938/39 2, 16-40, Hamburg, 1954.

[2033] *Rice, E. L.,* and *Patenti, R. L.,* Causes of decreases in productivity in undisturbed tall grass prairie. Am. J. Bot., 65, 1091-97, 1978.

[2034] *Sato, S.,* Studies on the methods to lower the high temp. of paddy field in the warm districts in Japan-mulching with rice-straw and grass. J. Agr. Met. Japan 11, 39-40, 1955.

[2035] *Savage, M. J.,* The effect of fire on grassland microclimate. Herbage Abstracts 50: 589-603, 1980.

[2036] *Schanderl, H.,* und *Weger, N.,* Studien über das Mikroklima vor verschiedenfarbigen Mauerflächen und der Einfluß auf Wachstum und Ertrag der Tomaten. Biokl. B. 7, 134-42, 1940.

[2037] *Schropp, K.,* Die Temperautren technischer Oberflächen unter dem Einfluß der Sonnenbestrahlung und der nächtl. Ausstrahlung. Gesundheits-Ing., 729-36, 1931.

[2038] *Sharma, P. K., Tiwari, G. N.,* and *Sorayan, V. P. S.,* Temperature distribution in different zones of the microclimate of a greenhouse: a dynamic model. Eng. Con. & Man. 40, 335-48, 1999.

[2039] *Stanhill, G.,* Observations on the reduction of soil temperatures. Ag. Met. 2, 197-203, 1965.

[2040] *Stoutjesdijk, P.,* High temperatures of trees and pine litter in winter and their biological importance. Int. J. Biomet. 21, 325-31, 1977.

[2041] *Takakura, T.,* Predicting air temperatures in glasshouses (I). J. Met. Soc. Japan, Ser. II 45, 40-52, 1967.

[2042] —, Temperature gradients in the greenhouse. J. App. Met. 6, 956-57, 1967.

[2043] *Vaartaja, O.,* High surface soil temperatures. Oikos 1, 6-28, 1949.

[2044] *Van Wijk, R. R., Larson, W. E.,* and *Burrows, W. L.,* Soil temperature and early growth of corn from mulched and unmulched soils. Proc. Soil Sci. Soc. Am. 23, 428-34, 1959.

[2045] *Vries, D. A., de* und *Wit, C. T. de,* Die thermischen Eigenschaften der Moorböden und die Beeinflußung der Nachtfrostgefahr dieser Böden durch eine Sanddecke. Met. Rundsch. 7, 41-

45, 1954.

[2046] *Waggoner, P. E., Miller, P. M.,* and *De Roo, H. C.,* Plastic Mulching-Principles and Benefits, Conn. Agric. Exp. St. Bull. No. 634, New Haven, Conn., 1960.

[2047] *Weger, N.,* Beiträge zur Frage der Beeinflußung des Bestandsklimas, des Bodenklimas und der Pflanzenentwicklung durch Spaliermauern und Bodenbedeckung. Ber. DWD-US-Zone 4, Nr. 28, 1951.

[2048] —, Höhere Tomaten- u. Gurkenerträge durch Abdecken des Bodens mit Glas. Z. f. Acker- u. Pflenzenbau 97, 115-28, 1953.

[2049] *Whittle, R. M.,* and *Lawrence, W. J. C.,* The climatology of greenhouses. III Air temperature. J. Agr. Eng. Res. 5, 165-78, 1960.

[2050] *Wood, R. W.,* Note on the theory of the greenhouse. Phil. Mag. 17, 319-20, 1909.

[2051] *Zhang, Y., Gauthier, L., de Halleux, D., Dansereau, B.,* and *Gosselin, A.,* Effect of covering materials on energy consumption and greenhouse microclimate. Agr. For. Met. 82, 227-44, 1996.

제21장

[2100] *Ackermann, J. H.,* and *Johansson, M.,* Changes in permafrost in relation to climate change and its impacts on terrestrial ecosystems in subarctic Sweden. Conference Proceedings EUCOP II. 2nd European Conference on Permafrost. Potsdam, Germany, 2005.

[2101] *Bennett, I.,* Glaze: Its meteorology and climatology, geographical distribution and economic effects. U.S. Army Quartermaster Research and Engineering Command Technical Report, Natick, MA, 1959.

[2102] *Berndtsson, R., Nodomi, K., Yasuda, H., Persson, T., Chen, H.,* and *Jinno, K.,* Soil water and temperature patterns in an arid dune sand. J. Hydrol. 185, 221-40, 1996.

[2103] *Bernstein, B. C.,* and *Brown, B. G.,* A regional climatology of freezing precipitation for the contiguous United States. 10th Conf. on App. Clim. 176-80, 1997.

[2104] *Bracht, J.,* Über die Wärmeleitfähigkeit des Erdbodens und des Schnees und den Wärmeumsatz im Erdboden. Veröff. Geoph. 1. Leopzig 14, 145-225, 1949.

[2105] *Brooks, F. A.,* and *Rhoades, D. G.,* Daytime partition of irradiation and the evaporation chilling of the ground. Trans. Amer. Geophys. Union 35, 145-52, 1954.

[2106] *Brown, R. J. E.,* The distribution of permafrost and its relation to air temperature in Canada and the U.S.S.R. Arctic 13, 163-77, 1960.

[2107] —, Factors influencing discontinuous permafrost in Canada. In: The Periglacial Environment – Past and Present. T. L. Péwé (Ed.). McGill — Queen's University Press, Montreal, 11-53, 1969.

[2108] *Carter, J.,* ilstu.edu/~jrcarter/ice/

[2109] *Cremer, K. W.,* and *Leuning, R.,* Effects of moisture on soil temperatures during radiation frost. Aust. For. Res. 15, 33-42, 1985.

[2110] *Dücker, A.,* Der Bodenfrost im Straßenbau. E. Schmidt, Berlin and Detmold, 1947.

[2111]   *Fleishmann, R.*, Vom Auffrieren des Bodens. Biokl. B. 2, 88-90, 1935.

[2112]   *Franssila, M.*, Mikroklimatische Untersuchungen des Wärmehaushalts. Mitt. Met. Zentralanstalt Helsinki 20, 1-103, 1936.

[2113]   *Fukuda, H.*, Über Eisfilamente im Boden. J. College of Agric. Tokyo 13, 453-81, 1936.

[2114]   *Gay, D. A.*, and *Davies, R. E.*, Freezing rain and sleet climatology of the southeastern USA. Clim. Res. 3, 209-20, 1993.

[2115]   *Hansman, R. J. Jr.*, and *Yamaguchi, K.*, Modeling of surface roughness effects on glaze ice accretion. J. Thermophysics 5, 54-60, 1991.

[2116]   *Hayhoe, H.*, and *Tarnocai, C.*, Effect of site disturbance on the soil thermal regime near Fort Simpson, Northwest Territories, Canada. Arc. Alp. Res. 25, 37-44, 1993.

[2117]   *Herdmenger, J.*, Flugzeug u. Vorgeschichte. Orion 4, 474-75, 1949.

[2118]   *Johansson, M., Christensen, J. R., Akerman, H. J.*, and *Callaghan, T. V.*, What determines the current presence or absence of permafrost in the Torneträsk region, a sub-arctic landscape in northern Sweden? Ambio, 35, 190-97, 2006.

[2119]   *Keränen, J.*, On frost formation in soil. Fennica 73, Nr. 1, 1-14, 1951.

[2120]   *Konrad II, C. E.*, An empirical approach for delineating fine scaled spatial patterns of freezing rain in the Appalachian region of the USA. Clim. Res. 10, 217-27, 1998.

[2121]   *Kretschmer, G.*, Messungen der vertikalen Volumänderung von Ackerböden. Wiss. Z. Fr. Schiller Univ. Jena 4, 639-45, 1954/55.

[2122]   *Kreutz, W.*, Das Eindringen des Frostes in Böden unter gleichen und verschiedenen Witterungsbedingungen während des sehr kalten Winters 1939/1940. R. f. W. Wiss. Abh. 9, Nr. 2, 1942.

[2123]   —, Bodenfrost, Umschau in Wiss. u. Techn. 1950, Heft 2.

[2124]   *Lafon, C. W., Graybeal, D. Y.*, and *Orvis, K. H.*, Patterns of ice accumulation and frost disturbance during two ice storms in southwestern Virginia. Phys. Geog. 20, 97-115, 1999.

[2125]   *Lawer, D. W.*, A bibliography of ice needles. Cold Reg. Sci. Tech. 15, 295-310, 1988.

[2126]   *Liddle, M. J.*, and *Moore, K. G.*, The microclimate of sand dune tracks: The relative contribution of vegetation removal and soil compression. J. Appl. Ecol. 11, 1057-68, 1974.

[2127]   *Lowry, W. P.*, and *Lowry, P. P.*, Fundamentals of Biometeorology: Interactions of Organisms and the Atmosphere, Vol. 1, The Physical Environment, Peavine Publications, 1990.

[2128]   *Nakshabandi, G. A.*, and *Kohnke, H.*, Thermal conductivity and diffusivity of soil as related to moisture tension and other physical properties. Agr. Met. 2, 271-79, 1965.

[2129]   *Passerat de Silans, A. M. B.*, Apparent soil thermal diffusivity, a case study: Hapex-Sahel experiment, Ag. For. Met. 81, 201-16, 1996.

[2130]   *Price, A. G.*, and *Bauer, B. O.*, Small-scale heterogeneity and soil-moisture variability in the unsaturated zone. J. Hrdrol. 70, 277-93, 1984.

[2131]   *Rettig, H.*, Beitrag zum Problem der Wasserbewegung im Boden. Met. Rundsch. 9, 182-84, 1956.

[2132]   *Ruckli, R.*, Der Frost im Baugrund. Springer, Wien, 1950.

[2133]   *Schaible, L.*, Frost- und Tauschäden an Verkehrswegen und deren Bekämpfung. W. Ernst, Berlin, 1957.

[2134] *Schmid, J.*, Der Bodenfrost als morphologischer Faktor. A. Hüthig, Heidelberg, 1955.

[2135] *Smith, M. W.*, Microclimatic influences on ground temperatures and permafrost distribution Mackenzie Delta Northwest Territories. Can. J. Earth Sci. 12, 1421-38, 1975.

[2136] *Teitel, M.*, The effect of screens on the microclimate of greenhouses and screen houses — A review. Acta Hort. 719, 575-86, 2006.

[2137] *Thomson, R. D.*, Climate and permafrost in Canada. Weather 29, 298-305, 1974.

[2138] *Tuller, S. E.*, Energy balance microclimate variations on a coastal beach. Tellus 24, 260-70, 1972.

[2139] *Uhlig, S.*, Die Untersuchung und Darstellung der Bodenfeuchte. Ber. DWD-US Zone 4, Nr. 30, 1951.

[2140] *Vries, D. A. de*, Some results of field determinations of the moisture content of soil from thermal conductivity measurements. Netherl. J. Agr. Sci. 1, 115-21, 1953.

[2141] *Weger, N.*, Die Wasserbewegung u. die Wassergehaltsbestimmung in gefrorenem Boden. Met. Rundsch. 7, 45-47, 1954.

[2142] *Zhang, T.*, and *Berndtsson, R.*, Temporal patterns and spatial scale of soil water variability in a small humid catchment. J. Hydrol. 104, 111-28, 1988.

제22장

[2200] *Czepa, O.*, Über die spektrale Lichtdurchlässigkeit von Binnengewässern. Wetter u. Leben 6, 122-28, 1954.

[2201] *Dirmhirn, I.*, Neuere Strahlungsmessungen in den Lunzer Seen. Wetter u. Leben 3, 258-60, 1951.

[2202] *Herzog, J.*, Thermische Untersuchungen in Waldteichen. Veröff. Geoph. I. Leipzig 8, Nr. 2, 1936.

[2203] *Hipsey, M. R.*, and *Sivapalan, M.*, Parameterizing the effect of a wind shelter on evaporation from small water bodies. Wat. Resourc. Res. 39, SWC 41-49, 2003.

[2204] *Höhne, W.*, Experimentelle u. mikroklimatische Untersuchungen an Kleingewässern. Abh. Met. D. DDR 4, Nr. 26, 1954.

[2205] *Keil, K.*, Verfahren zur Verhüttung des Zufrierens von Häfen. Met. Rundsch. I, 312, 1948.

[2206] *Nuñez, M.*, *Davies, J. A.*, and *Robinson, P. J.*, Surface albedo of tower site in Lake Ontario. Bound. Lay. Met. 3, 77-86, 1972.

[2207] *Pesta, O.*, Alpine Hochgebirgstümpel u. ihre Tierwelt. Naturwiss. Rundsch. 8, 65-68, 1955.

[2208] *Rathschüler, E.*, Der Einfluß eines Wasserfalles auf die Luftfeuchtigkeit der Umgebung. Arch. f. Met. (B) 1, 108-14, 1948.

[2209] *Sato, S.*, Macro and microclimates in rice culture and artificial control of microclimates of paddy fields in warm region of Japan. Bull. Kyushu Agric. Exp. Stn. 6, 259-364, 1960.

[2210] *Sauberer, F.*, Über das Licht im Neusiedlersee. Wetter u. Leben 4, 12-15, 1952.

[2211] —, und *Ruttner, F.*, Die Strahlungsverhältnisse der Binnengewässer. Probl. d. kosm. Physik 21, Akad. Verl. Ges. Leipzig, 1941.

[2212] *Schanderl, H.*, Studien über die Körpertemperatur submerser Wasserpflanzen. Ber. D. Bot. G. 68, 28-34, 1955.

[2213] *Schmidt, W.*, Absorption der Sonnenstrahlung im Wasser. Sitz-B. Wien. Akad. 117, 237-53, 1908.

[2214] —, Über Boden- u. Wassertemperaturen. Met. Z. 44, 406-11, 1927.

[2215] *Sverdrup, H. U., Johnson M. W.*, and *Fleming, R. H.*, The Oceans, Their Physics, Chemistry and General Biology, Prentice Hall, 1946.

[2216] *Uchijima, Z.*, Microclmate of the rice crop. Intern. Proc. of the Symposium on Climate and Rice, 115-40, 1976.

[2217] *Volk, O. H.*, Ein neuer für botanische Zwecke geeigneter Lichtmesser. Ber. D. Bot. G. 52, 195-202, 1934.

제23장

[2300] *Anderson, P., Larson, D.*, and *Chan, S.*, Riparian buffer and density management influences on microclimate of young headwater forests of western Oregon. For. Sci. 53, 254-69, 2007.

[2301] *Brocks, K.*, Atmosphärische Temperaturschichtung und Austauschprobleme über dem Meer. Ber. DWD 4, Nr. 22, 10-15, 1956.

[2302] *Brosfske, K., Chen, J., Maiman, R.*, and *Franklin, J.*, Harvesting effects on microclimate gradients from small streams to uplands in western Washington. Ecol. App., 7, 1188-1200, 1997.

[2303] *Bruch, H.*, Die vertikale Verteilung von Windgeschwindigkeit u. Temperatur in den untersten Metern über der Wasseroberfläche, Veröff. Inst. f. Meereskunde. Berlin, Heft 38, 1940.

[2304] *Brunke, M.*, and *Gonser, T.*, The ecological significance of exchange processes between rivers and groundwater. Freshwater Biol. 37, 1-33, 1997.

[2305] *Carling, P. A., Orr, H. G.*, and *Glaister, M. S.*, Preliminary observations and significance of dead zone flow structure for solute and fine particle dynamics. In: Bevan, K. J., Chatwin, P. C., and Millbank, J. H. (Eds), *Mixing and Transport in the Environment.* John Wiley & Sons, Chichester. 139-57, 1994.

[2306] *Clark, E., Webb, B.*, and *Ladle, M.*, Microthermal gradients and ecological implications in Dorset rivers. Hydrol. Process. 13, 423-38, 1999.

[2307] *Conrad, V.*, Oberflächentemperaturen in Alpenseen. Gerl. B. 46, 44-61, 1935.

[2308] —, Zum Wasserklima einiger alpiner Seen Österreichs. Beih. z. Jahrb. d. Zentralanst. f. Met. u. Geodyn. Wien 1930, Wien, 1936.

[2309] *Cozzetto, K., McKnight, D., Nylen, T.*, and *Fountain, A.*, Experimental investigations into processes controlling stream and hyporheic temperatures, Fryxell Basin, Antarctica. Adv. Wat. Res. 29, 130-53, 2006.

[2310] *Eckel, O.*, Über die interdiurne Veränderlichkeit der Fluß- und Seeoberflächentemperaturen. Wetter u. Leben 3, 203-12, 1951.

[2311] —, Mittel- und Extremtemperaturen des Hallstättersees. Wetter u. Leben 4, 87-93, 1952.

[2312] —, Zur Thermik der Fließgewässer: Über die Änderung der Wassertemperatur entlang des Flußlaufs. Wetter u. Leben Sonderheft 2, 41-47, 1953.

[2313] —, und *Reuter, H.*, Zur Berechnung des sommerlichen Wärmeumsatzes in Flußläufen. Geograf. Ann. 32, 188-209, 1950.

[2314] *Holland, J. Z.*, Interim report on results from the BOMEX core experiment. *BOMEX Bull.* No. 10, NOAA, U.S. Dept. Commerce, 31-43, 1971.

[2315] *Johnson, S. L.*, Factors influencing stream temperatures in small streams: Substrate effects and a shading experiment. Can. J. Fish Aquat. Sci. 61, 913-23, 2004.

[2316] *Kagan, B. A.*, Ocean-Atmosphere Interaction and Climate Modeling. Cambridge University Press, Cambridge, 1995.

[2317] *Kraus, E. B.*, and *Businger, J. A.*, Atmosphere-Ocean Interaction, Oxford University Press, New York, 1994.

[2318] *Kuhlbrodt, E.* und *Reger, J.*, Wissenschaftl. Ergebnisse der Deutsch. Atlantischen Expedition auf dem Meteor 1925-27, Bd. 14, Berlin 1938.

[2319] *MacKay, J. R.*, Lateral mixing of the Liard and McKenzie rivers downstream from their confluence. Can. J. Esc. Sci. 7, 111-24, 1970.

[2320] *Ozaki, V.*, Thermally stratified pools and their use by steelhead in northern California streams. Tran. Am. Fish. Soc. 123, 613-26, 1994.

[2321] *Palmer, R. W.*, and *O'Keeffe, J. H.*, Temperature characteristics of an impounded river. Arch. Hydrobiol. 116, 471-85, 1989.

[2322] *Peppler, W.*, Beitrag zur Kenntnis der Oberflächentemperatur des Bodensees. Z. f. angew. Met. 44, 250-56, 1927; 45, 14-20, 99-105, 1928.

[2323] *Pickard, G. L.*, and *Emery, W. J.*, Descriptive Physical Oceanography, Pergamon Press, 1990.

[2324] *Reiter, E. R.*, Der mitführende Einfluß einer Flußoberfläche auf die darüberliegenden Luftschichten. Arch. f. Met. (A) 8, 384-96, 1955.

[2325] *Roll, H. U.*, Zur Frage des tägl. Temperaturgangs u. des Wärmeaustauschs in den unteren Luftschichten über dem Meere. Aus d. Arch. d. Seewarte 59, Nr. 9, 1939.

[2326] —, Wassernahes Windprofil u. Wellen auf dem Wattenmeer. Ann. d. Met. 1, 139-51, 1948.

[2327] —, Temperaturmessungen nahe der Wasseroberfläche. D. Hydrograph. Z. 5, 141-43, 1952.

[2328] *Rykken, J. J.*, *Chan, S. S.*, and *Moldenke, A.*, Headwater riparian microclimate patterns under alternative forest management treatments. For. Sci., 53, 270-80, 2007.

[2329] *Sinokrot, B. A.*, and *Stefan, H. G.*, Stream temperature dynamics: Measurements and modeling. Wat. Resourc. Res. 29, 2299-312, 1993.

[2330] *Wahl, E.*, Temperaturmessungen in der Nordsee im Sommer 1948. Ann. d. Met. 2, 65-71, 1949.

[2331] —, Strahlungseinflüsse bei der Wassertemperaturmessung an Bord von Schiffen. Ann. d. Met. 3, 92-102, 1950.

[2332] *Webb, B. W.*, Regulation and thermal regime in a Devon river system. In: Sediment and water quality in river catchments, by I. D. L. Foster, A. M. Gurnell and B. W. Webb, 65-94, 1995.

[2333] —, Personal communication. 2006, 2008.

[2334] —, *Crisp, D. T.*, Afforestation and stream temperature in a temperate maritime environment.

Hydrol. Process. 20, 51-66, 2006.

[2335]   —, and *Walling, D. E.*, Long term water temperature behavior and trends in a Devon, UK, river system. Hydrol. Sci. Jour. 37, 567-80, 1992.

[2336]   —, and *Zhang, Y.*, Spatial and seasonal variability in the components of the river heat budget. Hydrol. Proc. 11, 79-101, 1997.

[2337]   —, and —, Water temperatures and heat budgets in Dorset chalk water courses. Hydrol. Process. 13, 309-21, 1999.

[2338]   —, and —, Inter-annual variability in non-advective heat energy budget of Devon streams and rivers. Hydrol. Process. 18, 2117-46, 2004.

[2339]   *Wegner, K. O.*, Windprofilmessungen über Flußoberflächen bei schwachem Wind. Arb. d. Met. Inst. Univ. Köln, 1956.

[2340]   *White, D. S.*, Perspectives on defining and delineating hyporheic zones. J. North. Am. Benthol. 12, 61-69, 1993.

제24장

[2401]   *Abels, H.*, Beobachtungen der tägl. Periode der Temp. im Schnee u. Bestimmung des Wärmeleitungsvermögens des Schnees als Funktion seiner Dichtigkeit. Rep. f. Met. 16, Nr. 1, 1892.

[2402]   *Ambach, W.*, Über den nächtlichen Wärmeumsatz der gefrorenen Gletscheroberfläche. Arch. f. Met. (A) 8, 411-26, 1955.

[2403]   —, Über die Strahlungsdurchläßigkeit des Gletschereises. Sitz-B. Wien. Akad. 164, 483-94, 1955.

[2404]   *Ångström, A.*, Der Einfluß der Bodenoberfläche auf das Lichtklima. Gerlands Beitr. Geoph. 34, 123-30, 1931.

[2405]   *Backhouse, S. L.*, and *Pegg, R. K.*, The effects of the prevailing wind on trees in a small area of south-west Hampshire. J. Biogeog. 11, 401-11, 1984.

[2405a]   *Baker, D. G.*, Snow Cover and Winter Soil Temperatures at St. Paul Minnesota. Bulletin 37, Water Resources Research Center, University of Minnesota, 1971.

[2406]   *Baker, D. G., Ruschy, D. L., Skaggs, R. H.*, and *Wall, D. B.*, Air temperature and radiation depression associated with a snow cover. J. App. Met. 31, 247-54, 1992.

[2407]   —, —, and *Wall, D. B.*, The albedo decay of prairie snows. J. App. Met. 29, 179-87, 1990.

[2408]   —, *Skaggs, R. H.*, and *Ruschy, D. L.*, Snow depth required to mask the underlying surface. J. App. Met. 30, 387-92, 1991.

[2409]   *Band, G.*, Strahlung u. Temperaturmessung über Schnee. La Mét., 363-69, 1957.

[2410]   *Bauer, K. G.*, and *Dutton, J. A.*, Flight investigations of surface albedo. University of Wisconsin, Dept. of Met. Tech. Rep. 2, 1960.

[2411]   *Bührer, W.*, Über den Einfluß der Schneedecke auf die Temperatur der Erdoberfläche. Met. Z. 19, 205-11, 1902.

[2412]   *Colbeck, S. C.*, An overview of seasonal snow metamorphism. Rev. Geophys. 20, 45-61, 1982.

[2413] *Dewey, K. F.*, Daily maximum and minimum temperature forecasts and the influence of snow cover. Mon. Weath. Rev. 105, 399-401, 1977.

[2414] *Dirmhirn, I.*, Über neuere Strahlungsmessungen auf den Ostalpengletscher. La Mét., 345-51, 1957.

[2415] *Doesken, N. J.*, and *Judson, A.*, The Snow Booklet: A Guide to the Science, Climatology, and Measurement of Snow in the United States. Colorado Climate Center, Colorado State University, Fort Collins, 1997.

[2416] *Eckel, O.*, und *Thams, C.*, Untersuchungen über Dichte, Temperatur und Strahlungsverhältnisse der Schneedecke in Davos. Geologie d. Schweiz, Hydrol. 3, 275-340, 1939.

[2417] *Friedrich, W.*, Schneerollen. Wetter u. Leben 5, 82-83, 1953.

[2418] *Fukutomi, T.*, Effect of ground temperature upon the thickness of snow cover. Low Temp. Sc. Sapporo Japan 9, 145-48, 1953.

[2419] *Gressel, W.*, Über das Auftreten von Schneerollen u. Schneewalzen in Niederösterreich. Met. Rundsch. 6, 94-96, 1953(s. also Universum Wien 13, 139-141, 1958).

[2420] *Grunow, J.*, Zum Wasserhaushalt einer Schneedecke etc. Ber. DWD-US Zone 6, Nr. 38, 385-93, 1952.

[2421] *Hennessey, J. P.*, A critique of "Trees as a local climate wind-indicator deformed vegetation as an indicator," Pseudotsuga taxifolia. J. App. Met. 19. 1020-23, 1980.

[2422] *Hoinkes, H.*, Zur Mikroklimatologie der eisnahen Luftschicht. Arch. f. Met (B) 4, 451-58, 1953.

[2423] —, Über Messungen der Ablation und des Wärmeumsatzes auf Alpengletschern etc. Publ. Assoc. Internat. d'Hydrolog. 39, 442-48, 1954.

[2424] *Keränen, J.*, Über die Temperaturen des Bodens und der Schneedecke in Sodankylä, Helsinki, 1920.

[2425] *Kierkus, W. T.*, and *Colborne, W. G.*, Diffuse solar radiation — daily and monthly values as affected by snow cover. Sol. Ener. 42, 143-47, 1989.

[2426] *Köhn, M.*, Über den Einfluß einer Schneedecke auf die Bodentemperaturen. Wetter u. Klima 1, 303-06, 1948.

[2427] *Kreeb, K.*, Die Schneeschmelze als phänologischer Faktor. Met. Rundsch. 7, 48-49, 1954.

[2428] *Langham, E. J.*, Physics and properties of snowcover. In: D. M. Gray and D. H. Male, Handbook of Snow. Pergamon Press, Oxford, 1981.

[2429] *Liljequist, G. H.*, Radiation and wind and temperature profiles over an antarctic snowfield. Proc. Toronto Met. Conf. 1953, Am. Met. Soc. & R. Met. Soc. 78-87, 1954.

[2430] *Löhle, F.*, Absorptionsmessungen an Neuschnee u. Firnschnee. Gerl. B. 59, 283-98, 1943.

[2431] *Loewe, F.*, Etudes de glaciologie en terre Adélie 1951-1952. Expéd. polaires francaises (P. E. Victor) IX, Paris, 1956.

[2432] *McClung, D.*, and *Schaerer, P.*, The Avalanche Handbook, Mountaineers, Seattle, 1993.

[2433] *Michaelis, P.*, Ökologische Studien an der alpinen Baumgrenze V. Jahrb. f. wiss. Botanik 80, 337-62, 1934.

[2434] *Möller, F.*, On the backscattering of global radiation by the sky. Tellus 17, 350-55, 1965.

[2435] *Monteith, J. L.*, The effect of grass-length on snow melting. Weather 11, 8-9, 1956.

[2436]   *Müller, H. G.*, Zur Wärmebilanz der Schneedecke. Met. Rundsch 6, 140-43, 1953.

[2437]   *Musselman, R. C.*, Using wind-deformed conifers to measure wind patterns in alpine transition at Glees. U.S.D.A. Forest Service, Technical Report Int-270, 80-84, 1990.

[2438]   *Niemann, A.*, Die Schutzwirkung einer Schneedecke, dargestellt am farbigen Frostschadenbild. Photograph. u. Wissensch. 5, 27-28, 1956.

[2439]   *Nkemdirim, L. C.*, A comparison of radiative and actual nocturnal cooling rates over grass and snow. J. App. Met. 17, 1643-46, 1978.

[2440]   *Nyberg, A.*, Temperature measurements in an air layer very close to a snow surface. Geograf. Ann. 20, 234-75, 1938.

[2441]   *Patterson, W. S. B.*, The Physics of Glaciers, Pergamon, 1994.

[2442]   *Paulcke, W.*, Praktische Schnee- u. Lawinenkunde(Verständl. Wissensch. 38). Springer, 1938.

[2443]   *Pichler, F.*, Über den Kohlensäure- u. Sauerstoffgehalt der Luft unter einer Schneedecke. Wetter u. Leben 1, 15, 1948.

[2444]   *Pomeroy, J. W.*, and *Goodisen, B. E.*, Winter and snow. In: The Surface Climates of Canada. (Eds) Bailey, W. G., Oke, T. R., and Rouse, W. R., McGill-Queen's University Press, 1997.

[2445]   *Reuter, H.*, Über die Theorie des Wärmehaushalts einer Schneedecke. Arch. f. Met. (A) 1, 62-92, 1948.

[2446]   ——, Zur Theorie des Wärmehaushalts strahlungsdurchlässiger Medien. Tellus 1, 6-14, 1949.

[2447]   *Roßmann, F.*, Beobachtungen über Schneerauchen u. Seerauchen. Z. f. angew. Met. 51, 309-17, 1934.

[2448]   *Sauberer, F.*, Versuche über spektrale Messungen der Strahlungseigenschaften von Schnee u. Eis mit Photoelementen. Met. Z. 55, 250-55, 1938.

[2449]   ——, Die spektrale Durchläßigkeit des Eises. Wetter u. Leben 2, 193-97, 1950.

[2450]   *Schlatter, T. W.*, The local surface energy balance and subsurface temperature regime in Antarctica. J. App. Met. 11, 1048-62, 1972.

[2451]   *Sharratt, B. S.*, *Benoit, G. R.*, and *Voorhees, W. B.*, Winter soil microclimate altered by corn residue management in the northern corn belt of the USA. Soil Till. Res. 49, 243-48, 1998.

[2452]   *Slanar, H.*, Schneeabschmelzung im bewachsenen Gelände. Met. Z. 59, 413-16, 1942.

[2453]   *Takahashi, Y.*, *Soma, S.*, and *Nemoto, S.*, Observations and a theory of temperature profile in a surface of snow cooling through nocturnal radiation. Seppyo, Tokyo 18, 43-47, 1956.

[2454]   *White, D.*, Nature's powered doghnuts? Country Extra 2, 63, Jan. 1992.

제 25 ~ 26장

[2500]   *Albrecht, F.*, Untersuchungen über den Wärmehaushalt der Erdoberfläche in verschiedenen Klimagebieten. R. f. W. Wiss. Abh. 8, Nr. 2, 1940.

[2501]   *Baumgartner, A.*, Untersuchungen über den Wärme- u. Wasserhaushalt eines jungen Waldes. Ber. DWD 5, Nr. 28, 1956.

[2502]   *Budyko, M. I.*, Atlas teplovogo balansa. Leningrad 1955 (s. Ref. H. Flohn, Erdk. 12, 233-37, 1958).

[2503] —, The Earth's Climate: Past and Future, Academic Press, 1982.

[2504] *Fleischer, R.*, Der Jahresgang der Strahlungsbilanz u. ihrer Komponenten. Ann. d. Met. 6, 357-64, 1953/54.

[2505] —, Registrierung der Infrarotstrahlungsströme der Atmosphäre u. des Erdbodens. Ann. d. Met. 8, 115-23, 1957.

[2506] *Frankenberger, E.*, Über vertikale Temperatur—, Feuchte- und Windgradienten in der untersten 7 Dekametern der Atmosphäre, den Vertikalaustausch u. den Wärmehaushalt an Wiesenboden bei Quickborn/Holstein 1953/54. Ber. DWD 3, Nr. 20, 1955.

[2507] *Gjessing, Y.*, and *Øvstedal, D. O.*, Microclimates and water budgets of algae, lichens and a moss on some nunataks in Queen Maud Land. Int. J. Biomet. 33, 272-81, 1989.

[2508] *Hoinkes, H.*, Wärmeumsatz u. Ablation auf Alpengletschern II. Geograf. Ann. 35, 116-40, 1953.

[2509] —, und *Untersteiner, N.*, Wärmeumsatz u. Ablation auf Alpengletschern I. Geograf. Ann. 34, 99-158, 1953; 35, 116-40, 1953.

[2510] *Kraus, H.*, Untersuchungen über den nächtlichen Energietransport und Energiehaushalt in der bodennahen Luftschicht bei der Bildung von Strahlungsnebeln. Ber. DWD 7, Nr. 48, 1958.

[2511] *Miller, D. H.*, The influence of snow cover on local climate in Greenland. J. Met. 13, 112-20, 1956.

[2512] *Mitchell, J. M.*, Jr., Theoretical Paleoclimatology, In: The Quaternary of the United States, H. E. Wright and D. G. Frey(Editors), Princeton University Press, 883, 1965.

[2513] *Munro, D. S.*, Boundary layer climatology. In: J. E. Oliver and R. W. Fairbridge (Eds.), The Encyclopaedia of Climatology, 172-83, Van Nostrand and Reinhold Co., 1987.

[2514] *Niederdorfer, E.*, Messungen des Wärmeumsatzes über schneebedecktem Boden. Met. Z. 50, 201-08, 1933.

[2515] *Rider, N. E.*, and *Robinson, G. D.*, A study of the transfer of heat and water vapour above a surface of short grass. Quart. J. 77, 375-401, 1951.

[2516] *Sverdrup, H. U.*, The eddy conductivity of the air over a smooth snow field. Geofysiske Publ. 11, Nr. 7, 1-69, 1936.

[2517] *Untersteiner, N.*, Glazial-meteorologische Untersuchungen im Karakorum. Arch. f. Met. (B) 8, 1-30, 137-71, 1957.

제27장

[2700] *Bailey, A. W.*, and *Anderson, M. L.*, Fire temperatures in grass, shrub and aspen forest communities of Central Alberta. J. Range Man. 30, 37-40, 1980.

[2701] *Anderson, H. A.*, Heat transfer and fire spread. USDA For. Ser., Intermountain For. and Range Exp. St., Research Paper INT-69, 20, 1969.

[2702] *Berg, H.*, Mikroklimatische Beobachtungen am Rand einer Wasserfläche. Ann. d. Met. 5, 227-35, 1952.

[2703] *Brümmer, B.*, and *Thiemann, S.*, The atmospheric boundary layer in an arctic winter-time on-ice air flow. Bound. Lay. Met. 104, 53-72, 2002.

[2704]   *Cheney, P.*, and *Sullivan, A.*, Grass fires, fuel, weather and fire behavior. CSIRO Publishing, Collingwood, Australia, 1997.

[2705]   *Butler, B. W., Cohen, J., Latham, D. J., Schuette, R. D., Sopko, P., Shannon, K. S., Jimenez, D.*, and *Bradshaw, L. S.*, Measurements of radiant emissive power and temperatures in crown fires. Can. J. For. Res. 34, 1577-87, 2004.

[2706]   *Catchpole, W. R., Catchpole, E. A., Butler, B. W., Rothermel, R. C., Morris, G. A.*, and *Latham, D. J.*, Rate of spread of free-burning fires in woody fuels in a wind tunnel. Combust. Sci. Tech. 131, 1-37, 1998.

[2707]   *Cohen, J. D., Finney, M. A.*, and *Yedinak, K. M.*, Active spreading crown fire characteristics: Implications for modeling. V. Inter. Conf. For. Fire Res.(Ed.) Viegas, D. X. 1-12, 2006.

[2708]   *Craig, R. A.*, Measurements of temperature and humidity in the lowest 1000 feet of the atmosphere over Massachusetts Bay. Mass. Inst. Technology, Pap. Phys., Ocean. and Met. 10, Nr. 1, 1946.

[2709]   *Hartford, R. A.*, and *Frandsen, W. H.*, When it's hot . . . or maybe not! (Surface flamming may not portend extensive soil heating). Int. J. Wildland Fires, 2, 139-44, 1992.

[2710]   *Helmis, C. G., Asimakopoulos, D. N., Deligiorgi, D.*, and *Lalas, P. D.*, Observations of sea breeze fronts near the shoreline, Bound. Lay. Met. 38, 395-410, 1987.

[2711]   *Johnson, E. A.*, and *Miyanishi, K.*, Forest Fires: Behavior and Ecological Effects. Academic Press, 2001.

[2712]   *Knochenhauer, W.*, Inwieweit sind die Temperatur- u. Feuchtigkeitsmessungen unserer Flughäfen repräsentativ? Erfahr. Ber. d. D. Flugwetterd., 9, Folge Nr. 2, 1934.

[2713]   *Krawezyk, B.*, The structure of the heat balance of the human body at the Polish coast of the Baltic Sea. Z. Meteorol. 34, 175-83, 1984.

[2714]   *Mäde, A.*, Über die Methodik der meteorologischen Geländevermessung. Sitz-B. Deutsche Akad. d. Landwirtsch. Wiss. Berlin 5, Nr. 8, 1-25, 1956.

[2714A] *Marcelli, T., Simeoni, P. A., Leoni, E.*, and *Porterie, B.*, Fire spread across pine needle fuel beds: Characterization of temperature and velocity distributions within the fire plume. Int. J. Wildland Fire 13, 37-48, 2004.

[2715]   *Murphy, P. J., Beaufait, W. R.*, and *Steele, R. W.*, Fire spread in an artificial fuel. Montana For. Con. Exp. Sta. Bull. No. 32, 1966.

[2716]   *Nyberg, A.*, and *Raab, L.*, An experimental study of the field variation of the eddy conductivity. Tellus 8, 472-79, 1956.

[2717]   *Rauner, Y. L.*, Izmenenie teplo-i vlagoobmena mezhdu lesom i atmosferoi pod viüaniem okruzhaiushchikh territori, *Akad. Nauk USSR, Izv. Ser. Geog.* 1, 15-28, 1963. From R. G. Wilson[4422].

[2718]   *Runge, H.*, Entstehung von Bodennebel durch Auspuffgase. Z. f. angew. Met. 2, 289-300, 1956.

[2719]   *Scotter, D. R.*, Soil temperatures under grass fires. Aus. J. Soil Res. 8, 273-79, 1970.

[2720]   *Simpson, J. E.*, Sea Breeze and Local Winds, Cambridge University Press, New York, 1994.

[2721]   —, Fire behavior, Ecol. Stud.: Analysis and synthesis. 48, 199-217, 1984.

[2722]   *Taylor, S. W., Wooton, B. M., Alexander, M. E.*, and *Dalrymple, G. N.*, Variation in wind and crown fire behavior in a northern jack pine — black spruce forest. Can. J. For. Res., 34, 1561-76, 2004.

[2723] *Thomas, P. H.*, Some aspects of the growth and spread of fire in the open. For. 40(2), 139-64, 1967.

[2724] *Trollope, W. S. W.*, Fire behavior — a preliminary study. Proc. Grassld. Soc. South. Afr. 13, 123-28, 1978.

[2725] *Thornthwaite, C. W.*, and *Hare, F. K.*, The loss of water to the air. Met. Mono. 6, 163-80, 1965.

[2726] *Tuller, S. E.*, Onshore flow in an urban area: Microclimatic effects. Int. J. Climatol. 15, 1387-96, 1995.

[2727] *Verber, L. J.*, The climates of South Bass Island, Western Lake Erie. Ecol. 36, 388-400, 1955.

[2728] *Vihma, T.*, and *Brümmer, B.*, Observations and modeling of the on-ice and off-ice air flow over the Northern Baltic Sea. Bound. Lay. Met. 103, 1-27, 2002.

[2729] *Visher, S. S.*, Some climatic influences of the Great Lakes, latitude and mountains; an analysis of climatic charts in climate and man (1941). Bull. Am. Met. Soc. 24, 205-10, 1943.

[2730] *Whittaker, E.*, Temperatures in heath fires. J. Ecol., 49, 709-15, 1961.

[2731] *Wolton, Mike.*, E-mail communication, 2006.

[2732] *Wotton, B. M.*, and *Martin, T. L.*, Temperature variation in vertical flames from a surface fire. In Prodeedings 3rd Int. Conf. on For. Fire Res. and 14th Con. on Fire and For. Met. Luso, Portugal. 533-45, 1998.

[2733] *Yoshino, M. M.*, Climate in a Small Area, University of Tokyo Press, 1975.

[2734] *Zhong, S.*, and *Takle, E. S.*, An observational study of sea- and land-breeze circulation in an area of complex coastal heating. J. Appl. Met. 31, 1526-38, 1992.

제28장

[2801] *Avissar, R., Avissar, P., Mahrer, Y.*, and *Ami Bravdo, B.*,: A model to simulate response of plant stomata to environmental conditions. Agr. For. Met. 34, 21-29, 1985.

[2802] *Brutsaert, W.*, Evaporation into the Atmosphere: Theory, History and Application, D. Reidel, 1992.

[2803] *Beven, K.*, A sensitivity analysis of the Penman-Monteith actual evapotranspiration estimates. J. Hydrol. 44, 169-90, 1979.

[2804] *Burt, C. M., Mutziger, A. J., Allen, R. G.*, and *Howell, T. A.*, Evaporation research: Review and interpretation. J. Irr. Drain. Eng. 131, 37-58, 2005.

[2805] *Drexler, J. Z., Snyder, R. L., Spano, D.*, and *U., K. T. P.*, A review of models and micrometeorological methods used to estimate wetland evapotranspiration. Hydrol. Proc. 18, 2071-2101, 2004.

[2806] *Dolman, A. J., Gash, J. H. C., Roberts, J.*, and *Shuttleworth, W. J.*, Stomatal and surface conductance of tropical rainforest. Agr. For. Met. 54, 303-18, 1991.

[2807] *Eisenlohr, W. S.*, Water loss from a natural pond through transpiration by hydrophytes. Wat.

Resourc. Res. 2, 443-53, 1966.

[2808] *Hofmann, G.*, Die Thermodynamik der Taubildung. Ber. DWD. 3, Nr. 18, 1955.

[2809] —, Verdunstung u. Tau als Glieder des Wärmehaushalts. Planta 47, 303-22, 1956.

[2810] *Linacre, E. T., Hicks, B. B., Sainty, G. R.,* and *Grause, G.,* The evaporation from a swamp. Ag. Met. 7, 375-86, 1970.

[2811] *Link, T. E., Unsworth, M.,* and *Marks, D.,* The dynamics of rainfall interception by a seasonal temperate rainforest. Agr. For. Met. 124, 171-91, 2004.

[2812] *Mansfield, W. W.,* Reduction of evaporation of stored water. Proc. Canberra Symposium 1956, 61-64, UNESCO Paris, 1958.

[2813] *McIlroy, I. C.,* The measurement of natural evaporation. J. Aust. Inst. Agr. Sci. 23, 4-17, 1957.

[2814] *Monteith, J. L.,* Editorial note. Weather 12, 225, 1957 (comp. pp.203-10).

[2815] *National Research Council,* Global Change in the Geosphere-Biosphere, National Academy Press, 1986.

[2816] *Penman, H. L.,* Evaporation: an introductory survey. Netherlands J. Agr. Science 4, 9-29, 1956.

[2817] *Rijks, D. A.,* Evaporation from a papyrus swamp. Q. J. R. Met. Sco. 96, 643-49, 1970.

[2818] *Saugier, B.,* and *Katerji, N.,* Some plant factors controlling evapotranspiration. Agr. For. Met. 54, 263-77, 1991.

[2819] *Shuttleworth, W. J.,* Evaporation from Amazonian rainforest. Proc. R. Soc. Lond. B233, 321-46, 1988.

[2820] *Speidel, D. H.,* and *Agnew, A. F.,* The world water budget. In: D. H. Speidel, L. C. Ruedisili, and A. F. Agnew (Eds.), Perspectives on Water: Uses and Abuses. Oxford University Press, 1988.

[2821] *Tuzet, A., Perrier, A.,* and *Leuning, R.,* A coupled model of stomatal conductance, photosynthesis and transpiration. Plant Cell Env. 26, 1097-1116, 2003.

[2822] *Van der Leeden, F., Troise, F.,* and *Todd, D.,* Water Encyclopedia, 2nd ed., Lewis Pub. Co., 1991.

제29장

[2900] *Angerer, E. V.,* Landschaftsphotographien in ultrarotem u. ultraviolettem Licht. Naturw. 18, 361-64, 1930.

[2901] *Anisimov, O.,* and *Fukshansky, L.,* Optics of vegetation: Implications for the radiation balance and photosynthetic performance. Agr. For. Met. 85, 33-49, 1997.

[2902] *Belov, S. V.,* and *Aetsybashev, L.,* A study of reflecting properties of arboreal species, Botanicheskii Zhur. 42, 517-34, 1957.

[2902A] *Brown, D. S.,* A comparison of the temperature of the flower buds of royal apricot with standard and blackbulb thermograph records during winter, Proc. Amer. Soc. Hort. Sci. 72, 113-22, 1958.

[2903] *Büdel, A.,* Das Mikroklima der Blüten in Bodennähe. Z. f. Bienenforschung 4, 131-40, 1958.

[2904] *Campbell, G. S.,* and *Normann, J. M.,* An Introduction to Environmental Biophysics: Springer,

New York, 1998.

[2905] *Clark*, *J. A.*, and *Wigley*, *G.*, Heat and mass transfer from real and model leaves. In: de Vries, D. A., and Afgan, N. H., Heat and Mass Transfer in the Biosphere, Part 1 Transfer Processes in the Plant Environment, Scripta Book Co., Washington, D.C. 413-22, 1975.

[2906] *Egle*, *K.*, Zur Kenntnis des Lichtfeldes u. der Blattfarbstoffe. Planta 26, 546-83, 1937.

[2907] *Ehleringer*, *J.*, Comparative microclimatology and plant responses in *encelia* species from contrasting habitats. J. Arid Env. 8, 45-56, 1985.

[2908] *Forseth*, *I. N.*, and *Teramura*, *A. H.*, Field Photosynthesis, microclimate and water relations of an exotic temperate liana, *Pueraria lobata*, kudzu, Oecologia 71, 262-67, 1987.

[2909] *Gates*, *D. M.*, Energy Exchange in the Biosphere, Harper and Row, 1962.

[2910] —, Biophysical Ecology, Springer-Verlag, Berlin, 1980.

[2911] —, Radiant energy, its receipt and disposal. In: Agricultural Meteorology, P. E., Waggoner (Ed.), Boston, Am. Met. Soc., 1965.

[2912] *Guyot*, *G.*, Measurement of plant canopy fluoresence. In: Varlet-Grancher, R. Bonhomme and H. Sinoquet (Eds.), Crop Structure and Light Microclimate: Characterization and Applications. Institut Nationale de La Recherche Agronomique, 77-91, 1993.

[2913] *Huber*, *B.*, Der Wärmehaushalt der Pflanzen. Verl. Datterer, Freising München, 1935.

[2914] *Hummel*, *K.*, Über Temperaturen in Winterknospen bei Frostwitterung. Met. Rundsch. 1, 147-50, 1947.

[2915] *Jordan*, *D. N.*, and *Smith*, *W. K.*, Energy balance analysis of nighttime leaf temperatures and frost formation in a subalpine environment. Agr. For, Met. 71, 359-72, 1994.

[2916] —, and —, Microclimate factors influencing the frequency and duration of growth season frost for subalpine plants. Ag. For. Met. 77, 17-30, 1995.

[2917] *Kessler*, *O. W.*, and *Schanderl*, *H.*, Pflanzen unter dem Einfluß verschiedener Strahlungs-intensitäten. Strahlentherapie 39, 283-302, 1931.

[2918] *Knutson*, *R. M.*, Heat production and temperature regulation in eastern skunk cabbage. Science 186, 746-47, 1974.

[2919] *Kruilk*, *G.*, The warm-blooded cactus. The National Cactus and Succulent Journal, 37, 100-03, 1982.

[2920] *Kunii*, *K.*, The tree temperature of Yoshino-Zakura. J. Met. Res. Tokyo 4, 1035-38, 1953.

[2921] *Lange*, *O. L.*, Hitze- u. Trockenresistenz der Flechten in Beziehung zu ihrer Verbreitung. Flora 140, 39-97, 1953.

[2922] —, Einige Messungen zum Wärmehaushalt poikilohydrer Flechten und Moose. Arch. f. Met. (B) 5, 182-90, 1953.

[2923] *Leuning*, *R.*, and *Cremer*, *K. W.*, Leaf temperatures during radiation frosts. Part I. Observations. Agr. For. Met 42, 121-33, 1988.

[2924] —, Leaf temperature during radiation frosts Part II. A steady state theory. Agr. For. Met 42, 135-55, 1989.

[2925] —, Leaf energy balances: Developments and applications. Phil. Trans. R. Soc. Lond. 3248, 191-204, 1989.

[2926] *Lu*, *S.*, *Reiger*, *M.*, and *Duemmel*, *M. J.*, Flower orientation influences ovary temperatures during frost in peach. Ag. For. Met. 60, 181-91, 1992.

[2927] *Meentemeyer, V.,* and *Zippin, J.,* Soil moisture and texture controls of selected parameters of needle ice growth. Earth Surf. Proc. Landforms 6, 113-25, 1981.

[2928] *Michaelis, G.,* und *Michaelis, P.,* Über die winterlichen Temperaturen der pflanzlichen Organe, insbesondere der Fichte. Beih. z. Bot. Centralbl. 52, 333-77, 1934.

[2929] *Miller, D. H.,* Water at the Surface of the Earth — An Introduction to Ecosystem Hydrodnamics. Academic Press, New York, 1977.

[2930] *Nagy, K. A., Odell, D. K.,* and *Seymour, R. S.,* Temperature regulation by the inflorescence of philodendron. Science 178, 1195-97, 1972.

[2931] *Raschke, K.,* Mikrometeorologisch gemessene Energieumsätze eines Alocasiablattes. Arch. f. Met. (B) 7, 240-68, 1956.

[2932] —, Über die physikalischen Beziehungen zwischen Wärmeübergangszahl, Strahlungsaustausch, Temperatur u. Transpiration eines Blattes. Planta 48, 200-38, 1956.

[2933] —, Über den Einfluß der Diffusionswiederstände auf die Transpiration und die Temperatur eines Blattes. Flora 146, 546-78, 1958.

[2934] *Reifsnyder, W. E.,* and *Lull, H. W.,* Radiant Energy in Relation to Forests. Tech. Bull. 1344 U.S. Dept. Ag., 1965.

[2935] *Rohmeder, E.,* und *Eisenhut, G.,* Untersuchungen über das Mikroklima in Bestäubungsschutz-beuteln. Silvae Genetica 8, 1-36, 1959.

[2936] *Salisbury, F. B.,* and *Ross, C. W.,* Plant-Physiology. Wadsworth Publishing Co., 1992.

[2937] *Sauberer, F.,* Zur Kenntnis der Strahlungsverhältnisse in Pflanzenbeständen. Biokl. B. 4, 145-55, 1937.

[2938] —, Über die Strahlungseigenschaften der Pflanzen im Infrarot. Wetter u. Leben 1, 231-34, 1948.

[2939] *Seybold, A.,* Über den Lichtfaktor photophysiologischer Prozesse. Jahrb. f. wiss. Bot. 82, 741-95, 1936.

[2940] *Suzuki, S.,* The nocturnal cooling of plant leaves and hoarfrost deposited thereon. Geophys. Mag. Tokyo 25, 219-35, 1954.

[2941] *Takasu, K.,* Leaf temperatures under natural environments. Mem. College of Science Kyoto (B) 20, 179-87, 1953.

[2942] *Taylor, S. E.,* Optical leaf form. In: Perspectives in Biophysical Ecology, D. M. Gates and R. B. Schmerl (Eds.), Springer-Verlag, New York, 1975.

[2943] *Ullrich, H.,* und *Mäde, A.,* Untersuchungen über den Temperaturverlauf beim Gefrieren von Blättern u. Vergleichsobjekten. Planta 31, 251-62, 1940.

[2944] *Varlet-Grancher, C., Moulia, B., Sinoquet, H.,* and *Russel, G.,* Spectral modification of light within plant canopies: How to quantify its effects on the architecture of the plant stand. In: C. Varlet-Grancher, R., Bonhomme and H. Sinoquet (Eds.), Crop Structure and Light Microclimate: Characterization and Applications. Institut Nationale de La Recherche Agronomique, 427-51, 1993.

[2945] *Weger, G.,* Über Tütentemperaturen. Biokl. B. 5, 16-19, 1938.

[2946] —, *Herbst, W.,* und *Rudloff, C. F.,* Witterung u. Phänologie der Blühphase des Birnbaums. R.

f. W. Wiss. Abh. 7, Nr. 1, 1940.

제30장

[3000]   *Ångström, A.*, The Albedo of various surfaces of the ground. Geograf. Ann. 7, 323-42, 1925.

[3001]   *Bartels, J.*, Verdunstung, Bodenfeuchtigkeit u. Sickerwasser. Z. f. F. u. Jagdw. 65, 204-19, 1933.

[3002]   *Caborn, J. M.*, Microclimate. Endeavour 32, 30-33, 1973.

[3003]   *Filzer, P.*, Untersuchungen über den Wasserumsatz künstlicher Pflanzenbestände. Planta 30, 205-23, 1939.

[3004]   *Friedrich, W.*, Über die Verdunstung vom Erdboden. Gas- u. Wasserfach 91, Heft 24, 1950.

[3005]   *Göhre, K.*, Der Wasserhaushalt im Boden. Z. f. Met. 3, 13-19, 1949.

[3006]   *Jonckheere, I., Fleck, S., Nackaerts, K., Muys, B., Coppin, P., Weiss, M.,* and *Baret, F.*, Review of methods for in situ leaf area index determination. Part I. Theories, sensors and hemispherical photography. Agr. For. Met. 121, 19-35, 2004.

[3007]   *Kanitscheider, R.*, Temperaturmessungen in einem Bestand von Legföhren. Biokl. B. 4, 22-25, 1937.

[3008]   *Köstler, J. N.*, Waldbau. Verlag P. Parey, Berlin, 1950.

[3009]   *Lang, A. R. G.*, Cauchy's theorems and estimation of surface areas of leaves, needles and branches. In: C. Varlet-Grancher, R. Bonhomme and H. Sinoquet (Eds.), Crop Structure and Light Microclimate: Characterization and Applications. Institut Nationale de la Recherche Agronomique, 175-82, 1993.

[3010]   *Malek, E.*, Night-time evapotranspiration vs. daytime and 24 h evapotranspiration. J. Hydrol. 138, 119-29, 1992.

[3011]   *Paeschke, W.*, Mikroklimatische Untersuchungen innerhalb und dicht über enschiedenartigem Bestand. Biokl. B. 4, 155-63, 1937.

[3012]   *Palmer, J. W.*, Canopy manipulation for optimum utilization of light. In: Manipulation of Fruiting, C. J. Wright. Butterworths, London, 1989.

[3013]   *Ripley, E. A.*, The importance of microclimate in grassland environments. Int. J. Ecol. Env. Sci. 26, 117-37, 2000.

[3014]   *Unger, K.*, Agrarmeteorologische Studien I. Abh. Met. D. DDR 3, Nr. 19, 1-22, 1953.

[3015]   *Weiss, M., Baret, F., Smith, G. J., Jonckheere, I.,* and *Coppin, P.*, Review of methods for estimating in situ leaf area index (LAI) determination. Part II. Estimation of LAI, erros and sampling. Agr. For. Met. 121, 37-53, 2004.

[3016]   *Walter, H.*, Grundlagen der Pflanzenlebens, 2. Aufl. E. Ulmer, Stuttgart 1947.

제31장

[3100]   *Ball, M. C., Egerton, J. J. G., Cunningham, R. B.,* and *Dunne, P.*, Microclimate above grass adversely affects spring growth of seedling snow gum (*Eucalyptus pauciflora*). Plant Cell Env.

20, 155-66, 1997.

[3101] *Cellier, P.*, An operational model for predicting minimum temperatures near the soil surface under clear sky conditions. J. Appl. Meteorol. 32, 871-83, 1993.

[3102] *Gadre, K. M.*, Microclimatic survey of a sugarcane field. Ind. J. Met. Geophys. 2, 142-50, 1951.

[3103] *Grover, P. E., Grover, J.*, and *Gwynne, M. D.*, Light rainfall and plant survival. In: E. Africa II. Dry Grassland Vegetation. J. Ecol. 50, 199-206, 1962.

[3104] *Hanks, R. J.*, and *Anderson, K. L.*, Pasture burning and moisture conservation. J. Soil. Wat. Conser. 12, 228-29, 1957.

[3105] *Khera, K. L.*, and *Sandhu, B. S.*, Canopy temperature of sugarcane as influenced by irrigation regime. Ag. For. Met. 37, 245-58, 1986.

[3106] *Kim, J.*, and *Verma, S. B.*, Components of surface energy balance in a temperate grassland eco-system. Bound. Lay. Met. 51, 401-17, 1990.

[3107] *Knapp, R., Lieth, H.*, und *Wolf, F.*, Untersuchungen über die Bodenfeuchtigkeit in verschiedenen Pflanzengesellschaften nach neueren Methoden. Ber. D. Bot. G. 65, 113-32, 1952.

[3108] *Leuning, R.*, Leaf temperatures during radiation frost. II. A steady state theory. Agr. For. Met. 42, 135-55, 1988.

[3109] *Lhomme, J. P.*, and *Guilion, L.*, A simple model for minimum crop temperature forecasting during nocturnal cooling. Ag. For. Met. 123, 55-68, 2004.

[3110] *Mäde, A.*, Die Agrarmeteorologie in der Pflanzenzüchtung. R. f. W. Wiss. Abh. 9, Nr. 6, 1-48, 1942.

[3111] *Monteith, J. L.*, The heat balance of soil beneath crops. Proc. Canberra Symposium 1956, 123-28, UNESCO Paris, 1958.

[3112] *Müller-Stoll, W. R.*, und *Freitag, H.*, Beiträge zur bestandsklimatischen Analyse von Wiesengesellschaft, Angew. Met. 3, 16-30, 1957.

[3113] *Norman, J. T., Kemp, A. W.*, and *Tayler, J. E.*, Winter temperatures in long and short grass, Met. Mag. 86, 148-52, 1957.

[3114] *Ramdas, L. A., Kalamkar, R. J.*, and *Gadre, K. M.*, Agricultural studies in microclimatology. Ind. J. Agric. Sci. 4, 451-67, 1934 and 5, 1-11, 1935.

[3115] *Reicosky, D. C., Deaton, D. E.*, and *Parsons, J. E.*, Canopy air temperatures and evapotranspiration from irrigated and stressed soybeans. Ag. For. Met. 21, 21-35, 1980.

[3116] *Sandhu, B. S.*, and *Morton, M. L.*, Temperature response of oats to water stress in the field. Ag. For. Met. 19, 329-36, 1978.

[3117] *Shen, J.*, Numerical modeling of the effects of vegetation and environmental conditions on the lake breeze. Bound. Lay. Met. 87, 481-98, 1998.

[3118] *Specht, R. L.*, Micro-environment (soil) of a natural plant community. Proc. Canberra Symposium 1956, 152-55, UNESCO Paris 1958. [563] *Szász, G.*, Das Bestandsklima der Wintergerste. Debrecen Met. Univ. Inst. Nr. 13, 1956.

[3119] *Tamm, E.*, und *Funke, H.*, Pflanzenklimatische Temperaturmessungen in einem Maisbestand. Z. f. Acker- u. Pflanzenbau 100, 199-210, 1955.

[3120] *Trlica, M. J.*, and *Schuster, J. L.*, Effects of fire on grasses of the Texas High Plains. J. Range

Man., 22, 329-33, 1969.

[3121] *Waterhouse, F. L.,* Microclimatological profiles in grass cover in relation to biological problems. Quart. J. 81, 63-71, 1955.

[3122] *Wright, J. R., Pierson, F. B., Hanson, C. L.,* and *Flerchinger, G. N.,* Influence of sagebrush on the soil temperatures. In: Proceedings - Symposium on Ecology and Management of Riparian Shrub Communities, Intermountain Research Station, U.S. Dept. of Ag. Forest Service, General Technical Report Int-289, 181-85, 1992.

제32장

[3201] *Aron, R. H.,* Oregon's climatic suitability for premium wine grapes. Calif. Geog. 16, 53-61, 1976.

[3202] *Broadbent, L.,* The microclimate of the potato crop. Quart. J. 76, 439-54, 1950.

[3203] *Heilman, J. L., McInnes, K. J., Savage, M. J., Gesch, R. W.,* and *Lascano, R. J.,* Soil and canopy energy balances in a west Texas vineyard. Ag. For. Met. 71, 99-114, 1994.

[3205] *Kliewer, M. N.,* and *Wolpert, J. A.,* Integrated canopy management practices for optimizing vine microclimate, crop yield and quality of table and wine grapes. Bard, Bet Degan Israel, 1991.

[3206] *Linck, O.,* Der Weinberg als Lebensraum. Hohenlohesche Buchh. Öhringen, 1954.

[3207] *Smart, R. E.,* Principles of grapevine canopy microclimate manipulation with implications for yield and quality. Am. J. Enol. Vitic. 36, 230-39, 1985.

[3209] *Sonntag, K.,* Bericht über die Arbeiten des Kalmit-Observatoriums. D. Met. Jahrb. f. Bayern 1934, Anhang D.

[3210] *Reynolds, A. G., Wardle, D. A.,* and *Malor, A. P.,* Impact of training system, vine spacing and basal leaf removal on riesling vine performance, berry composition, canopy microclimate and vineyard labor requirements. Am. J. Enol. Vitic. 47, 63-76, 1996.

[3211] *Weise, R.,* Wettkundliches bei Rebenerziehungsversuchen. Weinberg u. Keller 1, 85-90, 1954.

[3212] —, Wie beeinflußt die Erziehungsform die Temperaturen im Rebinnern? Weinberg u. Keller 3, 332-38, 383-90, 1956.

[3213] *Winkler, A. J., Cook, A. J., Kliewer, W. M.,* and *Lieder, L. A.,* General Viticulture, University of California Press, Berkeley, 1974.

제33장

[3301] *Baumgartner, A.,* Die Strahlungsbilanz in einer Fichtendichtung. Forstw. C. 71, 337-49, 1952.

[3302] *Barradas, V. L., Jones, H. G.,* and *Clark, J. A.,* Sun fleck dynamics and canopy structure in a Phaeolus Vulgarils L. Canopy. Int. J. Biomet. 42, 34-43, 1995.

[3303] —, Beobachtungswerte u. weitere Studien zum Wärme- u. Wasserhaushalt eines jungen Waldes. Wiss. Mitt. Met. Inst. d. Univ. München 4, 1957.

[3304] *Brocks, K.*, Die räumliche Verteilung der Beleuchtungsstärke im Walde. Z. f. F. u. Jagdw. 71, 47-53, 1939.

[3305] *Chazdon, R. L.*, and *Fetcher, N.*, Photosynthetic light environments in a lowland rainforest in Costa Rica. J. Ecol. 72, 553-64, 1984.

[3306] *Deinhofer, J.*, and *Lauscher, F.*, Dämmerungshelligkeit. Met. Z. 56, 53-159, 1939.

[3307] *Egle, K.*, Zur Kenntnis des Lichtfeldes u. der Blattfarbstoffe. Planta 26, 546-83, 1937.

[3308] *Eidmann, H.*, Meine Forschungsreise nach Spanisch-Guinea. D. Biologe 10, 1-13, 1941.

[3309] *Ellenberg, H.*, Über Zusammensetzung, Standort und Stoffproduktion bodenfeuchter Eichen- und Buchen-Mischwaldgesellsch. NW-Deutsclands. Mitt. flor.-soz. Arb. Gem. Niedersachsen 5, Hannover 1939.

[3310] *Evans, G. C.*, An area survey method of investigating the distribution of light intensity in woodland, with particular reference to sun flecks. J. Ecol. 44, 391-428, 1956.

[3311] *Fliervoet, L. M.*, and *Werger, M. J. A.*, Canopy structure and microclimate of two wet grassland communities. New Phytol. 96, 115-30, 1984.

[3312] *Fritschen, L. J.*, *Walker, R. B.*, and *Hsia, J.*, Energy balance of an isolated Scots Pine. Int. J. Biomet. 24, 293-300, 1980.

[3313] *Gardner, B. R.*, *Blad, B. L.*, and *Watts, D. G.*, Plant and air temperatures in differently irrigated corn. Ag. For. Met. 25, 207-17, 1981.

[3314] *Granberg, H. B.*, *Ottosson-Löfvenius, M.*, and *Odin, H.*, Radiative and aerodynamic effects of an open pine shelterwood on calm nights. Ag. For. Met. 63, 171-88, 1933.

[3316] *Grubb, P. J.*, and *Whitmore, T. C.*, A comparison of montaine and lowland rainforest in Ecuador. II. The climate and its effects on the distribution and physiology of the forests. J. Ecol. 54, 303-33, 1966.

[3317] *Gusinde, M.*, und *Lauscher, F.*, Meteorologische Beobachtungen im Kongo Urwald. Sitz-B. Wien. Akad. 150, 281-347, 1941.

[3318] *Harada, Y.*, A study of sunlight forests on foggy days. Bull. Forest Exp. Science Tokyo 64, 170-81, 1953.

[3319] *Hutchinson, B. A.*, and *Matt, D. R.*, The annual cycle of solar radiation in a deciduous forest. Ag. For. Met. 18, 255-65, 1977.

[3320] *Jarvis, P. G.*, *James, G. B.*, and *Landsberg, J. J.*, Coniferous Forests. In: Monteith, J. L. (Ed.), Vegetation and the Atmosphere, Vol. 2, Case Studies, Academic Press, 171-240, 1976.

[3321] *Lauscher, F.*, und *Schwabl, W.*, Untersuchung über die Helligkeit im Wald und am Waldrand. Biokl. B. 1, 60-65, 1934.

[3322] *Löfvenius, M. O.*, Observed and simulated global radiation in pine shelterwood. In: Temperature and Radiation Regimes in Pine Shelterwood and Clear-cut Area. Swedish Univ. of Ag. Sci. Dept. of For. Ecol., by *M. O. Löfvenius*, 1993.

[3323] *March, W. J.*, and *Skeen, J. H.*, Global radiation beneath the canopy and in a clearing of a suburban hardwood forest. Ag. For. Met. 16, 321-27, 1976.

[3324] *Mauerer, K.*, Der Versuchsbestand. Forstw. C. 71, 324-30, 1952.

[3325] *McCaughey, J. H.*, The albedo of a mature mixed forest and a clear-cut site at Petawawa, Ontario. Ag. For. Met. 40, 251-63, 1987.

[3326] *Miller, D. H.*, Snow cover and climate in the Sierra Nevada California. Univ. Calif. Publ. Geography 11, 1-218, Berkeley and Los Angeles, 1955.

[3327] —, Transmission of insolation through pine forest canopy, as it affects the melting of snow. Mitt. Schweiz. Vers. Anst. f. d. Forstl. Versuchswesen 35, 59-79, 1959.

[3328] *Mitscherlich, G.*, Das Forstamt Dietzhausen. Z. f. F. u. Jagdw. 72, 149-88, 1940.

[3329] *Monteith, J. L.*, and *Szeicz, G.*, The radiation balance of bare soil and vegetation. Quart. J. 87, 159-70, 1961.

[3330] *Moro, M. J., Pugnaire, F. I., Haase, P.*, and *Puigde Fábregas, J.*, Mechanisms of interaction between a leguminous shrub and its understory in a semi-arid environment. Ecography. 20, 175-84, 1997.

[3331] *Nägeli, W.*, Lichtmessungen im Freiland und im geschlossenen Altholzbestand. Mitt. Schweiz. Vers. f. d. Forstl. Versuchswesen 21, 50-306, 1940.

[3332] *Oke, T. R.*, Boundary Layer Climates, Metheun, 1987.

[3333] *Rauner, J. V. L.*, Deciduous forests. In: Monteith, J. L., (ed.), Vegetation and the Atmosphere, Vol. 2, Case Studies, Academic Press, 1976.

[3334] *Richards, P. W.*, The Tropical Rain Forest (here: Chap. 7: microclimates 58-190). Cambridge Univ. Press, 1952.

[3335] *Sacharow, M. I.*, Influence of wind upon illumination in a forest. Akad Nauk SSSR 67, 913-16, 1949, (MAB 8, 528, 1957).

[3336] *Sauberer, F.*, und *Trapp, E.*, Helligkeitsmessungen in einem Flaumeichenbuschwald. Biokl. B. 4, 28-32, 1937.

[3337] *Scheer, G.*, Über Änderungen der Globalbeleuchtungsstärke durch Belaubung und Horizonteinengung. Wetter u. Leben 5, 65-71, 1953.

[3338] *Shuttleworth, W. J.*, Micrometeorology of temperate and tropical forest. Phil. Trans. R. Soc. Lond. B 324, 299-334, 1989.

[3339] —, et al., Observation of radiation exchange above and below Amazonian forest. Quart. J. R. Met. Soc. 110, 1163-69, 1984.

[3340] *Sirén, G.*, The development of spruce forest on raw humus sites in Northern Finland and its ecology (408p.). Acta Forest. Fennica 62, Helsinki, 1955.

[3341] *Slanar, H.*, Das Klima des östlichen Kongo-Urwalds. Mitt. Geograph. Ges. Wien 1945.

[3342] *Stanhill, G.*, Some results of helicopter measurements of the albedo of different land surfaces. Sol. Ener. 13, 59-66, 1970.

[3343] *Stewart, J. B.*, The albedo of pine forest. Quart. J. 97, 561-64, 1971.

[3344] *Tang, H.*, and *Hipps, L. E.*, The effects of turbulence on the light environment of alfalfa. Ag. For. Met. 80, 249-61, 1996.

[3345] *Trapp, E.*, Untersuchung über die Verteilung der Helligkeit in einem Buchenbestand. Biokl. B. 5, 153-58, 1938.

[3346] *Whitmore, T. C.*, and *Wong, Y. K.*, Patterns of sunfleck and shade in tropical rainforest. Malays. For. 22, 50-62, 1959.

제34 ~ 35장

[3400]   *Aston, A. R.,* Heat storage in a young eucalypt forest. Ag. For. Met. 35, 281-97, 1985.

[3401]   *Baldocchi, D. D., Vermas, S. B.,* and *Anderson, D. E.,* Canopy photosynthesis and water-use efficiency in a deciduous forest. J. Appl. Ecol. 24, 251-60, 1987.

[3402]   *Baumgartner, A.,* und *Hofmann, G.,* Elektrische Fernmessung der Luft- und Bodentemperatur in einem Bergwald. Arch. f. Met. (B) 8, 215-30, 1957.

[3403]   *Devito, A. S.,* and *Miller, D. R.,* Some effects of corn and oak forest canopies on cold air drainage. Ag. For. Met. 29, 39-55, 1983.

[3404]   *Evans, G. C.,* Ecological studies on the rainforest of S. Nigeria II. J. Ecol. 27, 436-82, 1939.

[3405]   *Froelich, N. J.,* and *Schmid, H. P.,* Flow divergence and density flows above and below a deciduous forest. Part II Below-canopy thermotopographic flows Agr. For. Met. 138, 29-43, 2006.

[3406]   *Geiger, R.,* Untersuchungen über das Bestandsklima. Forstw. C. 47, 29-614, 848-54, 1925; 48, 337-49, 495-505, 523-32, 749-58, 1926.

[3407]   —, und *Amann, H.,* Forstmeteorologische Messungen in einem Eichenbestand. Forstw. C. 53, 237-50, 341-51, 705-14, 809-19, 1931; 54, 371-83, 1932.

[3408]   *Göhre, K.,* und *Lützke, R.,* Der Einfluß von Bestandsdichte und -struktur auf das Kleinklima im Walde. Arch. f. Forstwesen 5, 487-572, 1956.

[3409]   *Inoue, E.,* An aerodnamic measurement of photosynthesis over a paddy field. Proc. 7. Jap. Nation. Congress f. Appl. Mech., 211-14, 1957.

[3410]   —, Energy budget over fields of waving plants. J. Agr. Met. Japan 14, 6-8, 1958.

[3411]   —, *Tani, N., Imai, K.,* and *Isobe, S.,* The aerodynamic measurement of photosynthesis over a nursery of rice plants. J. Agr. For Met. 14, 45-53, 1958.

[3412]   *Jaeger, L.,* and *Kessler, A.,* Twenty years of heat and water balance climatology at the Hartheim pine forest, Germany. Agr. For. Met. 84, 25-36, 1997.

[3413]   *Lindroth, A.,* Seasonal and diurnal variation of energy budget components in coniferous forests. Jour. Hydrol. 82, 1-15, 1985.

[3414]   —, Canopy conductance of coniferous forests related to climate. Wat. Resouc. Res. 21, 297-304, 1985.

[3415]   *Lowry, W. P.,* and *Lowry, P. P.,* Fundamentals of biometeorology interactions of organisms and the atmosphere. Peavine Pub. Missouri Bot. Gar. Press, St. Louis, Missouri, 2001.

[3416]   *Jacobs, A. F. G., Van Boxel, J. H.,* and *Nieveen, J.,* Nighttime exchange processes near soil surface of a maize canopy. Agr. For. Met. 82, 155-69, 1996.

[3417]   *Jiménez, C., Tejedor, M.,* and *Rodríquez, M.,* Influence of land use changes on the soil temperature regime of Andosols on Tenerife, Canary Islands, Spain. Euro. J. Soil Sci. 58, 445-49.

[3418]   *Kratochvilová, E. P., E. I., Janouš, D., Marek, M.,* and *Masarovièová, E.,* Stand microclimate and physiological activity of tree leaves in an oak-hornbean forest. I. Stand microclimate In: Trees: Structure and Function, 4, 227-33, 1989.

[3419]   *McCaughy, J. H.,* and *Saxton, W. L.,* Energy storage terms in a mixed forest. Agr. For. Met. 44,

1-18, 1988.

[3420] *Marek, M., Masarviéová, E., Kratochvilová, I., Eliás, P.,* and *Janouš, D.,* Stand microclimate and physiological activity of tree leaves in an oak-hornbean forest. II. Leaf photosynthetic activity. In: Trees: Structure and Function, 4, 234-40, 1989.

[3421] *Moore, C. J.,* and *Fisch, G.,* Estimating heat storage in Amazonian tropical forest. Agr. For. Met. 38, 147-69, 1986.

[3422] *Oliver, S. A., Oliver, H. R., Wallace, J. S.,* and *Roberts, A. A.,* Soil heat flux and temperature variations with vegetation, soil type and climate. Agr. For. Met. 39, 257-69, 1987.

[3423] *Rouse, W. R.,* Microclimate of Arctic tree line 2. Microclimate of tundra and forest. Wat. Resourc. Res. 20, 67-73, 1984.

[3424] *Schimitschek, E.,* Bioklimatische Beobachtungen und Studien bei Borkenkäferauftreten. Wetter u. Leben 1, 97-104, 1948.

[3425] *Shuttleworth, W. J.,* Micrometeorology of temperatre and tropical forests. Phil. Trans. R. Soc. Lond. B 324, 229-334, 1989.

[3426] *Spittelhouse, D. L.,* and *Stathers, R. J.,* Seedling microclimate. Land management report number 65. B. C. Ministry of Forests, 1990.

[3427] *Szarzynski, J.,* and *Anhuf, D.,* Micrometeorological conditions and canopy energy exchanges of a neotropical rainforest (Surumoni-Crane Project Venezuela). Plant Ecol. 153, 231-39, 2001.

[3428] *Tan, C. S.,* and *Black, T. A.,* Factors affecting the canopy resistance of a Douglas-fir forest. Bound. Lay. Met. 10, 475-88, 1976.

[3429] *Ungeheuer, H.,* Mikroklima in einem Buchenhochwald am Hang. Biokl. B. 1, 75-88, 1934.

[3430] *Vermas, S. B., Baldocchi, D. D., Anderson, D. E., Matt, D. R.,* and *Clement, R. J.,* Eddy fluxes of CO_2, water vapor, and sensible heat over a deciduous forest. Bound. Lay. Met. 36, 71-91, 1986.

제36장

[3600] *Brandt, J.,* The transformation of rainfall energy by a tropical rainforest canopy in relation to soil erosion. J. Biogeog. 15, 41-48, 1988.

[3601] *Delfs, J.,* Die Niederschlagszurückhaltung im Walde. Mitt. d. Arbeitskreises, Wald u. Wasser 2, Koblenz 1955.

[3602] —, *Friedrich, W., Kiesekamp, H.,* und *Wagenhoff, A.,* Der Einfluß des Waldes u. des Kahlschlages auf den Abflußvorgang, den Wasserhaushalt u. den Bodenabtrag. Mitt. Niedersächs. Landesforstverwaltung 3, mit Tab.band, Hannover 1958.

[3603] *del Campo, A. D., Navarro, R. M., Aguilella, A.,* and *Gonzalez, E.,* Effect of tree shelter design on water condensation and run-off and its potential benefit for reforestation establishment in semiarid climates. For. Ecol. Manag. 235, 107-15, 2006.

[3604] *Calder, I. R., Wright, I. R.,* and *Murdiyarso, D.,* A study of evaporation fron tropical rainforest – West Java. J. Hydrol. 89, 13-31, 1986.

[3605] *Eidmann, F. E.,* Die Interception in Buchen- u. Fichtenbeständen. UGGI, Symp. of Hanov.-

Münden 1, 5-25, 1959.

[3606] *Eitingen, G. R.*, Interception of precipitation by the canopy of forests. Les i Step, Moskau 8, 7-16, 1951 (MAB 8, 530, 1957).

[3607] *Freise, F.*, Das Binnenklima von Urwäldern im subtropischen Brasilien. Peterm. Mitt. 82, 301-04, 346-48, 1936.

[3608] *Godske, C. L.*, and *Paulsen, H. S.*, Investigations carried through at the station of forest met. at Os II. Univ. Bergen Årb. 1949, Naturw. Rekke 8, 1-39, Bergen, 1950.

[3609] *Grunow, J.*, Der Niederschlag im Bergwald. Forstw. C. 74, 21-36, 1955.

[3610] *Haworth, K.*, and *McPherson, G. R.*, Effects of *Quercus Emory* trees on precipitation distribution and microclimate in a semi-arid savanna. J. Arid Env. 31, 153-70, 1995.

[3611] *Hesselman, H.*, Einige Beobachtungen über die Beziehung zwischen der Samenverbreitung von Fichte u. Kiefer u. die Besamung der Hahlhiebe. Meddel. Fran. Stat. Skogförsökanst. Stockholm 27, 145-82, 1934; 31, 1-64, 1938.

[3612] *Hoffe, E.*, Regenmessungen unter Baumkronen. Mitt. a. d. Forstl. Versuchswesen Österreichs 21, Wien, 1896.

[3613] *Linskens, H. F.*, Niederschlagsmessungen unter verschiedenen Baumkronentypen im belaubten u. unbelaubten Zustand. Ber. D. Bot. G. 64, 15-221, 1951.

[3614] —, Niederschlagsverteilung unter einem Apfelbaum im Laufe einer Vagetationsperiode, Ann. d. Met. 5, 30-34, 1952.

[3615] *Lloyd, C. R.*, and *de O. Marques F°, A.*, Spatial variability of throughfall and stemflow measurements in Amazonian rainforest. Agr. For. Met. 42, 63-73, 1988.

[3616] *Löfvenius, M. O.*, Observations of the nocturnal temperature regime in pine shelterwoods and a nearby clean-cut area. In: Temperature and Radiation Regimes in Pine Shelterwood and Clear-cut Area. Part III, by M. O. *Löfvenius*, 1993.

[3617] *Mäde, A.*, Zur Methodik der Taumessung. Wiss. Z. d. Martin-Luther-Univ. Halle-Wittenberg 5, 483-512, 1956.

[3618] *Moliéová, H., Hubert, T. P.*, Canopy influences on rainfall fields' microscale structure in tropical forests, J. App. Met. 33, 1464-67, 1994.

[3619] *Nicolai, V.*, The bark of trees: Thermal properties, microclimate fauna. Oecologia 69, 148-60, 1986.

[3620] *Ovington, J. D.*, A comparison of rainfall in different woodlands. Forestry London 27, 41-53, 1954.

[3621] *Pressland, A. J.*, Rainfall partitioning by an arid woodland (*Acacia aneura* — F. Muell.) in south-western Queensland. Aust. J. Bot., 21, 235-45, 1973.

[3622] —, Soil moisture redistribution as affected by throughfall and stemflow in an arid zone shrub community. Aust. J. Bot. 24, 641-49, 1976.

[3623] *Priehäußer, G.*, Bodenfrost, Bodenentwicklung u. Flachwurzeligkeit der Fichte. Forstw. C. 61, 329-42, 381-89, 1939.

[3624] *Rosenfeld, W.*, Erforschung der Bruchkatastrophen in den ostschlesischen Beskiden in der Zeit v. 1875-1942. Forstw. C., 1-31, 1944.

[3625] *Roßmann, F.*, Das Rauchen der Wälder nach Regen und die Unterscheidung von Wasserdampf und Wasserrauch. Wetter u. Leben 4, 56-57, 1952.

[3626] *Rowe, P. B.,* and *Hendrix, T. M.,* Interception of rain and snow by second growth ponderosa pine. Trans. Amer. Geophys. Union 32, 903-08, 1951.

[3627] *Rutter, A. J., Kershaw, K. A., Robins, P. C.,* and *Morton, A. J.,* A predictive model of rainfall interception in forests, I. Derivation of the model from observations in a plantation of Corsican Pine. Ag. Met. 9, 367-84, 1971.

[3628] —, and *Morton, A. J.,* A predictive model of rainfall interception in forests, III. Sensitivity of the model to stand parameters and meteorological parameters. J. App. Ecol. 14, 567-88, 1977.

[3629] —, —, and *Robins, P. C.,* A predictive model of rainfall interception in forests, II. Generalization of the model and comparison with observation in some coniferous and hardwood stands. J. App. Ecol. 12, 367-80, 1975.

[3631] *Slatyer, R. O.,* Measurements of precipitation interception by an arid zone plant community – (*Acacia aneura* F. Muell). Arid Zone Res. 25, 181-92, 1965.

[3632] *Stoutjesdijk, P.,* The open shade – an interesting microclimate. Acta Bot. Neerl. 23, 125-30, 1974.

[3633] *Vis, M.,* Interception, drop size distribution and rainfall kinetic energy in four Columbian forest ecosystems. Earth Surf. Proc. Land. 11, 591-603, 1986.

제37장

[3701] *Azevedo, J.,* and *Morgan, D. L.,* Fog precipitation in coastal California forests. Ecol. 55, 1135-41, 1974.

[3702] *Archibold, O. W., Ripley, E. A.,* and *Bretell, D. L.,* Comparison of the microclimates of a small aspen grove and adjacent prairie in Saskatchewan. Am. Mid. Nat. 136, 248-61, 1996.

[3703] *Baumgartner, A.,* Licht und Naturverjüngung am Nordrand eines Waldbestandes. Forstw. C. 74, 59-64, 1955.

[3704] *Cavelier, J.,* and *Goldstein, C.,* Mist and fog interception in elfin cloud forests in Columbia and Venezuela. J. Trop. Ecol. 5, 309-22, 1989.

[3705] *Chen, J., Franklin, J. F.,* and *Spies, T. A.,* Contrasting microclimates among clearcut, edge and interior of old growth Douglas-fir forest. Agr. For. Met. 63, 219-37, 1993.

[3706] —, Growing-season microclimatic gradients from clearcut edges into old-growth Douglas-Fir forests. Ecol. Appl. 5, 74-86, 1995.

[3707] *Cochrane, M.,* and *Laurance, W.,* Fire as a large-scale edge effect in Amazonian forests. J. Trop. Ecol. 18, 311-25, 2002.

[3708] *Didham, R. K.,* and *Lawton, J. H.,* Edge structure determines the magnitude of change in microclimate and vegetation structure in tropical rainforest fragments. Biotropica 31, 17-30, 1999.

[3709] *Diem, M.,* Höchstlasten der Nebelfrostablagerungen an Hochspannungsleitungen im Gebirge. Arch. f. Met. (B) 7, 84-95, 1955.

[3710] *Dörffel, K.,* Die physikalische Arbeitsweise des Gallenkampschen Verdunstungsmessers etc.

Veröff. Geoph. 1. Leipzig 6, Nr 9, 1935.

[3711] *Geiger, R.*, Die Beschattung am Bergsrand. Forstw. C. 57, 789-94, 1935; 58, 262-66, 1936.

[3712] *Giambelluca, T. W., Ziegler, A. D., Nullet, M. A., Truong, D. M.,* and *Tran, L. T.,* Transpiration in a small tropical forest patch. Agr. For. Met. 117, 1-22, 2003.

[3713] *Grunow, J.,* Nebelniederschlag. Ber. DWD-US Zone 7, Nr. 42, 30-34, 1952.

[3714] —, Kritische Nebelfroststudien. Arch. f. Met. (B) 4, 389-419, 1953.

[3715] *Herr, L.,* Bodentemperaturen unter besonderer Berücksichtigung der äußeren met. Faktoren. Diss., Leipzig, 1936.

[3716] *Hori, T.,* Studies on fog(399pp.). Tanne Trading Co. Sapporo, Hokkaido, Japan 1953.

[3717] *Kapos, V.,* Effects of insolation on the water status of forest patches in the Brazilian Amazon. J. Trop. Ecol. 5, 173-85, 1989.

[3718] *Kerfoot, O.,* Mist precipitation on vegetation. For. Abstr. 29, 8-20, 1968.

[3719] *Koch, H. G.,* Der Waldwind. Forstw. C. 64, 97-111, 1942.

[3720] *Laurance, W.,* Forest-climate interactions in fragmented tropical landscapes. In: Tropical Forests and Global Atmospheric Change, Y. Malhi and O. Phillips. Oxford University Press, 2005.

[3721] —, *Ferreira, L., Merona, R.,* and *Laurance, S.,* Rain fragmentation and the dynamics of Amazonia tree communities. Ecology 79, 2032-40, 1998.

[3722] *Linde, R. J. van der,* and *Woldenberg, J. P. M.,* A method for determining the daily variations in width of a shadow in connection with the time of the year and the orientation of the overshadowing object. Med. en Verh. (A) Nr. 52, Kon. Nederland. Met. Inst. Nr. 102, 1946.

[3723] *Linke, F.,* Niederschlagsmessung unter Bäumen. Met. Z. 33, 140-41, 1916; 38, 277, 1921.

[3724] *Lüdi, W.,* und *Zoller, H.,* Über den Einfluß der Waldnähe auf das Lokalklima. Ber. Geobot. Forsch. Inst. Rübel Zürich f. d. Jahr 1948, 85-108, 1949.

[3725] *Marloth, R.,* Über die Wassermengen, welche Sträucher u. Bäume aus treibendem Nebel u. Wolken auffangen. Met. Z. 23, 547-53, 1906.

[3726] *Matlack, G. R.,* Microenvironment variation within and among forest edge sites in the eastern United States. Biol. Conserv. 66, 185-94, 1993.

[3727] *Miller, D. R.,* The two-dimensional energy budget of a forest edge with field measurements at a forest-parking lot interface. Agr. For. Met. 22, 53-78, 1980.

[3728] *Nagel, J. F.,* Fog precipitation on Table Mountain. Quart. J. 82, 452-60, 1956.

[3729] *Nikolayev, U. S., Beysems, D., Gioda, A., Milimook, I., Katiushin, E.,* and *Morel, J.-P.,* Recovery from dew. J. Hydrol. 182, 19-35, 1996.

[3730] *Ooura, H.,* The capture of fog particles by the frost. J. Met. Res. Tokyo 4, Suppl. 239-59, 1952.

[3731] *Pfeiffer, H.,* Kleinaerologische Untersuchungen am Collmberg. Veröff. Geoph. I. Leipzig 11, Nr. 5, 1938.

[3732] *Reading, T. E., Hope, G. D., Fortin, M. J., Schmidt, M. G.,* and *Bailey, W. G.,* Spatial patterns of soil temperature and moisture across subalpine forest – clearcut edges in the southern interior of British Columbia. Can. J. Soil Sci. 83, 121-30, 2003.

[3733] *Rink, J.,* Die Schmelzwassermengen der Nebelfrostablagerungen. R. f. W. Wiss. Abh. 5, Nr. 7, 1938.

[3734] *Rötschke, M.*, Untersuchungen über die Meteorologie der Staubatmosphäre. Veröff. Geoph. I. Leipzig 11, 1-78, 1937.

[3735] *Schemenauer, R. S.*, and *Cereceda, P.*, Fog-water collection in arid coastal locations. Ambio. 20, 303-08, 1991.

[3736] —, and —, Water from fog covered mountains. Waterlines 10, 10-13, April 1992.

[3737] —, and —, The role of wind in rainwater catchment and fog collection. Water International 19, 70-76, 1994.

[3738] *Schmauß, A.*, Seewind ohne See. Met. Z. 37, 154-55, 1920.

[3739] *Schubert, J.*, Die Sonnenstrahlung im mittleren Norddeutschland nach den Messungen in Potsdam. Met. Z. 45, 1-16, 1928.

[3740] *Scott, K. I., Simpson, J. R.*, and *McPherson, E. G.*, Effects of tree cover on parking lot microclimate and vehicle emission. J. Arborcul. 25, 129-42, 1999.

[3741] *Spittelhouse, D. L., Adams, R. S.*, and *Winkler, R. D.*, Forest edge and opening microclimate at Sicamous Creek. B. C. Min. For. Res. Br., Victoria B. C. Res. Rep. 24, 2004.

[3742] *Vogel, J.*, and *Huff, F.*, Atmospheric effects of cooling lakes. Illinois Institute of National Resources Project 578, Electrical Power Research Institute, 1981.

[3743] *Waibel, K.*, Die meteorologischen Bedingungen für Nebelfrostablagerungen an Hochspannungsleitungen im Gebirge. Arch. f. Met. (B) 7, 74-83, 1955.

[3744] *Woelfle, M.*, Windverhältnisse im Walde. Forstw. C. 61, 65-75, 461-75, 1939; 64, 69-182, 1942.

[3745] —, Bemerkungen zu "Der Waldwind" von H. G. Koch. Forstw. C., 131-36, 1944.

[3746] *Young, A.*, and *Mitchell, N.*, Microclimate and vegetation edge effects in a fragmented podocarp-broadleaf forest in New Zealand. Biological Conserv. 67, 63-72, 1994.

[3747] *Ziegler, O.*, Die Bedeutung des Windes u. der Technik für die Verbreitung der Insekten etc. Z. f. Pflanzenbau u. -schutz 1, 241-66, 1903.

제38장

[3800] *Ångström, A.*, Jordtemperatur i bestand av olika täthet. Medd. Stat. Met. Hydr. Anst. Stockolm 29, 187-218, 1936.

[3801] *Ashton, P. M. S.*, Some measurements of the microclimate within a Sri Lankan Tropical rainforest, Agr. For. Met. 59, 217-35, 1992.

[3802] *Barden, L. S.*, A comparison of growth efficiency of plants on the east and west sides of a forest canopy gap. Bull. Torrey Bot. Club 123, 240-42, 1996.

[3803] *Berry, G. L.*, and *Rothwell, R. L.*, Snow ablation in small forest openings in southwest Alberta. Can. J. For. Res. 22, 1326-31, 1992.

[3804] *Black, P. E.*, Watershed Hydrology, Prentice Hall, 1990.

[3805] *Bolz, H. M.*, Der Einfluß der infraroten Strahlung auf das Mikroklima. Abh. Met. D. DDR. 1, Nr. 7, 1-59, 1951.

[3806] *Camargo, J. L. C.*, and *Kapos, V.*, Complex edge effects on soil moisture and microclimate in Central Amazonian Forest. J. Trop. Ecol. 11, 205-21, 1995.

[3807] *Danckelmann, B.*, Spätfrostbeschädigungen im märkischen Wald. Z. f. F. u. Jagdw. 30, 389-411, 1898.

[3808] *Giambelluca, T. W., Zieger, A. D., Mullet, M. A., Truong, D. M.,* and *Tran, L. T.,* Transpiration in a small tropical forest patch. Agr. For. Met. 117, 1-22, 2003.

[3809] *Geiger, R.,* Das Standortklima in Altholznähe. Mitt. H. Göring Akad. d. Forstwiss. 1, 148-72, 1941.

[3810] *Ghumann, B. S.,* and *Lal, R.,* Effects of partial clearing on microclimate in a humid tropical forest. Agr. For. Met. 40, 17-29, 1987.

[3811] *Groot, A.,* and *Carlson, D. W.,* Influence of shelter on night temperatures, frost damage, and bud break of white spruce seedlings. Can. J. For. Res. 26, 1531-38, 1996.

[3812] *Huggard, D. J.,* and *Vyse, A.,* Edge effects in high elevation forests at Sicamous Creek. Province of British Columbia, Ministry of Forests Research Program [1995-2001], Extension Note 62, 2002.

[3813] *Koch, H. G.,* Temperaturverhältnisse u. Windsystem eines geschlossenen Waldgebietes. Veröff. Geoph. I. Leipzig 3, Nr. 3, 1934.

[3814] *Lal, R.,* and *Cummings, D. J.,* Clearing a tropical forest 1. Effects on soil and microclimate. Field Crops Res. 2, 91-107, 1979.

[3815] *Nuñez, M.,* and *Bowman, D. M. J. S.,* Nocturnal cooling in a high altitude stand of *Eucalyptus delegatensis* as related to stand density. Aust. For. Res. 16, 185-97, 1986.

[3816] *Ritter, E., Dalsgaard, L.,* and *Einhorn, K. S.,* Light, temperature and soil moisture regimes following gap formation in a semi-natural beech-dominated forest in Denmark. For. Ecol. Man. 206, 15-33, 2005.

[3817] *Satterlund, D. R.,* Wildland Watershed Management, John Wiley, 1972.

[3818] *Slavík, B., Slaviková, J.,* and *Jeník, J.,* Ökologie der gruppenweisen Verjüngung eines Mischbestandes. Rozpravy Tschechoslow. Akad. 67, 2, 1957.

[3819] *Windsor, D. M.,* Climate and moisture variability in a tropical forest: Long-term records from Barro Colorado Island, Panamá, Smithsonian Inst. Press, Washington D.C., 1990.

[3820] *Wrede, C. V.,* Die Bestandsklimate u. ihr Einfluß auf die Biologie der Verjüngung unter Schirm u. in der Gruppe. Forstw. C 47, 441-51, 91-505, 570-82, 1925.

[3821] *Zhu, J. J., Tan, H., Li, F., Chen, M.,* and *Zhang, J.,* Microclimate regimes following gap formation in a mountain secondary forest of eastern Liaoning Province, China. J. For. Res. 18, 167-73, 2007.

제39장

[3900] *Adams, P. W., Flint, A. L.,* and *Fredriksen, R. L.,* Long-term patterns in soil moisture and vegetation after a clearcut of a Douglas-fir forest in Oregon. For. Ecol. Man. 41, 249-63, 1991.

[3901] *Andre, J. C., Goutorbe, J. P.,* and *Perrier, A.,* HAPEX-MOBILHY: A hydrologic atmospheric experiment for the study of water budget and evaporation flux at the climatic scale. Bull. Amer. Met. Soc. 67, 138-44, 1986.

[3902] *Anon*, Johore Tengahand Tanjong Penggerand regional master plan — Hunting Technical Services, Ltd., 1971.

[3903] *Aylor, D.*, Noise reduction by vegetation and ground. J. Acoust. Soc. of Am. 51, 197-205, 1972.

[3904] *Bastable, H. G., Shuttleworth, W. J., Dallarosa, R. L. G., Fisch, G., and Nobre, C. A.*, Observation of climates, albedo, and surface radiation over cleared and undisturbed Amazonian forest. Int. J. Climatol. 13, 783-96, 1993.

[3905] *Beck, G.*, Untersuchung über Planugsgrundlagen für eine Lärmbekämpfung im Freiraum mit Experimenten zum artspezifischen Lärmminderungsvermögen verschiedener Bau- und Straucharten. Arbeit aus dem Institut für Gartenkunst und Landschaftsgestaltung der Technischen Univertsität Berlin, Nr. 178, 1965.

[3906] *Bell, R. W., Schofield, N. J., Loh, I. C., and Bari, M. A.*, Groundwater response to reforestation in the Darling Range of Western Australia. J. Hydrol. 119, 179-200, 1990.

[3907] *Blanford, H. F.*, On the influence of Indian forests on the rainfall. J. Asiat. Soc. of Bengal 56, II, 1, 1887.

[3908] *Bogan, T., Mohseni, O., and Stefan, H. G.*, Stream temperature-equilibrium temperature relationship. Wat. Resour. Res. 39:1245, doi:10.1029/2003WR002034, 2003.

[3909] *Borthwick, J., Halverson, H., Heisler, G. M., McDaniel, O. H., and Reethof, G.*, Attenuation of highway noise by narrow forest belts. *Report No. FHWA-RD-77-140*. Federal Highway Administration. Washington, D.C., 1978.

[3910] *Bosch, J. M., and Hewlett, J. D.*, A review of catchment experiments to determine the effect of vegetation changes on water yield and evapotranspiration. J. Hydrol. 55, 3-23, 1982.

[3911] *Brubaker, K. L., Entakhabi, D., and Eagleson, P. S.*, Estimation of continental precipitation recycling. J. Climatol. 6, 1077-89, 1993.

[3912] *Burch, G. J., Bath, R. K., Moore, I. D., and O'Loughlin, E. M.*, Comparative hydrological behavior of forested and cleared catchments in Southwestern Australia. J. Hydrol. 90, 19-42, 1987.

[3913] *Burckhardt, H.*, Lokale Klimaänderungen auf einem Berggipfel durch Kahlhieb. Angew. Met. 1, 150-54, 1952.

[3914] *Burger, H.*, Einfluß des Waldes auf den Stand der Gewässer II-V. Mitt. d. Schweiz. Anst. f. d. forstl. Vers. w. 18, 311-416, 1934; 23, 167-222, 1943; 24, 133-218, 1944; 31, 7-58, 1954/55.

[3915] *Carlson, D. E.*, Theoretical and experimental analysis of the acoustical characteristics of forests. Unpublished Ph.D. Thesis. The Penslvania State University, 1979.

[3916] *Chaney, J.*, Dynamics of deserts and droughts in the Sahel. Q. J. R. Met. Soc. 101, 193-202, 1975.

[3917] *Cook, D. J., and Haverbeke, Van D. F.*, Trees and shrubs for noise abatement. Rep. 246 Neb. Agr. Exp. Sta. Lincoln, 1971.

[3918] —, and —, Trees, shrubs and landforms for noise control. J. Soil Wat. Cons. 27, 259-61, 1972.

[3919] *Daniel, J. G., and Kulasingham, A.*, Problems arising from large scale forest clearing for agricultural use - the Malaysian experience. Malayan Forester 37, 152-60, 1974.

[3920] *Eagleson, P. S.*, The emergence of global-scale hydrology. Wat. Resource. Res. 22, 6-14. 1986.

[3921] *Embleton, T. F. W.*, Sound propagation in homogeneous deciduous and evergreen woods. J. Acoust. Soc. of Am. 35, 1119-25, 1963.

[3922] *Entekhabi, D.*, and *Eagleson, P. S.*, Land surface hydrology parametrization for atmospheric general circulation models including subgrid spatial variability. J. Climatol. 2, 816-31, 1989.

[3923] *Flemming, G.*, Wald Wetter Klima — Einführng in die Forestmeteorologie. Deutscher Landwirtschaftsverlag. Berlin, 1995.

[3924] *Federal Highway Administration*, Fundamentals and Abatement of Highway Traffic Noise. U.S. Department of Transportation, Washington, D.C., 1980.

[3925] *Fowler, D., Cape, J. N.*, and *Unsworth, M. H.*, Deposition of atmospheric pollutants on forests. Phil. Trans. R. Soc. Lond. 324B, 247-65, 1989.

[3926] *Fricke, F.*, Sound attenuation in forests. J. of Sound and Vib. 92, 149-58, 1984.

[3927] *Harris, R. A., Asce, A. M., Cohn, L. F.*, and *Asce, M.*, Use of vegetation for abatement of highway traffic noise. J. Urabn Plan. Dev. 111, 34-48, 1985.

[3928] *Huang, B. K.*, An Ecological Systems Approach to Community Noise Abatement — Phase I, *Report No. DOT-05-30102.* U.S. Department of Transportation. Washington, D.C., 1974.

[3929] *Henderson-Sellers, A.*, The "coming of age" of land surface climatology. Glob. Plan. Change 82, 291-319, 1990.

[3930] —, *Yang, Z. L.*, and *Dickinson, R. E.*, The project for intercomparison of land-surface parametrization schemes. Bull. Amer. Met. Soc. 74, 1335-49, 1993.

[3931] —, and *Robinson, P. J.*, Contemporary Climatology, Longman Scientific & Technical, 1986.

[3932] *Hetherington, E. D.*, The importance of forests in the hydrological regime. In; Canadian Aquatic Resources, M. C. Healty and R. R. Wallace (Eds.), Canadian Bulletin of Fisheries and Aquatic 215, Can. Dept. of Fish. and Oceans, Ottawa, Can. 179-211, 1987.

[3933] *Hibbert, A. R.*, Water yield changes after converting a forested catchment to grass. Wat. Resourc. Res. 5, 634-40, 1969.

[3934] *Kaminsky, A.*, Beitrag zur Frage über den Einfluß der Aufforstung der Waldlichtungen in Indien auf die Niederschläge. Nachr. d. Geophys. Centr. I. Leningrad 4.

[3935] *Kellomäki, S., Haapanen, A.*, and *Salohen, H.*, Tree stands in urban noise abatement. Silva Fennica 10, 237-56, 1976.

[3936] *Kinter, J. L.*, and *Shukla, J.*, The global hydrologic and energy cycles: Suggestions for studies in the pre-global energy and water cycle experiment(GEWEX) period. Bull. Amer. Met. Soc. 71, 181-89, 1990.

[3937] *Mägdefrau, K.*, und *Wutz, A.*, Die Wasserkapazität der Moos- u. Flechtendecke des Waldes. Forstw. C. 70, 103-17, 1951.

[3938] *Martens, M. J. M.*, Noise abatement in plant monocultures and plant communities. Appl. Acoust., 14, 167-89, 1981.

[3939] *Mecklenburg, R. A., Rintelmann, W. F., Schumaier, D. R., Van den Brink, C.*, and *Flores, L.*, The effects of plants on microclimate and noise reduction in the urban environment. Hortsci. 7, 37-39, 1972.

[3940] *Micklin, P. P.*, An inquiry into the Caspean Sea problem and proposals for its alleviation, Doctoral Dissertation, University of Washington (unpblished), 1971.

[3941] *Mintz, Y.*, The sensitivity of numerically simulated climates to land surface boundary conditions. In: Global Climate. J. T. Houghton (Ed.), Cambridge University Press, 79-105, 1984.

[3942] *Moore, R. D., Spittelhouse, D. L.*, and *Story, A.*, Riparian microclimate and stream temperature response to forest harvesting: A review. J. Am. Wat. Res. Assoc. 41, 813-34, 2005.

[3943] *Mrose, H.*, Der Einfluß des Waldes auf die Luftfeuchtigkeit. Angew. Met. 2, 281-86, 1956.

[3944] *Mueller, C. C.*, and *Kidder, E. H.*, Rain gage catch variation due to airflow disturbances around a standard rain gage. Wat. Resourc. Res. 8, 1077-82, 1972.

[3945] *Mulligan, B. E., Goodman, L. S., Faupel, M., Lewis, S.*, and *Anderson, L. M.*, Interactive effects of outdoor noise and visible aspects of vegetation on behaviour. In: Proceedings. Southeastern Recreation Researchers Conference, Asheville, N.C., 265-79, 1981.

[3946] *Müttrich, A.*, Über den Einfluß des Waldes auf die periodischen Veränderungen der Lufttemperatur. Z. f. F. u. Jagdw. 22, 385-400, 449-58, 513-26, 1890.

[3947] *Northeastern Forest Experiment Station.* The conference on metropolitan physical environment. USDA Forest Service General Technical Report NE-25, U.S. Dept. of Ag. 1977.

[3948] *Peck, A., J.* and *Williamson, D. R.*, Effects of forest clearing on groundwater. J. Hydrol. 94, 47-65, 1987.

[3949] *Pinker, R. T., Thomson, O. E.*, and *Eck, T. F.*, The albedo of a tropical evergreen forest. Quart. J. R. Met. Soc. 106, 551-58, 1980.

[3950] *Reethof, G.*, and *Heisler, G.*, Trees and forests for noise abatement and visual screening. USDA For. Ser. Gen. Tech. Rep. NE For. Exp. Sta. 39-48, 1976.

[3951] *Roundtree, P. R.*, Review of general circulation models as a basic for predicting the effects of vegetation change on climate. Proceedings of the United Nations University Workshop on Forests, Climate and Hydrology, Oxford, 26-30 March 1984, 1985.

[3952] *Rutter, A. J.*, The hydrological cycle in vegetation. In: J. L. Monteith, (Ed.), Vegetation and the Atmosphere, Vol. I. Principles, London, Academic Press, 1975.

[3953] *Salati, E.*, and *Vose, P.*, The Amazon Basin: A system in equilibrium. Science 225, 129-38, 1984.

[3954] —, —, and *Lovejoy, T. E.*, Amazon rainfall potential effects of deforestation and plans for future research. In: Tropical Rain Forests and the World Atmosphere, G. T. Prance (Ed.), Westview Press, Inc. 1986.

[3955] *Sellers, P. J., Mintz, Y., Sud, Y. C.*, and *Dalcher, A.*, A simple biosphere model (SiB) for use within general circulation models. J. Atm. Sci. 43, 505-31, 1986.

[3956] *Schubert, J.*, Der jährliche Gang der Luft- u. Bodentemperatur im Freien und im Waldungen. J. Springer, Berlin, 1900.

[3957] —, Über den Einfluß des Waldes auf die Niederschläge im Gebiet der Letzlinger Heide. Z. f. F. u, Jagdw. 69, 604-15, 1937.

[3958] *Schultze, J. H.*, Neuere theoretische u. praktische Ergebnisse der Bodenerosionsforschung in Deutschland. Forsch. u. Fortsch. 27, 12-18, 1953.

[3959] *Sud, Y. C., Shukla, J.*, and *Mintz, Y.*, Influence of land surface roughness on atmospheric circulation and precipitation: A sensitivity study with a general circulation model. J. Appl.

Met. 27, 1036-54, 1988.

[3960] *Swift, L. W. Jr.*, and *Swank, W. T.*, Long term responses of streamflow following clearcutting and regrowth. Hydro. Sci. Bull. 26, 245-55, 1981.

[3961] *Whitcombe, C. E.*, and *Stowers, J. F.*, Sound abatement with hedges. Hortsci. 8, 128-29, 1973.

[3962] *Wright, I. R., Gash, J. H. C., DaRocha, H. R., Shuttleworth, W. J., Nobre, C. A., Maitelli, G. T., Zamparoni, C. A. G. P.*, and *Carvalho, P. R. A.*, Dry season micrometeorology of central Amazonian ranchland. Quart. J. R. Met. Soc. 118, 1083-99, 1992.

[3963] *Zenker, H.*, Waldeinfluß auf Kondensationskerne u. Lufthygiene. Z. f. Met. 8, 150-59, 1954.

제40장

[4000] *Atwater, M. A.*, and *Ball, J. T.*, A numerical solar radiation model based on standard meteorological observations. Sol. Ener. 21, 163-70, 1978.

[4001] *Davies, J. A.*, and *McKay, D. C.*, Estimating solar irradiance and components. Sol. Ener. 29, 55-64, 1982.

[4002] *Decoster, M.*, and *Schüepp, W.*, Le rayonnement sur des plans verticaux à Stanleyville. Serv. Mét. Congo Belge 15, Léopoldville, 1956.

[4003] —, —, and *Elst, N., van der*, Le rayonnement sur des plans verticaux à Léopoldville. Serv. Mét. Congo Belge 7, 1955.

[4004] *Dirmhirn, I.*, and *Eaton, F. D.*, Some characteristics of the albedo of snow. J. App. Met. 14, 375-79, 1975.

[4005] *Flint, A. L.*, and *Childs, S, W.*, Calculation of solar radiation in mountainous terrain. Agric. For. Meteor. 40, 233-49, 1987.

[4006] *Gräfe, K.*, Strahlungsempfang vertikaler ebener Fläche; Globalstrahlung von Hamburg. Ber. DWD 5, Nr. 29, 1-15, 1956.

[4007] *Grunow, J.*, Beiträge zum Hangklima. Ber. DWD-US Zone 5, Nr. 35, 293-98, 1952.

[4008] *Hay, J. E.*, A revised method for determining the direct and diffuse components of the total shortwave radiation. Atmos. 14, 278-87, 1976.

[4009] —, Calculation of solar irradiances for inclined surfaces: Validation of selected hourly and daily models. Atmos.-Ocean 24, 16-44, 1986.

[4010] —, and *McKay, D. C.*, Estimating solar irradiance on inclined surfaces: A review and assessment of methodologies. Int. J. Sol. Ener. 3, 203-40, 1985.

[4011] *Ineichen, P., Guison, O.*, and *Perez, R.*, Ground-reflected radiation and albedo. Sol. Ener. 44, 207-14, 1990.

[4012] *Kaempfert, W.*, Sonnenstrahlung auf Ebene, Wand u. Hang. R. f. W. Wiss. Abh. 9, Nr. 3, 1942.

[4013] —, und *Morgen, A.*, Die Besonnung. Z. f. Met. 6, 138-46, 1952.

[4014] *Kienle, J. V.*, Die tatsächliche und die astronomisch mögliche Sonnenscheindauer auf verschiedenen exponierten Flächen. D. Met. Jahrb. f. Baden 1933, Anhang.

[4015] *List, R. J.*, Smithonian Meteorological Tables, Smithsonian Inst. Press, 1949.

[4016] *McArthur, L. J. B.*, and *Hay, J. E.*, A technique for mapping the distribution of diffuse solar radiation over the sky hemisphere. J. App. Met. 20, 421-29, 1981.

[4017]   *Munro, D. S.,* and *Young, G. J.,* An operational net shortwave radiation model for glacier basins. Water Resourc. Res. 18, 220-30, 1982.

[4018]   *Oliver, H. R.,* Studies of surface energy balance of sloping terrain. Int. J. Climatol. 12, 55-68, 1992.

[4019]   *Olseth, J. A.,* and *Skartveit, A.,* Spatial distribution of photosynthetically active radiation over complex topography. Agr. For. Met. 86, 205-14, 1997.

[4020]   *Olyphant, G. A.,* Insolation topoclimates and potential ablation in alpine snow accumulation basins: Front Range, Colorado. Wat. Resourc. Res. 20, 491-98, 1984.

[4021]   —, The components of incoming radiation within a mid-latitude watershed during the snowmelt season. Arc. Alp. Res. 18, 163-69, 1986.

[4022]   *Pierce, K. L.,* and *Colman, S. M.,* Effect of height and orientation (microclimate) on geomorphic degradation rates and processes, late glacial terrace scarps in central Idaho. Geol. Soc. Amer. Bull. 97, 869-85, 1986.

[4023]   —, and —, Effect of height and orientation (microclimate) on degradation rates of Idaho terrace scarps. Directions in Paleoseismology Proceedings Conference XXXIX 22-25, 1987.

[4024]   *Perez, R., Seals, R.,* and *Michalsky, J.,* All-weather model for sky lminance distribution - preliminary configuration and validation. Sol. Ener. 50, 235-45, 1993.

[4025]   *Polunin, M.,* Plant succession in Norwegian Lapland. J. Ecol. 24, 372-91, 1946.

[4026]   *Radcliffe, J. E.,* and *Lefever, K. R.,* Aspect influences on pasture microclimate at Coopers Creek, North Canterbury. N. Z. J. Ag. Res. 24, 55-66, 1981.

[4027]   *Rouse, W. R.,* and *Wilson, R. G.,* Time and space variations in the radiant energy fluxes over sloping forested terrain and their influence on seasonal heat and water balances at a middle latitude site. Geograf. Ann. 51A, 160-75, 1969.

[4028]   *Schedler, A.,* Die Bestrahlung geneigter Flächen durch die Sonne. Jahrb. Zentralanst. f. Met. u. Geodyn. Wien, N. F. 87, D 51-64, 1950, Wien 1951.

[4029]   *Steven, M. D.,* Standard distribution of clear cky radiance. Q. J. R. Met. Soc. 103, 457-65, 1977.

[4030]   *Suzuke, S.,* Early strawberries and their cultivation on slopes. Agric. Hort. Japan 16, 1185-88, 1941.

제41장

[4100]   *Aichele, H.,* Der Temperaturgang rings um eine Esche. Allg. Forst- u. Zeitung 121, 119-21, 1950.

[4101]   —, Untersuchung über die Frostschützwirkung eines Kalkanstrichs an Obstbäumen. Ber. DWD-US Zone 5, Nr. 32, 70-73, 1952.

[4102]   *Eisenhut, G.,* Blühen, Fruchten u. Keimen in der Gattung Tilia. Diss. Univ. München, 1957.

[4103]   *Gerlach, E.,* Untersuchung über die Wärmeverhältnisse der Bäume. Diss. Univ. Leipzig, 1929.

[4104]   *Haarløv, N.,* and *Petersen, B. B.,* Measurement of temperature in bark and wood of Sitka spruce. Kopenhagen, 1952.

[4105] *Kaempfert, W. I.*, Ein Phasendiagramm der Besonnung. Met. Rundsch. 4, 141-44, 1951.

[4106] *Koljo, B.*, Einiges über Wärmephänomene der Hölzer u. Bäume. Forstw. C. 69, 538-51, 1950.

[4107] *Krenn, K.*, Die Bestrahlungsverhältnisse stehender u. liegender Stämme. Wien. Allg. F. u. Jagdz. 51, 50-51, 53-54, 1933.

[4108] *Lieffers, V. J.*, and *Larkin-Lieffers, P. A.*, Slope aspect and slope position as factors controlling grassland communities in the coulees of the Oldman River, Alberta. Can. J. Bot. 65, 1371-78, 1987.

[4109] *Leßmann, H.*, Temperaturverhältnisse in Häufelreihen. Jahr. Ber. d. Bad. Landeswetterd., 35-45, 1950.

[4110] *Müller, G.*, Untersuchungen über die Querschnittsformen der Baumschäfte. Forstw. C. 77, 41-59, 1958.

[4111] *Primault, B.*, L'influence de l'insolation sur la température du cambim des arbres fruiters. Rev. Romande Agric., Vitc. Arboric. 10, 26-28, 1954.

[4112] *Scamoni. A.*, Über Eintritt u. Verlauf der männlichen Kiefernblüte. Z. f. F. u. Jagdw. 70, 289-315, 1938.

[4113] *Schulz, H.*, Untersuchungen an Frostrissen im Frühjahr 1956. Forstw. C. 76, 14-24, 1957.

[4114] *Seeholzer, M.*, Rindenschäle u. Rindenriß an Rotbuche im Winter 1928/29. Forstw. C. 57, 237-46, 1935.

[4115] *Stathers, R. J.*, and *Spittelhouse, D. L.*, Forest soil temperature manual, FRDA report 130, Victoria, B. C. Canadian Forest Service, 1990.

[4116] *Verreynne, J. S.*, *Rabe, E.*, and *Theron, K. I.*, Effect of bearing position on fruit quality of mandarin types. S. Afr. J. Plant Soil. 21, 1-7, 2004.

[4117] *Weger, N.*, Bodentemperaturen in Beeten verschiedener Form u. Richtung. Met. Rundsch. 2, 291-95, 1949.

제42장

[4200] *Brocks, K.*, Nächtliche Temparaturminima in Furchen mit verschiedenem Böschngswinkel. Met. Z. 56, 378-83, 1939.

[4201] *Geiger, R.*, Spätfröste auf den Frostflächen bei München. Forstw. C. 48, 279-93, 1926.

[4202] *Horvat, J.*, Die Vegetation der Karstdolinen. Geografski Glasnik 14-15, 1-25, Zagreb, 1953.

[4203] *Kalma, J. D.*, *Byrne, G. F.*, *Johnson, M. E.*, and *Laughlin, G. P.*, Frost mapping in Southern Victoria: An assessment of HCMM thermal imagery. J. Climatol. 3, 1-19, 1983.

[4204] —, *Laughlin, G. P.*, *Green, A. A.*, and *O'Brien, M. T.*, Minimum temperature surveys based on near-surface temperature measurements and airborne thermal scanner data. J. Climatol. 6, 413-30, 1986.

[4205] *Mahrt, L.*, and *Heald, R. C.*, Nocturnal surface temperature distribution as remotely sensed from low-flying aircraft. Agr. Met. 28, 99-107, 1983.

[4206] *Rajakoppi, A.*, Topographic, microclimatic and edaphic control of the vegetation in the central part of the Hämeenkahgas esker complex, western Finland. Acta Bot. Fennica. 134, 1-70, 1987.

[4207] *Rikkinen, J.,* Relations between topography, microclimates and vegetation on the Kalmari-Saarijärvi esker chain, central Finland. Fennia. 167, 87-150, 1989.

[4208] *Sauberer, F.,* und *Dirmhirn, I.,* Über die Entstehung der extremen Temperaturminima in der Doline Gstettner Alm. Arch. f. Met. (B) 5, 307-26, 1953.

[4209] —, und —, Weitere Untersuchungen über die Kaltluftansammlungen in der Doline etc. Wetter u. Leben 8, 187-96, 1956.

[4210] *Schmidt, W.,* Die tiefsten Minimumtemperaturen in Mitteleuropa. Naturw. 18, 367-69, 1930.

[4211] *Wagner, R.,* Fluktierende Dolinen-Nebel. Idöjárás 58, 289-98, 1954.

[4212] *Winter, F.,* Das Spätfrostproblem im Rahmen der Neuordnung des südwestdeutschen Obstbaus. Gartenbauwissensch. 23, 342-62, 1958.

제43장

[4300] *Aron, R. H.,* and *Aron, I-M.,* A case study of the influence of topographic features on dispersion climatology in a small valley. Gt. Plains-Rocky Mt. Geo. J. 11, 32-41, 1983.

[4301] *Berg, H.,* Beobachtungen des Berg- u. Talwindes in den Allgäuer Alpen. Ber. DWD-US Zone 6, Nr. 38, 105-09, 1952.

[4302] *Blumen, W.* (Ed.), Atmospheric Processes over Complex Terrain. Am. Met. Soc., 1990.

[4303] *Buettner, K. J. K.,* and *Thyer, N.,* Valley winds in the Mount Rainier Area. Archiv. für Met. Geophys. Bioklim. 14B, 125-27, 1966.

[4304] *Clements, C. B.,* Mountain and valley winds of Lee Vining Canyon, Sierra Nevada, California. Arc. Antarc. Alp. Res. 31, 293-302, 1999.

[4305] *Defant, A.,* Der Abfluß schwerer Luftmassen auf geneigtem Boden. Sitz-B. Berlin. Akad. 18, 624-35, 1933.

[4306] *Defant, F.,* Zur Theorie der Hangwinde, nebst Bemerkungen zur Theorie der Berg- u. Talwinde. Arch. f. Met. (A.) 1, 421-50, 1949.

[4307] —, Local winds. Compend. of Met. (Am. Met. Soc.) 655-72, Boston, 1951.

[4308] *Eckman, R. M.,* Observations and numerical simulations of winds within a broad forested valley. J. Appl. Met. 37, 206-19, 1998.

[4309] *Ekhart, E.,* Neuere Untersuchungen zur Aerologie der Talwinde. Beitr. Phys. d. fr. Atm. 21, 245-68, 1934.

[4310] *Friedel, H.,* Wirkungen der Gletscherwinde auf die Ufervegetation der Pasterze. Biokl. B. 3, 21-25, 1936.

[4311] *Gleeson, T. A.,* On the theory of cross-valley winds arising from differential heating of the slopes. J. Met. 8, 398-405, 1951.

[4312] *Goldreich, Y., Druyan, L. M.,* and *Berger, H.,* The interaction of valley/mountain winds with a diurnally veering sea/land breeze. J. Climatol. 6, 551-61, 1985.

[4313] *Gross, G.,* Some effects of deforestation on nocturnal drainage flow and local climate – a numerical study. Bound. Lay. Met. 38, 315-37, 1987.

[4314] Grunow, J., Der Wetterdienst bei der internationalen Skiflugwoche vom 8. 2. bis 6. 3. 1950 in Oberstdorf. Met. Rundsch. 4, 62-64, 1951.

[4315] Gudiksen, P. H., and Shearer, D. L., The dispersion of atmospheric tracers in nocturnal drainage flows. J. App. Met. 28, 602-08, 1989.

[4316] Hoinkes, H., Beiträge zur Kenntnis des Gletscherwindes. Arch. f. Met. (B) 6, 36-53, 1954.

[4317] —, Der Eindluß des Gletscherwindes auf die Ablation. Z. f. Gletscherkunde. u. Glazialgeologie 3, 18-23, 1954.

[4318] Küttner, J., Periodische Luftlawinen. Met. Rundsch. 2, 183-84, 1949.

[4319] Maletzke, R., 참조 Alpenwandersegelflug 1958, Mitt.heft I/1958 der Akaflieg München.

[4320] Nitze, F. W., Untersuchung der nächtlichen Zirkulationsströmung am Berghang durch stereo-photogrammetrisch vermessene Ballonbahnen. Biokl. B. 3, 125-27, 1936.

[4321] Porch, W. R., Clements, W. E., and Coulter, R. L., Nighttime valley waves. J. App. Met. 30, 145-56, 1991.

[4322] Reiher, M., Nächtlicher Kaltluftfluß an Hindernissen. Biokl. B. 3, 152-63, 1936.

[4323] Runge, F., Windgeformte Bäume in den Tälern der Zillertaler Alpen bzw. Allgäuer Alpen. Met. Rundsch. 11, 28-30, 1958 (or 12, 98-99, 1959).

[4324] Scaëtta, H., Les avalanches d'air dans les Alpes et dans les hautes montagnes de l'Afrique centrale. Ciel et Terre 51, 79-80, 1935.

[4325] Schmauß, A., Luftlawinen in Alpentälern. D. Met. Jahrb. f. Bayern 1926, Anhang F.

[4326] —, Absinken einer Invasion. Z. f. angew. Met. 59, 260-63, 1942.

[4327] Schnelle, F., Kleinklimatische Geländeaufnahme am Beispiel der Frostschäden im Obstbau. Ber. DWD-US Zone 2, Nr. 12, 99-104, 1950.

[4328] —, Ein Hilfsmittel zur Feststellung der Höhe von Frostlagen in Mittelgebirgstälern. Met. Rundsch. 9, 180-82, 1956.

[4329] Schüepp, W., Untersuchungen über den winterlichen Kaltluftsee in Davos. Verh. Schweiz. Naturf. Ges., 127-28, 1945.

[4330] Scultetus, H. R., Geländeausformung u. Bewindung in Abhängigkeit von der Austauschgröße. Met. Rundsch. 12, 73-80, 1959.

[4331] Tollner, H., Gletscherwinde in den Ostalpen. Met. Z. 48, 414-21, 1931.

[4332] Troll, C., Die Lokalwinde der Tropengebirge und ihr Einfluß auf Niederschlag und Vegetation. Bonner Geogr. Abh. 124-82, 1952.

[4333] Wagner, A., Theorie und Beobachtungen der periodischen Gebirgswinde. Gerl. B. 52, 408-49, 1938.

[4334] Weischet, W., Die Baumneigung als Hilfsmittel zur geographischen Bestimmung der klimatischen Windverhältnisse. Erdk. 5, 221-27, 1951.

[4335] Whiteman, C. D., and Doran, J. C., The relationship between overlying synoptic-scale flows and winds within a valley. J. Appl. Met. 32, 1669-82, 1993.

[4336] Wiggs, G. F. S., Bullard, J. E., Garvey, B., and Castro, I., Interactions between air flow and valley topography with implications for aeolian sediment transport. Phys. Geog. 23, 366-80, 2002.

제44장

[4400] *Arazi, A., Sharon, D., Khain, A., Huss, A.,* and *Mahrer, Y.,* The wind field and rainfall distribution induced within a small valley: Field observations and 2-D numerical modeling. Bound. Lay. Met., 83, 349-74, 1997.

[4401] *Cantlon, J. E.,* Vegetation and microclimates on north and south slopes of Cucketunk Mountain, New Jersey. Ecol. Monogr. 23, 41-270, 1953.

[4402] *de Lima, J. L. M. P.,* The effect of oblique rain on inclined surfaces: a nomograph for the rain-gauge correction factor. J. Hydrol. 115, 407-12, 1990.

[4403] *Desta, F., Colbert, J. J., Rentch, J. S.,* and *Gottschalk, K. W.,* Aspect induced differences in vegetation, soil, and microclimatic characteristics of an Appalachian watershed. Castanea 69, 92-108, 2004.

[4404] *Fletscher, R. D.,* Hydrometeorology in the United States, Comp. Met. 1033-49, 1951.

[4405] *Grunow, J.,* Niederschlagsmessungen am Hang. Met. Rundsch. 6, 85-91, 1953.

[4406] *Hartmann, F. K., Eimern, J. van,* und *Jahn, G.,* Untersuchungen reliefbedingter kleinklimatischer Fragen in Geländequerschnitten der hochmontanen Stufe des Mittel- u. Südwestharzes. Ber. DWD 7, Nr. 50, 1959.

[4407] *Haude, W.,* Ergebnisse der allgemeinen met. Beobachtungen etc. Rep. Scient. Exp. to the NW Prov. China (Sven Hedin) IX, Met. 1, Stockholm, 1940.

[4408] *Heigel, K.,* Expositions u. Höhenlage in ihrer Wirkung auf die Pflanzenentwicklung. Met. Rundsch. 8, 146-48, 1955.

[4409] —, Ergebnisse von Bodenfeuchtemessungen mit Gipsscheibenelektroden. Met. Rundsch. 11, 92-96, 1958.

[4410] *Huang, S. B.,* Protecting citrus trees from freezing injury by use of topoclimate in China. Ag. For. Met. 55, 95-108, 1991.

[4411] *Kerner, A.,* Die Änderung der Bodentemperatur mit der Exposition. Sitz-B. Wien. Akad. 100, 704-29, 1891.

[4412] *Kidron, G. J., Barzilay, E.,* and *Sachs, E.,* Microclimate control upon sand microbiotic crusts, western Negev desert Israel. Geomorph. 36, 1-18, 2000.

[4413] *Kirkpatrick, J. B.,* and *Nuñez, M.,* Vegetation-radiation relationships in mountainous terrain: Eucalypt-dominated vegetation in the Risdon Hills, Tasmania. Jour. Biogeog. 7, 197-208, 1980.

[4414] *Ng, E.,* and *Miller, P. C.,* Soil moisture relations in the southern California chaparral. Ecol. 61, 98-107, 1980.

[4415] *Okko, V.,* On the thermal behaviour of some Finnish eskers. Fennia 81, Nr. 5, 1957.

[4416] *Schwabe, G. H.,* Der künstliche Erdkegel als Gegenstand der experimentellen Ökologie. Arch. f. Met. (B) 8, 108-27, 1957.

[4417] *Shanks, R. E.,* and *Norris, F. H.,* Microclimatic variation in a small valley in eastern Tennessee. Ecol. 31, 532-39, 1950.

[4418] *Sharon, D.,* The distribution of hydrologically effective rainfall incident on sloping ground. J. Hydrol. 46, 165-88, 1980.

[4419] *Spittelhouse, D. L., Daper, D. A.,* and *Binder, W. D.,* Microclimate of mounds and seedling response. Can. For. Ser. British Columbia. 109, 73-76, 1990.

[4420] *Troll, C.*, Unterirdische Jahreszeitenwinde in finnischen Äsern. Erdk. 13, 150-52, 1959.

[4421] *Wilson, R. G.*, Topographic influences on a forest microclimate, Climatological Research Series No. 5, McGill University, Montreal, 1970.

[4422] *Wollny, E.*, Untersuchungen über den Einfluß der Exposition auf die Erwärmung des Bodens. Forsch. a. d. Geb. d. Agrik. Physik 1, 263-94, 1878.

제45장

[4500] *Baumgartner, A.*, Die Lufttemperatur als Standortsfaktor am Großen Falkenstein (Bayr. Wald). Forstwissenschaftliches Centralblatt, Part 1 (79), 362-73, 1960, Part 2 (80), 107-20, 1961, Part 3 (81), 17-47, 1962.

[4501] —, *Kleinlein, G.*, und *Waldmann, G.*, Forstlich-phänologische Beobachtungen u. Experimente am Großen Falkenstein. Forstw. C. 75, 290-303, 1956.

[4502] *Bylund, E.*, und *Sundborg, A.*, Lokalklimatische Einflüße auf die Platzwald der Siedlngen etc. Ymer Stockholm 1, 1-30, 1952.

[4503] *Geiger, R.*, *Woelfle, M.*, und *Seip, L. P.*, Höhenlage u. Spätfrostgefährdung. Forstw. C. 55, 579-92, 737-46, 1933; 56, 141-51, 221-30, 253-60, 357-64, 465-84, 1934.

[4504] *Giambelluca, T. W.*, and *Nullet, D.*, Influence of the trade-wind inversion on the climate of a leeward mountain slope in Hawaii. Clim Res. 1, 207-16, 1991.

[4505] *Higgins, J. J.*, Instructions for making phenological observations of garden peas. Publ. Climat. 5, Nr. 2, 1952.

[4506] *Mano, H.*, A study of the sudden nocturnal temperature rises in the valley and on the basin. Geophys. Mag. Tokyo 27, 169-204, 1956.

[4507] *Obrebska-Starkel, B.*, Über die thermische Temperaturschichtung in Bergtälern. Alta. Clima. 9, 33-47, 1970.

[4508] *Schnelle, F.*, Studien zur Phänologie Mitteleuropas. Ber. DWD-US Zone 1, Nr. 2, 1948.

[4509] *Waldmann, G.*, Schnee- und Bodenfrost als Standortsfaktoren am Großen Falkenstein. Forstw. C. 78, 98-108, 1959.

[4510] *Young, F. D.*, Nocturnal temperature inversion in Oregon and California. Mon. Weath. Rev. 49, 138-48, 1921.

제46장

[4600] *Arroyo, M. T. K.*, *Cavieres, L. A.*, *PeoZaloza, A.*, and *Arroyo-Kalin, M. A.*, Positive associations between cushion plant *Azorella monantha* (apiacaae) and alpine plant species in the Chilean Patagonian Andes. Plant Ecol. 169, 121-29, 2003.

[4601] *Aulitzky, H.*, Waldkrone, Kleinklima u. Aufforstung. Centralbl. f. d. ges. Forstw. 73, 7-12, 1954.

[4602] —, Über die lokalen Windverhältnisse einer zentralalpinen Hochgebirgs-Hangstation. Arch. f. Met. (B) 6, 353-73, 1955.

[4603] *Badano, E. F.,* and *Cavieres, L. A.,* Impacts of ecosystem engineers on community attributes: Effects of cushion plants at different elevations of the Chilean Andes. Diversity Distrib. 12, 388-96, 2006.

[4604] *Barry, R. G.,* Climatic environment of the east slope of the Colorado Front Range. Inst. Arctic and Alpine Res. Occas. Paper 3, 1-206, 1972.

[4605] —, Mountain Weather and Climate, Routledge, 1992.

[4606] *Bell, K. L.,* and *Bliss, L. C.,* Plant reproduction in a high arctic environment. Arc. Alp. Res. 12, 1-10, 1980.

[4607] *Blumthaler, M., Ambach, W.,* and *Rehwald, W.,* Solar UV-A and UV-B radiation fluxes at two alpine stations at different latitudes. Theor. Appl. Climatol. 46, 39-44, 1992.

[4608] *Carlsson, B. Å,* and *Collaghan, T. U.,* Positive plant interactions in tundra vegetation and the importance of shelter. J. Ecol. 79, 973-83, 1991.

[4609] *Collett, Jr., J. L., Daub, Jr., B. C.,* and *Hoffmann, M. R.,* Spatial and temporal variations in precipitation and cloud interception in the Sierra Nevada of central California. Tellus 43B, 390-400, 1991.

[4610] *Desing, H.,* Klimatische Untersuchungen auf einer großen Blaike. Wetter u. Leben 5, 46-82, 1953.

[4611] *Dirmhirn, I.,* Untersuchungen der Himmelsstrahlung in den Ostalpen mit besonderer Berücksichtigung ihrer Höhenabhängigkeit. Arch. f. Met. (B) 2, 301-46, 1951.

[4612] —, Oberflächentemperaturen der Gesteine im Hochgebirge. Arch. f. Met. 4, 43-50, 1952.

[4613] *Dixon, H. N.,* Miscellanea Broyologia-IX, on some mosses from high altitudes. J. Bot. British and Foreign, 62, 228-31, 1924.

[4614] *Drezner, T. D.,* Plant facilitation in extrem environments: The non-random distribution of sagurocacti *Carnegiea gigantea* under nurse associates and the relationship to nurse architecture. J. Arid Env. 65, 46-61, 2006.

[4615] —, and *Garrity, C. M.,* Saguaro distribution under nurse plants in Arizona's Sonoran Desert: Directional and microclimate influences. Prof. Geog. 55, 505-12, 2003.

[4616] *Ekhart, E.,* Zur Kenntnis der Schneeverhältnisse der Ostalpen. Gerl. B. 56, 321-58, 1940.

[4616A] *Flach, E.,* Geographische Verteilung der Globalstrahlung und Himmelsstrahlung. Arch. Met. Geophys. Biokl. B., 14, 161-83, 1966.

[4617] *Franco, A. C.,* and *Nobel, P. S.,* Effect of nurse plants on the microhabitat and growth of cacti. J. Ecol. 77, 870-86, 1989.

[4618] *Franco-Pizana, J. G., Fullbright, T. E., Gardiner, D. T.,* and *Tipton, A. R.,* Shrub emergence and seedling growth in microenvironments created by *Prosopis glandulosa.* Jour. Veg. Science 7, 257-64, 1996.

[4619] *Friedel, H.,* Gesetze der Niederschlagsverteilung im Hochgebirge. Wetter u. Leben 4, 73-86, 1952.

[4620] *Grace, J.,* Tree lines. Phil. Trans. R. Soc. London, 324B, 233-45, 1989.

[4621] *Hadley, J. L.,* and *Smith, W. K.,* Influence of Krummholz mat microclimate on needle physiology and survival. Oecologica 73, 82-90, 1987.

[4622] *Halloy, S.*, Islands of life at 6000m altitude: The environment of the highest autrophic communities on the earth (Socompa Volcano, Andes). Arc. Alp. Res. 23, 247-62, 1991.

[4623] *Holtmeier, F.-K., Broll, G., Müterthies, A.,* and *Anschlag, K.,* Regeneration of trees in the treeline ecotone: Northern Finnish Lapland. Geo. Soc. Fin. 181, 103-28, 2003.

[4624] *Isards, S. A.,* Topoclimatic controls in an alpine fellfield and their ecological significance. Phys. Geog. 10, 13-31, 1989.

[4625] *Jordan, D. N.,* and *Smith, W. K.,* Microclimate factors influencing the frequency and duration of growth season frost subalpine plants. Agr. For. Met. 77, 17-30, 1995.

[4626] *Jordan, P. W.,* and *Nobel, P. S.,* Infrequent establishment of seedlings of agave deserti (*agavaceae*) in the northwestern Sonoran Desert. Amer. J. Bot. 9, 1079-84, 1979.

[4627] *Juvik, J. O.,* and *Nullet, D.,* A climate transect through tropical montane rainforest in Hawaii. Jour. Appl. Meteor. 33, 1304-12, 1994.

[4628] *Larcher, W.,* Frosttrocknis an der Waldgrenze und in der alpinen Zwergstrauchheide. Veröff. Ferdinandeum Innsbruck 37, 49-81, 1957.

[4629] *Lauscher, F.,* Neue klimatische Normalwerte für Östereich. Beih. z. Jahrb. d. Zentralanst. f. Met. u. Geodyn. 1932, 1-13, Wien, 1938.

[4630] —, Langjährige Durchschnittswerte für Frost u. Frostwechsel in Östereich.. Beih. z. Jahrb. d. Zentralanst. f. Met. u. Geodyn. 1946, D 18-30, Wien, 1947.

[4631] —, Normalwerte der relativen Feuchtigkeit in Östereich. Wetter u. Leben 1, 289-97, 1949.

[4632] *Mani, N. S.,* Ecology and Phytogeography of High Altitude Plants of the Northwest Himalaya. Chapman and Hall, New York, 1978.

[4633] *Marks, D.,* and *Dozier, J.,* Climate and energy exchange at the snow surface in the alpine region of the Sierra Nevada 2. Snow cover energy balance. Wat. Resourc. Res. 28, 3043-54, 1992.

[4634] *Maurer, J.,* Bodentemperatur u. Sonnenstrahlung in den Schweizer Alpen. Met.-Z. 33, 193-99, 1916.

[4635] *McAuliffe, J. R.,* Prey refugia and the distribution of two Sonorian Desert cacti. Oecologia 65, 82-85, 1984.

[4636] *McCutchan, M. H.,* and *Foc, D. G.,* Effect of elevation on wind, temperature and humidity. J. Appl. Met. 25, 1996-2013, 1986.

[4637] *Mølgaard, P.,* Temperature observations in high arctic plants in relation to microclimate in the vegetation of Peary Land, North Greenland. Arc. Alp. Res. 14, 105-15, 1982.

[4638] *Molina-Montenegro, M. A., Badano, E. E.,* and *Cavieres, L. A.,* Cushion plants as microclimate shelters for two ladybird beetles species in Alpine zones of Central Chile. Arc. Antarc. Alp. Res. 38, 224-27, 2006.

[4639] *Munro, D. S.,* A surface energy exchange model of glacier melt and net mass balance. Int. J. Clim. 11, 689-700, 1991.

[4640] *Niedzwiedz, T.,* Climate of the Tatra Mountains. Mount. Res. Develop. 12, 131-46, 1992.

[4641] *Nobel, P. S.,* Morphology, nurse plants, and minimum apical temperautres for young *Carnegiea gigantea.* Bot. Gaz. 141, 181-91, 1980.

[4642] Richardson, A. D., Lee, X., and Frienland, A. J., Microclimatology of treeline spruce-fir forests in mountains of the northeastern United States. Agr. For. Met. 125, 53-66, 2004.

[4643] Sauberer, F., und Dirmhirn, I., Das Strahlungsklima. Klimatographie von Österreich, 13-102, Wien, 1958.

[4644] Saunders, I. R., and Bailey, W. G., The phsical climatology of alpine tundra, Scott Mountain, British Columbia, Mount. Res. Develop. 16, 51-64, 1996.

[4645] Schreckenthal-Schimitschek, G., Klima, Boden u. Holzarten an der Wald- u. Baumgrenze in einzelnen Gebieten Tirols. Univ. Verl. Wagner, Innsbruck, 1934.

[4646] Smith, J. M. B., Vegetation and microclimate of east- and west-facing slopes in the grasslands of Mt. Wilhelm, Papua New Guinea. J. Ecol. 65, 39-53, 1977.

[4647] Smith, R. B., The influence of mountians on the atmosphere. Adv. Geophys. 21, 87-230, 1979.

[4648] Steinhäußer, H., Normalhöhen zur Kennzeichnung der Schneedeckenverhältnisse. Met. Rundsch. 3, 32-34, 1950.

[4649] Steinhauser, F., Die Schneehöhen in den Ostalpen und die Bedeutung der winterlichen Temperaturinversion. Arch. f. Met. (B) 1, 63-74, 1949.

[4650] Stevens, G. C., and Fox, J. F., The causes of treelines. Ann. Rev. Ecol. System. 22, 177-91, 1991.

[4651] Tang, Z., and Fang, J., Temperature variation along the northern and southern slopes of Mt. Taibai, China. Agr. For. Met. 139, 200-07, 2006.

[4652] Tranquillini, W., Standortsklima, Wasserbilanz u. CO_2-Gaswechsel junger Zirben an der alpinen Waldgrenze. Planta 49, 612-61, 1957.

[4653] Turner, H., Über das Licht- u. Strahlungsklima einer Hanglage der Ötztaler Alpen etc. Arch. f. Met. (B) 8, 273-325, 1958.

[4654] —, Maximaltemperaturen oberflächennaher Bodenschichten an der alpinen Waldgrenze. Wetter u. Leben 10, 1-12, 1958.

[4655] Zimmermann, A., The highest plants in the world: In the mountain world. Harper, 130-36, 1953.

[4656] Zöttl, H., Untersuchungen über das Mikroklima subalpiner Pflanzengesellschaften. Ber. Geobot. Forsch. Inst. Rübel für 1952, 79-103, Zürich, 1953.

제47장

[4700] Bintanja, R., The contribution of snow drift sublimation to the surface mass balance of Antarctica. Ann. Glaciol. 27, 251-59, 1998.

[4701] —, Surface heat budgets of Antarctic snow and blue ice: Interpretation of spatial and temporal variability. J. Geophy. Res. 105, 24,387-24,407, 2000.

[4702] Bromwich, D. H. and Stearns, C. R., Antarctic meteorology and climatology: Studies based on automatic weather stations. Antarctic Research Ser. 61. American Geophysical Union, 1993.

[4703] Colancino, M., and Stocchino, C., The microclimate of an Antarctic dry valley (Taylor Valley, Victoria Land). Polar Geog. 2, 137-53, 1978.

[4704] Doran, P. T., McKay, C. P. Clow, G. D., Gayle, L. D., Fountain, A. G., Nylen, T., and Lyons, W.

B., Valley floor climate observations from McMurdo Dry Valleys Antarctica, 1986-2000. J. Geophy. Res. 107 (D24), 4772, doi:10.1029/2001 JD002045, 2002.

[4705] *Edlund, S. A., Alt, B. T.,* and *Garneau, M.,* Vegetation patterns on Fosheim Peninsula Ellesmere Island Nunavut. Bull. Geol. Survey Can. 529, 129-43, 2000.

[4706] *Hertzman, O.,* Oceans and the coastal zone. In: The Surface Climates of Canada, (Ed.) W. G. Bailey, T. R. Oke and W. R. Roose. McGill-Queen's University Press, 1997.

[4707] *Johnston, R. R., Fountain, A. G.,* and *Nylen, T. H.,* The origin of channels on lower Taylor Glacier McMurdo Dry Valleys Antarctica, and their implication for water runoff. Ann. Glac. 40, 1-7, 2005.

[4708] *Kappen, L.* and *Redon, J.,* Microclimate influencing the lichen vegetation on different aspects of a costal rock in maritime Antarctic. Ser. Cient. 31, 53-65, 1984.

[4709] —, Lichen-habitats as micro-oases in the Antarctic — The role of temperature. Polarforshung. 55, 49-54, 1985.

[4710] —, Some aspects of the great success of lichens in Antarctica. Antarc. Sci. 12, 314-24, 2000.

[4711] *Kennedy, A. D.,* Water as a limiting factor in the Antarctic terrestrial environment: A biogeographical synthesis. Arctic Alp. Res. 25, 308-15, 1993.

[4712] —, Microhabitats occupied by terrestrial arthropods in the Stillwell Hills, Kemp Land, East Antarctica. Antarc. Sci. 11, 27-37, 1999.

[4713] *King, J. C.* and *Turner, J.,* Antarctic meteorology and climatology. Cambridge Atmospheric and Space Science Series. Cambridge Univ. Press. 1997.

[4714] *Kozo, T. L.,* An observational study of sea breezes along the Alaskan Beaufort sea coast. Part I. J. App. Met. 21, 891-905, 1982.

[4715] *Lindsay, R. W.,* Temporal variability of the energy balance of thick Arctic pack ice. J. Clim. 11, 313-33, 1998.

[4716] *Loewe, F.,* On the mass economy of the interior of the Antarctic ice cap. J. Geophy. Res. 67, 5,171-5,177, 1962.

[4717] —, The land storm. Weather 27, 110-21, 1972.

[4718] *Longton, R. E.,* Vegetation ecology and classification in the Antarctic zone. Can. J. Bot., 57, 2264-78, 1979.

[4719] *Mann, G. W., Anderson P. S.,* and *Mobbs, S. D.* J. Geophy. Res. 105, 24,491-24,508, 2000.

[4720] *Mather, K. B.,* and *Miller, G. S.,* Notes on Topographic Factors Affecting the Surface Wind in Antarctica, with Special Reference to Katabatic Winds; and Bibliography. University of Alaska, Fairbanks, 63 pp. (Technical Report, Grant no. GA-900), 1967.

[4721] *McKendry, I. G.,* and *Lewthwaite, E. W. D.,* Summertime along-valley wind variations in the Wright Valley, Antarctica. Int. J. Clim. 12, 587-96, 1992.

[4722] *Meesters, A.G.C.A., Bink, N. J., Henneken, A. C., Vugts, H. F.,* and *Cannemeijer, F.,* Katabatic wind profiles over the Greenland ice sheet: Observation and modeling. Bound.-Lay. Met. 85, 475-96, 1997.

[4723] *Panofsky, H. A.,* and *Brier, G. W.,* Some Applications of Statistics to Meteorology. The Pennsylvania State University, 1965.

[4724] *Pinado, A., Sancho, L. G.* and *Vialladares, F.,* The influence of microclimate on the composition of lichen communities along an altitudinal gradient in the maritime Antarctic. Symbosis 31, 69-84, 2001.

[4725] *Phillpot, H. R.,* and *Zillman, J. W.,* The surface temperature inversion over the Antarctic continent. J. Geophy. Res. 75, 4161-69, 1970.

[4726] *Przybylak, R.,* The climate of the Arctic. Atmospheric and Oceanographic Sciences Library, Vol. 26, Kluwer Academic Pub., 2003.

[4727] *Rudolf, R. D.,* Lichen ecology and microclimate studies at Cape Hallett Antarctica. In S.W. Tromp and H. W. Weiths (Eds.), Proceedings International Biometeorological Congress. Oxford: Pergamon Press, 900-10, 1966.

[4728] *Schlensog, M., Schroeter, B., Sancho, L. G., Pintado, A.,* and *Kappen, L.,* Effect of strong light on photosynthetic performance of melt-water dependent cyanobacterial lichen *Deptogivm puberulum* (collemataceae) hue from the maritime Antarctic. Bibliotheca Lichenologica 67, 235-46, 1997.

[4729] *Schwerdtfeger, W.,* The vertical variation of wind through the friction-layer over the Greenland ice cap. Tellus 24, 13-16, 1972.

[4730] —, The Weather and Climate of the Antarctic. Elsevier, 1984.

[4731] *Serreze, M.,* and *Barry, R.,* The Arctic Climate System. Cambridge Univ. Press, 2005.

[4732] *Van Den Broeke, M., Reijmer, C., Van As D.,* and *Boot, W.,* Daily cycle of the surface energy balance in Antarctica and the influence of clouds. Int. J. Climatol. 26, 1587-1605, 2006.

[4733] *Young, K. L., Woo, M-K,* and *Edlund, S. A.,* Influence of local topography, soils and vegetation on microclimate and hydrology at a high Arctic site, Ellesmere, Canada. Arctic Alp. Res. 29, 270-84, 1997.

[4734] *Woo, M. K.,* and *Young, K. L.,* Hydrogeomorphology of patchy wetlands in the high Arctic, polar desert environment. Wetlands 23, 291-309, 2003.

제48장

[4800] *Aichele, H.,* Der Beginn der Apfelblüte 1953 am westlichen Bodensee als Hilfsmittel der kleinklimatischen Geländekartierung. Met. Rundsch. 6, 204-06, 1953.

[4801] *Balchin, W. G. V.,* and *Pye, N.,* A microclimatological investigation of Bath and the surrounding district. Quart. J. 73, 297-23, 1947.

[4802] —, Local rainfall variations in Bath etc. Ebenda 74, 361-78, 1948.

[4803] *Bliss, L. C.,* A comparison of plant development in microenvoronments of Arctic and Alpine tundras. Ecolog. Monogr. Durham N. C. 26, 303-37, 1956.

[4804] *Burgos, J. J., Cagliolo, A.,* and *Santos, M. C.,* Exploration microclimatica en la selva Tucumano-Oranense. Meteoros 1, 314-41, 1951.

[4805] *Daubert, K.,* Klima u. Wetter in Tübingen. Tübinger Blätter 1957, 10-24.

[4806] *Eimern, J. van.,* Zur Methodik der Geländeaufnahme. Mitt. DWD 2, Nr. 14, 125-31, 1955.

[4807] —, Geländeklimaaufnahmen für landwirtschaftliche Zwecke. Bayer. Landw. Jahrb. 35, 193-210, 1958.

[4808]   *Flohn, H.*, Zur Frage der Einteilung der Klimazonen. Erdek. 11, 161-75, 1957.

[4809]   *Geiger, R.*, und *Schmidt, W.*, Einheitliche Bezeichnungen in kleinklimatischer und mikroklimatischer Forschung. Biokl. B. 1, 153-56, 1934.

[4810]   *Godske, C. L.*, Studies in local meteorology and representativeness I. Univ. Bergen Arbok 1952, naturw. rekke 10, 1-100.

[4811]   *Howe, G. M.*, Observations on local climatic conditions in the Aberystwyth area. Met. Mag. 82, 270-74, 1953.

[4812]   *Kauf, H.*, Die Einwirkung der Orographie des mittleren Saaletales auf die Niederschlagsverteilung II. Mitt. Thüring. L. W. W. 10, 35-62, 1950.

[4813]   *Knoch, K.*, Weltklimatologie u. Heimatklimakunde. Met. Z. 59, 245-49, 1942.

[4814]   —, Die Geländeklimatologie, ein wichtiger Zweig der angewandten Klimatologie. Ber. z. Deutsch. Landeskde. 7, 115-23, 1949.

[4815]   —, Über das Wesen einer Landesklimaaufnahme. Z. f. Met. 5, 173-77, 1951.

[4816]   —, Plan einer Landesklimaaufnahme. Ber. DWD-US Zone 5, Nr. 32, 106-08, 1952.

[4817]   *Koch, H. G.*, Bestandstemperaturen eines bewaldeten Seitentals bei Jena. Mitt. Thüring. L. W. W. 7, 69-98, 1948.

[4818]   *Kreutz, W.*, Lokalklimatische Studie im oberen Vogelsberg. Ber. DWD-US Zone 7, Nr. 42, 171-76, 1952.

[4819]   —, und *Schubach, K.*, Lokalklimatische Geländekartierung der südlichen Bergstraße etc. Mitt. DWD-US Zone 13, 1-11, 1952.

[4820]   —, Das Klima der Gemarkung Espenschied u. Vorschläge zur Klimaverbesserung durch Windschutz. Arch. f. Raumforsch. (Hessen) 1958, 27-71.

[4821]   *Lauscher, F.*, Flachland- u. Hügelklima im Gebiet von Wien. Wetter u. Leben 3, 99-102, 1951.

[4822]   *Parker, J.*, Environment and vegetation of Tomer's Butte in the forest-grassland transition zone of north Idaho. The Amer. Midland Naturalist 51, 539-52, 1954.

[4823]   *Parry, M.*, Local temperature variations in the Reading area. Quart. J. 82, 45-57, 532-34, 1956.

[4824]   *Penzar, I.*, Mikroklimatologische Untersuchungen des geophysikal. Inst. in der Umgebung von Krizevci im Jahre 1953. Schrift. d. Geophys. Inst. Univ. Zagreb, 3. Ser. 7, 1956.

[4825]   *Sauberer, F.*, Kleinklima-Untersuchungen im Breitenfurter Becken. Wetter u. Leben 4, 122-27, 1952.

[4826]   *Scaëtta, H.*, Terminologie climatique, bioclimatique et microclimatique. La Mét. 11, 342-47, 1935.

[4827]   *Schmidt, W.*, Bioklimatische Untersuchungen im Lunzer Gebiet. Naturw. 17, 176-79, 1929.

[4828]   —, Observations on local climatology in Austrian mountains. Quart. J. 60, 345-52, 1934.

[4829]   *Schöne, V.*, Geländeklimatische Untersuchungen im Forschungsraum Huy-Hakel der D. Akad. d. Landwirtsch.wissenschaften. Angew. Met. 3, 129-35, 1958.

[4830]   *Spinnangr, F.*, Temperature and precipitation in and around Bergen. Bergens Mus. Arbok 1942, naturw. rekke 9, 1-30, 1943.

[4831]   *Thams, J. C.*, Zur Bestimmung der Sonnenscheindauer in einem stark kupierten Gelände. Arch. f. Met. (B) 6, 417-30, 1955.

[4832]   *Thornthwaite, C. W.*, Topoclimatology. The Johns Hopkins Univ., Laboratory of Climat.

Seabrook (manuscr.) 1953.

[4833] *Tinn, A. B.*, Local temperature variations in the Nottingham district. Quart. J. 64, 391-405, 1938.

[4834] *Uhlig, S.*, Beispiel einer kleinklimatologischen Geländeuntersuchung. Z. f. Met. 8, 66-75, 1954.

[4835] *US Weather Bureau,* Meteorological survey of the Oak Ridge area, final report 1948-1952. US Atomic Energ. Comm. 1953.

[4836] *Wagener, H.*, und *Dinger, H. J.*, Die Besonnung im oberen Vogtland und ihre Bedeutung für das Pflanzenwachstum. Angew. Met. 2, 122-25, 1955.

[4837] —, und *Hunger, W.*, Über Besonnungsverhältnisse im Raum des Elsterer Kessels in ihrer Bedeutung für forstliche Standortsfragen. Ebenda 2, 365-69, 1957.

[4838] *Wagner, R.*, Mikroklimatérségek és térképezésük. Különnyomat a földrajzi közlemények 1956, 201-16.

[4839] *Weger, N.*, Die vorläufigen Ergebnisse der bei Geisenheim begonnenen kleinklimatischen Geländeaufnahme. Met. Rundsch. 1, 422-23, 1948.

[4840] —, Zur Methodik der Kleinklimakartierung im Weinbau. Mitt. DWD 2, Nr. 14, 132-33, 1955.

[4841] *Weischet, W.*, Die Geländeklimate der niederrheinischen Bucht und ihrer Rahmenlandschaften. Münchner Geograph. Hefte 8, 1-169, 1955.

[4842] —, Die räumliche Differenzierung klimatologischer Betrachtungsweisen, ein Vorschlag zur Gliederung der Klimatologie und ihrer Nomenklatur. Erdk. 10, 109-22, 1956.

[4843] *Wolfe, J. N., Wareham, R. T.*, and *Scofield, H. T.*, Microclimates and macroclimate of Neotoma, a small valey in central Ohio. Bull. Ohio Biolog. Survey 8, Nr. 1, 1-267, 1949.

제49장

[4900] *Battle, W. R. B.*, and *Lewis, W. V.*, Temparature observations in Bergschrunds and their relatonship to cirque erosion. J. Geol. 59, 537-45, 1951.

[4901] *Baumgartner, A.*, Meteorologische Beobachtungen am Hölloch. Wissenschaftliche Alpenvereinshefte, Nr. 18, 61-84, Innsbruck 1961.

[4902] *Bögli, A.*, Karsthydrographie und Physische Speläologie. Springer, Berlin, 1978.

[4903] *Buxton, P. A.*, Climate in caves and similar places in Palestine. J. Animal Ecol. 1, 152-59, 1932.

[4904] *Dublyansky, V. N.*, and *Dublyansky, Y. V.*, The problem of condensation in Karst Studies. J. Cave Karst St. 60, 3-17, 1998.

[4905] *Dudich, E.*, Biologie der Aggteleker Tropfsteinhöhle "Baradla" in Ungarn. Speläolog. Monogr. 13, Wien, 1932.

[4906] *Ford, J. D.*, and *Cullingford, C. H. D.*, The Science of Speology. Academic Press, London, 1976.

[4907] *Freitas, C. R. de, Littlejohn, R. N., Clarkson, T. S.*, and *Kristament, I. S.*, Cave climate: Assessment of airflow and ventilation. J. Climatol. 2, 383-97, 1982.

[4908] —, and *Littlejohn, R. N.*, Cave climate: Assessment of heat and moisture exchange. J. Climatol. 7, 553-69, 1987.

[4809] —, and *Schmekal, A.*, Condensation as a microclimate process: Measurement, numerical simulation and prediction in the glowworm cave, New Zealand. Int. J. Clim. 23, 557-75, 2003.

[4910] *Hell, M.*, Die kalten Keller von Kaltenhausen in Salzburg. Forsch. u. Fortschr. 10, 336, 1934.

[4911] *Heß, H. L.*, Handl's Temperaturmessngen des Eises und der Luft in den Stollen des Marmolata-Gletschers etc. Z. f. Gletscherkde. 27, 168-71, 1940.

[4912] *Hill, C.*, and *Forti, P.*, Cave Minerals of the World. Huntsville Al Nat. Spel. 1977.

[4913] —, and —, Cave Microclimate and Speleothems. In: Cave Minerals of the World, Hill, C. and Forti, P. Eds., National Speleological Society, 258-61, 1997.

[4914] *Lautensach, H.*, Unterirdische Kaltluftstau in Korea. Peterm. Mitt. 85, 353-55, 1939.

[4915] *McLean, J. S.*, The microclimate in Carlsbad Caverns, New Mexico. United States Geological Survey, Albuquerque, New Mexico. Open File Report 67, 1971.

[4916] *Maltsev, V. A.*, The influence of seasonal changes of cave microclimate upon the genesis of gymsum formations in caves. NSS Bull 52, 99-103, 1990.

[4917] *Moore, G. W.*, and *Sullivan, N.*, Speleology — Caves and the Cave Environment. St. Louis, Cave Books, 1997.

[4918] *Mrose, H.*, Eine seltsame Höhlenvereisung. Z. f. angew. Met. 56, 350-53, 1939.

[4919] *Oedl, R.*, Über Höhlenmeteorologie mit besonderer Rücksicht auf die große Eishöhle im Tennengebirge. Met Z. 40, 33-37, 1923.

[4920] *Ohata, T.*, *Furukawa, T.*, and *Higuchi, K.*, Glacioclimatological study of perennial ice in the Fuji ice cave, Japan. Part 1. Seasonal variations and mechanism of maintenance. Arc. Alp. Res., 26, 227-37, 1994.

[4921] —, —, and *Osada, K.*, Glacioclimatological study of perennial ice in the Fuji ice cave, Japan. Part 2. Interannual variations and relation to climate. Arc. Alp. Res., 26, 238-44, 1994.

[4922] *Paclik, M.*, and *Weidinger, K.*, Microclimate of tree cavities during winter nights – implications for roost site selection in birds. Int. J. Biomet. 51, 287-93, 2007.

[4923] *Pflitsch, A.*, and *Piasecki, J.*, Detection of an air flow system in Hiedzwiedzia (Bear) Cave, Kletno, Poland. J. Caves and Karst Studies 65, 160-73, 2003.

[4924] *Saar, R.*, Meteorologisch-physikalische Beobachtungen in den Dachsteinrieseneishöhlen, Oberösterreich. Wetter u. Leben 7, 213-19, 1955.

[4925] *Sánchez-Moral, S. Soler, V., Cañaveras, J., Sanz-Rubio, E., Van Grieken, R., Gysels, K.*, Inorganic deterioration affecting the Altamira Cave N. Spain: Quantitative approach to wall-corrosion (solutional etching) processes induced by visitors. Sci. Tot. Env. 243/244, 67-84, 1999.

[4926] *Smithson, P. A.*, Inter-relationships between cave and outside air temperatures. Theor. Appl. Climatol. 44, 65-73, 1991.

[4927] *Stoeu, A.*, and *Maglova, P.*, Influence des facteurs biologiques sur le microclimat en conditions karstiques tropicales. Bull. Société Géographique de Liége. 29, 119-24, 1993.

[4928] *Taboroši, D., Hirakawa, K.*, and *Sawagaki, T.*, Carbonate precipitation along a microclimatic gradient in a Thailand cave — continuum of calcareous tufa and speleothems. J. Cave and Karst St. 67, 69-87, 2005.

[4929] *Trapasso, L. M.*, and *Kaletsky, K.*, Food preparation activities and the microclimate within Mammoth Cave, Kentucky. NSS Bulletin, 56, 64-69, 1994.

[4930] Villar, E., Bonet, A., Diaz-Canja, B., Fernandez, P. L., Gutierrez, I., Quindos, L. S., Solana, J. R., and Soto, J., Ambient temperature variations in the hall of paintings of Altamira Cave due to the presence of visitors. Cave Science 11, 99-104, 1984.

[4931] Wigley, T. M. L., and Brown, M. C., The physics of Caves. In: The Science of Speleology, T. D. Ford and C. H. D. Cullingford (Ed.), Academic Press, 329-58, 1976.

제50장

[5000] Bazin, R. C., and MacArthur, R. A., Thermal benefits of huddling in the muskrat (Ondatra zibethicus). J. Mammal. 73, 559-64, 1992.

[5001] Bodenheimer, F. S., Studien zur Epidemiologie etc. der afrikanischen Wanderheuschrecke. Z. f. angew. Entomol. 15, 435-557, 1929.

[5002] Campbell, G., An introduction to Environmental Biophysics. Springer-Verlag, 1977.

[5003] Christian, K., Tracy, C. R., and Porter, W. P., Seasonla shifts in body temperature and use of microhabitats by Galapagos land iguanas (Conolophus pallidus). Ecol. 64, 463-68, 1983.

[5004] Curtis, B. A., Activity of the Namib Desert dune ant (Camponotus detritus). S. Afr. Tydskr. Dierk. 20, 41-48, 1985.

[5005] Desjardins, R. L., Gifford, R. M., Nilson, T., and Greenwood, E. A. N., Advances in Bioclimatology. I. Springer-Verlag, 1992.

[5006] Diez, J. A., and Dusenbery, D. B., Preferred temperature of Meloidogyne incognita. J. Nematology 21, 99-104, 1989.

[5007] Dusenbery, D. B., Behavioral responses of Meloidogyne incognita to small temperature changes. J. Nematology 20, 351-55, 1988.

[5008] El-Sherif, M., and Mai, W. F., Thermotactic response of some plant parasitic nematodes. J. Nematol. 1, 43-48, 1969.

[5010] Hadley, N. F., Micrometeorology and energy exchange in two desert anthropods. Ecol. 51, 434-44, 1970.

[5011] Hatfield, J., and Thomason, I., Biometeorology and Integrated Pest Management, Academic Press, 1982.

[5012] Huffaker, C. B., and Rabb, R. L., Ecological Entomology, John Wiley & Sons, 1984.

[5014] Johnson, G. C., The vertical distribution of aphids in the air and the temperature lapse rate. Quart. J. 83, 194-201, 1957; 85, 173-74, 1959.

[5015] Kaspari, M., Body size and microclimate use in Neotropical granivorous ants. Oecologia 96, 500-07, 1993.

[5016] Lauscher, F., Mückentanz u. Windschutz. Biokl. B. 6, 186, 1939.

[5017] Marder, J., Arieli, Y., and Ben-Asher, J., Defense strategies against environmental heat stress in birds. Israel J. Zool. 36, 61-75, 1989.

[5018] Martini, E., and Teubner, E., Über das Verhalten von Stechmücken bei verschiedener Temperatr u. Luftfeuchtigkeit. Beih. z. Arch. f. Schiffs- u. Tropenhyg. 37, 1933.

[5019] Mosauer, W., The toleration of solar heat in desert reptiles. Ecol. 17, 56-66, 1936.

[5020] *Müller, H. J., Unger, K., Neitzel, K., Raeuber, A., Moericke, V.,* und *Seemann, J.,* Der Blattl-ausbefallsflug in Abhängigkeit von Flugpopulation und witterungsbedingter Agilität in Kartoffelabbau- u. Hochzuchtlagen. Biolog. Zentralbl. 78, 341-83, 1959.

[5021] *Neumann, G.,* Bemerkungen zur Zellularkonvektion im Meer und in der Atmosphäre und die Beurteilung des städtischen Gleichgewichts. Ann. d. Met. 1, 238-44, 1948.

[5022] *Nielson, E. T.,* Zur Ökologie der Laubheuschrecken. Saertryk af Ent. Medd. 20, 121-64, 1938.

[5023] *Pline, M., Diez, J. A.,* and *Dusenbery, D. B.,* Extremely sensitive therotaxis of the nematode *Meloidogne incognita.* J. Nematology, 20, 605-08, 1988.

[5024] *Rainey, R. C.,* Some observations on flying locusts and atmospheric turbulence in eastern Africa. Quart. J. 84, 334-54, 1958.

[5025] *Schimitschek, E.,* Standortsklima u. Kleinklima in ihrer Beziehung zum Entwicklungsablauf und zur Mobilität von Insekten. Z. f. angew. Entomol. 18, 460-91, 1931.

[5026] *Schrödter, H.,* Agrarmeteorologische Beiträge zu phytophatologischen Fragen. Abh. Met. D. DDR 2, Nr. 15, 1-83, 1952.

[5027] *Smith, C. V.,* and *Gough, M. C.,* Meteorology and Grain Storage. World Meteorological Organization, 1990.

[5028] *Suziki, S., Tanioka, K., Uchimura, S.,* and *Marumoto, T.,* The hovering height of skylarks. J. Agr. Met. Japan 7, 149-51, 1952.

[5029] *Tauber, M. J., Tauber, C. A.,* and *Masaki, S.,* Seasonal Adaptions of Insects, Oxford University Press, 1986.

[5030] *Tromps, S. W.,* Biometeorology, the Impact of the Weather and Climate on Humans and Their Environment (Animals and Plants), Heyden, 1980.

[5031] *Unger, K.,* and *Müller, H. J.,* Über die Wirkung geländeklimatisch unterschiedlicher Standorte auf den Blattlausbefallsflug. Der Züchter 24, 337-45, 1954.

[5032] *Wachob, D. G.,* The effect of thermal microclimate on foraging site selection by wintering mountain chickadees. The Condor 98, 114-22, 1996.

[5033] *Weiss, S. B., Murph, D. D.,* and *White, R. R.,* Sun, slope, and butterflies: Topographic determinants of habitat quality for *Euphydryas editha.* Ecol. 69, 1486-96, 1988.

[5034] *Wolf, B. O.,* and *Walsberg, G. E.,* Thermal efects of radiation and wind on a small bird and implications for microsite selection. Ecol. 77, 2228-36, 1996.

제51장

[5100] *Barrows, C. W.,* Roost selection by Spotted Owls: An adaptation to heat stress. The Condor 83, 302-09, 1981.

[5101] *Burkhardt, H.,* Zitat verloren und z. Z. nicht zu ermitteln.

[5102] *Churchill, S., Draper, R.,* and *Marais, E.,* Cave utilization by Namibian bats: Population, microclimate and roost selection. S. Afr. J. Wildl. Res. 27, 44-50, 1997.

[5103] *Dyck, A. P.,* and *MacArthur, R. A.,* Seasonal variation in the microclimate and gas composition of beaver lodges in a boreal environment. J. Mamm. 74, 180-88, 1993.

[5104]   *Facemire, C. F., Facemire, M. E.,* and *Facemire, M. C.,* Wind as a factor in the orientation of entrances of Cactus Wren nests. The Condor 92, 1073-75, 1990.

[5105]   *Frith, H. J.,* Wie regelt der Thermometervogel die Temperatur seines Nesthügels? Umschau 56, 238-39, 1956.

[5106]   *Gatenby, R. M., Handayani, S. W., Martawidjaja, M.,* and *Waldron, M. C.,* Modification of the environment by animal houses in a hot humid climate. Agr. For. Met. 39, 299-308, 1987.

[5107]   *Hall, L. S.,* The effect of cave microclimate on winter roosting behavior in the bat, *Miniopterus schreibersii blepotis.* Aust. J. Ecol. 7, 129-36, 1982.

[5108]   *Hecnar, S. J.,* Nest distribution, site selection, and brooding in the five-lined skink (*Eumeces fasciatus*). Can. J. Zool. 72, 1510-16, 1994.

[5109]   *Hesse, R.,* Tiergeographie auf ökologischer Grundlage. G. Fischer, Jena, 1924.

[5110]   *Holdaway, F. G.,* and *Gay, F. J.,* Temperature studies of the habitat of Entermes exitiosus etc. Austral. J. Sci. Res. B 1, 464-93, 1948.

[5111]   *Korhonen, K.,* Microclimate in the snow burrows of Willow Grouse (*Lagopus lagopus*). Ann. Zool. Fennici, 17, 5-9, 1980.

[5113]   *Löhrl, H.,* Der Winterschlaf von *Nyctalus noctula* Schreb. auf Grund von Beobachtngen am Winterschlafplatz. Z. f. Morph. u. Ökol. d. Tiere 32, 47-66, 1936.

[5114]   *Mehner, A.,* und *Linz, A.,* Untersuchung über den Verlauf der Stalltemperatur. Forschungsdienst 8, 525-43, 1939.

[5115]   *Raeuber, A.,* Meteorologische Vergleichsmessungen zwischen Schuppenstall u. Freiland in Groß-Lüsewitz. Angew. Met. 2, 217-22, 1956.

[5116]   *Sidis, Y., Zilberman, R.,* and *Amos, A.,* Thermal aspects of nest placement in the orange-tufted sunbird (*Nectarinia osea*). The Auk, 111, 1001-05, 1994.

[5117]   *Steiner, A.,* Neuere Ergebnisse über den sozialen Wärmehaushalt der einheimischen Hautflügler. Naturw. 18, 595-600, 1930.

[5118]   *Tortosa, F. S.,* and *Villafuerte, R.,* Effect of nest microclimate on effective endothermy in White Stork *Ciconia ciconia* nestlings. Bird Study 46, 336-41, 1999.

[5119]   *Wachob, D. G.,* A microclimatic analysis of nest-site selection by Mountain Chickadees. J. Field Ornothol. 67, 525-33, 1996.

[5120]   *Wächtershäuser, H.,* Beitrag zum Stallklima. Ber. DWD-US Zone 7, Nr. 42, 382-84, 1952.

[5121]   *Wellenstein, G.,* Beiträge zur Physiologie der roten Waldameise etc. Z. f. angew. Entomol. 14, 1-68, 1929.

제52장

[5200]   *Akbari, H., Kurn, D. M., Bretz, S. E.,* and *Hanford, J. W.,* Peak power and cooling energy savings of shade trees. Energy Build. 25, 139-48, 1997.

[5201]   *Ali-Toudert, F.,* and *Mayer, H.,* Numerical study on the effects of aspect ratio and orientation of an urban street canyon on outdoor thermal comfort in hot and dry climate. Build. Env. 41, 94-108, 2006.

[5202] *Aron, R. H., Hodgson, S-P.,* and *Aron, I-M.,* Empirical models for measuring winter heating and summer cooling energy requirements, J. Env. Man. 18, 339-44, 1984.

[5203] *Aronin, J. E.,* Climate and Architecture. Reinhold Publ. Corp. New York, 304 pp., 1953.

[5204] *Bartlett, P. N.,* and *Gates, D. M.,* The energy budget of a lizard on a tree trunk. Ecol. 48, 315-22, 1967.

[5205] *Brooks, C. E. P.,* and *Evans, G. J.,* Annotated bibliography on the climate of enclosed spaces (cryptoclaimtes). MAB 7, 211-64, 1956.

[5206] *Burt, J. E., O'Rourke, P. A.,* and *Terjung, W. H.,* The Relative Influence of Urban Climates on Outdoor Human Energy Budgets and Skin Temperature. I. Modeling Considerations. Int. J. Biomet. 26, 3-23, 1982.

[5207] —, —, and —, The Relative Influence of Urban Climates on Outdoor Human Energy Budgets and Skin Temperature. I. Man in an Urban Environment. Int. J. Biomet. 26, 25-35, 1982.

[5208] *Cagliolo, A.,* Marcado gradiente térmico en vagones de ferrocarril. Meteoros 4, 395-98, 1954.

[5209] *Cardinal, I. G.,* 1991 Architectural Glass Products Buyline 3148, Cardinal I G Minnetonka, Minn., 1991.

[5210] *Crook, E. M.,* and *Watson, D. J.,* Studies on the storage of potatoes. J. Agr. Sci. Cambridge 40, 199-232, 1950.

[5211] *Dessauer, F., Graffunder, W.,* and *Laub, J.,* Beobachtungen über Ionenschwankungen im Freien und in geschlossenen Räumen. Ann. d. Met. 7, 173-85, 1956.

[5212] *Dirmhirn, I.,* Über das Klima in den Wiener Straßenbahnwagen. Wetter u. Leben 4, 158-62, 1952.

[5213] *Edmonds, R. L.* (Ed.), Aerobiology. Dowden, Hutchinson & Ross, 1979.

[5214] *Gates, D. M.,* Biophysical Ecology, Springer-Verlag, 1980.

[5215] *Georgii, H. W.,* Untersuchung über den Luftaustausch zwischen Wohnräumen u. Außenluft. Arch. f. Met. (B) 5, 191-214, 1953.

[5216] *Giner, R.,* und *Hess, V. F.,* Studie über die Verteilung der Aerosole in der Luft von Innsbruch u. Umgebung, Gerl. B 50, 22-43, 1937.

[5217] *Givoni, B.,* Man, Climate and Architecture, Van Nostrand Reinhold Co., 1981.

[5218] —, Urban design in different climates, WCAP-10, Technical Document. No. 346 WMO, 1989.

[5219] *Grant, B. W.,* and *Dunham, A. E.,* Thermally imposed time constraints on the activity of the desert lizard *Sceloporus merriami.* Ecol. 69, 167-76, 1988.

[5220] *Höppe, P.,* Die Energiebilanz des Menschen. Wiss. Mitt. Meteor. Inst. Univ. München, Nr. 49, 1984.

[5221] *Hummel, F.,* Mietenklima u. Windeinfluß. Ber. DWD-US Zone 5, Nr. 32, 44-47, 1952.

[5222] *Jensen, M.,* The model-law for phenomena in natural wind. Ingeniøren (Dänemark) 2, 121-28, 1958.

[5223] *Kern, H.,* Mietentemperaturmessungen auf Niedermoorboden. Ber. DWD-US Zone 6, Nr. 38, 186-89, 1952.

[5224] *Kabuga, J. D.,* Effect of Weather on Milk Production on Holstein-Friesian Cows in the Humid Tropics. Agric. For. Meteor. 57, 209-19, 1991.

[5225] *King, E.,* Medizin-meteorologische Einflüße auf den Straßenverkehr. Z. f. Verkehrssicherheit

4, 116-36, 1958 (see also Wetter u. Leben 8, 213-19, 1956).

[5226] *Kreutz, W.,* Beitrag zum Mietenklima. Met. Rundsch. 1, 348-51, 1948.

[5227] —, Merkblatt zur Mietenbehandlung. Mitt. DWD-US Zone 7, 1950.

[5228] —, Der Mietenklimadienst. Mitt. DWD 2, Nr. 14, 168-70, 1955.

[5229] *Landsberg, H.,* Bioclimatology of housing. Met. Monographs 2, 81-98, 1954.

[5230] *Mayer, H.,* and *Höppe, P.,* Thermal Comfort of Man in Different Urban Environments. Theor. Appl. Climatol. 38, 43-49, 1987.

[5231] *Mills, G.,* Building density and interior building temperatures : A physical modeling experiment. Phy. Geog. 18, 195-214, 1997.

[5232] *Munn, R. E.,* Bioclimatology. In: The Encyclopedia of Climatology, 163-69, (Eds.) J. W. Oliver and R. W. Fairbridge, Van Nostrand Reinhold, 1987.

[5233] *Natsume, K., Tokura, H., Isoda, N., Maruta, N.,* and *Kawakami, K.,* Field Studies of Clothing Microclimate Temperatures in Hman Subjects During Normal Daily Life. J. Human Ergol. 17, 13-19, 1988.

[5234] *Niemann, A.,* Über die Strahlungsbeeinflußung durch verschmutzte Gewächshausscheiben. Ann. d. Met. 8, 344-52, 1959.

[5235] *Parker, J. H.,* Landscaping to reduce the energy used in cooling buildings. J. Forestry 81, 82-84, 105, 1983.

[5236] —, The use of shrubs in energy conservation plantings. Landscape J. 6, 132-39, 1987.

[5237] —, The impact of vegetation on air conditioning consumption. Proc. Conf. on Controlling the Summer Heat Island. LBL-27872, 46-52, 1989.

[5238] *Porter, W. L.,* Occurence of high temperatures in standing boxcars. see MAB 4, 263, 1954.

[5239] *Priestle, C. H. B.,* The heat balance of sheep standing in the sun. Austral. J. Agr. Res. 8, 271-80, 1957.

[5240] *Ray, D. E., Jassim, A. H., Armstrong, D. V., Wiersma, F.,* and *Schuh, J. D.,* Influence of season and microclimate on fertility of dairy cows in a hot-arid environment. Int. J. Biomet. 36, 141-45, 1992.

[5241] *Simpson, J. R.,* and *McPherson, E. G.,* Simulation of tree shade impacts on residential energy use for space conditioning in Sacramento. Atm. Env. 32, 69-74, 1998.

[5242] *Scott, J. R., Tracy, C. R.,* and *Pettus, D.,* A biophysical analysis of daily and seasonal utilization of climate space by a montane snake. Ecol. 63, 482-93, 1982.

[5243] *Seemann, J., Klima u.* Klimasteurerung im Gewächshaus. Bayer. Landwirtsch. Verl., München, 1957.

[5244] *Steen, J., Shrode, W.,* and *Stuart, E.,* Basis for development of a viable energy conservation policy for Florida residents. Fla. State Energy Off. 212, 1976.

[5245] *Walle de, D. R., Heisler, G. M.,* and *Jacobs, R. E.,* Forest home sites influence heating and cooling energy. J. Forestry 81, 84-88, 1983.

제53장

[5300] *Aida, M.*, Urban albedo as a function of the urban structure — A model experiment. Bound. Lay. Met. 23, 405-13, 1982.

[5301] *Arnfield, A. J.*, Two decades of urban climate research: A review of turbulence, exchanges of energy and water, and the urban heat island. Int. J. Climatol. 23, 1-26, 2003.

[5302] *Aron, R. H.*, and *Aron, I-M.*, Models for estimating future sulfur dioxide concentrations in Taipei. Bull. Geophys. 25, 47-53, 1984.

[5303] —, Models for estimating and forecasting carbon monoxide concentrations in Taipei. Bull. Geophys. 25, 55-61, 1984.

[5304] —, Forecasting high level oxidant concentrations in the Los Angeles Basin. J. Air Poll. Con. Assoc. 30, 1227-28, 1980.

[5305] —, and *Aron, I-M.*, Statistical forecasting models: I. Carbon monoxide concentrations in Los Angeles Basin. J. Air Poll. Con. Assoc. 28, 681-84, 1978.

[5306] *Bach, W.*, An urban circulation model. Arch. Met. Geoph. Biobl. 18B, 155-68, 1970.

[5307] —, Atmospheric turbidity and air pollution in Great Cincinnati. Geogr. Rev. 61, 573-94, 1971.

[5308] —, Solar irradiation and atmospheric pollution. Arch. Met. Geoph. Biokl. 21B, 67-75, 1973.

[5309] —, and *Daniels, A.*, Aerometric studies in Great Cincinnati using an integrating nephelometer. Tellus 25, 499-507, 1973.

[5310] *Bornstein, R. D.*, and *Oke, T. R.*, Influence of pollution on urban climatology. Adv. Envir. Sci. Tech. 2, 171-203, 1981.

[5311] *Carmona, Lois Sanchez de*, Human comfort in the tropics. In: Urban climatology and its applications with special regards to tropical areas. Ed., T. R. Oke, 354-404, 1984.

[5312] *Chandler, T. J.*, Diurnal, seasonal and annual changes in the intensity of London's heat-island. Meteor. Mag. 91, 146-53, 1962.

[5313] *Changnon, S. A., Jr., Semonin, R. G., Auer, A. H., Braham, R. B., Jr.*, and *Hales, J. M.*, METROMEX: A review and summary. American Meteorological Society Monograph No. 40. 1981.

[5314] —, *Shealy, R. T.*, and *Scott, R. W.*, Precipitation changes in fall, winter, spring caused by St. Louis. J. App. Met. 30, 126-34, 1991.

[5315] *Christen, A.*, and *Vogt, R.*, Energy and radiation balance of a central European city. Int. J. Climatol. 24, 1395-1421, 2004.

[5316] *Cleugh, H. A.*, and *Oke, T. R.*, Suburban-rural energy balance comparisons in summer for Vancouver, B. C., Bound. Lay. Met. 36, 351-69, 1986.

[5317] *Collins, C. O.*, and *Scott, S. L.*, Air pollution in the valley of Mexico. Geogr. Rev. 83, 119-33, 1993.

[5318] *Davidson, C. I.*, Air pollution in Pittsburgh: A historical perspective. J. Air Poll. Cont. Assoc. 29, 1035-41, 1979.

[5319] *Day, T. A., Gover, P., Fusheng, S. X.*, and *Wentz, E. A.*, Temporal patterns in near-surface CO_2 concentrations over contrasting vegetation types in the Phoenix metropolitan area. Agr. For. Met. 110, 229-45, 2002.

[5320] *Duckworth, F. S.,* and *Sandberg, J. S.,* The effect of cities upon horizontal and vertical temperature gradients. Bull. Am. Met. Soc. 35, 198-207, 1954.

[5321] *Eggleston, S., Hackman, M. P., Heyes, C. A., Irwin, J. G., Timmis, R. J.,* and *Williams, M. L.,* Trends in urban air pollution in the United Kingdom during recent decades. Atm. Env. 26B, 117-29, 1992.

[5322] *Eliasson, I.,* and *Upmanis, H.,* Nocturnal air flow from urban parks — implications for city ventilation. Theor. Appl. Climatol. 66, 95-107, 2000.

[5323] *Emmanuel, R.,* and *Johansson, E.,* Influence of urban morphology and sea breeze on hot humid microclimate: The case of Colombo, Sri Lanka. Clim. Res. 30, 189-200, 2006.

[5324] —, *Rosenlund, H.,* and *Johansson, E.,* Urban shading — A design option for the tropics? A study in Colombo, Sri Lanka. Int. J. of Clim. 27, 1995-2004, 2007.

[5325] *Endlicher, W.,* and *Lanfer, N.,* Meso- and micro-climatic aspects of Berlin's urban climate. Die Erde, 134, 277-93, 2003.

[5326] *Erell, E.,* and *Williamson, T.,* Inter-urban differences in canopy layer air temperature at a mid-latitude city. Int. J. Clim., 27, 1243-55, 2006.

[5327] *Federer, C. A.,* Trees modify the urban microclimate. J. Arboricul. 2, 121-27, 1976.

[5328] *Gallo, K. P., McNab, A. L., Karl, T. R., Brown, J. F., Hood, J. J.,* and *Tarlpey, J. D.,* The use of NOAA AVHRR data for assessment of the urban heat island. J. Appl. Met. 32, 899-908, 1993.

[5329] *Givoni, B.,* Design for climate in hot, dry cities. In: Urban climatology and its applications with special regards to tropical areas, Ed., T. R. Oke. 487-513, 1984.

[5330] *Georgi, N. J.,* and *Zafiriadis, K.,* The impact of park trees on microclimate in urban areas. Urban Ecosyst. 9, 195-209, 2006.

[5331] —, Impact of planted areas on urban environmental quality: A review. Atm. Env. 25, 289-99, 1991.

[5332] —, Climatic aspects of urban design in tropical regions. Atm. Env. 26, 397-406, 1992.

[5333] *Goldreich, Y.,* Urban topoclimatology. Prog. Phys, Geog. 8, 336-63, 1984.

[5334] *Grimmond, C. S. B.,* The suburban energy balance: methodological considerations and results for a mid-latitude west coast city under winter and spring conditions. Int. J. Climatol. 12, 481-97, 1992.

[5335] *Grimmond, C. S. B.,* Progress in measuring and observing the urban atmosphere. Theor. Appl. Climatol. 84, 3-22, 2006.

[5336] *Harrison, R., McGoldrich, B.,* and *Williams, C. G. B.,* Artificial heat release from Greater London, 1971-1976. Atm. Env. 18, 2291-304, 1984.

[5337] *Howard, L.,* The Climate of London, Vols. 1-3, Harvey & Darton, 1833.

[5338] *Huang, Y. J., Akbari, H., Taha, H.,* and *Rosenfeld, A. H.,* The potential of vegetation in reducing summer cooling loads in residential buildings. Jour. Clim. Appl. Meteor. 26, 1103-16, 1987.

[5339] *Idso, C. D., Idso, S. B.,* and *Balling, R. C. Jr.,* The urban CO_2 dome of Phoenix, Arizona. Phys. Geog. 19, 95-108, 1998.

[5340] —, An intensive two week study of an urban CO_2 dome in Phoenix, Arizona, USA. Atm. Env. 35, 995-1000, 2001.

[5341] —, Seasonal and diurnal variations of near-surface atmospheric CO_2 concentrations within a residential sector of the urban CO_2 dome of Phoenix, AZ. Atm. Env. 36, 1655-60, 2002.

[5342] *Jauregui, E.*, Untersuchungen um Stadtklima von Mexico-Stadt. Doctoral Thesis, Rheinischen Friedrich-Wilhelms-Universität, 1973.

[5343] —, Bibliography of Urban Climate 1992-1995, WMO 759, 1996.

[5344] *Kalma, J. D.*, and *Newcombe, K. J.*, Energy use in two large cities: A comparison of Hong Kong and Sydney, Australia. Environ. Stud. 9, 53-64, 1976.

[5345] *Koning, H. W., de, Kretzschmar, J. G., Akland, G. G.*, and *Bennett, B. G.*, Air pollution in different cities around the world. Atm. Env. 20, 101-13, 1986.

[5346] *K³ysik, K.*, and *Fortuniak, K.*, Temporal and spatial characteristics of the urban heat island of £ódÿ, Poland. Atm. Env. 33, 3885-95, 1999.

[5347] *Kratzer, A.*, Das Stadtklima. Verl. Vieweg, Braunschweig, 1956.

[5348] *Landsberg, H. E.*, The Urban Climate, Academic Press, 1981.

[5349] *Lauscher, F., Roller, M., Wacha, G., Grammer, M., Weiß, E.*, und *Frenzel, J. W.*, Witterung u. Klima von Linz. Wetter u. Leben, Sonderh. VI, Wien 1959.

[5350] *Lee, D. O.*, The influence of atmospheric stability and the urban heat island on urban-rural wind speed differences. Atm Env. 13, 1175-80, 1979.

[5351] *Löbner, A.*, Horizontale u. vertikale Staubverteilung in einer Großstadt. Veröff. Geoph. I. Leipzig 7, Nr. 2, 1935.

[5352] *Lorente, J., Redaño, A.*, and *De Cabo, X.*, Influence of urban aerosol on spectral solar irradiance. Jour. Appl. Meteor. 33, 406-15, 1994.

[5353] *McPherson, E. G.*, and *Heisler, G. M.*, Impacts of vegetation on residential heating and cooling. Ener. Build. 12, 41-51, 1988.

[5354] *Nichol, J. E.*, Monitoring Singapore's microclimate. Geo. Info. Systems. 3, 51-55, 1993.

[5355] *Nuñez, M.*, and *Oke, T. R.*, The energy balance of an urban canyon. J. Appl. Met. 16, 11-19, 1977.

[5356] *Oke, T. R.*, Review of Urban Climatology, 1968-1973. World Meteorological Organization, 1974.

[5357] —, Review of Urban Climatology, 1973-1976. World Meteorological Organization, 169, 1979.

[5358] —, Canyon geometry and the nocturnal heat island: Comparison of scale model and field observations. J. Climatol. 1, 237-54, 1981.

[5359] —, Bibliography of Urban Climatology, 1977-1980. World Meteorological Organization, 1983.

[5360] —, Bibliography of Urban Climatology, 1968-1973. World Meteorological Organization, 134, 1974.

[5361] —, Bibliography of Urban Climatology, 1981-1988. World Meteorological Organization, 397, 1990.

[5362] —, The energetic basis of the urban heat island. Q. J. R. Meteorol. Soc. 108, 1-24, 1982.

[5363] —, The urban energy balance. Prog. Phys. Geog. 12, 471-508, 1988.

[5364] —, Street design and urban canopy layer climate. Ener. Build. 11, 103-13, 1988.

[5365] —, The micrometeorology of the urban forest. Phil. Trans. R. Soc. Lond. 324B, 335-49, 1989.

[5366] —, and *Fuggle, R. F.*, Comparison of urban/rural counter and net radiation at night. Bound.

Lay. Met. 2, 290-308, 1972.

[5367] —, *Johnson, G. T., Steyn, D. G.,* and *Watson, I. D.,* Simulation of surface urban heat islands under 'ideal' conditions at night. Part 2: Diagnosis of causation. Bound. Lay. Met. 56, 339-58, 1991.

[5368] —, and *Maxwell, G. B.,* Urban heat island dnamics in Montreal and Vancouver. Atm. Env. 9, 191-200, 1975.

[5369] *Pearlmutter, D., Bitan, A.,* and *Berliner, P.,* Microclimatic analysis of "compact" urban canyons in an arid zone. Atm. Env. 33, 4134-50, 1999.

[5370] —, *Berliner, P.,* and *E. Shaviv, E.,* Urban climatology in arid regions: Current research in the Negeu Desert. Int. J. of Clim. 27, 1875-85, 2007.

[5371] *Offerle, B., Grimmond, C. S. B., Fortuniak, K., K³ysik, K.,* and *Oke, T. R.,* Temporal variations in heat fluxes over a central European city center. Theor. Appl. Climatol. 84, 103-15, 2006.

[5372] *Peterson, J. T.,* and *Flowers, E. C.,* Interactions between air pollution and solar radiation. Ener. 19, 23-32, 1977.

[5373] *Roth, M., Oke, T. R.,* and *Emery, W. J.,* Satellite-derived urban heat islands from three coastal cities and the utilization of such data in urban climatology. Int. J. Remote Sens. 10, 1699-1720, 1989.

[5374] *Salmond, J.,* Bibliography of Urban Climate, 2000-2004, WMO (draft on Google).

[5375] *Schmid, H. P., Cleugh, H. A., Grimmond, C. S. B.,* and *Oke, T. R.,* Spatial variability of energy fluxes in suburban terrain. Bound. Lay. Met. 54, 249-76, 1991.

[5376] *Schmid, J. A.,* Vegetation types, functions and constraints. In: Metropolitan Environments. Agronomy. Agron. J. 21, 499-528, 1979.

[5377] *Shashua-Bar, L., Yigal, T.,* and *Hoffman, M. E.,* Thermal effects of building geometry and spacing on the urban canyon layer microclimate in a hot-humid climate in summer. Int. J. Clim. 24, 1729-42, 2004.

[5378] *Snider, R.,* Personal communication, National Weather Service, Detroit, 1982.

[5379] *Steinhauser, F., Eichel, O.,* and *Sauberer, F.,* Kima u. Bioklima von Wien. Wetter u. Leben, Sonderh. III, 1955; V, 1957 u. VII, 1959.

[5380] *Sundborg, A.,* Climatological studies in Uppsala. Geographica 22, Uppsala, 1951.

[5381] *Swaid, H.,* The role of radiative-convective interaction in creating the microclimate of urban street canyons. Bound. Lay. Met. 64, 231-60, 1993.

[5382] *Takamura, T.,* Spectral reflectance in an urban area: A case study for Tokyo. Bound. Lay. Met. 59, 67-82, 1992.

[5383] *Todhunter, P. E.,* Environmental indices for the Twin Cities Metropolitan Area (Minnesota, USA) urban heat island — 1989. Clim. Res. 6, 59-69, 1996.

[5384] *Upmanis, H., Eliasson, I.,* and *Lindquist, S.,* The influence of green areas on nocturnal temperatures in a high latitude city (Göteborg, Sweden). Int. J. Climatol. 18, 681-700, 1998.

[5385] —, and *Chen, D.,* Influence of geographical factors and meteorological variables on nocturnal urban-park temperature differences — A case study of summer 1995 in Göteborg, Sweden. Clim. Res. 13, 125-39, 1999.

[5386] *Weiß, E.,* und *Frenzel, J. W.,* Untersuchungen von Luftverunreinigungen durch Rauch- u.

Industriegas im Raume von Linz. Wetter u. Leben 8, 131-47, 1956.

[5387] *Zhang, X., Friedl, M. A., Schaaf, C. B.,* and *Strahler, A. H.,* The footprint of urban climates on vegetation phonology. Geophy. Res. Lett. 31, L12209, doi:10.1029/2004GL020137, 2004.

제54장

[5400] *Aslying, H. C.,* Shelter and its effect on climate and water balance. Oikos 9, 282-310, 1958.

[5401] *Blenk, H.,* und *Trienes, H.,* Strömungstechnische Beiträge zum Windschutz. Grundlagen d. Landtechn. 8, I u. II, VDI-Verl., Düsseldorf, 1956.

[5402] *Bouchet, R. J., Guyot, G.,* and *de Parcevaux, S.,* Augmentation de l'Efficience de l'eau et Amelioration des Rendements par Reduction de l'Evaporation Potentielle au Moyen de Brisevent, Proc. UNESCO Symp. on Methods in Agrometeorology, July 23-30, 167-73, 1966.

[5403] *Brenner, A. J., Jarvis,* P. G., and *van den Belt, R. J.,* Windbreak-crop interactions in the Sahel. 2. Growth response of millet in shelter. Agr. Met. 75, 235-62, 1995.

[5404] *Brown, K. W.,* and *Rosenberg, N. J.,* Turbulent transport and energy balance as affected by a windbreak in an irrigated sugar beet (*Beta vulagaris*) field. Agron. J. 63, 351-55, 1971.

[5405] —, —, Shelter effects on microclimate, growth and water use by irrigated sugar beets in the Great Plains. Agr. Met. 9, 241-63, 1972.

[5406] *Caborn, J. M.,* The influence of shelterbelts on microclimate. Quart. J. 81, 112-15, 1955.

[5407] *Carr, M. K. V.,* Some effects of shelter on the yield and water use of tea. In: J. Grace (Ed.), Effects of Shelter on the Physiology of Plants and Animals. Swets and Zeitlinger, Lisse. 127-44, 1985.

[5408] *Casperson, G.,* Untersuchungen über den Einfluß von Windschutzanlagen auf den standörtlichen Wärmehaushalt. Angew. Met. 2, 339-51, 1957.

[5409] *Chepil, W. S.,* Wind erodibility of farm fields. J. Soil Wat. Cons. 14, 214-19, 1959.

[5410] —, *Siddoway, F. A.,* and *Armbrust, D. V.,* Climatic factor for estimating wind erodibility of farm fields. J. Soil Wat. Cons. 17, 162-65, 1962.

[5411] *Cleugh, H., Prinsley, R., Bird, R. P., Brooks, S. J., Carbeey, P. S., Crawford, M. C., Jackson, T. T., Meinke, H., Mylius, S. J., Nuberg, I. K., Sudmeyer, R. A.,* and *Wright, A. J.,* The Australian National Windbreaks Program: Overview and summary of results. Aust. J. Exp. Agr. 42, 649-64, 2002.

[5412] *Dirmhirn, I.,* Zur Strahlungsminderung an Windschutzstreifen. Wetter u. Leben 5, 208-13, 1953.

[5413] *Dixon, M.,* and *Grace, J.,* Effect of wind on the transpiration of young trees. Ann. Bot. 53, 811-19, 1984.

[5414] *Eimern, J. van,* Beeinflußung meteorologischer Größen durch ein engmaschiges Heckensystem. Ann. d. Met. 6, 213-19, 1953/54.

[5415] —, Über die Veränderlichkeit der Windschutzwirkung einer Doppelbaumreihe bei verschiedenen meteorologischen Bedingungen. Ber. DWD 5, Nr. 32, 1-21, 1957.

[5416] —, Geländeklimaaufnahmen für landwirtschaftliche Zwecke. Bayer. Landw. Jahrb. 35, 193-

210, 1958.

[5417] —, Über den jahreszeitlichen Gang der geländeklimatisch bedingten Differenzen der nächtlichen Minimumtemperatur, Agr. Met. 1, 149-53, 1964.

[5418] —, Problems of shelter planning, agroclimatological methods. Proceedings of the reading symposium. 157-66, 1968.

[5419] *Finney, E. A.*, Snow Control on the Highway. Unpublished Master's Thesis, Iowa State College, 1934.

[5420] —, Snowdrift Control by Highway Design. Bull. No. 86, Michigan Engineering Experiment Station, East Lansing, Michigan. 1-58, 1939.

[5421] *Frank, C.*, and *Ruck, B.*, Double-arranged mound-mounted shelterbelts: Influence of porosity on wind reduction between shelterbelts. Env. Fluid Mech. 5, 267-92, 2005.

[5422] *Georg, E. J.*, Effects of tree windbreaks and slat barriers on wind velocit and crop yields. *USDA-ARS Prod. Res. Rep.,* 121-23, 1971.

[5423] General Accounting Office/Controller General of the United States. Report to the Congress: Action needed to discourage removal of trees that shelter cropland in the Great Plains, RED-74-375, 31 pp., 1975.

[5424] *Guyot, G.*, and *Segiun, B.*, Modification of land roughness and resulting microclimate effects: a field study in Brittany. In: D. A. de Vries and N. H. Afgan (Ed.), Heat and Mass Transfer in the Biosphere. Part 1: Transfer Processes in the Plant Environment. Scripta Book Co., Halsted Press, 467-78, 1975.

[5425] *Halitsky, J.*, Gas Diffusion near Buildings in Meteorology and Atomic Energy (H. D. Slade, Ed.). Tech. Info. Cent. U.S. Dept. Energy, Oak Ridge, Tenn., 221-55, 1968.

[5426] *Heisler, G. M.*, and *Dewalle, D. R.*, Effects of windbreak structure on wind flow. Agr. Ecosys. Env. 22/23, 41-69, 1988.

[5427] *Helmers, G.*, and *Brandle, J. R.*, Optimum windbreak spacing in great plains agriculture. Great Plains Res. 15, 179-98, 2005.

[5428] *Hilf, H. H.*, Wirksamer Windschutz. Die Holzzucht 13, 33-43, 1959.

[5429] *Illner, K.*, Über den Einfluß von Windschutzpflanzungen auf die Unkrautverbreitung. Angew. Met. 2, 370-73, 1957.

[5430] *Jensen, M.*, Shelter, effect (264 pp.). The Danish Techn. Press, Kopenhagen, 1954.

[5431] *Johnson, G. T.*, and *Watson, I. D.*, The determination of view-factors in urban canyons. J. Clim. App. Met. 23, 329-35, 1984.

[5432] *Johnson, R. J.*, and *Beck, M. M.*, Influences of shelterbelt on wildlife management biology. Agr. Ecosys. Env. 22/23, 301-35, 1988.

[5433] *Kaiser, H.*, Beiträge zum Problem der Luftströmung in Windschutzsystemen. Met. Rundsch. 12, 80-87, 1959.

[5434] —, Die Strömung an Windschutzstreifen. Ber. DWD 7, Nr. 53, 1959.

[5435] —, Schneeverwehungen an Windschutzanlagen, eine Gefahr für Felder u. Wege? Umschau 60, 33-36, 1960.

[5436] *Kaminski, A.*, The effect of a shelterbelt on the distribution and intensity of ground frosts in cultivated fields. Ekol. Polska Ser. A 16, 1-11, 1968.

[5437] *Kort, J.*, Benefits of windbreaks to field and forage crops. Agr. Ecosys. Env. 22/23, 165-90, 1988.

[5438] *Kowalchuk, T. E.*, and *de Jong, E.*, Shelterbelts and their effect on crop yield. Can. J. Soil Sci. 75, 543-50, 1995.

[5439] *Kreutz, W.*, Der Windschutz (167 pp.). Ardey Verl., Dortmund, 1952.

[5440] *Lemon, E.*, Gaseous exchange in crop stands. In: Physiological Aspects of Crop Yield (F. A. Haskins, C. Y. Sullivan, and C. H. M. van Bavel, Eds.), Am. Soc. Agron., 117-37, 1970.

[5441] *Lewis, T.*, Patterns of distribution of insets near a windbreak of tall trees. Ann. Appl. Biol. 65, 213-20, 1970.

[5442] —, and *Smith, B. D.*, The insect faunas of pear and apple orchards and the effect of windbreaks on their distribution. Ann. Appl. Biol., 64, 11-20, 1969.

[5443] *Linde, R. J. van der*, and *Woudenberg, J. P. M.*, On the microclimatic properties of sheltered areas (151 pp.). K. Nederl. Met. Inst., Nr. 102, 1950.

[5444] *Long, S. P.*, and *Persuad, N.*, Influence of neem (*Azardirachta indica*) windbreaks on millet yields, microclimate and water use in Niger, West Africa. In: Unger, P. W., Sneed, T. V., Jordan, W. R., and Jensen, R., Challenges in Dryland Agriculture — A Global Perspective. Texas Agricultural Experiment Station, Amarillo, Texas. 313-14, 1988.

[5445] *Marshall, J. K.*, The effects of shelter on the productivity of grasslands and field crops. Field Crops Abstr. 20, 1-14, 1967.

[5446] *McAneny, K. J.*, *Salinger, M. J.*, *Porteous, A. S.*, and *Barber, R. F.*, Midification of an orchard climate with increasing shelterbelt height, Agr. For. Met. 49, 177-89, 1990.

[5447] *McClure, G.*, Shelterbelts-Wooded Islands of Wildlife, Extension Rev., 17-19, 1981.

[5448] *McNaughton, K. G.*, Effects of windbreaks on turbulent transport and microclimate. Agr. Ecosys. Env. 22/23, 17-39, 1988.

[5449] —, Micrometeorology of shelterbelts and forest edges. Phil. Trans. R. Soc. Lond. 324B, 351-68, 1989.

[5450] *Miller, D. R.*, *Bagley, W. T.*, and *Rosenberg, N. J.*, Microclimate modification with shelterbelts. J. Soil Wat. Cons. 29, 41-44, 1974.

[5451] *Mulhearn, P. J.*, and *Bradley, E. F.*, Secondary flows in the lee of porous shelterbelts. Bound. Lay. Meteor. 12, 75-92, 1997.

[5452] *Müller, T.*, Versuche über die Windschutzwirkung von Hecken auf der Schwäbischen Alb. Umschaudienst 6, Nr. 1/2, 1956.

[5453] *Nägeli, W.*, Untersuchungen über die Windverhältnisse im Bereich von Windschutzstreifen. Mitt. d. Schweiz. Anst. f. d. Forstl. Versuchswesen 23, 221-76, 1943; 24, 657-737, 1946.

[5454] —, Untersuchungen über die Windverhältnisse im Bereich von Schilfrohrwänden. Mitt. d. Schweiz. Anst. f. d. Forstl. Versuchswesen 29, 213-66, 1953.

[5455] —, Die Windbremsung durch einen größeren Waldkomplex. Ber. 11. Kongr. Intern. Verb. Forstl. Anst. Rom 1953, 240-46, Florenz, 1954.

[5456] *Nageli, W.*, On the most favorable shelterbelt spacing. Scottish Forestry 18, 4-15, 1964.

[5457] *Nord, M.*, Shelter effects of vegetation belts — results of field measurements. Bound. Lay. Meteor. 54, 363-85, 1991.

[5458] *Norton, R. L.*, Windbreaks: Benefits to orchard and vineyard. Agr. Ecosys. Env. 22/23, 205-13, 1988.

[5459] *Nuñez, M.*, and *Sander, D.*, Protection from cold stress in a eucalyptus shelterwood. J. Climatol. 2, 141-46, 1982.

[5460] *Pasek, J. E.*, Influence of wind and windbreaks on local dispersal of insects. Agr. Ecosys. Env. 22/23, 539-54, 1988.

[5461] *Perry, A. H.*, and *Symons, L. H.*, Highway Meteorology, E & FN Spon, 1991.

[5462] *PFRA*, 1985 Report of the PFRA Tree Nursery. Ag. Canada-PFRA, 1985.

[5463] *Radke, J. K.*, The use of annual wind barriers for protecting row crops, Proc. Symp. Shelterbelts on the Great Plains, Denver, CO, Great Plains Agric. Council Publ. No. 78, 79-87, 1976.

[5464] *Read, R. A.*, Tree windbreaks for the central Great Plains, Agric. Handbook No. 250, U.S. Dept. of Agric., 1964.

[5465] *Ring, S. L., Iversen, J. D., Sinatra, J. B.*, and *Benson, J. D.*, Wind tunnel analysis of the effects of planting at highway grade separation structures. Iowa Highway Research Board, HR-202, 1979.

[5466] —, Snow-drift modeling and control. In: Highway Meteorology, Perry, A. H,, and Symons, L. J., E & FN Spon, 1991.

[5467] *Rosenberg, N. J.*, Effects of windbreaks on the microclimate, energy balance and water use efficiency of crops growing on the Great Plains. Great Plains Agricultural Council. 78, 49-56, 1976.

[5468] —, Windbreaks for reducing moisture stress, modification of the aerial environment of plants, B. J. Barfield and J. F. Gerber (Eds.), Am. Soc. Agric. Engin. Monogr., ASAE, 394-408, 1979.

[5469] —, *Blad, B. L.*, and *Verma, S. B.*, Microclimate: the Biological Environment, John Wiley & Sons, Inc., 1983.

[5470] *Rüsch, J. D.*, Der CO_2-Gehalt bodennaher Luftschichten unter Einfluß des Windschutzes. Z. f. Pflanzenernähr., Düngung, Bodenkde. 71, 113-32, 1955.

[5471] *Sato, K., Tamachi, M., Terada, K., Watanabe, Y., Katoh, T., Takata, Y., Sakanoue, T.*, and *Iwasaki, M.*, Studies on windbreaks (201 pp.). Nippon-Gakujutsu-Shiukokai, Tokyo, 1952.

[5472] *Sato, S.*, Calculations of the received solar radiation in the shade of windbreak at Miyazaki City. J. Agr. Met. Japan 11, 12-14, 1955.

[5473] *Schrödter, H.*, Untersuchungen über die Wirkung einer Windschutzpflanzung auf den Sporenflug und das Auftreten der Alternaria-Schwärze an Kohlsamenträgern. Angew. Met. 1, 154-58, 1952.

[5474] *Schwartz, R. C., Fryrear, D. W., Harris, B. L., Bilbro, J. D.*, and *Juo, A. R. S.*, Mean flow and shear stress distributions as influenced by vegetative windbreak structure. Agr. For. Met. 75, 1-22, 1995.

[5475] *Scultetus, H. R.*, Windschutz immer noch ein Problem etc. Met Rundsch. 11, 23-28, 1958.

[5476] —, Bewindung eines Geländes und vertilaker Temperaturgradient. Met. Rundsch. 12, 1-10, 1959.

[5477] *Skidmore, E. L.*, Barrier-induced mecroclimate and its influence on growth and yield of winter wheat. Symposium on Shelterbelts on the Great Plain, 57-63, 1976.

[5478] —, and *Hagen, L. J.*, Evaporation in sheltered areas as influenced by windbreak porosity. Agr. Met. 7, 363-74, 1970.

[5479] —, and —, Potential evaporation as influenced by barrier-induced microclimate. Ecol. Stud. 4, 237-44, 1973.

[5480] —, and —, Reducing wind erosion with barriers. Am. Soc. Ag. Eng. 20, 911-15, 1977.

[5481] *Slosser, J. L., Fewin, R. J., Price, J. R., Meinke, L. J.,* and *Bryson, J. R.,* Potential of shelterbelt management for boll weevil (*Coleoptra Curculionidae*) control in the Texas rolling plains. J. Econ. Entomol. 77, 377-85, 1984.

[5482] *Smalko, J. A.,* The features of shelter of shelterbelts of different design. Kiev, State Publishers for Agriculture Literature of the Ukranian S. S. R., 1963.

[5483] *Steubing, L.,* Der Tau u. seine Beeinflußung durch Windschutzanlagen. Biolog. Zentralbl. 71, 282-313, 1952.

[5484] *Stigter, C. J.,* Wind protection in traditional microclimate management and manipulation – examples from East Africa. Prog. Biomet. 2, 145-54, 1985.

[5485] *Sudmeyer, R. A.,* and *Scott, P. R.,* Characterisation of a windbreak system on the south coast of western Australia. 2. Crop growth. Aust. J. Exp. Agr. 42, 717-27, 2002.

[5486] —, and *Speijers, J.,* Influence of windbreak orientation, shade and rainfall interception on wheat and lupin growth in the absence of below-ground competition. Agro. For. Syst. 71, 201-14, 2007.

[5487] *Tabler, R. D.,* Snow Fence Guide, Strategic Highway Research Program, National Research Council, Washington, D.C., 1991.

[5488] *Ticknor, K. A.,* Design and use of field windbreaks in wind erosion control systems. Agr. Ecosys. Env. 22/23, 123-32, 1988.

[5489] *Todhunter, P. E.,* and *Cihacek, L. J.,* Historical reduction of airborne dust in the Red River Valley of the North. J. Soil Wat. Cons. 54, 543-51, 1999.

[5490] *Ujah, J. E.,* and *Adeoye, K. B.,* Effects of shelterbelts in the Sudan Savanna Zone of Nigeria on microclimate and yield of millet. Agr. For. Met. 33, 99-107, 1984.

[5491] *Wang, H.,* and *Takle, E. S.,* Boundary-layer flow and turbulence near porous obstacles. Bound. Layer Meteor. 74, 73-88, 1995.

[5492] —, and —, Numerical simulations of shelterbelt effects on wind direction. J. Appl. Met. 34, 2206-19, 1995.

[5493] —, and —, A numerical simulation of boundary-layer flows near shelterbelts. Bound. Layer Meteor. 75, 141-73, 1995.

[5494] —, and —, On shelter efficiency of shelterbelts in oblique wind. Agr. For. Met. 81, 95-117, 1996.

[5495] —, and —, On three-dimensionality of shelterbelt structure and its influence on shelter effects. Bound. Layer Meteor. 79, 83-105, 1996.

[5496] —, and —, Model-simulated influences of shelterbelt shape on wind-sheltering efficienty. J. Appl. Met. 36, 695-704, 1997.

[5497] —, Momentum budget and shelter mechanism of boundary layer flow near a shelterbelt.

Bound. Layer Meteor. 82, 417-35, 1997.

[5498] *Wilson, J. D.*, Numerical studies of flow through a windbreak. J. Wind Eng. Ind. Aerodyn. 21, 119-54, 1985.

[5499] *W. M. O.*, Windbreaks and shelterbelts, Technical Note No. 59, 1964.

[54100] *Wright, B. C.*, and *Townsend, L. R.*, Windbreak systems in the western United States. In: Agroforestry and Sustainable Systems: Symposium proceedings, W. J. Rietveld, U.S.D.A. Forest Service, General Technical Report RM-GTR-261, Fort Collins, Aug. 7-10, 1994.

[54101] *Zohar, Y.*, and *Brandle, J. R.*, Shelter effects on growth and yield of corn in Nebraska. Layaaran. 28, 11-20, 1978.

제55장

[5500] *Baker, B. M.*, and *Aron, R. H.*, Frost protection from small protective coverings. Geogr. Bull. 39, 29-32, 1997.

[5501] *Aron, R. H.*, Chilling as a factor in crop location with particular reference of deciduos orchards in California, Unpubliched Ph.D. Thesis, Oregon State University, 1975.

[5502] —, Climatic chilling and future almond growing in Southern California. Prof. Geog. 23, 341-43, 1971.

[5503] —, Availability of chilling temperature in California. Agr. Met. 28, 351-63, 1983.

[5504] —, and *Gat, Z.*, Estimating chilling duration from daily temperature extremes and elevation in Israel. Clim. Res. 1, 125-32, 1990.

[5505] *Ashworth, E. N.*, and *Davis, G. A.*, Ice nucleation within peach trees, Amer. Soc. Hort. Sci. 109, 198-201, 1984.

[5506] —, *Anderson, J. A.*, and *Davis, G. A.*, Properties of ice nuclei associated with peach trees. J. Am. Soc. Hort. Sci. 110, 287-91, 1985.

[5507] *Baier, W.*, Frostbekämpfung im Weinbau. Ber. DWD 2, Nr. 15, 1955.

[5508] *Bartholic, J. F.*, Foam insulation for freeze protection. In: Modification of the Aerial Environment of Plants, B. J. Barfield and J. F. Gerber (Eds.), Am. Soc. Agric. Engin. Monogr., 353-63, 1979.

[5509] *Blanc, M. L., Geslin, H., Holzberg, I. A.*, and *Mason, B.*, Protection Against Frost Damage. WMO Tech. Note 51, 1-62, 1963.

[5510] *Bourgeois, W. J., Adams, A. J.*, and *Oberwortmann, D. H.*, Temperature modification in citrus trees through the use of low-volume irrigation. Hortsci., 22, 398-400, 1987.

[5511] *Bridley, S. F., Taylor, R. J.*, and *Webber, R. T. J.*, The effects of irrigation and rolling on nocturnal air temperatures in vineyards. Agr. Met. 2, 373-83, 1965.

[5512] *Businger, J. A.*, Frost Protection with Irrigation, Agricultural Meteorology, Boston, Am. Met. Meteor. Soc., 1965.

[5513] *Cesaraccio, C., Spano, D., Snyder, R.*, and *Duce, P.*, Chilling and forcing model to predict bud-burst of crop and forest species. Agr. For. Met. 126, 1-13, 2004.

[5514] *Chen, E. Y.*, Estimating norcutnal surface temperature in Florida using thermal data from geostationary satellite data. Ph.D. Dissertation, Univ. Florida, Gainesville, 1979.

[5515] —, *Allen, L. H., Jr., Bartholic, J. F.,* and *Gerber, J. F.,* Delineation of cold-prone areas using nighttime SMS/GOES thermal data: Effects of soils and water. J. Appl. Met. 21, 1528-37, 1982.

[5516] —, —, —, and —, Comparison of winter-nocturnal geostationary satellite infrared-surface temperature with shelter-height temperature in Florida. Rem. Sens. Env. 13, 313-27, 1983.

[5517] *Choi, C. Y.,* and *Giacomelli, G.,* Freeze and frost protection with aqueous foam – field experiments. Horttech. 9, 662-67, 1999.

[5518] —, *Zimmt, W.,* and *Giacomelli, G.,* Freeze and frost protection with aqueous foam – foam development. Horttech. 9, 654-61, 1999.

[5519] *Dami, I. E.,* and *Beam, B. A.,* Response of grape vines to soybean oil application. Am. J. Enol. Vitic. 53, 269-75, 2004.

[5520] *Davies, F. S., Jackson, L. K.,* and *Rippeotoe, L. W.,* Low volume irrigation and tree wraps for cold protection of young 'Hamlin' orange trees. Proc. Fla. State Hort. Soc. 97, 25-27, 1984.

[5521] *Desjardins, R. L.,* and *Siminovitch, D.,* Microclimatic study of the effectiveness of foam as protection against frost. Agr. Met. 5, 291-96, 1968.

[5522] *Dinkelacker, O.,* und *Aichele, H.,* Versuche u. Erfahrungen über die Spätfrostbekämpfung in Württemberg. Techn. Mitt. d. Instr.wesens d. DWD, N. F. 4, 9-20, 1958.

[5523] —, —, Frostbekämpfung im Wein- u. Obstbau. Umschau 59, 241-244, 1959.

[5524] *Dionne, J., Dube, P.-A., Langaniere, M.,* and *Desjardins, Y.,* Golf green soil and crown-level temperature under winter protective covers. Agron. J. 91, 227-33, 1999.

[5525] *Doesken, N. J., McKee, T. B.,* and *Renquist, A. R.,* A climatological assessment of the utility of wind machines for freeze protection in mountain valleys. J. App. Met. 28, 194-205, 1989.

[5526] *Donaldson, D. R., Snyder, R. L., Elmore, C.,* and *Gallagher, S.,* Weed control influences vineyard minimum temperature. Am. J. Enol. Vit. 44, 431-34, 1993.

[5527] *Durner, E. F.,* and *Gianfagna, T. J.,* Ethephon prolongs dormancy and enhances supercooling in peach flower buds. J. Am. Soc. Hort. Sci. 116, 500-06, 1991.

[5528] *Edgerton, L. J.,* Some effects of gibberelin and growth retardants on bud development and cold hardiness of peach. Proc. Am. J. Hort. Sci. 88, 197-203, 1996.

[5529] *Eimern, J. van,* Frostschutz mittels Propeller. Mitt. DWD 2, Nr. 12, 1955.

[5530] —, und *Loewel, E. L.,* Haben die Wassergräben in der Marsch des Alten Landes eine Bedeutung für den Frostschutz? Mitt. d. Obstbauversuchsrings des Alten Landes 8, Nr. 10, 1953.

[5531] *Fuller, M. P., Hamed, F., Wisniewski, M.,* and *Glenn, D. M.,* Protection of plants from frost using hydrophic particle film and acrylic polymer. Ann. Appl. Biol. 143, 93-97, 2003.

[5532] *Gerber, J. F.,* Mixing the bottom of the atmosphere to modify temperatures on cold nights, In: Modification of the Aerial Environment of Plants, B. J. Barfield and J. F. Gerber (Eds.), Am. Soc. Agric. Engin. Monog., 315-26, 1979.

[5533] —, and *Martsolf, J. D.,* Sprinkling for Frost and Cold Protection, In: Modification of the Aerial Environment of Plants, B. J. Barfield and J. F. Gerber (Eds.), Am. Soc. Agric. Engin. Monog., 327-33, 1979.

[5534] *Griffin, R. E.,* Micro-climatic control of deciduous fruit production with overhead sprinklers.

In: Environmental Aspects of Irrigation and Drainage, University of Ottawa, American Society of Civil Engineers, 278-97, 1976.

[5535] *Hamer, P. J. C.*, A model to evaluate evaporative cooling of apple buds as a frost protective technique. J. Hort. Sci. 55, 157-63, 1980.

[5536] —, An automatic sprinkler system giving variable irrigation rates matched to measured frost protection needs. Agr. For. Met. 21, 281-93, 1980.

[5537] —, The heat balance of apple buds and blossoms, Part III. The water requirements for evaporative cooling by overhead sprinkler irrigation. Agr. For. Met. 37, 175-88, 1986.

[5538] *Hanyu, J.*, and *Tsugawa, K.*, On the effect of frost protection on paddy rice by irrigation. J. Agr. Met. Japan 10, 125-27, 1955.

[5539] *Itier, B., Huber, L.*, and *Brun, O.*, The influence of artificial fog on conditions prevailing during nights of radiative frosts, Report on an experiment over a champagne vineard. Agr. For. Met. 40, 163-76, 1987.

[5540] *Kalma, J. D., Gregory, P. L., Caprio, J. M.*, and *Hamer, P. J. C.*, Advances in Bioclimatology 2, The Bioclimatology of Frosts – Its Occurence, Impact and Protection, Springer Verlag, 1992.

[5541] *Kessler, O. W.*, und *Kaempfert, W.*, Die Frostschadenverhütung. R. f. W. Wiss. Abh. 6, Nr. 2, 1940.

[5542] *Leyden, R.*, and *Rohrbaugh, P. W.*, Protection of citrus trees from freeze damage. Proc. Am. Soc. Hort. Sci., 83, 344-51, 1963.

[5543] *Lindow, S. E.*, Population dynamics of epiphytic ice nucleation active bacteria on frost sensitive plants and frost control by means of antagonistics bacteria. In: Plant Cloud Hardiness and Freezing Stress, Li, P. H., and Sakai, A. (Eds), 394-416, Academic Press, 1992.

[5544] —, Methods of preventing frost injury caused by epiphytic ice nucleation active bacteria. Plant Dis. 67, 327-33, 1983.

[5545] —, The role of bacterial ice nucleation in frost injury to plants, Ann. Rev. Phyt. 21, 363-84, 1983.

[5546] —, Integrated control and role of antibiotics in biological control of fireblight and frost injury. In: Biological Control on the Phyloplane, Windels, C., and Lindow, S. F. (Eds), 83-115, American Phytopathological Society Press, 1983.

[5547] —, Competitive exclusion of epiphytic bacteria by ice⁻ *Pseudomonas syringae* mutants. App. Env. Microbio. 2520-27, 1987.

[5548] —, Design and results of field tests of recombinant ice⁻ *Pseudomonas syringae* strains. In: Risk Assessment in Agricultural Biotechnology, Proceedings of the International Conference, 61-68, 1988.

[5549] —, and *Panopoulos, N. J.*, Field tests of recombinant ice⁻ *Pseudomonas syringae* for biological frost control in potato. In: Release of Genetically-Engineered Microorganisms, Sussman, M., Collins, C. H., Skinner, F. A., and Steward-Till (Eds), Academic Press, 121-38, 1988.

[5550] *Lomas, J., Gat, Z., Borsok, Z.*, and *Raz, Z.*, Frost Atlas of Israel, Israel Meteorological Service, Bet-Degan, 1989.

[5551] —, and *Mandel, M.*, The quantitative effects of two methods of sprinkler irrigation on the microclimate of a mature avocado plantation. Agr. Met. 12, 35-48, 1973.

[5552] *Martsolf, J. D.*, Heating for frost protection, In: Modification of the Aerial Environment of Plants, B. J. Barfield and J. F., Gerber (Eds.), Am. Soc. Agric. Engin. Monog., 291-314, 1979.

[5553] —, Satellite thermal maps provide detailed views and comparisons of freezes. Proc. Fla. State Hort. Soc. 95, 14-20, 1982.

[5554] —, Cold protection strategies. Proc. Fla. State Soc. Hort. Sci. 103, 72-78, 1990.

[5555] —, *Gerber, J. F., Chen, E. Y., Jackson, J. L.,* and *Rose, A. J.,* What do satellite and other data suggest about past and future Florida freezes? Proc. Fla. State Hort. Sci. 97, 17-21, 1984.

[5556] —, *Heinemann, P. H.,* and *Jackson, J. L.,* Satellite thermal imagery estimation of air temperature in areas during advective freezes. Proc. Fla. State Hort. Soc. 98, 48-52, 1985.

[5557] *Mee, T. R.,* Man-made fogs, In: Modification of the Aerial Environment of Plants, B. J. Barfield and J. F. Gerber (Eds.), Am. Soc. Agric. Engin. Monogr., 334-52, 1979.

[5558] *Meyers, R. E., Deyton, D. E.,* and *Sams, C. E.,* Applying soybean oil to dormant peach trees alters internal atmosphere, reduces respiration, delays bloom, and thins flower buds. J. Am. Soc. Hortic. Sci. 12, 96-100, 1996.

[5559] *Nesbitt, M., McDaniel, R.,* and *Dozier, B.,* Frost protection of satsumas with microsprinkler irrigation. Fruit and Veg. Res. Rep. 12, 19, 1996.

[5560] *Oswalt, T. W.,* Comparison of satellite freeze forecast system thermal maps with conventionally observed temperatures. Proc. Fla. State Hort. Soc. 94, 43-45, 1981.

[5561] *Parsons, L. R., Combs, B. S.,* and *Tucker, D. P. H.,* Citrus freeze protection with microsprinkler irrigation during an advective freeze. Hortisci. 20, 1078-80, 1985.

[5562] —, and *Wheaton, T. A.,* Microsprinkler irrigation for freeze protection: Evaporative cooling and extent of protection in an advective freeze. J. Am. Soc. Hort. Sci. 112, 897-902, 1987.

[5563] *Perry, K. B., Martsolf, J. D.,* and *Morrow, C. T.,* Conserving water in sprinkling for frost protection by intermittent application. J. Am. Soc. Hort. Sci. 105, 657-60, 1980.

[5564] *Peterson, M. L., Lin, S. S., Jones, D.,* and *Rutger, J. N.,* Cool night temperatures cause sterility in rice. Calif. Ag. 28, 12-14, 1974.

[5565] *Proebsting, L.,* and *Milis, R.,* Effects of growth regulators on fruit bud hardiness in Prunus. Horti. Sci. 89, 85-90, 1969.

[5566] —, and *Gross, D. C.,* Field evaluations of frost injury to deciduous fruit trees as influenced by ice nucleation active *Pseudomonas syringae,* J. Am, Soc. Hort. Sci. 113, 498-506, 1988.

[5567] *Recasens, J. R., Recasens, D. I.,* and *Barragan, J.,* Sprinkler irrigation to obtain a refreshing microclimate. J. Acta. Hort. 228, 197-204, 1988.

[5568] *Renquist, A. R.,* The extent of fruit bud radiant cooling in relation to freeze protection with fans. Agr. For. Met. 36, 1-6, 1985.

[5569] *Rieger, N., Davies, F. S.,* and *Jackson, L. K.,* Microsprinkler irrigation and microclimate of yong orange trees during freeze conditions. Hortscience 21, 1372-74, 1986.

[5570] *Ryugo, K., Kester, D. E., Rough, D.,* and *Mikuckis, F.,* Effects of alar on almonds. Calif. Ag. 24, 14-15, 1970.

[5571] *Sauvage, G.,* Control night frost damage with vitamin E. Fruitteelt Den Haag 85, 23, 1995.

[5572] *Savdie, I., Whitewood, R., Raddatz, R. L.,* and *Fowler, D. B.,* Potential for winter wheat production in western Canada: A CERES model winterkill risk assessment. Can. J. Plant Sci.

71, 21-30, 1991.

[5573]   *Sharatt, B. S.*, and *Glenn, D. M.*, Orchard microclimatic observations in using soil-applied coal dust for frost protection. Agr. For. Met. 38, 181-92, 1986.

[5574]   —, and —, Orchard floor management utilizing soil-applied coal dust for frost protection. Part I. Potential microclimate modification on radiation frost nights. Agr. For. Met. 43, 71-82, 1988.

[5575]   —, and —, Orchard floor management utilizing soil-applied coal dust for frost protection. Part II. Seasonal microclimate effect. Agr. For. Met. 43, 147-54, 1988.

[5576]   *Sibbett, G. S.*, and *Bailey, M.*, Sunburn protection for newly-grafted Payne walnuts. Calif. Ag. 29, 18, 1975.

[5577]   *Small, R. T.*, The use of wind machines and helicopter flights for frost protection. Bull. Am. Met. Soc. 30, 79-85, 1949.

[5578]   *Snyder, R. L.*, and *Connell, J. H.*, Ground cover height affects pre-dawn orchard floor temperature. Calif. Ag. 47, 9-12, 1993.

[5579]   —, and *Melo-Abreu, J. P.*, Frost protection: Fundamentals, practice and economics. FAO Enviro. Nat. Res. Series, Vol. 1, 10, 2005.

[5580]   —, —, and *Matulich, S.*, Frost protection: Fundamentals, practice and economics. FAO Enviro. Nat. Res. Series, Vol. 2, 10, 2005.

[5581]   *Strang, J. D.*, *Lombard, P. B.*, and *Westwood, M. N.*, Effects of tree vigor and bloom delay by evaporative cooling on frost hardiness of "bartlett" pear buds, flowers, and small fruit. J. Am. Soc. Hort. Sci. 105, 108-10, 1980.

[5582]   *Sun, F.*, *Zhao, T.*, *Yang, J.*, *Coa, X.*, *Tang, C.*, and *Meng, Q.*, Species of ice-nucleation active bacteria on the apricot and the relationship between their activity and flower frost. Sci. Ag. Sinica 33, 50-58, 2000

[5583]   *Tsipouridis, C.*, *Thomidis, T.*, and *Xatzicharisis, I.*, Effect of sprinkler irrigation system on air temperatures and the use of chemicals to protect cherry and peach trees from early spring frosts. Aus. J. Exp. Ag. 46, 697-700, 2006.

[5584]   *Tsuboi, Y.*, *Honda, I.*, *Hatagoshi, K.*, and *Yamato, M.*, On experiments of protection against frost damage by oil-burning in vineyard. J. Agr. Met. Japan 10, 109-12, 1955.

[5585]   *Vaupel, A.*, Advektivfrost u. Strahlungsfrost. Mit. DWD 3, Nr. 17, 1959.

[5586]   *Welbaum, G.*, Hotcap designs evaluated. The Virginia Gard. 12, 1, 1993.

[5587]   *Westwood, M. N.*, Temperature Zone Pomology, W. H. Freeman Co., 1978.

[5588]   *Wisneiwski, M.*, *Glenn, D. M.*, and *Fuller, M. P.*, Use of hydrophobic particle film as a barrier to extrinsic ice nucleation in tomato plants. J. Amer. Soc. Hort. Sci. 127, 358-64, 2002.

[5589]   *Wrubel, R.*, Ice-minus revisited genewatch: A bulletin of the committee for responsible genetics. 8, 4, 1993.

[5590]   *Zilkah, S.*, *Wiesmann, Z.*, *Klein, I.*, and *David, I.*, Foliar applied urea improves freezing protection to avacado and peach. Scientia Horticulturae 66, 85-92, doi:10.1016/0304-4238(96)00883-7, 1996.

제56장

[5601] *Bongards, H.,* Feuchtigkeitsmessung. Verl. Oldenbourg, München 1926.

[5602] *Burckhardt, H.,* Probleme u. Möglichkeiten der Kartierung der Frostgefährdung. Met. Rundsch. 9, 92-98, 1956.

[5603] *Grundmann, W.,* Meteorologische Meßgeräte am Erdboden. Linkes Met. Taschenbuch, N. Ausg. III, 272-347, Akad. Verl. Ges., Leipzig 1957.

[5604] *Kleinschmidt, E.,* Handbuch der meteorologischen Instrumente und ihrer Auswertung. Springer, Berlin 1935.

[5605] *Lauscher, F.,* Grundlagen des Strahlungsklimas der Lunzer Kleinklimastationen. Beih. z. Jahrb. d. Zentralanst. f. Met. u. Geodyn. Wien 1931, Wien 1937.

[5606] *Mäde, A.,* Temperaturbeobachtungen an vereinfachten Klimastationen. Angew. Met. 1, 53-56, 1951.

[5607] *Middleton, W. E. K.,* and *Spilhaus, A. F.,* Meteorological instruments, 3. ed. Univ. of Toronto Press 1953.

[5608] *Spencer-Gregory, H.,* and *Rourke, E.,* Hygrometry. Crosby Lockwood and Son Ltd., London 1957.

[5609] *Stille, U.,* Messen u. Rechnen in der Physik. Vieweg, Braunschweig 1955.

[5610] Internationale Wetterschlüssel, Deutsche Ausgabe, Bad Kissingen 1948 (mit Ergänzungen).

[5611] Anleitung für die Beobachter an den Niederschlagsmeßstellen des Deutschen Wetterdienstes, Bad Kissingen, 1950.

[5612] Anleitung für die Beobachter an den Wetterbeobachtungsstellen des Deutschen Wetterdienstes, Ausg. f. d. Klimadienst, 6. Aufl., Bad Kissingen, 1951.

[5613] Die Agrarmeteorologen-Tagung in Frankfurt/M. vom 14. bis 17. 3. 1955. Mitt. DWD 2, Nr. 14, 1955.

[5614] Handbook of meteorological instruments. Part I: Instruments for surface observations. Air Ministry, Met. Office, London 1956.

제57장

[5701] *Albrecht, F.,* Einige neue Meßgeräte für Ausstrahlung u. Globalstrahlung. Ann. d. Met. 5, 97-121, 1952.

[5702] *Bartels, J.,* Temperaturmessung in Bodennähe u. Aspiration. Met. Z. 47, 76-77, 1930.

[5703] *Bauer, W.,* und *Buschner, R.,* Beitrag zur Messung der Lufttemperatur mit verschiedenen Formen des Strahlungsschutzes. Ber. DWD 3, Nr. 19, 1955.

[5704] *Becker-Freysing, A.,* Besonnung von Grundstücken. Bauzeitung 56, 211-13, 1951.

[5705] *Deacon, E., L.,* and *Samuel, D. R.,* A linear temperature compensated hot wire anemometer. J. Scient. Instr. 34, 24-26, 1957.

[5706] *Diem, M.,* Feuchtemessung mit Hilfe thermoelektrischer Psychrometer. Arch. f. Met. (B) 5, 59-65, 1954.

[5707]   *Drummond, A. J.*, On the measurement of sky radiation. Arch. f. Met. (B) 7, 413-36, 1956.

[5708]   *Duvdevani, S.*, An optical method of dew estimation. Quart. J. 73, 282-96, 1947.

[5709]   *Fimpel, H.*, Das elektrische Psychrometer für den Forschungswagen. Wiss. Mitt. Met. Inst. Univ. München 3, 10-12, 1956.

[5710]   *Fischmeister, V.*, Die Bestimmung des Wasserwertes eine Schneedecke mit radioaktiven Stoffen. Österr. Wasserwirtsch. 8, 86-93, 1956.

[5711]   *Forster, H.*, Die zweite Lötstelle und ihre Temperatur bei thermoelektrischen Temperatur-messungen mit Kupfer-Konstanten-Elementen. Met. Z. 59, 298-301, 1942.

[5712]   *Frankenberger, E.*, Untersuchungen über den Vertikalaustausch in den unteren Dekametern der Atmosphäre. Ann. d. Met. 4, 358-74, 1951.

[5713]   —, Über vertikale Luftbewegungen in der untersten Atmosphäre. Ebenda 5, 368-72, 1952.

[5714]   *Georgi, J.*, Meteorologischer Universal-Strahlungsmesser. Met. Rundsch. 9, 89-92, 1956.

[5715]   *Halstead, M. H.*, Reference temperature compensator. Publ. Climat. 4, Nr. 2, 5, 1951.

[5716]   *Hesse, W.*, Ergebnisse von Pflanzentranspirationsmessungen mit Kleinlysimetern in Zusammenhang mit met. Einflüssen. Angew. Met. 2, 65-82, 1954.

[5717]   *Höhne, W.*, Über die Weiterentwicklung des thermoelektrischen Feinwindmessers. Z. f. Met. 8, 243-47, 1954.

[5718]   —, Windrichtungsschreiber für schwache Luftströmungen. Ebenda 9, 135-43, 1955.

[5719]   *Höhne, W.*, Theoretische Betrachtngen über die Verwendbarkeit von Halbleiter-Widerständen in der Mikrometeorologie u. -klimatologie. Ebenda 11, 143-56, 1957.

[5720]   —, *Mäde, A.*, und *Schmidt, M.*, Kompensation des Einflusses der Vergleichstemperatur bei thermoelektrischen Messungen. Z. f. Met. 10, 131-36, 1956.

[5721]   *Höschele, K.*, Untersuchungen zur Methode der elektrischen Bodenfeuchtemessung. Diss. Landw. Hochsch. Hohenheim 1957.

[5722]   *Hofmann, G.*, Die Temperaturmessung als Basis meteorologischer Meßverfahren. Wiss. Mitt. Inst. Univ. München 3, 13-29, 1956.

[5723]   *Holmes, J. W.*, Measuring soil water content and evaporation by the neutron scattering method. Netherl. J. Agric. Sc. 4, 30-34, 1956.

[5724]   *Kausch, W.*, Saugkraft u. Wassernachleitung im Boden als physiologische Faktoren unter besonderer Berücksichtigung des Tensiometers. Planta 45, 217-63, 1955.

[5725]   *Kraus, H.*, Untersuchungen u. Entwicklungsarbeiten mit Thermistoren. Wiss. Mitt. Met. Inst. Univ. München 3, 30-57, 1956.

[5726]   *Leick, E.*, Grundsätzliches zur Taumessungsfrage. Dir Kulturpflanze 1, 53-78, 1953.

[5727]   *Liebster, G.*, und *Eimern, J. van*, Hilfsinstrumente zur Bestimmung der Spritztermine bei der Schorfbekämpfung. Der Erwerbsobstbau 1, 70-74, 1959.

[5728]   *Lieneweg, F.*, Absolute u. relative Feuchtebestimmung mit dem Lithiumchloridfeuchtemesser, Siemens-Zeitschr. 29, 212-18, 1955.

[5729]   —, und *Schaller, A.*, Ardonox, ein neues Ardometer. Ebenda 28, 67-73, 1954.

[5730]   *Linke, F.*, Ein Meßapparat für Sonnen- und Himmelsstrahlung für bioklimatische Stationen. Biokl. B. 1, 171-72, 1934.

[5731]   —, Eine transportable Thermometerhütte für lokalklimatologische und mikroklimatologische

Untersuchungen. Ebenda 5, 110, 1938.

[5732] *Lorenz, D.,* Experimentelle Untersuchungen mit Strahlungsmeßgeräten zur Messung der Oberflächentemperaturen und der Gegenstrahlung aus kleinen Raumwinkeln. Dipl. Arb. Univ. Mainz 1957.

[5733] *Mäde, A.,* Ein Schutzkasten für das Platinwiderstandsthermometer des Reichswetterdienstes. Met. Z. 55, 415-17, 1938.

[5734] —, Zur Methodik mikroklimatischer Temperaturmessungen. Angew. Met. 1, 215-19, 1952.

[5735] —, Zur Methodik der Bodenfeuchtigkeitsmessungen. Ber. DWD-US Zone 6, Nr. 32, 195-97, 1952.

[5736] —, Zur Methodik der Taumessung. Wiss. Z. Univ. Halle 5, 483-512, 1956.

[5737] *Monteith, J. L.,* und *Owen, P. C.,* A thermocouple method of measuring relative humidity in the range 95-100%. J. Sci. Instr. 35, 443-46, 1958.

[5738] *Morgen, A.,* Der Trierer Geländebesonnungsmesser, Ber. DWD-US Zone 7, Nr. 42, 342-43, 1952.

[5739] *Penman, H. L.,* and *Long, I. F.,* A portable thermistor bridge for micrometeorology among growing crops. J. Sci. Instr. 26, 77-80, 1949.

[5740] *Pfleiderer, H.,* Kritische Betrachtungen über die Abkühlungsgröße. Ber. DWD-US Zone 6, Nr. 38, 267-70, 1952.

[5741] *Raschke, K.,* Die Kompensation des Strahlungsfehlers thermoelektrischer Meßfühler. Arch. f. Met. (B) 5, 447-55, 1954.

[5742] *Schmitz, W.,* und *Volkert, E.,* Die Messung von Mitteltemperaturen auf reaktionskinetischer Grundlage mit dem Kreispolarimeter und ihre Anwendung in Klimatologie u. Bioökologie, speziell in Frost- u. Gewässerkunde. Zeiß-Mitt. 1, 300-37, 1959.

[5743] *Schnelle, F.,* und *Breuer, W.,* Meteorologische Meßgeräte und Voraussetzungen für den Schorfwarndienst. Ber. DWD 6, Nr. 41, 1958.

[5744] *Schöne, W.,* Bemerkungen zur Registrierung der Globalstrahlung mit dem Bimetallpyranographen nach Robitzsch. Z. f. Met. 11, 11-14, 1957.

[5745] *Schubach, K.,* Wasserhaushaltsuntersuchungen an verschiedenen Bodenarten unter besonderer Berücksichtigung der Verdunstung. Ber. DWD-US Zone 7, Nr. 40, 1952.

[5746] *Schulze, L.,* Ein Vorschlag zur Verbesserung und Vereinfachung der Lichtmeßtechnik bei ökologischen Versuchen. Arch. f. Met. (B) 7, 223-39, 1956.

[5747] *Schulze, R.,* Über ein neues Strahlungsmeßgerät mit ultrarotdurchlässiger Windschutzhaube am Met. Observ. Hamburg. Geof. pura e appl. 24, 3-10, 1953.

[5748] *Sonntag, D.,* Hinweis für die Praxis der Hygrometerrichung u. -messung. Z. f. Met. 12, 36-38, 1958.

[5749] *Thornthwaite, C. W.,* and *Mather, J. R.,* The role of evapotranspiration in climate. Arch. f. Met. (B) 3, 16-39, 1951.

[5750] *Tonne, F.,* Besser bauen mit Besonnungs- und Tageslichtplanung. K. Hofmann-Verl., Schorndorf b. Stuttgart 1954.

[5751] *Uhlig, S.,* Bestimmung des Verdunstungsanspruchs der Luft mit Hilfe von Piche-Evaporimetern. Mitt. DWD 2, Nr. 13, 1955.

[5752] *Unger, K.*, Eine Thermobatterie mit kompensierter Vergleichstemperatur für mikrometeorologische Temperaturmessungen. Arch. f. Met. (B) 8, 378-81, 1958.

[5753] *Weise, R.*, Über ein einfaches Hilfsmittel zum Taunachweis und seine praktischen Anwendungsmöglichkeiten. Ann. d. Met. 5, 378-381, 1952.

[5754] *Wilhelm, F.*, Vorläufiger Bericht über die Temperatur- und Sauerstoffaufnahmen im Schliersee 1956. Gewässer u. Abwässer 19, 40-65, 1958.

[5755] *Woelfle, F.*, Ein einfaches vollelektrisches Registriergerät für Windrichtung und mittlere Windgeschwindigkeit. Met. Rundsch. 5, 133-34, 1952.

[5756] Ein kleiner Windsummenschreiber. Sonderheft Techn. Mitt. Instr. Abt. MANWD, Hamburg 1950.

[5757] Elektrische u. wärmetechnische Messungen. Hartmann u. Braun AG., Frankfurt/M., 9. Aufl., 1959.

[5758] Bericht über die Vergleichsversuche an Strahlungsmeßgeräten beim Met. Observ. Hamburg z. H. d. Radiation Comm. d. IAM, IUGG., I u. II, Hamburg 1955 u. 1956.

[5759] Druckschrift der Firma R. Fueß, Berlin-Steglitz.

[5760] Druckschrift der Firma W. Lambrecht, Göttingen.

[5761] Druckschrift der Firma B. Lange, Berlin.

제58장

[5801] *Berg-Landefeldt, U.*, Der Pflanzenklima-Meßwagen. Geof. pura e appl. 30, 195-204, 1955.

[5802] *Brocks, K.*, Ein neues Gerät für störungsfreie meteorologische Messungen auf dem Meer. Arch. f. Met. (A) 11, 227-39, 1959.

[5803] *Dammann, W.*, Vor einer Neuordnung des Beobachtungs- und Arbeitssystems der praktischen Klimatologie. Arch. f. Met. (B) 7, 1-10, 1956.

[5804] *Emschermann, H. H.*, Die Darstellung von Meßwerten in Zahlenform. Arch. f. techn. Messen, J 071-5, 1956.

[5805] *Frankenberger, E.*, Ein Meßgerät für vertikal gerichtete atmosphärische Wärmeströme. Techn. Mitt. Instr.wesen. DWD, N. F. 4, 21-28, 1958.

[5806] *Geiger, R.*, Der Forschungswagen für mikrometeorologische Untersuchungen. Wiss. Mitt. Met. Inst. Univ. München 3, 1-9, 1956.

[5807] *Halstead, M. H., Richman, R. L., Covey, W.*, and *Merryman, J. D.*, A preliminary report on the design of a computer for micrometeorology. J. Met. 14, 308-24, 1957.

[5808] *Swinbank, W. C.*, The measurement of the vertical transfer of heat. J. Met. 8, 135-45, 1951.

[5809] *Taylor, R. J.*, and *Webb, E. K.*, A mechanical computer for micrometeorological research. Techn. Pap. Nr. 6, CSIRO Melbourne 1955.

[5810] *Woelfle, F.*, Automatische Wetterstationen. Met. Rundsch. 11, 60-67, 1958.

약 자[1]

Abh. Met. D. DDR = Abhandlungen des Meteorologischen und Hydrologischen Dienstes der Deutschen Demokratischen Republik, Akademie Verlag Berlin (seit 1950).

Abh. Pr. Met. I. = Abhandlungen des Preußischen Meteorologischen Instituts, Berlin (1901-1935).

Allg. F. = Allgemeine Forstzeitschrift. Bayerischer Landwirtschaftsverlag München (seit 1946).

Angew. Met. = Angewandte Meteorologie, Beihefte zur Zeitschrift für Meteorologie, Berlin (seit 1951).

Ann. d. Hydr. = Annalen der Hydrographie und Maritimen Meteorologie, herausgegeben von der Deutschen Seewarte (1873-1944).

Ann. d. Met. = Annalen der Meteorologie, herausgegeben vom Meteorologischen Amt für Nordwestdeutschland (1948-1951) und Seewetteramt (seit 1952) Hamburg.

Arch. f. Met. (A) = Archiv für Meteorologie, Geophysik und Bioklimatologie, Springer-Verlag Wien, Serie A: Meteorologie und Geophysik (seit 1949).

Arch. f. Met. (B) = Serie B: Allgemeine und biologische Klimatologie (seit 1949).

Ark. f. Mat. = Arkiv för Mathematik, Astronomi och Fysik, Stockholm.

Beitr. Phys. d. fr. Atm. = Beiträge zur Physik der freien Atmosphäre. Akademische Verlagsgesellschaft, Leipzig bzw. Frankfurt/M.

Ber. D. Bot. G. = Berichte der Deutschen Botanischen Gesellschaft. G. Fischer, Jena.

Ber. DWD-US Zone = Berichte des Deutschen Wetterdienstes in der US-Zone, Bad Kissingen (1947-1952).

Ber. DWD = Berichte des Deutschen Wetterdienstes, Bad Kissingen bzw. Frankfurt/M. und Offenbach (seit 1953).

Biokl. B. = Bioklimatische Beiblätter der Meteorologischen Zeitschrift. Friedr. Vieweg & Sohn, Braunschweig (1934-1942).

Bull. Am. Met. Soc. = Bulletin of the American Meteorological Society, USA.

Erdk. = Erdkunde, Archiv für wissenschaftliche Geographie. F. Dümmlers Verlag, Bonn (seit 1947).

Forstw. C. = Forstwissenschaftliches Centralblatt. P. Parey, Berlin.

Geograf. Ann. = Geografiska Annaler, Stockholm.

Geophys. Mem. = Geophysical Memoirs, herausgegeben vom Meteorological Office London.

Gerl. B. = Gerlands Beiträge zur Geophysik. Akademische Verlagsgesellschaft, Leipzig bzw. Frankfurt/M.

J. Agr. Met. Japan = Journal of Agricultural Meteorology, Tokyo.

Jahrb. f. wiss. Bot. = Jahrbücher für wissenschaftliche Botanik. Gebr. Borntraeger, Berlin.

J. Met. = Journal of Meteorology, herausgegeben von der American Meteorological Society.

La Mét. = La Météorologie, Paris.

MAB. = Meteorological Abstracts and Bibliography, herausgegeben von der American Meteorological Society, Boston, Mass. (seit 1950).

---

1) 영어본(제7판, 2009)에는 약자가 수록되어 있지 않다. 따라서 독일어본(제4판, 1961)의 568~569쪽에 수록된 약자를 전재하여 영어본 (제7판, 2009)에 수록된 약자가 생략되었을 수도 있음을 밝힌다.

Meteoros = Meteoros, Revista trimestrial de meteorologia y geofisica del Servicio Meteorologico Nacional, Buenos Aires (seit 1951).

Met. Mag. = The Meteorological Magazine, London.

Met. Rundsch. = Meteorologische Rundschau, Springer-Verlag Heidelberg (seit 1947).

Met. Z. = Meteorologische Zeitschrift. Friedr. Vieweg & Sohn, Braunschweig (1866-1944).

Mitt. DWD-US Zone = Mitteilungen des Deutschen Wetterdiensts in der US-Zone, Bad Kissingen (1948-1952).

Mitt. DWD = Mitteilungen des Deutschen Wetterdiensts, Bad Kissingen bzw. Frankfurt/M. und Offenbach (seit 1953).

M. W. Rev. = Monthly Weather Review, herausgegeben vom United States Department of Agriculture, Washington.

Naturw. = Die Naturwissenschaften. Jul. Springer, Berlin.

Planta = Planta. Archiv für wissenschaftliche Botanik. Jul. Springer, Berlin.

Publ. Climat. = Publications in Climatology. The Laboratory of Climatology (C. W. Thornthwaite) Seabrook bzw. Centerton, New Jersey (seit 1948).

Quart. J. = The Quarterly Journal of the Royal Meteorological Society, London.

R. f. W. Wiss. Abh. = Wissenschaftliche Abhandlungen, herausgegeben vom Reichsamt für Wetterdienst, Berlin (1935-1942).

Sitz-B. Berlin Akad. = Sitzungsberichte der Preußischen Akademie der Wissenschaften zu Berlin.

Sitz-B. Wien. Akad. = Sitzungsberichte der Akademie der Wissenschaften in Wien. Mathematisch-naturwissenschaftliche Klasse.

Tät-B. Pr. Met. I. = Tätigkeitsbericht des Preußischen Meteorologischen Instituts, Berlin (1893-1933).

Tellus = Tellus, A Quarterly Journal of Geophysics, Stockholm (seit 1949).

Thar. Forstl. Jahrb. = Tharandter Forstliches Jahrbuch. P. Parey, Berlin (1842 bis 1942).

Veröff. Geoph. I. Leipzig = Zweite Serie der Veröffentlichungen des Geophysikalischen Instituts der Universität Leipzig.

Wetter = Das Wetter, Monatsschrift für Witterungskunde. O. Salle, Berlin (1884 bis 1927).

Wetter u. Klima = Wetter und Klima, Monatsschrift für angewandte Meteorologie, K. F. Haug Verlag, Tübingen (1948-1949).

Wetter u. Leben = Wetter und Leben, Zeitschrift für praktische Bioklimatologie, Verlag der österreichischen Gesellschaft für Meteorologie, Wien (seit 1948).

Z. f. angew. Met. = Zeitschrift für angewandte Meteorologie. Akademische Verlagsgesellschaft, Leipzig (1928-1944).

Z. f. F. u. Jagdw. = Zeitschrift für Forst- und Jagdwesen. Jul. Springer, Berlin (1869-1942).

Z. f. Met. = Zeitschrift für Meteorologie, herausgegeben vom Meteorologischen und Hydrologischen Dienst der Deutschen Demokratischen Republik Berlin (seit 1946).

부 호

A	흡수계수 (분수 또는 %)
A	면적 (m²)
A	교환계수 (kg m⁻¹ sec⁻¹)
$A\lambda$	흡수율 (분수 또는 %)
A_c	사람 의복의 표면적 (m²)
A_H	느낌열 수송에 대한 교환계수 (kg m⁻¹ sec⁻¹)
A_E	수증기 수송에 대한 교환계수 (kg m⁻¹ sec⁻¹)
A_S	사람 피부의 표면적 (m²)
B_S	대기의 후방산란 (분수)
°C	섭씨 도
C	수관 물저장량 (mm)
D	확산태양복사 (W m⁻²)
D	투과계수 (분수 또는 %)
D	눈 속으로 침투하는 태양복사에 대한 투과계수 (% m⁻¹)
D	삼림 개간지의 직경 (m)
DC	방향 불변성
$D\lambda$	투과율 (분수 또는 %)
E	흑체복사 방출 (W m⁻²)
E	증발 (cm t⁻¹, mm hr⁻¹)
E_o	기온에서 포화수증기압 (hPa)
$\acute{E}$	표면온도에서 포화수증기압 (hPa)
F_c	수관 위의 이산화탄소 플럭스 (mg CO₂ m⁻² sec⁻¹)
G_A	공기역학 전도도 (cm sec⁻¹)
G_C	수관전도도 (cm sec⁻¹)
G_{ST}	기공전도도 (cm sec⁻¹)
H	삼림 입목의 평균 키 (m)
I_o	눈 표면 위에서 태양복사 (W m⁻²)
I_Z	눈의 깊이 z에서 태양복사 (W m⁻²)
K	켈빈
$K\downarrow$	전천태양복사(태양의 복사조도) (W m⁻²)

$K\uparrow$ 반사된 태양복사 (W m^{-2})

K^* 순단파복사 (W m^{-2})

$K\downarrow_z$ 수관 속의 깊이 z에서 전천태양복사 (W m^{-2})

LAI   식물 수관의 잎면적지수 (m^2 m^{-2})

$L\downarrow$ 대기로부터의 역복사(장파복사조도) (W m^{-2})

$L\uparrow$ 장파방출복사(장파방출, 장파방출도) (W m^{-2})

L^* 유효방출복사(순장파복사) (W m^{-2})

$L\downarrow_{zenith}$ 천정으로부터의 역복사 (W m^{-2})

$L\downarrow_w$ 구름이 낀 하늘로부터의 역복사 (W m^{-2})

M 평균 지구-태양 거리 (km)

P 기압 (hPa)

PAR   광합성 활동 태양복사(photosynthetically active radiation) (W m^{-2})

Q^* 순복사 또는 복사수지 (W m^{-2})

Q_A 열 이류로 인한 지표로의/지표로부터의 열 수송 (W m^{-2})

Q_A 수관 내에서의 느낌열 저장 (W m^{-2})

Q_B 수관 내에서의 생물량 열 저장 (W m^{-2})

Q_{CS} 신체 중심으로부터 사람의 피부 표면으로의 열 전달 (J s^{-1})

Q_E 숨은열로 인한 표면으로의/표면으로부터의 열 전달 (W m^{-2}). 수치값은 mm hr^{-1}의 값과 대체로 같다.

Q_{ED} 수증기의 확산으로 인한 사람의 피부로부터의 열 전달 (W m^{-2})

Q_{ER} 인간의 호흡으로 인한 숨은열에 의한 열 전달 (W m^{-2})

Q_{ES} 땀의 증발로 인한 사람의 피부로부터의 열 전달 (W m^{-2})

Q_{Es} 증발의 복사 단편 (분수)

Q_{Ev} 증발의 통풍 단편 (분수)

Q_F 마찰로 인한 열 전달 (W m^{-2})

Q_G 토양 내에서 지표로의/지표로부터의 열 전달 (W m^{-2})

Q_{Gb} 하상으로의/하상으로부터의 열 전달 (W m^{-2})

Q_H 지표(고체)와 대기(유체)로의/지표(고체)와 대기(기체)로부터의 열 전달 (W m^{-2})

Q_{HR} 사람의 호흡으로 인한 느낌열에 의한 열 전달 (W m^{-2})

Q_M 해류로부터의 이류로 인한 열 전달 (W m^{-2})

Q_{MH} 사람의 대사에 의한 내부 열 생산 (W m^{-2})

Q_P 수관 내에서의 광합성 에너지 저장 (W m^{-2})

Q_R	강수에 의한 지면으로의 열 전달 (W m^{-2})
Q_S	수관 내에서의 에너지 저장 (W m^{-2})
Q_{SC}	사람의 피부로/피부로부터 의복을 통해서 겉옷 표면으로의/겉옷 표면으로부터의 열 전달 (J s^{-1})
Q_V	수관 내에서 숨은열 저장 (W m^{-2})
Q_W	수체 내에서 그 표면으로의/그 표면으로부터의 열 전달 (W m^{-2})
R	지구의 반경 (km)
R	반사계수(알베도)(분수 또는 %)
RH	대기의 상대습도 (%)
R_A	공기역학 저항 (sec cm^{-1})
R_C	수관 저항 (sec cm^{-1})
R_{CL}	열 전달에 대한 의복의 저항 (m^2 K W^{-1})
R_S	표면 저항 (sec cm^{-1})
R_{ST}	기공 저항 (sec cm^{-1})
R_T	주위 지형의 지역 알베도 (분수 또는 %)
$R\lambda$	반사율 (분수 또는 %)
S	태양상수 (W m^{-2})
S	직달태양복사 (W m^{-2})
S	수관 저장 매개변수 (mm)
T	온도 (℃). ℉를 이용한 논문들로부터의 자료는 특별히 다르게 언급되지 않는 한 섭씨로 환산되었다.
T	수관 증산 (W m^{-2})
T_A	기온 (℃)
T_C	사람의 심부체온 (℃)
T_{CL}	옷의 표면온도 (℃)
T_E	지구의 평균 흑체 표면온도 (K)
T_l	잎 표면온도 (℃)
T_R	겉보기 표면 복사온도(복사온도) (K)
T_S	절대 표면온도 (K)
T_{SK}	사람의 피부온도 (℃)
T_{sky}	하늘의 온도 (K)
VPD	포차 (hPa)

V_B 사람의 신체 중심으로부터 피부로의 혈류 밀도 (1 s^{-1} m^{-2})

V_S 음속 (m sec^{-1})

WUE 물이용효율 (mg CO_2 (gH_2O)$^{-1}$)

Z 태양의 천정각 (°)

a 열확산율 (m^2 sec^{-1})

a_L 에너지전달계수 (W m^{-2} K^{-1})

a_p 행성알베도 (분수 또는 %)

b 표면의 토양수분 변화율 (cm t^{-1})

c 비열 (J kg^{-1} K^{-1})

c_B 사람 혈액의 비열 (J kg^{-1} K^{-1})

c_P 공기의 비열 (J kg^{-1} K^{-1})

c_s 토양 유기물과 무기물의 비열 (J kg^{-1} K^{-1})

c_W 물의 비열 (J kg^{-1} K^{-1})

d 하루

d 영면변위 (cm)

e 공기의 수증기압 (hPa)

e_s 표면의 비습 (g kg^{-1})

e_a 공기의 비습 (g kg^{-1})

f 유출 (cm t^{-1})

h 차폐각, 또는 수평으로부터 장애물의 꼭대기까지의 각 (°)

h_c 열전달계수 (W m^{-2} K^{-1})

hr 시간

k 구름 낀 하늘로부터의 역복사에 대한 구름형 인자 (분수)

k 맴돌이 확산도, A/r (m^2 sec^{-1})

k 폰카르만 상수, 0.40

m 광학질량 (분수)

p 자유 수관통과우 비율 (분수)

pC_i 피코퀴리(picoCurie)

q 비습 (g kg^{-1})

r 강수 (cm t^{-1})

r_B 인간의 혈액 밀도 (kg l^{-1})

r_f	녹음(융해) 숨은열 (MJ kg^{-1})
r_s	승화 숨은열 (MJ kg^{-1})
r_v	물의 기화 숨은열 (MJ kg^{-1})
s	태양의 반경 (km)
t	시간(사용될 때 지정되는 단위)
u	가강수량의 깊이 (cm)
u	풍속 (m sec^{-1})
u_*	마찰속도(층밀림속도) (m sec^{-1})
v	소산계수 (cm^{-1})
v_e	토양에서 얼음의 부피 비율 (분수 또는 %)
v_l	토양에서 공기의 부피 비율 (분수 또는 %)
v_s	토양에서 유기물과 무기물의 부피 비율 (분수 또는 %)
v_w	토양에서 물의 부피 비율 (분수 또는 %)
w	구름으로 덮인 하늘의 비율 (분수)
z	지표 위와 아래의 고도 (m)
z_o	거칠기 길이(거칠기 파라미터) (m)
ε	표면 방출율 (분수)
ε_A	백엽상 높이에서 대기의 방출율 (분수)
ε_{sky}	하늘 방출율 (분수)
γ	연직기온경도 (°C/100m). 고도가 높아질수록 기온이 하강하면 음이고, 기온역전일 때는 양이다.
ψ_{sky}	하늘조망인자 (분수)
Θ	위치온도 (°C)
λ	열전도율 (W m^{-1} K^{-1})
λ	파장 (m)
λ_m	흑체에 대한 중위 복사강도의 파장 (m)
λ_{max}	흑체에 대한 최대 복사강도의 파장 (m)
μ	미크론, 10^{-6} m
ρ	공기 또는 균질 물질의 밀도 (kg m^{-3})
ρ_m	자연 토양의 밀도 (kg m^{-3})
ρ_s	토양 무기물 또는 유기물의 밀도 (kg m^{-3})

$(\rho c)_m$ 자연 토양의 부피에 따른 열용량 ($J\,m^{-3}\,K^{-1}$)

σ 스테판-볼츠만 상수, $5.675 \cdot 10^{-8}\,W\,m^{-2}\,K^{-4}$

β 보우엔비 (분수)

Δ 기온에 따른 포화비습곡선의 경사

환 산 표

항목	단위 명칭	대략 환산	
길이	미터(m) 킬로미터(km)	1 m = 39.37 inches = 3.281 feet 1 km = 0.6214 mile	1 inch = 0.0254 m 1 foot = 0.3048 m 1 mile = 1.609 km

면적	평방미터(m^2)
	
	평방센티미터(cm^2)
	핵타르(ha)
	평방킬로미터(km^2)
		1 m^2 = 10.76 ft^2
		    = 1.196 square yard
		1 cm^2 = 0.155 $inch^2$
		1 ha = 2.471 acres
		1 km^2 = 0.3861 $mile^2$
		    = 247.1 acres
			1 $foot^2$ = 9.0929 m^2
			1 $yard^2$ = 0.8361 m^2
			1 $inch^2$ = 6.452 cm^2
			1 acre = 0.4047 ha
			1 $mile^2$ = 2.590 km^2

체적	입방미터(m^3) 입방센티미터(cm^3)	1 m^3 = 35.31 $feet^3$ 1 cm^3 = 0.06102 $inch^3$	1 $foot^3$ = 0.02832 m^3 1 $inch^3$ = 16.39 cm^3

두량	리터(l)	1 l = 1.760 pints
		    = 0.220 UK gallon
		    = 0.2642 US gallon
			1 pint = 0.5683 l
			1 UK gallon = 4.546 l
			1 US gallon = 3.785 l

질량	킬로그램(kg) 그램(g)	1 kg = 2.205 pounds 1 g = 0.03527 ounce	1 pound = 0.4536 kg 1 ounce avoirdupois = 28.35 g
밀도	평방미터당 킬로그램$(kg/m)^3$ 평방센티미터당 그램(g/cm^3)	1 kg/m^3 = 0.06243 pound ft^{-3} 1 g/m^3 = 0.03613 pound in^{-3}	1 pound ft^{-3} = 16.02 kg/m^3 1 lb/in^3 = 27.68 g/cm^3 = 27.68 t/m^3

압력	파스칼(Pa)
	
	밀리바(mb)
		1 Pa = 0.01 mb
		    = 0.00001 bar
		1 mb = 0.7501 mm mercury
			1 mb = 100 Pa
			1 bar = 100 kPa
			1 pound force/in^2 = 6.895 kPa
			1 inch mercury = 3.386 kPa
			1 mm mercury = 133.3 Pa
			    = 1.333 hPa

속도	초당 미터($m\ sec^{-1}$)
	
	시간당 킬로미터
	($km\ hr^{-1}$)
		1 $m\ sec^{-1}$ = 3.281 $feet\ sec^{-1}$
		    = 2.237 mph
		    = 1.944 knots
		    = 3.600 $km\ hr^{-1}$
		1 $km\ hr^{-1}$ = 0.540 knot
			1 $foot\ sec^{-1}$ = 0.3048 $m\ sec^{-1}$
			1 $mile\ hr^{-1}$ = 0.447 $m\ sec^{-1}$
			    = 1.609 $km\ hr^{-1}$
			1 knot = 0.5144 $m\ sec^{-1}$
			1 km/h = 0.2778 $m\ sec^{-1}$
			1 $foot\ min^{-1}$ = 5.080 $mm\ sec^{-1}$

일률 에너지, 일	와트(W), 즉 $J\ sec^{-1}$ 줄(J) 메가줄(MJ)	1 W = 0.2388 $cal\ sec^{-1}$ 1 J = 0.2388 cal = 0.0002388 kcal 1 MJ = 0.2778 kWh	1 $cal\ sec^{-1}$ = 4.187 W 1 cal = 4.186 J 1 kcal = 4.186 kJ 1 kWh = 3.6 MJ
에너지, 밀도	평방미터당 와트 ($W\ m^{-2}$)	1 $W\ m^{-2}$ = 0.001433 $cal\ cm^{-2}\ min^{-1}$ = 2.064 $cal\ cm^{-2}\ day^{-1}$	1 $cal\ cm^{-2}\ min^{-1}$ = 69.78 $mW\ cm^{-2}$ 1 $cal\ cm^{-2}\ day^{-1}$ = 0.4845 $W\ m^{-2}$
각	라드(rad)	1 rad = 57°18'	100° = 1.745 rad

찾아보기

ㄱ

가라앉은신기루 Sinking mirage 138

가장자리 기후 Edge climate 259-263, 385 (삼림 가장자리
　　와 개간 Forest edge and clearing도 참조)

가축 Domestic animals 576-578, 612

가축우리 Sheds 576

갈매기 Sea gulls, 날기 flight 559

감쇠깊이 Damping depth 41

감율 Lapse rate 44, 46, 154, 155

　　건조단열 dry adiabatic 44-45

　　단열중간층 adiabatic intermediate layer 85-86

　　등온 isothermal 45, 52, 90, 143

　　역전 inversion 34, 45, 54-55, 80, 87, 88, 98, 106-
　　　113, 121, 123, 124, 141, 145, 363

　　　바람 wind 121, 122, 124

　　　발생 occurrence 80-81, 87-89, 98, 99

　　　삼림 forest 363

　　　습도 humidity 106-112

　　　신기루 mirage 141-142

　　　음향 sound 145

　　　줄기흐름 plume 53-54

정상 normal 45, 80

중립 neutral 45

초단열 superadiabatic 46, 81, 86-88, 205

강 River :

　　그늘 shade 212-213

　　끌고 감(연행) entrainment 210

　　삼림파괴 deforestation 413-416

　　　수량 water yield 414-415

　　　수온 변화 temperature changes 216

　　수온 temperature 208-209, 212, 214

　　수질 water quality 416

　　알베도 albedo 193-194

　　에너지수지 energy budget 213-216

　　하상 전도 bed conduction 213

　　항력抗力, drag 210

　　혼합대 hyporheic zone 214-215

강수 Precipitation 269, 270, 305, 306 (비, 강우 Rain도 참
　　조)

　　구름 차단 cloud interception 514

　　날림눈, 날림비 spillover 480

　　도시 urban 592

바람이 미치는 영향 wind effects 481-482, 514

변화 change 413-419

분포 distribution 371-375

사면 slopes 480, 481, 514, 516

산지의 강수 in mountains 480-481, 507, 514-515

삼림의 강수 in forests 371-385, 397-400

삼림이 미치는 영향 forest influences 413-419

수평 (안개) horizontal (fog) 397

안개 fog 397-400

에너지수지 energy balance 14, 246, 254

영향 effects :

　토양온도에 미치는 on soil temperature 36-38, 39, 175-177, 246

　표면온도에 미치는 on surface temperature 246, 254

이슬 dew 111, 113, 369-370

증가 enhancement 397-400, 413-419

침식 erosion 375-376

강수량 측정 Measurement of precipitation 657

개간지 Clearing, 삼림 forest (삼림 개간 Forest clearing 참조)

개미 Ant 560, 564-565

개미집 Antheaps 564-565

거울면반사, 정반사 Specular reflection 20, 23, 193-194, 322

거칠기 길이(파라미터) Roughness length (parameter) 120, 303, 304

거품 Foam 627

건물 Building :

　난방 및 냉방 에너지 사용량 heating and cooling requirements 573

　실내 기온 interior temperature 575, 576

　통풍 ventilation 573, 574, 594

건습계 Psychrometer 648, 652

건조단열 Dry adiabatic (단열 Adiabatic 참조)

격자 울타리 Trellises 162

견인 Traction 126

결빙, 동결 Freezing 104, 178-187, 192, 204, 229, 296-297

　방출된 열 heat-released 182-184, 296

경계 Boundary :

　기후 climate 258-267, 288-290, 385

　물 water 199-202

　층 layer 43, 51, 94, 98-102, 106, 202-209, 257-263

경운 耕耘, Tillage 156-158, 166, 167, 178-179

고요한 지대 Zone of silence 145

곤충 Insects 559, 560, 565, 578, 579

공기 Air :

　공기교환 exchange 277, 573, 574

　공기댐 dams 456, 462, 475-477, 614, 615

　마찰층 layer, friction 114

　맥동 pulsation 463, 464

　물 부근 near water 192, 200-216

　밀도 density 138-143

　배기 drainage 321-325, 453-479

　사태 avalanches 463

　습도 humidity 106-113, 310, 314-315

　얼음과 눈 부근 near ice and snow 230-232

　오염 pollution 54-60, 128, 130, 133-137, 580-586

　찬공기흐름 cold currents 453-479

　혼합 mixing 44-50, 54

공기역학 Aerodynamic :

　씻어내림 downwash 55-60, 473

　저항 resistance 276-278, 349-352

공원기후 Park climate 596-597

공원바람 Park breeze 596-597

광전지 Photoelectric cell 656

광학공기질량 Optical air mass 31, 508

광학현상 Optical phenomena 138-143

광합성 Photosynthesis 132, 304, 344-346, 517, 617

　방풍림 shelterbelt 617

　북극 arctic 517

식물 plants 304

에너지수지 energy balance 344-349

이산화탄소 carbon dioxide 132, 133

광합성활동복사 Photosynthetically active radiation 286, 344-345, 392

교환계수 Austausch coefficient 43, 44, 47, 48, 79, 95, 101, 102, 107, 115, 154, 155, 248, 261

구름 Clouds 21, 33, 34, 81-84, 103, 140, 243-245, 332, 387, 436, 467, 505, 506, 510, 511, 515, 524

고도 altitude 505, 506, 510, 511

기온 temperature 81-84, 103, 140

바람 wind 467

삼림 복사 forest radiation 332

가장자리 edge 387

서리 frost 626

알베도 albedo 21, 243-245

역복사 counterradiation 33, 34, 243-246

차단 interception 515

하늘 복사휘도 sky radiance 436

구형전천일사계 Spherical pyranometer 655

국지기후 Local climate 4, 5

굴 기후 Burrow climate 558, 563, 568

굴뚝 Stack :

높이 height 54, 55, 58, 59

위치 location 58-59

형태 shape 58

굴절률 Refractive index 141

굽은 나무, 난쟁이나무 Krummholz 517, 520

그늘 Shade 212-213, 286, 300, 387, 388, 610

야간의 기온 하강 nocturnal temperature drop 290-292

극지역 Polar 81-82, 128, 163, 165, 187-188, 262, 522-533

기공 Stomata 275-278

저항 resistance 276-278, 351

전도도 conductance 275-276

기온, 온도 Temperature :

강수가 미치는 영향 precipitation effect 35, 39, 175-177, 250, 254

경도 gradients 80-89, 96, 155

계곡 valley 468-472, 493-498

관개 irrigation 307, 320

교목한계선 tree line 521

구름의 영향 clouds effect 81-83, 103, 141

극지역 polar 525, 527-530

기단 air mass 498

나무줄기 tree trunk 441-446

냉각하는 온도 chilling 624

눈 snow (내에서 within) 227-231

눈 snow (위에서 above) 222-223, 230-232

도시 urban 589-590, 593-594, 596-600

동굴 caves 542-549

물 water :

내 within 198-209, 212-216

위 above 200-207, 214, 216

바람의 영향 wind effects 98-103, 121-124, 206, 231

방풍림 shelterbelt 611-616

변화 fluctuation :

계절 seasonal 65-80, 81-85, 88, 92, 204-205

연 annual 65-84, 92

일 daily 63-72, 75-84, 90-95, 103, 160, 198-209, 290-297, 309, 341, 361-365, 367-368, 512

변화, 돌풍도 fluctuation, gustiness (불안정함 unsteadiness) 48-52, 75-89, 104-106, 304

사면 slope 482-492, 493-501, 510-513

산지 mountain 506, 511-512, 517, 518

삼림 forest 341, 358-365, 367, 368

가장자리 edge 385, 388-397, 411

개간지 clearing 402-405, 409-412

색깔 color 159-163, 170

스트레스 받은 식물 stressed plants 307, 320

식물이 완화하는 영향 plant moderating effect 311-315

심부체온 core 553-554, 571-572

안정도 stability 44-52

야간 nocturnal 98-106, 154-158, 290-292, 299, 311-315, 321-323, 403-405, 453-463, 468, 488, 493-501, 614-615

  개간지 clearing 403-405

  구름 clouds 103

  바람 wind 98-102, 122-124

  방풍림 shelterbelt 614-615

  사면온난대 thermal belt 493-501

  서리 예방(방지) frost protection 626-636

  식생 vegetation 299, 311-314, 321-323, 413

  잎 leaf 289-292

  지형 topography 453-463, 468, 488

  토양 soil 313-314

  하강 drop 103-106, 153, 155-158, 290-292, 311-315

열 피해 heat damage 163

온실 greenhouse 167-170, 297

위치온도 potential 45, 87

음향 sound 143-144

2차 최저기온 second minimum 99, 100, 101

임계기온 critical 623

잎 leaf 286-297

자동차 automobiles 170, 395

작물 스트레스 crop stress 307, 320

주간의 과잉온도 daytime excess 290-297

지형이 미치는 영향 topographic influences 453-461, 493-501

최고 maximum 163

토양 soil 36, 63-75, 93-94, 152-167, 176-178, 186-189, 363-366, 448-449, 483-487, 511

  불, 화재 fire 160, 265

평형온도 equilibrium 11-12

하층 sublayer 86-89, 109, 205

기온 측정 Measurement of air temperature 648

기초대사율 Basal metabolic rate 570-572

기후 Climate :

  가옥 house 572-577

  갈대 reeds 202

  감자밭 potato field 313, 321

  강 river 202-216

  개간지 clearing 400-411, 423

  겨울 보금자리 장소 winter nesting area 568

  경계 boundary (점이 transitional) 258-267, 385-400

  경계 물 boundary water 197-202

  계곡 valley 492-503

  고산기후 alpine 504-522

  공항 활주로 airport landing field 262-263

  굴 burrow 558, 563, 568

  기슭 shore 23, 200, 214-217, 257-262

  논 rice field 165-166

  도로 highway 263

  도시 urban 579-600

  돌리네 doline 458-461

  동굴 cave 541-550

  둥지 nests 562-569

  목초지 meadow 309-312, 319-320

  못 ponds · 깊은 웅덩이 pools · 얕은 웅덩이 puddles 197-202

  방 room 573-575

  밭고랑 furrows 449

  사면 slope 429-441, 453, 479-503

  사탕수수밭 sugarcane field 315-316

  삼림 forest 328-385

  스트레스 받은 식물 stressed plants 307

  언덕 mound 449

  에스커 esker 486

  옥수수밭 corn field 314

온실 greenhouse 167-170, 297-298

　인공기후 artificial 572-577

입목 가장자리 stand edge 385-400

자동차 automobile 170

전차 streetcar 575

정의 definition of 1-6

지하실 cellar 572, 573

짚이나 흙으로 덮은 더미에 쌓아놓은 농산물 clamp 577

포도원 vineyard 322-325

호수 lake 202-209

호안 · 해안 coastal 23, 214-217, 258-262

화단 flower bed 321

기후변화 Climatic change 415-424

깃털을 세움, 입모立毛, Piloerection 555

깔때기 효과 Funnel effect 600-601, 609, 619

꽃 Flowers :

　기온 temperatures 295-298

　꽃이 피는 순서 blossoming sequence 446-447, 492, 502

꽃이 피는 순서 Blossoming sequence 447, 492, 501, 502

ㄴ

나무 Tree 328-426, 441-448(삼림 Forest도 참조)

　교목한계선 line 521, 522

　구멍 cavity 549

　굽은 나무, 난쟁이나무 krummholz 517, 520

　나무줄기 trunk 441-446

　동결로 갈라진 틈 frost fissures 444-445

　　방지 prevention 445

　바람에 의한 변형 wind deformation 479

　변형 deformation 234, 479

　수관 습윤값 crown-wetting value 288, 373, 379, 380 (저장 용량 storage capacity도 참조)

나무껍질 Bark :

　갈라진 금 cracking 444, 445, 446

나무좀류 beetles 363, 560

　온도 temperature 443-445

나비 Butterfly 561

낙엽과수지대 Deciduous fruit belt 260

난류흐름 Turbulent flow 43, 44 (교환 Exchange, 혼합 Mixing도 참조)

난반사 Diffuse reflection 20, 283-286

날개풍속계 Fan anemometer 653

남자인어-여자인어 Mermen-mermaids 141

내한성 Cold hardy 261, 635

냉각 Chilling 624

냉각력기록계, 냉각력측정계 Frigorigraph, Frigorimeter 654

냉각못 Cooling ponds 400

냉혈동물 Ectotherm 556

노란머리박새 Verdin (song bird) 553, 554

녹색 음지 Green shade 286

녹은 구멍 Melt holes 228, 233 (융해접시 Schmelzteller 참조)

녹음 Fusion 229

녹음 Melting (녹는 패턴 melt pattern) 189, 190, 228, 233, 236, 496, 500, 517-519

농촌바람 Country breeze 591, 596

누나탁 Nunatacks 528, 529, 532

눈 Snow 185, 189, 216-240

　가장자리 edge 238

　기온 알베도 피드백 temperature albedo feedback 222-223

　날려쌓인눈 drifting 619-623

　녹음 melting 189, 216-219, 228, 233-238, 251, 253, 313, 407, 408, 496, 500-501, 517-519

　　개간지 clearing 407, 408

　　고지 elevation 517-519

　　깊이 depth 228

　　밀도 density 216-219

　　변성작용 metamorphism 219, 220

　　빙하 glaciers 251, 253

　　사면 slope 496, 500-501, 517-519

사면온난대 thermal belt 496, 501

습도 humidity 235

에너지 energy 220, 229-230, 251, 253

패턴 patterns 233-238, 313, 496, 500-501

높날림눈 blowing 128, 527

눈굴 burrows 568

눈막이 울타리 fence 619-620

운동에너지 kinetic energy 619

눈 흡수 snow absorption 147-148

단열효과 insulating effects 185, 187, 223, 227, 230-232, 234

도약 saltation 128

동결 방지 frost protection 185-187, 628

두루마리눈 rollers 238

물 함량 water content 216-217

밀도 density 216-220, 226

바람에 흩날림 driving(sweeping) 126

방출율 emissivity 231

변성작용 metamorphism 217, 219, 220

보호 protection 185, 187, 232-238

복사 침투 radiation penetration 224-226, 229

부유 suspension 128

비열 specific heat 226

산지의 눈 in mountians 517-519

삼림 forests 233-235, 384, 397

성질 properties 216-231

소모 ablation 407, 479

소산계수 extinction coefficient 224-226, 229

수송 transport 128-129

수증기압 vapor pressure 218-219, 231, 235

수집효율 collection efficiency 233

승화 sublimation 128, 235, 527

식물 plants 232-238, 296, 297, 517

실린더 cylinder 238-239

알베도 albedo 20-24, 221-223, 438

얼음판 ice plates 237

에너지수지 energy budget 222-223

연거 smoke 238

열용량 thermal capacity 38

열전도율 thermal conductivity 38, 226-227

열확산율 thermal diffusivity 38

온도 변화 temperature variation 222-223, 227-232

이산화탄소 carbon dioxide 232

장파반사율 longwave reflectivity 17

적설 cover 185, 216-240, 456, 496, 500, 517-519, 628

전도율 conductivity 38, 231

지도 maps 236, 496, 517

차단 interception 233-234, 384

최저온도 temperature minimum 229

크러스트 crust 218

하중 load 384

눈금을 읽을 때 나타나는 오차 Error involved in reading 643

눈사태, 사태 Avalanches :

공기 사태 of air 463

삼림에 의한 눈사태 방지 protection from by forests 414

눈, 색깔 민감도 Eye, color sensitivity 10

눈연기 Snow smoke 238

느낌열 Sensible heat 244, 247, 251, 254, 256, 344, 348

늪뇌조 Willow grouse 568

ㄷ

다섯줄도마뱀 Skink 568

단분자층 Monomolecular layer 279

단열 Adiabatic :

건조 dry 45, 52, 54, 80

달톤의 증발 공식 Dalton, J., evaporation formula 270

대기 Atmospheric :

방출율 emissivity 28

창 windows 26-28, 243

대기대순환 모델 General circulation model(GCM) 419-420

대기후 Macroclimate 4, 5

대류 Convection 44-52, 109, 152, 243, 245

  강제 forced 44-45

  자유 free 46, 52

  혼합 mixed 47 (맴돌이확산 Eddy diffusion, 혼합 Mixing 도
  참조)

대류혼합 Convective mixing 47, 109, 115, 124, 152

대사과정 Metabolic processes 296-297, 344-346, 570

도로 건설 Highway construction 179, 620-623

도마뱀 Lizard 558, 577

도시 Urban :

  강수 precipitation 592

  건물의 간격 building spacing 599-600

  공원 park 596-597

  기온 temperatures 587-590, 593-600

  기후 climate 579-600

  냉섬 cool island 598

  디자인 design 594-600

  먼지돔 dust dome 581-582, 586

  물수지 water budget 580, 588

  바람 wind 591, 594

  보우엔비 bowen ratio 588

  복사 radiation 585-588

  부유미립자 (먼지) particulates 581-583, 586

  산화제 oxidants 583

  수증기압 vapor pressure 590

  순환 circulation 591

  식생 vegetation 575, 593-598

  알베도 albedo 586

  에너지수지 energy budget 587-589

  에어러솔 aerosols 583, 585

  열상승기류 thermal updraft 591

  열섬 heat island 584-585, 589-590

  열쾌적 thermal comfort 594-600

오염 pollution 580-586

  이산화탄소 carbon dioxide 583

  일산화탄소 carbon monoxide 583

  증발 evaporation 587

  통풍 ventilation 573-574, 594

돌리네 Doline 458-461

돌풍기록계 Gust recorder 653

돌풍도 Gustiness 644

  기온 temperature 48-49

  바람 wind 43

동결 Frost (서리 Frost, 결빙, 동결 Freezing 참조)

동굴 Caves 541-550

  기온 temperature 541-548

  박쥐 bats 545, 549, 569

  빛의 침투 light penetration 542, 544

  상대습도 relative humidity 542, 543, 546

  얼음 ice 543, 549

  위로 올라가는 동굴 rising 545

  응결 condensation 547

  이산화탄소 carbon dioxide 548

  인간이 미치는 영향 human effects 548

  자루 동굴 sack 543, 544

  정적 동굴 static 542-546

  종류석 형성 stalactite formation 549

  통과 동굴 transit 542, 545-546

동굴학 Speleology 541-550

동물 Animal :

  서식지 dwellings 562-569, 576, 577

  에너지수지 energy budget 577-578

  행태 behavior 553-561, 576, 577-578

동상(서리) Heaving(frost) 179, 186-187

동화작용에서 방출된 열 Assimilation, heat released in 344-
  346

뒤집힘, 전복 Overturning 467, 473

등방성 분포 Isotropic distribution 436

등온 Isothermal 45, 52, 90

디지털 컴퓨터 Digital computer 661

ㄹ

라돈 Radon 133-136

레이놀즈수 Reynolds number 42

로비취자기일사계 Robitzsch Actinograph 655

ㅁ

마이크로 스프링클러 Microsprinkling 634

마찰혼합 Frictional mixing 44, 47, 192 (혼합 Mixing도 참조)

만년설선 Firn line 517

맴돌이확산 Eddy diffusion 13, 19, 42, 44, 47-49, 75, 95, 99, 100, 106, 108, 261, 301, 305 (대류 Convection, 질량교환 Mass exchange, 혼합 Mixing도 참조)

먼지돔 Dust dome 581-582, 586

먼지회오리 Dust devils 96, 97

멀칭(뿌리덮개) Mulching 164-167, 625

　열 피해 heat damage 164

메뚜기 Locusts 579

멧박쥐 Swallow(Nyctalus noctula Schreb.) 568

모기 Mosquitos 558, 561

모래 Sand :

　높날림모래 blowing 126-127

　모래를 뿜어 꺼칠꺼칠하게 하는 것 blasting 609

　운동에너지 kinetic energy 127

모발습도계 Hair hygrometer 652

모세관 작용 Capillary action 177-179, 182

무경운 無耕耘, No tillage 166, 167, 236

무역풍 Trade-wind 516

물 Water 192-216

　경계기후 boundary climate 200, 201-202, 205, 260-261

　과냉각된 물 supercooled 200

　동결 freezing 104, 192, 198, 201, 204, 229

　모세관 작용 capillary 182

물보라를 날림 spraying :

　기온을 낮춤 temperature reduction 634

　서리 예방 frost protection 632-636

물수지 budget 19-20, 267-270

물순환 cycle 267-270

물순환 hydrologic cycle 267-270

밀도 density 192, 204

방출율 emissivity 18

불연속층 discontinuity layer 198

빛의 침투 light penetration 194-197

상용박명 twilight (civil) 338

수량 yield 414-417

수온약층 thermocline 198

수증기 vapor

　경계기후 boundary climate 258-259

　경도 gradient 106-113, 177-179, 183, 231, 468

　고도에 따른 변화 variation with hight 106-111

　공기 중 in air 16, 26-31, 49, 51, 106-113, 156-158, 200, 231, 258-259, 310, 314-315, 396, 459, 468, 489, 498

　눈에서 in snow 218

　변동 fluctuation 49, 51

　　일 daily 106-113

　복사흡수 radiation absorption 16, 25-31, 93

　사면 slopes 459, 468, 489, 497

　삼림 forest 364-366, 396-397

　　가장자리 edge 397

　식생 vegetation (비삼림 non-forest) 310-311, 314-317

　압력 pressure 106-113, 235

　　포차 deficit 270, 350-352, 393

　얼음 위 above ice 231

　역전 inversion 106-113

　창 window 26

　침적 deposition :

　　빙하 glaciers 227-231, 251, 253, 479

이슬 dew 112, 113, 366

토양에서 soil 113, 177-178, 184-185

포화 saturation 183, 235

호수 lake 200

가장자리 edge 258-259

흡수 absorption 16, 26-31

알베도 albedo 20-24, 193-196

에너지 교환 energy exchange 192, 213-216

에너지수지 energy budget 213-216

온도 temperature 198-209

바람이 미치는 영향 wind effect 206

변화 fluctuation :

계절 seasonal 204-205

일 daily 198-209

육지 경계 land boundary 258-262

이용효율 use efficiency (WUE) 291-292, 304-305, 346

작은 수체 small bodies of 192-202, 208-216

얼음 형성 ice formation 193, 200

정지된 물 stationery 197-198

흐르는 물 flowing 198, 208-216

저장소 reservoir 268

증류 distillation 113

증발 evaporation 198-200, 206, 214, 262, 269-272, 277

최대보수량 field capacity 171

큰 수체 large bodies of water 202-216

토양 soil 155, 159, 161, 172-183, 318-319

토양에서의 수송 transport in soil 177-180, 184-185

투명도 transparency 195-197

함량 content 176-180, 188

호수가 미치는 영향 lake effect 258-262

회수 recovery

안개 fog 399

이슬 dew 113, 399

흐르는 물 flowing 208-216

물순환 Hydrologic cycle 267-270

미기후 Microclimate 4, 5, 153, 258-263, 642

미기후의 지도화 Mapping of microclimate 537

미풍 Breeze :

공원바람 park 596, 598

농촌바람 country 591, 596

삼림바람 forest 385, 393-397

호수바람 lake 257-262

밀도 Density 36, 38

ㅂ

바다증기안개 Sea smoke 272

바람 Wind 114-125, 269, 301-304, 460-479, 481, 482

개간지 clearing 410-411, 423

결합 coupling 115-116

계곡 활강풍 downvalley 465-479

계곡 활승풍 upvalley 465-472

계절 변화 seasonal fluctuations 123-124

고도에 따른 변화 variation with height 44, 49-52, 114-124, 301-304, 353-357

곡풍 valley 461, 465-472, 473-479, 482

기온 성층이 미치는 영향 temperature stratification effects 121-124

눈 snow 128-129

단면 profiles 114-124, 301-304, 353-357

도시 urban 591

돌리네 doline 460

뒤집힘, 전복 overturning 467, 473

마찰층 frictional layer 114

만년설 firn (빙하 glacier) 478-479

물 water 206, 210

바람기계 machines 630-631

방풍 설비, 바람막이 breaks 620-621 (방풍림 Shelterbelts 도 참조)

보상바람 compensating 461

보호, 방풍 protection 601-610, 619-623

빙하바람 glacier 478-479

뿌리덮개 mulch 167

사면 위, 활승풍 upslope 461, 465-467, 474-475

사면풍 slope winds 460-478, 480-481, 513

사면 활강풍 downslope 456, 461-470, 472-478

산지에서 바람 in mountains 461-479, 513

삼림 forest 353-358, 394-395

삼림 가장자리 forest edge 394-395

씻어내림 downwash 55-60, 473

야간 nocturnal 98-101

영향 effect on :

　강수 precipitation 406, 480-481, 514

　기온경도 temperature gradient 123-124

　기온 성층 temperature stratification 120-122

　음향 sound 145

　잎 온도 leaf temperature 292-295

　증발 evaporation 206, 271

　최저기온 minimum temperature 99-103, 122-124,
　　231, 456, 460

운동량 교환 momentum exchange 115-117

움직이는 토양 moving soil 126-129

일변화 daily fluctuations 116-117, 123-124

제트류 jets 116-117

조종하는 선 steering lines 607

지면 부근의 무풍 calms near ground 117

지면 부근의 풍속 변화 speed variations near the ground
　114-124

지형이 미치는 영향 topographic effects 461-479, 480-481

층밀림(마찰)속도 shear (friction) velocity 120

침투 penetration （방풍림 shelterbelts) 601-605, 608

코리올리 효과 coriolis effect 114-115

태양광선의 얼룩 sunflecks 336

통로 channeling 471

푄 foehn 235, 460, 480

풍향계 설치 vane mounting 124

풍향의 불변성 directional constancy 523

풍향 측정 direction measurement 124

피해 damage 600

하층 최고 바람 low level wind maximum 117-118

횡단곡풍 cross valley 467, 468

바람이 농작물을 쓰러뜨림 Lodging 609

바이메탈일사계 Bimetallic actinometer 654

바이메탈자기전천일사계 Bimetallic pyranograph 655

박쥐 Bats 545, 549, 569

박테리아 Bacteria (INA) 636

반사율, 장파 Reflectivity, longwave 16, 18 (알베도 Albedo 도
　참조)

방사성기체 Radioactive gases 133-136

방정식, 수치값을 갖는 Equation of numerical values 646

방정식, 여러 요소들을 포함하는 Equation involving the
　various elements 646

방출률 Emissivity 16, 18, 28

　전형적인 값 typical values 17

방풍림 Shelterbelts 600-623

　가장자리 edge 609

　간격 spacing 606

　곡물 수확량 crop yield 611-614, 617-618

　곤충 insects 618

　광합성 photosynthesis 617

　구조 structure 608

　그늘 shading 610-611, 614

　기온 temperature 611-616

　　야간 nocturnal 614-615

　깔때기 효과 funnel effect 600-601, 609, 610, 619

　대기 안정도 atmospheric stability 605

　동물 animal 612

　바람 wind 600-610, 616, 619

　바람 조정 wind steering 608

　방위 orientation 606, 609

　배후 결합 back coupling 606

복사 radiation 610-611, 615

뿌리경쟁 root competition 614

사각 흐름, 비스듬한 흐름 oblique flow 602, 608, 609

상대습도 relative humidity 615

생산성 productivity 611-614, 616, 617

서리의 위험 frost risk 614

소음 감소 noise abatement 424-426

이산화탄소 carbon dioxide 617-618

이슬 dew 615

증발 evaporation 611, 616, 617

침투성 penetrability 601-605

키 height 600

토양 soil :

　수분 moisture 613, 616

　온도 temperature 611

　침식 erosion 608-609

투과율 porosity 603

포차 vapor pressure deficit 618

풍하맴돌이 lee eddy 602-603

형태 shape 608

방풍림의 배후 결합 Back coupling of shelterbelts 606

방풍 설비 Windbreaks 600-623 (방풍림 Shelterbelts도 참조)

방풍연구를 위한 측정차량 독 : Windschutzmeßzug, 영 : Mobile
station used for measurement in wind-protection investigations 658

밭이랑, 작은 언덕, 흙무더기 Earth mounds 448-450, 484

백금선 경질유리 온도계 Platinum-wire hard glass thermometer
648

번쩍임 Scintillation 138

별전천일사계 Star pyranometer 655

베르의 법칙 Beer's Law 300

베짱이 Crickets 558-559

벽 Walls

　벽을 통한 공기 교환 air exchange through 573-574

　채색 coloration 162

보우엔비 Bowen ratio 248, 320, 324, 350-352, 516, 588

보편복사계 Universal radiation meter 655

보호식물 Nurse plants 521

복사 Radiation :

　가시 visible 10

　광합성활동복사 photosynthetically active radiation (PAR) 344-
　345, 392

　나무줄기 tree trunk 441-444

　단파 shortwave 11, 13, 15, 18-24, 243-246, 429-441,
　451

　도시 urban 585-588

　등방성 분포 isotropic distribution 436

　방출 emission 10, 11, 16

　방풍림 shelterbelt 610-611, 615

　비등방성분포 anisotropic distribution 436, 437, 439

　빈의 변위법칙 Wien's displacement law 11

　사면 slope 429-441, 451, 487-489, 513-515

　소산 extinction 194-197, 224, 229, 300, 331-342

　　물 water 194-197, 224

　　얼음 ice 224, 225, 229

　스테판-볼츠만의 법칙 Stefan-Boltzmann law 10, 17

　식물 plants 282-290, 298-300, 318-319, 329-344,
　442-453

　식생 vegetation 299-300, 331-342

　야간 nocturnal 25-34

　유효방출 effective outgoing 28

　자외선 ultraviolet 10, 194, 195, 509, 510, 585, 586

　장파 longwave 11, 13, 16, 18, 25-34, 93, 94, 243-
　246, 439, 587

　　도시 urban 587

　전천복사 global 15, 243-246, 434, 435-439, 505,
　506, 510-511

　지형이 미치는 영향 topographic effects 31-34, 448-453,
　456, 505-511, 516

　직달태양복사 direct 442-453

　천정 층후 zenith thickness 30-31

침투(투과) penetration :

　공기 속으로 into the air 26, 31, 93, 94

　물속으로 into water 194-198, 202

　수관 속으로 into a canopy 298-300, 331-342

　얼음과 눈 속으로 into ice and snow 224-226, 229

　토양 속으로 into soil 23-24

키르히호프의 법칙 Kirchhoff's law 16, 25

파장변환 wavelength transformation 94

복사계 Radiation-measuring instrument 654

복사수지 Radiation balance 15-34, 86, 88, 93-94, 100-101, 151-152, 229, 243-256, 283-290, 298-300, 317-320, 440, 505-511, 587, 610-611

　눈 snow 230, 440

　도시 urban 587-589

　방풍림 shelterbelt 610-611

　산지 mountain 505-511

　식물 plants 283-290, 298-300, 317-320

　역전 inversion 88

　표면 surface 151-152

복사수지계 Radiation balance meter 655

복사오차 Radiation error 648

복사흡수 Radiation absorption :

　구름 clouds 33-34

　도시 urban 585-588

　메탄가스 methane 27

　법칙 laws 10-11, 16, 25

　산소 oxygen 27

　수증기 water vapor 26-27

　오존 ozone 26, 27

　이산화탄소 carbon dioxide 26-27

부유미립자 (먼지) Particulates 51, 125-131, 393, 424, 581-583

　도시 urban 581-583

　바람에 흩날림 driving 126

　방 room 574

삼림 forest 393, 424

　수송 transport 126-128

　휩쓸어감 sweeping 126

북극/남극 Arctic/Antarctic 128, 163, 187-188, 262, 517, 524-533

분기공 Fumaroles 521

분자확산 Molecular diffusion 13, 75, 102

불, 화재 Fire

　낙엽더미불 duff 264

　땅불 ground 263

　맞불 back 264, 265

　바람이 미치는 영향 wind effects 265

　사면이 미치는 영향 slope effects 266

　삼림 가장자리 forest edge 390

　수관불 crown 266

　야간의 공기 흐름 nocturnal air flow 464

　온도 temperature 264-267

　토양수분 soil moisture 319

　토양온도 soil temperature 159, 160, 265

　퍼지는 불 head 265

　표면불 surface 263-264

　확산 spread 264, 265

불안정 하층 Unstable sublayer 86-89, 109, 205

VHF 10

비, 강우 Rain 14, 35-40, 246, 254, 373-383

　빗방울 크기 분포 drop size distribution 374-375

　삼림 가장자리 forest edge 397-400

　　수관통과우 throughfall 373-382, 409

　　차단 interception 373, 377-383

　운동에너지 kinetic energy 376

　측정 measurement 482 (강수 Precipitation도 참조)

　침식력 erosion power 375-376

비그늘 雨陰, Rainshadow 397, 481-482, 514

비버 Beaver 566

비얼음 Glaze 190 (얼음 ice)

비열 Specific heat 36, 38, 226

비옥한 섬 Island of Fertility 338

빈의 변위법칙 Wien's Displacement Law 11

빙하 Glaciers 221, 225, 227, 229, 251, 253, 478

빛 Light 10, 24

   굴절 refraction 138-143, 195

   반사 reflection 15, 20-24, 193, 221, 283-286

   침투 penetration :

      눈 속으로 into snow 224, 227, 229

      물 속으로 into water 194-198, 202

      식물 속으로 into plants 298-300, 331-342

      토양 속으로 into soil 24

빛의 굴절 Refraction of light 138-143, 195

ㅅ

사면 Slope 429-441, 479-503, 510-513, 517

   강수 precipitation 480, 481, 514, 516

   경사각 angle 429-441

   구름 clouds 434, 435, 436, 510, 511

   기온, 온도 temperature 483-491, 493-501, 510-513

   기후 climate 429-441, 479-503, 510-513

   바람 winds 461-480, 513

   방위각 azimuth 429-441, 482-492, 513, 517

   복사 radiation 429-441, 451, 487-489

   불 fire 266

   사면온난대 thermal belt 492-503

   상대습도 relative humidity 495, 498

   습도 humidity 495, 498

   식생 vegetation 451, 455, 456, 459, 492, 500-503, 513

   침식 erosion 440

   토양수분 soil moisture 482, 484, 491

사면온난대 Thermal belt 492-503

사향뒤쥐 Muskrat 555

산지 Mountain :

   강수 precipitation 480, 481, 507, 514

광합성 photosynthesis 517

교목한계선 tree line 521

기온 temperature 506, 510-513, 516

기후대 zonation 512

눈 snow 507, 515-518

바람 wind 513

복사 radiation 440, 506, 508-511

산쇠박새 chickadee 554, 562

수평선의 차단 horizon obstruction 508

식생 vegetation 519-522

에너지수지 energy budgets 509-510, 515, 516

태양복사 solar radiation 506, 508-511

삼림 Forests :

   가장자리 edge 385-400, 409 (삼림 개간지 Forest clearings
      도 참조)

   강수 precipitation 397-400, 417-422

   광합성활동복사 photosynthetically active radiation (PAR)
      344, 392

   그늘 shadow 387, 388-389, 394-397, 409

      기온(온도) temperatures 385, 388, 390, 395, 410-
         412

      바람 wind 394-397, 410

      수증기압 vapor pressure 396

      토양수분 soil moisture 409

      포차 vapor pressure deficit 392

   복사 radiation 345, 385-389

   부유미립자(먼지) particulates 393, 424

   불(화재) 확장 fire encroachment 390

   비 rain :

      수관통과우 throughfall 373-384, 409

      차단 interception 365-372, 374, 377-383

   주차장 parking lot 395, 396

   침투 깊이 penetration depth 388-400

강수 precipitation 371-385 (삼림 비 Forest rain도 참조)

강수 증가 precipitation enhancement 417-419

개간지 clearings 31, 343, 400-412, 423 (삼림 가장자리 Forest edge도 참조)

  강수 Precipitation 406

  광합성활동복사 photosynthetically active radiation (PAR) 392

  구름 clouds 387

  기온 temperature 403-407, 423, 517-520

    야간 nocturnal 403-405

  바람 wind 403, 410, 423

  복사 radiation 31, 32, 337, 401-403, 410

  상대습도 relative humidity 409, 410

  서리 frosts 403

  이슬 dew 406

  일조 sunshine 405

  증발 evaporation 406

  토양수분 soil moisture 407, 409

광합성 photosynthesis 344-349

광합성활동복사 photosynthetically active radiation (PAR) 344-345, 392

기온, 온도 temperatures 358-365, 367, 368, 395, 396, 402-405, 410, 422-424, 443-445

    변화 fluctuations 361-365, 367, 368

    야간 nocturnal 403-405

기후 climate 327-426

기후에 미치는 영향 climate influences 413-426

눈 snow 339, 384, 407, 408

눈의 하중을 받아 가지가 부러짐 snow breakage 384

대사 metabolism 344-346,

미풍 breeze 385, 393-397

바람 winds 353-358, 394, 402, 410, 423

배기 air drainage 356, 357

복사 radiation 329-344

  구름 clouds 332

복사의 스펙트럼 분포 spectral distribution of radiation 335

부유미립자(먼지) particulates 393, 424

불(화재) 가장자리 효과 fire edge effect 391

비 rain 373-383

  그늘 shadow 397

  분포 distribution 371-375

  빗방울 크기 drop size 374, 375

  상대습도 relative humidity 410

  수간류 stemflow 373, 377, 380-383

  수관저장량 canopy storage 373, 379, 380

  수관통과우 throughfall 274, 373-383, 409

  차단 interception 274, 277, 373-379, 381-384

빛의 침투 light penetration 331-342

삼림파괴 deforestation 413-420

상대습도 relative humidity 366, 409

서리 frost 366, 390, 401-405, 519

소음 감소 noise abatement 424-426

수간류 stem flow 377, 380-383

수간류 trunk flow (수간류 stem flow 참조)

수관통과우 throughfall 274, 373-383, 409

수량 water yield 414-417

수증기압 vapor pressure 366, 396

숨은열 latent heat 352

습도 humidity 364, 366, 410

알베도 albedo 330, 418, 423

에너지교환 energy exchange 344-353

여과 filtration 393

연기 smoke 383

열대 tropical 332, 383

열 저장 heat storage 344-349

유출 runoff 414-417

이슬 dew 366, 369-370, 423

자유대류 free convection 358

증발 evaporation 406

증산 transpiration 366

지표 유출 surface runoff 414-417

차단 interception 273, 274, 373, 377-383

토양 침식 soil erosion 375-376, 413, 416

포차 vapor pressure deficit 350, 392

호흡 respiration 345-346, 367

삼림의 연기 Smoking forests 383

삼투압 Osmotic pressure 652

상고대 Rime 114, 398, 399, 486

상대습도 Relative humidity :

공기 air 111, 156, 200, 262, 410, 495, 498, 507, 616

굴 burrow 567

눈 녹음 snow melting 235

동굴 caves 542-543, 547

방풍림 shelterbelts 616

사면 slope 495, 498

삼림 forest 367, 369, 410

식생 vegetation 262-263, 310, 314-316

음향에 미치는 영향 effect on acoustics 143-147

일변화 daily fluctuations 111, 310, 367

증발 evaporation 271-272

상용박명 Civil twilight 338

상주 霜柱, Mush frost 180, 181-182

새 Birds 554, 555, 559, 562, 563, 567, 568

둥지 nests 562, 563, 568

먹이를 찾아다님 foraging 554

색채 인식 Color perception 10

생물계절학 Phenology 538-539

생물기후학 Bioclimatology 552, 570-579

서리, 동결 Frost :

개간지 clearing 403, 404, 519

검은서리 black 190

경운 tilling 178-179

경작이 미치는 영향 cultivation effects 158, 178-179

식물의 키 plant heights 311-312

구름 clouds 626-627

기온 temperature 623

나무줄기 tree trunk 443-445

내한성 cold hardy 624, 635

냉각 chilling 624

눈 snow 235

도로 피해 road damage 179, 186-188

동결로 갈라진 틈 fissures 186, 444, 446

동상 凍上, heaving 179, 186-187

머리카락얼음 hair 180

멀칭(뿌리덮개)이 미치는 영향 mulching effects 158

무상기일 free days 506, 519

바람 wind 122 (얼음 Ice 도 참조)

박테리아 bacteria (INA) 636

배기 air drainage 321-325, 453-471, 478-479

변화일 change days 105, 106

복사 radiation 623, 626-630

사면 slope 484, 490-491, 500

사면온난대 thermal belt 501

사면 활강풍 downslope winds 468, 475, 477, 479

삼림 가장자리 forest edge 390, 401, 403

삼림 개간지 forest clearing 400-405, 519

삼림 수관 forest canopy 366

상주 霜柱, mush 180, 181

서리 hoar 190, 219

서리구멍 hollows 453-457

서리변화밀도 density of frost change 105-106

서리주머니 pocket 453-457

식물 민감도 plant sensitivity 261, 623

식물의 키 plant height 311-312, 325, 363

식생의 키 vegetation height 311-312, 325, 626

식생이 없음 vegetation bare 311-312

안개 fog 626-627

야간의 기온 하강 nocturnal temperature drop 103-106, 153, 164, 453-461, 492-502

그늘 shade 290-292

예보 forecast 103-104

유역 면적 catchment area 459

이류 advection 623

잎 크기 leaf size 291, 519

저항 resistance 623

지도 maps 624

지면 ground 158, 164, 178-190

지면 부근 near ground 453-459

지형의 영향 topographic influences 453-461

침투 penetration 182-186

토양 soil 153, 158, 178-190

토양수분 soil moisture 628

토양에서의 깊이 depth in soil 183-187

토질 soil properties 153, 158

파괴하는 영향 splitting effects 104

풀·잔디 grass 311-312

피해 damage 401, 500, 623-637

피해 hazard 103-104, 456, 457

서리 Hoarfrost 189, 190, 219

서리 예방(방지) Frost protection 122, 322, 519, 577, 614, 623-637

거품 foam 627

난방 heaters 158, 628-632

눈 snow 185, 628

둘러쌈 wrapping 634

롤러를 굴려서 토양을 단단하게 하기 soil rolling 158, 628

물 water

물로 덮음 cover 627

수체 bodies 261, 635

물에 잠김 flooding 627-628

바람 wind 122

바람기계 wind machines 630-631

박테리아 bacteria(INA) 636

벽 walls 320

보호 덮개 protective covering 164, 577, 626-630, 630-631

복사 radiation 626-630

삼림 forest 519

소수성 필름 hydrophobic film 637

숨은열 latent heat 632

스프링클러 sprinklers 632-636

식물 plants 519, 521-522

안개 fog 626-627

연기 smoke 626-627

연기뿜기 smudging 626

입지 선정 site selection 623-624

작물 선택 crop selection 624

짚이나 흙으로 덮은 더미에 쌓아놓은 농산물 clamps 577

토양 열 soil heat 153, 155-158, 164, 628

호수 lake 259

화학제품 chemicals 627

휴면 스프레이 dormant spray 636

흰 도료를 칠함 white washing 636

선인장굴뚝새 Cactus wren 564

선충류 Nematode 561

세포 호흡 Cell respiration 345-346

소 Cattle 576-578

소모 Ablation 220, 407, 479

소음 감소 Noise abatement 424-426

소택지 Bog 153-158, 164

수간류 Stemflow 377, 380-383

수관 Canopy :

열 저장 heat storage 288, 344-345, 349, 352

저장 용량 storage capacity 276, 277, 373, 379

저항 resistance 276-278, 349-352

전도도 conductance 275-277, 320, 352

젖은 수관 wet 274, 277, 278, 352, 373, 377-380

차단 interception 273, 274, 373, 377-383

수관통과우 Throughfall 373-383, 409

수분장력 Moisture tension 179-180

수온약층 Thermocline 198

수증기압 Vapor pressure 106-113, 178, 183, 310, 315-
316, 366, 396, 468, 590

　　도시 urban 590

　　사면 slopes 468, 490

　　삼림 forest 366

　　삼림 가장자리 forest edge 396, 397

　　일 변화 daily variation 106-113

　　토양 soil 178

　　포화 saturation 183

수평 강수 Horizontal precipitation 397

수평 구조 Planophile 321

수평적 제한 Obstruction of the horizon 645 이하

숨은열 Latent heat 13, 235, 243-246, 515, 516

　　승화 sublimation 13, 235

　　융해 fusion 13, 184, 229, 255

스탈린 자연개조계획 Stalin plan 417

스테라디안 Steradian 436

스테판-볼츠만의 법칙 Stefan-Boltzmann Law 10, 17

스프링클러 Sprinklers :

　　서리 예방(방지) frost protection 632-636

　　열 억제 heat suppression 634

습도 Humidity 106-113, 200, 598, 652

　　경도 gradient 106-113

　　물 위의 습도 over water 200

　　역전 inversion 106-113

　　음향에 미치는 영향 effect on sound 143-147

　　절대 absolute 106, 108

습도 측정 Measurement of air humidity 652

승화 Sublimation 13, 235, 407, 527

시각 인식 Visual perception 10

시뮬레이터 (모의실험장치) Simulator 661

식물 Plant : (식생 Vegetation 참조)

　　기공 stomata 275-278

　　기온, 온도 temperatures 286-297, 304, 309-317, 321-

　　　325, 358-365

　　대사 metabolism 296-297, 344-346

　　복사흡수 radiation absorption 298-300, 341-343

　　생육기간 growing period 503

　　스트레스 받은 식물 stressed 278, 287, 307, 320

　　온도 과잉 temperature excesses 296-297

　　증발 evaporation 267, 275-278, 304-307, 366-367

식물기후측정차량 독 : Pflanzenklima-Meßwagen, 영 : A vehicle
equipped with recording instruments for study of plant climate 658

식물병리학 Phytopathology 552

식생 Vegetation(식물 Plant도 참조)

　　가장 높은 고도 highest elevation 520

　　극지역 polar 531-532

　　빛 약화 light attenuation 298-301, 331-342

　　서리에 미치는 영향 effect on frost 311-315

　　소음 감소 noise abatement 424-426

　　수분에 미치는 영향 effect on moisture 156-158, 200,
　　　310-311

　　에너지에 미치는 영향 energy effects 575, 593, 596, 598
　　　(에너지수지 Energy budget도 참조)

　　온도 변화 temperature fluctuation

　　　목초지와 초지 meadows and grass 309-314

　　　바람이 미치는 영향 wind effects 301-302, 353, 356
　　　　(방풍림 Shelterbelt도 참조)

　　　삼림 forest 304, 361-367

　　　작물 crops 312-317, 321-322

　　　키 height 309-310

　　증발산 evapotranspiration 200

식품 저장, 식량 창고 Food storage 548, 577

신기루 Mirage 138-143

　　가라앉는신기루 sinking 138

　　사라지는 점 vanishing point 139

　　아래신기루 inferior 138, 139, 140, 143

　　요녀 모르가나 Fata Morgana 142

　　위신기루 superior 141-143

치솟음 towering 143

실내기후 Cryptoclimate 572-573

써미스터 Thermistor 651

씨 Seeds, 분산 dispersal 48, 51

씻어내림 Downwash 55-60, 473

ㅇ

아날로그 컴퓨터 Analog computer 660

아래신기루 Inferior mirage 138, 139, 140, 143

안개 Fog :

　강수 precipitation 383, 397-400, 657

　극지역 polar 528, 532

　냉각못 cooling pond 400

　도시 urban 583

　돌리네 doline 459

　동굴 caves 544

　땅안개 ground 34, 101, 263, 397-400, 459

　복사안개 34

　상고대 riming 114, 400

　빛 lights 263

　서리 예방(방지) frost protection 627

　수집 collection 399

　시정 visibility 263

　안개수집망 catchment nets 399

　안개 형성 시 방출되는 열 formation heat released 34, 101

　인공 artificial 627

알레르기, 앨러지 Allergy 130

알베도 Albedo 11, 20-24, 188, 226, 244, 438, 655 이하

　구름 clouds 21, 193

　눈 snow 20-24, 221-222, 438

　도시 urban 586

　물 water 20, 21, 193

　반사율, 장파 reflectivity, long wave 16, 18, 226

　삼림 수관 forest canopy 331

　습윤 : 건조 wet vs. dry 21, 22, 24, 307

식생 vegetation 283-286, 418

전형적인 값 typical values 21

태양고도 solar elevation 21, 23, 24

토양 soil 20, 21, 159-162, 173, 188

해면 sea surface 20, 21

행성 planetary 11, 243-245

암석, 온도 Rock, temperature 153, 512

압력관풍속계 Pressure-tube anemometer 653

액체의 흐름 Flow of liquids 42

야외일조계 Field sunshine meter 656

양비둘기 Rock pigeon 555

언덕 Mound 449

얼음 Ice :

　검은얼음 black 190

　고압선 위의 코팅 coating on cables 400

　극지역 polar 251

　녹음 melting 251, 253

　동굴 caves 543

　물 위에서의 얼음 형성 formation on water 193, 200

　부하 loading 634

　비얼음 glaze 190

　서릿발 pillars 634

　섬유얼음 fibers (피프크라케 Pipkrake) 180

　수증기압 vapor pressure 184 (서리 Frost도 참조)

　얼음렌즈 lenses 184-185

　얼음바늘 needles 180, 181

　얼음 부근의 기층 air layer near 230-232

　얼음판 plates 237

　열 thermal :

　　용량 capacity 38, 182, 183

　　전도율 conductivity 38, 183

　　확산율 diffusivity 38, 183

　줄기얼음 stalk 180

　푸른 얼음 blue 226, 523

얼음 위의 수증기압 Vapor pressure over ice 183, 231-235

역복사 Counterradiation 16, 18, 26-34, 155

　구름량 cloud cover 33, 34

　　지형이 미치는 영향 effects of topography 30-34, 456, 459

역전 Inversion :

　극지역 polar 524, 525, 528

　기온 temperature 45, 53-54, 80, 87, 88, 98-104, 106-109, 122, 230-232, 363, 493-502, 525

　눈 snow 231

　무역풍역전 trade-wind 516

　바람 wind 121-124

　발생 occurance 80-81, 87, 88

　사면온난대 thermal belt 492-503

　수증기 water vapor 106-113

　습도 humidity 106-109

　야간 nocturnal 98-104, 363

　줄기흐름 plume 53-54

　하층역전 sublayer 87-89

연기 Smoke 271, 272

연기가 나는 사구 Smoking dunes 127

연기뿜기 Smudging 626

연기줄기흐름 Smoke plumes 57-58

　서리 예방(방지) frost protection 626-627

　증발냉각 evaporative cooling 57-58

열선풍속계 Hot-wire anemometer 654

열섬 Heat island 584-585, 587-590

열 스트레스 Heat stress 571-572

열 억제 (스프링클러) Heat suppression (sprinklers) 634

열용량 Thermal capacity 35, 36, 37, 38, 155, 183, 282, 288

열전도율 Thermal conductivity 38-40, 76, 155-156, 158, 173, 186, 226, 349 (전도 Conduction도 참조)

열전온도계 Thermoelectric thermometer 650

열쾌적 Thermal comfort 570-573

열확산율 Thermal diffusivity 38-40, 41, 76, 156, 158, 175-176, 183-186

엽록소 Chlorophyll 286

영구동토 Permafrost 165, 187-189

영면변위 Zero-plane displacement 303

에너지수지 Energy budget 9, 13-34, 174, 213-216, 220, 243-256, 267, 276, 277, 283-295, 317-320, 323-325, 344-349, 351, 352, 440, 523, 524, 526, 527, 530, 531

　강 river 213-216

　강수 precipitation 35, 39

　광합성 photosynthesis 344-346

　극지역 polar 523, 526, 527, 530, 531

　눈 snow 222, 223, 440

　도시 urban 580, 583-590

　동물 animal 577-578

　모래 sand 174

　빙하 glacier 251, 253

　산지 mountain 515

　삼림 forest 276, 277, 351, 352

　숨은열 latent heat :

　　융해 숨은열 of fusion 13, 183, 184, 229

　　응결 숨은열 of condensation 13

　　승화 sublimation 13

　인간 human 570-573

　잎 leaf 283-295

　전도 conduction 9, 38-40, 42, 44

　초지 grasslands 319-320

　토양 soil 151, 152

　포도원 vineyard 323-324

　해양 ocean 254-255

에스커 기후 Esker climate 486

에크만 나선 Eckman spiral 114

엠마딩겐 Emmandingen (브라이스가우 Breisgau) 295, 448

오염 Pollution :

　대기 atmospheric 52-60, 128, 133-137

　도시 urban 580-586, 590

오존 Ozone 26-27, 137, 583

  광로 길이 optical path 508

  성층권 기원 stratospheric origin 137

온도 Temperature (기온 Temperature 참조)

온실 Greenhouse 167-170, 297-298, 625-626

온혈동물 Endotherm 553

완충식물 Cushion plants 521

외기복사 Extraterrestrial radiation 10

외부유효표면 Outer effective surface 298-300, 309-314,
  320, 321, 329, 363

요녀 모르가나 Fata Morgana 142

요지 凹地, Hollows 456-459

요지 최저기온 Depressions-minimum temperature 456-461

운동량 교환 Momentum exchange 115-117, 356

원자력발전소 Atomic power station 537

위신기루 Superior mirage 141-143

위치온도 Potential temperature 45, 87

유사도 가정 Similarity assumption 248

유출 Outflow(runoff) 268-270, 413-417

유출 Runoff(outflow) 268-270, 413-417

유효방출복사 Effective outgoing radiation 28

유효전천일사계 Effective pyranometer 655

육지이구아나 Land iguana 556-558

융해 Fusion (녹음 Fusion 참조)

융해접시 Schmelzteller 233

은반일사계 Silver disk pyrheliometer 654

음향 Sound :

  감소 abatement 424-426

  기온이 미치는 영향 effects of temperature 143-144

  바람 소리 eolian 147

  상대습도가 미치는 영향 effects of relative humidity 143-147

  이상가청 anomalous audibility 145

  천둥 thunder 147

  풍향이 미치는 영향 effects of wind direction 143-144

흡수 absorption 146

음향학 Acoustics 143-147, 424-426

의복 Clothing 570, 572

이류 Advection 14, 126-129, 200, 257-263

이산화탄소 Carbon dioxide 25, 26, 27, 94, 130-133, 232,
  344, 345, 367-369, 548, 573, 574, 617-618

  눈 snow 232

  도시 urban 583

  동굴 caves 548

  방 room 573

  방풍림 shelterbelt 617-618

  변화 Variation :

    계절 seasonal 131

    1일 daily 131, 132, 133

    삼림 forest 344-345, 367-369

    흡수 absorption 25, 27, 94

이산화탄소돔 Carbon dioxide dome 583

이산화황 Sulfur dioxide 582, 583

이슬 Dew :

  기간 duration 369, 615

  낙하 fall 106, 112

  내부 internal 35

  물 water :

    수지 balance 35, 106-109, 111, 369-370

    회수 recovery 113

  바람의 영향 wind effects 113

  방출되는 열 heat released 291-292

  방풍림 shelterbelt 615

  복사응결기 radiative condenser 113

  북극 arctic 532

  삼림 forest :

    개간지 clearing 405

    수관 canopy 369-370

  소나기 shower 371

  양 amount 106, 306, 369-370

증발 evaporation 249

침적 deposition 106-109, 113, 366, 369, 423, 615

  토양에서 in soil 35, 111

  형성 formation 106-109, 111, 271, 369-370, 423, 615

이슬점거울 Deposition of dew on a polished plate 652

인간 Human 570-573

  대사열 metabolic heat 570-572

  스트레스 stress

    열 heat 571

    추위 cold 571-572

  심부체온 core temperature 571

  열쾌적 thermal comfort 570-573

  의복 clothing 570, 572

인위적으로 만든 열 Anthropogenic heat 584

일사 Insolation, 사면 위에서 on slopes 429-441

일사계 Actinometer, Solarimeter 654

일산화탄소 carbon monoxide 583

일식 Eclipse, solar 65

잎 Leaf :

  기공 stomata 275-278

  기공저항 stomatal resistance 276-278

  바람이 미치는 영향 wind effects 290, 292-295, 303

  반사율 reflectivity 283-286

  봉투 covers 297-298

  색깔 color 285-286

  알베도 albedo 283-286

  에너지수지 energy balance 283-290

  열저장 heat storage 286, 288

  온도 temperatures 286-297, 517, 518, 519

  잎면적지수 area index 298, 305, 308, 309, 320, 331

  전도도 conductance 275-278

  증발산 evapotranspiration 276, 288-289

  크기 (서리) size(frost) 290-291, 519

  투과율 transmissivity 283-286

  팽압 turgor 320

흡수 absorption 284, 285

ㅈ

자기모발습도계 Hair hygrograph 652

자기일조계 Autographic sunshine recorder 656

자동차 Automobiles 170, 263, 575-576

  안개등 fog lights 263

자외선 Ultraviolet 10, 194, 195, 509, 510, 585, 586

  UV-A 509, 510, 585

  UV-B 509, 510, 585

자유대류 Free convection 46, 52

작물의 물 스트레스 Crop water stress 307

작물의 잔재 Crop residue

  토양온도에 미치는 영향 effects on soil temperature 166-167

작은 증발산량계 Small lysimeter 657

장파반사율 Longwave reflectance 16, 17, 18, 226

  눈 snow 16, 17

  식생 vegetation 16, 17

적산우량계 Totalizer 657

적외선 Infrared radiation 10

전갈 Scorpions 558

전기저항으로 온도 측정 Measurement of temperature with electric resistance 651

전도 Conduction 9, 38-40, 44, 152-158, 189, 190, 192

  (열전도율 Thermal conductivity 도 참조)

전도-대류 Conduction-convection 243, 244, 245, 289, 290

전자기복사 Electromagnetic radiation (복사수지 balance 도 참조) 9-12

전차 Streetcars 575

전천일사계 Pyranometer 655

절대습도 Absolute humidity 106, 108

접점컵풍속계 Contact-cup anemometer 653

정상감율 Normal lapse rate 45, 80

젖은 수관 Wet canopy 274-278

제트류, 하층 Jet, low level 116-117

종다리 Japanese lark 560

주차장 가장자리 기온 Parking lot edge temperature 395

줄기흐름 가라앉음 Fumigation plume 54

줄기흐름 행태 Plume behavior 53-60,

　고리 줄기흐름 looping 53

　높이 솟는 줄기흐름 lofting 53

　부채꼴로 퍼지는 줄기흐름 fanning 53, 54

　원추형 줄기흐름 conning 53

　줄기흐름 가라앉음 fumigation 53, 54

　줄기흐름 갇힘 trapping 53, 54

중기후 Mesoclimate 4, 5, 535

중립안정 Neutral stability 45

증발 Evaporation 13, 198, 200, 245, 248-253, 254-256, 262, 267-280, 304-308, 352, 516, 611, 616, 617

　가능증발량 potential 255, 271-272

　감소 reduction 279, 616, 617

　강 river 213-216

　강수 precipitation 419

　경운 tillage 166, 167

　도시 urban 587

　바람 wind 271

　방풍림 shelterbelts 611, 616, 617

　뿌리덮개 mulches 166

　산지 mountain 516

　삼림 forest 366

　생산적 증발 productive 616

　식생 vegetation 279, 323, 324

　유효증발량 effective 269

　잎 leaf 287-290

　줄기흐름의 냉각 cooling of plume 56-58

　토양 soils 184

　호수 lakes 200, 205, 279

증발계 Atmometer, Evaporimeter 657

증발량 측정 Measurement of evaporation 657

증발산 Evapotranspiration 268, 288-290, 305-308, 424

증발산량계 Lysimeter 305, 657

증산 Transpiration 267, 275, 288, 304-306

　증산율 ratio 304-305

지구복사 Terrestrial radiation 12, 16-20

지면 (초상) 최저온도 Ground (grass) minimum temperature 103

지역계획 Regional planning 537

지역기후 Regional climate 535

지열 Geothermal heat 35, 66, 73

지온 Ground temperature :

　주기적 일변동 periodic daily fluctuation 65-75

　지온증가율 geothermal depth 35, 66

　(초상) 최저 (grass) minimum 103

　표면 surface 63-75, 512

지의류 Lichen 295

지형기후 Terrain climate, Topoclimate 533

지형기후의 지도화 독 : Kartierung des Geländeklimas, 영 : Climatic map of a localty 534

지형기후학 Topoclimatology 427-550

지형성 강수 Orographic precipitation 480-481, 514, 516

직달일사계 Pyrheliometer 654

직립형 Erectophile 309

진디 Aphids 578-579

질량교환 Mass exchange 9, 13, 42, 44, 106, 192 (난류흐름 Turbulent flow, 맴돌이확산 Eddy diffusion, 혼합 Mixing도 참조)

집 Dwelling :

　단열 insulation 574

　통풍 ventilation 573-575

짚이나 흙으로 덮은 더미에 쌓아놓은 농산물 Clamp 577

ㅊ

차단 Interception 273-275, 371-384

차폐각 Screening angle (하늘조망인자 Sky view factor 참조)

찬공기댐 Cold air dam 456, 462, 475-477, 614, 615

찬공기호수 Lake of cold air 456-461, 475-476, 477, 492

창 Windows 170 (대기의 창 Atmospheric windows도 참조)

청색 음지 Blue shadow 286

체온 Body temperature (기온, 온도 Temperature 참조)

초단열감율 Superadiabatic lapse rates 46, 80-81, 86

　하층 sublayer 86-88, 109

초지 Grasslands 319-320

최대보수량 Field capacity 171

추위 스트레스 Cold stress 572

측정 부표 Buyo with a mast 658

측정 정확도 Accuracy of measurement 643

측정차량 독 : Meßzug, 영 : Mobile laboratory 658

층류 Laminar flow 43

층류층 Laminar layer 43, 94

층밀림(마찰)속도 Shear (friction) velocity 120

치솟은신기루 Towering mirage 143

ㅋ

카르만소용돌이 Karman vortices 58

카타온도계 Katathermometer 654

컵풍속계 Cup anemometer 653

켈빈 Kelvin 10

코리올리 효과 Coriolis effect 96, 114, 591

키르히호프의 법칙 Kirchhoff's Law 16, 25

ㅌ

탄화갈슘 방법 Calcium carbide method 653

태양 Solar :

　복사 radiation 11, 13

　상수 constant 10

　일식 eclipse 65

　토양 속으로의 복사 침투 radiation penetration into soil 24

태양광선의 얼룩 Sunflecks 336-337

태양조 Sunbird 563

토끼굴 Rabbit burrows 563, 567

토론 Thoron 133

토리움 Thorium B 133

토양 Soil :

　개간 reclamation 156-158

　검게 만듦 darkening 161

　결빙(동결) freezing 178, 180-189

　　깊이 depth 182-188

　　방출된 열 heat released 182

　　팽창 expansion 182, 186-187

　결빙 frost 158, 180-187

　경운 耕耘, tilling 156-158

　　동결에 의한 경운 by frost 178-179

　공극률 porosity 36, 158, 173, 179

　구조 structure 151, 158, 164, 172

　난방 heating 159

　내부이슬 internal dew 35

　동결 깊이 depth of freezing 182-187

　동상 凍上, heaving 179, 182, 186

　롤러를 굴려서 토양을 단단하게 하기 rolling 158

　멀칭(뿌리덮개) mulching 156, 164-167

　모세관 작용 capillary action 179

　밀도 density 36-38

　불, 화재 fire :

　　수분 moisture 319

　　온도 temperature 159-160

　색깔 color 159-163

　서리 예방(방지)을 위한 다지기 compaction for frost protection 158, 628

　성분 constituents 36-37, 151

　소택지 bog 153-158, 164

　수분 moisture 35-40, 171-185, 313-314, 318-319, 352, 409, 451, 482, 491, 613, 616, 628

　　개간지 clearing 409

　　내부의 이슬 internal dew 35

방풍림 shelterbelt 613, 616

사면 slope 451, 482, 491, 617

식물 plants 318-319, 352, 451

온도 temperature 177-180, 313-314, 451, 628

용량 capacity 36, 173

장력 tension 179-180

전도율 conductivity 39, 173

최대보수량 field capacity 171

확산율 diffusivity 173

흐름 flow 36, 177-180, 184-185

수분함량 water content 35-39, 156, 160, 161, 171-183

수증기 water vapor 177-179, 183-184

알베도 albedo 21, 22, 159-163, 164

열대 tropical 74

열용량 thermal capacity 35-38, 155, 173, 182

열전도율 thermal conductivity 38-40, 152-158, 173-176, 186

열확산율 thermal diffusivity 38-40, 66-67, 74-76, 156, 157, 175-176, 183-186

열흐름 heat flow 36-37, 38-41, 63-71, 152-158, 299, 456

영구동토 permafrost 165, 187-189

온도 temperature 35, 36, 63-75, 93, 153-167, 176-178, 186-189, 390, 483-486, 511

  강수가 미치는 영향 precipitation effect 35, 39, 175-178

  구름의 영향 cloud effects 72

  눈의 영향 snow effect 222-223, 230-231

  변화 fluctuation：

    계절 seasonal 65-75, 188-189

    깊이 depth 41

    연 annual 41, 65-74

    일 daily 41, 48-52, 65-72, 153, 159-160, 172

  야간의 하강 nocturnal drop 153-158, 160, 164

  일식 eclipse 65

지형이 미치는 영향 topographic effects 483-486

  표면 surface 162-163

입자 크기 grain size 158

전도율 conductivity 152-158, 173-176

조작 manipulation 155-161, 164-167

증발 evaporation 184

지면 피복, 지면을 덮음 covering of 159-163, 629

최대보수량 field capacity 171

토양 침식 erosion 125-129, 375-376, 414, 416, 608, 609

토질 properties 151-152, 171-175

통기 aeration 35

호흡 과정 breathing 35

혼합 mixture 156-158, 162-167

희게 만듦 whitening 160-162

토양수분계 Tensiometer 652

토양수분 측정 Measurement of soil moisture 653

토양 열플럭스 측정기기 Instruments to measure the heat flux in the soil 659

토양온도 측정 Measurement of soil temperature 649

토양을 적심 Wetting, of soil (서리 예방 frost protection) 628

토양표면온도 측정 Measurement of surface temperature of the ground 650

통풍건습계 Aspiration psychrometer 648

통풍, 서리 예방(방지) Ventilation, frost protection 630-631

  도시 urban 594

  방 room 573-575

투과율 Transmissivity, 잎 leaf 283-285

투수 Percolation 305, 306

ㅍ

파장변환 Wavelength transformation 94

팔켄베르크의 역설 Falckenberg paradox 226

퍼덕거림, 비정상적으로 움직이기 Gular fluttering 555, 563

펜만-몬테이트 방정식 Penman-Monteith equation 276-278

평형온도 Equilibrium temperature 지구 Earth, 화성 Mars, 금성 Venus 11-12

포도원기후 독 : Weinbergklima 540

포도재배 Viticulture 193, 321-325

포차 Saturation deficit 270-271, 310, 311, 350-352, 393, 490

  방풍림 shelterbelt 618

  삼림 forest 392, 490

  식물 plants 310, 350, 351

포차 Vapor pressure deficit 270-271, 310-311, 350-352, 392, 393, 490, 618

  방풍림 shelterbelt 618

  삼림 forest 392, 490

  식물 plants 311, 350, 351

포화수증기압 Saturation vapor pressure 111, 183, 270-271, 310

  물의 포화수증기압 of water 183

  얼음의 포화수증기압 of ice 183

푄 Foehn 235, 460

표면, 면적 : 부피 비율 Surface, area to volume ratio 555, 563

표준관측기기 세트 Standard instrument kit 643

푸른 적외선 그늘 Blue infrared shade 286

풀삼림무덤새 Jungle fowl 566

풀삼림무덤새 Mound bird 566

풍속계 Anemometer 653

풍하맴돌이 Lee eddy 481, 602-603

프란틀의 법칙 Prandtl's law 120-121

피프크라케 Pipkrake 180

ㅎ

하늘조망인자 Sky view factor 389, 401, 403, 435, 456, 590

  도시 urban 590

  사면 slopes 32, 435

  삼림 가장자리 forest edge 389, 403

서리 frosts 456

하층 Sublayer :

  불안정 unstable 86-89, 109

  안정 stable 87-89

하층제트류 Low level jet 116-117

핫캡 Hotcaps 626

해양 Ocean 256, 268-270

  극지역 polar 528-531

  에너지 수지 energy balance 253, 254-255

해풍 Sea breeze 259-262, 472, 474, 528, 530

행성알베도 Planetary albedo 11-12, 243-245

호리존토스코프 Horizontoscope 656

호수가 미치는 영향 Lake effects 259-262

호수 Lake, 과냉각된 supercooled 200

호흡 Respiration 367, 617

  호흡할 때 방출되는 열 heat released in 296, 346

혼합 Mixing 44-52, 76-79, 154, 155 (난류흐름 Turbulent flow, 대류 Convection, 마찰혼합 Frictional mixing, 맴돌이 확산 Eddy diffusion, 질량교환 Mass exchange 도 참조)

혼합고도 Mixing height 59

혼합대 Hyporheic zone 214-215

화분 Pollen 51

화이트아우트 乳白天空, Whiteout 526

확산 Diffusion :

  맴돌이 eddy 13, 20, 42, 44, 48-49, 75, 95, 99, 100, 106, 108, 261, 301

  분자 molecular 13, 38

확산율 Diffusivity (열확산율 Thermal diffusivity 참조)

확산태양복사의 비등방성 분포 Anisotropic distribution of diffuse solar radiation 437, 439

활강풍 Katabatic wind 354, 463, 526-527

활동 표면 Active surface (외부유효표면 Outer effective surface 참조)

활승풍 Anabatic wind 464-467

황새 White stork 567

회색체 Gray bodies 16, 27, 152

후방산란 Backscattering 151, 223, 509

휘돌이온도계 Sling thermometer 648

휴면 Dormancy 624

   강요된 휴면 imposed 624, 636

   연장된 휴면 prolonged 624

흑체 Black body 10, 11, 12, 16, 17, 226

흡수 Absorption :

   메탄가스 methane 27

수증기 water vapor 26, 27

스펙트럼 spectra 25, 27

오존 ozone 27

음향 sound 146

이산화탄소 carbon dioxide 26, 27

흰개미집 Termite nest 565

흰색을 칠함, 백색 페인트 칠하기 White coloration :

   나무 trees 445, 636

   지면 ground 160-162

옮긴이 소개

김종규(金 鍾 奎)

1954년 서울 출생. 1973년부터 1980년까지 경희대학교 문리과대학 지리학과에서 지리학을 전공하고, 1980년부터 1982년까지 경희대학교 대학원 지리학과에서 자연지리학을 전공. 1982년부터 1988년까지 독일 키일(Kiel)대학교 수학 및 자연과학대학(Mathematisch-Naturwissenschaftliche Fakultät) 지리학과(Geographisches Institut)에서 주 전공 지리학, 부전공 기상학과 지질학을 수학하고 이학박사학위 취득. 1990년 3월부터 1992년 2월까지 경희대학교 이과대학 지리학과 학과장 역임. 1989년 8월부터 현재까지 경희대학교 지리학과 교수.

주 연구 분야 : 한국의 기후와 기후변화

　주요 역서 : 『기후구분 방법론』(Karl Knoch 저)

　　　　　　　『일반기후학개론』(Wolfgang Weischet 저)

　　　　　　　『코레아 I, II』(공역) (Hermann Lautensach 저)

　　　　　　　『기후변동론』(Christian-Dietrich Schönwiese 저)

　　　　　　　『과거와 미래의 기후변화문제』(Hermann Flohn 저)

　　　　　　　『기후와 역사』(H. H. Lamb)

　　　　　　　『기후학』(Christian-Dietrich Schönwiese 저)

　　　　　　　『유럽—문화지역의 형성과정과 지역구조』(Terry G. Jordan-Bychkov & Bella Bychkova Jordan 저)

1위 박문각

Since 1972

박문각의 유일한 목표는 여러분의 합격입니다.
박문각은 1위 기업으로서의 자부심과 노력으로
수험생 여러분의 합격을 이끌어 가겠습니다.

2021
국가 브랜드 대상
에듀테크 부문 수상

2021
대한민국 소비자 선호도 1위
교육부문 1위 선정

2020
한국산업의 1등
브랜드 대상 수상

2019
한국우수브랜드 평가대상
교육브랜드 부문 수상

2018
대한민국 교육산업 대상
교육서비스 부문 수상

2017
대한민국 고객만족
브랜드 대상 수상

2017
한국소비자선호도 1위
브랜드 대상 수상

2016
한국소비자
만족지수 1위 수상

랭키닷컴 부동산/주택
교육부문 1위

브랜드스탁 BSTI
브랜드 가치평가 1위

박문각 감정평가사 2차 시리즈

감정평가실무 / 유도은 편저

S+감정평가실무[기본서]
S+감정평가실무연습 기본문제 1000점
S+감정평가실무연습 종합문제
S+감정평가실무연습 기출문제

감정평가이론 / 지오 편저

감정평가이론 ① [기본서]
감정평가이론 ② [심화서]
감정평가이론 기출문제집

감정평가이론 / 이동현 편저

감정평가이론 기본서
감정평가이론 문제집

감정평가 및 보상법규 / 강정훈 편저

감평행정법[기본서]
감정평가 및 보상법규[기본서]
감정평가 및 보상법규 종합문제
감정평가 및 보상법규 기출문제분석
감정평가 및 보상법규 판례정리분석

감정평가 및 보상법규 / 도승하 편저

DO 감정평가 및 보상법규 기출문제해설
DO 행정법[기본서]
DO 행정법 핸드북
DO 토지보상법[기본서]
DO 감정평가 및 보상법규 판례해설
DO 감정평가 및 보상법규 사례해설
(총3권/행정법, 개별법, 종합사례)

합격기준 박문각 감정평가사

감정평가사 합격을 원하는
수많은 합격자의 첫번째 선택!

(1차)

박문각 감정평가사 1차 시리즈

감정평가사 민법 / 백운정 편저
감정평가사 민법[기본서]
감정평가사 민법[문제집]

감정평가사 민법 / 설신재 편저
감정평가사 민법[기본서]
감정평가사 민법[문제집]

감정평가사 경제학원론 / 조경국 편저
감정평가사 경제학원론[기본서]
감정평가사 경제학원론[문제집]

감정평가사 부동산학원론 / 국승옥 편저
감정평가사 부동산학원론[기본서]
감정평가사 부동산학원론[문제집]

감정평가사 회계학 / 신은미 편저
감정평가사 회계학[기본서]
감정평가사 회계학[문제집]

감정평가사 감정평가관계법규 / 허광철 편저
감정평가관계법규[기본서]
감정평가관계법규[문제집]

감정평가사 감정평가관계법규 / 도승하 편저
감정평가관계법규[기본서]
감정평가관계법규[문제집]

김제시 '공무원 준비반'
67명 중 26명
공무원 합격

공무원 'TS반 수강생'
30명 중 24명
공무원 합격

법무사
6년 연속
수석/최다 합격

감정평가사
3년 연속
수석/최다 합격

교원임용
최고/최대
합격률 및 적중률

공인중개사/주택관리사
1회 시험부터
최초 합격자 배출

경찰공무원
47% 수강생
2차 필기합격

편입 '서성한반'
2년 연속
100% 합격신화

1
BEST